板带轧制过程的动态理论和实验及应用论文选集

张进之　刘 洋　许庭洲　编著

北　京
冶 金 工 业 出 版 社
2019

图书在版编目（CIP）数据

板带轧制过程的动态理论和实验及应用论文选集/张进之，刘洋，许庭洲编著．—北京：冶金工业出版社，2019.10

ISBN 978-7-5024-8150-6

Ⅰ.①板… Ⅱ.①张… ②刘… ③许… Ⅲ.①板带轧制—文集 ②带材轧制—文集 Ⅳ.①TG335.5-53

中国版本图书馆 CIP 数据核字（2019）第 198676 号

出 版 人　谭学余

地　　址　北京市东城区嵩祝院北巷 39 号　邮编　100009　电话　（010）64027926

网　　址　www.cnmip.com.cn　电子信箱　yjcbs@cnmip.com.cn

责任编辑　杜婷婷　美术编辑　郑小利　版式设计　孙跃红

责任校对　王永欣　责任印制　牛晓波

ISBN 978-7-5024-8150-6

冶金工业出版社出版发行；各地新华书店经销；三河市双峰印刷装订有限公司印刷

2019 年 10 月第 1 版，2019 年 10 月第 1 次印刷

210mm×297mm；38.75 印张；1170 千字；608 页

198.00 元

冶金工业出版社　投稿电话　（010）64027932　投稿信箱　tougao@cnmip.com.cn

冶金工业出版社营销中心　电话　（010）64044283　传真　（010）64027893

冶金工业出版社天猫旗舰店　yjgycbs.tmall.com

作者简介

张进之，1937年生，1960年毕业于东北工学院（现东北大学）压力加工专业，钢铁研究总院教授级高工，1998年获得国务院颁发的政府特殊津贴。多年来，张进之教授致力于轧制过程新理论及新技术开发，并逐步建立了较为完善的轧制工艺技术体系，主要包括厚度控制、板形控制和张力控制等核心技术。

1959年，还在上学期间，张进之教授就提出利用综合等储备原理的图表法制定压下规程，其技术关键是发现单位轧制压力可将限制压下量的各因素——压力、力矩、功率和咬入角进行统一分析。1978年，中国科学院梁国平研究员提出负荷函数的概念，引用该方法将压下规程设计解析化，并推广应用到实际生产中，在应用过程中，该方法又发展为人工智能板形控制方法，并先后在太原钢铁1400可逆冷轧机（获冶金工业部科技进步二等奖）、重庆钢铁2450中厚板轧机（获国家“七五”攻关奖）、上海钢铁三厂2350中板轧机（获上海市科技进步三等奖）、邯郸钢铁2800、鞍山钢铁2400、新余钢铁2500（获江西省科技进步二等奖）、韶关钢铁2500、美国CITISTEEL 4064等国内外板带轧机上推广应用。

在连轧张力理论研究方面，国外原来的两种动态张力微分方程，均存在原则性错误。1967年参加热连轧数学模型攻关项目研究时，张进之教授发现国外的热连轧数学模型中没有张力因子，而连轧张力是联系各机架参数的纽带，是最关键的因素，按照质量守恒原理，他推导出了精确的连轧张力微分方程，并根据张力与厚度、力矩、前滑等物理规律推出了多机架动态张力公式和稳态张力公式。此外，还引入当量速度差和连轧惯性常数等概念，得出连轧张力与当量速度差呈正比、与连轧常数成反比的连轧定律。张进之教授的研究成果得到了国内外同行的肯定，随后，由张力公式又推导出了张力间接测厚方法，张力与辊缝闭环的流量AGC方法，该方法已在冷连轧普遍应用。近年来，张进之教授又发现流量AGC存在极限精度，并提出提高板厚精度和简化装备的可实施性方案。目前，张进之教授的连轧张力理论与实践均处于国际领先地位。

1979年，张进之教授在厚控理论方面的研究取得突破性进展，发现轧件扰动可测，并推导出DAGC，日本神户制钢在1983年、德国AEG公司在1989年也提出了类似的方法，但在理论上不完善，而我国的DAGC从理论上推出可变刚度系数计算公式等五项推论。随后，该方法在国内外进行了推广，先后在当时的哈尔滨 101 厂 1700，西南铝加工厂 1400、2800 铝带轧机，济南钢铁 2500，鞍山钢铁 2350，韶关钢铁 2500 等中厚板轧机上得到了应用。1996 年，该方法在宝钢 2050 热连轧机上再次试验成功，代替了原西门子厚控系统，并获得国家发明三等奖。2003 年以来，DAGC 已先后推广到攀钢 1450、迁安钢铁 1580、新余钢铁 1580 等多套热连轧机产线上应用。

1992 年，张进之教授开始进行板形测量和控制理论研究。他将自己的研究分为三个阶段：第一阶段，从美国的轧件刚度及数学表达式、日本的板形遗传模型推导出轧机板形刚度的表达式；第二阶段，得益于陈先霖院士“美国轧件刚度表达式不适合作为轧件的板形刚度”的启发，将轧机的板形刚度定义为轧机的横向刚度除以轧件宽度，推导出了轧件板形刚度的表达式；第三阶段，进一步简化板形刚度理论，运用数学模型消掉了轧机和轧件板形刚度参数，将板形和板厚统一起来。如今，随着模型参数确定和计算模拟工作的完成，该理论在实践中也得到了应用，1997 年，相关理论研究荣获第二届全球智能控制最佳应用论文奖。

1996 年，张进之教授发现了板形理论缺少轧件参数，用微分法推导出了轧件参数的计算公式，建立了解析板形刚度理论。在此之前，板形板厚控制上是相矛盾的，仅日本人提出了最佳当量刚度分配，即适当降低厚控精度来提高板形精度，而解析板形刚度理论微分表达式则以动态负荷分配方式同时提高了板形和板厚的控制精度，该方法已在新余中板轧机上推广应用，并获得省部级奖。

综上，张进之教授将轧制理论从描述静态平衡关系发展到动态解析理论的新阶段，提高了板带材质量，降低了生产成本，简化了机电设备。由于贡献卓著，张进之教授得到了国内外轧制、自动化界的高度评价，先后荣获“六五”“七五”科技攻关奖、国家发明奖、省部级科技进步奖等各项奖励 7 次，发明专利 6 项（其中 1 项为美国专利），并被授予“国家特殊贡献专家”荣誉称号。

编著者

2019 年 4 月

序　一

张进之教授毕业于东北工学院（现东北大学），是钢铁研究总院教授级高级工程师，致力于轧钢技术的研发和推广工作60余载，为我国钢铁工业的技术进步做出了不可磨灭的贡献。

张进之教授在国内率先提出了利用综合等储备原理的图表法制定压下规程，引入负荷函数概念，将压下规程解析化，发展成为人工智能板形控制方法，该方法获第二届全球智能控制应用论文奖，并先后在太原钢铁1400冷轧可逆轧机、重庆钢铁2450中厚板轧机、上海钢铁三厂2350中板轧机、邯郸钢铁2800、鞍钢2400、新余钢铁2500、韶关钢铁2500、美国CITISTEEL 4064等国内外板带轧机上推广应用。

在连轧张力理论方面，张进之教授发现了当时苏联两种张力公式存在的错误；在研究热连轧数学模型时发现国外数学模型中缺少张力因子。连轧张力是联系机架参数的纽带，是最关键的因素，依照质量守恒原理，推导出了精确的连轧张力微分方程，根据张力与厚度、力矩、前滑等物理规律推导出了多机架动态张力公式和稳态张力公式，随后又由张力公式推导出张力间接测厚方法，张力与辊缝闭环的流量AGC方法，该方法已在冷连轧机上普遍应用。后来又发现流量AGC存在极限精度，提出了提高板厚精度和简化装备的实施方案。连轧张力理论与实践处于国际领先地位。

在厚度控制方面，发现轧件扰动可测，推导出动态设定型厚控方法（DAGC），从理论上推出可变刚度系数计算公式等五项推论，该方法在宝钢2050热连轧机上试验成功，代替了原西门子厚控系统，荣获国家发明三等奖。

在板形测量和控制理论方面，张进之教授从美国轧件刚度及数学表达式、日本板形遗传模型推导出轧机板形刚度表达式，将轧机的板型刚度定义为轧机的横向刚度和轧件宽度的比值，推导出轧件板形刚度表达式。运用数学模型消掉轧机和轧件板形刚度参数，将板形和板厚统一起来，进一步简化板形刚度理论。

在解析板形刚度理论方面，张进之教授发现现行的板形理论缺少轧件参数，用微分方法推导出了轧件参数的计算公式。此前板形、板厚在控制上是矛盾的，仅日本人提出了最佳当量刚度分配，适当降低厚控精度来提高板形精度。解析板形刚度微分表达式则以动态负荷分配方式同时提高了板形和板厚的精度，该方法首先应用于新余中板厂，并获省级科技进步奖。

Φ 函数的发现，将负荷分配消除了迭代计算，并与板形刚度理论结合，实现了动态负荷分配方法控制板形。

张进之教授建立了完整的动态理论体系，从理论上解决了板形和板厚的控制问题。现行的轧制控制技术软硬件极为复杂，究其原因是没有轧制过程的动态控制理论，应用张进之教授的动态控制理论可在大大简化装备的前提下大幅度提高板带几何精度。

本论文选集收录了张进之教授发表过的百余篇论文，是张进之教授成就的集录，为后续科技工作者留下宝贵财富，对冶金工作者，特别是轧钢工艺和控制工作者有较大的参考价值。

中国工程院院士 

2019 年 4 月

序　二

我国是钢铁工业大国，然而在轧钢控制理论方面的系统创新还不够丰富。钢铁研究总院张进之教授级高工，致力于轧钢技术的研究和推广应用60余载，为我国钢铁工业的技术进步和轧钢控制理论的发展做出了一系列的开创性贡献。

张进之教授在国内率先提出利用综合等储备原理的图表法制定轧制压下规程，引入负荷函数概念将压下规程解析化，进而发展成为人工智能板形控制方法。该方法获第二届全球智能控制应用论文奖，并先后在太钢及美国CITISTEEL 4064等国内外板带轧机上推广应用。

在连轧理论方面，张进之教授发现国外热连轧数学模型中缺少张力因子，依照质量守恒原理推导出了精确的连轧张力微分方程，根据张力与厚度、力矩、前滑等物理量的关系导出了多机架动态张力公式和稳态张力公式，建立了张力间接测厚方法、张力与辊缝闭环的流量AGC方法，得到了行业的高度认可。

在厚度控制方面，张进之教授发现轧件扰动可测，创新出动态设定形变刚度厚度控制方法（DAGC），推导出了可变刚度系数计算公式，实现了厚度自动控制和平整机控制数学模型的统一。该方法先后在宝钢2050热连轧机、新余钢铁公司1580轧机及首钢迁钢1580轧机上应用，厚度控制精度得到显著提高。

在板形控制理论方面，张进之教授基于美国板形刚度表达式和日本板形遗传模型，引入轧件参数，将板形刚度的内涵拓展为轧机板形刚度和轧件板形刚度，并运用数学方法建立了板形板厚控制协调统一的解析板形刚度理论。该方法在攀钢、新余钢铁公司的板形控制中得到应用。

在此基础上，张进之教授建立了完整的动态控制理论体系，可以在简化装备的前提下较大幅度的提高板带产品的几何尺寸。在轧制过程的稳定性条件、轧制压力的精确计算和轧机弹跳方程的精确计算方面都进行了深入研究并取得了重要进展，相关成果获得了多项国家专利，其中一项获美国专利，在本书收录的论文中均有表述。

本论文集收集的张进之教授历年来发表的百余篇论文是他多年研究成果的结晶，是板带轧制板形板厚控制理论和方法研究中的一笔宝贵财富，对冶金工作者特别是从事轧钢工艺和控制的研究人员及生产技术人员都有重要的参考价值。

中国工程院院士 蔡永学

2019年4月

前　言

轧制规程的制定在早期的轧制工艺研究中占主导地位。在大学时期，本人就开始了中厚板轧制规程的研究，数据来源是1959年在鞍钢中板厂实测的100余块钢板的力能参数，并在王廷溥老师的指导下，前后花费半年时间，撰写了图表法设计压下规程一文。该文主要特点是发现可以利用单位轧制压力将限制压下量的各因素实现统一分析，解决了当时中厚板压下规程设计中基于设备允许能力而限制压下量的问题。该方法与中科院数学所梁国平的负荷函数方法相结合得到了解析化模型，并得到广泛应用。

大学毕业后，本人于1960年分配至钢铁研究总院工作，从事ϕ38mm×350mm十二辊冷轧机组及ϕ200/400mm×350mm四辊轧机的安装调试及生产试验工作，该类设备在当时均属于先进装备，主要工作由我和陆东涛、曹前等同事合作完成，并生产出了当时急需的科研和军工材料，如0.04mm钛合金带、0.03mm×250mm镍带、高磁性硅铁带和铁镍精密合金等带材。

此后，对上述轧机进行了一系列改造，并在十二辊轧机上安装了天津传动研究所制造的张力计，为冷轧工艺参数的研究创造了条件。在此基础上，对十二辊轧机冷轧工艺参数进行了系统研究，特别针对同厚度不同硬度和同硬度不同厚度对压下率的影响进行了定量研究，同时实验数据的积累也为连轧张力理论的研究创造了条件。当然，连轧张力理论主要是用数学解析方法，而数学方法和实验结果相结合是动态轧制理论创建的必要条件。

十二辊轧机生产的高精度带钢，促使我涉足厚度自动控制领域，并发明了动态设定型变刚度厚控方法（DAGC），该方法在几种压力AGC中是最为简练且精度最高的厚控方法，目前，通过已投用轧机的数据对比，证明其厚控精度已超过了日本和德国的厚控方法。此外，DAGC在理论上也实现了突破，它将平整机和厚控轧机控制系统实现了统一，通过一个方程描述了以往完全不同的控制系统。

板形理论研究工作始于美国CITISTEEL 4064mm宽厚板轧机的改造工程，该轧机建于1907年，并通过改造将三辊劳特轧机改为四辊轧机，但与常规四辊轧机相比，其支承辊过细，辊径只有1270mm，导致轧机刚度仅为300t/mm，当时同规格中厚板轧机辊径在2000mm，刚度为800t/mm。这样的硬件条件，要增加AGC厚控系统和计算机设定控制模型，其难度可想而知。为论证其改造的可行性，经过4年的研究，发现了一个问题，即AGC厚控系统有轧机参数M和轧件参数Q，而板形控制系统仅有轧机横向刚度，却无轧件参数。

这一发现我认为是板形理论研究的一个关键问题，随后针对板形理论进行了研究。我对西门子厚控系统有较为深入的研究，由它的轧件硬度公式和塑性变形理论推导出了轧件板形刚度理论，并引用日本新日铁的板形理论推导出轧机的板形刚度，研究成果发表在《冶金设备》（1996年第6期），题目为《板带轧制过程板形测量和控制的数学模型》。随后，经陈先霖院士的指正，改变了对板形刚度概念的理解，重新推导了解析板形刚度方程，即先定义轧机板形刚度，并由微分方法推导出轧件板形刚度。新的板形方程经国外数据和国内多套轧机实测板凸度数据得以验证，并撰写了《解析板形刚度理论》一文，2000年发表于《中国科学》。

负荷分配问题研究最早，现已大范围推广，但是，2000年发现的$\boldsymbol{\Phi}$函数，是对我之前发明的综合等储备负荷分配方法的一次自我否定。所谓$\boldsymbol{\Phi}$函数，即今井一郎的单参数能耗负荷分配方法的厚度计算公式的反函数，$\boldsymbol{\Phi}$函数负荷分配方法取消了求解轧制规程的迭代计算，为板形向量（凸度和平直度）闭环控制创造了条件，对板形控制具有革命性意义。解决了规程问题，从可操作的角度，用变形抗力和摩擦系数的非线性估计（简称“$K\mu$”估计）和新的轧机弹跳方程就可以实现。需要指出的是，新弹跳方程是以轧机辊缝坐标零点（1000t或1500t）为基点，大于基点用线性方程描述，小于基点用二次函数描述。

本论文选集中的有关理论，目前均已在实际生产中大规模应用，效果显著；解析板形理论和$\boldsymbol{\Phi}$函数负荷分配，目前仅在小范围内推广，距离广泛应用还有很多工作要做。

本论文选集中的有关论文是对于所研究问题即时发表的，其研究内容在不断深化，而且有否定的内容。本论文选集真实记录了我研究工作的历史过程，书中难免有不妥之处，欢迎读者批评指正，使板带轧制过程的动态理论进一步完善发展。

张进之

2019年4月于北京

目　录

第四部分　钢板轧制定性条件

第五部分　解析板形理论

第六部分　ϕ 函数及负荷分配

第七部分　现代控制论应用

第八部分　其他

动态轧制理论的产生和发展

张进之，周石光

（中国钢研科技集团有限公司，北京 100081）

摘 要 本文论述了动态轧制理论包括连轧动态张力公式、DAGC、解析板形理论以及 ϕ 函数及中厚板轧制稳定性条件等五项内容的产生和发展。通过理论验证和实验验证，证明动态轧制理论的各项内容的正确性和实用性，通过应用动态轧制理论，不仅可实现复杂控制装备的简约，而且较大幅度提高了板带产品的几何精度。指出动态轧制理论是轧制技术发展过程中的重大革命性进步。

关键词 动态轧制理论；连轧张力理论；DAGC；解析板形控制理论；ϕ 函数；稳定性

The principle and development of dynamic rolling theory

Zhang Jinzhi，Zhou Shiguang

（China Iron & Steel Research Institute Group Co.，Ltd .，Beijing 100081）

Abstract：This paper describes the principle and development of dynamic rolling theory including rolling dynamic tension formula，DAGC，analytical profile control theory and ϕ function. Through theoretical and experimental validation，proved the validity and the practicability of the dynamic rolling theory，by applying the dynamic rolling theory，not only can reducing complex control equipment，and significantly improve the geometrical precision of the plate and strip products pointed out that dynamic rolling theory is a revolutionary advance in the development of rolling technology.

Key words：dynamic rolling theory；rolling tension formula；DAGC；analytical profile control theory；ϕ function；stability

1 连轧生产方式和现代化连轧技术的产生

板带轧制技术中的连轧技术是为解决长而薄的材料要求产生的。连轧实验最初是在欧洲，时间是在 19 世纪末，但是未成功。1924 年美国成功地进行了连轧实验，解决了冷连轧坯料问题，因此也产生了冷连轧技术。

连轧控制技术的革命性进步源于英国人发明的轧制理论基础和美国人发明的计算机及其在工业领域的应用。英国人的贡献是发明了弹跳方程测厚方法。Hessenberg 根据秒流量相等条件和弹跳方程用计算机进行了仿真实验，构建了连轧稳态条件下的各变量之间的定量关系，即在轧件入口厚度、硬度、辊缝、轧辊速度分别变化条件下，各机架厚度和张力变化的定量关系。

单稳态影响系数还解决不了连轧控制问题，因此，美国人 Phillips 在 1957 年的连轧动态方程的仿真实验，引入连轧张力微分方程代替秒流量相等条件和入口厚度延时计算。继英美之后，日本人将静、动态连轧方程仿真实验进一步发展和应用，所以日本的轧制控制技术走在世界最前列。德国的连轧控制技术是由于装备先进而领先，但是对轧制控制理论没有太多贡献。比利时在轧制控制技术方面的贡献也比较大。比利时、英国和法国等欧洲国家应用了有限元方法研究轧制过程轧件各参数之间的函数关系。

借助于先进装备、先进控制技术，使轧制过

程的控制技术虽然有了长足发展，但是轧制理论方面并没有实现根本性的突破。轧制过程根本性贡献应体现在轧制过程的动态轧制理论方面，因此很长一段时间以来，笔者一直致力于轧制过程的动态轧制理论的研究和实践，这方面主要的五项技术是：（1）连轧动态张力公式的建立，（2）DAGC的发明，（3）解析板形理论，（4）ϕ 函数的发现及应用，（5）中厚板轧制稳定性条件。五项技术目前已在生产实践中成功应用，特别是DAGC系统的精度均明显超过原厚控系统。

本文主要介绍上述五项技术的内容和现实意义。

2 动态轧制理论的内涵与意义

2.1 连轧张力理论

全面进行连轧过程的理论描述必须用连轧动态张力公式。国外关于连轧张力理论问题的研究是在20世纪40~60年代进行的，有多种表达式，但都没有完整的描述。1963年，笔者在可逆式冷轧机上深入地研究了连轧张力理论的实验基础，并于1967年参加三九公司的1700热连轧数学模型工作，提出用连轧张力公式代替秒流量相等条件。通过研究苏联院士切克马廖夫的张力微分方程，得到两机架动态张力公式。连轧张力理论的实际应用如下。

2.1.1 张力间接测厚

传统的压下间接测厚是英国人提出的，因此才有了简单的测厚方法，实现了厚度自动控制（automation gauge control，简称AGC）。压力间接测厚是轧制过程厚控的基础，使板带厚度精度大大提高。张力间接测厚是由张力公式推出的理论方法，它的测厚精度已证明比压力测厚精度高一个数量级。国外最早在冷连轧机上实现张力与辊缝闭环的厚度控制方法，就是应用了张力间接测厚的原理。通过稳态影响系数的计算就可以发现：张力变化对厚度的影响大于压力对厚度的影响10倍以上。笔者将该方法称为连轧张力AGC（或称为流量AGC）。之后在武钢1700冷连轧机上引进的厚控方法即流量AGC。

我国将流量AGC首次应用在热连轧机上。热连轧机上应用的主要目标不是解决厚控精度如何进一步提高的问题，因为目前板带材的厚控精度已超过实际要求了。热连轧流量AGC的意义是改变了目前热连轧技术的主攻方向，对活套系统进行了改进。热连轧应用流量AGC已比改变活套系统简单，而且厚控精度高于日本TMEIC系统和德国西门子系统。

2.1.2 变形抗力和摩擦系数的估计（简称 K-μ 估计）

连轧数学模型中最核心的公式是压力计算公式，它一直是轧制过程自动化的主攻方向。由张力公式与弹跳方程组成 K-μ 估计方法，解决了高精度“K-μ”问题。压力精度提高了，连轧数学模型的另外两个力能参数力矩和功率的精度就相应地提高了。

K-μ 估计方法是20世纪70年代笔者研究的方法。日本和德国也在从事这个问题的研究，但是因为没有多机架连轧张力公式，因此日德的进展不大。由于有多机架连轧张力公式，笔者研究的 K-μ 估计方法是张力公式和弹跳方程构成了纵（弹跳方程）横（张力）坐标。张力公式中含有前滑公式，压力公式中含有变形抗力公式，这两个模型均含有变形抗力和摩擦系数，所以采用 K-μ 方法得到的高精度数学模型的实用效果十分明显。钢铁研究总院在国内外多套中厚板轧机应用了该方法，所以有很高的压力估计值。武钢1700冷连轧机应用了所估计的 K-μ 值。K-μ 估计方法也处理了宝钢2030冷连轧和2050热连轧的数据，估计的精度非常高，以热连轧为例，其估计的标准差几乎与原始数据的标准差和接近[3]。

2.2 动态设定型变刚度厚控方法（DAGC）的应用及意义

厚度自动控制由英国人应用弹跳方程和压力计算公式发明。该方法很简单，应用效果明显，提高了板带厚度精度。BISRA AGC只有轧机参数——轧机刚度 M，没有轧件参数，理论上是不完善的。日美德等由弹跳方程和轧件公式可以估计轧件厚度，因此发明了测厚计型压力AGC（简称GM AGC）。GM AGC在国际上应用很普遍，搞轧钢工艺的人员很欢迎这种厚控方法。但是GM AGC也有缺点，厚度估计受弹跳方程影响，误差难以消除，最严重的情况是不稳定，即“跑飞”现象。

笔者用解析方法于1975年推出了动态设定型变刚度厚控方法（简称DAGC）。所以世界上有三种压力AGC。

DAGC 理论的主要特点：

（1）DAGC 是发现轧件扰动可测（厚差和硬度差）后建立的，所以具有前馈和反馈的功能，其厚控精度高于 BISRA AGC 和 GM AGC 的精度。

（2）DAGC 系统非常简单，由可测的压力和可测可控的辊缝系统实现了双输入（压力、辊缝）、单输出辊缝的自动控制方法。

（3）只有一个 MC 人工可调节参数，改变它即可实现厚度自动控制和压力闭环的平整机控制[6]。这也是控制方法的重大突破，以往两种系统是完全独立的。

（4）DAGC 与监控、预控厚控系统可同时应用，无互相影响，即解耦性。冷连轧机第一机架原配置压力 AGC，目前不用的原因，笔者认为是 GM AGC、BISRA AGC 与前馈、反馈 AGC 有相互影响，这个问题有待验证。

（5）DAGC 响应速度快，一步到位。实现了极简单、控制精度高的优点。

最初的 DAGC 实验验证工作是在天津材料研究所 3 机架实验冷连轧机和一重研究所 4 机架试验连轧机上进行。

天津的实验轧机是电动压下，因此没有直接实验 DAGC 厚控功能，而是实验 DAGC 的理论及推论，即压力 AGC 不稳定条件（跑飞）。当时关于压力 AGC 的稳定性条件是反馈系统中的 *KB* 参数为 1，*KB* 必须小于等于 1，大于 1 就会使系统不稳定[4]，但是 DAGC 理论分析的稳定条件中，*KB* 可以大于 1，所以对压力 AGC 的稳定条件进一步实验研究就成为一个十分重要的问题。在天津进行了多次实验之后，证明 DAGC 理论中推出的压力 AGC 稳定性条件是正确的[5]。

一重 4 机架实验连轧机全部为液压压下，电气传动和控制设备为当时国内先进的装备，可全面进行 DAGC 实验。实验于 1986 年完成，证明了 DAGC 的理论和推论的正确性。

目前，对国内引进的热连轧机进行的改造，采用 DAGC 替代原厚控系统已取得成功。1996 年在宝钢 2050 热连轧机替代了西门子系统，2012 年在新余钢铁 1580 取代了西门子新的厚控系统。2015 年在首钢迁钢 1580 热连轧机实验成功地证明了 DAGC 比 TMEIC 厚控精度高[7]，普通带钢厚控精度达到冷轧水平。

2.3 解析板形刚度理论和 ϕ 函数

板形（板凸度和平直度）是板带生产的主要技术指标，通过适当调节成品及成品前道次或机架的压下量来保证板形质量。采用计算机技术进行板形控制，主要方法是通过对采集的数据进行分析后对后续机架的压下量进行改变。在板形理论研究方面，可以分为三个阶段：第一阶段是以轧辊弹性变形为基础的理论；第二阶段是日本新日铁和美国为代表的以轧件为基础的动态遗传理论；第三阶段就是笔者提出的轧件轧辊统一的板形理论，即解析板形刚度理论。

2.3.1 解析板形刚度理论的建立[8]

解析板形刚度理论的建立是由日本人采用三个方程描述的以板凸度和平直度为主构成的数学模型。三个方程经过简单的数学变换转化为两个方程，即板凸度和平直度方程（日本人的近似方法亦采用两个方程）。

日本人的板凸度方程表述为：

$$C_{\mathrm{n}i} = (1-\eta)C_{\mathrm{h}i} + \eta\frac{h_i}{H_i}C_{\mathrm{H}i}$$

式中 $C_{\mathrm{n}i}$——i 机架出口板凸度；

$C_{\mathrm{h}i}$——i 机架机械作用的板凸度；

$C_{\mathrm{H}i}$——入口轧件板凸度。

式中 $C_{\mathrm{h}i}$ 和 $C_{\mathrm{H}i}$ 两项的系数相加为 1。板凸度方程为重新构造，用 q 表示轧件板形刚度，用 m 表示轧机的板形刚度，由数学方法得出两个主要方程：其一是 $m+q=K_c$（轧件板凸度，可测量值）；其二是全新的轧件出口板凸度表达式，它由三项组成：一是入口凸度，二是入口平直度，三是机械板凸度。平直度方程引用日本人的方程。

解析板形刚度得出后，在国内多套中厚板轧机上验证得到了轧板实测板凸度与轧制力的关系，也引用了国外的板形数据来验证（主要有宝钢 2050、荷兰 Reabe 钢厂 3600 宽板轧机等）。在太原科技大学 350 四辊实验轧机上做了大量实验证明了解析板形理论的正确性。

由解析板形刚度指导的实际应用有美国 4064 板轧机和新余 2500 板轧机。解析板形刚度的数学表达式：

$$C_{\mathrm{h}i} = \frac{q_i}{m+q_i}\frac{h_i}{H_i}C_{\mathrm{h}i-1} - \frac{q_i}{m+q_i}h_i\Delta\varepsilon_{i-1} + \frac{m}{m+q_i}C_i$$

$$\Delta\varepsilon_i = \xi_i\left(\frac{C_{\mathrm{h}i}}{h_i} - \frac{C_{\mathrm{h}i-1}}{h_i-1} + \Delta\varepsilon_{i-1}\right) + \Delta\varepsilon_0$$

式中 ξ——板形干扰系数。

现在的问题是 m、q 的具体表达式。在初始建立板形向量解析方程时，直接引用美钢联 1984 年论文中的轧件板形参数，由西门子计算公式中的硬度参数推导出来轧件板形参数 q。m、q 参数确定后，用美钢联的一组板形数据验证了解析板形刚度理论公式的正确性，发现美钢联的轧件刚度作为轧件板形刚度是有误差的。所以采用美钢联的另两组试验数据进行了验证，结果发现这两组数据结果误差大约在10%以上，因此，对 m、q 参数又进行了推导。

推导方向发生变向，变为首先由轧机板形刚度参数推导轧件板形刚度参数，具体方法：轧辊的横向刚度是材料力学中早已解决的问题，所以由简支梁的挠度除以轧件宽度定义为轧机的板形刚度 m，再由微分方程得出轧件刚度参数 q。

2.3.2 ϕ 函数的发现

负荷分配一直是轧制工艺的中心问题，计算机应用于轧制生产过程最先取得成绩的点就是负荷分配的数值化，即应用计算机和数学模型技术进行计算和设定辊缝和轧制速度，提高了带钢的质量和产量。

负荷分配方法有多种，其中应用较多的是能耗法。能耗法一般是由 3 个参数来描述，只有日本的今井一郎方法是单参数的。2000 年，笔者开始研究今井一郎的负荷分配法。经研究认识到今井法只在轧制方面的书刊上有过介绍，但是未直接应用的原因在于，今井方法的建立是以当时日本最先进的热连轧机的实际生产数据为基础，轧制过程的能耗可测，但能耗的大小与轧件的钢种、规格直接相关，很难使模型通用化，因此未被直接应用，仅作为能耗负荷分配方法的一种模式。

在认真分析今井能耗法模型之后，发现今井能耗负荷分配模型中的厚度计算公式中，可求出其反函数，即 ϕ 函数。ϕ 函数的数学表达式为坯料厚度 H 与成品厚度 h 的乘积与各道次厚度的函数。得到 ϕ 函数公式之后，笔者引用了大量实际数据对 ϕ 函数的正确性和实用性进行了验证，见文献[10]。

2.3.3 ϕ 函数和解析板形刚度理论相结合的实际应用

ϕ 函数不是求解负荷分配问题，它只是记录现有的轧制厚度分配。它的第一个来源是，以现有的已轧钢种规程的各道次压下量和累计压下量用 $\Delta\phi_i$ 和 ϕ_i 表述。ϕ 函数方法可用于热、冷连轧机和中厚板轧机，采用宝钢 2050 的实际轧制规程的 H、h_1、…、h_n 数据建立数据库，之后再应用于其他热连轧机。应用效果十分成功，除个别机械设备原因使第一卷通不过外，几乎开轧后第一卷就是成品卷。

在引进的宽带钢热连轧机上，只有攀钢 1450 完成了 ϕ 函数轧制规程的工业实验和由 $\Delta\phi$ 函数库方式实验了板形向量闭环控制[11]，进行 ϕ 函数 $\Delta\phi$ 函数库方式的板形向量闭环控制在技术上是开了先河，水平超过了国外引进技术。

2.3.4 ϕ 函数的新进展

在攀钢进行板形向量闭环控制工作时，尚未得出 $d\phi/dh$ 解析函数的数学表达式，所以采用了数据分析方法实现了实验，目前已得到该数学表达式，使实现板形向量闭环控制变得十分简便了。这个问题目前已做了大量仿真实验，研究的对象是新钢 1580 西门子系统和宝钢不锈钢公司的 1780 日本东芝系统的大量实时采样数据。这项工作前后三年的成果已在文章中说明[12]。

现已证明 ϕ 函数方法采用规程库中的 120 组数据就可得到各钢种规格的板形优化规程，而 $d\phi/dh$ 的精度还要高于 ϕ 函数方法 10 倍。$d\phi/dh$ 方法的在线应用主要是解决了换品种规格后的第一卷钢就能够命中目标。ϕ 函数由数据库表述，换轧辊后第二卷钢可实现品种、规格命中目标，所以由 ϕ 函数库和 $d\phi/dh$ 函数完美地解决了自由轧制设定的问题。

2.3.5 ϕ 函数和 $d\phi/dh$ 板形向量控制方法与现行板形控制方法比较

目前板形控制技术的应用效果还是很好的，除极薄带钢板形还存在一些问题外，完全满足了市场对热轧卷质量的要求。既然这样，$d\phi/dh$ 模型用于板形闭环控制还有何意义呢？

现在弯辊、辊形、CVC、PC 和 HC 等控制板形的方法还存在一些缺点。以最简单的弯辊控制板形来说，它对热轧卷板形控制是很有效而且方法也很方便，对热轧卷直接应用没有问题，但是供冷轧用的带卷，对冷轧影响非常大，热轧卷用弯辊控制使板凸度变化有转变点，当进行冷轧加工时就会表现出来，现在冷轧机板形控制装备多样化，就是由热轧卷采用弯辊方法造成的。如果用 ϕ 函数和 $d\phi/dh$ 板形向量控制方法可以保证热轧卷为二次曲线，此种坯料冷轧时的板形与热轧坯料是一致的。

辊形是非常重要的，特别是 VCL 型支持辊。

CVC、PC 等可改变轧辊凸度适应轧辊磨损和热膨胀的辊形变化，但是实现起来是很复杂的，适应它的在线设定模型有上百个以上参数，这么多的参数怎么能达到最优呢？另外其辊形磨损不均匀，这是人所共知的问题。

HC 轧机是比较优良的机型，它的主要特点是由中间辊窜动消除轧辊间的有害接触，达到轧机横向刚度极大，而且增加了弯辊对板形控制力度。由于冷轧产品都是最终产品，使用弯辊控制是十分有效的板形控制方法。HC 轧机还未见在热轧机上的应用。

2.3.6 关于冷连轧机中 ϕ 函数轧制规程的研究[13]

2008～2012 年间，笔者研究了冷连轧机中 ϕ 函数轧制规程的问题。主要应用的数据有武钢 1700 冷连轧机引进时，出国实习的专家组带回来的两种德国人的实际生产数据，其一是德国拉色斯坦 6 机架冷连轧 309 卷详细的采样数据，数据非常全面完整，包括力能参数、厚度、钢种规格等；其二是 5 机架冷连轧机能耗负荷分配模型的全部中间过程的数据。

为了解决冷连轧 ϕ 函数轧制规程问题，应用了从德国带来的能耗分配数据，求出与 ϕ 函数模型相配套的 m 参数计算公式。

应用得到的冷轧 m 计算公式，采用了武钢 1700 的数据和宜昌冷轧机的大量实测数据（轧机控制系统基本由安萨尔多和达涅利提供）。

2.3.7 宽厚板轧机 ϕ 函数轧制规程的研究

最早是应用上钢三厂、重钢五厂中板数据研究 ϕ 函数轧制规程，后用宝钢 5000 和 4200 两套轧机研究了 ϕ 函数轧制规程（2011 年）。在中厚板轧机应用 ϕ 函数轧制规程，可比原优化规程库和在线校正方法适应轧辊凸度变化的四个可调参数方法先进得多。

对于中厚板生产还存在轧制稳定性问题，中厚板轧制稳定性问题是苏联 CyRPOB 教授给出的板凸度计算公式。在实际生产中发现苏联计算公式是错误的。给出了正确的稳定性板凸度计算公式[14]。

3 结束语

轧制领域一直未有完整的基础动态理论，笔者提出的轧制过程动态理论包括连轧张力理论、DAGC、中厚板轧制稳定性条件、解析板形刚度理论和 ϕ 函数和 $d\phi/dh$ 方法等五项内容，这些内容已经过实验证明，并用于生产过程，动态理论将是轧制领域的重大革命性进步。

参 考 文 献

[1] 张进之．连轧张力公式［J］．钢铁，1975（2）：77-85.

[2] 张进之，张自诚，杨美顺．冷连轧过程变形抗力和摩擦系数的非线性估计［J］．钢铁，1981，6（3）：36-40.

[3] 张宇，徐耀寰，张进之．宝钢 2030mm 冷连轧压力公式的定量评估［J］．冶金自动化，1999（4）.

[4] 张进之．压力 AGC 系统参数方程及变刚度轧机分析［J］．冶金自动化，1984（1）：24-31.

[5] 吴钰英，王书敏，张进之，等．轧钢机间接测厚厚度控制系统“跑飞”条件的研究［J］．电气传动，1982（6）：59-65.

[6] 张进之，李炳燮，陈德福，等．动态设定型变刚度厚控系统的研制［J］．一重技术，1987（1）：1-16.

[7] 刘洋，张宇，王海深，等．1580 热连轧机应用 DAGC 和流量 AGC 的研究与实践［J］．冶金自动化，2016，40（5）：31-36.

[8] 张进之．解析板形刚度理论［J］．中国科学 E，2000，30（2）：187-191.

[9] 张进之，江连运，赵春江，等．厚度自动控制系统及平整机控制系统数学模型分析［J］．世界钢铁，2012（1）：42-45.

[10] 张进之，张中平，孙孙旻，等．φ 函数的发现及推广应用的可行性和必要性［J］．冶金设备，2011（4）：26-28.

[11] 余广夫，胡松涛，肖利，等．一种新的负荷分配算法在热连轧数学模型中的应用［C］//宝钢 2010 年年会论文集，2010：K286-290.

[12] 张进之，张宇，王莉，等．三论热连轧负荷分配问题［J］．冶金设备，2016（6）：9-16.

[13] 张进之，田华，张宇．冷轧轧制规程的 Φ 函数方法的分析研究［J］.2017（4）.

[14] 张进之，李生智，王廷溥．中厚板轧制稳定性条件的理论计算与实践验证［J］．金属学报，1992，28（4）.

板带轧制过程动态理论的建立及应用发展过程

张进之，吴增强

（中国钢研科技集团有限公司，北京 100081）

摘　要　连轧的发明是金属塑性加工工艺最重要的进步。连轧技术发明以来，发生了两次革命性进步。

第一次连轧技术革命发生在西方工业发达国家，首先是计算机在连轧机上的应用，其实现的理论基础是英国人开创的以秒流量相等为基本方程的影响系数仿真计算，弄清了控制量（辊缝和速度）与轧件厚度、张力、压力、力矩和功率的定量关系；其次是美国人的以张力微分方程和厚度延时方程为动态的过程方程的定量分析；之后日本人进一步发展了英、美的技术，使连轧技术发展到了一个新的高度。目前国内外应用的还是日本、德国为代表的连轧技术。第一次连轧技术革命是在轧制工艺传统理论基础上，加上计算机和控制理论发展的应用，而没有轧制过程的动态解析理论（国外由计算机仿真实验方法可代替轧制过程动态理论）。

第二次连轧技术革命是在我国发生的，其理论基础为连轧张力公式、动态设定型变刚度厚控方法（DAGC）、解析板形刚度理论和 Φ 函数及 $d\Phi/dh$。这些动态理论创建的应用花了近 60 年的时间。特点是建立轧制过程的广义空间（辊缝、轧辊速度）基础上，由数学分析方法建立起来的新型轧制理论。它已在生产上取得明显效果，可以在装备落后的连轧机上使轧件尺寸达到从国外引进的轧机的水平，在从德、日引进的热连轧机上使产品精度大幅度提高。第二次技术革命的特点是在简化装备的条件下，大幅度提高产品质量。最终将其推广应用会改变目前轧制装备极端复杂的状况。

本文将动态理论在应用进程方面作了较详细的介绍。

关键词　厚度；张力；板形；连轧张力理论；DAGC；解析板形刚度理论；Φ 函数及 $d\Phi/dh$

Abstract: The invention of continuous rolling is the most important process for metal plastic working. Since then, two revolutionary processes have occurred.

The first technical revolution of continuous rolling took place in western developed countries. Above all is the application of computer science on continuous mills. The technical base for that was influence coefficient calculation of basic function of equal second flow, which was proposed by British engineers. Then the relationships between controlled variable (roll gap and speed) and the thickness of rolled piece, tension, pressure, torque and power were understood. Engineers in United states then reported the quantitative analysis of process formula, and the dynamic of that is tension and thickness delay differential equations. This was followed by the development of technology from Britain and Unites States in Japan, reaching new levels of continuous rolling. Nowadays, the dominant applications of continuous rolling in China and overseas are imported from Japan and Germany. Based from classical theory of rolling process, the first technical revolution of continuous rolling combined with the application and development of computer science and controlling theories, rather than dynamic analytic theory of rolling process. In foreign countries, the dynamic theory of rolling could be substituted by computational simulation methods.

The second technology revolution of continuous rolling occurred in China, and the theoretical basis for it are continuous rolling tension formula, dynamic automatic gauge control (DAGC) set of variable stiffness thick control methods, the analytic shape stiffness theory, Φ formula and $d\Phi/dh$. It took nearly 60 years for these dynamic theories to be created and applied. The main specialty is the new rolling theory by mathematic analysis methods, which was based on the establishment of generalized space in rolling process. An obvious effect in the production has been obtained, making rolled piece produced by continuous mills with backward equipment reach size of those pieces by imported mills, resulting in higher accuracy of products fabricated by hot continuous rolling mills imported from Germany and Japan. The feature of the second technical revolution is the substantial improvement of products quality under the condition of simplified equipment. The final promotion and application would change the status of extremely complicated rolling equipment.

This paper would give a detailed introduction of the application process of dynamic theory.

Key words: thickness; tension; strip shape; and rolling tension theory; DAGC; the analytic shape stiffness theory; Φ function and $d\Phi/dh$

1 引言

17 世纪牛顿力学理论的建立是以自然三维空间为参照系，加自然时间引入质量概念而建立的，对于连轧系统，动态理论的建立是学习牛顿建立力学系统找到了连轧空间，即可测、可控的轧机机械辊逢和轧辊速度而建立的，对于时间概念与牛顿力学相同。学习电学的动态理论方法，引入了相应的电阻、电容和电感三个参数而建立连轧理论，对于冷连轧机，只用到电阻、电感两个参数；而热连轧机则增加电容等三个参数。

找到连轧过程的空间和参数，则需要列写出微分方程，即连轧张力微分方程就是具体的实现。有了空间和参数，如何列写出张力微分方程来，是比较自然的事了，关键连轧理论的建立是要解微分方程得到代数公式才便于实际应用。这方面国外不论是苏联还是英美等轧制理论研究的学者们从 20 世纪 40 年代到 60 年代做了大量的研究工作，但都停留在微分方程阶段。60 年代电子计算机的应用，人们用数字方法可以研究加轧机的控制和操作问题，所以就放下了这一工作。这期间最主要的研究成果是英国人 Heasenberg 在 1955 年的以秒流量相等为连轧基础方程的稳态解析理论的建立；之后日本学者在此基础上进行了大量研究工作，推进了连轧过程控制和操作的研究成果。

1957 年美国人菲利普以连轧张力微分方程和厚度延时方程为连轧基础方程的计算机动态模拟研究平台。

笔者进行连轧张力公式的研究是从 1967 年初开始的，按 1966 年香山会议的决定，立了九项科研攻关项目，其中一项是连轧过程控制技术的研究。这个项目分别在北京、上海等地实施。冷连轧在上海，为此建立了上钢十厂的 3 机架 600mm 冷连轧项目，一重、二重、华东师范大学、包头钢铁设计院等单位参与；热连轧项目立在北京，当时由宋瑞玉工程师（1953 年毕业于东北工学院压力加工专业）主持，从 1967 年初以酒钢热连项目为依托，在北京组织实施这项工程，在北京建筑研究总院开展其研究工作。宋瑞玉工程师一直跟踪国外连轧技术，掌握最新技术进展。立项后宋工程师系统讲解热连轧的数学模型。当时参加该项目的单位主要有中科院数学所、天津传动设计研究所、北京钢铁设计研究总院、钢铁研究总院、酒泉钢铁公司、冶金部建筑研究总院等。冶金部自动化研究院就是以建筑研究总院和钢铁研究总院自动化研究室为主体，为完成武钢 1700 连轧机引进工程而成立的。

工作开展起来后邀请北京钢铁学院孙一康教授参加，形成了实力很强的攻关队伍。在专家教授讲课的过程中，发现国外热连轧数学模型中忽略了连轧张力的作用，只用秒流量相等条件联系压力、力矩、功率、前滑、后滑等组成了数学模型，张力控制主要依靠活套实现。在当时技术水平下这种做法是合适的。笔者在 ϕ38mm×350mm 十二辊冷轧机上做过大量的工艺参数试验，设想设计出连轧张力为纽带的热连轧分析数学模型。

2 轧制过程动态理论的研究和建立

由于在十二辊轧机上的工艺研究的实验研究和学习苏联轧钢文集资料建立连轧动态理论有了实验基础。理论的建立，首先要列写出微分方程，之后为解微分方程得到代数方程是既有理论也能指导实践的最佳办法。开始学习苏联两位院士的微分方程，他们之间的争论很激烈，从事轧钢工艺研究的切克马略夫院士和从事电气自动化研究的费因别尔格院士，两院士的微分方程不同，所以在苏联争论很大，许多中国留学生知悉其情况，并将两位院士的文献带回国内。当时切克马略夫院士的微分方程是大家普遍认同的，笔者开始研究解切克马略夫微分方程，应用苏联出版的数学手册解出了两机架非线性微分方程的代数公式，得到当时大家的好评（1967 年）。1972 年《钢铁》等刊物复刊后，时任钢铁研究总院压力加工研究室副主任的张树堂教授要笔者把在十二辊轧机所做的工作总结写成论文发表，笔者认为把 1967 年推导出的两机架连轧张力公式发表更好，得到了张教授的支持。论文从建立张力微分方程开始写，在资料缺乏的情况下，从实际条件推导张力微分方程。推导微分方程的原理是应用质量平衡条件，即两机架之间从后机架（出口）到前机架（入口），亦即 F1 机架出口到 F2 机架入口之间建立张力微分方程。在建立微分方程时发现切克马略夫微分方程有误。发现连轧机架间的钢带变形情况与拉伸时的变形不同，即拉伸变形是变形前的长度是常数，而连轧机架间的拉伸变形是变形后的长度为常数。

2.1 独立连轧张力理论的建立

（1）两机架连轧张力微分方程变成了三个，其中一个是本人建立的两机架张力微分方程；一个是切克马略夫微分方程；一个是费因别尔格微分方程。三个微分方程的区别在于（$1+\varepsilon$）项，笔者的为（$1+\varepsilon$）；切院士为（$1+\varepsilon$）^{2}；费院士（$1+\varepsilon$）只作用于出口速度。详细区别与分析参阅有关论文。目前国内轧钢学者大都认同切克马略夫院士微分方程。这个问题争论了多年，笔者原先十分重视此问题，现在偏重于应用，也就不再纠结此问题了。连轧张力理论的应用要有多机架张力公式。与两机架动态张力公式建立的同时，为研究连轧影响系数问题，由秒流量相等条件和张力与速度、压力、前滑的线性关系建立了连轧张力、厚度的稳态数字解，结果由日本人文献得到验证。与日本人的区别是大大精简了计算公式的数量，由108个公式简化为40个。稳态张力公式最主要贡献是证明张力间接测厚比压力间接测厚灵敏度高一个数量级，从而在理论上推出了连轧流量AGC方程及详细的数学模型，可供实际控制上应用。关于张力间接测厚想代替压力间接测厚方法在上钢十厂三机架计算机控制项目中应用。笔者提出此问题，当时未被接受，到武钢1700冷连轧机引进项目中才被人们接受。由此可看得出一项新技术推广的难度之大。

多机架张力公式的建立，得益于与中科院数学所的合作，从他们讲解向量微分方程可解析解的条件：方程中的$\boldsymbol{A}$矩阵为常阵方可得到解析解。在研究连轧影响系统计算过程中，可看到$\boldsymbol{A}$矩阵可当作常阵，后来也用解析方法构造公式得到其解法，仿真计算证明可将$\boldsymbol{A}$矩阵当作常数处理。$\boldsymbol{A}$矩阵包含速度、厚度等主要变量，直观看它应当不是常数矩阵，但从抽象化的数学方法证明其可当作常矩，这正是数学的奇妙之处。到目前为止，世界上只有中国有多机架连轧动态张力公式。

（2）多机架动态、稳态连轧张力公式的建立及应用。以矩阵表示的多机架动态张力微分方程是连轧张力理论的基本结构，引用了厚度延时动态方程和前滑、厚度、力矩、压力等与张力的线性方程，解出了多机架动态张力公式。动态张力公式解出后，又经反变换把压力、力矩、厚度等线性方程代入得到只有前滑与张力关系的动态张力公式。动态张力公式的渐近解得到多机架稳态张力公式。日本新日铁在型钢连轧时得出了两机架动态张力公式；多机架稳态张力公式是由秒流量相等条件得出的。所以笔者的多机架稳态张力公式与日本人的稳态张力公式是不同的。钢铁研究总院吴隆华教授是国内第一批自主培养的轧钢研究生，由秒流量相等条件推导稳态张力公式，思路是正确的，但他的工作没有最终完成。

多机架动态、稳态张力公式建立后，开始研究它们的应用，由稳态多机架张力公式建立了连轧影响系统的研究，该文已于1979年在《钢铁》上发表，并由日本人的数据得到验证，但计算公式比日本人的方法减少了一半多。

由动态张力公式研究冷连轧动态关系，此项工作与中科院数学所张永光、梁国平等合作完成，论文参加了中国自动化学会和金属学会的年会，并在两个年会上作了报告，得到领导和学者们的较高评价，金属学会还专门组织了一次专题讨论。该论文发表在《自动化学报》1979年第3期上。

动态张力公式的应用还有多篇论文，冷连轧穿带动态分析及仿真模型；咬钢动态设定模型；特别是动态变规格模型及仿真实验，1979年在《钢铁》发表后引起国际重视，美国人专门到中国来谈引进之事，由中国专利局筹备组，与钢铁研究总院联系找到作者。由于美国后来对连轧技术不再重视了，未能进行实质交流。下面介绍几项实际应用的案例。

（1）张力信号的间接测厚方法。压力间接测厚是英国人发明的，由它引起了测厚技术的巨大进步，简便之处在于由可测压力和辊缝信号就可以估算出厚度，从而发明了AGC厚度自动控制方法，简称BISRA。BISRA方法的不足之处在于轧辊变形影响了测厚精度。德国、美国、日本等国发明了测厚计型AGC，简称GMAGC。GMAGC发明之后代替了BISRA方法的部分应用。但GMAGC受弹跳方程精度影响较大，可能发生厚差方向性错误，即“跑飞”现象。动态设定型AGC简称DAGC是我国发明的，是通过分析方法发现轧件扰动可测得到的最简便的厚度自动控制方法。张力间接测厚是由稳态张力公式推出的间接测厚方法，当时称连轧AGC，后来国外由计算机仿真实验方法发明了冷连轧由张力信号与辊缝闭环的流量AGC，目前流量AGC在冷连轧上已普遍应用。我国已将流量AGC应用到热连轧机上，使热连轧厚控精度达到了冷连轧水平，为热轧薄带代替部分冷轧产品做出了贡献。

（2）动态变规格技术。动态变规格是目前冷、热连轧机一项十分重要的控制技术。国内外实用的动态变规格技术还是20世纪70年代日本钢管发明的方法，即只有厚度变规格所用的数学模型——弹跳方程而无轧辊速度设定计算公式。其原因是国外无多机架动态连轧张力公式。笔者早在20世纪70年代就已得出多机架动态连轧张力公式，第一项应用就是解决了动态变规格时的辊缝和轧辊速度计算公式。这项方法在《钢铁》1979年第6期上发表后引起国外的重视，美国代表团专门通过中国专利局筹备组到访钢铁研究总院。完备的动态变规格技术已发明了近40年了但还未引起国内同行的重视，中国轧钢技术不断从国外引进的现象很值得深刻分析。

（3）变形抗力和摩擦系数的非线性估计（简称$K\mu$估计）。轧制生产是塑性加工的主要方法之一，具有高效、低成本等优点，发展比较快。金属塑性变形理论是比较成熟的，轧制部分主要存在的问题是摩擦系数难于定量计算，虽然有多种摩擦系统计算方法，但没有一种达到工业化精度水平。由于20世纪60年代计算机控制的连轧生产技术的需要，德国、日本等国都在这方面做过研究工作。其代表性人物为日本塑性加工学会会长冈本丰彦，他用压力计算公式和导函数来估计轧制过程的摩擦系数；德国AEG公司的格拉司（武钢1700冷连轧机的技术负责人）也为武钢提供他们的$K\mu$估计方法。笔者同时期研究此问题，与德国、日本人不同的是，笔者已建立起连轧张力公式，所以提出了由压力公式和稳态多机架张力公式估计$K\mu$的估计方法并取得了成功。原金属所研究员徐作华（后调武钢引进工作组）对此方法的评价是：压力公式和张力公式正好构成纵向和横向坐标，所以能较精确地估计出轧件的变形抗力和摩擦系数。

$K\mu$估计方法发明之后，由武钢1700冷连轧机大量实测数据和武钢引进技术组从德国带回来的德国拉色斯坦六机架冷连轧309卷数据（该批数据十分全面，有各种钢种、规格的全部技术数据）进行了大量计算机离线实验，估计出来的$K\mu$参数十分精准，误差不到±3%。后来也用相同的方法，与宝钢2030五机架冷轧厂合作用相同的方法估计$K\mu$参数，精度很高，标准差与测量数据几乎相同。

在我国第一次轧制理论学术会议上报告（1978年在西安建筑科技大学召开）时，$K\mu$估计方法得到国内轧钢界专家教授们的很高评价。“文革”期间轧钢界同仁一直进行研究工作，提出了各自的轧制压力计算公式，他们要笔者进行$K\mu$估计，结果都不理想，比国外的压力计算公式计算精度差。由此$K\mu$方法未能推广应用，只有笔者本人一直在应用。由于笔者有$K\mu$估计方法和轧机弹跳方程两项专利技术，在太钢1400kW八辊冷连轧机和多套中厚板轧机上推广应用，应用了计算机轧制规程设定方法，两次获冶金部科技进步奖。

$K\mu$估计最重要的应用是对轧制压力公式的优选工作。由于摩擦系数问题造成有几十个冷、热轧制压力计算数学模型。压力公式微分方程解法早在1925年卡尔曼已解出了压力计算公式，后来还有Orowan以极坐标的解法。由于摩擦系数的问题，许多人的处理$K\mu$估计方法造成了多种压力计算数学模型。这些模型都认为自己的好。为什么造成这种情况呢？压力计算公式与实验验证计算公式有两个重要参数，即轧件变形抗力计算公式与摩擦系数。轧件变形抗力数学模型是可直接验证的，是准确的，所以各自压力公式验证则用其公式估计出摩擦系数。在与其他学者公式对比时，用其估计出的摩擦系数代入其他学者的压力公式，这样他的压力计算就得到最佳结果。这种做法是不公平的，$K\mu$估计方法可以实现各家压力公式好坏的客观判定。在已有现代计算机控制、测量仪表齐全的采样条件，就可以优选出冷、热轧最优的压力计算模型。这项工作是笔者与白埃民教授（原钢铁研究总院）、梁国平教授（中科院数学所）等同志合作，用了13个热轧、近十个冷轧压力公式优选出了三个实用压力公式，它们分别是Hill压力公式、艾克隆德压力公式和志田茂压力公式。所优选的压力公式已不用迭代计算轧辊压扁的直接计算压力值，使冷、热轧数学模型极为简化。三个不迭代压力公式分别用于冷轧的为Hill公式（该公式几乎全世界通用）；热连轧为艾克隆德压力计算公式；中厚板和热连轧粗轧机为志田茂压力计算公式。由这些计算公式，作者开发的数学模型得到了工业化应用，设定精度超过了国外引进的水平。

（4）新型轧机弹跳方程。轧制过程设定一直是以轧制压力为中心，由提高轧制压力计算精度而提高厚控精度。由此造成多个压力计算公式的状况。日本钢管的学者M. Saito等首先在第五届世界轧钢会议上提出了新观点：辊缝设定精度不是由轧制压力精度确定，而是由轧制弹跳方程精度决定的。认为靠压力计算精度其厚度误差值为200μm，而提高弹跳方程可使厚度精度达到均方差45μm。日本钢管的方法在其新建的扇岛宽度5500mm轧机上应用。

笔者接受了日本钢管的观点，开始研究轧机弹跳方程，新型的轧机弹跳方程获得了中国发明专利。由于该弹跳方程的实际应用和“$K\mu$”估计法提高了压力计算精度，两项新技术应用，在原上钢三厂的中板轧机上厚控精度达到均方差40μm。此技术在国内外多套中厚板轧机上取得了成功，特别是在美国Citisteel4064mm轧机上的应用。在新建的四套窄热带钢连轧上应用，使设定都很准确，很顺利一次试轧成功（四套轧机分别为：冷水江950七机架、兆博650九机架、天津联合钢铁公司450九机架和岐丰450八机架）。

新弹跳方程的特点是将弹跳方程分为两段，以清零压靠压力为其基点。例如以1000t为基点，将自由压下作出的压力与辊缝实来数据来确定两段弹跳方程的参数。由实测的压力和辊缝记录，对大于1000t段，从900t为起点取大于它的压力数据作出线性弹跳方程；对小于1000t段，从1100t为起点，作出1100t至500~300t（轧机类型不同，而取轧制时最小可能的压力）二次或三次方曲线，其零点由改变非线性方程的常数项改变而实现。设计计算辊缝时大于1000t则加入大于1000t的弹跳值；小于1000t则减去1000t到设定压力值段的弹跳值。

3　动态设定型变刚度厚控方法（简称DAGC）的发明和应用

笔者1960年从东北大学毕业后分配到钢铁研究总院工作，开始了对冷轧机的安装调试工作。当时压力加工研究室有十二辊和四辊两台冷轧机，都是国内首次制造。这两台轧机安装调试好后，对当时国防急需的材料生产作出了贡献，其中有原子弹生产需要的长度大于70m，厚度为0.07mm，厚差小于0.5μm的带材；沈阳苏家屯有色加工厂需要的厚度为0.04mm的钛带；制版用的0.03mm×250mm的镍带；以及软磁合金带和硅钢带等。特别重要的是厚度为0.07mm长度大于70m的带材是冶金工业部军工办重点项目，由钢铁研究总院负责，上海冶金研究所和天津材料研究所一起完成。从此笔者开始了厚控精度的研究工作，即AGC技术。在钢铁研究总院十二辊轧机上做了大量材料试验。在十二辊轧机上能进行厚控的技术研究是由机械工业部天津电气传动研究所研制的直接测量张力的张力计。1963年前后在十二辊轧机上作了大量定量试验，特别是同硬度不同厚度在恒定辊缝条件下的成品厚度变化；同厚度不同硬度在恒定辊缝条件下成品厚度的变化。这两项试验还未见其他人的试验结果。分别改变前后张力对压下量的定量影响关系等实际实验。这些试验就是我进行连轧张力理论研究的实验基础。后来在国内所建的冷连轧实验轧机上，特别是一重厂四机架200mm实验轧机上的实验，它的实验内容及DAGC是获国家发明奖的主要内容。利用一重厂的四机架冷连轧机的其中一架进行了全面DAGC参数实验，证明DAGC是最简单的厚控方法（与BISRA、GMAGC相比），厚控精度最高，可变刚度简单（只有一个人工设定参数M_c），而且将一直独立的平整机控制系统与厚控系统统一。目前平整机恒压力控制与恒厚度AGC控制是完全独立的两种控制系统，而DAGC只将M_c参数设定为零就可以实现平整机功能。该平整机控制方法除在一重、太原科技大学350实验轧机上证明外，还在湖南涟钢1700工业平整机上也用辊缝闭环的方式实现了恒压力平整机功能实验。

4　板带轧制过程稳定性问题

板材轧制过程稳定性问题，是轧制理论实用性非常重要的问题，该问题的理论方程是苏联ДЧ. СУлроВ 1957年建立的，是通用的理论公式。20世纪80年代我参加了自动化院承担的宝鸡钛合金厂四辊钛板轧机上液压压下的改造工程。该轧机是60年代全套从日本引进的，主要用于轧制钛合金板材。这次上液压压下装置的目的是生产长的带材（大于30m），要在无卷取机的条件下轧制长带材首要的问题是轧制过程稳定性问题，否则带材会偏离辊道。

为轧制长带材，我开始用СУлроВ公式带材凸度最小数值，计算结果，需要较大板凸度，这种凸度值不可能作进一步的冷轧坯料（计算结果需要0.2016mm的板凸度），为此，我开始研究СУлроВ的钢板稳定性公式。分析研究的结论是СУлроВ公式是错误的。СУлроВ公式是50年代得出的，当时板轧机比较落后，大点的凸度要求对中板生产是不被注意的，而用在80年代轧薄的带材就可以发现它错误。这个问题的发现，我建立了新的板带轧制稳定性公式。

公式得出后，我送给李生智、王廷溥老师

（王老师是我国最著名的板带专家，板带方面的教科书大都是他编写的，其中引用了 СУлроВ 公式）审查，王老师审查了我推出的理论公式，该论文在《金属学报》1992 年 4 期上发表（同时发表了英文版），王老师编写的新板带轧制教科书中引用了新的稳定性判别公式。

5 解析板形刚度理论的建立及其应用

板形和板厚技术是轧钢技术中最重要的两项基本技术。20 世纪 50 年代英国人由弹跳方程得到厚度自动控制方法并在实际中应用后，板形问题更加突出了。厚度自动控制系统（AGC）是压力正反馈系统，它的投运直接影响板形质量。日本学者铃木弘提出成品机架用软刚度方法，即降低一点厚控精度而保板形质量。该方法目前国内外还在应用。板形理论的基础是简支梁理论，早在 100 多年前就解决了，所以说轧制过程的板形控制问题研究远早于厚控技术的研究。

国际上早期板形控制的解决办法是采用弯辊的方法，其理论为史通方法，之后是计算机技术的发明和应用，有限元方法对近代板形理论研究作出了重要贡献，主要工业发达国家都在用此方法研究板形控制技术。应用有限元研究方法最成功的是欧洲，英、法、比都作出过贡献。欧洲人的办法是将各种影响板形的因素通过有限元方法进行解析，形成数十万个数据，以这些数据为基础，分析出影响板形的主要因素，一般为 5 个左右，回归其板形控制方程供实际生产中应用。这种方法取得了较好的实际效果，武钢曾花 1 亿元从法国引进这项技术。

另一条提高板形控制的技术路线是硬件装备的发明，弯辊方法比较简单，多国都有应用。控制板形的主要装备有三项：其一是日立发明的可窜动轧辊的 HC 轧机，可消除轧辊边部的有害影响，大大提高了弯辊控制的效果；其二是日本发明的 PC 轧机，能较大改变辊型凸度，轧件对中要求较高，操作较困难；其三是德国西马克发明的 CVC 可改变轧辊凸度技术。这三种最重要的板形控制方法都得到了较大范围的应用。HC 轧机主要应用于冷轧，热连轧 CVC、PC 都得到应用。其他改支持辊曲线方法也得到很好的实际应用。

传统的板形控制方法——变轧制规程方法，在计算机的条件下也得到了一定范围的应用。

从板形控制理论方法讲，主要有史通简支梁理论和影响函数法方法。原冶金部、机械部在“八五”期间希望我研究板形控制问题，通过 4 年的研究终于提出解析板形刚度理论。

5.1 原冶金部、机械部分别要我在“八五”科技攻关时研究板形控制

由于 DAGC 的发明，得到两部联合专家鉴定会的评价为“世界首创”。当时板形控制是板带质量的中心技术问题，当时一重专门设计了 700mm 可逆式实验轧机进行板形控制技术的研究。冶金部自动化院与我合作在太钢 MKW-1400 可逆次序轧机上的科研项目获三次冶金部科技进步奖。所以自动化院约我一起研究板形控制技术是十分自然的事。我为何不参加呢？因为我参加了国家科委“六五”“七五”合金钢和低合金钢的科技攻关项目，而未参加“八五”科技攻关项目。后来参加了两部的“九五”科技攻关项目。机械部两个子课题：冷连轧、热连轧；冶金部 CSP 热连轧项目。

5.2 重新开始研究板形问题

虽然没有参加“八五”科技攻关项目，但这几年还是很忙，主要是推广“六五”“七五”攻关中取得的两项重要成果：DAGC 和综合等储备负荷分配方法。主要推广应用到中厚板轧机上，例如：上钢三厂 2350 四辊中厚板轧机；鞍钢 2400 新建的四辊中板轧机；安阳钢铁公司新建的 2800 宽厚板轧机、天津中板厂 2500 四辊中板精轧机等。最典型的是天津中板轧机，全面系统地应用了数据库，实现并应用影响系数在线修正压力的动态分布的板形在线控制方法。天津项目典型技术意义是将影响系数方法用于在线控制（影响系数方法本来是离线分析技术方法）。影响调整压下量分配是以钢种、板宽、板厚（坯厚、成品厚）三维的数据库，在线应用时，操作工适应轧辊凸度变化在线通过调整三个参数而改变压下量分配轧出平直度很好的中厚板，特别是薄规格的板材。当时天津中板厂有几百吨 09 硅钒梁的钢锭，要轧成 4.5mm 厚的薄板，对这种产品我院项目组同事都不主张生产，我独自坚持生产并成功完成了 09 硅钒梁的生产任务。天津中板厂项目的成功，天津冶金局组织鉴定会，在中信美国凤凰钢铁厂工作的付俊岩参加了鉴定会。付俊岩回到美国后，把凤凰钢铁厂的大量实测数据寄给了我。认真研究了该厂 4064mm 宽厚板轧机的数据。当时对去美国搞项目

十分感兴趣，非常认真地研究了这些技术资料。但要在美国这套轧机上应用中厚板计算机二级控制系统难度太大了，轧辊宽度4064mm，支撑辊直径只有1270mm，轧机刚度只有3000kN/mm。高刚度是当时轧机的中心技术观点，国内2500mm中厚板轧机支撑辊直径都在1500mm左右，4000mm的宽厚板轧机支撑辊直径在2000mm左右。要在4064mm宽的轧机上实现厚度自动控制难度可想而知。难点在于板形控制上，要接受美国这个项目必须在板形控制技术上有所突破。由此开始板形理论的研究。当时所有板形控制技术（如弯辊、辊型、CVC、PC、HC）都不适用美国这套轧机，而必须开发出板形控制的新理论。

5.3　解析板形理论的具体内容

当时已有几种板形理论：主要的有以轧辊弹性变形的理论，如解析方法的理论较多，代表人物有斯通（美国）、盐崎、本城等。影响函数法成果较多，近似程度较好，目前在应用上还占有主导地位。现有就是数值计算方法，由于计算机的应用数值计算方法在板形研究方面贡献更为凸显。不仅国外研究成果多，如法国、比利时等欧洲国家，而且国内成果也非常多，特别突出的是燕山大学（原东北重机学院）连家创教授在这方面贡献特别大，身为燕大校长，带出了一大批板形理论和实际应用方面的人才，在国内做出了突出贡献，燕大在冷轧方面更为突出。

我的外语程度很差，虚心学习国外翻译的技术资料，最重要的是机械部西安重机所翻译的日本冈本丰彦主编的《轧制理论及其应用》，东北大学和本钢联合翻译的《国外带钢轧机板形控制技术新进展》上下册等。我对这些文章认真细读，用其方法研究板形测控问题，但4年的努力未得到一个可在美国4064mm连轧机上实现AGC和负荷分配的方法。有一天突然想到厚控中有轧件参数Q和轧机参数M，而所有的板形理论文献都未引进与厚控理论相似的轧机和轧件参数。这一点认识是我建立解析板形刚度理论的认识基础。真正开始了解析板形理论的建立工作。解析板形刚度理论有两个版本，其一是1997年在《冶金设备》6期发表的，其二是2000年在《中国科学（E）》2期上发表的。

作为一篇理论文章，首先要经过验证。1997年的论文是由西门子压力公式特点，不用变形抗力模型而用独特的硬度代替变形抗力建立的压力计算模型。以D硬度计算压力公式有优点，从F1至F7各机架D值变化很小，所以有统一性。我采用硬度计算公式及其他有关公式可计算出轧件板形参数q，再计算出轧辊的板形参数m，即先定义轧件板形参数，后用微分方程推导出轧机板形参数。得出的解析板形刚度理论公式用美钢联1984年发表的论文（该论文我认为是世界上最先进的板形测控模型，其一是研究的参变量全面，有计算机仿真计算验证，而且有在轧机上实际带卷尾部取样的数值验证）。我的第一篇板形理论公式就是用美钢联论文的实际条件、数据得到较高精度验证的。

第一篇解析板形刚度论文发表后（在《冶金设备》上发表前，该论文还在金属学会冶金自动化专门的板形理论会议上发表，当时称全解析板形刚度理论），北京科技大学（原北京钢铁学院）陈先霖院士专门研究了该论文，陈院士专门约我去北科大谈板形论文，陈院士认为我的论文“有原则错误”，“美钢联的轧件刚度被我引用为轧件板形刚度是原则性错误”。我在发表第一篇板形论文时只用了三个板宽规格的一组数据（美钢联有三组板宽数据）。回来后我立即用另外两种宽度数据验证我的板形解析理论公式，结果误差较大，在10%左右。由此我也开始了新的解析板形理论公式的推导。先定义轧机板形刚度参数，$m=k/b$，轧辊横向刚度除以轧件宽度为轧机板形刚度m，轧机横向刚度早已有的，定义轧机板形刚度之后，用微分的方法推导出轧件板形刚度q。

以上说明了在《中国科学（E）》的解析板形刚度理论的建立过程，后来就是应用的问题了。

5.4　解析板形刚度理论的意义

它的意义是自明的，目前板带轧机搞的是这样复杂，全在于没有解析板形刚度理论，全靠计算机和控制理论。解析板形刚度理论解决了板凸度和平直度联立描述。解析板形刚度理论引入4个参数，它独立引进的是轧件板形刚度q和轧机板形刚度m，还有已有的两个板形参数，即辊缝刚度和横向刚度。由这4个参数构成两个方程，轧件板形刚度和轧机板形刚度之和辊缝刚度；另一个是由4个参数构成了一个方程。解析板形刚度理论参数方程有4个参数方程，在目前的宏观理论中，牛顿力学方程只有一个参数，即质量m；电学理论有3个参数，即电阻、电容和电感；连轧张力理论也有3个参数，而解析板形刚度理论则有4个参数。

参数的重要性是十分明显的，广义相对论中有很主要的一个原理，即引力质量与运动质量相等。

解析板形刚度理论的实际意义也很突出，它可实现连轧系统的板凸度和平直度闭环控制，这一点已于2011年在攀钢1450六机架连轧机上实现了工业化试验，证明是可行的。

6 轧制过程的负荷分配和 Φ 函数

轧制过程的负荷分配是板带轧制技术的中心问题，型钢为孔型设计；板带轧机为各道次（机架）压下量分配。我研究中厚压下量分配是从1959年开始的。当时中板生产过程中的压下量分配技术完全依靠操作工（压下手），当时鞍钢第二中板厂侯岐武工程师说过："压下手的工资比厂长高"，由此可看出板带轧制规程的重要性。学校老师也在研究压下分配问题，其做法是按压力、力矩、功率等中的一种设计出压下规程，再用其他方法验证其可行性。我在东北大学的钟锡汉老师给我提出了一个负荷分配问题，能否全面考虑压力、力矩、功率以及咬入等条件设计出来压下规程。

6.1 图表法设计压下规程

当时正是大搞鞍钢宪法时期，我们六〇届学生大都到了鞍钢，我和几位同学被分配到第二中厚板厂，在王廷溥教授直接指导下，我和程芝芬同学研究压下规程问题，还有钢种（钢3）等专题。当时侯工和另两位技术员也指导我们。轧钢专业两位同学被分配到钢研所测压组工作，轧制过程直接测压力、力矩工作是在苏联专家指导下开展起来的，鞍钢钢研所由张世伯工程师（1953年毕业于东北大学）负责，测压、测力矩、电流、压下量、温度等中板轧制过程的全面测量工作是在二中板厂进行的。实测轧制过程力能参数在我国是首次。我和同学们（还包括包钢钢校几位同学），所有参加测试实践的同学有十多个，在侯工的直接指导下有序地进行，总共测了100块钢的全部工艺力能数据。做完试验后如何处理数据是十分重要的工作，那时我们还没有计算机，处理难度可想而知。我花了半年时间处理试验数据，提出了图表法设计压下规程的方法。在处理数据制作压下量分配图的过程中发明了两个公式，提出了单位轧制压力为基本参数能将各参数（压力、力矩、功率等）统一描述在以单位轧制力 p 为横坐标，压下量为纵坐标的图表法制定压下规程的新方法。该文章由我起草，程芝芬同学成文交王老师修改，返回来再写再抄，再修改后定稿。在这次实践活动中我学会了撰写论文。1972年写连轧张力公式时就是由初稿、修改、抄写反复多次花了近半年才写出连轧张力公式的论文。

6.2 综合等储备负荷分配方法

图表法设计压下规程方法应用还是比较复杂的，对具体轧机要做出不同板宽的允许最大压下量与单位轧制力的三维图，而制订该图时所用的压力公式只能用苏联卡古诺夫压力公式。所以综合等储备制订压下规程方法有待改进。"文革"期间，陈伯达在首钢大搞电子中心论，中国科学院数学所等单位一大批科研人员参加了这项工作。另外香山会议定了九项攻关项目，其中冷连轧计算机控制项目立在上钢十厂，主要以华东师范大学数学系为主，有上重、一重、二重、包头钢铁设计院等单位参加。建立了三机架650冷连轧机，开展了一级、二级计算机控制系统的研究工作，连轧过程数学模型是最主要的内容。南北两个连轧计算机控制系统数学模型的研究内容，使大批数学家参加（这些参与者有当时的学部委员，年轻的数学家多人成长为科学院院士）。

在上海有了实验条件，当时我主张在三机架连轧机上实验流量AGC，但专题组不同意，而是按北京科技大学（原北京钢铁学院）苏逢西教授的方案实验，当时轧钢界的普遍认识：压下控制厚度、速度控制张力的观点进行科学试验。所以在上海主要和华东师大的老师们讨论张力公式等其他轧制工艺问题，得到了华东师大老师们的支持。计算机控制对负荷分配是十分重要的，我在这方面已有很深入的研究（前面已经介绍过了），特别是与中科院数学所梁国平合作，将图表法设计压下规程方法解析化，就很容易实施了。1978年在华东师大召开了一次计算机控制学术研讨会，我和梁国平等都参加了，梁国平的论文在会上发表，笔者也作了轧制过程有关工艺方面问题的报告。梁国平的论文《关于轧机的最佳负荷分配问题》发表在《钢铁》1980年第1期上。梁国平的论文主要是把我写的图表法设计压下规程方法解析化了，使用起来特别方便，该方法我和林坚等推广应用了（具体内容不再重述）。

综合等储备负荷分配方法应用了40多年，其方法简单、实用，优于国外引进的方法。水平之高梁国平有功劳，他是数学家，在计算方法方面有突出贡献，其计算方法推广到国外。在科学院的支持下，梁国平办了专门的计算方法公司。梁国平由于参加了武钢 1700 冷热连轧机的引进工作，他专门研究过国外连轧机数学模型的计算方法，所以提出了他的负荷分配方法论文。当时他的方法在武钢工作组未被人们认识。我院没有参加该工作组，所以我当时主要在上钢十厂开展研讨，争取试验工作。从上海回到北京后参加了数学所（梁、张）和自动所合办的数学模型研讨班，我和院内庞干云、卓兵等同志参加了该班。在研讨班上见到了梁国平的负荷分配方法，与我的方法在理论上是完全一致的，我帮助梁国平提供了压力加工的具体公式、设备参数等，使梁国平写出了所发表的论文。梁国平还写了另一篇论文，但一直未公开发表。

我把综合等储备负荷分配方法推广到实际中应用，取得了巨大成功。

6.3 Φ 函数的发现，对负荷分配方法进行了一次自我革命

6.3.1 Φ 函数的发现及应用

2000 年在《钢铁》上看到东北大学研究生写的一篇负荷分配方面的论文，其中介绍了今井一郎的能耗数学模型。我细读了这篇论文，研究了今井的能耗方法。早年宋瑞玉向我推荐过，当时认为我发明的负荷分配方法很成功地应用了，所以没有研究今井的方法。2000 年当时工作不忙，才细心研究今井的方法。通过研究发现今井厚度计算公式可求出它的反函数，即 Φ 函数。能耗负荷分配方法轧钢界大都进行介绍，有多种能耗负荷分配方法，这些方法大都是三参数方程，而今井能耗模型引入一个参数，是成品厚度的函数，所以今井模型是单参数能耗负荷分配的方法。今井模型是 1963 年在日本机械会志和 1964 年《塑性加工》上发表的，所以找到这两本刊物研究今井的方法。从论文中了解到，他是以日本最先进的大风轧钢厂为对象，由大量生产实际数据建立的模型，所以我肯定了他的成果（武钢 1700 热连轧就是大风厂热连轧机的复制品）。

今井模型发明了几十年，到目前为止只在文献中介绍，未被直接应用，如武钢能耗负荷分配方法还是三个参数构成。为什么今井模型未被直接应用呢？答案是能耗是可测的，但它是钢种、规格等的函数，是无穷数，不好直接应用。

我从今井厚度计算求得了反函数，所以对今井分配系数不用测能耗了，变成了实测生产中的厚度就解决问题了。这一发现十分重要，可以将改进的今井负荷分配方法推广到实际生产中应用。

Φ 函数已在 4 套新建热连轧机上应用（前文已有介绍），用于改进引进的热连轧机只有攀钢 1450 热连轧机，实验成功实现了板形向量闭环控制。Φ 函数是记忆轧制规程，而它不制订轧制规程。

6.3.2 Φ 函数的应用是一次负荷分配方法的革命

目前所有的负荷分配计算方法都是通过迭代计算得到的，笔者于 1959 年发明的图表法制订压下规程都是由大量分析计算建立的。现在研究负荷分配的计算方法很多，都是要用不同的计算方法迭代进行。Φ 函数负荷分配方法是由宝钢 2050 七机架热连轧机实测数据建立的 Φ 函数数据库。这样说 Φ 函数就没有科学意义了，否之。由计算方法建立起各钢种、规格在第一次换辊后的以板形为目标最优的原始 Φ 函数数据库，对不同类型轧机可建立它们的具体规程库。有了换工作辊后第一卷钢板形最优规程，可能由于其他原因有所误差，按板形向量（板凸度和平直度）与目标的差，可由 $d\Phi/dh$ 函数修正，得到第二卷钢的板形最佳规程，估计就可以达到目标要求了。因为 Φ 函数的通用性很强，由新钢实际数据已证明 1.4～9.5mm 厚的钢卷，用一组 Φ 函数得出的规程比实际计算机设定的规程的最大差（压力设定值）还要小（此论文已在《冶金设备》2016 年 6 期上发表）。$d\Phi/dh$ 的精度（对通用性）比 Φ 函数高一个数量级，所以在线应用时，可计算出下一卷钢与前一卷钢的厚差，从而得到各机架压下量的变化，将此改变转换成 $\Delta\Phi$，就可以很方便地计算出下一卷钢的板形最佳规程。

这项工作对我来讲，图表法设计压下规程方法研究了一年才得出，后与梁国平合作找到了解析算法，成功地在工业轧机上应用了几十年。现在将我发明的很实用的方法革掉换成 Φ 函数数据库，确实是一次自我革命。

去掉负荷分配的迭代计算是轧制技术的一次革命，要人们接受的难度我深有体会。Φ 函数轧制规程只在我参与的新建四套轧机上成功应用。在攀钢六机架热连轧机上做过工业性实验且实现

了板形向量闭环控制。由这些实际工作，我感到 Φ 函数的普遍推广应用只是时间问题，因为它与解析板形刚度理论结合可以达到比目前 CVC、PC 等热连轧机获得板形更高的精度。

DAGC、流量 AGC 在热连轧上应用，也是花了几十年时间才被大多数人接受的。科学研究，特别是原创性的科研成果被大众接受都是十分困难的事。

7 现代控制论在轧机上应用

7.1 现代控制论的发展过程

现代控制论是应宇航等技术发展要求发展起来的，它与古典控制论最大的区别是，现代控制论是多输入多输出系统，由状态方程描述，而一般控制论为单输入单输出系统。现代控制论是由于多输入多输出的关系，输入量就不可能是都可以直接测量的，所以现代控制论首先要有观察性方程，才可以获得全部输入量。由此引发现代控制论与古典控制论在理论上有重大区别，古典控制论只有稳定性问题。以往工业中应用古典控制论，一个复杂的电机传动系统，要由多环节系统构成，每个环节都是由单输入单输出反馈连接组成。

现代控制论是基于宇航、导弹控制系统的需要发展起来的，它们的状态方程都是立体空间，即 X、Y、Z 真实空间坐标，所以开始使用现代控制论在空间问题上没有困难。宇航技术开始最成功的应用是实现了人类第一次登月。美国阿波罗计划完成后，有 10 万多现代控制论人员转向工业应用，他们首选的工业控制系统就是冷连轧控制系统。他们分别建立了三机架、五机架冷连轧控制系统。但所设计的冷连轧控制系统未能被实际应用。

7.2 初识现代控制论

我国开始研究现代控制论技术的人员都是学数学的，在北方主要是中科院数学所，在南方是上海华东师范大学。我较早地参加了他们的工作，在工业应用方面就是连轧机的现代控制论系统。我与他们合作学习了现代控制论技术，开始研究的是分析美国研究的冷连轧控制系统为什么没有能实际应用。研究的结论是：美国人建立的状态方程是以传动系统和压下系统的状态方程，这些状态方程是容易建构的，但这种系统最优化后并不能实现连轧生产的主要目标。连轧生产控制系统主要要求是高精度的板厚和板形。得到这一结论很重要，所以我将现代控制论研究放在解决板带几何尺寸精度上。当时（1978 年前后）各工业部门都在设立研究现代控制论应用的课题，冶金部科技司自动化处为我院立了冷连轧过程最优和互不相关控制系统研究课题，并给一部分经费支持。

冷连轧过程最优和互不相关控制系统具体参加者是我和郑学锋，并与科学院数学所张永光、梁国平等合作，进行了 3 年左右的研究，完成了研究内容，写出了研究报告《连轧张力最优和互不相关控制系统仿真实验研究》等论文。专家评审给出了较高评价，研究报告是 1982 年完成的。当时北京整流器厂对此很感兴趣，与我院签订了合作协议，所以在武汉冷轧厂 350mm 冷连轧机上做了工业性试验。实验证明：冷连轧过程最优和互不相关张力控制系统优于常规张力控制系统；而张力最优控制系统优于互不相关（解偶）控制系统。研究论文在中国科技大学主办的现代控制论学术会议上报告，这次会议是在南京召开的，绝大部分论文来自军事科研部门，工业部门参加单位很少，只有两三家。研究论文专家给予了好评。

冷连轧最优控制在武汉冷轧带钢厂实验成功后，湖北省科委投资 200 万元，要在该厂立项开展应用工作，当时有几家参与投标，结果要我院承担该项目。当时我没同意干此项目，因为武钢已引进了国外先进的冷、热连轧项目，我参与武钢冷连轧项目的数学模型研究很投入，有几项重要成果；而且我已参与了国家“六五”攻关专 4 项目的工作和冶金部科技司 MKW-1400 可逆冷连轧计算机控制系统的工作。主要由于这些原因，决定不参加湖北省的项目。此事是我一生最大的遗憾之一。如果当时同意干此项目，我院与科学院数学所研究的冷连轧控制方案就可能完全工业化。

参加了“六五”攻关、“七五”攻关，并参加了冶金部科技司的太钢 MKW-1400 可逆冷连轧科研项目使我建立了独立于国外的计算机一级、二级控制技术，一级主要是 DAGC（DAGC 未投运。用另外方法）。二级为综合等储备负荷分配方法。DAGC 和二级综合等储备负荷分配方法在中厚板轧机上较大量推广应用，多次获省部级科技进步奖；DAGC 获国家发明奖和科技进步奖。以协调推理网络的二级负荷分配方法，解决了适应轧辊变形的动态负荷分配问题，获得高精度中厚板，厚度、板形实测精度高于从德国引进的上钢三厂 3500 厚板轧机的水平。因为都是在上钢三厂进行的，我们在 2350 中板轧机上的标准差为 34μm，德国西门子搞的 3500 中厚板轧机为 89μm。

7.3 转而研究热连轧厚度控制

上钢三厂的计算机控制（一级、二级）工作搞了两年左右，当时宝钢冷、热连轧已经投产，钢铁研究总院在宝钢建立了工作站，每次去上钢三厂都要去宝钢，那时在宝钢可以随便走动，工作站有自行车，去宝钢很方便。在轧钢学术会议（大约是第五届）看到宝钢热连轧厂吴章维等写的有关 AGC 的论文，所以有机会深入研究西门子厚控数学模型。当时我发明的 DAGC 已在多厂推广应用，效果良好。另外，我在本钢 1700 热连轧对 AEG 厚控模型有深入的研究，发表过多篇论文，所以研究西门子厚控系统并不困难。通过研究发现可用我发明的 DAGC 改进宝钢 AGC 系统，经过几年的努力，与宝钢基础自动化的同志们关系非常密切，说服了工段长居兴华等工程师，利用 24h 换辊的机会完成了 AGC 硬件 MMC216 程序的改造（MMC216 是八位机），开车后一次实验成功。能够改 MMC216 程序只有在当时的条件下（车间管理不如现在规范，现在在工业轧机上做实验太难了）有可能实现，现在要改引进设备的程序，手续上非常复杂。宝钢 2050 改 DAGC 实际成功后才向厂领导汇报。

现在与当时相比，有首钢迁钢 1580TMEIC 厚控改 DAGC 于 2015 年 6 月实验成功，其原因是李彬厂长直接支持领导，王海深段长等积极认真学习消化 DAGC，所以很快完成了实验工作，厚控精度大大超过了原厚控精度。迁钢的实验成功再加上 2012 年在新钢改西门子新厚控系统的成功，实现了我长期的预想：“英、美、德、日、中”，即中国独创的连轧过程动态理论会取代国外轧钢控制先进技术。

这段时间过得太长了一点，1975 年武钢引进德、日冷、热连轧技术时，由于武钢含铜钢问题，德、日都不接受适应武钢含铜钢数学模型适用的要求。我知道此问题后，给中央领导写报告我们自己可以解决此问题，因为与科学院多年合作在连轧控制问题上已超过了德、日，但人们不相信，否定了我和郑学锋给李先念的报告。

1996 年改西门子在宝钢 2050 厚控模型成功，2003 年在宝钢 1580 热连轧机上改日本厚控模型也取得了一定进展（改 1580 是不全面的，首先是流量 AGC 没有在线实验，DAGC 是通过改日本厚控模型的参数进行的）。

宝钢 2050 热连轧机控制系统改造是 2003 年左右进行的，由德国西门子本部实施，由于德国人不理解 DAGC 本质，用错了，后改用 BISRAAGC。过了 10 年在攀钢实现了 DAGC 和流量 AGC 同时应用，我才有信心改国外最新的厚控系统。到现在我的理想已经实现了。

由于 DAGC 属于现代控制论系统（两输入、单输出），是最简单的现代控制论的实际应用，它的效果是如此的好，在于它是物理原理导出的方法（即分析方法发现轧件扰动可测、具有前馈功能，它将反馈和前馈复合在一起了）。

7.4 三维的现代控制论的热连轧控制系统

认识到美国现代控制论在轧钢控制上未实用化的原因，我开始从轧制工艺目标（厚度、板形、张力）研究现代控制论的应用，这项工作整整干了 40 年（到 2000 年）。停止了对现代控制论的研究，其原因是发现了 Φ 函数，再加上连轧 AGC、DAGC 和解析板形刚度理论就可以完全解决轧制以轧件质量目标的控制，而且实施起来很简便。科学研究的目标之一就是追求实现目标的简便化，理想的方法是既能提高产品质量，装备也简单，实现“多、快、好、省”。所以从 2000 年起就推广应用我发明的四项基本轧制过程控制模型。自我感觉良好，想法已部分实现了，又回到三维热连轧控制系统应用问题，而且认为确实“九五”科技攻关的成果有一定的实用价值。“九五”攻关我有两个子课题：一个是机械部的热、冷连轧机控制系统研究，另一个是冶金部 CSP 薄板坯连铸连轧中的连轧控制问题。虽然是两个子课题，从我的以理论应用为主就变成了一个问题，集中在宝钢 2050 热连轧为对象具体的研究工作。1986 年开始在本钢改 AEG 厚控数学模型工作时已有改西门子厚控模型的计划，并在 1996 年成功实现了。“九五”科技攻关的客观、主观条件非常好，所以我主要由连轧张力公式和弹跳方程为基本方程，这些方程中有厚度、板凸度和平直度就可以构成三维状态方程。三维状态方程线性化就可以实现以厚度、板凸度和平直度为目标，以轧辊速度和辊缝为控制量状态方程。具体内容就不详细介绍了。由 DAGC 和解析板形刚度理论就可以构造出实施现代控制论方法的连轧最优控制系统。这个系统可在一卷钢轧制过程中为适应轧辊实际凸度变化通过求出辊缝和轧辊速度的改变量而保证成品厚度和板形恒定或很小变化。

这样的控制系统是有实际意义的，如在攀钢进行板形控制实验过程中，有新安装的板凸度仪，外国专家还在，测量质量高，大量的板凸度实测数据都表明，每一卷钢带从头到尾板凸度都是由大到小，大约为 10~15μm。因为攀钢热连轧机有热卷箱，进入连轧机后从开始到完成坯料的温度是不断升高的，温度高轧制压力降低，轧辊弯曲变小，当然板凸度也变小了。当时和现在从国外引进的热连轧机每个机架都有由弯辊与压力构成的恒板凸度控制系统，但是这种控制方法，热轧卷板形质量是提高了，供给冷轧的原料则造成冷轧过程板形控制的难度。现代冷轧机板形控制系统多样化就是由热轧卷的特点造成的。我早期一直从事冷轧工作，之所以改为研究热轧，就是要从基础原料上解决冷轧的问题。如果热轧供冷连轧原料不主要用弯辊控制板形，那么它的板形为二次函数，在冷轧时也是二次函数，就不会出现四次、六次等冷轧高次浪形了。所以我一直努力在解决冷轧坯料的问题，目前已研究的理论——解析板形刚度理论和 Φ 函数已可能实现我最初的设想了。

热连轧生产的热轧卷直接使用没有这些问题，板卷凸度变化就是比目前标准大一些也没有问题，主要问题是供冷轧坯料。提高热轧卷同卷凸度精度问题，我与宝钢冷、热轧厂的同志们讨论过这个问题，冷轧厂很愿意，而热轧厂则无动于衷，因为当时我并未提出解决办法，解析板形理论建立是后来的事。

7.5 国际上现代控制论应用在轧制控制的情况

美国应用现代控制论于轧制过程前面已介绍过了，欧洲基本没有应用，比利时、法国等主要应用有限元计算轧制变形产生数 10 万个数据回归成 5 参数方程就可以实际控制板形质量。德国则主要应用人工智能方法建立钢种数学模型，而发明 CVC 可变轧辊实际凸度的方法，提高了板形控制质量。日本人在轧制过程控制方面应用现代控制论很多，如日本神户制钢小西正躬在理论上有很深入的研究；日本住友金属高桥亮一和美坂佳助合作应用现代控制论方法，在热连轧厚度控制上取得了很好的效果（使最大厚差变化处厚差减少一半）；日本东芝、三菱和美国 EG 联合的 TEMIC 实现了热连轧活卷和主传动的最优控制，这项技术是 TEMIC 厚控精度比西门子高的原因之一。

国外取得了一定的效果，但国外轧制工艺、机械设备和控制的各方面专家们没有对这几方面统一掌握的人才，所以我能在国外，特别是日本人轧制控制成果上前进一大步。例如：我早在 20 世纪 70 年代末就研究了日本人在热连轧厚控上的现代控制论方法的厚控系统。改进了厚差预报方程，由此可实现全部各机架轧机都可以实现最优厚度控制，而日本人只能两机架为一组，前面机架为厚差预测，后边机架实施控制。在厚度最优控制方法上日本人只给出实施方程，而方程的方法建立为专利技术，我在科学院数学所秦化淑帮助下，将其过程推导出来，提高了我的现代控制论水平。

前面讲了最优控制可能应用了热连轧换辊后的前五卷钢，由于轧辊热凸度变化在有热卷箱热连轧钢卷前后温差大，而造成一卷钢板凸度变化较大的问题。提高热轧卷钢板同卷凸度精度可大大提高冷轧卷质量，为简化冷连轧控制系统创造条件，当前冷连轧机的轧辊辊型太复杂了。

8 张力公式发表过程简介

在北京，1967 年春节后，由宋瑞玉工程师在数学家关肇直学部委员支持下，在冶金部建筑研究总院办起了数学模型研究班，当时是以三九公司（即酒泉钢铁公司）热连轧项目为对象，三九公司的具体内容是建 3/4 1700 热连轧机，这套轧机自主制造的热连轧机，设备由一重、二重制造，电气系统为天津电气传动研究所，工厂设计是包头钢铁设计院和北京钢铁设计院等。数学模型是主要内容之一，由钢铁研究院十二室主任陈振宇带领几个人参加了冶金部建筑研究总院的数学模型班，我是其中一员。

8.1 二机架张力公式的建立

宋工在“文革”期间一直研究国外轧制数学模型，他详细讲解了连轧过程数学模型，但国外热连轧数学模型是不考虑张力对连轧过程重大作用的，我在院十二辊轧机上研究过张力与前滑、压下量（实质是压力，因该轧机没法实测压力）等连轧各因素之间关系，这些科研成果是直接解决连轧张力理论的实验基础。张力对热连轧与冷连轧相比我认为热连轧更重要，一般学者的认识是冷连轧重要，热连轧可以不考虑它对连轧的影响，而只考虑压力、力矩和前滑的影响。

由于我认为张力对热连轧的重要性，开始了

独立研究连轧张力公式。1967 年我由切克马略夫的张力微分方程解出了两机架连轧张力公式。切的张力微分方程（$1+\varepsilon$）项为（$1+\varepsilon)^2$ 项，将其展开取一级近似成为（$1+2\varepsilon$）项。这样就变成了一个可解的标量非线性微分方程，我在苏联出版的数学手册和我的数学基础相结合，得出了二机架连轧张力公式。发表的连轧张力公式是 1972 年写出来的，它与 1967 年的稿有原则区别。1967 年版本是由切克马略夫微分方程解出的。1972 年左右学术刊物开始复刊，当时加工室张树堂副主任要我把 1965 年在十二辊冷轧机上的实验报告写成论文在《钢铁》上发表，当时我表示我所研究的连轧张力公式更好（1967 年两机架张力公式写出后，专题组成员都很肯定），张主任同意了我的意见。要写出正规张力公式学术论文，必须从建构微分方程开始。1967 年解张力微分方程是由苏联的刊物“切克马略夫与费因别尔格两微分方程争论”中选取了切的连轧张力微分方程。该书是从十八室吴隆华同志（我国第一批自主培养的研究生）处读到的，当时吴隆华在云南干校，在没有参考资料的情况下，我自主建立两机架张力微分方程。我建立微分方程的出发点是应用两机架间带钢弹性变形与两机架轧辊速度、前滑、后滑之间关系推导的，应用了质量守恒原理。这样就推导出了张进之的张力微分方程，而（$1+\varepsilon$）项代替了切氏的（$1+\varepsilon)^2$ 项，所以解此方程还省略了一次近似处理。关于张力微分方程在我国争论了许多年，目前轧钢界的主流还认为切的方程是正确的，《钢铁》上专门讨论了 3 年。支持我的张力微分方程的人不多，其中有轧钢钟春生教授等，他是用绝对变形（自然对数）方式证明的，数学界的学者们支持我的观点，如中科院数学所、华东师大、山东大学等。

我的张力变形微分方程导出是对两机架间弹性变形关系建立的，两机架间带钢变形后的长度是常数；而其他学者们是直接用拉伸变形关系建立的，拉伸变形计算特点是变形前的长度是恒定的。

8.2　连轧张力公式发表的争议

两机架张力公式写完后，赵林春主任很支持，建议在《鞍钢技术》上发表，可能是吴隆华提出了反对意见，赵主任改变了主意。之后，我自作主张将张力公式稿寄给《金属学报》。当时发表文章还需要有单位证明，投稿时没有，所以《金属学报》返回钢铁研究院，由于当时在研究室内部争议很大，稿子寄回院我很晚才知道。张力公式可否发表，反对的人占多数，但院内一些老领导，如轧钢专家史通、邵象华、刘嘉禾，特别是院革委会主任杨仿仁支持发表，决定在《钢铁》上发表，反对者可公开争论。在《钢铁》上发表时，专门写了编者按语。为此张力公式在《钢铁》上争论了 3 年。我的论文是肯定的，争论完才在《金属学报》上发表。当《金属学报》编辑访问笔者时，告诉笔者“1973 年投金属学报轧钢方面有三篇论文，他们认为笔者的论文是最好的”。张力公式在《金属学报》晚几年发表也是一件好事，由于笔者和中科院数学所张永光等研究员的合作，使张力公式研究大大进展了，由两机架连轧张力公式发展成多机架连轧张力公式。

我学的是工科，微积分只讲标量微分方程的解法，向量微分方程怎样的条件才能获得解析解没学过。在张永光、梁国平等与自动化院在办消化武钢 1700 冷连轧数学模型研讨班时，我学会了向量微分方程可积分的条件。在研究冷连轧影响系数论文时，我认识到张力微分方程 A 矩阵可以近似为常阵。当时的数学推导方法很复杂，我构造了相似多机架微分方程的参数（A'、B'矩阵），A'、B'矩阵的关系 $A'+B'$ 为张力状态方程的 A 矩阵，$A'-B'$为张力状态方程的 B 矩阵，轧辊速度和厚度变化很大，但分子是差，分母是和，所以速度、厚度虽然变化很大，但分子与分母之比变化则很小，可以将连轧张力微分方程近似为定常系统，这样我得出多机架动态张力公式的解析解。时间趋向无穷大，则为稳态张力公式，稳态张力公式就可以得到国内外通用的连轧“秒流量相等条件”，它从公理变成了定理。连轧张力公式的意义就不再多述了，后来的实践证明，我的轧钢数学模型在实际应用中超过了德国，日本人的事实已完全说明了问题。

9　结束语

目前我国的连轧机不论是从国外引进的，还是自主制造的产品几何尺寸已完全可以满足市场需要。现行的轧制控制技术是依靠计算机和控制理论取得的，计算机软硬件极为复杂，究其原因是没有轧制过程的动态理论。

笔者从事轧制动态理论研究近 60 年，建立了连轧张力理论、动态设定型变刚度厚控方法（DAGC）、解析板形刚度理论和 Φ 函数及 $d\Phi/dh$，还有板材轧制稳定性新条件。这些动态理论从 20

世纪 80 年代开始在国内生产轧机上应用，厚度和板形控制精度可以超过国外引进的中厚板轧机，特别是 20 世纪末在美国 Citisteel4064 宽板轧机上的成功应用，1996 年在宝钢 2050 热连轧机上用 DAGC 取代原西门子公式的厚控数学模型，2012 年在新钢 1580 热连轧机上代替了西门子厚控新模型，2015 年在首钢迁钢 1580 热连轧机上用 DAGC 和流量 AGC 使迁钢的厚控精度有较大提高。在 Φ 函数应用上，已在四套新建热连轧机上成功应用，而计算机软硬件极为简单；Φ 及用差商代替 $d\Phi/dh$ 在攀钢 1450 热连轧机上实现了板形向量（板凸度和平直度）闭环控制工业实验。

动态轧制理论的应用效果是在大大简化装备的前提下，大幅度提高板带的几何精度。动态理论的推广应用将引起一场轧制过程控制技术的革命。

第二部分 连轧张力理论及实验与应用

连轧张力公式

张进之

编者按 本文是专门论述连轧张力公式的。其主要之点是用连轧张力公式代替传统的连轧理论——秒流量相等条件。文章认为此连轧张力公式有别于英、美、日、苏过去和最近的研究成果，并优于他们。但也有不同的见解和看法。为了贯彻“百花齐放，百家争鸣”的方针，展开学术讨论，促进我国连轧技术的发展，我们希望从事和关心连轧技术工作的同志们，在本刊展开讨论，热烈欢迎来稿。

摘　要 连轧生产是很先进的。作为连轧的基本理论——秒流量相等条件已不够用了，它已不能很好地协调发挥各先进的控制系统、机电装备、测试仪表以及电子计算机的作用。因此，要求建立新的连轧理论代替秒流量相等条件。

张力是连轧过程中的纽带，抓住张力这个主要矛盾对连轧关系的解剖分析，指导出连轧张力公式：

$$\sigma_{(t)} = \frac{E\Delta V[1 - e^{-(\frac{EW+\Delta V}{l})\cdot t}]}{\Delta V e^{-(\frac{EW+\Delta V}{l})\cdot t} + EW}$$

和稳态张力公式：

$$\sigma = \frac{q}{m}$$

式中，q 为当量秒流量差；m 是连轧模数，即张力与当量秒流量差成正比。它反映了连轧中张力与金属流量之间的因果关系，称之为连轧定律，进而提出大胆设想：是否可以用连轧定律代替秒流量相等条件。

1 引言

随着工业生产的发展，冶金工业必须向国民经济各部门大量提供高精度的板卷。国外，主要用新建高速自动化连轧机，改造现有的连轧机，采用各种自动化系统和电子计算机控制。电子计算机在连轧机上的应用，迫切要求在连轧理论方面的提高，建立正确描述连轧过程中各参数之间关系的公式，以便提高数学模型精确度，对测量仪器、机械、电器和控制系统提出合理的、确切的要求，并提供必要的技术参数。

提到连轧理论，我们立即会想到连轧秒流量相等的条件。以往连轧关系都是用金属秒流量相等的关系式来描述的。但是，秒流量相等条件只有在稳态轧制时才成立。而实际上总是不断变化的，头（尾）轧制是动态过程；中间轧制由于外扰量和调节量的不断影响，也是动态过程。平衡是相对的，不平衡是绝对的（处于“动态→稳态→再动态……”）。另外，秒流量相等条件，没有把连轧重要参数（张力）反映出来。

连轧的特点：一条钢同时在几个机架内轧制，通过钢带传递张力。张力由连轧各工艺参数决定，而张力又直接影响各工艺参数。张力是连轧过程的纽带。例如，在一个平衡状态下，由于坯料的 $H_0\downarrow$（或 $\sigma_b\downarrow$），使 $H_2U_2'>H_1U_1$，张力增加；张力起自动调节作用，使 $V_2'\downarrow$，$V_1\uparrow$ 和 $S_1\uparrow$，$S_2\downarrow$ 又使破坏了的平衡状态过渡到另一个平衡状态。如果我们认识，在一个平衡状态下张力是多少，与各工艺参数成怎么样的函数关系；从一个平衡状态过渡到另一个平衡状态张力是怎样变化的，过渡时间多少，这样我们就可以正确了解整个连轧过程。故研究连轧关系应当从张力问题入手。

以往国内、外对张力研究状况：

1955 年海森贝尔格[1]首先用数学方法，以秒流量相等条件的微分公式（称产量方程）为基础，研究连轧过程各工艺参数之间关系。之后，特别是由于计算机的使用，要求数学模型，连轧关系的数学研究获得飞跃发展[2]。但发展只是在量的方面，都是以产量方程为基础的，只不过是增加相关方程式的数量和表达形式。其对张力，是通过泰勒级数展开，取一次项，以张力增量（ΔT）来表示的（或假定张力恒定），为计算张力值还要再写上一组（$n-1$个）张力公式：

$$T_i=\frac{E}{l}\int(V'_{i+1}-V_i)\,\mathrm{d}t$$

$$\left(\text{或}\frac{EA}{l}\int(Q_{i+1}-Q_i)\,\mathrm{d}t\right)$$

最近，咬入、加（减）速等动态过程引起英、美和日等国家的重视。如文献［13-15］中，引入连轧张力微分公式：

$$\frac{\mathrm{d}\sigma_i}{\mathrm{d}t}=\frac{E}{l}(V'_{i+1}-V_i)$$

代替秒流量相等条件。

由秒流量差推导的张力公式[3,4]，是很复杂的微分隐函数表达式。

苏联切克马略夫[5]、福音贝尔格[6]直接由连轧动态情况出发，建立变形微分函数式。解它得到张力公式。这种方法是合理的，但他们没能与连轧各因素相联系，故未获得切合实际的实用的张力公式。同时应当指出，他们的变形微分函数式：

$$\mathrm{d}t=\frac{l\mathrm{d}\varepsilon}{(V'_2-V_1)(1+\varepsilon)^2}$$

和

$$\mathrm{d}t=\frac{l\mathrm{d}\varepsilon}{[V'_2-V_1(1+\varepsilon)](1+\varepsilon)}$$

$$\left(\text{或}\frac{l\mathrm{d}\varepsilon}{V'_2-V_1(1+\varepsilon)}\right)$$

是完全不同的。第一个是切克马略夫公式。

我们是由连轧动态条件推导出变形微分函数式，把各工艺参数与张力的关系代入，解微分方程而获得张力公式。同时也得到过渡时间常数，过渡时间，张力解析图等结果。

符号说明

σ——机架间带钢稳态单位张力，$\mathrm{kg/mm^2}$；

σ_t——机架间带钢动态单位张力，$\mathrm{kg/mm^2}$；

ε——两机架间带钢相对变形量；

l_0——两机架间距离，mm；

l——从前机架出口至后机架入口的带钢长度，mm；

H_i——i机架出口带钢厚度，mm；

H'_i——i机架受张力作用时，假设在$\sigma_i=0$时的带钢厚度，mm；

V_1——第一机架钢带出口速度，mm/s；

V'_2——第二机架钢带入口速度，mm/s；

E——钢带弹性模量，$\mathrm{kg/mm^2}$；

a_i——张力对i机架钢带出口厚度的影响系数，kg/mm；

D_i——张力对i机架轧辊速度影响系数，kg/mm；

b_i——张力对i机架前滑影响系数，$\mathrm{kg/mm^2}$；

$u_i(u'_i)$——i机架轧辊线速度，mm/s；

S_i——i机架前滑系数；

S'_i——i机架无张力影响时的前滑系数；

Z^*——电机刚度系数。

2 公式推导

2.1 机架间变形微分公式

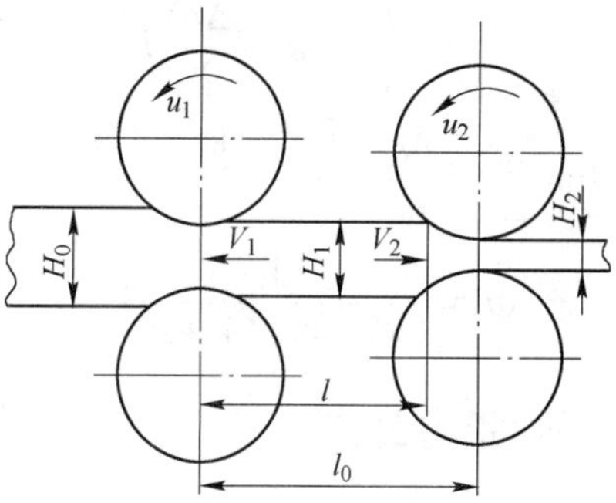

图1 两机架连轧图示

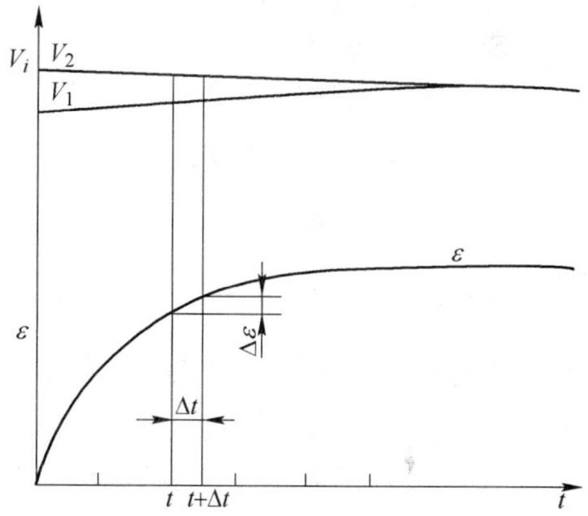

图2

假设：钢带无宽展。钢带所受张力在弹性范围内$0\leqslant\sigma_i<\sigma_s$。

在时刻t'_1，钢带的变形为ε，l区间钢带原始长度为l'；在$t_1+\Delta t$时刻，变形为$\varepsilon+\Delta\varepsilon$，原始长度为$l''$。钢带在$\Delta t$时间被拉长量的变化（或者说，在$\Delta t$时间内，$l$区间带钢原始长度的减少），是由于$V'_2>V_1$所引起的，故可列出以下关系式：

$$l'-l''=\frac{V'_2\Delta t}{1+\varepsilon+\frac{\Delta\varepsilon}{2}}-\frac{V_1\Delta t}{1+\varepsilon+\frac{\Delta\varepsilon}{2}}$$

$1+\varepsilon+\dfrac{\Delta\varepsilon}{2}$是 Δt 时间里的平均变形率。

$$l' - l'' = \frac{(V_2' - V_1)\Delta t}{1 + \varepsilon + \dfrac{\Delta\varepsilon}{2}} \tag{1}$$

按变形率定义：

$$l' = \frac{1}{1 + \varepsilon} \tag{2}$$

$$l'' = \frac{1}{1 + \varepsilon + \Delta\varepsilon} \tag{3}$$

式（2）、式（3）代入式（1）获得：

$$\frac{1}{1 + \varepsilon} - \frac{1}{1 + \varepsilon + \Delta\varepsilon} = \frac{(V_2' - V_1)\Delta t}{1 + \varepsilon + \Delta\varepsilon/2}$$

整理化简得：

$$\frac{\Delta\varepsilon}{\Delta t} = \frac{(V_2' - V_1)[(1 + \varepsilon)^2 + \Delta\varepsilon(1 + \varepsilon)]}{\left(1 + \varepsilon + \dfrac{\Delta\varepsilon}{2}\right)l}$$

$$\lim_{\Delta t\to 0}\frac{\Delta\varepsilon}{\Delta t} = \frac{\mathrm{d}\varepsilon}{\mathrm{d}t} = \frac{(V_2' - V_1)(1 + \varepsilon)}{l}$$

$$\mathrm{d}t = \frac{l\mathrm{d}\varepsilon}{(V_2' - V_1)(1 + \varepsilon)} \tag{4}$$

2.2　机架间张力公式

按前滑定义和体积不变定律：

$$V_1 = u_1(1 + S_1) \tag{5}$$

$$V_2' = \frac{H_2}{H_1}u_2(1 + S_2) \tag{6}$$

式（5）、式（6）代入式（4）得：

$$\mathrm{d}t = \frac{l\mathrm{d}\varepsilon}{\left[\dfrac{H_2}{H_1}u_2(1 + S_2) - u_1(1 + S_1)\right](1 + \varepsilon)} \tag{7}$$

众所周知，张力对轧辊速度（即张力对力矩）、前滑系数、钢带出口厚度（即张力对压力）等参数都有影响。其函数关系，由实验[7-9]和理论公式[10-12]……表明，在实际应用范围内可用线性关系式表示。

$$\begin{aligned} u_1 &= u_1'(1 + D_{[1]}\sigma) \\ u_2 &= u_2'(1 - D_{[2]}\sigma) \\ H_1 &= H_1'(1 - a_{[1]}\sigma) \\ H_2 &= H_2'(1 - a_{[2]}\sigma) \\ S_1 &= S_1'(1 + b_{[1]}\sigma) \\ S_2 &= S_2'(1 - b_{[2]}\sigma) \end{aligned} \tag{Ⅰ}$$

$a_{[1]}$、$b_{[1]}$和 $D_{[1]}$ 表示前张力对第一机架轧件出口厚度、轧辊速度和前滑系数的影响系数；$a_{[2]}$、$b_{[2]}$ 和 $D_{[2]}$ 表示后张力对第二机架的影响系数。

系数 $a_{[i]}$、$b_{[i]}$、$D_{[i]}$ 和 S_i 可以由具体轧制条件下，实验的方法测得；也可以用文献［4］的压力等公式（或其他理论公式）代入下面公式计算获得：

系数 $a_{[i]}$，$i=1$，2

$$a_{[i]} = \frac{\mathrm{d}h_i}{\mathrm{d}\sigma} = \frac{\dfrac{\partial P_i}{\partial\sigma}}{C - \dfrac{\partial P_i}{\partial h_i}} \tag{Ⅱ}$$

系数 $b_{[i]}$，$i=1$，2

$$b_{[i]} = \frac{\mathrm{d}S_i}{\mathrm{d}\sigma} = h_1 B b_{\mathrm{f}} \tag{Ⅲ}$$

系数 $D_{[1]}$、$D_{[2]}$

$$D_{[1]} = \frac{\mathrm{d}u_1}{\mathrm{d}\sigma} = Z\left(h_1 BR_1 + \frac{\partial P_1}{\partial\sigma}lc_1\right) \tag{Ⅳ}$$

$$D_{[2]} = \frac{\mathrm{d}u_2}{\mathrm{d}\sigma} = Z\left(h_1 BR_1 - \frac{\partial P_2}{\partial\sigma}lc_2\right) \tag{Ⅴ}$$

式中　lc_1——变形区长。

按虎克定律：

$$\varepsilon = \frac{\sigma}{E} \tag{8}$$

$$\mathrm{d}\varepsilon = \frac{\mathrm{d}\sigma}{E} \tag{9}$$

式（Ⅰ）、式（8）和式（9）代入式（7）得：

$$\mathrm{d}t = \frac{l\cdot\dfrac{\mathrm{d}\sigma}{E}}{\left\{\dfrac{H_2'(1 - a_{[2]}\sigma)}{H_1'(1 - a_{[1]}\sigma)}u_2'(1 - D_{[2]}\sigma)[1 + S_2'(1 - b_{[2]}\sigma)] - u_1'(1 + D_{[1]}\sigma)\cdot[1 + S_1'(1 + b_{[1]}\sigma)]\right\}\left(1 + \dfrac{\sigma}{E}\right)} \tag{10}$$

化简上式：

按式（Ⅱ）并引用采利柯夫压力公式计算得：

$$\frac{H_2'(1 - a_{[2]}\sigma)}{H_1'(1 - a_{[1]}\sigma)} = \frac{H_2'}{H_1'} \tag{11}$$

$$(1 - D_{[2]}\sigma)[1 + S_2'(1 - b_{[2]}\sigma)] = (1 + S_2') - (S_2'b_{[2]} + S_2'D_{[2]} + D_{[2]})\sigma + S_2'D_{[2]}b_{[2]}\sigma^2$$

因为　$S_2'D_{[2]}b_{[2]}=0$（高阶小数可以忽略）

所以　$(1 - D_{[2]}\sigma)[1 + S_2'(1 - b_{[2]}\sigma)] = (1 + S_2') - [S_2'(b_{[2]} + D_{[2]}) + D_{[2]}]\sigma$　　(12)

同理得：

$$(1+D_{[1]}\sigma)[1+S'_1(1+b_{[1]}\sigma)]=(1+S'_1)+[S'_1(b_{[1]}+D_{[1]})+D_{[1]}]\sigma \quad (13)$$

式（11）~式(13）代入式（10）并整理得：

$$dt=\frac{l d\sigma}{\sigma\left\{-\frac{H'_2}{H'_1}u'_2[D_{[2]}+S'_2(b_{[2]}+D_{[2]})]-u'_1[D_{[1]}+S'_1(b_{[1]}+D_{[1]})]+\frac{H'_2}{H'_1}u_2(1+S'_2)-u'_1(1+S'_1)\right\}(E+\sigma)} \quad (14)$$

设：

$$\Delta V'=\frac{H'_2}{H'_1}u'_2(1+S'_2)-u'_1(1+S'_1)$$

$$W'=\frac{H'_2}{H'_1}u'_2[S_2(b_{[2]}+D_{[2]})+D_{[2]}]+u'_1[S'_1(b_{[1]}+D_{[1]})+D_{[1]}]$$

代入式（14）整理得：

$$dt=\frac{l d\sigma}{(\Delta V'-W'\sigma)(E+\sigma)}$$

两边积分得：

$$t=\int\frac{l d\sigma}{(\Delta V'-W'\sigma)(E+\sigma)}+C$$

查积分表[11]得：

$$t=\frac{l}{-(EW'+\Delta V')}\ln\frac{-W\sigma-\Delta V'}{\sigma+E}+C \quad (15)$$

边界条件：$t=0$ 时，$\sigma=0$ 代入上式获得常数 C：

$$C=\frac{l}{EW'+\Delta V'}\ln\frac{\Delta V'}{E}$$

C 代入式（15）整理得：

$$t=\frac{-l}{EW'+\Delta V'}\ln\frac{(\Delta V'-W'\sigma)E}{(E+\sigma)\Delta V'}$$

$$e^{t\cdot\frac{EW'+\Delta V'}{-l}}=\frac{(\Delta V'-W'\sigma)E}{(E+\sigma)\Delta V'}$$

$$\Delta V'\cdot e^{t\cdot\frac{EW'+\Delta V'}{-l}}\cdot\sigma+E\Delta V'l^{t\cdot\frac{EW'+\Delta V'}{-l}}=E\Delta V'-WE\sigma$$

$$\sigma_{(t)}=\frac{E\Delta V'(1-e^{t\cdot\frac{EW'+\Delta V'}{-l}})}{\Delta V'e^{t\cdot\frac{EW'+\Delta V'}{-l}}+W'E} \quad (16)$$

对于目前连轧生产实际应用，$\Delta V'$ 与 EW' 比较可以忽略，$\Delta V'e^{t\frac{EW'}{-l}}$ 也可以忽略，故得近似式：

$$\sigma_{(t)}=\frac{\Delta V'}{W'}(1-e^{-t/\tau}) \quad (16.1)$$

$$\tau=\frac{l}{EW'} \quad (17)$$

式（16.1）即为两机架连轧张力公式。σ 加下标（t），是为了与稳态张力公式相区别。

稳态张力公式，由张力公式的渐近线求得，即取 $t\to\infty$ 代入式（16.1）获得：

$$\sigma=\frac{\Delta V'}{W'}$$

$$\sigma=\frac{H'_2u'_2(1+S'_2)-H_1u_1(1+S'_1)}{H_2u_2[S'_2(D_{[2]}+b_{[2]})+D_{[2]}]+H_1u_1[S'_1(D_{[1]}+b_{[1]})+D_{[1]}]} \quad (18)$$

变形区长度与两机架间距离相比可以忽略，即取 $l=l_0$，故过渡时间常数 τ：

$$\tau=\frac{l_0}{E\left\{\frac{H'_2}{H'_1}u'_2[S'_2(D_{[2]}+b_{[2]})+D_{[2]}]+u'_1[S'_1(D_{[1]}+b_{[1]})+D_{[1]}]\right\}} \quad (19)$$

当 $t=5\tau$ 时，张力值已超过稳态时的张力值的 99%，故可取 5τ 为过渡时间。

2.3 $\sigma_{(0)}\neq 0$ 时的张力公式

以上各式的获得，都是以 $t=0$、$\sigma=0$ 为起始条件的。当 $t=0$，$\sigma\neq 0$ 时情况怎么样呢？即研究从一个平衡状态，过渡到另一个平衡状态张力变化规律，稳态时的张力值，过渡时间常数等问题。

将 $t=0$、$\sigma=\sigma_0$ 代入式（15），求得积分常数 C（为书写方便，暂把 $\Delta V'$、W' 上的一撇省略）。

$$C=-\left(\frac{l}{-WE-\Delta V}\ln\frac{-W\sigma_0+\Delta V}{\sigma_0+E}\right)$$

C 代入式（15）整理得：

$$t=\frac{l}{-EW-\Delta V}\ln\frac{-W\sigma+\Delta V}{\sigma+E}\cdot\frac{\sigma_0+E}{-W\sigma_0+\Delta V}$$

$$e^{t\cdot\frac{EW+\Delta V}{-l}}=\frac{\Delta V-W\sigma}{\sigma+E}\cdot\frac{\sigma_0+E}{\Delta V-W\sigma_0}$$

$$=\frac{\Delta V\sigma_0-W\sigma\sigma_0+\Delta VE-WE\sigma}{\sigma\Delta V+E\Delta V-W\sigma\sigma_0-WE\sigma_0}$$

$$\sigma_{(t)}=\frac{\Delta VE(1-e^{-t/\tau})+\sigma_0(\Delta V+WEe^{-t/\tau})}{W\sigma_0(1-e^{-t/\tau})+EW+\Delta Ve^{-t/\tau}} \quad (20)$$

稳态时，即 $t\to\infty$；$e^{-t/\tau}=0$ 代入上式得：

$$\sigma=\frac{\Delta VE+\sigma_0\Delta V}{W\sigma_0+EW}=\frac{\Delta V}{W} \quad (21)$$

上式证明：达到稳态时的张力值与过程无关，

仍与秒流量差成正比。同 $t=0$，$\sigma_0=0$ 条件下的张力值相同。

再看一下过程情况：

把 $\sigma_0=\dfrac{\Delta V_0}{W}$ 代入 $\sigma_{(t)}$ 公式（20）得：

$$\sigma_{(t)}=\frac{\Delta VE(1-e^{-t/\tau})+\dfrac{\Delta V_0}{W}(\Delta V+WEe^{-t/\tau})}{W\dfrac{\Delta V_0}{W}(1-e^{-t/\tau})+EW+\Delta Ve^{-t/\tau}}$$

$$\sigma_{(t)}=\frac{\Delta VE-\Delta VEe^{-t/\tau}+\dfrac{\Delta V_0\Delta V}{W}+\Delta V_0Ee^{-t/\tau}}{\Delta V_0+EW+(-\Delta V_0+\Delta V)e^{-t/\tau}}$$

式中，$\dfrac{\Delta V_0\Delta V}{W}$，$\Delta V_0$，$(\Delta V_0-\Delta V)e^{-t/\tau}$ 与其他项相比可以忽略，故得以下近似式：

$$\sigma_{(t)}=\frac{\Delta V}{W}-\frac{\Delta V_0-\Delta V}{W}e^{-t/\tau} \tag{22}$$

当 $\sigma>\sigma_0$ 时：

$$\sigma_{(t)}=\sigma-\Delta\sigma e^{-t/\tau} \tag{23}$$

当 $\sigma<\sigma_0$ 时：

$$\sigma_{(t)}=\sigma+\Delta\sigma e^{-t/\tau} \tag{24}$$

式中：

$$\Delta\sigma=|\sigma-\sigma_0| \tag{25}$$

式（22）~式(24) 与式（16.1）比较，动态变化规律完全相同。

2.4 实用的张力公式

为了便于工程中的实际应用，需要对一些参数作适当的变换。公式中的 H_i'、u_i'、S_i都是假定 $\sigma=0$ 时的数值，对于前滑系数是方便的；但对于厚度、速度就很不方便，它们不易直接测量得到，因此把 H_i'和 u_i变换成稳态下的 H_i 和 u_i 数值，即终值代替初值。

由解析几何可以证明，假设 $a_{[i]}$ 和 $D_{[i]}$ 等于零，代入各式即得我们所要求的变换结果。

$$m=H_2u_2b_{[2]}S_2'+H_1u_1b_{[1]}S_1' \tag{26}$$

$$W=\frac{H_2}{H_1}u_2b_{[2]}S_2'+u_1b_{[1]}S_1' \tag{27}$$

$$\sigma=\frac{H_2u_2(1+S_2')-H_1u_1(1+S_1')}{H_2u_2b_{[2]}S_2'+H_1u_1b_{[1]}S_1'} \tag{28}$$

$$\tau=\frac{l_0}{E\left(\dfrac{H_2}{H_1}u_2b_{[2]}S_2'+u_1b_{[1]}S_1'\right)} \tag{29}$$

$$q=H_2u_2(1+S_2')-H_1u_1(1+S_1') \tag{30}$$

$$\Delta V=\frac{H_2}{H_1}u_2(1+S_2')-u_1(1+S_1') \tag{31}$$

2.5 张力公式解析图

为了把张力公式所表达的关系形象化和便于使用，作张力公式解析图。

解析图的作法，以下例说明之。

假设条件（以冷轧为例）：$D_1=200$mm；$l_0=1700$mm；$H_1=1.00$mm；$H_2=0.70$mm，$E=2.1\times10^4$kg/mm²；$U_2=5000$mm/s。

按以上假设条件，可按公式（Ⅲ）计算得到 $b_{[1]}$、$b_{[2]}$，也可按文献［7，8］取各系数值。由于只是为了说明张力解析图的作法，系数就不去计算或精确选取了，选取如下数值：

$$S_1'=S_2'=0.04$$

$$b_{[1]}=b_{[2]}=0.05\text{mm}^2/\text{kg}$$

注意：具体连轧条件下，S_1'与 S_2'等数值不一定是相等的，此处取相等是为了简化计算工作量。

按式（28）计算得稳态张力数值表（表1）。

按式（29）计算得时间常数 $\tau=0.00485$s。

按式（16.1）计算得 $\sigma=10$kg/mm² 时，动态张力数值表（表2）。

表1 稳态张力数值

u_1	3500	3490	3470	3450	3430	3410	3390	3370	3350	3330	3310	3290	3270	3250	3230	3210
q	0	10.4	31.2	52.0	72.8	93.6	114.4	135.2	156.0	176.4	197.6	218.4	239.2	260.0	280.8	301.6
σ	0	0.59	1.75	2.85	4.17	5.36	6.59	7.79	9.05	10.91	11.50	12.80	14.00	15.30	16.52	17.86

注：可用 $\sigma=10$kg/mm²（q，σ）点与 0 点相连的直线近似表示之。

表2 动态张力数值（σ=10kg/mm²）

t	0.1（τ）	0.2	0.3	0.4	0.5	0.7	1	2	3	4	5	6
6（2）	0.952	1.813	2.592	3.397	3.935	5.034	6.321	8.647	9.502	9.817	9.933	9.975

表 1 的数值在张力公式解析图中的第四象限表示，表 2 的数值在第二象限表示。

对于不同 σ 的动态张力曲线，在第三象限 OA 直线上取 $oa_{(5)}$ 等于 σ，再作相似三角形求得 $\sigma_{(t)}$ 的各数值。其图线画在第一象限内。

对于 $t=O\sigma_0\neq 0$ 时的情况，即从一个稳定状态（$\sigma_{开}$）过渡到另一个稳定状态（$\sigma_{终}$）时的张力动态曲线。在 OA 直线上取 $oa_{(5)}$ 等于 $\sigma_{开}-\sigma_{终}$，作相似三角形求得各 $\Delta\sigma_{(t)}$ 数值。$\sigma_{开}+\Delta\sigma_{(t)}$ 的曲线画在第一象限内。

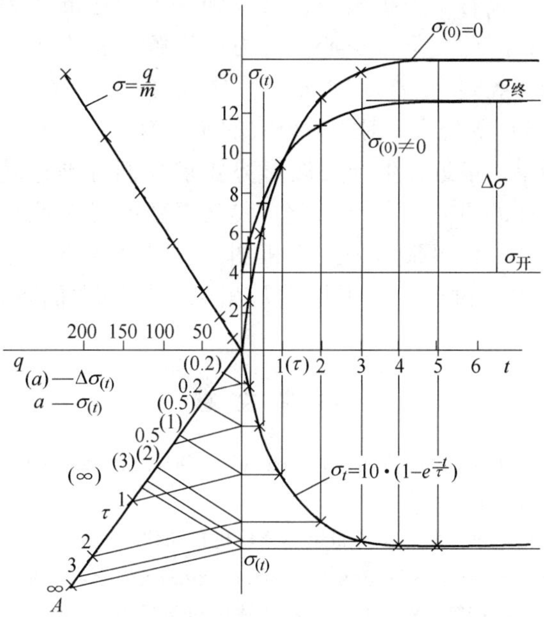

图 3　张力公式解析图

3　分析讨论

3.1　张力公式的正确性

由式（28），当 $\sigma=0$ 时得：

$$H_2u_2(1+S_2')-H_1u_1(1+S_1')=0$$

即：

$$H_iu_i(1+S_i')=\text{常数}$$

上式为秒流量相等条件。由此证明：秒流量相等条件已包括在张力公式之中了，它只是张力公式的特例。

可以证明，稳态张力公式与前滑系数是张力函数的秒流量相等条件（亦即修正的秒流量相等条件），是等价的。

由方程组（Ⅰ）的前滑系数公式代入秒流量相等条件得：

$$H_2u_2[1+S_2'(1-b_{[2]}\sigma)]=H_1u_1[1+S_1'(1+b_{[1]}\sigma)]$$

所以
$$\sigma=\frac{H_2u_2(1+S_2')-H_1u_1(1+S_1')}{H_2u_2b_{[2]}S_2'+H_1u_1b_{[1]}S_1'}$$

秒流量相等条件在稳态下的正确性已被千万次实践证明，由此证明张力公式的正确性。

3.2　连轧定律

稳态张力公式：

$$\sigma=\frac{q}{m}$$

张力与当量秒流量差成正比，与 m 成反比。q 是假设张力等于零时的秒流量差，m 是通过两机架的金属流量乘上系数 S_i'和 $b_{[i]}$ 的和。它反映过渡过程中张力起自动调节的能力，或者说产生秒流量差时阻止张力增加的能力；它越大，由外扰作用从一个平衡状态过渡到另一个平衡状态的张力变化越小，过渡时间越快，轧制过程越稳定。

在实际生产情况下，$b_{[i]}$ 近似看作常数，S_i'变化也不大，因此 m 是一个近似常数。称之为连轧模数。

由上述讨论得出：连轧张力与当量秒流量差成正比，与连轧模数成反比，反映了连轧过程的基本规律。

3.3　张力微分方程

经数学变换，各国的张力微分方程可写成以下各式：

$$\frac{d\sigma}{dt}=\frac{E}{l}(V_2'-V_1)\left(1+\frac{\sigma}{E}\right)\qquad\text{作者}$$

$$\frac{d\sigma}{dt}=\frac{E}{l}(V_2'-V_1)\left(1+\frac{\sigma}{E}\right)^2\qquad\text{苏联}$$

$$\frac{d\sigma}{dt}=\frac{E}{l}(V_2'-V_1)\qquad\text{英、美、日}$$

我们的张力微分方程建立过程是比较清楚的，以秒流量不相等为基本出发点，即 $V_2'\neq V_1$；在 l 区域里运用了守恒原理（物质不灭定律）建立起动平衡恒等式而导出的。这是符合“对立统一”法则的。

苏联院士——切克马略夫的张力微分方程错误产生在“恒等式”两边不平衡，左边是原始长度的变化量；而右边是变形状态下长度的变化量。

英、美和日的公式是相同的。他们是从感性认识写出的，未能把 l 区域钢带变形状态对张力变化率的影响反映出来。

3.4　动态过程

动态过程是由式（16），或张力公式解析图来表示的。其主要特征，由动态时间常数 τ 表示之。

$$\tau = \frac{l_0}{E\left(\frac{h_2}{H_2}u_2 S'_2 b_2 + u_1 S'_1 b_1\right)}$$

由上式看到：

对于冷连轧，E、u_i 比较大，而且 l_0 比较小，故时间常数很小。如前面已计算过，只是千分之几秒。因此，对实际生产情况中，冷连轧时的张力变化过程可看作瞬时过程，按不连续的各稳态过程处理。

对于热轧，E、u_i 比较小，而且 l_0 比较大，故时间常数大。再加上张力值小，允许张力波动值也小等原因，在研究热连轧时，其动态过程很重要，应当作动态分析。

张力公式在理论上的重要性是非常明显的；而且实用价值也是很大的。

4　结语

连轧张力公式是在批判连轧旧理论——秒流量相等条件的基础上建立的。批判即是革命，即是发展；批判不是否定一切，而是一分为二。首先要把正确部分与错误部分一分为二，批判错误，继承并发展正确部分。秒流量相等条件是唯物的，但也是形而上学的绝对平衡论，即机械唯物论。因此，我们只批判其形而上学的观点，即以秒流量差的概念代替秒流量相等。对于正确部分，不能只停留在感性认识阶段的数学表达式 $H_i u_i(1+S_i)=$ 常数，要发展它，要一分为二。连轧定律正是它的一分为二，使张力由偶然性上升为必然性了，反映了秒流量差与张力的因果关系。因此，连轧定律可以代替秒流量相等条件。

张力公式 $\sigma_t=\sigma(1-e^{-t/\tau})$ 又前进了一步，正确地反映了连轧张力的变化过程，即反映了连轧过程中各参数与时间的统一关系，达到了动态与稳态的统一描述。

5　后记

张力公式，是在 1968 年搞热连轧机电子计算机控制数学模型工作时推导的。为什么要推导它呢？在引言中已谈了一些，这里再重复几句。第一，为了求解连轧机 $2n-1$ 调节量；第二，想在连轧机上实现高精度的张力调厚系统；第三，张力在连轧过程中是最活跃最敏感的因素，它联系连轧过程，又起自动调节作用；第四，想打破传统的热连轧最佳条件——无张力（或小张力）轧制，同冷轧一样选用合适的张力轧制；第五，想以张力公式为基础代替产量方程式建立电子计算机控制的数学模型。总之，张力是连轧过程的纽带(即主要矛盾)，要深入研究连轧过程，解决连轧问题，应当从张力问题着手。

查看了一些资料，没找到一个合适的张力公式，因此，下定决心，自力更生解决张力公式问题。经过几个月的努力，导出了式（16）、式（18）等公式；对张力公式的研究有了一个初步的结果。最近，生产发展形势要求我们开展连轧机方面的研究工作。因此，我又重新推导了张力公式，并作出张力公式解析图，也对公式进行了一些初步讨论。今天把它写出来，供同志们批评、指正。

参 考 文 献

[1] Hessenberg W C, Jenkins W N. Droc. Inst. Mech. Engr., 1955, vol 169.

[2] 钢铁学院. 国外带钢热连轧机自动化发展概况，1972.

[3] Выдрин В Н. Динамика Прокатных Станов, 1960.

[4] 鞍钢第二初轧厂. 1700 热连轧机组计算机控制应用设想方案（初稿），1970.

[5] Цекмарев А П. Прокатное Переходство, 1962.

[6] Файнберг Ю М. Автоматизация Непрернвных Станов Горячей Прокатки, 1963.

[7] 钢铁研究院. 十二辊轧机实验研究，1964.

[8] Морозов Д П. Электричество, 1949（11）.

[9] Дрчжинин Н Н. Сталь, 1948（12）.

[10] 采利柯夫 AИ. 轧钢机的力参数计算理论（中译本），1965.

[11] Ford H, Bland D R. J. Iron Steel Inst, 1951, vol 168.

[12] Sims R B. U. S. Patent, No. 2, 726, 541.

[13] 田沼，大成. 塑性と加工，1972（2）；1972（5）.

[14] 铃木弘. 塑性と加工，1972（9）.

[15] DIGITAL COMPVTER APPLICATIONS TO PROCESS CONTROL, 3, 1971 年（数字计算机应用于工艺控制会议论文集中的 X-5；X-4）.

（原文发表在《钢铁》，1975（2）：31-39）

多机架连轧张力公式

张进之

1 引言

继前文——连轧张力公式[1]给出多机架连轧张力公式，引用矩阵算法，推导出相似于两机架的各种公式。例如：

$$\sigma_{(t)} = \sigma(I - e^{-\tau^{-1}} t)$$

$$\sigma = A^{-1} m^{-1} q$$

本文与前文除在多机架还是两机架明显区别外，还有以下几点区别。第一，单独给出了稳态张力公式的解，提高了稳态张力公式的地位；第二，厚度延时及随机干扰被考虑了，使连轧张力理论研究更具有实践性；第三，引出了连轧过程的状态方程，为在连轧过程的分析和控制上运用现代控制论方法提供了数学物理基础，即为运用卡尔曼滤波和最佳控制理论提供了数学模型。

2 公式推导

2.1 张力微分方程

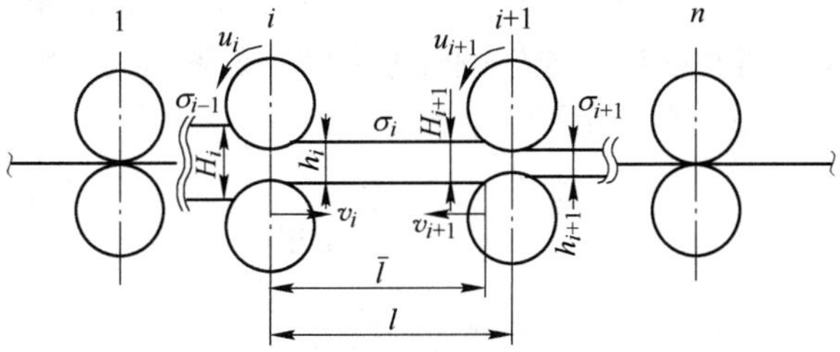

图1 多机架连轧示意图

假设：

(1) 张力在弹性范围内；

(2) 张力在钢带内传播速度为无限大；

(3) i 机架前张力等于 i+1 机架的后张力，用 σ_i 表示；

(4) 无宽展。

由前文结果，直接写出 i—i+1 机架间的变形微分方程。

$$\frac{d\varepsilon_i}{dt} = \frac{(V'_{i+1} - V_i)(1 + \varepsilon_i)}{l} \qquad (1)$$

式中 ε_i——i—i+1 机架间钢带拉伸率；

t——时间；

V_i——i 机架钢带出口线速度；

V'_{i+1}——i+1 机架钢带入口线速度；

l——机架间距离。

按前滑定义和体积不变定律：

$$V_i = u_i(1 + S_i) \qquad (2)$$

$$V'_{i+1} = \frac{h_{i+1}}{H_{i+1}} u_{i+1}(1 + S_{i+1}) \qquad (3)$$

式中 H_i——i 机架入口厚度；

h_i——i 机架出口厚度；

u_i——i 机架轧辊线速度；

S_i——i 机架前滑系数。

这里需要说明，体积不变定律与秒体积流量相等条件是不等价的。体积不变定律是固体变形时的定律，也是轧制理论的基本原理；秒体积流量相等条件是不可压缩流体（亦即流体的体积不变性假定）在管路内流动时的基本定律。体积不变定律在连轧过程中都成立，而秒体积流量相等条件只有在稳态条件下才成立（前文已证明）。变形区内两个定律是全成立的，因为上下轧辊之间已形成管路条件。

按虎克定律：

$$\varepsilon_i = \frac{\sigma_i}{E} \qquad (4)$$

$$\frac{d\varepsilon_i}{dt} = \frac{1}{E}\frac{d\sigma_i}{dt} \qquad (5)$$

式中 E——被轧材料的弹性模量。

将反映轧制理论、弹性理论基本规律的数学表达式 (2)~式 (5) 代入式 (1) 得：

$$\frac{d\sigma_i}{dt} = \frac{E}{l}\left[\frac{h_{i+1}}{H_{i+1}} u_{i+1}(1 + S_{i+1}) - u_i(1 + S_i)\right]\left[1 + \frac{\sigma_i}{E}\right] \qquad (6)$$

$$i = 1, 2, \cdots, N - 1$$

(N—— 机架数)

式中，$u_i(u_{i+1})$为轧辊线速度，可以独立改变并受张力变化的影响，故它是时间和张力的函数，即：

$$u_i = u_i(t, \sigma)$$

同理，S_i、S_{i+1}和h_{i+1}也是时间和张力的函数。而H_{i+1}只是时间的函数，由厚度延时方程表示：

$$H_{i+1(t)} = h_i(1 - \tau_i^H) \tag{7}$$

或写成拉氏变换形式：

$$H_{i+1(P)} = h_{i(P)} e^{-\tau_i^H P} \tag{7'}$$

式中　P——拉氏算子；

τ_i^H——厚度延滞时间，即从 i 机架出口至 $i+1$ 机架入口的时间，由下式计算：

$$\tau_i^H = \frac{1}{u_i(1 + S_i)} \tag{8}$$

前文已论证：积分前能引入 h_i、u_i 和 S_i 一组线性变换式把张力项分离；积分后的实用张力公式中，h_i 和 u_i 要进行一次逆变换，而保留前滑系数的变换形。故此省略 h_i 和 u_i 的变化，只引入前滑系数的线性变换式，即：

$$S_i = S_i'(1 + b_{if}\sigma_i - b_{ib}\sigma_{i-1}) \tag{9}$$

式中　S_i'——无张力影响的前滑系数；

b_{if}——前张力对前滑系数的影响系数；

b_{ib}——后张力对前滑系数的影响系数。

u_i、h_i 和 S_i'等均是时间的函数，略写其下标"(t)"是为了书写的简便。

b_{if}、b_{ib}的确定方法已在前文中说明。它的引入可实现连轧"工艺模型"的"参数估计"和控制系统的"自适应"。所谓"工艺模型"是指连轧数学模型中的张力、压力、力矩、前滑及变形抗力等有机联系的一组方程式。

式（9）代入式（6）整理得：

$$\frac{d\sigma_i}{dt} = \frac{E}{l}[\theta_i\sigma_{i-1} - W_i\sigma_i + \varphi_i\sigma_{i+1} + \Delta V_i]\left[1 + \frac{\sigma_i}{E}\right] \tag{10}$$

式中　ΔV_i——当量速度差，

$$\Delta V_i = \frac{h_{i+1}}{H_{i+1}}u_{i+1}(1 + S_{i+1}') - u_i(1 + S_i')$$

W_i——连轧（工艺）刚性系数，

$$W_i = \frac{h_{i+1}}{H_{i+1}}u_{i+1}S_{i+1}'b_{i+1} + u_iS_i'b_i$$

（此处引用了连轧过程数字模拟[2]的计算结果：$b_{if} \approx b_{ib}$，故将下标"f""b"去掉。）

$$\theta_i = u_iS_i'b_i$$

$$\varphi_i = \frac{h_{i+1}}{H_{i+1}}u_{i+1}S_{i+1}'b_{i+1}$$

式（10）即为描述连轧动力学系统的数学力学方程，它属于 Riccati 型微分方程组，是可积分的。

2.2　连轧状态方程

状态方程是为实现工程动力学系统的测量和控制，反映系统运动规律的一阶线性微分方程组。又称为数学模型。由于它服务于工程控制问题，故它比系统的数学物理方程允许更大的近似性。

分析式（10），连轧钢带时，钢的弹性模量：$E = 2.1 \times 10^4 \text{kg/mm}^2$；采用的张力小于 30kg/mm^2（一般 $\sigma_1 = 20\text{kg/mm}^2$），故$\frac{\sigma_i}{E} \approx 1‰$。因此，式（10）中的"$\left[1+\frac{\sigma_i}{E}\right]$"项近似等于 1，则得连轧状态方程：

$$\frac{d\sigma_i}{dt} = \frac{E}{l}[\theta_i\sigma_{i-1} - W_i\sigma_i + \varphi_i\sigma_{i+1} + \Delta V_i] \tag{11}$$

$$i = 1, 2, \cdots, N - 1$$

$$\frac{d\sigma_i}{dt} = -\frac{1}{\tau_i}\left[-\frac{\theta_i}{W_i}\sigma_{i-1} + \sigma_i - \frac{\varphi_i}{W_i}\sigma_{i+1}\right] + \frac{E}{l}\Delta V \tag{11'}$$

式中　τ_i——连轧时间常数，

$$\tau_i = \frac{1}{EW_i} \tag{12}$$

连轧过程数字模拟证明：在定常速连轧条件下，各机架间的连轧刚性系数 W_i 变化不大，则 τ_i 可当作常数。用平均值表示：

$$\tau = \frac{1}{N-1}\sum_{i=1}^{N-1}\frac{1}{EW_i} \tag{13}$$

分析式（11）′中的$\frac{\theta_i}{W_i}$和$\frac{\varphi_i}{W_i}$：

$$\frac{\theta_i}{W_i} = \frac{u_iS_i'b_i}{\frac{h_{i+1}}{H_{i+1}}u_{i+1}S_{i+1}'b_{i+1} + u_iS_i'b_i}$$

在动态过程中，即加减速和调节过程，机架间秒体积流量是不相等的，但相差不会很大，即$\frac{h_{i+1}}{H_{i+1}}u_{i+1} \approx u_i$。则上式变为

$$\frac{\theta_i}{W_i} = \frac{S_i'b_i}{S_{i+1}'b_{i+1} + S_i'b_i} \approx 常数$$

同理可以证明，$\frac{\varphi_i}{W_i}$也是一个近似常数。

把式（11）′写成矩阵形式：

$$\dot{\boldsymbol{\sigma}} = -\frac{1}{\tau}\boldsymbol{A}\boldsymbol{\sigma} + \frac{E}{l}\boldsymbol{B}\boldsymbol{u} \qquad (14)$$

式中

$$\dot{\boldsymbol{\sigma}} = \frac{\mathrm{d}}{\mathrm{d}t}\boldsymbol{\sigma}$$

$\boldsymbol{\sigma}$——$(N-1)$ 维状态向量（张力向量）

$\boldsymbol{\sigma}^{\mathrm{T}} = [\sigma_1, \sigma_2, \cdots, \sigma_{N-1}]$

（“T”表示转置）

$\boldsymbol{u}$——N 维控制向量（轧辊线速度向量）

$\boldsymbol{u}^{\mathrm{T}} = [u_1, u_2, \cdots, u_N]$

$\boldsymbol{A}$——$(N-1)$ 维方阵，它是定常正定阵

$$\boldsymbol{A} = \begin{bmatrix} 1 & -\frac{\varphi_1}{W_1} & & 0 \\ -\frac{\theta_2}{W_2} & 1 & \ddots & \\ & \ddots & \ddots & -\frac{\varphi_{N-1}}{W_{N-1}} \\ 0 & & -\frac{\theta_{N-1}}{W_{N-1}} & 1 \end{bmatrix}$$

$\boldsymbol{B}$——$(N-1)\times N$ 维矩阵

$$\boldsymbol{B} = \begin{bmatrix} -(1+S_1') & \frac{h_2}{H_2}(1+S_2') & & 0 \\ & -(1+S_2') & \frac{h_3}{H_3}(1+S_3') & \\ & \ddots & \ddots & \\ 0 & & -(1+S_{N-1}') & \frac{h_N}{H_N}(1+S_N') \end{bmatrix}$$

式（14）描述的连轧状态方程，适用于全部连轧过程，即咬钢、加速、平稳轧制、（钎缝）、减速和抛钢等阶段。在加、减速度段，τ 是轧辊速度的函数，而轧辊速度是时间的函数，故 τ 是时间的已知函数。

为便于实际应用，用泰勒级数展开式（14），获得增量形式的连轧状态方程。

$$\Delta\boldsymbol{\sigma} = -\frac{1}{\tau}\boldsymbol{A}\Delta\boldsymbol{\sigma} + \frac{E}{l}[\boldsymbol{B}\Delta\boldsymbol{u} + \boldsymbol{C}\Delta h_{(t)}\boldsymbol{D}\Delta h_{(t-\tau^H)}] + O \qquad (15)$$

式中 O——噪声项。它由系统物理特征确定，如轧辊偏心，坯料波动；同时也可以包含展开时的忽略项，如 $\Delta\boldsymbol{A}$、$\Delta 1/\tau$ 及各量的二次型；

$\boldsymbol{C}$——厚度影响阵 $(N-1)\times N$ 维矩阵

$$\boldsymbol{C} = \begin{bmatrix} -u_1\frac{\partial S}{\partial h_1} & \frac{u_2}{H_2}\left[(1+S_2) + h_2\frac{\partial S_2}{\partial h_2}\right] & & 0 \\ & \ddots & \ddots & \\ 0 & & -u_{N-1}\frac{\partial S}{\partial h_{N-1}} & \frac{u_N}{H_N}\left[(1+S_N) + h_N\frac{\partial S}{\partial h_N}\right] \end{bmatrix}$$

$\boldsymbol{D}$——厚差延迟影响阵，$(N-1)\times N$ 维矩阵

$$\boldsymbol{D} = \begin{bmatrix} -u_1\frac{\partial S}{\partial H_1} & \frac{h_2}{H_2}u_2\left[\frac{1+S_2}{H_2} + \frac{\partial S}{\partial H_2}\right] & & 0 \\ & \ddots & \ddots & \\ 0 & & -u_{N-1}\frac{\partial S}{\partial H_{N-1}} & \frac{h_N}{H_N}u_N\left[\frac{1+S_N}{H_N} + \frac{\partial S}{\partial H_N}\right] \end{bmatrix}$$

目前，国内外都在发展全液压连轧机，各机架都装配有闭环的液压 AGC 调厚系统，这样保证了 $\Delta h_i = 0$，则有简化式为：

$$\Delta\dot{\boldsymbol{\sigma}} = -\frac{1}{\tau}\boldsymbol{A}\Delta\boldsymbol{\sigma} + \frac{E}{l}\boldsymbol{B}\Delta\boldsymbol{u} + O \qquad (16)$$

2.3 稳态张力公式

由连轧张力微分方程式（10）的极限求得，即按 $\frac{\mathrm{d}\sigma_{\mathrm{i}}}{\mathrm{d}t} = 0$ 的条件求得。

因为 $0=\frac{E}{l}[\theta_i\sigma_{i-1}-W_i\sigma_i+\varphi_i\sigma_{i+1}+\Delta V]$

所以 $$\sigma_i=\frac{\theta_i}{W_i}\sigma_{i-1}+\frac{\varphi_i}{W_i}\sigma_{i+1}+\frac{\Delta V_i}{W_i} \tag{17}$$

稳态时，$H_{i+1}=h_i$，则得

$$\frac{\Delta V_i}{W_i}=\frac{h_{i+1}u_{i+1}(1+S'_{i+1})-h_iu_i(1+S'_i)}{h_{i+1}u_{i+1}S'_{i+1}b_{i+1}+h_iu_iS'_ib_i}$$

令：

$$h_{i+1}u_{i+1}(1+S'_{i+1})-h_iu_i(1+S'_i)=q_i$$

$$h_{i+1}u_{i+1}S_{i+1}b_{i+1}+h_iu_iS'_ib_i=m_i$$

式中 q_i——当量秒流量差；

m_i——连轧模数。

$$\frac{\Delta V_i}{W_i}=\frac{q_i}{m_i} \tag{18}$$

式（18）代入式（17）得：

$$\sigma_i=\frac{\theta_i}{W_i}\sigma_{i-1}+\frac{\varphi_i}{W_i}\sigma_{i+1}+\frac{q_i}{m_i} \tag{19}$$

以上称为 N 机架连轧稳态张力公式，它是基本形。按连轧过程数字模拟的结果，有下面近似式：

$$\frac{\theta_i}{W_i}=\text{常数}\approx\frac{1}{2}$$

$$\frac{\varphi_i}{W_i}\approx\frac{1}{2}$$

$$\sigma_i=\frac{1}{2}\sigma_{i-1}+\frac{1}{2}\sigma_{i+1}+\frac{q_i}{m_i} \tag{20}$$

写成矩阵形式：

$$\begin{bmatrix}1 & -\frac{1}{2} & & 0\\ -\frac{1}{2} & 1 & -\frac{1}{2} & \\ & \ddots & \ddots & \ddots\\ 0 & & -\frac{1}{2} & 1\end{bmatrix}\begin{bmatrix}\sigma_1\\ \sigma_2\\ \vdots\\ \sigma_{N-1}\end{bmatrix}=\begin{bmatrix}q_1/m_1\\ q_2/m_2\\ \vdots\\ q_{N-1}/m_{N-1}\end{bmatrix} \tag{21}$$

以五机架为例：

$$\begin{bmatrix}\sigma_1\\ \sigma_2\\ \sigma_3\\ \sigma_4\end{bmatrix}=\frac{2}{5}\begin{bmatrix}4&3&2&1\\3&6&4&2\\2&4&6&3\\1&2&3&4\end{bmatrix}\begin{bmatrix}q_1/m_1\\ q_2/m_2\\ q_3/m_3\\ q_4/m_4\end{bmatrix} \tag{22}$$

即

$$\boldsymbol{\sigma}=\boldsymbol{A}^{-1}\boldsymbol{m}^{-1}\boldsymbol{q} \tag{23}$$

式中

$$\boldsymbol{A}=\begin{bmatrix}1 & -\frac{1}{2} & 0\\ -\frac{1}{2} & 1 & -\frac{1}{2}\\ & \ddots & & \ddots\\ 0 & -\frac{1}{2} & 1\end{bmatrix}$$

$$q^{\mathrm{T}}=[q_1,\ q_2,\ \cdots,\ q_{N-1}]$$

$$\boldsymbol{m}=\begin{bmatrix}h_2u_2S'_2b_2+h_1u_1S'_1b_1 & & 0\\ & \ddots & \\ 0 & & h_2u_2S'_2b_2+h_{N-1}u_{N-1}S'_{N-1}b_{N-1}\end{bmatrix}$$

2.4 动态张力公式

前面推导出来的各种类型的微分方程，即式（10）、式（14）、式（15）和式（16）等，都是可解的（Riccati 矩阵微分方程解法可参阅文献[3，4]，这里仅给出增量形式微分方程式（16）的解。

用转移矩阵法给出式（16）的解析解。解时可先不考虑噪声项，解出后把它写上即可，因为噪声项是由系统物理性质确定的。

给定初始条件：

$$\Delta\boldsymbol{\sigma}_{(t_0)}=\Delta\boldsymbol{\sigma}_0 \tag{24}$$

其解为：

$$\Delta\boldsymbol{\sigma}=\boldsymbol{\phi}_{(t,t_0)}\sigma_0+\frac{E}{l}\int_{t_0}^{t}\phi_{(t,\theta)}\boldsymbol{B}\Delta\boldsymbol{u}_{(\theta)}\mathrm{d}\theta \tag{25}$$

式中 $\boldsymbol{\phi}_{(t,t_0)}$——转移矩阵，它满足下式：

$$\left.\begin{aligned}\frac{\mathrm{d}}{\mathrm{d}t}\boldsymbol{\phi}_{(t,t_0)}&=-\frac{1}{\tau}\boldsymbol{A}\boldsymbol{\phi}_{(t,t_0)}\\ \boldsymbol{\phi}_{(t_0,t_0)}&=\boldsymbol{I}\end{aligned}\right\} \tag{26}$$

对于我们的问题，立即可以看出：

$$\boldsymbol{\phi}_{(t,t_0)}=e^{-\tau^{-1}A(t-t_0)} \tag{27}$$

将式（27）代入式（26）立即得证（详细求法见文献［5，6］）。

将式（27）代入式（25）获得动态张力公式：

$$\Delta\boldsymbol{\sigma}_{(t)} = e^{-\tau^{-1}\boldsymbol{A}(t-t_0)}\Delta\boldsymbol{\sigma}_0 + \frac{E}{l}\int_{t_0}^{t} e^{-\tau^{-1}\boldsymbol{A}(t-\theta)}\boldsymbol{B}\Delta\boldsymbol{u}_{(\theta)}\mathrm{d}\theta \tag{28}$$

如果控制量 u 为阶跃函数，即在时间域（0~∞）范围内为一常数，并假定 $t_0=0$ 时，$\sigma_0=0$，则得：

$$\boldsymbol{\sigma}_{(t)} = \boldsymbol{\sigma}(\boldsymbol{I} - \mathrm{e}^{-\tau^{-1}\boldsymbol{A}t}) \tag{29}$$

当 $N=2$ 时，$A=1$，则得到与前文相同的张力公式。

3 分析讨论

3.1 连轧的基本规律

式（23）清楚地表明，连轧张力与当量秒流量差成正比，与连轧模数成反比。规律与两机架相同，区别仅在于用向量或矩阵代替了标量。

由式（22）表明，当任意两机架间当量秒流量差改变时（亦即改变任一架轧辊速度或厚度），各机架间张力都发生变化。这一结论与鞍钢连轧生产实践和科学实验[7]抽象出来的“张力串移”概念是完全一致的。前者是实践经验的发展，从定性的物理概念上升到定量的数学表达式；实践的经验又是对连轧张力公式的有力证明。

3.2 张力测厚公式

就稳态连轧张力公式而言，它反映了连轧工艺变量：张力、厚度和轧辊线速度三者之间函数关系。在连轧过程中，张力是可以测量的，与压力有相同的测量精度；轧辊速度测量精度很高，按国外文献[8]精度可达万分之三。因此，用一台测厚仪测得一架出口厚度时，就可以用张力公式预报其他各架出口厚度。由式（17）推导得到张力测厚公式：

$$h_{i+1} = \frac{h_i u_i[1 + S'_i + S'_i b_i(\sigma_i - \sigma_{i-1})]}{u_{i+1}[1 + S'_{i+1} + S'_{i+1}b_{i+1}(\sigma_{i+1} - \sigma_i)]} \tag{30}$$

用张力测厚法比以往的压力测厚法有什么优点呢？它有高的测量精度。下面证明之。

压力测厚公式：

$$h_i = \phi_i + \frac{P_i}{C} \tag{31}$$

式中 ϕ_i——空载辊缝；

P_i——轧制总压力；

C——机架总刚度系数。

为简明起见，以两机架连轧为例，并假定：第二架出口厚度变化1%；第一架出口厚度不变；辊缝和轧辊速度都不变。将式（30）、式（31）微分并整理得：

$$\frac{\Delta\sigma_2}{\sigma_2}\bigg/\frac{\Delta P_2}{P_2} = \frac{P_2(1 + S'_2)}{h_2\sigma C(b_2 S'_2 + b_1 S'_1)} \tag{32}$$

从三、五机架连轧数字模拟的数字结果证明：

$$\frac{\Delta\sigma}{\sigma}\bigg/\frac{\Delta P}{P} > 10$$

由此表明，张力公式预报厚差比压力预报厚差的灵敏度高一个数量级。

3.3 连轧系统的动力学特征

按现代控制论可控性定理，连轧系统是可控的。因为从式（14）看出，控制矩阵 B 的维数已等于状态向量的维数。

同理也可以说明连轧系统是可测的。从工艺上看更清楚，因为各机架间都可以安装张力计（指板带连轧而言）。

可控的，则可以实现最佳控制；可测的，则可以实现卡尔曼滤波。因此，现代控制理论有可能被引用在连轧生产上。

按李雅普诺夫稳定性理论，连轧系统是一个自然渐近稳定的动力学系统，即无校正条件下是渐近稳定的，因为连轧微分方程组的全部特征根都是负实数。所谓渐近稳定性，就是系统处于一个平衡状态下，当受到阶跃型的外扰或调节作用时，系统会自动地趋向一个新的平衡状态；当外作用消除后，系统又自动地恢复到原平衡状态。这一结果，从理论上认识到古老的连轧机能正常生产的原因；也从理论上证明了今后连轧控制系统的进一步发展，其装备、测量仪表及控制系统的硬件将能大大简化。

3.4 推广连轧变形微分方程

连轧变形是指机架间钢带受拉伸变形而言的。前文推导出的变形微分方程，即式（1），是在均匀拉伸的假定条件下得到的。下面给出适用于不均匀拉伸及带活套的变形微分方程。

在机架间的钢带上取很接近的两个点：r_1、r_2，在 t 时刻，r_1、r_2 点的速度分别为 $V_{(r_1,t)}$、$V_{(r_2,t)}$；在 $t+\Delta t$ 时刻，两点分别移到 r'_1、r'_2。

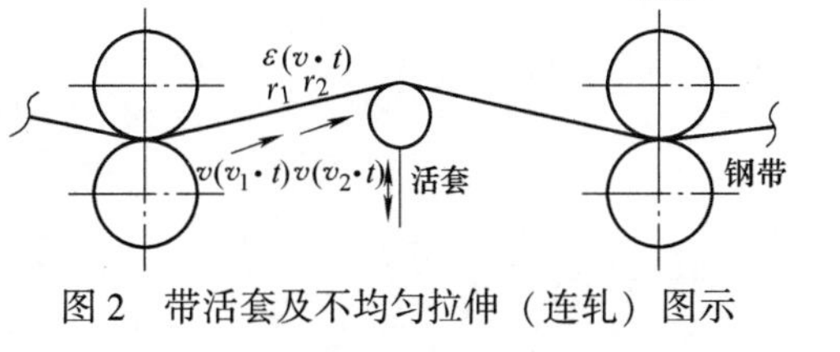

图2 带活套及不均匀拉伸（连轧）图示

t 时刻两点距离：

$$\Delta r = r_2 - r_1$$

$t+\Delta t$ 时刻两点距离：

$$\Delta r' = (r_2 + \Delta r) - (r_1 + \Delta r_1)$$

因为

$$\Delta r_2 = V_{(r_2,t)}\Delta t$$

$$\Delta r_1 = V_{(r_1,t)}\Delta t$$

所以

$$\Delta r' = \Delta r + [V_{(r_2,t)} - V_{(r_1,t)}]\Delta t$$

$$\Delta(\Delta r) = [V_{(r_2,t)} - V_{(r_1,t)}]\Delta t \tag{33}$$

按拉伸定义：

$$\Delta r = \Delta r_0(1 + \varepsilon) \tag{34}$$

式中，Δr_0 是 r_1、r_2 两点间钢带的原始长度。

$$\Delta(\Delta r) = \Delta r_0 \Delta\varepsilon \tag{35}$$

式（35）代入式（33）得：

$$\Delta r_0 \Delta\varepsilon = [V_{(r_2,t)} - V_{(r_1,t)}]\Delta t \tag{36}$$

式（34）代入式（36）并整理得：

$$\frac{\Delta\varepsilon}{\Delta t} = \frac{[V_{(r_2,t)} - V_{(r_1,t)}](1 + \varepsilon)}{\Delta r}$$

$$\lim_{\substack{\Delta r\to 0\\ \Delta t\to 0}} \frac{\Delta\varepsilon}{\Delta t} = \frac{\partial\varepsilon}{\partial t} = \frac{\partial V}{\partial r}(1 + \varepsilon)$$

由上面的指导，得到了推广的连轧变形微分方程：

$$\frac{\partial\varepsilon}{\partial t} = \frac{\partial V}{\partial r}(1 + \varepsilon) \tag{37}$$

它适用于大变形及不均匀变形情况，假如大张力钢管张力减径。对于大变形，（1+ε）项已不能忽略了。由此看出，（1+ε）项不仅有重要的理论意义，而且有十分重要的实用价值。

对于均匀变形的情况，速度梯度等于常数，即：

$$\frac{\partial V}{\partial r} = \frac{V'_{i+1} - V_i}{l}$$

故证明，式（1）是式（37）的特例。

4　结论

（1）连轧张力与当量秒流量差成正比，与连轧模数成反比。

（2）连轧过程是一个渐近稳定的、可控的和可测的动力学系统，而张力对系统变化反映最灵敏。

（3）反映连轧动力学系统的微分方程：

数理方程：

$$\frac{d\sigma_i}{dt} = \frac{E}{l}[\theta_i\sigma_{i-1} - W_i\sigma_i + \varphi_i\sigma_{i+1} + \Delta V_i]\left[1 + \frac{\sigma_i}{E}\right]$$

状态方程：

$$\frac{d}{dt}\boldsymbol{\sigma} = -\frac{1}{\tau}\boldsymbol{A\sigma} + \boldsymbol{Bu}$$

（4）连轧张力公式及几个重要参数

稳态张力公式

$$\boldsymbol{\sigma} = \boldsymbol{A}^{-1}m^{-1}q$$

动态张力公式

$$\boldsymbol{\sigma}_{(t)} = \boldsymbol{\sigma}[I - e^{-\tau^{-1}At}]$$

式中　τ——连轧时间常数

$$\tau = \frac{1}{N-1}\sum_{i=1}^{N-1}\frac{1}{EW_i}$$

m_i——连轧模数

$$m_i = h_{i+1}u_{i+1}S'_{i+1}b_{i+1} + h_iu_iS'_ib_i$$

W_i——连轧刚性系数

$$W_i = \frac{h_{i+1}}{H_{i+1}}u_{i+1}S'_{i+1}b_{i+1} + u_iS'_ib_i$$

参 考 文 献

[1] 钢铁．连轧张力公式，2（1975），77.
[2] 冶金部钢铁研究院．冷连轧稳态数学模型（冷连轧过程数字模拟之一），1974. 8.
[3] 上海交大．矩阵方法和现代控制论，1974.
[4] 中国科学院数学所．线性控制系统，1974.
[5] 卡尔曼滤波器及其应用基础．国防工业出版社，1973.
[6] 交大科技电子专刊，2（1973）.
[7] 东北工学院研究生论文，连续热轧带钢纵向厚度不均问题的研究，1966.
[8] 西门子电器公司．来华技术座谈资料 E117，1972.

（原文发表在《钢铁》，1977（3）：40-46）

连轧张力公式

张进之

（北京钢铁研究院）

摘　要　连轧生产过程电子计算机控制的发展，需要能反映“流量常数”不相等条件的数学表达式。张力是连轧过程的纽带，由动平衡条件建立了张力微分方程：

$$\frac{d\sigma_i}{dt} = \frac{E}{l}[V'_{i+1} - V_i]\left[1 + \frac{\sigma_i}{E}\right]$$

利用生产实践和实验研究中认识的物理规律，如体积不变定律、前滑与张力成线性关系，推导得到连轧状态方程：

$$\dot{\boldsymbol{\sigma}} = -\tau^{-1}\boldsymbol{A\sigma} + \frac{E}{l}\boldsymbol{BU}$$

动态张力公式：

$$\boldsymbol{\sigma}(t) = e^{-\tau^{-1}At}\boldsymbol{\sigma}_0 + \boldsymbol{A}^{-1}[\boldsymbol{I} - e^{-\tau^{-1}At}]\boldsymbol{W}^{-1}\Delta\boldsymbol{V}$$

稳态张力公式：

$$\sigma = \boldsymbol{A}^{-1}\boldsymbol{m}^{-1}\boldsymbol{q}$$

张力公式反映了连轧过程中张力、厚度、轧辊速度及时间之间的函数关系。证明了连轧工艺过程是渐近稳定的，可控的和可测的动力学系统，并提出张力公式预报钢板厚度的设想。

Mathematical treatment of tension in tandem rolling

Zhang Jinzhi

(Beijing Institute of Iron and Steel Research)

Abstract: The development of computer controlled tandem rolling process calls for a mathematical expression to represent the condition of inequality of mass flow constant. From the condition of dynamic equilibrium, a differential equation of tension is given as:

$$\frac{d\sigma_i}{dt} = \frac{E}{l}[V'_{i+1} - V_i]\left[1 + \frac{\sigma_i}{E}\right]$$

Based upon the physical rules in industrial practice and in experiments, for example, the law of volume constancy, the linear relation between forward slip and tension, the following equations are derived. The equation of the state of tandem rolling:

$$\dot{\boldsymbol{\sigma}} = -\tau^{-1}\boldsymbol{A\sigma} + \frac{E}{l}\boldsymbol{BU}$$

The equation of the dynamic state of tension:

$$\boldsymbol{\sigma}(t) = e^{-\tau^{-1}At}\boldsymbol{\sigma}_0 + \boldsymbol{A}^{-1}[\boldsymbol{I} - e^{-\tau^{-1}At}]\boldsymbol{W}^{-1}\Delta\boldsymbol{V}$$

The equation of the static state of tension:

$$\sigma = \boldsymbol{A}^{-1}\boldsymbol{m}^{-1}\boldsymbol{q}$$

The equation of tension represents the relation between tension, thickness, velocity of roll and time of the tandem rolling process. It implies that the tandem rolling process is an asymtotically stable, controllable and measurable dynamic system.

1　引言

连轧生产的发展，促进了连轧理论的建立和发展。以“秒流量相等条件”为基本原理，引用轧制理论中的有关公式经过数学演绎，建立了综合的连轧数学模型，即连轧理论的数学表达式。这一工作是在 1955 年由 Hessenberg 等[1]首先开始的，之后有很大发展[2-5]。但是“秒流量相等条件”已不适应目前电子计算机控制的连轧机发展的要求，因为它只有在稳态连轧时才成立，而连轧过程总是在动态下进行的，如头尾轧制，中间连轧时的不断调节。由此要求我们建立一个能反映连轧动态过程各工艺参数之间关联的数学表达式。

连轧的特点是一条钢同时在几个机架内轧制，机架间钢带受拉伸而产生张力，通过张力传递互相影响，张力由连轧各工艺参数决定，而张力又直接影响各工艺参数，张力是连轧过程的纽带。如果知道在一个平衡状态下张力是多少，张力与各工艺参数成怎样的函数关系；在过渡过程中，张力是怎样变化的，过渡时间多长，就可以正确掌握整个连轧过程，所以研究连轧关系应当从张力问题入手。

目前专门研究连轧张力问题的报道较少，只在建立连轧数学模型，用泰勒级数展开压力、前滑等公式时，而引入张力增量值；有的模型中，附加有张力建立过程的计算公式：

$$T_i = \frac{EA}{l}\int (V'_{i+1} - V_i)\,\mathrm{d}t$$

近年来，咬入、加、减速过程已引起各国的重视，在建立连轧动态数学模型时，用张力微分方程代替秒流量相等条件[6-8]，他们常用的方程是：

$$\frac{\mathrm{d}\sigma_i}{\mathrm{d}t} = \frac{E}{l}(V'_{i+1} - V_i)$$

20 世纪 60 年代初，Чекмарев[9]、Файнберг[10]从连轧动态情况出发，也分别建立了各自的变形微分方程：

$$\mathrm{d}t = \frac{l\mathrm{d}\varepsilon}{(V_2' - V_1)(1+\varepsilon)^2}$$

和

$$\mathrm{d}t = \frac{l\mathrm{d}\varepsilon}{[V_2' - V_1(1+\varepsilon)](1+\varepsilon)}\left[\text{或}\frac{l\mathrm{d}\varepsilon}{V_2' - V_1(1+\varepsilon)}\right]$$

2　公式推导

本文旨在研究多机架连轧过程张力的数学表达式。

从连轧实际情况出发，可把复杂的连轧过程简化为一个抽象化的模型。模型主要采用下述几点假设：

（1）张力在弹性范围内，即 $0 \leqslant \sigma < \sigma_s$；

（2）宽展为零，简化成平面问题；

（3）弹性传播速度为无限大；

（4）i 机架的前张力等于 $i+1$ 机架的后张力，用 σ_i 表示，详见图 1。

本文使用的符号：

σ_i——i 机架与 $i+1$ 机架间钢带的单位张力；

ε_i——i 机架与 $i+1$ 机架间钢带的拉伸变形率；

l_0——两机架间距离；

l——前机架出口至后机架入口的钢管长度；

V_i，V_i'——i 机架钢带出口和入口的速度；

h_i，H_i——i 机架钢带出口和入口的厚度；

U_i——i 机架轧辊线速度；

S_i——i 机架前滑系数；

h_i'，H_i'，U_i'，S_i'——无张力时上述各量；

a_{if}，a_{ib}——前、后张力对 i 机架钢带出口厚度的影响系数；

b_{if}，b_{ib}——前、后张力对 i 机架前滑的影响系数；

D_{if}，D_{ib}——前、后张力对 i 机架轧辊线速度的影响系数。

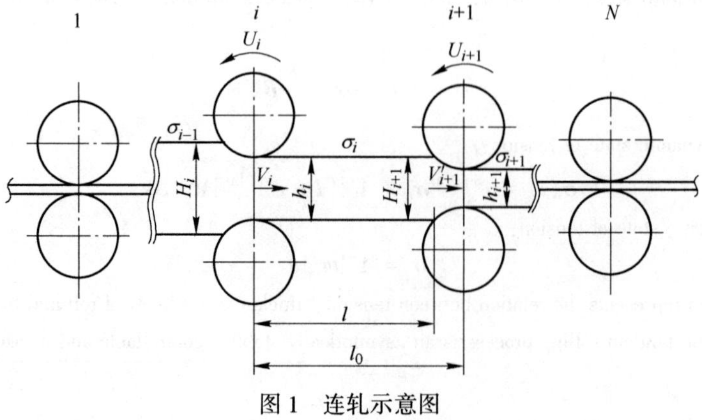

图 1　连轧示意图

2.1 变形微分方程

以 i 机架出口截面至 $i+1$ 机架入口截面之间 l 区域为研究对象，假定 $i+1$ 机架入口速度 V'_{i+1} 大于 i 机架出口速度 V_i，建立动平衡方程式，参见图 2。

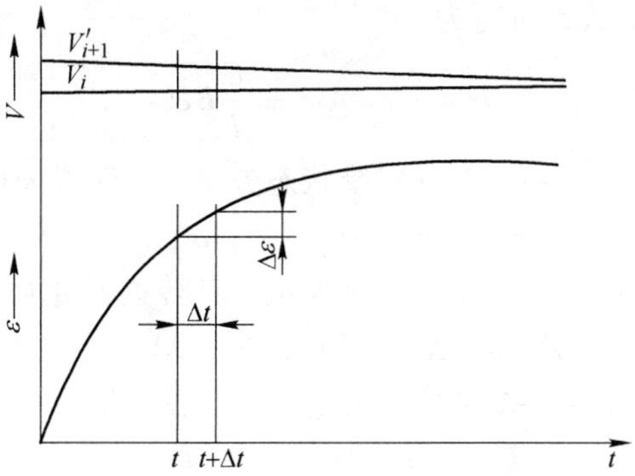

图 2　变形率和钢带速度变化示意图

在时刻 t，钢带拉伸变形率为 ε_i，l 区间钢带的原始长度为 l'；在 $t+\Delta t$ 时刻，变形率为 $\varepsilon_i+\Delta\varepsilon_i$，原始长度为 l''，l 区间的钢带在 Δt 时间内拉伸变形率的变化是由 l 区间内原始钢带变短（亦即 $l'-l''$）所引起；而原始钢带的变短是由于 $V'_{i+1}>V_i$ 所引起，故可列出以下动平衡方程式。

$$l' - l'' = \frac{(V'_{i+1} - V_i)\Delta t}{1 + \varepsilon_i} \tag{1}$$

按拉伸变形率定义：

$$\left.\begin{aligned} l' &= \frac{l}{1 + \varepsilon_i} \\ l'' &= \frac{l}{1 + \varepsilon_i + \Delta\varepsilon_i} \end{aligned}\right\} \tag{2}$$

式（2）代入式（1）并整理得：

$$\frac{\Delta\varepsilon_i}{\Delta t} = \frac{(V'_{i+1} - V_i)(1 + \varepsilon_i + \Delta\varepsilon_i)}{l}$$

取极限得：

$$\frac{\mathrm{d}\varepsilon_i}{\mathrm{d}t} = \frac{(V'_{i+1} - V_i)(1 + \varepsilon_i)}{l} \tag{3}$$

式（3）即为所求的变形微分方程式。

2.2 张力微分方程

引用虎克定律，式（3）就可变换成张力微分方程，即：

$$\left.\begin{aligned} \varepsilon_i &= \frac{\sigma_i}{E} \\ \frac{\mathrm{d}\varepsilon_i}{\mathrm{d}t} &= \frac{1}{E}\frac{\mathrm{d}\sigma_i}{\mathrm{d}t} \end{aligned}\right\} \tag{4}$$

代入式（3）得：

$$\frac{\mathrm{d}\sigma_i}{\mathrm{d}t} = \frac{E}{l}(V'_{i+1} - V_i)\left(1 + \frac{\sigma_i}{E}\right) \tag{5}$$

式（5）还不能直接解，因为 V_i，V'_{i+1} 是不易测的并且是张力的函数。引用轧制理论中的一些基本规律，将式（5）变换成可积分的形式。

按前滑定义和体积不变定律：

$$\left.\begin{aligned} V_i &= U_i(1 + S_i) \\ V'_{i+1} &= \frac{h_{i+1}}{H_{i+1}}U_{i+1}(1 + S_{i+1}) \end{aligned}\right\} \tag{6}$$

轧辊速度是可以独立改变的并受张力变化的影响，故 $U_i = U(t, \sigma)$，同理 S_i、h_{i+1} 也是时间和张力的函数，而 H_{i+1} 只是时间的函数，由下面延时方程表示：

$$H_{i+1}(t) = h_i(t - \tau_i^H) \tag{7}$$

或写成拉氏变换形式：

$$H_{i+1}(P) = h_i(P)\mathrm{e}^{-\tau_i^H P}$$

式中　P——拉氏算子；

τ_i^H——滞后时间，

$$\tau_i^H = \frac{l}{U_i(1 + S_i)} \tag{8}$$

为了书写方便，$\sigma_i(t)$、$S_i(t)$、$U_i(t)$ 和 $h_i(t)$ 用 σ_i、S_i、U_i 和 h_i 表示。

大量的实验测定和理论分析[11,12]证明，在实际应用范围内，S_i、U_i、h_i 与 σ_i 之间的关系，可用线性函数表示，即

$$\left.\begin{aligned} S_i &= S'_i(1 + b_{if}\sigma_i - b_{ib}\sigma_{i-1}) \\ S_{i+1} &= S'_{i+1}(1 + b_{i+1f}\sigma_{i+1} - b_{i+1b}\sigma_i) \\ U_i &= U'_i(1 + D_{if}\sigma_i - D_{ib}\sigma_{i-1}) \\ U_{i+1} &= U'_{i+1}(1 + D_{i+1f}\sigma_{i+1} - D_{i+1b}\sigma_i) \\ h_{i+1} &= h'_{i+1}(1 - a_{i+1f}\sigma_{i+1} - a_{i+1b}\sigma_i) \end{aligned}\right\} \tag{9}$$

系数 a、b、D 及 S 可以从实际连轧过程测得的数据中，用回归法获得的经验公式计算，也可以用轧制理论公式推导出的公式计算，总之，它们是可以确定的参数。例如，由 Bland-Ford 前滑公式可推出求 b_i 的计算公式：

$$b_i = \frac{1}{2\mu}\sqrt{\frac{h_i}{R'_i}}\frac{1}{\sqrt{S'_i}}\frac{1}{K_i - 0.5(\sigma_i + \sigma_{i-1})} \tag{10}$$

式中　μ——钢带与轧辊间摩擦系数；

R'——轧辊压扁半径；

K——平均变形阻力。

为简化计算，并经数字模拟[13]证明，前、后张力对各工艺参数的影响系数可取近似相等。例如：$b_{if} = b_{ib} = b_i$。

将式（9）代入式（6）再代入式（5），整

理得：

$$\frac{\mathrm{d}\sigma_i}{\mathrm{d}t}=\frac{E}{l}\left[\theta_i\sigma_{i-1}-W_i\sigma_i+\varphi_i\sigma_{i+1}+\Delta V_i\right]\left[1+\frac{\sigma_i}{E}\right]$$

$$(i=1,\ 2,\ 3,\ \cdots,\ N-1) \qquad (11)$$

式中　$\Delta V_i=\frac{h'_{i+1}}{H_{i+1}}U'_{i+1}(1+S'_{i+1})-U'_i(1+S'_i)$

$$W_i=\frac{h'_{i+1}}{H_{i+1}}U'_{i+1}[D_{i+1}+a_{i+1}+S'_{i+1}(b_{i+1}+D_{i+1}+a_{i+1})]+U'_i[D_i+S'_i(b_i+D_i)]$$

$$\theta_i=U'_i[D_i+S'_i(b_i+D_i)]$$

$$\varphi_i=\frac{h'_{i+1}}{H_{i+1}}U'_{i+1}[D_{i+1}-a_{i+1}+S'_{i+1}(b_{i+1}+D_{i+1}-a_{i+1})]$$

ΔV_i 称为当量速度差；W_i 称为连轧（工艺）刚性系数。式（11）即为描述连轧动力学系统的数学力学方程，它属于 Riccal 型微分方程，是可积分的。

2.3　连轧状态方程

状态方程是为实现工程系统的测量和控制，反映该系统运动规律的一阶线性微分方程组，又称系统的数学模型。由于它服务于工程控制问题，故它比系统的数理方程允许更大的近似性。

就冷连轧钢带而言，钢的弹性模数 $E=2.1\times10^4\mathrm{kg/mm^2}$，采用的张力 σ 一般小于 $30\mathrm{kg/mm^2}$，假定 $\sigma=20\mathrm{kg/mm^2}$，则 $\frac{\sigma_i}{E}$ 为 1‰ 左右，因此 $\left(1+\frac{\sigma_i}{E}\right)\approx1$，故得

$$\frac{\mathrm{d}\sigma_i}{\mathrm{d}t}=\frac{EW_i}{l}\left[\frac{\theta_i}{W_i}\sigma_{i-1}-\sigma_i+\frac{\varphi}{W_i}\sigma_{i+1}\right]+\frac{E}{l}\Delta V_i \qquad (12)$$

写成矢量的形式

$$\frac{\mathrm{d}\boldsymbol{\sigma}}{\mathrm{d}t}=\frac{E}{l}[\boldsymbol{WA\sigma}+\Delta\boldsymbol{V}] \qquad (13)$$

令 $\frac{EW_i}{l}=\frac{1}{\tau_i}$，$\tau_i$ 称为连轧时间常数。

上式也可写为：

$$\dot{\boldsymbol{\sigma}}=-\boldsymbol{\tau}^{-1}\boldsymbol{A\sigma}+\frac{E}{l}\boldsymbol{BU} \qquad (14)$$

式中　$\boldsymbol{\sigma}$——（$N-1$）维状态矢量，其转置矢量为

$$\boldsymbol{\sigma}^{\mathrm{T}}=[\sigma_1,\ \sigma_2,\ \cdots,\ \sigma_{N-1}]$$

$\Delta\boldsymbol{V}$——（$N-1$）维矢量，其转置矢量为

$$\Delta\boldsymbol{V}^{\mathrm{T}}=[\Delta V_1,\ \Delta V_2,\ \cdots,\ \Delta V_{N-1}]$$

$\boldsymbol{U}$——N 维控制矢量，其转置矢量为

$$\boldsymbol{U}^{\mathrm{T}}=[U_1,\ U_2,\ \cdots,\ U_n]$$

$\boldsymbol{W}$——（$N-1$）维对角矩阵

$$\boldsymbol{W}=\begin{bmatrix}W_1 & & & \\ & W_2 & & \\ & & \ddots & \\ & & & W_{N-1}\end{bmatrix}$$

$\boldsymbol{A}$——（$N-1$）维方阵，它是定常矩阵

$$\boldsymbol{A}=\begin{bmatrix}1 & -\frac{\varphi_1}{W_1} & & \\ -\frac{\theta_2}{W_2} & 1 & -\frac{\varphi_2}{W_2} & \\ & \ddots & \ddots & \ddots \\ & & -\frac{\theta_{N-1}}{W_{N-1}} & 1\end{bmatrix}$$

$\boldsymbol{B}$——$N\times(N-1)$ 维矩阵

$$\boldsymbol{B}=\begin{bmatrix}-(1+S'_1) & \frac{h'_1}{H_2}(1+S'_2) & & \\ & -(1+S'_2) & \frac{h'_3}{H_3}(1+S'_3) & \\ & & \ddots & \ddots \\ & & -(1+S'_{N-1}) & \frac{h'_N}{H_N}(1+S'_N)\end{bmatrix}$$

$\boldsymbol{\tau}$——（$N-1$）维对角矩阵

$$\boldsymbol{\tau}=\begin{bmatrix}\tau_1 & & & \\ & \tau_2 & & \\ & & \ddots & \\ & & & \tau_{N-1}\end{bmatrix}$$

$\boldsymbol{\tau}$ 矩阵是控制向量 $\boldsymbol{U}$ 的函数，但在咬钢、抛钢、稳速连轧阶段，轧辊线速度 $\boldsymbol{U}$ 是常数，故 $\boldsymbol{\tau}$ 矩阵是定常矩阵；在加、减速和焊缝连轧阶段，$\boldsymbol{U}$ 是时间的函数，则 $\boldsymbol{\tau}$ 矩阵是时变矩阵。

连轧过程数字模拟[13]证明，W_i 变化较小，故矩阵 $\boldsymbol{\tau}$ 可近似用一个常数（或时间的函数）表示，即矩阵 $\boldsymbol{\tau}$ 退化为一个标量。

标量 τ 用下式计算：

$$\tau=\frac{1}{N-1}\sum_{i=1}^{N-1}\frac{1}{EW_i}$$

由此得到近似的连轧状态方程：

$$\dot{\boldsymbol{\sigma}}=-\boldsymbol{\tau}^{-1}\boldsymbol{A\sigma}+\frac{E}{l}\boldsymbol{BU} \qquad (15)$$

式（13）描述全部连轧各阶段时，它是一个变系数线性向量微分方程；只描述稳态段或咬钢、抛钢段时，它是一个常系数线性向量微分方程。

2.4　动态张力公式

用转移矩阵法，给出适用于咬钢、抛钢及稳速连轧段的解。

$$\boldsymbol{\sigma}(t)=\boldsymbol{\Phi}(t,\ t_0)\boldsymbol{\sigma}(t_0)+\frac{E}{l}\int_{t_0}^{t}\boldsymbol{\Phi}(t,\ \theta)\Delta\boldsymbol{V}\mathrm{d}\theta \qquad (16)$$

式中　$\boldsymbol{\Phi}(t,\ t_0)$——系统的转移矩阵，它满足

$$\left.\begin{aligned}&\frac{\mathrm{d}}{\mathrm{d}t}\boldsymbol{\Phi}(t,\ t_0)=-\boldsymbol{\tau}^{-1}\boldsymbol{A\Phi}(t,\ t_0) && t\neq t_0\\ &\boldsymbol{\Phi}(t,\ t_0)=\boldsymbol{I} && t=t_0\end{aligned}\right\} \qquad (17)$$

对于本文讨论的问题，系统的转移矩阵可取为

$$\boldsymbol{\Phi}(t,\ t_0)=\mathrm{e}^{-\tau^{-1}\boldsymbol{A}(t-t_0)} \qquad (18)$$

显然，式（18）代入式（17）将得到满足。

给定初始条件，$t_0=0$ 时，$\boldsymbol{\sigma}(0)=\boldsymbol{\sigma}_0$，并假定 U 是阶跃函数，即 U＝常数，将式（18）代入式（16）得：

$$\begin{aligned}\boldsymbol{\sigma}(t)&=\boldsymbol{\sigma}_0\mathrm{e}^{-\tau^{-1}At}+\boldsymbol{A}^{-1}\boldsymbol{\tau}[\boldsymbol{I}-\mathrm{e}^{-\tau^{-1}At}]\frac{E}{l}\Delta\boldsymbol{V}\\&=\boldsymbol{\sigma}\mathrm{e}^{-\tau^{-1}A}+\boldsymbol{A}^{-1}[\boldsymbol{I}-\mathrm{e}^{-\tau^{-1}At}]\boldsymbol{W}^{-1}\Delta\boldsymbol{V}\end{aligned} \qquad (19)$$

这就是连轧动态张力公式。

2.5　稳态张力公式

稳态张力公式可以直接从动态张力式（19）的渐近线求得，即取 $t\to\infty$，式（19）变为

$$\boldsymbol{\sigma}=\frac{E}{l}\boldsymbol{A}^{-1}\boldsymbol{\tau}\Delta\boldsymbol{V}=\boldsymbol{A}^{-1}\boldsymbol{W}^{-1}\Delta\boldsymbol{V} \qquad (20)$$

或者：

$$\boldsymbol{\sigma}=\boldsymbol{A}^{-1}\boldsymbol{m}^{-1}\boldsymbol{q} \qquad (21)$$

式中　$\boldsymbol{q}$——$(N-1)$维当量秒流量差方阵

$$\boldsymbol{q}=\begin{bmatrix}q_1&&&\\&q_2&&\\&&\ddots&\\&&&q_{N-1}\end{bmatrix}$$

$$q_i=h'_{i+1}U'_{i+1}(1+S'_{i+1})-h'_iU'_i(1+S'_i)$$

$\boldsymbol{m}$——$(N-1)$维连轧模数方阵

$$\boldsymbol{m}=\begin{bmatrix}m_1&&&\\&m_2&&\\&&\ddots&\\&&&m_{N-1}\end{bmatrix}$$

$$m_i=h'_{i+1}U'_{i+1}[(a_{i+1}+D_{i+1})+S'_{i+1}(a_{i+1}+b_{i+1}+D_{i+1})]+U'_i[D_i+S'_i(b_i+D_i)]$$

显然式（20）又可写成：

$$\boldsymbol{WA\sigma}=\Delta\boldsymbol{V}$$

写成分量的形式：

$$-\theta_i\sigma_{i-1}+W_i\sigma_i-\varphi_i\sigma_{i+1}=\Delta V_i$$

由此得：

$$\theta_i\sigma_{i-1}-W_i\sigma_i+\varphi_i\sigma_{i+1}+\Delta V_i=0$$

由式（11）和式（5）可知，上式的左端就是 $V'_{i+1}-V_i$，于是有

$$V'_{i+1}-V_i=0$$

这与直接由张力方程（5）推得的张力 σ_i 不随时间变化的条件是一致的。

2.6　秒流量相等条件

由式（20）[或式（21）]，当 $\sigma=0$ 时，则得：

$$\boldsymbol{q}=0$$

即：

$$\begin{aligned}h'_1U'_1(1+S'_1)&=h'_2U'_2(1+S'_2)=\cdots\\&=h'_NU'_N(1+S'_N)\end{aligned} \qquad (22)$$

由式（22）证明，秒流量相等条件已蕴涵在连轧张力公式之中了。

2.7　实用连轧张力公式

为了便于各种类型张力公式在实际生产过程中应用，需要对一些参变量进行变换，公式中的 h'、U' 和 S' 都是无张力时的数值，这对于前滑系数 S' 是很方便的；但对于 h'、U' 就不方便了，因为它们不容易测量，而轧制时的板厚、轧辊速度是能够测量的。因此，要用轧制时的 h、U（亦即带张力的板厚、轧辊速度）代换无张力时的 h'、U'（亦即初值）。

将式（9）的逆变换式代入式（20）、式（21），仍得到形式相同的张力公式：

$$\boldsymbol{\sigma}=\boldsymbol{A}^{-1}\boldsymbol{W}^{-1}\Delta\boldsymbol{V}=\boldsymbol{A}^{-1}\boldsymbol{m}^{-1}\boldsymbol{q} \qquad (23)$$

但式中各矩阵的元素分别变为

$$\Delta V_i=\frac{h_{i+1}}{H_{i+1}}U_{i+1}(1+S'_{i+1})-U_i(1+S'_i)$$

$$W_i=\frac{h_{i+1}}{H_{i+1}}U_{i+1}b_{i+1}S'_{i+1}+U_ib_iS'_i$$

$$q_i=h_{i+1}U_{i+1}(1+S'_{i+1})-h_iU_i(1+S'_i)$$

$$m_i = h_{i+1}U_{i+1}b_{i+1}S'_{i+1} + h_iU_ib_iS'_i$$

同理 τ_i 也可以得到简化。

3　分析讨论

3.1　连轧的基本规律

公式（23）清楚地表明，连轧张力与当量秒流量差成正比，与连轧模数成反比，这就是连轧的基本规律。

常数矩阵 $\boldsymbol{A}^{-1}$ 表明，当任意两机架间的当量秒流量差改变时（亦即改变任一架轧辊速度或厚度），各机架间张力都发生变化。因此张力确为连轧过程的纽带。

3.2　张力测厚公式

就稳态连轧张力公式而言，它反映了连轧工艺变量——张力、厚度和轧辊速度三者之间的函数关系。因此，当张力、速度和某一架厚度可测量时，可以计算出其他各架的厚度。由张力公式的分量形式，可以推导出张力测厚公式：

$$h_{i+1} = \frac{h_iU_i[1 + S'_i + S'_ib_i(\sigma_i - \sigma_{i-1})]}{U_{i+1}[1 + S'_{i+1} + S'_{i+1}b_{i+1}(\sigma_{i+1} - \sigma_i)]} \tag{24}$$

张力预报厚度法比压力预报厚度法的优点是有较高的测量精度，下面证明之。

压力测厚公式：

$$h_i = \phi_i + \frac{P_i}{C_i} \tag{25}$$

式中　ϕ_i——空载辊缝；

P_i——轧制总压力；

C_i——机架总刚度系数。

为简明起见，以两机架连轧为例，并假定：第一架出口厚度不变；第二架厚度变化 1%；辊缝和轧辊速度都不变化。将式（24）、式（25）微分并整理得：

$$\frac{\Delta\sigma}{\sigma}\bigg/\frac{\Delta P_2}{P_2} = \frac{P_2(1 + S'_2)}{h_2\sigma C(b_2S'_2 + b_1S'_1)} \tag{26}$$

由三机架和五机架连轧的具体数值代入计算得表 1。

表 1　计算结果

参数名称	五机架	三机架	备　注
P_2	700000kg	250000kg	取五连轧和三连轧的第一、二架
σ_1	10kg/mm²	6kg/mm²	
C	470000kg/mm²	190000kg/mm²	
b_2，(b_1)	0.08	0.08	
S_2，(S_1)	0.03	0.03	
h_1	2.63mm	1.90mm	
h_2	2.10mm	1.60mm	
$\dfrac{\Delta\sigma/\sigma}{\Delta P_2/P_2}$	14	40	

由数值计算证明：

$$\frac{\Delta\sigma}{\sigma}\bigg/\frac{\Delta P_2}{P_2} > 10$$

则张力公式预报厚差比压力预报同样厚差的灵敏度高 1 个数量级。

3.3　连轧系统的动力学特征

系统动力学特征是指系统的可控性，可测性及稳定性而言的，当系统的状态方程建立之后，这些性质是不难确定的。

按李雅普诺夫稳定性理论，连轧系统是一个渐近稳定的动力学系统，因为全部特征根全都是负实数。所谓渐近稳定性，就是系统处于一个平衡状态（即设定状态），当有阶跃型的外挠作用时，系统各状态量经过一个过渡过程自动地趋向一个新的平衡状态；当外挠消除后，又恢复到原平衡状态。

按现代控制论可控性定理，连轧系统是可控的，因为状态方程中的控制矩阵秩数已等于状态量的维数。可控的，则连轧系统可以实现最佳控制。

连轧系统是可测的，对于板带连轧机，它们都有张力测量装置，写成测量方程时，其观测矩阵的秩数等于状态量的维数，对于型钢连轧机，它们不能安装张力测量装置，张力公式（23）略加变换就可以变成测量方程，其观测矩阵的秩数等于状态量的维数。可测的，则连轧系统可以实现卡尔曼滤波。

4 结论

（1）连轧的基本规律：连轧张力与当量秒流量差成正比，与连轧模数成反比。

（2）连轧过程是一个渐近稳定的、可控的和可测的动力学系统，而张力对系统变化反映最灵敏。

（3）反映连轧动力学系统的微分方程

数理方程：

$$\frac{d\sigma_i}{dt}=\frac{E}{l}[\theta_i\sigma_{i-1}-W_i\sigma_i+\varphi_i\sigma_{i+1}+\Delta V_i]\left[1+\frac{\sigma_i}{E}\right]$$

状态方程：

$$\dot{\boldsymbol{\sigma}}=-\boldsymbol{\tau}^{-1}\boldsymbol{A}\boldsymbol{\sigma}+\frac{E}{l}\boldsymbol{B}\boldsymbol{U}$$

（4）连轧张力公式及几个重要常数

动态张力公式：

$$\boldsymbol{\sigma}(t)=\boldsymbol{\sigma}_0e^{-\tau^{-1}At}+\boldsymbol{A}^{-1}[\boldsymbol{I}-e^{-\tau^{-1}At}]\boldsymbol{W}^{-1}\Delta\boldsymbol{V}$$

稳态张力公式：

$$\boldsymbol{\sigma}=\boldsymbol{A}^{-1}\boldsymbol{m}^{-1}\boldsymbol{q}$$

连轧时间常数：

$$\tau=\frac{1}{N-1}\sum_{i=1}^{N-1}\frac{1}{EW_i}$$

连轧刚性系数：

$$W_i=\frac{h_{i+1}}{H_{i+1}}U_{i+1}b_{i+1}S'_{i+1}+U_ib_iS'_i$$

连轧模数：

$$m_i=h_{i+1}U_{i+1}b_{i+1}S'_{i+1}+h_iU_ib_iS'_i$$

本文得到中国科学院数学研究所梁国平、张永光等同志的指导和帮助，表示感谢。

参考文献

[1] Hessenberg W C, Jenkins W N. Proc. Inst. Mech. Eng., 1955, 169: 1051.

[2] Lianis G, Ford H. Proc. Inst. Mech. Eng., 1957, 171: 757.

[3] Sekulic M R, Alexander J M. J. Mech. Eng. Sci., 1962, 4: 301.

[4] Суяров Д И, и Веняковский М А. Качество тонких стальных листов, Металлургиздат, Москова, 1964.

[5] 美坂佳助．塑性と加工，1967，8（75）：188.

[6] Bryant G F. Automation of Tandem Mills［J］. The Iron & Steel Institute, London, 1973.

[7] 田沼正也，大成干彦．塑性と加工，1972，13（133）：122.

[8] 小西正躬，鈴木弘．塑性と加工，1972，13（140）：689.

[9] Чекмарев А П. Прокамное производство, Метал-лургиздат, Москова, том XVII, 1962, стр. 3.

[10] Файнберг Ю М. Автоматизация непрерывных ствнов горячей прокатки, Металлургиздат, Москова, 1963.

[11] Целиков А И. Теория расчети усилий в прокатиых станох, Металлургнздат, Москова, 1962.

[12] Ford H, Bland D R. J. Iron Steel Inst, 1951 (168): 57.

[13] 北京钢铁研究院，待发表的工作（1974年）.

（原文发表在《金属学报》，1978，14（2）：47-58）

连轧张力变形微分方程的分析讨论

张进之

1　引言

连轧张力公式等文[1]在《钢铁》杂志上发表并开展讨论以来，得到许多同志的热情指正和帮助，特表示感谢。通过讨论，使我们对连轧理论的现状和发展过程有了进一步认识；特别是对连轧张力变形微分方程的不同意见的争论[5-7]，促使我们进一步研究目前存在的几个连轧张力变形微分方程：

文献［1］中的微分方程

$$\frac{d\varepsilon}{dt}=\frac{1}{l}(V_2'-V_1)(1+\varepsilon)\qquad(1)$$

Чекмарев 微分方程[2]

$$\frac{d\varepsilon}{dt}=\frac{1}{l}(V_2'-V_1)(1+\varepsilon)^2\qquad(2)$$

Файнберг 微分方程[3]

$$\frac{d\varepsilon}{dt}=\frac{1}{l}[V_2'-V_1(1+\varepsilon)]\qquad(3)$$

需要从理论上解决微分方程的唯一性问题。

连轧理论方面的另一争论：对于具有张力连轧时，在稳态条件下是否具有速度差，即前一架入口速度 V_2' 与后一架出口速度 V_1 之间的关系，有两种不同的看法，Чекмарев 等人认为 $V_2'=V_1$；而 Файнберг 等人认为 $V_2'>V_1$。

在相同的假定条件下，几个微分方程的并存和速度关系的不同看法，影响了统一的连轧理论的建立，使连轧理论落后于连轧生产实践。

本文就苏联有关连轧张力变形微分方程争论的基本情况、争论的焦点、长期争论得不出结论的原因等问题提出一些粗浅看法，并提出一个能反映连轧张力弹、塑性拉伸的连轧张力变形微分方程。

2　连轧张力变形微分方程的发展过程

2.1　Файнберг 的连轧张力变形微分方程

1947 年，Файнберг[8]提出了确定两机架连轧件的弹性相对拉伸 ε 的微分方程：

$$\frac{d\varepsilon}{dt}=\frac{1}{l}[V_2'-V_1(1+\varepsilon)]\qquad(4)$$

式中　ε——两机架间钢带的相对拉伸率；

V_2'——第二机架钢带入口线速度；

V_1——第一机架钢带出口线速度；

l——两机架间钢带长度；

t——时间。

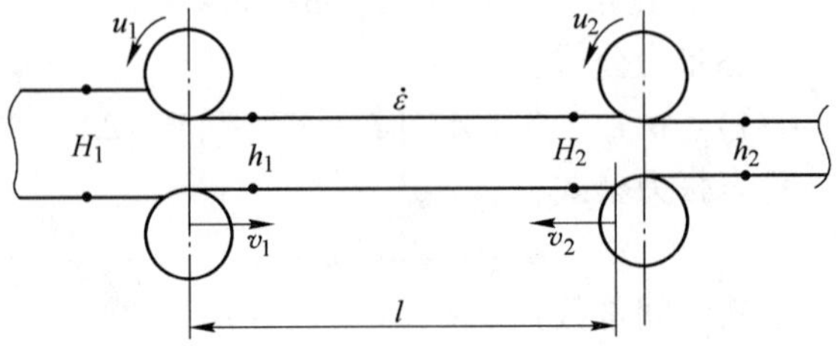

图 1　两机架连轧示意图

假定 V_2'、V_1 为常数，积分式（3）得：

$$\varepsilon=\frac{V_2'-V_1}{V_2'}(1-e^{-\frac{V_1}{l}t})+\varepsilon_H e^{-\frac{V_1}{l}t}\qquad(5)$$

式中　ε_H——初始的弹性相对拉伸率。

由虎克定律：$\sigma=E\varepsilon$，获得两机架连轧张力公式：

$$\sigma=E\frac{V_2'-V_1}{V_2'}(1-e^{-\frac{V_2}{l}t})+\sigma_H e^{-\frac{V_1}{l}t}\qquad(6)$$

式中　σ——两机架间钢带的单位张力值；

σ_H——初始的单位张力值；

E——钢带的弹性模量。

当 $t\to\infty$ 时，Файнберг 获得两机架稳态张力公式：

$$\sigma_y=E\frac{V_2'-V_1}{V_2'}\qquad(7)$$

Файнберг 在其论文的结论中提出，连轧张力变形方程：

$$\varepsilon=\varepsilon_0+\frac{1}{l}\int(V_2'-V_1)dt\qquad(8)$$

在理论上是“错误”的。从此，连轧张力变形微分方程就开始争论了。

式（8）就是目前实用的连轧张力变形微分方

程的积分表达式，它是由 Д. П. Морозов[9] 在确定单机架冷轧机与前面卷筒之间的轧件的张力时推出的，它可能是最早的张力变形公式。

2.2 Чекмарев 的连轧张力变形微分方程

Чекмарев[2] 对 Файнберг 的连轧张力变形微分方程的建立假定和公式提出不同看法，他说："对于一架采用金属运动的真实速度，而对于另一架则采取在出口的假定的速度在方法上不是方便的，因为这歪曲了由失调速度引起的张力关系图"。Файнберг 所指的出口的假定速度，是指第一架钢带出口速度与张力值的大小无关，它恒等于"自由轧制"（无张力轧制）时的速度，钢带在机架间的弹性伸长是钢带出变形区后，在一个很小 dx 距离上突然发生的。"突然伸长"假定是 Файнберг 的主要论点，它不仅遭到 Чекмарев 的反对，而且许多轧钢工作者也都是不同意的，因为它违反轧制理论的基本概念。假定带张力轧制时的钢带出口速度与张力无关，无论张力的大小，钢带出变形区的速度恒等于无张力时的自由轧制速度，这就否定了张力对轧制变形区及其轧制力的影响。实际上张力作用同样分布在变形区内，并由作用于变形区内的压力和摩擦力的水平分量平衡。所以轧件从变形区出来已经是拉伸张紧状态，其速度：

$$V_1 = u_1(1 + S_1)$$

它相同于一般轧制概念，u 为轧辊线速度，S 为通常概念的前滑系数。关于 Файнберг 为什么要引入"突然伸长"的假定，我们在后面还要分析。

Чекмарев 引用拉伸时的绝对延伸率 k 与相对延伸率 ε 之间关系，即：

$$\varepsilon = \frac{k}{l} \tag{9}$$

再利用在相邻机架出口与入口两截面间的伸长钢带长度不变的特点，获得了 Чекмарев 连轧张力变形微分方程：

$$\frac{d\varepsilon}{dt} = \frac{1}{l}(V_2' - V_1)(1 + \varepsilon)^2$$

他分别引入各种不同假定，例如 V_2'、V_1 为常数；V_2'、V_1 是时间函数；前滑是张力的函数……得出相应的两机架连轧张力公式。

下面写成其中的两个公式。

在 V_2' 和 V_1 为常数的张力公式：

$$T = \frac{lEQ}{\dfrac{l}{1 + \dfrac{T_H}{EQ}} - (V_2' - V_1)t} - EQ \tag{10}$$

式中 T——机架间带钢总张力；

Q——轧件横截面积；

T_H——初始张力。

当 $V_1 = b_1 t$，$V_2' = b_2 t$ 的条件下的张力公式：

$$T = \frac{lEQ}{\dfrac{l}{1 + \dfrac{T_H}{EQ}} - (b_2 - b_1)\dfrac{t^2}{2}} - EQ \tag{11}$$

Чекмарев 以具体数值计算，论证了他的微分方程与 Файнберг 的微分方程的不同。取以下相同条件：$\varepsilon = 0.001$；$\Delta\varepsilon = 0.00024$；$l = 4000$mm；$u_1 = 10000$mm/s；$V_2' = 10378.78$mm/s；$S_1 = 0.031687$。分别代入 Файнберг 和 Чекмарев 的微分方程获得：$\Delta t_ч = 0.0155$s；$\Delta t\phi = 0.0184$s。从这里看出，两个公式有着本质的差别，过渡时间之差竟达 20%。

2.3 其他的连轧张力变形微分方程

除 Файнберг、Чекмарев 等对连轧张力变形微分方程深入分析研究之外，还有一些学者对此问题也有一些研究，分别简介如下。

P. A. Phillips[10] 的张力微分方程：

$$\frac{1}{Q_1}\frac{dT_1}{dt} + \frac{u_0}{Q_1 l}T_1 = \frac{E}{l}(\Delta u_2 - \Delta u_1) \tag{12}$$

式中 u_0——第一架轧辊圆周速度稳态值；

Δu_i——u_i 与稳态值 u_{0i} 的微小偏差值。

W. C. Hessenberg[11] 的微分方程：

$$\frac{dT_1}{dt} = \frac{QE}{l}(V_2' - V_1) \tag{13}$$

В. Н. Выдрин[12] 的微分方程：

$$\frac{d\sigma}{\sigma_s} = \frac{\mu(1 + S)}{\gamma e_2}\frac{d\overline{V_2}'}{\overline{V_2}} \tag{14}$$

式中 σ_s——被轧制金属的屈服极限；

μ——摩擦系数；

γe_2——无张力"自由轧制"时第二机架的中立角；

$\overline{V_2}$——偏离匹配速度后的第二机架轧辊旋转速度。

Выдрин 在推导式（14）时，作了一些不确切的假定，假如：$\gamma e_2 = \gamma e_1 = \gamma e$，即第 1、2 机架的中立角相等，单位摩擦力服从于：

$$\tau = u\sigma_s$$

因此，他的公式被一些学者怀疑[4]。

应当着重指明的是，Выдрин 的微分方程与前面各个微分方程有着本质的区别，它没有时间变量，只反映各工艺变量之间的微分关系，只能得到稳态连轧张力公式。属于从轧制变形区水平分量平衡观点研究连轧张力公式的还有一些学者，例如 А. А. Шевченко。

Шевченко[17]张力公式：

$$\sigma = \frac{4\mu_2 P_2 R_2(\gamma_2 - \gamma_{2(1-0)})}{h_{12}} \tag{15}$$

式中　R_2——第二机架轧辊半径；

P_2——第二机架变形区单位轧制压力；

h_{12}——机架间钢带厚度；

γ_2——无张力作用时第二机架的中立角；

$\gamma_{2(1-0)}$——在张力作用下第二机架的中立角。

当 $\gamma_{2(0-1)} = 0$ 时，得到最大可能的张力值：

$$\sigma_{\max} = \frac{4\mu P_2 R_2}{h_{12}}\gamma_2 \tag{16}$$

3　Чекмарев 与 Файнберг 争论的焦点

Чекмарев 与 Файнберг 就连轧张力变形微分方程的争论主要有两点。

（1）Файнберг 认为轧件从第一机架轧出来后有一个突然伸长，不论张力的大小，轧件出变形区后是不受张力作用的“自由”状态，轧件受张力的拉伸是在出变形区后很短距离内发生的。

Чекмарев 和许多轧钢工作者不同意这一点。

（2）当两个机架速度匹配适当进行无张力连轧时，第一机架钢带出口速度等于第二机架入口速度。当第二机架速度失调，即轧辊转速增加，开始发生张力及其他工艺参数的变化，经过过渡过程而达到一个稳态。这是大家都公认的。然而带张力稳态连轧情况下，V_2'与 V_1 的关系争论是比较激烈的。Файнберг 认为带张力稳态连轧时，V_2'不等于 V_1，而是 $V_2'>V_1$。Чекмарев 则认为 $V_2'=V_1$。Выдрин 等也认为 $V_2'=V_1$，而 Н. П. Спиридонов 则认为 $V_2'>V_1$，并绘图说明两种不同观点。

图 2 表明：在“自由轧制”阶段，连轧张力等于零；轧辊速度分别为 u_1 和 u_2，由 KN 和 MP 线段表示；钢带速度 $V_2'=V_1$，由 ab 线段表示；张力等于零，由 ST 线段表示。当第二机架轧辊速度突然增加，由 u_2 变为$\overline{u_2}$时，V_2'、V_1、σ 等都发生变化，两派对变化规律有完全不同的看法，实线表示 Файнберг 等人的观点，点线表示 Чекмарев 等人的观点。

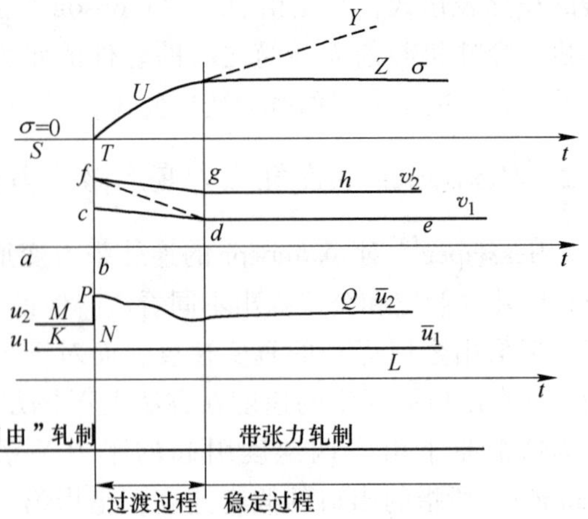

图 2　第二架转数失调各参数变化图示

Файнберг 的图示是，$KLMNPQ$ 表示 u_1 和 u_2 的变化，线 $abcde$ 和 $abfgh$ 表示$\overline{V_1}$和$\overline{V_2'}$的变化，线 $STUZ$ 表示张力的变化。在过渡过程的最后阶段变成稳态轧制，轧件速度$\overline{V_2'}>\overline{V_1}$。Файнберг 明确指出，稳态的匹配速度$\overline{V_2'}>\overline{V_1}$并不带来张力的不断增加；为了维持张力，金属进入下一架轧辊的速度$\overline{V_2}$必定高于离开上一架轧辊的速度$\overline{V_1}$。

Чекмарев 等认为，如果在存在恒定的轧件速度差$\overline{V_2}-\overline{V_1}$的情况，即图 2 中线段 $abcde$ 表示$\overline{V_1}$，$abfgh$ 表示$\overline{V_2'}$，$STUZ$ 表示张力的制度下，稳态轧制是不可能的，当存在$\overline{V_2'}-\overline{V_1}$时，张力将沿曲线 $STUY$ 变化，即张力连续增加，并且轧件在某一时刻断裂。$\overline{V_2'}$的变化在产生峰值 bf 后将按 fde 点线回复，即过渡过程的最后，第二机架入口速度将等于第一机架出口速度，而且张力值仍为常数。

4　Чекмарев 和 Файнберг 的错误

Чекмарев 和 Файнберг 虽在连轧张力理论研究方面有很大贡献，但他们的研究都带有片面性和概念性错误。

“突然伸长”的观点显然是错误的，前面已经谈过了。现将分析 Файнберг 是如何引入这一错误概念的。他在文献［8］中有

$$\xi = \frac{(V_2' - V_1)t}{V_2 t + l_0} \tag{17}$$

式中　ξ——两机架间钢带相对拉伸率。

上式是假定速度为常数条件下得到的。对于速度是时间函数时，他构造了下面公式：

$$\xi = \frac{k + \int_0^t V'_2 \mathrm{d}t - \int_0^t V_1 \mathrm{d}t}{l_0 + \int_0^t V_1 \mathrm{d}t} \tag{18}$$

取极限，即 $t \to \infty$，获得：

$$\xi = \frac{V'_2 - V_1}{V_1} \tag{19}$$

式（17）在分子上考虑了两个机架之间金属流入和流出的长度，而分母只考虑流进来的金属长度，因此该式很不严格。

式（19）可写成：

$$V'_2 = V_1(1 + \xi) \tag{19$'$}$$

这样就形成了“突然伸长”的概念，在稳态下 V'_2 不等于 V_1，$V'_2 > V_1$，“突然伸长”的相对变形率为 ξ。

应当指出的是，Файнберг 在文献［3］的连轧张力变形微分方程的数学推导是严格的，但由于他的“突然伸长”错误概念，仍然把第一机架钢带出口速度定义为：

$$V_1 = u_1(1 + S)(1 + \xi)$$

故获得：

$$\frac{\mathrm{d}\varepsilon}{\mathrm{d}t} = \frac{1}{l}[V'_2 - V_1(1 + \varepsilon)](1 + \varepsilon) \tag{20}$$

他最终还是想证明 1947 年微分方程，把连轧张力变形微分方程中的方括号外的“（$1+\varepsilon$）”项忽略了，最终结果还是式（3）。如果不引入“突然伸长”概念，将能与我们得到同一的结果，即式（1）。

他为什么要引入“突然伸长”的假说呢？原因有两点，其一是，在假定 V_1、V_2' 为常数时，允许恒张力稳态连轧状态（严格地讲，此假定是不允许的）；其二是，能反映稳态连轧时 $V'_2 > V_1$ 的情况。因此，该假说有它的历史原因和意义。

Чекмарев 在文献［2］中推导连轧张力变形微分方程在数学上是严格的。错误发生在物理概念上，他未认识到连轧与一般弹性拉伸的区别，错误地引入下式（原文中的式（11））：

$$\Delta k = (V'_2 - V_1)\Delta t \tag{21}$$

式中 k——绝对伸长。

下面通过分析连轧张力拉伸与一般弹性拉伸的共性和区别，论证式（21）的错误。

连轧张力拉伸变形与一般弹性拉伸变形的定义是相同的，即：

$$k = l - l' \tag{22}$$

式中 l——变形后的长度；

l'——变形前的原始长度。

它们的区别：对于一般弹性拉伸，l' 是常数；对于连轧机架间钢带张力拉伸，l 是常数，即变形后的长度是一定的。由于 k 已有定义了，因此 Δk 就不能随便再作定义了。微分式（22）得：

$$\mathrm{d}k = \mathrm{d}l - \mathrm{d}l' \tag{23}$$

对于一般拉伸，$\mathrm{d}k = \mathrm{d}l$；对于连轧张力拉伸，$\mathrm{d}k = -\mathrm{d}l'$。因此连轧时的 Δk 的含义是，在 Δt 时间里真实钢带长度的变化，故

$$\Delta k = \frac{(V'_2 - V_1)\Delta t}{1 + \varepsilon} \tag{24}$$

$(V'_2 - V_1)\Delta t$ 是在 Δt 时间内，机架间变形钢带长度的变化，因此除以“（$1+\varepsilon$）”项才能变换成 Δt 时间内钢带的真实长度的变化。由此证明，对于连轧，Δk 应当由式（24）定义，而不是式（21）；式（21）只适用于一般弹性拉伸问题。

连轧张力在弹性范围内，稳态时第一机架钢带出变形区的速度等于轧件进入第二机架的速度，即 $V'_2 = V_1$。这一点，我们与 Чекмарев 等人的观点相同。但是，我们并不否认连轧稳态时存在 $V'_2 > V_1$ 的情况，这是在连轧张力超过了轧件的弹性极限，轧件在机架间发生塑性拉伸的情况。对于发生塑性拉伸情况时，式（1）也是不适用的，因此必须把连轧张力变形微分方程推广到塑性拉伸的条件。在推导塑性连轧张力变形微分方程之前，先论证一下 Файнберг 的另一个重大错误，即式（7）的错误。

我们的两机架连轧稳态张力公式是：

$$\sigma = \frac{\frac{h_2}{H_2}u_2(1 + S'_2) - u_1(1 + S'_1)}{\frac{h_2}{H_2}u_2 b_2 S'_2 + u_1 b_1 S'_1} \tag{25}$$

式中 h_2——第二机架钢带出口厚度；

H_2——第二机架钢带入口厚度；

S'_i——第 i 机架无张力时的前滑系数；

b_i——第 i 机架张力对前滑系数的影响系数。

变换成与式（7）相应的符号，即 $\frac{h_2}{H_2}u_2(1 + S'_2) \approx V'_2$；$u_1(1 + S'_1) \approx V_1$，故得：

$$\sigma = \frac{V'_2 - V_1}{V'_2(b_2 S'_2 + b_1 S'_1)}$$

$(b_2 S'_2 + b_1 S'_1)$ 与 $\frac{1}{E}$ 是完全不相同的两个物理量，而且在数值上也是完全不相等的，因此我们从理

论上否定了式（7）。式（25）可以由公认的连轧稳态规律——秒流量相等条件推出；最近日本人原田、中岛等[14]也得到雷同的结果。

从实验数据也证明了式（7）是错误的。Файнберг 在文献［14］中，计算了热连轧不发生塑性拉伸的速度失调的极限条件：$\dfrac{\Delta n_2}{n_2} \leqslant 3‰$。此数值太小了，实际上不发生塑性拉伸的速度失调量比 3‰大得多，可达百分之几。Чекмарев[15]、Выдрин[16]以及 Шевченко[17]等的连轧张力实验测定数据都否定了 Файнберг 的结论。Файнберг 为什么不接受实测数据对他的式（7）否定呢？这与他的 $V_2'>V_1$ 论点有关，因为在张力塑性拉伸情况下，$V_2'>V_1$ 的关系式是成立的，并已经被实测结果所证明[18]。因此，Файнберг 可能认为连轧大都发生塑性拉伸。

5　推广的连轧张力变形微分方程❶

连轧张力变形微分方程式（1）是在均匀弹性变形的条件下得到的。在实际连轧生产过程中，存在着不符合上述假定的情况，例如冷连轧阶梯带钢时，钢带断面是变化的，因此张力拉伸是不均匀的，ε 是一个分布参数问题；带活套热连轧板的情况，机架间钢带长度是变化的；在大张力的钢管张力减径情况下，钢管在张力作用下发生塑性变形。因此，有必要将连轧变形微分方程推广。

5.1　推广连轧张力变形微分方程

在图 3 所示的钢带上任取 r 点和 Δr 很小段，在 t 时刻，r 点的速度、变形率分别为 $V(r,\ t)$、$\varepsilon(r,\ t)$，经过 Δt 时刻，分别变为 r'、$V(r',\ t+\Delta t)$ 和 $\Delta r'$。

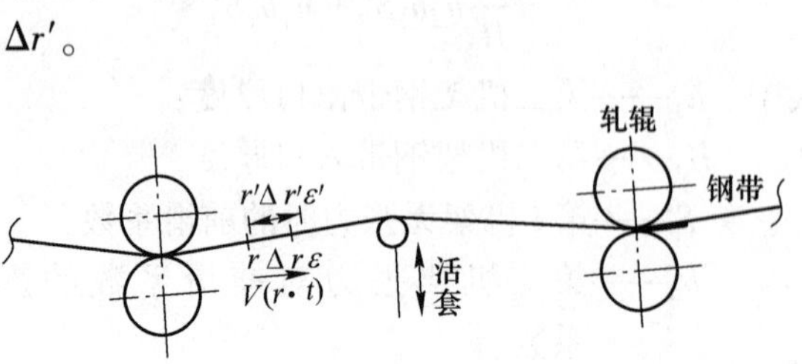

图 3　带活套及不均匀拉伸（连轧）图示

按变形率定义

$$\Delta r = (1+\varepsilon)\Delta \bar{r} \tag{26}$$

式中，$\Delta \bar{r}$是 Δr 段的原始长度。

按图示的关系得：

$$r' = r + V(r,\ t)\Delta t \tag{27}$$

$$r' + \Delta r' = r + \Delta r + V(r+\Delta r,\ t)\Delta t \tag{28}$$

$$\Delta r = [1+\varepsilon(r,\ t)]\Delta \bar{r} \tag{29}$$

$$\Delta r' = [1+\varepsilon(r',\ t+\Delta t)]\Delta \bar{r} \tag{30}$$

式（28）减去式（27）得：

$$\Delta r' = \Delta r + [V(r+\Delta r,\ t) - V(r,\ t)]\Delta t \tag{31}$$

式（29）、式（30）代入式（31）整理得：

$$\frac{\varepsilon[r+V(r,\ t)\Delta t,\ t+\Delta t] - \varepsilon(r,\ t)}{\Delta t} = [1+\varepsilon(r,\ t)]\frac{V(r+\Delta r,\ t) - V(r,\ t)}{\Delta r} \tag{32}$$

取极限可以得到推广连轧张力变形偏微分方程。这里先要说明的是式（32）左边一项，它是全微分，即$\dfrac{\mathrm{d}\varepsilon}{\mathrm{d}t}$。由于导数$\dfrac{\mathrm{d}\varepsilon}{\mathrm{d}t}$所确定的并不是轧件经过空间某静止点上的变形率变化，而是移动于空间中的某些质点的变形，这个导数应该用一些与静止点相关量来表示。为此，我们注意到在 dt 时间内该移动轧件质点的变形率变化 dε 是由两部分相加而成，一部分在时间 dt 内空间点上的变形率变化；另一部分是同一瞬间在相距为 dr 的两点上的变形率差，此处 dr 是指该移动轧件该质点在时间 dt 内所通过的距离。其中第一部分等于：

$$\frac{\partial \varepsilon}{\partial t}\mathrm{d}t$$

导数$\dfrac{\partial \varepsilon}{\partial t}$是暂令 x、y、z 为常数取得的。换言之，是在给定的空间的点取得的。速度变化的第二部分等于：

$$\frac{\partial \varepsilon}{\partial x}\mathrm{d}x + \frac{\partial \varepsilon}{\partial y}\mathrm{d}y + \frac{\partial \varepsilon}{\partial z}\mathrm{d}z = \nabla \varepsilon \mathrm{d}r$$

于是

$$\mathrm{d}\varepsilon = \frac{\partial \varepsilon}{\partial t}\mathrm{d}t + \nabla \varepsilon \mathrm{d}r$$

$$\frac{\mathrm{d}\varepsilon}{\mathrm{d}t} = \frac{\partial \varepsilon}{\partial t} + \nabla \varepsilon V \tag{33}$$

式（32）取极限得：

$$\frac{\mathrm{d}\varepsilon(r,\ t)}{\mathrm{d}t} = [1+\varepsilon(r,\ t)]\frac{\partial V(r,\ t)}{\partial r} \tag{34}$$

式（33）代入式（34）得：

$$\frac{\partial \varepsilon}{\partial t} + \frac{\partial \varepsilon}{\partial r}V = (1+\varepsilon)\frac{\partial V}{\partial r} \tag{35}$$

❶　本部分方程是与科学院数学所梁国平同志合作得到的。

式（35）就是推广的连轧张力变形微分方程，它适用于各种连轧条件。从推导的过程可以看出，它只引用了变形率定义而未引入其他假定，因此，它适用于弹性、弹塑性以及不均匀拉伸等情况。当机架间钢带受张力拉伸为均匀变形时，即：

$$\frac{\partial \varepsilon}{\partial r} = 0$$

则得：

$$\frac{\partial \varepsilon}{\partial t} = (1 + \varepsilon)\frac{\partial V}{\partial r} \tag{36}$$

式（36）与多机架连轧张力公式[19]一文中的式（37）完全相同，因此，式（35）有更广阔的应用。下面我们探讨一下它在钢管张力减径方面的应用。

5.2 钢管张力减径时的稳态张力变形公式

大张力钢管减径生产的特点是，在减径过程中张力值大于材料的屈服极限，使钢管在机架间发生张力拉伸塑性变形，因此在减径过程中不仅不使壁厚增加而且可以使壁厚也减薄。由此优点，它在国内外获得了迅速发展。

下面分析张力弹塑性变形的发生和发展过程。假定 $t=0$ 时，$\varepsilon=0$。开始只发生瞬时传播的弹性变形，随着时间的推移，弹性变形逐步增大，直至第二架入口处发生塑性变形，而后塑性变形区逐步扩大。连轧张力弹塑性变形的特点是，在钢管各点的弹性极限不同。出变形区的钢管，由于轧制时的塑性变形使晶格歪扭，故弹性极限高；随着离开变形区后的时间增加，金属不断软化，即弹性极限不断降低。当离开变形区后的某一时刻，相应于移动到坐标某一 x 点，金属的弹性极限等于或小于连轧张力值时，就开始发生张力拉伸塑性变形了，随之又发生金属的强化……按初始 V_2' 和 V_1 的设定情况，使张力增加与张力塑性变形强化达到一个平衡点，即：

$$\frac{\partial \varepsilon}{\partial t} = 0 \tag{37}$$

张力保持恒定了，在空间各点处变形率也不变了。亦即是驻定运动状态了。

为简化问题的讨论，假定钢管一出变形区就发生塑性变形，并且 ε、V 是按直线分布的，即图 4 所示的欧拉速度场。

式（37）代入式（35）得：

$$\frac{\partial \varepsilon}{\partial r} V = (1 + \varepsilon)\frac{\partial V}{\partial r} \tag{38}$$

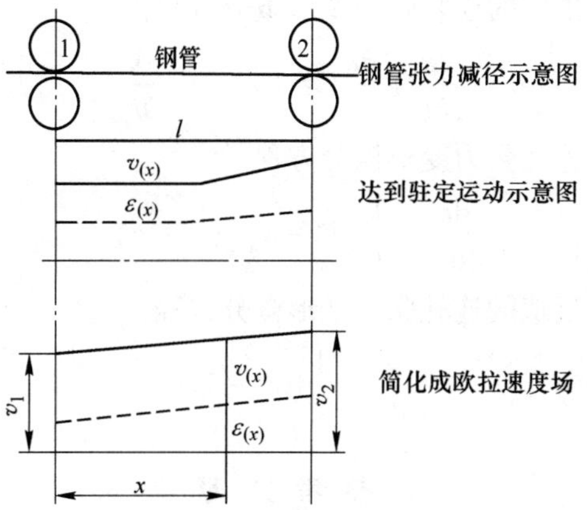

图 4　钢管张力减径驻定运动图示

$$\frac{d\varepsilon}{1 + \varepsilon} = \frac{dV}{V} \tag{39}$$

式（39）积分得：

$$\ln(1 + \varepsilon) = \ln V + \ln C \tag{40}$$

式中　C——积分常数。

由第一架出口处 $V = V_1$，$\varepsilon = \varepsilon_1$ 代入式（40）得：

$$C = \frac{V_1}{1 + \varepsilon_1}$$

C 代入式（40）并整理得：

$$V = \frac{U_1}{1 + \varepsilon_1}(1 + \varepsilon) \tag{41}$$

第二架入口处 ε_2 可由动态变形方程[18]求出，因此就可以求得第二架入口速度 V_2'，假定 $\varepsilon_i = 0$，即忽略弹性变形，则得：

$$V_2' = V_1(1 + \varepsilon_2) \tag{42}$$

式（42）表明，在连轧张力塑性拉伸的情况下，$V_2' > V_1$，它与钢管张力减径实验结果是相符合的，它反映了稳态连轧时存在速度不相等的情况。式（42）在形式上与 Файнберг 的式（19）是相同的，但其物理概念是完全不同的，我们讲的是塑性变形，而 Файнберг 是研究弹性变形。

6　结论

（1）Файнберг 的轧件出变形区的“突然伸长”的假说是没有必要的，也不符合轧制理论分析。

（2）连轧张力小于轧件弹性极限时，$V_2' = V_1$；当轧件发生张力拉伸塑性变形时，$V_2' > V_1$。

（3）连轧时的轧件张力拉伸与一般弹性拉伸是有区别的，连轧张力拉伸是变形后的长度不变；而一般弹性拉伸是原始长度不变。Чекмарев 未认识到这一点，故使（1+ε）变成（1+ε）^{2}。

（4）几个连轧张力变形微分方程：

推广的连轧张力变形微分方程：

$$\frac{\partial \varepsilon}{\partial t} + \frac{\partial \varepsilon}{\partial r}V = (1 + \varepsilon)\frac{\partial V}{\partial r}$$

连轧张力变形微分方程：

$$\frac{\mathrm{d}\varepsilon}{\mathrm{d}t} = \frac{1}{l}[V'_2 - V_1](1 + \varepsilon)$$

近似的连轧张力变形微分方程：

$$\frac{\mathrm{d}\varepsilon}{\mathrm{d}t} = \frac{1}{l}[V'_2 - V_1]$$

参 考 文 献

[1] 张进之．钢铁，1975（2）：77.

[2] Чекмарев А П. Прокатное производство。，XⅦ，1962：3.

[3] Файнберг Ю М. Автоматизация непрерывных станов-горячей прокатки，1963.

[4] Спиридонов Н П. Прокатное производство，XⅦ，1962：16.

[5] 北京钢铁学院．冷连轧计算机控制数学模型及其工艺基础，1973.

[6] 杨含和．钢铁，1976（2）：55.

[7] 矾土．钢铁，1978（1）.

[8] Файнберг Ю М. Сталь，1947：421.

[9] Морозов Д П. Вестник злектропромышленности，1942（7-8）.

[10] Phillips P A. Aтег. Inst. E. E，1957（1）：355.

[11] Hesseberg W C. Pvoc. Inst. Tech. Engr，1955，169：1051.

[12] Выдрин В Н. Динамика прокатны станов，1960.

[13] 原田，中岛，等．塑性と加工，1975（1）.

[14] Файнберг Ю М. Регулирование ∂лектроприводо непрерывных станов горячей прокатки，1956.

[15] Чекмарев А П. Обработка металловдавлением，XL Ⅶ，1962：108.

[16] Выдрин В Н. Техтнический протресс в технологий прокаткн пронзводства（тряонференчйи）1960.

[17] шевченко А А. Непрерывная прокатка труб，1954：210.

[18] Аниснфоров В П. Редуяционные ствны，1971.

[19] 张进之．钢铁，1977（3）：72.

（原文发表在《钢铁》，1978（4）：59-66）

冷连轧稳态数学模型及影响系数[❶]

张进之，郑学锋

摘　要　应用连轧稳态数学模型计算影响系数，是分析连轧机的综合特性、选择合理的操作规程和控制系统的一种有效方法。本文以连轧张力公式为基础建立了稳态数学模型，在电子计算机上计算了分别改变辊缝、轧辊速度、坯料厚度和坯料硬度时，厚度和张力的变化值，即影响系数，得到了坯料硬度和厚度对张力影响的不同结果。计算结果与国外研究者的计算和实验结果相近，证明了模型的正确性。本模型具有结构简明、计算公式少的特点，特别是引入了连轧常数 W_i，可以用参数估计的方法实现模型的"自适应"。

1　前言

应用解析法对连轧机组的连轧过程进行理论分析是近20年来迅速发展起来的一个新课题。它是连轧生产实践发展的需要，目前已成为设计新的控制系统和计算机控制方案所不可缺少的一个研究手段。

连轧机综合特性的研究最早是Hessenberg等于1955年开始的[1]，他们以"秒流量相等条件"为基础导出了描述各架轧机压下移动量及轧辊转速变化量对板厚和张力影响的基本方程式。但是，由于解算工作量太大，当时仅限于对一些问题作定性分析和讨论。后来，电子计算机成为了一种有效的科学实验手段，这种理论分析方法得到很大发展，许多人进行了这方面的研究工作，例如：Lianis 和 Ford[2]；Sekulic 和 Alexander[3] 等。1967年美坂佳助的冷连轧影响系数[4]使这一研究工作达到了基本完善阶段（即通过实验证明并能用于分析和改善连轧过程中的实际问题）。

在一个稳态连轧条件下，各参数（厚度、张力、功率、压力和力矩等）均为一定值（称基准值）。当调节量（辊缝、速度）或外扰量变化时，连轧各参数也必然变化，经一个过渡历程后达到了一个新稳态值。某一调节量或外扰量变化引起的某一参数的增量与基准值之比就称该调节量或外扰量对该参数的影响系数。例如：ϕ_1/h_1（A_{11}[4]），亦即调节第一架轧辊辊缝对第一架带钢出口厚度的影响系数；H_0/h_5 是坯料厚度变化对成品厚度的影响系数。

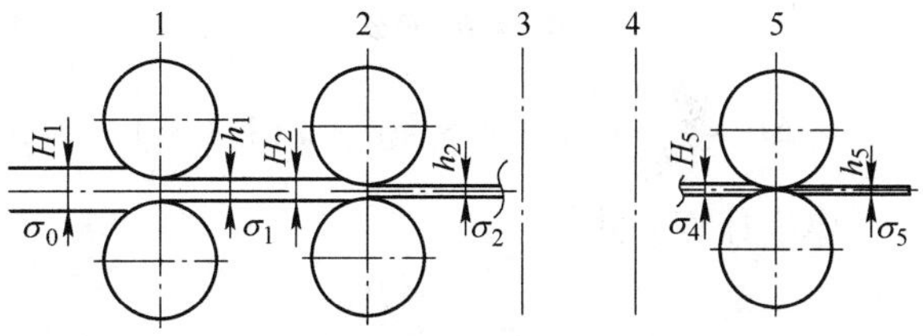

图1　五机架连轧示意图

本文与以往连轧过程综合分析的不同点在于，用连轧张力公式[5,6]代替秒流量相等条件建立数学模型，模型结构简明，计算公式减少一半以上，使解算简化。

2　文中主要符号

σ_i——i—i+1 机架间张力，kg/mm²；

H_i——入口厚度，mm；

h_i——出口厚度，mm；

B_i——带钢宽度，mm；

K_i——平均变形抗力，kg/mm²；

R_i——轧辊半径，mm；

R'_i——轧辊压扁半径，mm；

C_i——机架刚度系数，kg/mm；

Z_i——电机刚度系数，kg-mm；

u_i——轧辊线速度，mm/s；

ϕ_i——轧辊开口度，mm；

S_i——无张力前滑系数；

b_i——张力对前滑影响系数，mm²/kg；

$\overline{K_i}$——张力对压力影响系数；

❶　程序和计算是杨国力、张安宁、任远征、朱玉华等同志合作完成的。

P_i——压力，kg；
M_i——力矩，kg · mm；
μ——摩擦系数；
Y_i——传动速比；
N_0——电机转数，r/min；
i——机架号。

3　基本公式

连轧张力公式：

$$\sigma_i = \frac{\theta_i}{W_i}\sigma_{i+1} + \frac{\varphi_i}{W_i}\sigma_{i-1} + \frac{\Delta v_i}{W_i} \quad (1)$$

式中

$$\theta_i = \frac{h_{i+1}}{h_i}u_{i+1}b_{i+1}S_{i+1} \quad (2)$$

$$\varphi_i = u_i b_i S_i \quad (3)$$

$$W_i = \theta_i + \varphi_i \quad (4)$$

$$\Delta v_i = \frac{h_{i+1}}{h_i}u_{i+1}(1 + S_{i+1}) - u_i(1 + S_i) \quad (5)$$

厚度计算公式：

$$h_i = \phi_i + \frac{P_i}{C_i} \quad (6)$$

速度计算公式：

$$U_i = U_{i0} - M_i/Z_i \quad (7)$$

式中　U_{i0}——电机给定速度。

4　*N* 机架连轧数学模型

稳态数学模型由初设定模型和稳态分析模型两部分构成，如图 2 所示。

4.1　初设定模型

初设定模型的任务是，由已知连轧机设备参数（如机架数、机架刚度系数、传统系统刚度系数、轧辊半径等）和轧制规程（即坯料厚度、成品厚度、钢种、成品机架速度、各机架的出口厚度和张力等），计算出各机架电动机转数和轧辊辊缝及各工艺参数的基准值。具体解算方法见图 2，下面写出计算公式。

4.1.1　压力公式

引用 Hill 压力公式[12]加张力修正系数构成。

$$P_i = B_i K_i \overline{K_i}\sqrt{R'_i \Delta h_i}D_{p_i} \quad (8)$$

式中

$$D_{p_i} = 1.08 + 1.79 r_i \mu \sqrt{R'_i/H_i} - 1.02 r_i \quad (9)$$

$$r_i = 1 - h_i/H_i \quad (10)$$

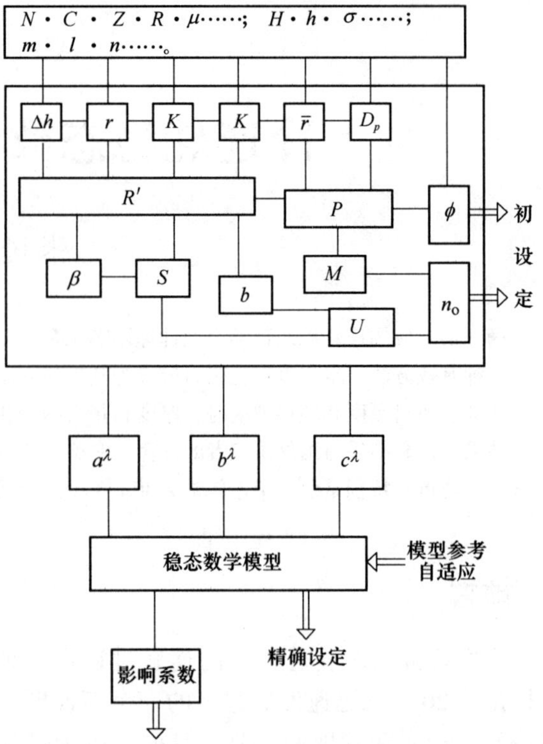

图 2　稳态数学模型解算过程框图

$$\Delta h_i = H_i - h_i \quad (11)$$

$$\overline{K_i} = 1 - \frac{(a-1)\sigma_{i-1} + \sigma_i}{aK_i} \quad (12)$$

$$K_i = l(\overline{r_i} + m)^n \quad (13)$$

$$\overline{r_i} = 1 - 0.4H_i/H_0 - 0.6h_i/H_0 \quad (14)$$

4.1.2　轧辊压扁公式

引用 Hitchcock 公式[7]与 Hill 压力公式联立，求出轧辊压扁半径显式：

$$R'_i = \left[\frac{EAC_i + \sqrt{EAC_i^2 + 4\left(\frac{1}{R_i} - EAD_i\right)}}{2\left(\frac{1}{R_i} - EAD_i\right)}\right]^2 \quad (15)$$

式中

$$EAC_i = \frac{K_i\overline{K_i}(1.08 - 1.02r_i) \times 2.14 \times 10^{-4}}{\sqrt{\Delta h_i}} \quad (16)$$

$$EAD_i = \frac{K_i\overline{K_i} \times 1.79 r_i \mu \times 2.14 \times 10^{-4}}{\sqrt{\Delta h_i H_i}} \quad (17)$$

4.1.3　前滑公式

引用 Rland-Ford 前滑公式[8]

$$S_i = \tan^2\beta_i \tag{18}$$

$$\beta_i = \frac{1}{2}\tan^{-1}\sqrt{\frac{\Delta h_i}{h_i}} - \frac{1}{4\mu}\sqrt{\frac{h_i}{R'_i}}\ln H_i/h_i \tag{19}$$

4.1.4 张力对前滑的影响系数

由带张力因子的 Bland-Ford 前滑公式推出：

$$b_i = \frac{1}{2\mu}\sqrt{\frac{h_i}{R'_i}}\frac{1}{\sqrt{S_i}} \cdot \frac{1}{K_i - \frac{\sigma_i + \sigma_{i-1}}{2}} \tag{20}$$

4.1.5 轧辊线速度计算公式

由连轧张力公式推出

$$u_i = \frac{h_{i+1}u_{i+1}[1 + S_{i+1} + b_{i+1}S_{i+1}(\sigma_{i+1} - \sigma_i)]}{h_i[1 + S_i + b_iS_i(\sigma_i - \sigma_{i-1})]} \tag{21}$$

4.1.6 轧制力矩计算公式

由志田茂力矩公式[9]加张力影响项构成

$$M_i = R_i\left(0.8P_i\sqrt{\frac{\Delta h_i}{R'_i}} + H_iB_i\sigma_{i-1} - h_iB_i\sigma_i\right) \tag{22}$$

4.1.7 电机转数计算公式

$$n_{0i} = \frac{30Y_i}{\pi R_i}\left[u_i + \frac{M_i}{Z_i}\right] \tag{23}$$

4.1.8 轧辊辊缝计算公式

$$\phi_i = h_i - \frac{p_i - p_{0i}}{C_i} \tag{24}$$

式（8）~式（24）中，$i=1, 2, \cdots, N$。

4.2 稳态分析模型

把式（1）泰勒展开，取一次项得：

$$\Delta\sigma_i = \frac{\theta_i}{W_i}\Delta\sigma_{i+1} + \frac{\varphi_i}{W_i}\Delta\sigma_{i-1} + \frac{\Delta^2 v_i}{W_i} \tag{25}$$

式中

$$\Delta^2 v_i = \frac{h_{i+1}}{h_i}(1 + S_{i+1})\Delta u_{i+1} - (1 + S_i)\Delta u_i + \frac{u_{i+1}}{h_i}(1 + S_{i+1})\Delta h_{i+1} - \frac{h_{i+1}}{h_i^2}(1 + S_{i+1})u_{i+1}\Delta h_i + \frac{h_{i+1}}{h_i}u_{i+1}\Delta S_{i+1} - u_i\Delta S_i \tag{26}$$

在稳态模型中，S_i 是 H_i 和 h_i 的函数，即：

$$\Delta S_i = \frac{\partial S_i}{\partial H_i}\Delta H_i + \frac{\partial S_i}{\partial h_i}\Delta h_i \tag{27}$$

$$\frac{\partial S_i}{\partial H_i} = \frac{\sqrt{S_ih_i}}{2\cos^2\beta_i}\left[\frac{1}{\sqrt{\Delta h_i}} - \frac{1}{\mu\sqrt{R'_i}}\right]\frac{1}{H_i} \tag{28}$$

$$\frac{\partial S_i}{\partial h_i} = \frac{\sqrt{S_i}}{2\cos\beta_i}\left[\frac{1}{\sqrt{h_i\Delta h_i}} + \frac{1}{\mu\sqrt{h_iR'_i}}\left(1 - 0.5\ln\frac{H_i}{h_i}\right)\right] \tag{29}$$

将式（26）~式（29）代入式（25），张力、厚度等增量化成相对单位，即同乘、除以同一量，整理得：

$$a_i^{\sigma_{i-1}}\overline{\sigma}_{i-1} + a_i^{\sigma_i}\overline{\sigma_i} + a_i^{\sigma_{i+1}}\overline{\sigma}_{i+1} + a_i^{h_{i-1}}\overline{h}_{i-1} + a_i^{h_i}\overline{h_i} + a_i^{h_{i+1}}\overline{h}_{i+1} + a_i^{u_i}u_i + a_i^{u_{i+1}}u_{i+1} = 0$$

$$i = 1, 2, \cdots, N-1 \tag{Ⅰ}$$

对于 $i=1$ 时，$a_i^{h_{i-1}}\overline{h}_{i-1}$ 项写在等式右端。

同理将式（6）展开并整理得：

$$b_i^{\sigma_{i-1}}\overline{\sigma}_{i-1} + b_i^{\sigma_i}\overline{\sigma_i} + b_i^{h_{i-1}}\overline{h}_{i-1} + b_i^{h_i}\overline{h}_i = b_i^{\phi_i}\overline{\phi_i} + b_i^{H_0}H_0 + b_i^{K_0}K_0$$

$$i = 1, 2, \cdots, N \tag{Ⅱ}$$

当 $i=1$ 时，将 $b_i^{h_{i-1}}\overline{h}_{i-1}$ 项写在等式右端。

同理将式（7）展开并整理得：

$$C_i^{\sigma_{i-1}}\overline{\sigma}_{i-1} + C_i^{\sigma_i}\overline{\sigma_i} + Ch_i^{i-1}\overline{h}_{i-1} + C_i^{h_i}\overline{h_i} + C_i^{u_i}\overline{u_i} = C_i^{u_0}\overline{u_{0i}} + C_i^{\phi_i}\phi_i$$

$$i = 1, 2, \cdots, N \tag{Ⅲ}$$

当 $i=1$ 时，将 $C_i^{h_{i-1}}\overline{h}_{i-1}$ 项移到等式右端。

将式（Ⅰ）~式（Ⅲ）写成矩阵形式：

$$\boldsymbol{A}\overline{\boldsymbol{Y}} = \boldsymbol{BX} \tag{Ⅳ}$$

式中 $\overline{\boldsymbol{Y}}$——（$3N-1$）维列向量，

$$\overline{\boldsymbol{Y}}^{\mathrm{T}} = \left[\overline{\sigma}\left(\frac{\Delta\sigma_1}{\sigma_1}\right), \overline{\sigma}_2, \cdots, \overline{\sigma}_N, \overline{h}_1, \overline{h}_2, \cdots, \overline{h}_N, \overline{u}_1, \overline{u}_2, \cdots, \overline{u}_N\right]$$

$\boldsymbol{X}$——（$2N+2$）维列向量；

$$\boldsymbol{X}^{\mathrm{T}} = [\overline{u}_{01}, \overline{u}_{02}, \cdots, \overline{u}_{0N}, \overline{\phi}_1, \overline{\phi}_2, \cdots, \overline{\phi}_N, \overline{H_0}, \overline{K_0}]$$

$\boldsymbol{A}$——（$3N-1$）阶方阵；

$\boldsymbol{B}$——（$3N-1$）×（$2N+2$）阶矩阵。

以五机架冷连轧为例，将式（Ⅳ）展开

$$
\begin{bmatrix}
\sigma_1 & a_1^{\sigma_{i+1}} & & & a_1^{h_i} & a_1^{h_{i+1}} & & & & a_1^{u_i} & a_1^{u_{i+1}} & & & \\
a_2^{\sigma_{i-1}} & \sigma_2 & a_2^{\sigma_{i+1}} & & a_2^{h_{i-1}} & a_2^{h_i} & a_2^{h_{i+1}} & & & & a_2^{u_i} & a_2^{u_{i+1}} & & \\
 & a_3^{\sigma_{i-1}} & \sigma_3 & a_3^{\sigma_{i+1}} & & a_3^{h_{i-1}} & a_3^{h_i} & a_3^{h_{i+1}} & & & & a_3^{u_i} & a_3^{u_{i+1}} & \\
 & & a_4^{\sigma_{i-1}} & \sigma_4 & & & a_4^{h_{i-1}} & a_4^{hi} & a_4^{h_{i+1}} & & & & a_4^{u_i} & a_4^{u_{i+1}} \\
b_1^{\sigma_1} & & & & b_1^{h_i} & & & & & & & & & \\
b_2^{\sigma_{i-1}} & b_2^{\sigma_1} & & & b_2^{h_{i-1}} & b_2^{h_i} & & & & & & & & \\
 & b_3^{\sigma_{i-1}} & b_3^{\sigma_i} & & & b_3^{h_{i-1}} & b_3^{h_i} & & & & & & & \\
 & & b_4^{\sigma_{i-1}} & b_4^{\sigma_i} & & & b_4^{h_{i-1}} & b_4^{h_i} & & & & & & \\
 & & & b_5^{\sigma_{i-1}} & & & & b_5^{h_{i-1}} & b_5^{h_i} & & & & & \\
c_1^{\sigma_i} & & & & c_1^{h_i} & & & & & u_1 & & & & \\
c_2^{\sigma_{i-1}} & c_2^{\sigma_i} & & & c_2^{h_{i-1}} & c_2^{h_i} & & & & & u_2 & & & \\
 & c_3^{\sigma_{i-1}} & c_3^{\sigma_i} & & & c_3^{h_{i-1}} & c_3^{h_i} & & & & & u_3 & & \\
 & & c_4^{\sigma_{i-1}} & c_4^{\sigma_i} & & & c_4^{h_{i-1}} & c_4^{h_i} & & & & & u_4 & \\
 & & & c_5^{\sigma_{i-1}} & & & & c_5^{h_{i-1}} & c_5^{h_i} & & & & & u_5
\end{bmatrix}
\begin{bmatrix}
\overline{\sigma}_1 \\ \overline{\sigma}_2 \\ \overline{\sigma}_3 \\ \overline{\sigma}_4 \\ \overline{h}_1 \\ \overline{h}_2 \\ \overline{h}_3 \\ \overline{h}_4 \\ \overline{h}_5 \\ \overline{u}_1 \\ \overline{u}_2 \\ \overline{u}_3 \\ \overline{u}_4 \\ \overline{u}_5
\end{bmatrix}
$$

$$
=\begin{bmatrix}
 & & & & & & & & & & -a_1^{h_{i-1}} & \\
 & & & & & & & & & & & \\
 & & & & & & & & & & & \\
 & & & & & & & & & & & \\
 & & & & & b_1^{\phi_i} & & & & & (b_1^{H_0}-b_1^{h_{i-1}}) & b_1^{K_0} \\
 & & & & & & b_2^{\phi_i} & & & & b_2^{H_0} & b_2^{K_0} \\
 & & & & & & & b_3^{\phi_i} & & & b_3^{H_0} & b_3^{K_0} \\
 & & & & & & & & b_4^{\phi_i} & & b_4^{H_0} & b_4^{K_0} \\
 & & & & & & & & & b_5^{\phi_i} & b_5^{H_0} & b_5^{K_0} \\
u_{01} & & & & & c_1^{\phi_i} & & & & & -c_1^{h_{i-1}} & \\
 & u_{02} & & & & & c_2^{\phi_i} & & & & & \\
 & & u_{03} & & & & & c_3^{\phi_i} & & & & \\
 & & & u_{04} & & & & & c_4^{\phi_i} & & & \\
 & & & & u_{05} & & & & & c_5^{\phi_i} & &
\end{bmatrix}
\begin{bmatrix}
\overline{u_{01}} \\ \overline{u_{02}} \\ \overline{u_{03}} \\ \overline{u_{04}} \\ \overline{u_{05}} \\ \overline{\phi_1} \\ \overline{\phi_2} \\ \overline{\phi_3} \\ \overline{\phi_4} \\ \overline{\phi_5} \\ \overline{H_0} \\ \overline{K_0}
\end{bmatrix}
\tag{V}
$$

下面写出各系数计算公式：

（1）a_i^{λ} 计算公式（第 1 行~N-1 行）

$$a_i^{\sigma_{i-1}} = -\frac{\varphi_i}{W_i}\sigma_{i-1} \tag{30}$$

$$a_i^{\sigma_{i+1}} = -\frac{\theta_i}{W_i}\sigma_{i+1} \tag{31}$$

$$a_i^{h_{i-1}} = \frac{h_{i-1}}{W_i}\frac{\partial S_i}{\partial H_i}u_i \tag{32}$$

$$a_i^{h_i} = \frac{h_i}{W_i}\left[u_i\frac{\partial S}{\partial h_i} + u_{i+1}\frac{h_{i+1}}{h_i}\left(\frac{1+S_{i+1}}{h_i} - \frac{\partial S_{i+1}}{\partial H_i}\right)\right] \tag{33}$$

$$a_i^{h_{i+1}} = \frac{h_{i+1}u_{i+1}}{-W_i h_i}\left[(1+S_{i+1}) + h_{i+1}\frac{\partial S_{i+1}}{\partial h_{i+1}}\right] \tag{34}$$

$$a_i^{u_i} = \frac{u_i}{W_i}(1+S_i) \tag{35}$$

$$a_i^{u_{i+1}} = -\frac{u_{i+1}h_{i+1}}{W_i h_i}(1+S_{i+1}) \tag{36}$$

（2）b_i^{λ} 计算公式（第 N~$2N-1$ 行）

$$b_i^{\sigma_{i-1}} = \frac{B_i\sqrt{R_i'\Delta h_i}}{C_i}D_{P_i}\frac{\alpha-1}{\alpha}\sigma_{i-1}\Big/\frac{\partial P_i}{\partial P} \tag{37}$$

$$\frac{\partial P_i}{\partial P} = 1 - \frac{R_i'-R_i}{2R_i'}\left(1+\frac{1.79r_i\mu}{D_{P_i}}\sqrt{\frac{R_i'}{H_i}}\right) \tag{38}$$

$$b_i^{\sigma_i} = \frac{B\sqrt{R_i'\Delta h_i}}{C_i\alpha}D_{P_i}\sigma_i\Big/\frac{\partial P_i}{\partial P} \tag{39}$$

$$b_i^{h_{i-1}} = \frac{P_i}{C_i\dfrac{\partial P_i}{\partial P}}\left[\frac{-0.4nH_i}{(\overline{r_i}+m)H_0\overline{K_i}} + \frac{R_i}{2r_iR_i'} + \frac{1.79\mu}{2D_{P_i}}\cdot\sqrt{\frac{R_i'}{H_i}}\cdot\left(1-3r_i+\frac{R_i}{R_i'}\right)\right] - \frac{1.02}{D_{P_i}}(1-r_i) \tag{40}$$

当 $i=1$ 时，方括号［　］内第一项去掉。

$$b_i^{h_i} = h_i\left\{1 - \frac{P_i}{C_iH_i\dfrac{\partial P_i}{\partial P}}\left[\frac{-0.6nH_i}{(\overline{r_i}+m)H_0\overline{K_i}} - \frac{R_i}{2r_iR_i'} - \frac{1.79\mu}{2D_{P_i}}\cdot\sqrt{\frac{R_i'}{H_i}\left(1+\frac{R_i}{R_i'}\right)} + \frac{1.02}{D_{P_i}}\right]\right\} \tag{41}$$

$$b_i^{K_0} = \frac{P_i}{\overline{K_i}C_i}\Big/\frac{\partial P_i}{\partial P} \tag{42}$$

$$b_i^{H_0} = \frac{P_in(1-\overline{r_i})}{H_0\overline{K_i}C_i(\overline{r_i}+m)}\Big/\frac{\partial P_i}{\partial P} \tag{43}$$

$i=2,\ 3,\ \cdots,\ N$

$$b_1^{H_0} = \frac{P_1n\times 0.6h_1}{H_0\overline{K_1}C_1(\overline{r_1}+m)}\Big/\frac{\partial P_1}{\partial P} \tag{44}$$

（3）C_i^{λ} 计算公式（第 $2N$ 行~$3N-1$ 行）

$$C_i^{\sigma_{i-1}} = \frac{B_iR_i}{Z_i}H_i\sigma_{i-1} \tag{45}$$

$$C_i^{\sigma_i} = \frac{-B_iR_i}{Z_i}h_i\sigma_i \tag{46}$$

$$C_i^{h_{i-1}} = \frac{B_iR_i}{Z_i}\sigma_{i-1}h_{i-1} \tag{47}$$

$$C_i^{h_i} = \frac{R_ih_i}{Z_i}\left(0.8C_i\sqrt{\frac{\Delta h_i}{R_i'}} - B_i\sigma_i\right) \tag{48}$$

$$C_i^{\phi_i} = \frac{0.8R_iC_i}{Z_i}\sqrt{\frac{\Delta h_i}{R_i'}}\phi_i \tag{49}$$

5　五机架冷连轧数值计算

已知条件见表 1、表 2。

表 1　设备参数

名称＼机架号	1	2	3	4	5
R_i	273	273	292	292	292
C_i	4.7×10^5	4.7×10^5	4.7×10^5	4.7×10^5	4.7×10^5
$1/Z_i$	0	0	0	0	0

表 2　连轧规程

规程号	名称＼机架号	0	1	2	3	4	5
I	H	3.200	3.200	2.640	2.100	1.670	1.340
	h		2.640	2.100	1.670	1.340	1.200
	σ	0	10.20	12.80	16.10	16.10	4.50

其他参数：

$B=930$；$m=0.00817$；$l=84.6$；$n=0.3$；$\mu=0.07$；$a=10/3$。

在 DJS-7 型电子计算机上的计算结果。

5.1　稳态数学模型

$$
\begin{bmatrix}
10.2 & -4.8 & & & 150.1 & -167.4 & & & \\
-5.74 & 12.8 & -7.03 & & 20.4 & 217.9 & -250.9 & & \\
 & -7.19 & 16.1 & -7.06 & & 340 & 273.2 & -323.8 & \\
 & & -9.19 & 16.1 & & & 53.6 & 329.5 & -422.7 \\
0.107 & & & & 7.51 & & & & \\
0.267 & 0.144 & & & -2.60 & 5.96 & & & \\
 & 0.363 & 0.196 & & & -3.37 & 5.77 & & \\
 & & 0.460 & 0.197 & & & -3.75 & 5.58 & \\
 & & & 0.374 & & & & -5.49 & 7.01
\end{bmatrix}
\begin{bmatrix}
\overline{\sigma_1} \\ \overline{\sigma_2} \\ \overline{\sigma_3} \\ \overline{\sigma_4} \\ \overline{h_1} \\ \overline{h_2} \\ \overline{h_3} \\ \overline{h_4} \\ \overline{h_5}
\end{bmatrix}
$$

$$
=\begin{bmatrix}
-219.5 & 224.9 & & & & & & & & & -12.91 & \\
 & -337.4 & 337.4 & & & & & & & & & \\
 & & -433.9 & 435.7 & & & & & & & & \\
 & & & -567.2 & 572.5 & & & & & & & \\
 & & & & & 1.00 & & & & & 5.27 & 1.53 \\
 & & & & & & 1.00 & & & & 1.66 & 2.18 \\
 & & & & & & & 1.00 & & & 1.06 & 2.67 \\
 & & & & & & & & 1.00 & & 0.73 & 2.88 \\
 & & & & & & & & & 1.00 & 0.46 & 2.43
\end{bmatrix}
\begin{bmatrix}
\overline{u_1} \\ \overline{u_2} \\ \overline{u_3} \\ \overline{u_4} \\ \overline{u_5} \\ \Delta\phi_1 \\ \Delta\phi_2 \\ \Delta\phi_3 \\ \Delta\phi_4 \\ \Delta\phi_5 \\ \overline{H_0} \\ \overline{K_0}
\end{bmatrix}
$$

5.2　影响系数

影响系数见表 3。

表 3　影响系数

	$\overline{\sigma_1}$	$\overline{\sigma_2}$	$\overline{\sigma_3}$	$\overline{\sigma_4}$	$\overline{h_1}$	$\overline{h_2}$	$\overline{h_3}$	$\overline{h_4}$	$\overline{h_5}$
$\overline{U_1}$	−13.42	−4.71	−2.35	−1.68	0.191	0.800	0.843	0.820	0.7331
$\overline{U_2}$	13.18	−7.75	−1.17	−0.601	−0.187	−0.487	0.243	0.281	0.252
$\overline{U_3}$	0.599	13.14	−6.56	−0.439	−0.008	−0.348	−0.807	0.014	0.034
$\overline{U_4}$	−0.030	−0.651	11.68	−11.46	−0.0004	0.017	−0.345	−0.790	−0.008
$\overline{U_5}$	0.004	0.084	−1.51	14.33	−0.0001	−0.0022	0.045	−0.353	−1.04
$\Delta\phi_1$	−0.650	−0.473	−0.270	−0.197	0.143	0.103	0.099	0.096	0.085
$\Delta\phi_2$	1.70	0.171	−0.073	−0.067	−0.024	0.077	0.037	0.033	0.030
$\Delta\phi_3$	0.074	1.63	0.26	0.011	−0.001	−0.043	0.037	0.003	0.002
$\Delta\phi_4$	−0.003	−0.075	1.36	0.379	0.000	0.002	−0.040	0.027	0.001

续表 3

	$\overline{\sigma_1}$	$\overline{\sigma_2}$	$\overline{\sigma_3}$	$\overline{\sigma_4}$	$\overline{h_1}$	$\overline{h_2}$	$\overline{h_3}$	$\overline{h_4}$	$\overline{h_5}$
$\Delta\phi_5$	0.000	0.009	-0.159	1.515	-0.000	-0.000	0.004	0.037	0.033
$\overline{H_0}$	-0.511	-0.527	-0.356	-0.158	0.709	0.624	0.594	0.564	0.517
$\overline{K_0}$	2.10	3.52	3.5	4.25	0.174	0.262	0.274	0.262	0.325

注：1. $\overline{U}_i$、$\overline{H}_0$、$\overline{K}_0$ 都是相对单位制，变化为1%；

2. $\Delta\phi_i$ 用绝对单位制，变化量为0.010mm，之所以用混合单位制是便于同美坂佳助文献［1］相比较。

6 分析讨论

连轧稳态数学模型是由连轧张力公式及其他轧制理论公式建立的，它是否正确地反映了连轧过程客观规律呢？将电子计算机数值计算结果与国外理论计算结果进行比较而说明。另外简要介绍一下分析模型的应用和该模型的优点。

6.1 与国外理论计算相比较

表 4 为与国外理论计算相比较的结果。

表 4 与文献计算结果相比较

影响系数名称	本文	美坂佳助[4]	镰田正诚[10]	铃木弘阿高松男[11]	注
U_1/h_5	0.733	0.723	0.75	0.67	B_{51}
U_1/σ_1	-13.42	-10.57	-12	-8.8	B'_{11}
U_5/h_5	-1.04	-0.934	-0.84	-0.70	B_{55}
U_5/σ_4	14.36	12.70	16.6	10.4	B'_4
ϕ_1/h_5	0.085	0.106	0.177	0.106	A_{51}
ϕ_2/h_5	0.030	0.036	~		A_{52}
ϕ_5/h_5	0.033	0.026	0.110	0.048	A_{55}
H_0/h_5	0.517	0.677	0.58		D_5
K_0/h_5	0.325	0.273	~	~	E_5
H_0/h_1	0.709	0.721	0.59		D_1

注：各资料设备参数、连轧规程基本上是相同的，但求影响系数单位制不同，因此进行了归一化处理。

6.2 与实验结果相比较

实验结果是引用美坂佳助所用的资料，即日本住友和歌山制铁所的五机架冷连轧机上做的实验。详见文献［4］。

表 5 实验连轧规程

	0	1	2	3	4	5
H	3.10	3.10	2.50	1.90	1.44	1.11
h		2.50	1.90	1.44	1.11	1.00
σ	0	11.9	15.6	20.6	21.8	5.40
T/t		27.5	27.5	22.5	22.5	5.0

实验与理论计算结果相比较见图 3。

6.3 各调节量和外扰量的影响效果

各调节量和外扰量的影响效果在影响系数表中已完全反映出来了。就主要影响分析如下。

首先应当抓住外扰量 H_0 和 K_0 的影响，它是引起厚差的主要原因，选用各种调节系统的根本目的就是要消除它造成的后果，保证成品厚度恒定。其他外扰量，如摩擦系数，轴承油膜厚度等只在加、减速过程才表现出来。

（1）$\overline{H}_0$ 的影响：坯料厚度正偏差引起成品正偏差，但是使张力降低。

（2）$\overline{K}_0$ 的影响：坯料越硬，厚度越厚，同时张力也增加。

$\overline{H}_0$、$\overline{K}_0$ 都引起厚度差，但对各架影响效果不同，$\overline{H}_0$ 对前几架影响大，而$\overline{K}_0$ 对后几架影响大；而两者对张力影响效果完全相反，$\overline{H}_0$ 使张力降低，$\overline{K}_0$ 使张力增加。

（3）$\Delta\phi_i$ 的影响：调第一架压下对成品厚度影响最大，调第五、二架效果次之，而调第三、四架压下几乎对成品厚度没有什么影响。

（4）$\overline{U}_i$ 的影响：它是通过改变张力而引起厚度的变化，因此可以看作调张力对厚度的影响。调第五架对成品厚度影响最大，调第一架次之，而调第三、四架几乎没有什么影响。

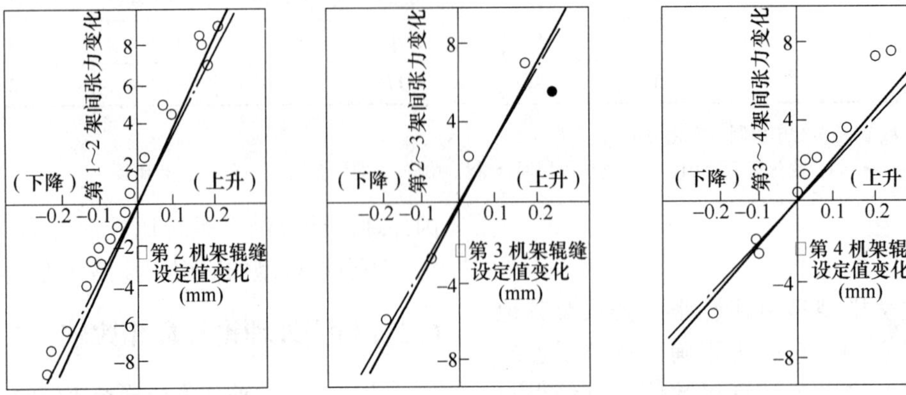

图 3　与实验结果相比较

○实验值；—·—美坂计算值；———本文计算值

6.4　张力公式型连轧数学模型的优点

以连轧张力公式为基础建立的数学模型，除模型结构简明等优点外，还有理论上和实用上的优点。以秒流量相等条件为基础建立的数学模型，张力因素是从压力、前滑等公式间接引入的，而本模型中的张力是直接引入的。另外，由于引入了连轧常数 W_i，使模型用于生产过程控制时，可以通过修正 W_i 实现“自适应”。

稳态数学模型及影响系数的某些应用是比较明显的，例如压力 AGC 厚控系统最好装在第一架和第二架上；变张力调厚系统选用调第五架速度。进一步在新控制系统设计和设备参数选择方面的应用，在动态数学模型及过渡历程、加减速过程分析等内容写出后一起讨论。由于知识肤浅，连轧实践经验太少，文中定有许多缺点和错误，请批评指正。

参 考 文 献

[1] Hessenberg W C, Jenkins W N. Proc. Inst. Mech. Engr., 1955, 169: 1051.

[2] Lianis G, Ford H. Proc. Inst Mech. Engr., 1957, 171 (26): 757.

[3] Sekulic M R, Alexander J M. J. Mech. Engng. Sci, 1962, 4 (4): 302.

[4] 美坂佳助．塑性と加工，1967，8（4）：188.

[5] 张进之．钢铁，1975（2）：77.

[6] 张进之．钢铁，1977（3）：72.

[7] Hitchcock J H. Am. Soc. Mech. Eng. Research Publication, 1930.

[8] Ford H, Bland D R. J. Iron Steel Inst., 1951, 168 (5): 57.

[9] 志田茂．塑性と加工，1973，14（4）：267.

[10] 鐮田正誠，等．塑性と加工，1969，10（1）：290.

[11] 鈴木弘，阿高松男．塑性と加工，1970，11（9）：677.

[12] 希尔 R. 塑性数学理论．科学出版社，1966.

（原文发表在《钢铁》，1979，14（3）：67-77）

计算机模拟冷连轧过程的新方法❶

张永光[1]，梁国平[1]，张进之[2]，郑学锋[2]

(1. 中国科学院数学研究所；2. 北京钢铁研究院)

摘　要　本文利用文献［1］中的冷连轧动态数学模型，对冷连轧过程进行了计算机模拟仿真，给出了仿真的结果与分析。这个方法的特点是：张力模型表示为差分方程形式的状态方程，便于递推求解；张力系统与厚度系统可分离，从而在联立解出各架张力后使厚度方程成为一维的非线性方程，用割线法可以方便地解出各架出口厚度；避免了模型线性化所造成的计算偏导数的麻烦以及只适用于小扰动的局限性，从而有效地减小了计算量，比使用线性化模型有较高的精度。

1　数学模型

冷连轧动态控制的研究很复杂，不能依靠在连轧机上多次地进行试验而解决，近年来对于用数学模型在计算机上实现模拟仿真受到了极大的重视。目前世界上做这种研究工作的主要是几个冷连轧生产比较发达的国家，如日本[2-5]，英国[7,8]及美国[9]。近几年来，我国也有一批从事计算机控制连轧机的研究工作者和工程师们开始注意这个领域。从上述论文的工作来看，冷连轧过程是一个复杂的过程，由于张力的存在及厚度传递的延迟，以及冷连轧的基本方程的非线性形式，使得冷连轧过程是一个本质的非线性过程。在模拟仿真中，主要面临两个问题，一个是如何求解张力，另一个是如何简便而准确地求解非线性的基本方程，对于前者，国外通常是从通用的张力微分方程

$$T = \frac{E}{l}\int (V'_{i+1} - V_i)\,\mathrm{d}t \qquad (*)$$

做数值解，或与基本方程一起线性化联立求解；对于后者，或是用线性化方法，或是用直接计算法[5]。本文在这两方面具有如下的特点：

第一，张力模型采用文献［1］中的状态方程张力公式，它可由国外通用的张力微分方程（＊）利用前滑与张力成线性关系等条件导出。式（17）是张力状态方程的差分形式，便于进行递推计算，不需要作数值积分运算。

第二，把张力系统与厚度系统分离，即张力和厚度分别进行计算。故当机架间的各个张力由式（17）计算出来以后，使得厚度的计算变为单变量的非线性隐式方程，用割线法可以非常简便地解出各机架的瞬时出口厚度。

使用符号说明：

σ——连轧单位张力；h——轧件出口厚度；

H——轧件入口厚度；V——轧件线速度；

u——轧辊线速度；ϕ——辊缝；

H_0——坯料厚度；P——轧制压力；

M——轧制力矩；C——轧机刚性系数；

D——传动系统刚性系数；

b——张力对前滑的影响系数；

S——无张力前滑系数；R'——轧辊压扁半径；

E——轧件弹性模量；μ——摩擦系数；

L——机架间距离；B——轧件宽度；

i——机架序号；k——离散化时间序号；

Δt——离散化时间间隔。

模型中所使用的基本公式均沿用目前轧钢工程师们通用的一些公式，式（5）是以 Hitchcock 公式导出的，式（10）是由 Bland-Ford 公式导出的，此处略去推导。

1.1　单机架的基本方程式

（1）厚度计算公式：

$$h_i = \phi_i + \frac{P_i}{C_i} \qquad (1)$$

❶ 本文曾在中国自动化学会 1978 年年会上宣读，本文修改稿于 1979 年 3 月 5 日收到。

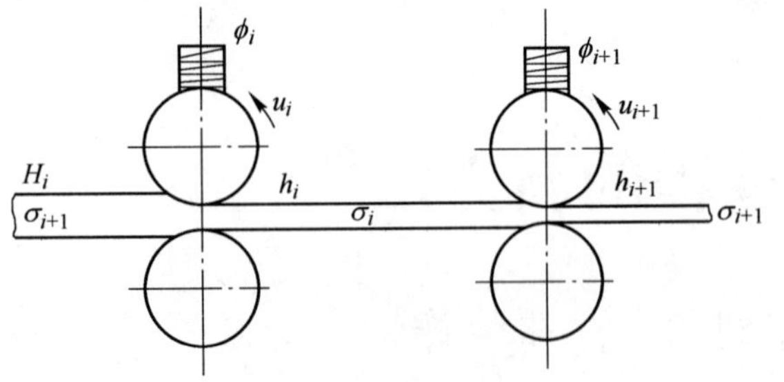

图 1　多机架连轧参数示意图

（2）轧制压力计算公式：

$$P_i = B\,\overline{K}_i K_i \sqrt{R_i'\Delta h_i}\,DP_i \tag{2}$$

其中：

$$DP_i = 1.08 + 1.79\varepsilon_i\mu_i\sqrt{\frac{R_i'}{H_i}} - 1.02\varepsilon_i$$

$$\varepsilon_i = 1 - \frac{h_i}{H_i}$$

$$\Delta h_i = H_i - h_i$$

$\overline{K}_i$ 为变形抗力；K_i 为张力因子。

（3）变形抗力计算公式：

$$\overline{K}_i = l(\overline{r}_i + m)^n \tag{3}$$

其中：

$$\overline{r}_i = 1 - \frac{0.4H_i}{H_0} - \frac{0.6h_i}{H_0}$$

l，m，n 为反映轧件机械性质的常数。

（4）张力因子计算公式：

$$K_i = 1 - \frac{(a-1)\sigma_{i-1} + \sigma_i}{\alpha\,\overline{K}_i} \tag{4}$$

其中 α 为加权系数，σ_{i-1} 为 i 机架后张力，σ_i 为前张力。

（5）轧辊压扁计算公式：

$$R_i' = \left[\frac{EAC_i + \sqrt{EAC_i^2 + 4\left(\frac{1}{R_i} - EAD_i\right)}}{2\left(\frac{1}{R_i'} - EAD_i\right)}\right]^2 \tag{5}$$

其中：

$$EAD_i = 2.14 \times \frac{10^{-4}\,\overline{K}_i K_i(1.08 - 1.02\varepsilon_i)}{\sqrt{\Delta h_i}}$$

$$EAD_i = 2.14 \times \frac{10^{-4}\,\overline{K}_i K_i \mu\varepsilon_i}{\sqrt{\Delta h_i H_i}}$$

（6）前滑计算公式：

$$S_i = \tan^2\beta_i \tag{6}$$

其中：

$$\beta_i = \frac{1}{2}\text{arc tan}\sqrt{\frac{\Delta h_i}{h_i}} - \frac{1}{4\mu}\sqrt{\frac{h_i}{R_i'}}\ln\frac{H_i}{h_i}$$

（7）轧辊速度计算公式：

$$u_i = u_{0i}\left[1 - D\left(1 - \frac{M_i}{M_{0i}}\right)\right] \tag{7}$$

其中 M_0，u_0 分别为轧制力矩、轧辊线速度的稳态设定值。

（8）轧制力矩计算公式：

$$M_i = R_i\left[\alpha' P_i\sqrt{\frac{\Delta h_i}{R_i'}} + B(H_i\sigma_{i-1} - h_i\sigma_i)\right] \tag{8}$$

其中 α' 为力臂系数。

（9）带钢速度计算公式：

$$V_i = u_i\{1 + S_i[1 + b_i(\sigma_i - \sigma_{i-1})]\} \tag{9}$$

（10）张力对前滑影响系数计算公式：

$$b_i = \frac{1}{2\mu}\sqrt{\frac{h_i}{R_i'S_i}}\,\frac{1}{\overline{K}_i - 0.5(\sigma_i + \sigma_{i-1})} \tag{10}$$

本模型为了简明起见，暂把摩擦系数 μ 考虑为常数，把油膜厚度的变化忽略不计，不考虑弯辊力及板型的影响。

1.2　机架间张力与厚度传递关系

（1）厚度传递关系：

$$H_{i+1}(t) = h_i(t - \tau_i(t)) \tag{11}$$

这里把厚度延迟时间 τ 考虑为时间的函数，其计算公式：

$$\tau_i(t) = \frac{L}{V_i(t)}$$

（2）张力关系：

$$\frac{d\sigma_i}{dt} = \frac{E}{L}[\theta_i\sigma_{i-1} - W_i\sigma_i + \varphi_i\sigma_{i-1}] + \frac{E}{L}\Delta V_i$$

$$i = 1,\ 2,\ 3,\ 4 \tag{12}$$

写成矩阵形式：

$$\frac{d\boldsymbol{\sigma}}{dt} = \boldsymbol{A\sigma} + \frac{E}{L}\Delta\boldsymbol{V} \tag{13}$$

其中：

$$\boldsymbol{\sigma}^{\mathrm{T}} = [\sigma_1,\ \sigma_2,\ \sigma_3,\ \sigma_4]$$

$$\boldsymbol{A} = \frac{E}{L}\begin{bmatrix} -W_1 & \varphi_1 & 0 & 0 \\ \theta_2 & -W_2 & \varphi_2 & 0 \\ 0 & \theta_3 & -W_3 & \varphi_3 \\ 0 & 0 & \theta_4 & -W_4 \end{bmatrix} \tag{14}$$

$$\theta_i = u_i b_i S_i$$

$$\varphi_i = \frac{h_{i+1}}{H_{i+1}}u_{i+1}b_{i+1}S_{i+1}$$

$$W_i = \theta_i + \varphi_i$$

$$\Delta \boldsymbol{V}^{\mathrm{T}} = [\Delta V_1,\ \Delta V_2,\ \Delta V_3,\ \Delta V_4]$$

$$\Delta V_i = \frac{h_{i+1}}{H_{i+1}} u_{i+1}(1 + S_{i+1}) - u_i(1 + S_i) \quad (15)$$

为了便于递推计算，我们实际计算中采用式（13）的差分方程形式：

$$\boldsymbol{\sigma}(t_{k+1}) = \boldsymbol{\Phi}(t_k,\ t_{k+1})\boldsymbol{\sigma}(t_k) + \int_{t_k}^{t_{k+1}} \boldsymbol{\Phi}(t_k,\ t) \cdot \Delta \boldsymbol{V}(t)\mathrm{d}t \quad (16)$$

其中：

$$\boldsymbol{\Phi}(t_k,\ t_{k+1}) = \mathrm{e}^{\boldsymbol{A}(t_{k+1} - t_k)}$$

只要 $\Delta t = t_{k+1} - t_k$ 足够小，使得 $\Delta \boldsymbol{V}$ 在 $[t_k,\ t_{k+1}]$ 上可以近似地看做常数，于是又可以得到

$$\boldsymbol{\sigma}(k+1) = \mathrm{e}^{\boldsymbol{A}\Delta t}\boldsymbol{\sigma}(k) - \boldsymbol{A}^{-1}[\mathrm{e}^{\boldsymbol{A}\Delta t} - \boldsymbol{I}]\Delta \boldsymbol{V}(k) \quad (17)$$

上述张力模型意味着在一些正当的假设之下，张力系统可表示为一个线性系统，本文计算采用式（17）。

2 模拟仿真程序框图

本文的模拟计算在中国科学院数学研究所的 DJS-21 机与北京钢铁研究院 TQ-16 机上进行，程序使用 ALGOL 60 语言编成。这里给出一个较粗糙的框图（图 2）。

3 五机架冷连轧机模拟结果与分析

3.1 已知条件

已知条件见表 1 和表 2。

表 1 设备参数表

名称 \ 机架号	1	2	3	4	5
轧辊半径 R/mm	273	273	273	273	273
机架刚度 C/T · mm^{-1}	470	470	470	470	470
传动刚性 D	0.01	0.01	0.01	0.01	0.01
	0.00	0.00	0.00	0.00	0.00
机架间距 L/mm	4600	4600	4600	4600	

表 2 连轧规程表

名称 \ 机架号	0	1	2	3	4	5
入口厚度 H/mm	3.20	3.20	2.64	2.10	1.67	1.34
出口厚度 h/mm		2.64	2.10	1.67	1.34	1.20

续表 2

名称 \ 机架号	0	1	2	3	4	5
张力 σ/kg · mm^{-2}	0	10.2	12.8	16.1	16.1	4.50
轧辊速度 u/mm · s^{-1}						22000

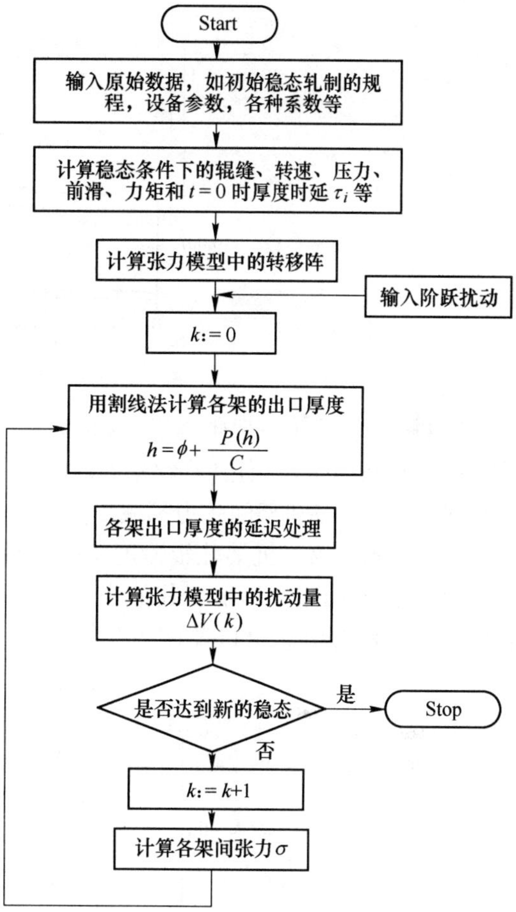

图 2 模拟仿真程序框图

材质参数：

$m=0.00817$；$l=84.6$；$n=0.3$

其他参数：

$B=930$mm；$\mu=0.07$；$a=10/3$；$a'=0.8$

3.2 阶跃输入信号

通过输入各种阶跃形式的扰动信号，模拟求得各机架出口厚度和机架间张力的响应，从而获得连轧系统的动特性，所用信号见表 3。

表 3 阶跃扰动信号

信号名称	$\Delta H/H_0$	$\Delta\phi_1/\phi_1$	$\Delta u_3/u_3$	$\Delta u_5/u_5$	$\Delta k/k$
信号量	0.05	0.05	0.01	0.01	0.05

3.3 Δh_i，$\Delta \sigma_i$ 响应（过渡历程）图及说明

由图 3 看到，由于板坯厚度增加，阶跃点咬入第一机架后，各机架的张力减小。对 1～2 号机架间影响最大；各架厚度增加，第一架增加最多。当阶跃点进入第二机架时，第二机架出口厚度明显增加，同时也使各机架间张力明显减小。由于张力减小，各机架厚度也都有所增加。当阶跃点到达其他各架时，都发生类似的跃变，从图 3 还可以明显地看到厚度延时效果。

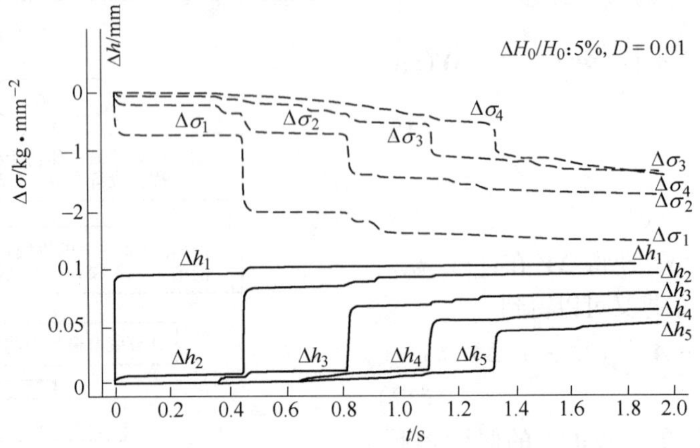

图 3 坯料厚度的阶跃变化引起的板厚和张力变化

由图 4 看到，给第一架辊缝以 5% 的阶跃（原始辊缝 ϕ_1 = 1.381mm），当过渡到稳态时，各架出口厚度都增加了，各机架间张力都减小了。

由图 5 看到当第三机架轧辊速度阶跃+1%后，起初 2～3 号机架间张力增加，其他张力发生较弱的变化，由于张力引起出口厚度也发生变化。当厚度延迟到达下一机架时，又引起张力和厚度的新变化。这里引人注意的是成品厚度的变化，在 0.25s 有最大变化，当 0.9s 以后趋于稳态，成品厚度又恢复到接近初始值了。由此可以看出，调节中间架的轧辊速度（或辊缝）对控制成品厚度的作用是不灵敏的。

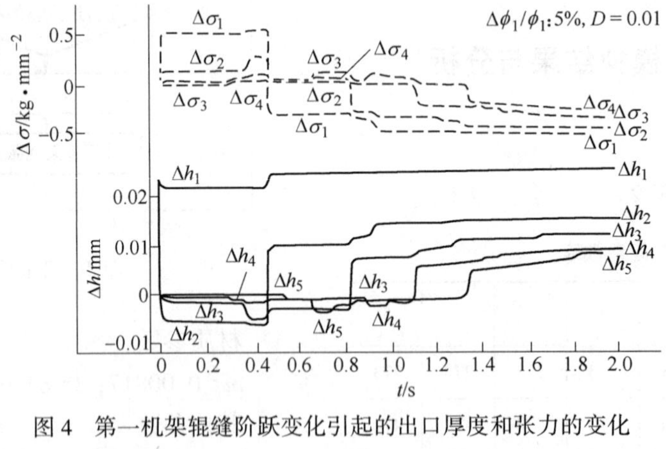

图 4 第一机架辊缝阶跃变化引起的出口厚度和张力的变化

由图 6 看到当第五机架轧辊速度增加 1%时，4～5 号机架间张力增加，同时使成品厚度和第四机架的厚度减薄；由于第四机架厚度减少而使 ΔV_4 减小，因而 3～4 号机架间张力减小。从图 6 可明显看到成品厚度逐渐减薄。这就是在末机架采用张力 AGC 调厚方案的依据。

由图 7 看到坯料硬度发生 5% 的阶跃变化时，表现出一个十分复杂的过渡响应图像。在其他文献中还没有看到有关这一过程的仿真结果，我们把图 7 与图 3 比较一下，可以看到：在厚度响应上其变化趋势一致，都是使厚度增加；而张力变化的趋向完全相反，坯料厚度的增加使机架间张力减小，而硬度的阶跃增加会使张力增加。

4 几点注释

（1）本文所考虑的模型是一个比较简化的模型，可在此基础上进行较为复杂的模拟仿真。

（2）模拟仿真中发现，电机的速降特性对加入阶跃扰动后的过渡过程影响很大，有必要对此问题作深入分析。

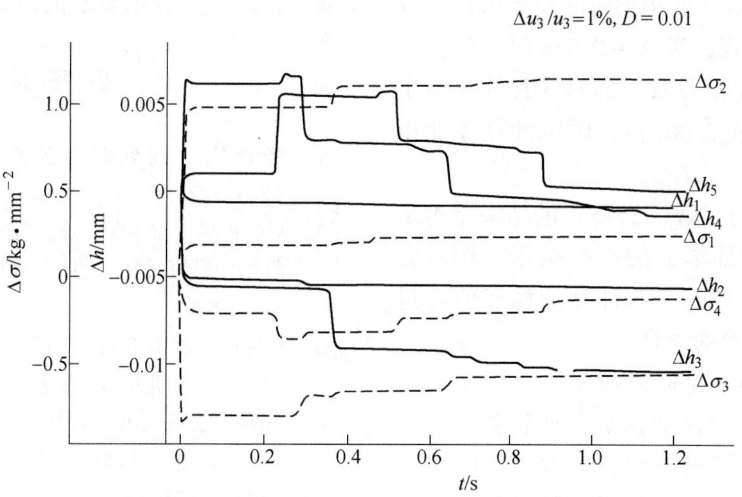

图 5 第三机架轧辊速度阶跃变化引起的出口厚度和张力的变化

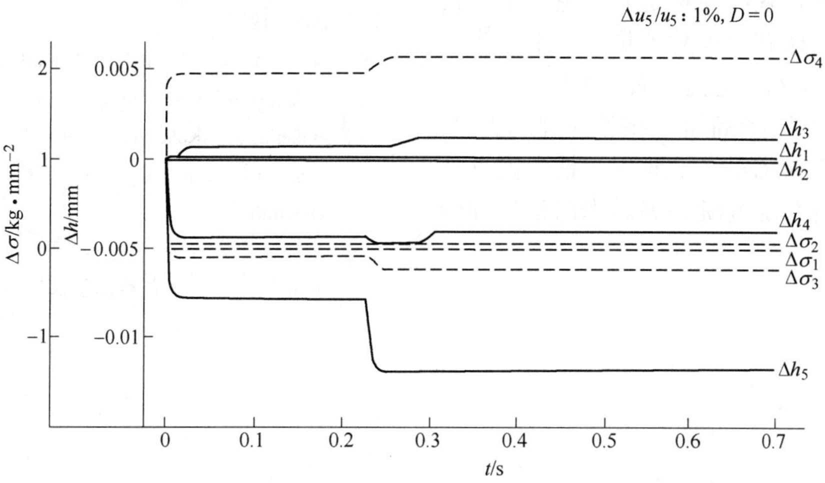

图 6 第五机架轧辊速度阶跃变化引起的出口厚度和张力的变化

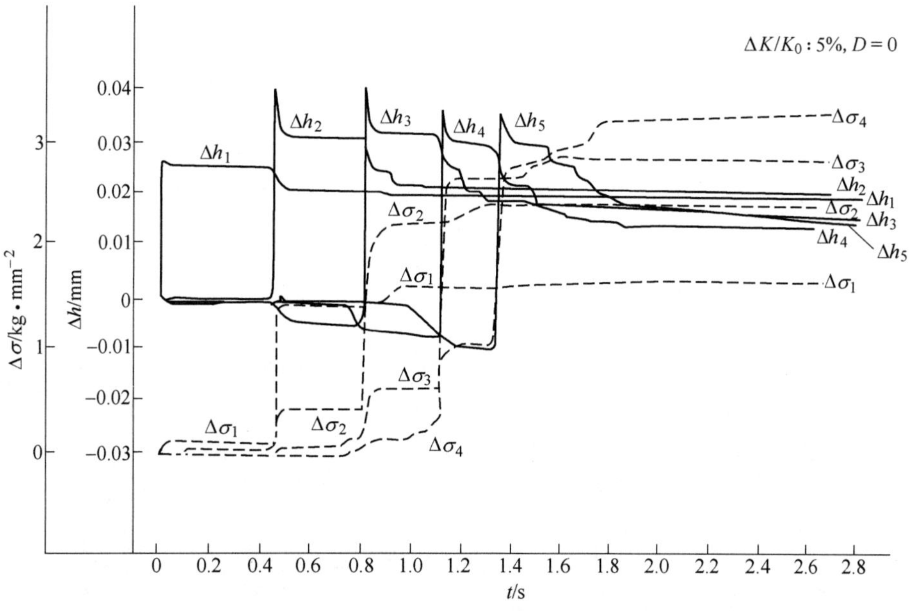

图 7 坯料硬度变化引起的出口厚度和机架间张力的变化

(3) 模拟仿真计算中使用的时间步长选择十分重要。实际计算中发现，当 $\Delta t=0.01$s 时，数据出现振荡；只有当 Δt 比张力系统的时间常数足够小时，如 $\Delta t=0.001$（或 0.002）s，模拟计算才能正常进行。

(4) 图 3~图 6 与文献［2，3］的结果基本走向是一致的。为了验证本文的模拟结果，作者曾利用美坂佳助的影响系数[6]对计算的稳态值做过比较，得到了比较满意的吻合。

(5) 本文所用的都是阶跃扰动信号，也可以容易地输入其他类型的扰动信号，如正弦、脉冲等信号。文中只列举了五条响应曲线，实际上对多个机架的辊缝和速度都进行过模拟计算，限于篇幅，此处不一一列举了。

(6) 对冷连轧过程的模拟仿真，是为了给设计新的控制系统提供新的思想和依据。本文尚未涉及到控制系统，有待补充这方面的工作。

该项工作曾得到冶金部北京钢铁研究院史通、冶金部自动化研究所陈振宇、北京钢铁学院苏逢西、冶金部建筑研究院董凯尧等同志的指导和帮助，在此一并表示衷心的感谢。

参 考 文 献

[1] 张进之．连轧张力公式．金属学报，1978，14（2）：127.

[2] 阿高松男，鈴木弘．連續圧延の綜合特性——加减速特性的模擬［R］．日本東京大学生产技术研究所報告，1976.

[3] 有村透，鎌田正誠．全連續冷轧法的基础理論与発展［J］．圧延研究の進歩と最新の圧延技术，1974.

[4] 小西正躬，鈴木弘．塑性と加工，1972，13（140）：689.

[5] 田沼正也，大平幹彦．塑性と加工，1972，13（133）：122-123.

[6] 美坂佳助．塑性と加工，1967，8（75）：188.

[7] Bryant G F，et al. Automation of tandem mill，London，1973.

[8] Foster M A，Matshall S A. Mathematical Process Models in Iron-and Steelmaking，Amsterdam，1975.

[9] Jamshidi M，Kokotovic'P. Digital Computer Applications to Process Control［M］，3rd X-6，June，2-5，（1971），Helsinki.

（原文发表在《自动化学报》，1979，5（3）：78-86）

连轧理论与实践

张进之

(冶金部钢铁研究总院)

摘 要 连轧是一种先进的、具有高产、优质特点的轧制生产方法。但是，连轧比其他轧制方法复杂，必须在轧制理论、机电设备和控制技术发展到一定水平的条件下才能实现。本文把连轧理论的发展分成三个阶段：古典连轧理论——秒流量相等条件、连轧分析理论、连轧张力理论。简要地介绍了各理论的主要内容。在连轧动态分析理论指导下，实现了先进的全连续和动态变规格轧制。笔者对发明这一先进技术的日本福山动态变规格控制模型进行了分析，给出了设定计算公式，并给出了同时改变张力和厚度的控制模型研究的简要结果。

The theory and practice of tandem rolling

Zhang Jinzhi

(Central Iron & Steel Research Institute, Ministry of Metallurgical Industry)

Abstract: Tandem rolling is an advanced process with high productivity and high quality product. But it is more complex than other rolling processes . It can be realized only when rolling theory, mechanical and electrical installations and control techniques have been developed to a certain level.

The development of tandem rolling theory may be divided into three stages: classical tandem rolling theory based on the condition of constant mass flow; analytical theory of tandem rolling; and tension theory of tandem rolling.

The principal contents of the theories are described briefly. Under the guidance of dynamic analytical theory the advanced full continuous and dynamic gauge changing rolling have been carried out.

The author has analysed the dynamic gauge changing model shown by Fukuyama company which invented this advanced technique in Japan and gives a calculation equation for setting. Some brief results of control model by simultaneously changing both the tension and the thickness are given.

1 引言

板连轧机是在轧钢生产技术和轧制理论发展到一定水平的条件下，于1926年出现的。它的产生，一方面是由于产量要求，而更重要的是质量要求，因为只有高速连续化生产才能保证终轧温度不低于质量要求的最低限度。实现连轧过程的最基本条件是各机架秒体积流量相等。按秒体积流量相等条件就可以正确地设定各机架轧辊旋转速度，保证连轧过程稳定，既不拉钢，也不堆钢。随着连轧生产的发展，产生了连轧分析理论和连轧张力理论。

2 连轧古典理论——秒流量相等条件

$$B_i \cdot h_i \cdot V_i = Q \qquad (1)$$

式中 B_i——钢带宽度；

h_i——钢带厚度；

V_i——钢带出轧辊速度；

i——机架号。

由于钢带出轧辊的速度不易测量和控制，故用轧辊速度 u_i 和前滑系数 S_i 来表示：

$$B_i \cdot h_i \cdot u_i(1 + S_i) = Q \qquad (2)$$

3 连轧分析理论

最初的冷连轧机的速度只1m/s左右，而现代化冷连轧机可达 40m/s，线材连轧达 75m/s。在低速条件下，由式（2）设定的轧辊速度和辊缝误差以及生产过程中的各种扰动作用，人工调整一下压下或速度就可以正常生产了。速度的提高，单依靠人的直觉能力已反映不出这种不适应性，更谈不上采取相应的调整措施了。由此发展了连轧生产的各种自动调节系统，例如，精确控制轧辊速度的 ASR 系统，恒定机架间张力的 ATC 系统，精确设定辊缝的 APC 系统以及自动控制钢带厚度的 AGC 系统。为了适应自动控制技术的发展和解决连轧高速化在操作中提出的新问题，发展了分析理论。

3.1　连轧稳态分析理论

1955 年 Hessenberg 等[1]首先把秒流量相等条件和弹跳方程微分，并引用压力、力矩、前滑等公式建立了连轧稳态分析理论（或称稳态分析模型）。这一理论的出现，引起了人们的极大重视，从事这方面研究工作的人很多，例如，Ham[2]、鈴木弘[3]以及美坂佳助[4]等。美坂佳助的冷连轧影响系数使其具有清晰、简明的理论结构形式，反映了控制量（辊缝、速度）与状态量（厚度、张力）以及输入量（坯料厚度、硬度）之间的函数关系。

3.2　连轧动态分析理论

以秒流量相等条件为基础的连轧分析理论可以解决许多问题，但是稳态分析理论不能反映连轧动态过程；不能对 AGC 等自动调节系统的调节效果进行动态分析及参数选定；不能对咬钢、抛钢、加减速等连轧操作问题进行分析和确定采取相应的改善措施。为此发展了连轧动态分析理论，即研究秒流量不相等条件下的连轧特性。1957 年 Phillips[6]由张力积分方程式（3），代替秒流量相等条件构造了连轧动态数学模型。

$$\sigma_i = \frac{E}{l}\int (V'_{i+1} - V_i)\,\mathrm{d}t \tag{3}$$

式中　E——钢带弹性模量；

l——机架间距；

V'_{i+1}——i+1 机架钢带入口速度；

t——时间。

他在模拟电子计算机上模拟了连轧动态过程，研究和确定 AGC 等自动调节系统的结构和参数；确定了前几架调辊缝，后面机架调速度改变张力的 AGC 厚度调节系统。

连轧动态分析理论是为解决自动调节系统的分析和设计而产生的。开始阶段多为电气控制工程师们所了解，而工艺工程师们偏重于静态分析理论。连轧速度越来越高，加减速阶段的钢带越来越长，如果按过去用加快该阶段的加速度减少过渡时间的办法来减少钢带的损失，就会使电机容量增加，设备投资增加，而且还不能完全消除该阶段的废品。由此而促使轧钢工作者研究加减速阶段的动特性，寻求使加减速段钢带合格的控制方案。这样在 60 年代末期，连轧动特性的分析研究已被工艺人员所重视了。开始了应用数字电子计算机模拟连轧动态过程的新阶段，如有村等[7]的连轧过渡历程研究。有村模拟模型简介如下。

将轧制压力作为入口厚度 H、出口厚度 h、前张力 σ_f、后张力 σ_b 的函数，代入弹跳方程，泰勒级数展开取一次项得：

$$\Delta h = \frac{\Delta\phi C}{C - \dfrac{\partial P}{\partial h}} + \frac{\Delta H\dfrac{\partial P}{\partial H}}{C - \dfrac{\partial P}{\partial h}} + \frac{\Delta\sigma_f\dfrac{\partial P}{\partial\sigma_f}}{C - \dfrac{\partial P}{\partial h}} + \frac{\Delta\sigma_b\dfrac{\partial P}{\partial\sigma_b}}{C - \dfrac{\partial P}{\partial h}} \tag{4}$$

钢带速度与轧辊线速度的关系为：

$$V_i = (1 + S_i)u_i \tag{5}$$

$$V'_{i+1} = (1 + \varepsilon_{i+1})u_{i+1} \tag{6}$$

式中　ε_{i+1}——i+1 机架的后滑系数。

将式（5）、式（6）泰勒级数展开取一次项整理得：

$$\Delta V = u\left\{\left(\frac{\partial S}{\partial H}\right)\Delta H + \left(\frac{\partial S}{\partial h}\right)\Delta h + \left(\frac{\partial S}{\partial\sigma_f}\right)\Delta\sigma_f + \left(\frac{\partial S}{\partial\sigma_b}\right)\Delta\sigma_b\right\} + (1 + S)\Delta u \tag{7}$$

$$\Delta V' = u\left\{\left(\frac{\partial\varepsilon}{\partial H}\right)\Delta H + \left(\frac{\partial\varepsilon}{\partial h}\right)\Delta h + \left(\frac{\partial\varepsilon}{\partial\sigma_f}\right)\Delta\sigma_f + \left(\frac{\partial\varepsilon}{\partial\sigma_b}\right)\Delta\sigma_b\right\} + (1 + \varepsilon)\Delta u \tag{8}$$

轧辊线速度是随轧制力矩改变的，其关系由电机速降特性 D 描述，即：

$$\Delta u = D\Delta G \tag{9}$$

同理把力矩公式展开整理得：

$$\Delta G = \frac{\partial G}{\partial H}\Delta H + \frac{\partial G}{\partial h}\Delta h + \frac{\partial G}{\partial\sigma_f}\Delta\sigma_f + \frac{\partial G}{\partial\sigma_b}\Delta\sigma_b \tag{10}$$

以上各式对连轧各机架均成立，机架间联系由增量形式的张力积分方程和延时方程来描述。

$$\Delta\sigma_{f_i} = \frac{E}{l}\int_0^t (\Delta V'_{i+1} - \Delta V_i)\Delta t \qquad (11)$$

$$\Delta H_{i+1} = \Delta h_i e^{-P(\frac{1}{V_i})} \qquad (12)$$

式中 P——拉氏算子。

式（4）~式（12）构成了冷连轧动态模拟模型。各式中的偏导数用实际的轧制数据修正了的轧制理论公式求得。各变量之间的关系由下面的程序框图（计算流程图）表示之。

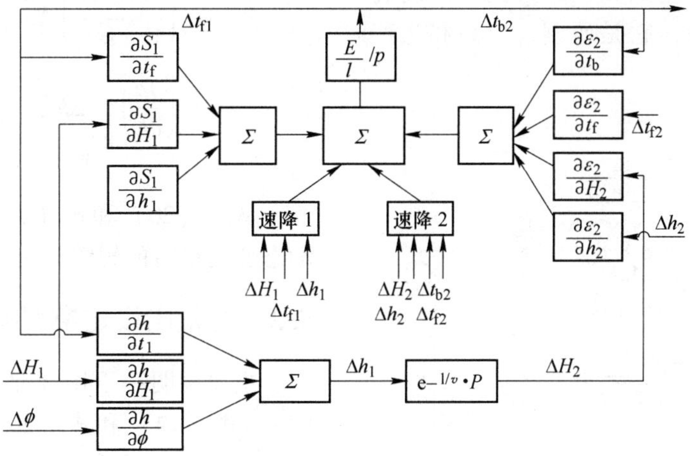

图 1　五机架冷连轧过程模拟方框图

4　连轧张力理论

连轧的特征是一条钢同时在几个机架内轧制，通过张力联成一个整体。张力是由各机架间当量速度差 ΔV 引起而确定的。由于连轧张力在连轧过程中起极重要的作用，故连轧工作者很早就重视这一问题了。初步考证，早在 1942 年苏联 Морозов[8] 在计算卷取与机架间张力而引入目前常用的张力积分公式之后，有许多学者研究连轧张力问题，连轧静、动态分析理论的开创者 Hessenberg-Phillips 也对张力方程进行过较深入的研究，并对其在连轧过程中的重要作用给以深刻的阐述。50 年代前后，苏联 ченмарев[9]、Файнберг[10]、Выдрин[11] 等对连轧张力问题进行了分析研究，并建立了各自的连轧张力微分方程。总之，在 60 年代以前，连轧张力公式的研究和讨论是连轧理论研究的中心课题。近年来，由于要求对连轧张力严格控制，张力问题的研究又引起国内外许多轧钢工作者的重视。例如，1975 年新日铁原田、中岛等[12] 在总结 H 型钢连轧发明技术论文中，非常突出了连轧张力公式的地位，把张力公式作为连轧基础理论而提的。

笔者是从 1968 年开始研究连轧张力公式的，当年得到一些结果，之后逐步完善。下面将研究的主要结果简介如下。

在文章[13] 中，用弹塑性理论中的“位移—变形”方法，推导出了推广的连轧张力变形微分方程：

$$\frac{\partial \varepsilon}{\partial t} + \frac{\partial \varepsilon}{\partial r}V = (1+\varepsilon)\frac{\partial V}{\partial r} \qquad (13)$$

给出了驻定状态，即 $\frac{\partial \varepsilon}{\partial t}=0$ 时的解：

$$V = \frac{V_1}{1+\varepsilon_1}(1+\varepsilon) \qquad (14)$$

式中 ε——变形量；

ε_1——第一机架出口处变形量；

r——空间坐标。

该文还论证了连轧理论中长期争论的一个问题——稳态 V_2' 与 V_1 的关系：在弹性变形范围内 $V_2' = V_1$；发生张力塑性拉伸时 $V_2' > V_1$。

在文章[14] 中，给出了集中参数条件下的精确连轧张力微分方程：

$$\frac{d\sigma}{dt} = \frac{E}{l}(V_2' - V_1)(1+\varepsilon) \qquad (15)$$

和张力公式：

$$\sigma(t) = \frac{E\Delta V[1 - e^{-(\frac{EW+\Delta V}{l})\cdot t}]}{\Delta V e^{-(\frac{EW+\Delta V}{l})\cdot t} + EW} \qquad (16)$$

在文章[15,16] 中，应用现代控制论方法，给出了多机架连轧张力公式：

$$\boldsymbol{\sigma}(t) = e^{-\tau^{-1}At}\boldsymbol{\sigma}_0 + \boldsymbol{A}^{-1}[\boldsymbol{I} - e^{-\tau^{-1}At}]\boldsymbol{W}^{-1}\Delta \boldsymbol{V} \qquad (17)$$

证明了连轧过程是一个渐近稳定的、可控的和可测的动力学系统。

连轧张力公式在构造连轧过程模拟模型、加减速过程变张力设定等问题都有专文[17,18]论述。

5　全连轧中的动态规格变换

1971 年福山厂[19]和 1975 年美国威尔顿厂的连续五机架四辊冷连轧机组的投产，开创了冷连轧技术发展的一个新阶段，它是研制、控制和生产的综合技术。

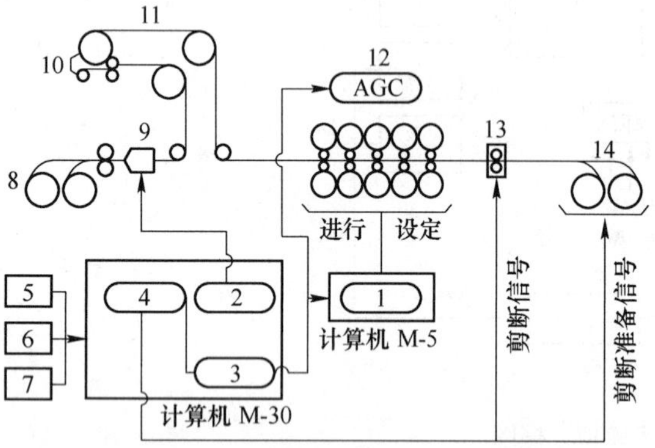

图 2　计算机控制全连续连轧图

1—轧机设定；2—焊机设定计算；3—轧机设定计算；4—材料的跟踪；5—板卷卡片输入；6—跟踪信号；7—轧材各数据；8—开卷机；9—焊机；10—钢带车马达；11—活套车；12—轧机；13—剪切机；14—卷取机

所谓动态规格变换是指在一定连轧速度下改变厚度尺寸。动态变规格的主要困难在于在很短时间内，由一个轧制规程变到另一个轧制规程，必然要求辊缝和速度做大幅度变化。在此过程中，秒流量相等条件已不成立，故以往的轧辊速度设定模型已不能用了，必须以连轧动态分析理论或连轧张力理论为基础，在数字模拟试验配合下，建立一个动态设定数学模型。目前关于这方面的论文还比较少，只有日本钢管提供了一个动态变规格的设定模型及图示。

5.1　福山厂动态设定模型

该公司的实验研究表明，张力的变化是控制上的主要问题。轧制过程中张力过大，钢带会被拉断；而张力等于零，钢带就会重叠；使轧制不能继续进行。为此在变规格时必须遵循一定的规律。这一规律就是在变规格过程中，机架间张力恒定。用数学式表达为：

$$\Delta\sigma_{f_i} \equiv 0 \tag{18}$$

为了在任何时刻都满足这一条件，由式 (11) 得：

$$\Delta V'_{i+1} = \Delta V_i \tag{19}$$

式 (19) 保证了过渡过程中张力不发生变化。从式 (19) 和式 (7)、式 (8) 得到变规格时的轧辊速度设定模型：

$$\Delta u_{i+1} = \left\{\left(\frac{\partial S}{\partial H}\right)_i \Delta H_i + \left(\frac{\partial S}{\partial h}\right)_i \Delta h_i\right\}\frac{u_i}{1+\varepsilon_{i+1}} + \left(\frac{1+S_i}{1+\varepsilon_{i+1}}\right)\Delta u_i - \left\{\left(\frac{\partial \varepsilon}{\partial H}\right)_{i+1}\Delta H_{i+1} + \left(\frac{\partial \varepsilon}{\partial h}\right)_{i+1}\Delta h_{i+1}\right\}\frac{u_{i+1}}{1+\varepsilon_{i+1}} \tag{20}$$

从式 (20) 和式 (4)、式 (12) 就可以得到动态变规格时的辊缝和速度设定图示。

5.2　对福山设定模型的补充说明

主要说明一下图 3 是怎样做出来的。利用式 (4)、式 (12) 和式 (20) 按顺序控制的方法计算时，忽略了压下和传动系统的传递函数的影响，作法如下：

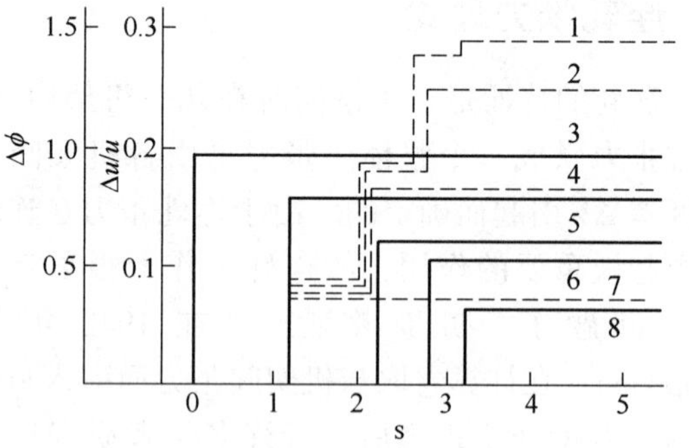

图 3　变规格辊缝和速度设定图示

1—$\left(\frac{\Delta u}{u}\right)_5$；2—$\left(\frac{\Delta u}{u}\right)_4$；3—$\Delta\phi_1$；4—$\left(\frac{\Delta u}{u}\right)_3$；5—$\Delta\phi_3$；6—$\Delta\phi_4$；7—$\left(\frac{\Delta u}{u}\right)_2$；8—$\Delta\phi_5$

(1) 按压下量分配模型求得各机架压下量变化值，即求得 Δh_1，Δh_2，…，Δh_5。

(2) 把 Δh_1 代入式 (4)，求得 $\Delta\phi_1$，由于假定 $\frac{\partial S}{\partial h}=0$，故各机架速度不变。图 3 所示，从零时刻到 1.2s，第一架压下设定值改变为 1.0mm，而各架速度及其他架压下都不变。

(3) 第二架压下及第二～五机架的速度的开始变化时刻，由钢带从第一架移到第二架所需时间确定，即 $t_{1,2}=\frac{V_1}{l}=1.2\text{s}$。

(4) 计算 $\Delta\phi_2$ 和 $\left(\frac{\Delta u}{u}\right)_{2\sim5}$。

将 $\Delta H_2=\Delta h_1$ 和 Δh_2 代入式（21）求得 $\Delta\phi_2$

$$\Delta\phi_2=\frac{1}{C}\left[\Delta h_2\left(C-\frac{\partial P}{\partial h}\right)-\Delta H_2\frac{\partial P}{\partial H}\right] \quad (21)$$

将 $\Delta u_1=0$ 代入式（20）可求得 Δu_2。再将 Δu_2、ΔH_i、Δh_i 等代入式（20）就可以求得 $\Delta u_3\sim\Delta u_5$。增量速度与原设定速度比，即可求得 1.2～2.2s 时间内的 $\left(\frac{\Delta u}{u}\right)_{2\sim5}$。

（5）计算 $\Delta\phi_3$ 和 $\left(\frac{\Delta u}{u}\right)_{3\sim5}$。

将 $\Delta H_3=\Delta h_2$ 和 Δh_3 代入式（21）可求得 $\Delta\phi_3$。同前边一样，可以求得 $\Delta u_3\sim\Delta u_5$ 及 2.2～2.8s 时间内的 $\left(\frac{\Delta u}{u}\right)_{3\sim5}$。

（6）同上述步骤，求得各时间段内的 $\Delta\phi_i$ 和 $\left(\frac{\Delta u}{u}\right)_i$ 的变化量。

5.3 对福山设定模型的分析

为了给人们一幅简明、清晰的阶梯连轧过程图，不将压下和传动系统特性反映在图 3 中是可以的。因此，实际的控制图要比图 3 复杂得多，计算要费事得多。

下面再分析一下该控制模型的水平。判断阶梯轧制水平的指标，主要有下述几个方面：

第一，允许规格变化的范围。成品厚度从 0.5mm 变到 0.6mm 或 0.4mm 与变到 1.0mm 或 0.2mm 的水平是不同的。允许规格变化范围越大，其水平就越高，生产管理的灵活性就越大。其实例为从 0.6mm 变到 0.67mm。

第二，变规格过程中是否要降低轧制速度。这一点在模型上是反映不出来的，它取决于控制系统的动特性，特别是控制系统动作的精确性。从生产角度看，此阶段降低一点速度对产量不会有太大的影响，因为整个过渡时间比较短；而速度降低一点，对设备和生产的安全是有利的。图 3 所给出的连轧速度在 10m/s 以下，比正常连轧速度低。

第三，变规格时是否产生二级品或废品。二级品和废品总要产生一些的，其数量取决于规格变化范围、控制系统水平和对设备的安全程度，也取决于控制模型的水平。具体数量，可以由数字模拟的方法寻求一个最佳值。

第四，变规格采用恒张力制度对工艺操作的影响。从工艺要求方面讲，不同轧制规格应当选取不同的张力制度，因此变规格时采用恒张力原则是不合理的；而且事实上也是办不到的，因为厚度变化比较大，要保证 i 机架前张力不变就不能保证 $i+1$ 机架后张力不变；反之亦然。之所以采用一个工艺上不合理的控制原则，是由于目前连轧张力理论水平所决定的。因为国外连轧动态模拟所用的张力公式是张力积分方程，积分方程计算量大，不能在线控制使用。因此要控制这个秒流量不相等条件下的动态过程，只有应用张力积分方程的一个特解，即 $\Delta\sigma_{f_i}=0$。这样将控制模型简化成为一个静态模型。直接从工艺角度看，恒张力变规格比同时改变张力和厚度简单，容易实现。

另外，由于控制模型和动态模拟都是以增量形式给出的，忽略了二次以上的高阶项，这样就限制了模型的适用范围，只允许小范围内变规格。例如，从 0.5mm 变到 0.6mm 或 1.0mm 的二次项分别为：0.01mm、0.25mm，即当忽略二次项时大的规格变换比小规格变换误差增加 25 倍。但是，由于增量模型限制了只能在小范围内变规格，它补救了工艺上不合理的恒张力制度，使之成为可行的控制原则。压下量变化比较小时，相同的张力设定值是允许的，因为合理的张力设定值与材料屈服极限 σ_s(或 $\sigma_{0.2}$) 成正比，一般 $\sigma_f=(0.2\sim0.5)\sigma_s$。

从上面分析得出结论：目前用于动态变规格的设定数学模型是增量形式的，故规格变换只允许在小范围内；小的规格变换使恒张力过渡原则成为现实可行的方案。由此保证了连续连轧的实现。但是，从理论和实践上动态设定控制的问题并没有解决，要彻底解决此问题，可采用我们提出的以连轧张力公式为基础的动态数学模型。具体模型结构及模拟实验结果见文献［5］。

本文得到邓荫田等同志的帮助，表示感谢。

参 考 文 献

［1］ Hessenberg W C，Jenkins W N. Proc. Inst. Mech. Eng.，1955，169：1051.
［2］ Courcoulas J H，Ham J M. Amer. Inst. Elect. Engr.，1957（1）：363.
［3］ 鈴木弘，鐮田正誠．塑性と加工，1967－9，8（80）：460.
［4］ 美坂佳助．塑性と加工，1967-4，8（75）：188.
［5］ 张进之，等．钢铁，1979，14（6）.
［6］ Phillips R A. Amer. Inst. Elect. Engr.，1957（1）：355.
［7］ 有村透，鐮田正誠ら．塑性と加工，1969－1，10（96）：29.
［8］ Морозов Д П. Вестник электро промышленности，1942（7）：8.

[9] Чекмарев А П. Прокатное производство, Металлургнздат, Москва, Том XVII, 1962, 3.
[10] Файнберг Ю М. Автоматизация непрерывных станов горячей прокатки, Метвллургиздат, Москва, 1963.
[11] Выдрин В Н. Динамяка прокатных станов, Металлургиздат, Москва, 1960.
[12] 原田利夫，中岛浩衛ら. 塑性と加工，1975-1，16 (168)：60.
[13] 张进之．钢铁，1979，13（4）：85.
[14] 张进之．钢铁，1975，11（2）：77.
[15] 张进之．钢铁，1977，12（3）：72.
[16] 张进之．金属学报，1978，14（2）：127.
[17] 张永光，等．自动化学报，1979，5（3）：177.
[18] 钟春生．钢铁，1978，13（3）：94.
[19] 有村透，鐮田正诚ら. 压延研究の進步と最新の压延技術，1974：73.

（原文发表在《钢铁》1980，15（6）：87-92）

冷连轧过程变形抗力和摩擦系数的非线性估算

张进之[1]，张自诚[1]，杨美顺[2]

（1. 冶金部钢铁研究总院；2. 武钢冷轧薄板厂）

摘　要　电子计算机控制的连轧机，需要给出比较接近物理实际的摩擦系数和变形抗力值。本文提出了应用连轧张力公式和压力公式，用非线性参数估计的方法同时估算轧件与轧辊之间的摩擦系数、轧件的变形抗力以及第二、三、四机架轧件出口厚度的方法。通过对武钢冷轧厂大量电子计算机采集数据和“309”卷数据的实际计算，证明了该方法是可以使用的。

The estimation of *k*, μ of cold tandem rolling process and discussion of selfadaptation of rolling pressure

Zhang Jinzhi[1], Zhang Zicheng[1], Yang Meishun[2]

(1. Central Iron and Steel Research Institute;
2. Cold Rolling Plant of Wuhan Iron and Steel Company)

Abstract: The computer control of tandem rolling requires more accurate mathematical model and self-adaptation for correcting some of its parameters. The general method is to calculate backward the friction coefficient through measuring the pressure. But owing to lack of thickness gauge in the intermediate stands, the above method can only be realized through special experiments. The present paper puts forward a method of estimation of the fiction coefficient μ, the coefficient of deformation resistance *K* (or *D*) and strip thickness in intermediate stands *h* from the data of normal operation, using the equations of tension in tandem rolling[1] and of rolling pressure, and adopting the calculation method of nonlinear estimation.

1　引言

国内外冷连轧电子计算机控制的数学模型中的压力公式，大都采用由 Karman 微分方程的 Hill 近似解或 Bland-Ford 的数值解。要使 Hill 或B-F 公式的计算值与实测值相接近，必须正确地给定轧件的变形抗力（*K*）和摩擦系数（μ）。*K* 可以通过拉伸、压缩或弯曲等材料力学实验方法测定，但实验条件总不能完全模拟连轧生产过程，生产过程的状态是千变万化的，因此轧制过程中的 *K* 很难精确地给出。μ 也一样，虽然可以在实验室轧机上通过实测压力或前滑值，再由 Hill 或 B-F 公式反算 μ 值，但要得到一个精确的 μ 计算公式是一件十分困难的事。在实际电子计算机控制过程中，一般要采取自适应参数跟踪的方法，才能达到比较理想的精度（实测压力与预报压力之差在 10%左右）。参数估计的方法是，在热连轧中，事先给定 μ 值，通过实测压力数据，估计出各机架的变形抗力 *K* 值；冷连轧由加工硬化曲线（或方程）确定各机架的 *K* 值，通过实测压力值估计出各机架的 μ 值。

从实测的轧制压力根据轧制理论反算 μ 值的时候，可能发生下述情况：如果给定的轧件 *K* 值偏低，估计出来的 μ 值就可能较高，从物理上讲就不能承认；而且数学模型不单纯计算压力，用物理上不正确的 μ 去计算前滑值就会造成轧辊速度设定的错误。另一方面，*K* 过高时，估计出来的 $\mu=0$ 或$\mu<0$，很明显这是不合理的。能否通过实测压力值同时估计出 *K*、μ 值呢？格拉斯认为[1]：“到目前为止世界上尚无完整的计算 μ 值的公式（模型）。将来在武钢准备通过测量轧制力自适应反算出 μ 值（作为试验研究项目）。……准备编一个适应 μ 的程序到武钢试试看，能否成功很难说。”冈

本丰颜[2]设想用μ、K对总压缩率与轧制压力的不同影响（即μ、K都影响轧制压力的大小，但其影响斜率不同，μ影响小，K影响大），用反复计算的方法，获得大体上符合实际的K、μ值。但是K、μ在压力计算公式中是以乘积形式出现的，由一个方程求解两个未知数是一个不定解问题，因此要正确地估计K、μ必须另找一个独立的方程式。另外，从连轧机的实测数据做K、μ估计时，一般都缺少第二至第四机架的出口厚度值h(除特殊设计的连轧机外，第二至成品前一机架都不安装测厚仪)。

连轧张力公式[3-5]可以在K、μ以及轧件厚度估计中发挥作用。因为它的建立过程与压力公式无直接关系，而且与压力公式一样是K、μ等参变量的函数。对于五机架冷连轧机，待估算的参变量一般有9个：5个摩擦系数、3个出口厚度和1个计算变形抗力的参变数K(或d)。而独立的方程式也正好是9个：5个压力公式、4个张力公式。这9个方程式求解以上所说的9个参变量是一个定解问题。

2　估计$K_0(D)$、μ、h的基本公式

2.1　连轧张力公式

$$\sigma_i = \frac{\Delta V_i}{W_i} + \frac{\theta_i}{W_i}\sigma_{i-1} + \frac{\varphi_i}{W_i}\sigma_{i+1} \tag{1}$$

式中　$\sigma_i(t_i)$——i机架前张力；

ΔV_i——当量速度差；

W_i——连轧刚性系数。

$$\Delta V_i = \frac{h_{i+1}}{H_{i+1}}U_{i+1}(1+S_{i+1}) - U_i(1+S_i) \tag{2}$$

$$W_i = \frac{h_{i+1}}{H_{i+1}}U_{i+1}S_{i+1}b_{b_{i+1}} + U_iS_ib_{f_i} \tag{3}$$

$$\varphi_i = \frac{h_{i+1}}{H_{i+1}}U_{i+1}S_{i+1}b_{f_{i+1}} \tag{4}$$

$$\theta_i = U_iS_ib_{b_i} \tag{5}$$

$$S_i = \tan^2\left[-\frac{1}{2}\tan^{-1}\sqrt{\frac{\Delta h_i}{h_i}} - \frac{1}{4\mu_i}\sqrt{\frac{h_i}{R'_i}}\ln\frac{H_i}{h_i}\right] \tag{6}$$

$$b_{f_i} = \frac{1}{2\mu_i}\sqrt{\frac{h_i}{S_iR'_i}}\frac{1}{K_{f_i}-\sigma_{f_i}} \tag{7}$$

$$b_{b_i} = \frac{1}{2\mu_i}\sqrt{\frac{h_i}{S_iR'_i}}\frac{1}{K_{b_i}-\sigma_{b_i}} \tag{8}$$

$$R'_i = R_i\left(1 + \frac{2.14\times10^{-1}P_i}{B\Delta h_i}\right) \tag{9}$$

$$K_{f_i} = K_0(\bar{r}_{fi} + m)^n \tag{10}$$

$$K_{b_i} = K_0(\bar{r}_{b_i} + m)^n \tag{11}$$

$$\bar{r}_{f_i} = 1 - \frac{h_i}{H_0} \tag{12}$$

$$\bar{r}_{b_i} = 1 - \frac{H_i}{H_0} \tag{13}$$

式中　H_i——入口厚度；

h_i——出口厚度；

H_0——坯料厚度；

S_i——前滑；

b_{b_i}——后张力对前滑影响系数；

b_{f_i}——前张力对前滑影响系数；

R'_i——压扁轧辊半径；

R_i——轧辊半径；

K_{f_i}——出口处变形抗力；

K_{b_i}——入口处变形抗力；

r_{f_i}——出口处累计压缩率；

r_{b_i}——入口处累计压缩率；

m，n——轧件材质常数。

由以上各式看出，张力是待估计参变量K_0、μ、h以及轧制压力P_i的函数，即：

$$\sigma_j = f_j(\mu_i, K_0, h_i, P_i, \cdots) \tag{14}$$

$i=1, 2, \cdots, 5$（机架序号）；

$j=1, 2, 3, 4$（非线性方程序号）。

2.2　压力公式

当引用了连轧张力公式以后，选用不同的压力公式就可以估计出适用于该压力公式的K_0、μ值。我们已进行过Hill、B-F等公式的试验，今后还将对Stone、Bryant、Целиков以及我国自己提出的一些轧制压力公式进行试验。为简明起见，下面只写出Hill压力公式。

$$P_i = B : \bar{K}_i \cdot K_i\sqrt{R'_i \cdot \Delta h_i}\,Q_{P_i} \tag{15}$$

$$Q_{P_i} = 1.08 + 1.79r_i\mu_i\sqrt{\frac{R'_i}{H_i}} - 1.02r_i \tag{16}$$

$$r_i = \frac{H_i - h_i}{H_i} = \frac{\Delta h_i}{H_i} \tag{17}$$

$$\bar{K}_i = 1 - \frac{(a-1)\sigma_{b_i} + \sigma_{f_i}}{aK_i} \tag{18}$$

$$K_i = K_0(\bar{r}_i + m)^n \tag{19}$$

$$\bar{r}_i = 1 - \frac{\beta H_i}{H_0} - \frac{(1-\beta)h_i}{H_0} \tag{20}$$

式中　B——轧件宽度；

r_i——压缩率；

σ_{f_i}——前张力；

σ_{b_i}——后张力；

α，β——加权系数。

由以上各式看出，压力是待估计参变量 K_0、μ、h 以及张力 σ_i 的函数，即：

$$P_j = f_j(\mu_i, K_0, h_i, \sigma_i, \cdots) \quad (21)$$

$$j=5, 6, 7, 8, 9$$

综合式（14）、式（21），写成非线性方程组的标准形式：

$$Y_j = f_j(X_1, X_2, \cdots, X_9) \quad (22)$$

$$j=1, 2, \cdots, 9$$

表 1　函数和自变量对照表

符号	Y_1	Y_2	Y_3	Y_4	Y_5	Y_6	Y_7	Y_8	Y_9	X_1	X_2	X_3	X_4	X_5	X_6	X_7	X_8	X_9
物理量	σ_1	σ_2	σ_3	σ_4	P_1	P_2	P_3	P_4	P_5	h_2	h_3	h_4	μ_1	μ_2	μ_3	μ_4	μ_5	K_0

3　非线性方程组的解法及计算框图

由连轧张力公式和压力公式已将估计 K_0、μ、h 的问题化为非线性方程组求根的问题，有多种求解方法，我们主要选用了速降法和改进的牛顿法。速降法是调用 TQ-16 电子计算机的库过程，只能用一组实测数据估计出 9 个参数。改进的牛顿法的程序可以处理 N 组数据，也就是从 $9N$ 个方程中估计出 9 个参数。K_0、μ 是静参数，在较长一段时间里可以认为是稳定的。而 h 是变量，时刻都可能变化，N 组数据的采样时间比较长，因此用一组数据求解为宜。一组数据采样时间小于 0.1s，这一段时间内可以认为 h 不变。一组数据包括：5 个压力、4 个张力、5 个轧辊速度、3 个厚度（H_0、h_1、h_5）。用一组数据估算出来的 μ、K_0 值的精度是不高的，因为测量数据包涵各种随机误差，为了消除随机误差的影响，需要用多组采集的数据。用每一组数据可估算出 μ、K_0 值，再将每次估算出来的 μ、K_0 值求其平均值。这样就提高了参数估算的精确度。

速降法或改进的牛顿法等非线性计算方法可参阅有关计算方法书，不赘述了。下面给出速降法的计算框图（图 1）。

4　计算结果及该方法的验证

为了考验上述非线性估算的数学模型的适用性，除了对武钢冷轧厂五机架连轧机实测数据进行处理外，还对六机架“309”卷数据进行了处理。计算是在冶金部钢铁研究总院 TQ-16 型电子计算机上进行的，程序用 ALGOL60 语言编成。下面对计算中的部分结果列图表介绍如下。

4.1　平均摩擦系数及压力预报精度

用西德进口棕榈油润滑轧制马口铁采样数据：坯料 2.25×825；成品 0.355×825；材料等级 $M_K=2$；压力公式用 Bland-Ford 公式，估计出的结果见表 2。

由表 2 数据说明，当工艺条件比较稳定时，用该法估计出来的摩擦系数有很高的精确度，均方差比较小，压力预报精度很高，最大差为 26.4t，实测压力为 700t，相对差仅为 3.7%。

表 2　轧制马口铁各机架平均摩擦系数及压力预报

项目 \ 机架号		1	2	3	4	5
平均摩擦系数		0.0405	0.0282	0.0231	0.0170	0.0091
均方差		0.00268	0.00161	0.00228	0.00267	0.00117
压力预报与实测值之差/t	第一卷	0.036	-2.76	2.85	-9.72	-2.6
	二	-10.9	-7.45	19.2	-2.78	-16.26
	三	-9.33	-9.37	2.83	-21.43	-18.8
	四	0.834	-12.6	6.23	-22.16	-21.1
	五	-18.07	-7.19	12.26	-3.18	16.1
	六	4.21	-0.66	10.17	-0.71	-5.1
	七	20.6	-12.96	23.53	20.75	21.1
	八	12.35	-16.02	26.41	24.04	10.81

表 3 是用乳化液润滑轧制汽车板时的估算结果。原料 3.24×1225，成品 1.21×1225，材料等级 $M_K=1$。

表 3　轧制汽车板各机架平均摩擦系数及压力预报

项目 \ 机架号		1	2	3	4	5
平均摩擦系数		0.0904	0.0642	0.0544	0.0473	0.0618
均方差		0.0019	0.0061	0.0069	0.0037	0.0049
压力预报与实测值之差/t	第一卷	34	12.4	2.7	75.6	-55.8 *
	二	0.16	-19.3	-20.0	40.1	-61.4
	三	-8.4	-24.1	-15.8	36.6	-93.9
	四	7.66	-17.2	-16.6	21.78	-69.4
	五	11.3	16.3	-28.5	23.6	-65.4
	六	30.8	7.56	-4.74	7.43	12.26

这一组数据是任意选取的，工艺条件相差比较大，因此压力预报精度比表 2 中的数据差。轧制实测压力为 1000～1100t，相对压力差除个别数据外都小于 6%，预报精度还是很高的。可以想见，

如果采用该法计算各个卷的摩擦系数和变形抗力值，再加上自适应参数跟踪的算法，压力预报的精度会进一步提高。

4.2 六机架“309”卷数据

该轧机各机架前都有测厚仪。通过改变 h_2^0 ~ h_5^0 的初值，估计出来的 h_2 ~ h_5 是否能收敛到测量值，可以判断本文提出来的参数估计方法的可靠性。

h_2^0、h_5^0 给了较大的偏差，但估计出来的 h_2、h_5 与测量的厚度值还是比较接近的，由此验证了该方法的可靠性。

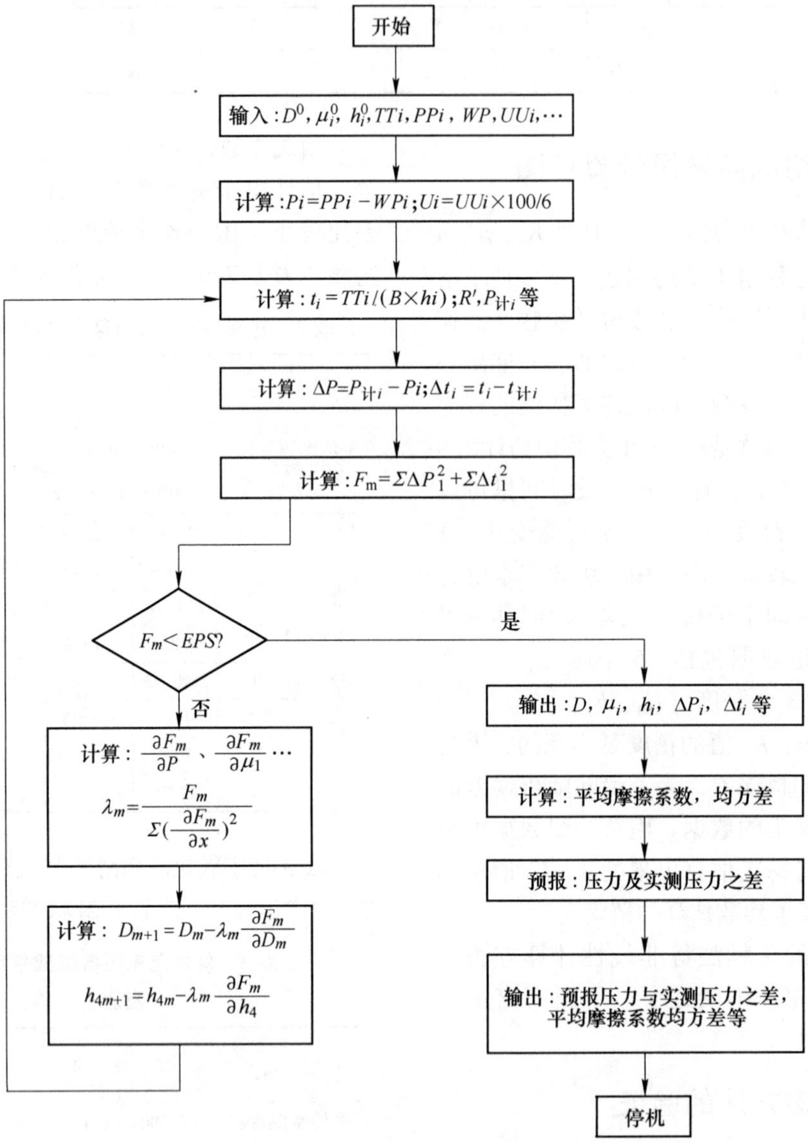

图1 速降法估计变形抗力、摩擦系数和厚度的框图

表4 采样数据（只列一组）及初值

卷号	名称/机架号	测量值 HH/mm	PP/t	σ/kg·mm^{-2}	UU/m·min^{-1}	R/mm	初值 H^0/mm	μ^0	D/kg·mm^{-2}	B/mm
122310600016	0	2.043		0.8					600	820
	1	1.558	688	11.4	438	306		0.07		
	2	1.127	661	11.0	625	290	1.00	0.07		
	3	0.814	687	15.4	817	293	0.826	0.07		

续表 4

卷号	名称 / 机架号	测量值					初　值			
		HH/mm	PP/t	σ/kg · mm^{2}	UU/m · min^{-1}	R/mm	H^{0}/mm	μ^{0}	D/kg · mm^{-2}	B/mm
122310600016	4	0.579	727	18.0	1152	296	0.587	0.07		
	5	0.411	600	16.5	1674	30	0.400	0.07		
	6	0.305	734	5.2	2284	300		0.07		

表 5　改进的牛顿法估计结果

卷号	h_2	h_3	h_4	h_5	μ_1	μ_2	μ_3	μ_4	μ_5	μ_6	D
12231060008	1.120	0.835	0.590	0.419	0.0281	0.0221	0.0254	0.0253	0.011	0.0126	625
12231060016	1.142	0.824	0.588	0.412	0.0243	0.0178	0.0222	0.0226	0.010	0.0114	649

4.3　摩擦系数与轧制速度的相关关系的探讨

图 2 是由正常情况下采集不同轧制速度的数据

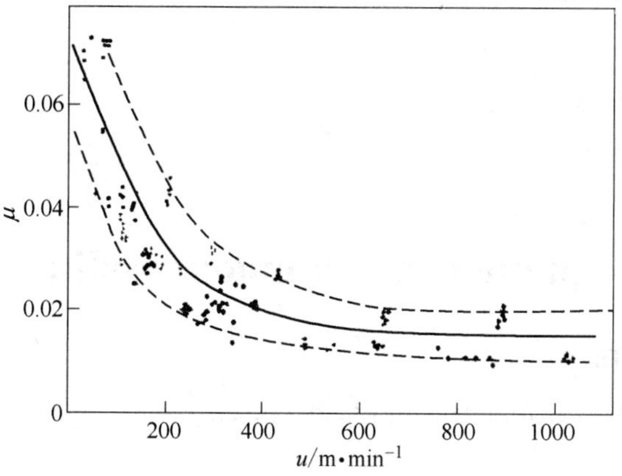

图 2　摩擦系数与轧制速度相关关系图示
轧制条件：轧制材料—马口铁；润滑条件—棕榈油；
压力公式—B-F 公式；
●—1 机架；×—2 机架；○—3 机架；
•—4 机架；ϕ—5 机架

获得的，其结果与国外专门实验测得的结果是一致的；也符合 Sims 摩擦系数与速度的函数关系。

5　结论

用连轧张力公式和压力公式可以解出 $K_0(D)$、μ、h，为实现压力、前滑和轧制功的“自适应”控制提供了测量公式。

本文提出的方法仅是初步探索，写出来以便分析讨论，望多加批评指正。

武钢冷轧薄板厂程序组和数模组的同志参加了分析讨论。

参 考 文 献

[1] 武钢冷连轧机数学模型，赴西德实习计算机软件资料，1976.
[2] 岡本豊颜．圧延研究の進歩と最新の圧延技術，1974.
[3] 张进之．钢铁，1975（2）：77.
[4] 张进之．钢铁，1977（3）：72.
[5] 张进之．金属学报，1978，14（2）：127.

（原文发表《钢铁》，1981，16（3）：93-98）

连轧张力方程适用范围的分析讨论

张进之

（冶金工业部钢铁研究总院）

摘　要　本文对文献［2］提出的常用张力微分方程

$$\frac{d\sigma_i}{dt} = \frac{E}{l}(V'_{i+1} - V_i)$$

不适应于动态过渡历程计算及其基本论点进行了分析论证，指出其论点是不成立的，证明了常用的张力微分方程适用于张力小于弹性限的全部连轧情况，计算误差仅产生于忽略$\left(1+\frac{\sigma}{E}\right)$项。对文献［2］的其他论点也进行了分析讨论。

张力微分方程的解析解不仅能清晰地描述连轧过程的物理本质，而且提高了连轧动态模拟计算精度和减少了计算量。常用张力微分方程与总张力平衡方程式联立，推导出适用于动态变规格和穿带过程的离散型张力公式：

$$\sigma_{k+1} = e^{A\Delta t}\sigma_k - \frac{E}{l}A^{-1}[I - e^{A\Delta t}]\Delta v_k$$

Discussion on applicability of tension equation in continuous rolling

Zhang Jinzhi

(Central Iron and Steel Research Institute, Ministry of Metallurgical Industry)

Abstract: An analysis and discussion were made of the evidence whether the conventional differential equation is proper to calculate the dynamic transition process. It has been proved that the equation is applicable to all continuous rolling conditions of tension less than the elastic limit, however, the error may only be introduced by the neglected term $(1+\sigma/E)$. The analytical solution of the equation gives not only clarifying the physical nature of rolling practice but also improving the accuracy and amount of the dynamic analogue calculation. Combining the aforementioned conventional differential equation with the balance equation of total tension, a discrete tension formula is then derived for dynamic guage change and strip threading procedure.

常用符号说明

σ——机架间张力，kgf/mm^2；

σ_{bi}——i 机架后张力，kgf/mm^2；

σ_{fi}——i 机架前张力，kgf/mm^2；

V_i——i 机架轧件出口速度，mm/s；

V'_i——i 机架轧件入口速度，mm/s；

E——轧件弹性模量，kgf/mm^2；

H_i——i 机架轧件入口厚度，mm；

h_i——i 机架轧件出口厚度，mm；

h_x——机架间 x 点轧件厚度，mm；

u_i——i 机架轧辊速度，mm/s；

S_i——i 机架无张力前滑系数；

b_{fi}——i 机架前张力对前滑影响系数；

b_{bi}——i 机架后张力对前滑影响系数；

l——机架间距离，mm；

F——轧件截面积，mm^2。

1　引言

张力使连轧形成一个整体，它是连轧的基本特征。长期以来，国内外学者对连轧张力微分方程、张力公式以及连轧数学模型进行了大量研究，得到了多种类型的公式和模型。笔者在《连轧张力微分方程的分析讨论》[1]一文中，对几种不同的张力微分方程进行了分析研究，指出了一些微分方程的错处，推导出了适用各种情况的微分方程。

分布参数变形微分方程：

$$\frac{\partial \varepsilon}{\partial t}=\frac{\partial V}{\partial x}(1+\varepsilon)-\frac{\partial \varepsilon}{\partial x}V \tag{1}$$

用于各种连轧过程（张力大于弹性限，轧件为任意形状），推导过程中的假定条件是最少的。在假定机架间钢带速度均匀分布的条件下，推导出精确的集中参数张力微分方程：

$$\frac{\mathrm{d}\sigma}{\mathrm{d}t}=\frac{E}{l}(V_2'-V_1)\left(1+\frac{\sigma}{E}\right) \tag{2}$$

张力在弹性范围内，$\sigma \ll E$（冷连轧$\frac{\sigma}{E}<1‰$），故可以假定$\left(1+\frac{\sigma}{E}\right)\approx 1$，则得：

$$\frac{\mathrm{d}\sigma}{\mathrm{d}t}=\frac{E}{l}(V_2'-V_1) \tag{3}$$

式（3）即为国内外普遍通用的张力微分方程。

文献［2］提出：“常用的张力微分方程（即式（3））用作动态过程模拟计算有局限性……有较大误差。”本文将从理论分析证明常用的张力微分方程适用于动态过程模拟计算，其误差仅产生于忽略了$\left(1+\frac{\sigma}{E}\right)$项。此外就文献［2］对张力微分方程的数值解与解析解关系的看法以及对国外几种动态分析模型的评价，提出不同的看法；指出变断面微分方程[3]的提出是不必要的。

对于机架间钢带断面变化较大的情况，严格讲需要用分布参数描述，但也可以交换成集中参数问题处理。本文提出了变断面张力公式。

2 常用张力微分方程适用性分析

文献［2］认为：“常用的张力微分方程用作动态过程模拟计算有局限性，有较大误差。”其理由概况为两点：第一，机架间钢带厚度不均匀，不能对机架间带钢全长代入虎克定律；第二，应用式（3）的条件是$\sigma_{fi}=\sigma_{b(i+1)}$。

文献［2］的两点理由是不成立的，虎克定律是弹性力学的基本定律，反映微分体内应力与应变之间存在线性关系，即

$$\varepsilon=\frac{1}{E}\sigma\left(或\frac{\mathrm{d}\varepsilon}{\mathrm{d}t}=\frac{1}{E}\frac{\mathrm{d}\sigma}{\mathrm{d}t}\right) \tag{4}$$

它对物体形状没有要求。文献［2］误把材料力学中描述直杆拉伸特殊条件下的虎克定律形式，当成一般的虎克定律。材料力学中可直接用总拉伸力P，即：

$$\varepsilon=\frac{P}{EF} \tag{5}$$

在连轧张力微分方程中，没有用总张力概念，当然该微分方程对钢带断面形状无限制条件。

文献［2］的第二个论点是把张力微分方程和机架间总张力平衡方程混淆了，它们是两个独立的方程。在假定弹性波传播速度为无限大时，机架间带钢各截面所受拉力相等，对于单位宽度上存在有：

$$h_i\sigma_{fi}=h_x\sigma_x=H_{i+1}\sigma_{b(i+1)} \tag{6}$$

式（6）与式（3）联立可解得变断面张力公式（后面谈及）。实际连轧过程中，大部分情况下可以假定$h_i=H_{i+1}$，则得：

$$\sigma_{fi}=\sigma_{b(i+1)} \tag{7}$$

因此国内外大都是由式（7）与式（3）联立解连轧张力问题的，但这里根本不存在用式（3）必须是以式（7）为前提的问题。

总之，文献［2］的两点论据都不能成立，当然认为式（3）“误差大”的论点也是不成立的，从而也就没有必要提出什么变截面张力微分方程了。笔者认为式（3）对工程计算精度是足够的，微小的误差只产生于忽略$\left(1+\frac{\sigma}{E}\right)$项，这一点为国内外连轧实践所证实，连文献［2］作者在动态变规格模拟计算一文中[4]也引用了式（3），其计算结果，文献［2］作者也十分满意。动态变规格钢带截面变化比过渡历程计算截面变化大得多，因此文献［2］作者自己的实践就否定了自己的“常用张力微分方程有较大误差”的观点。

3 解析解和数值解之间的关系

这个问题本来是十分清楚的，对于一个微分方程或积分方程，如能找到它的解析解，计算将变得简明和精确，但大部分微分方程和积分方程很难找到解析解，只好用数值解。在电子计算机发明之前，应用数值解法十分困难和繁杂，因为计算量太大。因此理论工作者都力图求所列微（积）分方程的解析解。在电子计算机普遍应用之后，数值解法得到广泛应用，因为大量的计算工作可由机器完成。在这种情况下，并不能得出求解描述物理系统的微分方程没有意义及解析解比

数值解复杂的结论。

文献［2］中讲："当然，也可以对张力方程作解析解，但它较复杂，一般均不采用。"这种看法是没有根据的，是把要去求一个问题的解析解和已求出解析解的计算问题混淆了；事实证明，张力方程有解析解[5]，解的形式简明并使计算量大大减少[6]。

目前国外在进行动态计算时都是用张力微分方程的数值解，这是因为他们还未找到多机架动态张力公式。这一点可由国外学者们的一些论述说明。英国 Bryant 等[7]认为："由于机架间张力与厚度的关系很复杂，因此通过模拟试验为定量地设计系统提供资料是必不可少的方法。"日本有村等人[8]认为："在连轧中变化因素很多，并且这些因素又相互影响，用解析法求得其动特性近于不可能。"苏联 Анисифоров、西德 AEG 公司也有类似的看法。总之，国外虽然已找到两机架动态张力公式[9,10]，但还没有找到多机架动态张力公式；当然在进行多机架动态过程模拟计算时，只好用张力方程的数值解。

我们在文献［5，6］中由转移矩阵法导出了多机架连轧张力公式，其理论根据是认识到连轧张力系统可当作定常的系统[11]。

4　关于对日本三种动态模拟方法的评价

文献［2］对有村-鎌田[8]、田沼-大成[12]和阿高-鈴木[13]等三种动态模拟方法作了详细介绍，本文就不重述了。但文献［2］作者对上述三种方法的评价是值得商榷的。由于文献［2］对式（3）和速度平衡方程的认识，导致对阿高-鈴木方法的不恰当的评价。下面谈谈我们对这三种方法的评价。

有村与田沼在轧制模型公式上是完全相同的，但前者采用线性化计算法，后者采用了非线性直接算法。线性算法需要计算偏导数，公式写起来繁杂，而且由于线性化忽略二次项，故要求扰动或控制量变化不能太大；而非线性算法公式简明，变化量大小无限制。但是非线性计算方法比较复杂，需要解决算法本身的一些问题。60 年代以来，非线性算法有很大发展，获得了较普遍应用，1972 年田沼等把非线性算法用到连轧动态过程模拟计算上来，是一大进步，可称为连轧过程动态模拟的新方法。

动态计算以往都是在模拟计算机上进行的，其目的是分析和设计控制系统。有村等首先把连轧动态模拟计算在数字机上进行，对连轧动态分析理论的发展是一个贡献，方便了工艺工程师们应用该方法解决连轧操作（如加减速、动态变规格、穿带等）和理论分析的问题。

阿高-鈴木在连轧综合特性分析上做了很多工作，1970 年提出了连轧张力瞬时变化的假定，即认为张力变化是瞬时的，钢带受张力作用无弹性伸长，从而提出了速度平衡方程代替秒流量相等条件，并增加了厚度延时和总张力平衡的新的影响系数计算方法。阿高方法近似地计算了过渡历程曲线，但它本质上是稳态影响系数计算法，不是动态过渡历程计算法。它利用了连轧状态受扰动之后，从一个稳态过渡到另一个稳态过程中会有许多"亚稳态"，故能用静态模型算出近似的过渡历程曲线。

就动态过渡历程而言，要求能计算毫秒或更短时间内的动特性，这样才可能用于对控制系统的分析和设计，而阿高方法在此时间范围内无法计算。因此，时间步长可以取得大，对计算工艺过渡曲线是一个优点，而对动态过渡历程计算并不算优点。总之，阿高方法是一种发展了的影响系数算法，只能计算连轧工艺综合特性，属于连轧稳态分析理论范畴，不能算作连轧动态模拟计算的新方法。下面进一步从理论和实践上证明上述观点。

假定阿高模型是一种动态模型。从下面推导可导致自相矛盾的结果。

$i-1$ 与 i 机架的张力微分方程可写成：

$$\frac{d\sigma_{i-1}}{dt}=\frac{E}{l}(V_i'-V_{i-1}) \tag{3$'$}$$

假定$\frac{d\sigma_{i-1}}{dt}=0$，则得到 i 机架入口速度等于 $i-1$ 机架出口速度，即：

$$V_i'=V_{i-1} \tag{8}$$

在 i 机架上引用体积不变定律，式（8）变为：

$$V_{i-1}H_i=V_ih_i \tag{9}$$

式（9）即为阿高的速度方程。该式是以假定张力对时间导数为零（亦即张力不变）的前提导出的；该前提与动态过程计算的目的（计算在调节或扰动作用下，张力和厚度随时间变化规律）相互矛盾，故假定阿高模型为一种动态模型是错误的。

从应用方面看，阿高方法已公开发表 10 多年了，还未看到国外有引用者，而且鈴木本人在研究冷连轧机最佳控制系统的直接方法[14]时，仍然采用了式（3），而不采用速度平衡方程。

5 变断面连轧张力公式

连轧生产的发展，出现了动态变规格轧制。为进一步提高操作自动化程度和提高成材率，需要分析咬钢和穿带过程，这样就需要研究机架间钢带截面有较大变化情况下的连轧规律。文献［1，15］给出的分布参数变形（或张力）微分方程可以确切地描述这种状况；而且文献［15］用特征线法给出了一般解和动态响应计算方法。

虽然已解决了分布参数的张力计算问题，但从工程实用角度出发，希望能找到一个简明的计算公式。下面给出具有足够精度的变断面连轧张力公式。

设想机架间钢带形状如图1所示，仍然取$\left(\frac{V'_{i+1}-V_i}{l}\right)=\frac{\partial V_z}{\partial x}$，但此刻的平均速度梯度为$x$截面处的速度梯度（$x$截面的位置是可求的）。对研究$x$截面的变形微分方程而言，式（1）可写成：

$$\frac{d\varepsilon_x}{dt}=\frac{V'_{i+1}-V_i}{l(1+\varepsilon_x)} \tag{10}$$

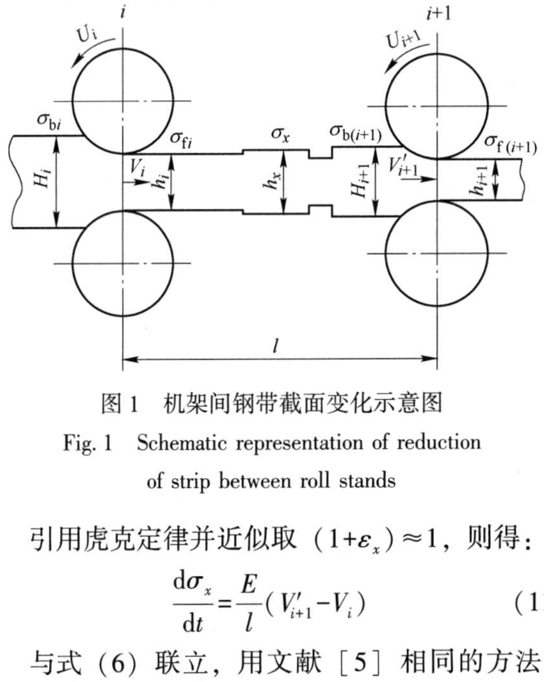

图1 机架间钢带截面变化示意图

Fig. 1 Schematic representation of reduction of strip between roll stands

引用虎克定律并近似取$(1+\varepsilon_x)\approx 1$，则得：

$$\frac{d\sigma_x}{dt}=\frac{E}{l}(V'_{i+1}-V_i) \tag{11}$$

与式（6）联立，用文献［5］相同的方法就可以求得计算x截面的张力公式，再用式（6），就可以计算入口、出口及中间任意截面处的张力值了。如果假定把x截面取在i机架入口处，这种近似在工程上是允许的，则式（11）、式（6）可写成：

$$\frac{d\sigma_{fi}}{dt}=\frac{E}{l}(V'_{i+1}-V_i) \tag{12}$$

$$\sigma_{fi}h_i=H_{i+1}\sigma_{b(i+1)} \tag{6}$$

用文献［5］相同的方法，钢带速度由轧辊速度和无张力前滑系数及张力对前滑影响系数表示，区别仅在于$i+1$机架后张力不等于i机架前张力，而$\sigma_{b(i+1)}=\frac{h_i}{H_{i+1}}\sigma_{fi}$，这样就获得：

$$\frac{d\boldsymbol{\sigma}}{dt}=\boldsymbol{A\sigma}+\frac{E}{l}\Delta\boldsymbol{V} \tag{13}$$

式中 $\boldsymbol{\sigma}^T=[\sigma_1,\sigma_2,\cdots,\sigma_{N-1}]$

$$\boldsymbol{A}=\frac{E}{l}\begin{bmatrix}-W_1 & \varphi_1 & 0\\ \theta_2 & -W_2 & \varphi_2\\ \ddots & \ddots & \ddots\\ 0 & \theta_{N-1} & -W_{N-1}\end{bmatrix}$$

$$W_i=\frac{h_{i+1}}{H_{i+1}}u_{i+1}S_{i+1}b_{f(i+1)}\frac{h_i}{H_{i+1}}+u_iS_ib_{bi}$$

$$\theta_i=u_iS_ib_{bi}\frac{h_i}{H_{i+1}}$$

$$\varphi_i=\frac{h_{i+1}}{H_{i+1}}u_{i+1}S_{i+1}b_{f(i+1)}$$

$$\Delta\boldsymbol{V}^T=[\Delta V_1,\Delta V_2,\cdots,\Delta V_{N-1}]$$

$$\Delta V_i=\frac{h_{i+1}}{H_{i+1}}u_{i+1}(1+S_{i+1})-u_i(1+S_i)$$

为了便于递推计算，采用式（13）的差分方程形式

$$\boldsymbol{\sigma}_{(k+1)}=\boldsymbol{\Phi}_{(t_k,t_{k+1})}\boldsymbol{\sigma}_{(k)}+\frac{E}{l}\int_k^{k+1}\boldsymbol{\Phi}_{(k,t)}\Delta\boldsymbol{V}_{(t)}dt \tag{14}$$

其中：

$$\boldsymbol{\Phi}_{(t_k,t_{k+1})}=e^{A(t_{k+1}-t_k)}$$

只要$\Delta t=t_{k+1}-t_k$足够小，使得ΔV在［t_{k+1}，t_k］上可以近似地看作为常数，于是又可以得到：

$$\boldsymbol{\sigma}_{k+1}=e^{A\Delta t}\boldsymbol{\sigma}_k-\frac{E}{l}\boldsymbol{A}^{-1}[1-e^{A\Delta t}]\Delta\boldsymbol{V}_k \tag{15}$$

式（15）为所求的离散型动态张力公式，它适用于动态变规格、穿带等钢带有较大截面变化条件下的张力计算，而且特别便于数字计算。式（15）已成功地应用于冷连轧过程模拟计算[6]；包括执行机构、测量仪表等动特性的控制系统分析和设计[16]；动态变规格[17]等许多方面。

6 结论

（1）常用的连轧张力微分方程

$$\frac{d\sigma_i}{dt}=\frac{E}{l}(V'_{i+1}-V_i)$$

对张力在弹性范围内的所有连轧情况均适用，

其误差仅由$\left(1+\frac{\sigma_i}{E}\right)\approx 1$引起。

（2）连轧张力微分方程的解析解是存在的，文献［5］已给出连续型张力公式，本文给出了广泛适用的离散型张力公式：

$$\boldsymbol{\sigma}_{k+1} = e^{A\Delta t}\boldsymbol{\sigma}_k - \frac{E}{l}\boldsymbol{A}^{-1}[1 - e^{A\Delta t}]\Delta \boldsymbol{V}_k$$

（3）分布参数张力微分方程可以精确描述机架间钢带截面任意复杂变化的情况，文献［2］提出的变断面张力微分方程是不必要的；由于连轧速度远低于弹性波传播速度，工程上可用集中参数变断面张力公式计算。

参考文献

［1］张进之．钢铁，13（1978），4：85.

［2］张树堂，刘玉荣．钢铁，14（1979），2：45.

［3］张树堂，刘玉荣．金属学报，17（1981）：206.

［4］张树堂，刘玉荣．钢铁，15（1980），6：34.

［5］张进之．金属学报，14（1978）：127.

［6］张永光，梁国平，张进之，郑学锋．自动化学报，5（1979）：177.

［7］Bryant G F，Higham J D. Digital Computer Applica-tions to Process Control. 3.，Proceedings of the Third International Conference，Ed. W. E Miller；A. Niemi，Instrument Society of America，Pittsburgh，1971，X-4.

［8］有村透，鎌田正誠，斎藤森生．塑性と加工，10（1969）：29.

［9］原田利夫，中岛浩衛，岸川宫一，中俣伸一，渡辺和夫，山本洋春．塑性と加工，16（1975）：60.

［10］浅川基男，近藤勝也，緒方俊治，美坂佳助，松井利光. 塑性と加工，20（1979）：841.

［11］张进之．连轧张力系统定常性质的论证．1979（待发表）．

［12］田沼正也，大成幹彦．塑性と加工，13（1972）：122.

［13］阿高松男，鈴木弘．塑性と加工，11（1970）：676.

［14］小西正躬，鈴木弘．塑性と加工，13（1976）：689.

［15］黄光远．自动化学报，6（1980）：209.

［16］郑学锋，张进之．未发表资料．

［17］张进之，郑学锋，梁国平．钢铁，14（1979），6：60.

（原文发表在《金属学报》，1982，18（6）：99-106）

连轧张力变形微分方程的讨论

张进之

（冶金部钢铁研究总院）

连轧张力变形微分方程是连轧理论的核心问题，但直到今日对连轧张力微分方程还未得到一个公认的精确表达式。《上海金属》（钢铁分册）发表了张力微分方程的正确性问题的讨论文章[1]，必将促进连轧理论的发展。

1 连轧张力变形微分方程争论情况

1947 年，Файнбсрг[2] 提出了确定两机架间连轧件的弹性拉伸 ε 的微分方程：

$$\frac{d\varepsilon}{dt}=\frac{1}{l}[v_2'-v_1(1+\varepsilon)] \tag{1}$$

式中 ε——两机架间钢带的相对拉伸率；

v_2'——第二机架钢带入口线速度；

v_1——第一机架钢带出口线速度；

l——两机架间距离；

t——时间。

Файнберг 在该论文的结论中提出，连轧张力变形方程：

$$\varepsilon=\varepsilon_0+\frac{1}{l}\int(v_2'-v_1)dt \tag{2}$$

在理论上是“错误”的。从此而引起连轧张力变形微分方程的争论。式（2）就是当前通用的张力变形微分方程的积分表达式，它是由 Морозов[3] 在确定单机架冷轧与卷取之间轧件的张力时引入的。

Чекмарев[4] 对 Файнберг 的连轧张力变形微分方程的建立假定和公式提出不同看法，他说：“对于一架采用金属运动的真实速度，而另一架则采取出口的假定速度，在方法上是不方便的，而且歪曲了由速度失调引起的张力关系图。”所谓假定速度，是指第一架钢带出口速度与张力值的大小无关，它恒等于“自由轧制”（无张力轧制）时的速度；钢带在机架间的弹性伸长是钢带出变形区后，在一个很小的 ΔX 距离上突然发生的。“突然伸长”假定是 Файнберг 的主要论点，它不仅遭到 Чекмарев 的反对，而且许多轧钢工作者也都不同意这种看法，因为它违反轧钢理论的基本概念。

Чекмарев 引用拉伸时的绝对延伸率 K 与相对延伸率 ε 之间关系式，即：

$$\varepsilon=\frac{K}{l} \tag{3}$$

再利用在相邻机架出口与入口两截面间的伸长钢带长度不变的特点，获得了 Чекмарев 连轧张力变形微分方程：

$$\frac{d\varepsilon}{dt}=\frac{1}{l}(v'_2-v_1)(1+\varepsilon)^2 \tag{4}$$

在一个相当长的时间里，普遍认为式（4）是精确的连轧张力变形微分方程。笔者在研究连轧张力理论开始时，也是以式（4）为基本出发点，但深入的研究发现式（4）有错误，从而提出一个新的变形微分方程[5,6]：

$$\frac{d\varepsilon}{dt}=\frac{1}{l}(v'_2-v_1)(1+\varepsilon) \tag{5}$$

式（5）引起了学术争论，在《金属学报》《钢铁》《自动化学报》上发表的许多讨论文章[7-14]大大促进了连轧理论的发展。但是，对于式（4）、式（5）两式哪一个是精确的连轧张力变形微分方程未得到一个统一的看法。今天重新讨论这一理论问题，是很有意义的。

2 Чекмарев 微分方程的错误

Чекмарев 在文献［4］中推导连轧张力变形微分方程在数学上是严谨的。错误发生在物理概念上，即未认识到连轧张力拉伸与一般弹性拉伸的区别，错误地引入下式（原文中的式（11））：

$$\Delta K=(v'_2-v_1)\Delta t \tag{6}$$

下面通过分析连轧张力拉伸与一般弹性拉伸的共性和差别，论证式（6）的错误。

连轧张力拉伸变形与一般弹性拉伸变形的定义是相同的，即：

$$K = l - l' \tag{7}$$

式中　l——变形后的长度；

l'——变形前的原始长度。

它们的区别在于，对于一般弹性拉伸，l'是常数；对于连轧机架间钢带张力拉伸，l是常数，即变形后的长度是一定的。由于K已有定义了，因此ΔK就不能随便再作定义。微分式（7）得：

$$\mathrm{d}K = \mathrm{d}l - \mathrm{d}l' \tag{8}$$

对于一般拉伸，$\mathrm{d}K = \mathrm{d}l(\Delta K = \Delta l)$；对于连轧张力拉伸，$\mathrm{d}K = \mathrm{d}l'(\Delta K = \Delta l')$。因此，连轧时的$\Delta K$的含义是，在$\Delta t$时间里真实钢带长度的变化，故得：

$$\Delta K = \frac{(v_2' - v_1)\Delta t}{1 + \varepsilon} \tag{9}$$

$(v'_2 - v_1)\Delta t$是在Δt时间内，机架间变形钢带长度的变化，除以“$(1+\varepsilon)$”项才能换算成Δt时间内钢带的真实长度的变化。

由上述分析证明，对于连轧，ΔK应当用式（9）定义，而不是式（6）；式（6）只适用于一般弹性拉伸问题。人们一般都习惯于弹性拉伸问题的分析，因此比较容易接受 Чекмарев 的式（6）。为此，下面还要进一步证明式（5）的正确性。

3　分布参数的连轧变形微分方程

由连轧张力拉伸特点已证明式（9）的正确性。为将此认识深化，直接引用弹塑性理论中的“位移—变形”方法，或弹性体传动的动力学方程将推导更普遍适用的分布参数张力变形微分方程，由它进一步证明式（5）的正确性。另一方面，从连轧生产发展也需要分布参数描述的连轧张力变形微分方程。例如，冷连轧阶梯带钢时，钢带断面积是变化的，因此张力拉伸是不均匀的，ε是一个分布参数问题；带活套热轧板带时，机架间钢带长度是变化的；在大张力的钢管张力减径情况下，钢管在张力作用下发生了塑性变形。

在图1所示的钢带上任取r点和Δr很小段，在t时刻，r点的速度、变形率分别为$v(r, t)$、$\varepsilon(r, t)$；经过Δt时刻，分别变为r'、$v(r', t+\Delta t)$、$\Delta r'$。

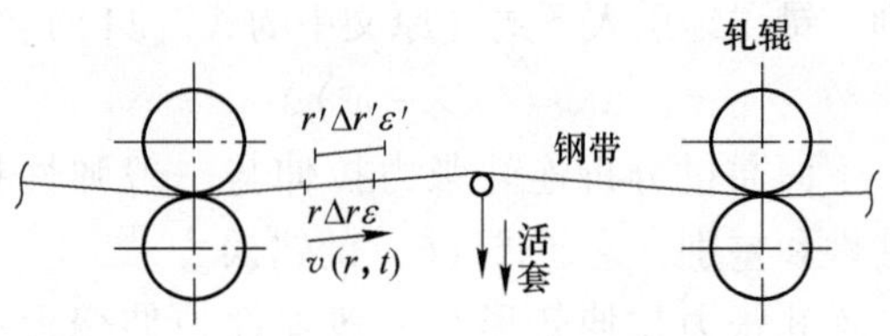

图1　带活套及不均匀拉伸连轧图示

按变形率定义

$$\Delta r = (1 + \varepsilon)\Delta \bar{r} \tag{10}$$

式中，$\Delta \bar{r}$是Δr段的原始长度。

按图示的关系得：

$$r' = r + v(r, t)\Delta t \tag{11}$$

$$r' + \Delta r' = r + \Delta r + v(r + \Delta r, t)\Delta t \tag{12}$$

$$\Delta r = [1 + \varepsilon(r, t)]\Delta \bar{r} \tag{13}$$

$$\Delta r' = [1 + \varepsilon(r', t + \Delta t)]\Delta \bar{r} \tag{14}$$

式（12）减去式（11）得：

$$\Delta r' = \Delta r + [v(r + \Delta r, t) - v(r, t)]\Delta t \tag{15}$$

式（14）和式（13）代入式（15）整理得：

$$\frac{\varepsilon[r + v(r, t) \cdot \Delta t, t + \Delta t] - \varepsilon(r, t)}{\Delta t} = [1 + \varepsilon(r, t)]\frac{v(r + \Delta r, t) - v(r, t)}{\Delta r} \tag{16}$$

取极限（$\Delta t \to 0$，$\Delta r \to 0$）就可以得到分布参数的张力变形微分方程。这里先要说明的是式（16）左边项，它是全微分，即$\frac{\mathrm{d}\varepsilon}{\mathrm{d}t}$。由于导函数$\frac{\mathrm{d}\varepsilon}{\mathrm{d}t}$所确定的并不是轧件经过空间某静止点上的变形率变化，而是移动于空间中的质点的变形，因此这个导函数应该用一些与静止点相关量来表示。为此，我们注意到在$\mathrm{d}t$时间内该移动轧件质点的变形率变化$\mathrm{d}\varepsilon$是由两部分相加而成，一部分是在时间$\mathrm{d}t$内空间定点上的变形率变化；另一部分是同一瞬时在相距为Δr的两点上的变形率差。其中第一部分等于：

$$\frac{\partial \varepsilon}{\partial t}\mathrm{d}t$$

导函数$\frac{\partial \varepsilon}{\partial t}$是暂令$r(x, y, z)$为常数取得的。换言之，是在给定的空间点上取得的。变形率变化的第二部分等于：

$$\frac{\partial \varepsilon}{\partial x}\mathrm{d}x + \frac{\partial \varepsilon}{\partial y}\mathrm{d}y + \frac{\partial \varepsilon}{\partial z}\mathrm{d}z = \nabla \varepsilon \mathrm{d}r$$

于是

$$\mathrm{d}\varepsilon = \frac{\partial \varepsilon}{\partial t}\mathrm{d}t + \nabla \varepsilon \mathrm{d}r$$

上式都除以$\mathrm{d}t$，并由于$\frac{\mathrm{d}r}{\mathrm{d}t} = v$，则得下式：

$$\frac{\mathrm{d}\varepsilon}{\mathrm{d}t} = \frac{\partial \varepsilon}{\partial t} + \nabla \varepsilon v \tag{17}$$

式（16）取极限得：

$$\frac{d\varepsilon(r,\ t)}{dt}=[1+\varepsilon(r,\ t)]\frac{\partial v(r,\ t)}{\partial r} \tag{18}$$

式（17）代入式（18）并写成简化形式得：

$$\frac{\partial\varepsilon}{\partial t}+\frac{\partial\varepsilon}{\partial r}v=(1+\varepsilon)\frac{\partial v}{\partial r} \tag{19}$$

式（19）即为适用于各种连轧条件的变形微分方程。从推导的过程可以看出，它只引用了变形率定义而未引入其他假定，因此它适用于弹性、弹塑性以及不均匀变形等情况。

由式（19）可以直接得到集中参数描述的连轧张力变形微分方程。此条件下$\frac{\partial\varepsilon}{\partial r}=0$，并假定无活套（$y=z=0$），轧件速度的边界条件为$v'_2$、$v_1$，机架间距离为$l$，则得下式：

$$\frac{d\varepsilon}{dt}=\frac{1}{l}(v'_2-v_1)(1+\varepsilon) \tag{20}$$

式（20）与式（5）相同，由此充分证明笔者在文献［5，6］中推导出的连轧张力变形微分方程的正确性。

另外，文献［11］作者从对数应变推导的连轧变形微分方程，文献［13］作者从弹性传动的动力学方程组都证明式（5）的正确性。这两篇论文都是从严格的弹性理论和精确的变形计算公式出发的，避免从感性引入计算公式。

关于式（19）解法问题，笔者在文献［14］中给出了适用于张力大变形问题（像张力减径），设定条件$\left(\frac{\partial\varepsilon}{\partial t}=0\right)$时的特解。文献［13］给出了包括速度方程和截面方程的弹性体传动的动力学方程组的解。

4 结论

（1）由连轧张力拉伸与一般拉伸的区别，说明了Чекмарев微分方程的错误原因，精确的连轧张力变形微分方程应当是：

$$\frac{d\varepsilon}{dt}=\frac{v'_2-v_1}{l}(1+\varepsilon)$$

（2）应用弹塑性理论中的“位移-变形”关系，推导出适于各种情况的分布参数变形微分方程：

$$\frac{\partial\varepsilon}{\partial t}+\frac{\partial\varepsilon}{\partial r}v=(1+\varepsilon)\frac{\partial v}{\partial r}$$

并进一步证明式（5）的正确性。

参考文献

［1］张胜天．上海金属（钢铁分册），1984，6（1）：11.

［2］Фаинберг Ю М. Сталь，1947，421.

［3］Чекмарев А П. Прокатное производство，Мсталлургиздат，Том，XVII，1962，3.

［4］Морозов Д П. Вестникле Эктропромышленъости，1942（7）.

［5］张进之．钢铁，1975（2）：77.

［6］张进之．金属学报，1978，14（2）：127.

［7］不骄．钢铁，1976（4）：81.

［8］杨含和．钢铁，1977（2）：55.

［9］郑学铎．钢铁，1978（1）：77.

［10］矾土．钢铁，1978（1）：87.

［11］钟春生．钢铁，1978（3）：94.

［12］张永光，梁国平，等．自动化学报，1979，5（3）：177.

［13］黄光远．自动化学报，1980，6（3）：209.

［14］张进之．钢铁，1978（4）：85.

（原文发表在《上海金属》，1984，6（5）：123-126）

热连轧张力复合控制系统的探讨

张进之[1]，王文瑞[2]

（1. 冶金部钢铁研究总院；2. 宝山钢铁集团公司）

摘　要　20 世纪 70 年代日本、德国分别研制了张力观测器的微张力控制系统，代替活套支持器并在生产上取得一定效果。但是，20 多年来未能在热轧精轧机上普遍应用。分析其主要原因，是在控制器设计上未能突破秒流量相等条件的局限性。本文用张力状态方程设计了张力最优控制器，进一步将张力最优控制与预控速度的恒张力控制系统结合，设计了热连轧张力复合控制系统。

关键词　张力状态方程；活套支持器；张力观测器；最优控制；恒张力控制；复合控制

1　引言

正常的连轧过程要求保持各机架间速度协调，尽量达到秒流量相等的目标。由于轧件受水印、硬度和厚度公差等扰动因素影响，秒流量相等条件是不能保证的，热连轧过程靠机架间活套机构平衡机架间钢带长度变化和调节速度向秒流量相等目标靠近。活套系统主要功能有两点，其一是速度不协调，活套波动时要保持张力恒定。其二是由活套角度（或高度）和角速度与轧机速度闭环，控制活套角度恒定。恒张力和恒高度控制是两个单独系统，它们之间有相互影响，而活套系统与厚控系统干扰将直接影响产品质量。

随着热轧板在各行业越来越被广泛采用，对热带钢的厚度精度要求日趋严格。国内外大量研究、实验证明，影响热连轧厚度精度进一步提高的原因是活套系统与原控系统的干扰[1~3]，解决该问题的主要办法有三种，其一是改进活套结构和控制，如多变量最优或解耦控制；其二是去掉活套，采用张力软测量的张力闭环控制（或称张力观察器的微张力控制）[4,5]；其三是采用张力模型的恒张力控制[6]。本文首先对文献［4］进行分析，肯定张力软测量的正确性和实用性，指出采用秒流量相等条件设计的补偿器的不足，设计了多变量最优控制的微张力控制系统，并提出闭环的微张力控制和开环的恒张力控制构成的热连轧张力复合控制新方案。

2　对微张力控制系统的改进

笔者在 60 年代末建立了秒流量不相等条件下的数学模型——连轧张力公式时，曾提过由张力模型控制张力恒定去掉活套的想法，但未能实践。日本 Morooka 等于 1977 年研制成一种新的张力控制系统。在该系统中，应用塑性理论推导出张力检测模型，特征是应用了压力和力矩（电流）信息来计算张力，比以往小型连轧机只用电流信号估计张力精度有所提高，克服了轧件硬度变化对张力计算的影响。该方法应用在热连轧精轧机上时，又改进了力臂计算和力矩计算方法，使张力检测精度进一步提高。80 年代初在生产轧机上应用，试验表明，张力可以控制在 $1N/mm^2$ 以内[4]。同时期德国也开展了无活套的微张力控制试验和工业化应用，宝钢 2050mm 七机架连轧机部分采用了张力观察器的微张力控制系统[5]。但是，经过近 20 年发展，微张力控制系统还未能在精轧机上普遍应用。其主要原因，是控制上未能解决机架间张力强耦合影响。

2.1　张力的软测量方法（张力观察器）

根据轧制力学，得出力矩、压力和力臂之间关系：

$$
\begin{aligned}
G_1 &= l_1F_1 - R_{f_1}T_1 \\
G_2 &= l_2F_2 - R_{f_2}T_2 + R_{b_2}T_2 \\
G_3 &= l_3F_3 - R_{f_3}T_3 + R_{b_3}T_3
\end{aligned}
\qquad (1)
$$

式中　G——轧制力矩；

F——轧制压力；

T——张力；

l——力臂长度；

$R_f(R_b)$——前（后）张力臂长度（$R_f = R_b = R$）。

由式（1）可推出 i 机架力臂长度计算公式：

$$
l_i = \frac{G_i}{F_i} - \frac{R_i}{F_i}\sum_{j=1}^{i-1}\frac{l_jF_j - G_j}{R_j} + \frac{R_i}{F_i}T_i \qquad (2)
$$

式（2）中包括一个未知数 T_i，但是在带钢头部到达 i+1 机架之前，张力 T_i 一直等于零。于是头部力臂长度可计算：

$$l_{Bi} = \frac{G_{Bi}}{F_{Bi}} - \frac{R_i}{F_{Bi}}\sum_{j=1}^{i-1}\frac{l_{Bj}F_{Bj} - G_{Bj}}{R_j} \tag{3}$$

以头部实测力臂 l_{Bi} 为基准，用数学模型方法计算其他时刻的力臂 l_i 值。它比直接计算精度大大提高，其计算公式：

$$l_i = l_{Bi} + \left(\frac{\partial f}{\partial H}\right)_i \Delta H_i + \left(\frac{\partial f}{\partial \varphi}\right)_i \Delta \varphi_i + \left(\frac{\partial f}{\partial p}\right)_i \Delta F_i \tag{4}$$

$$\left(\frac{\partial f}{\partial H}\right)_i^* = \lambda R_i\left[R_i\left(H_i - h_i + \frac{CF_i}{b}\right)\right]^{-\frac{1}{2}}$$

$$\left(\frac{\partial f}{\partial \varphi}\right)_i^* = -\lambda R_i\left[R_i\left(H_i - h_i + \frac{CF_i}{b}\right)\right]^{-\frac{1}{2}}\left(1 + \frac{CQ_i}{b}\right)\frac{M_i}{M_i + Q_i}$$

$$\left(\frac{\partial f}{\partial F}\right)_i^* = \lambda R_i\frac{C}{b}\left[R_i\left(H_i - h_i + \frac{CF_i}{b}\right)\right]^{-\frac{1}{2}}$$

式中 Q——轧件塑性系数；
M——轧机刚度；
b——轧件宽度；
φ——辊缝；
λ——常数（0.4~0.45）；
C——Hitchcock 常数（0.000214）；
*——用设定值计算。

压力、力矩均用实测值，力矩是由主传动电流和速度计算，还要考虑加、减速动力矩和损耗力矩。由力矩、压力和力臂计算张力：

$$T_i = \frac{F_i}{R_i}\left[(l_i - l_{i-1}) - \left(\frac{G_i}{F_i} - \frac{G_{i-1}}{F_{i-1}}\right) + \left(\frac{R_{i-1}}{F_{i-1}} + \frac{R_i}{F_i}\right)T_{i-1} - \frac{R_{i-1}}{F_{i-1}}T_{i-2}\right] \tag{5}$$

如果式（5）中任何一项变量的下标等于 0 或−1，则可认为该项的值是零。由于力矩和力臂长度仅仅以（l_i−l_{i-1}）和 $\left(\frac{G_i}{F_i} - \frac{G_{i-1}}{F_{i-1}}\right)$ 差值形式出现，所以就消除了低频误差。控制中用的是单位张力 σ，由下式计算：

$$\sigma_i = \frac{T_i}{h \times b} \tag{6}$$

2.2 无活套微张力控制系统分析

S. Tanifuji 等[4]提出的张力控制系统，即“无活套支持器”轧制系统，如图 1 所示。在该系统中，由混合滤波器减弱噪声，滤波器的输出代入式（3）、式（4）、式（6）等，可以求得单位张力 σ_1、σ_2，…。控制主电机速度，就可以把这些测算的张力值调整到要求值 σ_{p1}，σ_{p2}，…。控制值 $\Delta N°_{p11}$，$\Delta N°_{p12}$，…由 PI 补偿器决定。这个系统是一个典型的多输入多输出系统。如果第 i 机架电机的转数由 $\Delta N°_{pi}$ 进行修正，则该机架前张力偏差（σ_i−σ_{pi}）逐渐减少到零。但是，第 i 机架的后张力 σ_{i-1} 由此而受到干扰。文献［4］采用顺序补偿器来避免这种干扰。其补偿器由下式构成。

$$\Delta N_p = E\Delta N°_p \tag{7}$$

式中 $$\Delta N_p^{T} = \left[\frac{\Delta N_{p1}}{N_1},\ \frac{\Delta N_{p2}}{N_2},\ \cdots\right]$$

$$\Delta N°^{T}_p = \left[\frac{\Delta N_{p1}}{N_1},\ \frac{\Delta N°_{p2}}{N_2},\ \cdots\right]$$

$$\boldsymbol{E} = \begin{bmatrix} 1 & 1 & \cdots & 1 \\ & 1 & & 1 \\ & & 1 & \vdots \\ 0 & & & 1 \end{bmatrix}$$

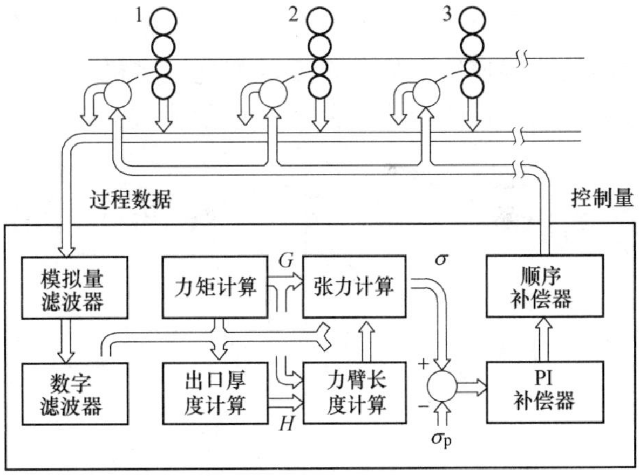

图 1 无活套支持器张力控制系统

补偿器是由秒流量相等条件得出的。对于控制过程，秒流量相等条件不成立，所以并未达到该文所期望的解耦效果。

PI 补偿器是两机架传递函数计算，把张力强耦合的系统人为分隔处理，经过不精确的顺序补偿器［式（7）］处理，必然会引起较大的计算误差。以五机架冷连轧为例，可定量地计算出该补偿器误差值。假定 σ_3 增加 1/(N · mm^2)，即σ_3−σ_{p3}=1N/mm^2，为使 σ_3 恢复到设定值，由补偿器法可计算出各机架速度改变量，由张力模型可求出精确的各机架速度改变量。计算结果如表 1 所示，设备和工艺参数见文献［7］。

表 1　两种计算方法对比

控制方式	速度改变量/mm · s^{-1}				
	Δu_1	Δu_2	Δu_3	Δu_4	Δu_5
单输入单输出补偿器法	3.0	3.77	4.743	0	0
多输入多输出张力模型法	0.00036	0.00045	2.5071	−2.596	0

从表 1 数值看出，差别最大的是 Δu_4 和 Δu_3。按补偿器法，由增加第三机架速度可以降低 σ_3，当 σ_3 减少 1N/mm^2 后第四机架前滑要增加，如果不改变第四机架速度必然会引起第四机架前张力（σ_4）减少，而按多输入多输出解耦法，在增加 u_3 的同时又减小 u_4 才会降低 σ_3 而保持 σ_4 不变。

2.3　微张力控制系统的改进

国外之所以采用式（7）补偿器方法，是因为未建立连轧过程动态数学模型，只有两机架连轧传递函数分别求解 $\Delta N^{\circ}_{\mathrm{p}i}$，忽略了机架间强耦合影响。应用连轧张力状态方程，直接可以求出各机架速度动态设定值。

2.3.1　数学模型

连轧张力模型的研究证明，引起张力变化的原因是轧辊速度和轧件厚度的变化。多机架连轧张力公式[7] 推导出张力公式的增量形式，即张力状态公式：

$$\Delta\sigma(t)=\frac{E}{l}[\boldsymbol{A}\Delta\sigma(t)+\boldsymbol{B}\Delta u(t)+\boldsymbol{C}\Delta h(t)+\boldsymbol{D}\Delta H(t)]+0 \tag{8}$$

式中

$$\boldsymbol{A}=\begin{bmatrix}-W_1 & \varphi_1 & & 0\\ Q_2 & -W_2 & \varphi_2 & \\ \ddots & \ddots & \ddots & \\ 0 & & Q_{N-1} & -W_{N-1}\end{bmatrix}$$

$$Q_i=U_iS_ib_i$$

$$\varphi_i=\frac{h_{i+1}}{H_{i+1}}U_{i+1}b_{i+1}$$

$$W_i=Q_i+\varphi_i$$

$$S=\frac{\Delta h}{4h}\left(1-\frac{1}{\mu}\sqrt{\frac{\Delta h}{R'}}\right)^2 \tag{9}$$

$$b=\frac{1}{2\mu}\sqrt{\frac{h}{R'}}\cdot\frac{1}{\sqrt{S}}\cdot\frac{1}{K-0.5(\sigma_{\mathrm{p}i}+\sigma_{\mathrm{p}i-1})} \tag{10}$$

$$\boldsymbol{B}=\begin{bmatrix}-(1+S_1) & \frac{h_2}{H_2}(1+s_2) & & 0\\ & \ddots & \ddots & \\ 0 & & -(1+S_{N-1}) & \frac{h_N}{H_N}(1+S_N)\end{bmatrix}$$

$$\boldsymbol{C}=\begin{bmatrix}-u_1\frac{\partial S_1}{\partial h_1} & \frac{u_2}{H_2}\left(1+S_2+h_2\frac{\partial S_2}{\partial h_2}\right) & & 0\\ & \ddots & \ddots & \\ 0 & & -u_{N-1}\frac{\partial S_{N-1}}{\partial h_{N-1}} & \frac{u_N}{H_N}\left(1+S_N+h_N\frac{\partial S_N}{\partial h_N}\right)\end{bmatrix}$$

$$\boldsymbol{D}=\begin{bmatrix}-u_1\frac{\partial S_1}{\partial H_1} & \frac{h_2}{H_2}u_2\left(\frac{\partial S_2}{\partial H_2}-\frac{1+S_2}{H_2}\right) & & 0\\ & \ddots & \ddots & \\ 0 & & -u_{N-1}\frac{\partial S_{N-1}}{\partial H_{N-1}} & \frac{h_N}{H_N}u_N\left(\frac{\partial S_N}{\partial H_N}-\frac{1+S_N}{H_N}\right)\end{bmatrix}$$

0——噪声项，测量误差，二次项等。

2.3.2　最优控制的求解

式（8）给出的状态方程有两种求最优控制解的方式，其一是入口厚度作为可测量的已知干扰项（在张力软测量已用到入口厚度值）；其二是“$\boldsymbol{C}\Delta h+\boldsymbol{D}\Delta H$”当作随机干扰项，并假定设干扰项具有高斯白噪声性质。因为有厚度自动控制系统，Δh_i 等具有正态分布和数学期望等于零的性质，所以采用第二种解法。高斯线性二次型问题的控制规律与线性二次型控制规律具有相同形式：

$$\Delta u(t)=-\boldsymbol{R}^{-1}\boldsymbol{B}^T\boldsymbol{P}_{(t)}\Delta\sigma_{(t)} \tag{11}$$

式中　$\boldsymbol{R}$——二次型目标函数的控制项权矩阵，取单位阵；

$\boldsymbol{P}_{(t)}$——Riccati 微分方程的解。

由于连轧系统的定常性[8]，可用其渐近解，即按代数矩阵利卡迪方程求解 $\boldsymbol{P}$：

$$\boldsymbol{A}^T\boldsymbol{P}+\boldsymbol{P}\boldsymbol{A}-\boldsymbol{P}\boldsymbol{B}\boldsymbol{R}^{-1}\boldsymbol{B}^T\boldsymbol{P}+\boldsymbol{Q}=0 \tag{12}$$

式中　$\boldsymbol{Q}$——二次型目标函数的状态权矩阵，即：

$$J=\int(\boldsymbol{X}^T\boldsymbol{Q}\boldsymbol{X}+u^T\boldsymbol{R}u)\,\mathrm{d}t$$

将满足式（12）解的 $\boldsymbol{P}$ 代入式（11）后，得到状态反馈阵 K，实现张力最优控制。

$$\Delta u(t)=-\boldsymbol{K}\Delta\sigma_{(t)} \tag{13}$$

$$\boldsymbol{K}=\boldsymbol{R}^{-1}\boldsymbol{B}^T\boldsymbol{P}=\boldsymbol{B}^T\boldsymbol{P}$$

具体式（12）解法和 $\boldsymbol{Q}$ 矩阵取值，已有许多算法，不赘述了。

由式（6）得到张力测量值并与设定张力相减得到 $\Delta\sigma_{(t)}$，代入式（13）就求得最优控制速度调节量。反映在图 1 中，最优控制器 K 代替顺序补偿器和 PI 补偿器两部分，其实现更为简便。

3　热连轧张力复合控制系统

改进的微张力控制系统会提高张力控制精度和稳定性，但该系统是反馈控制，是在系统产生秒流量差之后才进行控制的。如果将张力最优控制与预控速度的恒张力控制系统相结合，构成张力“前馈-反馈”复合控制系统，将会进一步提高张力控制系统的动态性能指标。张力复合控制系统是由计算机程序实现的，恒张力控制系统所用的 Δh_i、ΔH_i 等信息与微张力控制系统是相同的，所以在已有的微张力控制系统上增加前馈恒张力控制是比较容易实现的。

复合系统主要由预控速度的恒张力系统消除产生秒流量差的根源。由于恒张力系统是依靠模型计算的开环控制，模型和测量值都含有误差，不可能达到绝对恒张力，其误差可由微张力反馈系统消除之。复合系统示于图 2。

图 2 中的最优控制器已由式（13）给出，下面将恒张力控制器的主要计算公式列写出来：

$$\Delta u_i=a_{1i}\Delta u_{i+1}+a_{2i}\Delta h_{i+1}-a_{3i}\Delta H_{i+1}-a_{4i}\Delta H_i-a_{5i}\Delta h_i \tag{14}$$

它们的详细推导见发明专利[6]。

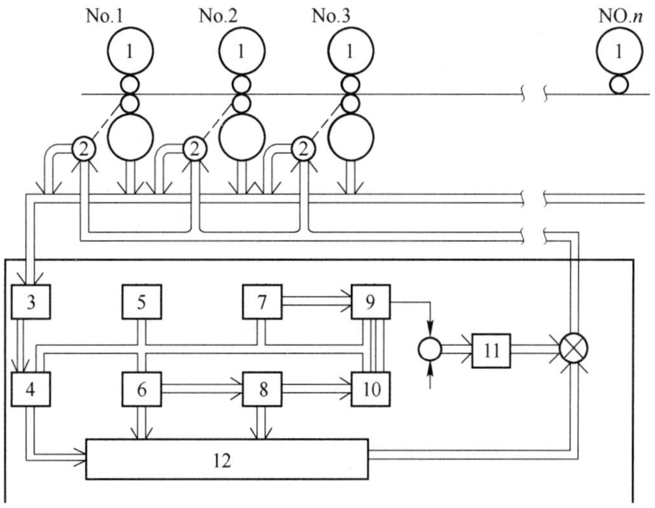

图 2　热连轧张力复合控制系统

1—轧机；2—电动机；3—模拟量滤波器；4—数字量滤波器；5—压力信号；6—厚度计算；7—力矩计算；8—入口厚度计算；9—张力计算；10—力臂计算；11—最优控制器；12—恒张力控制器

恒张力控制系统与一般活套控制系统也可以组成张力复合系统，而微张力系统和活套控制系统可相互切换。实际生产轧机去掉活套支持器的还只是前边几架，如宝钢 2050mm 七机架热连轧机只去掉第一二机架间活套，后边几架是微张力与活套切换使用。改进后的微张力系统性能可以改善，而恒张力系统更会进一步提高系统性能和动态指标，所以热连轧精轧机组的活套支持器会逐步减少，期望达到完全无活套热连轧。

在推行新方案时，首先应增加预控速度的恒张力系统，在已有微张力控制的机架上实验它十分简便。实验成功后，在整个精轧机组上都实现恒张力控制，逐步再由微张力系统替代活套系统。

4　结束语

活套支持器是热连轧建立和发展的关键，它把热连轧各机架间隔离，简化了控制，提高了产品质量。70 年代能源危机，加热温度降低和水印加大，活套系统满足不了需求了，从而提出了去掉活套的微张力控制方法。分析微张力控制器上的问题，应用张力状态方程设计出最优张力控制器而提高微张力控制系统的动态性能指标。改进的微张力控制与预控速度的恒张力控制系统组合，提出了“前馈-反馈”热连轧张力复合控制系统的新方案。新方案有待于进一步实验，成功后将实现连轧控制技术的飞跃。

参 考 文 献

[1] 张俊哲，彭天乾. 热连轧带钢的瞬变张力及其控制策略 [J]. 冶金自动化，1995 (1) .

[2] 木村和喜，等. 热轧带钢的高精度厚控技术的开发 [J]. 铁と钢，1993 (3) .

[3] 张进之，吴毅平，等. 热连轧厚控精度分析及提高精度的途径 [M]. 《工业自动化应用技术》电子工业出版社，1996：337-341.

[4] Tanifuji S，等. 热精轧机张力控制系统的研制 [C] //IFAC 第八届世界大会钢铁自动化论文集，1981：43-51.

[5] 愈式群. 带钢轧机精轧机组的微张力控制. 《宝钢热轧新技术之一》，1989 年 9 月.

[6] 张进之. 发明专利 (申请号 95117052X) .

[7] 张进之. 多机架连轧张力公式 [J]. 钢铁，1977 (3)：72-78.

[8] 张进之. 连轧张力公式 [J]. 金属学报，1978 (2)：127-138.

[9] 张永光，等. 计算机模拟冷连轧过程的新方法 [J]. 自动化学报，1979 (3)：177-186.

冷连轧张力的最优和互不相关控制系统的实验

张进之，郑学锋，薛　栋

（钢铁研究总院，北京　100081）

摘　要　连轧张力状态方程 $\Delta\dot{\boldsymbol{\sigma}}_{(t)}=\boldsymbol{A}\Delta\boldsymbol{\sigma}_{(t)}+\boldsymbol{B}\Delta u_{(t)}+\boldsymbol{C}\Delta h_{(t)}+\boldsymbol{D}\Delta H_{(t)}+0$ 经简化后求解出互不相关控制，按线性二次型求解出最优控制，计算机仿真实验证明：最优和互不相关控制优于通常的控制，执行机构允许采用较大的增益。

关键词　状态方程；最优控制；互不相关控制；一般控制；工业实验

Experiments of optimum and unconcerned tension control system of cold continuous rolling

Zhang Jinzhi, Zheng Xuefeng, Xue Dong

(Central Iron and Steel Research Institute, Beijing 100081)

Abstract: Unconcerned control model is achieved by predigesting continuous rolling tension status function ($\Delta\dot{\boldsymbol{\sigma}}_{(t)}=\boldsymbol{A}\Delta\boldsymbol{\sigma}_{(t)}+\boldsymbol{B}\Delta u_{(t)}+\boldsymbol{C}\Delta h_{(t)}+\boldsymbol{D}\Delta H_{(t)}+0$), and the optimum control model is also gained according to linear quadratic problem. It is proved by computer emulate experiments that the unconcerned and optimum control methods are both better than common ones. And their performing machines allow much bigger plus.

An industry experiment of optimum tension control is done at three unit cold rolling mills of Wuhan strip steel, and it proves that optimum control system could be used in mills, control effect was better than common ones and tension disorder is decreased less than 18 percent.

Key words: status function; optimum control; unconcerned control; common control; industry experiment

1　前言

近年来国外出现了两种新型的连轧张力控制系统。在液压压下的冷连轧机上，采用调压下控制张力的闭环系统代替调轧辊速度的张力闭环系统。这种系统达到同时控制张力和板厚的目的[1]，文献［2，3］从理论上证明了这种系统在厚度控制灵敏度比压力 AGC 高一个数量级，给出了张力测厚计数学模型。另一种是将现代控制理论直接用于连轧张力控制问题[4,5]。

本文根据连轧张力公式给出的张力状态方程，按互不相关、最优和常规控制等三种张力控制方案，用计算机仿真方法对这三种系统的抗干扰效果进行了研究，证明互不相关和最优控制系统优于目前常用的连轧张力控制系统。用模拟线路在三机架冷连轧机上进行了最优控制实验。

符号说明：

σ——机架间单位张力；

h——出口厚度；

H——入口厚度；

S——前滑系数；

u——轧辊线速度；

b——张力对前滑的影响系数；

E——轧件弹性模量；

L——机架间距；

t——时间；

n——连轧机架数。

2　数学模型

连轧张力公式的研究证明，引起张力变化的

原因是轧辊速度和轧件出入口厚度的变化。多机架连轧张力公式[6] 推导出张力公式的增量形式，获得了下面张力控制模型：

$$\Delta\dot{\boldsymbol{\sigma}}_{(t)} = \boldsymbol{A}\Delta\sigma_{(t)} + \boldsymbol{B}\Delta u_{(t)} + \boldsymbol{C}\Delta h_{(t)} + \boldsymbol{D}\Delta H_{(t)} + 0 \tag{1}$$

式中 $$\boldsymbol{A} = \frac{E}{L}\begin{bmatrix} -W_1 & \varphi_1 & & 0 \\ \theta_2 & -W_2 & \ddots & \\ & \ddots & \ddots & \varphi_{N-2} \\ 0 & & \theta_{N-1} & -W_{N-1} \end{bmatrix}$$

$W_i = \theta_i + \varphi_i$；$\theta_i = u_i S_i b_i$；$\varphi_i = \dfrac{h_{i+1}}{H_{i+1}} u_{i+1} S_{i+1} b_{i+1}$；

$$\boldsymbol{B} = \frac{E}{L}\begin{bmatrix} -(1+S_1) & \dfrac{h_2}{H_2(1+S_2)} & & 0 \\ & \ddots & & \ddots \\ 0 & & -(1+S_{N-1}) & \dfrac{h_N}{H_N(1+S_N)} \end{bmatrix}$$

$$\boldsymbol{C} = \frac{E}{L}\begin{bmatrix} -u_1\dfrac{\partial S_1}{\partial h_1} & \dfrac{u_2}{H_2}\left[(1+S_2) + h_2\dfrac{\partial S_2}{\partial h_2}\right] & & 0 \\ & \ddots & & \ddots \\ 0 & & -u_{N-1}\dfrac{\partial S_{N-1}}{\partial h_{N-1}} & \dfrac{u_N}{H_N}\left[(1+S_N) + h_N\dfrac{\partial S_N}{\partial h_N}\right] \end{bmatrix}$$

$$\boldsymbol{D} = \frac{E}{L}\begin{bmatrix} -u_1\dfrac{\partial S_1}{\partial H_1} & \dfrac{h_2}{H_2}u_2\left[\dfrac{\partial S_2}{\partial H_2} - \dfrac{1+S_2}{H_2}\right] & & 0 \\ & \ddots & & \ddots \\ 0 & & -u_{N-1}\dfrac{\partial S_{N-1}}{\partial H_{N-1}} & \dfrac{h_N}{H_N}u_N\left[\dfrac{\partial S_N}{\partial H_N} - \dfrac{1+S_N}{H_N}\right] \end{bmatrix}$$

0——噪声项，由系统物理特性所确定，如轧辊偏心、坯料波动，泰勒级数展开的二次项等。

3　多变量控制系统设计

连轧过程是典型的多输入多输出的系统，目前使用控制系统多为分割简化的控制方式。由于得出连轧张力解析表达式，所以可以设计出几种多输入多输出的综合控制系统。

3.1　最优控制

在状态方程给定后，按线性二次型极值控制求最优控制解。为得到实用、简化的张力最优控制模型，将状态方程式（1）中的 $\boldsymbol{C}\Delta h + \boldsymbol{D}\Delta H + 0$ 项当作随机干扰项，记为 $\boldsymbol{W}_{(t)}$，并假定该干扰项具有高斯白噪声性质，状态方程为：

$$\Delta\dot{\boldsymbol{\sigma}}_{(t)} = \boldsymbol{A}\Delta\sigma_{(t)} + \boldsymbol{B}\Delta u_{(t)} + \boldsymbol{W}_{(t)} \tag{2}$$

构造二次型目标函数：

$$J = \int_0^a (\Delta\boldsymbol{\sigma}_{(t)}^{\mathrm{T}}\boldsymbol{Q}\Delta\boldsymbol{\sigma}_{(t)} + \Delta\boldsymbol{u}_{(t)}^{\mathrm{T}}\boldsymbol{R}\Delta\boldsymbol{u}_{(t)})\,\mathrm{d}t \tag{3}$$

最优控制解为：

$$\Delta U_{(t)} = -\boldsymbol{R}^{-1}\boldsymbol{B}^{\mathrm{T}}\boldsymbol{P}_{(t)}\Delta\boldsymbol{\sigma}_{(t)} \tag{4}$$

式中　$\boldsymbol{R}$——控制量权矩阵，本文取单位阵；

$\boldsymbol{Q}$——状态量权矩阵；

$\boldsymbol{P}_{(t)}$——按利卡迪微分方程求得的解。

由于冷连轧系统的定常性[2]，可用其渐近解，即按利卡迪方程求解：

$$\boldsymbol{A}^{\mathrm{T}}\boldsymbol{P} + \boldsymbol{P}\boldsymbol{A} - \boldsymbol{P}\boldsymbol{B}\boldsymbol{R}^{-1}\boldsymbol{B}^{\mathrm{T}}\boldsymbol{P} + \boldsymbol{Q} = 0 \tag{5}$$

将满足式（5）的解 P 代入式（4）后，得到定常的状态反馈阵：

$$\Delta\boldsymbol{U}_{(t)} = -\boldsymbol{K}\Delta\boldsymbol{\sigma}_{(t)} \tag{6}$$

$$\boldsymbol{K} = \boldsymbol{R}^{-1}\boldsymbol{B}^{\mathrm{T}}\boldsymbol{P} \tag{7}$$

3.2　互不相关控制（解耦控制）

将输入量和输出量相等的多变量系统，变换成独立的 N 个单输入单输出的系统。因为已有系统状态方程，令 $\dfrac{\mathrm{d}\sigma}{\mathrm{d}t} = 0$ 和 $W = 0$，得状态反馈数学模型：

$$\Delta \boldsymbol{U} = -\boldsymbol{B}^{-1}\boldsymbol{A}\Delta\sigma \quad (8)$$

互不相关控制是指状态量允许自由改变，改变其中任一个状态量可以保持其他量都不变。例如五机架冷连轧机，要求 F3 张力改变 10N/mm²，通过设定与其对应的参考控制量，经过互不相关控制矩阵就可以实现。其实质是解耦控制，形式上转变为 N 个单输入单输出系统，而实现方式为有规律地改变 N 个控制量。

4 计算机仿真算法和仿真实验结果

仿真实验用文献［7］给出的计算方法，机架间张力互不相关和一般控制系统结构如图 1 所示。

设备参数、执行机构描述及具体计算结果等见文献［8］，本文只列写一般控制系统与互不相关控制仿真计算对比，具体数据见表 1。

5 在三机架冷连轧机上的控制实验

实验在武汉冷轧带钢厂 350mm 三机架冷连轧机上进行。设备、工艺主要参数如表 2 所示，该轧机采用中间机架速度不变，1、2 机架间张力实测值与设定值之差用模拟调节器调第一机架速度；2、3 机架张力差调第三机架速度控制张力恒定方法。为进行张力互不相关和最优控制在现行控制系统上进行实验，设计了在现行模拟控制系统的基础上增加图 2 所示的系统控制实验方案。

表 1 仿真结果对比

张力差	常规控制	互不相关控制
$\Delta\sigma_1/\text{N}\cdot\text{mm}^{-2}$	3.124	0.870
$\Delta\sigma_2/\text{N}\cdot\text{mm}^{-2}$	1.298	0.447
$\Delta\sigma_3/\text{N}\cdot\text{mm}^{-2}$	0.131	0.318
$\Delta\sigma_4/\text{N}\cdot\text{mm}^{-2}$	0.437	0.313

表 2 350mm 三机架冷连轧机主要参数

机架号	1	2	3	备注
机架间距/mm	1900	1900	2500	轧辊直径
入口厚度/mm	3.0	1.85	1.15	170mm
出口厚度/mm	1.85	1.15	9.0	轧机刚度
机架间张力/kN	20	20	5.0	1000kN/mm

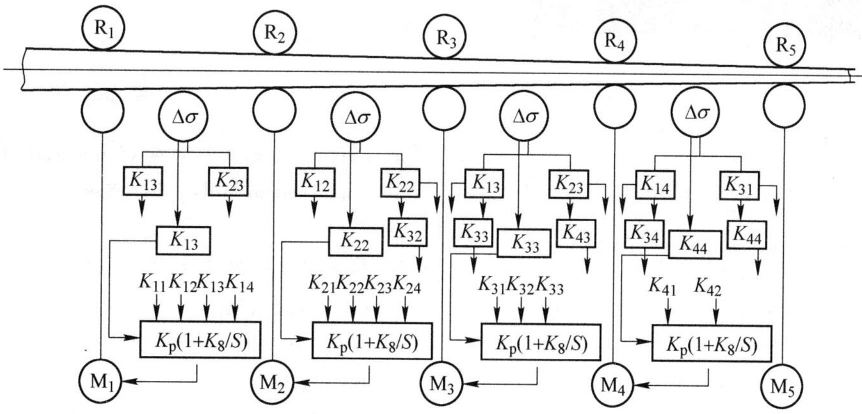

图 1 机架间张力互不相关控制和一般控制系统示意图

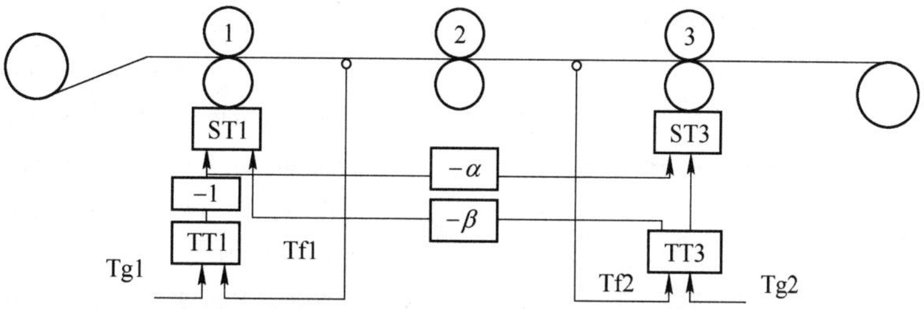

图 2 在三机架冷连轧机上实验方案图示

现行张力控制系统数学模型：

$$\Delta u_{(t)} = K_P\left(\Delta\sigma_{(t)} + \frac{1}{T_t}\int_0^t \Delta\sigma_{(t)}\,\mathrm{d}t\right)$$

速度、张力均用电压表示，比例 $K_P = 0.25$，积分时间常数为 1。张力 σ 单位用 N/mm² 表示，速度用 mm/s 表示。经单位换算 $K_P = 0.8\text{mm}^3/(\text{N}\cdot\text{s})$，按表参数，由最优控制求得状态反馈增益阵 K，即最优状态反馈方程：

$$\begin{pmatrix}\Delta u_1\\ \Delta u_2\end{pmatrix} = -\begin{pmatrix}K_{11} & K_{12}\\ K_{21} & K_{22}\end{pmatrix}\begin{pmatrix}\Delta\sigma_1\\ \Delta\sigma_2\end{pmatrix}$$

变换成图 2 的补偿实施方式，上式变为：

$$\begin{pmatrix}\Delta u_1\\ \Delta u_2\end{pmatrix}=-\begin{pmatrix}1 & \beta\\ \alpha & 1\end{pmatrix}\begin{pmatrix}K_{11}\Delta\sigma_1\\ K_{22}\Delta\sigma_2\end{pmatrix}$$

其中：　$\alpha=\dfrac{K_{21}}{K_{11}}$　　$\beta=\dfrac{K_{12}}{K_{22}}$

这样就可以进行互不相关和最优控制的效果实验。最优和常规控制效果如图 3 所示，经计算张力控制精度对比如表 3 所示。

表 3　张力控制精度对比表

机架间张力	$\frac{\Delta\sigma_1}{\sigma_1}$/%	$\frac{\Delta\sigma_2}{\sigma_2}$/%
原系统	16.0	11.5
最优控制	13.0	6.0
波动减少	3.0	3.0
张力控制精度提高	18	27

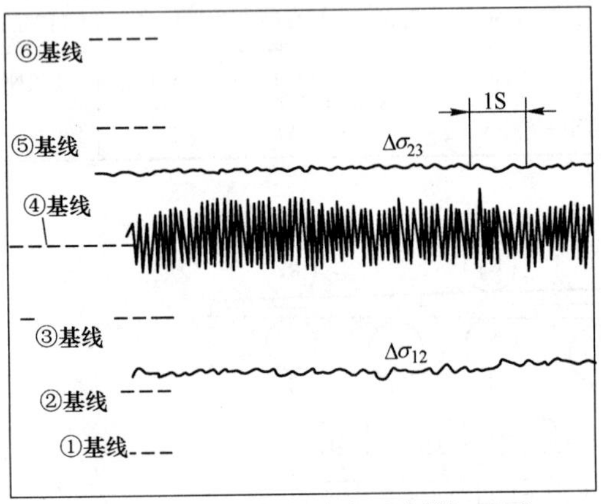

图 3(a)　常规控制动态示波器记录图

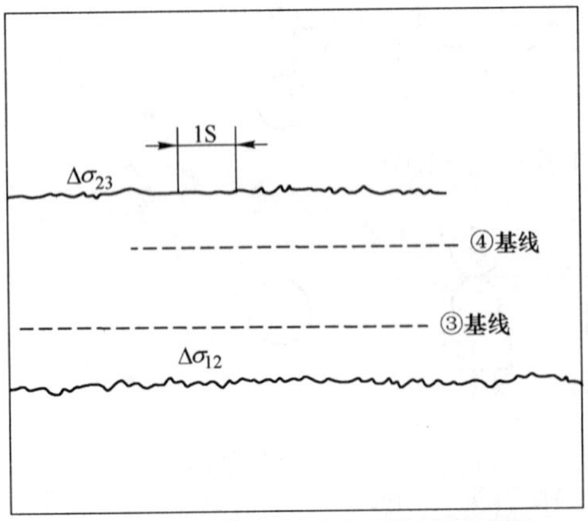

图 3(b)　最优控制动态示波器记录图

实验用 SC-16 光线示波器记录，图 3(a) 为常规控制的张力波动图，图 3(b) 为最优控制的张力波动图。

说明：

(1) 1、2 机架间张力调节器输出零线；

(2) 2、3 机架间张力调节器输出零线；

(3) 1、2 机架张力计零线；

(4) 2、3 机架张力计零线；

(5) 第 3 机架速度调节器输出零线；

(6) 第 3 机架速度值。

6　结论

(1) 根据连轧张力状态方程推导出稳态互不相干控制和最优控制等状态反馈方法，经仿真实验证明，互不相干和最优控制优于常规控制。

(2) 由不考虑执行机构推出的最优反馈增益矩阵，经包括执行机构动态特性的仿真实验证明是可行的。

(3) 在三机架冷连轧机上进行了最优控制与常规控制的对比实验，证明最优控制使张力波动大大减少，1、2 机架间张力波动减少 18%，2、3 机架间张力波动减少 27%。

致谢：现场实验得到北京整流器厂于孝淳和武汉带钢厂柳申芳等同志的支持和帮助，特表示衷心感谢！

参 考 文 献

[1] Dendle D W. A Review of Automatic Control Systems for Cold Tandem Mills [J]. Steel Time, 1979, 207 (3): 78-85.

[2] 张进之. 连轧张力公式 [J]. 金属学报, 1978, 14 (2): 127-138.

[3] 张进之. AGC 系统数学模型的探讨 [J]. 冶金自动化, 1979. 2.

[4] 浅川基男，近藤滕也，绪方俊治. ほか，棒钢シんの直接张力检出方式によち无张力制御システムの开发 [J]. 塑性と加工, 1979, 20 (9): 841-849.

[5] Jamshidi M, Kokotovic P. Optimal Control of a Three-Stand Continuous Cold Rolling Mill, Digital Computer Applications to Process Control, 3rd X-6, June, 2-5, (1971), 1-14 Helsinki, University of Illinois Urbana, Illinios 61801.

[6] 张进之. 多机架连轧张力公式 [J]. 钢铁, 1977, 3.

[7] 张永光，梁国平，张进之，等. 冷连轧过程计算机模拟新方法 [J]. 自动化学报, 1979, 5 (3): 177.

[8] 石勇，张进之. 冷连轧控制系统优化设计及计算机仿真实验，2000 年 3 月 24 日.

冷连轧控制系统优化设计及计算机仿真实验

石　勇，张进之

（钢铁研究总院，北京　100081）

摘　要　复杂的冷连轧控制系统需要优化设计，通过建立计算机仿真平台，进行各种控制方案的对比分析，可针对不同的生产要求，找到最优的解决方案。

关键词　优化设计；仿真平台；对比分析；最优的解决方案

Optimum design and computer emulator of cold continuous rolling control system

Shi Yong，Zhang Jinzhi

（Central Iron and Steel Research Institute，Beijing 100081）

Abstract：The complicated cold continuous rolling control system need be optimized. The optimal resolution of various manufacture requests is found by constituting computer emulator to contrast and analyze different control scheme.

Key words：optimum design；computer emulator；contrast and analyze；optimal resolution

1　引言

我国的连轧设备长期是从国外引进，日本、德国、美国不同年代、不同种类的连轧设备我国都有，连轧设备的不断改造，导致其控制系统十分繁杂，对其进行系统优化设计显得十分重要。冷连轧动态控制的研究很复杂，不仅工艺控制模型本身需要进行大量计算和优化，而且还要考虑实际执行机构对模型的影响，冷连轧为大规模的自动化生产，不可能在现场进行试验研究，而通过建立数学模型在计算机上进行仿真实验却可很好地解决这个问题。

2　数学模型

冷连轧过程是一个复杂的过程，机架间张力是联系轧制过程中的各参量的核心参数，轧件的厚度指标是最重要的目标量。这两个量在轧制过程中不断变化、相互影响，冷连轧控制系统的优化设计的目标也就是最优的控制和协调张力、厚度的变化。应用连轧张力理论，可针对不同的设备和生产条件，不同的产品规格，采用不同控制系统即为最优化设计，为了对比不同控制系统的控制效果，需要建立仿真数学模型[1]，通过计算机仿真计算来分析。

使用符号说明：

σ：连轧单位张力；h：轧间出口厚度；

H：轧件入口厚度；V：轧件速度；ϕ：辊缝；

E：弹性模量；L：机架间距；P：轧制压力；

u：轧辊线速度；C：轧机刚性系数；

m：轧机塑性系数；M_c：轧机当量刚度；

b：张力对前滑的影响系数；

f：无张力前滑系数；

$\boldsymbol{A}$、$\boldsymbol{B}$、$\boldsymbol{C}$、$\boldsymbol{D}$：连轧状态方程系数矩阵；

i：机架号；k：迭代计算次数。

2.1　连轧基本模型

（1）张力状态方程：

$$\frac{d\sigma}{dt} = \boldsymbol{A}\sigma + \frac{E}{L}\Delta V \tag{1}$$

其差分方程形式为：

$$\sigma(k+1) = e^{A\Delta t}\sigma(k) + \frac{E}{L}A^{-1}(e^{A\Delta t} - I)\Delta V(k) \quad (2)$$

（2）厚度计算公式：$h_i = \phi_i + \frac{P_i}{C_i}$；厚度传递关系 $H_{i+1}(t) = h_i(t - \tau_i(t))$；其中厚度延迟时间 τ 为时间的函数，其计算公式：$\tau_i(t) = \frac{L}{V_i(t)}$。

2.2 冷连轧控制系统模型

冷连轧控制系统主要包括张力控制和厚度控制，均有多种控制方法，本文将对张力互不相关控制、最优控制和连轧 AGC、动态设定 AGC 等几种新型的控制系统进行仿真分析。、

2.2.1 张力控制模型

将连轧张力状态方程写成增量形式，可得张力控制模型[2]

$$\Delta\sigma = A\Delta\sigma + B\Delta U + C\Delta h + D\Delta H + O \quad (3)$$

张力控制是反馈控制，它是通过调节轧辊速度来实现的，其反馈控制模型可写成通式为：

$$\Delta U = -K\Delta\sigma$$

其中 K 为反馈控制的定常矩阵，不同的控制方案 K 取不同的值。

对于简化的按高斯线性二次型的最优控制：$K = R^{-1}B^{T}P$；其中 P 为利卡迪方程（4）的渐近解：

$$A^{T}P + PA - PBR^{-1}B^{T}P + Q = 0 \quad (4)$$

式中，R、Q 为最优控制的目标函数中的权矩阵，在实际应用中可以调节。

对于简化的互不相关控制：$K = B^{-1}A$。

2.2.2 厚度控制模型

厚度控制（AGC）是通过调节轧辊辊缝来控制的，AGC 有多种形式，在冷轧机上广泛应用的连轧 AGC[3] 是通过张力信号来调节辊缝的，能对张力和厚度同时控制。而动态设定型 AGC[4] 则是通过压力信号来控制厚度的，是一种新型的厚控模型。两者应用情况不同，其模型如下：

连轧 AGC：

$$\Delta\Phi_i(k) = -\frac{(C+m)h_{i-1}u_{i-1}(b_{i-1}f_{i-1} + b_i f_i)}{Cu_i[1 + f_i + b_i f_i(\sigma_i - \sigma_{i-1})]}\Delta\sigma_{i-1}(k)$$

动态设定型 AGC：

$$\Delta\Phi_i(k) = -\frac{m_c - C}{m_c + m}\left[\frac{m}{C}\Delta\Phi_i(k-1) + \frac{C+m}{C^2}\Delta P_i(k)\right]$$

3 仿真试验原理图（见图 1）

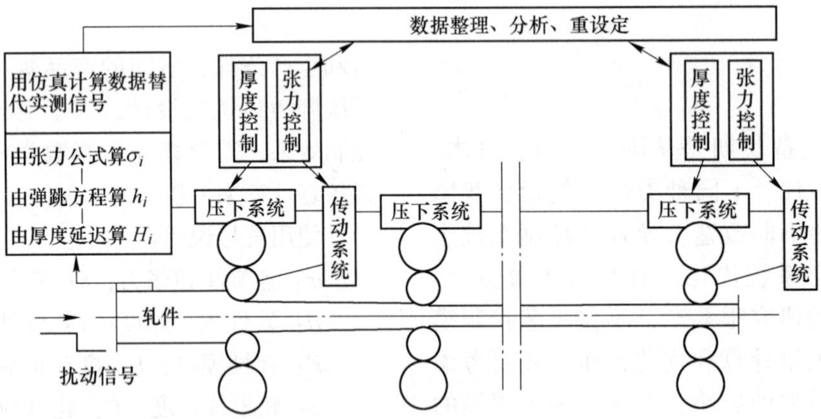

图 1　仿真试验原理图

4 仿真试验对比分析

4.1 已知条件：本仿真试验以五机架冷连轧为例，其设备及规程参数见表 1

表 1　设备及规程参数

名称 \ 机架号	1	2	3	4	5
轧辊半径 R/mm	273	273	273	273	273

续表 1

名称 \ 机架号	1	2	3	4	5
机架刚度 C/kN · mm^{-1}	4700	4700	4700	4700	4700
机架间距 L/mm	4600	4600	4600	4600	4600
入口厚度 H/mm	3.2	2.64	2.1	1.67	1.34
出口厚度 h/mm	2.64	2.1	1.67	1.34	1.20
张力 σ/kg · mm^{-2}	10.2	12.8	16.1	16.1	4.50
轧辊速度 u/mm · s^{-1}					22000

4.2 阶跃信号

实际轧制过程中，主要有坯料厚度和硬度扰动。仿真计算中是通过输入厚度和硬度阶跃形式的扰动信号，得出各机架出口厚度和机架间张力的响应，从而获得连轧系统的动态特性。

4.3 部分仿真计算结果及说明（总模拟现场时间 4s，采样和控制周期为 1ms）

本仿真平台不仅建立了连轧过程的工艺控制模型，同时为与实际现场更接近，也建立了传动系统[5]、压下系统的控制模型，使仿真计算的结果更有参考价值。本平台建立以后，进行了多种工艺控制方案的仿真计算，限于篇幅限制，只列举部分结果。

（1）仿真试验方案一：不加任何控制模型，坯料厚度阶跃扰动 2%。结果如图 2 所示，从曲线中可明显看到厚度传递时的延迟效应，坯料厚度的扰动对 1~2 号及 4~5 号机架间的张力影响较大，尤其当扰动刚进入轧机时，当前机架与后一机架间张力变化极为显著。同时也可看到依靠轧制过程的自调节作用，张力及厚度变化最终到达新的稳态，维持轧机稳定轧制。在实际生产中，冷连轧机不加任何控制亦能轧出合格的板带，此项仿真试验可从理论计算的角度为其提供佐证。

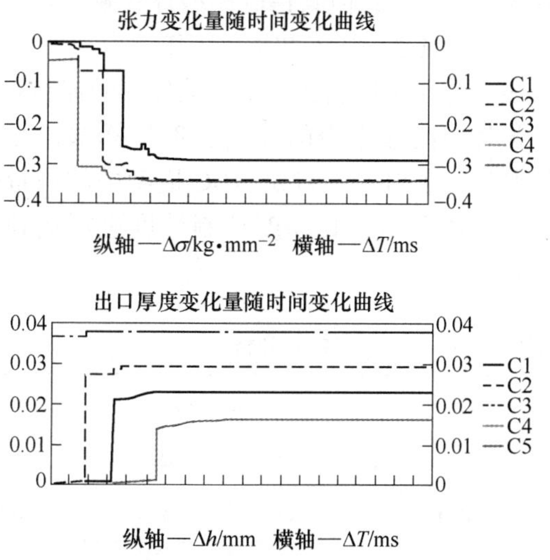

图 2 厚度扰动 2%，张力及出口厚度变化量曲线

（2）仿真试验方案二：加入张力最优控制、动态设定型 AGC 控制，坯料厚度阶跃扰动 2%。结果如图 3 所示，从图中可看出张力和出口厚度得到了很好的控制，张力波动越来越小并趋近于零；出口厚度扰动相对于不加控制减少了 50%~60%且很快达到稳定；从图中亦可看到传动及压下机构的惯性对张力及厚度控制的滞后作用。

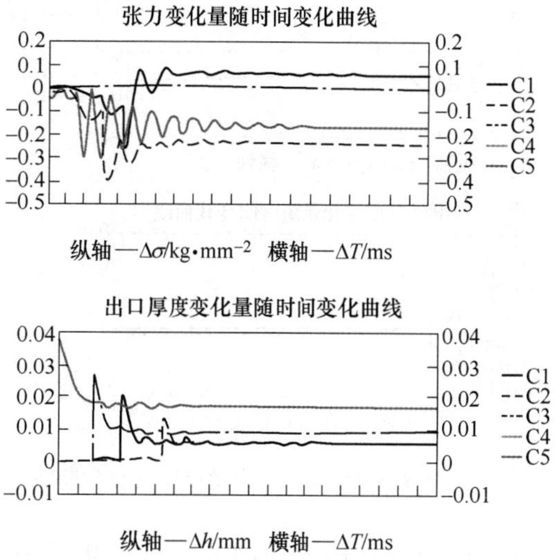

图 3 厚度扰动 2%，张力及厚度变化量曲线

（3）仿真试验方案三：加入互不相关控制、动态设定型 AGC 控制，厚度阶跃扰动 2%。结果如图 4 所示，从图中可看到相对于方案二，其张力波动较大，波动峰值大；张力控制响应缓慢，控制量较小；出口厚度控制精度不稳定，但最高精度比方案二稍高。

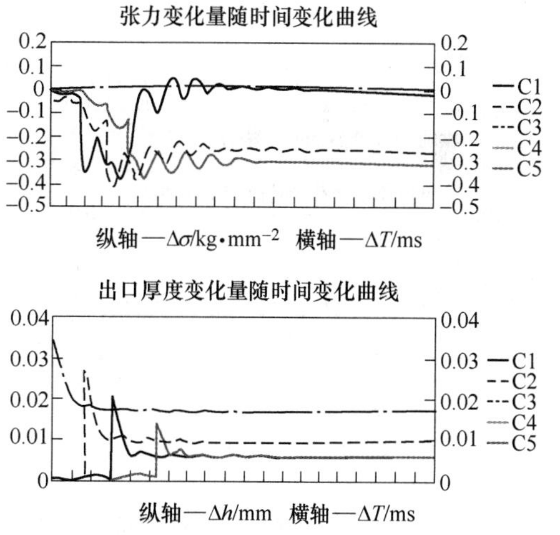

图 4 厚度扰动 2%，张力及厚度变化量曲线

（4）仿真试验方案四：第一机架加入动态设定 AGC，第二机架加入前馈 AGC，且第二至五机架加入连轧 AGC，坯料厚度阶跃扰动为 2%及坯料硬度阶跃扰动 2%。厚度扰动仿真结果如图 5 所示，从图中可看出张力和厚度都得到了控制，第一机架张力最大扰动约 15%，调节到 5%左右，张力调节量大，其余机架张力波动较小，最大波动约 2%~3%；厚度的控制精度高，约 3μm，扰动减少 50%~90%，张力及厚度调节灵敏，系统很快恢复稳定。

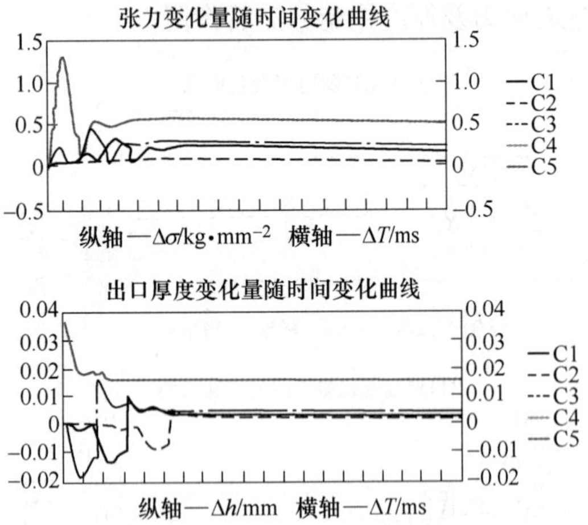

图 5　厚度扰动 2%，张力及厚度变化量曲线

硬度扰动仿真结果如图 6 所示，从图中可看出，系统对硬度扰动反应灵敏，控制效果非常好，各机架张力最大扰动相当，均约 6%，但张力调节量较小，稳态时的张力稍大；厚度控制迅速，最后机架的出口厚度控制精度约 1μm，比厚度扰动控制精度还高。

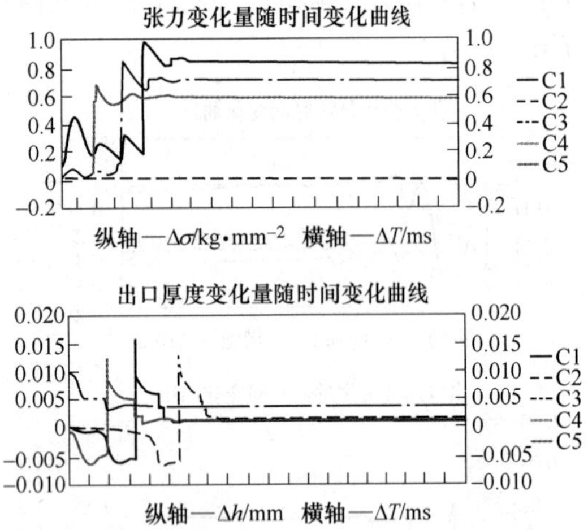

图 6　硬度扰动 2%，张力及厚度变化量曲线

4.4　几种控制系统的对比分析

从仿真结果可看出，几种新型的控制系统各有优缺点，生产中，可根据具体情况选择应用，下面将对其控制效果及使用范围进行对比分析。

4.4.1　最优控制与互不相关控制的对比分析

冷连轧控制系统是多输入多输出系统，互不相关控制模型就是想消除系统各控制模型的交联，将多输入多输出系统转化为单输入单输出系统，从而简化控制系统，使各个模块单独控制。早在 20 世纪 70 年代英国 Bryant 等对互不相关控制理论就有很深入的研究，日本住友金属小仓制铁所已成功地应用在棒线材连轧机上了。张力互不相关控制模型与厚度控制模型之间不存在交联，因此即使张力控制效果不是很理想，厚度控制精度也不受影响。

最优控制是根据控制目标函数，求解利卡迪方程得出满足控制目标的反馈增益矩阵，对目标进行最优控制。最优控制模型中有两个权矩阵 $\boldsymbol{Q}$、$\boldsymbol{R}$，可通过调节它来满足不同的需求，但它受其他模型的影响，同时也影响其他控制模型，这为设计者提供了更多的设计空间，这时仿真工作就显得尤为重要，设计者可通过大量的仿真计算，得出控制效果最好的控制参数，从而对控制对象进行最佳的控制。与互不相关控制相比，经过优化的最优控制模型的控制效果要好得多，但其控制模型计算较复杂，可通过计算机仿真来完成参数优化工作。

表 2 为最优控制和互不相关控制的控制效果对照，最优控制对张力的控制各项指标都比互不相关控制好，若对动态设定 AGC 模型中的当量刚度进行进一步调节，其厚度控制精度也可达到互不相关控制精度。

表 2　在入口厚度扰动 2%下最优控制和互不相关控制的控制效果分析

类别	最优控制				互不相关控制			
指标	$\Sigma\Delta\sigma_1^2$	$\Sigma\Delta\sigma_2^2$	$\Sigma\Delta\sigma_3^2$	$\Sigma\Delta\sigma_4^2$	$\Sigma\Delta\sigma_1^2$	$\Sigma\Delta\sigma_2^2$	$\Sigma\Delta\sigma_3^2$	$\Sigma\Delta\sigma_4^2$
1s	18.68	12.40	2.52	0.95	17.68	22.48	12.38	5.7
2s	23.79	33.86	23.99	22.27	25.23	54.97	56.36	54.49
3s	24.06	39.16	36.96	37.28	29.49	73.63	94.28	77.22
4s	24.07	40.05	45.56	43.41	34.87	92.51	123.0	93.58
$\lvert\Delta\sigma\rvert_{max}$	0.275	0.249	0.275	0.246	0.312	0.324	0.29	0.39
Δh_{min}	0.005mm				0.003mm			

4.4.2 冷连轧厚度控制方案优化分析

由于冷连轧允许大张力、大压力轧制，而连轧 AGC 可以通过一个模型对张力和厚度同时进行控制，并且其反应灵敏，对伺服系统非线性度要求低，因此在冷连轧中被广泛应用[6]。因为 1~2 号机架带钢厚度波动大，而冷连轧控制要求 90% 的厚度扰动在第一机架消除，故不宜采用张力厚控方式，而应用调节压下来控制。因此通常的控制方法分为粗调和精调两部分：第一机架加监控 AGC 和前馈 AGC，第二机架加前馈 AGC；第二至最后机架用连轧 AGC，同时为了防止最后机架调节量过大，它也对第一机架进行厚度反馈控制。这样的复杂控制系统，尽管能控制厚度扰动，但对硬度扰动却无法控制，因为其监控 AGC 和反馈 AGC 都是通过测厚度变化来控制的，因此为了测入口厚度，必须在入口机架加一台测厚仪。

仿真考虑了传统控制方案的不足，将第一机架厚控改为动态设定型 AGC 控制，通过仿真对比，去掉了最后机架对第一机架的反馈控制，其余的保持不变，形成了新的控制方案。仿真试验证明其控制效果非常好，新的控制方案不仅简化了传统的控制方法，而且消除了最后机架对第一机架的反馈造成的一、二机架间张力剧烈波动，使张力保持平稳，如图 5 所示，在保证厚控精度同时提高了板形精度，最重要的是由于动态设定型 AGC 采用压力调辊缝的控制方法，若采用本控制方案，可以去掉第一机架入口处的测厚仪，同时从图 6 可以看到，它也能很好的抑制硬度扰动对张力及厚度的影响，甚至其控制效果比厚度扰动控制还好。由于动态设定型 AGC 的当量刚度可以调节，若适当调节当量刚度，将会取得更好的控制效果。

5 结论

（1）本文提供了冷连轧仿真系统基本模型，并考虑了执行机构的动特性，使仿真更接近实际。

（2）通过仿真佐证了冷连轧系统的自调节能力，不加任何控制，若有扰动系统能恢复稳态。

（3）本文对比了最优控制、互不相关控制、动态设定型 AGC 控制、连轧 AGC 控制模型；提出了新的冷连轧控制系统方案，若能推广应用将能降低成本，简化原有控制系统，提高控制效果。

（4）轧钢过程的仿真计算，不仅能实现工艺控制模型本身的参数优化而且还可以模拟现场的执行机构对模型的影响，从而进一步为控制模型的建立提供依据，使以往只能凭经验确定的参数，可以通过大量仿真计算来确定最佳值，减少对设计人员的经验的依赖，因此系统仿真在轧钢中有着重要的作用。

参 考 文 献

[1] 张永光，梁国平，郑学锋，等．计算机模拟冷连轧过程的新方法［J］．自动化学报，1979（3）．

[2] 张进之．多机架连轧张力公式［J］．钢铁，1977（3）．

[3] 张进之．AGC 数学模型探讨［J］．冶金自动化，1979（2）．

[4] 张进之．压力 AGC 系统参数方程及变刚度轧机分析［J］．冶金自动化，1984（1）．

[5] 任兴权．连续系统计算机仿真技术．东北地区第一次系统仿真学习讨论班讲义，1983，10.

[6] 唐谋凤，等．现代带钢冷连轧机的自动化［M］．北京：冶金工业出版社，1995.

热连轧穿带过程的分析及预补偿控制的研究

石　勇[1❶]，张进之[1]，王保罗[2]，赵厚信[2]

（1. 钢铁研究总院，北京　100081；2. 宝钢股份公司热轧部，上海　200941）

摘　要　在复合张力替代活套，实现无活套控制研究过程中，对穿带过程的动态速降和张力的建立进行了分析，采用速降预补偿控制，可以使张力平稳建立。通过混合仿真，可以确定预补偿量，并经过现场实践验证。

关键词　复合张力控制；无活套控制；动态速降；预补偿；混合仿真

Analysis of hot strip threading process and research of precompensation control

Shi Yong[1], Zhang Jinzhi[1], Wang Baoluo[2], Zhao Houxin[2]

(1. Central Iron & Steel Research Institute, Beijing 100081;
2. Baosteel Hot Rolling Department, Shanghai 200941)

Abstract: During the research of compound tension looperless control system, the dynamic velocity drop and the upbuilding of tension in hot strip threading process are analyzed. The tension can be stably built up by means of velocity drop precompensation control. The precompensation value is obtained through mixed simulation, and it has been proved by industry practice.

Key words: compound tension control; looperless control; dynamic velocity drop; precompensation; mixed simulation

1　引言

穿带是热连轧操作过程中十分重要而难于控制的一个环节。穿带过程中，由于负荷的突然变化，使传动系统发生动态速降，机架间张力从零增加到设定值，张力的激烈变化，引起轧制压力和厚度的变化。动态速降反过来又影响张力的建立过程，造成张力波动并影响轧件出口厚度，从而造成头部不合格长度增加。

目前，热连轧一般采用活套控制，穿带过程的动态速降形成的套量，正好有利于活套的起套，可以通过活套的调节来减少穿带以及轧制过程中的速度波动。笔者在宝钢 2050 复合张力替代活套控制项目研究中，准备在精轧 F1、F2、F3、F4 机架间实现无活套控制。由于取消了活套，穿带过程中形成的套量无法得到抵消，就会造成钢带堆积和波浪形前进。因此，穿带过程中动态速降的研究对实现无活套控制至关重要，减少穿带过程中的动态速降量和恢复时间，将有利于无活套控制过程中张力的建立和复合张力控制的及早投入。

在 20 世纪 70 年代，日本田沼[1,2]、美板[3]等应用计算机模拟曾在理论上研究过冷连轧穿带过程，钢铁研究总院张进之[4]也从工艺的角度研究过它。笔者修改了以前建立的连轧动态仿真平台[5]，结合现场采集的数据建立了混合仿真平台，通过它不仅得到了穿带过程中的速度、张力、厚度的变化规律，而且为速度预补偿控制提供了简易的仿真平台，它可以确定补偿量，评价预补偿效果。

2　宝钢 2050 热连轧精轧机组传动系统现状

2.1　F2 ~ F4 机架咬钢过程动态速降情况

用 HIOKI 8842/8841 MEMORY HiCORDER 笔录

❶　作者简介：石勇，硕士，1976 年生，2001 年毕业于钢铁研究总院，现从事电气自控专业。

仪记录了实测宝钢 2050 F2~F4 机架在不同工艺状态下咬钢过程动态速降情况，结果汇总如表 1 所示。

表 1　实测宝钢 2050 精轧咬钢过程动态速降数据

Tab. 1　Dynamic velocity drop data during threading process for finish rolling 2050mm

No.	带钢号	h_7/mm	H/mm	h/mm	P/kN	V/m·s^{-1}	V_d/%	T/ms
F2	2866068	1.47	17.51	8.63	26940	1.5	10.37	140
	2832068	2.55	20.46	11.33	28370	1.6	7.39	160
	2834005	3.56	24.48	14.46	19850	2	5.9	140
	2834011	4.6	27.54	16.9	19290	2.1	5.39	140
	2834015	5.91	29.41	19.09	25860	1.7	8.77	160
F3	2866060	1.44	8.48	5.1	28000	2.7	11.56	200
	2866039	2.27	11.14	6.94	20910	3.2	7.1	185
	2850039	3.25	13.48	8.86	14180	3.6	5.23	160
	2870008	3.86	14.84	9.97	18370	3.3	6.39	160
	2870001	4.6	16.64	11.4	15810	2.4	8.78	160
F4	2871008	1.49	5.14	3.19	19740	4.5	6.39	200
	2866016	2.55	7.71	5.1	16290	4.9	5.54	180
	2797029	3.5	9.78	6.7	17020	4.6	7.29	160
	2797054	4.59	11.62	8.25	14810	4.3	7.12	180
	2833010	5.12	12.47	8.99	9120	5.1	3.23	200

注：h_7—终轧厚度；V_d—当前机架的最大速降量；T—速降第一次恢复时间；H—入口厚度；P—轧制力；h—出口厚度；V—轧辊速度。

宝钢 2050 热轧机组目前动态速降的补偿是通过负荷观测器实现的，它是一个前馈、跟随控制装置。从测量的曲线中也可以明显看到负荷观测器的作用，在它的作用下，形成的套量平均在 15mm 左右，宝钢目前活套的设定值也是这个值，因此在负荷观测器和活套相互作用下可以很好地控制速度。而对于无活套控制，理想状况是穿带过程不形成套量，所以单依靠负荷观测器是不行的。

2.2 实测精轧机组传动系统响应情况

为了使仿真更接近轧钢现场情况，对宝钢 2050 精轧机组的传动系统的响应情况做了测试。由于电机传动系统是一个非常复杂的系统，测量的结果显示传动系统类似于一个三阶系统，完全响应时间为 400ms。为了研究方便将其抽象成一个小惯性环节，其时间常数为 0.1s，传递函数近似为$f(x)=\dfrac{1}{1+0.1T}$。求解得其状态方程为：

$$X_{(i+1)}=\mathrm{e}^{-10t}X_{(i)}+(1-\mathrm{e}^{-10t})U \tag{1}$$

根据状态方程（1），可模拟出其传动系统动态响应过程，通过与实际轧制过程对比分析，其结果与实际系统响应过程非常接近，根据状态方程，当 F4 速度为 4.95m/s 时，将其增加 3%达到 5.1m/s，然后再将增量撤下，其负阶跃响应曲线如图 1 所示。

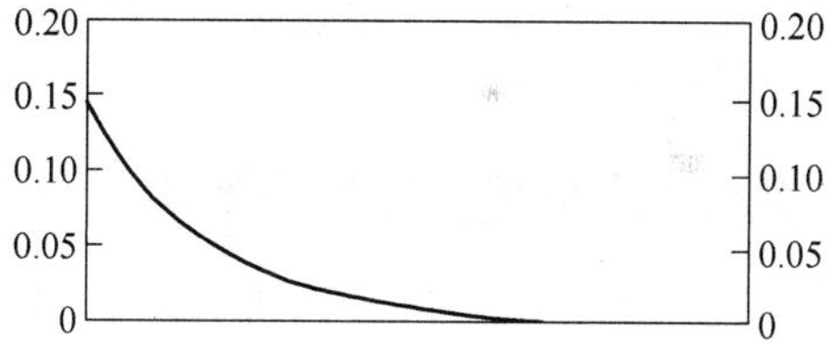

图 1　速度系统加-3%阶跃时的响应曲线（v-t）

Fig. 1　-3% step response of speed control system（v-t）

3 混合仿真实验

在宝钢 2050 热轧复合张力控制系统改造过程中，为了确定改造方案，我们在以前的基础上重新开发了连轧动态仿真系统。此系统考虑了速度系统、压下系统执行机构的动特性，穿带过程的仿真试验就是在此平台上实现的，其速度系统的执行机构就是应用 2050 热轧实测的状态方程。

在动态速降仿真过程中，传动系统的动态速降曲线取自实测数据，结合执行机构的模拟，通过实测与模拟的混合仿真，可以得到穿带过程的张力建立、活套套量变化情况以及对补偿效果进行评价。根据仿真结果，在宝钢 2050 热轧连轧机上做了动态速降预补偿的现场试验。

3.1　动态速降预补偿方案的确定

穿带过程亦是张力建立过程，在建张过程中无法加入复合张力控制，需要采用其他的补偿方法。目前动态速降补偿有两种方法，一种是预补偿，即在进钢前适当增加轧辊速度，进钢后将其撤下，利用给定速度下降的响应过程与动态速降的恢复过程相消，达到秒流量差最小的目的，这就要预先给定补偿量。另一种是反馈补偿，在穿带过程中，根据检测到的速降，对其进行适当补偿。但由于动态速降恢复时间较短，第一次恢复时间在150ms左右，而宝钢现在程序执行周期为25ms。加上执行机构的响应时间，反馈补偿将来不及并且补偿量撤下过程太长，会造成动态速降已经恢复，但补偿量还在一段时间内存在的情况，反而不利于穿带后的张力控制。

我们决定采用预补偿方案，预补偿方案的实施过程中，预补偿时间对其补偿效果影响很大，结合现场实际情况，执行机构对给定阶跃的响应时间为100ms，完全响应要400ms左右，而动态速降的第一次恢复时间在150ms左右（见表1中的F2），完全恢复时间在350ms左右，所以如果预补偿量持续时间过长，同样会使补偿量撤下滞后，影响正常轧钢。所以，从现场来看，咬钢后就应当将补偿量撤下来。

3.2　动态速降最优预补偿量的确定

动态速降形成的套量是评价其对穿带过程的影响的重要指标。在混合仿真平台上，我们做了大量的仿真试验，发现对于一轧制规程，当补偿量超过一定值后，由于预补偿量形成的速度增加会造成本机架入口速度比上一机架出口速度大很多，形成一个大的正向张力，此张力远远大于设定张力，太大的张力值会造成穿带过程中带钢被拉窄，并且当补偿量撤下时造成张力剧烈波动。所以动态速降补偿并不是降多少就能补多少，而是有一个最优值。

以3402030号带钢的轧制规程为例，对F1、F2、F3后的活套分别加1%、2%、3%、4%、5%的补偿量，可以得出其穿带过程的最大套量，结合张力波动曲线，发现取3%左右的补偿量时，将会取得最优的补偿效果。超过3%，将减缓因补偿的增加而形成的套量的减少，但张力变化却更剧烈。混合仿真结果见表2。

表2　混合仿真穿带过程形成的套量

Tab. 2　Strip length in loop during threading by mixed simulation　　（mm）

	0%	1%	2%	3%	4%	5%
L_{F2}	7.4	6.8	6.2	5.2	4.8	4.3
L_{F3}	13.5	12.5	11.8	10.9	10.2	8.9
L_{F4}	21.8	20.2	17.8	16.6	15.5	14.3

注：0%~5%表示预补偿百分数。

4　动态速降预补偿的现场实验

结合现场情况，对F4机架的7卷不同规格的带钢动态速降进行了预补偿试验，其预补偿量事先给定，咬钢之前，加入预补偿量，一接收到受载信号，即将补偿量撤下，其试验结果汇总见表3。

表3　宝钢2050精轧第四机架动态速降预补偿试验结果

Tab. 3　Experimental result of speed drop precompensation on 2050mm finish rolling F4 stand

带钢号	补偿/%	H/mm	h/mm	P/kN	$V1$/m·s^{-1}	$V2$/m·s^{-1}	d$V1$/%	d$V2$/%	t/m·s^{-1}
3402005	0	10.83	7.568	13674.97	4.76	4.76	6	6	260
3402009	0.5	10.204	7.138	14947.4	4.89	4.87	5.63	5.08	160
3402011	1	8.64	5.854	17222.25	4.74	4.69	5.3	3.97	160
3402013	0	13.248	9.677	15150.85	4.78	4.78	5.7	5.7	200
3402017	2	13.248	9.684	16279.7	4.88	4.78	5.3	3.16	120
3402019	2	13.565	9.97	14815.7	4.8	4.7	5.3	3.25	120
3402023	0	11.564	8.224	18368.26	3.6	3.6	10.7	10.7	180
3402024	2	9.575	6.637	20728.46	4	3.92	10.13	8.1	100
3402030	0	8.301	5.56	21897.28	4.95	4.95	7.06	7.06	180

续表 3

带钢号	补偿/%	H/mm	h/mm	P/kN	$V1$/m · s^{-1}	$V2$/m · s^{-1}	d$V1$/%	d$V2$/%	t/m · s^{-1}
3402031	2.5	8.348	5.579	21086.23	5.07	4.93	7.3	4.64	80
3402032	3	8.333	5.573	20587.9	5.07	4.93	7.3	4.3	80

注：$V1$：预补偿后的新速度；$V2$：预补偿前的原速度；d$V1$：相对于补偿后速度的速降；d$V2$：相对于补偿前速度的速降。

4.1 动态速降预补偿仿真试验与现场试验对比

在此仅详细给出对带钢号为 3402030、3402032 两块相同规格带钢的动态速降预补偿实验结果，3402030 号钢带的动态速降实测曲线如图 2 所示，将其数据录入混合仿真平台如图 3 所示，实测数据为电压与时间的关系曲线，录入后，将其转换为速度与时间的关系曲线；对 3402032 号钢带加入预补偿 3%后的实测曲线如图 4 所示，仿真平台计算的结果如图 5 所示。其中图 3、图 5 纵轴表示轧辊速度降（m/s），横轴为时间（ms），总时间为 570ms；图 2、图 4 纵轴表示电压（V），每格 0.1V，横轴表示时间（ms），每格 40ms。

实测试验结果显示，不加补偿其最大速降量 7.06%，第一次恢复时间为 180ms，补偿后相对于补偿后的速度的速降量为 7.3%，相对于补偿前的速度的速降量为 4.3%，第一次恢复到补偿前的速度初始值的时间为 80ms。仿真试验结果为相对于补偿后的速度的速降量为 7.07%，相对于补偿前的速降量为 4.1%，第一次恢复到补偿前的速度的时间也是 80ms 左右，仿真结果与实测数据十分接近。

4.2 动态速降预补偿结果分析

从试验结果可知，由于咬钢过程动态速降绝对量由执行机构本身的特性决定，所以加入补偿对其绝对速降量没有影响。其第一次恢复到原始值的时间减少了 40%~55%，其相对补偿前的速降量则是补偿多少，减少多少。动态速降补偿，在一定程度上，增加了速度的波动，但这一波动相对于速降来说较小，并且是在一较小的值附近波动。从图 4 可看出，速降的第二个峰值已经很近第一个峰值，如果超过第一个峰值，将会造成后面峰值的更大震荡，所以从图 4 也可以看到，3%的补偿量已经接近补偿的极限值。总之，动态速降预补偿不仅减少了速降恢复时间，而且减少了相对速降量，这对无活套连轧从咬钢到张力的顺利建立是十分重要的。

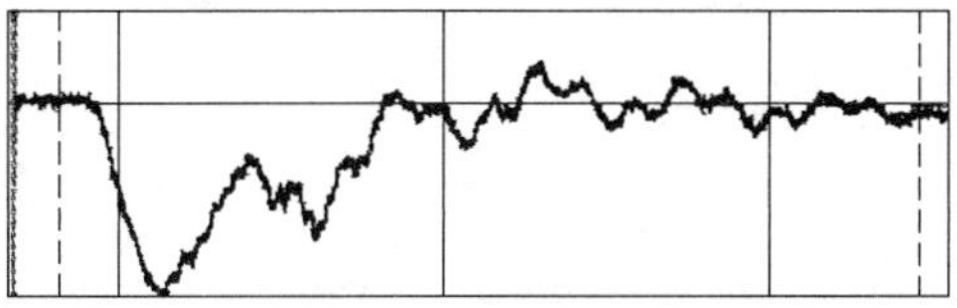

图 2 实测动态速降曲线（$V_{电压}$-t）

Fig. 2 Measured speed drop（$V_{voltage}$-t）

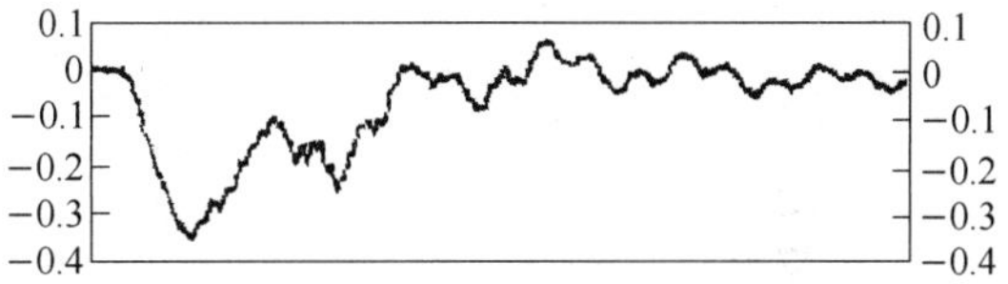

图 3 实测数据录入仿真平台的曲线（v-t）

Fig. 3 Curve of measured speed drop data in simulation system

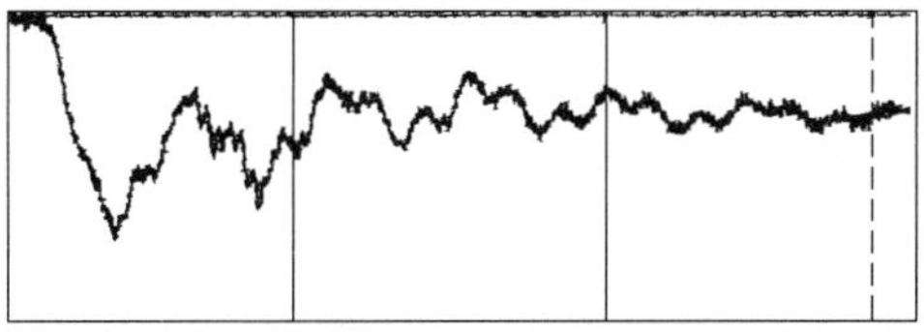

图 4 加入 3%的补偿后实测速降曲线（$V_{电压}$-t）

Fig. 4 Measured speed drop with 3% compensation（$V_{voltage}$-t）

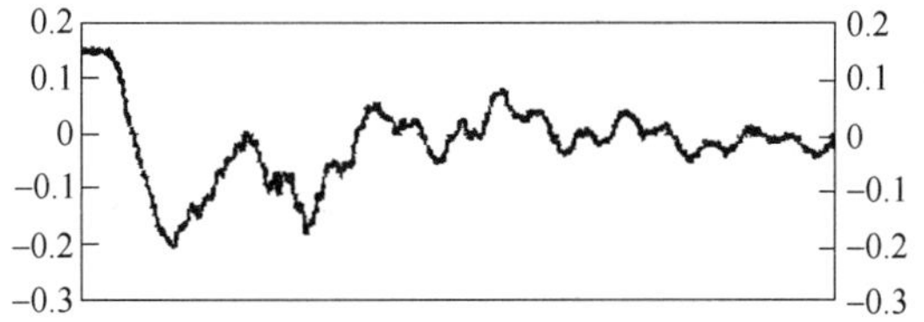

图 5 加入 3%的补偿后的混合仿真结果（v-t）

Fig. 5 Mixed simulation result with 3% compensation

5 结论

（1）从实际测量宝钢 2050 热轧机 F2~F4 动态速降情况表明，采用负荷观测器与活套协调控制，能很好地满足生产要求，动态速降产生的套量与目前的设定值接近。

（2）用复合张力代替活套控制，取消活套后，目前的动态速降仅仅依靠负荷观测器不能得到很好的补偿，采用动态速降预补偿，能保证从咬钢平稳过渡到正常连轧。

(3) 通过建立混合仿真平台，可以通过离线仿真确定最优的预补偿量和评价补偿效果，其补偿量及效果进行了现场试验并取得验证。

参 考 文 献

[1] 田沼正也，大成干彦．直接计算による为动特性解析法［J］．塑性と加工，1972，13：122-130.

[2] 田沼正也．冷间タンデムミルの动特性解析［J］．塑性と加工，1973，14：429-438.

[3] 美坂佳助，大桥保弓．通板时、加减速时の板厚制御［J］．塑性と加工，1974，15：309-414.

[4] 张进之．冷连轧穿带过程速度设定及仿真试验［J］．钢铁研究总院学报，1984，4（3）：265-270.

[5] 张永光，梁国平，郑学锋，等．计算机模拟冷连轧过程的新方法［J］．自动化学报，1979，5（3）：177-186.

（原文发表在《宝钢技术》，2001（6）：49-56）

论常用连轧张力微分方程的适用范围

张进之

（钢铁研究总院工程中心，北京 100081）

摘 要 论证了常用的连轧张力微分方程，证明此方程完全适用于工程计算，由它和总张力相等条件联立解出的变截面张力公式除了忽略$\frac{e}{E}$项所带来的误差外，无其他误差。此外，分析了参考文献［1］介绍的一个连轧张力微分方程的推导过程，认为此方程不能精确地描述变截面情况下的微分关系。为此，本文作者推导出了能精确描述变截面情况的分布参数张力微分方程。

关键词 连轧；张力；微分方程

Application scope of tension differential equation in tandem rolling

Zhang Jinzhi

(Central Iron & Steel Research Institute, Beijing 100081, China)

Abstract: The common tension differential equation in tandem rolling for engineering calculation was demonstrated. The tension equation with varied section which was inferred from equal total tension only had the error generated from ignoring e/E. By analyzing the inference procedure of tension differential equation suggested in references [1], the mistakes on math-ematical method and physical concept were pointed out. So it can't correctly describe the differential relations of varied section. The tension differential equation with distributed parameters which can accurately describe the tension at varied section was inferred.

Key words: tandem rolling; tension; differential equation

符号总表

b_b，b_f——后张力和前张力对前滑的影响系数；

S——前滑系数；

F——钢带截面；

t——时间；

E——轧件的弹性模量；

u——轧辊线速度；

H，h——在入口和出口处钢带的厚度；

v_i——i 机架轧件出口速度；

h_F——在截面处钢带的厚度；

v_{i+1}——$i+1$ 机架轧件入口速度；

i——机架号；

x——机架间钢带坐标；

k——时刻；

X——相对变形率；

L——机架间的距离；

e_i——i 机架轧件前张力。

连轧张力微分方程是描述连轧过程的基本方程之一，是国内外连轧理论分析和生产实践中较常用的微分方程，即：

$$\frac{\mathrm{d}e}{\mathrm{d}t}=\frac{E}{L}(v'_{i+1}-v_i) \tag{1}$$

但是，从理论上讲此方程不够精确，一方面，因为机架间钢带厚度、变形率等都是不均匀的，应当以分布参数形式来描述；另一方面，该方程存在因未反映变形状态而引起的误差。

早在 1947 年就已经开始对未考虑变形状态造成的误差问题进行了讨论。国外较有影响的是ФайнбергЮМ 等的连轧张力变形微分方程。笔者在 70 年代初推导出了 1 个张力微分方程[2]，即：

$$\frac{\mathrm{d}e_i}{\mathrm{d}t} = \frac{E}{L}(v_{i+1} - v_i)\left(1 + \frac{e_i}{E}\right) \qquad (2)$$

由于在实用张力范围内，$e_i \ll E$，$e_i/E = 1/1000$ 故式（1）在工程上是完全实用的，具有较高的精确度。在忽略$\frac{e_i}{E}$项的前提下，借助连轧张力系统定常性条件可得到多机架连轧动态张力公式[2]。

关于分布参数问题，在只研究连轧速度失调（由轧辊速度引起的秒流量不相等）引起的张力变化问题时，完全可以假定机架间的厚度是均匀的。参考文献［2］认为引起张力变化的因素来自两个方面：一是轧辊速度；二是轧件厚度变化，这样就突出了截面问题。当钢管在张力减径过程中发生张力塑性变形时钢管截面变化较大。由于上述原因，笔者很早就对变截面连轧张力变形微分方程问题进行了研究，得出了适用的连轧张力变形微分方程，即：

$$\frac{\partial X}{\partial t} + \frac{\partial X}{\partial x}v = (1 + X)\frac{\partial v}{\partial x} \qquad (3)$$

文献［3］给出了驻值条件（$\partial X/\partial t = 0$）的特解。黄光运教授[4]又给出了速度方程和截面方程，随后得到弹性体传动的动力学方程组并给出了解。因而分布参数问题已在理论上得到解决。

但是，分布参数计算量大，给工程应用带来一定困难，同时应用它需要具备较深的数学知识。为此，对变截面情况需要一个简明实用的连轧张力公式。为此，笔者将常用的张力微分方程，即式（1）与总张力相等方程联立，得到了一个形式简单的变截面连轧张力公式[5,6]，该公式的精度与恒截面公式相同。还有一些研究人员从变截面拉伸问题出发，引入变截面张力微分方程，这是一种工程处理方法。鉴于文献［7］认为常用张力微分方程不能用于变截面情况，笔者在文献［6］中详细论证了常用张力微分方程的适用范围，认为分布参数问题已有严格解法，没有必要引入变截面张力微分方程。后来，文献［1］提出了一个新的连轧张力微分方程，进一步否定了常用连轧张力微分方程可在变截面条件下应用。为此，笔者提出如下问题与文献［1］的作者商榷，并提出了能精确描述变截面情况的分布函数张力微分方程。

1　与文献［1］作者的商榷

1.1　数学方法和物理概念的质疑

文献［1］根据图 1 所示的机架间的厚度变化进行了推导，从变形规律和虎克定律得到下式[1]：

$$\int_0^L \frac{\mathrm{d}e(x,\ t)}{E}\mathrm{d}x = (v'_{i+1} - v_i)\Delta t \qquad (4)$$

由总张力相等条件并微分后得到下式[1]：

$$e(x,\ t)^{\circ}\mathrm{d}h(x,\ t) + h(x,\ t)^{\circ}\mathrm{d}e(x,\ t)$$
$$= e(0,\ t)^{\circ}\mathrm{d}h(0,\ t) + h(0,\ t)^{\circ}\mathrm{d}e(0,\ t) \qquad (5)$$

式（4）和式（5）虽然是正确的，但在数学和物理概念上则产生了下式[1]所示误差：

$$\mathrm{d}e(x,\ t) = \frac{h(0,\ t)^{\circ}\mathrm{d}e(0,\ t)}{h(x,\ t)} \qquad (6)$$

从数学上讲，高阶无穷小量才可忽略，而 $\mathrm{d}h(x,\ t)$ 和 $\mathrm{d}e(x,\ t)$ 是同阶小数，故不能忽略 $e(x,\ t)^{\circ}\mathrm{d}h(x,\ t)$ 和 $e(0,\ t)^{\circ}\mathrm{d}h(0,\ t)$ 项，因此从式（5）不能得到式（6）。

从物理概念上讲，即使厚度变化平缓，也不能令 $\mathrm{d}h(x,\ t) = 0$，因为它是 h 的一阶微分，令其等于零就无任何变化，也就不存在变截面问题了。

由恒截面条件出发来推导变截面张力微分方程是自相矛盾的。因此，笔者认为文献［1］所建立的连轧张力微分方程 $\left(\frac{\mathrm{d}e_{Fi}}{\mathrm{d}t}\right) = \left[E/h_i\int_0^L \frac{\mathrm{d}x}{h(x)}\right](v'_{i+1} - v_i)$ 无理论意义，用它与式(1) 对比来证明常用连轧张力微分方程不适用于变截面情况的结论也是不成立的。

1.2　变截面张力公式的运算结果

文献［6］由常用张力微分方程和总张力相等条件得出变截面张力公式：

$$e_{k+1} = e^{A_k\Delta t}e_k - \frac{E}{L}A_k^{-1}[I - e^{A_k\Delta t}]\Delta vk \qquad (7)$$

由式（7）可精确地计算出 F 截面处 $k+1$ 时刻的张力值。取 F 截面处的厚度为平均厚度，用下式计算得到：

$$h_F = \frac{1}{L}\int_0^L h(x)\mathrm{d}x \qquad (8)$$

再由总张力相等条件得到：

$$e_{Fi}hi = H_{i+1}e_{bi+1} = e_F h_F \qquad (9)$$

用式（9）即可精确地计算出入口和出口处 $k+1$ 时刻的张力值，以及任意截面处的张力值，即：

$$e_{Fi,\ k+1} = \frac{1}{L}\int_0^L h(x)\mathrm{d}x\,\frac{e_{k+1}}{h_{Fi,\ k}} \qquad (10)$$

$$e_{bi+1,\ k+1} = \frac{1}{L}\int_0^L h(x)\mathrm{d}x\,\frac{e_{k+1}}{H_{bi+1,\ k}} \qquad (11)$$

由式（7）、式（10）及式（11）计算出的张力值与文献［1］中微分方程求解得到的计算结果是相同的，因此文献［1］认为“恒截面张力微分方程与总张力相等方程联立求解在概念上是错误的”这一结论根据不足。

当然，文献［6］提出将式（7）的计算结果直接作为第 I 机架出口处的张力是一种近似算法。不过，这种近似在工程精度范围内是允许的。因为在实际连轧过程中，机架间厚度差总是有限的，不会出现零厚度或无穷大两种极端情况，即使在文献［1］中假设的极端情况（$h=\infty$）下，误差也只有 2 倍，而 2 与 ∞ 相比也是可以忽略的。因此，常用张力微分方程可适用于变截面连轧条件。

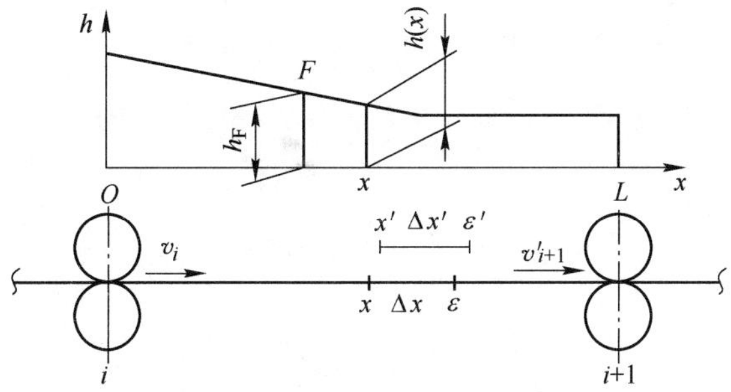

图 1　机架间带钢厚度变化

Fig. 1　Variety of strip gauge between different stands

2　分布参数连轧张力微分方程

笔者用弹塑性理论中的位移-变形-应力方法推导出了更具普遍意义的分布参数张力微分方程。在图 1 所示的钢带上任取 x 点和 Δx 小段。在 t 时刻，x 点的速度、变形率分别为 $v\ (x,\ t)$，$X\ (x,\ t)$；经过 Δt 时刻，x 点的速度和变形率分别变为 $v\ (x',\ t+\Delta t)$ 和 $X\ (x',\ t+\Delta t)$，$\Delta x'$。根据变形率定义，存在：

$$\Delta x = (1 + X)\Delta \bar{x} \tag{12}$$

式中，$\Delta \bar{x}$为 Δx 段的原始长度。

按图 1 所示的关系可得到：

$$x' = x + v(x,\ t)\Delta t \tag{13}$$

$$x' + \Delta x' = x + \Delta x + v(x + \Delta x,\ t)\Delta t \tag{14}$$

$$\Delta x = [1 + X(x,\ t)]\Delta \bar{x} \tag{15}$$

$$\Delta x' = [1 + X(x',\ t + \Delta t)]\Delta \bar{x} \tag{16}$$

用式（14）减去式（13），得到：

$$\Delta x' = [1 + X(x',\ t + \Delta t)]\Delta \bar{x} \tag{17}$$

将式（15）和式（16）代入式（17），整理后得到：

$$\frac{X[x + v(x,\ t)\Delta t,\ t + \Delta t] - X(x,\ t)}{\Delta t} = [1 + X(x,\ t)]\frac{v(x + \Delta t,\ x) - v(x,\ t)}{\Delta x} \tag{18}$$

取极限（$\Delta t\to 0$，$\Delta x\to 0$）就可以得到分布参数的张力微分方程。

这里首先需要说明的是，式（18）左边项是全导数，即位置和时间都发生了变化的导函数。按全微分计算公式 $\mathrm{d}X=\left(\frac{\partial X}{\partial t}\right)\mathrm{d}t+\left(\frac{\partial X}{\partial x}\right)\mathrm{d}x$，两边都除以 $\mathrm{d}t$ 得到：

$$\frac{\mathrm{d}X}{\mathrm{d}t} = \frac{\partial X}{\partial t} + \frac{\partial X}{\partial x}v \tag{19}$$

将式（18）取极限，得到：

$$\frac{\mathrm{d}X(x,\ t)}{\mathrm{d}t} = [1 + X(x,\ t)]\frac{\partial v(x,\ t)}{\partial x} \tag{20}$$

将式（19）代入式（20）并写成简化形式，得到：

$$\frac{\partial X}{\partial t} + \frac{\partial X}{\partial x}v = (1 + X)\frac{\partial v}{\partial x} \tag{21}$$

将虎克定律 $X=e/E$ 代入式（21），整理得到：

$$\frac{\partial e}{\partial t} + \frac{\partial e}{\partial x}v = (E + e)\frac{\partial v}{\partial x} \tag{22}$$

式（22）即为笔者提出的分布参数连轧张力微分方程。从推导的过程可以看出，它只引用了变形率定义而未引入其他假设条件，因此它可广泛适用于各种连轧过程。

3　结论

（1）常用的连轧张力微分方程 $\frac{\mathrm{d}e_i}{\mathrm{d}t}=\left(\frac{E}{L}\right)(v'_{i+1}-v_i)$ 对弹性范围内的所有连轧情况都适用，其误差仅由忽略 $\frac{e}{E}$ 项引起的。由它与总张力相等方程联立得出的离散型张力公式完全适用于变截面情况。

（2）文献［1］提出的连轧微分方程在数学上和物理概念上均有可商榷之处。

（3）欲精确地描述变截面情况下的连轧过程可采用分布参数张力微分方程，即：

$$\frac{\partial e}{\partial t} + \frac{\partial e}{\partial x}v = (E + e)\frac{\partial v}{\partial x}$$

参 考 文 献

［1］王国栋．建议一个连轧张力微分方程［J］．金属学报，1984，B20（2）：47-52.

［2］张进之．连轧张力公式［J］．金属学报，1978，14：

127-138.

[3] 张进之. 连轧张力变形微分方程的分析讨论 [J]. 钢铁，1978，13 (4)：85-92.

[4] 黄光远. 分布参数方法对连轧控制问题的应用 [J]. 自动化学报，1980，6 (3)：209-216.

[5] 张进之，郑学锋，梁国平. 冷连轧动态变规格设定控制模型的探讨 [J]. 钢铁，1979，14 (6)：56-64.

[6] 张进之. 连轧张力方程适用范围的分析讨论 [J]. 金属学报，1982，18 (6)：755-761.

[7] 张树堂，刘玉荣，变截面张力微分方程与冷连轧动态数字模拟数学模型 [J]. 金属学报，1981，17 (2)：206-212.

(原文发表在《钢铁研究学报》，2002，14 (5)：73-76)

热轧张力观测器模型的研究与构建

王　喆[1❶]，张进之[2]

（1. 宝山钢铁股份有限公司热轧厂，上海　201900；2. 钢铁研究总院）

摘　要　张力观测器模型是微张力控制模型实现的基础，本文提供了一种精确的热轧机架间微张力预报的方法。采用新张力计算模型，结合轧制过程中轧制力臂变化，基于以弹性变形理论为基础的张力方程，设计出张力动态变化的计算方法，由此构建新的热轧微张力控制过程的张力观测器，在生产应用中取得了良好的效果。

关键词　张力观测器模型；轧制力臂；动态收敛；前滑

Research and construction of tension observer model for hot continuous rolling mill

Wang Zhe[1], Zhang Jinzhi[2]

(1. Hot Rolling Mill of Baoshan Iron and Steel Co., Ltd., Shanghai 201900, China; 2. Central Iron and Steel Research Insitute)

Abstract: Tension observer model is the basis for realizing the mini-tension control model. An accurate fore-casting method for mini-tension between hot rolling stands was presented. Taken the new tension calculation model, combined the change of rolling force arm in rolling process and according to tension equation based on elasticity distortion theory, a calculation model for dynamic tension change was designed. Then, new tension observer for hot rolling mini-tension control process was constructed and good effect was achieved in actual production application.

Key words: tension observer model; rolling fore arm; dynamic constringency; forward slip

0　引言

热连轧机组张力控制是轧制过程中一个极其重要的问题，直接影响到产品的质量和生产的正常进行。正确解决张力控制中的各个不利因素，保持带钢张力在轧制过程中在正常的范围内波动，具有极高的经济价值。

宝钢2050热连轧在$F_1 \sim F_2$之间采用微张力控制，取消了活套，有效地避免了“桥式效应”对轧制品种、规格（主要指厚板）的限制，节省了大量的能源。微张力控制是通过机架间张力的变化，反映出带钢所处的状态（拉钢还是起套），进而调整相关机架的速度，实现机架间带钢储量的恒定。而热连轧机架间的张力量值很小，无法直接通过简单的测张计测量，只能采用张力观测器的方法间接计算得出。张力观测器的计算准确与否，关系到速度调整的大小和方向，直接影响连轧生产的稳定。

1　张力计算模型

宝钢2050热连轧张力计算原来使用以轧制力和轧制力矩为主要参数的模型，但在生产中经常出现起套和拉钢现象，于是引入了以轧制力臂为主要参数的新模型，下面对两种模型做一具体的说明。

---

❶　作者简介：王喆（1973—），男，河南南阳人，工程师，长期在宝钢热轧厂从事轧钢自动化工作。

1.1　原张力计算模型

$$T_i = \frac{1}{c_i}(P_i 2a_i + b_i T_{i-1} - M_i) \tag{1}$$

式中，P_i 为轧制压力实测值；M_i 为轧制力矩；T_i 为计算张力；a_i 为轧制力力臂系数；b_i 为张力力臂系数；c_i 为系数；i 为机架号。

上述模型中 a_i、b_i、c_i 三个系数的计算采用了经验常数，造成模型的精度不够高，因此，引入了测压辊的压力监控修正。

监控张力 T_i 由下式计算：

$$T_i' = F_i - (G_1 + G_2) \tag{2}$$

式中，F_i 为过钢辊油缸压力实测值；G_1 为过钢辊自重；G_2 为带钢自重。

实际生产过程中，由于各种因素的影响，常引起轧制的不稳定，在轧制薄规格带钢时尤为明显，曾经多次发生过机架 $F_1 \sim F_2$ 间起套后双层进钢，造成 F_2 断辊事故。因此在张力预报中引入了以轧制力臂为主要参数的新模型。

1.2　新张力计算模型[1]

$$T_i = \frac{P_i}{R_i}\left[l_i - l_{i-1} - \left(\frac{M_i}{P_i} - \frac{M_{i-1}}{P_{i-1}}\right) + \left(\frac{R_{i-1}}{P_{i-1}} + \frac{R_i}{P_i}\right)T_{i-1} - \frac{R_{i-1}}{P_{i-1}}T_{i-2}\right] \tag{3}$$

式中，R_i 为轧辊压扁半径；l_i 为轧制力臂。

上式应用于 $F_1 \sim F_2$ 之间的张力计算，可简化为：

$$T_1 = \frac{P_1}{R_1}\left[l_1 - l_0 - \frac{M_1}{P_1}\right] \tag{4}$$

在式（3）中，轧制力臂 l_i 是影响张力计算的主要参数，该公式的基准是无前张力时的轧制力臂，没有考虑机架 $F_1 \sim F_2$ 间建立张力后和轧制过程中力臂基准的变化，因此，必须对力臂基准进行动态修正。

2　轧制力臂修正

2.1　建张前后轧制力臂变化

2.1.1　定性分析

对比机架间张力建立前后在变形区单位压力分布曲线之重心的变化，可以得知轧制力臂的变化[2]。分析如下：

前张力和后张力都可以削弱变形区摩擦峰的高度，使轧制压力降低，同时又分别使摩擦受力重心点向后和向前移动。图 1（a）显示后张力存在对单位压力分布的影响，图 1（b）显示前后张力均存在时对单位压力分布的影响。由于 F_2 咬钢以后增加了前张力的作用，结果使受力重心点向后偏移，也就是轧制力臂增加。

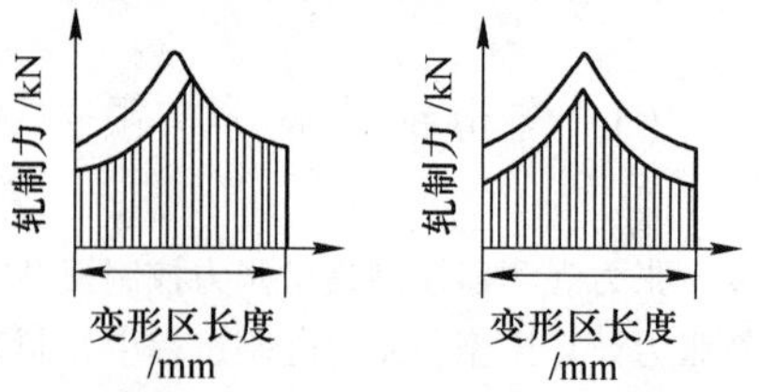

(a) 后张力存在　(b) 前、后张力均存在

图 1　张力存在时对变形区单位压力分布的影响

Fig. 1　Tension influence on specific pressure distribution in deforming zone

2.1.2　定量分析

实际轧制过程中，对建张前后有关数据进行测量，经下式计算可以确定轧制力臂变化的量值。

无前张力时力臂：$l_{i0} = \dfrac{M_{i0}}{P_{i0}}$　(5)

建张后力臂：$l_i = \dfrac{T_i R_i + M_i}{P_i}$　(6)

其中，　$T_i = H_i B_i \sigma_i$

式中，H_i 为带钢厚度；B_i 为带钢宽度；σ_i 为单位张力。

力臂变化量：$\Delta l_i = l_i - l_{i0}$　(7)

通过对多种规格带钢在轧制过程中相关工艺参数的采集，数据经处理后依据上述公式进行计算，得出的 $\Delta l_i > 0$，也验证了轧制力臂增大的分析结果。同时拟合出建张后轧制力臂增加的量值为 1mm 左右，见表 1。

表 1　建张前后力臂变化

Tab. 1　Tension arm variation with and without tension　(mm)

带钢规格（宽×厚）	无前张力力臂	带前张力力臂	力臂增加量
970×1.83	38.66	39.60	0.94
1015×2.01	39.19	40.24	1.05
1015×2.51	37.57	38.67	1.10
1015×3.13	35.89	36.80	0.91
1015×3.82	36.55	37.49	0.94

2.2　加速轧制对轧制力臂的影响

2050 热轧精轧机组设计了温度加速度和功率

加速度功能，分别用于保证终轧温度的恒定和提高精轧机组的产能。相对于恒速轧制，在压下量、轧辊直径等工艺参数不变的情况下，加速轧制中，随着轧制速度的升高，轧辊与带钢间的摩擦因数逐渐减小，则剩余摩擦力减小，使得带钢的前滑减小，从而轧制力臂逐渐减小。

加速轧制的速度取决于穿带基速和加速因子，在新张力模型中，轧制力臂的初始值是建立在穿带基速的基础上，而在轧制中反映张力变化的轧制力臂必须剔除加速因子的影响。因此，在轧制力臂的修正中设置了一个斜率发生器，该发生器是实际转速 V_i 与穿带基速 V_{i0}差值的线性函数。如式（8）所示。

$$\Delta l'_i = k_i(V_i - V_{i0}) \tag{8}$$

k_i 参数的选择是在稳态轧制时使新张力预报模型接近原张力预报模型。实际应用中，又加入了一个低通滤波器[3]，以消除噪声信号的干扰。结构框图如图 2 所示。

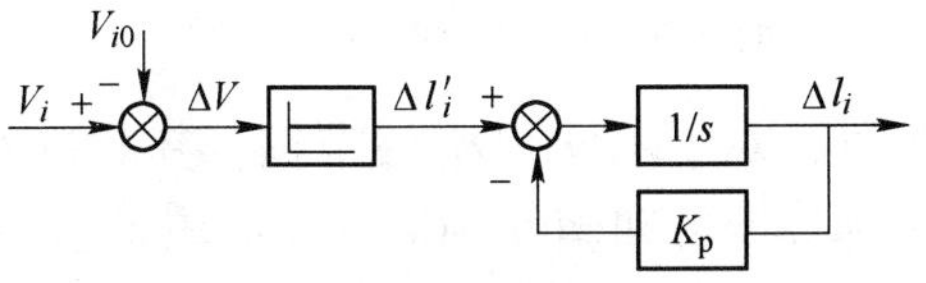

图 2　加速轧制时力臂修正结构框图

Fig. 2　Block diagram of tension arm corrected while accelerated rolling

图 2 中，$\Delta l'_i$为式（8）计算出的力臂修正量，Δl_i 为增加滤波环节后的力臂修正量，K_p 为可调比例系数。

3　构建张力渐近收敛状态观测器

连轧张力状态方程[4]：

$$\frac{\mathrm{d}\sigma(t)}{\mathrm{d}t} = \frac{E}{L}[\boldsymbol{A}\sigma(t) + \Delta\boldsymbol{V}(t)] \tag{9}$$

式中，$\sigma(t)$ 为单位张力；$\Delta\boldsymbol{V}(t)$ 为机架间的速度差；E 为弹性模量；L 为机架间距；$\boldsymbol{A}$ 为三角系数矩阵，可以证明其特征值全部小于 0。

新张力计算模型是从静态力矩平衡的角度来描述张力的，偏向于描述带钢张力的稳态值，不反映带钢张力的收敛情况。连轧张力状态方程是从运动学角度来描述张力动态变化过程，它的理论基础是虎克定律，偏向于用弹性变形来描述带钢的张力。式（9）对张力的变化比较敏感，但张力的初始状态不可知，所以反映出的张力基准有误差。从理论上说，二者应该是一致的。但由于实际应用中各种因素的影响，二者从不同的方向在一定程度上偏离了真实的带钢张力。所以，考虑在式（9）的基础上构建张力渐近收敛状态观测器，以补充式（3），综合地反映张力的收敛情况和变化量，以期更好地趋近真实的带钢张力。

基于式（9），当张力趋于平衡时：

$$\sigma(\infty) = -\frac{1}{\boldsymbol{A}}\Delta\boldsymbol{V}(\infty)$$

设计渐近收敛状态观测器：

$$\frac{\mathrm{d}\hat{\sigma}(t)}{\mathrm{d}t} = \frac{E}{L}[\boldsymbol{A}\hat{\sigma}(t) + \Delta\boldsymbol{V}(t) + \boldsymbol{L}_1 T(t) - \boldsymbol{L}_2(\hat{\sigma}(t) - \sigma(t)) + \boldsymbol{L}_3\Delta\boldsymbol{V}(t)] \tag{10}$$

式中，$T(t)$ 为由张力计算模型（3）得到的张力预报值；$\boldsymbol{L}_1$ 为张力计算模型趋近系数，表示张力计算模型（3）在渐近收敛状态观测器中的权重；$\boldsymbol{L}_2$ 为状态观测器动态收敛修正系数，用于提高所观测状态的收敛速度；$\boldsymbol{L}_3$ 为张力平衡值保持系数，用于克服由于引进 $\boldsymbol{L}_2$ 而产生的静态增益变化。

为使系统稳定收敛，可确定系数 $\boldsymbol{L}_1$、$\boldsymbol{L}_2$、$\boldsymbol{L}_3$ 如下：

$$\boldsymbol{L}_1 = \xi(-\boldsymbol{A} + \boldsymbol{L}_2)$$

式中，ξ 为权重系数，$0 \leqslant \xi \leqslant 1$。

$\boldsymbol{L}_2$，使 $\boldsymbol{A}-\boldsymbol{L}_2$ 为常数，由于式（10）稳定与否取决于 $\hat{\sigma}(t)$ 的系数矩阵 $\boldsymbol{A}-\boldsymbol{L}_2$，其特征值需全部小于 0，因此，在选择 $\boldsymbol{L}_2$ 时考虑保证 $\boldsymbol{A}-\boldsymbol{L}_2$ 特征值全部小于 0，并且使特征值的绝对数值增大为原来的 5 倍以上，以提高收敛速度。

$$\boldsymbol{L}_3 = -\xi - (1-\xi)\boldsymbol{L}_2/\boldsymbol{A}$$

当张力趋于平衡时：

$$\hat{\sigma} = (\infty) = -(1-\xi)\frac{1}{\boldsymbol{A}}\Delta\boldsymbol{V}(\infty) + \xi\boldsymbol{T}(\infty) \tag{11}$$

当 $\xi = 0$ 时，状态观测器（10）收敛于连轧张力状态方程（9）；当 $\xi = 1$ 时，状态观测器（10）收敛于新张力计算模型（3）；当 $0<\xi<1$ 时，状态观测器（10）收敛于张力状态方程（9）和新张力计算模型（3）的一个中间值。

对于 $F_1 \sim F_2$ 机架之间的张力，上面系数矩阵为一维的常系数，实际应用中 $\boldsymbol{L}_2$ 选取 −10，能够保证系统的稳定性和更快的收敛速度。

4　使用效果

4.1　减小张力波动

新张力观测器于 2003 年 2 月在宝钢 2050 热轧基础自动化中投入试运行，对投运前后的张力波动进行了对比，如图3所示，张力波动降低50%以上。图中，横轴表示轧制一块带钢的时间。纵轴用张力实测值与设定值的偏差占张力设定的百分比表示张力波动。

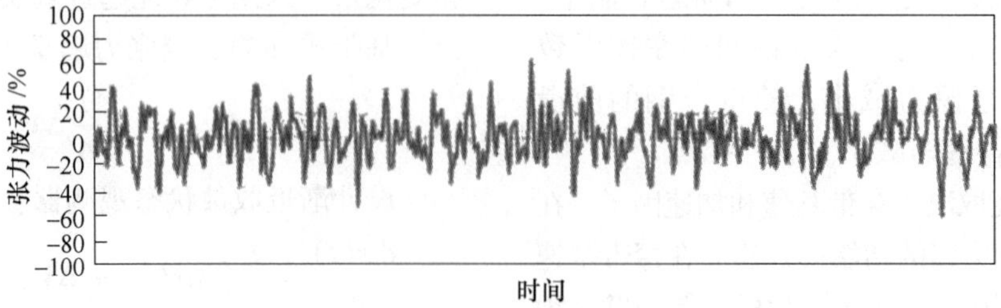

(a) 投运前

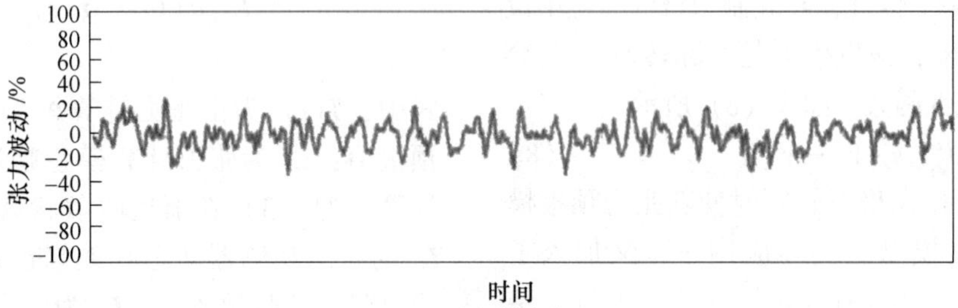

(b) 投运后

图3　新张力观测器投运前后张力波动比较

Fig. 3　Tension deviation comparison before and after putting into operation of new tension observer

4.2　提高了生产的稳定性

据统计，2002 年 2050 热轧微张力起套或拉钢，一年中共发生 27 次，在新模型投入运行一年中共发生 3 次，且起套或拉钢的程度明显减轻。

5　结论

根据对宝钢 2050 热轧不同钢种的大量数据分析，轧制过程正常时，渐近收敛状态观测器的张力可以很好地逼近连轧张力状态方程的张力（动态过程），或带监控修正的原张力计算模型的张力（稳态过程），异常时基本反映操作工的干预期望。从而得出新构建的张力观测器的优点：

（1）相对于原张力预报模型，新观测器的调节范围较大；

（2）稳定性好，抗干扰能力强。

另外，对于不同规格的带钢，其轧制过程中发生的弹性变形和塑性变形程度应该是不一样的。渐近收敛状态观测器中的权重系数ξ与这个程度有关。所以，可以按规格设定权重系数ξ，使张力控制适应各种轧制工况。

参考文献

[1] Tanifuji S, Morooka Y. 热精轧机张力控制系统的研制 [C] //IFAC 第八届世界大会钢铁自动化文集．北京：冶金自动化研究设计院，1982：46.

[2] 王廷溥．金属塑性加工学 [M]．北京：冶金工业出版社，1995：52-54.

[3] 何克忠，李伟．计算机控制系统 [M]．北京：清华大学出版社，2002：259-260.

[4] 张进之．连轧张力公式 [J]．金属学报，1978，14 (2)：127-137.

（原文发表在《冶金自动化》，2005（3）：29-32）

热连轧过程控制问题分析及改进效果

张进之[1]，段春华[1]，赵厚信[2]，王 喆[2]，王保罗[2]

（1. 钢铁研究总院工程中心，北京 100081；
2. 宝山钢铁股份有限公司热轧厂，上海 200941）

摘 要 连轧过程张力是最主要的因素，研究了张力对力臂的影响规律：前张力使力臂增加。分析得出影响张力（活套）变化的主要因素是厚度，所以认清了日本、德国等在 20 世纪 70 年代精轧机取消活套的技术未能在工业轧机上推广应用的原因。修改监控参数和单参数张力观测器，提高了厚度控制精度和张力控制精度，厚差 ±30μm比例增加了 5%以上；张力波动减小了 50%。

关键词 热连轧；张力；厚度；力臂；AGC

Analysis and improvement of hot strip rolling process control

Zhang Jinzhi[1], Duan Chunhua[1], Zhao Houxin[2], Wang Zhe[2], Wang Baoluo[2]

(1. Engineering Center, Central Iron and Steel Research Institute, Beijing 100081, China;
2. Hot Rolling Mill, Baoshan Iron and Steel Group Corporation, Shanghai 200941, China)

Abstract: Tension is a key factor in the process of continuous rolling. The effect of tension on arm of force was studied that: forward tension can enhance the arm of force. The results showed that gauge has a main effect on tension (lopper) and then the reason that German and Japan didn't put non looper technology into industrial application in 1970s was drawn. Adjusting monitor parameters and one parameter tension control apparatus improved the precision of gauge control and tension control. The percentage of products which gauge is within ± 30μm was increased by over 5 %, the tension fluctuation was reduced by 50%.

Key words: hot strip rolling; tension; gauge; arm of force; AGC

2000 年初宝钢正式立项开始无活套连轧试验工作，在 20 世纪 70 年代末 80 年代初国际上多家公司开发这一技术，但真正在生产中实际应用的属于少数。就宝钢 2050 热轧机而言，原计划用张力观测器的微张力控制系统要代替 3 个活套支撑器装置，但实际上只有 F1 ~ F2 之间用上了微张力控制系统，当时分析认为西门子没有实现 F1 ~ F4 无活套轧制的原因是控制器设计上应用了秒流量相等条件，经过多年的试验工作，深入认识到未成功的原因：（1）力臂是变化的，它是张力和摩擦因数（轧制速度）的函数；（2）西门子张力测量的 5 参数方法（同日本三菱方案），不仅复杂，而且由于张力与压力、力矩的关系是非线性的，不应当用简单的叠加计算；（3）通过对新日铁、日本钢管和西门子无活套连轧技术研究和论文的分析，认识到日本钢管之所以能在生产中实现无活套连轧生产（厚规格），因为它应用了在线实时估计力臂参数，特别应指出的是日本钢管热连轧的压下系统为电动压下；（4）认清了应用单参数张力观测器在轧薄板时（成品板厚 $h<2.5$mm）尾部起套的原因，是由于薄规格 F1，F2 的 l/h 大，摩擦因数高，在加速轧制时由于摩擦因数减小，使力臂减小，从而张力观测值大于实际值（另外，速度遗传也有较大的影响），造成第 1 机架轧件出口速度 v_1 大于第 2 机架轧件入口速度 v_2' 而起套；（5）机架间无活套连轧的速度设定应当与有活套设定不一样，无活套时，F(i) 轧件出口速度应小于 F($i+1$) 轧件入口速度才能尽快建立起

张力达到稳态连轧，而宝钢的实际设定与有活套连轧相同。

1　2050 热连轧工程数据的分析

分析的目的是找到用单参数张力观测器薄规格起套的原因，具体分析了 2000~2001 年的 5 批数据，这 5 批数据的规律、特征是一样的，以 2000 年 9 月 19 日的一批数据为代表，按成品厚度为序，如表 1 所示。其中，H_0 为坯料厚度；h_i 为第 i 机架出口厚度；B 为宽度；Δh_i 为第 i 机架压下量；u_i 为第 i 机架的轧辊速度；l_i 为第 i 机架接触弧度。

从表 1 数据中可以看出以下几点规律：

（1）成品厚度（h_7）越薄，坯料厚度（H_0）越薄，第一机架压下量（Δh_1）越大，而第 2 机架及以后各机架压下量（Δh_i）越小；

（2）成品厚度越薄，$\frac{l_1}{h_1}$越大，而且$\frac{l_2}{h_2}$也与 F1 存在相同的规律；

（3）总的伸长率$\frac{H_0}{h_7}$，随成品厚度减小而增大，如 $h_7 = 1.448\text{mm}$ 为 26.6，而 $h_7 = 5.93\text{mm}$ 时为 7.97，由此而引起薄规格加速度大于厚规格（表 2）；

表 1　2000 年 9 月 19 日工程记录的摘要数据

Tab. 1　Record data on September 19 in 2000

H_0/mm	h_7/mm	B/mm	Δh_1/mm	u_1 /m · s^{-1}	Δh_2/mm	u_7 /m · s^{-1}	$\frac{l_1}{h_1}$	$\frac{l_2}{h_2}$	$\frac{u_7}{u_1}$	$\frac{H_0}{h_7}$	温度加速度 /mm · s^{-2}	功率加速度 /mm · s^{-2}
38.520	1.448	1182	21.09	0.78	8.88	10.25	3.314	4.707	13.140	26.600	0.031	0.11
38.570	1.479	1183	21.06	0.78	8.89	10.25	3.302	4.675	13.140	26.080	0.031	0.11
40.781	1.971	1282	21.21	1.00	9.25	10.51	3.081	4.174	10.510	20.690	0.026	0.14
41.979	2.273	1500	21.21	1.06	9.52	10.52	2.963	3.951	9.925	18.469	0.029	0.12
41.131	2.275	1279	20.65	1.10	9.34	10.53	2.975	3.962	9.570	18.080	0.029	0.14
43.807	2.255	1481	18.70	1.12	9.96	10.35	2.422	3.758	9.240	19.427	0.038	0.10
39.221	3.067	1032	17.80	0.93	9.04	7.05	2.782	3.652	7.580	12.790	0.020	
47.007	3.145	1170	21.90	1.13	10.88	9.60	2.620	3.441	8.496	14.950	0.035	
43.769	3.565	1282	19.28	1.20	10.02	8.78	2.573	3.339	7.317	12.277	0.040	
43.782	3.869	1415	19.10	1.36	9.98	9.18	2.581	3.302	6.750	11.316	0.035	
47.238	4.597	1068	19.55	1.28	10.66	8.20	2.383	2.995	6.410	10.276	0.035	
47.060	4.604	1406	19.52	1.30	10.63	8.22	2.369	3.013	6.320	10.222	0.040	
47.075	5.135	1017	18.70	1.60	10.49	9.30	2.293	2.878	5.810	9.167	0.036	
47.240	5.929	1467	17.83	1.11	10.32	5.79	2.203	2.720	5.216	7.968	0.030	

表 2　2001 年 12 月 11 日现场记录的实际数据

Tab. 2　Actual data on December 11 in 2001

成品规格/mm	H_0/mm	u_1/m · s^{-1}	$u_{1 \cdot \max}$/m · s^{-1}	Δu_1/m · s^{-1}	$\frac{H_0}{h_7}$	$\frac{l_1}{h_1}$	$\frac{l_2}{h_2}$
1.57×1192	40.5	0.80	1.45	0.65	25.80	3.2	4.2
2.26×1239	39.8	1.08	1.77	0.69	17.61	2.9	3.9
3.02×1317	41.7	1.26	1.50	0.24	13.01	2.8	3.6
5.73×1010	45.1	1.31	1.47	0.16	7.87	2.2	2.7

（4）温度加速度和功率加速度与规格规律不明显，其原因是，薄厚规格降温规律复杂；

（5）板宽对$\frac{l_i}{h_i}$的影响不大。

2001 年 12 月在现场记录的大量不同规格加速度的情况，其中代表性的数据如表 2 所示。表 2 数据说明，薄规格速度变化大，而厚规格速度变化小，速度对摩擦因数影响在低速段轧件速度 v<

5m/s时，影响很大，国内外的试验，实测数据[1,2]均证明了这一点，为了有一个直观地认识，图1为文献［1］给出的摩擦因数与速度关系的示意图。图1虽然是冷轧的数据，对热轧也存在相同的定性规律，可近似地估计热轧比冷轧摩擦因数高5倍。

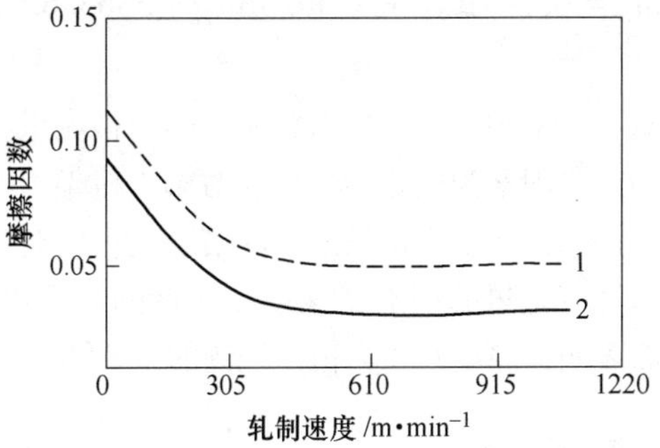

图1 摩擦因数和轧制速度的关系

Fig. 1 Relation between friction coefficient and rolling speed

1—溶性油；2—棕榈油和水

由表2的数据证明：轧制厚规格从加速度开始到最大速度的速度增加值远小于薄规格，所以连轧厚规格的钢带时，总的摩擦因数变化较小，轧制薄规格时速度增加量变化较大，所以摩擦因数对轧制工艺参数的影响必须认真研究。2050新的微张力控制试验完全符合这一规律：轧制薄规格时，带钢尾部起套，这是由于摩擦因数减小，使F1、F2前滑降低数量不同所引起的。从表2数据还可进一步分析，薄规格比厚规格加速度增加3倍，从而可以使稳态时的张力增加的力臂长度减小到改变符号“$\Delta l \to 0 \to -\Delta l$”，由此而造成F1机架预报的张力值大于实际的张力值。以上分析说明了轧制薄规格到2/3左右处，在F1～F2之间出现起套现象。

2 2050热连轧张力复合控制系统

2.1 微张力控制系统

表1、表2的数据表明，变形区形状参数 l/h 变化是很大的。薄规格与厚规格相比较接近2倍。变形区形状参数对摩擦规律及数值有很大影响，为进一步说明此问题，引用文献［3］的试验结果，如图2所示。

F1，F2的轧制温度 T 大约在1000℃，所以中间一条曲线可应用于2050热连轧F1、F2变形区形状参数与摩擦因数的函数关系。薄规格的摩擦因数约为0.15，厚规格约为0.18，厚规格与薄规格相对比值约1.2。

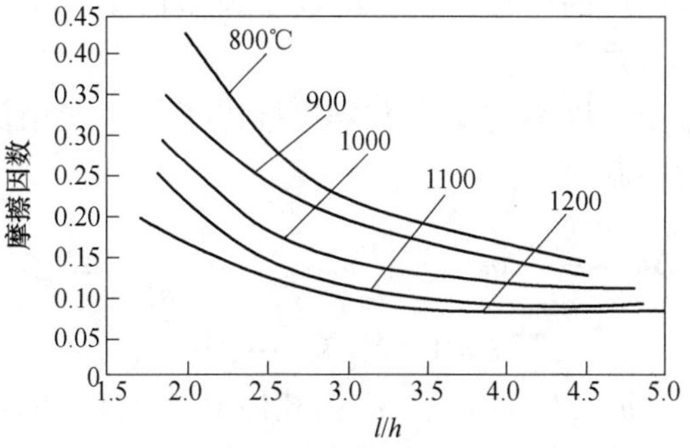

图2 低碳钢热轧时摩擦因数与变形形状参数和温度的关系

Fig. 2 Relation between friction coefficient, deformed shape parameter, and temperature of low carbon steel during hot rolling

速度对摩擦因数的影响大于变形区形状的影响，F1、F2的轧制速度一般小于3m/s，都在轧制速度明显影响摩擦因数区域内，估计厚规格和薄规格在加速度前与最大速度时摩擦因数变化约2倍。

以上分析得出，影响无活套张力控制的主要因素是速度，应当建立轧制速度与F1机架力臂长度变化的数学关系。由此提高张力预报数学模型的精度。该数学模型的建立可利用F1～F2之间测张力液压缸的数据，在目前张力计闭环控制的条件下，由测得 ΔT 数值与工艺条件（厚度、速度、宽度等）下的数值关系，进一步得到 $\Delta T=0$ 时的工艺条件与 Δl 的函数关系。其关系可由固定产品规格条件下 Δl_1 与 Δu_1 数值来表达。

Δl_1 与 Δu_1 的数值表是一种模糊表达方式，可以应用于实际控制。还有一种处理方法是应用日本钢管已经成功应用的递推最小二乘法，实时估计力臂长度的方法。

由F1、F2之间测张辊实测数据，厚度按目前2050热连轧分段法，即1.2～2.5mm、2.5～4.0mm、4.0～8.0mm、8.0～24.5mm 4个厚度段，回归分析法得到 Δl 与加速度关系的线性数学模型。当该模型经过控制验证，即测张辊的张力不参与闭环控制，实现了正常生产时，则完成了力臂数学模型的验证工作。

2.2 恒张力控制系统

为降低厚控制系统对张力的干扰和减轻微张力系统的负担，整体热连轧的恒张力控制系统投入运行，整体恒张力控制系统是以F7为基准考虑各机架轧辊速度和入口、出口厚度变化的各机架轧辊速度的调控系统，该数字模型由多机架连轧张力公式推出。

由多机架连轧张力公式推出了简明实用的恒张力控制模型：

$$\Delta u_i = \frac{h_{i+1}}{h_i}\Delta u_{i+1} + \frac{u_{i+1}}{h_i}\Delta h_{i+1} - \frac{h_{i+1}u_{i+1}}{h_i^2}\Delta H_{i+1}$$

$$i = 1,\ 2,\ 3,\ \cdots,\ 6 \qquad (1)$$

式中，u_i 为轧辊速度；h_i 为轧件出口厚度；H_i 为轧件入口厚度。Δh_{i+1} 由弹跳方程计算，ΔH_{i+1} 由厚度延时方程计算，h_i，u_i 等用设定值，是已知数。$i=6$ 时 Δu_7 是已知数，所以递推计算出 F6，F5，…，F1 的保持恒张力的各机架轧辊速度修正值。

以 $i=1$ 为例，分析式（1）的因数值。2000 年 9 月 13 日轧制规格为 2.273mm×1479mm，数据计算得：

$$\Delta u_1 = 0.542\Delta u_2 + 94.36\Delta h_2 - 51.15\Delta H_2 \qquad (2)$$

以 $i=6$ 为例，同一规格计算得：

$$\Delta u_6 = 0.867\Delta u_7 + 4440.6\Delta h_7 - 3863.6\Delta H_7 \qquad (3)$$

式（2）、式（3）数据表明，影响秒流量相等的条件的主要因素为板厚的变化，对第 1 机架，厚度变化量的影响是速度变化量的 100 倍以上，而对第 6 机架，厚度变化量的影响是速度变化量的数千倍以上，由此而表明恒厚度对张力恒定控制的重要性。

表 3　2002 年 6 月 21 日 Δv_1 数值计算结果

Tab. 3　Calculated results of Δv_1 on June 21 in 2002

(m/s)

卷号	2441050	2441051	2241052	…	2442041	2442042
Δv_1	−0.024440	−0.026135	−0.045341	…	−0.148000	−0.036820

注：轧制规格 40mm×1150mm→2mm×1150mm。

3　2050 热连轧设定模型的改进

经过大量的数据分析，认识到 2050 采用无活套微张力控制时，轧机的速度设定模型未进行修改。有活套轧制时，为了保证活套撑起来，应当采用 F(i) 机架出口速度微大于 F(i+1) 机架入口速度，而不用活套时，第 i 机架轧辊速度应适当降低，使第 i 机架带钢出口速度微小于第 i+1 机架带钢入口速度。下面列出一组目前的实际设定速度值。

由工程报表可取得各机架出（入）口厚度，轧辊线速度和前滑值，由式（4）可计算出速度差。

$$\Delta v_i = \frac{h_{i+1}}{H_{i+1}}u_{i+1}(1 + S_{i+1}) - u_i(1 + S_i) \qquad (4)$$

式中，Δv_i 为第 i+1 机架入口与第 i 机架出口钢带速度差；S_i 为机架前滑因数。

F1～F2 之间是没有活套的，表 3 列出了 2002 年 6 月 21 日各卷号的 Δv_1 数值。

由于无活套轧制速度设定未作修改，因此造成 F1、F2 之间张力建立过程慢，所以应当修正无活套轧制时的轧辊速度设定计算公式，使 $\Delta v_i \geqslant 0$。

4　2050 热连轧机基础自动化级

经分析研究，在 2050 基础自动化级进行了 2 项改进：（1）根据 DAGC 与监控 AGC 互不影响的特征[4]，改进了监控 AGC 系统的参数；（2）改进了微张力控制系统的数学模型，由 5 参数计算方法改为单参数计算方法。这 2 项改进取得了厚度控制和张力控制精度的明显提高，下面给出实测效果。

4.1　监控 AGC 参数的修改及效果

1996 年用动态设定型变刚度厚控方法（DAGC）代替了 2050 热连轧压力 AGC 数学模型，获得了成功，使±50μm 的比例增加了近 10%。当时只改造了压力 AGC 数学模型，但监控 AGC 数学模型参数未进行相应的修改，2002 年发现了测厚计型 AGC 与监控 AGC 相互影响，所以对监控模型参数作了修改。具体修改方法及效果说明如下。

2050 监控数学模型：

$$M\ \$\ SOU = S\ \$\ SOU\ \$\ MON1 \times K\ \$\ MAT\ \$\ MON1$$

$$K\ \$\ MAT\ \$\ MON1 = 1 + \left[\frac{Q \times K\ \$\ CM\ \$\ MON1}{M}\right] \qquad (5)$$

式中，$K\ \$\ CM\ \$\ MON1$ 为修正因数；$M\ \$\ SOU$ 为监控调节量；$K\ \$\ MAT\ \$\ MON\ 1$ 为辊缝调节量增益因数；$K\ \$\ SOU\ \$\ MON\ 1$ 为测厚仪测出的厚差。

设定因数 $K\ \$\ CM\ \$\ MON\ 1$，原先 F4～F1 机架设定值分别为：0.95、0.90、0.80、0.70。根据在中厚板轧机修正辊缝 A 值的经验：实测厚度与计算厚度之差作为 A 的修正值。例如实测厚度比计算厚度大 0.1mm，则将 A 值减少 0.1mm，即各道次辊缝都将减少 0.1mm。在连轧机上监控只调解后边几个机架的辊缝，所以将 *K* \$ *CM* \$ *MON* 1 减小，取 0~0.03。监控 *K* \$ *CM* \$ *MON* 1 修改后，提高了厚控精度和张力的稳定性。厚差 ±30μm的比例增加了 5%以上。

4.2 两种监控参数实测结果

表 4 给出了来料规格为 41.0mm×1577mm，成品规格为 3.5mm×1577mm 的 3 卷钢在两种监控参数下的实测结果。

4.2.1 减小张力波动

新张力观测器于 2003 年 2 月在宝钢 2050 热轧基础自动化中调试上线，对上线前后的张力波动进行了对比，如图 3 所示，张力波动（张力波动用张力实测值与设定值的偏差占张力设定的百分比表示）降低 50%以上。

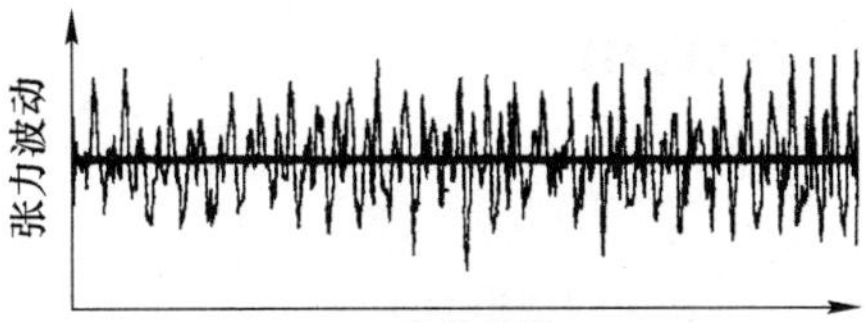

(a) 改参数前张力波动

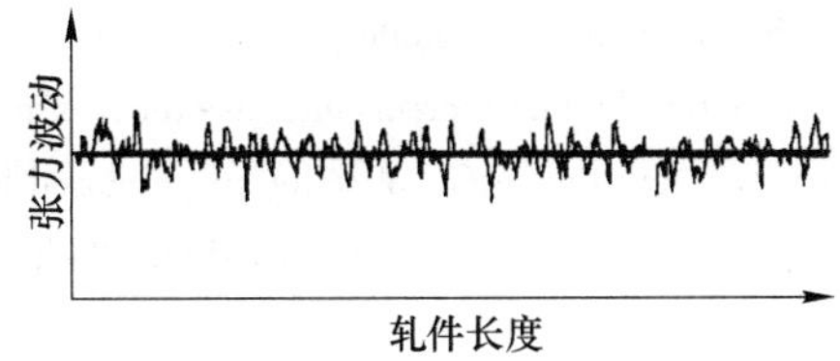

(b) 改参数后张力波动

图 3 参数改变前后的张力波动

Fig. 3 Tension fluctuation before and after parameter adjustment

表 4 相同规格各轧 3 卷钢的极差

Tab. 4 Difference of 3 coils in same standard experiment (mm)

试验条件	各卷钢的极差	平均极差
原厚控参数	0.127、0.087、0.185	0.1337
修改后参数	0.052、0.084、0.100	0.0787

4.2.2 提高生产稳定性

据统计，2002 年 2050 热轧微张力起套或拉钢，一年中共发生了 27 次，在新模型投入运行一年中共发生 3 次，且起套或拉钢的程度明显降低。

5 结论

（1）热连轧过程厚控系统是最重要的，厚控精度提高，则张力稳定，从而厚度波动小。

（2）单力臂参数的张力观测器反映了连轧过程客观规律，宝钢 2050 改 5 参数为单参数后，提高了张力的控制精度。

（3）实测数据和理论分析证明，前张力使力臂增加，改变了直观认为前张力使力臂减小的认识。

参 考 文 献

[1] 日本钢铁协会．板带轧制理论与实践［M］．北京：中国铁道出版社，1990.

[2] 张进之，张自成，杨美顺．冷连轧过程变形抗力和摩擦系数的非线性估算［J］．钢铁，1981，16（3）：35-40.

[3] 宋冀生，王曼星．轧制时摩擦因数的研究［C］//轧钢理论文集．北京：冶金工业出版社，1982：306-316.

[4] 张进之．压力 AGC 系统与其他厚控系统共用的相关性分析［J］．冶金自动化，1987，11（6）：47-50.

（原文发表在《钢铁》，2005，40（12）：59-63）

连轧过程张力控制系统的进化与分析

张进之

（钢铁研究总院，北京　100081）

摘　要　冷、热连轧的发展首先在冷连轧机上实施了张力信号与辊缝闭环的恒张力和恒厚度控制方法。分析出张力与辊缝闭环的厚控系统存在极限精度，所以要求提高坯料厚度精度、第一机架用偏心最小的轧辊和 DAGC。将张力（或活套电流）与辊缝闭环的流量 AGC 应用到热连轧机上可以大大提高热连轧板带厚度精度，估计可达到±15μ。

关键词　极限精度；冷连轧；热连轧；张力；动态自动厚度控制；流量 AGC

Evolvement and analysis of the hot continuous rolling tension control system

Zhang Jinzhi

(Central Iron and Steel Research Institute, Beijing 100081)

Abstract: Cold hot continuous rolling firstly implement the constant-tesion control and constant-guage control of the tension-signal and roller slot closed loop in cold continuous rolling machine. This thesis analyze limite precision between tension and roller loosed loop guage control system, so this require to improve material thickness precision, use roller of minimum eccentricity in first machine and DAGC. Using tension (looper electricity) and flux-AGC of roller guage closed loop in hot continuous rolling machine can improve hot continuous rolling guage precision greatly, it is estimated that the precision can be ±15μ.

Key words: limit precision; cold continuous rolling; hot continuous rolling; tension DAGC; flux-AGC

1　前言

连轧生产方式的出现是板带生产技术进步的必然结果。要将板轧薄和轧长，温度低难以实现，所以 19 世纪在欧洲开始试验热连轧技术，由于当时装备和控制技术的限制未取得成功。到了 1925 年在美国试验成功了热带连轧技术。有了长而薄的热轧卷，冷连轧技术就自然成功了。热、冷连轧在美国试验成功，后来推广到欧洲，苏联、日本等都是买美国人的连轧技术发展起本国的连轧生产的。

我国热连轧是解放后引进原苏联技术在鞍钢建成第一套 1700mm 热连轧生产线的，后来自主设计、制造、建设了本溪钢铁公司 1700 热连轧机和上海钢铁一厂 1200 热连轧机。20 世纪 70 年代武汉钢铁公司从日本引进了 1700 热连轧机，从而我国连轧技术接近了世界先进水平。但我国在核心技术如厚度自动控制未能掌握，所以影响了连轧技术国产化的进程。连轧技术进一步发展是在板型（板凸度和平直度以及边部减薄）控制的问题，所以从德国引进具有板形控制装备的 2050 热连轧和 2030 冷连轧是完全必要的，但目前还在大量引进国外冷、热连轧装备，是需要重新认真分析的问题。

2　热、冷连轧机张力控制方式

连轧最初阶段冷、热连轧的控制系统是相似的，压下系统控制板厚，速度系统控制张力稳定。差别是冷连轧是由张力计测量出张力值与设定张力值差，调轧辊速度使张力接近目标张力值；而热连轧则有活套机构，其中由活套角调速度，活套桿力矩马达控制张力稳定。冷连轧一般选中间机架为基准机架，保持速度不变，分别调整前、后机架速度稳定张力值；热连轧一般选成品机架为基准机架，逆方向调速度保持活套角稳定。

3 冷连轧张力控制系统的革新

由于冷连轧有直接简便测量张力，改变张力信号与速度闭环修改成为张力信号与辊缝闭环，达到了使厚度和张力同时稳定的效果。国外这一新技术是通过计算机仿真试验得出的。我国最先建立了精确的连轧张力理论。从张力公式推出了这种张力闭环控制方式，并证明张力间接测厚比压力间接测厚灵敏度高一个数量级[1,2]，20 世纪 70 年代武钢引进 1700 冷连轧机就是这种控制方式，人们才接受了一种新型的冷连轧控制系统，后来宝山钢铁公司、本溪钢铁公司、攀枝花钢铁公司等所引进的冷连轧均为这种控制方式。下面定量分析这种系统的极限精度和改进方法。

3.1 流量 AGC 极限精度分析

由稳态张力公式分析得出下面公式[3]：

$$\Delta U_i = \frac{h_i + 1}{h_i}\Delta U_{i+1} + \frac{U_{i+1}}{h_i}\Delta h_{i+1} - \frac{h_{i+1}}{h_1^2}U_{i+1}\Delta H_{i+1} \tag{1}$$

式中 Δh_i——第 i 机架出口厚度增量，mm；

Δh_{i+1}——由弹跳方程计算第 i+1 机架出口厚度增量，mm；

ΔH_{i+1}——由厚度延时方程计算的第 i+1 机架入口厚度增量，mm；

ΔU_i——保持张力恒定第 i 机架轧辊速度调节量，mm/s；

ΔU_{i+1}——已知第 i+1 机架轧辊速度改变量，mm/s。

按实际轧制规程得 F_7 机架数值公式：

$$\Delta U_6 = 0.857\Delta U_7 + 4440.6\Delta h_7 - 3863.6\Delta H_7 \tag{2}$$

假定 $\Delta U_6 = \Delta U_7 = 0$，即轧辊速度恒定。由调辊缝实现恒张力和厚度控制，得出成品厚差：

$$\Delta H_7 = \frac{3863.6}{4440.6}\Delta H_7 = 0.87\Delta H_7$$

以上数值计算表明，对于张力与辊缝闭环的恒张力和厚度控制方法，只能消除来料的部分厚差，即该系统为有差系统。

对 F_2 机架分析计算结果如下：

$$\Delta U_1 = 0.539\Delta U_2 + 98.32\Delta h_2 - 52.96\Delta H_2 \tag{3}$$

同上分析得出：$\Delta h_2 = 0.538\Delta H_2$。

其他机架也可按式（1）作出数值计算结果。

F_1 机架在无激光测钢带速度条件下不能应用流量 AGC。假定 F_1 机架出口厚度差为 0.05mm 和 0.10mm 两种情况下，计算结果如下。

$\Delta h_1 = 0.05$mm 时，极限 Δh_7 厚差为 0.00225mm。

$\Delta h_1 = 0.10$mm 时，极限 Δh_2 厚差为 0.0045mm。

3.2 提高成品厚度精度的措施

流量 AGC 的实际应用大大提高了冷轧板带材的厚度精度，但受 F1 机架出口厚差的影响存在极限精度问题，所以冷连轧控制系统需要进一步发展。目前主要发展是随激光测钢带速度的实际应用，推出了“扩展 AGC 方式下的厚度调节”和“扩展物流控制”[4]，由此而大大提高了冷连轧厚度精度。连轧机应用激光测速仪是连轧装备上的进步，对直接测量带钢速度，轧钢界早已提出了此要求，从技术上实现是近年来的事。另外一个技术发展线路是直接用轧辊速度作为基本变量的连轧理论的研究，即文献［1，2］的内容。由张力与辊缝闭环的恒张力和厚度控制系统存在着极限精度的限制，如果能进一步提高 F1 机架出口厚度精度，就可以进一步提高成品卷的厚度精度。从这一技术路线改进厚控系统，具有低成本的效果。

最近，宝钢集团宝信公司的实验研究，得出了用改进压力 AGC 的方式，使厚控效果达到用激光测钢带速度厚控精度的水平[5]。前面数值分析 F_1 厚差为 0.05mm，此厚差已达到目前冷连轧高精度值；如果在 F_1 用 DAGC[6]，可以使 Δh 厚差小于 0.02mm，将会使成品极限厚差小于 0.001mm。

以上分析表明，改进 F_1 机架压力 AGC 数字模型，可以在一般流量 AGC 的条件下，满足冷轧卷高精度要求。

另一方面，冷连轧坯料高精度是高精度冷轧产品的必要条件[7]，应当在提高热轧卷精度上下功夫。

最近由连轧张力公式分析出流量 AGC 存在极限厚差，对冷连轧减小极限厚差的措施主要有三：提高坯料的精度、第一机架用偏心最小的轧辊和 DAGC。这三项措施采用后，在无激光测速的条件下厚差可小于 0.5%。

分析得出热连轧机组是板带高精度生产的关键环节。DAGC 已推广应用到 5 套热连轧机上，厚控精度已明显提高，进一步将流量 AGC 用在后边机架上会使热轧卷厚控精度接近目前冷连轧的水平。另一项改进是提出同卷板凸度要求。目前，同卷凸度无特殊要求，同为±20μ。把解析板形刚度理论和贝尔曼动态规划应用实际生产中，估计同卷凸度精度可控制在±10μ。

4　热连轧控制系统的革新方法的实现

热连轧和冷连轧的本质是相同的，所以在冷连轧机上实现的流量 AGC 也可以在热连轧机上应用具体实施方案已在文献［6］中论述。流量补偿是在 AGC 调节辊缝的同时，计算出相应的速度调节量。达到在厚控过程中活套和张力稳定。流量补偿方法是日本人首先应用的，美国 GE 和德国西门子公司无流量补偿环节。在热连轧机推广应用 DAGC 过程中，最先应用了流量补偿的是攀钢 1450 热连轧机，实际厚控效果证明流量补偿有明显的效果。梅钢 1422 热连轧机也采用了流量补偿，取得了很好的效果。

4.1　攀钢 1450 热连轧机的厚控效果[8]

DAGC 于 2003 年 7 月经调试投入正常使用，比原先从国外引进的 AGC 系统厚控精度有明显提高。2004 年新的过程自动化系统投入正常使用后，投用绝对 AGC，并对 DAGC 的控制参数进行了精调，其厚控精度又有进一步提高，特别是轧制较厚带钢其厚控精度有很大改善，对于厚度 4mm 以下的厚差±30μ 可达 90%以上。

图 1 所示为 3.5×1100 规格的实测厚度波动曲线。图 2 所示为 DAGC 投运前后精轧测厚仪测得厚度偏差的对比图。

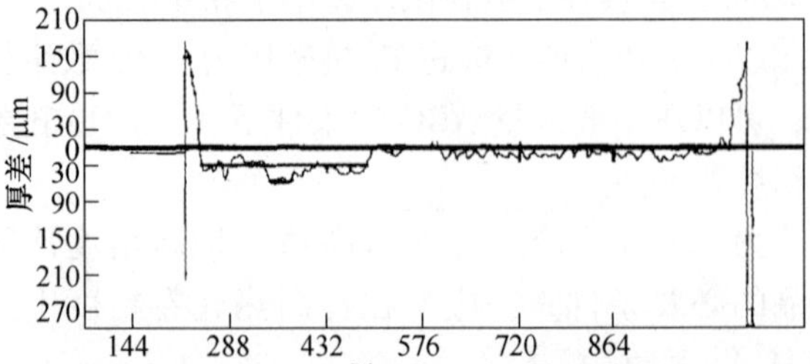

图 1　2004 年 7 月 DAGC 系统性能测试曲线

从 2003 年 6 月投入 DAGC 功能至今，通过不断改进和完善自动控制系统工艺和设备参数，DAGC 系统运行稳定，DAGC 功能投用率一直保持 99.5%以上，提高了产品的实物质量。

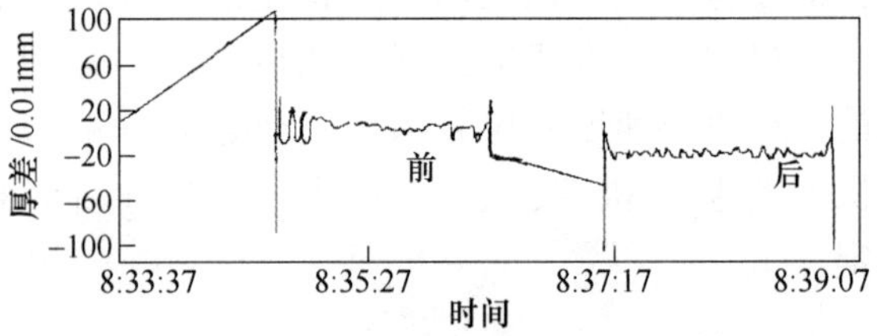

图 2　DAGC 和投运前后精轧测厚仪测得厚度偏差的对比图

4.2　梅钢 1422 热连轧机的厚控效果[9]

梅山钢铁公司 1422mm 热连轧机是从日本引进的二手设备，经美国 GE 公司和西马克公司的改造。F4～F6 增加了液压 AGC 和串辊装置，F1～F3 增加了 CVC 板形控制功能，F1～F3 保留原先的电动 AGC。最近一次改造是 2002 年完成的，已取得的厚控精度如表 1 所示。

表 1　梅钢热轧板卷厚度命中率统计表

目标厚度/mm	1.80	2.75	3.90	5.70	8.00
命中率/%	0	35	45	72	83

投产后，梅钢对厚控系统进行了改进，其中包括前馈 AGC，由于 F1～F3 为电动压下，所以前馈 AGC 取得了较好的效果。以 0.00～0.05mm 精度指标，板厚 3.90mm 为例，达到了 89%。

进一步改造为实现流量补偿 AGC 控制，所取得的效果如表 2 所示。

表 2　采用流量 AGC 后热连轧板卷命中率统计表

目标厚度/mm	1.80	2.75	3.90	5.70	8.00
命中率/%	95	97	97.5	98	98.9

梅钢热连轧于 2002 年改造后，进一步采用前馈 AGC、流量补偿 AGC 和监控 AGC 三项技术后，厚控精度进一步提高，0.00～0.05mm 的精度，而厚度 3.90mm 达到了 99%。从改进的三项技术的效果分项来看，流量补偿 AGC 所提高厚控精度的效果最大。

当热连轧带钢厚度精度提高，并在冷连轧第一机架用 DAGC 和选用最小轧辊偏心的轧辊安装在第一机架上，估计第一机架出口厚差可小于 0.01mm，这样冷连轧厚度精度达到 0.5%是可能实现的。如果实现这一目标，就可以省掉激光测速装备，简化冷轧装备，而降低冷轧成本。

4.3 热连轧过程应用流量 AGC 的可行性分析

DAGC 和流量补偿在热连轧机上的实际应用，使厚控精度达到了国际先进水平。为了进一步提高热连轧卷的精度应当在热连轧机上实验和应用流量 AGC。在热连轧机上应用流量 AGC 可先从后边 2~3 个机架实验应用。因为后边机架速度比较高。流量 AGC 效果更明显，而且后边机架轧薄规格钢卷时 DAGC 存在稳定性问题，更有必要用流量 AGC 代替 DAGC。在应用流量 AGC 时，穿带、甩尾过程还是用 DAGC，只是在正常连轧阶段投运流量 AGC。

前面已分析了流量 AGC 存在极限精度问题，所以开始投运流量 AGC 的前一机架一定要选用轧辊偏心最小的轧辊。投运流量 AGC 的机架，轧辊偏心、轴膜轴承、轧辊磨损和热膨胀等扰动因素已不影响厚控精度了，此对设备管理等均有很大的好处。

5 结束语

连轧张力理论的建立，对热、冷连轧过程的技术问题可以进行统一分析。流量 AGC（原称连轧 AGC），是连轧张力理论于 20 世纪 70 年代推出的应用技术，在冷连轧机上已普遍应用了。流量 AGC 可以在热连轧机上应用，使厚控精度明显提高。所以流量 AGC 在热连轧上推广应用必将我国钢带质量大幅度提高，为成为钢铁强国作出贡献。

参 考 文 献

[1] 张进之．多机架张力公式［J］．钢铁，1977，10（2）：77-85.

[2] 张进之．连轧张力公式［J］．金属学报，1978，14（2）：127-138.

[3] 张进之．热连轧带钢高精度厚度、张力和宽度技术的开发［J］．中国冶金，2004（增）：172-175.

[4] 姜正连，许健勇．冷连轧机高精度板厚的控制［C］//首届宝钢学术年会论文集，2004：222~226.

[5] 王育华．轧机低速轧钢时一种新的厚度控制方法［J］．宝钢技术，2004（5）：30-34.

[6] 张进之．热连轧厚度自动控制系统进化的综合分析［J］．重型机械，2004（3）：1-10.

[7] 许健勇，姜正连，阙月海．热轧来料及冷轧工艺对连轧出口板形的影响［C］//首届宝钢学术年会论文集，2004：217-221.

[8] 张芮，何昌贵，龚文，等．动态设定型 DAGC 在攀钢热连轧厂的推广应用［J］．冶金设备，2005（3）：16-20.

（原文发表在《冶金设备》，2005（6）：29-32）

连轧张力公式

张进之[1]，张小平[2]

（1. 钢铁研究总院，北京 100081；2. 太原科技大学，山西太原 030024）

摘 要 连轧生产过程电子计算机控制的发展，需要能反映“流量常数”不相等条件的数学表达式。由动平衡条件建立了连轧张力微分方程：$\frac{\mathrm{d}\sigma_i}{\mathrm{d}t}=\frac{E}{l}[V'_{i+1}-V_i]\left[1+\frac{\sigma_i}{E}\right]$。利用生产实践和实验研究中认识的物理规律，如体积不变规律、前滑与张力成线性关系，推导得到连轧状态方程：$\boldsymbol{\sigma}=-\tau^{-1}\boldsymbol{A}\boldsymbol{\sigma}+\frac{E}{l}\boldsymbol{B}U$，动态张力公式：$\boldsymbol{\sigma}(t)=\mathrm{e}^{-\tau^{-1}}\boldsymbol{A}t\sigma_0+\boldsymbol{A}^{-1}[I-\mathrm{e}^{-\tau^{-1}At}]W^{-1}\Delta V$；稳态张力公式：$\sigma=\boldsymbol{A}^{-1}\boldsymbol{m}^{-1}\boldsymbol{q}$。张力公式反映了连轧过程中张力、厚度、轧辊速度及时间之间的函数关系。证明了连轧工艺过程是渐进稳定的，可控的和可测的动力学系统，并提出张力公式预报钢板厚度的设想。

关键词 连轧；张力公式；数学处理；动力学系统

Tension calculations in continuous rolling

Zhang Jinzhi[1], Zhang Xiaoping[2]

(1. Beijing Institute of Iron and Steel Research, Beijing 100081;
2. Taiyuan University of Science and Technology, Taiyuan 030024)

Abstract: The computer control of continuous rolling process needs a mathematical treatment that involves unequal constants of mass flow. In light of the dynamic equilibrium condition, a differential equation for tension involved in the continuous rolling was derived as $\frac{\mathrm{d}\sigma_i}{\mathrm{d}t}=\frac{E}{l}[V'_{i+1}-V_i]\left[1+\frac{\sigma_i}{E}\right]$. In addition to this equation, three more equations were worked out aswell, namely the condition equation for continuous rolling $\boldsymbol{\sigma}(t)=\mathrm{e}^{-\tau^{-1}}\boldsymbol{A}t\sigma_0+\boldsymbol{A}^{-1}[I-\mathrm{e}^{-\tau^{-1}At}]W^{-1}\Delta V$; the dynamic tension equation; and the steady tension equation. These tension equations can correlate the tensions with the plate thickness, roller velocity and time of the continuous rolling $\sigma=-\tau^{-1}\boldsymbol{A}\sigma+\frac{E}{l}\boldsymbol{B}U$. It was revealed that the continuous rolling process was a gradually stabilized $\sigma=\boldsymbol{A}^{-1}\boldsymbol{m}^{-1}\boldsymbol{q}$ controllable and measurable dynamic system. These tension equations could be used to predict the plate thickness.

Key words: continuous rolling; tension equation; mathematical treatment; dynamic system

1 引言

连轧生产的发展，促进了连轧理论的建立和发展。以“秒流量相等条件”为基本原则，引用轧制理论中的有关公式经过数学演绎，建立了综合的连轧数学模型，即连轧理论的数学表达式。这一工作是在 1955 年由 He ssenberg 等[1]首先开始的，之后有很大发展。但是“秒流量相等条件”已不适应目前电子计算机控制的连轧机发展的要求，因为它只有在稳态连轧时才成立，而连轧过程总是在动态下进行的，如头尾轧制，中间连轧时的不断调节，由此要求我们建立一个能反映连轧动态过程各工艺参数之间关联的数学表达式。

连轧的特点是一条钢同时在几个机架内轧制，

机架间钢带受拉伸而产生张力，通过张力传递互相影响，张力由连轧各工艺参数决定，而张力又直接影响各工艺参数，张力是连轧过程的纽带。如果知道在一个平衡状态下张力是多少，张力与各工艺参数成怎样的函数关系；

过渡过程中，张力是怎样变化的，过渡时间多长，就可以正确掌握整个连轧过程，所以研究连轧关系应当从张力问题入手。

目前专门研究连轧张力问题的报道较少，只有建立连轧数学模型，用泰勒级数展开压力、前滑等公式时，而引入张力增量值；有的模型中，附加有张力建立过程的计算公式：

$$T_i = \frac{EA}{l}\left(\int V'_{i+1} - V_i\right)\mathrm{d}t$$

近年来，咬入、加、减速过程已引起各国的重视，在建立连轧动态数学模型时，用张力微分方程代替秒流量相等条件[6-8]，他们常用的方程是：

$$\frac{\mathrm{d}\sigma_i}{\mathrm{d}t} = \frac{E}{L}(V'_{i+1} - V_i)$$

20 世纪 60 年代初，Чекмарев[9]、Файнберг[10] 从连轧动态情况出发，也分别建立了各自的变形微分方程：

$$\mathrm{d}t = \frac{l\mathrm{d}\varepsilon}{(V'_2 - V_1)(1+\varepsilon)^2}$$

和

$$\mathrm{d}t = \frac{l\mathrm{d}\varepsilon}{[V'_2 - V_1(1+\varepsilon)](1+\varepsilon)}\left[\text{或}\frac{l\mathrm{d}\varepsilon}{V_2' - V_1(1+\varepsilon)}\right]$$

2 公式推导

本文旨在研究多机架连轧过程张力的数学表达式。

从连轧实际情况出发，可把复杂的连轧过程简化为一个抽象化的模型。模型主要采用下述几点假设：

(1) 张力在弹性范围内，即 $0 \leqslant \sigma < \sigma_s$；

(2) 宽展为零，简化成平面问题；

(3) 弹性传播速度为无限大；

(4) i 机架的前张力等于 $i+1$ 机架的后张力，用 σ_i 表示。详见图 1。

本文使用的符号：

σ_i——i 机架与 $i+1$ 机架间钢带的单位张力；

ε_i——i 机架与 $i+1$ 机架间钢带的拉伸变形率；

l_0——两机架间距离；

l——前机架出口至后机架入口的钢带长度；

V_i，V'_i——i 机架钢带出口和入口的速度；

h_i，H_i——机架钢带出口和入口的厚度；

U_i——i 机架轧辊线速度；

S_i——i 机架前滑系数；

h'_i，H'_i，U'_i，S'_i——无张力时上述各量；

a_{if}，a_{ib}——前、后张力对 i 机架钢带出口厚度的影响系数；

b_{if}，b_{ib}——前、后张力对 i 机架前滑的影响系数；

D_{if}，D_{ib}——前、后张力对 i 机架轧辊线速度的影响系数。

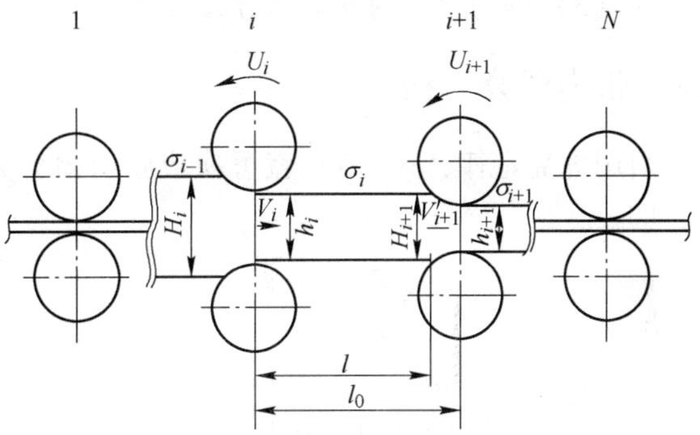

图 1 连轧示意

2.1 变形微分方程

以 i 机架出口截面至 $i+1$ 机架入口截面之间 L 区域为研究对象，假定 $i+1$ 机架入口速度 V'_{i+1} 大于 i 机架出口速度 V_i，建立动平衡方程式，见图 2。

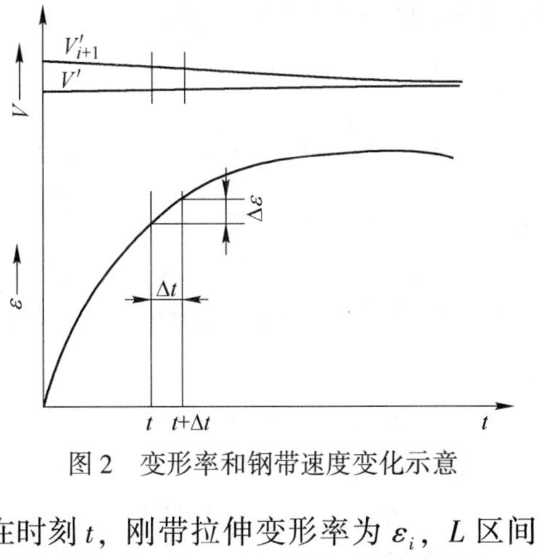

图 2 变形率和钢带速度变化示意

在时刻 t，刚带拉伸变形率为 ε_i，L 区间钢带的原始长度为 l'；在 $t+\Delta t$ 时刻，变形率为 $\varepsilon_i+\Delta\varepsilon_i$，原始长度为 l''。L 区间的钢带在 Δt 时间内拉伸变形率的变化由 l 区间内原始钢带变短（亦即 $l'-l''$）所引起；而原始钢带的变短时由于 $V'_{i+1}>V_i$ 所引起，故可列出以下动平衡方程式。

$$l' - l'' = \frac{(V'_{i+1} - V_i)\Delta t}{1+\varepsilon_i} \tag{1}$$

按拉伸变形率定义：

$$\left.\begin{aligned} l' &= \frac{l}{1+\varepsilon_i} \\ l'' &= \frac{l}{1+\varepsilon_i+\Delta\varepsilon_i} \end{aligned}\right\} \tag{2}$$

式（2）代入式（1）并整理得：

$$\frac{\Delta\varepsilon_i}{\Delta t} = \frac{(V'_{i+1}-V_i)(1+\varepsilon_i+\Delta\varepsilon_i)}{l}$$

取极限得：

$$\frac{\mathrm{d}\varepsilon_i}{\mathrm{d}t} = \frac{(V'_{i+1}-V_i)(1+\varepsilon_i)}{l} \tag{3}$$

式（3）即为所求的变形微分方程式。

2.2 张力微分方程

引用虎克定律，式（3）就可换成张力微分方程，即：

$$\left.\begin{aligned} \varepsilon_i &= \frac{\sigma_i}{E} \\ \frac{\mathrm{d}\varepsilon_i}{\mathrm{d}t} &= \frac{1}{E}\frac{\mathrm{d}\sigma_i}{\mathrm{d}t} \end{aligned}\right\} \tag{4}$$

代入式（3）得：

$$\frac{\mathrm{d}\sigma_i}{\mathrm{d}t} = \frac{E}{l}(V'_{i+1}-V')\left(1+\frac{\sigma_i}{E}\right) \tag{5}$$

式（5）还不能直接解，因为 V_i，V'_{i+1}是不易测的并且是张力的函数，引用轧制理论中的一些基本规律，将式（5）变换成可积分的形式。

按前滑定义和体积不变定律：

$$\left.\begin{aligned} V_i &= U_i(1+S_i) \\ V'_{i+1} &= \frac{h_{i+1}}{H_{i+1}}U_{i+1}(1+S_{i+1}) \end{aligned}\right\} \tag{6}$$

轧辊速度是可以独立改变的并受张力变化的影响，故 $U_i=U(t,\ \sigma)$，同理 S_ih_{i+1}也是时间和张力的函数。而 H_{i+1}只是时间的函数，由下面延时方程表示：

$$H_{i+1}(t) = h_i(t-\tau_i^H) \tag{7}$$

或写成拉式变换形式：

$$H_{i+1}(p) = h_i(p)\mathrm{e}^{-\tau_i^H p}$$

式中　p——拉式算子；

τ_i^H——滞后时间。

$$\tau_i^H = \frac{l}{U_i(1+S_i)} \tag{8}$$

为了书写方便，$\sigma_i(t)$、$S_i(t)$、$U_i(t)$ 和 $h_i(t)$ 用 σ_i、S_i、U_i 和 h_i 表示。

大量的实验测定和理论分析[11-12]证明，在实际应用范围内，U_i、S_i，h_i 与 σ_i 之关系，可用线形函数表示，即：

$$\left.\begin{aligned} S_i &= S'_i(1+b_{\mathrm{if}}\sigma_i - b_{\mathrm{ib}}\sigma_{i-1}) \\ S_{i+1} &= S'_{i+1}(1+b_{i+1\mathrm{f}}+\sigma_{i+1} - b_{i+1\mathrm{b}}\sigma_i) \\ U_i &= U'_{i+1}(1+Di_{\mathrm{if}}\sigma_i - D_{\mathrm{ib}}\sigma_{i-1}) \\ U_{i+1} &= U'_{i+1}(1+D_{i+1\mathrm{f}}\sigma_{i+1} - D_{i+1\mathrm{b}}\sigma_i) \\ h_{i+1} &= h'_{i+1}(1-a_{i+1\mathrm{f}}\sigma_{i+1} - a_{i+1\mathrm{b}}\sigma_i) \end{aligned}\right\} \tag{9}$$

系数 a、b、D 及 S 可以从实际连轧过程测得的数据中，用回归法获得的经验公式计算，也可以用轧制理论公式推导出的公式计算。总之，它们是可以确定的参数。例如，由 Bland-Ford 前滑公式可推出求 b_i 的计算公式：

$$b_i = \frac{1}{2\mu}\sqrt{\frac{h_i}{R_i'}}\frac{1}{\sqrt{S_i'}}\frac{1}{K_i-0.5(\sigma_i+\sigma_{i-1})} \tag{10}$$

式中　μ——钢带与轧辊间摩擦系数；

R'——轧辊压扁半径；

K——平均变形阻力。

为简化计算，并经数字模拟证明，前、后张力对各工艺参数的影响系数可取近似相等。例如：$b_{if}=b_{ib}=b_i$。

将式（9）代入式（6）再代入式（5），整理得

$$\frac{\mathrm{d}\sigma_i}{\mathrm{d}t} = \frac{E}{l}[\theta_i\sigma_{i-1} - W_i\sigma_i + \varphi_i\sigma_{i+1} + \Delta V_i]\left[1+\frac{\sigma_i}{E}\right] \tag{11}$$

$$(i=1,\ 2,\ 3,\ \cdots,\ N-1)$$

$$\Delta V_i = \frac{h'_{i+1}}{H_{i+1}}U'_{i+1}(1+S'_{i+1}) - U'_i(1+S'_i)$$

$$W_i = \frac{h'_{i+1}}{H_{i+1}}U'_{i+1}[D_{i+1}+a_{i+1}+S'_{l+1}(b_{i+1}+D_{i+1}+a_{i+1})] + U'_i[D_i+S'_i(b_i+D_i)]$$

$$\theta_i = U'_i[D_i+S'_i(b_i+D_i)]$$

$$\varphi_i = \frac{h'_{i+1}}{H_{i+1}}U'_{i+1}[D_{i+1}-a_{i+a}+S'_{i+1}(b_{i+1}+D_{i+1}-a_{i+1})]$$

式中，ΔV_i 称为当量速度差；W_i 称为连轧（工艺）刚性参数。式（11）即为描述连轧动力学系统的数学力学方程，它属于 Riccat 型微分方程，是可积分的。

2.3 连轧状态方程

状态方程是为实现工程系统的测量和控制，反映该系统运动规律的一阶线形微分方程组，又称系统的数学模型，由于它服务于工程控制问题，故它比系统的数理方程允许更大的近似性。

就冷连轧钢带而言，钢的弹性模数 $E=2.1\times 10^4\mathrm{kg/mm^2}$，采用的张力 σ 一般小于 $30\mathrm{kg/mm^2}$，假定 $\sigma=20\mathrm{kg/mm^2}$，则 $\frac{\sigma_i}{E}$ 为 1‰左右，因此 $\left(1+\frac{\sigma_i}{E}\right)\approx 1$，故得

$$\frac{\mathrm{d}\sigma_i}{\mathrm{d}t}=\frac{EW_i}{l}\left[\frac{\theta_i}{W_i}\sigma_{i-1}-\sigma_i+\frac{\varphi}{W_i}\sigma_{i+1}\right]+\frac{E}{l}\Delta V_i \tag{12}$$

写成矢量的形式

$$\frac{\mathrm{d}\boldsymbol{\sigma}}{\mathrm{d}t}=\frac{\boldsymbol{E}}{l}[\boldsymbol{WA\sigma}+\Delta\boldsymbol{V}] \tag{13}$$

令 $\frac{EW_i}{l}=\frac{1}{\tau_i}$，$\tau_i$ 称为连轧时间常数，上式也可写为：

$$\boldsymbol{\sigma}=-\boldsymbol{\tau}^{-1}\boldsymbol{A\sigma}+\frac{E}{l}\boldsymbol{BU} \tag{14}$$

式中 $\boldsymbol{\sigma}$——（$N-1$）维状态矢量，其转置矢量为

$$\boldsymbol{\sigma}^{\mathrm{T}}=[\sigma_1,\ \sigma_2,\ \cdots,\ \sigma_{N-1}]$$

$\Delta\boldsymbol{V}$——（$N-1$）维矢量，其转置矢量为

$$\Delta\boldsymbol{V}^{\mathrm{T}}=[\Delta V_1,\ \Delta V_2\cdots,\ \Delta V_{N-1}]$$

$\boldsymbol{U}$——N 维控制矢量，其转置矢量为

$$\boldsymbol{U}^{\mathrm{T}}=[U_1,\ U_2,\ \cdots,\ U_n]$$

$\boldsymbol{W}$——（$N-1$）维对角矩阵

$$\boldsymbol{W}=\begin{bmatrix} w_1 & & & \\ & w_2 & & \\ & & \ddots & \\ & & & w_{N-1}\end{bmatrix}$$

$\boldsymbol{A}$——（$N-1$）维方阵，它是定常矩阵

$$\boldsymbol{A}=\begin{bmatrix} 1 & -\frac{\varphi_1}{W_1} & & \\ -\frac{\theta_2}{W_2} & 1 & -\frac{\varphi_2}{W_2} & \\ & & -\frac{\theta_{N-1}}{W_{N-1}} & 1\end{bmatrix}$$

$\boldsymbol{B}$——$N\times$（$N-1$）维矩阵

$$\boldsymbol{B}=\begin{bmatrix} -(1+S'_1)\ \frac{h'_2}{H_2}(1+S'_2) & & \\ & -(1+S'_2)\ \frac{h'_3}{H_3}(1+S'_3) & \\ & & -(1+S'_{N-1})\ \frac{h'_N}{H_N}(1+S'_N)\end{bmatrix}$$

$\boldsymbol{\tau}$——（$N-1$）维对角矩阵

$$\boldsymbol{\tau}=\begin{bmatrix} \tau_1 & & & \\ & \tau_2 & & \\ & & \ddots & \\ & & & \tau_{N-1}\end{bmatrix}$$

$\boldsymbol{\tau}$ 矩阵是控制向量 $\boldsymbol{U}$ 的函数，但在咬钢、抛钢、稳速连轧阶段，轧辊线速度 $\boldsymbol{U}$ 是常数，故 $\boldsymbol{\tau}$ 矩阵是定常矩阵；在加、减速和焊缝连轧阶段，$\boldsymbol{U}$ 是时间的函数，则 $\boldsymbol{\tau}$ 矩阵是时变矩阵。

连轧过程数字模拟[13]证明，W_i 变化较小，故矩阵 $\boldsymbol{\tau}$ 可近似用一个常数（或时间的函数）表示，即矩阵 $\boldsymbol{\tau}$ 退化为一个标量。

标量 τ 用下式计算：

$$\tau=\frac{1}{N-1}\sum_{i=1}^{N-1}\frac{1}{EW_i}$$

由此得到近似的连轧状态方程：

$$\boldsymbol{\sigma}=-\boldsymbol{\tau}^{-1}\boldsymbol{A\sigma}+\frac{E}{l}\boldsymbol{BU} \tag{15}$$

式（13）描述全部连轧各阶段时，它是一个变系数线形向量微分方程；只描述稳态段或咬钢、抛钢段时，它是一个常系数向量微分方程。

2.4 动态张力公式

2.4.1 多机架动态张力公式可解析解的条件

一般向量微分方程只能得到一般形式的转移矩阵表达式

$$\boldsymbol{\sigma}(t)=\boldsymbol{\Phi}(t,\ t_0)\boldsymbol{\sigma}(t_0)+\frac{E^t}{L_0}\int_0^t\boldsymbol{\Phi}(t,\ 0)\Delta\boldsymbol{V}\mathrm{d}\sigma$$

这样，在离散化的连轧过程模拟计算中，每次读必须重复计算 $\mathrm{e}^{-\tau^{-1}A\Delta t}$ 和 $A^{-1}[1-\mathrm{e}^{-\tau^{-1}A\Delta t}]$，而使计算量增加；解决多维时变系统的控制问题是比较困难，希望 $\boldsymbol{A}$ 矩阵是定常的是十分容易理解的。但是，在导出的连轧张力微分方程中，$\boldsymbol{A}$ 矩阵同 $\Delta\boldsymbol{V}$ 向量一样包含着连轧的基本变量厚度和速度。很难从直观上判断 $\boldsymbol{A}$ 矩阵是常矩阵。因此从数学上或电子计算机模拟实验证明 $\boldsymbol{A}$ 矩阵的定常性质是十分必要的。

本文给出数学推导证明。关于计算机模拟证明见笔者的有关文章。

为了从数学推导中证明 $m(w)$ 或 $\boldsymbol{A}$ 阵的定常性质，首先证明下面的数学命题。

令 X，Y 为数量级比较大相差比较小的两个变量，u，v 以及 Z 是 X，Y 的函数：

$$Z=\frac{u}{v} \tag{16}$$

$$u = X - Y \tag{17}$$

$$v = X + Y \tag{18}$$

当求偏导数$\frac{\partial Z}{\partial X}\left(或\frac{\partial Z}{\partial Y}\right)$时，可以把 v 当作常数。

证明：先按一般除法求微分方程来求$\frac{\partial Z}{\partial X}$

$$\frac{\partial Z}{\partial X} = \frac{v\frac{\partial u}{\partial X} - u\frac{\partial v}{\partial X}}{v^2}$$

$$\frac{\partial U}{\partial X} = 1；\ \frac{\partial v}{\partial X} = 1$$

所以 $$\frac{\partial Z}{\partial X} = \frac{(X+Y)\cdot 1 - (X-Y)\cdot 1}{(X+Y)(X+Y)}$$

$$= \frac{2Y}{(X+Y)(X+Y)} \approx \frac{1}{X+Y}$$

$$\frac{\partial Z}{\partial X} \approx \frac{1}{v} \tag{19}$$

再按 v 为常数，求微分：

$$\frac{\partial Z}{\partial X} = \frac{\frac{\partial u}{\partial X}}{v} = \frac{1}{v} \tag{20}$$

式（20）等于式（19），则命题得证。

把上面已证明的命题再推广一下，引入 α、β 两个参数，方程式（16）变为：

$$Z = \frac{u}{v} = \frac{X - Y}{\alpha X + \beta Y} \tag{21}$$

先按一般微分法求$\frac{\partial Z}{\partial X}$;

$$\frac{\partial Z}{\partial X} = \frac{(\alpha X + \beta Y)\cdot 1 - (X - Y)\cdot \alpha}{(\alpha X + \beta Y)^2}$$

$$= \frac{\alpha X + \beta Y - \alpha X + \alpha Y}{(\alpha X + \beta Y)^2} = \frac{(\alpha + \beta)\cdot Y}{\alpha^2 X^2 + 2\alpha\beta XY + \beta^2 Y^2}$$

$X=Y$，则上式可写成：

$$\frac{\partial Z}{\partial X} = \frac{(\alpha + \beta)\cdot Y}{(\alpha + \beta)^2 Y^2} = \frac{1}{(\alpha + \beta)\cdot Y} \tag{22}$$

再按 v 为常数求微分

$$\frac{\partial Z}{\partial X} = \frac{\frac{\partial u}{\partial X}}{\alpha X + \beta Y} = \frac{1}{\alpha X + \beta Y} \approx \frac{1}{(\alpha + \beta)\cdot Y} \tag{23}$$

式（23）等于式（22），则命题得证。

下面来证明连轧公式中 $m(w)$ 为常数的问题。证明的方法是能把稳态张力公式变换成式（1）的形式，且其中的 α、β 两个参数是可以计算的。

连轧张力微分方程由式（13）描述。

由于只为研究 A 矩阵的性质，可以令$\frac{d\sigma}{dt}=0$❶，则得：

$$\boldsymbol{A\sigma} + \Delta \boldsymbol{V} = 0 \tag{24}$$

$$\boldsymbol{\sigma} = -\boldsymbol{A}^{-1}\Delta \boldsymbol{V} \tag{25}$$

多机架的证明过程比较复杂，其推导过程可见资料［13］，为简明起见，以两机架连轧为例。对与两机架连轧，$A=w$，则式（25）可写成：

$$\sigma = \frac{\frac{h_2}{H_2}u_2(1 + s_2) - u_1(1 + s_1)}{\frac{h_2}{H_2}u_2 s_2 b_2 + u_1 s_1 b_1}$$

稳态下 $H_2=h_1$，则上式变为：

$$\sigma = \frac{h_2 u_2(1 + s_2) - h_1 u_1(1 + s_1)}{h_2 u_2 s_2 b_2 + h_1 u_1 s_1 b_1} \tag{26}$$

令：

$$h_2 u_2(1 + s_2) = X \tag{27}$$

$$h_1 u_1(1 + s_1) = Y \tag{28}$$

$$h_2 u_2 s_2 b_2 = \alpha X \tag{29}$$

$$h_1 u_1 s_1 b_1 = \beta Y \tag{30}$$

式（27）~式（30）代入式（26）得：

$$\sigma = \frac{X - Y}{\alpha X + \beta Y} \tag{31}$$

通过上述变换，已将连轧张力公式化成式（21）的形式了，如果能计算出 α、β 参数值，$m(w)$为常数的问题就得到了证明。

式（27）代入式（29）得：

$$h_2 u_2 s_2 b_2 = \alpha h_2 u_2(1 + s_2)$$

$$\alpha = \frac{s_2 b_2}{1 + s_2} \tag{32}$$

同理，式（28）代入式（30）得：

$$\beta = \frac{s_1 b_1}{1 + s_1} \tag{33}$$

在连轧过程中 s_1、b_i 是静参数，一旦连轧规程和工艺设备条件确定之后，可以计算出它们的具体数值。因此，由式（32），式（33）可以计算出参数 α、β 的值。

连轧过程中，速度与厚度的乘积是数量级比较大的数，因此当量流量$-h_i u_i(1+S_i)$ 满足了大数的要求。在计算当量流量公式中的无张力前滑$-s_i$ 的值是一个比较小的数，因此保证了两机架间的当量相差较小的条件。这样，数学命题的前提和

❶ 两个稳态之间 A 矩阵变化大于期间过渡阶段 A 矩阵的变化，相关最大的可以代换，相差小的更可以代换，因此可令$\frac{d\sigma}{dt}=0$。

条件都得到了满足，从而证明了连轧过程中的 m（w）是常数，A 矩阵为定常矩阵，连轧张力系数是定常线性系统。

2.4.2 动态张力公式解析转移矩阵表达式

用转移矩阵法，给出适用于咬钢、抛钢及稳速连轧段的解。

$$\boldsymbol{\sigma}(t)=\boldsymbol{\Phi}(t,\ t_0)\sigma(t_0)+\frac{E}{l}\int_0^t\boldsymbol{\Phi}(t,\ \theta)\Delta\boldsymbol{V}\mathrm{d}\theta \tag{34}$$

式中 $\boldsymbol{\Phi}(t,\ t_0)$ ——系统的转移矩阵，它满足下式：

$$\left.\begin{aligned}&\frac{\mathrm{d}}{\mathrm{d}t}\boldsymbol{\Phi}(t,\ t_0)=-\tau^{-1}\boldsymbol{A}\boldsymbol{\Phi}(t,\ t_0)\cdots t\neq t_0\\&\boldsymbol{\Phi}(t,\ t_0)=\boldsymbol{I}\cdots\cdots t=t_0\end{aligned}\right\} \tag{35}$$

对于本文讨论的问题，系统的转移矩阵可取为

$$\boldsymbol{\Phi}(t,\ t_0)=\mathrm{e}^{-\tau^{-1}\boldsymbol{A}(t-t_0)} \tag{36}$$

显然，式（36）代入式（35）将得到满足。

给定初始条件，$t_0=0$ 时，σ（0）$=\sigma_0$，并假定 U 是阶跃函数，即 U=常数，将式（36）代入式（34）得

$$\begin{aligned}\boldsymbol{\sigma}(t)&=\mathrm{e}^{-\tau^{-1}\boldsymbol{A}t}\boldsymbol{\sigma}_0+\boldsymbol{A}^{-1}\tau[\boldsymbol{I}-\mathrm{e}^{-\tau^{-1}\boldsymbol{A}t}]\frac{E}{l}\Delta\boldsymbol{V}\\&=\mathrm{e}^{-\tau^{-1}\boldsymbol{A}t}\boldsymbol{\sigma}_0+\boldsymbol{A}^{-1}[\boldsymbol{I}-e^{-\tau^{-1}\boldsymbol{A}t}]\boldsymbol{W}^{-1}\Delta\boldsymbol{V}\end{aligned} \tag{37}$$

这就是连轧动态张力公式。

2.5 稳态张力公式

稳态张力公式可以直接从动态张力公式（34）的渐进线求得，即取 $t\to\infty$，式（37）式变为

$$\boldsymbol{\sigma}=\frac{E}{l}\boldsymbol{A}^{-1}\tau\Delta\boldsymbol{V}=\boldsymbol{A}^{-1}\boldsymbol{W}^{-1}\Delta\boldsymbol{V} \tag{38}$$

或者：

$$\boldsymbol{\sigma}=\boldsymbol{A}^{-1}\boldsymbol{m}^{-1}\boldsymbol{q} \tag{39}$$

式中 $\boldsymbol{q}$——（N-1）维当量秒流量差方阵

$$\boldsymbol{q}=\begin{bmatrix}q_1&&&\\&q_2&&\\&&\ddots&\\&&&q_{N-1}\end{bmatrix}$$

$$q_i=h'_{i+1}U'_{i+1}(1+S'_{i+1})-h'_iU'_i(1+S'_i)$$

$\boldsymbol{m}$——（N-1）维连轧模数方阵

$$\boldsymbol{m}=\begin{bmatrix}m_1&&&\\&m_2&&\\&&\ddots&\\&&&m_{N-1}\end{bmatrix}$$

$$\begin{aligned}m_i=h'_{i+1}U'_{i+1}[(a_{i+1}+D_{i+1})+\\S'_{i+1}(a_{i+1}+b_{i+1}+D_{i+1})]+\\U_i'[D_i+S'_i(b_i+D_i)]\end{aligned}$$

显然公式（39）又可写成：

$$\boldsymbol{WA\sigma}=\Delta\boldsymbol{V} \tag{40}$$

写成分量的形式：

$$-\theta_i\sigma_{i-1}+W_i\sigma_i-\varphi_i\sigma_{i+1}=\Delta V_i$$

由此得：

$$\theta_i\sigma_{i-1}-W_i\sigma_i+\varphi_i\sigma_{i+1}+\Delta V_i=0$$

由式（11）和式（5）可知，上式的左端就是 $V'_{i+1}-V_i$。

于是有 $V'_{i+1}-V_i=0$。

这与直接由张力方程（5）推得的张力 σ_i 不随时间变化的条件是一致的。

2.6 秒流量相等条件

由式（39）[或式（40）]，当 σ=0 时，则得：

$$q=0$$

即：

$$h'_1U'_1(1+S_1')=h'_2U'_2(1+S'_2)=\cdots=h'_NU'_N(1+S'_N)$$

由上式证明，秒流量相等条件已蕴涵在连轧张力公式之中了。

2.7 实用连轧张力公式

为了便于各种类型张力公式在实际生产过程中应用，需要对一些参变量进行变换。公式中的 h'、U'、S'都是无张力时的数值，这对于前滑系数 S'是很方便的；但对于 h'、U'就不方便了，因为它们不容易测量，而轧制时的板厚、轧辊速度是能够测量的。因此，要用轧制时的 h、U(亦即带张力的板厚、轧辊速度）代换无张力时的 h'、U'(亦即初值)。

将式（9）得逆变换式代入式（39）、式（40），仍得到形式相同的张力公式：

$$\boldsymbol{\sigma}=\boldsymbol{A}^{-1}\boldsymbol{W}^{-1}\Delta\boldsymbol{V}=\boldsymbol{A}^{-1}\boldsymbol{m}^{-1}\boldsymbol{q} \tag{41}$$

但式中各矩阵的元素分别变为

$$\Delta V_i=\frac{h_{i+1}}{H_{i+1}}U_{i+1}(1+S'_{i+1})-U_i(1+S'_i)$$

$$W_i=\frac{h_{i+1}}{H_{i+1}}U_{i+1}b_{i+1}S'_{i+1}+U_ib_iS'_i$$

$$q_i=h_{i+1}U_{i+1}(1+S'_{i+1})h_iU_i(1+S'_i)$$

$$m_i=h_{i+1}U_{i+1}b_{i+1}S'_{i+1}+h_iU_ib_iS'_i$$

同理 τ_i 也可以得到简化。

3　分析讨论

3.1　连轧的基本规律

公式（41）清楚地表明，连轧张力与当量秒流量差成正比，与连轧模数成反比，这就是连轧的基本规律。

常数矩阵 $\mathbf{A}^{-1}$表明，当任意两机架间的当量秒流量差改变时（亦即改变任一架轧辊速度或厚度），各机架间张力都发生变化。因此张力确为连轧过程的纽带。

3.2　张力测厚公式

就稳态连轧张力公式而言，它反映了连轧工艺变量：张力、厚度和轧辊速度三者之间的函数关系。因此，当张力、速度和某一架厚度可测量时，可以计算出其他各架的厚度。由张力公式的分量形式，可以推导出张力测厚公式：

$$h_{i+1} = \frac{h_i U_i[1 + S'_i + S'_i b_i(\sigma_i - \sigma_{i-1})]}{U_{i+1}[1 + S'_{i+1} + S'_{i+1} b_{i+1}(\sigma_{i+1} - \sigma_i)]} \tag{42}$$

张力预报厚度法比压力预报厚度法的优点是有较高的测量精度。下面证明之。

压力测厚公式：

$$h_i = \Phi_i + \frac{P_i}{C_i} \tag{43}$$

式中　Φ——空载辊缝；

P_i——轧制总压力；

C_i——机架总刚度系数。

为简明起见，以两机架连轧为例，并假定：第一架出口厚度不变；第二架厚度变化 1%；辊缝和轧辊速度都不变化，将式（42）、式（43）微分并整理得：

$$\frac{\dfrac{\Delta\sigma}{\sigma}}{\dfrac{\Delta P_2}{P_2}} = \frac{P_2(1 + S'_2)}{h_2\sigma_C(b_2S'_2 + b_1S'_1)} \tag{44}$$

由三机架和五机架连轧的具体数值代入计算得的参数见表 1。

表 1　三机架和五机架连轧参数

参数名称	五机架	三机架	备　注
P_2/kg	70000	250000	取五连轧和三连轧的第 1、2 架
σ_1/kg · mm^{-2}	10	6	
C/kg · mm^{-2}	470000	190000	
$b_2(b_1)$	0.08	0.08	
$S_2(S_1)$	0.03	0.03	
h_1/mm	2.63	1.90	
h_2/mm	2.10	1.60	
$\dfrac{\Delta\sigma/\sigma}{\Delta P_2/P_2}$	14	40	

由数值计算证明：

$$\frac{\Delta\sigma}{\sigma}\Big/\frac{\Delta P_2}{P_2} > 10$$

则张力公式预报厚差比压力预报同样厚度的灵敏度高一个数量级。

3.3　连轧系统的动力学特征

系统动力学特征是指系统的可控性、可测性及稳定性而言。当系统的状态方程建立之后，这些性质是不难确定的。

按李亚普诺夫稳定性理论，连轧系统是一个渐进稳定的动力学系统，因为全部特征根全都是负实数。所谓渐进稳定性，就是系统处于一个平衡状态（即设定状态），当有阶跃型的外挠作用时，系统各状态量经过一个过渡过程自动地趋向一个新的平衡状态；当外挠消除后，又恢复到原平衡状态。

按现代控制论可控性定理，连轧系统是可控的，因为状态方程中的控制矩阵秩数已等于状态量的维数。可控的，则连轧系统可以实现最佳控制。

连轧系统是可测的。对于板带连轧机，它们都有张力测量装置，写成测量方程时，其观测矩阵的秩数等于状态量的维数。对于型钢连轧机，它们不能安装张力测量装置，张力公式（41）略加变换就可以变成测量方程，其观测矩阵的秩数等于状态量的唯数。可测的，则连轧系统可以实现卡尔曼滤波。

4　结论

（1）连轧的基本规律：连轧张力与当量秒流量差成正比，与连轧模数成反比。

（2）连轧过程是一个渐进稳定的、可控的和可测的动力学系统，而张力对系统变化反映最灵敏。

(3) 反映连轧动力学系统的微分方程

数理方程：

$$\frac{d\sigma_i}{dt}=\frac{E}{L}[\theta_i\sigma_{i-1}-w_i\sigma_i+\varphi_i\sigma_{i+1}+\Delta V_i]\left[1+\frac{\sigma_i}{E}\right]$$

状态方程：

$$\boldsymbol{\sigma}=-\boldsymbol{\tau}^{-1}\boldsymbol{A}\boldsymbol{\sigma}+\frac{E}{l}\boldsymbol{B}\boldsymbol{U}$$

(4) 连轧张力公式及几个重要常数

动态张力公式：

$$\boldsymbol{\sigma}(t)=\boldsymbol{\sigma}_0 e^{-\tau^{-1}At}+\boldsymbol{A}^{-1}[\boldsymbol{I}-e^{-\tau^{-1}At}]w^{-1}\Delta\boldsymbol{V}$$

稳态张力公式：

$$\boldsymbol{\sigma}=\boldsymbol{A}^{-1}\boldsymbol{m}^{-1}\boldsymbol{q}$$

连轧时间常数：

$$\tau=\frac{1}{N-1}\sum_{j=1}^{N-1}\frac{1}{EW_i}$$

连轧刚性系数：

$$W_i=\frac{h_{i+1}}{H_{i+2}}U_{i+1}b_{i+1}S'_{i+1}+U_ib_iS'_i$$

连轧模数：

$$m_i=h_{i+1}U_{i+1}b_{i+1}S'_{i+1}+h_iU_ib_iS'_i$$

本文得到中国科学院数学研究所梁国平、张永光等的指导和帮助，表示感谢。

参考文献

[1] Hessenberg W C, Jenking W N. PROC. Inst Mech. Eng, 1955, 169: 1051.

[2] Lianis G, Ford H. Proc. Inst. Mech. Eng., 1957 (171): 757.

[3] Sekulic M R, Alexander J M. J Mech. Eng. Sci, 1962 (4): 301.

[4] Суяров д И, иВеняковский М А. КачествоТОНКИХ сталъпъIхлистов, Металлургиэдат, Москова, 1964.

[5] 美板佳助．塑性と加工，1967 (8)：75-188.

[6] Bryant G F. Automation of Tandem Mills, The Iron & Steel Institute, London, 1973.

[7] 田沼正也，大成干彦，塑性と加工．1972 (13)：133-122.

[8] 小西正躬，铃木弘，塑性と加工．1972 (13)：140-689.

[9] Чекмарев, А. П. Производство, Металлургиздат, Москова, томXVII, 1962, ctp. 3.

[10] Файиберг, Ю. М., Автоматизадия Недреывных станов горячейп Рокатки Металлургиздат, Москова, 1963.

[11] Целиков, А. и., Теория Расчети Усилийвп Рокатных станох, Металлургиздат, Москова, 1962.

[12] Ford H, Bland D R. J. Iron Steel Inst. 1951, (168): 57.

（原文发表在《南方金属》，2007 (1)：4-10，20）

连轧张力公式的实验验证和分析

张进之[1]，赵厚信[2]，王 喆[2]，王保罗[2]

(1. 钢铁研究总院，北京 100081；2. 宝钢股份公司热轧厂，上海 201900)

摘 要 连轧张力公式是连轧理论和实践的核心问题，该问题国内外都有大量的研究，20 世纪 60 年代笔者推导了连轧张力微分方程、多机架动态张力公式、稳态张力公式，理论上已作过深入、广泛的分析讨论。日本在 20 世纪 70 年代对连轧张力公式进行了理论上的推导和实验验证，特别是浅川基男等人的连轧实验结果更为重要。为此引用了浅川基男的实验数据和宝钢 2050mm 热连轧机上的实测数据，验证了连轧张力公式。

关键词 连轧张力公式；实验验证；解析解；定常性

由于张力在连轧过程中的重要性，国内外许多连轧工作者对它进行了研究。这方面的历史情况已在《评连轧张力公式》[1]、《连轧张力变形微分方程的分析讨论》[2] 等文章中作了比较详尽的介绍。近年来，国内外由于连轧过程控制发展的需求，对连轧张力公式有进一步研究，日本新日铁由于连轧型钢的要求，推出了正确的两机架动态张力公式和多机架稳态张力公式[3]。国内对连轧张力公式的研究更多，如文献［4~6］。但是这些文章未给出多机架动态张力公式，其原因与对连轧动态过程的性质有关。由于连轧过程可认为是定常线性系统，所以早在 20 世纪 70 年代推出了多机架动态张力公式[7]。由于张力公式发表很早，一般读者难于找到，所以于 2007 年重新发表[8]，以上文章都是用数学方法推导的，用实验来证明其公式的正确性是有必要的。这项工作一方面引用浅川基男的连轧机实验的实验数据[9,10]来证明，并得到日本学者的认可，而连轧动态过程由宝钢 2050mm 热连轧机上的实时记录数据得到定性验证。

1 稳态张力公式的实验验证

1979 年住友金属浅川基男（简称浅川）、美坂佳助等[9,10]为了研究棒、线材连轧过程中张力对孔型中变形的影响，设计了直接测量张力的装置，在模型轧机上实现了精确地检测张力值，得出了连轧速度不匹配下张力与 Δn/n 之间的定量关系图、张力对前滑、宽展、压下量等的影响系数值或图线等实验结果；为了在棒、线材连轧过程中进行精确的无张力控制，推导了连轧张力公式，指出了精确控制张力和系统的稳定必须考虑各机架间张力的相互影响，画出了考虑或不考虑张力相互影响的控制系统框图，并进行了电子计算机模拟实验。

浅川的连轧张力实验研究，对连轧理论发展具有十分重要的意义，可用它来验证连轧张力公式的正确性，从而使连轧张力理论在连轧生产实践中起指导作用。

根据浅川等的实验结果对连轧张力公式进行验证分析和讨论。

1.1 浅川张力公式与实测张力值的比较

浅川在文献［9］中，引用秒流量相等条件等公式：

$$A_iV_i = M \tag{1}$$

$$V_i = F_iV_{Ri} \tag{2}$$

$$F_i = F_{0i}(1 + f_{bi}\sigma_{i-1} + f_i\sigma_i) \tag{3}$$

并将式（1）~式（3）按泰勒级数展开，取一次项得

$$\frac{\Delta A_i}{A_i} + \frac{\Delta V_i}{V_i} = \frac{\Delta M}{M} \tag{4}$$

$$\Delta V_i = F_i\Delta V_{Bi} + \frac{V_{Ri}}{\Delta F_i} \tag{5}$$

$$\Delta F_i = F_{0i}(f_{bi}\sigma_{i-1} + f_i\Delta\sigma_i) \tag{6}$$

式中，A_i 为 i 机架间轧件截面积；F_i，F_{0i} 为 i 机架前滑及其初始值（无动力前滑）；f_b（f_f）为后（前）张力对前滑的影响系数；σ_i 为 i 机架前张力；V_{Ri} 为 i 机架轧辊表面线速度；V_i 为 i 机架轧件出口平均速度；M 为秒体积流量。

忽略轧件截面积变化，即 $\Delta A_i=0$，将式（4）至式（6）整理，推导得浅川稳态张力公式的分式：

$$f_{bi}\Delta\sigma_{i-1}=(f_i-f_{bi-1})\Delta\sigma_i-f_{i+1}\Delta\sigma_{i+1}$$
$$=\Delta V_{Ri+1}/V_{Ri+1}-\Delta V_{Ri}/V_{Ri}=\Delta V_i \qquad (7)$$

对于两机架连轧，式（7）可写成

$$(f_i-f_{bi-1})\Delta\sigma_i=\Delta V_i \qquad (8)$$

假定张力初始值为零，则 $\sigma_i=\Delta\sigma_i$，可以得到两机架浅川张力计算公式

$$\sigma=\Delta V/(f_{f1}-f_{b2}) \qquad (9)$$

在文献［10］的图1中，取得 $\Delta V=20\%$ 时的张力值为 1.9kg/mm^2。文献［10］给出的热轧钢时的 $f_f=0.0134$，$f_b=-0.0335$。把 ΔV，f_f 和 f_b 代入式（9）得

$$\sigma=\frac{0.2}{(0.0134+0.0335)}=4.2\text{kg/mm}^2$$

4.2远大于1.9，计算值比实验值大1倍多，表明浅川张力公式是不够精确的。由于在推导张力公式时，忽略张力对截面积影响是造成浅川张力公式不准确的原因。因此，在推导张力公式时不应当假定 $\Delta A_i=0$（原田在推导张力公式时，也有相同的假定[3]）。应用文献［7］中的连轧张力公式（理论公式）可以更好地与实验结果一致。

1.2 连轧张力公式的验证

针对型钢、线材等两机架连轧，文献［7］中理论张力公式写成

$$\sigma=\frac{\left(\dfrac{A_2}{A_1}V_{R2}(1+S_2)(V_{R1}(1+S_1))\right)}{\left(\dfrac{A_2}{A_1}V_{R2}(a_2+a_2'+S_2(a_2+a_2'+b_2))+V_{R1}b_1S_1\right)} \qquad (10)$$

式中，A_i 为轧件在无张力连轧时的截面积；a_2 为后张力对轧件宽展影响系数；a_2' 为后张力对轧件高度影响系数；S 为前滑系数；b_1，b_2 分别为前张力和后张力对前滑系数的影响系数。

根据文献［9，10］中的公式、曲线图，得出用式（10）计算张力值的各种数据。

（1）前滑系数的计算。文献［5］中的前滑计算公式为

$$S=\frac{h}{D_p}(0.7\gamma^{1/2}-1)+0.214\gamma+0.258\gamma^2 \qquad (11)$$

式中，h 为轧件高度；D_p 为轧辊直径；γ 为截面压缩率。

从文献［10］中取 $h_1\approx h_2=50\text{mm}$（由于菱方孔型系统，故假定2个机架轧件高度相同），$D_{p2}=D_{p1}=230\text{mm}$，$\gamma_1=\gamma_2=0.2$，代入式（11）得 $S_1=S_2=-0.1023$

（2）轧辊线速度计算。令机架1轧辊初始线速度 $V_{R01}=1$，平衡状态下的速度为

$$V_{R02}=\frac{V_{R1}(1+S_1)}{1+S_2}\frac{A_1}{A_2}=1.25$$

第一机架速度不变，第二机架增加20%，则

$$V_{R1}=1,\ V_{R2}=1.50$$

（3）a_2 系数的确定。从文献［5］的图2中取得 $\dfrac{\sigma}{k}=0.3$ 时，$\Delta b/b=8.5\%$，$k=143\text{kN}$，则张力变化10kN时的宽度变化量可以算出 $a_2=0.01981$。

（4）a_2' 系数的确定。从文献［10］看出，张力对轧件厚度的影响与宽度的影响相比较，不很明显，取 $a_2'=10:1$，则 $a_2'=0.00198$。

（5）b_1，b_2 的确定。$S_1b_1=0.0134$；$S_2b_2=0.0335$。

除前滑系数外，按原公式推导时定义全取正号。把 S_i，a_i，S_ib_i 等代入式（10）得

$$\sigma=2.176\text{kg/mm}^2$$

由式（10）计算出的张力值为 2.176kg/mm^2，与实测值 1.9kg/mm^2 是比较接近的，相差 0.276kg/mm^2，由此证明式（10）是比较符合实际的，基本上反映了连轧规律。

由于引用了浅川基男等的实验数据，引用该数据有些要经过变换方能代入连轧张力公式中，为了达到正确引用数据，于1980年6月把该文寄给浅川基男先生等，以求得他们的指正。1980年10月，浅川基男、近藤胜也先生来函讨论问题。1980年10月冈本丰彦先生来中国讲学，进行了两次张力公式的讨论。1981年5月24日，冈本丰彦先生寄来有关张力公式的意见书，给出了张力公式计算值与实测结果的对比图（见图1）。

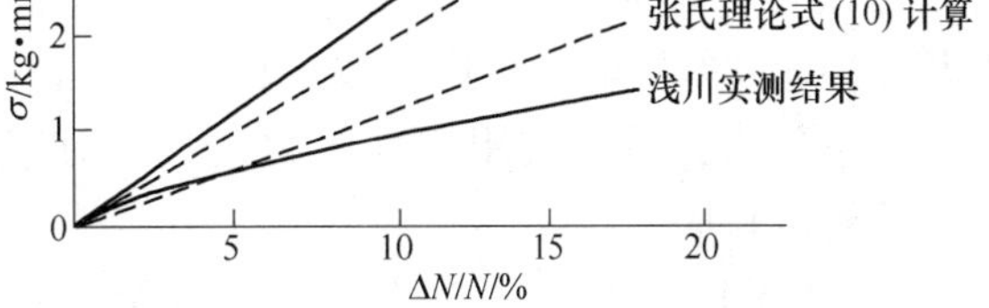

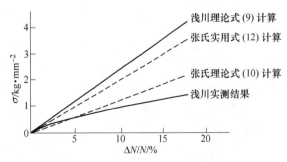

图1　机架间张力随速度差变化的实测值与计算值

Fig. 1　Actual data and calculated data of tension change following speed difference between stands

图 1 表明，笔者推出的连轧张力理论公式是符合实际的，轧辊速度差在大范围内变化与浅川基男实测结果接近。

1.3　连轧张力公式在 2050mm 热连轧中应用验证

20 世纪 70 年代末 80 年代初由于能源危机，在日本和德国开展了无活套支撑器的热连轧工业实践，增大入精轧机坯厚和降低加热温度，实现节能的目标。宝钢 2050 热连轧采用了该套支撑器的技术，德国与日本无活技术的主要差别是张力观测器的不同（5 个参数与 1 个参数），西门子有 5 个参数，而新日铁、日本钢管只有一个参数，无活套支撑器应用最成功的日本钢管直接指明 5 参数的不足。目前 2050 热连轧机的张力观测器已改成一个参数，为实现模型参数自适应和提高张力控制精度提供了有利条件。由于采用单参数张力观测器，大大提高了张力控制精度，文献［12］报道了改用单参数模型的效果。据统计，2002 年热轧微张力起套或拉钢一年中共发生 27 次，在新模型投入运行一年中共发生 3 次，且起套或拉钢程度明显减轻。

2002 年 6 月份在宝钢 2050 热连轧上测量了如图 1 所示规格的新日铁和连轧张力公式的张力预报值，其中两张张力预报曲线见图 2(a) 和图 2(b)。

图 2（a）中西门子预报张力值很平稳，是由张力闭环控制的一种表观现象，实际张力值应当是曲线 1、曲线 2。图 2（b）中有人工干预的张力变化，这时西门子模型预报值就出现了较大差异。

图 2（a）、图 2（b）纵横坐标定性表示单位张力值（N/mm^2），其平均张力值为 $6.3N/mm^2$。在大型热连轧机上实验有较大难度，所以用计算机仿真实验方法进一步验证连轧张力公式的正确性。其内容见文献［11］。

1.4　实用张力公式

文献［7］中推导了实用连轧张力公式，在求解张力微分方程时，把张力对厚度、宽度、前滑以及轧辊速度等影响关系代入式（10）；而后又把其逆关系代入，得到实用连轧张力公式。对于两机架轧机可写成

$$\sigma = \frac{\left(\dfrac{A'_2}{A'_1}V_{R2}(1+S_2)(V_{R1}(1+S_1))\right)}{\left(\dfrac{A'_2}{A'_1}V_{R2}S_2b_2+V_{R1}b_1S_1\right)} \tag{12}$$

式中，A'_1为在张力影响下的轧件截面积。

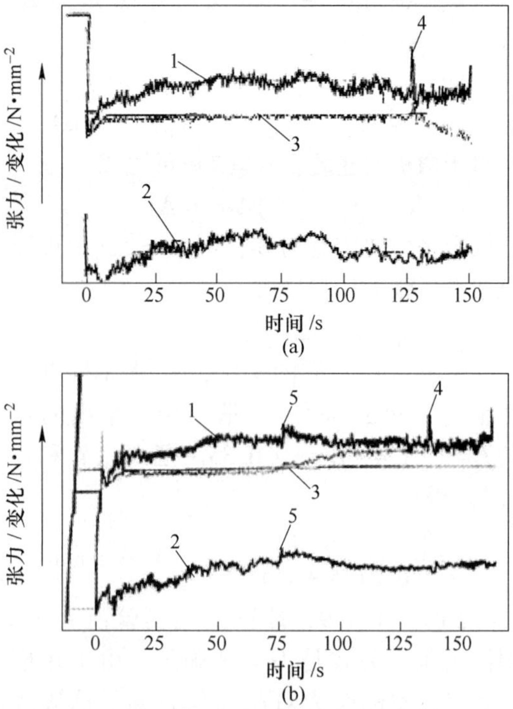

图 2　规格 38.78×1180⇒1.57×1180 实际张力预报图

Fig. 2　Standard 38.78×1180⇒1.57×1180 forecast chart of actual tension

1—新日铁模型张力预报值；2—连轧张力公式张力预报值；3—西门子张力预报值；4—飞剪尾冲选成；5—人工干预

如果在实验过程中把各张力水平的截面积 A_1，A_2 测量出来，也可以计算出与理论张力公式（10）相近似的结果。文献［9］在开始推导公式时，假定 $\Delta A_i=0$，故不能在公式中引入 A'_2，A'_1项。理论公式与实用公式的相应关系和意义见文献［1］。

理论和实用张力公式都有实用价值，当截面积（或厚度）、轧辊线速度都用无张力时的值时，就应当用文献［7］中的理论张力公式；当这些量是在张力作用下的实测值时，就用实用张力公式（12），轧辊速度是张力作用下的实际值，而截面积是无张力作用下的值，用式（10）。与文献［7］中的理论张力公式差别在于式（10）中没有张力对轧辊速度影响的 D 系数。

2　动态张力公式的分析

多机架稳态张力公式，在文献［3，9］中都给出来了。文献［3，9］中均未给出多机架动态张力公式，只给出两机架动态张力公式；文献［7］中给出了多机架动态张力公式。下面写出板带连轧的实用多机架动态张力公式

$$\boldsymbol{\sigma}(t)=\boldsymbol{\sigma}_0\exp(-\boldsymbol{\tau}^{-1}\boldsymbol{A}t)+\boldsymbol{A}^{-1}[1-\exp(-\boldsymbol{\tau}^{-1}\boldsymbol{A}t)]\boldsymbol{W}^{-1}\Delta\boldsymbol{V} \quad (13)$$

式中，$\boldsymbol{\tau}$ 为连轧时间常数对角矩阵，$\tau_i=\frac{l}{EW_i}$；$\boldsymbol{W}$ 为连轧刚性系数对角矩阵，$W_i=V_{Ri+1}S_{i+1}b_{i+1}h_{i+1}/H_{i+1}+V_{Ri}S_ib_i$；$\boldsymbol{A}$ 为张力系统状态矩阵。

$$\boldsymbol{A}=\begin{bmatrix} 1 & -\frac{\varphi_1}{W_1} & & 0_{(n-3)\times(n-3)} \\ -\frac{\theta_2}{W_2} & 1 & \ddots & \\ & \ddots & \ddots & -\frac{\varphi_{n-2}}{W_{n-2}} \\ 0_{(n-3)\times(n-3)} & & -\frac{\theta_{n-1}}{W_{n-1}} & 1 \end{bmatrix}_{(n-1)\times(n-1)}$$

$\varphi_i=V_{Ri+1}S_{i+1}b_{i+1}h_{i+1}/H_{i+1}$；

$\theta_i=V_{Ri}S_ib_i$；

$\Delta\boldsymbol{V}$ 为张力系统扰动（输入）列向量，

$\Delta v_i=V_{Ri+1}(1+S_{i+1})h_{i+1}/H_{i+1}-V_{Ri}(1+S_i)$；

E 为轧件弹性模数；

l 为机架间距离；

h（H）为出口（入口）轧件厚度。

式（13）是假定宽展为零的板带连轧条件下推出的，对于需要考虑宽展的型钢、棒、线材和钢管等连轧机，把厚度换成截面积就可以了。

对于两机架连轧，张力微分方程是一阶线性微分方程

$$\frac{\mathrm{d}\sigma}{\mathrm{d}t}=a(t)\sigma+b(t)\Delta V$$

式中，a 系数是时间函数或常数均有标准解法，容易得出两机架连轧动态张力公式。但是，多机架张力微分公式是一个向量微分方程：

$$\frac{\mathrm{d}\boldsymbol{\sigma}}{\mathrm{d}t}=\boldsymbol{A}\boldsymbol{\sigma}+\boldsymbol{B}\Delta\boldsymbol{V} \quad (14)$$

要找到式（14）的解析解，矩阵 $\boldsymbol{A}$ 必须是对角矩阵或者是定常矩阵。矩阵 $\boldsymbol{A}$ 不是对角矩阵，是否是定常的呢？从表面上看，$\boldsymbol{A}$ 不是定常的，因为它是连轧过程基本变量速度和厚度（或截面积）的函数。但是，由于连轧张力微分方程中的 $\boldsymbol{A}$，$\boldsymbol{B}$ 之间的特殊关系，文献［11］中证明了在标称点附近扰动作用的情况下，$\boldsymbol{A}$ 可当作定常矩阵，这样获得了多机架动态张力公式（13）。

3 结语

（1）由于浅川等连轧实验数据和张力计算公式的计算值对比相差很大，证明了在推导张力公式时，忽略张力对压下量，宽展等的影响是不允许的；

（2）用浅川等的连轧实验数据，证明了理论张力公式是比较符合实际的；

（3）分析方法和计算机模拟方法证明，在标称点附近扰动作用下，连轧张力系统可当作定常系统，因此可以得到多机架动态张力公式的解析表达式。

参 考 文 献

［1］郑学锋．评连轧张力公式［J］，钢铁，1978，2：77-86.

［2］张进之．连轧张力变形微分方程的分析讨论［J］．钢铁，1978，(4)：85-92.

［3］原田利夫，中岛，岸川官一，等．H 形鋼連続圧延法の开発［J］．塑性と加工，1975，16（168）：60-69.

［4］王军生，白金兰，刘相华，等．冷连轧动态变规格张力微分方程［J］．东北大学学报，2003，24（8）：785-787.

［5］马文博，徐光，杨永立．冷连轧张力公式推导及分析［J］，钢铁研究，2003（3）：28-31..

［6］张灵杰，程晓茹，任勇．冷连轧张力公式的数模研究及张力值的选定［J］，南方金属，2006（2）：28-30.

［7］张进之．连轧张力公式［J］．金属学报，1978，14（2）：127-138.

［8］张进之．连轧张力公式［J］．南方金属，2007（1）：4-10.

［9］浅川基男，近藤胜也，美坂佳助，等．棒鋼ミルの直接張力検出方式にょる無張力制禦システムの開発［J］，塑性と加工，1979，20（224）：841-849.

［10］浅川基男．棒鋼、綫材圧延にわけゐスタソド間張力の影響［J］．塑性と加工，1979，20（225）：949-956.

［11］张进之．连轧张力系统的定常性质的论证［C］//轧钢理论文集（二）．北京：轧钢理论学会，1983.

［12］王喆，张进之．热轧张力观测器模型的研究与构建［J］．冶金自动化，2005（3）：29-32.

（原文发表在《中国工程科学》，2008，10（4）：73-76）

轧制实验测量变形抗力和摩擦系数的方法

张进之[1]，张小平[2]，张雪娜[2]，何宗霖[2]

(1. 钢铁研究总院，北京 100081；2. 太原科技大学，太原 030024)

摘 要 用评价润滑油效果和研究前滑数学模型的实测数据，估计出变形抗力（K）和摩擦系数（μ）。估计出的“K、μ”参数应用于轧制过程控制，可以提高数学模型的预报精度。在太原科技大学的350mm实验轧机上，应用铝试样实测了前（后）张力和压下率对前滑的影响规律。将进一步扩大试样的品种和规格进行变形抗力和摩擦系数的实测实验。

关键词 轧制压力；前滑；变形抗力；摩擦系数；数学模型

Experimental measurements of resistance to deformation and friction coefficient in rolling

Zhang Jinzhi[1], Zhang Xiaoping[2], Zhang Xuena[2], He Zonglin[2]

(1. Beijing Institute of Iron and Steel Research, Beijing 100081;
2. Taiyuan University of Science and Technology, Taiyuan 030024)

Abstract: Resistance to deformation (K) and friction coefficient (μ) were estimated by test data of evaluating the effect of lubricating oil and studying mathematical model of forward slip. The estimated parameters can be used in the control of rolling process and the prediction precision of mathematical model can be improved. The influences of front and back tension and screw down ratio on forward slip and rolling force were tested using aluminum samples on a 350mm experimental rolling mill of Taiyuan University of Science and Technology. More tests will be done with different variety and specifications of samples to measuring resistance to deformation and friction coefficient.

Key words: rolling force; forward slip; resistance to deformation; friction coefficient; mathematical model

现代连轧机计算机控制数学模型的主要内容是轧制压力和前滑值的设定计算。轧制压力和前滑设定计算的精度取决于轧件的变形抗力（K）和摩擦系数（μ）的精度。轧件的变形抗力以往是由拉伸方法获得的，摩擦系数是通过轧制实验方法或专门摩擦实验机测得。理论上的变形抗力值和摩擦系数值与实际轧制中的应用有差异。所以在20世纪70年代，日本、西德和我国都提出了用正常轧制工况下的采样数据估计变形抗力和摩擦系数的方法，简称“K、μ”估计。北京钢铁研究总院和武钢冷轧厂合作，用正常工况采样数据估计“K、μ”的方法，将估计出的摩擦系数用于生产实践中[1]。20世纪90年代北京钢铁研究总院和冶金自动化院又与宝钢冷、热连轧厂合作进行了变形抗力和摩擦系数的估计工作[2,3]。

轧制方法测量前滑系数和摩擦系数是轧制工作者普遍应用的方法。文献［4］用轧制方法实测轧制压力和前滑值，估计出不同润滑油的滑润效果，得出了客观的润滑效果评价。文献［5］用轧制方法测出轧制压力和前滑值，获得实用的前滑计算公式。太原科技大学在350mm实验轧机上通过轧制铝试样，实测出不同板宽时的前滑值、不同前（后）张力和压下率时的轧制压力和前滑值，得到了提高数学模型精度的变形抗力和摩擦系数值。本文将对上述三台轧机的实验数据进行“K、μ”估计和综合分析。

1 轧制方法评价润滑油效果实验数据的 K、μ 估计

1.1 实验及评价

实验在 ϕ130mm×150mm 二辊轧机上进行，实验

材料为 08F，规格为 0.34mm×35mm×280mm，实测了轧制压力、压下量、前滑值等数据。用希尔公式、艾克隆德公式、布兰德—福特公式和斯通公式估计出不同润滑条件下的摩擦系数。结果见表 1 和表 2。

表 1　实验数据

润滑介质	h/mm	Δh/mm	ε/%	l/mm	λ	P/kN	p/MPa
E-27-3	0.188	0.152	44.7	506	1.807	59.9	473.05
Z-P-77	0.203	0.137	40.29	468	1.671	65.2	531.45
延诺 103-7	0.193	0.147	43.23	491.5	1.755	62.7	499.41
TL-57-1	0.194	0.146	42.04	490	1.750	65.1	517.83
ZT-21	0.192	0.148	43.53	495	1.768	64.3	509.40

表 1 中 h 为轧后的厚度；Δh 为压下量；ε 为相对压下率；l 为轧后长度；λ 为延伸系数；P 为总轧制压力；p 为单位轧制压力。

表 2　由不同轧制压力和前滑公式计算的摩擦系数

润滑介质	S/%	μ_{ph}	μ_{PE}	μ_{SB}	μ_{SS}	$P_{总}/\lambda_{相}$
E-27-3	4.08	0.033	0.035	0.042	0.039	59.81
Z-P-77	6.36	0.045	0.049	0.065	0.052	80.94
延诺 103-7	5.04	0.037	0.041	0.049	0.044	67.50
TL-57-1	5.16	0.041	0.045	0.050	0.045	70.45
ZT-21	4.92	0.039	0.043	0.048	0.043	67.68

表 2 中，S 为前滑；μ_{ph} 为按希尔公式计算的摩擦系数；μ_{PE} 为按艾克隆德公式计算的摩擦系数；μ_{SB} 为按布兰德-福特公式计算的摩擦系数；μ_{SS} 为按斯通公式计算的摩擦系数；$p_{总}$ 为轧制一道次或几道次的单位轧制压力的总和；$\lambda_{相}$ 为轧制一道次或几道次后的总延伸系数，$\lambda_{相}=\frac{\Delta l}{L}=\lambda-1$。

1.2　变形抗力和摩擦系数的估计

变形抗力用屈服强度 $\sigma_{0.2}$ 表示，摩擦系数用希尔公式的估计值，所以 $\sigma_{0.2}$ 的估计也可用希尔公式：

$$\sigma_{0.2}=\frac{p/1.15}{1.08+1.79\cdot\mu\cdot\varepsilon\cdot\sqrt{\frac{R}{H}}-1.02\cdot\varepsilon} \tag{1}$$

式中　H——轧件轧前的厚度；

R——轧辊半径。

从文献［4］中采出不同润滑质的 p、μ、ε 值和应用公式（1）估计出来的 $\sigma_{0.2}$ 和均方差值列于表 3。

表 3　不同润滑质的 p、μ、ε 值及用公式（1）估计的 $\sigma_{0.2}$ 和均方差值

润滑介质	p/MPa	μ	ε/%	$\sigma_{0.2}$/MPa	标准差/%
E-27-3	473.05	0.033	44.7	406.19	1.36
Z-P-77	531.45	0.045	40.29	402.98	0.56
延诺 103-7	499.41	0.037	43.23	398.27	0.68
TL-57-1	517.83	0.041	40.04	392.88	1.96
ZT-21	509.40	0.039	43.53	403.27	0.63

表 3 的数据表明，估计出的 $\sigma_{0.2}$ 精度比较高，最大标准差为 1.96%。

2　天津材料研究所实测数据的 K、μ 估计

2.1　实验数据

实验在四辊轧机上进行的。工作辊直径为 ϕ88.47mm，支持辊直径为 ϕ200mm，辊身长为 200mm；工作辊材质为 GCr15，在上工作辊表面沿轴向用激光打 5 个小坑，其间距各为 25mm；试料钢种为 B_2F(C=0.12%~0.14%)，退火状态，经汽油擦洗干净，并在其上表面划好标距 L_H；工艺润滑采用 20 号机油；轧制速度为 0.1~0.5m/s。

试样尺寸为 $H\times B\times L$ = 0.81mm × 120mm ×400mm。

实验的原始数据见文献［5］。

2.2　变形抗力和摩擦系数的估计

由文献［5］中取部分实测数据，列出表 4。

表 4　K、μ 估计的实测数据

试件编号	h/mm	Δh/mm	ε/%	S/%	P/kN	R'/mm
1	0.7240	0.0860	10.61	1.575	183.85	61.43

续表 4

试件编号	h/mm	Δh/mm	ε/%	S/%	P/kN	R'/mm
2	0.7075	0.1025	12.65	1.862	204.53	60.84
3	0.7062	0.1038	12.81	1.912	211.97	61.27
4	0.6900	0.1200	14.82	2.291	226.09	59.83
5	0.6858	0.1242	15.33	2.316	233.83	59.84
6	0.6722	0.1378	17.01	2.388	259.99	59.92
7	0.6702	0.1398	17.25	2.649	260.88	59.75
8	0.6535	0.1565	19.32	2.978	294.98	59.85
9	0.6442	0.1658	20.46	3.022	315.17	60.01
10	0.6045	0.2055	25.37	3.687	379.36	59.58
11	0.5898	0.2202	27.18	3.902	389.84	58.99
12	0.5686	0.2414	29.80	4.368	422.28	58.81

表 4 中，R'为压扁后的轧辊半径。

K、μ 估计采用分别计算的方法，先由实测前滑值用斯通公式（2）计算摩擦系数 μ，再由单位轧制压力 p 用希尔公式（1）计算出变形抗力 $\sigma_{0.2}$。其计算中间值和 μ、$\sigma_{0.2}$见表 5。

斯通公式如下：

$$\mu = \frac{\frac{1}{2}\alpha}{1 - 2\sqrt{(1-\varepsilon)\frac{S}{\varepsilon}}} \tag{2}$$

表 5 中，H 为轧件轧前的厚度；h 为平均厚度；F 为接触面积。

表 5 的摩擦系数值与文献［5］用前滑公式反算的值相同。文献［5］中还有用希尔公式反算出的摩擦系数值 f_{p0}、f_p 接近于常数，文献［5］分析认为，“通过前滑公式和实测轧制压力修正轧辊压扁半径而得到的平均摩擦系数 f_s 比直接由轧制压力公式反算出的平均摩擦系数 f_p 更合理。”本文接受文献［5］观点，由前滑公式反算的摩擦系数确定为实用摩擦系数，代入轧制压力公式和实测轧制压力值反算得出变形抗力值，作为轧制压力模型计算用的实用变形抗力值。这样的做法，充分利用了实测轧制压力和前滑值，所以在设计计算轧辊速度时能获得高精度。

表 5　变形抗力 $\sigma_{0.2}$和摩擦系数 μ 估计值

试件编号	$\sqrt{R'/H}$	h/mm	F/mm^2	p/MPa	$\sqrt{\Delta h/R'}$	μ	$\sigma_{0.2}$/MPa
1	8.76	0.767	286.8	641.02	0.0374	0.069	512.98
2	8.72	0.759	300	681.79	0.0411	0.0727	541.66
3	8.75	0.758	302.4	700.99	0.04116	0.0739	555.35
4	8.65	0.750	321.6	703.05	0.04478	0.0816	547.66
5	8.65	0.748	336.4	695.11	0.04556	0.0800	542.83
6	8.66	0.741	344.4	754.89	0.04811	0.0758	562.78
7	8.66	0.740	346.8	752.44	0.04837	0.0843	579.28
8	8.66	0.732	367.2	803.31	0.05114	0.0834	616.70
9	8.67	0.727	379.2	831.14	0.05256	0.0839	635.26
10	8.63	0.707	420	903.27	0.05873	0.0860	678.17
11	8.59	0.700	433.2	899.93	0.061097	0.0865	672.12
12	8.57	0.689	452.4	933.45	0.06407	0.0894	682.84

3　太原科技大学的实验与分析

3.1　实验说明

实验在 ϕ320mm×350mm 二辊冷轧机上进行。在下轴承座下安装测压计，经标定可精确测出实验时的轧制压力。在轧辊表面打上两点间距为 145mm 的刻痕。实验材料为不同宽度铝板，厚度为 1mm，宽度为 160～40mm，宽度间隔为 20mm，即 160mm、140mm，…，40mm，试样长度 350mm。轧制时采用不同的压下率：ε＝40%、35%、30%、25%、20%、15%、10%。轧制时记录实际轧制压力。试样在轧前测量原始厚度，轧后在相应位置测量厚度值，以确定实际压下率。由轧后两点间压痕距离计算出前滑值。

3.2　实验数据

3.2.1　前滑与板宽和压下率的关系

实验数据列于表 6。

表 6 不同板宽和压下率的前滑实验值

板宽 B/mm	压下率 ε/%						
	10	15	20	25	30	35	40
160	0.0552	0.069	0.069	0.0828	0.0897	0.1034	0.1034
140	0.0552	0.069	0.0759	0.0828	0.0897	0.1035	0.1241
120	0.0552	0.069	0.0759	0.0897	0.0828	0.1034	0.1172
100	0.0483	0.0621	0.069	0.0828	0.0966	0.1035	0.1241
80	0.069	0.069	0.0759	0.0828	0.0897	0.1035	0.1103
60	0.0621	0.069	0.0759	0.0828	0.0897	0.1034	0.1172
40	0.0622	0.0621	0.0552	0.0828	0.0897	0.0966	0.1172

为清楚描述，将表 6 数据用图 1 表示。

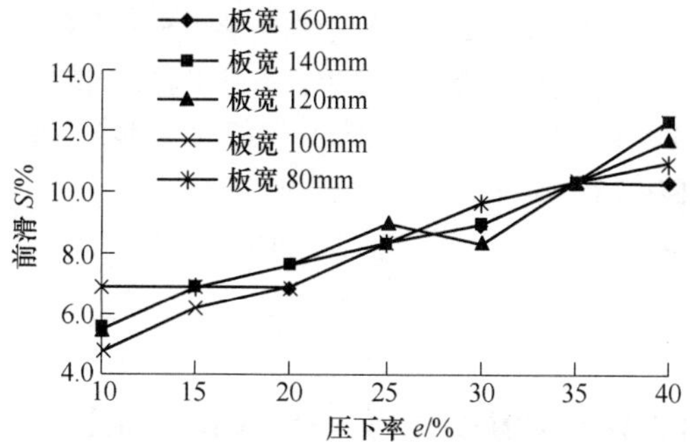

图 1 不同板宽时压下率和前滑的关系

表 6 和图 1 表明，板宽对前滑影响不是太大，而压下率对前滑的影响比较大，随压下率的增加前滑显著增加，这与国内外的实验得出的规律相同。由此也进一步论证了 B-F 前滑公式的实用性。

3.2.2 前滑与前、后张力的关系

固定压下率和后张力得到前张力变化与前滑的关系如图 2 所示，固定压下率和前张力得到后张力变化与前滑的关系如图 3 所示。由图 2 和图 3 可以看出，随着前张力的增加前滑增加，随着后张力的增加前滑减小。将图 2 与图 3 对比分析，前张力对前滑的影响大于后张力的影响。原因是由于前张力增加使金属的纵向流动增加，前滑也增加；而后张力虽然能够显著地改变变形区内金属的应力状态，但它的增加会使金属的纵向流动减少，前滑自然也减小。

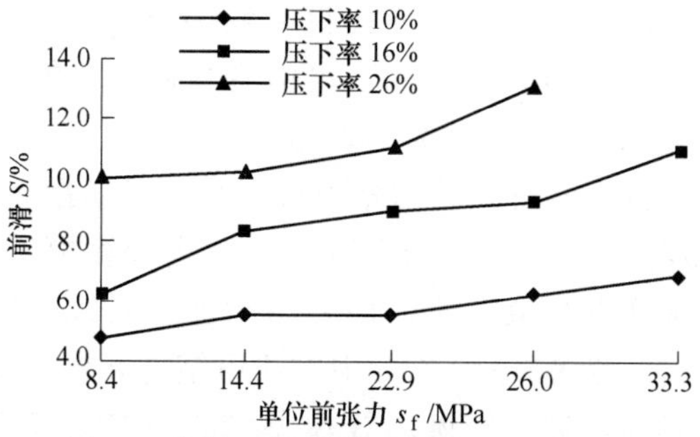

图 2 不同压下率时前张力和前滑的关系

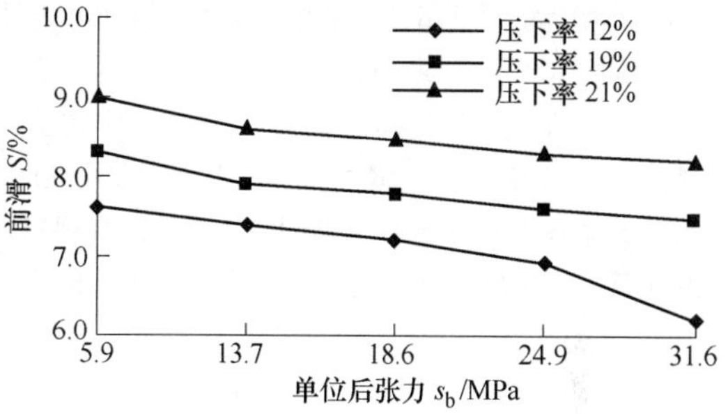

图 3 不同压下率时后张力和前滑的关系

4 结束语

引用在北京钢铁研究总院和天津材料研究所的轧制实验数据，进行了变形抗力和摩擦系数的估计，表明单机架轧制实验可解决连轧机设定计算和控制中最重要的参数问题。太原科技大学的轧制实验，初步得出了板宽、压下率和张力对前滑的影响规律。这项工作在轧机装备完善后，还将继续进行。

参 考 文 献

[1] 张进之，张自诚，杨美顺．冷连轧过程变形抗力和摩擦系数的非线性估计［J］．钢铁，1981，116（3）：35-40.
[2] 张宇，徐耀衰，张进之．宝钢 2030mm 冷连轧压力公式的定量评估[J]．冶金自动化，1999（4）：34-36.
[3] 张进之，杨晓臻，张宇．宝钢 2050mm 热连轧设定模型及自适应分析研究［J］．钢铁，2001，136（7）：38-41.
[4] 李小玉，宋华鹏，吴春华．轧制理论公式在冷轧润滑实验中的应用［C］//轧钢理论文集．北京：冶金工业出版社，1982，317-324.
[5] 赵以相，贺毓辛，郭尚奋，等．前滑模型的实验研究［C］//轧钢理论文集，北京：冶金工业出版社，1982，375-390.

（原文发表在《冶金设备》，2008（5）：29-32）

冷连轧动态变规格控制数学模型

张进之，李　敏，王　莉

（中国钢研集团公司，北京　100081）

摘　要　冷连轧连续轧制是1970年日本钢管首先实现的，其核心技术之一是动态变规格。日本动态变规格的设定控制数学模型是用秒流量相等条件，目前国内外冷连轧机基本上还都是用原日本钢管数学模型。我国对动态变规格技术十分重视，1978年在鞍钢开过专门会议，并发表专辑[6]。当时钢铁研究院与中国科学院数学所合作开发了以动态张力为基础的动态变规格设定数学模型，该文在冶金自动化学术会议上发表，当时引起人们的重视，并于1979年在《钢铁》上发表。该文发表时间已久，但其基本观点、内容还是正确的、实用的。本文新增加了用Φ函数的设定数学模型，使其动态变规格设定控制模型更为简单、实用。

关键词　冷连轧；动态变规格；设定控制；Φ函数；连轧张力公式

Mathematical model for cold continuous rolling FGC control

Zhang Jinzhi, Li Min, Wang Li

(China Iron & Steel Research Insititute Group Co., Beijing 100081)

Abstract: Continuous cold plate steel rolling is first achieved by Japen NKK in 1970, one of its core technology is FGC (flying gauge change control). Japen FGC control model uses the second-flow equal conditions, cold rolling mill at home and abroad are using basically the original mathematic model of the Japen NKK. China attaches great importance to flying gauge change technology, Anshan Iron and Steel company held a special meeting in 1978, and made album[6]. Central Iron & Steel Research Institute and Chinese Academy of Mathematics developed in collaboration with a FGC mathematic model based on the dynamic tension, this paper was published in Metallurgical Automation Conference, when attention has been paid. And then it was published in "Steel" in 1979. The paper published for a long time, but the basic point of view and content is still correct and practical. This newly added a mathematic model using Φ function, so that setting FGC control model is more simple and practical.

Key words: cold continuous rolling; FGC; setting control; Φ function; tension formula in continuous rolling

1　引言

目前冷连轧机大多采用全连续方式，该方式其核心技术之一是动态变规格控制模型。目前动态变规格设定模型还是20世纪70年代日本钢管所研制的方法。日本方法详见参考文献[1]，该方法的基本原则还是秒流量相等，但在动态变规格过程中秒流量是不相等的。还有在变规格辊缝和速度设定计算时用恒张力；而变规格过程中不可能实现恒张力，要单位张力恒等，则总张力不能恒等；总张力恒等，则单位张力不能恒等。采用这种简化方法，是国际上无多机架动态连轧张力公式，其动态连轧张力公式只有我国有。由于多机架无动态张力公式，就不可能有精确的过渡过程的辊缝和轧辊速度设定计算公式。

我国有多机架动态张力公式，所以早在20世纪70年代已提出了动态变规格设定计算模型[2]，由于无实践机会，所以该方法未能在实践中进一步完善。参考文献［2］中方法可结合五机架冷连轧机具体参数，先做离线模型试验，进一步优化其参数。在完成离线实验的基础上做在线控制实验，继而在生产过程中应用。

要采用新的动态变规格设定模型，先要修改目前的二级过程设定数学模型，用 Φ 函数完成厚度分配，用变形抗力（K）和摩擦系数（μ）非线性“$K\mu$”估计方法[3]，提高压力、前滑的计算精度。用动态变规格数学模型优点，是可以增大变规格范围和减少过渡段长度。

2 Φ 函数方法的负荷分配数学模型

今井一郎的负荷分配方法改进了传统的能耗负荷分配方法，其改进内容是对各种钢种、规格规程的实用轧制规程分析，得出参数 m 和单位能耗的数学表达式：

$$E = E_0\left[\left(\frac{H}{h}\right)^m - 1\right] \tag{1}$$

式中 H——坯料厚度；

h——成品厚度；

m——通过大量现场实测数数据等回归出的公式，$m=0.31+\dfrac{0.21}{h}$；

E——单位耗能。

定义函数 φ_i 为第 i 机架的累计能耗分配系数。对于各机架来说钢坯重量和轧制时间是相同的，因此可写出 φ_i 的表达式：

$$\varphi_i = \frac{\sum_{j=1}^{1} E'_j}{\sum_{j=1}^{n} E'_j} = \frac{E_j}{E_\Sigma} \tag{2}$$

式中 E_j——第 i 个机架的累计耗能；

E_Σ——总耗能；

E'_j——第 j 个机架的耗能。

根据式（1）有：

$$E_i = E_0\left[\left(\frac{H}{h_i}\right)^m - 1\right]$$

$$E_\Sigma = E_0\left[\left(\frac{H}{h}\right)^m - 1\right]$$

经推导得：

$$h_i = \frac{Hh}{[h^m + \varphi_i(H^m - h^m)]^{\frac{1}{m}}} \tag{3}$$

按式（3），由 H、h 就可以计算出各道次的厚度值，但其中 φ_i 取值较困难。研究发现由式（3）可求得 φ 函数计算公式：

$$\varphi_i = \frac{\left(\frac{Hh}{h_i}\right)^m - h^m}{H^m - h^m} \tag{4}$$

式（3）、式（4）为实用的能耗负荷分配计算公式，由实际轧制的各机架厚度实际值可由式（4）计算出 φ 函数值。

式（3）不是今井一郎的原公式，原式：

$$h_i = \frac{Hh}{[\varepsilon_i H + (1 - \varepsilon_i)h^m]^{\frac{1}{m}}} \tag{5}$$

$h_i = \dfrac{Hh}{[h^m + \varepsilon_i(H^m - h^m)]^{\frac{1}{m}}}$；改变符号 $\varepsilon_i \Rightarrow \Phi_i$ 得式（3）。

冷轧 Φ 函数的 m 计算公式。

冷连轧不能直接引用今井反函数 Φ，因为 m 参数公式中的 $\dfrac{0.21}{h}$ 项，将使 m 可达大于 1，所以必须求得冷轧中的 m 计算公式。

用德国人的 1974 年的能耗负荷分配数据（共 88 个轧制状态，分钢种、宽度、成品厚、坯料厚等，成品厚度 17 个，规格：0.18，0.20，…，3.00）得出新的 m 计算公式：

$$m = 0.3290 + 0.2496h,\ h < 1\text{mm}$$
$$m = 0.52,\ h \geqslant 1\text{mm} \tag{6}$$

m 计算公式需要进一步验证，经验证和进一步改进后可推广应用。用 Φ 函数负荷分配方法将使过程级数学模型大大简化，不用迭代计算了。

3 动态变规格厚度分配模型

文献［2］中的动态变规格厚度分配模型，是直接引用日本文献中提供的，前后两种规程的厚度分配形成的压力分布不利于板形质量，而用原规格及 Φ 函数得出的新规格的压力分布，可以保持板形质量。

表 2 与表 1 对比，Φ 函数计算出的新规程可以获得优良板形质量。当然原规程是保证板形质量的，如何保证板形质量，要应用解析板形刚度理论方法[3]。

表 1 前后两规格的厚度分配[2]

规程	参数	F1	F2	F3	F4	F5
原规程	H/mm	3.20	2.64	2.10	1.67	1.34
	h/mm	2.64	2.10	1.67	1.34	1.20
新规程	H/mm	3.20	2.57	1.97	1.46	1.15
	h/mm	2.57	1.97	1.46	1.15	1.00

表 2 由原规格的 Φ_i 值计算出的新规格表

规程	参数	F1	F2	F3	F4	F5
原规程	H/mm	3.20	2.64	2.10	1.67	1.34
	h/mm	2.64	2.10	1.67	1.34	1.20
新规程	H/mm	3.20	2.52	1.92	1.46	1.13
	h/mm	2.52	1.92	1.46	1.13	1.00

4　厚度分配模型的实现

厚度分配是过程控制级最主要功能，它是由基础自动化级实现，而基础自动化级必需求得各机架辊缝和轧辊速度的设定值。以往数学模型研制对此问题强度不够。如何做到这一点，必须计算出各机架压力、前滑的设定值，从而可求得更精确的辊缝和速度设定值。所以设定模型研究要得出精确的压力、前滑数学模型。这两个模型研究很多，但理论模型与实际总会有较大差异，解此问题的方法就是文献[3]给出的“$K\mu$”估计方法。“$K\mu$”估计是离线模型，在线应用结合自适应方法。“$K\mu$”估计后的自适应值的区域就大大减小了，一般为0.9~1.1。而现用的自适应值的区间远远大于上述范围。

5　动态变规格过程辊缝和速度的计算公式

该模型的特点是：分割各机架逐架变规格，线性的改变厚度和张力值，以便顺利的从第一个规程变到第二个规程。图1为动态变规程厚度和张力变化要求，该图和后面的计算公式是以成品机架速度为22m/s做的，实际应用时可将速度降低3m/s左右，其计算公式不变。

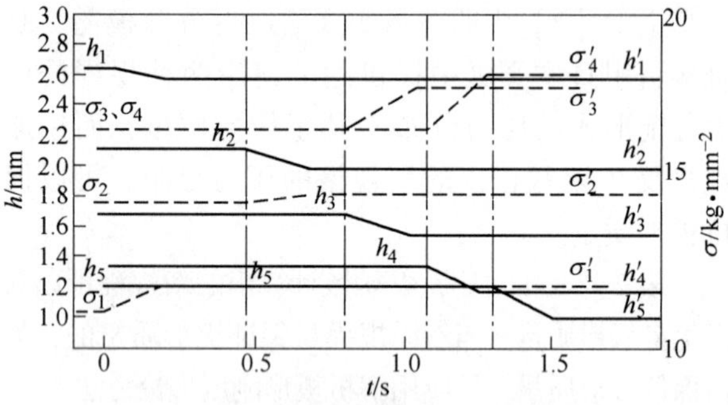

图1　动态变规格厚度和张力变化要求

从厚度和张力要求，可以得到计算各时刻的厚度和张力等的计算公式：

$$h_{i,\ k} = h_i + \frac{h_i' - h}{NN} \cdot k \tag{7}$$

$$H_{i,\ k} = H_i + \frac{H_i' - H}{NN} \cdot k \tag{8}$$

$$\Delta\sigma_i = \sigma_{i,\ k+1} - \sigma_{i,\ k} = \frac{\sigma_i' - \sigma_i}{NN} \tag{9}$$

$$\sigma_{fi \cdot k} = \sigma_i + \Delta\sigma_i \cdot k \tag{10}$$

$$\sigma_{bi,\ k} = \sigma_{(fi-1) \cdot k} \cdot \frac{h_{(i-1) \cdot k}}{H_{i \cdot k}} \tag{11}$$

式中　k——步数；

H——板坯厚度；

h——成品厚度；

NN——每个机架变规格计算步数；

σ——各时刻张力。

由弹跳方程可以计算各机架辊缝：

$$SL_{i,\ k} = h_{i,\ k} - \frac{P_{i,\ k}}{M_i} \tag{12}$$

式中　P——轧制压力；

M——轧机刚度。

计算开始变规格点从前一机架到达下一个机架的时间 tt'：

$$tt_j' = \frac{(L_j - DL)}{V_j} + NN \cdot Dt \tag{13}$$

式中　DL——在 j 机架变规格过程中，所轧出斜形部分的长度；

V——轧件速度。

由连轧张力微分方程的差分形式，计算各机架的速度：

$$\frac{\Delta\sigma_k}{\Delta t} = A_{k-1} \cdot \sigma_k + B_{k-1} U_k \tag{14}$$

式中　Dt——时间步长；

U——轧辊速度。

从 $k=1$ 开始计算。相应于 A_{k-1}，B_{k-1} 为 A_0，B_0，它可以原规程参数计算出来，并规定其中一个机架速度不变（如第五机架），把从公式（9）、式（11）计算出的 $\Delta\sigma$、σ 代入就可以求出4个机架的速度，递推计算，就可以求得2，3，…，NN 时刻的速度设定值。

以上各式中的矩阵计算公式见连轧张力公式[4]；压力公式引用Hill公式；前滑公式引用Bland-Ford公式；力矩公式引用志田茂公式。

下面以一个实际例子，作出轧辊速度和辊缝的时间序列。

轧件的变形抗力 $K=l(\bar{r}+m)^n$（$m=0.00817$，$n=0.3$，$l=84.6$）；弹性模量 $E=21000$kg/mm；摩擦系数 $\mu=0.07$；钢板宽度 $B=930$mm；前后张力加权系数 $a=10/3$；$Dt=0.01$（0.001）；$NN=20$。

两个规程辊缝和速度设定值（表5），以及从一个规程变到另一个规程的辊缝和速度时间序列。

表3　设备参数

名称	1	2	3	4	5
轧辊半径/mm	273	273	273	273	273
刚度系数/t · mm⁻¹	470	470	470	470	470
机架间距离/mm	4600	4600	4600	4600	

表4　连轧规程

规程号		0	1	2	3	4	5
Ⅰ	H/mm	3.20	3.20	2.64	2.10	1.67	1.34
	h/mm		2.64	2.10	1.67	1.34	1.20
	σ/kg·mm^{-2}	0	10.2	12.8	16.1	16.1	4.5
	U/mm·s^{-1}						22000

续表4

规程号		0	1	2	3	4	5
Ⅱ	H'	3.20	3.20	2.57	1.97	1.48	1.15
	h'		2.57	1.97	1.46	1.15	1.00
	σ'	0	11.0	13.0	17.5	18.0	4.5
	U'						22000

表5　两规程稳态辊缝和速度设定值

规程号			1	2	3	4	5
Ⅰ	$\phi L(0)$	辊缝值	1.335	0.801	0.0729	−0.250	−0.0825
	$UL(0)$	辊缝速度	9631.84	12322.66	15398.6	19265.3	22000
Ⅱ	$\phi L(\infty)$	稳态时	1.1963	0.3254	−0.4082	−0.5015	−0.4293
	$UL(\infty)$	稳态时	8242.03	10968.79	14585.7	18685.4	22000

注：表3~表5数据为原《钢铁》发表的数据，新的Φ函数规格与原规格厚度变化不大，对仿真实验结果无太明显影响。如有单位愿进行新动态变规格设定模型实验，可用该厂实际轧机、钢种、规格等实际数据进行仿真实验后再进行轧制实践。

6　结束语

目前用于动态变规格的设定数学模型是增量形式的，故规格变换只允许在小范围内；小的规格变换使恒张力过渡原则成为现实可行的方案，由此保证了连续连轧的实现。但是，从理论和实践上动态变规格设定控制问题并没有解决，要彻底解决此问题，可采用已建立的以连轧动态多机架连轧张力公式为基础的动态设定控制模型。应用新型变规格动态设定控制数学模型的优点，是可以增大变规格厚度变化范围和大大减少过渡段长度。

参 考 文 献

[1] 张进之. 连轧理论与实践 [J]. 钢铁，1980，15 (6)：41-46.

[2] 张进之，郑学峰，梁国平. 冷轧动态变规格设定控制模型的探讨 [J]. 钢铁，1979，15 (6)：41-46.

[3] 张进之，张志诚，杨美顺. 冷轧过程变形抗力和摩擦系数的非线性估计 [J]. 钢铁，1980，16 (3).

[4] 张进之. 解析板型刚度理论 [J]. 中国科学 (E)，2000，30 (2)：187-192.

[5] 张进之. 连轧张力公式 [J]. 金属学报，1978，14 (2).

[6] 鞍钢钢铁研究所. 钢铁评述，1978 (2).

(原文发表在《冶金设备》，2011 (3)：35-38)

连轧张力公式在棒钢连轧机上的实验验证及应用

张进之

（中国钢研科技集团有限公司，北京　100081）

摘　要　连轧张力公式是连轧理论和实践的核心问题，该问题国内外都有大量的研究，20 世纪 60 年代，笔者推导了连轧张力微分方程、多机架动态张力公式、稳态张力公式，理论上已作过深入、广泛的分析讨论。日本人在 70 年代对连轧张力公式进行了理论上的推导和实验验证，特别是浅川基男等人的连轧实验结果更为重要。为此，引用了浅川基男的实验数据和宝钢 2050 热连轧机上的实测数据，验证了张力公式。

由于张力公式在连轧过程中的重要性，国内外许多连轧工作者对它进行了研究。这方面历史情况已经在《连评张力公式》《连轧张力变形微分方程的分析讨论》等文章中做了比较详尽介绍，不再赘述。近年来，国内外由于连轧过程控制发展的需求，对连轧张力公式有进一步研究，日本新日铁由于连轧型钢的要求，推出了正确的两机架动态张力公式和多机架稳态张力公式。国内对连轧张力公式的研究更多，但是这些文章未给出多机架动态张力公式，其原因与对连轧过程的认识有关。由于我们认识到连轧过程可认为是定常线性系统，所以早在 20 世纪 70 年代推出多机架动态张力公式在金属学报上发表。由于张力公式发表很早，一般读者难于找到，所以于 2007 年在南方冶金上重新发表，以上文章都是用数学方法推导的，用实验来证明其公式的正确性是有必要的。这项工作一方面引用日本人的实验数据证明，并得到日本学者的认可，而连轧动态过程由宝钢 2050mm 热连轧机上的实时数据得到验证。

1　稳态张力公式的实验验证

1979 年住友金属浅川基男、美坂佳助等（后简称浅川）为了研究棒线材连轧过程中张力对孔型中变形的影响，设计了直接测量张力的装置，在模型轧机上实现了精确地检测张力值，得出了连轧速度不匹配下张力与 $\Delta n/n$ 之间的定量关系图，张力对前滑、宽展、压下量等的影响系数值或图线等实验结果；为了在棒线材连轧过程中进行精确的无张力控制，推导了连轧张力公式，指出了精确控制张力的相互影响，画出了考虑或者不考虑张力相互影响的控制系统框图，并进行了电子计算机模拟实验。

浅川的连轧张力实验研究，对连轧理论发展具有十分重要的意义，应用它可以验证张力公式的正确性，从而使连轧张力理论在连轧生产过程中起指导作用。

笔者根据浅川等的实验结果对作者的连轧张力公式进行验证分析和讨论。

1.1　浅川张力公式与实测张力值的比较

浅川在文献中，引用秒流量相等条件等公式：

$$A_i V_i = M \tag{1}$$

$$V_i = F_i V_{Ri} \tag{2}$$

$$F_i = F_{0i}(1 + f_{bi}\sigma_{i-1} + f_{fi}\sigma_i) \tag{3}$$

并将式（1）~式（3）泰勒级数展开，取一次项整理得：

$$\frac{\Delta A_i}{A_i} + \frac{\Delta V_i}{V_i} = \Delta M / M \tag{4}$$

$$\Delta V_i = F_i \Delta V_{Bi} + V_{Ri} \Delta F_i \tag{5}$$

$$\Delta F_i = F_{0i}(1 + f_{bi}\sigma_{i-1} + f_{fi}\sigma_i) \tag{6}$$

式中，A_i 为 i 机架轧件截面积；F_i 为 i 机架前滑；F_{0i}为 i 机架无张力影响的前滑；$f_b(f_f)$ 为后（前）张力对前滑的影响系数；σ_i 为 i 机架前张力；V_{Ri} 为 i 机架轧辊表面线速度；V_i 为 i 机架轧件出口平均速度；M 为秒体积流量。

忽略轧件截面积变化，即将式（4）~式（6）整理推导得到浅川稳态张力公式的分式：

$$\begin{aligned} f_{bi}\sigma_{i-1} &= (f_{fi} - f_{bi-1})\Delta\sigma_i - f_{fi+1}\Delta\sigma_{i+1} \\ &= \frac{\Delta V_{Ri+1}}{V_{Ri+1}} - \frac{\Delta V_{Ri}}{V_{Ri}} = \Delta V_i \end{aligned} \tag{7}$$

对于两机架连轧，式（7）可写成：

$$(f_{fi} - f_{bi-1})\Delta\sigma_i = \Delta V_i \quad (8)$$

假定张力初始值为零，则 $\sigma_i = \Delta\sigma_i$，故可以得到两机架浅川张力计算公式：

$$\sigma = \frac{\Delta V}{f_{f1} - f_{b2}} \quad (9)$$

取浅川实验中热轧钢时的数据，验证式（9）是否精确。

在文献中的图1中，取得 $\Delta = 20\%$ 时的张力值为 1.9kg/mm^2。在文献中给出的热轧钢时的 $f_f = 0.0134$，$f_b = -0.0335$。把 ΔV、f_f 和 f_b 代入式（9）得：

$$\sigma = \frac{0.2}{0.0134 + 0.0335} = 4.2\text{kg/mm}^2$$

4.2远大于1.9，计算值比实验值要大一倍多，表明浅川张力公式是不够精确的。由于在推导张力公式时忽略张力对截面积的影响，是造成浅川张力公式不准确的原因。因此，在推导张力公式时，不应当假定 $\Delta A_i = 0$（原田在推导张力公式时，也有相同的假定）。应用文献中的连轧张力公式（理论公式）可以更好地与实验结果一致。

1.2 张力公式的验证

针对型钢、线材等两机架连轧，文献中理论张力公式可写成：

$$\sigma = \frac{A_2/A_1 U_2(1 + S_2) - U_1(1 + S_1)}{A_2/A_1 U_2[a_2 + a_2' + S_2(a_2 + a_2' + b_2)] - U_1 b_1 S_1} \quad (10)$$

式中 A_i——轧件在无张力连轧时的截面积；
a_2——后张力对轧件宽展影响系数；
a_2'——后张力对轧件高度影响系数；
U——轧辊线速度；
b_2——后张力对前滑影响系数；
b_1——前张力对前滑影响系数。

根据文献中的公式、曲线图，得出用式（10）计算张力值的各种数据。

1.2.1 前滑系数计算公式

$$S = h/Dp(0.7\sqrt{\gamma} - 1) + 0.214\gamma + 0.258\gamma^2 \quad (11)$$

式中 S——前滑系数；
h——轧件高度；
Dp——轧辊直径；
γ——截面压缩率。

从文献中粗略地取 $h_1 \approx h_2 = 50\text{mm}$（由于菱方孔型系统，故假定两个机架轧件高度相同）；$Dp_1 = Dp_2 = 230\text{mm}$；$\gamma_1 = \gamma_2 = 0.2$，代入式（11）得：$S_1 = S_2 = -0.1023$。

1.2.2 轧辊线速度计算

令 $U_{01} = 1$ 平衡状态下的速度 U_{02} 为：

$$U_{02} = U_1(1 + S_1)/(1 + S_2)A_1/A_2 = 1.25$$

第一机架速度不变，第二机架增加20%，则 $U_1 = 1$；$U_2 = 1.5$。

1.2.3 a_2 系数的确定

从文献中的图2中取得：$\sigma/k = 0.3$ 时，$\Delta b/b = 8.5\%$，$k = 143\text{kN}$，则张力变化10kN时的宽度变化量可以算出，即 $a_2 = 0.01981$。

1.2.4 a_2' 系数的确定

从文献中的图3看出，张力对轧件厚度的影响与宽度的影响相比很不明显，取10∶1，则 $a_2' = 0.00198$。

1.2.5 b_1、b_2 的确定

$S_1 b_1 = 0.0134$；$S_2 b_2 = 0.0335$

除前滑系数外，按原公式推导时定义全取正号。把 S_i、a_i、b_i 等代入式（10）得：

$$\sigma = 2.176\text{kg/mm}^2$$

由式（10）计算出的张力值为 2.176kg/mm^2，与实测值 1.9kg/mm^2 是比较接近的，差值为 0.276kg/mm^2，由此证明式（10）是比较符合实际的，基本上反映了连轧规律。

由于实验数据是引用浅川基男等人在日本做的，本文引用该数据有些要经过变换方能代入连轧张力公式中，存在是否达到正确运用实验数据的问题，为了达到正确引用数据，于1980年6月把该文寄给日本浅川基男等先生，以求得他们的指正。1980年10月，浅川基男、近藤胜也先生来函讨论问题。1980年10月，冈本丰彦先生来中国讲学，在民族饭店进行了两次张力公式的讨论。1981年5月24日，冈本丰彦先生寄来有关张力公式的意见书，给出了张力公式计算值与实测结果的对比图，见图1。

图1也表示，笔者推出的连轧张力理论公式是符合实际的，轧辊速度差在大范围内变化与浅川实测结果相接近，实验验证了。连轧张力公式在宝钢2050热连轧机上做过多次实验证明，已在文

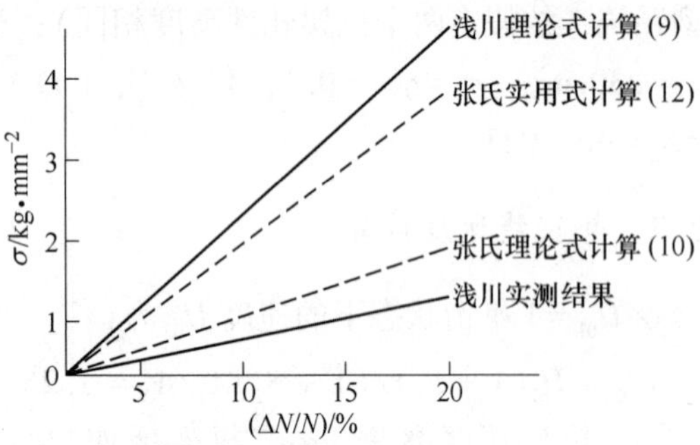

图 1　机架间张力随速度变化的实测值与计算值

献中详细介绍了。

1.3　实用张力公式

在文献中推导了实用连轧张力公式，在求解张力微分方程时，把张力对厚度、宽度、前滑以及轧辊速度等影响关系代入式（10）；而后又把其逆关系代入，得到实用连轧张力公式。对于两机架可写成：

$$\sigma = \frac{A'_2/A'_1 U_2(1 + S_2) - U_1(1 + S_1)}{A'_2/A'_1 U_2 S_2 b_2 + U_1 b_1 S_1} \tag{12}$$

式中，A'_1为在张力影响下的轧件截面积。

如果在实验过程中把各张力水平的截面积 A_1、A_2 测量出来，也可以计算出与理论张力公式（10）相近似的结果。文献在开始推导公式时，假定$\Delta A_i = 0$，故不能在公式中引入 A'_1、A'_2项，理论公式与实用公式的相应关系和意义，文献中已详细论述。

理论和实用公式都有实用价值，当截面积（或厚度），轧辊线速度都用无张力时的值，就应当用文献中的理论张力公式；当这些量是在张力作用下的实测值时，就用实用张力公式，轧辊速度是张力作用下的实际值，而截面积是无张力作用下的值，就用式（10）。式（10）与文献中的理论张力公式差别在于式（10）中没有张力对轧辊速度影响的系数。

2　动态张力公式的分析

多机架稳态张力公式，在文献中都给出来了。文献中均未给出多机架动态张力公式，只给出两机架动态张力公式。下面写出板带连轧的实用多机架动态张力公式：

$$\boldsymbol{\sigma}(t) = e^{-\tau^{-1}At}\boldsymbol{\sigma}_0 + \boldsymbol{A}^{-1}[1 - e^{-\tau^{-1}At}]\boldsymbol{W}^{-1}\Delta\boldsymbol{V} \tag{13}$$

式中　τ——连轧时间常数对角矩阵，

$$\tau_i = \frac{1}{EW_i}$$

$\boldsymbol{W}$——连轧刚性系数对角矩阵，

$$W_i = \frac{h_{i+1}}{H_{i+1}}U_{i+1}S_{i+1}b_{i+1} + U_iS_ib_i$$

$\boldsymbol{A}$——张力系数状态矩阵，

$$\boldsymbol{A} = \begin{bmatrix} 1 & \frac{-\varphi_1}{W_1} & \cdots & 0 \\ \frac{-\varphi_2}{W_2} & 1 & 0 & \frac{-\varphi_{n-1}}{W_{n-1}} \\ \cdots & 0 & 0 & \cdots \\ 0 & \cdots & \frac{-\varphi_n}{W_n} & 1 \end{bmatrix}_{n\times n}$$

$\varphi_i = \frac{h_{i+1}}{H_{i+1}}U_{i+1}S_{i+1}b_{i+1}$；

$\theta_i = U_iS_ib_i$；

$\Delta\boldsymbol{V}$——张力系统扰动（输入）列向量，

$$\Delta v_i = \frac{h_{i+1}}{H_{i+1}}U_{i+1}(1 + S_{i+1}) - U_i(1 + S_i)$$

E——轧件弹性模量；

l——机架间距离；

$h(H)$——出口（入口）轧件厚度。

式（13）是可以假定宽展为零的板带连轧条件下推出的，对于需要考虑宽展的型钢、棒线材和钢管等连轧机，把厚度换成截面积就可以了。

下面分析一下，我们为什么能得到多机架动态张力公式。对于两机架连轧，张力微分方程是一个一阶线性微分方程：

$$\frac{d\sigma}{dt} = a(t)\sigma + b(\Delta t) \tag{14}$$

式（14）中的系数是时间函数或常数均有标准解法，因此两机架连轧张力公式是容易得出的。但是，多机架张力微分公式是一个向量微分方程：

$$\frac{d\boldsymbol{\sigma}}{dt} = \boldsymbol{A\sigma} + \boldsymbol{B}\Delta\boldsymbol{V} \tag{15}$$

要找到式（15）的解析解，$\boldsymbol{A}$ 矩阵必须是对角矩阵或者是定常矩阵。$\boldsymbol{A}$ 矩阵不是对角矩阵，$\boldsymbol{A}$ 矩阵是否是定常呢？从表面上看，它不是定常的，因为它是连轧过程基本变量速度和厚度（或截面积）的函数。但是，由于连轧张立微分方程中的 $\boldsymbol{A}$、$\boldsymbol{B}$ 之间的特殊关系，在文献中证明了在标称点附近扰动作用的情况下，$\boldsymbol{A}$ 矩阵可当作定常矩阵，这样就获得了多机架动态张力公式（13）。

3　结论

（1）由于浅川等连轧实验数据和张力计算公式的计算值对比相差很大，证明了在推导张力公式时，忽略张力对压下量、宽展等的影响是不允许的。

（2）用浅川等的连轧实验数据，证明了理论张力公式是比较符合实际的。

（3）分析方法和电子计算机模拟方法，能证明在标称点附近扰动作用下，连轧张力系统可当做定常系统，因此可得到多机架动态张力公式的解析表达式。

第三部分　DAGC理论及实验与应用

AGC系统数学模型的探讨

张进之

（冶金部钢铁研究院）

1　引言

AGC（厚度自动控制）系统成功地在可逆式带钢轧机和连轧机上应用，使钢带纵向厚度公差几乎减少一个数量级（目前已是用微米来计算厚差）。

由于AGC种类繁多，本文将按测量和调整方法给出“AGC”的命名方式，引用连轧张力公式推导出张力“AGC”的数学模型，同时也用数学分析方法给出其他“AGC”的数学模型。

2　AGC的分类

由于“AGC”系统的发展，构成它的两个基本环节（测量厚度差的方法和调节方式）的形式和种类繁多。按一般调节系统分法可分为前馈厚度自动调节和反馈厚度自动调节两类。前馈“AGC”是根据轧前可测得的外扰量——坯料厚度差（ΔH_0）或温度差（ΔT）进行调节。反馈“AGC”是测量轧制之后钢带厚度差进行调节。厚度测量方法有直接用测厚仪测量和间接测厚两类。间接测厚方式有压力测厚、张力测厚和速度测量多种。调节方式有调整轧辊辊缝，调节轧辊速度以及改变张力设定值等多种。因此有必要对AGC系统进行科学分类及合理命名。

这里采用式（1）的命名方式，试对各种“AGC”进行分类。

$$\frac{y}{x}\text{—AGC} \tag{1}$$

式中　y——表示测厚方法；

x——表示调节方式。

分类：

（1）$\frac{h}{\phi}$—AGC；测厚仪直接测量厚差 Δh，调节轧辊辊缝 ϕ 的“AGC”，简称厚度AGC。

（2）$\frac{P}{\phi}$—AGC：用压力P间接测量厚差，调节轧辊辊缝 ϕ 的“AGC”，简称压力AGC。

（3）$\frac{\sigma}{\phi}$—AGC：连轧机用张力 σ 间接测量厚差，调节轧辊辊缝 ϕ 的“AGC”，简称连轧AGC。

（4）$\frac{h}{u}$—AGC：测厚仪直接测量厚差 Δh，调节轧辊速度 u 改变张力设定值的“AGC”，简称张力AGC。

（5）$\frac{H}{\phi}$—AGC：测量轧前厚差 ΔH，调节轧辊辊缝 ϕ 的“AGC”，简称前馈AGC。

（6）$\frac{T}{\phi}$—AGC：测量轧前温度差 ΔT，调节轧辊辊缝的“AGC”，简称温度AGC。

以上只给出常遇到的几种AGC的命名方式，照此可对任意测厚方法和调节方式组合的厚度控制系统进行命名。

3　数学模型

下面分别写出各种“AGC”系统的测量模型和控制模型。测量模型是描述压力、张力等信号变换成厚度值的数学公式。控制模型则描述测量信号与调节量之间的传递函数，对于我们的问题，只给出系统的增益值（或称影响系数）。测量模型和控制模型一般统称为控制模型，以与分析模型相区别。由于“AGC”系统只是对定常速轧制和各工艺参数都设定好的前提下才投入使用的，它的调节范围是有限的，因此用增量形式的模型表达式，其精度就足够了，这大大方便了模型公式的推导。

测量模型的一般公式：

$$h = \Pi y \tag{2}$$

控制模型的一般公式：

$$x = Ky \tag{3}$$

式中，h 仍表示厚度；K 为增益值（或影响系数）；Π 为厚度换算系数；以下 y 表示测量值；x 表示调节量。

3.1 厚度 AGC$\left(\dfrac{h}{\phi}\text{—AGC}\right)$

对于测量模型，由于是用测厚仪直接测厚，则 $\Pi=1$。

对于控制模型，按弹跳方程：

$$h = \phi + \frac{P}{C} \tag{4}$$

式中　h——钢带出口厚度，mm；

ϕ——辊缝，mm；

P——轧制压力，t；

C——轧机刚度系数，t/mm。

在规程点（或标称点）用泰勒级数展开式（4）取一次项得：

$$\Delta h = \Delta\phi + \frac{\Delta P}{C} \tag{5}$$

另根据轧件的塑性变形曲线

$$\Delta P = -\frac{\partial P}{\partial h}\Delta h$$

令 $\dfrac{\partial P}{\partial h}=Q$，称之为轧件的塑性系数。

$$\Delta h\left(1 + \frac{Q}{C}\right) = \Delta\phi$$

$$\Delta\phi = \frac{C + Q}{C}\Delta h \tag{6}$$

式（6）对调辊缝控制厚度系统是通用的。由此得到 $\dfrac{h}{\phi}$—AGC 的增益值：

$$K = \frac{C + Q}{C} \tag{7}$$

3.2 压力 AGC$\left(\dfrac{P}{\phi}\text{—AGC}\right)$

对于测量模型，将式（4）泰勒级数展开取一次项推导得：

$$\Delta h = \frac{1}{C}\Delta P \tag{8}$$

式（8）对所有压力测厚方式是通用的。由此得到 $\dfrac{P}{\phi}$—AGC 的厚度变换系数：

$$\Pi = \frac{1}{C} \tag{9}$$

对于控制模型，式（8）代入式（6）得：

$$\Delta\phi = \frac{C + Q}{C^2}\Delta P \tag{10}$$

由此得到 $\dfrac{P}{\phi}$—AGC 的增益值：

$$K = \frac{C + Q}{C^2} \tag{11}$$

3.3 连轧 AGC($\dfrac{\sigma}{\phi}$—AGC)

用张力计测量信号、调节辊缝的厚度自动调节系统（图 1）是一种新的连轧厚控系统[1-3]，它具有一系列优点，例如：张力能灵敏地反映厚差[4]，测量精度高，系统是定值控制，对伺服系统非线性度要求低。但是，从资料中还没有看到这种系统的数学模型，而且武钢从西德引进的 1700 冷连轧也采用了这种控制系统[5]，我们将用连轧张力公式推导出它的数学模型。

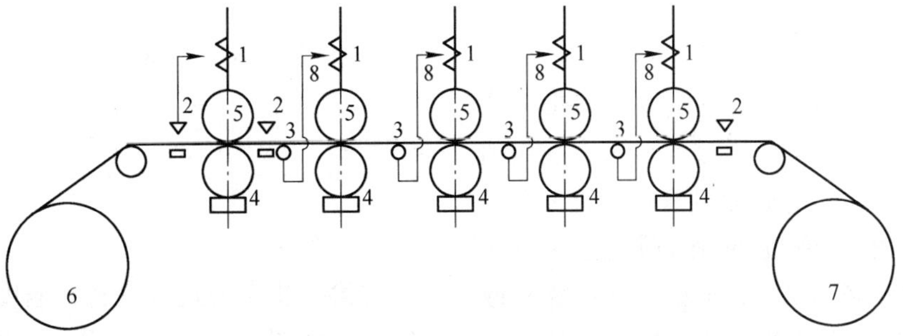

图 1　冷连轧控制系统示意图

1—压下装置；2—测厚仪；3—张力计；4—测压仪；5—轧辊；6—开卷机；7—卷取机；8—辊缝调节系统

图 1 表示钢带进轧机前可由入口测厚仪测量坯料厚差 ΔH_0，实现前馈控制；第一架轧出的厚度可由测厚仪精确测量之，它是一个基准厚度值。根据 h_1（第一架轧机的出口厚度）按最佳的或经验的各机架压下分配规程，由流量方程或稳态张力公式，精确整定第二至末机架轧辊转速值，达到

精确设定各机架出口厚度值。如果辊缝设定的十分精确（一般是不可能的），钢带就可以按连轧规程规定的厚度、张力值顺利通过；如果辊缝设定的不合适，即出现各机架出口厚度与规程规定的厚度之间的偏差 Δh_i，和张力偏差值 $\Delta\sigma_i$，厚度偏差与张力偏差之间有一定的内在联系（亦即张力公式所反映的规律），利用张力偏差信号调节轧辊辊缝，直至调节到 $\Delta h_i=0$，$\Delta\sigma_{i-1}$也达到了零，这样厚度、张力都满足规程要求了。在调节过程中，最终达到 $\Delta h_i=0$，$\Delta\sigma_{i-1}=0$；这是一个定值调节系统，因此不必对系统的非线性度提出太严要求。张力差反映厚度差有一个自然的放大系数，一般放大系数大于 10。该系统大部分是由电气元件构成，系统惯性较小，故系统灵敏度、精度都比较高。

对于测量模型，按张力测厚公式[9]：

$$h_{i+1}=\frac{h_iu_i[1+S_i+b_iS_i(\sigma_i-\sigma_{i-1})]}{u_{i+1}[1+S_{i+1}+b_{i+1}S_{i+1}(\sigma_{i+1}-\sigma_i)]} \tag{12}$$

式中　u——轧辊线速度，mm/s；

S——无张力前滑系数；

b——张力对前滑影响系数[7]，mm^2/kg；

σ——单位张力值，$kg\cdot mm^2$。

由于 u_1 是按 h_1 的精确测定值整定的，而且速度控制系数精度很高，误差在 0.2‰左右[8]，故可以假定 $\Delta u_1=0$，$\Delta h_1=0$。以两机架为例，并假定 $\Delta\sigma_0=0$，$\Delta\sigma_2=0$，由泰勒级数展开取一次项得两机架增量的张力测厚公式：

$$\Delta h_2=\frac{u_2[1+S_2+b_2S_2(\sigma_2-\sigma_1)]h_1u_1b_1S_1+h_1u_1[1+S_1+b_1S_1(\sigma_1-\sigma_0)]u_2b_2S_2}{\{u_2[1+S_2+b_2S_2(\sigma_2-\sigma_1)]\}^2}\times\Delta\sigma_1$$

$$\Delta h_2\approx\frac{h_1u_1b_1S_1+h_1u_1b_2S_2}{u_2[1+S_2+b_2S_2(\sigma_2-\sigma_1)]}\Delta\sigma_1 \tag{13}$$

由式（13）就可以得到两机架连轧 AGC 厚差转换系数 Π。

$$\Pi=\frac{h_1u_1(b_1S_1+b_2S_2)}{u_2[1+S_2+b_2S_2(\sigma_2-\sigma_1)]} \tag{14}$$

对于多机架冷连轧，厚差转换系数可将其下标“1”“2”换成“i”“i+1”进行近似计算。

对于控制模型，把式（13）代入式（6）得：

$$\Delta\phi=\frac{C+Q}{C}\frac{h_1u_1(b_1S_1+b_2S_2)}{u_2[1+S_2+b_2S_2(\sigma_2-\sigma_1)]}\Delta\sigma_1 \tag{15}$$

由此得到连轧 AGC（σ/ϕ-AGC）厚度自动调节系统的增益值：

$$K=\frac{(C+Q)h_1u_2(b_1S_1+b_2S_2)}{Cu_2[1+S_2+b_2S_2(\sigma_2-\sigma_1)]} \tag{16}$$

3.4　张力 AGC（h/u-AGC）

由测厚仪直接测量钢带出口厚度，测得的实际值与设定值之差求出 Δh_i，通过改变张力设定值而改变轧制压力值，使 Δh_i 恢复到零或允许的公差范围内。以往的办法是改变张力设定值通过“ATC”系统（亦即张力 AGC 自动调节系统）改变连轧机速度。这里我们将给出直接调节轧辊速度的控制模型。通常这种张力 AGC—般都应用在末机架上，即改变 N-1 与 N 机架间张力设定值以精确控制成品厚度。为此我们将只给出精确控制成品机架厚度的张力 AGC 控制模型。对于改变任意机架间张力值的厚度自动调节系统，可由冷连轧稳态数学模型[7]中求得。因为厚度是由测厚仪直接测量的，故测量模型中的 $\Pi=1$。

对于控制模型，第一步要确定张力的改变量 $\Delta\sigma_{N-1}$（N-1 机架前张力，N 机架后张力），由于改变 $\Delta\sigma_{N-1}$，将引起 Δh_{N-1}、Δh_N 的改变。因此在确定 $\Delta\sigma_{N-1}$-Δh_N 系统的增益值时，要考虑影响的复合效果。

对 N 机架（变化的有后张力 σ_{N-1}，入口厚度 h_{N-1}，出口厚度 h_N）：

$$\Delta h_N=\frac{1}{C_N}\left[\frac{\partial P_N}{\partial h_N}\Delta h_N+\frac{\partial P_N}{\partial h_{N-1}}\Delta h_{N-1}+\frac{\partial P_N}{\partial\sigma_{N-1}}\Delta\sigma_{N-1}\right] \tag{17}$$

对 N-1 机架（变化的只有前张力 σ_{N-1}，出口厚度 h_{N-1}）：

$$\Delta h_{N-1}=\frac{1}{C_{N-1}}\left[\frac{\partial P_{N-1}}{\partial h_{N-1}}\Delta h_{N-1}+\frac{\partial P_{N-1}}{\partial\sigma_{N-1}}\Delta\sigma_{N-1}\right] \tag{18}$$

将式（18）的 Δh_{N-1}代入式（17）整理得：

$$\Delta h_N=\left\{\frac{1}{C_N-\dfrac{\partial P_N}{\partial h_N}}\left[\frac{\partial P_{N-1}}{\partial\sigma_{N-1}}\Big/\left(C_{N-1}-\frac{\partial P_{N-1}}{\partial h_{N-1}}\right)+\frac{\partial P_N}{\partial\sigma_{N-1}}\right]\right\}\Delta\sigma_{N-1} \tag{19}$$

第二步是通过改变轧辊速度，实现 $\Delta\sigma_{N-1}$的整定，由多机架连轧张力公式求得 Δu_N-$\Delta\sigma_{N-1}$的增益值。

假定 u_{N-1}不变，$\Delta\sigma_N=0$，$\Delta\sigma_{N-2}=0$ 则得：

$$\Delta u_N=\frac{h_{N-1}u_{N-1}(b_{N-1}S_{N-1}+b_NS_N)}{h_N[1+S_N+b_NS_N(\sigma_N-\sigma_{N-1})]}\Delta\sigma_{N-1} \tag{20}$$

由式（19）、式（20）获得 h/u-AGC 厚度自动调节系统的增益值：

$$K=\frac{h_{N-1}u_{N-1}(b_{N-1}S_{N-1}+b_NS_N)}{h_N[1+S_N+b_NS_N(\sigma_N-\sigma_{N-1})]}\Big/\left\{\frac{1}{C_N-\dfrac{\partial P_N}{\partial h_N}}\left[\frac{\partial P_{N-1}}{\partial\sigma_{N-1}}\Big/\left(C_{N-1}-\frac{\partial P_{N-1}}{\partial h_{N-1}}\right)+\frac{\partial P_N}{\partial\sigma_{N-1}}\right]\right\}$$

$$K=\left(C_N-\frac{\partial P_N}{\partial h_N}\right)\frac{h_{N-1}u_{N-1}(b_{N-1}S_{N-1}+b_NS_N)}{h_N[1+S_N+b_NS_N(\sigma_N-\sigma_{N-1})]}\Big/\left[\frac{\partial P_{N-1}}{\partial\sigma_{N-1}}\Big/\left(C_{N-1}-\frac{\partial P_{N-1}}{\partial h_{N-1}}\right)+\frac{\partial P_N}{\partial\sigma_{N-1}}\right]$$

$$K=\left(C_N-\frac{\partial P_N}{\partial h_N}\right)\left(C_{N-1}-\frac{\partial P_{N-1}}{\partial h_{N-1}}\right)\frac{h_{N-1}u_{N-1}(b_{N-1}S_{N-1}+b_NS_N)}{h_N[1+S_N+b_NS_N(\sigma_N-\sigma_{N-1})]}\Big/\left[\frac{\partial P_{N-1}}{\partial\sigma_{N-1}}+\left(C_{N-1}-\frac{\partial P_{N-1}}{\partial h_{N-1}}\right)\frac{\partial P_N}{\partial\sigma_{N-1}}\right] \tag{21}$$

3.5 前馈 AGC(H/ϕ-AGC)

在冷连轧过程中，一般入口处安装一台测厚仪，坯料厚度差 ΔH_0 可以测量得，通过改变第一机架辊缝 $\Delta\phi_1$ 使第一架出口厚度恒定，即 $\Delta h_1=0$。前馈 AGC 的增益值可以由公式（4）推出。

$$\Delta\phi_1=-\frac{1}{C_1}\frac{\partial P}{\partial H_0}\Delta H_0$$

$$k=-\frac{1}{C_1}\frac{\partial P}{\partial H_0} \tag{22}$$

3.6 温度 AGC(T/ϕ-AGC)

在热连轧过程中，坯料在加热过程或其他原因造成沿长度方向的温度差，例如加热炉水印造成的低温区在入精轧机前可达 10 多米。精轧机入口处可以安装一台测温仪，测量沿钢带纵向的温度并调节轧辊辊缝，消除由温度差引起变形抗力变化而造成的厚度差。其控制模型可由式（4）推导获得。

$$\Delta\phi=-\frac{1}{C}\frac{\partial P}{\partial k}\frac{\partial k}{\partial T}\Delta T$$

式中 k——变形阻力，kg/mm²；

T——温度，℃。

增益值：

$$K=-\frac{1}{C}\frac{\partial P}{\partial k}\cdot\frac{\partial k}{\partial T} \tag{23}$$

以上六种常见的“AGC”系统的测量和控制模型都给出了（把它们归纳成附表）。这些模型都是通过对弹跳公式或连轧张力公式的微分运算获得的。由此看出，连轧张力公式和弹跳公式不仅是构成分析模型的基本公式，而且也是构成控制模型的基本公式。

在具体做计算时，冷连轧的 $\frac{\partial P}{\partial h}$(Q)、$\frac{\partial P}{\partial H}$、$\frac{\partial P}{\partial \sigma}$ 以及 b 和 S 的计算公式见附录，或用“冷连轧稳态数学模型及影响系数”[7] 中的公式；热连轧可见参考文献［2，6］。

编号	名 称	测量厚度变换系数 Π	反馈控制增益（或影响系数）K
Ⅰ	厚度 AGC(h/ϕ-AGC)	1	$\frac{C+Q}{C}$
Ⅱ	压力 AGC(P/ϕ-AGC)	$\frac{1}{C}$	$\frac{C+Q}{C^2}$
Ⅲ	连轧 AGC(σ/ϕ-AGC)	$\frac{h_iu_i\ (b_iS_i+b_{i+1}S_{i+1})}{u_{i+1}[1+S_{i+1}+b_{i+1}S_{i+1}(\sigma_{i+1}-\sigma_i)]}$	$\frac{(C+Q)h_iu_i(b_iS_i+b_{i+1}S_{i+1})}{u_{i+1}C[1+S_{i+1}+b_{i+1}S_{i+1}(\sigma_{i+1}-\sigma_i)]}$
Ⅳ	张力 AGC(h/u-AGC)	1	$\left(C_N-\frac{\partial P_N}{\partial h_N}\right)\left(C_{N-1}-\frac{\partial P_{N-1}}{\partial h_{N-1}}\right)\times\frac{h_{N-1}u_{N-1}(b_{N-1}S_{N-1}+b_NS_N)}{h_N[1+S_N+b_NS_N\ (\sigma_N-\sigma_{N-1})]}+\left[\frac{\partial P_N}{\partial\sigma_{N-1}}+\left(C_{N-1}-\frac{\partial P_{N-1}}{\partial h_{N-1}}\right)\frac{\partial P_N}{\partial\sigma_{N-1}}\right]$
Ⅴ	前馈 AGC（H/ϕ-AGC）	1	$-\frac{1}{C}\frac{\partial P}{\partial H_0}$
Ⅵ	温度 AGC（T/ϕ-AGC）	1	$-\frac{1}{C}\frac{\partial P\partial K}{\partial K\partial\tau}$

参 考 文 献

[1] 来华技术座谈资料 E117（西门子电气公司）1972.11.

[2] 日本铁钢协会编，轧制理论及其应用［M］. 西安重型机械所译. 1975.10.

[3] 冷轧机厚度控制的新方法［J］. 冶金自动化资料，1975（2）.

[4] 多机架连轧张力公式［J］. 钢铁，1977（3）.

[5] AEG 技术资料，一冶电装公司，1977.

[6] 美坂佳助. 热连轧影响系数［J］. 塑性と加工，1969-1.

[7] 冷连轧稳态数学模型及影响系数. 冶金部钢铁研究院，1974.

[8] 我厂冷连轧数模及控制系统. 武钢冷轧厂自控车间数模组，1977，5.

[9] 张进之. 连轧张力公式［J］. 金属学报，1978，2.

附录：冷轧 AGC 计算用的公式

1. $$\frac{\partial P}{\partial h}=h\left\{1-\frac{P}{CH\frac{\partial P}{\partial p}}\left[\frac{-0.6nH}{(\bar{r}+m)H_0\bar{k}}-\frac{R}{2rR'}-\frac{1.79\mu}{2D_p}\cdot\sqrt{\frac{R'}{H}}\cdot\left(1+\frac{R}{R'}\right)+\frac{1.02}{D_p}\right]\right\} \tag{1}$$

$$P=BK\bar{K}\sqrt{R'\Delta h}D_p \tag{2}$$

$$D_p=1.08+1.79r\mu\sqrt{\frac{R'}{H}}-1.02r \tag{3}$$

$$r=1-h/H \tag{4}$$

$$\bar{r}=1-0.4H/H_0-0.6h/H_0 \tag{5}$$

$$K=l(\bar{r}+m)^n \tag{6}$$

$$\bar{K}=1-\frac{(\alpha-1)\sigma_{后}-\sigma_{前}}{\alpha K} \tag{7}$$

$$R'=\left[\frac{F+\sqrt{F^2+4\left(\frac{1}{R}-E\right)}}{2\left(\frac{1}{R}-E\right)}\right]^2 \tag{8}$$

$$F=2.14\times10^{-4}(1.08-1.02r)K\bar{K}/\sqrt{\Delta h} \tag{9}$$

$$E=3.34\times10^{-4}\mu rK\bar{K}/\sqrt{\Delta hH} \tag{10}$$

$$\frac{\partial P}{\partial p}=1-\frac{R'-R}{2R'}\left(1+\frac{1.79\mu r}{D_p}\sqrt{\frac{R'}{H}}\right) \tag{11}$$

式中　B——钢带宽度；

H——入口厚度；

h——出口厚度；

H_0——开始冷轧时坯料厚度；

R'——轧辊压扁半径；

r——压下率；

$\bar{r}$——叠计压下率；

μ——钢带与轧辊间摩擦系数，0.04~0.08；

l，m，n——钢种系数。

2. $$\frac{\partial P}{\partial\sigma_{前}}=\frac{B\sqrt{R'\Delta h}}{C\alpha}D_p\sigma_{前}\Big/\frac{\partial P}{\partial p} \tag{12}$$

3. $$\frac{\partial P}{\partial\sigma_{后}}=\frac{B\sqrt{R'\Delta h}}{C}\frac{\alpha-1}{\alpha}D_p\sigma_{后}\Big/\frac{\partial P}{\partial p} \tag{13}$$

4. $$\frac{\partial P}{\partial H_0}=\frac{P}{C\frac{\partial P}{\partial p}}\left[\frac{R}{2rR'}+\frac{1.79\mu}{2D_p}\sqrt{\frac{R'}{H}}\cdot\left(1-3r+\frac{R}{R'}\right)-\frac{1.02}{2D_p}(1-r)\right] \tag{14}$$

5. $$S=\tan^2\left[\frac{1}{2}\tan^{-1}\sqrt{\frac{\Delta h}{h}}-\frac{1}{4\mu}\sqrt{\frac{h}{R'}}\ln\frac{H}{h}\right] \tag{15}$$

6. $$b=\frac{1}{2\mu}\sqrt{\frac{h}{R'}}\cdot\frac{1}{\sqrt{S}}\frac{1}{K-0.5(\sigma_{前}+\sigma_{后})} \tag{16}$$

冷连轧动态变规格设定控制模型的探讨

张进之，郑学锋，梁国平

摘　要　有村透等按恒张力观点，导出 $\Delta v'_{i+1}=\Delta v_i$（或 $v'_{i+1}=v_i$）的连轧动态变规格控制模型是可以实用的。但是，恒张力变规格在工艺上不是理想状况。本文从合理的工艺要求，确保设备的安全和充分考虑压下和传动系统的响应特性出发，提出了分割各架逐架线性地同时改变张力和厚度的动态变规格设定控制模型；给出了模型的框图和计算公式，通过具体例子，进行了设定计算并制订了各机架辊缝和速度的时间序列图。通过电子计算机模拟实验，证明了该模型的正确性，为在连轧机上实现动态变规格试验提供了理论根据和参考数据。

A study of the controlling model of dynamic gage-changing setting in continuous cold rolling

Zhang Jinzhi, Zheng Xuefeng, Liang Guoping

Abstract: Based upon the viewpoint of constant tension, Tohru Arimuru and others have derived a controlling model of dynamic gage-changing in continuous rolling——$\Delta v'_{i+1}=\Delta v_i$ ($or\ v'_{i+1}=v_i$) which is applicable in practice. However, the gage changing with constant tension is not quite ideal. In consideration of the reasonable technological demand, assurance of the safety of equipment, and the responding characteristics of the screwdown and driving systems, this paper has suggested a controlling model of dynamic gage changing setting in the form of separating, the stands and linearly changing the tension and thickness simultaneously by each stand; given the block diagram of the model and calculation formulas; carried out the setting calculation and drawn the time series diagram of the roll gap and speed of each stand by means of a concrete example. Through the simulation on electronic computer, the correctness of this model has been proved, and theoretical basis and reference data have been provided in order to carry out the experiment of dynamic gage-changing in continuous mills.

1　引言

20世纪70年代冷连轧过程电子计算机控制的重大突破是实现了连轧过程中轧制规格的变换。这一技术首先应用在日本钢管福山厂全连续冷连轧机组上[1]。以后，日本其他公司[2]，美国[3]和西德等都研究和应用了这一技术。我国连轧工作者对这一先进技术十分重视，从各个方面对它进行了分析研究。1977年4月在鞍钢召开了专门讨论会并出版了专辑[4]。

冷连轧动态变规格控制模型包括辊缝、轧辊转数的设定和板厚跟踪计算，其技术关键是轧辊速度设定。一般设定时，可以用秒流量相等条件得到轧辊速度计算公式，而动态变规格该条件已不成立，因此必须建立新的连轧动态速度计算公式。有村等[1]从恒张力观点出发，引用描述连轧动态关系的张力积分方程，导出了 $\Delta v'_{i+1}=\Delta v_i$ 的连轧速度设定计算公式。由此建立了冷连轧动态变规格控制模型。有村模型已被实践证明是可以使用的，但它并未能保证工艺上的合理性。对有村模型的详细分析讨论，见《连轧理论与实践》一文[7]。机架间的单位张力值是按轧件强度大小确定的，从一个规格变到另一个规格时，轧件强度将发生变化，轧件越薄强度越大，因此从一个厚规格变到另一个薄规格时，单位张力应当增加。陈震宇也指出了这一点，认为：“从工艺控制要求来看，动态变规格时，还应当逐架改变各架间的张力给定值。……”[5]本文从“连轧张力公式”[6]出发，建立了一个允许厚度和张力同时改变的冷连轧动态设定控制模型。

符号说明：

v_i——i 机架钢板出口线速度（以下略写 i）；

v'——钢板入口速度；

σ——单位张力；

H——入口厚度；

h——出口厚度；

u——轧辊线速度；

S——无张力前滑系数；

b_f——前张力对前滑影响系数；

b_b——后张力对前滑影响系数；

P——轧制压力；

K——平均变形抗力；

K_f——出口变形抗力；

K_b——入口变形抗力；

E——钢板弹性模量；

L——机架间距离；

ϕ——辊缝；

ϕL——辊缝变化的时间序列；

uL—轧辊速度变化的时间序列；

T——记变规格所需的总时间；

NN——每个机架变规格计算步数；

Dt——时间步长。

2　构造动态变规格控制模型的基本思想

所谓动态变规格是指轧机还在以某种速度轧制中改变产品厚度规格（或钢种、宽度）。这一技术是全连续轧制成功与否的关键问题，因为如果不能实现动态规格变化，就只能生产一种规格，这是不可能的；如果将连轧机停下来变规格，然后使轧机从静止状态开始升速，这将会产生大量的废品，使收得率低于常规连轧机。另外，一般冷连轧机卷重不断增大，已达 60 余吨，按订货要求，生产中需要从一个板卷生产几种厚度规格，这样也必须采用动态变规格的技术。

动态变规格的主要困难在于在极短的时间内由一个轧制规程变换到另一个轧制规程，也就是使辊缝和速度做大幅度变化，如果不能按合适的规律变化，势必引起机架间张力的大幅度变化，严重时可能导致断带或折叠进轧机而使轧制不能继续进行。

在寻求动态变规格所遵循的规律之前，首先指明变规格时的基本要求：

第一，在大幅度改变辊缝和轧辊速度的设定的过程中，必须最大限度地保证设备安全，不发生断带，折叠等工艺事故。

第二，保证变规格过程中废品少，生产率高。

第三，充分考虑压下和传动系统的响应特性，即要求的压下和速度的改变速度或加速度是设备能力所允许的，并适当地留有余地。

第四，工艺上合理，简单易行。

以上各点要求，有些是统一的，有些是相互矛盾的。例如，废品少、工艺上合理和简单易行等要求是一致的，可以采用过渡段长度不大于机架间距离逐架变规格的办法实现；是否能实现分割各机架单独变规格（即从原规格变到另一个规格的过程中，随着开始变规格点的向前推移，一个机架变完，再改变另一个机架，不发生两个机架同时改变出口厚度的情况），要看压下或传动系统的响应时间是否跟得上，如果从一个规格变到另一个规格时的压下时间大于厚度延滞时间时，就必须用降低轧制速度的办法来实现，这样就会降低生产率。变规格过程中要保证设备安全，首先必须要求变化前后的两种规格是可轧制的，轧制压力、力矩、功率及板型的变化是在允许范围内；再就是要求有一个过渡段，以保证延滞时间计算和执行机构动作的时间差误不致发生过猛的冲击负载。综合考虑以上各点要求，从工艺上的合理性和简单易行，提出下面的动态变规格目标量要求图示。

为保证两个规程的合理性和可实现性，从工艺上给出各机架间的单位张力，从静态设定模型（或负荷分配模型）计算出各机架出口厚度。令第一个规程的厚度和张力值分别为 h_1、h_2、h_3、h_4、h_5，σ_1、σ_2、σ_3、σ_4；第二个规程各量为 h_1'、h_2'、h_3'、h_4'、h_5'，σ_1'、σ_2'、σ_3'、σ_4'。因为各机架间的板厚延迟时间不相等，从第一机架至第二机架时间最长，最短的是从第四架至第五架，因此取小于第四架厚度延迟时间的某一个数值作为各机架变规格的过渡时间。假如该时间小于压下或传动系统响应允许的时间时，应当降低轧制速度保证分割各机架逐架变规格。在此过渡段内，厚度和张力都采用线性变化规律由第一规程向第二规程过渡。

总括该模型的特点是：分割各机架逐架变规格，线性地改变厚度和张力值，以便顺利地从第一个规程变到第二个规程。

3　动态变规格设定计算公式及框图

从厚度和张力要求图示（图 1），可以得到计算各时刻的厚度和张力等的计算公式：

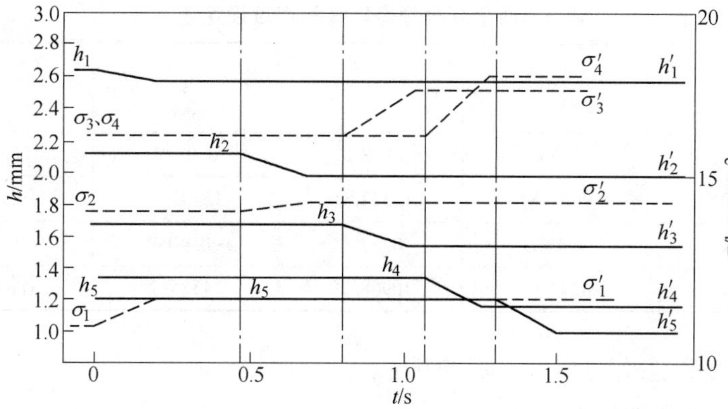

图 1 动态变规格厚度和张力变化要求

$$h_{i,k}=h_i+\frac{h'_i-h_i}{NN}\cdot k \qquad (1)$$

$$H_{i,k}=H_i+\frac{H'_i-H_i}{NN}\cdot k \qquad (2)$$

$$\Delta\sigma_i=\sigma_{i,k+1}-\sigma_{i,k}=\frac{\sigma'_i-\sigma_i}{NN} \qquad (3)$$

$$\sigma_{fi,k}=\sigma_i+\Delta\sigma_i\cdot k \qquad (4)$$

$$\sigma_{bi,k}=\sigma_{fi-1,k}\cdot\frac{h_{i-1,k}}{H_{i,k}} \qquad (5)$$

式中 k——步数。

由弹跳方程可以计算各机架辊缝

$$\phi L_{i,k}=h_{i,k}-\frac{P_{i,k}}{C_i} \qquad (6)$$

计算开始变规格点从前一机架到达下一个机架的时间 tt'：

$$tt'_j=\frac{L_j-DL}{V_j}+NN\cdot Dt \qquad (7)$$

式中，DL 为在 j 机架变规格过程中，所轧出斜形部分的长度。

由连轧张力微分方程的差分形式，计算各机架的速度：

$$\frac{\Delta\sigma_k}{\Delta t}=A_{k-1}\cdot\sigma_k+B_{k-1}U_k \qquad (8)$$

从 $k=1$ 开始计算。相应于 A_{k-1}，B_{k-1} 为 A_0，B_0，它可以原规程参数计算出来，并规定其中一个机架速度不变（如第五机架），把从式（3）~式（5）计算出的 $\Delta\sigma$、σ 代入就可以求出 4 个机架的速度。递推计算，就可以求得 2，3，…，NN 时刻的速度设定值。

以上各式中的 **A**、**B** 矩阵计算公式见附录或"连轧张力公式"[6]；压力公式引用 Hill 公式；前滑公式引用 Bland-Ford 公式；力矩公式引用志田茂公式（已写入附录）。

下面以一个实际例子，作出轧辊速度和辊缝的时间序列图。

轧件的变形抗力 $K=l(\bar{r}+m)^n$（$m=0.00817$，$n=0.3$，$l=84.6$）；弹性模量 $E=21000\text{kg/mm}^2$；摩擦系数 $\mu=0.07$；钢板宽度 B = 930mm；前后张力加权系数 $a=10/3$；$Dt=0.01(0.001)$；$NN=20$。

表 1 设备参数

名称 \ 机架号	1	2	3	4	5
轧辊半径/mm	273	273	273	273	273
刚度系数/$\text{t}\cdot\text{mm}^{-1}$	470	470	470	470	470
机架间距离/mm	4600	4600	4600	4600	

在北京钢铁研究院 TQ-16 型电子计算机上，用 ALGOL-60 语言，按图 2 编制程序，输入以上数据，获得两个规程辊缝和速度设定值（表 3），以及从一个规程变到另一个规程的辊缝和速度时间序列（图 3）。

表 2 连轧规程

规程号	名称 \ 机架号	0	1	2	3	4	5
Ⅰ	H/mm	3.20	3.20	2.64	2.10	1.67	1.34
	h/mm		2.64	2.10	1.67	1.34	1.20
	$\sigma/\text{kg}\cdot\text{mm}^{-2}$	0	10.2	12.8	16.1	16.1	4.5
	$U/\text{mm}\cdot\text{s}^{-1}$						22000
Ⅱ	H'	3.20	3.20	2.57	1.97	1.46	1.15
	h'		2.57	1.97	1.46	1.15	1.00
	σ'	0	11.0	13.0	17.5	18.0	4.5
	U'						22000

表 3　两个规程稳态辊缝和速度设定值

规程	名称 \ 机架号	1	2	3	4	5
Ⅰ	$\phi L(0)$	1.335	0.601	0.0729	−0.250	−0.0825
	$UL(0)$	9631.84	12322.66	15398.6	19265.3	22000
Ⅱ	$\phi L(\infty)$	1.1363	0.3254	−0.4082	−0.5015	−0.4293
	$UL(\infty)$	8242.05	10968.79	14585.7	18685.4	22000

从图 3 可以明显地看到动态变规格时，随着开始规格改变点的移动，各机架的辊缝和速度设定值从第Ⅰ规程变到第Ⅱ规程。在第一机架变规格时，第一机架辊缝 ϕ_1 有明显的变化，第一机架速度也在变化；第二机架辊缝有微量变化，这是由于第二机架后张力变化而不使第二机架出口厚度变化所需要的；其他各机架的辊缝和速度都不变化。当进行到 0.2s 时，所有机架的辊缝和速度都不变化了。相对稳定到 0.45s，开始变规格点到达第二机架了，开始在第二机架里变规格，第二机架的辊缝有明显的改变；第一、二机架的速度在变化；第三机架的辊缝也有微量变化，道理同第一机架变规格时的情况；其他各机架的辊缝和速度都没有变化。再过 0.2s，即 0.65s，又出现了一个稳定区，各机架的辊缝和速度都不变化了。当变规格点到达第三机架时，又重复发生上述的变化，直至第五机架变完。

从图 3 及上述分析中看到，变规格过程是分割各机架逐架变化的；在各机架变规格过程中，用了相同的时间和同一段钢带；由于目标量要求图示 h_i、σ_i 的变化是线性的，ϕ_i、u_i 的变化过程也比较平稳，但不是线性的，这是由于压力模型是非线性方程所造成。由于各机架厚度延迟时间不同，而各机架变规格所用时间相同，故第一机架变完，开始变规格点移动到第二机架的时间最长；第四机架变完，移动到第五机架的时间最短。我们所给第五架速度为 22m/s，允许每机架变规格时间为 0.2s，如果压下或传动系统响应跟不上时，可以降低第五机架轧制速度相适应。在该例中，预先给定的是第五架速度，但是也可以预先给定其他机架的速度。

4　分析讨论

4.1　动态变规格过程的电子计算机模拟实验

用“计算机模拟冷连轧过程的新方法”[8]，将

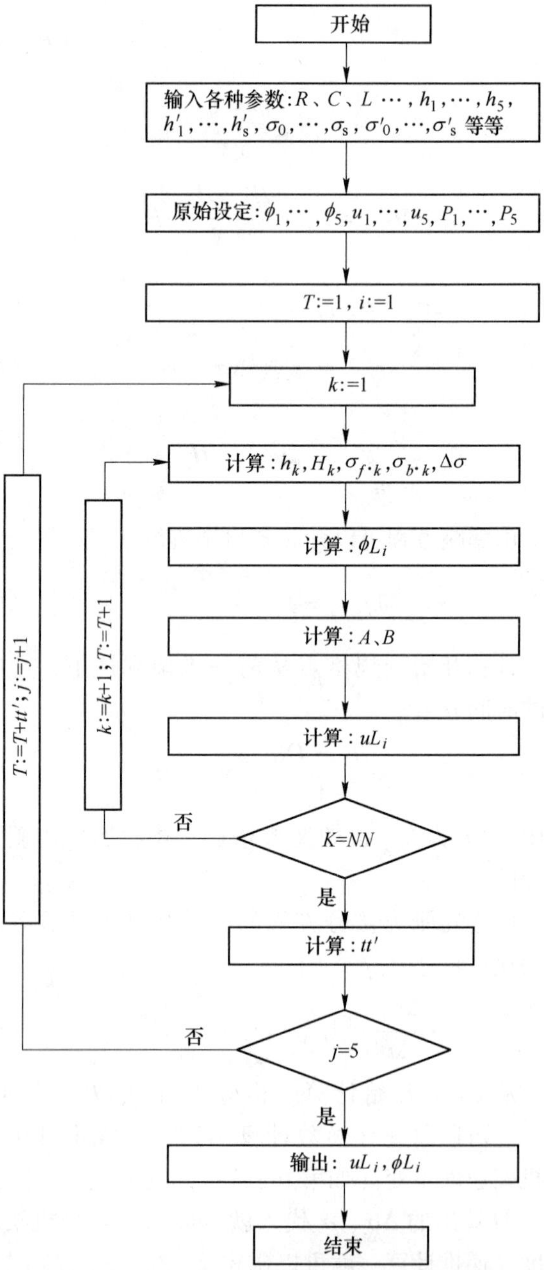

图 2　冷连轧动态变规格设定模型框图

图 3 所描述的辊缝和轧辊速度变化的时间序列为模拟输入信号，获得图 4 和表 4 的结果。

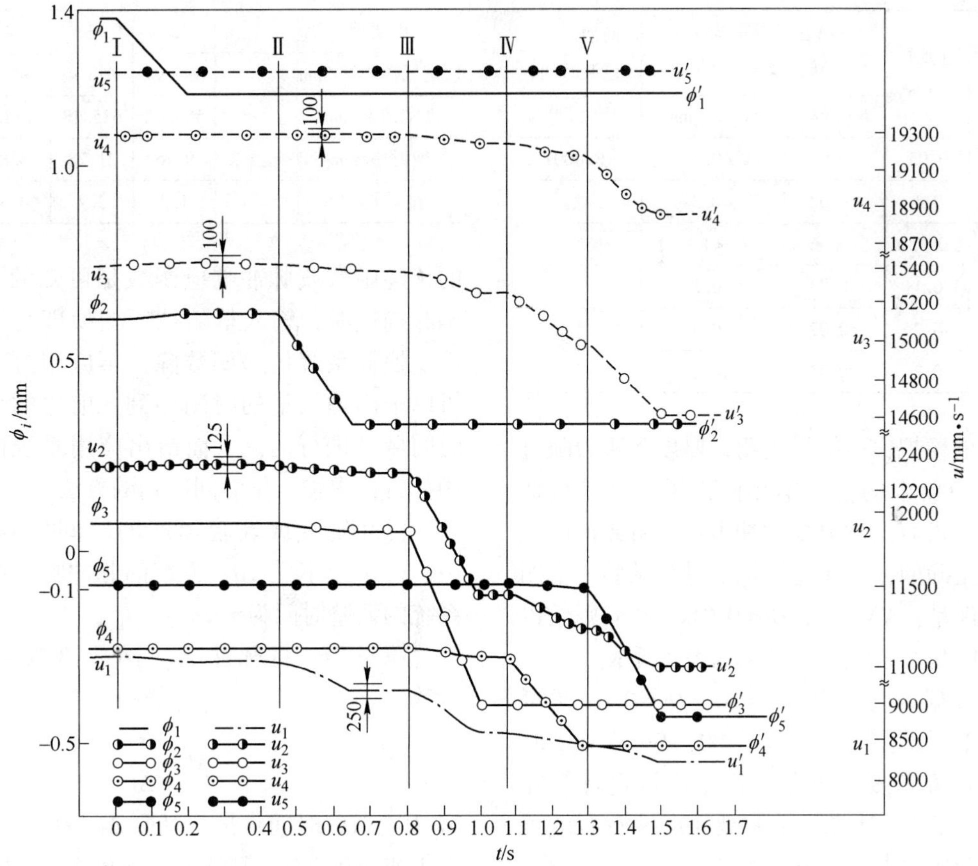

图 3　动态变规格辊缝和速度时间序列图

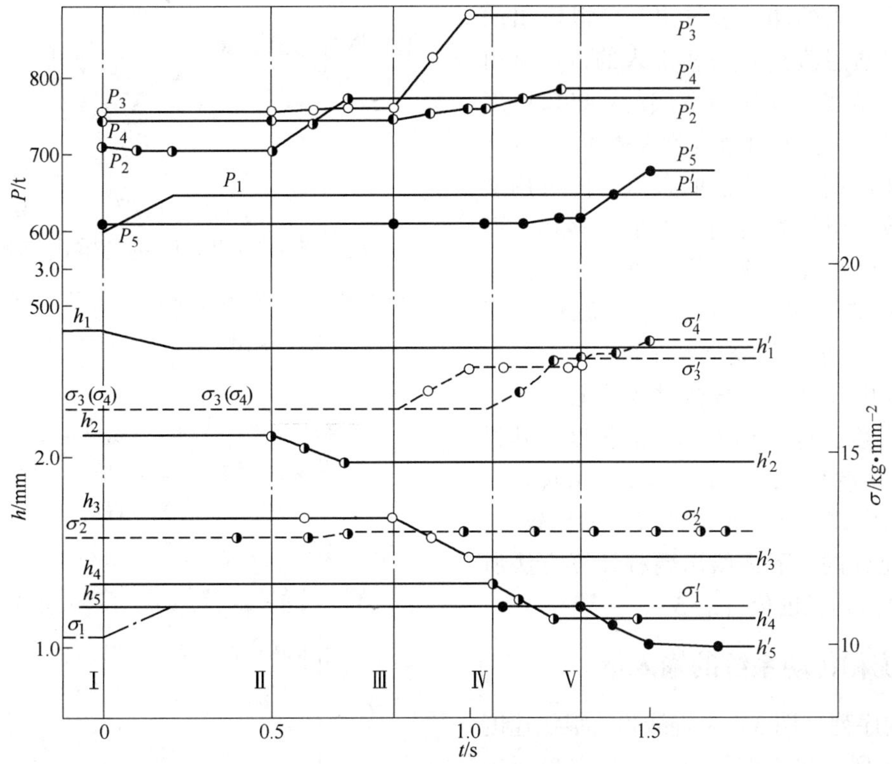

图 4　模拟实验输出量图示

表 4　不同 *NN* 和 *Dt* 实验时的状况

Dt/s	NN	过渡时间/s	第五架变完以后 Δh_5，$\Delta\sigma_4$ 波动		增加一个过渡时间 Δh_s/mm
			Δh_s/mm	$\Delta\sigma_4/\text{kg}\cdot\text{mm}^{-2}$	
0.001	50	0.05	<0.03	<0.5	<0.0001
0.001	100	0.1	<0.02	<0.3	″
0.001	20	0.02	<0.06	<1	″
0.005	20	0.1	<0.03	<0.5	″
0.005	40	0.2	<0.02	<0.3	″
0.01	20	0.2	<0.03	<0.5	″

由图 4 的模拟实验结果表明，厚度和张力随时间变化规律与要求的值基本相同，压力也是近似线性变化的，没有突然改变的冲击量。由此证明该设定模型是正确的，可在连轧机上进行试验。上图所示实验条件是：$NN=20$；$Dt=0.01s$。我们曾给以不同的 NN 和 Dt 实验过，其结果如表 4 所示。

由以上数据表明选用 $NN=20$，$Dt=0.01$ 是可以的，它的精确性接近于 $NN=100$，$Dt=0.001$ 时的情况，但计算量要小五倍。作一次设定计算在每秒 13 万次的电子计算机上只要 10s 钟左右就可算完，因此该方法是可能在线使用的。

4.2　设定模型的精确度

从上述实验结果的图、表看出，模拟输出的张力、厚度值与预想值是有一些出入的，这是由于规定入口厚度是线性变化所造成的。出口厚度和张力人为规定之后，入口厚度就失去了自由度，受厚度延时规律所制约。精确的入口厚度可用文献[8]的方法计算，但计算时间要增加许多倍，而采用入口厚度线性变化规律的假定可以大大减少计算量，模拟实验证明由该假定张力波动小于 1kg/mm^2，从生产角度看是完全允许的。

在模拟实验中计算了变规格时按“假定入口厚度规律”的长度，也计算了真实的长度，其误差小于 5%，即误差不越过一步。因此，由规定入口厚度所造成的出口厚度和张力的误差都比较小，实用上是完全允许的。下面给出两种计算方法所得的变规格时的入口长度值（表 5）。

表 5　两种算法变厚时的入口长度

机架号	1	2	3	4	5
假定线性规律/mm		495.97	613.4	791.57	983.61
真实情况/mm		505.12	635.18	798.4	995.42
绝对差/mm		9.15	21.78	6.83	11.81
相对差/%		1.8	3.4	0.88	1.2

4.3　压下系统和传动系统的输入量

前面求出的序列（图 3）是辊缝和轧辊线速度输出值的时间序列，在线控制时，应当求出压下系统和轧辊传动系统的输入量（即输入的电压值）的时间序列。对于具体轧机，压下系统和传动系统的传递函数或脉冲响应函数是可知的。当用传递函数描述时，输入量的拉氏变换即为输出量的拉氏变换被系统传递函数除，再应用拉氏逆变换就可以求出输入量的时间序列。前边的计算都是在时间域里进行的，下面给出应用系统的脉冲响应函数直接求输入量时间序列的方法。

已知辊缝或轧辊速度的时间序列为 y_1，y_2，…，y_{NN}；步长为 Δt；系统的脉冲响应函数为 $g_{(t)}$；系统的调整时间为 τ_s。

第一步：将脉冲响应函数离散化，令 M 为步数

$$M = \frac{\tau_s}{\Delta t} \tag{9}$$

Δt 为离散化时间步长，可取 $\Delta t = Dt$。M 可以等于、大于或小于 NN。但对于实际系统，一般 $M \leqslant NN$。

第二步：把卷积分

$$Y_{(t)} = \int_0^{\tau_s} g_{(\tau)} X_{(t-\tau)} \mathrm{d}\tau \tag{10}$$

化成累加形式，即：

$$Y_i = \sum_{j=0}^{M} g_i X_{i-j} \tag{11}$$

$$i = 1,\ 2,\ 3,\ \cdots,\ NN$$

$$j = 0,\ 1,\ 2,\ \cdots,\ M$$

第三步：写出各时刻的输出方程

$$Y_1 = g_0 X_1 + g_1 X_0 + g_2 X_{-1} + \cdots + g_M X_{1-M}$$

$$Y_2 = g_0 X_2 + g_1 X_1 + g_2 X_0 + \cdots + g_M X_{2-M}$$

$$\vdots$$

$$Y_{NN} = g_0 X_{NN} + g_1 X_{NN-1} + g_2 X_{NN-2} + \cdots + g_M X_{NN-M}$$

第四步：写成矩阵形式

$$\boldsymbol{Y} = \boldsymbol{G}\boldsymbol{X}$$

式中　$\boldsymbol{Y}^{\mathrm{T}} = [Y_1,\ Y_2,\ \cdots,\ Y_{NN}]$

$\boldsymbol{X}^{\mathrm{T}} = [X_{1-M},\ X_{2-M},\ \cdots,\ X_0,\ X_1 \cdots X_{NN}]$

$$\boldsymbol{G} = \begin{bmatrix} g_M g_{M-1} & \cdots & g_0 & & \\ & \ddots & & \ddots & 0 \\ 0 & & & & \\ & & g_M & \cdots & g_2 g_1 g_0 \end{bmatrix}$$

$\boldsymbol{G}$ 矩阵是 NN 行（$M+N$）列矩阵。

第五步：由广义逆解出 X[9]

$$X = G^{T}(GG^{T})^{-1}Y \tag{12}$$

从上面推导看出，求解 X 序列在理论上是不困难的，但计算量比较大。在实际生产过程中，并不要求如此之高的精确性，而且各机架压下系统或传动系统的脉冲响应函数相差比较小。因此可按比例关系直接求出 X 的近似值（令 $M+1=NN$）：

$$X = \gamma Y \tag{13}$$

式中，γ 为输入电压信号与输出辊缝或轧辊速度的换算系数。

对冶金部钢铁研究总院史通、北京钢铁学院贺毓辛，冶金部技术工作组李永春、何德铸等同志的指导帮助表示感谢。

附　录

（1）压力公式

$$P = B \cdot \bar{K} \cdot K \cdot \sqrt{R'\Delta h}\,Q_p \tag{1}$$

式中 $$Q_p = 1.08 + 1.79 \cdot r \cdot \mu\sqrt{R'/H} - 1.02r \tag{2}$$

$$r = 1 - h/H$$

$$\Delta h = H - h$$

$$K = l(\bar{r} + m)^{n} \tag{3}$$

$$\bar{r} = 1 - \frac{0.4H}{H_0} - \frac{0.6h}{H_0}$$

$$\bar{K} = 1 - \frac{(a-1)\sigma_b + \sigma_f}{aK} \tag{4}$$

$$R' = \left[\frac{FAC + \sqrt{FAC^2 + 4\left(\frac{1}{R} - FAD\right)}}{2\left(\frac{1}{R} - FAD\right)}\right]^2 \tag{5}$$

$$FAC = 2.14_{10}^{-4}\bar{K} \cdot K(1.08 - 1.02r)/\sqrt{\Delta h}$$

$$FAD = 3.83_{10}^{-4}\bar{K} \cdot K \cdot r \cdot \mu\sqrt{\Delta h \cdot H}$$

（2）力矩公式

$$M = R(C'P\sqrt{\Delta h/R'} + HB\sigma_b - hB\sigma_f) \tag{6}$$

（3）前滑公式

$$S = \tan^2\beta \tag{7}$$

式中，$\beta = \frac{1}{2}\tan^{-1}\sqrt{\frac{\Delta h}{h}} - \frac{1}{4\mu}\sqrt{\frac{h}{R'}}\ln\frac{H}{h}$。

（4）张力计算公式：

$$\frac{\Delta\sigma_k}{\Delta t} = A_{k-1}\sigma_k + B_{k-1}U_k \tag{8}$$

式中 $$\sigma^{T} = [\sigma_1,\ \sigma_2,\ \sigma_3,\ \sigma_4]$$

$$A = \frac{E}{L}\begin{bmatrix} -W_1 & \varphi_1 & & 0 \\ \theta_2 & -W_2 & \varphi_2 & \\ & \theta_3 & -W_3 & \varphi_3 \\ 0 & & \theta_4 & -W_4 \end{bmatrix}$$

$$W_i = \frac{h_{i+1}}{H_{i+1}}U_{i+1}S_{i+1}b_{fi+1}\frac{h_i}{H_{i+1}} + U_iS_ib_{b\cdot i}$$

$$\theta_i = U_iS_ib_{b\cdot i}\frac{h_{i-1}}{H_i}$$

$$\varphi_i = \frac{h_{i+1}}{H_{i+1}}U_{i+1}S_{i+1}b_{fi+1}$$

$$b_f = \frac{1}{2\mu}\sqrt{\frac{h}{SR'}}\frac{1}{K_f - \sigma_f}$$

$$b_b = \frac{1}{2\mu}\sqrt{\frac{h}{SR'}}\frac{1}{K_b - \sigma_b}$$

$$U^{T} = [U_1,\ U_2,\ U_3,\ U_4,\ U_5]$$

$$B = \frac{E}{L}\begin{bmatrix} -(1+S_1) & \frac{h_2}{H_2}(1+S_2) & & & 0 \\ & & \ddots & \ddots & \\ 0 & & & -(1+S_4) & \frac{h_5}{H_5}(1+S_5) \end{bmatrix}$$

（5）速度计算公式：

$$v = U[1 + S(1 + b_f\sigma_f - b_b\sigma_b)] \tag{9}$$

参 考 文 献

[1] 有村透，鎌田正誠ら，完全連続式冷間圧延法の基礎理と开発，压延研究の進歩と最新の压延技术，1974，73.
[2] 藤原，吉田ら．走间板厚变更技术［J］．鉄と鋼，1978，64（4）：243.
[3] Charles J L. Iron and steel Eng，1976，9：77.
[4] 钢铁评述，1978（2）.
[5] 陈震宇．钢铁评述，1978（2）：45.
[6] 张进之．金属学报，1978，14（2）：127.
[7] 张进之．待发表．
[8] 张永光，等．自动化学报，1979，5（3）：177.
[9] 李国平，宋瑞玉，等．数学模型与工业自动控制，1978.

（原文发表在《钢铁》，1979，14（6）：56-64）

轧钢机间接测厚厚度控制系统“跑飞”条件的研究

吴铨英[1]，张进之[2]，王书敏[3]，周玉珠[3]，霍海云[3]，朱仁华[3]

(1. 天津市电气传电设计研究所；2. 北京钢铁研究院；3. 天津市冶金材料研究所)

摘　要　间接测厚厚控系统存在着“跑飞”失控问题，其原因和轧制力反馈系数 K_b 的数值依据，三令尚未得到详细论证和阐述的文章。本文对此进行了理论分析，并提出了采用 DJS-130 计算机进行了 DDC-AGC 系统试验研究的数据和结论。理论分析和试验结果都证明：厚控系统“跑飞”与否取决于轧制反馈系数 K_b 值的大小；当 $K_b<1+\frac{M}{Q}$ 时，系统就不会“跑飞”。K_b 系数对厚调位移量和系统稳态误差有影响。K_b 与 1 相差愈大，稳定误差的绝对值也愈大。间接测厚厚控系统在正辊缝和负辊缝情况下都能正常工作。

1　前言

间接测厚厚控系统响应速度快，在轧钢生产中广泛应用。但是它存在“跑飞”失控问题。为深入研究“跑飞”的原因和防止措施，在天津市冶金材料研究所计算机房、电气传动室和轧钢工同志们的大力帮助下，在三机架冷连轧机上开展了间接测厚厚控系统的试验研究工作。本文将介绍这方面的研究成果，欢迎批评指正。

2　轧钢工艺简介

轧辊支撑在机架上，轧辊转动，使钢板在两个轧辊的缝隙中穿过，就把厚料轧成薄材。轧制过程如图 1 所示。

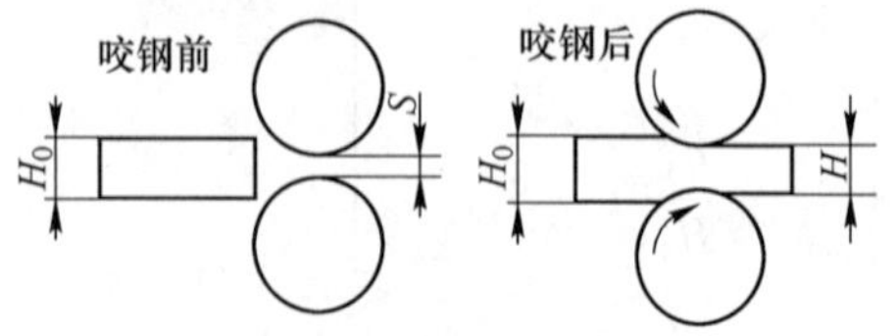

图 1　轧钢过程示意图

轧制力可按下式计算：

$$F=(H_0-H)Q \tag{1}$$

式中　F——轧制力；

H_0——来料厚度；

H——出口厚度；

Q——钢板的塑性变形系数，即是使钢板压缩 1mm 所需的轧制力吨数。

在轧制过程中，轧辊对钢板施加轧制力，使钢板产生塑性变形；同时，钢板对轧辊和机架亦有反作用力，使轧机产生弹性变形。弹性变形与轧制力成正比。轧出板厚可按下式计算：

$$H=S+\frac{F}{M} \tag{2}$$

式中，H 为出口厚度；S 为空载时轧辊之间的缝隙；F 为轧制力；M 为轧机弹性变形系数。即是使轧机弹跳 1mm 所需的轧制力吨数。

当来料厚度不变时，把式（1）、式（2）改写为增量形式。

$$\Delta F=-\Delta H\times Q \tag{3}$$

$$\Delta H=\Delta S+\frac{\Delta F}{M} \tag{4}$$

联立以上两式，可解得；

$$\Delta H=\frac{M}{M+Q}\Delta S \tag{5}$$

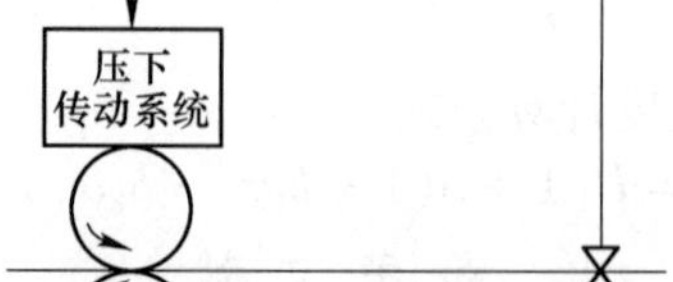

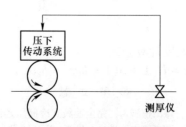

图 2　直接测厚反馈控制示意图

由式（5）可知：当压下传动系统使轧辊有 ΔS 位移量时，就使轧出钢板厚度有 ΔH 变化。ΔH 和 ΔS 符号一致，而绝对值不等。

由于 $M/(M+Q)<1$，故 $|\Delta H|<|\Delta S|$。通常把 $M/(M+Q)$ 称为压下效率。

虽然轧辊的缝隙 S 不变，但由于来料厚度、温度、材质等沿钢板纵向并非均匀，这就引起轧制力的变化。根据式（2），轧出钢板纵向厚度将发生波动。为保证钢板成品厚度均匀，符合公差要求，对轧机要进行厚度自动控制（Automatic Gage Control，简写 AGC）。

最原始的厚度控制方案如图 2 所示。在轧机出口侧安装测厚仪，检测出口厚度，进行反馈控制。钢板从轧辊到测厚仪需要传输时间，故在反馈回路有一滞后环节，厚度波动需延迟一定的时间才能检测出来。显然，这样厚控效果不好。

为提高厚控系统的快速性和精度，必须在轧辊处检测钢板厚度。这样，就产生了间接测厚的厚度控制方案。

3 间接测厚厚度控制系统

根据式（2），如已知轧机的弹性变形系数 M，再检测出空载时轧辊之间的缝隙 S 和轧制力 F，就可计算钢板的厚度 H。

由于轧辊磨损、热膨胀以及检测仪表的误差等原因，实际辊缝和轧制力的数值不易测准；而且轧机弹性变形系数也随轧制情况不同而有所变化。所以这种间接方式检测绝对厚度的精度不高，通常采用“头部锁定”方式，即以钢板头部厚度为基准（锁定值）；检测、计算其纵向厚度偏差，进行反馈控制。

如头部锁定点的厚度、辊缝和轧制力分别为 H_L、S_L、F_L，则可求出钢板纵向各处对头部锁定值的偏差：

$$H-H_L=(S-S_L)+\frac{F-F_L}{M}$$

$$\Delta H=\Delta S+\frac{\Delta F}{M}$$

计算机间接测厚厚控系统硬件构成如图 3 所示。本系统采用 DJS-130 小型机实现 DDC-AGC。过程输入输出通道（PIO）有数字量输入（ID）、开关量输入（IC）、模拟量输入（IA）和模拟量输出（OA）、开关量输出（OC）等。

压下传动系统经减速装置拖动压下螺丝旋转，使轧辊上下移动而改变辊缝值；同时，又经减速装置和自整角机传送系统带动位置检测器的码盘转动，从而检测出轧辊的位置。检测轧制力的测压头安装在压下螺丝和辊缝之间。检测到的轧制力信号经控制柜处理后输出一个模拟量信号和一个开关量信号（表示轧制力超过极限与否）。

计算机间接测厚厚控系统结构图如图 4 所示。每个采样周期，计算机检测轧制力增量 ΔF_a 和轧辊位移 ΔS，再根据计算出来的厚度偏差 ΔH_b，发出相应的电压控制信号 u，使压下传动系统拖动轧辊移位，对厚度偏差进行校正，实现厚度自动控制。

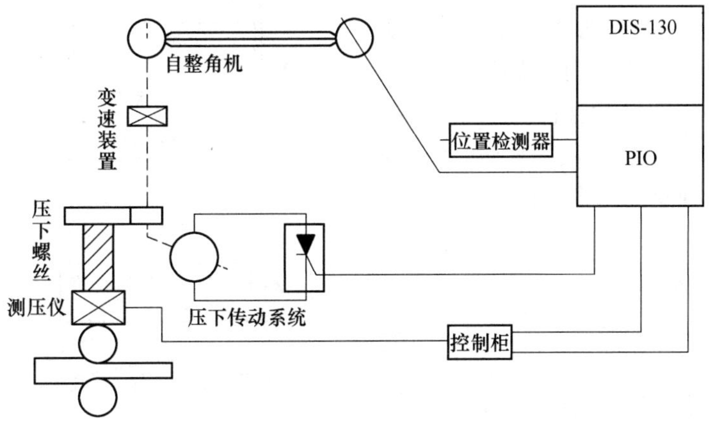

图 3　计算机间接测厚厚控系统硬件构成图

本 DDC-AGC 系统的采样周期为 0.1s。AGC 程序框图示于图 5。现将框图依次说明如下：

（1）判断自动状态正常否。选择开关置“自动”侧，压下传动系统工作正常就是处于自动状态。

（2）判断轧制力超过极限否。

（3）检测轧辊位置 S 和轧制力 F。

（4）计算机钢板厚度。H_a 为实际厚度，H_b 为考虑轧制力反馈系数 K_b 后的计算厚度值。

（5）判断头部锁定工作完成否。

（6）计算并存储头部锁定值：在头部连续取三组数据求均值作为基准值。

（7）判断 ΔH_a 在死区内否。

（8）根据 ΔH_b，按速度给定曲线计算输出控制电压值。

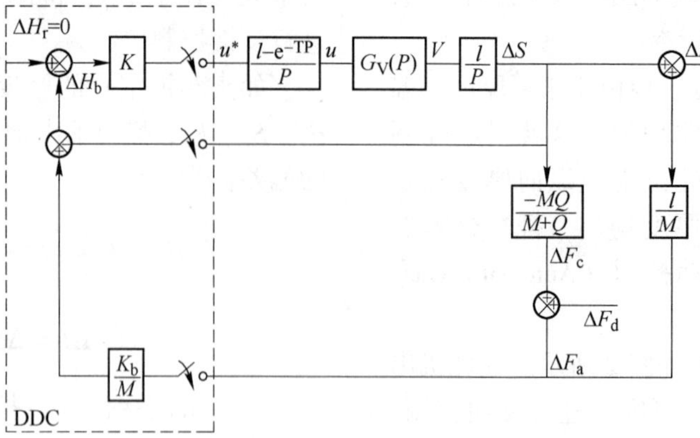

图 4　计算机间接测厚厚控系统结构图

ΔH_r—给定的厚度偏差，通常为零；　ΔH_b—间接测厚的厚度偏差；
u—输出电压控制信号；　V—轧辊压下速度；
ΔS—厚调位移量；　ΔH_a—实际厚度偏差；
ΔF_d—轧制力扰动；　ΔF_c—ΔS 引起的轧制力增量，根据式（5）及式（3）可求 $\Delta F_c=-\frac{MQ}{M+Q}\Delta S$；
ΔF_a：实测轧制力增量（对头部锁定值）；　K—放大系数；
$G_V(P)$ —压下调速系统的传递函数；　M—轧机的弹性变形系数；
Q—钢板的塑性变形系数；　K_b—轧制力反馈系数，为保证系统稳定可控，$K_b \leqslant 1$

（9）模拟量输出的电压值清零。

（10）按已确定的电压值进行模拟量输出。

（11）完成一个采样周期的控制，返回管理程序。

4　厚控系统“跑飞”条件的理论分析

国外许多文献都提到间接测厚厚控系统有可能出现“跑飞”（run away）现象。即当厚控开始时，轧辊下压，就一直下压；若开始上抬，就一直上抬。这样失去控制可能导致轧机的损坏，是绝对不能允许的。为防止“跑飞”现象的发生，在轧制力反馈通道中，加反馈系数 K_b。通常 $K_b<1$。但究竟“跑飞”的原因何在？K_b 选取的依据如何？至今尚未见详细论证和阐述。本文将对“跑飞”原因进行理论分析和试验研究。

图 4 所示结构图经过变换可得图 6。图 6 所示为一个位置反馈控制系统，系统的给定值为 $-\Delta H_{db}$，厚调轧辊位移量将产生相应的厚度校正量 ΔH_c，ΔH_c 与实际厚度扰动量 ΔH_d 之和就是实际钢板厚度偏差 ΔH_a。当厚调尚未进行时，实际厚度偏差就是轧制力扰动引起的厚度扰动量 ΔH_d；当厚调完成时，如校正量 ΔH_c 正好抵消扰动量 ΔH_d，则实际厚度偏差 ΔH_a 为零。

从图 6 可见，该系统负反馈通道中有一个放大

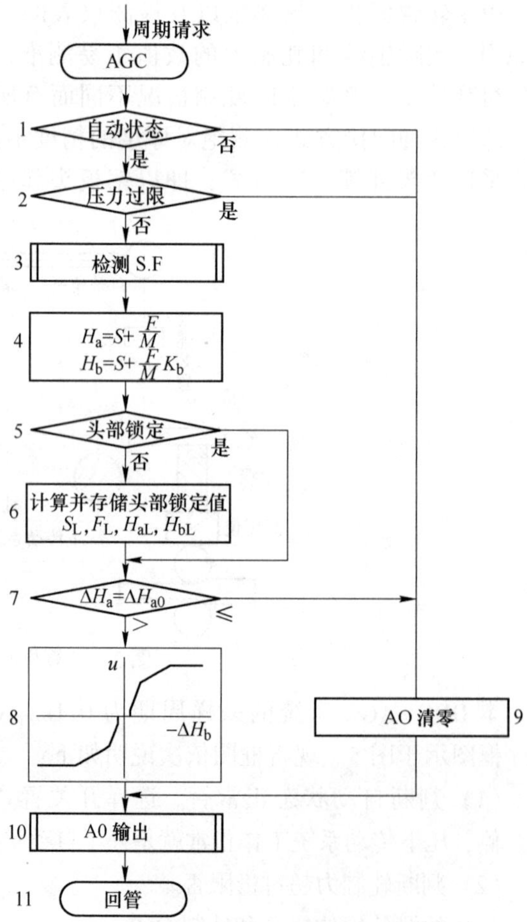

图 5　AGC 程序框图

环节。当其放大系数为负值时，则变成正反馈。这样，系统就不稳定了。因此，保证系统稳定的必要条件是：

$$\frac{M+Q(1-K_b)}{M+Q}>0$$

即 $$M+Q(1-K_b)>0$$

$$K_b<1+\frac{M}{Q} \tag{6}$$

由于轧机的弹性变形系数 M 和钢板塑性变形系数 Q 都是正数，所以 K_b 的临界值是大于 1 的数。当钢板愈软（Q 小）、轧机愈大、（M 大）时，其临界 K_b 值愈大。该系统就不易“跑飞”。

在阶跃轧制力扰动作用下，厚调轧辊位移量 ΔS 根据终值定理可求。

先求图 6 所示闭环系统的脉冲传递函数。

$$\phi(z)=\frac{W(z)}{1+\frac{M+Q(1-K_b)}{M+Q}W(z)}$$

若 $$G_v(p)=\frac{K_v}{1+\tau_v P}$$

则 $$W(z)=Z(K)Z\left[\frac{1-e^{-TP}}{P}\frac{K_v}{1+\tau_v P}\frac{1}{P}\right]$$

$$=KK_v(1-z^{-1})Z\left[\frac{A}{P^2}+\frac{B}{P}+\frac{C}{1+\tau_v P}\right]$$

求出待定系数：$A=1$，$B=\tau_v$，$C=\tau_v^2$，Z 变换后，整理可得

$$W(z)=KK_v\tau_v\frac{\left(\frac{T}{\tau_v}+e^{-\frac{T}{\tau_v}}-1\right)z+\left(1-\frac{T}{\tau_v}e^{-\frac{T}{\tau_v}}-e^{-\frac{T}{\tau_v}}\right)}{(z-1)(z-e^{-\frac{T}{\tau_v}})}$$

$$\phi(z)=\frac{KK_v\tau_v\left[\left(\frac{T}{\tau_v}+e^{-\frac{T}{\tau_v}}-1\right)z+\left(1-\frac{T}{\tau_v}e^{-\frac{T}{\tau_v}}-e^{-\frac{T}{\tau_v}}\right)\right]}{(z-1)(z-e^{-\frac{T}{\tau_v}})+\frac{M+Q(1-K_b)}{M+Q}KK_v\tau_v\left[\left(\frac{T}{\tau_v}+e^{-\frac{T}{\tau_v}}-1\right)z+\left(1-\frac{T}{\tau_v}e^{-\frac{T}{\tau_v}}-e^{-\frac{T}{\tau_v}}\right)\right]}$$

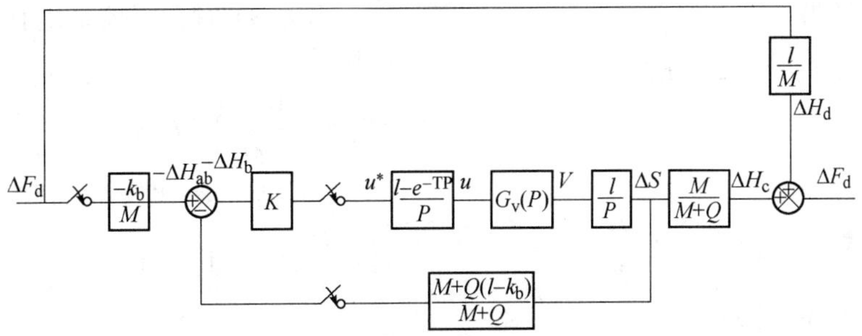

图 6　计算机间接测厚厚控系统等值方框图

根据终值定理

$$\Delta S(\infty)=\lim_{t\to\infty}\Delta S(t)=\lim_{z\to1}(z-1)\Delta S(z)$$

$$\Delta S(\infty)=\lim_{z\to1}(z-1)\phi(z)\left(-\frac{\Delta F_d}{M}K_b\right)\frac{z}{z-1}$$

$$\Delta S(\infty)=\left(-\frac{\Delta F_d}{M}K_d\right)\frac{M+Q}{M+Q(1-K_b)} \tag{7}$$

令 $\Delta H_{db}=\frac{\Delta F_d}{M}K_b$。其为间接测得的由轧制力阶跃扰动引起的厚度偏差。

而 $\Delta H_d=\frac{\Delta F_d}{M}$。其为实际由轧制力阶跃扰动引起的厚度偏差。

$$\Delta H_{db}=\Delta H_d\times K_b$$

由式（7）可知，厚调位移量与厚度偏差的比值为：

$$\frac{\Delta S}{\Delta H_{db}}=-\frac{M+Q}{M+Q(1-K_b)} \tag{8}$$

本厚度控制系统的稳态误差由图 6 可得：

$$\Delta H_a(\infty)=\Delta H_d(\infty)+\Delta H_c(\infty)$$

$$=\Delta H_d(\infty)+\Delta S(\infty)\frac{M}{M+Q}$$

$$=\Delta H_d+\frac{M+Q}{M+Q(1+K_b)}(-\Delta H_{db})\frac{M}{M+Q}$$

$$=\Delta H_d+\frac{M+Q}{M+Q(1+K_b)}(-\Delta H_d K_b)\frac{M}{M+Q}$$

$$=\Delta H_d\left[1-K_b\frac{M}{M+Q(1+K_b)}\right]$$

$$=\Delta H_d(1-K_b)\frac{M+Q}{M+Q(1-K_b)} \tag{9}$$

由式（9）可知本系统稳态误差与轧制力阶跃扰动引起的厚度偏差成正比。另外，还与 K_b 值有关。当 $K_b<1$ 时，有与 ΔH_d 同号的稳态误差；当 $\left(1+\frac{M}{Q}\right)>K_b>1$ 时，将出现过调现象，有与 ΔH_d 反号的稳态误差；当 $K_b=1$ 时，稳态误差为零。K_b

值与 1 相差愈大，则稳态误差的绝对值也愈大。因此，从减小稳态误差考虑，希望 K_b 值接近 1。

关于 K_b 临界值的计算公式，亦可从另一途径得出。

若从稳态考虑，假定厚调位移量与厚度偏差之比为 $\frac{\Delta S}{\Delta H_{db}}=-\frac{M+Q}{M}$；并且此位移在一个采样周期内能够正好完成。当轧制力有一个阶跃扰动 ΔF_d 时，厚调过程如下所述。

第一个周期。

本周期始轧制力偏差：$\Delta F_1=\Delta F_d$

本周期始间接测厚厚度偏差：

$$\Delta H_{db1}=\frac{\Delta F_1}{M}K_b=\frac{\Delta F_d}{M}K_b$$

本周期内轧辊位移增量：

$$\delta S_1=-\frac{M+Q}{M}\Delta H_{db1}=-\frac{M+Q}{M^2}\Delta F_d K_b$$

由 δS_1 引起的轧制力增量：

$$\Delta F_{c1}=-\frac{MQ}{M+Q}\delta S_1=\Delta F_d\times K_b\frac{Q}{M}$$

本周期末累计位移量：

$$\Delta S_1=\delta S_1=-\frac{M+Q}{M^2}\Delta F_d K_b$$

第二个周期。

本周期始轧制力偏差：

$$\Delta F_2=\Delta F_1+\Delta Fc_1=\Delta F_d\left[1+K_b\frac{Q}{M}\right]$$

本周期始间接测厚厚度偏差：

$$\Delta H_{db2}=\Delta S_1+\frac{\Delta F_2}{M}K_b=-\frac{\Delta F_d}{M}K_b\left[\frac{Q}{M}(1-K_b)\right]$$

本周期内轧辊位移增量：

$$\delta S_2=-\frac{M+Q}{M}\Delta H_{db2}=\frac{M+Q}{M}\Delta F_d K_b\left[\frac{Q}{M}(1-K_b)\right]$$

由 δS_2 引起的轧制力增量：

$$\Delta F_{c2}=-\frac{MQ}{M+Q}\delta S_2=-\Delta F_d K_b\left(\frac{Q}{M}\right)^2(1-K_b)$$

本周期末累计位移量：

$$\Delta S_2=\Delta S_1+\delta S_2=-\frac{M+Q}{M^2}\Delta F_d K_b\left[1-\frac{Q}{M}(1-K_b)\right]$$

第三个周期。

本周期始轧制力偏差：

$$\Delta F_3=\Delta F_2+\Delta F_{c2}$$
$$=\Delta F_d\left[1+K_d\frac{Q}{M}-K_b\left(\frac{Q}{M}\right)^2(1-K_b)\right]$$

本周期始间接测厚厚度偏差：

$$\Delta H_{db3}=\Delta S_2+\frac{\Delta F_3}{M}K_b=\frac{\Delta F_d}{M}K_d\left[\left(\frac{Q}{M}\right)^2(1-K_b)^2\right]$$

本周期内轧辊位移增量：

$$\delta S_2=-\frac{M+Q}{M}\Delta H_{db3}$$
$$=-\frac{M+Q}{M^2}\Delta F_d K_b\left[\left(\frac{Q}{M}\right)^2(1-K_b)^2\right]$$

本周期末累计位移量：

$$\Delta S_3=\Delta S_2+\delta S_3$$
$$=-\frac{M+Q}{M^2}\Delta F_d K_b\left[1-\frac{Q}{M}(1-K_b)+\left(\frac{Q}{M}\right)^2(1-K_b)^2\right]$$

根据以上所述，可以推出：

第 n 个周期轧辊位移增量：

$$\delta S_n=-\frac{M+Q}{M^2}\Delta F_d K_b(-1)^{n-1}\left(\frac{Q}{M}\right)^{n-1}(1-K_b)^{n-1}$$

n 个周期累计位移量：

$$\Delta S_n=\sum_{i=1}^{n}\delta S_i$$
$$=\sum_{i=1}^{n}-\frac{M+Q}{M^2}\Delta F_d K_b(-1)^{i-1}\left(\frac{Q}{M}\right)^{i-1}(1-K_b)^{i-1}$$
$$=-\frac{M+Q}{M^2}\Delta F_d K_b\sum_{i=1}^{n}(-1)^{i-1}\left(\frac{Q}{M}\right)^{i-1}(1-K_b)^{i-1}$$

当 $K_b>1$ 时，厚控系统有可能跑飞。此时厚调位移量

$$\Delta S_n=-\frac{M+Q}{M^2}\Delta F_d K_b\sum_{i=1}^{n}\left(\frac{Q}{M}\right)^{i-1}(K_b-1)^{i-1}$$

ΔS_n 为一等比级数的和。此级数收敛的条件是：$\frac{Q}{M}(K_b-1)<1$

即 $$K_b<1+\frac{M}{Q} \tag{10}$$

厚调总位移量

$$\Delta S=\lim_{n\to\infty}\Delta S_n=\sum_{i=1}^{\infty}\delta S_i=\frac{-\frac{M+Q}{M^2}\Delta F_d K_b}{1-\frac{Q}{M}(K_b-1)}$$

$$\Delta S=-\frac{\Delta F_d}{M}K_b\frac{M+Q}{M+Q(1-K_b)} \tag{11}$$

由式（10）、式（11）两式可知：

厚控系统不“跑飞”（级数收敛）的条件是 K_b 小于临界值。即 $K_b<1+\frac{M}{Q}$。厚调位移量与厚度偏差量的比值为：

$$\frac{\Delta S}{\Delta H_{db}}=-\frac{\Delta S}{\frac{\Delta F_d}{M}K_b}=-\frac{M+Q}{M+Q(1-K_b)} \tag{12}$$

在上述推导过程中，曾假定此项比值为 $\left(-\frac{M+Q}{M}\right)$，这是 $K_b=1$ 时的特例。当 $K_b\neq1$ 时，其

实应按式（12）考虑。如果在上述推导过程中，按式（12）计算，则一拍即可完成。

式（10）、式（11）两式与前述根据系统方框图推导的结果一致。

5 厚控系统“跑飞”条件的试验研究

5.1 试验目的

验证“跑飞”临界 K_b 计算公式 $K_b = 1 + \frac{M}{Q}$。

5.2 试验方法

对不同成分、不同宽度（同厚度）的钢板进行计算机间接测厚厚度控制（DDC—AGC）试验。在不同 K_b 值情况下，利用软件手段修改头部锁定值，使轧制力产生阶跃扰动（$\Delta F_d = 2t$），试验厚控系统“跑飞”与否。在 AGC 程序中，对轧制力极限值作了规定，进行过压保护，以防损坏轧机。

5.3 试验数据

（1）把不同钢板在“跑飞”和“不跑飞”情况下的 K_b 值、锁定轧制力 F_L 以及厚调完毕的轧制力 F_m 列入表 1。

（2）把各种钢板“不跑飞”情况下的轧制力阶跃扰动值 ΔF_d、厚调位移量 ΔS 以及轧机弹性变形系数 M 列入表 2。

表 1

钢种	厚度/mm	宽度/mm	不跑飞			跑飞		
			K_b	F_L/t	F_m/t	K_b	F_L/t	F_m/t
B_2F	0.465	200	1.10	6.7	29.1	1.15	6.6	41.6
	0.470	150	1.15	9.1	30.9	1.20	8.4	40.3
	0.470	100	1.30	5.4	28.9	1.36	7.9	41.3
4J29	0.300	200	1.23	9.8	27.1	1.25	10.6	42.1
	0.295	150	1.25	9.9	26.7	1.28	9.0	41.9
	0.300	100	1.40	9.7	26.4	1.45	10.3	39.0

（3）以 200mm 宽普炭钢带为例，把“跑飞”和“不跑飞”两种情况下厚控过程中各项参数的采样值绘成曲线示于图 7 和图 8。

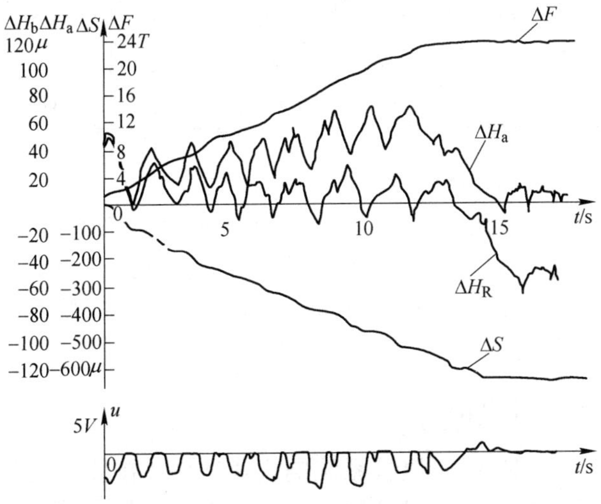

图 7 厚控过程参数曲线

日期	序号	钢种	厚度	宽度	K_b	F_L	F_M	备注
82.6.7	2	B_2F	0.465	200	1.16	6.7T	29.1T	未跑飞

5.4 数据处理

根据式（7），可得：

$$\Delta S = -\frac{M + Q}{M + Q(1 - K_b)} \frac{\Delta F_d}{M} K_b$$

可解出

$$Q = \frac{\Delta SM - \Delta F_d K_b}{\frac{\Delta F_d}{M} K_b - \Delta S(1 - K_b)} \qquad (13)$$

利用试验数据，可以计算出各种钢板的塑性变形系数 Q。

同时根据式（6），亦可计算出 K_b 的“跑飞”临界值。$K_b = 1 + \frac{M}{Q}$，将 Q 和 K_b 的计算值均列入表 2。

5.5 试验结论

（1）根据表 1 数据可知：间接测厚厚控系统“跑飞”与否，取决于轧制力反馈系数 K_b 值的大小。

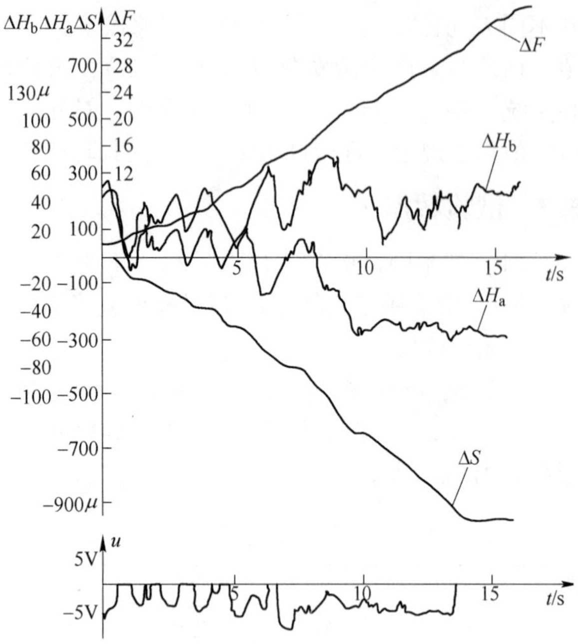

图 8　厚控过程参数曲线

日期	序号	钢种	厚度	宽度	K_b	F_L	F_M	备注
82. 6. 7	3	B_2F	0. 465	200	1. 15	6. 6T	41. 6T	跑飞

K_b>1 时，系统仍能正常完成厚控任务。当 K_b 超过某临界值后，就发生“跑飞”现象。

（2）根据表 2 数据可见：对同种、同厚、不同宽的钢板，计算其塑性变形系数 Q 值。该 Q 值基本上与宽度成正比。

212∶156∶102≈200∶150∶100 这与轧钢工艺理论相符。这就证明了本试验和计算公式的正确性。

（3）按照本文推导得出的“跑飞” K_b 临界值计算公式：$K_b=1+\dfrac{M}{Q}$，利用计算所得的 Q 值计算临界 K_b 值与“跑飞”实验的 K_b 值接近。这可以说明“跑飞” K_b 临界值计算公式的正确性。

（4）从表 1“不跑飞”试验数据可见：有时钢板厚度小于轧机弹跳量$\left(H<\dfrac{F}{M}\right)$。根据式（2）：$H=S+F/M$，故 S 为负值。由此可知：轧机工作在负辊缝情况下，间接测厚厚控系统仍能正常工作。

表 2

钢种	厚度/mm	宽度/mm	不跑飞试验数据				计算	跑飞 K_b 值		
			K_b	ΔF_d/t	ΔS/mm	M/t · mm^{-1}	Q/t · mm^{-1}	计算值	试验值	误差
B_2F	0. 465	200	1. 10	2	0. 641	42	212	1. 198	1. 15	4%
	0. 470	150	1. 15	2	0. 584	42	156	1. 269	1. 20	5%
	0. 470	100	1. 30	2	0. 792	42	102	1. 411	1. 36	3. 6%
4J29	0. 300	200	1. 23	2	0. 562	42	113	1. 371	1. 25	8. 8%
	0. 295	150	1. 25	2	0. 584	42	107	1. 392	1. 28	8%
	0. 300	100	1. 10	2	0. 556	4	21	1. 591	1. 15	8. 8%

（5）根据本文推导得出的式（9）系统稳态误差计算公式：

$$\Delta H_a(\infty)=\Delta H_d(1-K_b)\frac{M+Q}{M+Q(1-K_b)}$$

用表 2 所载带宽 200mm 普炭钢的试验数据带入上式计算可得：

$$\Delta H_a(\infty)=\frac{2}{42}(1-1.1)\frac{42+212}{42+212(1-1.1)}$$
$$=-0.058\text{mm}$$

由图 8 可见：厚调完毕后，$\Delta H_a(\infty)=-(0.052\sim0.067)$ mm，计算值与试验结果很接近。

（6）理论计算值与实验值相比，仍有误差。分析其原因如下：

1）轧机的弹性变形系数 M 值的测定有误差。

2）测压仪测出的轧制力信号有波动。

3）在 AGC 程序中，对厚度偏差设有死区以保证系统的稳定性。故实际厚调位移量比理论值要小些。计算出的 Q 值偏小，而计算出的 K_b 临界值就偏大。

6　结束语

间接测厚厚控系统响应速度快，在轧钢生产中应用甚广。但是它存在“跑飞”失控问题。根据理论分析和试验证明：厚控系统“跑飞”与否，取决于轧制力反馈系数 K_b 值的大小；当 $K_b<1+\dfrac{M}{Q}$ 时，厚控系统就不会“跑飞”。

由于 K_b 的影响，厚调位移量与厚度偏差值之比为：

$$\frac{\Delta S}{\Delta H_{db}} = -\frac{M+Q}{M+Q(1-K_b)}$$

厚控系统的稳态误差为：

$$\Delta H_a(\infty) = \Delta H_d(1-K_b)\frac{M+Q}{M+Q(1-K_b)}$$

虽然 K_b 临界值大于 1，但是由于 M 值测定不准，测压仪和模入通道又都有误差，K_b 应选小些，以免等效 K_b 值过大。再考虑减小稳态误差，所以选取 $K_b \leqslant 1$。系统中$\frac{M}{Q}$值愈大者其 K_b 值愈可以接近 1。

间接测厚厚控系统在正辊缝和负辊缝情况下都能正常工作。

参 考 文 献

[1] 电机工程手册，第 48 篇，第 7 章 .
[2] 日本特许公报，昭 5603.
[3] 日本特许公报，昭 56-6803.

压力 AGC 数学模型的改进

张进之

（冶金部钢铁研究总院）

1　引言

把机架当作测厚计并进行厚度反馈控制的 AGC（厚度自动调节系统）被 Sims 等发明以来，得到广泛的应用和发展。AGC 系统的数学模型是弹跳方程：$h=\phi+P/M+\varepsilon$。通过实测压力 P 和辊缝 Φ，就可以计算出轧件厚度 h。由于校正系数 ε、轧辊磨损、热膨胀和零件之间隙等不容易精确给定，故弹跳方程多用增量形式：$\Delta h=\Delta\phi+\Delta P/M$。厚度控制是通过测量 ΔP，改变 $\Delta\phi$ 使 $\Delta h\equiv 0$ 该过程可以由模拟电路或计算机（DDC）实现。

AGC 调节过程要经过用弹跳方程计算厚度偏差和辊缝改变量两步，能否找到 $\Delta h\equiv 0$ 的条件下 $\Delta\phi$ 与 ΔP 的直接关系呢？笔者在文献［1］中，给出了这种关系：如 $\Delta\phi=-\frac{M+Q}{M^2}\Delta P$，但当采用压力、辊缝基准值不变（锁定控制）时，该式只能实现一次控制。因为坯料厚度差或硬度差影响轧制力，调节辊缝也改变轧制力，当按轧件头部锁定之后，第一次测得的压力差 ΔP 肯定是由坯料扰动引起的，故可以计算出辊缝调节量 $\Delta\phi$；第二次、第三次……测得的压力差，它已不单纯由坯料扰动引起，所以不能由文献［1］中的公式计算辊缝调节量。本文分析了厚度调节过程，把测得的压力差分解成由调辊缝和坯料扰动引起的两部分，推导出任意次压力差 ΔP_K 与 $\Delta\phi_K$ 之间的关系式。

反馈 AGC 是扰动发生作用之后才调节的，由于测量仪表和执行机构的动态响应，造成消除扰动影响上有迟滞性。因此在连轧机上发展了前馈压力 AGC 系统，美坂等[2,3]给出了厚度预报数学模型及最优控制方案。美坂的预报模型是以前一机架不调辊缝为前提的，这样就不能利用反馈 AGC 的优点。陈振宇[4]指出了这一点，进行了反馈和前馈 AGC 系统并存下的厚度调节过程的仿真实验。

为了充分发挥反馈、前馈并存 AGC 控制系统的优越性，本文推导了出口厚差预报公式。当只有前馈控制时，其厚差预报公式与美坂预报公式相同。

2　AGC 调节过程分析

分析 AGC 调节过程，实际上是解决外扰（坯料厚度和硬度差）、调节量（辊缝）和目标量（厚度）等之间相互影响的关系。这种分析以往是用“P-H”图进行的，它具有简明、直观等优点，但不能把复杂的轧制过程（多变量、非线性）描述出来，因此，用来寻求未知的相互关系是比较困难的。为此我们采用了泰勒级数的分析方法。分析的基本方程是弹跳方程和压力公式。

弹跳方程：

$$h=\phi+P/M+\varepsilon \tag{1}$$

式中　h——轧件出口厚度；
　　P——轧制压力；
　　M——机架刚性系数；
　　ε——校正系数。

压力公式：

$$P=f[H,\ h,\ H_0,\ K_0,\ \cdots] \tag{2}$$

式中　H——入口厚度；
　　H_0——坯料原始厚度；
　　K_0——轧件变形抗力。

式（1）、式（2）用泰勒级数展开，取一次项整理得：

$$\Delta h\left(1-\frac{\partial P}{\partial H}/M\right)=\Delta\phi+\frac{1}{M}\left[\frac{\partial P}{\partial H_0}\Delta H_0+\frac{\partial P}{\partial K_0}\Delta K_0+\cdots\right]$$

$\frac{\partial P}{\partial h}$习惯用轧件塑性系数“$-Q$”表示，故上式可写成：

$$\left(\frac{M+Q}{M}\right)\Delta h = \Delta\phi + \frac{1}{M}\left[\frac{\partial P}{\partial H_0}\Delta H_0 + \frac{\partial P}{\partial K_0}\Delta K_0 + \cdots\right] \quad (3)$$

下面列表给出分别改变 $\Delta\phi$、ΔH_0、ΔK_0 时，压力和厚度的变化量。

表 1　影响系数

因变 自变	Δh	ΔP	$\Delta h=0$ 时辊缝调节量
$\Delta\phi$	$\frac{M}{M+Q}\Delta\phi$	$-\frac{MQ}{M+Q}\Delta\phi$	0
ΔH_0	$\frac{\partial P}{\partial H_0}/(M+Q)\cdot\Delta H_0$	$\left(-\frac{\partial P}{\partial H_0}Q/(M+Q)+\frac{\partial P}{\partial H_0}\right)\Delta H_0$	$-\frac{1}{M}\frac{\partial P}{\partial H_0}\Delta H_0$
ΔK_0	$\frac{\partial P}{\partial K_0}/(M+Q)\cdot\Delta K_0$	$\left(-\frac{\partial P}{\partial K_0}Q/(M+Q)+\frac{\partial P}{\partial K_0}\right)\Delta K_0$	$-\frac{1}{M}\frac{\partial P}{\partial K_0}\Delta K_0$

由上表得出的结果看出，影响压力变化有两种规律：调辊缝对压力的影响系数是$-\frac{MQ}{M+Q}\Delta\phi$；另一种是坯料外扰$\left[-\frac{\partial P}{\partial\lambda}Q/(M+Q)+\frac{\partial P}{\partial\lambda}\right]\Delta\lambda$。$\Delta\lambda$ 可以表示 ΔH_0、ΔK_0 以及张力等因素的变化量。文献 [1] 中的压力 AGC 模型

$$\Delta\phi = -\left(\frac{M+Q}{M^2}\right)\Delta P_d \quad (4)$$

式中，ΔP_d 为由外扰引起的压力变化，用来计算在扰动作用下消除出口厚差的辊缝调节量：

$$\Delta\phi_\lambda = -\left(\frac{M+Q}{M^2}\right)\times\left(-\frac{\partial P}{\partial\lambda}Q/(M+Q)+\frac{\partial P}{\partial\lambda}\right)\Delta\lambda$$

$$\Delta\phi_\lambda = \frac{\partial P}{\partial\lambda}\frac{1}{M}\Delta\lambda \quad (5)$$

上述推导证明，式（4）是正确的，它适用于为消除轧件外扰所需辊缝调节量。表 1 中的表达式

$$\Delta\phi = -\frac{M+Q}{MQ}\Delta P_\phi \quad (6)$$

式中　ΔP_ϕ——辊缝调节引起的压力变化，是反映调节辊缝所引起应力变化的关系式。

总之，ΔP 与 $\Delta\phi$ 之间有两种关系：式（4）适用坯料等扰动引起的压力变化 ΔP_d，以此压力计算为消除厚度变化所需要的辊缝调节量；式（6）适用于调节辊缝引起轧制力变化的计算。

3　反馈压力 AGC 系统的控制模型

3.1　控制模型

现用的压力 AGC 系统，用增量弹跳方程计算出口厚度偏差，以此作为输入量构成一套消除厚度差的反馈调节系统。本文将由式（4）、式（6）两式推导出比较简明的厚度控制方程。

以单机架为例，假定头部厚度已达到要求值，锁定后把压力、辊缝、出口厚度测定并记录下来，分别记为 P_e、ϕ_e、h_e。其他时刻测量值以增量形式表示，即：

$$\Delta P_K \overset{\Delta}{=} P_K - P_e$$

$$\Delta\phi_K \overset{\Delta}{=} \phi_K - \phi_e$$

式中，K 为采样时刻序号，$K=1$，2，3，…。当 $K=1$时，可以测得 ΔP_1，而 $\Delta\phi_0=0$，引用式（4）可以计算 1 时刻辊缝调节量

$$\Delta\phi_1 = -\frac{M+Q}{M^2}\Delta P_1 \quad (7)$$

当 $K=2$ 时，可以测得 ΔP_2，但此时的 ΔP_2 包含两部分。一部分是坯料等扰动引起的压力变化；另一部分是第一次调辊缝所引起的压力变化 ΔP_ϕ，ΔP_ϕ 可以由式（6）计算出来，故得：

$$\Delta P_2 = \Delta P_d - \frac{MQ}{M+Q}\Delta\phi_1 \quad (8)$$

由式（8）求出 ΔP_d，引用式（4）整理可得：

$$-\Delta\phi_2 = \frac{Q}{M}\Delta\phi_1 + \frac{M+Q}{M^2}\Delta P_2$$

写成通式：

$$\Delta\phi_{K+1} = -\frac{Q}{M}\Delta\phi_K - \frac{M+Q}{M^2}\Delta P_{K+1} \quad (9)$$

式（9）即为 AGC 系统控制模型，由它可计算出口厚度恒定条件下的辊缝调节量。

式（9）因能收敛到稳态结果而得到验证。达到稳态时，$\Delta\phi_{K+1}=\Delta\phi_K$，此时式（9）变成：

$$\frac{M+Q}{M^2}\Delta P_{K+1} = -\frac{M+Q}{M}\Delta\phi_{K+1}$$

所以
$$\frac{\Delta P_{K+1}}{M} = -\phi_{K+1} \quad (10)$$

式（10）是正确的，这很容易由“$P-H$”图表示出来，由图 1 看出，达到稳态时，就是式（10）结果。

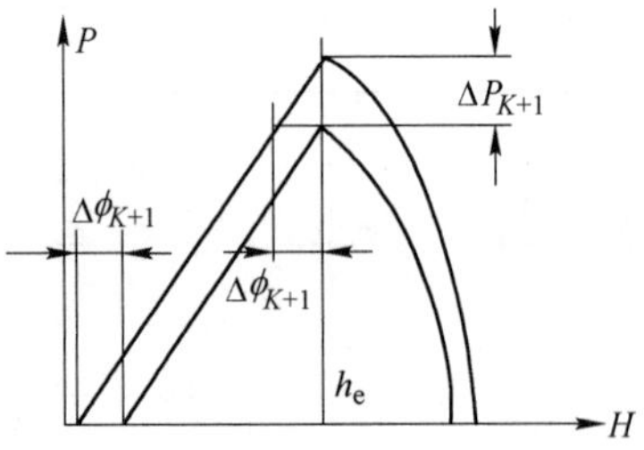

图 1　$P-H$ 图

由于压力环是正反馈，当用式（9）构造调节系统时，应当加修正系数 K_A，以防止模型中的 M 小于实际的 M 时，超调而破坏系统的稳定性。K_A 一般可取 0.8~0.9。式（9）改写为：

$$\Delta\phi_{K+1} = -\frac{Q}{M}\Delta\phi_K - K_A\frac{M+Q}{M^2}\Delta P_{K+1} \qquad (9')$$

式（9′）可以很简便地用作 DDC-AGC 系统的控制模型，用它构造的模拟 AGC 系统示于图 2，它比现用的系统框图更为简明。

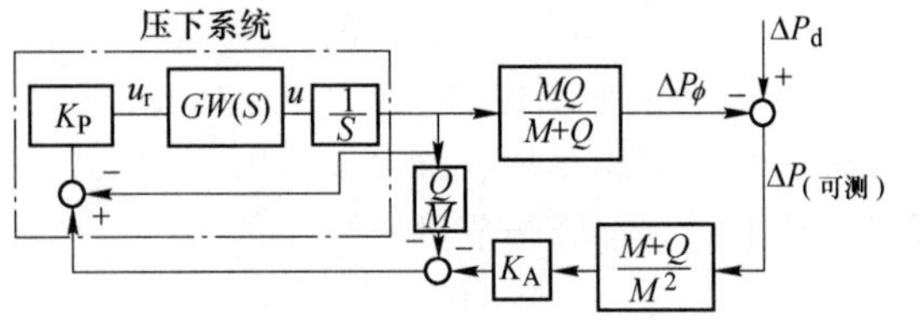

图 2　压力 AGC 系统框图

K_P—压下系统增益，可由仿真实验选取恰当值；

u_r—压下系统输入信号；u—压下系统输出信号；

$GW(S)$—压下装置传递函数，一般可由惯性或二阶振荡环节表示

3.2　模型精度和收敛速度分析

下面分析一下模型公式（9）的精度和收敛速度。

对比式（9）与式（4）的精度。假定只有一个阶跃扰动时，式（9）与式（4）精度是相同的。当多次输入不同阶跃扰动时，对于第一个阶跃两式相同，当第二个（以后多个）不同阶跃输入时，用式（9）立即就可以求出辊缝调节量，其误差可取一次压力测量误差，因为辊缝测量精度远高于压力测量精度，可以忽略；当用式（4）时，就不能用头部锁定值而用当前的压力值为基准，这样求出来的辊缝调节量的误差近似于两次压力测量误差之和，即式（4）误差比式（9）高 1 倍。

式（9）的收敛速度可与（10）式比较。式（10）是达到稳态时的结果，但它也可用于辊缝调节量的计算。当输入一个阶跃扰动时，按式（9）一次就可以求出达到稳态的辊缝调节量，按式（10）控制则要多次控制才能收敛到稳态。下面作一点简略分析。第一次测量出的压力差信号只是扰动压力值，按式（10）计算出的辊缝改变量调节后，出口厚度差有所减少，但恢复不到零，因为有压下“效率”问题，即厚度变化量小于辊缝变化量；第二次测量得到的压力差为扰动压力与调辊缝造成的压力变化之和，再由式（10）计算辊缝调节量并实现之……继续做下去，如果模型中的刚度系数 M 等是精确的，则能达到稳态结果式（10），即计算出的辊缝调节量与当前的辊缝变化量相等。由以上分析可以看出新模型在精确性和快速性上的优越性。

4　前馈压力 AGC 厚差预报方程

4.1　前馈压力 AGC 厚差预报方程

由于反馈 AGC 系统的响应滞后，它对比较平稳的扰动调节效果好，对快变化（高频率）的扰动影响消除的效果比较差（文献［2］给出了反馈 AGC 系统的动态效果，如表 2 所示），因而促进了前馈 AGC 系统的发展。要实现前馈控制，首要任务是能估计出扰动信号量。美坂等从连轧机组中任选一对机架构成一个调节对象，前边一个机架作为量测机架，后边一个机架作为控制机架。假定前边机架辊缝不调节，由它测出的压力差 ΔP_1 预报出后边机架出口厚度差 Δh_{d2}，其计算公式如下：

$$\Delta h_{d2(t+t_d)} = \frac{1}{M_2+Q_2}\left[\left(\frac{\partial P}{\partial H}\right)_2\frac{1}{M_1} + \frac{P_{e2}}{P_{e1}}\left(1+\frac{Q_1}{M_1}\right)\right]\Delta P_{1(t)} \qquad (11)$$

式中　t_d——钢带从第一架移动到第二架的时间。

表 2　压下系统角频率与坯料扰动频率关系

压下系统角频率 /r·s⁻¹	允许厚差 $(\Delta h_c/\Delta h_d)$/%	坯料的扰动频率/Hz
20	20	≤0.2
4	20	≤0.04

前馈控制在时间响应上是非常优越的，但它要求扰动估计要十分精确，而且对外界随机干扰和系统元件性能变化的影响是无法消除的。实际上在应用前馈环节时，一般都需要反馈环节相配合，因此需要推导出前馈和反馈并存条件下的厚

差预报公式。下面用泰勒级数方法，推导出前一架带反馈 AGC 情况下的厚差预报公式。

以两机架连轧为例，先写出第二架未调辊缝时的出口厚度变化，然后推导第一架出口厚度变化，综合两个机架关系式就可得到第二机架出口厚差预报方程。

$$\Delta h_2 = \frac{\Delta P_2}{M_2} = \frac{1}{M_2}\left[\left(\frac{\partial P}{\partial H}\right)_2 \Delta H_2 + \left(\frac{\partial P}{\partial H}\right)_2 \Delta h_2 + \left(\frac{\partial P}{\partial K_0}\right)_2 \Delta K_{02}\right]$$

$$\Delta h_2 = \frac{1}{M_2 + Q_2}\left[\left(\frac{\partial P}{\partial h}\right)_2 \Delta H_2 + \left(\frac{\partial P}{\partial K_0}\right)_2 \Delta K_{02}\right] \tag{12}$$

式中，ΔH_2 为根据延时关系，用第一架出口厚度表示，即：

$$\Delta H_{2(t+t_d)} = \Delta h_{1(t)} \tag{13}$$

下面求 Δh_1 和 ΔK_{02}。由第一架弹跳方程得到：

$$\Delta K_{01} = [(M_1 + Q_1)\Delta h_1 - M_1 \Delta\phi_1] \Big/ \left(\frac{\partial P}{\partial K_0}\right)_1 \tag{14}$$

假定：$\Delta K_{02} = (K_{02}/K_{01})\Delta K_{01}$ (15)

故可得：

$$\Delta K_{02} = \frac{K_{02}}{K_{01}}[(M_1 + Q_1)\Delta h_1 - M_1 \Delta\phi_1] \Big/ \left(\frac{\partial P}{\partial K_0}\right)_1 \tag{16}$$

另一方面，由弹跳方程可写出：

$$\Delta h_1 = \Delta\phi_1 + \frac{\Delta P_1}{M_1} \tag{17}$$

式（17）代入式（16）得到：

$$\Delta K_{02} = \frac{K_{02}}{K_{01}}\left[(M_1 + Q_1)\frac{\Delta P_1}{M_1} - Q_1 \Delta\phi_1\right] \Big/ \left(\frac{\partial P}{\partial K_0}\right)_1 \tag{18}$$

式（17）代入式（13）得：

$$\Delta H_{2(t+t_d)} = \Delta\phi_{1(t)} + \frac{\Delta P_{1(t)}}{M_1} \tag{19}$$

式（18）、式（19）代入式（12）得：

$$\Delta h_{d2(t+t_d)} = \frac{1}{M_2 + Q_2}\left\{\left(\frac{\partial P}{\partial H}\right)_2\left(\frac{\Delta P_{1(t)}}{M_1} + \Delta\phi_{1(t)}\right) + \frac{\left(\frac{\partial P}{\partial K_0}\right)_2 \Delta K_{02}}{\left(\frac{\partial P}{\partial K_0}\right)_1 \Delta K_{01}} \times \left[(M_1 + Q_1)\frac{\Delta P_{1(t)}}{M_1} + Q_1 \Delta\phi_{1(t)}\right]\right\}$$

因为 $\left(\frac{\partial P}{\partial K_0}\right)_1 K_{01} \approx P_{e1}$；$\left(\frac{\partial P}{\partial K_0}\right)_2 K_{02} \approx P_{e2}$

故得

$$\Delta h_{d2(t+t_d)} = \alpha \Delta P_{1(t)} + \beta \Delta\phi_{1(t)} \tag{20}$$

式中

$$\alpha = \frac{1}{M_2 + Q_2}\left[\left(\frac{\partial P}{\partial H}\right)_2 \frac{1}{M_1} + \frac{P_{e2}}{P_{e1}}\left(1 + \frac{Q_1}{M_1}\right)\right]$$

$$\beta = \frac{1}{M_2 + Q_2}\left[\left(\frac{\partial P}{\partial H}\right)_2 + \frac{P_{e2}}{P_{e1}} Q_1\right]$$

式（20）即为我们要求的厚差预报方程。当第一机架无 AGC 调节系统（即 $\Delta\phi_{1(t)} = 0$）时，与美坂等给出的公式相同。美坂模型已成功地应用于热连轧厚度控制上，我们模型的仿真实验也得到了预期的结果，这说明模型能够应用于我国现有的热连轧机改造上。例如对鞍山六机架精轧机组的改造，就可以考虑采用前馈加反馈的压力 AGC 厚度控制系统，可将它设置在 1~2 和 4~5 机架上。成品机架前的 X 光测厚仪，可实现监控 AGC 系统和修改前边 AGC 系统的锁定值。

得到厚差预报公式之后，就可以设计控制器，控制系统也可配置参数自适应估计系统。

4.2 另外两个预报公式

利用同样的方法，我们还得到下面两个预报公式（推导过程从略）。

（1）入口厚度有偏差的厚差预报公式

$$\Delta h_{d2(t+t_d)} = \alpha \Delta P_{1(t)} + \beta \Delta\phi_{1(t)} + \gamma \Delta H_{1(t)} \tag{21}$$

式中

$$r = -\frac{1}{M_2 + Q_2}\left(\frac{\partial P}{\partial H}\right)_1$$

（2）变形抗力偏差预测公式：

$$\Delta K_{0i} = \left[\left(1 + \frac{Q_i}{M_i}\right)\Delta P_i + Q_i \Delta\phi_i - \left(\frac{\partial P}{\partial H}\right)_i \Delta H_i\right]\frac{1}{\left(\frac{\partial P}{\partial K_0}\right)_i} \tag{22}$$

参 考 文 献

[1] 张进之. 冶金自动化，1979（2）：8-13.

[2] 高桥亮一，美坂佳助. 塑性と加工，1975（1）.

[3] 山下了也，美坂佳助，等. 住友金属，1976（1）.

[4] 陈振宇，张昱东. 热连轧机自适应前馈厚度调节系统的仿真研究［C］//中国自动化学会自动化应用委员会年会论文，1980.

压力 AGC 系统参数分析与实验验证

张进之

（冶金部钢铁研究总院）

摘　要　压力 AGC 系统的稳定性和“跑飞”事故的原因和克服办法，是轧钢理论和实践中急待解决的问题之一。本文由笔者提出了 AGC 动态控制模型公式，推导出压力 AGC 参数方程，得出发生正反馈跑飞的临界条件：$K_B>1+M/Q$，并得到了电子计算机仿真实验和轧机上实验证实。

AGC 参数方程还表明，当 $K_B<1$ 时，在对阶跃扰动作用的消除过程中辊缝得发生振盪，而且还存在另一个临界值 $1-M/Q$。本文由 AGC 系统传递函数，得出一次调到稳态值的计算公式，从而克服了 $K_B<1$ 时的辊缝振盪问题，并消除了 $1-M/Q$ 的临界值，扩大了动态设定型 AGC 的应用范围。

本文还得到动态设定型 AGC 系统的变刚度控制模型公式。

1　引言

把机架当作测厚仪并进行反馈控制的厚度自动调节系统（简称 AGC）。我国在近几年，由于板轧机技术改造的需要，AGC 技术的研究和实践有很大发展。在实践中也遇到一些问题，例如，天津传动设计研究所研究的 DDC—AGC 系统，控制效果不稳定，发生过超调和振盪现象；钢铁研究总院在 ϕ55/120/180 四辊冷轧机上进行液压 AGC 实验时，曾发生过正反馈“跑飞”现象（所谓“跑飞”是指在扰动作用下，轧制压力随调整不断增加，直至达到压力极限值把 AGC 系统切除或发生断辊事故）。

已有一些研究认为，超调或“跑飞”是由压力正反馈造成的，故在压力反馈环节中增加了厚度计检测放大系数 SF[1] 或 K_B[2]，还有一种看法，认为“跑飞”是由于负辊鏠条件下轧机刚性系数 M 增大的结果，从而提出负辊缝轧制时，辊缝反馈环节加修正系数的办法[3]。

本文从压力反馈环节加修正系数 K_B 的观点出发，由 AGC 动态控制模型公式[4]推导出压力 AGC 系统参数方程。证明了 AGC 系统的稳定、超调和跑飞与 M、Q 和 K_B 选择有密切的关系。

本文对 K_B（SF）的另一个重要作用——变刚度轧机的应用，也作了分析。通过各机架上选不同的 K_B 值，使扰动影响不在一个机架上消除，而分配到几个机架上。分析了 DDC-AGC 系统，当选用较小 K_B 时辊缝振盪和消除的方法。

2　AGC 系统参数方程的推导

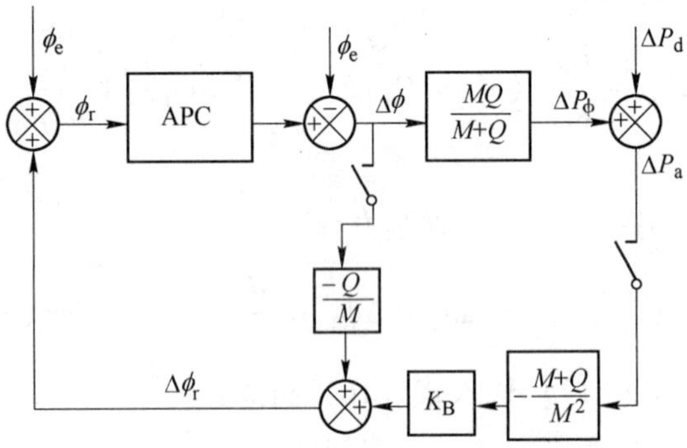

图 1　动态设定型 AGC 系统方框图

ΔP_d—扰动量；ΔP_a—实测压力；APC—压下系统；

$\Delta\phi_r$—保持出口厚度恒定要求辊缝改变量；

ϕ_e—辊缝锁定值；

ΔP_ϕ—辊缝变化引起的压力变化

增加 K_B 系数后的控制模型公式为

$$\Delta\Phi_{K+1}=-\frac{Q}{M}\Delta\Phi_K-\frac{M+Q}{M^2}\cdot K_B\Delta P_{K+1}\qquad(1)$$

假定 APC 响应为瞬时条件下，输入阶跃扰动 ΔP_d，推导辊缝变化的时间序列如下。第一次采样控制：

$$\Delta\Phi_1=-\frac{M+Q}{M^2}K_B\Delta P_d\qquad(2)$$

$$\Delta P_{\Phi1}=-\frac{MQ}{M+Q}\Delta\Phi_1=\frac{Q}{M}\cdot K_B\Delta P_d\qquad(3)$$

第二次采样控制：

$$\Delta P_2 = \Delta P_d + \Delta P_{\Phi 1} = \Delta P_d\left[1 + \frac{Q}{M}K_B\right] \quad (4)$$

$$\Delta \Phi_2 = -\frac{Q}{M}\Delta \Phi_1 - \frac{M+Q}{M^2}K_B \Delta P_2 \quad (5)$$

把式（2）、式（4）代入式（5）整理得：

$$\Delta \Phi_2 = -\frac{M+Q}{M^2}K_B \Delta P_d + \frac{M+Q}{M^2}K_B \Delta P_d \frac{Q}{M}(1-K_B) \quad (6)$$

以此类推，写出采样控制的通式

$$\Delta \Phi_n = \sum_{i=1}^{n}(-1)^i \frac{M+Q}{M^2}K_B \Delta P_d \left(\frac{Q}{M}\right)^{i-1}(1-K_B)^{i-1} \quad (7)$$

式（7）即为 AGC 基本参数方程，它是一个无穷级数。下面根据 K_B 不同值情况讨论该数列的性质。

2.1 K_B 小于 1 的情况

$K_B<1$，则式（7）是交错级数。按交错级数收敛条件得：

$$K_B > 1 - \frac{M}{Q} \quad (8)$$

"$1-\frac{M}{Q}$" 是 K_B 的一个临界值。对参数 K_B 的选择不应小于它。按莱布尼兹判别法则，收敛的交错级数其和的绝对值小于首项，因此对于阶跃外扰，只采样控制一次为好。

2.2 K_B 大于 1 的情况

当 K_B 大于 1 时，式（7）变为：

$$\Delta \Phi_n = \sum_{i=1}^{n} -\frac{M+Q}{M^2}K_B \Delta P_d \left(\frac{Q}{M}\right)^{i-1}(K_B-1)^{i-1} \quad (9)$$

按达朗贝尔收敛准则：

$$\rho = \lim_{n\to\infty}\frac{\Delta \Phi_{n+1}}{\Delta \Phi_n} < 1;\ \frac{Q}{M}(K_B-1) < 1$$

故得：

$$K_B < 1 + \frac{M}{Q} \quad (10)$$

"$1+\frac{M}{Q}$" 是 K_B 的另一个临界值。对参数 K_B 的选择不得大于它，否则级数发散，即"跑飞"。

以上分析表明：选择 K_B 的允许范围是 $\left(1-\frac{M}{Q},\ 1+\frac{M}{Q}\right)$，超出该范围即发生"跑飞"；$K_B$ 选取在 $\left(1-\frac{M}{Q},\ 1\right)$ 范围内是振盪收敛到某稳态值，选取在 $\left(1,\ 1+\frac{M}{Q}\right)$ 范围内是单调收敛到某稳态值。所收敛到的稳态值，由 M、Q、ΔP_d 和 K_B 等具体数值而定。其计算公式可由级数求和公式求得：

$$\Delta \Phi_{稳} = \frac{K_B}{M}\frac{M+Q}{M+Q(1-K_B)}\Delta P_d$$

3 压力 AGC 系统参数关系的仿真实验

3.1 仿真实验条件

仿真实验是在 TQ-16 型电子计算机上进行的，仿真实验所用的模型、计算方法和程序已在文献［5，6］中介绍，下面仅将主要实验条件简介如下。

以五机架冷连轧机为对象，工作辊半径 270mm，机架刚度系数 470t/mm；坯料厚 3.20mm；摩擦系数 0.07；仿真时间步长为 0.001s；钢带宽 930mm；输入坯厚阶跃为 5%；变形抗力 $K = 84.6\ (\bar{r}+0.00817)^{0.3}$，机架间张力控制恒定。

表 1 连轧规程

名称 \ 机架号	0	1	2	3	4	5
入口厚度 H/mm	3.20	3.20	2.64	2.10	1.67	1.34
出口厚度 h/mm		2.64	2.10	1.67	1.34	1.20
单位张力 σ/kg · mm^{-2}	0	10.2	12.8	16.1	1.61	4.5
轧辊速度 u/mm · s^{-1}						22000

3.2 实验结果

（1）基本参数和临界值。

表 2 轧件塑性系数和临界值

机架号	1	2	3	4	5
Q	864.8	864.8	1048	1381.8	2119.7
$1+M/Q$	1.543	1.543	1.450	1.340	1.223
$1-M/Q$	0.456	0.456	0.5495	0.660	0.778

（2）$K_B<1$ 的辊缝变化图示。

图 2、图 3 表明，当 K_B 小于临界值（第三机架为 0.5495）系统发散了；当 K_B 大于临界值时辊缝是振盪收敛的。

（3）$K_B>1$ 的辊缝变化图示。

图 4、图 5 表明，K_B 在（1，$1+M/Q$）区间 AGC 系统超调；$K_B>1+M/Q$ 临界值将发散，即"跑飞"。以上仿真实验完全证实了式（7）、式（8）所反映的压力 AGC 系统参数间客观规律。

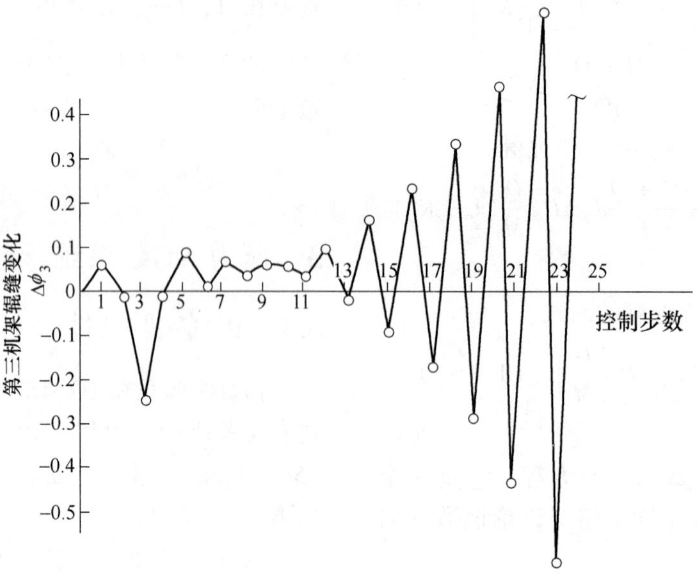

图 2　$K_B=0.5$(小于临界值) 振盪发散图示

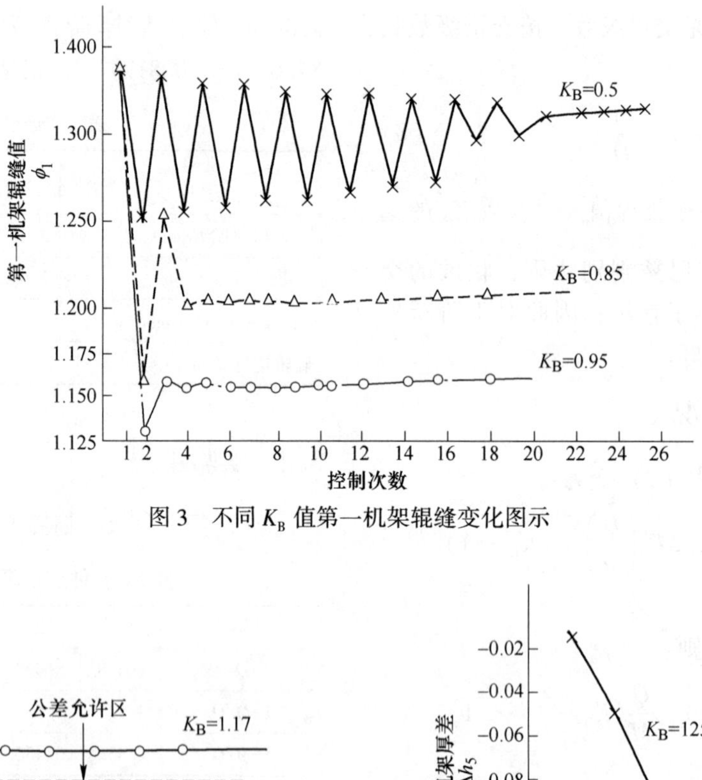

图 3　不同 K_B 值第一机架辊缝变化图示

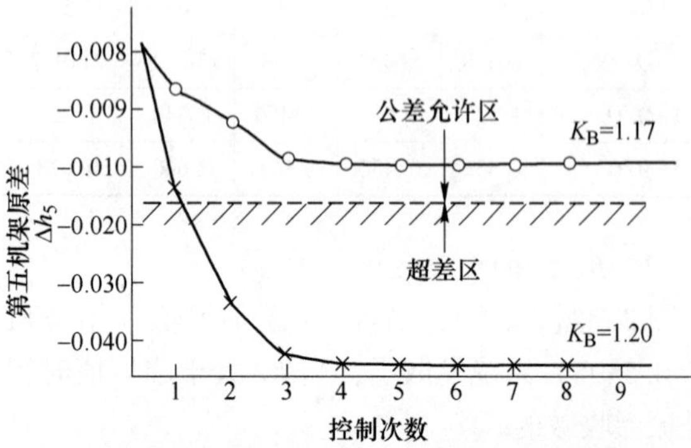

图 4　K_B 在 (1, 1+M/Q) 区域厚度静差图示

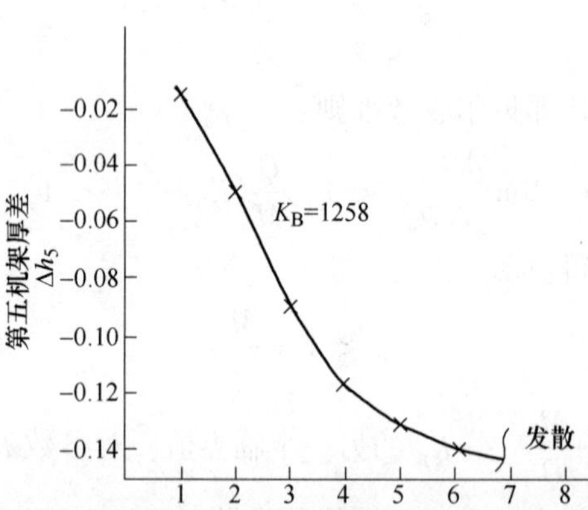

图 5　第五机架 K_B 大于“1+M/Q”临界值跑飞图示

4　变刚度轧机的实现

液压压下系统的应用，大大提高了 AGC 系统的响应速度，从而把厚度控制过程看作瞬时的。由此，铃木弘等人提出了变刚度轧机的概念。当量刚度系数 M_C 按下式计算：

$$M_C = \frac{M}{1 - K_B} \tag{11}$$

由此可以用影响系数方法研究冷连轧机上的 AGC 系统的综合效果，提出如下的 M_C 刚度匹配，见表 3。

表 3　冷连轧当量刚度系数

机架号	1	2	3	4	5
M_C	2200	2200	470	470	250
K_B	0.786	0.786	0	0	-0.880

表 3 数值表明，冷连轧机不必在各机架上都配置 AGC 系统，可在 1、2 机架上装置压力 AGC，第 5 机架上装置张力 AGC。对于坯料的扰动可分配在几个机架上消除，即压力 AGC 系统的 $K_B<1$，这样对负荷分配有利，而且可以减弱轧辊偏心所引起的厚度波动。第 5 机架选用软刚度，是为提高张力 AGC 的控制效果。对于前面已推导出的 $K_B<1$ 会引起辊缝振盪可根据轧制理论提出的变刚度概念及系统的传递函数和终值定理而推导出具体解决办法。

4.1　压力 AGC 系统闭环传递函数的推导

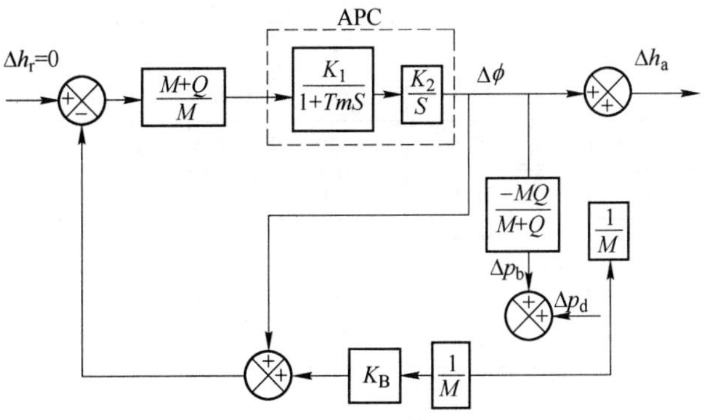

图 6　压力 AGC 系统方框图

T_m—压下装置传动及控制系统等效时间常数；

Δh_a—厚度残差；S—拉氏算子

辊缝闭环传递函数为：

$$W_1(S) = \frac{K_0(M + Q)}{M(1 + T_m S)S + K_0(M + Q)} \tag{12}$$

式中，$K_0 = K_1 \cdot K_2$。

AGC 系统的闭环传递函数：

$$W_2(S) = \frac{K_B}{M} \cdot \frac{\dfrac{M+Q}{M+Q(1-K_B)}}{\dfrac{M}{M+Q(1-K_B)} \cdot \dfrac{T_m}{K_0}S^2 + \dfrac{M}{M+Q(1-K_B)} \dfrac{S}{K_0} + 1} \tag{13}$$

4.2　DDC-AGC 系统辊缝计算公式

当压力 AGC 系统由电子计算机实现时，以用终值定理推导出来的闭环传递系数代替效率系数（$(M+Q)/M$），就可以克服辊缝振盪，且一次就可以调到稳态值。

当系统输入阶跃扰动 ΔP_d 时，AGC 系统稳态输出量 $\Delta\Phi_{稳}$ 的表达式根据终值定理求得：

$$\Delta\Phi_{稳} = \lim S \cdot W_2(S) \frac{\Delta P_d}{S} = \frac{K_B}{M} \cdot \frac{(M + Q)\Delta P_d}{M + Q(1 - K_B)} \tag{14}$$

式（14）与 AGC 参数方程得出的结果相同。由此看出，由于压力测量环节增加了系数 K_B 之后，计算消除厚差的效率系数—— $\frac{M}{M+Q}$ 也应当修正，即：

$$\Delta\Phi = -\frac{M + Q}{M + Q(1 - K_B)}\Delta h \tag{15}$$

可以证明，当应用式（15），对阶跃扰动只调一次辊缝就可以达到稳态值。

4.3　动态设定型 AGC 系统计算公式

当压力环节加 K_B 系数时的动态设控定型 AGC 控制模型公式为：

$$\Delta\Phi_{K+1} = -\frac{QK_B}{M + Q(1 - K_B)}\Delta\Phi_K - \frac{(M + Q)K_B}{[M + Q(1 - K_B)]M}\Delta P_{K+1} \tag{16}$$

把式（16）变换成修正系数形式：

$$\Delta\Phi_{K+1} = -K_3 \frac{Q}{M}\Delta\Phi_K - K_4 \frac{M + Q}{M^2}\Delta P_{K+1} \tag{17}$$

式中，$K_3 = K_4 = \frac{MK_B}{M + Q(1 - K_B)}$。

下面证明，引用式（16）一次控制就可以使辊缝达到稳态值，克服了辊缝振盪和临界值“$1-\frac{M}{Q}$”的限制，保证了 K_B 可选取小于 1 的任意值，即实现了变刚度轧制。

第一次控制的辊缝改变量：

$$\Delta\Phi_1 = -\frac{(M + Q)K_B}{[M + Q(1 - K_B)]M}\Delta P_d \tag{18}$$

实测压力值：

$$\Delta P_2 = \Delta P_d - \Delta P_{\Phi 1} = \Delta P_d\left[1 + \frac{K_B Q}{M + Q(1 - K_B)}\right] \tag{19}$$

第二次控制的辊缝改变量：

$$\Delta\Phi_2=\frac{QK_B}{M+Q(1-K_B)}\cdot\frac{(M+Q)K_B}{[M+Q(1-K_B)]M}\Delta P_d-\frac{(M+Q)K_B}{[M+Q(1-K_B)]M}\cdot\left[1+\frac{K_BQ}{M+Q(1-K_B)}\right]\Delta P_d$$

$$\Delta\Phi_2=-\frac{(M+Q)K_B}{[M+Q(1-K_B)]M}\Delta P_d \qquad (20)$$

$\Delta\Phi_2=\Delta\Phi_1$，则得证。

5　AGC 参数方程的实验验证

1982 年初，在天津冶金局材料研究所的三机架冷连轧机上，进行了压力 AGC 在薄带轧机上的可行性、参数关系、控制效果等实验，其实验结果将有专文介绍。本文引用参数实验的部分结果，证明 AGC 参数方程式（7）以及跑飞临界值 $1+\frac{M}{Q}$ 等论断的正确性。

5.1　实验条件

实验在三连轧机的第一架上进行 AGC 控制实验，工作辊径 ϕ90mm，轧机刚性系数 $M=42$t/mm；轧件塑性系数 $Q=120\sim180$t/mm；轧件为 0.8×120mm 的退火冷轧钢带，第一道轧至（0.72～0.58）mm×120mm。还有轧制单片试验，试样为厚 0.47mm B_2F 硬化钢带和 0.3mm 4J29 合金带，宽度为 100，150，200 三种，以便得到不同 Q 值。其他详细情况可参阅文献［7］。

5.2　实验方法

DDC-AGC 系统可以方便地改变控制方案和参数。改变不同的 K_B 值（0.8，0.9，0.94，1，1.1，1.2，1.3，1.4，1.6），由事先轧成台阶坯料或由计算机改变压力锁定值制造阶跃进行 AGC 控制实验。由计算机采集压力、辊缝、厚度、输出电压等数值采样周期和控制周期均为 0.1s，同时还用紫外线示波器记录压力、辊缝等动态过程。

5.3　实验结果

本文列出轧单片的实验结果，由不同宽度不同的跑飞临界值而证明本文推出的跑飞临界条件 $K_B\geqslant1+M/Q$。

表 4　单片实验结果

钢种	厚度/mm	宽度/mm	估计值 Q	计算临界值	不跑飞			跑飞		
					K_B	$P_{始}$/t	$P_{终}$	K_B	$P_{始}$	$P_{终}$
B_2F	0.465	200	212	1.198	1.1	6.7	29.1	1.15	6.6	41.6
	0.470	150	156	1.269	1.15	9.1	30.9	1.20	8.4	40.3
	0.470	100	102	1.411	1.30	5.4	28.9	1.36	7.9	41.3
4J29	0.300	200	113	1.371	1.23	9.8	27.1	1.25	10.6	42.1
	0.295	150	107	1.392	1.25	9.9	26.7	1.28	9.0	41.9
	0.300	100	71	1.591	1.40	9.7	26.4	1.45	10.3	39

实验证明，只要 K_B 大于临界值，在 AGC 控制过程中，不论是抬高或压下轧辊都发生“跑飞”现象。由此可以确认，“跑飞”只与 M、Q 以及 K_B 有关，与辊缝正负无关。

6　结论

（1）压力 AGC 参数方程正确地反映了 AGC 调整过程的客观规律，由它推导出“跑飞”临界值 $1+\frac{M}{Q}$ 并得到了实验证明。

（2）压力环加 K_B 系数之后，DDC-AGC 系统应按式（15）计算辊缝。

（3）动态设定型 AGC 系统也可以方便地实现变刚度轧制，其控制模型为式（17）。

参考文献

［1］日本专利，特许昭 56-6803，昭 56-5603.

［2］电机工程手册，第四十八篇 188 章，机械工业出版社，1980 年 7 月.

［3］徐志雄，钢铁 16（1981-12），35.

［4］张进之. 压力 AGC 系统分析与仿真实验［C］//自动化学会应用委员会年会论文，1981.

［5］张永光，梁国平，等. 自动化学报，1979（3）.

［6］张进之，郑学锋，等. 冷连轧动态过程仿真实验程序及其应用，1981（3）.

［7］吴铨英，王书敏，周玉珠，霍云海，朱仁华，张进之. 电气传动，1982（6）.

压力 AGC 系统分析与仿真实验

张进之

(冶金工业部钢铁研究总院)

摘 要 用泰勒级数分析的方法，给出了压力 AGC 系统的影响函数表，应用压力与辊缝的两种关系式，得到了压力 AGC 系统的动态控制模型

$$\Delta\phi_\kappa = -\frac{Q}{M}\Delta\phi_{\kappa-1} - \frac{M+Q}{M^2}\Delta P_\kappa$$

通过电子计算机仿真实验，证明该控制模型是可以实用的。分析证明了 AGC 系统的增益因子用于恒张力控制系统的冷连轧机（或可逆式轧机）应当修正，本文推导出如下关系式

$$\Delta\phi = \frac{M + Q + \dfrac{\sigma}{h}\cdot\dfrac{\partial P}{\partial\sigma}}{M}\Delta h$$

The pressure AGC system analysis and simulation experiment

Zhang Jinzhi

Abstract: In the paper an analysis expression of a pressure AGC system effect function was presented by means of Tailer series analysis method. The adaptation conditions of two relations between pressure and roll gap were proved.

$$\Delta\phi = -\frac{(M+Q)}{MQ}\Delta P_\phi;\ \Delta\phi = -\frac{(M+Q)}{M^2}\Delta P_d$$

The control model of pressure AGC system was given as follows:

$$\Delta\phi_\kappa = -\frac{Q}{M}\Delta\phi_{\kappa-1} - \frac{M+Q}{M^2}\Delta P_\kappa$$

The experiment data proved that the model is better than other. Besides, in the paper the correct equation

$$\Delta\phi = \frac{M + Q + \dfrac{\sigma}{h}\cdot\dfrac{\partial P}{\partial\sigma}}{M}\Delta h$$

was introduced.

1 引言

厚度自动调节系统（AGC）的数学模型是弹跳方程。通过实测压力和 P 辊缝 ϕ，可计算出轧件厚度。由于轧辊磨损、热膨胀和压下系统的间隙不易确定，弹跳方程采用增量形式：

$$\Delta h = \Delta\phi + \frac{\Delta P}{M}$$

厚度控制是通过测量 ΔP，改变 $\Delta\phi$，使 $\Delta h=0$，由模拟电路或计算机（DDC）来实现。

AGC 调节过程要经过用弹跳方程计算厚度差和辊缝改变量两个步骤。文献［1］给出了 $h=0$ 时，$\Delta\phi$ 和 ΔP 的关系式，但该式只能计算一次轧辊的调节量。本文分析了厚度调节过程，把所测压力差分解为辊缝和坯料扰动两部分。导出任意次压力差 ΔP_κ 与 $\Delta\phi_\kappa$ 之间关系式，并通过仿真实验证明其实用性。

2 AGC 调节过程分析

AGC 调节过程分析是解决外扰（坯料厚度和硬度差）、调节量（辊缝）和目标量（厚度）之间的关系。这种分析通常是用 $P-H$ 图进行

的。它具有简明、直观等优点，但不能把复杂的轧制过程描述出来。本文采用泰勒级数分析法。分析的基本公式是弹跳方程（1）和压力公式（2）

$$h = \phi + \frac{P}{M} + \varepsilon \tag{1}$$

$$P = f(H,\ h,\ H_0,\ K_0,\ \sigma,\ \cdots) \tag{2}$$

式中　h——轧件出口厚度，mm；
P——轧制压力，t；
M——轧机刚性系数，T/mm；
ε——校正系数，mm；
ϕ——辊缝，mm；
H——轧件入口厚度，mm；
H_0——坯料厚度，mm；
K_0——变形抗力，kgf/mm^2；
σ——单位张力，kgf/mm^2。

式（1）和式（2）展开取一次项，将$-\frac{\partial P}{\partial h}$用轧件塑性系数 Q 表示，则

$$\left(\frac{M+Q}{M}\right)\Delta h = \Delta\phi + \frac{1}{M}\left[\frac{\partial P}{\partial H}\Delta H + \frac{\partial P}{\partial K_0}\Delta K_0 + \cdots\right] \tag{3}$$

分别改变 $\Delta\phi$、ΔH、$\Delta\sigma$ 和 ΔK_0 时，压力和厚度的改变量（厚调系统影响函数）列于表 1。

表 1　厚调系统影响函数

自变量	Δh	因变量 ΔP	$\Delta h=0$ 时的辊缝调节量
$\Delta\phi$	$\frac{M}{M+Q}\Delta\phi$	$-\frac{M}{M+Q}\Delta\phi$	0
ΔH	$\frac{\frac{\partial P}{\partial H}}{M+Q}\Delta H$	$\left(-\frac{\frac{\partial P}{\partial H}Q}{M+Q}+\frac{\partial P}{\partial H}\right)\Delta H$	$-\frac{1}{M}\frac{\partial P}{\partial H}\Delta H$
ΔK_0	$\frac{\frac{\partial P}{\partial K_0}}{M+Q}\Delta K_0$	$\left(-\frac{\frac{\partial P}{\partial K_0}Q}{M+Q}+\frac{\partial P}{\partial K_0}\right)\Delta K_0$	$-\frac{1}{M}\frac{\partial P}{\partial K_0}\Delta K_0$
$\Delta\sigma$	$\frac{\frac{\partial P}{\partial \sigma}}{M+Q}\Delta\sigma$	$-\left(\frac{\frac{\partial P}{\partial \sigma}Q}{M-Q}+\frac{\partial P}{\partial \sigma}\right)\Delta\sigma$	$-\frac{1}{M}\frac{\partial P}{\partial \sigma}\Delta\sigma$

3　压力 AGC 系统的动态控制模型

现用的压力 AGC 系统用增量弹跳方程计算出口厚度偏差，以此作为输入量构成一套消除厚度差的反馈调节系统。用表 1 和文献［1］中的压力与辊缝之间两种关系式，导出简明的厚度控制方程。表 1 和文献［1］的关系式分别用式（4）和式（5）表示

$$\Delta\phi = -\frac{M+Q}{M\cdot Q}\Delta P_\phi \tag{4}$$

$$\Delta\phi = -\frac{M+Q}{M^2}\Delta P_{\mathrm{d}} \tag{5}$$

式中　ΔP_ϕ——调辊缝引起的压力变化；
ΔP_{d}——扰动引起的压力变化。

以单机架为例，假定钢板头部厚度达到要求值。锁定后将压力、辊缝、出口厚度测定并记录下来，分别记为 P_{e}、ϕ_{e}、h_{e}。其他时刻测得的量以增量形式表示：$\Delta P_{\mathrm{K}} \triangleq P_{\mathrm{K}} - P_{\mathrm{e}}$ 和 $\Delta\phi_{\mathrm{K}} \triangleq \phi_{\mathrm{K}} - \phi_{\mathrm{e}}$，$K$ 为采样时刻序号。当 $K=1$ 时，可以测得 ΔP_1，而 $\Delta\phi_0=0$。现计算辊缝调节量 $\Delta\phi_1$，引用式（5）得

$$\Delta\phi_1 = -\frac{M+Q}{M^2}\Delta P_1 \tag{6}$$

当 $K=2$ 时，可测得 ΔP_2。此时的 ΔP_2 包含坯料扰动引起的压力变化 ΔP_{d} 及第一次调辊缝引起的压力变化 ΔP_ϕ，ΔP_ϕ 可由式（4）计算出来，则

$$\Delta P_2 = \Delta P_{\mathrm{d}} - \frac{MQ}{M+Q}\Delta\phi_1 \tag{7}$$

将 ΔP_{d} 代入式（5）得

$$-\Delta\phi_2 = \frac{MQ}{M^2}\Delta P_2 + \frac{Q}{M}\Delta\phi \tag{8}$$

其通式为

$$\Delta\phi_K = -\frac{Q}{M}\Delta\phi_{K-1} - \frac{M+Q}{M^2}\Delta P_K \tag{9}$$

式（8）或式（9）是 $\Delta h=0$ 的必要条件。

假定在阶跃型外扰 ΔP_{d} 作用下，计算各时刻的辊缝调节量。如果引用式（8）或式（9）能得

到各时刻辊缝量相同，则证明了它的充分性。当 $K=1$ 时，$\Delta\phi_1=-\dfrac{M+Q}{M^2}\Delta P_d$；$K=2$ 时，由于是阶跃外扰，故 ΔP_d 为常数，此时测得的压力为 $\Delta P_2=\Delta P_d\left(1+\dfrac{Q}{M}\right)$。引用式（8）计算辊缝调节量，把 $\Delta\phi_1$ 和 ΔP_2 代入整理可得 $\Delta\phi=-\dfrac{M+Q}{M^2}\Delta P_d$，同理，$\Delta\phi_K=-\dfrac{M+Q}{M^2}\Delta P_d$，则充分性条件得到证明。式（9）是保证轧件出口厚度恒定的充分必要条件。同一般压力 AGC 相同，可以在压力反馈环加修正系数 K_B 则控制模型可写成

$$\Delta\phi_K=-\frac{Q}{M}\Delta\phi_{K-1}-K_B\frac{M+Q}{M^2}\Delta P_K \tag{10}$$

式（10）可以很简便地利用于 DDC-AGC 系统的控制模型。式（10）构成的 AGC 系统方框图示于图 1。图 1 系统的特点是由 APC 系统实现厚度自动控制，区别于 APC 只用于初设定，而厚度控制由独立的 AGC 系统来实现。该系统可以不断地计算出各种扰动干扰下的最佳辊缝值。只要 APC 不断执行，就可以排除干扰，保证轧件厚度均匀。

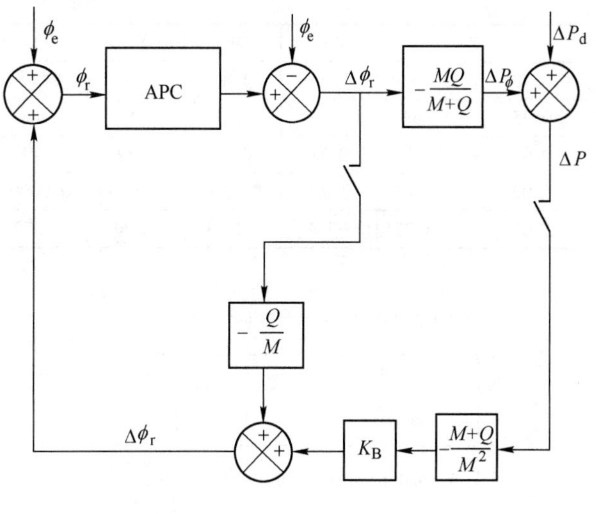

图 1 动态 AGC 系统方框图

4 动态 AGC 控制系统的仿真实验

通过电子计算机仿真实验证明，式（9）（或式 10）为控制模型，可以消除扰动影响，保证出口厚度恒定。

4.1 仿真试验条件

仿真实验是在 TQ-16 型计算机上进行，所用的模型、算法和程序已在文献［2，3］中介绍。以五机架冷连轧机为对象，工作辊半径 270mm，机架刚度系数 470t/mm²，坯料厚 3.20mm，宽 930mm，轧件为低碳钢，变形抗力 $K=84.6(\bar{r}+0.00817)^{0.3}(\bar{r})$ 叠计压下率，摩擦系数 0.07，仿真时间步长 0.001s，输入坯厚阶差跃为 5%（3.36mm）。

在张力控制和不控制两种情况下进行仿真实验，张力不控制张力将发生变化，将它看作扰动信号；张力控制不变，相当于单机架轧制。连轧规程如表 2 所示。

4.2 仿真实验结果

由张力不控制条件的动态 AGC 控制与一般 AGC 控制效果比较，看出这种新模型公式的优点和实用性。图 2 为动态 AGC 系统的控制效果，图 3 是一般 AGC 系统的控制效果。图 2 和图 3 底部是各机架出口厚差绝对值的叠加值；上部是输入相同的坯料阶跃扰动；中间部分是张力波动情况，也是扰动量。张力的波动是张力系统与厚控系统相互干扰的结果。动态 AGC 张力波动比一般 AGC 大得多，经 2000 步控制，选用厚差比一般 AGC 小一个数量级，表明动态 AGC 系统的优点。

表 2 轧制规程

名 称	机架号					
	0	1	2	3	4	5
入口厚度 H/mm	3.20	3.20	2.64	2.10	1.67	1.34
出口厚度 h/mm		2.64	2.10	1.67	1.34	1.20
单位张力 σ/kgf · mm^{-2}	0	10.2	12.8	1.61	1.61	4.5
轧辊速度 u/mm · s^{-1}						22000

为进一步说明动态 AGC 的优点，进行了恒张力条件下的仿真实验，即扰动只有坯料厚差。不同值 K_B 下，各机架出口静态厚差列于表 3。

表 3 不同 K_B 值的静态厚差 （μm）

K_B	Δh_1	Δh_2	Δh_3	Δh_4	Δh_5
0.85	29.85	12.68	7.41	4.96	3

续表 3

K_B	Δh_1	Δh_2	Δh_3	Δh_4	Δh_5
0.90	21.40	8.36	4.86	3.27	2.27
0.95	11.55	4.06	2.38	1.61	1.08
0.99	2.47	0.77	0.47	0.32	0.21
1.00	−0.0000	−0.0000	0.0000	−0.0000	0.0000
1.05	−13.75	−3.4	−2.34	−1.58	−0.92

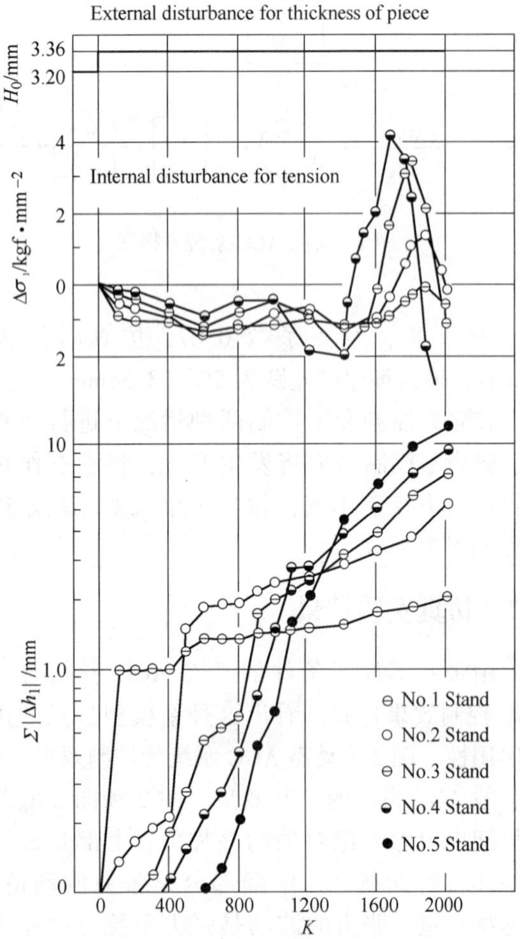

图 2　动态 AGC 系统控制效果

5　压力 AGC 系统在恒总张力下的应用

压力 AGC 用于冷连轧机上，易产生过大厚差和超调现象。其原因可能是刚度系数选的不合适，或测压有回线，应进行轧制理论分析。图 4 为一般压力 AGC 方框图[4]。图中$\dfrac{M}{M+Q}$称压下效率系数。

在控制出口厚度时，由于总张力恒定，则单位前张力必然发生变化，故辊缝调节时的弹跳方程为

$$\Delta h = \Delta\phi + \frac{1}{M}\left(\frac{\partial P}{\partial h}\Delta h + \frac{\partial P}{\partial \sigma}\Delta\sigma\right) \tag{11}$$

总张力恒定，则

$$T = B \cdot h \cdot \sigma = 常数$$

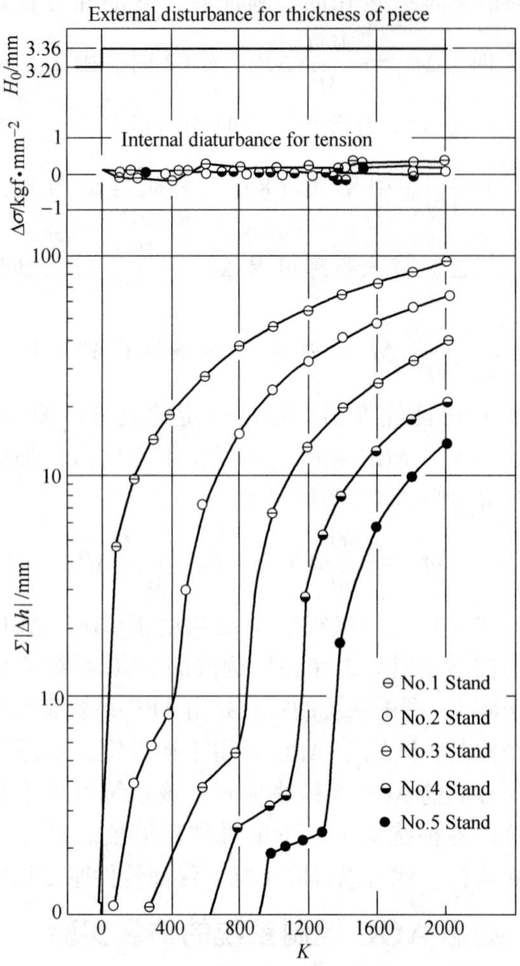

图 3　AGC 系统控制效果

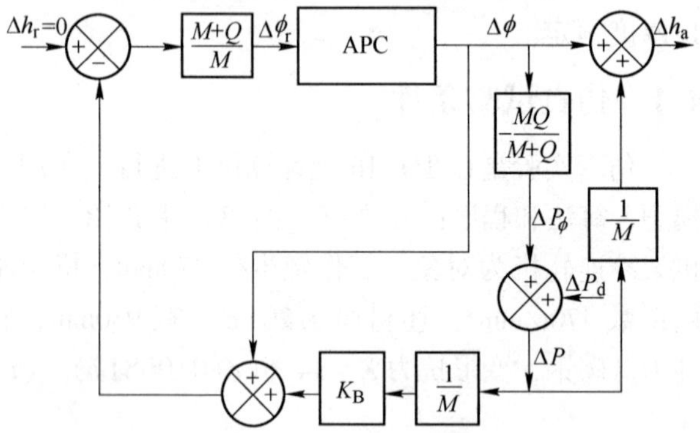

图 4　AGC 系统方框图

微分上式得

$$\Delta\sigma = -\frac{\sigma}{h}\Delta h \tag{12}$$

将式（12）代入式（11），得

$$\Delta\phi = \frac{M + Q + \dfrac{\sigma}{h}\cdot\dfrac{\partial P}{\partial \sigma}}{M}\Delta h \tag{13}$$

由于$\dfrac{\partial P}{\partial \sigma}$是负值，使压下效率增加。恒总张力条件下，辊缝改变使出口厚度变化量增加。五机

架冷连轧机压力 AGC 的具体数值列于表 4。

表 4 压力 AGC 系统参数修正

参数	机架号				
	1	2	3	4	5
$\sigma/\mathrm{t}\cdot\mathrm{mm}^{-1}$	884.63	883.14	1101.90	1413.36	2173.64
$\frac{\partial P}{\partial \sigma}$	-4.95	-5.32	-5.38	-5.38	-4.37
$Q+\frac{\sigma}{h}\cdot\frac{\partial P}{\partial \sigma}$	865.34	850.71	1050.04	1347.86	2157.28
$\frac{\frac{\sigma}{h}\cdot\frac{\partial P}{\partial \sigma}}{Q}$	0.02	0.037	0.047	0.046	0.007

6 结论

（1）由分析法得到$\frac{M+Q}{M^2}$和$\frac{M+Q}{M\cdot Q}$的应用条件，正确应用这两个关系式，得到压力 AGC 的动态控制模型。它是保证轧件出口厚度恒定的充分必要条件。

（2）仿真实验证明动态模型是实用的，并优于一般压力 AGC 数学模型。

（3）AGC 应用于恒总张力条件时，压下效率系数应当修正。

本工作得到杨国力、严肃、冶金部自动化所陈振宇、天津电气传动设计研究所吴铨英等同志的帮助，特此致谢。

参 考 文 献

[1] 张进之. 冶金自动化，1979（2）：8.

[2] 张永光，等. 自动化学报，1979，5（3）：177.

[3] 张进之，等. 冷连轧动态过程仿真实验程序及应用[R]. 内部报告，1981.

[4] 电机工程手册. 第 48 篇 188 章. 北京：机械工业出版社，1980.

（原文发表在《钢铁研究总院学报》，1983，3（2）：296-301）

冷轧带钢 AGC 系统若干问题的研究

王书敏[1]，张进之[2]

（1. 天津冶金材料研究所；2. 钢铁研究总院）

Study on some problems of AGC system for cold rolled strip

Wang Shumin[1], Zhang Jinzhi[2]

(1. Tianjin Research Institute of Metallurgical Materials;
2. Central Iron & Steel Research Institute)

厚度自动控制（AGC）是 20 世纪 50 年代发展起来的新技术，它使带钢纵向尺寸精度提高了一个数量级，国外热轧板卷的实际厚差为±0. 05mm，冷轧为±0. 003mm[1]。这样的带钢尺寸公差能够满足各方面用户的需要。我国在 60 年代开始研究和实验 AGC 技术。近来，结合我国当前的设备改造和提高产品质量的需要，又开始了实验和推广 AGC 技术的新高潮。下面根据实践体会，谈谈 AGC 技术中的若干问题。

1　提高和改善带钢纵向精度的有效措施

坯料沿纵向的厚度和硬度波动、轧制速度等是造成纵向厚差的主要原因。张力既是扰动因素，也可以作控制要素。在没有 AGC 控厚系统时，轧钢工已从实践中摸索出一些有效的改善精度的操作方法，即采用小张力、小压下量、多道次的控厚方法。特别是当坯料尺寸偏差较大时，采用小压下量、多道次轧制是提高带材尺寸精度的有效方法。同样，连轧线材、型钢等都强调无张力轧制。

试制高精度碳工钢带材时（钢研院用 T8A，冶研所用 T9A），采用此法轧出了成品为 0. 06mm 的钢箔带，其厚差小于 0. 0015mm。目前，天津冶研所生产不锈钢带材和精密合金带材时，也是采用这种办法来减少热轧带坯公差。用四辊轧机开坯时，将 4mm 的坯料经 6 道次轧成 1. 5mm 厚的半成品，其厚差为 0. 06～0. 07mm，轧制同规格的坯料，增加两个道次轧制成 1. 5mm 时，其纵向厚差为 0. 05～0. 06mm。同样方法，将 1. 5mm 厚的退火带坯也增加 2～3 道次轧制到 0. 9mm 的合格成品时，可以明显地改善成品带材的纵向厚度公差。从理论分析的方法也能得到证实[2]。

小压下量、多道次生产带钢时，从经济、技术角度来看是不够合理的，因为这必然降低产量、增加能耗和提高产品的成本。

在国外，提高带钢尺寸精度是采用厚度自动控制的方法。在我国，也应该走这样的技术发展道路。AGC 技术虽然在 60 年代已经普及，但有许多技术理论问题有待继续研究和探讨。

目前，结合轧机的技术改造，有必要大力研究和推广 AGC 技术。结合生产的需要，应该对 AGC 中的许多技术问题进一步研究和探讨。

2　厚度自动控制

2. 1　可逆轧机上的 AGC 系统

以四辊可逆轧机为例，一般可采用测厚仪直接测厚，调整辊缝的前馈或反馈 AGC 系统，也可采用压力间接测厚，调整辊缝的压力 AGC 系统，还可以采用改变张力设定值的张力 AGC 系统。生产厚带钢时，采用压力 AGC 或前馈 AGC 为宜，并以反馈（监控）AGC 系统相配合。生产薄带钢时，靠调辊缝改变厚度不大生效，采用张力 AGC 系统为宜。图 1 是可供实用的 AGC 系统图。

天津冶研所四辊轧机的基本特性：

工作辊直径　$D=55$mm

支撑辊直径　$D_0=260\text{mm}$
轧辊辊身长度　$L=200\text{mm}$
复合齿轮箱速比　$i=3.53$
最大轧制速度　$v=4\text{m/s}$
最大轧制压力　$P=30\text{t}$
主传动电机：
ZZ-62，$N=40\text{kW}$，$n=1500\text{r/min}$
压下电机：
ZZ-42，$N=1.5\text{kW}$，$n=1500\text{r/min}$
最大带坯厚度　2×120mm
最大压下速度　$v_{下}=0.33\text{mm/s}$

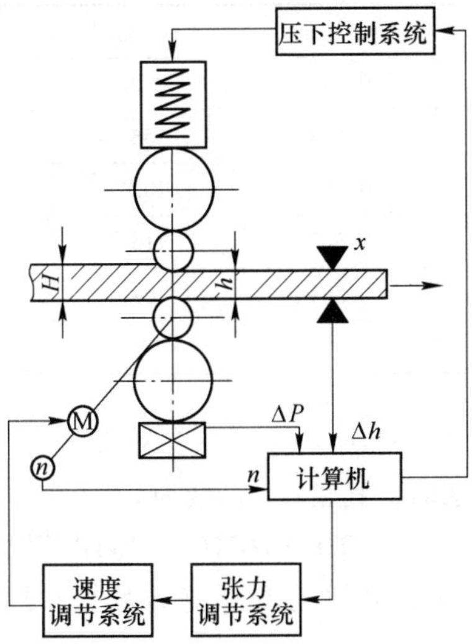

图 1　反馈 AGC 和张力 AGC 系统图

采用 DJS-130 小型计算机，内存容量 8K，无外存。外部设备有纸带读入机、电传机、纸带作孔机、窄行快速打印机。外围设备有输出输入，数据输入输出和开关量输出输入装置。

利用计算机控制系统代替人工控制轧钢生产过程可以保证负荷最佳分配，从而保证高产量和高质量的目标。

计算机控制生产过程的效果，取决于数学模型的精度、控制系统的可靠性和高精度稳定的检测仪表。

2.2　AGC 系统用于连轧机应考虑的问题

连轧与单机不同点在于当改变 N 机架后张力时，必须同时改变 $N-1$ 机架的前张力，这就引起 N 机架入口厚度的变化，因此，连轧时必须考虑复合作用。连轧机上的张力 AGC 模型公式[3]形式比较复杂，本文给出了形式简明的实用公式

$$\Delta T_{后(N-1)}=\frac{(M+Q)\cdot H\cdot\alpha}{\sqrt{R'\Delta h}\cdot Q_{\mathrm{p}}(\alpha-1)\cdot\beta}\cdot\Delta h_n \quad (1)$$

系数 $\beta=1.3\sim1.4$。

2.3　AGC 数学模型的基本公式

给出 4 种 AGC 系统的基本公式和改进公式，见表 1。

表 1　AGC 数学模型

厚控方式	基本公式	改进的公式
张力 AGC	$\Delta T_{后}=\dfrac{M+Q}{\dfrac{\partial P}{\partial\sigma_{后}}}\cdot B\cdot H\cdot\Delta h$ $\Delta T_{前}=\dfrac{M+Q}{\dfrac{\partial P}{\partial\sigma_{前}}}\cdot B\cdot h\cdot\Delta h$	$\Delta T_{后}=\dfrac{(M+Q)\cdot\alpha\cdot H}{\sqrt{R'\Delta h}Q_p(\alpha-1)}\cdot\Delta h$ $\Delta T_{前}=\dfrac{(M+Q)\cdot\alpha\cdot H}{\sqrt{R'\Delta h}\cdot Q_p}\cdot\Delta h$
前馈 AGC	$\Delta\phi=-\dfrac{Q}{M}\cdot\Delta h$	
反馈 AGC	$\Delta\phi=-\dfrac{M+Q}{M}\cdot\Delta h$	
压力 AGC	$\Delta\phi_{K+1}=\dfrac{M+Q}{M}\cdot\Delta h_{计}$ $\Delta h_{计}=\Delta\phi_K+\dfrac{\Delta P}{M}\cdot K_B$	$\Delta\phi_{K+1}=-K_3\dfrac{Q}{M}\cdot\Delta\phi_K$ $-K_4\dfrac{M+Q}{M^2}\cdot\Delta P_{K+1}$

3　数学模型参数确定方法

在实际控制中，可以应用给出的模型公式。为此，必须先确定其基本参数。

3.1　变形区形状系数 Q_p 的理论计算方法

可以利用 HILL 压力公式计算 Q_p 值。

$$Q_p=1.08+1.79r\cdot\mu\cdot\sqrt{\frac{R'}{H}}-1.02r \quad (2)$$

3.2　轧机刚度系数 M 及弹跳方程的测定

弹跳方程是厚度控制的基本公式，也是初始辊缝的依据，它是十分重要的。目前有多种测定方法。武钢冷轧厂现用的方法为好[4]，公式形式可写为：

$$h=\Phi+\frac{P}{M}+\varepsilon \quad (3)$$

一、三机架实测数据，经回归得 M、ε 值及均方根误差值，如表 2 所示。

表 2　实测数据

轧机	数据类别	M /kgf · mm^{-1}	ε	均方根误差
一机架	80-28	40361.1	0.408	0.03076
	80-18	39263.96	0.438	0.0104

续表 2

轧机	数据类别	M /kgf · mm^{-1}	ε	均方根误差
三机架	81-10	57039	0.075	0.0542
	81-15	57881	0.0749	0.0544

3.3　轧件塑性系数 Q 的测定方法

一般情况下，轧件塑性系数是用轧制压力除以压下量近似计算的。可以写成

$$Q = \frac{1}{m}\sum_{j=1}^{m}\frac{P_j}{\Delta h_j} \tag{4}$$

式（4）由于 Δh 测量误差比较大，特别是对薄带误差更大，可超过 10%。作者最近导出一种新的实测 Q 值的公式[5]，测量误差小于 10%。该方法是由 AGC 系统直接测量的，而又直接用于 AGC 系统，利于现场使用（表 3）。计算公式为

$$Q = \frac{-\Delta\Phi \cdot M - \Delta P_{\mathrm{d}} \cdot K_{\mathrm{B}}}{\dfrac{\Delta P_{\mathrm{d}}}{M} \cdot K_{\mathrm{B}} + \Delta\Phi(1 - K_{\mathrm{B}})} \tag{5}$$

表 3　实验结果

钢种	厚度/mm	宽度/mm	K_{B}	ΔP_{d}/t	$\Delta\phi$/mm	Q/t · mm^{-1}	误差/%
普碳钢 B_2F	0.465	200	1.10	2	0.641	212	4
	0.470	150	1.15	2	0.584	156	5
	0.470	100	1.30	2	0.792	102	3.6
精密合金 4J2g	0.300	200	1.23	2	0.562	113	8.8
	0.295	150	1.25	2	0.584	107	8
	0.300	100	1.40	2	0.556	71	8.8

3.4　摩擦系数 μ 的测量方法

在控制模型中，一般都把摩擦系数 μ 作为一个调节量来提高轧制压力的计算精度，故多用实测压力来反求摩擦系数。对 HILL 压力公式，μ 可写成

$$\mu = \left[\frac{P}{B \cdot K \cdot \xi\sqrt{R' \cdot \Delta h}} - 1.08 + 1.02r\right] \cdot \frac{\sqrt{\dfrac{H}{R'}}}{1.79r} \tag{6}$$

为了使 μ 接近实际物理的摩擦系数值，变形抗力 K 要尽量取准确。通过压缩法和拉伸法测得几种变形抗力的数学模型的基本形式为

$$\sigma_s = \sigma_0 + ar^b \tag{7}$$

平面压缩法，其屈服点曲线为

$$\sigma_s = 25.2 + 3.3r^{0.6} \tag{8}$$

拉伸法时，其屈服点曲线为

$$\sigma_s = 30 + 5.0051(r \times 100)^{0.47391} \tag{9}$$

两种方法测得的变形抗力数据，其回归结果均好。

参 考 文 献

[1] 赴日冶金技术考查组．日本钢铁考察报告（冷连轧部分），1974 年 5 月．
[2] 北京钢铁研究总院加工室．十二辊轧机实验总结报告（资料），1965 年 10 月．
[3] 张进之．冶金自动化，1979 (2)：8.
[4] 张进之，等．轧钢理论文集［M］．北京：冶金工业出版社，1982：432.
[5] 吴铨英，等．电气传动，1982 (6)：59.

（原文发表在《钢铁》，1984 (2)：60-62）

压力 AGC 系统参数方程及变刚度轧机分析

张进之

（冶金工业部钢铁研究总院）

1 引言

用测压仪检测轧制力变化量来反馈调节压下，是目前液压轧机广泛采用的一种厚控方法。通过改变压力环的放大系数达到改变和选择轧机的等效刚度系数，称这种轧机为变刚度轧机。在连轧或可逆式板带轧钢过程中，采用这种轧机，对各架或各道次选择合适的当量刚度值，可达到最小的纵向和横向公差。例如，在五机架冷连轧机上分别采用 4000t/mm、4000t/mm、450t/mm、450t/mm、250t/mm 的当量刚度值，前边两架用硬刚度消除坯料的纵向差，末架采用软刚度具有平整机特性，并提高张力 AGC 效果。可逆轧机也可以类似地取刚度，前几道选硬刚度，中间选自然刚度（不进行厚控），末道次选软刚度。

变刚度轧机的控制模型是由弹跳方程导出的，辊缝补偿值按下式计算：

$$\Delta\phi = -C\frac{\Delta P}{M} \tag{1}$$

式中 $\Delta\phi$——辊缝增量；

ΔP——轧制压力增量；

M——轧机刚度系数；

C——压力环补偿系数。

由弹跳方程推出当量刚度 M_c 计算公式：

$$M_c = \frac{M}{1-C} \tag{2}$$

上述变刚度轧机允许软特性受稳定性限制，不能达到很软的刚度，可变刚度范围为（$M/n\sim\infty$）；硬刚度影响系统的响应速度，随当量刚度增加，响应速度变慢，即频宽变窄。

本文由动态设定型 AGC 控制模型[1]出发，增加控制系统参数 K_B，推出压力 AGC 系统的参数方程。它反映了压力 AGC 系统在消除干扰过程中，轧件、工具和控制系统参数之间的函数关系。由它推导出新的变刚度控制模型、压力 AGC“跑飞”条件和轧件塑性系数 Q 的计算方法。本文还介绍了“跑飞”条件和塑性系数计算公式实验验证的结果，由此证明 AGC 系统参数方程的正确性；详细论证了两种变刚度控制模型的动态响应速度，且证明新系统响应速度比旧系统快 2~3 倍，可变刚度范围加宽（0~∞）。文中还介绍了轧件塑性系数的误差对控制系统动、静特性影响的仿真实验结果，证明 Q 的误差对动态设定型变刚度系统影响很小。

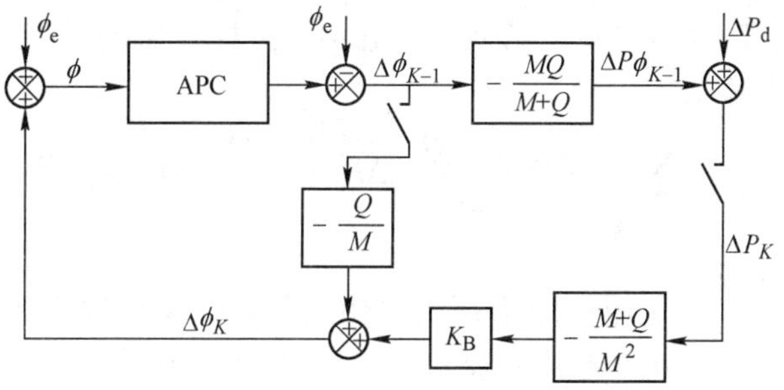

图 1 动态设定型 AGC 系统方框图

APC—压下系统；ϕ_e—辊缝锁定值（绝对值 AGC 系统中，为设定辊缝）；ΔP_d—扰动量；ΔP_ϕ—调辊缝引起的压力变化

2 压力 AGC 系统参数方程的推导

增加 K_B 系数后的控制模型：

$$\Delta\phi_K = -\frac{Q}{M}\Delta\phi_{K-1} - \frac{M+Q}{M^2}K_B\Delta P_K \tag{3}$$

假定 APC 响应为瞬时条件下，输入阶跃扰动 ΔP_d，推导辊缝变化的时间序列：

第一次采样控制：

$$\Delta\phi_1 = -\frac{M+Q}{M^2}K_B\Delta P_d \tag{4}$$

$$\Delta P_{\phi_1} = -\frac{MQ}{M+Q}\Delta\phi_1 = \frac{Q}{M}K_B\Delta P_d \tag{5}$$

第二次采样控制：

$$\Delta P_2 = \Delta P_d + \Delta P_{\phi 1} = \Delta P_d\left[1+\frac{Q}{M}K_B\right] \tag{6}$$

$$\Delta\phi_2 = -\frac{Q}{M}\Delta\phi_1 - \frac{M+Q}{M^2}K_B\Delta P_2 \tag{7}$$

把式（4）、式（6）代入式（7）整理得

$$\Delta\phi_2 = -\frac{M+Q}{M^2}K_B\Delta P_d + \frac{M+Q}{M^2}K_B\Delta P_d\frac{Q}{M}(1-K_B) \tag{8}$$

第三次采样控制：

$$\Delta P_3 = \Delta P_d + \Delta P_{\phi 2} = \Delta P_d + \frac{Q}{M}K_B\Delta P_d - \left(\frac{Q}{M}\right)^2 K_B\Delta P_d(1-K_B)$$

$$\Delta\phi_3 = -\frac{Q}{M}\Delta\phi_2 - \frac{M+Q}{M^2}K_B\Delta P_3$$

把 $\Delta\phi_2$、ΔP_3 代入上式整理得

$$\Delta\phi_3 = -\frac{M+Q}{M^2}K_B\Delta P_d + \frac{M+Q}{M^2}K_B\Delta P_d\frac{Q}{M}(1-K_B) - \frac{M+Q}{M^2}K_B\Delta P_d\left(\frac{Q}{M}\right)^2(1-K_B)^2 \tag{9}$$

还可以写出第四、第五……采样控制的结果，写成通式

$$\Delta\phi_n = \sum_{i=1}^{n}\left[(-1)^i\frac{M+Q}{M^2}K_B\Delta P_d \times \left(\frac{Q}{M}\right)^{i-1}(1-K_B)^{i-1}\right] \tag{10}$$

式（10）即为压力 AGC 系统基本参数方程（简称 AGC 参数方程）。它是一个无穷级数，反映了压力 AGC 调节过程中轧件、工具、控制系统参数以及扰动量等之间的函数关系。

3　AGC 参数方程的推论

3.1　压力 AGC 跑飞条件

当 $K_B>1$ 时，厚控系统可能“跑飞”。此时辊缝位移量为

$$\Delta\phi_n = -\frac{M+Q}{M^2}K_B\Delta P_d \times \sum_{i=1}^{n}\left(\frac{Q}{M}\right)^{i-1}(K_B-1)^{i-1}$$

$\Delta\phi_n$ 为一等比级数的和，此级数收敛的条件是：

$$\frac{Q}{M}(K_B-1) < 1$$

即

$$K_B < 1 + \frac{M}{Q} \tag{11}$$

式（11）即为压力 AGC 系统“跑飞”条件。

3.2　厚调总位移量

$$\Delta\phi = \lim_{n\to\infty}\Delta\phi_n = \frac{-\frac{M+Q}{M^2}K_B\Delta P_d}{1-\frac{Q}{M}(K_B-1)} = -\frac{M+Q}{M+Q(1-K_B)}\frac{K_B\Delta P_d}{M} \tag{12}$$

3.3　厚调辊缝位移量与厚度偏差量的比

$$\frac{\Delta\phi}{\Delta H_d} = \frac{\Delta\phi}{\frac{K_B\Delta P_d}{M}} = -\frac{M+Q}{M+Q(1-K_B)} \tag{13}$$

前面推导辊缝变化过程，都是通过厚差与辊缝比（压下效率系数）$-M/(M+Q)$ 而进行的，由此将发生振荡。如果引用式（13）的结果，则可以实现一次调节消除扰动造成的影响。而且，当选用较小的 K_B 值时，仍然能一次将辊缝调到要求值。这一点对 DDC-AGC 系统更为重要。下面给予证明：当加入阶跃扰动 ΔP_d 时，其厚差为

$$\Delta h_1 = \Delta\phi_1 + \frac{\Delta P_d}{M}K_B = \frac{\Delta P_d}{M}K_B$$

辊缝变化量：

$$\Delta\phi'_2 = -\frac{M+Q}{M+Q(1-K_B)}\frac{\Delta P_d}{M}K_B$$

实测压力值：

$$\Delta P_2 = \Delta P_d + \Delta P_\phi = \Delta P_d\left[1 + \frac{Q}{M+Q(1-K_B)}K_B\right]$$

相对于锁定值的辊缝变化：

$$\Delta\phi_2 = \Delta\phi_1 + \Delta\phi'_2 = \Delta\phi'_2$$

计算控制后的出口厚差：

$$\Delta h_2 = \Delta\phi_2 + \frac{\Delta P_2}{M}K_B$$

将 $\Delta\phi_2$ 和 ΔP_2 代入上式整理得

$$\Delta h_2 = 0$$

3.4　动态设定型变刚度轧机控制模型

此时扰动是任意的，即各采样时刻的 ΔP_d 不一定相同。K 时刻相对于 $K-1$ 时刻辊缝改变为

$$\Delta\phi'_K = -\frac{M+Q}{M+Q(1-K_B)}\Delta h_K = -\frac{M+Q}{M+Q(1-K_B)}\left[\Delta\phi_{K-1} + \frac{\Delta P_K}{M}K_B\right] = -\frac{M+Q}{M+Q(1-K_B)}\Delta\phi_{K-1} - \frac{M+Q}{M+Q(1-K_B)}\frac{\Delta P_K}{M}K_B$$

$$\Delta\phi_K = \Delta\phi_{K-1} + \Delta\phi'_K = -\frac{QK_B}{M + Q(1-K_B)}\Delta\phi_{K-1} - \frac{(M+Q)K_B}{[M+Q(1-K_B)]M}\Delta P_K \quad (14)$$

将上式写成修正系数形式

$$\Delta\phi_K = -K_3\frac{Q}{M}\Delta\phi_{K-1} - K_4\frac{M+Q}{M^2}\Delta P_K \quad (15)$$

式中

$$K_3 = K_4 = \frac{MK_B}{M + Q(1-K_B)} \quad (16)$$

令 $K_B = C$，就可以得到动态设定型变刚度轧机 K_3、K_4 计算公式。将式（2）代入式（16）整理得

$$K_3 = K_4 = \frac{M_C - M}{M_C + Q} \quad (17)$$

式（15）、式（17）即为动态设定型变刚度轧机控制模型。

3.5 轧件塑性系数 Q 计算公式

由式（12）可以得到 Q 计算公式

$$Q = \frac{-\Delta\phi\cdot M - \Delta P_d K_B}{\frac{\Delta P_d}{M}K_B + \Delta\phi(1-K_B)} \quad (18)$$

式（18）右端都是可测数值，故可以计算出轧件塑性系数。

4 AGC 参数方程的实验验证

通过实验证明 AGC 参数方程的两点推论——“跑飞”条件和轧件塑性计算公式的正确性，从而证明参数方程的正确性。

4.1 实验条件和方法

实验是在天津冶金材料所 DJS-130 计算机控制的三连轧机的第一机架上进行的、设备、控制系统软硬件等可见资料[2]。通过对不同成分、不同宽度（相同厚度）的钢板进行计算机间接测厚厚度控制（DDC-AGC），在不同 K_B 值情况下，利用软件手段修改头部锁定值，使轧制力产生阶跃扰动（$\Delta P_d = 2t$），试验厚控系统“跑飞”与否。下面取实验中的部分数据。

4.2 试验数据

表 2 中的 Q 是按式（18）计算得到的，再根据式（11）可以计算出跑飞的临界 K_B 值，即表 2 的跑飞 K_B 计算值。

以宽 200mm 普碳钢板为例，把“跑飞”和不“跑飞”两种情况下的厚控过程中各项采样值，描成曲线图 2、图 3。

表 1 不同条件实测数据

钢种	厚度/mm	宽度/mm	不跑飞			跑飞		
			K_B	锁定压力/t	终止压力/t	K_B	锁定压力/t	终止压力/t
B_2F	0.465	200	1.10	6.7	29.1	1.15	6，6	41.6
	0.470	150	1.15	9.1	30.9	1.20	8.4	40.3
	0.470	100	1.30	5.4	28.9	1.36	7.9	41.3
4J29	0.300	200	1.23	9.8	27.1	1.25	10.6	42，1
	0.295	150	1.25	9.9	26.7	1.28	9.0	41.9
	0.300	100	1.40	9.7	26.4	1.45	10.3	39

表 2 不跑飞条件数据及推算值

钢种	厚度/mm	宽度/mm	不跑飞试验数据				计算	跑飞 K_B 值		
			K_B	ΔP_d/t	$\Delta\phi$/mm	M/t · mm^{-1}	Q/t · mm^{-1}	计算值	试验值	误差/%
B_2F	0.465	200	1.10	2	−0.641	42	212	1.198	1.15	4
	0.470	150	1.15	2	−0.584	42	156	1.269	1.20	5
	0.470	100	1.30	2	−0.792	42	102	1.411	1.36	3.6
4J29	0.300	200	1.23	2	−0.562	42	113	1.371	1.25	8.8
	0.295	150	1.25	2	−0.584	42	107	1.392	1.28	8
	0.300	100	1.40	2	−0.556	42	71	1.591	1.45	8.8

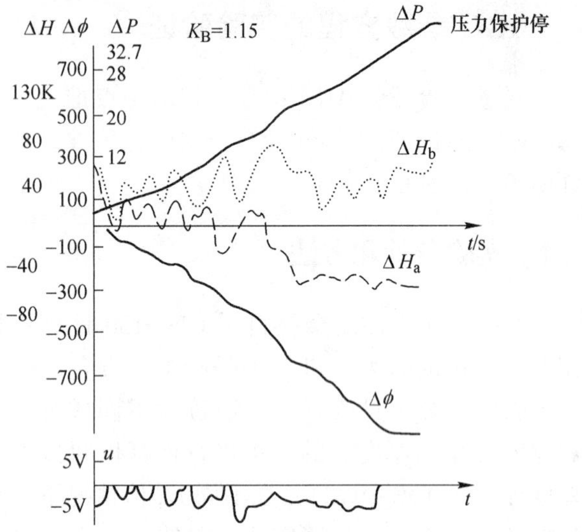

图 2　跑飞条件下厚控过程参数曲线

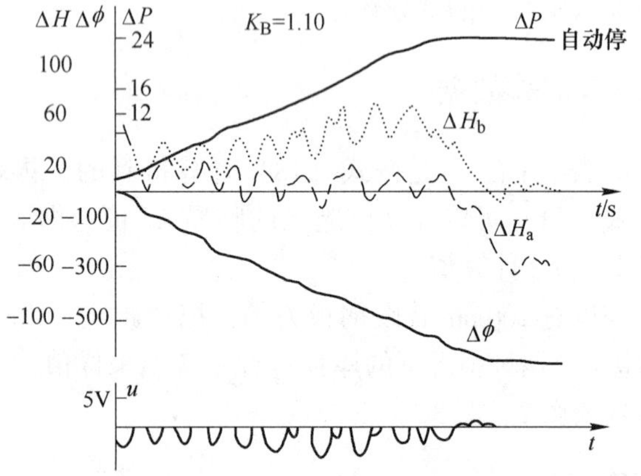

图 3　不跑飞条件下厚控过程参数曲线

$$\Delta H_b = \frac{\Delta P}{M}K_B + \Delta\varphi;\quad \Delta H = \frac{\Delta P}{M} + \Delta\varphi$$

4.3　试验结果分析

（1）根据表 1 数据可知，间接测厚厚控系统“跑飞”与否，取决于轧制力反馈系数 K_B 值的大小。当 K_B 超过某临界值后，就发生“跑飞”现象，由此证明式（11）的正确性。

（2）根据表 2 可知，同钢种、同厚、不同宽度钢板塑性系数 Q 的计算值，与宽度成比例：

212∶156∶102≈200∶150∶100

这与轧钢工艺理论相符，由此证明 Q 计算公式式（18）的正确性。

（3）由临界“跑飞”条件下得到的试验值，与按 Q 计算值计算出的“跑飞”临界值比较接近，误差小于 10%，而由 $P/\Delta h$ 测量轧件塑性系数，误差大于 10%。另外，采用新方法得出的 Q 值是由 AGC 系统直接测量的，又直接用于 AGC 系统，对现场使用十分有利，因此新的 Q 测量方法有实用价值。

5　动态设定型变刚度轧机分析

式（15）、式（17）描述的动态设定型变刚度轧机比式（1）、式（2）描述的通用的变刚度轧机有更多优点，这一点可通过阶跃扰动响应过程的分析给予说明。动态分析，大都引用古尔维茨稳定判据研究其稳定性，由频率响应反映过渡时间特性。本文采用直接解线性微分方程，给出动态响应的全部过程，用李亚普诺夫判据判定系统稳定性。

5.1　一般变刚度轧机的解

图 4 中的各环节传递函数引自文献［3］，电气调节器为比例环节；电液伺服阀为二阶环节；油缸及负载为二阶振荡加积分，即三阶系统。在文［3］中进行了详细的分析和实验，证明 APC 开环传递函数可由式（19）代替。

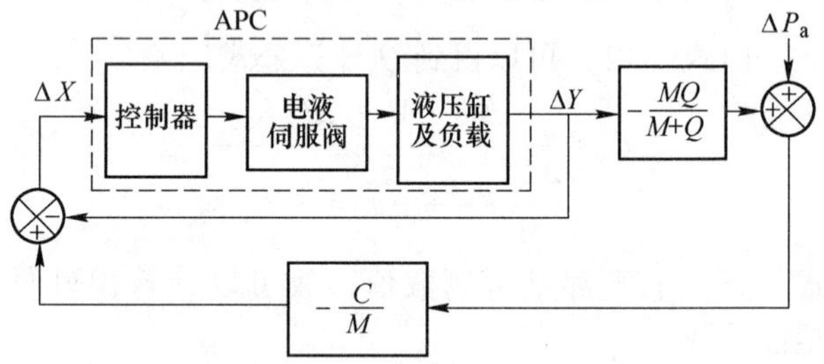

图 4　一般液压变刚度轧机系统框图

$$G(s) = \frac{a}{s(bs+1)} \tag{19}$$

本文以式（19）为基础进行 AGC 控制系统动特性对比。

按传递函数定义，由图 4 得出：

$$\frac{1}{G(s)}\Delta Y(s) = -\frac{C}{M}\Delta P_d + \frac{QC}{M+Q} \times \Delta Y(s) - \Delta Y(s) \tag{20}$$

将式（19）代入式（20）并变换到时域得

$$\begin{cases} \dfrac{d^2\Delta Y}{dt^2} + \dfrac{1}{b}\dfrac{d\Delta Y}{dt} + \dfrac{a}{b}\left(1 - \dfrac{QC}{M+Q}\right)\Delta Y \\ = -\dfrac{a}{b}\dfrac{C}{M}\Delta P_d \\ \Delta Y(0) = 0,\ \dfrac{d\Delta Y(0)}{dt} = 0 \end{cases} \tag{21}$$

式（21）的一个特解：

$$\Delta Y = -\frac{C(M+Q)}{[M+Q(1-C)]M}\Delta P_d \tag{22}$$

下面求式（21）齐次方程的通解，特征方程为

$$r^2+\frac{1}{b}r+\frac{a}{b}\left(1-\frac{QC}{M+Q}\right)=0$$

其解

$$t=\frac{-\frac{1}{b}\pm\sqrt{\left(\frac{1}{b}\right)^2-4\frac{a}{b}\left(1-\frac{QC}{M+Q}\right)}}{2} \quad (23)$$

将文献［3］中的数据：$Q=1500$，$b=0.023$，$a=6.95$，$M=500$，并取 $C=0.8$ 代入上式得 $r_1=-40.49$；$r_2=-2.985$。代入式（22）得特解 $\Delta Y=-0.004\Delta P_d$。式（21）通解：

$$\Delta Y(t)=C_1e^{-40.49t}+C_2e^{-2.985t}-0.004\Delta P_d$$

由初始条件得 $C_1=-0.00032\Delta P_d$；$C_2=0.00432\Delta P_d$，代入上式得

$$\Delta Y(t)=-0.00032\Delta P_d e^{-40.49t}+0.00432\Delta P_d e^{-2.985t}-0.004\Delta P_d \quad (24)$$

式（24）表明该系统是稳定的，关于稳定范围后面讨论。

5.2 动态设定型变刚度轧机的解

动态设定型变刚度控制模型是由离散采样系统推导出的。下面分析按连续系统进行，由此证明该模型也适用于连续系统。这在实现上是十分方便的，只需在原先变刚度控制系统上增加一个“$\frac{Q}{M}K_3$”比例环节就可以了。

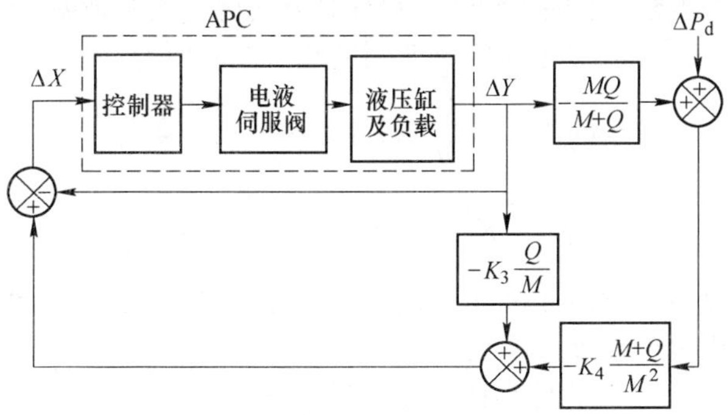

图 5 动态设定型变刚度系统框图

同图 4 相同方法，求得该系统微分方程：

$$\begin{cases}\frac{d^2\Delta Y}{dt^2}+\frac{1}{b}\frac{d\Delta Y}{dt}+\frac{a}{b}\Delta Y\\=-\frac{a}{b}\frac{M+Q}{M^2}K_3\Delta P_d\\t=0,\ \Delta Y(0)=0,\ \frac{d\Delta Y(0)}{dt}=0\end{cases} \quad (25)$$

式（25）的一个特解：

$$\Delta Y=-\frac{M+Q}{M^2}K_3\Delta P_d \quad (26)$$

式（25）齐次方程的特征根：

$$r=\frac{-\frac{1}{b}\pm\sqrt{\left(\frac{1}{b}\right)^2-4\frac{a}{b}}}{2} \quad (27)$$

由式（27）明显看出：动态设定型变刚度轧机的动特性与 APC 系统相同，并不由增加压力环而降低响应速度（即频宽不变）；动特性不受系数 K_3 值的影响，可变刚度范围也就大大加宽了。

将具体数值代入整理得

$$\Delta Y(t)=-0.0013\Delta P_d e^{-34.79t}+0.0053\Delta P_d e^{-8.67t}-0.004\Delta P_d \quad (28)$$

5.3 阶跃响应速度的对比

令 $\Delta P_d=1t$，式（24）、式（28）的数字解由图 6 表示。

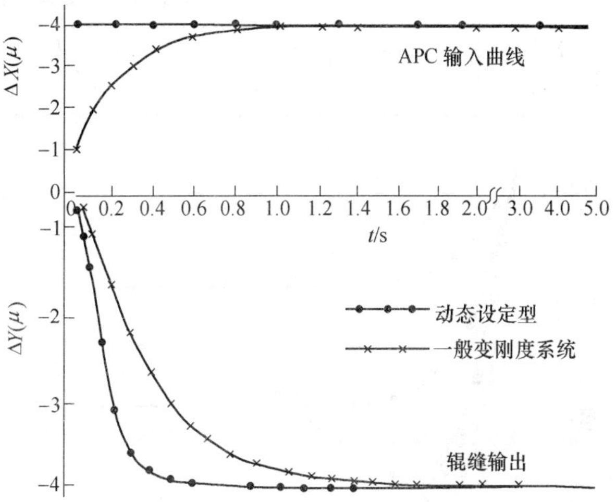

图 6 阶跃响应速度对比及 APC 输入

图 6 的上部分是两种系统对 APC 输入示意图，明显地示出动态设定型的优点及名称的来由，辊缝改变值只与扰动有关，与过渡过程无关。下面按不同的误差标准，列表给出过渡时间和响应速度的对比值。

表 3 两种系统动特性对比

允许误差/%	过渡时间（动态设定型）/s	过渡时间（一般变刚度）/s	响应速度对比
5	0.40	1.1	0.75
2	0.45	1.35	3.00
1	0.60	1.60	2.70
0	1.40	4.0	2.85

5.4 稳定性条件及临界值的对比

式（23）可以确定一般变刚度轧机稳定条件

的临界值，即“根号”内的值必须小于 1/b，否则将出现正根使系统失稳。下面按此条件推导临界值

$$\left(\frac{1}{b}\right)^2 - 4\frac{a}{b}\left(1 - \frac{CQ}{M+Q}\right) \leqslant \left(\frac{1}{b}\right)^2 \quad (29)$$

由式（29）整理得临界值：

$$C \leqslant 1 + \frac{M}{Q} \quad (30)$$

式（30）表明，当 M、Q 给定时，C 是可以取 1 的，即 $M_c = \infty$。但 C 取 1 响应速度低，故工程上硬刚度一般最大取 0.98。

当 C 取负值（软特性），且当

$$4a\left(1 + \frac{CQ}{M+Q}\right) > \frac{1}{b} \text{ 时}$$

系统将发生振荡，随 C 绝对值增大频率增大，故该系统软刚度选择是有限的，一般 M_C 可达 M/n，不能达到 $M_C = 0$ 的平整机特性。

动态设定型变刚度轧机稳定条件与 APC 相同，理论上允许变刚度范围是无限的。当然，在实用中可能会有限制，因为以上分析都是建立在线性化基础上，实际上有非线性环节和高阶环节。但它允许变刚度范围大大超过一般变刚度系统。

5.5　Q 误差对系统的影响

动态设定型比一般系统增加了 Q 参数，这一点是不利的。为此我们分析了 Q 误差对控制系统的影响，并进行了仿真实验，证明了 Q 误差对系统影响很小。仿真实验条件如表 4 所示。不同 Q 误差影响效果如图 7 所示。

表 4　五机架连轧第三机架工艺数据表

名称	$M/\text{t}\cdot\text{mm}^{-1}$	$Q/\text{t}\cdot\text{mm}^{-1}$	R/mm	H_0/mm	H/mm	h/mm	B/mm	μ	轧材
数据	470	1101.96	273	3.20	2.10	1.67	930	0.07	普碳钢

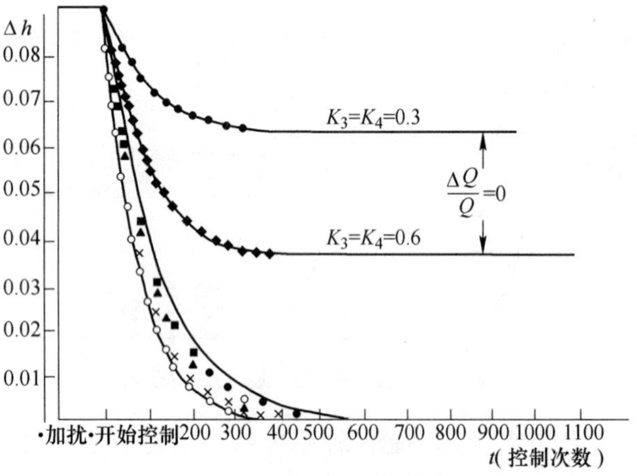

图 7　Q 误差对系统动态过程的影响

	$\Delta Q/Q$	K_3	K_4
○	0.30	1.3	1.195
×	0.10	1.1	1.065
▲	−0.10	0.9	0.936
■	−0.20	0.8	0.871
●	−0.30	0.7	0.806

图 7 清楚地表明 Q 误差对系统影响很小，其原因是 Q 的误差对压力和位置环都有影响，相当于改变了 APC 系统的增益值。另外，Q 可以取值为零，即负误差为∞，此时即为一般变刚度系统。一般变刚度轧机只是动态设定型变刚度轧机的特例。

6　结论

（1）压力 AGC 参数方程：

$$\Delta\phi_n = \sum_{i=1}^{n}(-1)^i \frac{M+Q}{M^2}K_B\Delta P_d\left(\frac{Q}{M}\right)^{i-1} \times (1-K_B)^{i-1}$$

正确地反映了 AGC 调节过程的客观规律，通过“跑飞”条件和塑性系数计算公式得到实验证明。

（2）动态设定型变刚度轧机控制模型：

$$\Delta\phi_K = -K_3\frac{Q}{M}\Delta\phi_{K-1} - K_4\frac{M+Q}{M^2}\Delta P_K$$

$$K_3 = K_4 = \frac{M_C - M}{M_C + Q}$$

该系统响应速度比一般变刚度系统快 2~3 倍，允许可变刚度范围大。

（3）轧件塑性系数新测量公式：

$$Q = \frac{-\Delta\phi M - \Delta P_d K_B}{\dfrac{\Delta P_d}{M}\cdot K_B + \Delta\phi(1-K_B)}$$

参 考 文 献

[1] 张进之. 冶金自动化，1982（3）.
[2] 吴铨英，王书敏，周玉珠，霍海云，朱仁华，张进之. 电气传动，1982（6）.
[3] 炉卷轧机液压微调联合研制组. 冶金自动化，1981（3）.

压力 AGC 系统与其他厚控系统共用的相关性分析

张进之

（冶金部钢铁研究总院）

摘　要　本文分析证明动态设定型厚度控制系统与监控、前馈厚度控制系统是相容的，而且保持各自的独立性，无相互影响。BISRA 变刚度厚度控制系统与监控、前馈厚度控制系统也是相容的，但它们之间有相互影响。BISRA 恒压力厚度控制系统与监控、前馈厚度控制系统是不相容的，而动态设定型的恒压力方案是相容的。

General correlation analysis of pressure AGC system and other gauge system

Zhang Jinzhi

（Central Iron and Steel Research Institute of Ministry of Metallurgical Industry）

Abstract: It is proved in this paper that the gauge control method for dynamic set is compatible with feedforward system without interference. BISRA gauge control method and monitor, feedforward system are also compatible one another, but there are some influences of one on the other. BISRA constant pressure system and monitor, feedforward gauge control system are uncompatible one another, but constant pressure system for dynamic set is compatible with monitor feedforward gauge control system also.

1　引言

利用轧制压力信号间接度量厚度差的厚度自动控制系统（压力 AGC），由于装置简单、响应速度快等优点已在板带轧机上获得了广泛应用，特别是英国钢铁协会发明的 BISRA 变刚度液压系统应用更为普遍。笔者通过对厚控过程深入分析，把控制理论和轧制理论相结合，推导了动态设定型厚控模型[1]、压力 AGC 参数方程，建立了动态设定型变刚度厚控系统，并证明：动态设定型厚控系统比 BISRA 系统具有响应速度快和可变刚度范围宽的优点[2]。本文将进一步分析压力 AGC 系统与其他厚控系统同时使用时的问题。

由于轧辊偏心、磨损、热胀冷缩和轴承油膜随轧制速度变化引起的厚差，压力 AGC 系统不能消除，故压力 AGC 系统通常与测厚仪直接测量厚差的厚控系统（简称监控 AGC）一起使用。另外，实际生产过程中，存在测量入口厚差的前馈 AGC 系统、改变张力设定值的张力 AGC 系统，它们也都存在与压力 AGC 系统同时使用的问题。这样就需要研究压力 AGC 系统与其他 AGC 系统相互影响的问题。

2　压力 AGC 与监控 AGC 共用情况分析

分别研究三种情况，第一是 BISRA 变刚度系统；第二是 BISRA 恒压力系统；第三是动态设定型变刚度系统。

2.1　BISRA 变钢度系统

图 1 为 BISRA 变刚度与监控并用系统示意图，图 2 为其简要框图。

图中 K/S 环节是由串联的积分环节与表示压下效率的比例环节放在一起表示的，其中积分常数取为 1(研究阶跃扰动情况，与轧制速度无关)。

为了简化分析，忽略了 APC 执行机构的动态响应过程，测厚仪、测压仪的响应时间，以及从

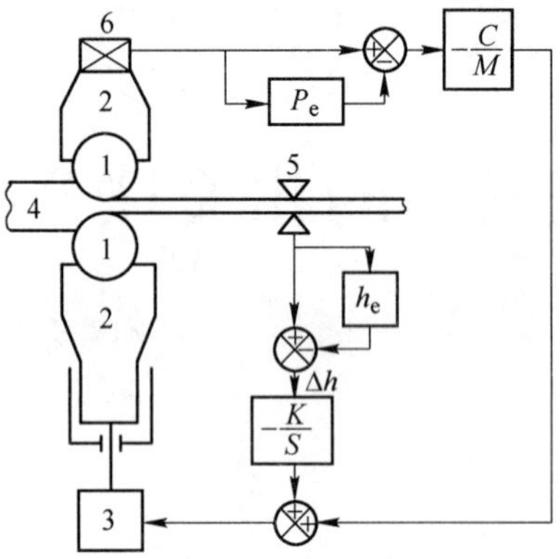

图 1　BISRA 变刚度与监控并用系统示意图

1—轧辊；2—轴承座及油缸；3—液压位置调节系统；4—轧件；5—测厚仪；6—测压仪；P_e—压力锁定值；h_e—厚度锁定值；M—轧机刚度系数；C—可变刚度系数；K—比例系数；S—拉氏算子

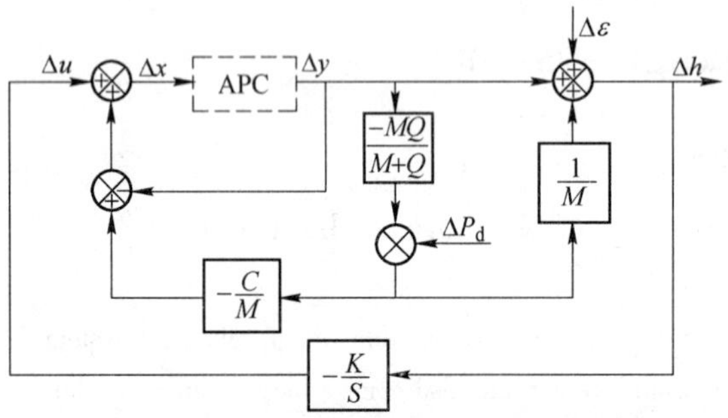

图 2　BISRA 变刚度与监控并用系统框图

ΔP_d—坯料扰动；$\Delta\varepsilon$—辊缝扰动；Q—轧件塑性系数；Δh—出口厚差；APC—位置自动调节系统

轧机到测厚仪之间的时滞等。假定在辊缝阶跃扰动（$\Delta\varepsilon$）下，经调节过渡达到平衡状态时，$\Delta X=0$，即：

$$\Delta\omega - \Delta Y + \left(-\frac{MQ}{M+Q}\right)\left(-\frac{C}{M}\right)\Delta Y = 0$$

取 $C=1$，则得

$$\Delta Y = \frac{M+Q}{M}\Delta\omega \qquad (1)$$

由此表明，BISRA 与监控系统是相容的，但由监控环节输出的辊缝改变值（$\Delta\omega$）与辊缝的实际改变值是不相同的，比例关系为（$M+Q$）/M。辊缝改变与厚度变化的关系为

$$\Delta h = \frac{M}{M+Q}\Delta Y$$

在控制系统设计时，K 应当取 1，而不能取（$M+Q$）/M。把监控测厚仪测出的厚差与压力测厚计法测出的厚度偏差叠加在一起处理是不合适的，应分开处理。压力测厚计法测出的厚差乘以（$M+Q$）/M 为辊缝输入；而测厚仪测出的厚差，直接为辊缝输入，这样才能达到最佳效果。

2.2　BISRA 恒压力系统

BISRA 恒压力系统与监控系统是不相容的。BISRA 恒压力系统无位置环节，只有压力负反馈环节保持压力恒定。当坯料或辊缝扰动引起出口厚度改变时，为消除厚差由监控系统调辊缝，将引起压力改变：

$$\Delta P = -\frac{MQ}{M+Q}\Delta Y$$

而压力反馈环节又会将辊缝向相反的方向调节，这样必然引起系统的振荡。

2.3　动态设定型变刚度系统

其简要框图如图 3 所示。在文献［2］中已证明，动态设定型变刚度轧机的当量刚度可以在 0～∞ 范围内变化，下面分别研究两种极端情况。

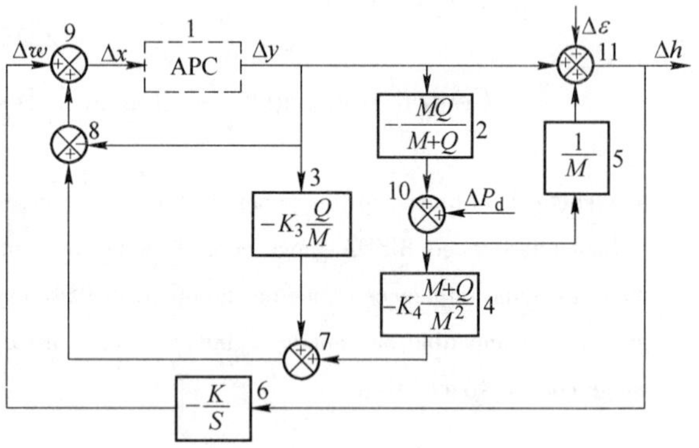

图 3　动态设定型变刚度与监控并用简要框图

K_3，K_4—可变刚度系数

2.3.1　当量刚度无限大的情况

当量刚度常数计算公式：

$$K_3 = K_4 = \frac{M_c - M}{M_c + Q} \qquad (2)$$

式中　M_c——当量刚度值。

当 $M_e \to \infty$ 时，$K_3 = K_4 = 1$。

在轧辊系统阶跃扰动 $\Delta\varepsilon$ 作用下，经调节过程达到平衡时，$\Delta X=0$。则有：

$$\Delta\omega - \Delta Y - \frac{Q}{M}\Delta Y + \left(-\frac{MQ}{M+Q}\right)\left(-\frac{M+Q}{M^2}\right)\Delta Y = 0$$

$$\Delta\omega = \Delta Y \qquad (3)$$

由此表明，动态设定型厚控系统与监控系统是相容的，而且由监控输入的辊缝改变值与辊缝的实际改变值相同。因此，在控制系统设计上 K 可以取（$M+Q$）/M，与监控系统单独使用的参数

相同。因此它们无相互影响，是线性独立的。

2.3.2 当量刚度为零的情况

按式（2），可以计算出实现 $M_c=0$ 时的 K_3、K_4 值。$K_3=K_4=-M/Q$。

当轧辊系统阶跃扰动 $\Delta\varepsilon$ 作用下，经调节达到平衡状态时，$\Delta X=0$。则有：

$$\Delta\omega - \Delta Y + \Delta Y - \frac{MQ}{M+Q}\cdot\frac{M+Q}{MQ}\Delta Y = 0$$

$$\Delta\omega = \Delta Y \tag{4}$$

当 M_c 为任意值时，平衡方程为：

$$\Delta\omega - \Delta Y - K_3\frac{Q}{M}\Delta Y - \left(\frac{QM}{M+Q}\right)\cdot\left(-K_4\frac{M+Q}{M_2}\right)\Delta Y = 0$$

由于 $K_3=K_4$，则 $\Delta\omega=\Delta Y$。由此证明，动态设定型变刚度厚控方法与监控保持完全的独立性。它为什么能与监控系统相容呢？

首先，BISRA 恒压力系统与 BISRA 厚控系统在线路上是不同的，前者只有压力环，没有位置环，是单环压力负反馈系统。动态设定型恒压力系统与其厚控系统在线路上是相同的，只是通过改变框 3、4 的比例值实现两种控制方案。实现恒压力控制方案时，框 3 变成了正 1，这样在调节过程中与原位置负反馈环相消；而框 4 变为正 $M+Q/M\cdot Q$，从而使压力正反馈环变成负反馈，相当于压力负反馈的单环效果。但是，它的负反馈程度加强了，增加了 $M+Q/M$ 倍。

另外，由于动态设定型有位置环，所以当辊系或坯料系统加入阶跃扰动时，由测厚仪输出的辊缝改变值为 $\Delta\omega$，辊缝的实际改变值 ΔY 也等于 $\Delta\omega$。辊缝改变将引起压力值的改变，将其换算成辊缝改变值正好等于 $-\Delta Y$，也正好与动态设定型的位置环相抵消。图 3 中，环节 3 与环节 2（加环节 4）在相加点 7 相抵消，只保留压下系统位置负反馈环节。因此，保持了监控系统的独立作用。从另一角度看，动态设定型恒压力系统消除厚差的过程，相当于修改了恒压力系统的压力基准值。

恒压力系统与监控的独立性，在生产中很有实际意义。由于动态设定型与监控、前馈（后面将证明）系统独立性条件，可以在连轧机的第一机架上采用恒压力和测厚仪前馈、监控系统，既能消除第一机架轧辊偏心影响，也可以消除坯料厚度、硬度差的影响。可逆轧机的第一道也可采用上述方案。

3 压力 AGC 与前馈共用情况分析

3.1 BISRA 变刚度系统

前馈与 BISRA 共同使用时，其框图表示只要把图 1 中测厚仪由测量出口厚度改变成测量入口厚度即可。控制系统框图与图 2 也类似，只是把 Δw 看成由测量入口厚差需要改变辊缝的输入即可。

测厚仪测量出入口钢带厚度差，经过调节器（一般用比例环节），给 APC 发出一个 Δw 信号，在辊缝调节过程中压力必然变化（辊缝改变和入口厚度改变引起），BISRA 系统也同时动作，最终达到一个稳态值，此时 $\Delta X=0$。综合点的平衡方程为：

$$\Delta\omega - \Delta Y - \frac{MQ}{M+Q}\Delta Y\left(-\frac{C}{M}\right) = 0$$

取 $C=1$ 得：

$$\Delta Y = \frac{M+Q}{M}\Delta\omega \tag{5}$$

由式（5）看出，BISRA 系统与前馈的关系相同于与监控的关系，是相关的，有相互影响。下面直接给出测量入口厚差 ΔH 与 Δw 的关系式。由文献［4］给出的前馈 AGC 数学模型公式：

$$\Delta Y = -\frac{Q}{M}\Delta H \tag{6}$$

式（5）、式（6）联立，整理得：

$$\Delta\omega = -\frac{Q}{M+Q}\Delta H \tag{7}$$

3.2 动态设定型厚控系统

分析过程与 BISRA 系统相同，平衡时 $\Delta X=0$，综合点平衡方程为（$K_3=K_4=1$）：

$$\Delta\omega - \Delta Y - \frac{Q}{M}\Delta Y - \left(\frac{QM}{M+Q}\Delta Y\right)\cdot\left(-\frac{M+Q}{M^2}\right) = 0$$

$$\Delta\omega = \Delta Y \tag{8}$$

式（8）表明，动态设定型与前馈系统的关系同监控系统，保持了独立作用关系。

前馈 AGC 与 BISRA 系统之间相互影响，国外已确认并研究过此问题，并推出一些解决办法[5]。而动态设定型与前馈 AGC 无相互干扰作用，这是动态设定型厚控系统的一大优点，可大大简化控制系统的设计。

4 压力 AGC 与张力 AGC 的关系

张力 AGC 系统是经过测厚仪测量出钢带厚度差，通过改变张力设定值来消除厚差。单独张力 AGC 系统的数学模型已有许多研究，这里只分析与压力 AGC 同时设置时的情况。

当测厚仪测出厚差 Δh 时，由张力厚控模型可以计算出张力的改变值。当只有单独的张力厚控系统时，张力的改变使轧制压力改变，而轧机弹性变形量的改变使 $\Delta h=0$。由于有压力 AGC 的作用，将发生相互影响。

以 $\Delta h>0$ 为例。此时要求张力增加，张力增加使压力降低；轧机弹性变形减少，使出口厚度减少。另一方面，由于压力的改变，压力 AGC 系统动作，当 $C>0$ 时，压力环使辊缝增加，减弱张力 AGC 调节效果；当 $C=0$，相当于只有张力 AGC 系统的情况；当 $C<0$ 时，压力环方向改变（由正反馈转变为负反馈），压力的降低，使辊缝减小，增强了张力 AGC 系统的调节效果。

以上分析表明，软刚度压力 AGC 能增强张力 AGC 系统的调节效果，因此连轧机成品机架（或可逆式冷轧机成品和成品前道）采用软刚度压力 AGC 和张力 AGC 复合控制系统是合理的。动态设定型与 BISRA 系统在与张力 AGC 并用的定量关系是相同的，但动态响应速度和可变刚度范围，动态设定型仍保持其优越性。

5　结论

（1）动态设定型变刚度厚控系统与监控、前馈以及张力等厚控系统能够同时应用，并且保持各厚控系统的独立性，无相互干扰影响，大大有利于综合厚控效果。

（2）BISRA 变刚度厚控系统与监控、前馈以及张力等厚控系统也能一起应用，但它们之间有相互影响。控制系统设计应注意这一点，以便改善和提高综合厚控效果。

（3）BISRA 恒压力系统与监控、前馈厚控系统不相容；而动态设定型的恒压力方案是相容的，从而推出新的同时消除坯料差和轧辊偏心影响的厚控方案。

（4）张力 AGC 与可变刚度厚控系统（软特性）同时应用，可以提高张力 AGC 系统的调节效果和范围。

参 考 文 献

[1] 张进之. 冶金自动化，1982（6）：3.
[2] 张进之. 冶金自动化，1984（8）：1.
[3] 近藤胜也，美坂佳助，等. コールドタンテムシルのフイードフオフヰドAGC，第 30 回塑性加工连合讲演会，1979 年名古屋，1979：124.
[4] 张进之. 冶金自动化，1979（3）：2.
[5] 松香茂道. 轧钢机的板厚控制装置. 特许公报，特公昭 54-35872.

动态设定型变刚度厚控系统的研制

张进之[1]，李炳燮[2]，陈德福[2]，孙海波[2]，吕晓东[2]

（1. 冶金部钢铁研究总院；2. 齐齐哈尔重型机械研究所）

摘　要　本文论述了动态设定型 AGC 系统的原理，并给出了在 ϕ90/ϕ200×200 四机架冷连轧的液压 AGC 计算机控制系统上进行试验的结果。理论分析和试验结果表明，动态设定型 AGC 系统比 BISRA 型 AGC 系统快 2~3 倍，在与监控 AGC，子控 AGC 及张力 AGC 组合使用时的相关性方面，大大优于其他 AGC 系统。

1　引言

压力 AGC 系统由于装置简单、响应速度快等优点已在板带材轧制上获得了广泛的应用。压力 AGC 系统的基本原理是 Sims 最先提出的弹跳方程。由于引用弹跳方程的方式不同，压力 AGC 系统分为三种。第一种是英国钢铁协会发明的厚控系统，通常称之为 BIBRA 厚控系统，它是以压力补偿环的方式抵消轧机的弹性变形量；第二种方式是以弹跳方程间接测量轧件厚度，求出厚度之差去改变辊缝值，使出口厚度恒定，即所谓的厚度计型 AGC 系统；第三种是我国自行提出的动态设定型厚控方法。它是用分析方法推导出保持出口厚度恒定的充分必要条件和压力 AGC 参数方程，从而得到这种新型的厚控方法。

我们在 ϕ 0/ϕ200×200 四机架冷连轧机的液压 AGC 计算机控制系统上进行了动态设定厚控系统实验，充分证明了该方法在工业生产中使用的可行性和优点，并已正式成为在 ϕ90/ϕ200×200 四机架冷连轧机的应用。

2　原理和方法

动态设定型变刚度厚控方法，是以在各种扰动作用下保持出口厚度恒定的充分必要条件及压力 AGC 参数方程为基础建立的。

出口厚度恒定的充分必要条件是：

$$\Delta\phi_K = -\frac{Q}{M}\Delta\phi_{K-1} - \frac{M+Q}{M^2}\Delta P_K \tag{1}$$

式中　$\Delta\phi_K$——K 时刻辊缝增量值；

Q——轧件塑性系数；

M——轧机刚度系数；

ΔP_K——K 时刻实测压力增量值。

压力 AGC 参数方程为：

$$\Delta\phi_n = \sum_{i=1}^{n}(-1)^i\frac{M+Q}{M^2}K_B\Delta P_d\cdot\left(\frac{Q}{M}\right)^{i-1}(1-K_B)^{i-1} \tag{2}$$

式中　$\Delta\phi_n$——n 步采样控制的辊缝值；

ΔP_d——阶跃扰动压力值；

K_a——控制系统的参数。

文献［3］根据式（1）、式（2）推导出动态设定型变刚度模型控制、变刚度系数的计算公式、轧件塑性系数测量公式以及轧机刚度系数测量方法等。

动态设定型变刚度控制模型公式为：

$$\Delta\phi_k = -K_a\frac{Q}{M}\Delta\phi_{K-1} - \frac{M+Q}{M^2}\Delta P_K \tag{3}$$

式中，K_3、K_4 为变刚度系数，可按下式计算：

$$K_4 = K_3 = \frac{M_c - M}{M_c + Q} \tag{4}$$

式中，M_c 为当量刚度系数，可在 0 ~ ∞ 范围内变化。由式（4）计算得：

$M_c = M$，即当量刚度为自然刚度时，$K_3 = K_4 = 0$；

$M_c > M$，为硬刚度特性，当 $M_c = \infty$，$K_3 = K_4 = 1$；

$M_c < M$，为软刚度特性，当 M_c 最小值达 0 时，$K_3 = K_4 = -\frac{M}{Q}$。

图 1 所示为动态设定型刚度厚控系统框图。

文献［3］还根据式（2）推导出轧件塑性系数测量公式。但该式是在 $K_B > 1$ 的条件下推出的，对于实际控制系统 $K_B < 1$，此时式（2）为交错级

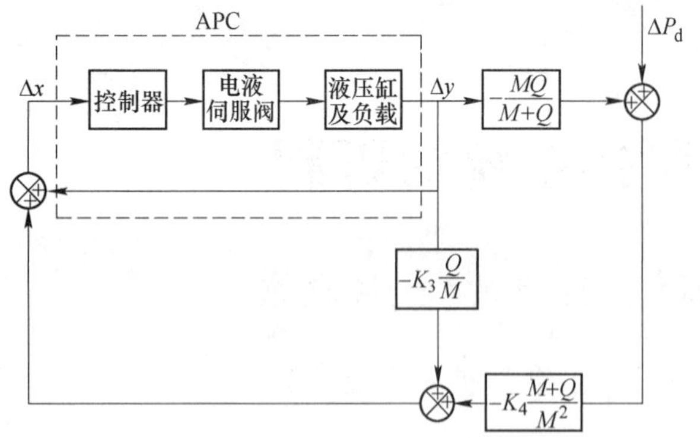

图 1　动态设定型变刚度厚控系统框图

数，轧件塑性系数应按下式计算：

$$Q = -\frac{\Delta\phi M + K_B\Delta P_d}{\frac{\Delta P_d}{M\cdot K_B} - \Delta\phi(1 - K_B)} \tag{5}$$

由式（2）推出的“跑飞”条件为：

$$K_B \geqslant 1 + \frac{M}{Q} \tag{6}$$

利用轧辊空压靠并把 AGC 控制系统投入的条件，此时 $Q=\infty$，或者 $K_B\geqslant 1$“跑飞”。在系统中改变 M 值（或 K_B）值，由大变小，直至“跑飞”，此时的 M 值就是该轧机的刚度系数。

3　与其他压力 AGC 系统的对比分析

分析三种压力 AGC 系统在响应速度、监控性能或予控组合使用时的相关性及稳定性等技术性能，可以充分说明动态设定型变刚度厚控方法的优越性。

3.1　响应速度分析

压力 AGC 的基本原理是弹跳方程，其增量形式为：

$$\Delta h = \Delta\phi + \frac{\Delta P}{M} \tag{7}$$

厚度自动控制过程在外界扰动条件下自动调节辊缝，使厚度不变或较小变化。三种厚控形式使辊缝改变的方式是不同的。

3.1.1　BISRA 变刚度厚控系统

该系统的辊缝改变值由式（8）计算：

$$\Delta\phi = -C\frac{\Delta P}{M} \tag{8}$$

式（8）代入式（7）得：

$$\Delta h = -C\frac{\Delta P}{M} + \frac{\Delta P}{M} = \frac{\frac{\Delta P}{M}}{1-C}$$

令 $\frac{M}{1-C}=M_c$，M_c 称为当量刚度。则：

$$\Delta h = \frac{\Delta P}{M_c} \tag{9}$$

按式（9）可以计算出厚度变化，当 $C=1$，即 $M_c=\infty$ 时为无限硬当量刚度，在外界扰动作用下轧件出口厚度恒定，当 $0<C<1$ 时为硬刚度，可消除部分干扰影响，且随 C 的增大消除干扰能力加强，当 $C=0$ 时为自然刚度，无厚控系统；当 $C<0$ 即 M_c 小于轧机自然刚度时，轧制过程向恒压力趋向过渡。

以上是不考虑过渡时间，即 t 趋向无穷时的稳态情况，而从加阶跃扰动开始过渡到稳态的动态过程又有所不同。

如图 2 所示，当加阶跃扰动为 ΔP_d 时，由式（8）计算出辊缝该变量为 $\Delta\phi=-C/M\cdot\Delta P_d$。假定过一段时间 Δt 后辊缝已改变 $\Delta P_d-C/M$，但系统并不能平衡，因为随辊缝的改变将引起压力的改变，其改变值按式（10）计算：

$$\Delta P_\phi = -\frac{MQ}{M+Q}\Delta\phi \tag{10}$$

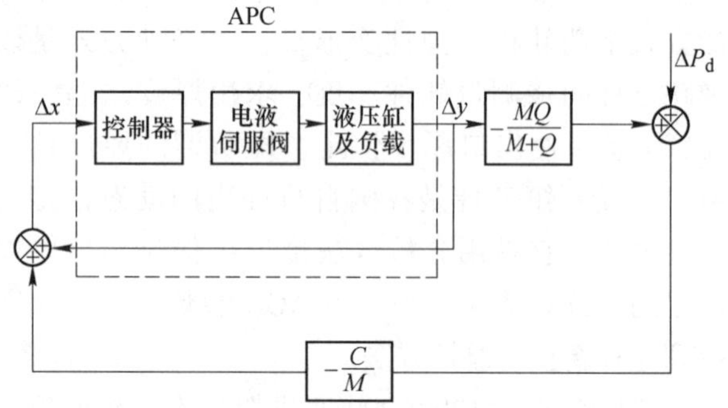

图 2　BISRA 厚控系统框图

此时加在调节器上的压力差信号是 $\Delta P_\phi+\Delta P_d$，此时还要求辊缝继续变化；辊缝变化又引起压力信号的变化，它们处于不断循环变化的过程中。显然这种过渡过程不会是很快的。总之，BISRA 厚控系统为消除扰动影响而改变辊缝所引起的压力变化也同外界扰动一样作为控制信号输入，使系统的动态响应速度减慢，而且随当量刚度的增加响应速度不断降低。响应速度的定量计算，已在文献［3］中作了纤细的分析，计算结果如图 3 所示。

该系统的响应速度随 C 值的增加而降低，故不能取太大的 C 值。一般硬刚度最大取 $C=0.8\sim0.9$。软刚度也很受限制，不能太软，否则将发生震荡，更不能达到恒压力轧制（$M_C=0$）。

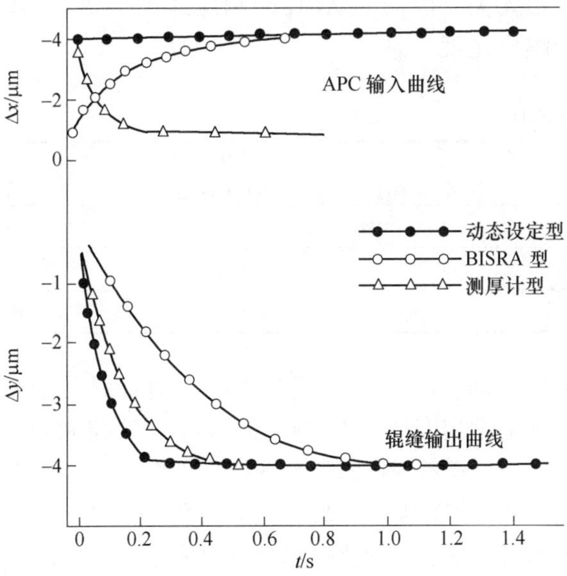

图 3 阶跃响应速度对比及 APC 输入图示

3.1.2 测厚计型厚控系统

该系统的原理如图 4 所示，由弹跳方程间按测量钢板出口厚度，根据测量值与设定值之差求得出口厚差，由厚差乘压下效率系数的倒数：$\frac{M+Q}{M}$，即可求得消除此厚差所需要的该辊缝变量。

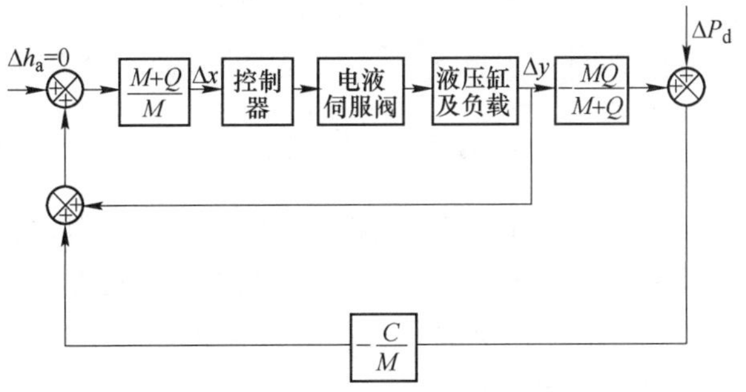

图 4 测厚计型厚控系统框图

现据图 4 推导测厚计型动态过程方程。按照文献［3］，APC 的传递函数乘以二阶系统描述，即：

$$G(s)=\frac{a}{bS^2+S} \tag{11}$$

式中 S——拉氏算子。

列写 ΔX 的平衡方程：

$$\begin{aligned}\Delta X(S) &= \frac{1}{G(S)}\Delta Y(S)\\ &= \left[-\frac{C}{M}\Delta P_{\mathrm{d}}(S)+\frac{QC}{M+Q}\Delta Y(S)-\Delta Y(S)\right]\frac{Q+M}{M}\end{aligned}$$

即：

$$\begin{aligned}\frac{1}{G(S)}-\Delta Y(S) &= \frac{C(Q+M)}{M^2}\Delta P_{\mathrm{d}}(S)-\\ &\quad \frac{M+Q(1-C)}{M}\Delta Y(S)\end{aligned} \tag{12}$$

将式（11）代入式（12）并写成微分方程为：

$$\frac{\mathrm{d}^2\Delta Y(t)}{\mathrm{d}t^2}+\frac{\mathrm{d}^2\Delta Y(t)}{b\mathrm{d}t}+\frac{a}{b}\frac{C(M+Q)}{M^2}\Delta P_{\mathrm{d}}(t)+$$

$$\frac{a}{b}\left[\frac{M+Q(1-C)}{M}\right]\Delta Y(t)=0$$

$$t=0,\ \Delta Y(t)=0,\ \frac{\mathrm{d}\Delta Y(0)}{\mathrm{d}t}=0$$

该方程的一特解为：

$$\Delta Y(t)=\frac{C(M+Q)}{M[M+Q(1-C)]} \tag{13}$$

特征方程为：

$$r^2+\frac{1}{b}r+\frac{a}{b}\left[1-\frac{Q(1-C)}{M}\right]=0$$

$$r=\frac{-\frac{1}{b}\pm\sqrt{\left(\frac{1}{b}\right)^2-4\frac{a}{b}\left[1-\frac{Q(1-C)}{M}\right]}}{2} \tag{14}$$

式（14）表明过渡过程与 C 值有关，$C=1$ 响应速度最快，同 APC；$C<1$ 响应速度降低。按 $Q=1500$，$b=0.023$，$a=6.95$，$M=500$，并取 $C=0.8$ 等具体数值代入，其数值解即如图 3 所示。测厚计型响应速度比 BISRA 快，但比动态设定慢。只有当 $C=1$ 时，测厚计型的响应速度与动态设定型相同。

3.1.3 动态设定型厚控系统

文献［3］详细叙述了式（3）、式（4）的推导过程，讨论了在响应速度、可变刚度范围等方面的优点。动态设定型变刚度厚控方法系由图 1 实现。该系统的最大优点是消除干扰的响应速度快，图 3 也明显地表述了这一点。表 1 是进一步与 BISRA 动态响应对比。

由图 1 和图 3 上部分 APC 输入值很容易说明动态设定型变刚度厚控系统响应速度快的原因。当 ΔP_{a} 阶跃扰动加入时，计算出辊缝调节量为 $-\frac{M+Q}{M^2}K_4\Delta P_{\mathrm{d}}$。当辊缝变化时，压力增加 $\Delta P_{\phi}\left(-\frac{MQ}{M+Q}\Delta Y\right)$ 在相加点，ΔP_{ϕ} 与 $-K_3\frac{Q}{M}\Delta Y$ 相抵消，即 $-\frac{MQ}{M+Q}\Delta Y-\frac{MQ}{M+Q}\Delta Y-K_4\frac{M+Q}{M^2}-K_3\frac{Q}{M}\Delta Y=$

0。这表明动态设定型的控制厚度的辊缝设定值只与外界的扰动有关，与控制厚度的辊缝变化过程无关，因而使 AGC 的响应速度值等于 APC 的响应速度。

表 1　闭环频宽对比

M_c/t · mm^{-1}		0~200	2000 (C=0.75)	2500 (C=0.80)	10000 (C=0.95)	∞
AGC 类型	动态设定型	可实现	闭环频宽 Hz			
			7	7	7	可实现
	BISRA	不可实现	3.06	2.80	2.01	响应速度太慢

3.2　与其他厚控系统共用的相关性分析

实际的厚控系统大都是由压力、监控、前馈和张力 AGC 等几种厚控系统组合在一起使用。不同种类的压力 AGC 与其他厚控方式一起使用的相关性不同。动态设定型与监控、前馈是相容的，而且是无相互干扰影响，保持各自的控制效果，即模型公式不变；BISRA 系统也是相容的，但它们之间又互相影响，模型公式有变化。文献［4］推导出其模型公式变化情况（参见表 2）。

表 2　前馈、监控与各种压力 AGC 共用模型变化

模型 / 方式	单独使用	与 BISRA（或测厚计型）联合使用	与动态设定型联合使用
监控	$\Delta m=-\frac{M+Q}{M}\Delta h$	$\Delta w=-\Delta h$	$\Delta w=-\frac{M+Q}{M}\Delta h$
前馈	$\Delta m=-\frac{Q}{M}\Delta H$	$-\Delta w=\frac{Q}{M+Q}\Delta H$	$\Delta w=-\frac{Q}{M}\Delta H$

现以监控为例推导它们之间的相互关系。

3.2.1　BISRA 变刚度系统

图 5 所示的扰动分成两部分，ΔP_a 代表轧件扰动，如入口厚差和坯料沿长度机械性能差等；$\Delta\varepsilon$ 代表轧辊偏心、轧辊磨损和热胀冷缩、支撑辊轴承油膜厚度变化等，即辊缝扰动。

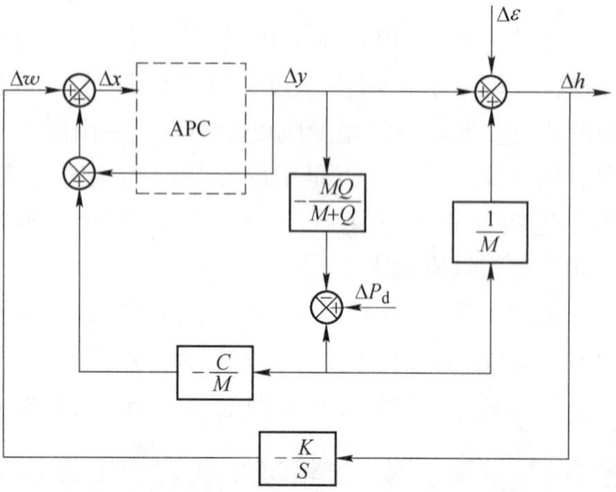

图 5　BISRA 变刚度系统与监控并用简要框图

为了使问题分析简明化，忽略了 APC 执行机构的动态响应过程、测厚仪和测压仪之间的时滞等。假设辊缝阶跃扰动 $\Delta\varepsilon$，经调节过渡达到平衡状态时 $\Delta X=0$，即：

$$\Delta w = \Delta Y - \frac{QC}{M + Q}\Delta Y$$

取 $C=1$，则得：

$$\Delta Y = \frac{M + Q}{M}\Delta w \tag{15}$$

它表明 BISRA 与监控系统是相容的，但由监控环节输出的辊缝改变值 Δw 与辊缝的实际改变值是不相等的，比例关系为（$M+Q$）/M。由辊缝改变与厚度改变的关系：

$$\Delta h = -\frac{M}{M + Q}\Delta Y \tag{16}$$

故在控制系统设计时 K 应当取 1，而不能取 $\frac{M+Q}{M}$。现行设计系统设计上未注意到这一点，把监控测厚仪测出的厚差与压力测厚计法测出的厚差迭加在一起处理。这种做法是不合适的，应当分开处理，压力测厚计法测厚的厚差乘以$\frac{M+Q}{M}$为辊缝输入，这样才能达到最佳效果。

3.2.2　测厚计型厚控系统

如图 6 所示，在阶跃扰动 $\Delta\varepsilon$ 作用下经调节过程达到平衡时，$\Delta X=0$，列写平衡方程为：

$$\left[\Delta w-\Delta Y-\frac{MQ}{M+Q}\Delta Y\left(-\frac{C}{M}\right)\right]\frac{M+Q}{M}=0$$

令 $C=1$，整理得：

$$\Delta Y=\frac{M+Q}{M}\Delta w \tag{17}$$

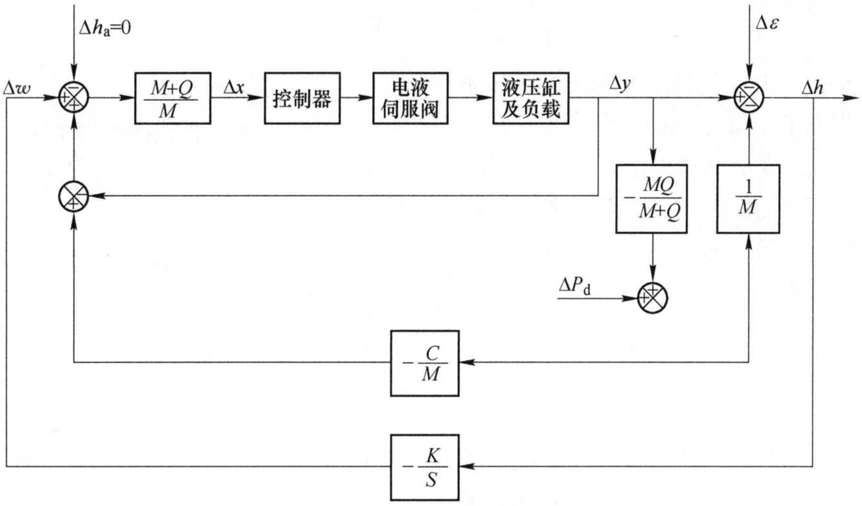

图 6　测厚计型与监控并用简要框图

它证明测厚与监控系统并用时的关系同 BISRA 系统。

3.2.3　动态设定型变刚度系统

以当量刚度无限大为例，此时 $K_3=K_4=1$，图 7 中的 $-K_3\frac{Q}{M}$ 为 $-\frac{Q}{M}$；$-K_4\frac{M+Q}{M^2}$ 为 $-\frac{M+Q}{M^2}$。

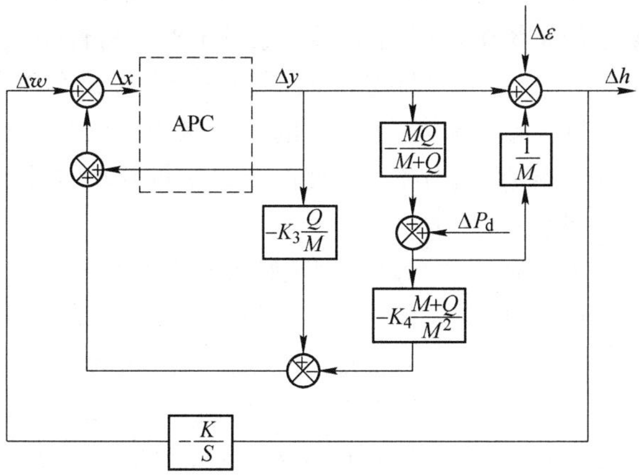

图 7　动态设定型变刚度与监控并用框图

当在辊系阶跃系统扰动 $\Delta\varepsilon$ 作用下经调节过程达到平衡时，$\Delta X=0$。列写其方程为：

$$\Delta w-\Delta Y-\frac{Q}{M}\Delta Y-\frac{MQ}{M+Q}\left(\frac{M+Q}{M^2}\right)\Delta Y=0$$

$$\Delta w=\Delta Y+\frac{Q}{M}\Delta Y-\frac{Q}{M}\Delta Y$$

$$\Delta w=\Delta Y \tag{18}$$

它表明动态型厚度系统与监控系统是相容的，而且由监控输入的辊缝改变值与辊缝的实际改变值相同。因而在控制系统设计上 K 可以取 $\frac{M+Q}{M}$，与监控系统单独使用的参数相同。由此证明动态设定型厚控系统与监控系统无相互影响，是相互独立的，这一点对系统设计十分有利。

同样方法还可以推导出各种压力 AGC 系统与前馈、张力 AGC 并用时的情况，其结果及详细推导过程见文献［4］。

3.2.4　压力 AGC 抗系统干扰及稳定性

这里指的干扰是组成系统元件性能变化、系统本身参数变化以及电源等方面的干扰作用。

轧板过程保持轧件出口厚度不变的主要办法是时时刻刻正确给定辊缝值并使用实际辊缝与设定辊缝相一致。控制系统本身的变化对辊缝自动控制系统的轧钢机稳定性生产。三种压力 AGC 系统抗干扰的性能是不同的。

测厚计型厚度控制系统如图 4 所示，只有厚度闭环，无辊缝位置闭环。从日本引进的武钢 1700 热连轧机电动压下 AGC 系统就是这种厚控方式。陈振宇在仿真研究武钢热、冷连轧厚度控制系统过程中[5]指出了无辊缝闭环的缺点，提出了增加辊缝闭环的方案。

测厚计型的响应速度虽然比 BISRA 快，但是因它无辊缝闭环，在稳定性方面低于 BISRA 系统，我国的 AGC 系统实践证明了这一点。无辊缝闭环的测厚计型用于电动压下系统方面可以正常生产，因为电动压下系统是自锁的，系统元件及控制系统电源波动等干扰信号不足以使压下马达启动，而且系统有较大的死区。在液压压下系统方面若无辊缝闭环，系统就难于正常运行了。如太原钢铁公司炉卷轧机的液压压下系统，虽然有 AGC 装置[6]，但从 1979 年投产以来主要是用 APC 生产。洛阳铜加工厂的 800 四辊可逆轧机的液压 AGC 系统是按照 BISRA 原理设计的，AGC 系统已经在生产中应用。第一重机厂设计制造的液压 AGC 系统，也是按照 BISRA 原理设计的[7,8]，也能正常运行。

由此可见，有辊缝闭环的动态设定型和 BISRA 系统在抗系统参数变化和稳定性方面优于测厚计厚控系统。

4　使用效果分析

该系统在 $\phi90/\phi200\times200$ 四机架冷连轧的液压下系统上实现，是采用以 8086 微处理器为基础的微型机。具体的软硬件配置、系统具体参数整定，以及四机架冷连轧液压系统的具体参数等详见文献［9］。这里仅就动态设定型变刚度控制数学模型的实用情况，在加快动态相应速度、与监控 AGC 和张力 AGC 共用的相关性、压力 AGC 在液压系统的稳定性、轧机刚度系数测量、轧件塑性系统测量等方面进行具体分析。

4.1　动态设定型与 BISRA AGC 响应速度

压力 AGC 系统设置在第一和第四两个机架上，控制程序能使动态设定型刚度 AGC 数学模型实现，而 BISRA AGC 数学模型是动态设置 $Q=0$ 的特例。在实际轧钢过程中正常使用，达到预期的效果。在第四机架上，通过阶跃响应实验法测得动态设定型的不同给定 Q 值和 BISRA 的动态响应过程。由 PDP11/44 过程控制机采样数据，描出动态响应如图 8 所示。

图 8 的结果与前面理论分析结果完全一致，证明了动态设定型变刚度厚控系统的快速性结论。

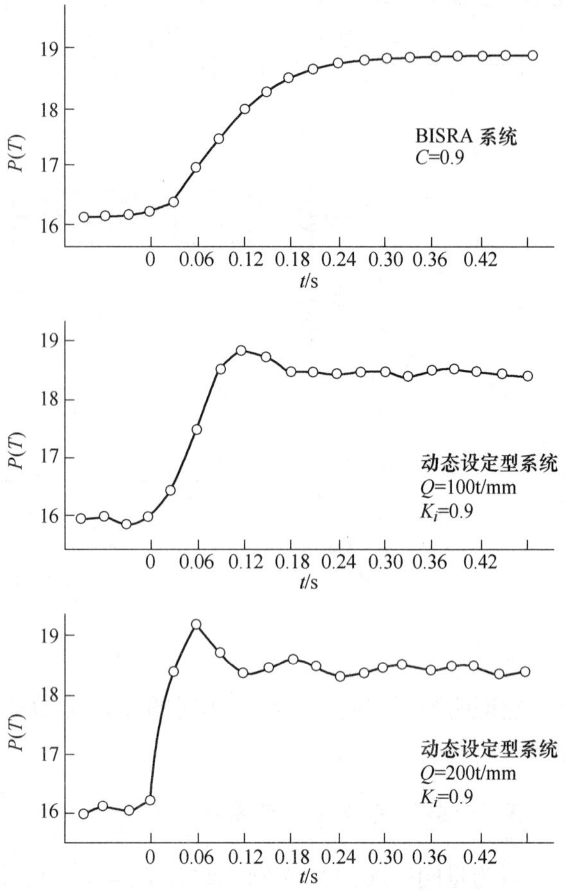

图 8　阶跃响应速度对比图示

4.2　与监控 AGC 系统无相互干扰实验

动态设定型 AGC 系统除响应速度快的优点外，另一个大优点就是与监控、预控 AGC 系统无相互干扰，保持各自系统的独立性。特别是 BISRA AGC 软特性与监控是不相容的，例如由测厚仪测得出口厚度有正偏差，监控系统要辊缝减少；辊缝减少则使轧制压力增加，BISRA 软特性则因为轧制压力增加而又把辊缝增加。因此在以往冷连轧控制系统中，末机架用软特性只能用张力 AGC 系统。动态设定型软特性与监控相容，即在第四机架厚控系统中可同时采用动态设定型软特性系统、张力 AGC 系统和监控 AGC 系统三种方案，实现成品厚度大偏差调辊缝、小偏差调张力、软特性减少轧辊偏心的影响，以改善板型质量和增强张力 AGC 的消差能力。

为了确证动态设定型软特性在监控的相容性，我们进行了专门的实验，即在第四机架软特性（$K_3=K_4=-0.3$，$Q=200$，$M=55$，即当量刚度接近于零）上进行人工改变辊缝实验。实验结果表明辊缝可以改变。由 PDP11/44 过程控制机采集数据，采样周期为 0.03s，描出动态设定型恒压力系统允许改变辊缝关系如图 9 所示。

4.3　动态设定型使液压压下系统更加稳定

在生产过程中发现动态设定型 AGC 比 BISRA AGC 稳定。因为在液压压下系统中，由于外界或系统内部的干扰将引起辊缝压力的微小变化。BISRA 系统将加强这一变化，因此一般在液压压下系统中，BISRA 系统可变刚度 C 只能取 0.7～0.8，而动态设定型系统由于有消除辊缝变化引起的压

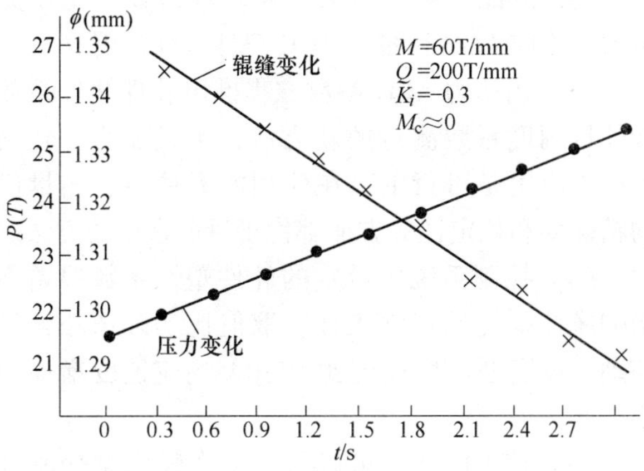

图 9 动态设定型软特性（$M_c \approx 0$）允许监控投入图示

力变化的正反馈作用，故稳定性大大提高，可变刚度系数 K_3（K_4）可取 1。

4.4 轧机刚度测量

采用了压力 AGC“跑飞”条件测量轧机刚度，同时也采用了常规的轧辊压靠法和轧板法测量轧机刚度。

4.4.1 压力 AGC“跑飞”条件测量轧机刚度

压力 AGC“跑飞”条件是 $K_B \geq 1+\frac{M}{Q}$。在工作辊之间无带钢的情况下 $Q=\infty$，则“跑飞”条件是 $K_B \geq 1$。压靠条件下投入压力 AGC 系统，设 $K_B=1$，把轧机刚度 M 取较大值。逐步减少 M 值，直至“跑飞”，测得第一机架刚度值为 53t/mm，第四机架刚度值为 55t/mm。测量中各机架刚度值稳定，误差小于±1t/mm。

4.4.2 轧辊压靠法测定轧机刚度值

根据 $M=\frac{\Delta P}{\Delta \phi}$ 的定义，在工作辊无带钢的情况下，轧辊速度低速转动。投入纯压力环，压力给定一斜坡函数。使压力逐渐增加，并用过程控制机（PDP11/44）采集压力和辊缝值。经过曲线拟合处理后，计算出 M 值。第一机架刚度值为 51t/mm，第四机架刚度值为 53t/mm。

4.4.3 轧板法测量第四机架刚度值

由操作台上的数字显示仪表记录辊缝和压力值，由千分尺测量轧件出口厚度。予压靠压力 $P_0=19.5$t。按式（19）可计算出轧机刚度值。表 3 示出了第四机架轧板测量值与计算出的刚度值。

$$M=\frac{P-P_0}{h-\phi} \tag{19}$$

表 3 第四机架轧板测量值与计算出的刚度值

编号	ϕ	P	H	h	$h-\phi$	$P-P_0$	M
1	1.35	23	1.55	1.42	0.07	3.5	50
2	1.35	28	1.775	1.49	0.14	8.5	60.7
3	1.35	25.5	1.62	1.41~1.43	0.08	6.0	75
4	1.35	28	1.49	1.36~1.33	0.18	8.5	47.2
5	1.35	27	1.78	1.5~1.535	0.15	7.5	50
6	1.35	25	1.61	1.435~1.44	0.09	5.5	61.1
7	1.35	24.5	1.535	1.425~1.42	0.07	5	71.4

以上数据已表明新方法的优越性。常规测量轧机刚度的方法一是费事，需要进行曲线拟合或多次测量求平均值；二是对 AGC 系统是间接的，不像 K_B 临界值“跑飞”方法，由 AGC 系统测量后而直接用于 AGC 系统；三是稳定性差，各次测量结果相差比较大。

4.5 轧机塑性变形系数的测量

轧件塑性系数的定义是 $Q=-\frac{\partial P}{\partial h}$，但实用中一般用 $Q=-\frac{P}{H-h}$。近似计算方法精度较低。ϕ90/ϕ200×200 四机架冷连轧机的第一机架，第四机架轧制三个规格时 Q 的估算值列于表 4，它表明常规估计 Q 的方法误差很大。对第一机架而言，由 1.70 轧至 1.479 的 Q 值应当比 1.70 轧至 1.167 的小，但计算结果相反。可见寻求新的估计 Q 值方法是必要的。

表 4 一、四机架三个规格轧件塑性系数值

轧制规格	h_1	h_4	Q_1	Q_4
$1.7\times10^8\to1.0\times10^8$	1.479	1.00	60	166
$1.7\times10^8\to0.8\times10^8$	1.345	0.80	54	187
$1.7\times10^8\to0.6\times10^8$	1.167	0.60	50	200

国外也提出了一些测 Q 的方法。一类是利用小压下量变化的方法测 Q，但是厚度测量误差较大，故估算出来的 Q 值精度也不会很高。另一类是通过改变辊缝使压力改变的方法测 Q，在此条件下同时测量辊缝和轧制压力变化值，但压力测量的误差也比较大，特别是用压力传感器法测量轧制压力更大。

采用根据压力 AGC 参数方程计算 Q 的方法，

一则是做起来简单，二则是不用测量轧制压力变化，故没有压力测量误差，只测量辊缝改变值，而辊缝测量精度是比较高的。在轧机上实际测量 Q 值得结果证明了该方法的优点和实用性。表五为部分数据，其中：

$$B_{180} : B_{108} = 180 : 108 = 1.66$$

$$Q_{180} : Q_{108} = 101.5 : 66.2 = 1.534$$

宽度比近似等于 Q 值比，说明该方法是可靠的。

表 5　180，108 两种宽度 Q 值测量结果

轧件宽度 B	几次测量结果				计算 Q	平均 Q
	K_a	ΔP_d	$\Delta\Phi$	M		
180	0.8	2t	-0.135	55	103.8	101.5
	0.8	2t	-0.128	55	99.45	
	0.8	2t	-0.130	55	100.1	
	0.8	2t	-0.138	55	105.6	
	0.8	2t	-0.126	55	98.2	
108	0.8	2t	-0.083	55	64.9	66.2
	0.8	2t	-0.083	55	64.9	
	0.8	2t	-0.086	55	67.6	
	0.8	2t	-0.086	55	67.6	
	0.8	2t	-0.084	55	66.0	

5　结论

（1）经过在 ϕ90/ϕ200×200 四机架冷连轧轧机的一、四两机架的液压压下系统上的系统实验，证明动态设定型变刚度厚控系统在响应速度和稳定性方面大大优于 BISRA 厚控系统的，在轧机因加工硬化的冷轧带钢时的响应速度可提高 4 倍。该系统已在轧机上正式使用。

（2）动态设定型软刚度与监控（或予控）是相容的，故能在第四机架上实现动态设定型压力 AGC、监控 AGC 和张力 AGC 三种系统共用。

（3）由压力 AGC 参数方程推出轧件塑性系数和轧机刚度系数测量的新方法，实践证明在轧钢生产中应用是可行的，在使用的方便性、测量值的精确度和稳定性等方面都优于目前常用的方法。

（4）控制系统中设定的轧件塑性系数误差不影响厚控系统的正常工作。取值比实际值小，只使动态设定型响应速度比 BISRA 响应速度增加的小一些。

（5）综上所述，可以认为动态设定型变刚度厚控系统是最佳的压力 AGC 系统，应当在我国大力推广使用。

参考文献

[1] 张进之．压力 AGC 数学模型的改进［J］．冶金自动化，1982（3）．

[2] 张进之．压力 AGC 系统分析与仿真实验［J］．钢铁研究总院学报，1983（2）．

[3] 张进之．压力 AGC 系统参数方程及变刚度轧机分析［J］．冶金自动化，1984（1）．

[4] 张进之．压力 AGC 系统与其他厚控系统相关性分析［C］//冶金自动化学会控制理论及应用学术委员会第一届年会论文，1986（10）．

[5] 陈振宇．冷、热连轧 AGC 系统的仿真研究．1700 工程技术总结．

[6] 炉卷轧机液压微调联合研制组．1700mm 炉卷轧机液压 AGC 系统［J］．冶金自动化，1981（3）．

[7] 赵恒传．600 毫米四重冷轧机液压厚调微型计算机控制系统［J］．一重技术，1985（1）．

[8] 王恩策．液压厚调系统在大型冷轧机上的应用［J］．一重技术，1985（1）．

[9] 李炳燮，陈德福，孙海波，吕晓东．冷连轧液压 AGC 微型计算机控制系统的研究［J］．一重技术，本期。

（原文发表在《一重技术》，1987 年 1 月）

压力 AGC 分类及控制效果分析

张进之

摘　要　根据调节方式，把压力 AGC 分成三类：BISRA 型、测厚计型和动态设定型。动态设定型与 BISRA 型相比较，具有响应速度快，可变刚度范围宽、与监控和预控等厚控系统相容无相互干扰等优点。动态设定型和 BISRA 型都有辊缝闭环，它们抗系统参数变化能力和在工业轧机上易实现，大大优于测厚计型。动态设定型变刚度厚控方法已成功地应用在第一重型机器厂的 ϕ90mm/ϕ200mm×200mm 的四机架冷连轧机上。

Classification of pressure AGC and analysis of control effects

Zhang Jinzhi

Abstract: According to different adjustment pressure AGC is classified as three types: BISRA, gangemeter and dynamic set. In comparision with BISRA the dynamic set has a series of advantages such as fast response, wide range of stiffness, compatibility and non-interference with monitor and previous gauge control system. Being gap closed loop controlling and having good resistance to the variation of system parameters, dynamic set and BISRA are easier to be realized at production mill, thereby have some merits over gaugemeter pressure AGC. Dynamic set varying stiffness AGC has been successfully implemented at ϕ90/ϕ200×200 four-stand cold tandem mill in No. 1 Heavy Machine Manufactory.

1　引言

利用轧制压力信号间接测量厚度的厚度自动控制系统（压力 AGC），由于装置简单、响应速度快等优点，已在板带轧机上获得了广泛应用。压力 AGC 的基本原理是弹跳方程，由于引用弹跳方程的方式不同，压力 AGC 可以分成三种。第一种是英国钢铁协会发明的厚控系统，通常称之为 BISRA 厚控系统；第二种方式是以弹跳方程间接测量轧件厚度，与给定厚度之差去调节辊缝，使出口厚度恒定，即所谓测厚计型 AGC；第三种是笔者提出的动态设定型厚控方法[1]，它是由分析方法，推导出保持出口厚度恒定的充分必要条件[2]，压力 AGC 参数方程[3]，从而得到这种新型的厚控方法。

本文将对三种厚控方法，在响应速度，与其他厚控方法（监控、预控、张力 AGC）联合使用时的相关性，以及抗干扰和系统元件性能变化的稳定性等问题进行分析，从而证明动态设定型厚控方法的优越性。

2　响应速度分析

压力 AGC 基本方程的增量式：

$$\Delta h = \Delta\phi + \frac{\Delta P}{M} \tag{1}$$

式中　Δh——出口厚度增量；

$\Delta\phi$——辊缝变化值；

ΔP——轧制压力变化；

M——轧机刚度系数。

厚度自动调节过程是在外界扰动条件下，自动调节辊缝，使厚度不变或较小变化。下面说明三种厚控方法辊缝改变的方式。

2.1　BISRA 变刚度厚控系统

该系统的辊缝改变值由式（2）计算

$$\Delta\phi = -C\frac{\Delta P}{M} \tag{2}$$

式（2）代入式（1）得：

$$\Delta h = -C\frac{\Delta P}{M} + \frac{\Delta P}{M} = \frac{\dfrac{\Delta P}{M}}{1-C}$$

令$\frac{M}{1-C}=M_c$，M_c 称为当量刚度

$$\Delta h = \frac{\Delta P}{M_c} \tag{3}$$

按式（3），可以计算出厚度变化。当 $C=1$，即 $M_c=\infty$，为无限硬当量刚度，在外界扰动下出口厚度恒定；当 $C<1$，为硬刚度，可消除部分干扰影响，随 C 的增大，消除干扰的能力加强；当 $C=0$，为自然刚度，无厚控系统；当 $C<0$，即 M_c 小于轧机自然刚度，使轧制过程向恒压力趋向过渡。

以上是不考虑过渡时间，即 $t\to\infty$ 的稳态情况。下面分析加阶跃扰动开始，过渡到稳态的动态过程。

如图 1 所示，当加阶跃扰动为 ΔP_d 时，由式（2）计算出辊缝改变为 $\Delta\phi=-\frac{C}{M}\Delta P_d$。假定过了 Δt 时间，辊缝已改变量为$-\frac{C}{M}\Delta P_d$，此刻系统并不能平衡，因为随辊缝的改变将引起压力的改变，其改变值按式（4）计算：

$$\Delta P_\phi = -\frac{MQ}{M+Q}\Delta\phi \tag{4}$$

式中　Q——轧件塑性系数。

此时加在调节器上的压力差信号是 $\Delta P_d+\Delta P_\phi$，因此还要求辊缝继续变化；辊缝变化又引起压力信号的变化，它们处于不断循环变化的过程中。显然，这种过渡过程不会是很快的。总之，BISRA 厚控系统由于消除扰动影响所改变辊缝引起的压力变化也同外界扰动一样作为控制信号输入，使系统的动态响应速度减慢，而且随当量刚度的增加响应速度不断降低。响应速度的定量计算，已在文献［3］中作过详细分析，计算结果如图 2 所示。

该系统的响应速度随 C 的增加而降低，故不能取太大的 C 值，一般硬刚度最大取 $C=0.8\sim0.9$。软刚度也受限制，不能太软，否则将发生振荡，更不能达到恒压力轧制（$M_c=0$）。

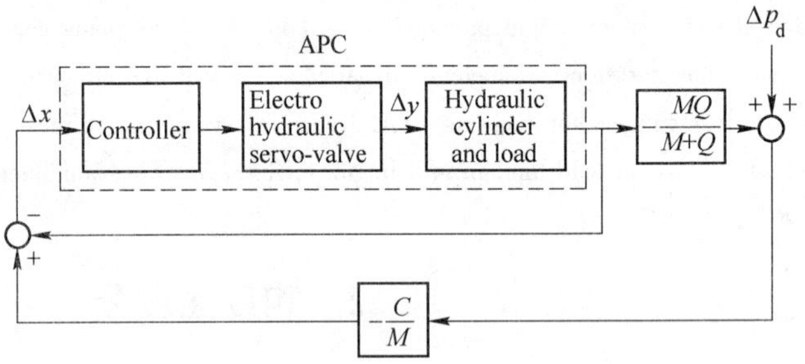

图 1　BISRA 厚控系统框图

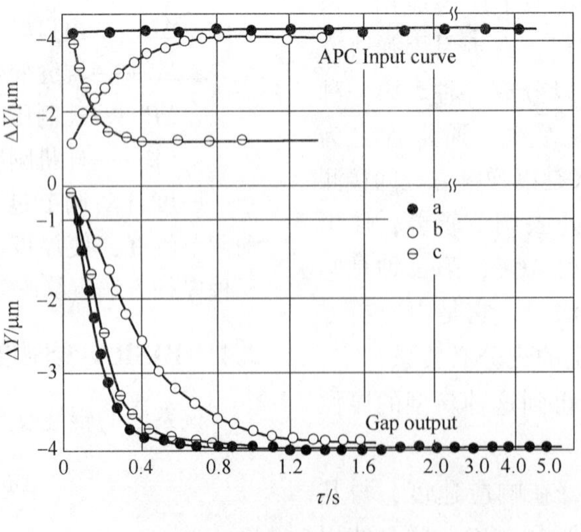

图 2　阶跃响应速度对比及 APC 输入示意图

a—动态设定型系统；b—BISRA 系统；c—测厚计型系统；$M=500$t/mm，$Q=1500$t/mm，$M_c=2500$t/mm，$Q/M=3$（轧时 M/Q 大，效果更佳）

2.2 测厚计型厚控系统

它是由弹跳方程间接测量钢板出口厚度，测量值与设定值之差乘以压下效率的倒数“$(M+Q)/M$”，即为消除厚差所需要的辊缝改变量。

由图 3，推导测厚计型动态过程方程。同文献[3]，APC 的传递函数以二阶系统描述，即：

$$G(s)=\frac{a}{s^2b+s} \tag{5}$$

式中　s——拉氏算子。

列出 ΔX 的平衡方程并整理得：

$$\frac{1}{G(s)}\Delta Y(s)=-\frac{C(M+Q)}{M^2}\Delta P_{\mathrm{d}}(s)-\frac{M-Q(1-C)}{M}\Delta Y(s) \tag{6}$$

将式（5）代入式（6），并写成微分方程：

$$\begin{cases}\dfrac{\mathrm{d}^2\Delta Y(t)}{\mathrm{d}t^2}+\dfrac{1}{b}\dfrac{\mathrm{d}\Delta Y(t)}{\mathrm{d}t}+\dfrac{a}{b}\dfrac{C(M+Q)}{m^2}\Delta P_{\mathrm{d}(t)}+\dfrac{a}{b}\left(\dfrac{M-Q(1-C)}{M}\right)\Delta Y(t)=0\\ t=0,\ \Delta Y(0)=0,\ \dfrac{\mathrm{d}\Delta Y(0)}{\mathrm{d}t}=0\end{cases}$$

上述微分方程的一个特解为：

$$\Delta Y(t)=\frac{C(M+Q)}{M[M+Q(1-C)]}\Delta P_{\mathrm{d}(t)} \tag{7}$$

特征方程的解：

$$r=\frac{-\dfrac{1}{b}\pm\sqrt{\left(\dfrac{1}{b}\right)^2-4\dfrac{a}{b}\left(1-\dfrac{Q(1-C)}{M}\right)}}{2} \tag{8}$$

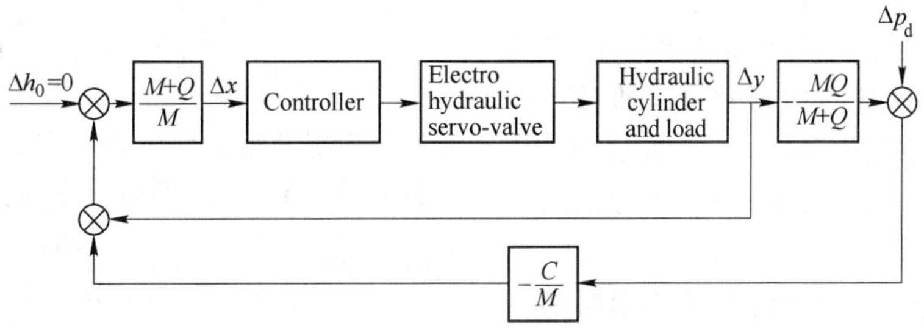

图 3　测厚计型厚控系统框图

式（8）表明，过渡过程与 C 值有关，$C=1$ 响应速度最快，同 APC；$C<1$，响应速度降低。按 $Q=1500$，$b=0.023$，$a=6.95$，$M=500$，并取 $C=0.8$ 等具体数值代入，其数值解也画在图 2 中。测厚计型的响应速度比 BISRA 快；但比动态设定型慢。

2.3 动态设定型厚控系统

动态设定型变刚度厚控方法，是以轧件扰动下保持出口厚度恒定的充要条件：

$$\Delta\phi_\kappa=-\frac{Q}{M}\Delta\phi_{\kappa-1}-\frac{M+Q}{M^2}\Delta P_\kappa \tag{9}$$

式中　$\Delta\phi_\kappa(\Delta P_\kappa)$——$K$ 时刻辊缝（压力）增量值。

和压力 AGC 参数方程：

$$\Delta\phi_n=\sum_{i=1}^{n}(-1)^i\frac{M+Q}{M^2}K_{\mathrm{B}}\Delta P_{\mathrm{d}}\left(\frac{Q}{M}\right)^{i-1}(K_{\mathrm{B}}-1)^{i-1} \tag{10}$$

式中　$\Delta\phi_n$——第 n 步采样的辊缝增量值；

K_{B}——控制系统参数。

由式（9）、式（10）推导出新型的厚控方法，写成离散形式的控制模型：

$$\Delta\phi_\kappa=-K_3\frac{Q}{M}\Delta\phi_{\kappa-1}-K_4\frac{Q+M}{M^2}\Delta P_\kappa \tag{11}$$

$$K_3=K_4=\frac{M_{\mathrm{C}}-M}{M_{\mathrm{C}}+Q} \tag{12}$$

在文献［3］中详述了式（11）、式（12）的推导过程，讨论了响应速度、可变刚度范围的优点。动态设定型变刚度厚控方法由图 4 实现。该系统的最大优点是消除干扰的速度快，图 2 明显地表述了这一点。

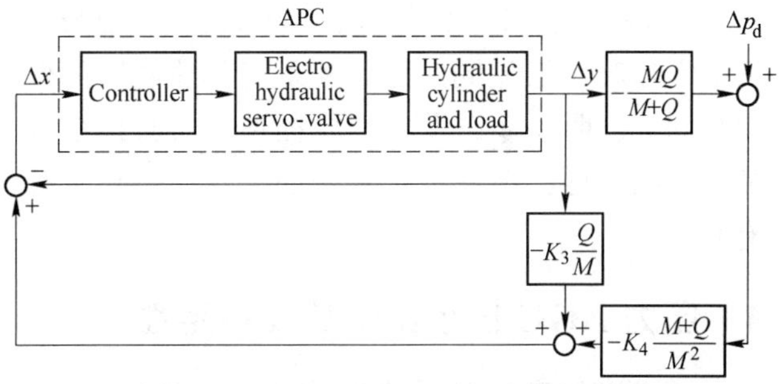

图 4　动态设定型变刚度厚控系统框图

由图 4 和图 2 上部分 APC 输入值，很容易说明动态设定型响应速度快的原因。当 ΔP_{d} 阶跃扰动加入时，计算出辊缝调节量为 $-\frac{M+Q}{M^2}K_4\Delta P_{\mathrm{d}}$，当辊缝改变后，压力增加 $\Delta P_{\phi}\left(-\frac{MQ}{M+Q}\Delta Y\right)$。在相加点，$\Delta P_{\phi}$ 与 $-K_3\frac{Q}{M}\Delta Y$ 相抵消，即：

$$\left(-\frac{MQ}{M+Q}\Delta Y\right)\cdot -K_4\frac{M+Q}{M^2}-K_3\frac{Q}{M}\Delta Y=0$$

动态设定型的控制厚度的辊缝设定值只与外界扰动有关，与控制厚度的辊缝变化过程无关，使 AGC 的响应速度恒等于 APC 的响应速度。

3　与其他厚控系统共用的相关性分析

实际的厚控系统，大都是由压力 AGC、监控、前馈和张力 AGC 等几种厚控方式组合一起使用。不同种类的压力 AGC 与其他厚控方式一起使用的特性不同，文献［4］详细研究了各种情况，主要结果如下。

动态设定型与监控、前馈是相容的，而且无相互干扰影响，保持各自的控制效果，即模型公式不变；BISRA 系统也是相容的，但它们之间有相互影响，模型公式有变化。文献［4］推导出的模型公式变化如表 1 所示。

本文只列写出监控与动态设定型共用时的关系，其他的见文献［4］。

为简明起见，以当量刚度为无限大为例，即 $K_3=K_4=1$，图 5 中的 $-K_3\frac{Q}{M}$ 为 $-\frac{Q}{M}\neq 0$；$-K_4\frac{M+Q}{M^2}$ 为 $-\frac{M+Q}{M^2}$。

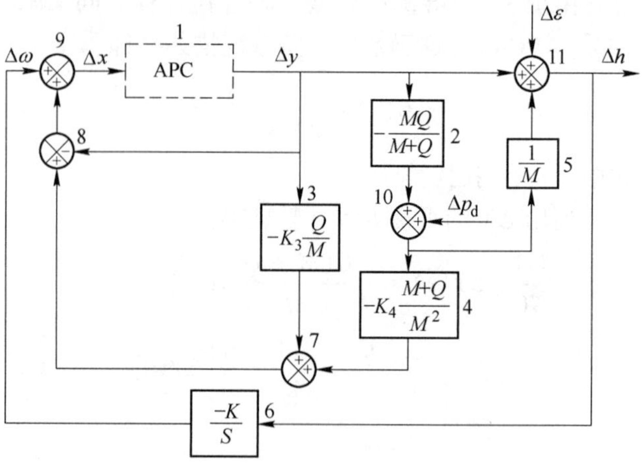

图 5　动态设定型与监控并用框图

当辊系阶跃扰动 $\Delta\varepsilon$ 作用下，经调节过程达到平衡时，$\Delta X=0$。列写其方程：

$$\Delta\omega-\Delta Y-\frac{Q}{M}\Delta Y+\left(-\frac{MQ}{M+Q}\right)\cdot\left(-\frac{M+Q}{M^2}\right)\Delta Y=0$$

$$\Delta\omega=\Delta Y \tag{13}$$

表 1　前馈、监控与各种压力 AGC 共用模型变化

方式 ＼ 模型 ＼ 方式	单独使用	与 BISRA(或测厚计型)联合使用	与动态设定型联合使用
监控	$\Delta\omega=-\frac{M+Q}{M}\Delta h$	$\Delta\omega=-\Delta h$	$\Delta\omega=-\frac{M+Q}{M}\Delta h$
前馈	$\Delta\omega=-\frac{Q}{M}\Delta H$	$\Delta\omega=-\frac{Q}{M+Q}\Delta H$	$\Delta\omega=-\frac{Q}{M}\Delta H$

上面推导表明，由监控输入的辊缝改变值与辊缝的实际改变值相同，与监控系统单独使用的效果相同。证明了动态设定型厚控系统与监控系统的相互独立性，这一点对系统的设计、调整十分有利。

4　压力 AGC 抗系统干扰及稳定性

这里指的干扰是组成系统的元件性能变化、系统参数变化以及电源等方面的干扰。

轧板过程保持轧件出口厚度不变的主要办法，是时时刻刻正确给定辊缝值并使实际辊缝与设定辊缝相一致。系统本身的变化对辊缝的影响降低到最低程度，才能保证装置有厚控系统的轧机稳定生产。三种压力 AGC 抗系统干扰的性能是不相同的，下面引用控制理论中的反馈原理对三种压力 AGC 作出分析。

测厚计型如图 3 所示，只有厚度闭环，无辊缝位置闭环。从日本引进的武钢 1700mm 热连轧机的电动压力 AGC 就是这种厚控方式，无辊缝闭环。陈振宇在仿真研究武钢热、冷连轧厚控系统时[5]，指出无辊缝闭环的缺点，提出增加辊缝闭环的方案。

测厚计型的响应速度虽然比 BISRA 快，但它无辊缝闭环，在稳定性方面低于 BISRA，我国的

AGC 实践证明了这一点。无辊缝闭环的测厚计型用于电动压下系统上是可行的，因为电动压下能自锁，系统元件及控制系统电源波动等干扰不足以使压下马达起动。在液压压下系统方面，无辊缝闭环，系统就难正常进行。而有辊缝闭环的 BISRA 系统，AGC 能正常运行，如洛阳铜加工厂的 800mm 四辊可逆冷轧机，第一重型机器厂制造的液压 AGC 系统[6,7]下面用控制理论，分析一下测厚计型 AGC 稳定性差的原因。

为了分析问题的方便，可把图 3、图 4 分别简化成图 6(a)、图 6(b)，即一个辊缝开环系统，一个辊缝闭环系统。系统的传递函数以 $G(s)$ 表示，反馈环是单位反馈。

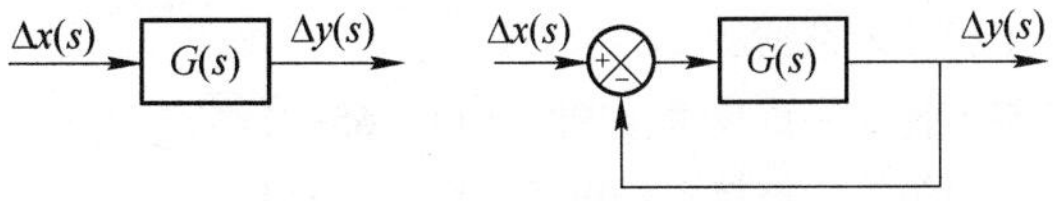

(a) (b)

图 6　简化的辊缝控制系统图

（a）开环系统；（b）闭环系统

假定由于系统参数的变化（这在液压系统中是容易发生的，如摩擦系数变化、管路泄漏、电源波动等），$G(s)$ 变成 $G(s)+\Delta G(s)$，式中 $|G(s)| \geqslant |\Delta G(s)|$，那么在图 6(a) 所示开环系统的输出为：

$$\Delta Y(s) + \Delta^2 Y(s) = [G(s) + \Delta G(s)] \cdot \Delta X(s)$$

因此，输出的变化是：

$$\Delta^2 Y(s) = \Delta G(s) \cdot \Delta X(s) \tag{14}$$

在图 6(b) 所示的闭环系统的输出为：

$$\Delta Y(s) + \Delta^2 Y(s) = \frac{G(s) + \Delta G(s)}{1 + G(s) + \Delta G(s)}\Delta X(s)$$

因此，输出的变化近似为：

$$\Delta^2 Y(s) \approx \frac{\Delta G(s)}{1 + G(s)}\Delta X(s) \tag{15}$$

对比式（14）、式（15）明显看出，由系统参数变化，闭环系统的输出变化比开环系统减少 $\frac{1}{1+G(s)}$ 倍。而 $1+G(s)$ 的值远远大于 1。

以上分析证明，有辊缝闭环的动态设定型和 BISRA 型，在抗系统参数变化和稳定性方面，优于测厚计型。

5　动态设定型变刚度厚控方法的实用效果

它已成功地应用在第一重型机器厂的 ϕ90mm/ϕ200mm×200mm 四机架冷连轧的第 1、4 机架的液压压下系统上，控制系统由计算机实现[8]，1986 年 11 月通过冶金部和机械部联合鉴定。系统的测试结果表明，动态设定型的快速性、与监控并用的独立性等优点与理论分析完全一致，下面列写出实测结果。

5.1　阶跃响应速度实验

在第四机架上，通过阶跃响应实验法，测得动态设定型的不同给定 Q 值和 BISRA 动态响应过程。由 PDP11/44 型过程控制机采样，描出动态响应图 7。

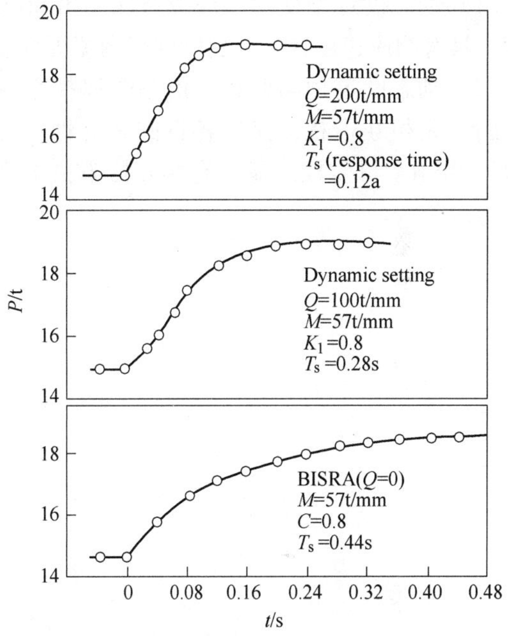

图 7　阶跃响应速度对比图示

图 7 所示的实测结果与前边的理论分析结论一致，证明了动态设定型响应速度快。

5.2　与监控 AGC 无相互干扰实验

图 8 是通过把 M_c 设定为零，人工改变辊缝测得的辊缝和压力变化过程，由此证明在 $M_c=0$ 条件下，可以执行测厚仪输出的辊缝改变信号。

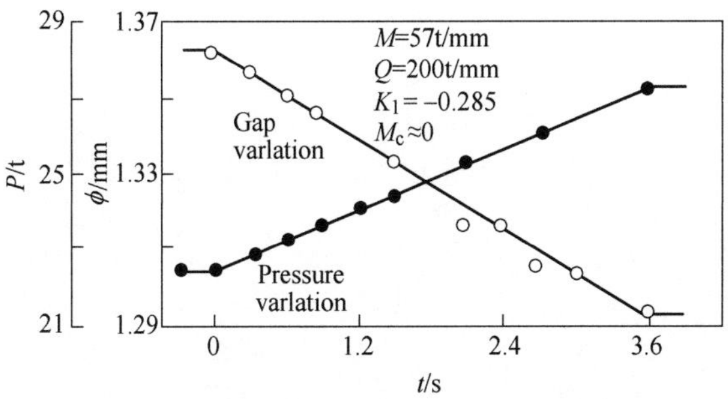

图 8　动态设定型软特性（$M_c \approx 0$）允许监控投入图示

BISRA 软特性与监控是不相容的，例如由测厚仪测得出口厚度有正偏差，监控系统要使辊缝减小；辊缝减小则使轧制压力增加，BISRA 则要使辊缝增加，以保持压力不变。因此，在以往冷连轧控制系统中，末机架用软特性时，只能用张力 AGC。动态设定型软特性与监控相容，则在第四机架同时采用了张力 AGC 和监控 AGC 等三种厚控方法共存的方案，大厚度偏差调辊缝，小偏差调张力设定值；软特性减少轧辊偏心影响，改善板形质量。

6　结论

（1）动态设定型变刚度厚控方法与 BISRA 相比较，具有响应速度快、可变刚度范围宽等优点。

（2）动态设定型与监控、前馈等厚控系统是相容的，无相互干扰，保持各自的独立性；测厚计型和 BISRA 与监控、前馈有相互影响，本文给出了定量关系。

（3）动态设定型和 BISRA 都有辊缝闭环，它们抗系统参数变化和稳定性大大优于测厚计型厚控系统。

（4）动态设定型变刚度厚控方法已成功地应用在 ϕ90mm/ϕ200mm×200mm 四机架冷连轧机上，应当在我国大力推广应用。

参考文献

[1] 张进之．冶金自动化，1982（2）：15-20.

[2] 张进之．钢铁研究总院学报，1983，3（2）：296-301.

[3] 张进之．冶金自动化，1984（1）：24-29.

[4] 张进之．冶金自动化，1987（6）．

[5] 陈振宇．冷、热连轧机 AGC 系统的仿真研究，1700 工程技术总结．

[6] 赵恒传．一重技术，1985（1）：65-71.

[7] 王恩策．一重技术，1985（1）：71-81.

[8] 李炳燮，陈德福，等．一重技术，1987（1）：39-51.

（原文发表在《钢铁研究总院学报》，1988，8（2）：87-94）

轧件塑性系数新测量方法及其应用

张进之

（钢铁研究总院）

摘　要　Q 是反映轧制过程中轧件力学性能的参数，直接决定厚度控制系统参数设定和控制效果。本文对两种可供计算机在线控制使用的测 Q 新方法作了误差理论分析和实验数据分析，证明由压力 AGC 参数方程推出的测 Q 方法精确度高，可供实用。

New method for measuring plastic coefficient of rolling stock and its application

Zhang Jinzhi

(Central Iron & Steel Research Institute)

Abstract: The parameter reflecting mechanical properties of rolling stock is value Q which determines directly both parameter setting for thickness control system and control effect. This paper deals with two method for measuring Q used for on-line computer control with theory of error and experimental data analyses. It is proved that the precision of Q measuring method deduced from the equation of parameters of the pressure AGC is higher than the other, therefore it may be applied in practice.

1　引言

现代板带轧机普遍采用了厚度自动控制系统（简称 AGC），由于厚差测量或控制方式不同，主要有压力、监控、预控和张力等四种 AGC。这四种厚控方式的数学模型中都包含轧件塑性系数 Q。因此，精确、快速测量 Q 的问题，是轧钢过程自动化与计算机在轧制过程最有效的应用基础问题，也是现代轧制理论研究中的主要问题。

Q 的定义是$-\dfrac{\partial P}{\partial h}$，通常用$\dfrac{P}{H-h}$算式代替。近似算式误差较大，误差产生的第一原因是线性化假定，即实际压下量点处的切线斜率与平均斜率差别较大；其二是该方法需要测量轧件出、入口厚度，包含了厚度测量误差，薄轧件误差更大。因此，需要寻求不用测量厚度值的 Q 计算方法。文献［1］根据辊缝变化与压力变化之间关系，推导出 Q 计算公式

$$Q = \frac{M}{M\dfrac{\Delta\phi}{\Delta P} - 1} \tag{1}$$

文献［2，3］根据压力 AGC 参数方程，推导出另一种 Q 值计算公式

$$Q = \frac{-M \cdot \Delta\phi - \Delta P_{d} \cdot K_{B}}{\dfrac{\Delta P_{d}}{M} \cdot K_{B} - \Delta\phi(1 - K_{B})} \tag{2}$$

式中　$\Delta\phi$——辊缝变化量；

M——轧机刚度系数；

K_{B}——厚控系统参数；

ΔP_{d}——压力锁定值增量；

ΔP——实测压力值增量。

本文根据误差理论分析证明，式（1）虽然在数学推导上是正确的，但精度太低；而式（2）精度高，可供实用。天津材料研究所电子计算机控制的三机架冷连轧机和第一重型机器厂电子计算机控制的四机架冷连轧机的测 Q 实验数据，完全

验证了误差理论分析的结论。

2　两种新测 *Q* 方法的实现

测量在头部最低轧制速度下进行，式（1）的测量方法是在 AGC 未投入的条件下，主动改变辊缝值；式（2）的测量方法是在 AGC 投入的条件下，主动改变压力锁定值。

2.1　改变辊缝的测 *Q* 方法

为了由式（1）计算出 Q 值，在轧机刚度系数为已知的条件下，必须同时测量出辊缝和压力的改变值。由计算机给出辊缝变化的方波（或正弦波）信号，辊缝按其设定值变化将引起轧制压力的相应变化，由压头（或压力传感器）和辊缝仪同时测量出辊缝和压力的变化值。当然，压力的变化不仅仅是由辊缝变化引起，还有轧件入口厚度和硬度的变化引起的部分，此当作误差处理。

2.2　AGC 的测 *Q* 方法

在开轧最低轧制速度下，投入 AGC 系统，由计算机给出改变压力锁定值的方波信号。在轧件状态无变化的情况下，由于压力锁定值的改变，AGC 系统动作将使辊缝变化，由辊缝仪可将辊缝改变值测量出来。轧件入口厚度和硬度变化引起的辊缝变化也当作误差处理。由于轧制速度很低，测量时间短，轧件状态变化是比较小的，故这部分测量误差也比较小。由测量出的辊缝改变值 $\Delta\phi$，已知的压力锁定值改变量 ΔP_d、K_B、M，代入式（2）就可计算出轧件塑性系数 Q 值。

由头部低速段实测出的 Q 值，赋给程序中的相应单元，供正常轧制时厚控系统使用。

3　*Q* 计算公式的误差分析

为了便于比较，取式（2）中的 $K_B=1$，令辊缝减少为正，并将式（1）、式（2）写成 $\frac{Q}{M}$ 的形式

$$\frac{Q}{M}=\frac{1}{M\dfrac{\Delta\phi}{\Delta P}-1} \qquad (1)'$$

$$\frac{Q}{M}=M\frac{\Delta\phi}{\Delta P_d}-1 \qquad (2)'$$

按误差计算公式，式（1）′、式（2）′两式的误差计算式分别为式（3）、式（4）两式。

$$\Delta\left(\frac{Q}{M}\right)=\frac{M\cdot\Delta\phi}{(M\cdot\Delta\phi-\Delta P)^2}\Delta^2P+\frac{M\cdot\Delta P}{(M\cdot\Delta\phi-\Delta P)^2}\Delta^2\phi \qquad (3)$$

$$\Delta\left(\frac{Q}{M}\right)=\frac{M\cdot\Delta\phi}{\Delta P_d^2}\Delta^2P_d+\frac{M}{\Delta P_d}\Delta^2\phi \qquad (4)$$

令 $\Delta\phi=0.1\text{mm}$，$M=0.42\text{MN/mm}$，可以计算出不同 $\frac{Q}{M}$ 数值下的 ΔP、ΔP_d、$\frac{M^2}{M+Q}$、$\frac{M\cdot Q}{M+Q}$ 等的数值；从而计算出误差计算公式中的偏导数，即表 1 列出的各偏导数数值。

表 1　偏导数数值表

$\frac{Q}{M}$	$\frac{M\Delta\phi}{(M\Delta\phi-\Delta P)^2}$	$\frac{M\Delta P}{(M\Delta\phi-\Delta P)^2}$	$\frac{M\Delta\phi}{\Delta P_d^2}$	$\frac{M}{\Delta P_d}$
0.2	0.343	2.413	0.343	12
0.5	0.5357	7.5	0.5357	15
0.8	0.771	14.388	0.771	18
1	0.9523	20	0.9523	20
2	2.143	60	2.143	30
3	3.810	120	3.810	40
4	5.952	200	5.952	50
5	8.571	300	8.571	60
⋮	⋮	⋮	⋮	⋮
10	28.787	1100	28.787	110

令

$$A=\frac{M\cdot\Delta\phi}{(M\cdot\Delta\phi-\Delta P)^2}$$

$$B=\frac{M\cdot\Delta P}{(M\cdot\Delta P-\Delta P)^2}$$

$$C=\frac{M\cdot\Delta\phi}{\Delta P_d^2}$$

$$D=\frac{M}{\Delta P_d}$$

由表 1 数值表明，$C=A$。图 1 是误差系数 A、B、D 与 $\frac{Q}{M}$ 之间函数关系图。

在实际测量 Q 值时，两种测 Q 方法都包含辊缝测量误差，式（3）还含有压力测量误差和轧件状态误差 Δ^2P_d；而式（4）没有压力测量误差。据此分析，可将式（3）、式（4）写成

$$\Delta\left(\frac{Q}{M}\right)=A\cdot(\Delta^2P+\Delta^2P_{df})+B\cdot\Delta^2\phi \qquad (5)$$

$$\Delta\left(\frac{Q}{M}\right)=A\cdot\Delta^2P_{df}+D\cdot\Delta^2\phi \qquad (6)$$

在实际钢板轧制过程中，特别是冷轧，$\frac{Q}{M}$ 远

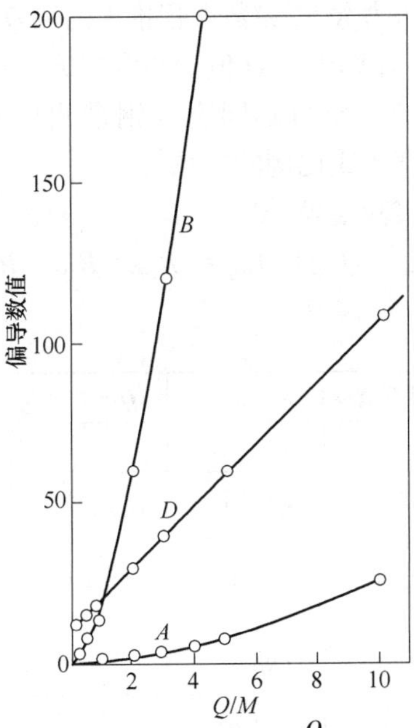

图 1　误差偏导数值与$\frac{Q}{M}$关系

远大于 1。因此，式（1）测 Q 方法的辊缝部分误差比式（2）大得多，而且式（2）的方法不包含压力测量误差。总之，新的测 Q 方法式（2）的精确度大大高于式（1）的方法。

4　两种测 Q 新方法的实验结果

4.1　天津冶金材料研究所的实验

4.1.1　实验条件

实验在三连轧机的第一机架上进行，电动压下，由 DJS-130 小型电子计算机实现 DDC-AGC 系统，工作辊直径 ϕ90mm，$M=0.42$MN/mm，$Q=1\sim3$MN/mm。试样厚度为 0.47mm 的 B_2F 硬化钢带和 0.30mm 厚的 4J29 合金带，宽度为 100mm、150mm、200mm 三种。其他详见参考文献［3］。

4.1.2　实验方法

DDC-AGC 系统可方便地改变控制方案和参数值。改变不同的 K_B 值（0.8，0.9，0.94，1，1.1，1.2，…），由事先轧成台阶状坯料或 AGC 投入后改变压力锁定值制造阶跃，进行 AGC 控制过程实验。反复实验证明，由改变压力锁定值的办法既简便又准确，所以 AGC 阶跃调节过程实验是采用改变压力锁定值的方法。K_B 选用不同值是为研究压力 AGC 跑飞条件而作的，只为测量 Q 值，不用专门改变它，取实际压力 AGC 系统中的 K_B 就行（一般称之为可变刚度系数 C）。向轧机送入不同宽度板带并给予一定压下量后，压力 AGC 系统投入，人为地改变压力锁定值，经一个过渡达到新的稳态值。在此过程中，由计算机采集压力、辊缝、电压等数值，采样周期为 0.1s，同时还用紫外线示波器记录压力、辊缝等动态过程。

由测到的两个稳态辊缝值之差 $\Delta\phi$ 和计算机控制程序中的 K_B、ΔP_d 等值就可以由式（2）计算出该法求出的 Q 值；由 $\Delta\phi$ 和两个稳态压力差 ΔP，就可以由式（1）计算出该方法的 Q 值。

4.1.3　实验结果

实验结果见表 2。

表 2　天津实验结果

钢种	厚度/mm	宽度/mm	K_B	压力值/$\times10^4$N				$\Delta\phi$/mm	Q 计算值/$\times10^4$N·mm^{-1}	
				锁定	终止	ΔP	ΔP_d		式（1）	式（2）
B_2F	0.465	200	1.10	6.7	29.1	22.4	2	−0.641	208.0	212
	0.470	150	1.15	9.1	30.9	21.8	2	−0.584	335.6	156
	0.470	100	1.30	5.4	28.9	23.5	2	−0.792	101.0	102
4J29	0.300	200	1.23	9.8	27.1	17.3	2	−0.562	115.2	113
	0.295	150	1.25	9.9	26.7	16.8	2	−0.584	91.3	107
	0.300	100	1.40	9.7	26.4	16.7	2	−0.556	105.4	71

4.2　第一重型机器厂实验

4.2.1　实验条件

实验在四机架冷连轧机组的第四机架上进行，液压压下，由 TP-86A16 位单板机实现 DDC-AGC 控制，上位机是 PDP-11/44 小型机，实现设定控制和采样。工作辊直径为 ϕ90mm，$M=0.55$MN/mm，$Q=0.5\sim2.5$MN/mm。试样为厚度 1.7mm 退火状态的 B_2F 钢带，宽度有 105mm，180mm 两种。其他详细情况可参阅文献［4，5］。

实验方法与天津相同，但 K_B 取值都小于 1。

4.2.2　实验结果

实验结果见表 3。

4.3　实验结果的分析

天津材料研究所和第一重型机器厂的实测数据，由压力 AGC 参数方程推出的测 Q 计算公式，即式（2）计算出的 Q 值，与常规方法计算出的 Q 值是接近的。而与不同宽度钢带测出的 Q 值比，具有与宽度比成比例的关系。

天津实验结果

$$Q_{200} : Q_{150} : Q_{100} \approx B_{200} : B_{150} : B_{100}$$

表 3　一重厂实验结果

宽度/mm	K_B	ΔP_d/N	ΔP/N	$\Delta\phi$/mm	Q 计算值/$\times10^4$N · mm^{-1}		Q 平均值/$\times10^4$N · mm^{-1}	
					式（1）	式（2）	式（1）	式（2）
180	0.8	20000	55420	−0.135	162.0	103.8	194.9	98.0
			49850	−0.135	112.4	103.8		
			54910	−0.120	272.3	94.16		
			51690	−0.116	234.7	91.40		
			53080	−0.124	193.1	96.85		
105	0.8	20000	33190	−0.081	160.6	63.02	160.7	63.23
			33530	−0.080	176.0	62.08		
			32130	−0.085	120.8	66.70		
			32290	−0.079	159.1	61.16		
			33900	−0.089	123.9	67.39		
			34150	−0.077	223.9	59.21		

即：212 : 156 : 102≈200 : 150 : 100

一重厂实验结果

$$Q_{180} : Q_{105} \approx B_{180} : B_{105}$$

即：98.0 : 63.23≈180 : 105

这与轧钢工艺理论分析相符，由此证明公式（2）计算 Q 值是正确的。

同样的采样数据，由式（1）计算出的 Q 值与常规方法计算的 Q 值相差很大，而且不存在不同宽度 Q 值比与宽度成比例的关系。

对测量结果稳定性而言，式（2）比式（1）要高得多。宽度为 180mm 的数据，式（1）ΔQ_{max} = 159.9，式（2）ΔQ_{max} = 12.4；宽度 105mm 的数据，式（1）ΔQ_{max} = 103.1，式（2）ΔQ_{max} = 7.47。

以上实测数据的分析结果，与式（5）、式（6）的结论是完全一致的。

式（1）是双曲线函数，当 $M\cdot\dfrac{\Delta\phi}{\Delta P}=1$ 时，Q 无穷大，即 Q 不存在；而 $M\cdot\dfrac{\Delta\phi}{\Delta P}$ 在 1 附近时，压力和辊缝的测量误差，必将产生巨大的 Q 值计算误差。实际上，$M\cdot\dfrac{\Delta\phi}{\Delta P}$ 值正是在 1 值的附近。在轧机上测 Q 时，由于压力和辊缝测量误差，出现过 $M\cdot\dfrac{\Delta\phi}{\Delta P}$ 小于 1 的情况，使 Q 变成很大的负数。改变表 3 的一组数据，令 $\Delta\phi$、ΔP 改变，可以计算出 Q 值的变化，如表 4 所示。

表 4　辊缝或压力变化引起 Q 值的变化

参数		$\Delta\phi$/mm	ΔP/N	Q /MN · mm^{-1}	Q 变化/%
原数值		0.081	33190	1.606	
变化量	$\Delta^2\phi=0.01$	0.091	33190	1.083	32.5
	$\Delta^2\phi=-0.01$	0.071	33190	3.115	94.0
	$\Delta^2P=5000$	0.081	38190	3.303	105.6
	$\Delta^2P=-5000$	0.081	28190	0.948	40.9

从表 4 中看到，辊缝改变 0.01mm 或压力改变 5000N 是在测量误差范围内的，而由式（1）计算出的 Q 值却成倍地改变。

5　结论

（1）由压力 AGC 参数方程推导出的新测 Q 方法，精确度高，测量简便，可供计算机过程控制在线使用。

（2）由压力与辊缝变化之间函数关系推导出的测 Q 方法，计算公式推导虽然正确，但测量误差影响太大，难以在生产中应用。

参考文献

[1] 松宫克行ほか. 神户制钢技报，1983，33（2）：56-59.
[2] 张进之. 冶金自动化，1984（1）：24-31.
[3] 吴铨英，等. 电气传动，1982（6）：59-68.
[4] 李炳燮，等. 一重技术，1987（1）：39-51.
[5] 张进之，等. 一重技术，1987（1）：61-71.

（原文发表在《钢铁》，1989，24（2）：33-37）

提高中厚板轧机压力预报精度的途径

张进之，白埃民

（钢铁研究总院）

摘　要　由正常工况下的压力、辊缝等实测数据，采用“K-μ”估计方法优选出轧制压力和变形抗力公式，提出了确定钢种变形抗力参数的方法，提高了压力预报精度。优选出志田茂压力公式作为中厚板轧机的实用压力计算公式。该法由于使测不准的轧件厚度和温度成为中间变量，从而减少了测量误差。

How to improve prediction of pressure in plate polling

Zhang Jinzhi，Bai Aimin

（Central Iron & Steel Research Institute）

Abstract：On the basis of practical data of pressure and gap under normal rolling conditions，a formula of pressure and deformation has been formed by “K-μ” estimation，at the same time method for determining the deformation resistance parameters has been also worked out. All of these improve the prediction of pressure in rolling a lot than before. The Sita's formula，an optimum one is used in pressure calculation. The method by making the thickness and temperature（which are difficult to measure accurately during rolling）as intermediate variables can reduce the tolerances of measurement.

1　概述

在计算机控制中厚板生产时，为得到尺寸精确、板形良好和性能满足要求的成品，并在生产过程中确保轧机处于最佳工作状态，必须建立完整的计算机所应用的数学模型。轧制压力模型是所有模型的核心，故其预报精度决定了计算机控制模型的水平。

在轧制压力实测和理论研究方面，许多人做了工作，推导出许多轧制压力公式，概括可写成

$$P = 1.15KBL_CQ_P \tag{1}$$

式中　P——轧制压力；

B——轧件宽度；

L_C——轧件与轧辊接触弧长；

K——轧件变形抗力；

Q_P——应力状态系数，各轧制压力公式中有不同的表达式。

提高轧制压力预报精度的途径是，在实验室的变形抗力测量仪上测出不同温度 T、变形量 ε、变形速度 u_c 等条件下的各钢种的变形抗力值，经数学处理求得变形抗力模型及参数值（如式(2)~式（7)），其中 a、b、c、d、g 和 n 由相应钢种的实验数据求得。

$$K_1 = \exp(a + bT)u_C^{(a+dT)}\varepsilon^n \tag{2}$$

$$K_2 = a\exp\left(\frac{b}{T}\right)u_C^{cT}\varepsilon^n \tag{3}$$

$$K_3 = a\exp(bT)\left(\frac{u_C}{10}\right)^{(c+dT)}\left[f\left(\frac{\varepsilon}{0.4}\right)^n - (f-1)\frac{\varepsilon}{0.4}\right] \tag{4}$$

$$K_4 = a\exp[(-bT)1000 \cdot T - 273]u_C^{(c+dT)}\varepsilon^n \tag{5}$$

$$K_5 = a\exp\left(b + \frac{c}{T}\right)\left(\frac{u_C}{10}\right)^{(d+gT)}\left[f\left(\frac{\varepsilon}{0.2}\right)^n - (f-1)\frac{\varepsilon}{0.2}\right] \tag{6}$$

$$K_6 = a\exp\left(b + \frac{c}{T}\right)\left(\frac{u_C}{10}\right)^{(d+gT)}\left[f\left(\frac{\varepsilon}{0.4}\right)^n - (f-1)\frac{\varepsilon}{0.4}\right] \tag{7}$$

式中

$$\varepsilon = \ln \frac{H}{h}$$

$$T = \frac{t + 273℃}{1000}$$

通过改进实验和测量方法，使其模型参数的方差减少可提高压力预报的精度。在此基础上再进一步做轧制过程的实测压力与预报压力值的比较，修正 Q_P，表达式中的参数或推导出新的 Q_P 经验公式，以更大地提高预报精度。

上述方法在实际生产中的效果是明显的，但必须对每个钢种做大量实验，不仅成本高且所取小试样不能代表同一钢种在轧制过程中的具体状况，因同一钢种的不同炉、罐的钢其变形抗力有较大的差别。

本文提出的提高压力预报精度的方法，是去掉变形抗力实验，直接由正常工况下的实测数据，引用“$K-\mu$”估计方法[1]，优选适用某轧机的轧制压力和变形抗力公式，同时确定各钢种的变形抗力公式中的参数。

本文优选的压力公式见表 1。用各种压力公式计算的结果见表 2、表 3。

2 压力和变形抗力公式优选及钢种参数确定

由计算机采集四辊精轧机各道次的辊缝、压力、轧制时间、间隙时间、温度等，记录坯料重量、宽度、轧辊半径、从离粗轧到精轧开轧时间等。本文从 16Mn、20g、3C 等五种钢的生产工艺记录中，各取若干数据作为原始数据，在“$K-\mu$”

表 1 优选的压力公式

序号	1	2	3	4	5	6	7	8	9	10	11
名称	鲁可夫斯基	Sims	日立	志田 1	志田 2	艾克隆德	美坡佳助	Hill	柴力科夫	上钢一厂	西德 AEG

表 2 2800mm 轧机轧制对比结果

No.	h/mm	各压力公式的计算值/$\times10^4$N					备 注
		鲁可夫斯基	Sims	日立	志田	上钢一厂	
1	51.5	1199.61	1226.91	1222.59	1214.29	1299.59	$H=60$mm $R_1=380$mm $B=2200$mm $t_{开}=1050℃$ $t_{终}=872℃$ $u=1000$mm/s
2	46.5	840.20	831.71	833.44	824.87	897.33	
3	42	812.25	817.74	819.40	811.24	895.77	
4	37.5	862.18	891.04	878.07	883.20	991.81	
5	33.5	842.34	878.73	974.35	871.28	994.81	
6	29.5	929.63	975.66	1101.10	966.89	1121.05	
7	25.5	1068.20	1104.69	1117.98	1094.99	1284.95	
8	22	1105.08	1121.84	939.27	1112.54	1330.64	
9	19.5	916.24	940.07	873.79	933.00	1154.64	
10	17.5	851.40	873.39	794.14	867.91	1100.53	
11	16	734.56	762.1	764.14	759.81	987.10	

表 3 2350mm 轧机控制轧制优化规程对比结果

轧程	No.	各压力公式的计算值/$\times10^4$N				备注
		鲁可夫斯基	Sims	日立	志田茂	
I	1	1274.16	1230.38	1222.53	1218.99	$H=100$mm $h=45$mm $t_{开}=1050℃$ $t_{终}=1020℃$ $R_1=350$mm $B=1800$mm
	2	1296.65	1283.10	1274.57	1271.82	
	3	1340.23	1344.69	1334.92	1333.49	
	4	1402.14	1422.88	1412.98	1413.22	
	Σ	5313.18	5281.05	5245	5237.52	

续表 3

轧程	No.	各压力公式的计算值/$\times10^4$N				备注
		鲁可夫斯基	Sims	日立	志田茂	
Ⅱ	1	1369.94	1382.13	1374.49	1373.20	$H=45$mm $h=16$mm $t_{开}=923.5$℃ $t_{终}=850$℃
	2	1367.72	1381.52	1373.91	1372.37	
	3	1366.19	1380.83	1373.23	1371.49	
	4	1367.44	1380.10	1373.47	1370.61	
	5	1201.09	1240.71	1324.18	1231.10	
	6	1035.97	1064.19	1056.94	1060.58	
	Σ	7708.35	7829.48	7785.22	7779.35	

估计的程序中由上述 11 个轧制压力公式和 6 个变形抗力公式，用 Marqurdt[2] 法作为“K-μ”估计的基本算法，用差分法求导，每个钢种进行 66 个方案的优选，一个压力公式对 6 个变形抗力公式的均方差平均值作为该压力公式的均方差（表 4）；一个变形抗力公式对 11 个压力公式的均方差平均值作为该变形抗力公式的均方差（表 5）。本文所指均方差系指其估计值剩余标准差，表 6 列出 16Mn 各压力公式和变形抗力公式的均方差。

表 4　各公式均方差值　（$\times10^4$N）

变形抗力公式	(2)	(3)	(4)	(5)	(6)	(7)
A_3	88.7	89.96	86.95	89.51	87.11	87.25
09SiVTi	92.34	93.39	91.16	92.79	91.50	91.58
3C	49.46	58.91	44.52	54.2	—	—
16Mn	66.19	68.68	62.04	67.67	62.96	62.95
20g	66.42	69.03	51.5	68.45	52.07	52.07
平均值	72.62	75.99	67.23	74.52	73.41	73.33

表 5　各公式均方差值　（$\times10^4$N）

压力公式	(1)	(2)	(3)	(4)	(5)	(6)	(7)	(8)	(9)	(10)	(11)
A_3	66.07	94.42	94.16	91.46	89.91	80.08	96.65	86.96	80.11	86.06	97.11
09SiVTi	72.5	97.44	97.12	95.09	97.73	91.99	99.3	90.53	82.19	90.2	99.29
3C	67.87	53.42	52.73	48.43	43.39	50.99	51.57	49.12	52.67	48.96	50.92
16Mn	72.08	65.03	64.71	63.12	62.94	64.66	64.42	63.25	65.93	65.53	64.44
20g	54.71	60.52	60.09	56.57	56.97	59.51	60.6	54.13	60.57	74.62	60.54
平均值	66.65	74.16	73.76	70.93	50.64	69.45	74.5	68.8	68.3	73.04	74.46

表 6　16Mn 各公式均方差值　（$\times10^4$N）

压力公式 \ 变形抗力公式	(2)	(3)	(4)	(5)	(6)	(7)
(1)	70.02	75.20	68.6	80.4	69.13	69.13
(2)	66.21	68.33	61.39	69.76	62.24	62.24
(3)	66.36	68.53	61.19	67.64	62.26	62.26
(4)	63.91	65.37	61.14	63.94	62.18	62.12
(5)	62.03	64.27	62.02	63.42	62.95	62.95
(6)	66.66	69.06	61.07	67.11	62.03	62.03
(7)	66.16	68.19	61.25	66.22	62.35	62.35
(8)	63.95	65.73	61.31	63.95	62.28	62.28
(9)	68.47	72.09	61.65	68.51	62.53	62.53
(10)	68.24	70.52	61.58	68.26	62.30	62.3
(11)	66.15	68.17	61.25	66.15	62.35	62.54

从表4~表6看出，志田茂的式（2）最优越，因此在中厚板轧机上优选该公式作为在线优化轧制规程的计算公式。计算出的两个钢种的参数值见表7。志田茂式（2）及轧辊压扁半径的显式为

$$P = 1.15 \cdot K \cdot \sqrt{R'\Delta h} \cdot B \cdot Q_P \quad (8)$$

$$Q_P = 0.8 + \eta\left(\sqrt{\frac{R'}{H}} - 0.5\right) \quad (9)$$

$$\eta = \frac{0.052}{\sqrt{\varepsilon}} + 0.016,\ \varepsilon \leqslant 0.15 \quad (10)$$

$$\eta = 0.2\varepsilon + 0.12,\ \varepsilon > 0.15 \quad (11)$$

对应式（8）、式（9）、式（10）的R'显式

$$R' = \left(\frac{-KE \pm \sqrt{KE^2 - 4KE_1 \cdot KE_2}}{2KE_1}\right)^2 \quad (12)$$

式中 $KE = K(0.8\sqrt{\Delta h} - 0.026\sqrt{H})$；

$KE_1 = 0.052K - \dfrac{\Delta h}{CR}$；

$KE_2 = \dfrac{\Delta h}{C}$；

C——柯西可夫常数（可近似取为2.14×10^{-4}）。

对应式（8）、式（9）、式（11）的R'显式

$$R' = \left(\frac{-KE \pm \sqrt{KE^2 - 4KE_1 \cdot KE_2}}{2KE_1}\right)^2 \quad (13)$$

式中 $KE = K\left(0.74\sqrt{\Delta h} - \dfrac{0.1\Delta h^{\frac{3}{2}}}{H}\right)$；

$KE_1 = K\left[0.12\sqrt{\dfrac{\Delta h}{H}} + 0.2\left(\dfrac{\Delta h}{H}\right)^{\frac{3}{2}}\right] - \dfrac{\Delta h}{CR}$；

$KE_2 = \dfrac{\Delta h}{C}$。

表7 变形抗力参数值

钢种	a	b	c	d	n
16Mn	5.725	−2.176	1.248	−0.963	0.270
20g	4.138	−0.797	1.513	−1.231	0.334

3 分析讨论

3.1 “K-μ”估计在热轧中厚板应用可能性

“K-μ”估计法是针对冷连轧机生产过程数据处理提出的，引用连轧张力公式[3]和压力公式，经优化计算估计轧件变形抗力、轧件与轧辊间摩擦系数及中间机架板厚，解决了钢带厚度间接测量及轧制压力和前滑公式自适应的问题，成功地应用于可逆式冷轧机上[4]。并已证实，在中厚板轧机的模型优选和钢种系数的确定是可行的。

由表4、表5看出，本文所述方法均方差小于1MN；而由实验室做出的变形抗力模型（钢种系数），再经实测压力修正Q_P公式的均方差，上钢一厂2350mm四辊中板轧机为1.298MN[5]，1700mm热连轧机约为1MN。其数学模型的精度属于国内外先进水平。证明了“K-μ”估计得出的轧制压力数学模型的实用性。

3.2 使用条件和优点分析

热轧中厚板轧机应用“K-μ”估计方法的条件是，实测各道次的轧制压力、辊缝、轧制时间和道次间隔时间，粗轧终轧温度，从粗轧至精轧间隔时间，精轧终轧温度等。这些测量值，有计算机控制系统的轧机均可得到，而难于测量和测量不准的各道次钢板厚度和温度数值可以不要，这为该方法在生产轧机上应用创造了极为方便的条件。

轧件厚度按弹跳方程，由辊缝和压力值计算，各道次温度由粗轧温度按理论温降公式计算。由计算终轧温度与实测终轧温度差最小的目标函数，修正黑度、热传导、升温系数等参数，使温降公式反映实际温度变化规律。

得出的轧制压力模型的主要用途是预报各道次压力值，为APC提供所需的辊缝设定值，在保证设备安全条件下轧出合格钢板。在设定计算时所用的温降公式和弹跳方程与“K-μ”估计时是相同的，所以各道次温度和厚度均为中间变量，消除了测量误差。而从实验法求得变形抗力模型，在实用时的温度和厚度（压下率）的测量误差影响压力预报精度，减少温度和厚度测量误差的影响，则是“K-μ”估计法具有高精度的原因。

本法估计出来的钢种系数与真值之间尚存有差距，这是因为这些系数包含了压力和变形抗力公式与实际的差别及测量误差等。表8列出了相同工艺条件下的估计变形抗力与实测值的对比。实测值是由压力膨胀仪测得的，精度较高。

表 8　16Mn 变形抗力值的对比

道次	h/mm	T/℃	ε	u_C/s^{-1}	$K_{估}$ $/\times10^4N\cdot mm^{-2}$	$K_{测}$ $/\times10^4N\cdot mm^{-2}$	备注
1	53.14	1050	12.7	2.78	9.82	8.35	$H=60mm$；$R=350mm$；志田压力公式；变形抗力公式为式（2）
2	45.38	1044	14.6	4.14	10.26	8.88	
3	38.48	1038	15.2	5.64	10.50	9.30	
4	31.87	1030	17.2	7.68	11.03	10.9	
5	25.81	1020	19.0	7.38	11.8	11.0	
6	21.57	1008	16.4	9.27	11.79	11.6	
7	17.76	994	17.7	9.27	12.83	12.0	
8	15.56	977	12.4	9.96	12.48	12.5	
9	14.41	955	7.4	4.89	11.22	10.7	
10	13.95	930	3.2	4.37	9.61	9.3	

4　结论

（1）“K-μ”估计方法适用于中厚板轧机模型的优选及钢种系数的确定，建立了控轧控冷计算机控制生产线所需的 16Mn、20g 等钢种变形抗力模型。

（2）“K-μ”估计方法提高了压力预报精度，优于用实验室确定变形抗力并修正压力公式参数来提高压力预报精度的方法。

（3）按钢种确定变形抗力公式的参数，比引入化学成分的变形抗力的方法具有更高的精度。

（4）热轧中厚板轧机，优选志田茂式（2）为在线压力计算公式。

参 考 文 献

[1] 张进之．等．钢铁，1981，16（3）：35-40.

[2] Marquardt D. W.，J. Soc.，Indust APPL Math，1963：431-447.

[3] 张进之．金属学报，1978，114（2）：127-138.

[4] 冶金部钢研总院，等．可逆式冷轧机计算机控制数学模型及其应用软件研制报告．1987 年 11 月．

[5] 黎涤萍，等．上海金属，1984，6（3）：18-27.

（原文发表在《钢铁》，1990，25（5）：28-32，37）

热连轧机厚度设定与控制系统分析

王立平[1❶]，刘建昌[1❷]，王贞祥[1❸]，侯克封[2]，赵培哲[2]，张进之[3]

（1. 东北大学自控系，沈阳 110005；2. 本钢连轧厂；3. 钢铁研究总院）

摘 要 本文介绍1700mm热连轧机一种厚度、轧制压力的预设定方法和厚度控制系统。通过对该系统分析，证明系统与动态设定型一致，同时具有自己的特点。这对设计和改造热连轧机控制具有实际意义。

关键词 厚度分配；轧制压力；厚度自动控制（AGC）

A presetting method of the thickness and mill pressure and the analysis of the control system

Wang Liping[1], Liu Jianchang[1], Wang Zhenxiang[1],
Hou Kefeng[2], Zhao Peizhe[2], Zhang Jinzhi[3]

(1. Northeastern University; 2. Benxi Iron-steel Mill Factory;
3. Central Iron-steel Research Institute)

Abstract: This paper intrduces a kind of presetting method of the thickness and mill presure, and practical thickness control system on 1700mm hot strip mill. By analysing, this system is consistent with dynamic setting up module's, and has its own characteristics. It has practical meaning in designing and transforming control system of hot strip.

Key words: thickness assign; mill pressure; automatic gauge control (AGC)

1 前言

热连轧机是生产热轧板卷的主要轧钢设备，具有效率高、产量大、质量好、自动化程度高等特点。较小的厚度公差和良好板形是生产的主要指标。合理地分配各机架厚度，准确地预设定轧制压力和高精度的厚度自动控制（AGC）是实现高质量的保证。本文分析一种实用的厚度、轧制压力预设定方案和厚度控制系统，并研究该系统所具有的特点。

2 厚度、轧制压力预分配

精轧机组一般由6~7架轧机组成，每架有一定压下量，厚度依次减少，最终达到成品厚度。一般前面机架压下量尽可能大，而末架压下量和轧制压力不宜过大，以保证良好板形。为此有必要分析末架轧制压力与板形关系。

2.1 板形与轧制压力关系

板形断面（见图1）用板形系数 P 表示

作者简介：

❶王立平 1936年生于黑龙江。1960年毕业于东北工学院电力系，现为东北大学自动控制系副教授。长期从事自动控制教学和轧钢自动化研究工作，主要学术方向为轧钢自动化与计算机控制系统。

❷刘建昌 1960年生于辽宁。1984年毕业于东北工学院自控系，现为东北大学自动控制系讲师。主要学术方向为自动控制和轧钢自动化研究。

❸王贞祥 1937年生于上海。1962年毕业于东北工学院电力系，现任东北大学自控系副教授，主要从事控制理论研究。

$$P = \frac{2\Delta}{h} \tag{1}$$

式中，Δ 为板凸度；h 为板厚。

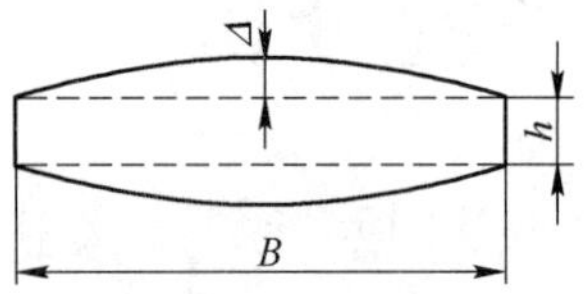

图 1　板断面

板形与轧辊形状、轧制压力、板厚均有关。以四辊轧机为例，设工作辊带凸度，按抛物线向两端磨削加工，如图 2 所示。工作辊凸度 U 为

$$U = U_{\mathrm{m}}\left(\frac{B}{B_{\mathrm{L}}}\right)^2 \tag{2}$$

式中，U_{m} 为最大凸度；B_{L} 为辊长；B 为板宽。

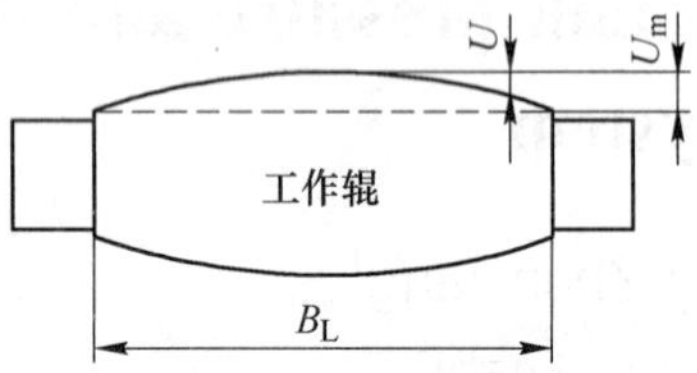

图 2　工作辊形状

设支持辊为圆柱平辊，轧制时轴颈压力 F 使支持辊弯曲，经工作辊作用于轧件上，见图 3。

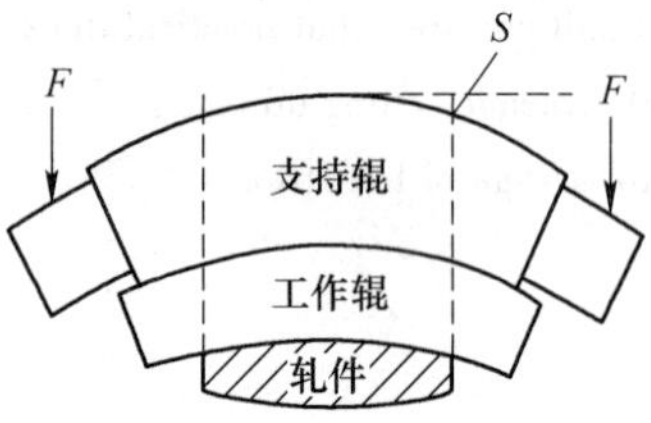

图 3　四辊轧机轧辊弯曲

支持辊径较大时，轧制压力 F 与支持辊弯曲度 S 近似为

$$F = \frac{S}{C_{\mathrm{B}}} \tag{3}$$

式中，C_{B} 为与支持辊、工作辊及板宽有关系数。

由于工作辊凸度与支持辊弯曲度 S 相反，轧件凸度 $\Delta = S - 2U$，板形系数 $P = \frac{2(S-2U)}{h}$，则式（3）为

$$F = \frac{S}{C_{\mathrm{B}}} = \frac{P \cdot h}{2C_{\mathrm{B}}} + \frac{2U_{\mathrm{m}}}{C_{\mathrm{B}}}\left(\frac{B}{B_{\mathrm{L}}}\right)^2 \tag{4}$$

为保证最佳板形 P 和轧出厚度 h，在一定辊系时，轧制压力 F 与板宽 B（平方）有关。当板宽一定时，轧制压力将影响板形和轧出厚度。

从上述分析可看出确定末机架轧制压力的重要性，同时也利于理解下面的应用式。

实际上，轧制压力还与压下量、温度、材质以及轧辊热膨胀和磨损等诸多因素有关。为简化计算，选定典型钢种（如 A_3F）的轧制工艺数据，经仿真计算和在 1700 连轧机多次实验，得出最佳板形时，末架和末前架轧制压力与板宽的关系式为

$$f_{\mathrm{b7}} = a_7 + b_7 B + c_7 B^2 \tag{5}$$

$$f_{\mathrm{b6}} = a_6 + b_6 B + c_6 B^2 \tag{6}$$

式中，a_6、a_7、b_6、b_7、c_6、c_7 为常数。当轧制材质和工艺数据与选定数据不同时，采用修正式

$$F_6 = (f_{\mathrm{b6}} \cdot K_{T06} \cdot K_{\mathrm{f06}} \cdot K_{\mathrm{ep}} \cdot K_{\mathrm{eh}} \cdot K_{\mathrm{te}} \cdot K_{\mathrm{ga}} + K_{\mathrm{s6}}) \times 1000(\mathrm{kN}) \tag{7}$$

$$F_7 = (f_{\mathrm{b7}} \cdot K_{T07} \cdot K_{\mathrm{f07}} \cdot K_{\mathrm{ep}} \cdot K_{\mathrm{eh}} \cdot K_{\mathrm{te}} \cdot K_{\mathrm{ga}} + K_{\mathrm{s7}}) \times 1000(\mathrm{kN}) \tag{8}$$

式中，K_{T0} 为精轧入口温度修正系数；K_{f0} 为板材强度修正系数；K_{ep} 为总压下量修正系数；K_{eh} 为成品厚度修正系数；K_{te} 为终轧温度修正系数；K_{ga} 为轧制机架数修正系数；K_{s} 为轧辊膨胀与磨损修正系数。

2.2　轧制压力计算式

根据西姆斯（Sims）轧制理论，确定轧制压力 F 算式为

$$F = BK_W\left(K_W R\frac{C}{2} + \sqrt{\left(\frac{K_W RC}{2}\right)^2 + R\Delta h}\right) - B\sqrt{R\Delta h}\,\frac{(\sigma_{\mathrm{E}} + \sigma_{\mathrm{A}})}{2} \tag{9}$$

式中，B 为板宽；K_W 为变形阻力；R 为工作辊半径；Δh 为压下量；σ_{E}、σ_{A} 为前后张力；C 为常数。

由式（9）看出，计算 F 需已知压下量 Δh。反之，若已知轧制压力 F，如式（7）、式（8），则可求出该机架压下量 Δh。

2.3　精轧各机架厚度分配

各机架出口厚度 h_i 按单调指数曲线[2]下降分配

$$h_i = h_0 e^{y_i} \tag{10}$$

式中，h_0 为精轧入口厚度，

$$y_i = \ln\left(\frac{h_i}{h_0}\right) = a_1 i + a_2 i^2 + a_3 i^3 + a_4 i^4$$

$$i = 1,\ 2,\ \cdots,\ n,\ n \leqslant 7 \tag{11}$$

i 为机架号。系数 a_1 应考虑设备极限能力和合理的轧制力分配，a_2、a_3、a_4 应满足终轧出口厚度 h_n 及末架和末前架的压下量 Δh_n、Δh_{n-1}。

根据最佳板形所确定的末架轧制力 F_n，即式(8)，用式（9）求得 Δh_n，则得出末架和末前架指数项为

$$y_n = \ln\left(\frac{h_n}{h_0}\right)$$

$$y_{n-1} = \ln\left(\frac{h_n + \Delta h_n}{h_0}\right)$$

同样，用式（7）、式（9）求得末前架压下量 Δh_{n-1}，则得 y_{n-2} 为

$$y_{n-2} = \ln\left(\frac{h_n + \Delta h_n + \Delta h_{n-1}}{h_0}\right)$$

此外，第一架应有较大压下量，考虑咬入条件和设备极限能力，一般取 $\Delta h_1 < 0.6h_0$。则得

$$y_1 = \ln\left(\frac{h_0 - \Delta h_1}{h_0}\right)$$

根据式（11），写出 y_1，y_{n-2}，y_{n-1}，y_n 四个方程式，并用矩阵形式表示

$$\begin{bmatrix} y_1 \\ y_{n-2} \\ y_{n-1} \\ y_n \end{bmatrix} = \begin{bmatrix} 1 & 1 & 1 & 1 \\ (n-2) & (n-2)^2 & (n-2)^3 & (n-2)^4 \\ (n-1) & (n-1)^2 & (n-1)^3 & (n-1)^4 \\ n & n^2 & n^3 & n^4 \end{bmatrix} \cdot \begin{bmatrix} a_1 \\ a_2 \\ a_3 \\ a_4 \end{bmatrix} \tag{12}$$

或简写成 $\boldsymbol{Y} = \boldsymbol{G} \cdot \boldsymbol{A}$

式中，$\boldsymbol{G}$ 称机架矩阵，n 为精轧机组使用机架总数，一般取 $5 \leqslant n \leqslant 7$。一旦选定机架数 n，机架矩阵便确定下来，利用 y_1、y_{n-2}、y_{n-1}、y_n 即可求得 a_1、a_2、a_3、a_4，即

$$[a_1 \quad a_2 \quad a_3 \quad a_4]^{\mathrm{T}} = \boldsymbol{G}^{-1} \cdot \boldsymbol{Y} \tag{13}$$

根据求得的系数 a_1、a_2、a_3、a_4 代入式（11）计算出 $y_2 \sim y_{n-3}$，用式（10）计算出各机架厚度分配值 h_i。同时求得各机架压下量 $\Delta h_i = h_{i-1} - h_i$，再用式（9）计算各架轧制压力 F_i，并据此对各架轧制压力、轧制力矩、轧制功率进行校核。若在允许范围内，便可对下位机进行厚度和轧制力预设定。这种预设定方法的特点是计算简便，速度快（在 0.5~1s 内可算完），经适当调整后，设定各量均在允许范围内，并可达到预期目标值。

3 厚度自动控制

厚度自动控制（AGC）可由各机架的下位机完成，其轧制压力设定值 F_W 和厚度设定值 h_W 由上位机按上述压力和厚度分配到各机架计算机。

各机架厚度自动控制系统框图如图 4 所示。

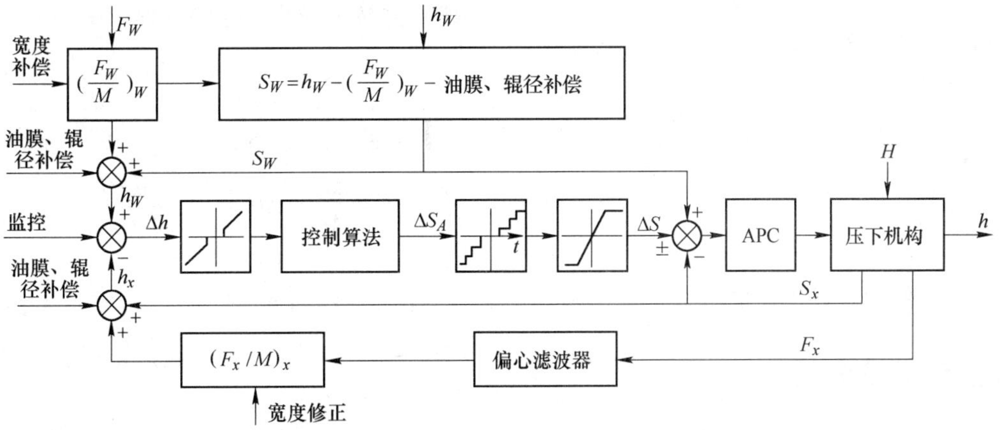

图 4 厚度自动控制框图

设定轧制力 F_W 经机架弹跳量计算与设定厚度计算的设定辊缝（考虑油膜、辊径补偿）S_W，重新算出设定厚度 h_W。同样由实测轧制力 F_x 与实测辊缝 S_x 计算实际厚度 h_x。两者之厚度差 Δh，经死区限制，AGC 控制算法，加速限制、限幅等环节计算的辊缝调节量 ΔS，送入位置控制系统（APC）的输入端，调节压下辊缝的开口度。下面着重分析轧辊偏心滤波，机架弹跳特性及 ACC 控制算法。

3.1 轧辊偏心滤波

厚度计式 AGC 中，轧辊偏心将破坏厚控效果。为减小支持辊偏心对 AGC 影响，在检测轧制力后设置偏心滤波：将支持辊圆周等分 N 点，测得轧制力为：$F_X(1)$，$F_X(2)$，…，$F_X(N)$，以后每测

一点，计算轧制力平均值 $F_P = \dfrac{1}{N}\sum_{i=1}^{N} F_X(i)$ 和轧制力变化量 $\Delta F_N = \dfrac{F_X(N) - F_X(1)}{2}$，滤波后轧制力 $F_X = F_P + \Delta F_N \pm e$，当 $|\Delta F_N|$ 小于偏心阈值 e，取 $\Delta F_N \pm e = 0$。这样处理将不包含轧辊偏心影响，同时也反映了轧制力变化。

3.2　机架弹跳特性

在预压靠时测得机架特性，考虑非线性严重用二段特性拟合，弹跳量 $F_{\rm sum}$ 为

$$F_{\rm sum} = \begin{cases} a_1 F + b_1 F^2, & F \leqslant 1000T \\ a_2 + b_2\sqrt{F}, & F > 1000T \end{cases} \tag{14}$$

式中，a_1、a_2、b_1、b_2 为拟合特性系数。在轧制不同板宽时，对弹跳量进行修正

$$f_{\rm sum} = B_{\rm K} \cdot F_{\rm sum}$$

式中，$B_{\rm K} = 1 + \left(\dfrac{b_{\rm c}}{100} - 1\right)\left(\dfrac{\Delta b_{\rm b}}{\Delta b_{\rm m}}\right)^2$，其中 $\Delta b_{\rm b}$ = 辊身长-板宽，$\Delta b_{\rm m}$ = 辊身长-最小板宽，$b_{\rm c}$ 为常数，$100 \leqslant b_{\rm c} \leqslant 200$。

3.3　AGC 控制算法

设定轧制力 F_W 对应弹跳量 $f_{\rm sumW} = \left(\dfrac{F_W}{M}\right)_W$，预报轧制力 F_N 对应弹跳量 $f_{{\rm sum}N} = \left(\dfrac{F_N}{M}\right)_N$，来料入口厚差 $\Delta H = H_X - H_W$，轧出厚差 $\Delta h = h_X - h_W$，AGC 输出辊缝调节量 ΔS 为

$$\Delta S = \left(\frac{F_W}{M}\right)_W - \left(\frac{F_X \dfrac{{\rm d}h_W + \Delta H}{{\rm d}h_W + \Delta H - \Delta h}}{M}\right)_N \tag{15}$$

式中，${\rm d}h_W = H_W - h_W$ 为设定压下量。

4　AGC 控制算法分析

4.1　控制算法原理分析

式（15）可由图 5 证明：设定点 W，来料厚差 ΔH 引起工作点移到 X，产生厚差 Δh。为消除厚差，辊缝应移 ΔS，调节后新工作点为 N。F_N 由两个三角形 $\triangle Xh_XH_X$ 与 $\triangle Nh_WH_X$ 相似求得

$$F_N = F_X \frac{{\rm d}h_W + \Delta H}{{\rm d}h_W + \Delta H - \Delta h} \tag{16}$$

则辊缝调节量 ΔS 由弹跳量之差求得

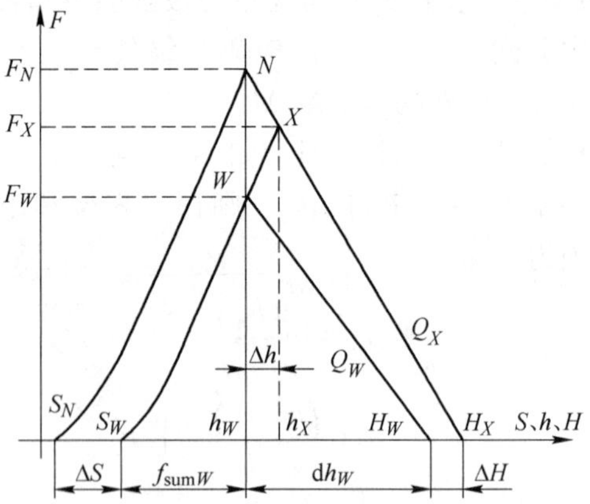

图 5　AGC 静态工作特性

$$\Delta S = f_{\rm sumW} - f_{{\rm sum}N} = \left(\frac{F_W}{M}\right)_W - \left(\frac{F_X \dfrac{{\rm d}h_W + \Delta H}{{\rm d}h_W + \Delta H - \Delta h}}{M}\right)_N$$

式（16）具有实测钢板塑性系数 Q_X 功能，即

$$Q_X = \frac{F_X}{{\rm d}h_W + \Delta H - \Delta h} \tag{17}$$

所以　　$F_N = Q_X({\rm d}h_W + \Delta H)$　　(18)

因而该算法中既包含入口厚差 ΔH（由前机架出口厚度与设定厚度之差，经延滞算得），又包含了塑性系数 Q 变化。

4.2　AGC 控制算法特点

式（15）与动态设定型 AGC 模型[3]具有等价效果。后者是以 M、Q 为参数，增量形式（ΔS，ΔF）并按采样步描述的方程

$$\Delta S_j = -\left(\frac{Q}{M}\Delta S_{j-1} + \frac{M+Q}{M^2}\Delta F_j\right) \tag{19}$$

为证明式（15）与式（19）等价，设 ${\rm d}h_W = \dfrac{F_W}{Q}$，$\Delta h = \dfrac{\Delta F}{M}$，$\Delta H = \dfrac{\Delta F\ (M+Q)}{MQ}$，并按采样时刻推导。

（1）设 $j-1$ 时刻，由入口厚差 ΔH 引起轧制力变化 $\Delta F_{(j-1)} = F_X - F_W$，但此时 $\Delta S_{(j-1)} = 0$，AGC 输出 $\Delta S_{W(j-1)}$ 为

$$\Delta S_{W(j-1)} = \frac{F_W}{M} - \frac{F_X}{M} \cdot \frac{{\rm d}h_W + \Delta H}{{\rm d}h_W + \Delta H - \Delta h}$$

$$= \frac{F_W}{M} - \frac{F_X}{M} \cdot \frac{\dfrac{F_W}{Q} + \Delta F_{(j-1)}\left(\dfrac{M+Q}{MQ}\right)}{\dfrac{F_W}{Q} + \dfrac{\Delta F_{(j-1)}}{Q}}$$

经整理得　$\Delta S_{W(j-1)} = -\left(\dfrac{M+Q}{M^2}\right)\Delta F_{(j-1)}$

（2）j 时刻，实际辊缝已移动 $\Delta S_{(j-1)}$，轧制力

变为 $\Delta F_{(j)}$，ΔH 不变但可表示为 $\Delta H=\left(\Delta F_{(j)}\dfrac{M+Q}{MQ}\right)+\Delta S_{(j-1)}$，厚差减小到 $\Delta h_{(j)}=\Delta S_{(j-1)}+\left(\dfrac{\Delta F_{(j)}}{M}\right)$。式中若 $\Delta F_{(j)}$ 为正值，则 $\Delta S_{(j-1)}$ 为负值，代入式（15）得

$$\Delta S_{W(j)}=\frac{F_W}{M}-\frac{F_{(j)}}{M}\cdot\frac{\left(\dfrac{F_W}{Q}\right)+\left(\Delta F_{(j)}\dfrac{M+Q}{MQ}\right)+\Delta S_{(j-1)}}{\left(\dfrac{F_W}{Q}\right)+\left(\dfrac{\Delta F_{(j)}}{M}\right)+\left(\dfrac{\Delta F_{(j)}}{Q}\right)+\Delta S_{(j-1)}-\left(\dfrac{\Delta F_{(j)}}{M}\right)-\Delta S_{(j-1)}}$$

$$=\frac{F_W}{M}-\frac{F_{(j)}}{M}\cdot\frac{F_W+\Delta F_{(j)}+\left(\dfrac{\Delta F_{(j)}Q}{M}\right)+\Delta S_{(j-1)}Q}{F_W+\Delta F_{(j)}}$$

此时　$F_{(j)}=F_W+\Delta F_{(j)}$

则　$$\Delta S_{W(j)}=-\left[\frac{Q}{M}\Delta S_{(j-1)}+\frac{M+Q}{M^2}\Delta F_{(j)}\right]\qquad(20)$$

式（20）与式（19）相等，即表明式（15）具有动态设定型 AGC 特点：（1）AGC 输出 ΔS_W 只与钢板扰动有关，而与辊缝调节过程无关；（2）AGC 输出具有“一步到位”性质[4]，无须多次逼近才能达到消除厚差所需的辊缝设定值；（3）若将 AGC 输出按比例衰减，可实现变刚度功能；（4）APC 输入端若综合其他信号（如监控、前馈等），不影响 AGC 输出信号。后两点已在工业实验中得到证明。

综上所述，AGC 系统与过程机设定配合恰当，模型（算法）简单，具有估测 Q 值功能，无需提供准确 Q 值，入口厚差 ΔH 可由连轧前一机架提供（需考虑延滞）。由于该算法采用绝对值计算，对机架弹跳量计算要求精确[5]，对 Q 值计算采用线性化方法将会引起一定误差。

式（15）中若去掉入口厚差 ΔH，轧制力变化认为是由 Q 变化引起，则仍可运行；若忽略 Δh，则变为：$\Delta S=\left(\dfrac{F_W}{M}\right)_W-\left(\dfrac{F_X}{M}\right)_X$，与一般厚调算法相同。所以式（15）具有普遍形式。

5　控制效果

对 A_3F 带钢 2.0mm×1050mm 的 35 卷（共 350t）测量厚度公差，结果见表 1（过程机设定，AGC 和监控工作）。

表 1 说明过程机设定和 AGC 控制效果良好（小于等于±50μm 的厚差占整卷带钢长度的 85%以上）。图 6 是轧制 3.0mm×1350mm 13MnHP 时成品厚差典型曲线。头尾温差较大，因而控制稍差，中部控制较好。因水印影响，个别处有超差（大于±50μm）现象。

表 1　35 卷 A_3F 带钢测量厚度公差

项目 ＼ 公差范围/mm ＼ 占钢卷长度/%	±0~0.05	≤0.07	≤0.10	≤0.15	≤0.20
上下限范围	73~95.9	91.6~99.6	93.4~100	98.2~100	99.9~100
35 卷加权平均范围	86.83	96.33	98.89	99.89	99.94

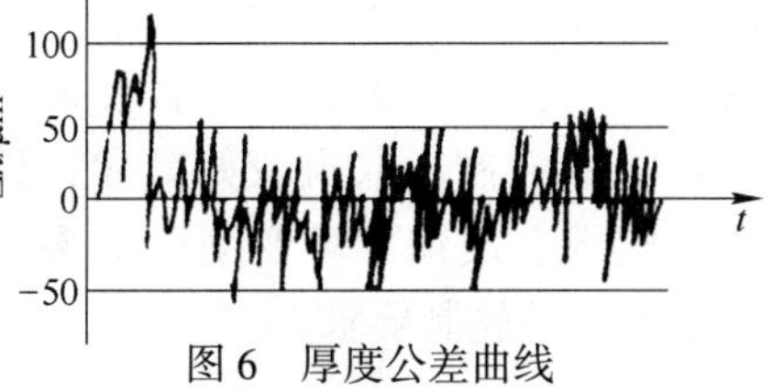

图 6　厚度公差曲线

参 考 文 献

[1] 王国栋．板形控制［M］．北京：冶金工业出版社，1986.

[2] Günter Uetz. 热宽带钢轧机轧制程序表计算的快速分析方法［J］．国外钢铁，1983（3）．

[3] 张进之．压力 AGC 数学模型的改进［J］．冶金自动化，1982，6（3），15-19.

[4] 王贞祥，等．AGC 控制模型的误差分析［J］．控制与决策，1992，7（3）：211-216.

[5] 王贞祥，等．热连轧 AGC 软件分析与改进［J］．控制与决策，1992，7（1）：76-80.

（原文发表在《控制与决策》，1994，9（2）：115-120）

热连轧机厚度最优前馈控制研究

王立平[1]，王贞祥[1]，刘建昌[1]，詹德浩[1]，
武玉新[2]，侯克封[2]，张进之[3]

（1. 东北大学自动控制系，沈阳　110005；2. 本钢连轧厂；3. 钢铁研究院）

摘　要　热连轧机前馈控制是减小带钢厚度公差的有效方法。本文采用前机架带 AGC 的厚差预报和贝尔曼动态规划最优控制方案，在本钢 1700mm 热连轧机上实验成功。文中对前馈系统做了深入的分析研究，提出参数选择原则和方法。

关键词　热连轧机厚度控制；最优前馈控制；动态设定型

The research for optimum feedforward control of thickness in hot tandem Rolling Mills

Wang Liping[1], Wang Zhenxiang[1], Liu Jianchang[1],
Zhan Dehao[1], Wu Yuxin[2], Hou Kefeng[2], Zhang Jinzhi[3]

(1. Northeastern University; 2. Benxi Iron-steel Mill Factory;
3. Central Iron-steel Research Institute)

Abstract: The feedforward control in hot tandem rolling mills is an effective method to reduce the thickness error of strip. This paper takes the thickness forecast in the next front stand with AGC, and the optimum control scheme of Bellman's dynamic plan, and turns out the test success in 1700mm Hot Tandem Rolling Mills analysis and research for the feedforward system, and gives the principle and method to select parameters.

Key words: thickness control in hot tandem rolling mills; optimum feedforward control; the mod of dynamic set up

1　前言

厚度自动控制（AGC）是提高热带钢连轧生产质量的重要手段，为保证纵向厚度公差，目前多采用反馈控制（GM 方式），由于电动压下反馈控制的滞后，对克服变化较快的厚度、温度等干扰在高速轧机上是难于胜任的，同时由于轧辊偏心、可变刚度轧制等影响必然降低厚控精度。为弥补反馈控制的不足，前馈控制具有特殊意义，在连轧时它在扰动到达之前，进行预控，克服了滞后问题；可变刚度轧制时能弥补反馈控制的精度下降。日本住友金属研制的前馈控制[1]是以前一机架为测量机架，不能设 AGC，用压力信号预报后一机架的出口厚度，仅用于出口机架，不能连续在各机架使用前馈。我国轧钢和控制方面的学者[2,5]虽曾做过一些研究，但都未得到实际应用，也未进行深入探讨。我们在本钢 1700mm 热连轧机上，结合我国创立的动态设定厚控模型[2]，在预报机架具有反馈 AGC 的情况下，用压力和辊缝预报后一机架出口厚差，用现代控制理论的最优控制实现前馈控制，取得较好效果，使一台轧机同时具有前馈、反馈、可变刚度的多种控制方式，可满足不同的轧制要求。

2　厚差预报模型

前馈控制的厚差预报主要是由前一机架提供的。为预报后一机架出口厚差还要以后一架轧机的弹跳方程泰勒展开式出发，舍去高阶项，用前

一机架出口厚差，考虑两机架间带钢运行，预报后一机架出口厚差，其预报方程[2]为

$$\Delta h_{d2}(t+t_d)=\alpha\Delta F_1(t)+\beta\Delta S_1(t) \tag{1}$$

其中
$$\alpha=\frac{1}{M_2+Q_2}\left[\left(\frac{\partial F}{\partial H}\right)_2\frac{1}{M}+\frac{F_{e2}}{F_{e1}}\left(1+\frac{Q_1}{M_1}\right)\right]$$

$$\beta=\frac{1}{M_2+Q_2}\left[\left(\frac{\partial F}{\partial H}\right)_2+\frac{F_{e2}}{F_{e1}}Q_1\right]$$

$$\Delta S_1=S_1-S_{e1},\ \Delta F_1=F_1-F_{e1}$$

式中 S——实测辊缝值；

F——实测轧制压力值；

Q——轧材塑性系数；

M——轧机弹跳系数。

下标：1 表示前机架，2 表示后机架，e 为锁定值，t_d 为机架间带钢运行时间。

由式（1）可以看出：预报方程考虑了前一机架辊缝变化时对厚差的影响；还考虑了带钢在两机架上有不同的变形阻力（不同的压力锁定值 F_{e1}、F_{e2}）；所采用的轧制压力信号，经偏心滤波，去掉轧辊偏心影响，它包含了轧材的厚度、温度、变形阻力等诸因素，比单纯用温度或测厚仪信号预报携带更多的信息。

3 系统结构及特点

本钢 1700mm 热连轧机改造后，AGC 控制算法，经文献［3］证明，它与我国的动态设定型[2]是等价的，内环是位置闭环（APC），压下机构由直流电动机可控硅调速系统驱动。结合轧制机理，系统框图如图 1 所示。

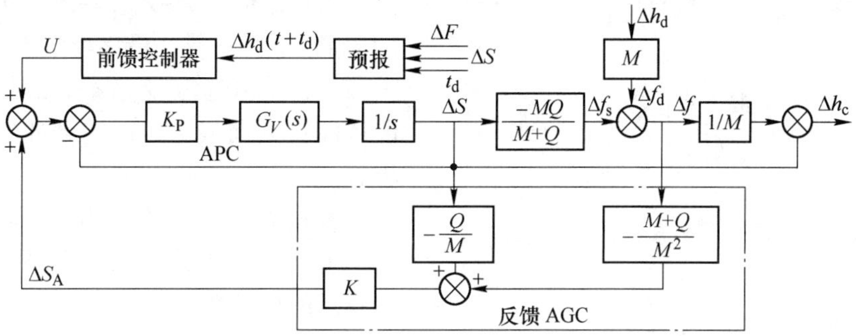

图 1　具有前馈和反馈控制的电动压下 AGC 系统框图

$G_V(s)$—压下速度闭环传递函数；ΔV—压下速度增量；ΔS—辊缝增量；Δf—轧制压力增量；Δh_c—出口厚差；Δh_d—带钢厚度、温度等扰动

图中点划线部分表达了动态设定型反馈 AGC 算法。该算法的特点是，变刚度系数 $K=1$ 时，其输出 ΔS_A 只与系统扰动 Δh_d 有关，而与辊缝 ΔS 调节过程无关[2,3]；前馈输出 U 加入位置闭环并不影响反馈控制作用，两者是兼容的[4]。

4 最优前馈控制

为简化系统，考虑速度闭环系统的频带远高于位置闭环系统频带（实测相差 30 倍），因此在研究位置闭环时可近似 $G_V(s)=1$。根据图 1 结构，取 $X(t)=\Delta S(t)$，$Y(t)=\Delta h_C(t)$，该系统状态方程和输出方程为

$$\dot{X}(t)=-K_PX(t)+K_PU(t)-K_PK\frac{M+Q}{M}\Delta h_d(t) \tag{2}$$

$$Y(t)=\frac{M}{M+Q}X(t)+\Delta h_d(t) \tag{3}$$

为适应计算机控制，对式（2）、式（3）离散化

$$X_{K+1}=aX_K+b\left(U_K-K\frac{M+Q}{M}\Delta h_K\right) \tag{4}$$

$$Y_K=\frac{M}{M+Q}X_K+\Delta h_K \tag{5}$$

式中，$a=\exp(-K_PT_s)$，$b=1-\exp(-K_PT_s)$，T_s 为采样周期。

实现最优控制，取目标函数 J 为

$$J=\sum_{K=0}^{\infty}(Y_K^2+rU_K^2) \tag{6}$$

式中，r 为加权系数，采用贝尔曼（Bellman）动态规划[6]，求最优化问题，令代价函数

$$I[X_K]=Z_KX_K^2-2g_KX_K+\varphi_K \tag{7}$$

则含有最小代价函数的最优化递推式为

$$I[X_K]=\min_{U_K}[Y_K^2+rU_K^2+I(X_{K+1})] \tag{8}$$

令 $\dfrac{\partial[Y_K^2+rU_K^2+I(X_{K+1})]}{\partial U_K}=0$，求得

$$U_K=\frac{-b}{r+b^2Z_{K+1}}\left(aZ_{K+1}X_K-g_{K+1}-bKZ_{K+1}\frac{M+Q}{M}\Delta h_K\right) \tag{9}$$

将式（9）代入式（8），并考虑式（7）得

$$Z_K = \left(\frac{M}{M+Q}\right)^2 + a^2 Z_{K+1} - \frac{a^2 b^2 Z_{K+1}}{r + b^2 Z_{K+1}} \quad (10)$$

$$g_K = \frac{ar}{r + b^2 Z_{K+1}} g_{K+1} + \frac{ar}{r + b^2 Z_{K+1}} \left(bK\frac{M+Q}{M}Z_{K+1} - \frac{r + b^2 Z_{K+1}}{ar}\frac{M}{M+Q}\right)\Delta h_K \quad (11)$$

式（11）含有 g_K，g_{K+1} 和 Δh_K，需求解差分方程式。

当两机架间可获得足够多个 Δh_K，即采样点数 $N = INT\frac{t_d}{T_s}$ 足够大时，且

$$P = \frac{r + b^2 Z_{K+1}}{ar} > 1 \quad (12)$$

差分方程近似解为

$$g_{K+1} = -\left(\frac{M}{M+Q}P - bKZ_{K+1}\frac{M+Q}{M}\right)\sum_{m=1}^{N} P^{-m} \cdot \Delta h_{(K+m)} \quad (13)$$

当系统只有前馈控制时（令 $K=0$），式（9）、式（13）变为

$$U_K = -\frac{b}{r + b^2 Z_{K+1}}(aZ_{K+1}X_K - g_{K+1}) \quad (14)$$

$$g_{K+1} = -\frac{M}{M+Q}P\sum_{m=1}^{N} P^{-m} \cdot \Delta h_{(K+m)} \quad (15)$$

由此看出，前馈控制式（9）由三项组成：第一项是前馈构成的辊缝反馈控制；第二项是与预报扰动 Δh 有关的前馈量，它综合了两机架间所有带钢厚差信息，且越接近后机架时控制作用越显著；比较式（14）与式（9），第三项则是考虑反馈 AGC 的作用，当厚差到达后机架时，即 K 时刻，反馈 AGC 将取代该项作用，也就是前馈与反馈两者是统一的。

式（9）、式（13）或式（14）、式（15）是动态规划方法用于在线控制式，其中 P，Z_{K+1} 以及 $\frac{b}{r+b^2 Z_{K+1}}$，$bKZ_{K+1}\frac{(M+Q)}{M}$ 等均可离线或用轧制间隙时提前计算出，若采用 386PC 微机控制周期小于 50ms。

5　参数选择及对系统的影响

5.1　代价函数的二次项系数 Z_{K+1} 的选择

在无限长最优化区域内，式（10）经多次迭代可得

$$\lim_{K\to 0} Z_K = \lim_{K\to 0} Z_{K+1} = 常数\ Z_0$$

该常数可求解式（10）的二次方程式，得到两个实根，即 $+Z_{01}$，$-Z_{02}$。式（10）中 Z_{K-1} 与 Z_K 关系曲线如图 2 所示。若 $+Z_{01}$ 是稳定解，则 $-Z_{02}$ 是不稳定解。

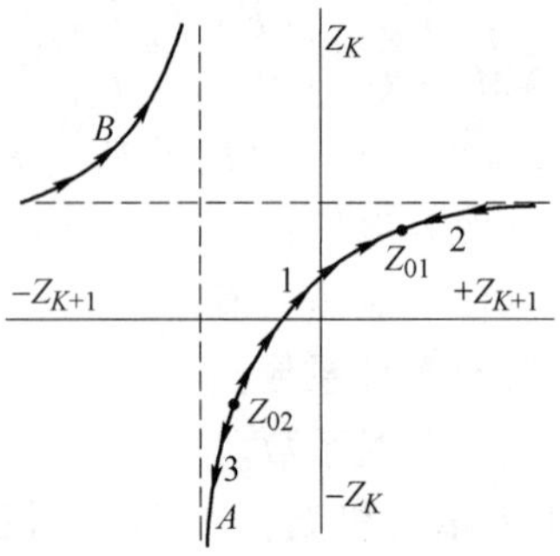

图 2　式（10）的 Z_{K+1} 与 Z_K 关系曲线（A，B）

当初始值选为 $-Z_{K+1} > -Z_{02}$，则以图 2 曲线 A 的 1 段特性进行迭代，最终稳定于 Z_{01}。

当初始值选为 $-Z_{K+1} < -Z_{02}$ 时，则由曲线 A 的 3 段特性转到曲线 B，再转到曲线 A 的 2 段，稳定于 Z_{01}。

若将式（10）改写为 $Z_{K+1} = f(Z_K)$，则得到 $-Z_{02}$ 为稳定解，但式（12）得不到满足，将影响前馈系统的稳定性。

5.2　权系数 r 的选择及对系统的影响

r 的选择直接影响前馈控制过程和控制精度。现以无反馈 AGC 为例，令

$$A = \frac{abZ_{K+1}}{r + b^2 Z_{K+1}}$$

$$B = \frac{bM}{(M+Q)ar}$$

$$P = \frac{r + b^2 Z_{K+1}}{ar}$$

则式（14）可写为

$$U_K = -AX_K - B\sum_{m=1}^{N} P^{-m} \cdot \Delta h_{K+m} \quad (16)$$

根据图 1 所示系统，可化简为图 3 形式，其辊缝输出为

$$X(s) = \frac{-K_B B}{T_B s + 1}\sum_{m-1}^{N} P^{-m} \cdot \Delta h_{K+m} \quad (17)$$

式中

$$T_B = \frac{T}{1+A},\ K_B = \frac{1}{1+A},\ T = \frac{1}{K_P}$$

若带钢厚差 Δh 为阶跃扰动，当 $N\to\infty$ 时，则

$$\sum_{m-1}^{N} P^{-m} = \frac{1}{P-1} \quad (18)$$

辊缝 $X(t)$ 的稳态值为

$$X(\infty)=\lim_{s\to 0}X(s)=-K_B\frac{B}{P-1}\Delta h$$

当 $r\to 0$ 时，有 $Z_{K+1}\to\left(\frac{M}{M+Q}\right)^2$，$\frac{B}{P-1}\to\frac{M+Q}{bM}$，$K_B\to b$，则

$$X(\infty)=-\frac{M+Q}{M}\Delta h \tag{19}$$

由此可见，只有 $r\to 0$ 时，辊缝稳态值才能达到完全消除厚差 Δh 的目的。当 r 不为零时，前馈控制就会有稳态误差，r 越大稳态误差越大。此外，r 还影响跟踪误差。若以 K 时刻的预报厚差（阶跃值）到达后机架，那么在两机架间的 $\sum_{m-1}^{N}P^{-m}\Delta h_{(K+m)}$ 是在 K 时刻为最大，且越临近后机架该值增长越大，此时辊缝跟踪误差也最大。

根据图 3 系统，经计算机仿真，当 r 为不同值时，取 K 时刻（到达后机架时刻）的辊缝比值 $\frac{X_K}{X(\infty)}$ 及前馈控制量比值 $\frac{U_K}{X(\infty)}$，绘成曲线如图 4 所示。其中 $X(\infty)=(M+Q)\frac{\Delta h}{M}$。

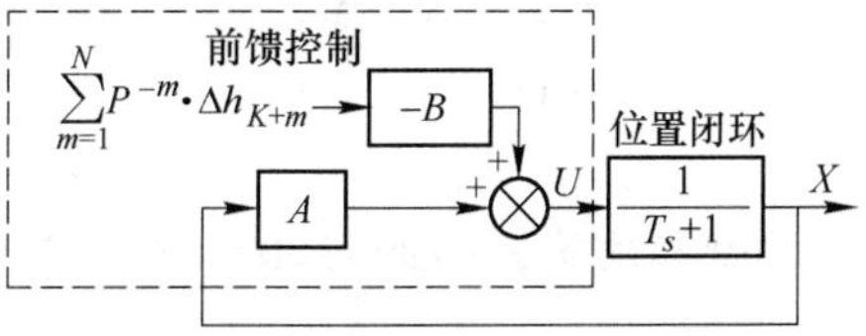

图 3　只有前馈控制的位置系统

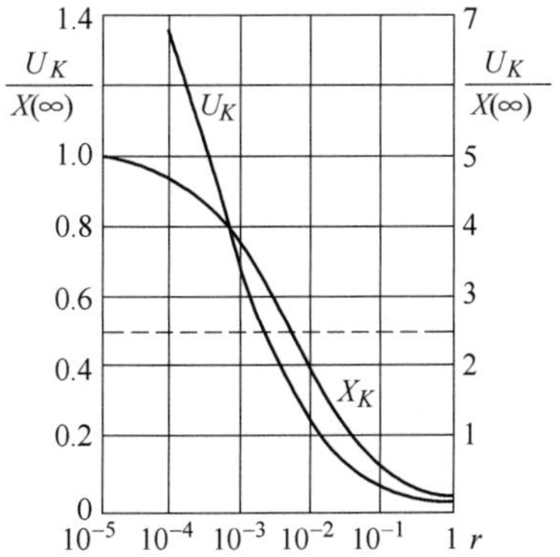

图 4　X_K 和 U_K 与 r 关系（$K_p=2.86$，$T_s=0.055$s）

由图 4 可见，r 选择越小，$\frac{X_K}{X(\infty)}$ 越大，跟随性能越好，但 $\frac{U_K}{X(\infty)}$ 增加迅速，过大的 U_K 将会使调节系统达到限幅。一般在阶跃扰动时，保持在 K 时刻（咬钢瞬时）有相等的正、负厚差 Δh_C 输出[1]，即 $\frac{X_K}{X(\infty)}=0.5$，所以 r 选择应在 0.004~0.1 之间。

6　控制效果

最优前馈控制实施在本钢 1700mm 热连轧机的末机架上，距该轧机 4.5m 处安装一台测厚仪，计算带钢厚差的均方差（离差）$\sigma=\sqrt{\frac{\Sigma(\Delta h_i-\Delta\bar{h})^2}{n-1}}$。轧制 3.5×1050mm 的 A_3F 带钢 20 块，采用最优前馈控制（轧 10 块），平均 σ 为 42.15μm；采用反馈 AGC 控制（轧 10 块），平均 σ 为 51.25μm。

最优前馈控制轧制一块钢的实例如图 5 所示。图中 Δf_6、ΔS_6 为前架（有反馈 AGC）轧制压力、辊缝差值；Δf_7、ΔS_7 为后架（无反馈 AGC，仅有前馈）压力、辊缝差值；Δh 为测厚仪厚差（采样 100 点）；Δh_d 为预报厚差；U 为最优前馈控制量；带钢全长的厚差均方差 $\sigma=40.78$μm，前馈投入前 $\sigma=61.63$μm，前馈投入后 $\sigma=26.82$μm。

由此可见，最优前馈控制是有效的，对水印引起的厚度波动有明显抑制效果。

7　结论

（1）最优前馈对热连轧机抑制水印和厚度波动是有效的。

（2）前机架有 AGC 情况下，实现后机架出口厚差预报，为连轧多机架前馈控制创造了有利条件，从而不受文献［1］限制。

（3）前馈控制与反馈控制，可以实施在同一机架上，两者互相兼容。

（4）采用动态规划最优化方法，简单易行，适宜于计算机实时快速控制。

（5）本文提出根据前馈系统的稳态误差与跟踪误差，按图 4 选择加权系数 $r=0.004\sim0.1$ 是合适的。

注：本钢连轧厂参加此项研究实验的还有许文刚、胡波、李玉胜、高志刚等同志，在此致谢。

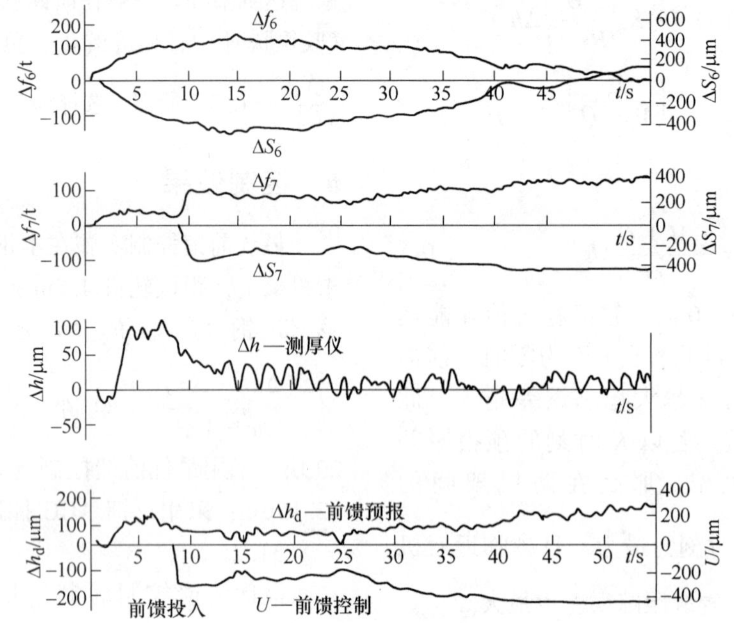

图 5　最优前馈控制实例

参 考 文 献

[1] 高桥亮一，美板佳助 . Gaugemeter AGCの进步［J］. 塑性と加工，1975，16（168）.

[2] 张进之 . 压力 AGC 数学模型的改进［J］. 冶金自动化 . 1982（3）. 15-19.

[3] 王立平，等 . 热连轧机厚度设定与控制系统分析［J］. 控制与决策，1994，9（2）：115-120.

[4] 张进之 . 压力 AGC 系统与其厚控系统共用的相关性分析［J］，冶金自动化，1987（6）：47-50.

[5] 解恩普，高小雅 . 带钢热连轧机前馈厚度最优控制［J］. 冶金自动化，1987（6）：43-47.

[6] 韩曾晋 . 自适应控制系统［M］. 北京：机械工业出版社，1983：129-134.

（原文发表在《控制与决策》，1995，10（3）：244-249）

动态设定型 AGC 在中厚板轧机上的应用

郝付国[1❶]，白埃民[1]，张进之[1]，郝育华[1]，
叶　勇[2]，范　泳[2]，刘恒清[2]
（1. 钢铁研究总院；2. 上海第三钢铁厂）

摘　要　动态设定型 AGC 在上钢三厂 2350mm 中板轧机上应用表明，通过 APC 环节可以实现 AGC 功能，使有明显水印的铸锭坯料轧制成的钢板，其同板差的均方差达到 0.07mm 的国内先进水平。

关键词　中板轧机；压力 AGC；动态设定；同板差

Application of dynamic setting AGC on plate mill

Hao Fuguo[1], Bai Aimin[1], Zhang Jinzhi[1], Hao Yuhua[1],
Ye Yong[2], Fan Yong[2], Liu Hengqing[2]
(1. Central Iron and Steel Research Institute; 2. Shanghai No. 3 Steel Works)

Abstract: The application of dynamic setting AGC to the 2350mm plate mill at Shanghai No. 3 Steel Works has shown that the function of AGC can be realized through APC. As a result, the mean square difference of the thickness difference in length of the plate, rolled from the ingot with evident water print, can reach the domestic advanced level of 0.07mm.

Key words: plate mill; pressure AGC; dynamic setting; thickness difference in length

利用轧制压力信号间接测量厚度的厚度自动控制系统（压力 AGC），具有设备简单、响应速度快等特点，在板带轧机上获得了广泛的应用。中厚板生产因其轧件短，轧制条件差，几乎只能采用压力 AGC。

压力 AGC 的基本理论依据是轧机的弹跳方程。据其使用方式分为三种[1]：（1）头部锁定式，称为相对值 AGC，即通常所说的 BISRA 厚控方法；（2）用弹跳方程间接测量轧件厚度，并与设定厚度相比较调节辊缝，以使厚度恒定，即绝对值 AGC，又称测厚计型 AGC；（3）动态设定型变刚度厚控方法，简称动态设定型 AGC[2]，其技术特点是可通过 APC 实现 AGC 功能，利用厚度不变条件[2]和压力 AGC 参数方程[3]引进轧件塑性系数 Q，发展了 BISRA 方法，传统的 BISRA 方法是其 $Q=0$ 的特例。轧机实测证明，其响应速度比 BISRA 快 2~3 倍，而且可变刚度范围宽，与其他厚控方法共用时稳定性好，无相互干扰，并已得到成功地应用[4~9]。

动态设定型 AGC 在上钢三厂 2350mm 中板轧机上是将厚度自动控制转化为模型的设定，直接利用 APC 实现了 AGC 功能，其压力信号本身并不进入控制回路，从而能在设备陈旧、有横向水印的锭坯轧制时实现 AGC 控制，使钢板纵向均方差减小到 0.07mm 左右。

1　液压装置技术性能指标

1.1　液压系统

轧制力　27.44MN；

系统最大使用压强　24.5MPa；

液压缸内可达压强　22.5MPa；

❶ 作者简介：郝付国，工程师，北京（100081）钢铁研究总院计算机室。

压下或抬起速度 5mm/s；

油缸最大行程 80mm；

APC 在 0.1mm 的阶跃响应时间 60~100ms。

1.2 轧辊偏心和 APC 响应速度

1.2.1 轧辊偏心

压力 AGC 能消除来料厚差和温度不均对厚度的影响，但会增大辊系偏心的不利影响。阻止轧辊偏心对厚度影响的主要措施有偏心滤波，死区设置等方法，但最根本的是解决设备的加工制造问题。

辊系偏心的测量是在轧机转动的条件下，将轧辊压靠到工作压力附近，采集压力信号，由于偏心的作用，在辊缝位置不变的情况下轧制力随偏心而改变，由压力波动周期就可确定偏心来自工作辊还是支承辊。

测量条件：

轧辊转速 14.3r/min；

工作辊直径 699mm；

支承辊直径 1178mm；

采样周期 9ms。

按轧机刚度计算出辊系偏心量约 0.125mm。

1.2.2 液压 APC 的响应速度

APC 的响应速度分别在空辊和压靠状态下进行，采样周期 3ms，压靠状态为 5MN、10MN、15MN 三种，APC 阶跃输入有 0.1mm、0.2mm 和 1.0mm(后者只对空辊状态测试)，计算机采集加阶跃信号后的辊缝和压力值进行分析。由图 1 知响应时间在 100ms 左右。

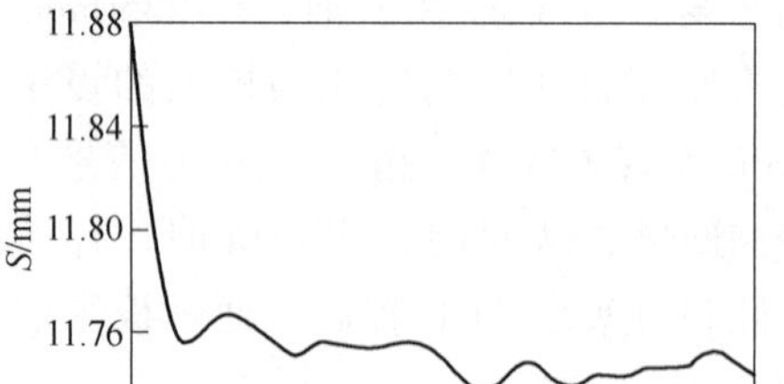

图 1 0.1mm 阶跃响应辊缝变化过程

Fig. 1 The gap changes respond to 0.1mm step

2 动态设定型 AGC 的数学模型

动态设定型 AGC 的直观解释是 APC 的辊缝设定值随时按工况变化而动态调整，从而由 APC 实现 AGC 功能，不再需要独立的 AGC 系统。

实现 AGC 功能的 APC 辊缝设定值包含两部分，一是由优化规程提供的基本辊缝设定值 S_e；二是为消除扰动而增加的辊缝修正值 ΔS_j，ΔS_j 和变刚度系数 K 的计算公式为[1~3]

$$\Delta S_j = -k\left[\frac{Q}{M}\Delta S_{j-1} + \frac{M+Q}{M^2}\Delta P_j\right] \tag{1}$$

$$k = \frac{M_c - M}{M_c + Q} \tag{2}$$

式中 M_c——当量刚度，又称等效刚度；

M——轧机刚度值；

Q——轧件塑性系数；

ΔP_j——j 时刻压力增量值。

ΔP_j 就是 j 时刻实测压力与设定压力 P_c 之差。当 P_c 取自优化规程设定压力时就是绝对值 AGC；当 P_c 为头部锁定时，为相对值 AGC。

和式（1）等价的公式是

$$\Delta S_j = k\left[\left(\frac{P}{M}\right)_w - \left(\frac{P}{M}\right)_j \frac{dh_w}{dh_w - \Delta h_j}\right] \tag{3}$$

式中 Δh_w——设定压下量 $H-h$（H 为入口厚度，h 为出口厚度）；

Δh_j——j 时刻厚差；

$\left(\frac{P}{M}\right)_w$——基准点轧机弹跳值；

$\left(\frac{P}{M}\right)_j$——$j$ 时刻实测压力对应的弹跳值。

由于 ΔS_j 和优化规程在同一计算机上计算，有现成的实测压力和辊缝信号，借助于动态非线性弹跳方程实时算法[10]，能精确地计算出 $\left(\frac{P}{M}\right)_w$ 和 $\left(\frac{P}{M}\right)_j$；以及 Δh_j 的值，从而提高中厚板轧机的 AGC 精度及其可靠性和稳定性。上钢三厂采用了公式（3），和式（1）比较，式（3）不显含塑性系数 Q，其影响已反映在 Δh_j、$\left(\frac{P}{M}\right)_j$ 的变化之中，令式（1）中 $Q=0$，式（3）中的 $\Delta h_j=0$，就是 BISRA 公式。

3 AGC 控制效果分析

AGC 投运十分方便，在 APC 运行过程中，只需将开关切换到 AGC 位置，计算机便通过 APC 方式实现 AGC 轧钢。

上钢三厂 2350mm 中板轧机于 1958 年投产，1986 年实现了模拟柜控制的液压 APC/AGC 轧钢，对提高轧机装备水平和提高生产率、改进产品质量起到了重要作用；由于轧机系统老化，原料大多是扁锭，三个加热炉温差大，水印较明显，原先的测厚计型液压 AGC 投运较困难，生产基本上以 APC 为主。通过技术改造，在轧机和模拟 APC 系统设备完全不变的情况下，只增加了过程控制机，实现具有轧制规程优化、过程自适应和动态设定 APC 三大功能的计算机自动轧钢，整个系统投运顺利，只要液压系统正常就可实现全 AGC 生产。

由表 1、表 2 和图 2 可看出 AGC 投运前后的厚度均方差对比结果。

表 1 AGC 投运前后同板差对比

Tab. 1 Thickness deviations under AGC in contrast with APC (mm)

钢种规格/mm	AGC	APC	比合同要求提高/%	AGC 提高/%
Q235 12×1800	0.099	0.150		30
16Mn 12×1800	0.083	0.160	17	22
09SiVL 6×1800	0.064	0.091	20	30
Q235 8×1800	0.060	0.080	25	38
S48C 6×1800	0.080	0.130	25	38

表 2 实测 AGC 投运后同板差

Tab. 2 Thickness deviations of plate measured under AGC

钢种规格/mm	异板差，均方差/mm			极差/mm	同板差，均方差/mm			国际先进水平
	实测	合同	提高/%		实测	合同	提高/%	
Q235 12×1800	0.12	0.12		0.32	0.099	0.1		(1) 上钢三厂 3100mm 厚板轧机（西门子系统）异板差 $h=8$mm，$\sigma=0.089$ $h<15$mm，$\sigma=0.104$ (2) 日本新日铁 1989 年报道 同板差 $\sigma=0.04$ 异板差 $\sigma=0.07\sim0.08$
16Mn 12×1800	0.07	0.12	42	0.25	0.083	0.1	17	
09SiVL 6×1800	0.05	0.10	50	0.15	0.064	0.08	20	
Q235 8×1800	0.07	0.10	30	0.24	0.03	0.08	25	
S48C 6×1800	0.05	0.10	50	0.14	0.08	0.08		
16MnG 16×1800	0.032	0.12	73	0.11	0.078	0.1	20	

从给出的实测数据可以看出，动态设定型 AGC 投运后，同板差可以明显降低。

4 动态设定型 AGC 用于中厚板生产的意义

4.1 动态设定型 AGC 快速响应的作用

国外一般用响应慢的 BISRA 方法，由于系统响应快，弥补了 BISRA 的不足，而在国内液压系统技术指标不高的条件下，再用 BISRA 方法就不可能得到良好的效果，动态设定型 AGC 具有比 BISRA 快 2~3 倍的响应速度，从而反过来可以弥补系统性能上的不足。

4.2 压力信号不直接进入控制系统的意义

动态设定型 AGC 将厚度自动控制转化为模型设定，使压力信号不直接进入控制回路，实现了对压力信号的完全隔离。由于压力信号取自油缸压力，受轧辊压下和抬起时油缸进油产生的冲击影响较大，虽采取了滤波等手段，仍不能达到压头信号的水平，加上偏心产生的压力波动，常规压力 AGC 很难正常的工作。

用动态设定型 AGC 压力信号经处理后，只用于 APC 辊缝设定值的动态修正，不会对各个调节回路产生干扰，从而能确保在设备工艺条件十分不利的条件下实现 AGC 轧制。

4.3 在线实用动态非线性弹跳方程

由于本轧机无测厚仪，只能用弹跳方程间接测量厚度，所以弹跳方程的可靠和正确使用是 AGC 和优化规程设定轧钢的关键，为此开发了新型动态非线性弹跳方程及其实用方法，并已在天津中板厂 2450mm 轧机上得到了应用[10]，在本次 AGC 控制中又得到了直接验证。

没有测厚仪就无法随时校验计算厚度的准确性，用人工卡量钢板得到一组 86 个实测平均厚度和相应计算厚度的数据（h_i，h_{ci}），其中 h_i 是实测

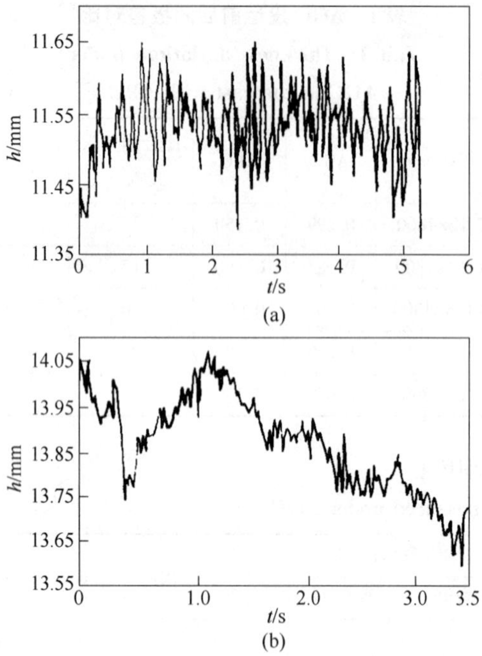

图 2　Q235 成品厚度变化

Fig. 2　Finished product thickness of Q235

（a）AGC 控制（σ=0.058）；（b）APC 控制（σ=0.091）

值，h_{ci}是计算值，令 $\Delta h_i = h_i - h_{ci}$（i = 1，2，…，86）。从绘制的图 3 可看出，Δh 绝大部分集中在±0.1mm以内，考虑到测厚误差及轧机弹跳曲线重复性不高等因素，已能充分说明所用的弹跳方程是实用的，除一定的系统误差外，计算厚度是可信的。而在 AGC 中的计算厚差是一个消除系统偏差后的相对量，作为 AGC 判别指标是可信的。

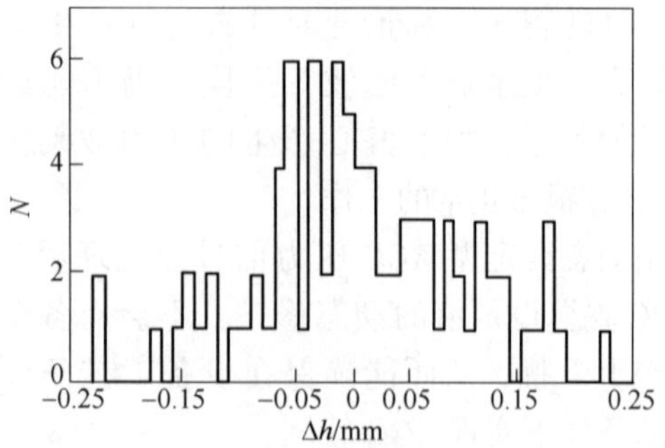

图 3　Δh 的直方图

Fig. 3　Histogram of Δh

4.4　厚控与优化规程的一体化

（1）必要性。表现在优化规程和 AGC 使用了同一个弹跳方程，在接近成品道时，中厚板生产大多处于非线性段，如果 AGC 放在基础自动化级很难灵活应用轧机的非线性特性；作为产品的钢板，不仅同板差要小，更重要的是成品厚度合格，均匀，即异板差也要小，只有二者配合，才能达到这一综合目标。

（2）可行性。由于在轧钢过程中，APC 设定早已完成，计算机处于采样状态，正好利用已有信息通过动态设定型 AGC 算法对辊缝值进行调整，实现 AGC 轧钢。

（3）互补性。优化规程的应用不仅使轧机处于良好的工作状态，而且为绝对值 AGC 的投运创造了良好的条件，而 AGC 的调节功能反过来又弥补了优化规程的设定误差，达到了新的意义下的实时校正，无形中提高了优化规程的设定精度。

5　结论

（1）厚度控制与优化规程一体化措施，是将厚度控制转化为模型设定，共同利用了动态非线性弹跳方程实用技术，简化了控制系统，提高了控制精度。

（2）动态设定型 AGC 使压力信号无需进入控制回路，彻底隔离了压力信号中的干扰信号对系统的不利影响，使得在设备工艺条件十分不利的条件下仍能投运 AGC，并达到 0.07mm 左右的国内先进水平。

（3）优化规程与厚控技术的一体化方案在上钢三厂 2350mm 轧机上的成功应用，不仅取得了明显的经济效益，也为类似的轧机进行技术改造提供了经验，在板带连轧机上也具有推广应用价值。

参考文献

[1] 张进之. 钢铁研究学报，1988，8（2）：87-94.
[2] 张进之. 冶金自动化，1982（3）：15-20.
[3] 张进之. 冶金自动化，1984（1）：24-29.
[4] 赵恒传. 一重技术，1988（1）：90-91.
[5] 陈德福，等. 一重技术，1988（1）：91-96.
[6] 李炳燮，等. 冶金自动化，1988（1）：19.
[7] 邢德生，等. 一重技术，1993（3）：8-13.
[8] 史庆周，等. 自动化学报，1990，16（3）：276-280.
[9] 邱松年，等. 轧钢，1993（1）：19-23.
[10] 白埃民，等. 钢铁，1993，28（4）：35-39.

（原文发表在《钢铁》，1995，30（7）：32-36）

热连轧厚控精度分析及提高精度的途径

张进之[1]，侯淑清[1]，吴毅平[2]，张　宇[3]

（1. 冶金部钢铁研究总院；2. 宝山钢铁（集团）公司；3. 冶金部自动化研究院）

摘　要　分析和实践证明，造成热连轧机厚控精度远低于冷连轧机的主要原因是活套控制系统与厚度控制系统的相互干扰。采取改进活套支持器结构、多变量最优控制和张力与厚度解耦控制等虽然取得了一定效果，但受连轧基本理论——秒流量相等条件的限制，并未取得突破性进步，特别是以流量测厚值为标准，直接影响了自适应的效果。连轧分布参数动态数学模型为解决厚度与张力的干扰提供了新思路，而数学模型与人工智能结合的协调推理网络为其具体实现方法。

关键词　热连轧机；厚度自动控制；恒张力控制；协调推理网络

Gauge control accuracy analysis and accuracy upgrade method for continuous hot rolling

Zhang Jinzhi[1], Hou Shuqing[1], Wu Yiping[2], Zhang Yu[3]

(1. Central Iron & Steel Institute, MMI; 2. Baoshan Iron & Steel Co.;
3. Automation Research Institute, MMI)

Abstract: There is almost no difference in accuracy among the equipments and gauge control systems used for hot rolling mill, cold rolling mill and plat rolling mill, but the accuracy of product thickness is quite different. It is the interaction between looper control system and gauge control system that makes the accuracy of hot rolled products lower up to ten times than that of cold rolled products. Some effects have been made by applying improved looper control system, multivariable optimizing control system, no-tension-and-gauge interaction control system and mini-tension control system, but there is no break-through because of the limitation in the theory. It is testified by the actual data that the mass flow equation is unfit to be the standard of adaptive gauge model to calculate accurately the thickness under the condition of speed regulation. The practical distribution parameter mathematical model for continuous rolling finds a way to solve this problem, furthermore, the coordinate reasoning networks based on the combination of mathematical model and artificial intelligence provide a new practical method to solve the problem.

Key words: continuous rolling mill; gauge control; constant tension control; coordinate reasoning network

符号总表：

a——加速度；

E——弹性模量；

b——张力对前滑的影响；

H，h——钢带入、出口厚度；

K_A——厚度自动控制系统增益；

t——时间；

l——机架间距离；

u——轧辊线速度；

n——机架数；

S——前滑量；

σ——机架间张力。

1　引言

随着热轧板被越来越广泛地采用，对热轧带钢的厚度精度要求日趋严格。热连轧钢带厚差介于中厚板和冷连轧板之间，比中厚板精度高 1 倍，而比冷连轧板低一个数量级。分析认为活套控制系统与厚控系统间的相互干扰是其精度低的主要原因。

热连轧采用活套支撑器调节和控制秒流量，因此热连轧控制的核心技术是活套系统的设计和参数调整。由于活套机械装置的惯性，20 世纪 70 年代开发了张力观察器的微张力控制系统，并已在日本、德国及宝山钢铁（集团）公司 2050 等热连轧机上应用，虽然取得了一定效果，但未从根本上克服控制滞后问题。本文提出张力差分方程的速度预控方案，实现恒张力控制。

2　活套控制系统对厚控精度的影响

活套装置可在金属流量平衡变化时，通过活套高度变化，吸收或放出活套中存储的钢带，保持连轧过程正常进行。活套设计的基本要求是，在活套量变化过程中维持张力恒定和及时调节轧辊速度，恢复活套的设定高度。在连轧过程中活套不断摆动，这种摆动对厚控系统产生严重干扰。而活套高度控制与张力控制是两个独立系统，张力恒定靠控制马达力矩来实现，力矩控制是一个滞后系统，因此活套摆动时张力必然要发生变化，此变化张力称为带钢瞬变张力。文献［1］对此问题进行了分析，得出瞬变张力值可达正常设定值的 45.5%。张力变化引起轧制压力变化从而使轧机弹跳变化，最终造成带钢出口厚度变化，进而又将引起金属流量变化。文献［2］对厚控系统与活套系统耦合作用对厚控精度的影响进行了仿真和热连轧机上的实验。对非稳态（穿带）部分，主要用活套角速度观察器方法使过渡过程加快，张力波动减少，实际张力变化由 1.32×10^5N 减小到 7.8×10^4N，设定张力为 1.2×10^5N。稳态连轧部分，按现代控制理论设计多变量控制器。在只有两机架连轧张力动态数学模型情况下，忽略了机架间张力和厚度总体相互影响，所以只实现两机架张力和厚度多变量控制。

仿真实验对精轧机组后三个机架（F4，F5，F6）上安置最佳调节器与常规控制系统进行了对比，结果如图 1 所示。可见对于常规控制，$K_A=0.8$，虽然控制系统稳定，但在 F6 机架出口处留下很大的厚度偏差。若使 $K_A=1.0$，则控制系统不稳定。与此相反，当多变量控制时，即使 $K_A=1.0$，控制系统也很稳定，F6 机架的带钢出口厚度变化几乎为零，张力、活套角变化也很小。

在日本和歌山厂热连轧机（F4，F5，F6）上对轧制宽度为 955mm、厚度为 4.5mm 的低碳钢进行了实验。多变量控制可以提高厚度自动控制系统（AGC）增益（K_A），与常规控制相比，F6 机架出口的带钢厚度偏差从峰值到峰值，可由 62μm 减少到 35μm。

以上定量结果证明，活套系统与厚控系统干扰是热连轧厚控精度比冷连轧低一个数量级的主要原因。下面用宝钢 2050 热连轧机采样数据进一步论证这一问题。

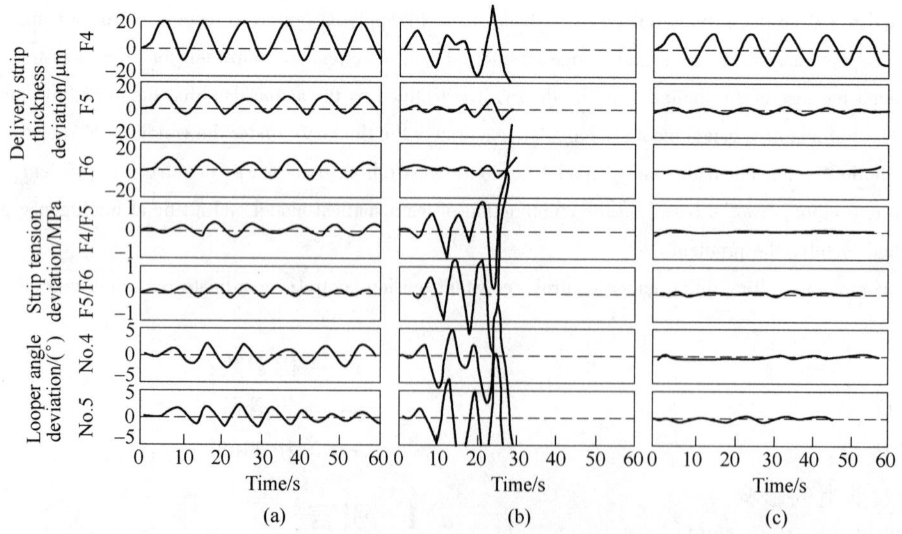

图 1　多变量控制的仿真实验结果

实验条件：F1 机架入口的正弦波状温度干扰，温度变化幅度为 15℃，频率为 0.05Hz

（a）常规控制，$K_A=0.8$；（b）常规控制，$K_A=1.0$；（c）多变量控制，$K_A=1.0$

Fig. 1　Simulation results of multivariable control

3 宝钢 2050 热连轧机厚控效果分析

3.1 自适应段采样数据分析

自适应计算中使用的实测数据分三段，每段间隔为 3s；在每段上采 8 个点，采样间隔为 200ms。每 8 个点计算一个平均值及置信度。各段通过各机架时采集压力、辊缝、速度，分别用秒流量相等和弹跳方程计算各机架带钢出口厚度等数据。为从实测数据中分析活套系统与厚控系统之间的干扰，取 4 批共 15 卷数据，各卷数据的生产工况正常。

数据分析主要内容为：计算活套干扰引起的各机架轧辊速度和加速度波动值。由于该轧机采用加速度轧制控制终轧温度，所以计算速度、加速度的波动量时应将所要求的速度及加速度调节量从总的波动量中分离出去。此外，还计算了由秒流量相等计算的厚度差的波动，即由总差分值减去弹跳方程计算出的厚差差分。对辊缝调节量的分析表明 AGC 工作正常。表 1 给出主要计算结果，表中流量测厚波动量的厚度的二阶差分（$\Delta^2 h$）是求得流量测厚值差分和弹跳测厚值差分后再求出其对应的差分值。因为用弹跳方程计算厚度差分之后已消除了辊缝零点误差，则可以此为标准求得流量测厚的波动值。从表 1 可以看出速度、加速度及流量测厚的波动值与成品厚度极差存在一定的关系，即这些值基本上随成品厚度极差增加而增加。为了进一步说明此关系，按 0. 10mm 分界，得出统计分析结果列于表 2。

表 2 表明活套系统与厚控系统干扰对产品质量的影响。速度和加速度波动是活套调节轧辊速度的结果，而流量测厚波动是速度波动所引起的。流量测厚的波动直接影响自适应功能的效果，在有活套控制下的热连轧机不应该用流量测厚值作标准。

表 1 归一化后各参量的计算结果

Tab. 1 Calculation results of vavious parameters after normalization

波动量 /%	Δh_{max}/mm														
	0. 050	0. 053	0. 054	0. 061	0. 066	0. 068	0. 075	0. 074	0. 111	0. 128	0. 158	0. 201	0. 319	0. 379	0. 233
a_{max}/u	1. 5	1. 5	2. 1	2. 0	2. 6	1. 9	2. 1	1. 4	2. 2	1. 1	1. 6	4. 1	3. 5	2. 8	4. 1
$\bar{a}/u$	0. 279	0. 358	0. 394	0. 315	0. 377	0. 411	0. 453	0. 389	0. 482	0. 374	0. 882	0. 588	0. 444	0. 832	1. 000
u_{max}/u	3. 79	5. 18	6. 12	5. 18	5. 45	4. 43	5. 55	3. 37	7. 80	6. 75	6. 47	10. 30	3. 42	9. 97	10. 60
$\bar{u}/u$	2. 27	1. 62	3. 21	2. 69	2. 49	2. 52	3. 06	2. 52	3. 41	3. 24	4. 40	3. 41	2. 27	6. 47	5. 20
$\Delta^2 h_{max}/h$	1. 40	1. 13	1. 53	1. 77	2. 38	2. 25	1. 74	2. 72	1. 55	1. 49	3. 44	3. 78	2. 64	5. 51	3. 39
$\Delta^2 \bar{h}/h$	0. 55	0. 48	0. 54	0. 67	0. 93	1. 09	0. 89	1. 23	0. 70	1. 25	1. 58	1. 37	1. 29	2. 57	1. 48

表 2 成品厚度极差大于或小于 0. 10mm 时的各参数值

Tab. 2 Parameters with product thickness difference>0. 10mm or<0. 10mm （%）

Δh_{max}/mm	$\Delta \bar{h}_{max}$	$\Delta^2 h_{max}/h$	$\Delta^2 \bar{h}/h$	a_{max}/u	$\bar{a}/u$	$\Delta u_{max}/u$	$\Delta \bar{u}/u$
<0. 10	0. 0626	1. 865	0. 80	1. 87	0. 372	4. 880	2. 548
>0. 10	0. 2184	3. 114	1. 46	2. 77	0. 657	7. 901	4. 057

在所取原始数据条件变化不大的情况下成品厚度波动很大，这是由于活套干扰所引起的，活套干扰程度的不同首先与初设定精度有关，另外还与加热温差和轧辊偏心等有关。当初设定误差较大时，AGC 动作将引起活套动作，从而引起两系统互相干扰；温差、硬度差也会使 AGC 动作。这些因素都有一定的随机性，但基本规律和趋向是十分明显的。

3.2 现代热连轧控制系统存在的主要问题

现代热连轧控制系统主要特点是自适应，主要包括压力、力矩、温度、速度、辊缝零点和厚度等功能，而具体自适应系数又分长期、短期和与机架有关或无关等等。就带钢厚度、辊缝自适应而言，成品机架有测厚仪，以测厚仪厚度测量值为标准，而 1~6 机架无测厚仪，厚度标准值是以流量测厚值为标准。表1、表2 表明，流量测厚值精度较低，不适合作标准。造成流量测厚波动大的原因是轧辊速度波动大。总之，在活套调节速度的条件下，秒流量相等条件只适合用于轧机速度设定。

4 基于协调推理网络的热连轧控制系统

日本的研究者也认识到以流量测厚为标准所

存在的问题，所以提出并实现在 F4～F5，F5～F6，F6～F7 机架间安装测厚仪的方法[3]，并已取得了较好的效果，但这种方法提高了设备投资和增加了维护的难度。如果实现由连轧张力差分方程预控轧辊速度的方案，达到张力恒定，将保证流量测厚值的精确度，作为弹跳方程零点校正的标准。

对于热连轧机，张力差分方程（动态流量方程）[4]把各机架带钢入、出口厚度、轧辊速度、机架间张力及时间描述如下

$$\boldsymbol{\sigma}_{k+1} = e^{\boldsymbol{A}\Delta t}\boldsymbol{\sigma}_k + \frac{E}{l}\boldsymbol{A}^{-1}[e^{\boldsymbol{A}\Delta t} - \boldsymbol{I}]\Delta\boldsymbol{U}_k \tag{1}$$

式中 $\boldsymbol{\sigma} = [\sigma_1, \sigma_2, \cdots, \sigma_{n-1}]^{\mathrm{T}}$

$\Delta\boldsymbol{U} = [\Delta U_1, \Delta U_2, \cdots, \Delta U_{n-1}]^{\mathrm{T}}$

$$\Delta\boldsymbol{U}_i = \frac{h_{i+1}}{H_{i+1}}u_{i+1}(1 + S_{i+1}) - u_i(1 + S_i)$$

$$\boldsymbol{A} = \frac{E}{l}\begin{bmatrix} -W_1 & \varphi_1 & 0 & \\ \theta_2 & -W_2 & \varphi_2 & \\ & \ddots & \ddots & \ddots \\ 0 & \theta_{n-1} & -W_{n-1} & \end{bmatrix}$$

$$\varphi_i = \frac{h_{i+1}}{H_{i+1}}u_{i+1}S_{i+1}b_{i+1}$$

$$\theta_i = u_iS_ib_i$$

$$W_i = \varphi_i + \theta_i$$

$$H_{i+1}(t) = h_i[t - \tau_i(t)] \tag{2}$$

$$\tau_i(t) = \frac{l}{u_i(t)[1 + S_i + S_ib_i(\sigma_i - \sigma_{i-1})]}$$

要求秒流量相等，必须 $\sigma_k = \sigma_{k+1}$，即张力恒定。将 $\boldsymbol{\sigma} = \boldsymbol{\sigma}_k = \boldsymbol{\sigma}_{k+1}$ 代入式（1）得

$$\boldsymbol{\sigma} = \frac{E}{l}\boldsymbol{A}^{-1}\Delta\boldsymbol{U} \tag{3}$$

由式（3），在给定一个机架速度设定值的条件下，即 u_n 已知，递推求得 u_{n-1}，u_{n-2}，…，u_1。

张力差分方程是实现连轧过程智能控制的必要条件；协调推理网络是热连轧过程分层递阶智能控制的实时专家系统的推理机，其知识库由组织级提供。它协调各机架的辊缝和速度，在有扰动条件下保持各机架厚度和张力恒定。知识库是由组织级机器学习方法建立的，框架结构表达，主要内容有条件、标准规程和规则矩阵（雅可比阵）。由执行级的压力、辊缝信息，动态设定 AGC 计算出厚度恒定的辊缝设定值，其设定值由执行级 APC 实现。由已知的各机架带钢出口厚度和入口厚度、成品机架速度值，由式（3）求得 u_{n-1}，u_{n-2}，…，u_1，其设定值由速度控制系统实现。具体方案及分析讨论见文献［5］。

5　结论

（1）国内外理论分析和实践证明，影响热连轧厚控精度提高的主要原因是活套系统与厚控系统之间的相互干扰。

（2）现代化热连轧自适应控制中的流量测厚标准，由于活套使速度波动，测量精度低，此状况必须改变，秒流量相等条件只能用于速度设定计算，不适合用于自适应计算。

（3）国外增加测厚仪是一种有效办法，但增加了投资，而且维护困难。

（4）以张力差分方程和动态设定型 AGC 为基础的热连轧分层递阶智能控制是一个可行方案，将会大大提高控制精度、降低成本。

参 考 文 献

［1］张俊哲，彭天乾．冶金自动化，1995（1）：13.

［2］本村和喜ほか．铁と钢，1993，79（3）：12.

［3］上村正树ほか．武钢技术，1993（8）：1512.

［4］张进之．金属学报，1982，18B（6）：755.

［5］张进之．控制与决策，1996，11（增刊）：204.

（原文发表在《钢铁研究学报》，1996，8（6）：15-18）

宝钢 2050 热连轧厚度控制技术的改进

王 琦，张进之，袁建光

摘 要 对宝山钢铁（集团）总公司（以下简称宝钢）原 Siemens AGC 技术和动态设定 AGC 技术进行了分析对比，并将动态设定 AGC 技术替代 Siemens AGC 技术应用到生产中，已取得了良好的技术经济和社会效果。通过恒张力控制技术和国外流量控制补偿技术的比较，证明了恒张力控制技术优于流量补偿技术。同时通过张力方程的比较，证明了美国张力方程是我国张力方程的特例。

符号总表：

A——带钢的截面积，mm^2；

a_{ji}——恒张力控制常数（$j=1, 2, \cdots, 5$）；

E——带钢的弹性模量，N/mm^2；

E'——视在弹性系数；

f——前滑量；

H，h——带钢入、出厚度，mm；

h^*——带钢目标厚度值，mm；

ΔH，Δh——带钢入、出口厚度偏差；

i——（下角）机架号；

K——控制增益；

K'——平均变形阻力，N/mm^2；

L——机架间距，mm；

M——轧机刚度系数，kN/mm；

M_c——当量刚度，kN/mm；

P——实测轧制力，kN；

P_b——实测弯辊力，kN；

P_d——外界扰动量，kN；

P_k——k 时刻的轧制力波动量，kN；

ΔP_s——辊缝调整引起的轧制力变化量，kN；

ΔP_{mon}——监控补偿引起的轧制力波动量，kN；

Q——轧件的塑性系数，kN/mm；

R'——工作辊压扁半径，mm；

S——拉普拉斯算符；

S_{ist}——实际辊缝值，mm；

S_{cvc}，S_{la}，S_{temp}——CVC 辊、油膜和热膨胀对辊缝的影响系数，mm；

S^*——所有影响系数之和，mm；

ΔS_{mon}——监控补偿量，mm；

ΔS_k——k 时刻的辊缝调节量，mm；

ΔS——辊缝调节量，mm；

T——机架间总张力，kN；

t——时间，s；

v_4，v_5——第 4、第 5 机架轧辊线速度，m/s；

Δv——速度调节量，m/s；

Δu_4——第 4、第 5 机架间带钢出口速度差，m/s；

μ——摩擦系数；

σ——单位张力，N/mm^2；

ω，θ，ψ，ΔV——中间变量。

热连轧机和热连轧控制技术经过 70 多年的发展，有了长足的进步和较成熟的控制技术，而且热连轧机的装备水平和自动化水平越来越高。近年来，我国的热连轧机的发展越来越快，但是整体装备水平和技术水平还不够，造成这种局面的原因有多方面的，很重要的一点是我国的热连轧机和热连轧技术仅在沿着国外的路线发展，没有形成自己独特的热连轧技术体系。作者针对热连轧过程控制的基本问题之一，即热连轧厚度控制技术的改进，在宝钢 2050 热连轧的实践结果表明：采用国产的厚度控制技术完全可以在不增加设备投资，只修改在线程序的方法来提高热连轧的产品质量。

1 厚度控制技术

热连轧厚度控制技术是整个热轧控制技术的关键之一。热轧厚度控制技术经过 40 年的发展，开发了 BISRA AGC（Automatic Gauge Control）技术、测厚计型反馈控制 AGC 技术以及我国开发的动态设定 AGC 技术。动态设定 AGC 技术和测厚计型 AGC 相比具有响应速度、能自动识别外界扰动以及监控系统相容性好等优点。

1.1　宝钢 2050 热连轧厚度控制技术

宝钢 2050 热连轧厚度控制技术是从德国引进的，软件由 Siemens 公司设计，是测厚计型 AGC 技术。近年来，随着 2050 热连轧产品品种、规格的不断扩大和产量的增加，热轧产品的厚度控制精度呈下降趋势。为提高 2050 热连轧带钢产品的厚度控制精度，宝钢和钢铁研究总院合作，进行了提高热连轧板带厚度控制精度的研究。

1.2　Siemens AGC 模型

宝钢 2050 热连轧厚度控制是测厚计型反馈控制模型。这种模型是以弹跳方程为基础，根据弹跳方程计算带钢的实际厚度，并将此厚度和目标厚度值相比，把二者的偏差转换成辊缝调节量，在此过程中，采用比例积分调节器。宝钢 2050 热连轧原厚度计算模型为

$$h = S_{ist} + \frac{P}{M} + \frac{P_b}{M} - S_{ta} + S_{cvc} - S_{temp} \qquad (1)$$

在此，油膜对辊缝的影响系数 S_{ta} 是轧制力和轧辊速度的函数，它随着轧制力的增大而减小，随着轧机速度的提高而增大，而热膨胀对辊缝影响系数 S_{temp} 是轧辊材质和轧制带钢时间的函数。

宝钢 2050 热连轧原 Siemens AGC 模型简单控制框图如图 1 所示。可见图中厚度偏差经过积分环节，系统的响应速度比较慢。此外，在此系统中，外界扰动因素（如水印、来料厚度偏差等）不能清楚地表现出来。

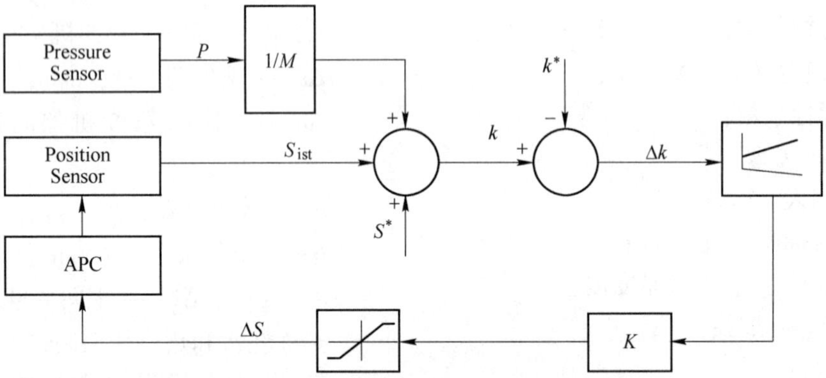

图 1　宝钢 2050 热连轧厚度控制框图

1.3　动态设定 AGC 模型

动态设定 AGC 模型不同于 Siemens AGC 模型，它具有响应速度快、能自动识别外界扰动以及和监控系统相容性好等特点。动态设定 AGC 模型为

$$\Delta S_k = -K\left(\frac{Q}{M}\Delta S_{k-1} + \frac{M+Q}{M^2}\Delta P_k\right) \qquad (2)$$

$$K = \frac{M_c - M}{M_c + Q} \qquad (3)$$

$$\Delta P_k = \Delta P_{dk} + \Delta P_{sk-1} \qquad (4)$$

ΔP_{sk-1} 可由以下公式计算出来

$$\Delta P_{sk-1} = -\frac{MQ}{M+Q}\Delta S_{k-1} \qquad (5)$$

于是式（4）中的外界扰动也可以计算出来

$$\Delta P_{dk} = \Delta P_k - \Delta P_{sk-1} = \Delta P_k + \frac{MQ}{M+Q}\Delta S_{k-1} \qquad (6)$$

由式（6）可以把任一时刻的外界扰动计算出来，这样外界扰动就变成了已知量。因此，动态设定 AGC 具有自动识别外界扰动的能力。

由下述推导可以证明动态设定 AGC 和监控 AGC 具有良好的相容性，二者相互独立，无相互干扰。

假定监控系统给出了监控补偿量 ΔS_{mon}，由监控补偿量引起的轧制力波动为

$$\Delta P_{mon} = -\frac{MQ}{M+Q}\Delta S_{mon} \qquad (7)$$

将式（7）代入式（2）可得

$$\begin{aligned}\Delta S_k &= -K\left[\frac{Q}{M}(\Delta S_{k-1} + \Delta S_{mon}) + \frac{M+Q}{M^2}(\Delta P_k + \Delta P_{mon})\right] \\ &= -K\left(\frac{Q}{M}\Delta S_{k-1} + \frac{Q}{M}\Delta S_{mon} + \frac{M+Q}{M^2}\Delta P_k + \frac{Q}{M}\Delta P_{mon}\right) \\ &= -K\left(\frac{Q}{M}\Delta S_{k-1} + \frac{M+Q}{M^2}\Delta P_k\right)\end{aligned}$$

可见动态设定 AGC 和监控 AGC 相互独立，无干扰。动态设定 AGC 简要控制框图见图 2。

动态设定 AGC 取代 Siemens AGC 模型投入生产使用以来，取得了良好的效果。表 1 和图 3 给出了动态设定 AGC 和 Siemens AGC 两种模型的厚度控制效果对比情况。

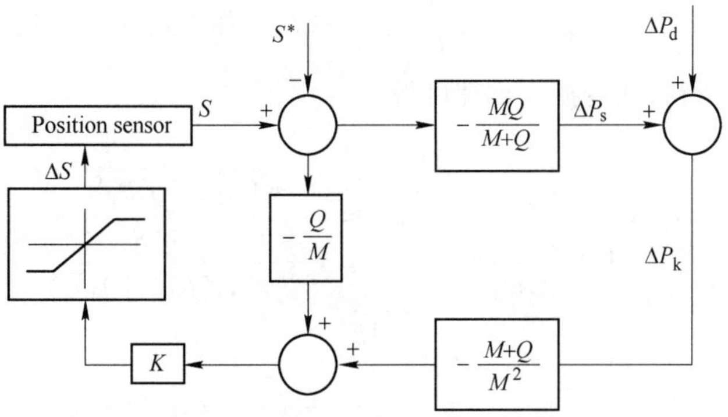

图2 动态设定AGC控制框图

表1 两种模型厚度控制精度（在±0.05mm内）的提高

（%）

板厚/mm	宝钢原AGC 1995年1月~1996年5月	动态设定AGC 1996年7月~1997年8月	提高
1.00~2.50	86.36	94.18	7.82
2.51~4.00	91.00	93.44	2.44
4.01~8.00	83.94	89.38	5.44
8.01~25.40	60.22	78.70	18.48
总平均值	80.38	88.93	8.55

2 张力控制和厚度控制的关系

在热连轧生产中，张力是影响厚度控制的重要因素之一。张力控制和厚度控制之间存在着相互干扰，尤其是在穿带过程中，张力波动大容易引起轧机的剧烈震荡，使AGC不能够正常投入使用。国内外学者对厚度控制和张力控制的相互关系进行了不同的研究。国外解决此问题的一般方法是在穿带过程中采用流量补偿技术，在稳定轧制阶段采用张力——解耦控制技术。这些技术在生产中已获得应用，并取得一定的效果。我国开发了恒张力控制技术（正处于工业实验阶段），该技术有希望替代流量补偿技术和张力——厚度解耦控制技术，解决连轧过程中厚度控制和张力控制的相互干扰问题。

2.1 流量补偿技术和恒张力控制技术的比较

国外开发的流量补偿技术模型如下

$$\frac{\Delta v_i}{v_i}+\frac{\Delta h_i}{h_i}=\frac{\Delta v_{i+1}}{v_{i+1}}+\frac{\Delta h_{i+1}}{h_{i+1}} \tag{8}$$

或

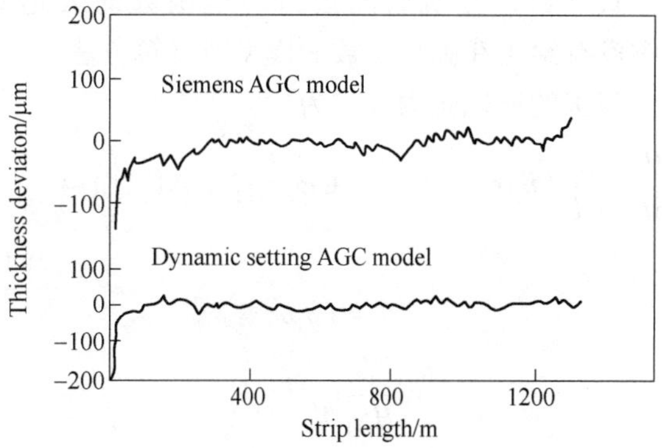

图3 同规格带钢动态设定AGC与宝钢原AGC厚度控制曲线对比

$$\frac{\Delta v_i}{v_i}=\frac{\Delta v_{i+1}}{v_{i+1}}+\frac{\Delta h_{i+1}}{h_{i+1}}-\frac{\Delta H_{i+1}}{H_{i+1}}+\frac{\Delta f_{i+1}}{1+f_{i+1}}-\frac{\Delta f_i}{1+f_i} \tag{9}$$

式（8）是根据机架间秒流量相等条件推导出来的，式（9）是根据两机架间的速度关系推导出来的，即上一机架的出口带钢速度等于下一机架的入口带钢速度。式（8）、式（9）两种模式只考虑了相邻两机架的关系，没有考虑上游机架和下游机架的影响，因而不能全面反映热连轧过程中张力、速度和前滑之间的相互关系。我国由连轧张力公式推导出的恒张力控制模型为

$$\Delta v_i=a_{1i}\Delta v_{i+1}+a_{2i}\Delta h_{i+1}-a_{3i}\Delta H_{i+1}-a_{4i}H_i-a_{5i}h_i \tag{10}$$

从式（10）可以看出，连轧过程中各机架通过厚度偏差紧密联系在一起。恒张力控制模型就是通过检测出个机架的厚度偏差，调节主传动的速度来实现机架间张力的平衡。另一方面，式（10）更进一步表明了连轧过程中厚度偏差是引起张力波动的主要因素，它比式（8）、式（9）更清楚地把握住了连轧过程中张力控制和厚度控制的基本矛盾关系，从理论上建立了张力控制和厚度控制的模型关系，为解决二者间的耦合问题提供了理论依据。

2.2 张力公式的比较

国内外学者建立了很多连轧张力公式，在此主要比较美国西屋电气公司采用的张力公式和我国的连轧张力公式。

美国西屋电气公司采用的张力公式为

$$T=\frac{\frac{AE}{v_4}}{1+\frac{L}{E}\frac{E'}{v_4}S}(v_5-v_4) \tag{11}$$

式（11）是机架间张力传递函数的表达式，式中没有给出在弹性系数的模型或计算方法。

我国的连轧张力公式为

$$\frac{\mathrm{d}\sigma_i}{\mathrm{d}t} = \frac{E}{L}(\theta_i\sigma_{i-1} - \omega_i\sigma_i + \varphi_i\sigma_{i+1} + \Delta V_i)\left(1 + \frac{\sigma_i}{E}\right) \tag{12}$$

$$\theta_i = v_i f_i b_i$$

$$\varphi_i = \frac{h_{i+1}}{H_{i+1}} v_{i+1} f_{i+1} b_{i+1}$$

式（12）中　$w_i = \theta_i + \varphi_i$

$$\Delta V_i = \frac{h_{i+1}}{H_{i+1}} v_{i+1}(1 + f_{i+1}) - v_i(1 + f_i)$$

$$b_i = \frac{1}{2\mu}\sqrt{\frac{h_i}{R_i}} \cdot \frac{1}{\sqrt{f_i}} \cdot \frac{1}{K_i' - 0.5(\sigma_i + \sigma_{i-1})}$$

由式（12）可推导出式（11），式（11）只是式（12）的一个特例，由以下推导可知。

在式（12）中可以忽略微小量$\frac{\sigma_i}{E}$，考虑第 4 和第 5 机架，并忽略前后机架的影响，式（12）即变为

$$\frac{\mathrm{d}\sigma_4}{\mathrm{d}t} = -\frac{E}{L}(\omega_4\sigma_{4i}) + \frac{E}{L}\Delta u_4 \tag{13}$$

换算成总张力有

$$\frac{\mathrm{d}T_4}{\mathrm{d}t} = -\frac{E}{L}(\omega_4 T_4) + \frac{E}{L}A(v_5 - v_4) \tag{14}$$

进一步整理

$$T_4 + \frac{L}{E\omega_4}\frac{\mathrm{d}T_4}{\mathrm{d}t} = \frac{1}{\omega}A(v_5 - v_4) \tag{15}$$

又

$$\omega_4 = \frac{h_5}{H_5} v_5 f_5 b_5 + v_4 f_4 b_4 \tag{16}$$

式（16）中令$\frac{1}{E'} = f_5 b_5 + f_4 b_4$，并将式（14）进行拉式变换，整理可得

$$T_4 = \frac{\frac{A}{\omega_4}}{1 + \frac{L}{E}\frac{S}{\omega_4}}(v_5 - v_4) = \frac{\frac{A}{v_4(f_5 b_5 + f_4 b_4)}}{1 + \frac{L}{E}\frac{S}{v_4(f_5 b_5 + f_4 b_4)}}$$

$$v_5 - v_4 = \frac{\frac{AE'}{v_4}}{1 + \frac{L}{E}\frac{E'}{v_4}S}(v_5 - v_4) \tag{17}$$

式（17）即为式（11）。可见美国的连轧张力公式是我国张力公式的特例，我国连轧张力公式有更高的精度和更广的适用范围。

3　结语

用动态设定 AGC 取代 Siemens AGC 模型取得的良好控制效果及张力技术的分析对比表明，我国有成熟的厚度控制技术和较高理论水平的张力控制技术，这些技术的使用和研究实验将为我国热连轧技术的国产化提供一条新思路。

参 考 文 献

[1] 金元德. 国外钢铁，1996，21（2）：50.

[2] 张进之. 冶金自动化，1979（2）：8.

[3] 张进之. 钢铁研究总院学报，1988，8（2）：87.

[4] Osamu，Dairiki，Hidesato. Nippon Steel Technical Report，1989（42）：38.

[5] 木村和喜. 1993，79（3）：120.

[6] 张进之. 金属学报，1978，14（2）：127.

（原文发表在《钢铁研究学报》，1998，增刊）

动态设定型变刚度厚控方法的效果分析

张进之

（冶金部钢铁研究总院）

摘　要　用分析方法建立了厚度控制过程分析模型和动态设定型变刚度厚控方法。反映厚控过程的动态，非线性和多变量实际状况，得到工艺控制模型。

关键词　中厚板；热连轧；动态设定；AGC；工艺控制模型

Abstract: Using analysis method, a model for analysing the thickness control and means for dynamic setting AGC are established, with which the dynamics, nonlinearity and practical multivariate of the control course can be reflected and the model of process control can be obtained.

Key words: plate; continuous hot rolling; dynamic setting; AGC; model of process control

1　引言

利用轧制压力信号间接测量厚度自动控制系统（压力 AGC），是用改变轧机的机械辊缝值的方法消除轧制力变化引起的轧件厚度变化，实现了厚度恒定的目标。这种补偿轧制力变化引起厚度变化的头部锁定型压力 AGC，称之为相对值 AGC，或称 BISRA 方法。压力 AGC 的基本原理是弹跳方程，弹跳方程是虎克定律在轧机上的具体应用，且引入了轧机刚度系数 M，这是 20 世纪 40 年代末由英国钢铁协会 Sims 等人首先引用的，是轧钢理论和技术的一次飞跃进步。

由于相对值 AGC 只能保证同板（或同卷）差小，不能保证厚度命中设定值，所以又发展了绝对值 AGC。AGC 控制系统的参数应当与轧件特性有关，如何将轧件塑性系数 Q 引入厚控系统使 AGC 技术进一步发展。主要有两种方法，其一是以日本为代表的由弹跳方程测厚值与厚度设定值之差调节辊缝的绝对值 AGC，称为测厚计方法；另一种是以德国西门子为代表的串联控制方法，内环为位置环，外环为厚度环，两环之间由积分环节联接或比例积分环节联接。

分析 AGC 调节过程，实质上是解决外扰（入口厚差和硬度差），调节量（辊缝）和目标量（厚度）之间的相互影响关系。这种分析普遍采用“$P-H$”图方法，这具有简明、直观等优点，但不能把复杂的轧制过程（动态、非线性、多变量）描述出来，直接影响了厚控理论的发展。动态设定型变刚度厚控方法（简称动态设定 AGC）的发明，是由数学分析方法代替“$P-H$”图，深刻反映了厚度控制过程的本质规律，通过识别轧件扰动和厚度恒定目标要求，得到的工艺控制模型。动态设定 AGC 已在多套大型板带轧机上应用，通过上海浦钢 2350 中板轧机和宝钢 2050 热连轧机上的厚控效果：2350 中板轧机异板均方差小于 40μm，达到世界先进水平；宝钢 2050 同卷极差平均值从 130μm 减小到 5μm，充分说明这种方法的先进性和实用性。

2　动态设定 AGC 测控模型

2.1　用分析方法推导模型公式

根据弹跳方程式（1）和压力公式（2）

$$h = S + \frac{P}{M} + A \tag{1}$$

$$P = f(H,\ h,\ K,\ T,\ R,\ \cdots) \tag{2}$$

式中　h——轧件出口厚度；

H——轧件入口厚度；

P——轧制压力；

M——轧机刚度系数；

K——变形抗力（硬度）；

T——张力；

R——轧辊半径；

S——辊缝。

假设扰动只有入口厚度 ΔH，式（1），式（2）泰勒级数展开取一次项得：

$$\Delta h=\frac{M}{M-\frac{\partial P}{\partial h}}\Delta S+\frac{\frac{\partial P}{\partial H}}{M-\frac{\partial P}{\partial h}}\Delta H$$

令 $\frac{\partial P}{\partial h}=-Q$，根据工艺理论得：

$$\frac{\partial P}{\partial H}=-\frac{h}{H}\frac{\partial P}{\partial h}$$

代入上式得：

$$\Delta h=\frac{M}{M+Q}\Delta S+\frac{Q}{M+Q}\frac{h}{H}\Delta H \tag{3}$$

其他扰动，如水印、张力等，与 ΔH 扰动规律相似[1]。厚度控制的目标为 $\Delta h\equiv 0$。由式（3）得出消除入口厚度差影响的控制模型

$$\Delta S=-\frac{h}{H}\frac{Q}{M}\Delta H \tag{4}$$

上式与一般前馈模型差异 h/H，反映了塑性曲线的非线性影响。

2.2 动态设定 AGC 控制模型

由分析方法[1,2]或“P-H”图得到以下关系式

$$\Delta S=-\frac{M+Q}{M^2}\Delta P_{\mathrm{d}} \tag{5}$$

$$\Delta P_{\mathrm{s}}=-\frac{MQ}{M+Q}\Delta S \tag{6}$$

式中 ΔP_{d}——轧件扰动压力；

ΔP_{s}——辊缝改变引起的压力变化。

应用式（5），式（6）就可以推得动态设定 AGC 控制模型。实际生产中轧件扰动是时刻变化的量，各时刻压力和辊缝是可以测量的。P_{e}、S_{e} 分别表示压力和辊缝的基准值，从而可以得到各时刻的压力和辊缝变化量：

$$\Delta P_k=P_k-P_{\mathrm{e}}$$

$$\Delta S_k=S_k-S_{\mathrm{e}}$$

式中 k——采样序号，$k=1, 2, \cdots$。

当 $k=1$ 时，可以测得 ΔP_1，而 $\Delta S_0=0$，则 $\Delta P_{\mathrm{d1}}=\Delta P_1$，引用式（5）得出轧件出口厚度恒定的辊缝调节量。

$$\Delta S_1=-\frac{M+Q}{M^2}\Delta P_1 \tag{7}$$

当 $k=2$ 时，可以测得 ΔP_2，此刻的 ΔP_2 包含两部分，一部分为轧件扰动，另一部分是第一次调辊缝所引起的压力变化 ΔP_{s1}，即

$$\Delta P_2=\Delta P_{\mathrm{d2}}+\Delta P_{\mathrm{s1}} \tag{8}$$

式（6）代入式（8）计算出 ΔP_{d2}，将其代入式（5）整理得：

$$\Delta S_2=-\frac{Q}{M}S_1-\frac{M+Q}{M^2}\Delta P_2 \tag{9}$$

对于任意时刻，写出通式

$$\Delta S_k=-\frac{Q}{M}S_{k-1}-\frac{M+Q}{M^2}\Delta P_k \tag{10}$$

式（10）即为动态设定 AGC 控制模型，它保证轧件任意扰动下轧件厚度恒定。在阶跃扰动 ΔP_{d} 作用下，由分析法得到压力 AGC 参数方程

$$\Delta S_n=\sum_{i=1}^{n}(-1)^i\frac{M+Q}{M^2}K_{\mathrm{B}}\Delta P_{\mathrm{d}}\left(\frac{Q}{M}\right)^{i-1}(K_{\mathrm{B}}-1)^{i-1} \tag{11}$$

式中 ΔS_n——第 n 步采样的辊缝调节量；

K_{B}——控制系统参数。

由式（10），式（11）推得动态设定型变刚度厚控模型

$$\Delta S_k=-C\left(\frac{Q}{M}\Delta S_{k-1}+\frac{M+Q}{M^2}\Delta P_k\right) \tag{12}$$

$$C=\frac{M_{\mathrm{C}}-M}{M_{\mathrm{C}}+Q} \tag{13}$$

式中 M_{C}——当量刚度；

C——可变刚度系数。

在参考文献［3］中详述了式（11）～式（13）的推导过程及仿真实验和轧机实验的证明，得出新方法具有响应速度快（比 BISRA 快 2～3 倍），可变刚度范围宽（$M_{\mathrm{C}}=0\sim\infty$，将平整机和轧钢机控制系统统一），与其他厚控方法共用、无相互干扰，稳定性好及实现简单等优点。

3 动态设定 AGC 在板带轧机上应用及效果

1986 年在第一重型机器厂 200 四机架冷连轧机上进行了试验，完全证明了该方法的优点和特性，同年通过机械部和冶金部联合组织的鉴定，专家组给予很高评价。1987～1996 年该方法在多套大型板带轧机上推广应用，取得了十分明显的技术和经济效果，详见参考文献［4～12］。本文简要介绍在上海浦钢（上钢三厂）2350 中板轧机和宝钢 2050 热连轧机上的厚控效果。

3.1 上海浦钢中板轧机应用效果

2350 四辊轧机设备陈旧，无测厚仪等检测装置，而轧制的品种规格很多。坯料为钢锭，三台

加热炉加热，由三辊劳特轧机开坯，四辊精轧出成品，加热水印横轧，扰动十分明显，图 1 明显看出动态设定 AGC 的厚控消差效果。

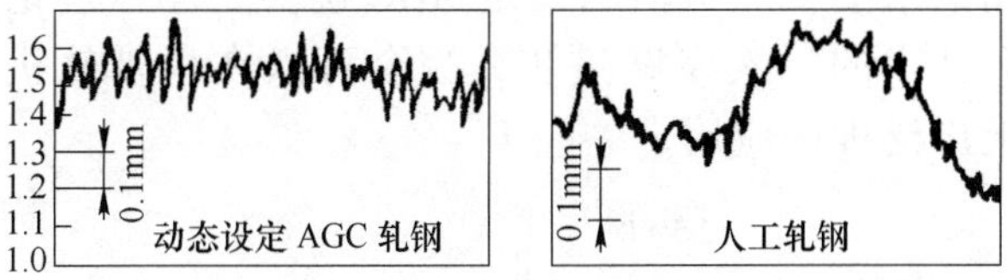

图 1　AGC 消差效果图示

由于无测厚仪，无法用命中目标差来分析绝对 AGC 方式的效果，采用一批同规格板异板差来反映它的效果。动态设定 AGC 实现绝对值方式比较容易，即 P_e、S_e 采用优化规程给出的设定值。由于该轧机采用了 AGC 和过程机自动设定方式，故其产品质量达到国际先进水平，如表 1 所示。图 2 表明采用计算机控制系统后产品质量提高的程度。

表 1　异板差技术指标对比（上钢三厂 2350 中板轧机）

检测日期	钢种规格	生产条件	均方差/m	块数	国际先进水平
1994 年 5 月 14 日	16Mn 14×1800	人工轧制	1073	18	上钢三厂 3500 厚板轧机（西门子系统）$h=8$mm，$\sigma=89$ $h<15$mm，$\sigma=104$
			120	27	
		计算机控制系统	33.7	17	
			31.0	23	
1994 年 5 月 16 日	Q235 12×1800		31.2	27	
1994 年 5 月 17 日	Q235 10×1800		27.7	33	

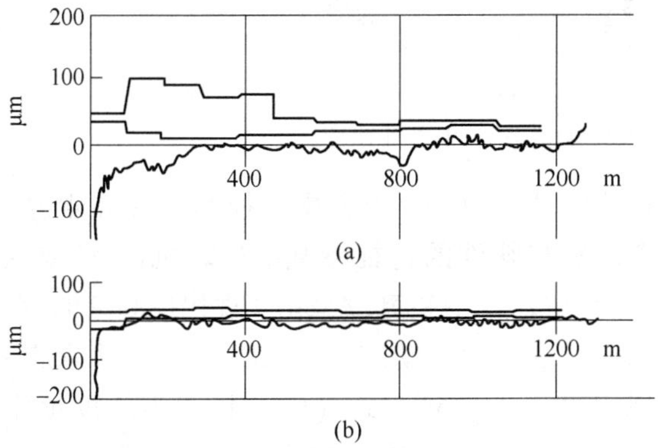

图 2　动态设定 AGC 与西门子厚控模型厚控效果对比
（a）原西门子厚控模型；（b）动态设定型

3.2　宝钢 2050 热连轧机应用效果

宝钢 2050 热连轧机是 80 年代从德国引进的全套设备，AGC 及计算机控制系统是西门子公司的，属世界第一流的设备。该设备运行多年后，厚控精度有所降低，对系统、装备、数学模型等分析之后，宝钢决定与冶金部钢铁研究总院合作，在 2050 热连轧机上试用动态设定 AGC 模型。经双方密切合作，在进一步对系统全面分析、消化的基础上，制订了具体实施方案，并试验成功。从 1996 年 7 月起，全部 7 个机架用动态设定 AGC 模型代替西门子厚控模型。运行一直正常，效果十分明显，如图 3 和表 2 所示。

从图 3 可看出，动态设定 AGC 输出与压力变化曲线很对称，要求辊缝调节量比原 AGC 大得多，特别是响应速度快十分明显。

表 2 是动态设定 AGC 与西门子厚控模型精度对比。西门子模型的同卷极差平均值为 130μm，而动态设定 AGC 为 51μm。厚控精度提高一倍以上，与理论分析和在一重厂实验轧机上的效果是一致的。

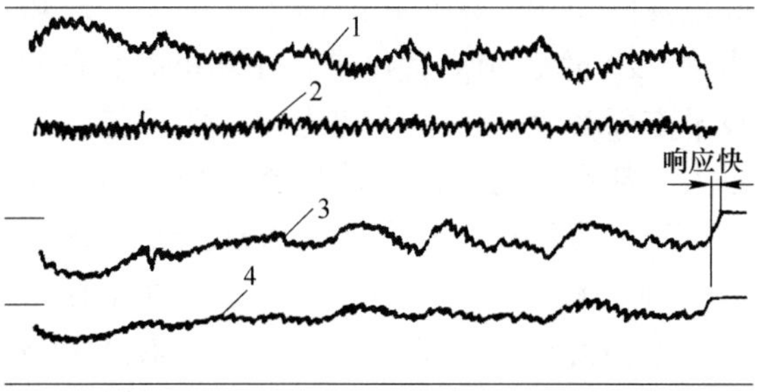

图 3　动态设定 AGC 与西门子厚控模型辊缝输出对比
1—压力；2—厚度；3—动态设定 AGC 的辊缝输出；
4—西门子厚控模型的辊缝输出

表 2　动态设定 AGC 与西门子厚控模型精度对比

检测日期	厚度规格 /mm	AGC 模型	同卷极差 /mm	卷数
1996 年 6 月	4~8	西门子模型	0.128	3
1995 年 4~8 月	3~6	西门子模型	0.140	5
1996 年 6 月	4~8	动态设定 AGC	0.051	8

图 4 是依据 *MS* 统计报表作出的直方图，包括 1993～1996 年全部数据。1993～1995 年采用全年的平均值，1996 年用每月平均值表示。图 4(a) 的厚度规格为 1.00～2.50；图 4(b) 为 2.51～4.00；图 4(c) 为 4.01～8.00；图 4(d) 为 8.01～25.40。从图看出，特别是图 4(a) 和图 4(d)，从 1996 年 7 月开始 ±50μm 的百分数提高很明显。正式投入动态设定 AGC 六个月数据表明，动态设定 AGC 已完全达到了工业化应用的水平，证明动态设定 AGC 确实是厚控理论和技术的一次飞跃进步，完全可以在板带轧机上广泛推广应用。

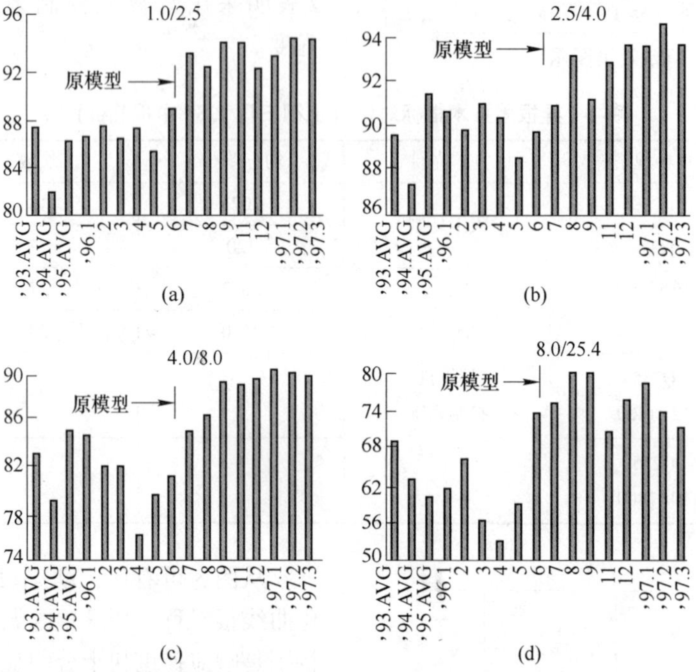

图 4　*MS* 统计表作出的直方图（从 1993 年到 1997 年 3 月）

4　对板带轧制工艺、设备、控制之间关系的看法

研究新的工艺理论，使现代装备和控制技术更好地发挥作用，这是我国的实际需要。以热连轧为例，20 世纪 60 年代以来，在轧机的装备和控制技术方面都有很多改进和进步，但工艺方面进步不大，基本工艺理论还是秒流量相等和弹跳方程。多年来我所提出的连轧张力理论及恒张力控制[13]、动态设定型变刚度厚控方法、新型板形测控方法等，属于轧钢新工艺理论。动态设定型变刚度厚控方法，新型板形测控方法等，属于轧钢新工艺理论。动态设定 AGC 的实用效果，证明了它在陈旧轧机上应用产品质量达到国际先进水平。新理论特征是把控制理论与工艺理论（或经验）相结合，得出动态数学模型，或称工艺控制模型。控制理论与技术的广泛有效性已被人们认识，轧钢设备和测量装置的精度和发展水平已非常先进了，可以说超过了实际需求，所以工艺控制模型的应用必然会使产品质量大大提高。

工艺控制模型特征是，以差分方程或状态方程描述的动态模型，方程中有控制量（如辊缝），包含轧机和轧件的特征参数，如轧机的 M 或 m，轧件的 Q 或 q，它的建立采用了现代控制论的分析和综合方法，例如动态设定 AGC，分析法求得基本规律表达式（5）、式（6），目标为厚度恒定，ΔP_d 是观测器求得，综合得出控制模型式（10）。

5　结束语

动态设定 AGC 的应用使厚控精度成倍提高，特别是在装备条件差的轧机上质量控制达到世界先进水平，这对我国轧钢技术进步有十分重要的意义。

参 考 文 献

[1] 张进之．压力 AGC 数学模型的改进［J］．冶金自动化，1982（3）．

[2] 张进之．AGC 系统数学模型探讨［J］．冶金自动化，1979（2）．

[3] 张进之．压力 AGC 系统参数方程及变刚度轧机分析［J］．冶金自动化，1984（1）．

[4] 赵恒传．高速铝板轧机液压厚调计算机控制系统研究

[J]．一重技术，1988（1~2）．
[5] 陈德福，孙海波．动态设定型变刚度液压 AGC 系统在 1400mm 高速不可逆铝板轧机上的应用［J］．一重技术，1988（1~2）．
[6] 李炳，陈德福，等．冷连轧液压 AGC 微型计算机控制系统［J］．冶金自动化，1988（1）．
[7] 史庆同，赵恒传，等．高速铝板轧机液压厚调计算机控制系统研究［J］．冶金自动化，1990（3）．
[8] 邱松年，霍锋．PLC 过程控制系统在中板四辊轧机上的应用［J］．轧钢，1993（1）．
[9] 王立平，等．本钢 1700mm 热连轧机变刚度分析与实现［J］．冶金自动化，1995（6）．
[10] 王立平，武立新，张进之，等．热连轧机厚度最优前馈控制研究［J］．控制与决策，1995（3）．
[11] 郝付国，白埃民，动态设定 AGC 在中厚板轧机上的应用［J］．钢铁，1995（7）．
[12] 孙海波，陈德福，等．新的液压 AGC 技术在 1200WS 四辊可逆冷轧机上的应用［J］．冶金自动化，1996（3）．
[13] 张进之，吴毅平，等．热连轧厚控精度分析及提高精度的途径［J］．钢铁研究学报，1996（6）．

（原文发表在《重型机械》，1998（1）：30-34）

板带轧制动态理论的发展和应用

张进之，吴增强，杨新法，王　琦

（钢铁研究总院，北京　100081）

摘　要　介绍了板带轧制动态理论的研究现状和应用结果。认为板带轧制动态理论的研究和应用已经成熟，完全具备推广应用条件，而且效果明显（同卷厚差精度提高 1 倍），技术经济效益很好。

关键词　板带；轧制；动态理论；厚度控制；板形控制

Development and application of dynamic theory for strip rolling

Zhang Jinzhi，Wu Zengqiang，Yang Xinfa，Wang Qi

（Central Iron & Steel Research Institute，Beijing 100081）

Abstract：The present status of research and application result on dynamic theory of strip rolling were introduced. lt was considered that theory can be applied and disseminated. Its obvious application effect and good economy benefit from technology were discussed.

Key words：strip；rolling；dynamic theory；thickness control；control of strip shape

20 世纪 60 年代以来，轧钢生产的机械装备和控制技术得到飞速发展。例如，HC 轧机和 PC 轧机等板形控制轧机及 CVC 轧辊等装备和技术的发明、计算机控制和仿真技术的广泛应用。板带轧制理论虽然也有一定发展，但与机械装备和控制技术的进步相比显得过于缓慢。板带轧制理论中，厚度控制理论比较完善，即以弹跳方程为基础的厚度自动控制系统（AGC）得到广泛应用，但板形控制理论在近 40 年未取得突破性进展，而板形控制精度的提高主要是依靠装备和控制技术的改进。

1　板带轧制动态理论的研究现状

板带轧制动态理论包括：连轧张力理论、动态设定板形测定控制方法和动态设定型变刚度厚度控制方法。

1.1　连轧张力理论

20 世纪 60 年代建立了精确的连轧张力微分方程[1]。70 年代发现连轧张力状态方程的 **A** 矩阵是常阵，得到了多机架张力公式的解析解，并证明了连轧张力系统是可测量、可控制、渐近稳定的线性系统，张力测厚精度比压力测厚精度高 1 个数量级[2]。另外，还以多机架解析张力公式为基础对冷连轧过程的模拟方法[3]、动态变规格[4]、穿带过程速度和辊缝的设定[5]等进行了研究。1997 年，在宝山钢铁（集团）公司（以下简称宝钢）2050 热连轧机上完成了恒张力控制试验，并进一步提出了热连轧张力复合控制系统方案[6]。

由反映热连轧活套状态和大张力变形的张力减径得出分布参数张力变形微分方程为：

$$\frac{\partial X}{\partial t}+\frac{\partial X}{\partial V}v=(1+X)\frac{\partial v}{\partial V}$$

式中　X——变形量；

t——变形时间；

v——变形速度；

V——坐标。

1.2　动态设定型变刚度厚度控制方法

分析 AGC 调节过程通常采用“$P-H$”图。该图具有简明、直观等优点，但不能描述复杂的轧制过程（动态、非线性和多边量），直接影响了厚度控制理论的发展和应用。应用数学分析方法代替“$P-H$”图分析厚度控制过程，用数学分析方法研究了厚度调控过程及各个影响因素，发现轧件扰动（入口厚度差、水印和硬度差）是可测的，并得到了厚度恒定的充分必要条件（辊缝差分方程）[7~10]。以压力 AGC 参数方程为基础，推导出了变刚度公式，从而建立了动态设定型变刚度厚度控制方法（简称动态设定 AGC）。动态设定型变刚度厚度控制模型为：

$$\Delta S_k = -c\left(\frac{Q}{M}\Delta S_{k-1} + \frac{M+Q}{M^2}\Delta p_k\right)$$

$$c = \frac{M_C - M}{M_C + Q}$$

式中 M，M_C——刚度和当量刚度；
c——可变刚度系数；
Q——轧件塑性系数；
S——辊缝；
p——压力；
k（下角）——时间序号。

1.3 动态设定板形测定控制方法

动态设定板形测定控制方法（简称动态设定 AFC）包括动态负荷分配和板形向量模型。用负荷分配方法控制板形早已引起了轧钢工作者的重视，但因板形工艺控制理论落后未能进一步推广，未能将负荷分配控制板形的方法数学模型化。

经过多年研究，综合等储备负荷分配方法和板形控制理论取得了突破性进展。20 世纪 50 年代末，提出用图表法设计压下规程方法及综合等储备原理[11]。70 年代末，梁国平提出负荷函数方法[12]，从数学上解决了最优轧制规程计算方法，形成我国独创的综合等储备负荷分配方法，并在 80 年代开始在工业上推广应用。随着变形抗力和摩擦系数非线性估计、变形抗力和温降模型参数非线性估计、模型公式优选和参数优化问题的解决及动态非线性弹跳方程的建立，影响系数法（微分几何）的动态负荷分配方法已进入实用阶段。

板形理论主要有两种形式：（1）传统的以弹塑性理论为基础的精确数学分析法；（2）以试验为基础的非精确化方法。精确数学分析法大都基于 Shothet 方法，虽然可以得出精确解，但计算量大，难于在线应用。由日本新日铁提出的非精确化方法可用于在线控制。非精确化方法其关键是得出了板形干扰系数 a 和板凸度遗传系数 Z（Z 是板宽和板厚的二元函数，包含了轧机和轧件的双重特性），建立了板凸度模型。因为新日铁模型的 Z 取值困难。针对现有技术的不足，经研究分析，本文作者将遗传系数分解成反映轧件特性的轧件刚度系数 q 和反映轧机特性的轧机刚度系数 m 两部分，得出了新型、简明，而且实用的板形向量模型[13,14]：

$$c_{h_i} = \frac{q_i}{q_i + m}\frac{h_i}{h_{i-1}}c_{h_{i-1}} - \frac{q_i}{q_i + m}h_i\Delta X_{i-1} + \frac{m}{q_i + m}c_i$$

式中 ΔX——平直度（沿板宽伸长率差）；
q——轧件的板形刚度系数；
c_{h_i}，c_i——钢板和机械板凸度；
h_i，h_{i-1}——轧件出口和入口厚度；
m——轧机的板形刚度系数，$m=K/b$；
K——轧机横向刚度系数；
b——轧件宽度；
i——道次号。

式中 q 可由板形测定控制数学模型中的板凸度计算公式与材料力学推出的板凸度计算公式联立求出。

2 板带轧制动态理论的实际应用

2.1 在中厚板轧机上的应用效果

上海浦东钢铁（集团）有限公司（以下简称上海浦钢）的 2350 四辊轧机设备陈旧，无测厚仪等检测装置，无法用命中目标来分析绝对值动态设定 AGC 方式的效果，只好采用一批同规格板的异板差来反映它的效果（如表 1 所示）。而且该轧机轧制的品种规格很多。坯料为钢锭，3 台加热炉加热，三辊劳特轧机开坯，四辊精轧机出成品，加热水印横轧向，扰动十分明显［见图 1(b)］，由表 1 和图 1(a) 可以看出，该轧机采用动态设定 AGC 和过程机自动设定方式后，产品的异板差和同板差大幅度降低，产品质量明显提高，达到了国际先进水平。

2.2 在热连轧机上的应用效果

宝钢 2050 热连轧机是 20 世纪 80 年代全套从德国引进的，属世界一流的先进装备，其 AGC 及计算机控制系统由德国西门子公司提供。该设备运行多年后，厚度控制精度下降。为提高厚度控制精度，1996 年 6 月 4 日宝钢和钢铁研究总院合作，在 2050 热连轧机上成功地试运行了动态设定 AGC 模型。从 7 月 1 日起，精轧全部机架（7 个）都用动态设定 AGC 模型代替西门子 AGC 模型，且运行至今一直正常。实践证明动态设定 AGC 已完全达到了工业化应用水平。

表 1　上海浦钢 2350 中板轧机产品异板标准差[15]

Tab. 1　Sandard deviations of different plates produced by 2350mm plate mill at Shanghai Pudong Iron Steel（Group）Company Limited

检测日期	钢种	规格/mm	生产条件	标准差/μm	块数	国际标准差实例	
						标准差/μm	单位
1994-05-14	16Mn	14×1800	人工轧制	107.3	18	89(h=8mm)	上钢三厂（3500 厚板轧机采用西门子 AGC 模型）
				120.0	27	104(h<15mm)	
1994-05-14	16Mn	14×1800	采用计算机控制系统	33.7	17	70~80	日本新日铁（1989 年）
				31.0	23		
1994-05-16	Q235	12×1800	采用计算机控制系统	31.2	27		
				27.7	33		

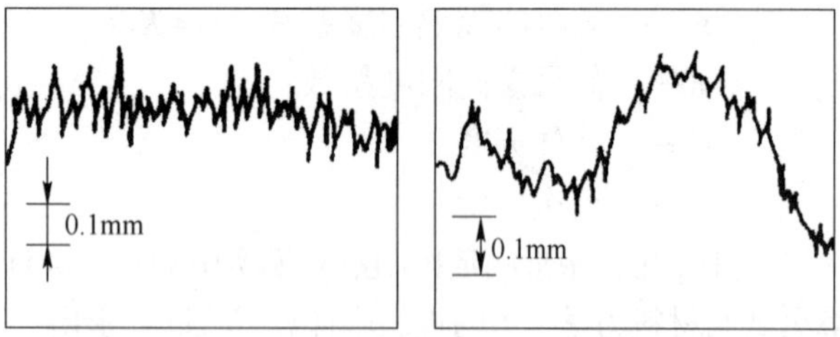

图 1　同规格钢板的消差效果

（a）采用动态设定 AGC 轧钢；（b）人工轧钢

Fig. 1　Effect of eliminating difference for same size

动态设定 AGC 和西门子 AGC 模型实测同卷极差平均值对比如表 2 所示。可以看出，西门子 AGC 模型的同卷极差平均值为 130μm，而动态设定 AGC 为 51μm，厚控精度提高 1 倍以上[16]。

表 3 列出对厚度控制精度在±0.05mm 内的不同厚度规格的产品，用原西门子 AGC 模型生产的 700 万吨钢（1995 年 1 月~1996 年 5 月共 17 个月）与动态设定 AGC 投入运行后（1996 年 7 月~1997 年 8 月共 14 个月）生产的钢的统计结果。可以看出，动态设定 AGC 对厚规格和薄规格产品的厚度控制精度提高十分明显，控制在±0.05mm 范围内的提高幅度很大。总平均值，原西门子 AGC 模型为 80.38，动态设定 AGC 模型为 88.93，平均提高 8.55%。

表 2　动态设定 AGC 和西门子 AGC 模型实测同卷极差平均值

Tab. 2　Measured mean values of maximum differences in plates produced with AGC of Simens and dynamic setting

检测日期	厚度/mm	AGC 模型	同卷极差/mm	卷数
1995 年 4~8 月	3~6	西门子 AGC 模型	0.140	15
1996 年 6 月	4~8	西门子 AGC 模型	0.128	3
1996 年 6 月	4~8	动态设定 AGC 模型	0.051	8

表 3　厚度控制精度在±0.05mm 内的百分比

Tab. 3　Percentage of gauge control precision in ±0.05mm

模型类型	统计时间	带钢厚度/mm			
		1.00~2.50	2.51~4.00	4.01~8.00	8.01~25.40
西门子 AGC 模型	1995 年 1 月~1996 年 5 月	86.36	91.00	83.94	60.22
动态设定 AGC 模型	1996 年 7 月~1997 年 8 月	94.18	93.44	89.38	78.80
提高幅度/%		7.82	2.44	5.44	18.48

3　板带轧制动态理论与板带轧机的国产化

经过 20 多年的引进和消化吸收，我国的机械和控制装备虽有很大的发展，但与国外差距仍很大。因此，想仅通过国产机械和控制装备的发展建成现代化的热连轧生产线很难。不过，采用现代板带轧制动态理论和技术，即连轧张力理论、动态设定型变刚度厚控方法、动态设定型板形测定控制方法等后，在保证产品厚度和板形精度达到国际先进水平的前提下，可降低对机械和控制装备的要求[17]。这不仅使国产机械和控制装备能够满足现代化热连轧生产线的需要，而且大幅度降低新建和改造现代化热连轧生产线的投资。

从上海浦钢2350中板轧机与新余钢铁有限责任公司（以下简称新余）2500中板轧机的性能对比情况（见表4）可以看出，新余中板厂的设备性能明显优于上海浦钢的设备，而且已接近国际先进水平。采用钢铁研究总院的计算机控制系统后，两厂产品的异板标准差都达到了国际先进水平，而且上海浦钢的结果还优于新余中板厂。可见依据板带动态控制理论合理选用基础自动化控制方式，对提高产品质量的作用十分显著。

宝钢2050热连轧机已运行多年，设备精度明显降低，例如，轧辊偏心增大（投产初期，压靠力1000t，压力波动小于10t，而目前为50t）。在控制系统不变的条件下，仅采用动态设定AGC模型，其同卷厚度控制精度提高近1倍。

板带轧制动态理论取得如此明显效果是因为控制系统采集和处理数据大大减少，提高了反馈速度，降低了对计算机系统和装备精度的要求（当然计算机和装备先进更好）。板带轧制动态理论还使连轧过程的分析和控制系统的设计解析化，为热连轧机国产化创造了条件。

表4 上海浦钢与新余的中板轧机性能对比

Tab. 4 Performance contrast between the plate mills at Shanghai Pudong Iron and Steel (Group) Company Limited and Xinyu Plate Factory

厂家	制造时间	机械性能		控制性能		基础自动化方式
		生产条件	异板标准差/μm	控制条件	异板标准差/μm	
上海浦钢	1960	人工轧制	107~120	采用计算机控制系统	27~33	模拟控制
新余①中板厂	1992	APC②	69~83	采用计算机控制系统	42~46	数字控制

①利用宝钢2050轧机制造技术；②相当于人工轧制。

4 结语

板带轧制动态理论是静态理论的发展，它的特征是控制理论与工艺理论（或经验）相结合、数学表达为工艺控制模型。板带轧制动态理论经历了提出、完善、发展和应用等阶段。实践表明，该理论具有实用性和先进性，它的推广应用对我国板带生产具有深远影响。

参考文献

[1] 张进之. 钢铁，1975，10（2）：77.
[2] 张进之. 金属学报，1978，14（2）：127.
[3] 张永光. 梁国平，张进之，等. 自动化学报，1979，5（2）：178.
[4] 张进之，郑学锋，梁国平. 钢铁，1979，14（6）：60.
[5] 张进之. 钢铁研究学报，1984，4（3）：265.
[6] 张进之，王文瑞. 冶金自动化，1997，21（3）：10.
[7] 张进之. 冶金自动化，1979，3（3）：8.
[8] 张进之. 冶金自动化，1982，6（2）：16.
[9] 张进之. 钢铁研究学报，1983，3（3）：296.
[10] 张进之. 冶金自动化，1984，1（8）：24.
[11] 张进之. 东工科研，沈阳：东北工学院，1960，425.
[12] 梁国平. 钢铁，1980，15（1）：42.
[13] 张进之，张宇. 重型机械，1998，219（4）：5.
[14] 张进之. 冶金设备，1997，106（6）：1.
[15] 郝付国，白埃民，叶勇，等. 钢铁，1995，30（7）：32.
[16] 王琦，居新华，杨晓臻，等. 多层次模型结构及在工业中的应用［C］//97中国控制会议，武汉：武汉市出版社，1997.
[17] 张进之，杨新法，吴增强. 中国冶金，1997（1）：24.

（原文发表在《钢铁研究学报》，11（5）：63-66）

宝钢 2030mm 冷连轧压力公式的定量评估❶

张 宇[1❷]，徐耀寰[2]，张进之[3]

（1. 冶金部自动化研究院，北京 100071；2. 上海宝钢集团公司冷轧厂；
3. 冶金部钢铁研究总院）

摘 要 由连轧张力理论提出的“$k\mu$”估计方法，可以优选压力和变形抗力公式的结构，确定 Hill 压力公式为冷轧优选公式。宝钢从德国引进的 2030mm 冷连轧机用的压力公式有其特点，所以它与 Hill 公式的定量对比对“九五”攻关课题——冷连轧过程智能控制系统的研制有重要意义。本文用多种正常工况下的实测数据，通过“$k\mu$”估计方法的定量评估，得到 Hill 公式适合冷轧机应用的结论。

关键词 “$k\mu$”估计；定量评估；标准差；公式优选

Quantitative estimation of Baosteel 2030mm tandem cold mill pressure formula

Zhang Yu[1], Xu Yaohuan[2], Zhang Jinzhi[3]

(1. Automation Research Institute of MMI; Beijing 100071;
2. Cold-Roll Works of Shanghai Baosteel Group Corporation;
3. Central Iron and Steel Research Institute of MMI)

Abstract: The “$k\mu$” estimation method, come from tension theory, can be used to optimize the formula construction of pressure and deformation resistance. Hill pressure formula is the cold-rolled optimization one. The pressure formula, come from German and used for 2030mm tandem cold mill, has its properties. Its quantitative comparison with Hill formula is very important for “9th Five-Year Plan” project —— tandem cold mill process intelligence control system. It is concluded that Hill formula is suitable for tandem cold mill through the quantitative estimation by use of actual measuring data under many job states.

Key words: “$k\mu$” estimation; quantitative estimation; standard difference; optimization formula

数学模型公式优选和参数优选，是“九五”国家科技攻关课题——冷连轧过程智能控制系统研制的关键部分。由连轧张力理论提出的变形抗力和摩擦系数的非线性方法（简称“$k\mu$”估计），是在武钢 1700mm 冷连轧机生产期间数据处理工作时开发成功的[1]，并已在可逆式冷轧机[2]、中厚板轧机[3]与热连轧机上推广应用。20 世纪 70 年代以来，对众多的压力公式：Bland-Ford 公式、Hill 公式、Stone 公式、艾克隆德公式、Bryant 公式、采利科夫公式以及我国学者们提出的压力公式等进行优选，确定 Hill 压力公式为冷轧机首选公式。宝钢 2030mm 冷连轧机的引进，西门子公司提供的压力公式有其特点，该公式与 Hill 公式的定量对比研究是很重要的，可进一步明确在冷轧机上采用哪一个公式。这项工作通过在定量评估宝钢 2030mm 冷连轧机压力公式的实践中完成。

---

❶ 初步评估工作已于 1993 年作出，并已应用。

❷ 作者简介：张宇，男，1966 年生，高级工程师，主要从事轧钢自动化与数学模型的研究工作。

1 定量评估的原理和方法

众所周知，轧钢数学模型的核心公式是轧制压力公式，数学模型精度就是压力预报精度。目前各国所研究出的压力公式很多，各自都认为自己的公式精度高。冷连轧压力公式的精度主要依靠轧件变形抗力（k）和轧件与轧辊摩擦系数（μ）的取值来提高的，不少研究者往往把用实验室方法所取得的钢种变形抗力公式及参数，同在轧机上实测压力值结合起来反求 μ，然后用相同的 k 及反求出的 μ 值，代入不同的压力公式计算出压力预报值与实测压力值的差来判断模型公式的精确度。由于研究者一般是通过一个选定的压力公式反求出 μ 值，所得出的对比精度显然比其他压力公式高，这样做就有其不合理性。为此需要建立从众多的压力公式中优选的判据，由正常工况下的采样数据，用连轧张力公式[4]和压力公式进行变形抗力和摩擦系数非线性估计的方法[1]得以解决。"$k\mu$"估计是用最小二乘法，当用同一批数据对不同压力公式进行"$k\mu$"估计时，其标准差最小者为最佳压力公式。1978 年武钢 1700mm 冷连轧调试及试生产阶段用此方法进行了不同压力公式的"$k\mu$"估计，得出实用的 k、μ 值，对 10 多个冷轧压力公式进行了定量评估，得出实用的最佳压力公式——Hill 公式。之后，在太钢 MKW-1400mm 可逆冷轧机计算机过程控制数学模型建立[2]，上钢三厂、天津等中板轧机计算机控制系统建模也采用了此方法[3]，均取得了成功。对宝钢冷连轧在线压力公式精度的定量评估也采用了"$k\mu$"估计的方法。

由于在武钢、太钢已进行过众多冷轧压力公式的定量评估，得出精度较高而结构简明，适用于计算机在线模型的 Hill 压力公式，本文只进行宝钢公式与 Hill 公式的对比工作。对比实验用的正常工况下的数据有 3 种，其一是武钢 1700mm 的采样数据；其二是 1977 年 AEG 提供的拉色斯坦六机架冷连轧 309 卷数据，简称"309"卷数据；其三是宝钢 2030mm 五机架实测数据。由于 3 种数据形式不同，2 个压力公式对比需要 6 种实验方案，再加上专门研究变形抗力模型的程序，总共 7 种方案，如表 1 所示。

表 1 "$k\mu$"估计实验方案

编号	压力公式名称	数据来源	备注
1	Hill 公式	武钢数据	
2	宝钢公式	309 卷数据	
3	宝钢公式	武钢数据	
4	Hill 公式	309 卷数据	
5	Hill 公式	309 卷数据	研究变形抗力
6	Hill 公式	宝钢数据	
7	宝钢公式	宝钢数据	

宝钢 2030mm 五机架冷连轧机有 6 台测厚仪，拉色斯坦六机架连轧机有 7 台测厚仪。这两套冷连轧机有全部厚度实测值，对压力和变形抗力公式优选和参数优化十分有利，武钢 1700mm 五机架冷连轧机只有 3 台测厚仪，即 h_0、h_1、h_5 是实测值，而 h_2、h_3、h_4 是待估计值。文献［1］的"$k\mu$"估计是以武钢冷连轧机数据为基础的，所以只估计 1 个变形抗力参数，加 3 个厚度，5 个摩擦系数，共 9 个待估计量，而 5 个压力公式加 4 个张力公式共 9 个方程式，是一个定解问题。文献［1］引用拉色斯坦六机架数据起到验证估计中间各机架厚度的正确性，这是很重要的。

此次"$k\mu$"估计是以宝钢 2030mm 数据为主，中间机架出口厚度不用估计，所以增加了变形抗力模型的估计参数。3 个变形抗力模型参数，加上 5 个摩擦系数，共 8 个待估计量，而方程还是 9 个，是一个超静定问题，所估计参数的可靠性更好。

这次进行的计算机模拟实验，共取了 6 组数据，宝钢 2030mm 取两组，编号 AP1055 取 19 卷钢数据，AP1056 取 23 卷钢数据；"309"数据取 1 组，19 卷钢；武钢 1700mm 取 3 组数据，每组 12 卷钢。数据主要参数如表 2 所示。

表 2 6 组数据的主要参数

编号	名称	坯料厚度/mm	出口厚度/mm	带宽/mm	压力水平/kN
1	AP1055	3. 50	1. 10	1248	12000
2	AP1056	3. 80	1. 50	1280	11000
3	"309"	2. 34	0. 64	930	8000
4	武钢Ⅰ	2. 40	0. 61	1270	10000
5	武钢Ⅱ	2. 50	0. 80	1500	15000
6	武钢Ⅲ	3. 25	1. 20	1125	8000

进行"$k\mu$"估计的数学模型公式，这里只写出宝钢压力公式，而张力公式和 Hill 公式见文献

[1]。宝钢 2030mm 用的压力公式[5]：

$$P = R' \times B \times BG \times K_u(1 + CFW)$$

$$CFW = \left(\frac{K_1}{K_0} - 1\right)D + \frac{2R'}{h}BG\left\{\mu(0.5 - D + D^2) - BG\left[C\left(\frac{2}{3} - D\right) - \frac{\mu R'}{3h}(2C+1)BG\left(\frac{3}{4} - D + 0.5D^2\right)\right]\right\}$$

$$BG = \sqrt{\Delta h / R'}$$

$$D = \frac{\mu + \frac{h}{2R' \times BG}\left(1 - \frac{K_1}{K_0}\right) - C \times BG + \frac{\mu R'}{3h}(2C+1)BG^2}{\mu\left(1 + \frac{K_1}{K_0}\right)}$$

$$C = 0.5\left(1 + \frac{2\mu^2 R'}{h} - \frac{K_0 h}{K_1 H_0}\right);\ K_1 = KFO + KFT\left(\frac{H_0 - h}{H_0}\right) - \sigma_f$$

$$K_0 = KFO + KFT\left(\frac{H_0 - H}{H_0}\right) - \sigma_b$$

式中　P——轧制压力，kN；
μ——摩擦系数；
σ_f——前张力，kN/mm^2；
σ_b——后张力，kN/mm^2；
H_0——坯料厚度，mm；
H——入口厚度，mm；
h——出口厚度，mm；
R'——轧辊压扁半径，mm；
KFO——带钢原始材料强度，kN/mm^2；
KFT——带钢材料强度增量，kN/mm^2；
K_0——机架入口侧材料应力，kN/mm^2；
K_1——机架出口侧材料应力，kN/mm^2；
B——带钢宽度，mm；
Δh——压下量，mm。

2　“$k\mu$”估计结果及分析

2.1　宝钢数据 Hill 公式和宝钢公式的对比结果

初始 μ_1 相同，Hill 公式的标准差为 350.0kN，宝钢公式标准差为 464.4kN。两个压力公式精度都很高，完全实用，Hill 公式较优。表 3 示出摩擦系数值。

表 3　摩擦系数值

机架号	初值	Hill	宝钢
1	0.05	0.0544	0.105
2	0.06	0.0696	0.1026
3	0.07	0.0595	0.086
4	0.04	0.0467	0.0635
5	0.08	0.11	0.133

续表 3

机架号	初值	Hill	宝钢
变形抗力公式		$k=k_0+k_1(r\times100)^a$	$k=k_0+k_1 r$

注：r 为累计压下率；k_0，k_1，a 为变形抗力参数。

2.2　309 卷数据 Hill 公式和宝钢公式的对比结果

宝钢公式，μ 的初值影响较大，有些值不收敛。使用 Hill 公式估计出来的 μ 值作为宝钢公式中的 μ 值，并固定它，只估计 KFO、KFT。再将 8 个估计出来的参数作初值，进行“$k\mu$”估计，得出的标准差比较大

Hill 公式，两种初值均估计出来相同的 k、μ 值，标准差为 808.6kN，Hill 公式优。表 4 示出 Hill 公式估计出的 μ 值。

表 4　Hill 公式估计出的 μ 值

机架号						变形抗力公式
1	2	3	4	5	6	
0.057	0.059	0.053	0.048	0.043	0.12	$k=k_0(r+0.00813)^{0.3}$

2.3　武钢数据 Hill 公式和宝钢公式的对比结果

Hill 公式，用两组不同 μ 初值（一组 μ_1：5 个机架均为 0.07；另一组 μ_1：1 号，2 号，3 号，4 号，5 号机架分别为 0.098，0.057，0.052，0.092，0.16），估计出来的 μ 值基本相同，标准差为 157.3kN。

宝钢公式受初值影响较大，用 Hill 公式估计出

来的 μ 值作初值，得到很好的结果，标准差为222.7kN。

通过3种数据，Hill公式与宝钢公式的对比结果，Hill公式的标准差都小于宝钢模型公式，证明Hill公式是好的。Hill公式估计出来的 μ 作宝钢模型中的固定 μ 值，只估计 *KFO* 和 *KFT*，结果很好。由此得出一种改进宝钢2030mm冷连轧数学模型方案：离线由Hill公式对不同润滑条件估计出 μ 值，这样宝钢在线压力模型结构，自适应，自学习全不用改变就可以达到提高压力预报精度的目标。另外，μ 的得出是由压力公式和张力公式（含前滑公式）综合估计出来的，所以也提高了前滑预报精度。

2.4 用309卷数据探讨变形抗力公式结构

对Hill公式评估时采用的变形抗力公式为 $k=k_0+k_1(r\times100)^a$。固定 μ 值，只估计 k_0、k_1、a。改变变形抗力参数的初值，估计出来的参数值见表5。由表5可见，$a\approx1$，因此，宝钢变形抗力采用线性模型 $k=k_0+k_1r$ 是可行的。

表5 不同初值估计出来的参数值

k_0	k_1	a	参数初值		
34.87	66.28	1.02	30	4.5	0.65
33.77	66.63	0.977	40	35	1.3

3 结论

（1）宝钢模型和Hill公式经“$k\mu$”估计之后都具有很高的精度，完全适用于计算机过程控制的数学模型。

（2）Hill公式较优于宝钢模型，将来2030mm过程机换代及其他冷轧机应采用Hill公式。

（3）用Hill公式离线估计出不同润滑条件下的摩擦系数作宝钢压力模型中的固定 μ 值，可以提高压力和前滑预报精度。其他自适应、自学习软件都不用变，这是完善目前模型的好方案。

（4）$k=k_0+k_1(r\times100)^a$ 与 $k=k_0+k_1r$ 相差很小，宝钢模型中的变形抗力线性方程是可行的。推荐使用的变形抗力公式为 $k=k_0+k_1(r\times100)^a$。

感谢宝钢集团公司徐乐江常务副总经理，王文瑞副总工程师，杨美顺副总工程师的支持和帮助！

参考文献

[1] 张进之，张自诚，杨美顺. 冷连轧过程变形抗力和摩擦系数的非线性估算 [J]. 钢铁，1981，16（3）：35-40.

[2] 张进之，林坚，任建新. 冷轧优化规程计算机设定计算方法 [J]. 钢铁研究总院学报，1987，7（3）：99-104.

[3] 张进之，白埃民. 提高中厚板轧机压力预报精度的途径 [J]. 钢铁，1990，25（5）：28-32.

[4] 张进之. 连轧张力公式 [J]. 金属学报，1978，14（2）：127-137.

[5] 华建新. 宝钢2030毫米冷连轧机的压下负荷分配 [J]. 冶金自动化，1991，15（3）：43-47.

[6] 魏立群，徐耀寰. 冷轧宽带钢轧制规程优化 [J]. 上海金属，1997，19（6）：49-53.

（原文发表在《冶金自动化》，1999（4）：34-36）

测厚计厚控方法实用中的几个问题探讨

张进之

(北京钢铁研究总院)

摘　要　通过测厚计厚控方法实用中问题的分析研究，得出测厚计型变刚度计算公式：$M_C=\frac{M\times K_B}{K_B-M}$。厚控系统的厚度设定值计算公式：$h'=h-(P-P_0)/M_C$，新的厚度预报公式（即实用弹跳方程）：$h=H+(P-P_0)/K_B+(P-P_0)/M_C+A$，新厚度预报公式将反映控制系统特性和轧机设备特性的双参数引入一个方程中，将现用弹跳方程 A 参数里的轧制力函数项分离出来，从而显著地提高了弹跳方程的精确度。

关键词　测厚计厚控；变刚度；弹跳方程

Exploration of some questions in practical use of thickness-controlling method with thickness gauge

Zhang Jinzhi

(Beijing Iron and Steel Research Institute)

Abstract: By making an analysis and study of questions in practical use of thickness-controlling method with thickness gauge, the calculating equation for deformed stiffness with thickness gauge is derived $M_C=\frac{M\times K_B}{K_B-M}$. The calculating equation for set value for thickness in thickness-controlling system $h'=h-(P-P_0)/M_C$. New thickness predicting equation (i.e. practicable spring equation): $h=H+(P-P_0)/K_B+(P-P_0)/M_C+A$. New thickness predicting equation introduces the two parameters of control system characteristics and mill equipment characteristics into one equation, separates rolling force function term from parameter A in the existing spring equation, thus remarkably enhances accuracy of spring equation.

Key words: thickness-control with thickness gauge; deformed stiffness; spring equation

1　引言

测厚计型厚控方法是三种压力 AGC 中的一种，它是直接用弹跳方程预报厚度，与设定厚度之差进行厚度自动控制。该方法与 BISRA 法相比较，具有响应速度快的优点，但稳定性较差；与动态设定型相比，响应速度和稳定性均差[1,2]。因它是较早于动态设定型提出的厚控方法，故国内外都有较多应用，特别是在国内，太钢 1700 炉卷轧机、上钢一厂中板轧机等均采用了这种厚控方法，故有必要对它进行深入系统地研究。

通过对上钢一厂“液压微调”技术总结报告和用户报告的分析研究及在太钢炉卷液压 AGC 的实践，本文将对绝对值与锁定值的 AGC 的实现，全量法变刚度的必要性、可能性及变刚度计算公式，厚度设定计算公式等问题进行了研究。所得结果在 1987 年 10 月份炉卷轧机轧制荫罩钢带应用中得到验证。

2　锁定值法和绝对值法

事实上三种压力 AGC 系统均可实现锁定值控制和绝对值控制，由于测厚计型是间接测量轧件厚度的，从而给人一种印象——绝对值厚控方法是测厚计型的特点。其实，由计算机预报（设定）辊缝值和压力值作锁定值，就可以实现绝对值 AGC 控制。M. Saito 等在“高精度轧板厚度控制”

的绝对值 AGC 方案就是这样实现的[3]。BISRA 和动态设定型的锁定值不取头部实测压力和辊缝作锁定值，而以轧制规程计算出的压力和辊缝作锁定值，就是绝对值 AGC。

测厚计法采用锁定值控制，是很普遍的，武钢 1700 热连轧的电动压下 AGC 系统，天津材料研究所的三连轧上的电动压下 AGC[4] 系统，都是锁定值的测厚计 AGC 系统。

太钢、上钢等测厚计型绝对值 AGC 系统，是直接采用压力信号、辊缝信号由弹跳方程计算出厚度值（简称全量法），在加法器处设定一个厚度值，计算厚度与设定厚度之差经 PID 调节器及放大控制电液伺服阀调节辊缝，直至间接测厚和设定厚度相等输出为零，辊缝就不变了。这样作对于无测厚仪的中厚板轧机，可把间接测厚值显示给轧钢工，对其操作有指导意义。

厚度预测计算公式：

$$h = H + \frac{P - P_0}{K_B} + A \tag{1}$$

或

$$h = H + \frac{P}{K_B} + A' \tag{2}$$

式中 h——轧件出口厚度；
H——辊缝值，亦油缸行程；
P——轧制压力实测值；
P_0——压靠定辊缝零点的设定压力；
K_B——轧件宽度为 B 的轧机刚度，实质上是设定刚度；
$A(A')$——常数，与非线性部分、零点、轧辊磨损、热膨胀及其他误差有关。

当用 AGC 轧钢时，必须设定一个厚度值 h。在咬钢前，轧制压力为零，辊缝 H 必然摆动很大。为了在咬钢前能摆一个合适的辊缝，只有人为设定一个压力值，当钢咬入并达到正常宽度时再把人为设定的压力转换到实测压力信号上。很明显，这样做技术难度是较大的，一是要有一个合适的咬钢设定压力值，二是要控制好压力信号转换的时刻。这两个设定值与钢种、规格、轧制道次有关，对于品种规格十分繁杂的生产条件，很难得出合适的设定值。

厚度设定也是十分困难的，因为真实的轧机刚度和控制系统中的设定刚度不可能完全一致，所以设定出的厚度与实际轧出的厚度不完全一样，在太钢、上钢实际生产中就是这样。现采取的办法是修改 A（或 A'）系数，但也不能完全解决问题，这样就造成 AGC 轧钢厚度命中率低于 APC 的命中率[5]。

上述两个难点，是造成装上了液压压下还是用 APC 轧钢的原因之一。

分析出全量法绝对值测厚计型 AGC 系统中的技术难点，作者发明了一个方法可解决设定上的困难，它是由变刚度计算公式和厚度设定值计算公式描述的。

3 全量法 AGC 当量刚度计算公式

首先明确三个轧机刚度概念。第一是轧机自然刚度，它是轧件宽度、轧辊直径以及轧制压力的函数，测得它的精确值十分困难，但它确实是客观存在的一个物理量，用 M 表示，第二个是轧机控制系统设定刚度，在模拟系统中，由电气元件的参数值设定，是在一定精度意义下给定值，计算机系统更容易给定，用 K_B 表示。第三个是当量刚度，它实质上反映厚控系统的厚控效果，代表厚差能消除的程度，用 M_C 表示。

当量刚度在 BISRA 法和动态设定型中都有准确的计算公式，而全量法中还未引入这一概念，而当量刚度在分析、使用全量法测厚计型 AGC 系统时，是十分重要的，这里推导出它的当量刚度计算公式。

按图 1[6]，相当于 BISRA 的可变刚度系数的 C 值为：

$$C = \frac{M}{K_B} \tag{3}$$

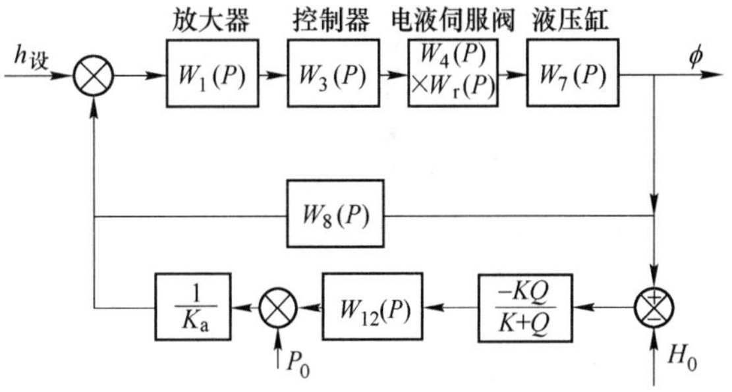

图 1 全量法测厚计型 AGC 框图

按 BISRA 可变刚度计算公式：

$$M_C = \frac{M}{1 - C} \tag{4}$$

式（3）代入式（4）得：

$$M_C = K_B \times \frac{M}{K_B - M} \tag{5}$$

式（5）即为全量法测厚计型 AGC 当量刚度计算公式。

按式（5），当设定刚度与自然刚度相等时，

$M_C=\infty$ 。当 $K_B<M$，将发生超调，甚至“跑飞”，系统失去稳定性。一般 K_B 只能取大于 M。根据 K_B 大于 M 程度，就可以求得当量刚度值。当量刚度的含意，三种压力 AGC 是相同的，只是计算公式不同而已。

以上分析，全量法测厚计型 AGC 系统也可实现变刚度控制，因此根据轧制的具体情况，可选用不同的当量刚度。开始道次可将当量刚度取大一些，成品前道次可取自然刚度，成品道次保板型可取软刚度。这里有一个十分明显的问题，选取不同当量刚度时，厚度设定值是否相同？不相同。设定值怎样计算。在简单地取 $K_B=M$ 的情况，理想状态是可以这样取的，但是 M 测不准，事实上当量刚度并不等于∞，因此也需要有一个厚度设定公式。

为便于三种压力 AGC 对比，给出另两种压力 AGC 的当量刚度图示。图 2 为测厚计法的当量刚度与 K_s/M 关系图示。图 3 为 BISRA 当量刚度图示，图 4 为动态设定型变刚度图示。

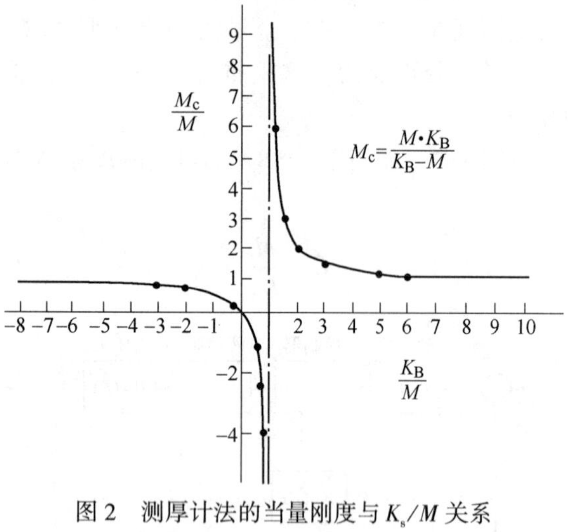

图 2　测厚计法的当量刚度与 K_s/M 关系

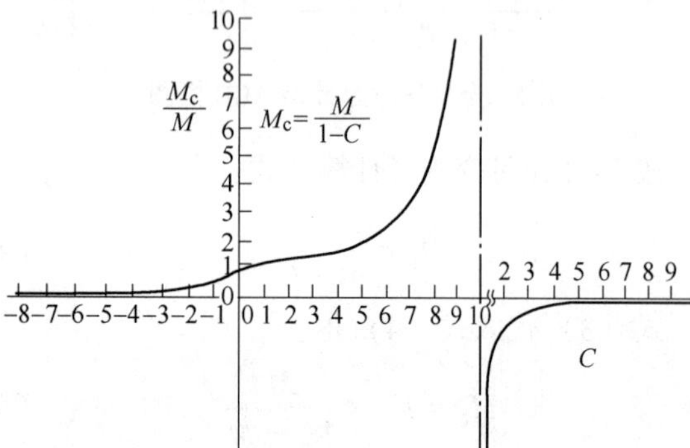

图 3　BISRA AGC 当量刚度

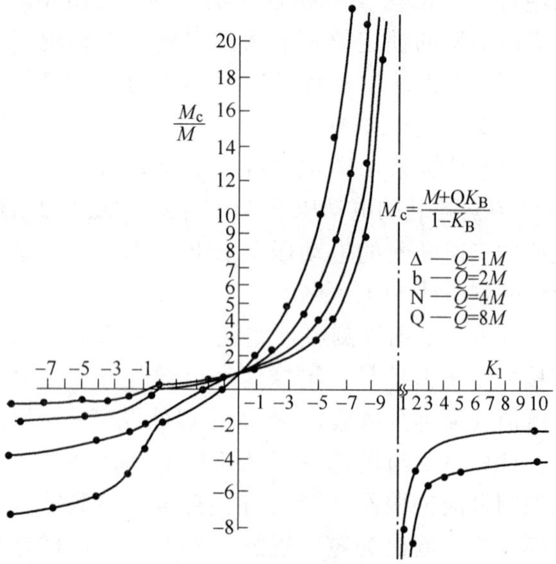

图 4　动态设定型 AGC 的当量刚度

比较图 2~图 4，动态设定型 M_C 从∞到 0 是连续变化曲线；测厚计硬刚度与软刚度变化是两条不连续曲线：BISRA 硬刚度与软刚度也是连续曲线，但 C 要取 $-\infty$ 才能达到 0 刚度，受稳定性影响，它不可能取 $M_C=0$。从图中可看到动态设定型与 BISRA（测厚型）的区别，动态设定型当量刚度曲线通过四个象限，而另两种方法，只通过 1，2，4 三个象限。

4　全量法测厚计型厚度设定计算公式

确定轧件出口厚度的基本变量是辊缝值，为此先计算真实辊缝值：

$$H=h-\frac{(P-P_0)}{M}-A \tag{6}$$

在控制系统中，轧件出口厚度的计算值设为 h'。h' 与 h 不一定相等，只有在 K_B 绝对等于 M 的条件下，h' 才等于 h，这事实上是做不到的。厚控系统的厚度预报值：

$$h'=\frac{H+(P-P_0)}{K_B}+A \tag{7}$$

式（6）代入式（7）得：

$$h'=h+\frac{K_B-M}{M\times K_B}P_0-\frac{K_B-M}{M\times K_B}P \tag{8}$$

式（5）代入式（8）得：

$$h'=h-\frac{P-P_0}{M_C} \tag{9}$$

由式（9）明显看出，要得到厚度为 h 的轧件，当用测厚计型的 AGC 轧钢时，该系统的厚度设定值不应当是 h，而是由式（9）计算出的 h'。有两种特

殊情况 $h'=h$，其一是 $K_B=M$；其二是$P=P_0$。

式（9）表明了全量法测厚计型 AGC 系统轧出厚度不等于设定厚度的原因和解决办法。即采用调整 A 系统的办法[7]，虽然对厚度设定有一定改善，但是不能从根本上解决厚度正确设定问题。

式（9）代入式（7），得厚度预报公式：

$$h = H + \frac{P - P_0}{K_B} + \frac{P - P_0}{M_C} + A \tag{10}$$

式（9）、式（10）两式可作为全量法测厚计型 AGC 系统的厚度设定和厚度预报的数学模型公式。

式（10）的实质是给出了实用的弹跳方程。它将反映控制系统特性的设定刚度值 K_B 和轧机的自然刚度值 M，通过当量刚度 M_C 联合起来，巧妙地将反映控制系统特性和轧机设备特性的双参数引入在一个方程中，得到了精确实用的弹跳方程。

式（10）中的 A 与现用弹跳方程中的 A 是不同的；它将轧制压力的函数项［$(P-P_0)/M_C$］从 A 参数中分离出来了。粗略估计，该项在±0.25mm 范围内变化，占 A 随机的主要部分，从而显著地提高了弹跳方程的精确度。为与式（10）实用弹跳方程相区别，现用弹跳方程可称之为理想弹跳方程。

式（9）、式（10）除提高控制系统精度外，还可以实现变刚度控制。在一个板坯的轧制过程中，自由地设定当量刚度值，由式（5）可以计算出相应的 K_B 值，这样就使绝对值测厚计型 AGC 系统的实现更为自由了。

由于反映了控制系统特性对厚度预报和厚度设定的影响，必然会提高厚度命中率和厚度预报精度。例如，在炉卷轧机轧制荫罩带钢的应用中，由 14mm ×1050mm 轧成 2.5mm×1050mm，利用本办法，按五道次轧制，第一块钢就命中了厚度目标值。

5 结论

（1）本文给出全量法测厚计型的当量刚度计算公式：$M_C=M\times K_B/(K_B-M)$。

（2）目前通用的测厚计方程不适于直接用作全量法设定控制模型，本文给出测厚计型 AGC 厚度设定公式和厚度预报公式（实用的弹跳方程）为：

$$h' = h - \frac{P - P_0}{M_C}$$

$$h = H + \frac{P - P_0}{K_B} + \frac{P - P_0}{M_C} + A$$

（3）得出包含轧机和控制系统双参数的实用弹跳方程，可提高厚度预报精度。

参考文献

［1］张进之，李炳燮，陈德福，孙海波，等．动态设定型变刚度厚控系统的研制［J］．一重技术，1987（1）：61-70.

［2］张进之．压力 AGC 分类及厚控效果分析［J］．钢铁研究院学报，1988（2）：87-94.

［3］Saito M，等．高精度轧板厚度控制［C］//IPAC 第八届世界大会钢铁自动化文集，中国金属学会译．

［4］吴铨英，王书敏，张进之，等．轧钢机间接测厚厚度控制“跑飞”条件的研究［J］．电气传动，1982（6）：59-67.

［5］上海第一钢铁厂，冶金部钢铁研究总院．上钢一厂 2350mm 四辊中板轧机压下系统“液压微调”改造技术总结，1985.

［6］炉卷轧机液压微调联合研制组．冶金自动化，1981（3）．

［7］上钢三厂．上钢三厂中板车间液压微调应用报告，1987.

（原文发表在《宽厚板》，2001（4）：1-4）

热连轧厚度自动控制系统的分析与发展

张进之

（钢铁研究总院）

摘　要　厚度自动控制系统（AGC）用于抑制轧件和设备扰动因素对厚度的影响。当前，热连轧厚控系统的主要目标是如何减少张力系统与厚控系统之间的内部扰动。若在热连轧机上采用 DAGC 加上连轧 AGC 系统，则能自动消除系统内部扰动以及轧辊偏心、油膜厚度、轧辊热变形等的影响，确保板厚精度达到或接近冷连轧水平，实现冷、热连轧控制系统的统一。

关键词　压力 AGC；DAGC；连轧 AGC；轧辊偏心；外部扰动；内部扰动

1　前言

厚度自动控制系统（AGC）可在轧件和设备扰动情况下保持厚度恒定或使厚度变化减小。AGC 有多种方式，对于热连轧来说，最基本的是压力 AGC，即轧制压力间接测厚调节辊缝系统。由于这种间接测厚方法对轧辊偏心引起的厚差符号是相反的，易引起调节指令的方向性错误，增大轧辊偏心厚差。运用这种间接测厚方法时，必须从一开始时就设法避免错误极性的调节指令。

AGC 消除轧辊偏心影响的方法有 3 个。其一设置死区，使偏心引起的调节信号不进入执行机构。为尽量在死区设置得小，用轧制压力滤波器滤除轧辊偏心引起的压力差。其二直接补偿轧辊偏心的影响，求出轧辊偏心引起的压力差，使之变换成相应的位置调节量，用作 APC 附加设定值。其三通过恒压力来消除轧辊偏心对带钢厚度的影响。

设备扰动对热连轧、中厚板轧机和冷连轧均相同。轧件及系统内部扰动对热连轧和中厚板轧机的影响不同，因为机架间张力与厚度之间的干扰是热连轧的主要扰动源。热连轧的连续轧制入口厚度可被准确计算出来，实现前馈厚度自动控制。热连轧与冷连轧相比，热连轧设置活套恒张力系统，分割机架间干扰，简化控制系统设计，实际上远未消除张力与厚度之间的干扰，使热连轧厚控精度较冷连轧低一个数量级。下文介绍德国 AEG 公司消除轧辊偏心影响的 3 种方案及实际应用情况，推荐消除内部扰动源影响的动态设定型变刚度厚控方法（DAGC）和连轧张力理论的恒张力复合控制系统，探讨在热连轧机上去掉活套，实现张力与辊缝闭环的恒张力和恒厚度自动化系统，达到冷、热连轧控制方案的统一。

2　AEG 厚控方案的分析

20 世纪 80 年代，本钢 1700 热连轧改造时引进德国 AEG 厚控系统，鞍钢 1700 热连轧改造以及宝钢新建 2050 热连轧时引进德国西门子厚控系统。以后，通过对这两家公司厚控系统的对比分析，证实 AEG 技术反映了热连轧的特点。

AEG 公司在设计厚控系统时，考虑到引进厚差的主要扰动—水印和轧辊偏心，利用 7 个机架设置电动压下装置，以及在后 3 个机架设置干油液压压下装置的条件，设计了 3 种机架厚控方案。

2.1　AEG 厚控方案 1

图 1 仅适用于电动压下系统。辊缝设定值 ϕ_u 来自过程机机架辊缝设定值 ϕ_u 和前机架预控附加辊缝设定值，消除水印等干扰厚差的控制量 $\Delta\phi$。实现 AGC 功能 $\Delta\phi$ 值，需经过弹跳方程计算厚度、滤波等环节。轧制力 P_X 经滤波器后，除以轧机刚度 M，再与辊缝值相加得出轧件厚度。轧件厚度与设定厚度 h_W 相减为厚度差 Δh。Δh 经 Z 滤波器和控制算法框（P–I 控制）得出 $\Delta\phi$。

根据 P–H 图，求出消除 $\Delta h_{(KT)}$ 所需的辊缝值。AEG 采用修正的塑性曲线表达式和轧机弹跳量分段压力非线性函数表达式来提高计算精度，引入 α 变形特征值：

$$P_W = Q\mathrm{d}h_W^{\alpha} \tag{1}$$

式中　Q——轧件塑性系数；

$\mathrm{d}h_W$——设定压下量；

P_W——设定压力值。

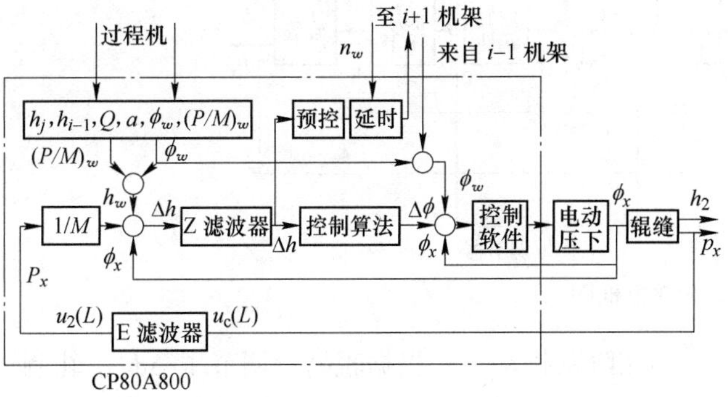

图 1　AEG 厚控方案 1 示意图

根据 P-H 图，由公式（1）推导为：

$$\Delta\phi_{(KT)} = \Delta h_{(KT)} + \frac{Q_{(KT)}}{M_X}\left[\mathrm{d}h_W^{\alpha} - (\mathrm{d}h_W - \Delta h_{(KT)})^{\alpha}\right] \tag{2}$$

式（2）为消除厚差加在 APC 的附加辊缝设定值计算公式。当 $\alpha=1$ 时，可得到式（3）：

$$\Delta\phi_{(KT)} = \frac{M+Q}{M}\Delta h_{(KT)} \tag{3}$$

2.2　AEG 厚控方案 2

图 2 适用于液压压下系统。从厚控数学模型来看，该方案与方案 1 一样，都将厚差信号转换为辊缝信号，用式（2）或式（3）计算。不同之处如下。

· 液压压下是一种模拟电路控制的位置系统，即方案 1 中的电动压下及 APC 软件包由液压压下和模拟电子装置取代。

· 由于液压压下的快速响应特性，该系统设有补偿轧辊偏心控制环节，使用有源滤波器。偏心补偿转换如公式（4）所示：

$$\Delta\phi_w = -\left[\frac{\Delta P}{M} + \alpha\frac{\sqrt{1}}{Q}\left(\sqrt[\alpha]{P_{2(\mathrm{L})}} - \sqrt[\alpha]{P_{(\mathrm{L})}}\right)\right] \tag{4}$$

当 $\alpha=1$ 时，

$$\Delta\phi_w = -\frac{M+Q}{M\cdot Q}\Delta P \tag{5}$$

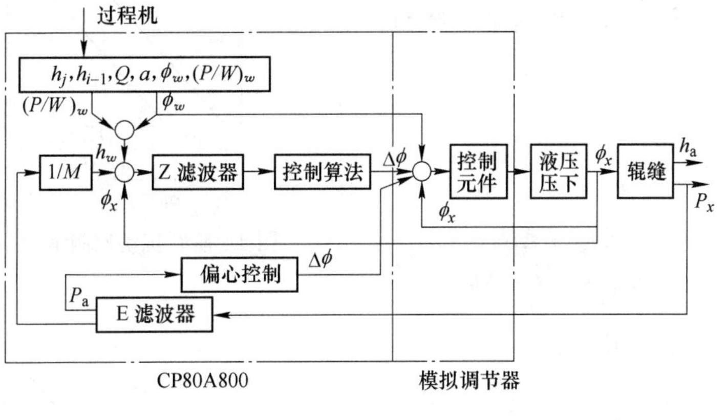

图 2　AEG 厚控方案 2 方框图

2.3　AEG 厚控方案 3

图 3 仅适用于液压压下系统，是以压力调节为特征的厚控系统。

以压力为内环的液压压下系统早已应用于冷轧机，如东北轻合金加工厂的 900 可逆式冷轧机和宝钢 2030 冷连轧机。热连轧机由液压压下位置内环实现恒压力，这一点与笔者的想法相同，因为 DAGC 具有恒压力控制功能，由位置环实现恒压力比用压力内环更简单且稳定。

图 3 示出的系统是内环为压力反馈和外环为厚度反馈的变换型。由于该液压压下只进行位置控制，不能实现恒压力控制（平整机特性），因而必须通过图中 ΔP 转变为 $\Delta\phi$。

这里主要有两个数学模型，一个是 P_W 中所包含的由 Δh 变换成附加压力设定值，即厚度外环设定值的计算，此值可用式（6）和式（7）计算；另一个是将图中 ΔP 变换成 APC 的附加位置设定值 $\Delta\phi$，此值可用公式（4）或式（5）计算。

$$P_W = Q\cdot \mathrm{d}h_W^{\alpha}\left[\left(\frac{1}{1+\dfrac{\Delta h}{\mathrm{d}h_W}}\right)^{\alpha} - 1\right] + P'_W \tag{6}$$

当 $\alpha=1$ 时，

$$P_W = Q\cdot\frac{\mathrm{d}h_W\cdot\Delta h}{\mathrm{d}h_W+\Delta h} + P'_W = Q\cdot\Delta h + P'_W \tag{7}$$

式中　P'_W——初始设定压力值。

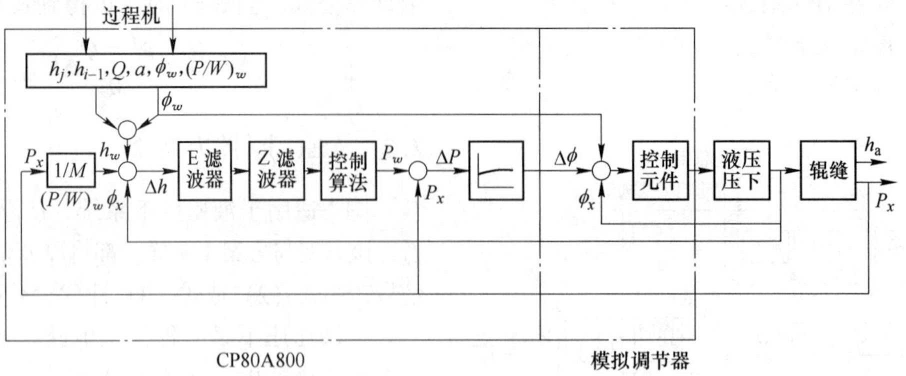

图 3 AEG 厚控方案 3 方框图

3 AEG 模型的应用情况及改进

本钢 1700 热连轧机应用 AEG 模型以来，只实现单独压力 AGC 环节，其中轧辊偏心滤波器的应用效果十分明显。在轧辊偏心很大的情况下，可正常使用压力 AGC。但前馈、轧辊偏心补偿和恒压力控制等重要环节未投入实际应用。控制算法有了重大改进，原设计与西门子算法相似，厚差信号与 APC 的连接应用“$P-I$”算法，调试时改进模型算法，只作比例运算，大大提高了系统的动态响应速度，增强了消除厚差的效果。

3.1 AEG 模型算法

AEG 模型算法

$$\Delta\phi = \left(\frac{P}{M}\right)_W - \left(\frac{P}{M}\right)_X \cdot \frac{\mathrm{d}h_W + \Delta H}{\mathrm{d}h_W + \Delta H - \Delta h} \tag{8}$$

式中 $\left(\frac{P}{M}\right)_W$ ——设定的轧机弹跳量；

$\left(\frac{P}{M}\right)_X$ ——实时轧机弹跳量；

$\Delta H(\Delta h)$ ——实时入口（出口）厚度差。

AEG 模型是由“$P-h$”图推导出来的，反映了轧机与轧件之间的相互作用。$\Delta H \cdot \Delta h$ 反映通常的塑性系数变化。公式（8）的推导参见文献［1］。

3.2 AEG 厚控系统的改进

公式（8）是从两个平衡状态推导出来的。在轧制过程中，扰动不可能只有一次阶跃，而是时刻都在变化的时间序列。因此，需证明该式对任意扰动都成立，并找出它与 DAGC 的关系。图 4 增加了一个中间状态。如图 5 所示，在同一扰动下，由中间辊缝位置（$\phi_W-\Delta\phi'$）和初始辊缝（ϕ_W）求得的辊缝 $\Delta\phi$ 一致，即求出的辊缝附加设定值只与扰动有关，与辊缝调节过程无关。

在阶跃扰动下，根据辊缝，调节了 $\Delta\phi'$，轧制压力由 ΔP_X 变为 $\Delta P'$，厚差由 Δh 减少到 $\Delta h'$。

根据图 5 推导出：

$$\Delta h - \Delta h' = \frac{\Delta P' - \Delta P_X}{Q} \tag{9}$$

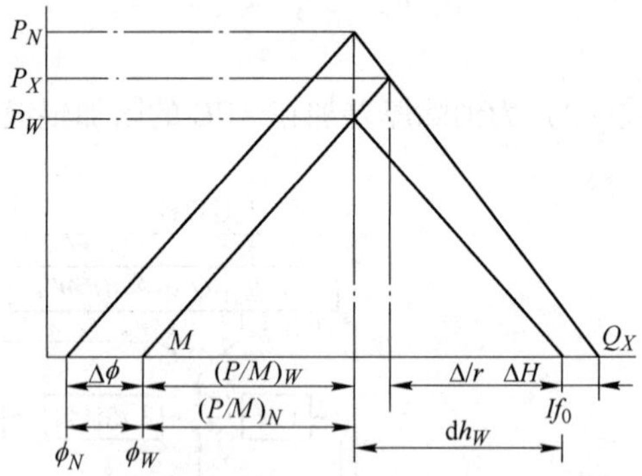

图 4 阶跃扰动控制示意图（由 AEG 算法推导）

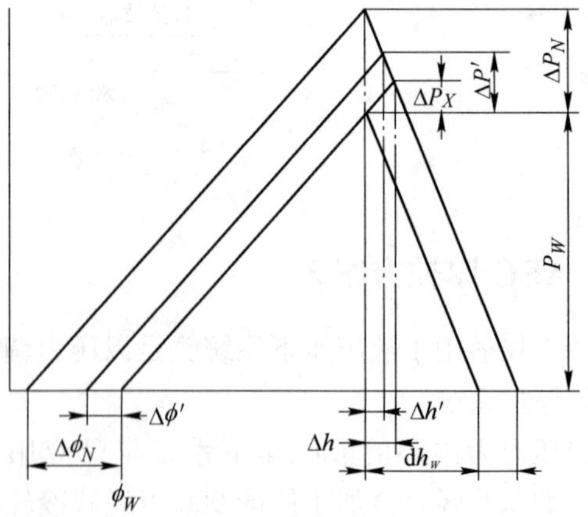

图 5 模型算法性质证明

假定模型计算具有设定型性质，由初始扰动和中间状态求出的辊缝调节量则相等。

当 $\mathrm{d}h_W+\Delta H=A$ 时，由公式（8）推导出：

$$\frac{P_W + \Delta P'}{M} \cdot \frac{A}{A - \Delta h'} = \frac{P_W + \Delta P_X}{M} \cdot \frac{A}{A - \Delta h} \tag{10}$$

整理公式（10），得出：

$$(P_W+\Delta P')(A-\Delta h)$$
$$=(P_W+\Delta P_X)(A-\Delta h')\Delta P'A-P_W\Delta h-\Delta P'\Delta h$$
$$=\Delta P_X A-P_W\Delta h'-\Delta P_X\cdot\Delta h'(\Delta P'-\Delta P_X)A$$
$$=P_W(\Delta h-\Delta h')+\Delta P'\Delta h-\Delta h_X\Delta h' \tag{11}$$

若将公式（10）代入公式（11）并加以整理，可解 A 值。

$A=\mathrm{d}h_W+\Delta H=A$

$A=A$，恒等式。

由此证明根据两个状态计算出的辊缝调节量相同。因此，公式（10）成立，确实是 DAGC 模型。其他证明方法见参考文献［2，3］。

3.3 DAGC 与 AEG 模型算法的关系

上文证明了 AEG 模型算法的结果与 DAGC 性质的一致性，即计算值只与扰动量有关，与辊缝调节过程无关。当然，DAGC 模型更具普遍性，是从任意扰动条件下推导出来的，是最便于计算机控制使用的差分形式。公式（8）必须先计算出 Δh 和 ΔH。这样，既增加计算量，也降低模型精度。

AEG 模型算法只解决设计方案 1 和 2 的厚控问题，即相当于 $M_C=\infty$ 的厚控系统，而没有解决方案 3 的压力控制问题。由于 AEG 模型算法与 DAGC 具有相同的性质，能将变刚度计算式（12）[4] 直接用于现有的控制系统。

$$K=\frac{M_C-M}{M_C+Q} \tag{12}$$

若 K 环节加入由模型计算的 $\Delta\phi$，即 $K\cdot\Delta\phi$，可实现不同当量刚度控制，即变刚度控制。

$M_C=\infty$，$K=1$——AEG 调试好的系统。

$M_C=0$，$K=-\dfrac{M}{Q}$——实现恒压力控制（AEG 厚控方案 3）。

一般来说，M_C 值由支持辊实际偏心量而定。偏心小，M_C 值取大一些；偏心大，M_C 值取小一些。由于装在各机架上的轧辊偏心量各不相同，可以实现最佳当量刚度的控制。

目前用于本钢热连轧机的 AEG 模型算法 DAGC $M_C=\infty$，具有设定型性质。动态设定型变刚度模型直接用于该系统，不仅能实现原设计 3 种厚控方案，也能增加最佳当量刚度控制功能。公式（12）经本钢 1700 热连轧机实验已得到证实。

3.4 热连轧最优前馈厚控系统的工业实验

电动压下 AGC 响应速度慢，采用前馈 AGC 能提高板厚控制精度，方案 1 中的前馈用于达到这一目的。前馈控制数学模型通常为：

$$\Delta\phi=-\frac{Q}{M}\Delta H \tag{13}$$

公式（13）应用于冷轧机的效果明显，但用于热轧机的效果不大。武钢、本钢 1700 热连轧前馈均采用公式（13）。20 世纪 70 年代，日本住友金属开发了新的热连轧前馈控制方案，即由两个机架组成一个控制系统，由前一机架预测后一机架将要发生的扰动，并用预先控制后一机架压下螺丝位置的方式抑制扰动的影响。预报扰动的模型公式是以前一机架辊缝不变为条件得出的，后一机架辊缝调节量由二次型目标函数的最优控制理论得出[5]。我国学者对日本住友的方法很感兴趣，提出了各机架都可采用前馈控制的厚差预报数学模型[6]和动态规划的最优控制算法[7]。本钢 1700 热连轧机架使用这两种方法，取得了明显的效果。具体实施方法见参考文献[8]。

最优前馈实验在成品和成品前机架进行，距成品机架 4.5m 处安装测厚仪，每隔 3s 测量一次成品钢带厚度差，求出每卷带钢厚差标准差 σ。表 1 为 DAGC 与最优前馈加 DAGC 实测厚差对照表。图 6 为最优前馈控制轧制一卷带钢实例。

电动 AGC 加最优前馈可提高厚控精度，实际精度却低于液压 AGC。液压 AGC 标准差 <20μm。

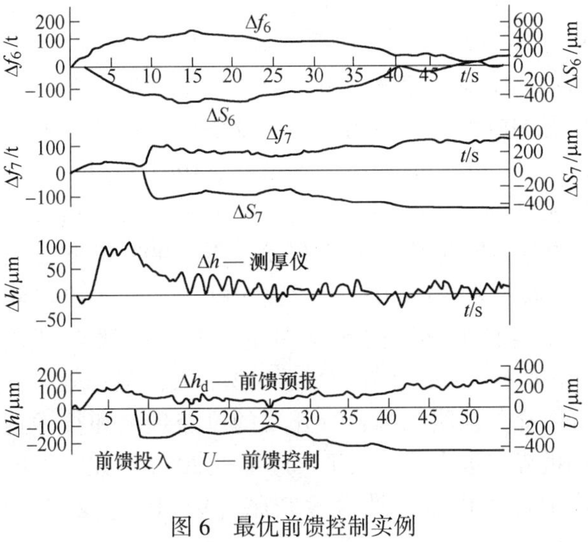

图 6 最优前馈控制实例

表 1　DAGC 与最优前馈加 DAGC 的标准差

控制方法	带钢厚度标准差/μm	平均差/μm	日期
DAGC（9 卷）	41.11，44.85，36.16，44.65，93.65，82.88，51.6，52.03，82.88	52.981	1992.10.15
DAGC+前馈（10 卷）	47.4，41.2，51.7，47.64，39.6，49.15，33.6，34.8，34.27，42.02	42.138	1992.10.16
DAGC（17 卷）	87.3，53.6，112.83，98.92，61.33，52.59，41.79，44.25，58.41，61.2，50.2，56.0，67.9，46.11，24.88，38.69，82.56	60.854	1992.10.12

图中 Δf_6、ΔS_6 分别为前架（有反馈 AGC）轧制压力和辊缝差值；Δf_7、ΔS_7 分别为后架（无反馈 AGC，只有前馈）压力和辊缝差值；Δh 为测厚仪厚差（采样 100 点）；Δh_d 为预报厚差；U 为最优前馈控制量；带钢全长厚差均方差 $\sigma=40.78\mu m$，前馈投入前 $\sigma=61.63\mu m$，投入后 $\sigma=26.82\mu m$[8]。

由此可见，最优前馈控制是有效的，对水印引起的厚度波动有明显的抑制效果。

4　西门子厚控系统数学模型的改进

西门子厚控数学模型的特点是，由弹跳方程计算厚度与设定厚度之差得出 Δh。Δh 乘压下效率系数 $\frac{M+Q}{M}$ 得到附加辊缝设定值 $\Delta\phi$。$\Delta\phi$ 通过积分环节加到 APC 设定值上。对于油膜轴承厚度、CVC 和弯辊力等，通过修改辊缝来补偿厚控系统。轧辊温度变化、轧辊磨损慢时变参数通过自适应修正辊缝零点来消除其影响。轧辊偏心处理方法与 AEG 相同，主要采用设置死区以及使用偏心滤波器的方法。由于轧辊偏心较小，无 AEG 恒压力和偏心补偿环节。该系统在宝钢 2050 热轧机上投入使用后，带钢实际精度达到世界先进水平。西门子厚控系统是典型的双环串联系统，内环为位置闭环系统，外环为厚度闭环系统，两环之间由积分环节联接。这种系统调试方便，稳定性好，但动态响应速度慢。由于液压压下系统本身具有动态响应快、控制周期短、设备精度高等有利条件，开工生产时产品精度很高。1993 年以后，厚控精度降低了很多。为此，经过对西门子和 AEG 厚控系统的深入分析研究，从 1993 年起，以 DAGC 技术改造 2050 厚控数学模型，并于 1996 年 6 月实验成功。同年 7 月起，7 个机架全部用 DAGC 替代西门子厚控数学模型，实际应用效果良好，充分证明我国自行开发的厚控理论和技术达到世界先进水平。关于改进宝钢 2050 厚控方法的详细技术内容，见参考文献［9，10］。表 2 为 DAGC 与原厚控模型精度对比表。图 7 为 DAGC 与西门子厚控效果的对比。图 8 为 DAGC 与西门子厚控模型的输出对比。

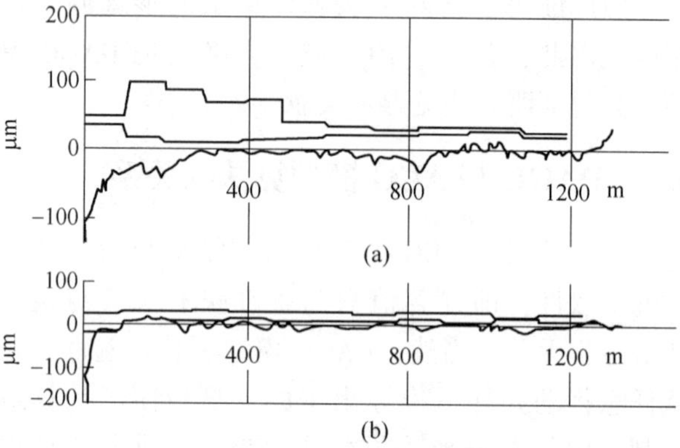

图 7　DAGC 与西门子厚控效果对比
（a）原西门子厚控模型；（b）DAGC

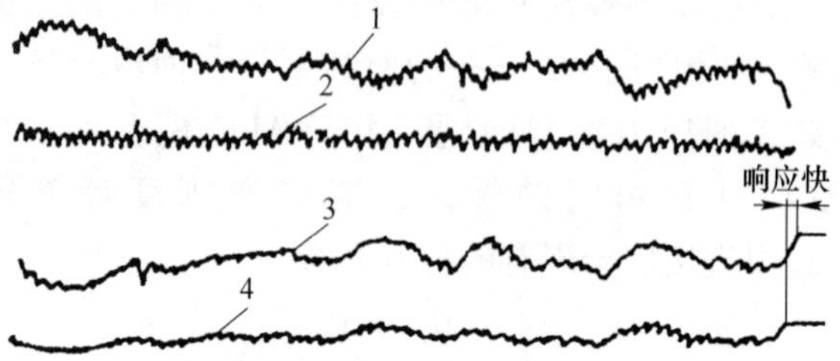

图 8　DAGC 与西门子厚控模型的输出对比
1—压力曲线；2—厚度曲线；3—DAGC 输出辊缝；4—西门子模型输出辊缝
（2000 年 1~4 月实测结果：$h<4mm$，±30μm 达 96.65%）

表 2　DAGC 与厚控模型精度对比

检测日期	厚度规格/mm	AGC 模型	同卷板差/mm	卷数
1996 年 6 月	4~8	原模型	0.128	3
1995 年 4~8 月	3~6	原模型	0.140	16
1996 年 6 月	4~8	动态设定 AGC	0.051	8

5　连轧 AGC 在热连轧机上的应用

连轧 AGC 源自笔者撰写的《AGC 数学模型探讨》一文[11]，国外称之为流量测厚或恒流量控制。

这种方法已在冷连轧机上普遍采用。由连轧张力公式推出的张力测厚方法证明它比压力测厚精度（灵敏度）高一个数量级以上[12]，从而开发出张力与辊缝闭环的恒张力和恒厚度的双目标闭环自动控制系统。由于国内条件的限制，未能直接应用于轧机上。美国、德国和日本等国经过仿真实验，推出了张力与辊缝闭环系统，得到了推广应用。该系统的优点十分明显，在液压压下条件下，内环采用压力环，能自动消除轧辊偏心影响，自动补偿油膜厚度、轧辊热膨胀及磨损等，达到恒厚度和恒张力综合自动控制的效果。

热连轧机能否应用连轧 AGC 方法？若能应用，则可完全消除张力系统与厚控系统之间的干扰，使厚控精度达到或接近冷连轧机水平。实现连轧 AGC 的基本条件是实现热连轧无活套轧制。如果采用活套，就不能保证厚度变化与张力变化之间的唯一性关系。20 世纪 70 年代，国外在热连轧机上曾进行张力观测器的微张力控制实验，其目的是去掉活套、节能、消除带厚时活套的桥式效应，提高张力稳定性以及板厚和板宽精度。由于国外微张力控制器在设计上只考虑两机架之间的动态关系，只能采用秒流量相等条件来补偿机架之间的张力影响。参考文献［13］证明该方式不能解决机架之间的张力强耦合问题。这也是热连轧仍在应用活套的技术原因。

20 世纪 80 年代，英国戴维公司提出热连轧机采用冷连轧机的控制方法，即在液压快速响应下，由活套角与液压位置闭环自动控制。由于液压压下响应速度较主传动系统快，对于恒定流量来说，调整辊缝较调速有效。英国方案不具备恒张力和恒厚度条件，活套保证不了张力差与厚度差的唯一性关系，却改变了习惯方式，即由压下保证恒流量，由测厚仪调整速度，保持厚度恒定。

连轧 AGC 的最佳条件是取消活套。考虑到英国方案，可在部分取消活套条件下应用连轧 AGC。

热连轧的发明与活套控制装置是不可分的。19 世纪末，欧洲实施热连轧技术未取得成功的主要原因是无活套装置。1924 年，美国成功地实施了热连轧机技术，其中活套装置发挥了重要的作用。因为活套允许存在秒流量差，根据活套高度变化进行人工微量修正轧辊速度值，保证了热连轧的正常运行。随着自动控制技术的应用推广，活套测量秒流量差与轧辊速度闭环的自动化系统进一步提高了产品质量。热连轧活套应用至今已有 80 多年。当前的设备精度大大提高，计算机控制系统的应用，特别是连轧张力理论的建立，使得部分或全部取消活套装置已成为可能。宝钢正在实践的这一重大技术革命，有望率先在国内实现连轧 AGC 的工业化应用。

6 结论

（1）热连轧厚度自动控制的最基本方法是压力 AGC，各国采用的方式各不相同，但最优的是我国发明的 DAGC。

（2）热连轧过程的主要扰动源自系统内部，采用流量补偿方法是合理的，由 DAGC 加张力公式推出的恒张力方式是可行的一种方法。

（3）应用恒张力控制系统和 DAGC 热连轧自动化系统，可降低对活套系统的技术要求。一般的活套系统技术性能可满足液压 DAGC 要求。

（4）在热连轧机上实施连轧 AGC 技术已成为可能，因为液压压下响应速度较传动系统快。根据我国的连轧张力理论，有望在 21 世纪首先在中国实现热连轧机恒张力和恒厚度自动化系统。

参考文献

［1］张进之．AEG 厚控系统数学模型及其与动态设定型变刚度厚控方法的关系［C］//学术年会论文集，北京：冶金部钢铁研究总院，1992：631-636.

［2］王立平，刘建昌，侯克封，等．热连轧机厚度设定与控制系统的分析［J］．控制与决策，1994（2）：113-120.

［3］王立平，等．1700 热连轧机改造和厚度控制［C］//全国轧钢自动化学术会议论文集，北京：冶金部科技司，1991：442-450.

［4］张进之．压力 AGC 参数方程及变刚度轧机分析［J］．冶金自动化，1984（1）：24-30.

［5］高橋亮一，美坂往助．Gaugemelev AGCの進步［J］．塑性と加工，1975（16）：168.

［6］张进之．压力 AGC 数学模型的改进［J］．冶金自动化，1982（2）：15-19.

［7］解恩普，高小雅．带钢热连轧机前馈最优控制［J］．冶金自动化，1987（6）：43-47.

［8］王立平，武玉新，张进之，等．热连轧机厚度最优前馈控制的研究［J］．控制与决策，1995，10（3）：240-244.

［9］张进之．动态设定型变刚度厚控方法的效果分析［J］．重型机械，1998（1）：30-34.

［10］居兴华，杨晓臻，王琦，等．宝钢 2050 热连轧板带

厚度控制系统的研究［J］. 钢铁，2000，35（1）：60-62.
［11］张进之. AGC数学模型的探讨［J］. 冶金自动化，1979（2）：8-13.
［12］张进之. 连轧张力公式［J］. 金属学报，1978，14（2）：127-137.
［13］张进之，王文瑞. 热连轧张力复合控制系统的探讨［J］. 冶金自动化，1997（3）：10-13.

（原文发表在《世界钢铁》，2002（4）：7-12）

热连轧厚度自动控制系统进化的综合分析

张进之

（钢铁研究总院，北京 100081）

摘 要 抑制轧件和设备扰动因素对厚度影响的各种形式的压力 AGC 均能满足热连轧生产要求，引进国外多种压力 AGC 系统中，德国的 AEG 比较好，本文作了重点介绍。当前厚控系统的主要目标是如何减少张力系统与厚控系统之间互相影响的连轧系统内部扰动，流量补偿法是简单有效的，而 DAGC 加恒张力是最佳方案。进一步发展是在热连轧机上实现 DAGC 加连轧 AGC 系统，它可以消除系统内部扰动，自动消除轧辊偏心、油膜厚度、轧辊热变形等的影响，板厚精度达到冷连轧水平，实现冷、热连轧控制系统的统一。

关键词 压力 AGC；DAGC；连轧 AGC；轧辊偏心；外部扰动；内部扰动

Involution and comprehensive analysis of AGC system in continuous hot rolling

Zhang Jinzhi

（Iron & Steel Research Institute，Beijing 100081，China）

Abstract：Different forms of P-AGC which depresses the disturbance from rolling piece and equipment，can meet the demand of hot rolling production. The P-AGC of AEC. Germany，which has a better performance in P-AGC systems imported abroad will be emphasized in this paper. The main target of AGC system at present is to reduce the interacted disturbance between tension control system and AGC system. Flow-compensation is a simple but effective way，and DAGC with constant tension is the optimum design. The further development of AGC system in continuous rolling mill will be the DAGC with AGC system. Which can eliminate the affects of internal disturbance，eccentricity of roll，oil-film thickness and thermal deformation etc. and make accuracy of plate thickness come to the level of cold continuous rolling to realize the unification in cold rolling control system and hot rolling control system.

Key words：P-GAC；DAGC；AGC for continuous rolling；eccentricity of roll；external disturbance；internal disturbance

1 引言

厚度自动控制系统（AGC）的功能是在轧件和设备扰动的条件下保持厚度恒定或最小的变化。AGC 有多种方式，但对热连轧最基本的是压力 AGC，即由轧制压力间接测厚，调节辊缝的系统。这种间接测厚方法对轧辊偏心引起的厚差符号是相反的，因而引进调节指令的方向性错误，使轧辊偏心引起的厚差进一步加大。所以，在应用这种间接测厚方法时，必须从一开始就要设法避免错误极性的调节指令。

本系统对克服轧辊偏心影响的方法有三个方案。第一种是设死区的办法，使偏心引起的调节信号不进入执行机构，为使死区设置得尽量小，采用了轧制压力滤波器，滤掉轧辊偏心引起的压力差；第二种是直接补偿轧辊偏心影响，求出轧辊偏心引起的压力差，变换成相应的位置调节量作 APC 的附加设定值；第三种是通过恒压力来消除轧辊偏心对带钢厚度的影响。

设备扰动对热连轧、中厚板和冷连轧是相同的。轧件及系统内部扰动，热连轧与中厚板相比较，机架间张力与厚度之间干扰是热连轧主要扰动源，而热连轧的连续轧制入口厚度可以准确计算而容易实现前馈厚度自动控制。热连轧与冷连轧相比较，热连轧设置活套恒张力系统分割机架间干扰，简化控制系统设计，但是实际上远未消除张力与厚控之间的干扰，所以使热连轧厚控精度比冷连轧低一个数量级。本文将介绍消除轧辊偏心影响的 AEG 公司的三种方案以及实际应用情况；推出消除内部扰动源影响的动态设定型变刚度厚控方法（DAGC）与连轧张力理论的恒张力复合控制系统；进一步探讨在热连轧机上去掉活套，实现张力与辊缝闭环的恒张力和厚度的自动化系统，达到统一冷、热连轧的控制方案。

2　AEG 厚控方案的分析

我国 20 世纪 80 年代引进的三项热连轧技术与装备分别是本钢 1700 热连轧改造，引进德国 AEG 厚控系统；鞍钢 1700 热连轧改造和宝钢 2050 热连轧新建，均引进德国西门子厚控系统。对德国两家系统对比分析表明，AEG 的技术反映了热连轧的特点。

AEG 厚控系统设计，考虑到带钢引起厚差的主要扰动为水印和轧辊偏心，运用七个机架都设置电动压下装置和后三个机架是干油液压压下装置的条件，设计了三种机架厚控方案。

2.1　AEG 厚控方案一

图 1 所示只用于电动压下系统。框 7、框 8 为电动 AGC，辊缝设定值 Φ_w 来自过程机本机架辊缝设定值 Φ_w 和前机架的预控辅加辊缝设定，消除水印等干扰厚差的控制量为 $\Delta\Phi$。实现 AGC 功能的 $\Delta\Phi$ 值，要经过弹跳方程计算厚度、滤波等环节。轧制力 P_x 经滤波器除以轧机刚度 M，与辊缝相加为轧件厚度，轧件厚度与设定厚度 h_w 相减就得出厚度差 Δh，Δh 经 Z 滤波器，控制算法框 6（P–I 控制）后得到 $\Delta\Phi$。

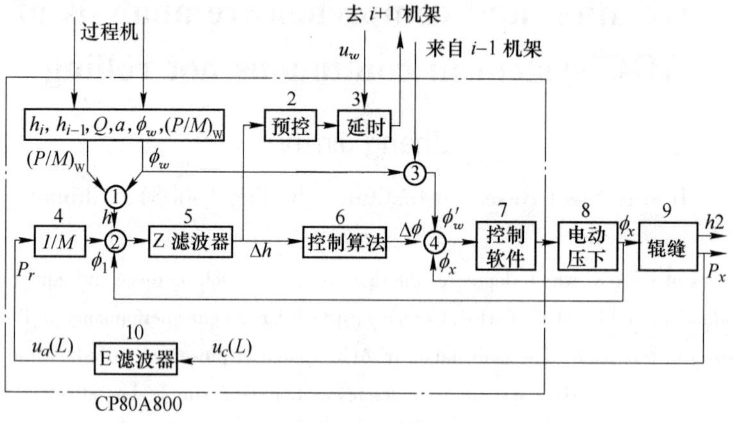

图 1　AEG 厚控方案一的框图

由 P–H 图可以求出为消除 $\Delta h_{(KT)}$ 所需的辊缝值。AEG 采用了修正的塑性曲线表达式和轧机弹跳量分段压力非线性函数表达式来提高计算精度，引入 α 变形特征值

$$P_w = Q\mathrm{d}h_w^{\alpha} \tag{1}$$

式中，Q 为轧件塑性系数；$\mathrm{d}h_w^{\alpha}$ 为设定压下量；P_w 为设定压力值。

由式（1），从 P–H 图可推导出

$$\Delta\Phi_{(KT)} = \Delta h_{(KT)} + \frac{Q_{(KT)}}{M_x} \times \left[\mathrm{d}h_w^{\ \alpha} - (\mathrm{d}h_w - \Delta h_{(KT)}^{\ \alpha})\right] \tag{2}$$

式（2）即为消除厚差，加在 APC 上的辅加辊缝设定值的计算公式。当令 $\alpha = 1$ 时，就可得到常用的计算式（3）。

$$\Delta\Phi_{(KT)} = \frac{M+Q}{M}\Delta h_{(KT)} \tag{3}$$

2.2　AEG 厚控方案二

图 2 所示用于液压压下系统。该方案从厚控数学模型方面来看与方案一是一样的，将厚差信号转换为辊缝信号由式（2）或式（3）计算。不同处有以下几点。

第一，液压压下是一个模拟电路控制的位置系统，即方案一中的电动压下及 APC 软件包由液压压下和模拟电子装置所代替。

第二，由于液压压下的快速响应特性，该系统中设置有补偿轧辊偏心控制环节，应用有源滤波器。偏心补偿置换

$$\Delta\phi_w = -\left[\frac{\Delta P}{M} + \alpha\sqrt{\frac{1}{Q}}\left(\alpha\sqrt{P_{2(L)}} - \alpha\sqrt{P_{(L)}}\right)\right] \tag{4}$$

当 $\alpha = 1$ 时，

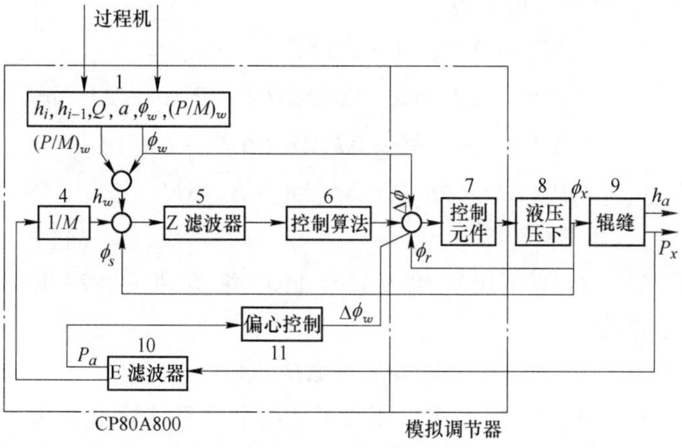

图 2　AEG 厚控方案二的框图

$$\Delta\phi_w = \frac{M+Q}{M\cdot Q}\Delta P \tag{5}$$

2.3　AEG 厚控方案三

图 3 所示只能用于液压压下系统，是以压力调节为特征的厚控系统。

以压力为内环的液压压下系统早已应用于冷轧机上，如东北轻合金加工厂的 900 可逆式冷轧机和宝钢 2030 冷连轧机。在热连轧机上，由液压压下位置内环实现恒压力与笔者想法是相同的，因为 DAGC 具有恒应力控制功能，由位置环实现恒压力比用压力内环简单稳定。下面对图 3 系统作进一步说明。

本系统是内环压力反馈和外环为厚度反馈的变换型，由于该液压压下只能进行位置控制，不能实现恒压力控制（平整机特性），所以要由 11 框将 ΔP 变为 $\Delta\Phi$。

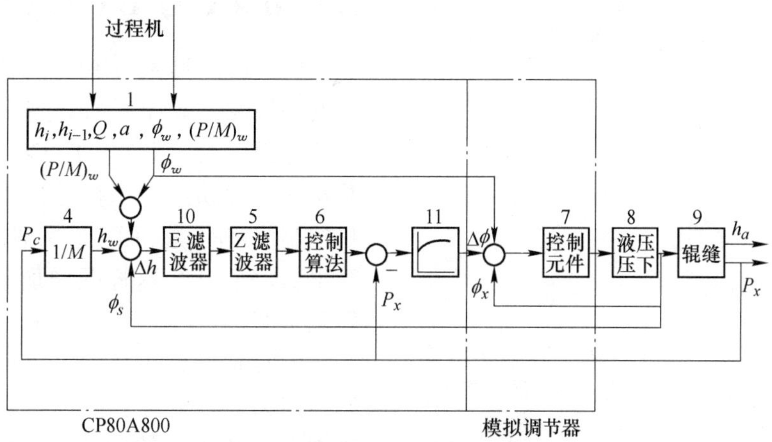

图 3　AEG 厚控方案三的框图

这里主要有两个数学模型，一是 P_w 中所包含的由 Δh 变换成辅加压力设定值，即厚度外环的设定计算，由式（6）、式（7）计算；另一个是框 11 将 ΔP 变换成 APC 的辅加位置设定值 $\Delta\Phi$，它可由式（4）或式（5）计算。

$$P_w = Q\cdot \mathrm{d}h_w^{\alpha}\left[\left(\frac{1}{1+\frac{\Delta h}{\mathrm{d}h_w}}\right)^{\alpha} - 1\right] + P'_w \tag{6}$$

当 $\alpha=1$ 时

$$P_w = Q\cdot\frac{\mathrm{d}h_w\cdot\Delta h}{\mathrm{d}h_w+\Delta h} + P_w = Q\cdot\Delta h + P'_w \tag{7}$$

式中，P_w 为初始设定压力值。

3　AEG 模型的应用情况及改进

在本钢 1700 热连轧机上的实际应用只实现了单独压力 AGC 环节，其中轧辊偏心滤波器应用效果十分明显，在轧辊偏心很大的情况下压力 AGC 可以正常使用。但是，前馈、轧辊偏心补偿和恒压力控制等重要环节均未投入实际应用。控制算法上有重大改进，原设计与西门子算法是相似的，厚差信号与 APC 连接上应用了“$P-I$”算法，调试时改进模型算法，即只作比例运算。这样大大提高了系统的动态响应速度，消除厚差效果明显提高了。

3.1　AEG 模型算法

AEG 模型算法

$$\Delta\phi = \left(\frac{P}{M}\right)_w - \left(\frac{P}{M}\right)_x\cdot\frac{\mathrm{d}h_w+\Delta H}{\mathrm{d}h_w+\Delta H-\Delta h} \tag{8}$$

式中，$\left(\frac{P}{M}\right)_w$ 为设定的轧机弹跳量；$\left(\frac{P}{M}\right)_x$ 为实时轧机弹跳量；$\Delta H(\Delta h)$ 为实时入口（出口）厚度差。

AEG 模型是由“$P-h$”图推导出来的，反映了轧机和轧件互相作用，由 $\Delta H\cdot\Delta h$ 反映了通常的塑性系数的变化。式（8）推导详见文献［1］。

3.2　AEG 厚控系统的改进

式（8）是由两个平衡状态下推导出来的。在轧制过程中，扰动不可能只有一次阶跃，而是时刻都在变化的时间序列。因此，要证明它对任意扰动也是成立的，找到它与 DAGC 的关系。为证明此问题，在图 4 中增加一个中间状态，即图 5 所示。由中间辊缝位置（$\phi_w-\Delta\phi'$）和初始辊缝（ϕ_w），对同一扰动求得的辊缝 $\Delta\phi$ 相一致，即求出的辊缝辅加设定值只与扰动有关，与辊缝调节过程无关。

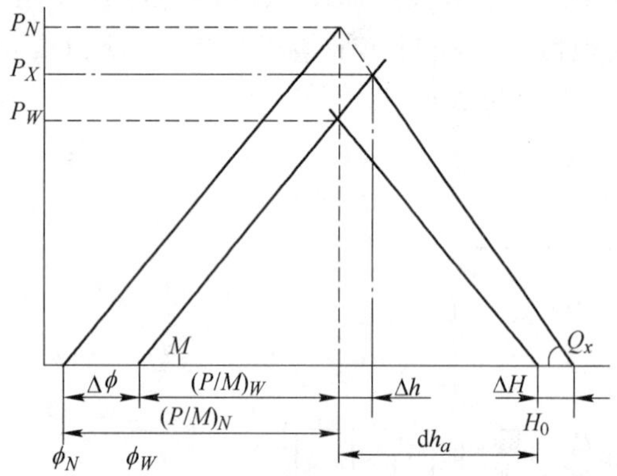

图 4　阶跃扰动控制图示（AEG 算法推导）

在阶跃扰动下，辊缝调节了 $\Delta\phi'$，轧制压力由 ΔP_x 变到 $\Delta P'$、厚差由 Δh 减少到 $\Delta h'$。从图 5 得到

$$\Delta h-\Delta h'=\frac{\Delta P'-\Delta P_x}{Q}\qquad(9)$$

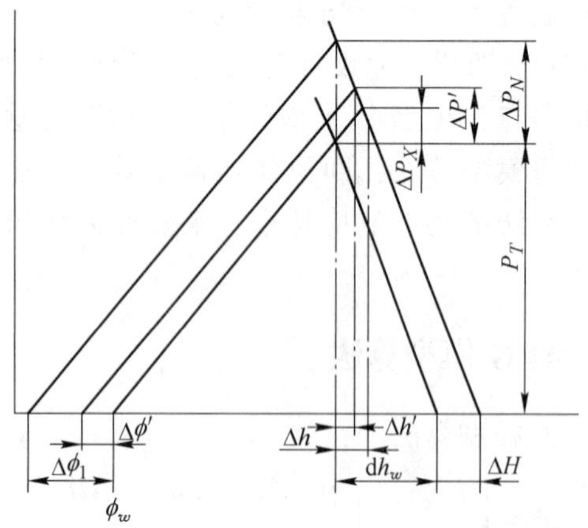

图 5　模型算法性质证明

假定模型计算具有设定型性质，则初始扰动和中间状态求出的辊缝调节量应相等。

令　　　$\mathrm{d}h_w+\Delta H=A$

由式（8）得式（10），即

$$\frac{P_w+\Delta P'}{M}\,\frac{A}{A-\Delta h'}=\frac{P_w+\Delta P_x}{M}\,\frac{A}{A-\Delta h}\qquad(10)$$

整理式（10）得

$$\begin{aligned}&(P_w+\Delta P')(A-\Delta h)\\&=(P_w+\Delta P_x)(A-\Delta h')\Delta P'A-P_w\Delta h-\Delta P'\Delta h\\&=\Delta P_xA-P_w\Delta h'-\Delta P_x\Delta h'(\Delta P'-\Delta P_x)A\\&=P_w(\Delta h-\Delta h')+\Delta P'\Delta h-\Delta h_x\Delta h'\end{aligned}\qquad(11)$$

将式（10）代入式（11）并整理，可解出 A 值。

$$A=\mathrm{d}h_w+\Delta H=A$$

$A=A$，恒等式。证明了从两个状态计算出来的辊缝调节量相同。所以，式（10）是正确的，确实是 DAGC 模型。另外，证明方法参见文献［2，3］。

3.3　DAGC 与 AEG 模型算法的关系

前面已证明 AEG 模型算法的结果与 DAGC 性质的一致性，即计算值只与扰动量有关，与辊缝调节过程无关。当然，DAGC 模型更具有普遍性，是从任意扰动条件下推导出来的，是最便于计算机控制使用的差分形式。另外，式（8）必须先计算出 Δh 和 ΔH，这样既增加了计算量，也降低了模型精度。

AEG 模型算法只解决了原设计方案一、二的厚控问题，即相当于 $M_C=\infty$ 的厚控系统，没有解决方案三的压力控制问题。由于证明它与 DAGC 具有相同性质，则可将变刚度计算式（12）[4] 直接用在现有的控制系统上。

$$K=\frac{M_C-M}{M_C+Q}\qquad(12)$$

把 K 环节加在模型计算出的 $\Delta\phi$ 上，即 $K\cdot\Delta\phi$，实现不同当量刚度的控制，即所谓的变刚度控制。

$M_C=\infty$，$K=1$ 为 AEG 现调试好的系统。

$M_C=0$，$K=-\dfrac{M}{Q}$为实现恒压力控制（原设计的 AEG 厚控方案三）。

一般 M_C 取值可由支撑辊实际偏心量而定，偏心小，M_C 取大一些；偏心大，M_C 取小一些。装在各机架上的轧辊偏心量是不相同的，所以可以实现最佳当量刚度控制。

总之，现用在本钢热连轧机上的 AEG 模型算法是 DAGC $M_C=\infty$ 的特例，具有调定型性质；动态设定型变刚度模型可直接用于该系统，能实现原设计的三种厚控方案，并增加了最佳当量刚度控制的功能。式（12）已在本钢 1700 热连轧机上实验成功。

3.4 热连轧最优前馈厚控系统的工业实验

电动压下 AGC 响应速度慢，所以采用前馈 AGC 会提高板厚控制精度，方案一中的前馈就是这一目的。前馈控制数学模型一般为

$$\Delta\phi = -\frac{Q}{M}\Delta H \qquad (13)$$

式（13）用在冷轧机上效果明显，用在热轧机上效果差，而武钢、本钢 1700 热连轧前馈均用式（13）。20 世纪 70 年代日本住友金属发展了新的热连轧前控制方案，由两个机架组成一个控制系统，由前一个机架预测在后一个机架将发生的扰动，预先控制后一机架的压下螺丝位置的方式抑制扰动的影响。预报扰动的模型公式是以前边机架辊缝不变为条件得出的，而后边机架辊缝调节量由二次型目标函数的最优控制理论得出的[5]。我国学者对住友方法很感兴趣，提出了各机架都可用前馈控制的厚差预报数学模型[6]和动态规划的最优控制算法[7]。在本钢 1700 热连轧架上实现了文献［6，7］中的方法，并取得了明显的效果。具体实现方法详见文献［8］，本文只介绍工业化实验取得的效果。

最优前馈实验在成品和成品前机架上进行，距成品机架 4.5m 处安装有测厚仪，每 3s 测量一次成品钢带厚度差，从而可求出一卷钢带的厚差的标准差 σ。为对比加最优前馈的效果，加最优前馈和只有 DAGC 的实测厚差对比如表 1 所示。加最优控制，轧制一卷钢的实例如图 6 所示。

表 1 只有 DAGC 和最优前馈加 DAGC 的标准差

控制方法	各卷钢带的厚度标准差/μm	平均差/μm	备注
DAGC 9 卷	41.11，44.85，36.16，44.65，93.65，82.88， 51.6，52.03，82.88	52.981	1992-10-15
DAGC+前馈 10 卷	47.4，41.2，51.7，47.64，39.6，49.15， 33.6，34.8，34.27，42.02	42.138	1992-10-16
DAGC 17 卷	87.3，53.6，112.83，98.92，61.33，52.59，41.79，44.25， 58.41，61.2，50.2，56.0，67.9，46.11，24.88，38.69，82.56	60.854	1992-10-12

电动 AGC 加最优前馈可提高厚控精度，但实际精度远低于液压 AGC，液压 AGC 标准差可小于 20μ。

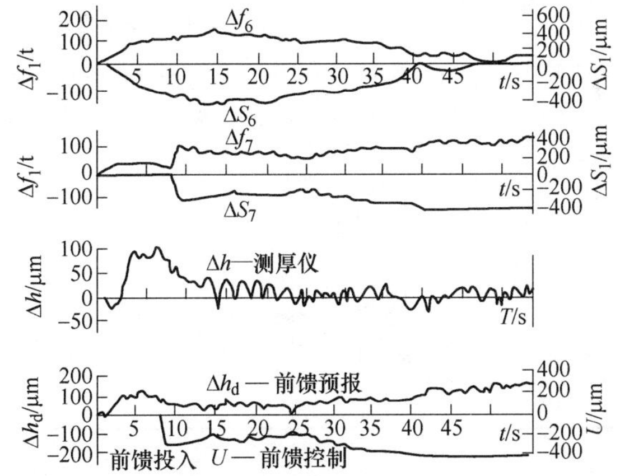

图 6 最优前馈控制实例

图中 Δf_6、ΔS_6 为前架（有反馈 AGC）轧制压力、辊缝差值；Δf_7、ΔS_7 为后架（无反馈 AGC，仅有前馈）压力、辊缝差值；Δh 为测厚仪厚差（采样 100 点）；Δh_d 为预报厚差；U 为最优前馈控制量；带钢全长的厚差均方差 σ=40.78μm，前馈投入前 σ=61.63μm，前馈投入后 σ=26.82μm[8]。

由此可见，最优前馈控制是有效的，对水印引进的厚度波动有明显抑制效果。

4 西门子厚控系统的数学模型改进

宝钢 2050 热连轧机七个机架全部为液压压下。西门子厚控数学模型特点是由弹跳方程计算厚度与设定厚度之差得到 Δh，Δh 乘压下效率系数 $\frac{M+Q}{M}$ 得到附加辊缝设定值 $\Delta\phi$，$\Delta\phi$ 通过积分环节加到 APC 的设定值之上。对于油膜轴承厚度、CVC 和弯辊力等通过修改辊缝而补偿厚控系统，轧辊温度变化、轧辊磨损慢时变参数由自适应修正辊缝零点而消除其影响。轧辊偏心处理方法与 AEG 相同，设置死区和偏心滤波器方法。由于轧辊偏心比较小，所以没有 AEG 的恒压力和偏心补偿环节。该系统投产后，带钢实际精度达到了世界先进水平。投产多年后，设备精度有所降低，如辊偏心 10MN，压靠转动轧辊压力波动小于 10kN，后来为 300kN。西门子厚控系统是典型的双环串联系统，内环为位置闭环系统，外环

为厚度闭环系统，两环之间由积分环节联接。这种系统调试方便，稳定性好，但动态响应速度慢。由于液压压下系统本身动态响应快，控制周期时间小，设备精度高等有利条件，所以开工生产时产品精度很好，到 1993 年以后厚控精度就降低了很多了，远低于世界先进水平。由于我国发明的 DAGC 已在国内可逆式轧机上工业化应用取得了明显效果，在本钢 1700 热连轧机上实验成功变刚度功能和 DAGC+最优前馈方案，所以认定可用 DAGC 改造宝钢 2050 热连轧机的厚控系统。

需要说明一点，在本钢的工业实验是很成功的。但未能投入工业化正常应用其原因有两点，一是 DAGC+最优前馈是在增加 PC 计算机的方式下进行的，成功后由于编程器坏了，修改不了 CP80A800 在线程序；二是当时热轧板卷短缺，对产品精度要求不高，再加上其他因素等，未能将实验成功的方法投入工业化运行。

由于对西门子、AEG 厚控系统有深刻的分析研究，所以从 1993 年起转向到宝钢推广应用 DAGC 技术。经过与宝钢研讨 AGC 问题，与宝钢合作用 DAGC 改造 2050 厚控数学模型工作。由于消化、分析工作细致深入，于 1996 年 6 月 4 日一次实验成功。从 1996 年 7 月 1 日起，七个机架全部用 DAGC 代替西门子厚控模型，4 年多来 DAGC 一直正常应用，充分证明了我国自行开发的厚控理论和技术是世界上最先进的，也证明了只有科研单位与生产厂密切合作，中国自己的先进技术是可以获得工业化应用的。

关于改进宝钢 2050 厚控的详细技术内容，见文献［9，10］。这里主要介绍一下取得的实际效果，表 2 为 DAGC 与原厚控模型精度对比，表 3 为 MS 统计厚控精度在±50μm 的百分比；DAGC 与西门子厚控效果对比及 DAGC 与西门子厚控模型的输出对比分别见图 7、图 8。

表 2　DAGC 与原厚控模型精度对比

检测日期	厚度规格 /mm	AGC 模型	同卷级差 /mm	卷数
1996.6	4~8	原模型	0.128	3
1995.4~8	3~6	动态设定 AGC	0.140	16
1996.6	4~8	动态设定 AGC	0.051	8

表 3　MS 统计厚控精度在±50μm 的百分比

年　度	规　格				AGC 方式
	1.0/2.5	2.5/4.0	4.0/8.0	8.0/25.4	
1993 年上半年	89.58	90.96	85.53	69.15	西门子厚控模型
1993 年下半年	85.02	87.93	80.82	68.36	
1994 年上半年	83.34	88.36	79.39	67.36	
1994 年下半年	80.58	86.06	79.62	58.84	
1995 年上半年	86.48	92.01	84.11	59.05	
1995 年下半年	85.95	90.66	86.20	62.15	
1996 年上半年	87.07	89.95	81.05	61.89	
1996 年下半年	93.63	92.26	87.50	76.90	DAGC
1997 年上半年	94.82	94.32	90.78	79.09	
1997 年下半年	94.51	94.48	90.82	83.19	
1998 年上半年	95.41	95.05	90.98	86.04	
1998 年下半年	94.64	94.90	91.19	84.66	

注：统计包括所有轧制钢卷，测厚点包括头尾。

5　攀钢 1450 热连轧厚控系统的改进方案

攀钢 1450 热连轧机是我国自行设计制造的第二套大型热连轧机，投产时从国外引进二级计算机控制系统和 F_4、F_5、F_6 液压压下系统。厚控系统与本钢 1700 热连轧相似。F_4 ~ F_6 后三个机架装置了电动 APC 和液压 AGC，F_1 ~ F_3 只有电动 APC 功能，无电动 AGC，而本钢七个机架全部有电动 AGC。目前本钢全部上液压压下了，所以攀钢这次改造，F_1 ~ F_3 应该上液压压下，全部机架采用电动 APC 加液压 AGC。1992 年投产后，产品质量达到

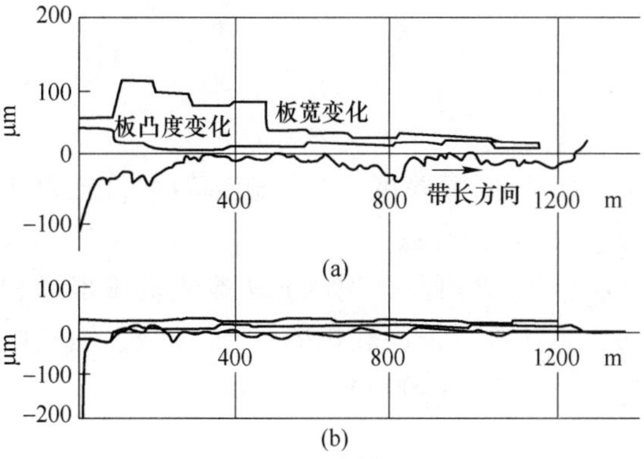

图 7 DAGC 与西门子厚控效果对比
（a）原西门子厚控模型；（b）DAGC

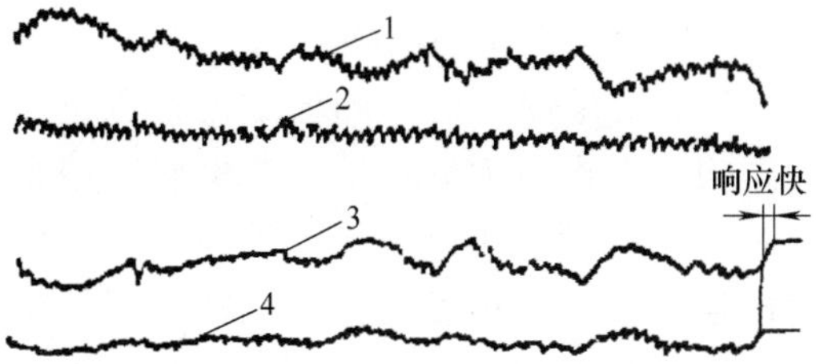

图 8 DAGC 与西门子厚控模型的输出对比
1—压力曲线；2—厚度曲线；3—DAGC 输出的辊缝；
4—西门子模型的辊缝输出
（2000 年 1～4 月实测结果：$h<4$mm±30μm 达 96.65%，目前±50μm 已达到 98%）

国内较好水平。随着对产品质量要求的提高，厚控系统的改造已成为重点改造内容。对 $F_1\sim F_3$ 上液压压下是必要的，其厚控数学模型可采用我国发明的 DAGC，同时对 $F_4\sim F_6$ 的厚控数学模型也应当改造。

5.1 原 $F_4\sim F_6$ 液压 AGC 系统的分析及改进

目前热连轧机上的 AGC 都是以弹跳方程测厚的压力 AGC 为主的方式，压力 AGC 是英国钢铁协会（BISRA）发明。BISRA 方法只有轧机刚度一个参数，理论上不完备，日本、美国、德国等以不同方式引进了反映轧件特性的塑性系数，使厚控理论得到提高。我国引进了多种国外 AGC 系统，20 世纪 70 年代武钢 1700 热连轧机是日本人的测厚计型，它是由弹跳方程测厚与设定（或锁定）厚度之差乘以压下效率系数 $\frac{M+Q}{M}$ 直接调节电液伺服阀电流（或压下马达电压）消除厚差。日本方法，AGC 和 APC 是独立的，咬钢前为 APC，投运 AGC 时 APC 切除，这种系统的优点是响应速度快，但稳定性和可操作性比 BISRA 差。前面介绍过的德国西门子公司方法为串联双环系统，内环 APC 一直运行，外环 AGC 设定值作为 APC 附加设定实现 AGC 功能。该系统稳定性、操作性好，但响应速度慢。德国 AEG 厚控模型是动态设定型，在“P-h”图上推导计算公式时，引用了时变塑性系数概念，但推导出的计算公式由 ΔH、Δh 反映了轧件塑性的影响。AEG 模型虽然与 DAGC 是等价的，但计算复杂，由于 AGC 属微量调节，考虑变塑性系数不会提高厚控精度，使用定塑性系数只相当于忽略了高级无穷小量。

攀钢 $F_4\sim F_6$ 现用的厚控数学模型是美国 GE 方式。文献［11］介绍了该模型。由厚度差转换为消除它所需的辊缝计算公式

$$\Delta\phi = -\left(1 + \frac{K}{2M\sqrt{\Delta h}}\right)\Delta h \qquad (14)$$

$$K = KM \cdot B \cdot Qp \cdot \sqrt{R'}$$

式中，KM 为轧件硬度；B 为轧件宽度；Qp 为几何因子。

式（14）与通用的压下效率计算式不同，但描述同一物理关系的计算公式是可以转化的，即式（14）中的 $\frac{K}{2M\sqrt{\Delta h}}$ 应当等于 $\frac{Q}{M}$，再应用宝钢 2050 热连轧机设定模型研究一文中的硬度计算公式

$$KM = \frac{QH}{\sqrt{R'\Delta h}B} \qquad (15)$$

$$\frac{Q}{M} = \frac{K}{\sqrt{\Delta h}\times 2\times M} = \frac{Q\cdot H\cdot B\cdot Qp\cdot\sqrt{R'}}{\sqrt{R'\Delta h}\cdot B\cdot 2\sqrt{\Delta h}\cdot M} = \frac{Q\cdot H\cdot Qp}{2\Delta h\cdot M}$$

则推得 $Qp = 2\frac{\Delta h}{H}$

以上推导表明，可认为 GE 厚控数学模型与常用数学模型是相同的，只作一些变换得到 EG 厚控模型的几何因子 Qp 为 2 倍的压下率。进一步说明的是，各国厚控数学模型表达式各有所不同，但反映的规律是相同的，只有进化上的差别：原始 BISRA 方法，日本的测厚计法，西门子、EG 的串联法、DAGC 法。我国发明的 DAGC 具有完美的形式和最好的实用性。因此攀钢 1450 热连轧 $F_4\sim F_6$ 的液压 AGC 应改为 DAGC，当然新上的 $F_1\sim F_3$ 液压压下系统也应当采用 DAGC。

5.2 应用 DAGC 相关的补偿问题

应当补偿的主要因素有轧辊偏心、支撑辊油

膜轴承厚度、轧辊热膨胀和磨损、弯辊力等，下面分别对这些影响所采取的校正（补偿）方法作简要说明。

5.2.1　轧辊偏心补偿

文章一开始已讲明了此问题的重要性，并详细介绍了 AEG 为本钢 1700 热连轧改造所设计的三种方案及实现和改进的情况。根据本钢、宝钢实际应用情况，采用死区加偏心滤波方法是有效的，其他两种方法：有源滤波器直接补偿轧辊偏心方法、恒压力方法，目前可以不用。

死区加偏心滤波法的实用性分析如下。宝钢 2050 主要用死区法，当时要求轧辊偏心量很小 10MN 压靠力下转动压力波动小于 100kN，而实用上小于 300kN 就可以了。本钢 1700 轧辊偏心很大，但采用 AEG 轧辊偏心滤波器还是可以正常投运 AGC 的。下面以实际轧辊偏心量来说明 AEG 偏心滤波器的有效性。

1990 年 8 月、9 月、10 月跟踪检查了实际辊系偏心量，最大偏心达 0.786mm，一般偏心为 0.09~0.40mm。攀钢辊系偏心量比当年本钢 1700 小得多，所以采用死区加偏心滤波方法完全可以消除轧辊偏心力对投运 DAGC 的有害影响。下面介绍 AEG 偏心滤波器。

该滤波器是将支撑辊圆周等分为 125 点，采集 $N = 125$ 点轧制力：$P_{x(0)}$，$P_{x(1)}$，$P_{x(2)}$，…，$P_{x(N-1)}$。先求出轧制压力的平均值

$$P_p = \frac{1}{N}\sum_{i=0}^{N-1} P_{x(i)}$$

再计算支撑辊转一周后每转一点的轧制力变化量

$$\Delta P_N = \frac{1}{2}[P_{x(N-1)} - P_{x(0)}]$$

滤波器输出轧制压力

$$P_x = P_p + \Delta P_N$$

这样处理后，轧制力信号将不包含轧辊偏心影响。在实际应用中，在采足转一周压力求出平均压力之后，开始投运滤波器，每新采一点后求出轧制压力并求新的压力平均值。

5.2.2　油膜轴承厚度变化的补偿

油膜轴承的油膜厚度是随压力和速度变化的，所以它是辊缝的动态变量，它的影响通过校正 DAGC 的辊缝信号实现补偿。油膜厚度与压力和速度关系早在 19 世纪已得出其规律

$$Q_f = \frac{a \times \dfrac{N}{P}}{\dfrac{N}{P} + b} \tag{16}$$

式中，Q_f 为油膜厚度；N 为轧辊转数；P 为轧制压力；$a(b)$ 为常数。

Q_f、N、P 可测，用压靠法改变机械辊缝和转数的实验就可以得出轧机的 a、b 常数。油膜厚度的变化可达 200~400μm。

5.2.3　轧辊热凸度和磨损

对厚控系统而言，可用自适应方法得到校正。成品机架有测厚仪，所以成品机架的轧辊热凸度和磨损可以由弹跳方程计算厚度与实测厚度差校正之。其他机架厚度的实测值是由秒流量相等条件计算的，当投运 DAGC 后，各机架厚控精度提高。活套波动量减小，更接近于稳态，所以使秒流量相等计算厚度精度提高，辊缝校正的量波动减小。以宝钢 2050 为例，在投运 DAGC 之前，辊缝校正量波动 0.103~0.33mm，投运 DAGC 后，波动量为 0.04~0.12mm[12]。

5.2.4　弯辊力影响的校正

实测压力中包含了弯辊力，所以在设定计算和投运 DAGC 时都应当使用真实轧制压力，即将实测压力减去弯辊力。

5.3　张力系统对厚控系统的影响及初级解决方法

张力是连轧系统的核心因素，但长期以来国外一直未建立含有张力的连轧函数表达式。静态连轧理论为秒流量相等条件，张力因子隐含在前滑函数中。动态关系只有两机架动态张力公式，没有多机架动态张力公式。由于 20 世纪 50 年代英美开发成功连轧过程计算机仿真技术，实现了连轧过程全数字化，所以对连轧控制系统的分析和设计、操作问题的解决提供了有效的实验方法。因此国外不追求连轧过程的解析解也能保持连轧技术的进步和发展。这些原因可能就是笔者 60 年代得到连轧函数，70 年代公开发表未被在生产上引用的原因吧。

计算机在连轧过程应用有两方面，一是设定控制；二是抑制随机扰动的自动控制功能。对于设定控制，轧钢静态理论再加上自适应功能就足够了，所以热连轧机的计算机设定控制是十分成

功的；对于自动控制系统，目前热连轧主要是自动调节原理的信号反馈系统，计算机 DDC 也只有模拟信号系统。这也就是目前热连轧计算机控制系统极度复杂化的根本原因。例如，速度系统是由活套系统的恒张力和活套高度控制来保证张力恒定和秒流量相等目标的。事实上活套系统难以实现这两种功能，从而造成张力系统与厚控系统的互相干扰，声嘶力张力变化引起压力变化，从而引起厚度变化；厚度变化又引起张力变化，由于张力在连轧系统中具有顺流和逆流影响，所以这种张力厚度互相影响的连轧系统的内部扰动，使热连轧厚度精度远低于冷连轧的厚控精度。

对于活套系统与厚控系统的干扰，国外有两种解决方法，一种是进一步提高活套系统的响应速度减少张力波动，如开发液压活套等；日本则采用了 AGC 调厚时修正传动系统马达速度的流量补偿方法。我国这两种方式都有，如武钢 1700 就是采用流量补偿法，而宝钢 2050、攀钢 1450 则没有流量补偿环节。笔者认为采用流量补偿方法是可取的，建议采用流量补偿方案。

日本流量补偿方法有两种，一种是以秒流量相等条件推出的补偿量计算公式（17）；另一种是 i 机架出口速度与 $i+1$ 机架钢带入口速度相等的补偿量计算公式（18）。两式中的速度不同：式（17）是钢带速度，式（18）是轧辊线速度。式（17）是早先用的，武钢 1700 就是这种方式；式（18）是在 80 年代推出应用的。式（18）明显优于式（17），前滑函数已是显表示式了。

$$\frac{\Delta v_i}{v_i} = \frac{\Delta v_{i+1}}{v_{i+1}} + \frac{\Delta h_{i+1}}{h_{i+1}} - \frac{\Delta h_i}{h_i} \tag{17}$$

$$\frac{\Delta U_i}{U_i} = \frac{\Delta U_{i+1}}{U_{i+1}} + \frac{\Delta h_{i+1}}{h_{i+1}} - \frac{\Delta H_{i+1}}{H_{i+1}} + \frac{\Delta f_{i+1}}{1+f_{i+1}} - \frac{\Delta f_i}{1+f_i} \tag{18}$$

式中，v 为钢带速度；U 为轧辊线速度；H 为入口厚度；h 为出口厚度；f 为前滑；i 为机架序号。

以上两种模型仅考虑了相邻两机架的关系，没有反映全部机架间的相互影响，因而不能反映热连轧过程中的张力、速度、厚度、前滑以及时间的复杂关系。

连轧张力公式全面反映了各量之间关系，由张力公式与目标一恒张力的联立，得出新型金属流量补偿量计算公式

$$\Delta U_i = a_{1i}\Delta LL_{i+1} + a_{2i}\Delta h_{i+1} - a_{3i}\Delta H_{i+1} - a_{4i}\Delta H_i - a_{5i}\Delta H_i \tag{19}$$

$$a_{1i} = \frac{\Delta h_{i+1}(1+f_{i+1})}{H_{i+1}(1+f_i)}$$

其他系数计算公式详见专利文献［13］。

6 连轧 AGC 在热连轧机上应用的探讨

连轧 AGC 是笔者在 AGC 数学模型探讨一文中命名的[14]，国外称流量测厚或恒流量控制，这种方法已在冷连轧机上普遍采用。由连轧张力公式推出张力测厚方法并证明它比压力测厚精度（灵敏度）高一个数量级以上[15]，从而推出张力与辊缝闭环的恒张力和厚度的双目标闭环自动控制系统。由于国内的条件，未能直接在生产轧机上应用。美、德、日等由仿真实验推出了张力与辊缝闭环系统，并已推广应用。该系统的优点十分明显，在液压压下条件下，采用内环为压力环自动消除了轧辊偏心影响，油膜厚度、轧辊热膨胀、磨损等自动补偿，达到了恒厚度和恒张力的综合自动控制的效果。

热连轧机上是否也采用连轧 AGC 方法呢？如要实现可以完全消除张力系统与厚控系统之间干扰，使厚控精度达到或接近冷连轧机的水平。实现连轧 AGC 的基本条件是实现热连轧无活套轧制，因为有活套不能保证厚度变化与张力变化间的唯一性关系。20 世纪 70 年代国外在热连轧机上实验张力观测器的微张力控制实验，其目标是去掉活套、节能、消除带厚时活套的桥式效应等，提高张力稳定性而提高板厚和板宽的精度。但是，由于国外微张力控制器设计上只考虑两机架间动态关系，机架间张力影响仍然采用了秒流量相等条件来补偿。文献［17］证明该方式解决不了机架间张力强耦合问题，这也就是热连轧上还在应用活套的技术原因。

分析出热连轧无活套轧制技术未推广的原因后，目前正在宝钢 2050 热连轧机上进行去掉活套的工业应用实验，如取得成功，连轧 AGC 就可以在热连轧机上应用了。2000 年亚洲钢铁大会上，韩国浦项钢铁公司报告中讲到要在热连轧机上实验恒流量控制技术。早在 80 年代，英国戴维公司也提出在热连轧机上采用冷连轧机上的控制方法，即在液压快速响应条件下，活套角与液压位置的闭环自动控制系统。由于液压压下响应速度比主传动系统响应快，所以调辊缝比调速度对恒定流量更有效。英国人的方案不具备恒张力和厚度的条件，因为有活套，保证不了张力差与厚度差的唯一关系，但是它改变了习惯方式，由压下保证

恒流量，则测厚仪调速度而保持厚度恒定。

采用连轧 AGC 的最好条件是全部取消活套，考虑英国人的方案，部分去掉活套也可以应用连轧 AGC。

再进一步分析热连轧与活套之间关系。热连轧的发明与活套控制装置是不可分的。19 世纪末在欧洲实验热连轧技术未取得成功的主要原因是无活套装置。1924 年在美国实验成功热连轧机，其中活套装置功不可没。原因是当时设备精度低，人工操作初始秒流量差很大，从而造成起套或拉钢事故；活套可允许存在秒流量差，由活套高度变化人工微量修正轧辊速度值而使热连轧正常进行。后来自动控制技术的应用，由活套测量秒流量差与轧辊速度闭环的自动化系统使产品质量进一步提高。热连轧活套已应用了 80 多年。目前的设备精度大大提高了，计算机控制系统的应用，特别是连轧张力理论的建立，实现部分或全部取消活套装置是可能的。目前正在宝钢实践这一重大的技术革命，难度很大，需要得到国家的支持，争取最先在中国实现连轧 AGC 的工业化应用。

7　结论

（1）热连轧厚度自动控制的最基本方法是压力 AGC，各国方式有所不同，最优的是我国发明的 DAGC。

（2）当前热连轧过程主要扰动来源于系统内部，采用流量补偿方法是合理的，由 DAGC 加张力公式推出的恒张力方式是可行的方法。

（3）应用恒张力控制系统和 DAGC 构成的热连轧自动化系统，对活套系统的技术要求可以降低，所以目前一般活套系统的技术性能可以满足液压 DAGC 的要求。

（4）在热连轧机上实现连轧 AGC 是可能的，液压压下响应速度比传动系统的相应速度快，为此方案提供了物质条件，而我国创建的连轧张力理论应当在 21 世纪首先在中国实现热连轧机上恒张力和恒厚度的自动化系统。

参 考 文 献

[1] 张进之 . AEG 厚控系统数学模型及其与动态设定型变刚厚控方法的关系［C］//学术年会论文集，冶金部钢铁研究总院，1992：631-636.

[2] 王立平，刘建昌，侯克封，等 . 热连轧机厚度设定与控制系统的分析［J］. 控制与决策，1994（2）：113-120.

[3] 王立平，王贞祥，武玉新，等 . 1700 热连轧机改造和厚度控制［C］//全国轧钢自动化学术会议论文集，冶金部科技司等，1991：442-450.

[4] 张进之 . 压力 AGC 参数方程及变刚度轧机分析［J］. 冶金自动化，1984（1）：24-30.

[5] 高橋亮一，美坂往助 . Gaugemtev AGC の進步［J］. 塑性と加工，1975，16（168）.

[6] 张进之 . 压力 AGC 数学模型的改进［J］. 冶金自动化，1982（2）：15-19.

[7] 解恩普，高小雅 . 带钢热连轧机前馈最优控制［J］. 冶金自动化，1987（6）：43-47.

[8] 王立平，武玉新，张进之，等 . 热连轧机厚度最优前馈控制的研究［J］. 控制与决策，1995，10（3）：240-244.

[9] 张进之 . 动态设定型变刚度厚控方法的效果分析［J］. 重型机械，1998（1）：30-34.

[10] 居兴华，杨晓臻，王琦，等 . 宝钢 2050 热连轧板带厚度控制系统的研究［J］. 钢铁，2000，35（1）：60-62.

[11] 龚文，周存刚，张剑武，等 . 热连轧液压 AGC 系统［J］. 冶金自动化，1993（增刊）：53-56.

[12] 张进之，杨晓臻，张宇，等 . 宝钢 2050mm 热连轧设定模型及自适应分析研究［J］. 钢铁，2001，36（7）.

[13] 张进之 . 热连轧机恒张力控制和连轧厚度及截面积计算方法［P］. 中国专利：B21B37/48，ZL95117052X.

[14] 张进之 . AGC 数学模型的探讨［J］. 冶金自动化，1979（2）：8-13.

[15] 张进之 . 连轧张力公式［J］. 金属学报，1978，14（2）：127-137.

[16] 张进之，王文瑞 . 热连轧张力复合控制系统的探讨［J］. 冶金自动化，1997（3）：10-13.

（原文发表在《重型机械》，2004（3）：1-10）

热轧带钢高精度厚度、张力和宽度控制技术的开发

张进之

（钢铁研究总院，北京 100081）

摘 要 检验介绍了我国在20世纪60年代至70年代初，连轧张力理论在生产中应用的主要成果：张力间接测厚；连轧AGC数学模型。分析去掉活套的困难原因，得出活套角与辊缝闭环的连轧AGC方法，实现恒厚度和张力的工艺目标。张力精度提高了，连轧过程宽度就自然稳定了。

关键词 连轧张力公式；连轧AGC；DAGC；厚度；宽度

1 前言

热连轧过程有三个阶段：咬钢前各机架辊缝和轧辊速度预设定控制；穿带过程辊缝自适应校正和活套起套达到预设定角度；正常连轧过程中的厚度、张力和物流量的恒定控制。当前由于连轧工艺控制模型的落后，造成实现上述功能的机电控制系统复杂，形成各自独立的控制系统，各系统之间相互影响使产品厚度、宽度及张力的精度受到很大限制，本文将以笔者研究出的轧制工艺控制理论数学模型实现简化控制系统结构，并提高产品质量的热连轧过程控制的新系统。

对于热连轧过程预设定控制和穿带过程辊缝自校正和起套控制已有比较成熟的技术[1]，所以本文主要针对稳态连轧过程中的厚度、张力控制提出于文献［1］不同的方法。文献［1］建立了以张力、活套角速度、活套角、活套转矩、轧辊实际速度等增量为状态的状态方程，按二次型目标函数建立了最优控制系统，实际轧制实验提高厚控统计精度0.7%。本文提出的方法，则利用连轧张力公式推出的连轧AGC数学模型，建立了活套角与辊缝闭环的恒张力和厚度调节系统。新方法可以大大减小张力的波动，从而在连轧过程中减少宽度的波动，达到厚度、张力和宽度综合优化控制的目标。

2 连轧厚度和张力相互影响的数学关系

板带轧制技术的进步与机电装备和控制理论的进步直接相关，但更为重要的是板带轧制过程本身规律的认识和应用，20世纪50年代初英国钢铁协会发明弹跳方程并应用是板带控制技术的一次飞跃点，它由可测的轧制压力和辊缝计算出轧件厚度，控制模型将弹跳方程线性化消除了辊缝零点等变化的影响，大大提高了板带轧机的控制水平。随着对产品精度要求的提高，弹跳方程要精确预报厚度就会发生困难，因为轴承油膜厚度、轧辊热膨胀和磨损等是难于精确预报的，多以进一步发展了流量测厚方法，流量测厚及相应的控制技术在冷连轧机上的推广应用使厚控精度又进一步提高，冷连轧厚控精度可达±0.003mm，比热连轧的厚控精度高了一个数量级。

目前广泛应用的流量测厚及控制系统笔者早在60年代已退出，称之张力测厚和连轧AGC，其内容发表在《钢铁》[2]《金属学报》[3]《冶金自动化》[4]等刊物上。冶金部科技司对这一技术于1989年进行过专家鉴定，其鉴定意见为："70年代初期，张进之独立提出了连轧张力理论，建立了动态与稳态的张力解析表达式，在此基础上推导出了张力测厚公式，并提出了独特的冷连轧机自动厚控系统数学模型。70年代以来，美国、西德、日本冷连轧机自动厚控系统的研制事实上均先后采用了相类似的理论。张进之用自己的理论对武钢、宝钢两套具有国际先进水平的冷连轧机厚控系统进行了深入的分析，验证了他提出的连轧理论的正确性，并提出了用张力AGC消除成品厚差的具体可行的改进意见。而宝钢在复杂设备上实现的穿带、正常轧制和脱尾过程的三种控制方法，可以用张进之提出的动态设定型变刚度厚控方法实现，从而可以在较简单的设备条件下达到宝钢的控制水平，这已被张进之在东北轻合金厂等多

台轧机的实践所证实。综上所述，本科研成果已达到国际先进水平，在国内设备条件较好的冷连轧机上具有很大的推广前景。

2.1　张力间接测厚公式

在金属学报和钢铁上发表的张力测厚方法：就稳态连轧张力公式而言，它反映了连轧工艺变量：张力、厚度和轧辊速度三者之间的函数关系。因此，当张力、速度和某一机架厚度可测时，可以计算出其他各机架的厚度，由张力公式的分量形式，可以推导出张力测厚公式：

$$h_{i+1} = \frac{h_i U_i[1 + S_i' + S_i' b_i(\sigma_i - \sigma_{i-1})]}{U_{i+1}[1 + S_{i+1}' + S_{i+1}' b_{i+1}(\sigma_{i+1} - \sigma_i)]} \quad (1)$$

张力预报厚度法比压力预报厚度法的优点是有较高的测量精度，下面证明之，压力测厚公式：

$$h_l = \phi_i + \frac{P_i}{C_i} \quad (2)$$

式中　ϕ_i——空载辊缝；

P_i——轧制总压力；

C_i——机架总刚度系数。

为简明起见，以两机架连轧为例，并假定：第一机架出口厚度不变；第二机架厚度变化 1%；辊缝和轧辊速度都不变化，将式（1）、式（2）微分并整理得：

$$\frac{\dfrac{\Delta\sigma}{\sigma}}{\dfrac{\Delta P_2}{P_2}} = \frac{P_2(1 + S_2')}{h_2\sigma C(b_2 S_2' + b_1 S_1')} \quad (3)$$

由三机架和五机架连轧的具体数值代入计算得下表。

名称	压力/kN	张力 /N·mm⁻²	刚度 /kN·mm⁻²	前滑	张力对前滑的影响系数	h_1/mm	h_2/mm	$\frac{\Delta\sigma}{\sigma}\Big/\frac{\Delta P_2}{P_2}$
五机架	7000	100	4700	0.03	0.08	2.63	2.1	14
三机架	2500	60	1900	0.03	0.08	1.9	1.6	40

由数值计算证明：$\frac{\Delta\sigma}{\sigma}\Big/\frac{\Delta P_2}{P_2}>10$；则张力公式预报厚差比压力预报同样厚差的灵敏度高一个数量级。

2.2　连轧 AGC（国外称流量 AGC）

用张力计测量信号，调节辊缝的厚度自动调节系统（图 1）是一种新的连轧厚控系统，它具有一系列优点，例如，张力能灵敏地反映厚度[2,3]、测量精度高、系统是定值控制、对伺服系统非线性度要求低。但是，从资料中还没看到这种系统的数学模型，而且武钢从西德引进的 1700 连轧机也采用了这种控制系统[5]，我们将用连轧张力公式推导出它的数学模型。连轧 AGC（ATGC）与国外提出的流量 AGC 过去在冷连轧上的应用是相同的，但国外流量 AGC 是用轧辊速度近似代替钢带速度，而 ATGC 是由轧辊速度推出的精确数学模型。现在冷连轧有用激光直接测量钢带速度的流量 AGC，它在理论上是进步了，但它增加了设备投资和维护成本。

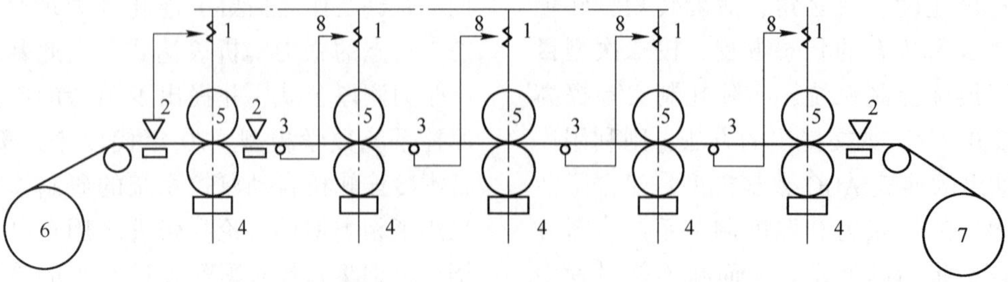

图 1　冷连轧控制系统示意图

1—压下装置；2—测厚仪；3—张力计；4—测压仪；5—轧辊；6—开卷机；7—卷取机；8—辊缝调节系统

图 1 表明，钢带进轧机前，可由入口测厚仪测量坯料厚差 ΔH_0，实现前馈控制；第一架轧出的厚度可由测厚仪精确测量之，它是一个基准厚度值。根据 h_1(第一架轧机的出口厚度）按最佳的或经验的各机架压下分配规程，由流量方程或稳态张力公式，精确整定至第二至末机架轧辊转速值，达

到精确设定各机架出口厚度值。如果辊缝设定的十分精确（一般是不可能的），钢带就可以按连轧规程规定的厚度、张力值顺利通过；如果辊缝设定的不合适，即出现各机架出口厚度与规程规定的厚度之间的偏差 Δh_1 和张力偏差值 $\Delta\sigma_1$，厚度偏差和张力偏差之间有一定的内在联系（亦即张力公式所反映的规律），利用张力偏差信号调节轧辊辊缝，直至调节到 $\Delta h_i=0$，$\Delta\sigma_{i-1}$ 也达到了零，这样，厚度、张力都满足规程要求了。在调节过程中，最终达到 $\Delta h_i=0$，$\Delta\sigma_{i-1}=0$；这是一个定值调节系统，因此不必对系统的非线性度提出太严要求。张力差反映厚度差有一个自然的放大系数，一般放大系数大于 10。该系统大部分是由电气元件构成，系统惯性较小，故系统灵敏度、精度都比较高。

对于测量模型，按张力测厚公式[3]：

$$h_{i+1}=\frac{h_iu_i[1+S_i+S_ib_i(\sigma_i-\sigma_{i-1})]}{u_{i+1}[1+S_{i+1}+S_{i+1}b_{i+1}(\sigma_{i+1}-\sigma_i)]}\tag{4}$$

式中 u——轧辊线速度，mm/s；

S——无张力前滑系数；

b——张力对前滑影响系数[6]，mm^2/N；

σ——单位张力值，N/mm^2。

由于 u_1 是按 h_1 的精确测定值整定的，而且速度控制系数精度很高，误差在 0.2‰左右，故可以假定 $\Delta u_i=0$，$\Delta h_i=0$。以两机架为例，并假定 $\Delta\sigma_1=0$，$\Delta\sigma_2=0$；由泰勒级数展开取一次项得两机架增量的张力测厚公式：

$$\Delta h_2=\frac{u_2[1+S_2+S_2b_2(\sigma_2-\sigma_1)]h_1u_1S_1b_1+h_1u_1[1+S_1+S_1b_1(\sigma_1-\sigma_0)]u_2S_2b_2}{\{u_2[1+S_2+S_2b_2(\sigma_2-\sigma_1)]\}^2}\cdot\Delta\sigma_1$$

$$\Delta h_2\approx\frac{h_1u_1S_1b_1+h_1u_1S_2b_2}{u_2[1+S_2+S_2b_2(\sigma_2-\sigma_1)]}\cdot\Delta\sigma_1\tag{5}$$

由式（5）就可以得到两机架 ATGC 厚差转换系数 Π。

$$\Pi=\frac{h_1u_1(S_1b_1+S_2b_2)}{u_2[1+S_2+S_2b_2(\sigma_2-\sigma_1)]}\tag{6}$$

对于多机架冷连轧，厚差转换系数可将其下标“1”“2”换成“i”“i+1”进行近似计算。

对于控制模型，把式（5）代入压下效率公式得：

$$\Delta\Phi=\frac{C+Q}{C}=\frac{h_1u_1(S_1b_1+S_2b_2)}{u_2[1+S_2+S_2b_2(\sigma_2-\sigma_1)]}\Delta\sigma_1\tag{7}$$

由此得到 ATGC 厚度自动调节系统的增益值：

$$K=\frac{(C+Q)h_1u_1(S_1b_1+S_2b_2)}{Cu_2[1+S_2+S_2b_2(\sigma_2-\sigma_1)]}\tag{8}$$

2.3 热连轧过程厚度与速度对张力的影响关系

前面已经推导出压力与张力对厚度的影响关系，下面推导出厚度与速度对张力的影响关系。

根据稳态张力公式：$\sigma=\frac{\Delta V}{W}$，由于 W 是常数，所以：

$$\Delta\sigma=\frac{\Delta^2V}{W}\tag{9}$$

式中 $\Delta V=\frac{h_{i+1}}{H_{i+1}}u_{i+1}(1+S_{i+1})-u_i(1+S_i)$

$W=\frac{h_{i+1}}{H_{i+1}}u_{i+1}b_{i+1}S_{i+1}+u_ib_iS_i$

由于厚控系统作用，可以忽略 ΔS_i、ΔS_{i+1} 的变化，根据张力公式可以推导出：

$$\Delta^2v_i=\frac{h_{i+1}}{H_{i+1}}(1+S_{i+1})\Delta u_{i+1}-(1+S_i)\Delta u_i+\frac{u_{i+1}}{H_{i+1}}(1+S_{i+1})\Delta h_{i+1}-\frac{h_{i+1}}{H_{i+1}^2}(1+S_{i+1})u_{i+1}\Delta H_{i+1}\tag{10}$$

恒张力条件为 $\Delta^2v_i=0$，则：

$$\Delta u_i=\frac{h_{i+1}}{H_{i+1}}\frac{1+S_{i+1}}{1+S_i}\Delta u_{i+1}+\frac{u_{i+1}}{H_{i+1}}\frac{1+S_{i+1}}{1+S_i}\Delta h_{i+1}-\frac{h_{i+1}}{H_{i+1}^2}\frac{1+S_{i+1}}{1+S_i}u_{i+1}\Delta H_{i+1}\tag{11}$$

因为：$1+S_{i+1}\approx1+S_i$（查宝钢 2050 实际数据，此条件成立），则：

$$\Delta u_i=\frac{h_{i+1}}{H_{i+1}}\Delta u_{i+1}+\frac{u_{i+1}}{H_{i+1}}\Delta h_{i+1}-\frac{h_{i+1}}{H_{i+1}^2}u_{i+1}\Delta H_{i+1}\tag{12}$$

式中，h、H、u 取规程值，并有 $H_{i+1}=h$，则：

$$\Delta u_i=\frac{h_{i+1}}{h_i}\Delta u_{i+1}+\frac{u_{i+1}}{h_i}\Delta h_{i+1}-\frac{h_{i+1}}{h_i^2}u_{i+1}\Delta H_{i+1}\tag{13}$$

式中 Δh_{i+1}——由弹跳方程计算的 i+1 机架出口厚度增量；

ΔH_{i+1}——由厚度延时方程计算的 i+1 机架入口厚度增量；

Δu_i——保持张力恒定的 i 机架速度调

节量；

Δu_{i+1}——已知 $i+1$ 机架速度改变量。

实际规程数据计算结果：

（1）对于末机架，即 F7：

$u_6=8.78$，$u_7=10.32$，$h_7=2.022$，$h_6=2.324$；由方程（13）计算出各系数值：$\Delta u_6=0.867\Delta u_7+4.4406\Delta h_7-3.8636\Delta H_7$；

由上式系数得出厚度与速度对张力影响的比率为 5121。

（2）对于入口机架，即 F1，与 F7 相同，得出：

$u_2=1.88$，$u_1=1.02$，$h_1=19.121$，$h_2=10.299$；$\Delta u_1=0.539\Delta u_2+98.32\Delta h_2-52.96\Delta H_2$；

由上式系数得出厚度与速度对张力影响的比率为 182。

以上数值分析证明，在常规热连轧控制条件下，由张力稳定而使厚度稳定是难以实现的，而控制厚度稳定必然会使张力稳定，因为轧辊速度控制精度很高，可达万分之几的精度。

3　热连轧恒厚度恒张力控制系统的分析

冷连轧已普遍应用了 ATGC，因为冷连轧测量张力简便精度高。热连轧从原则上讲也可以实现 ATGC，但是由于热连轧直接测量张力困难，而单位张力值比冷连轧低 20 倍以及允许张力波动小，张力波动会影响板宽变化等原因，所以热连轧一直保持原先的控制方式：压力控制厚度，活套系统调节轧辊速度保持秒流量相等和张力稳定。下面对此问题作出定量分析。

以 F1～F2 机架为例，热连轧张力设定值为 $6.3\mathrm{N/mm^2}$，如果张力变化值大于或小于 $6.3\mathrm{N/mm^2}$，就可以认为是拉钢或者起套现象。钢的弹性模量 $E=2.1\times10^5\mathrm{N/mm^2}$；热状态弹性模量大约为 $1.0\times10^5\mathrm{N/mm^2}$。根据胡克定律：$\Delta\varepsilon=\Delta\sigma/E$，$\Delta\varepsilon=0.63\times10^{-4}$，机架间距离为 6000mm，$\Delta l=\varepsilon l=0.378\mathrm{mm}$。当相邻机架速度差几分大于 0.378mm 就可以发生拉钢或者起套现象。冷连轧机架间距比热连轧小一些，再加上 E 大，所以冷连轧允许相邻机架间速度差积分大于热连轧的 10 倍，即 3.78mm。以上数值分析冷连轧比较容易实现 ATGC。

热连轧如何实现 ATGC？可以改变活套角变化调轧辊速度方式，变为活套角变化调辊缝的方式。下面对此方式进行分析。

热连轧活套装置在工作角附近，每变化一度可吸收 1mm 左右的相邻机架的速度差积分值[7]，所以活套角变化十分灵敏地反映了张力值的变化，将活套角变化设定在 0.5°，大于 0.5°活套还可以调速度，保持原热连轧的控制系统。从理论上已分析清楚，活套角再调速度的可能性已很小了，进一步调高了秒流量相等的精度，从而也提高了弹跳方程自适应精度，可进一步提高辊缝预设定精度和头部厚控精度。

对于应用了液压活套的热连轧机、张力已于直接测量，所以可与冷连轧机一样，直接建立张力与辊缝的 ATGC。

4　热连轧宽度精度的提高

目前热连轧板宽精度最高为日本川崎千叶厂，宽度指标为 0～12.5mm，可达到 96%。影响宽度精度的一是粗轧宽度的变化，另一方面是精轧机张力波动影响精轧宽展量及张力拉窄现象。国内外实测数据表明，热连轧过程张力波动很大，波动值大于 50%是经常发生的（1999 年在 2050 热连轧曾专门实测过张力波动情况）。精轧机张力变化对宽度影响比较大，日本住友金属实测数据表明，张力变化对宽度的影响对比厚度影响大得多。粗轧机对板宽影响在头尾部分，而目前粗轧机大部分轧机都实现 AWC 控制，进一步提高了粗轧坯的宽度精度。应用活套角与辊缝闭环的恒张力和厚度控制系统，张力波动可减少到 10%左右，这样必然减小精轧机上的宽度波动，估计宽度控制精度可提高到 0～6mm 的水平。热连轧宽度精度提高对成材率提高影响也比较大，估计可提高 0.5%的成材率。

5　结束语

由连轧张力公式分析得出国外在实现热连轧去掉活套技术开发尚未能取得成功应用的原因：要求测量和控制的精度太高，所以难于保证工业生产中正常应用。分析出热连轧速度和厚度对张力影响的差别很大，所以由控制张力恒定而使厚度精度提高是难于实现的，相反控制厚度恒定张力自然就稳定了。ATGC 就是实现厚度和张力同时恒定的自动调节系统，在热连轧机上，通过活套角度与辊缝闭环来实现 ATGC 的工业化应用。

参考文献

[1] 木村和喜，中川繁政，等．热轧带钢高精度厚度控制技术的开发［J］．国外钢铁，1994：12.

[2] 张进之. 多机架连轧张力公式 [J]. 钢铁, 1977: 2.
[3] 张进之. 连轧张力公式 [J]. 金属学报刊, 1978 (14): 2.
[4] 张进之. AGC 系统数学模型的探讨 [J]. 冶金自动化, 1979: 2.
[5] 一冶电装公司. AEG 技术资料. 1977.
[6] 张永光, 梁国平, 张进之, 等. 计算机模拟冷连轧过程的新方法 [J]. 自动化学报, 1989 (5): 3.
[7] 丁修. 轧制过程自动化 [M]. 北京: 冶金工业出版社, 1986.

(原文发表在《中国冶金》, 2004, 增刊)

压力 AGC 系统与其他厚控系统共用的相关性分析

赵厚信[1]，王　喆[1]，张进之[2]，王保罗[1]

（1. 宝山钢铁股份有限公司，上海　200941；2. 钢铁研究总院，北京　100081）

摘　要　分析证明了动态设定型厚度控制系统与监控、前馈厚度控制系统是相容的，而且保持各自的独立性，无相互影响。BISRA 变刚度厚度控制系统和测厚计型厚控系统与监控、前馈厚度控制系统也是相容的，但它们之间有相互影响。BISRA 恒压力厚度控制系统与监控、前馈厚度控制系统是不相容的，而动态设定型的恒压力方案是相容的。

关键词　BISRA；AGC；测厚计；AGC；动态设定型 AGC；相关性；独立性

General correlation analysis of pressure AGC system and other gauge system

Zhao Houxin[1], Wang Zhe[1], Zhang Jinzhi[2], Wang Baoluo[1]

(1. Baoshan Iron & Steel Co., Ltd., Shanghai 200941; 2. Central Iron and Steel Institute, Beijing 100081)

Abstract: It is proved that the gauge control method for dynamic set is compatible with feed -forward system without interference. BISRA gauge control method and measure thick system and monitor, monitor and feed forward system are also compatible one another, but there are some influences of one on the other. BISRA constant pressure system and monitor feed-forward gauge control system are incompatible one another, but constant pressure system for dynamic set is compatible with monitor and feed forw and gauge control system also.

Key words: BISRA; AGC measure; thick system AGC; dynamic set AGC; correlativity; independence

1　引言

利用轧制压力信号间接测量厚度差的厚度自动控制系统（压力 AGC），由于装置简单、响应速度快等优点已在板带轧机上获得广泛应用，特别是英国钢铁协会发明的 BISRA 变刚度液压厚控系统应用更为普遍。通过对厚控过程深入分析，将控制理论和轧制理论相结合，推导了动态设定型厚控模型[1]，压力 AGC 参数方程，建立了动态设定型变刚度厚控系统，并证明：动态设定厚控系统比 BISRA 系统具有响应速度快和可变刚度范围宽的优点[2]。本文将进一步分析压力 AGC 系统与其他厚控系统同时使用时的问题。

由于轧辊偏心、磨损、热胀冷缩和轴承油膜随轧制速度变化引起的厚差，压力 AGC 系统不能消除，故压力 AGC 系统通常与测厚仪直接测量厚差的厚控系统（简称监控 AGC）一起使用。另外，实际生产过程中，存在测量入口厚差的前馈 AGC 系统、改变张力设定值的张力 AGC 系统，它们也都存在于压力 AGC 系统同时使用的问题。这样就需要研究压力 AGC 系统与其他 AGC 系统相互影响的问题。

2　压力 AGC 与监控 AGC 共用情况分析

分别研究四种情况，第一是 BISRA 变刚度系统；第二是 BISRA 恒压力系统；第三是测厚计型厚控系统；第四是动态设定型变刚度系统。

2.1　BISRA 变刚度系统

图 1 为 BISRA 变刚度与监控并用系统示意图，

图 2 为其简要框图。

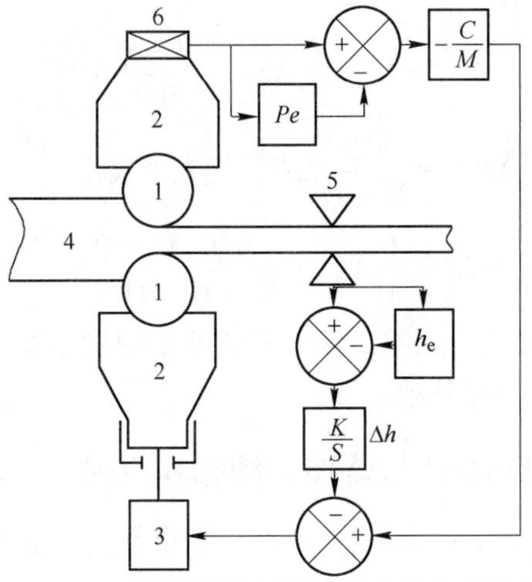

图 1 BISRA 变刚度厚度控制系统和监控系统草图
1—轧辊；2—轴承座及油缸；3—液压位置调节系统；
4—轧件；5—测厚仪；6—测压仪；Pe—压力锁定值；
h_e—厚度锁定值；M—轧机刚度系数；
C—可变刚度系数；K—比例系数；S—拉氏算子

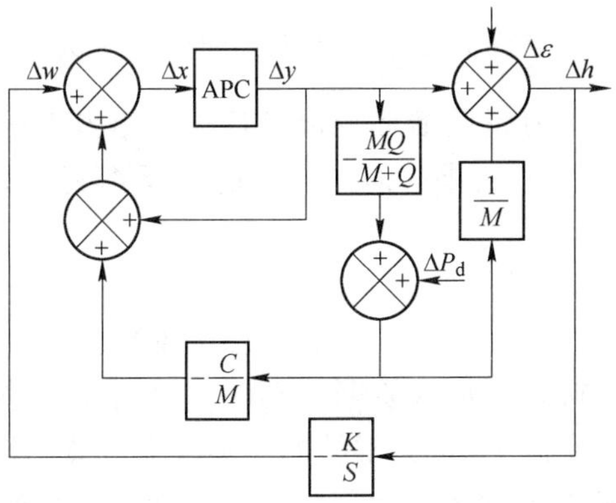

图 2 BISRA 变刚度厚度控制系统和监控系统方框图

图中 K/S 环节是由串联的积分环节与表示压下效率的比例环节放在一起表示的，其中积分环节常数取为 1（研究阶跃扰动情况，与轧制速度无关）。

为了简化分析，忽略了 APC 执行机构的动态响应过程，测厚仪、测压仪的响应时间以及轧机到测厚仪之间的时滞等等。假定在辊缝阶跃扰动（$\Delta\varepsilon$）下，经调节过渡达到平衡状态时，$\Delta X=0$，即：

$$\Delta\omega - \Delta Y + \left(-\frac{MQ}{M+Q}\right)\left(-\frac{C}{M}\right)\Delta Y = 0$$

取 $C=1$，则得 $$\Delta Y = \frac{M+Q}{M}\Delta\omega \qquad (1)$$

式中 Δ——表示增量；

ΔY——压力增量。

由此表明，BISRA 与监控系统是相容的，但由监控环节输出的辊缝改变值（$\Delta\varepsilon$）与辊缝的实际改变值是不相同的，比例关系为$\frac{M+Q}{M}$。辊缝改变与厚度变化的关系为：

$$\Delta h = \frac{M}{M+Q}\Delta Y$$

在控制系统设计时，K 应取 1，而不能取$(M+Q)$ M。把监控测厚仪测出的厚差与压力测厚计测出的厚度偏差叠加在一起处理是不合适的，应分开处理。压力测厚计法测出的厚差乘以 $(M+Q)$ M 为辊缝输入；而测厚仪测出的厚差，直接为辊缝输入，这样才能达到最佳效果。

2.2 BISRA 恒压力系统

BISRA 恒压力系统与监控系统是不相容的。BISRA 恒压力系统无位置环节，只有压力负反馈环节保持压力恒定。当坯料或辊缝扰动引起出口厚度改变时，为消除厚差由监控系统调辊缝，将引起压力改变：

$$\Delta P = -\frac{MQ}{M+Q}\Delta Y$$

式中 ΔP——压力增量。

而压力反馈环节又会将辊缝向相反的方向调节，这样必然引起系统的振荡。

2.3 测厚计型厚控系统

由监控使辊缝改变量为 ΔY，则引起压力变化为：

$$\Delta P_x = -\frac{MQ}{M+Q}\Delta Y$$

测厚计计算出的厚度变化：

$$\Delta h = \Delta Y + \frac{\Delta P_x}{M} = \Delta Y - \frac{MQ}{M+Q}\frac{\Delta Y}{M} = \frac{M}{M+Q}\Delta Y$$

由于监控改变辊缝及引起的压力值改变，则厚度计计算出的厚度变化为$\frac{M}{M+Q}\Delta Y$。总之，测厚计 AGC 与 BISRA AGC 相同，与监控 AGC 是相互影响的。

2.4 动态设定变刚度系统

其简要框架如图 3 所示。在文献［2］中已证明，动态设定型变刚度轧机的当量刚度可以在 0～∞范围内变化，下面分别研究两种极端情况及一般情况。

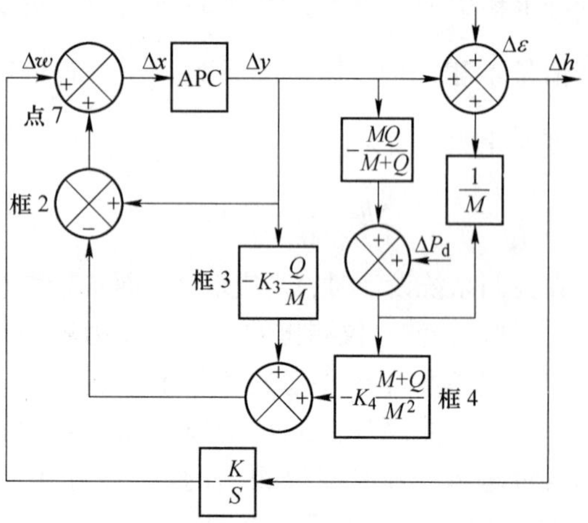

图 3　动态设定型厚度控制系统和监控系统草图

K_3，K_4—可变刚度系数

2.4.1　当量刚度无限大的情况

当量刚度常数计算公式：

$$K_3 = K_4 = \frac{M_C - M}{M_C + Q} \qquad (2)$$

式中　M_C——当量刚度值，当 $M_C \to \infty$，则 $K_3 = K_4$。

在轧辊系统阶跃扰动 $\Delta\varepsilon$ 作用下，经调节过程达到平衡时，$\Delta x = 0$，则有：

$$\Delta\omega - \Delta Y - \frac{Q}{M}\Delta Y + \left(-\frac{MQ}{M+Q}\right)\left(-\frac{M+Q}{MM}\right)\Delta Y = 0$$

$$\Delta\omega = \Delta Y \qquad (3)$$

由此表明，动态设定型厚控系统与监控系统是相容的，而且由监控输入的辊缝改变值与辊缝的实际改变值相同。因此，在控制系统设计上 K 上可以取 $\frac{M+Q}{M}$，与监控系统单独使用的参数相同。因此它们无相互影响，是线性独立的。

2.4.2　当量刚度为零的情况

按式（2）可以计算出实现 $M_C = 0$ 时的 K_3、K_4 值。$K_3 = K_4 = -\frac{M}{Q}$。当轧辊系统在阶跃扰动 $\Delta\varepsilon$ 作用下，经调节达到平衡状态时，$\Delta x = 0$。则有：

$$\Delta\omega - \Delta Y + \Delta Y + \left(-\frac{MQ}{M+Q}\right)\left(\frac{M+Q}{MQ}\right)\Delta Y = 0$$

$$\Delta\omega = \Delta Y \qquad (4)$$

由此证明，动态设定变刚度厚控方法与监控保持完全的独立性。

2.4.3　一般情况下的证明

可变刚度系数为任意值的情况下，由监控调节引起的辊缝变化也不引起 DAGC（变刚度厚控方法）动作。

$$\Delta S_2 = K\left(-\frac{Q}{M}\Delta S_1 - \frac{M+Q}{MM}\Delta P\right)$$

将 $\Delta P = -\frac{MQ}{M+Q}\Delta S_1$，代入上式得：

$$\Delta S_2 = K\left(-\frac{Q}{M}\Delta S_1 + \frac{MQ}{M+Q}\,\frac{M+Q}{MM}\Delta S_1\right) = 0$$

总之，不论动态设定型可变刚度系数为任意值，均保持其独立性。

2.5　DAGC 与监控系统相容原因

首先，BISRA 恒压力系统与 BISRA 厚控系统在路线上是不同的，前者只有压力环，没有位置环，是单环压力负反馈系统。动态设定型恒压力系统与其厚控系统在线路上相同的，只是通过改变框 3、框 4 的比例值实现两种控制方案。实现恒压力控制方案时，框 3 变成了正 1，这样在调节过程中与原位置负反馈环相消；而框 4 变为正 $\frac{M+Q}{MQ}$，从而使压力正反馈环变成负反馈，相当于压力负反馈的单环效果。但是，它的负反馈程度加强，增加了 $\frac{M+Q}{M}$ 倍。

另外，由于动态设定型有位置环，所以当辊系或坯料系统加入阶跃扰动时，由测厚仪输出的辊缝改变值为 $\Delta\omega$，辊缝的实际改变值 ΔY 也等于 $\Delta\omega$。辊缝改变将引起压力值的改变，将其换算成辊缝改变值正好等于 $-\Delta Y$，也正好与动态设定型的位置环相抵消。图 3 中，框 3 与框 2（加框 4）在相加点 7 相抵消，只保留压下系统位置负反馈环节。因此，保持了监控系统的独立作用。从另一角度看，动态设定型恒压力系统消除厚差的过程，相当于修改了恒压力系统的压力基准值。

恒压力系统与监控系统的独立性，在生产中很有意义。由于动态设定型与监控、前馈（后面将证明）系统独立性条件，可以在连轧机的第一机架上采用恒压力和测厚仪前馈、监控系统，既能消除第一机架轧辊偏心影响，也可以消除坯料厚度、硬度差的影响。可逆轧机的第一道也可以采用上述方案。

3.1　BISRA 变刚度系统

前馈与 BISRA 共同使用时，其框图表示只要把图 1 中测厚仪由测量出口厚度改变成测量入口厚度即可。控制系统框图与图 2 也类似，只是把 $\Delta\omega$ 看成由测量入口厚差需要改变辊缝的输入即可。

测厚仪测量出入口钢带厚度差，经过调节器（一般用比例环节），给 APC 发出一个 $\Delta\omega$ 信号，在辊缝调节过程中压力必然变化（辊缝改变和入口厚度改变引起）BISRA 系统也同时动作，最终达到一个稳态值，此时 $\Delta X=0$，综合点的平衡方程为：

$$\Delta\omega - \Delta Y + \left(-\frac{MQ}{M+Q}\right)\left(-\frac{C}{M}\right)\Delta Y = 0$$

取 $C=1$，则得

$$\Delta Y = \frac{M+Q}{M}\Delta\omega \tag{5}$$

由式（5）看出，BISRA 系统与前馈的关系相同于监控的关系，是相关的且又相互影响。下面直接给出测量入口厚差 Δh 与 $\Delta\omega$ 的关系式。由文献［3］给出的前馈 AGC 数学模型公式：

$$\Delta Y = -\frac{Q}{M}\Delta H \tag{6}$$

式（5）、式（6）联立，整理得：

$$\Delta\omega = -\frac{Q}{M+Q}\Delta H \tag{7}$$

3.2 动态设定型厚控系统

分析过程与 BISRA 系统相同，平衡时 $\Delta X=0$，综合点平衡方程为（$K_3=K_4=1$）：

$$\Delta\omega - \Delta Y - \frac{Q}{M}\Delta Y - \left(\frac{MQ}{M+Q}\right)\left(-\frac{M+Q}{MM}\right)\Delta Y = 0$$

上式整理得式（8）：

$$\Delta\omega = \Delta Y \tag{8}$$

式（8）表明，动态设定型与前馈系统的关系同监控系统，保持了独立性作用关系。

前馈 AGC 与 BISRA 系统之间相互影响，国外已确认并研究过此问题，推出一些解决办法[4]。而动态设定型与前馈 AGC 无相互干扰作用，这是动态设定型厚控系统的一大优点，可大大简化控制系统的设计。

4 压力 AGC 与张力 AGC 的关系

张力 AGC 系统是经过测厚仪测量出钢带厚度差，通过改变张力设定值来消除厚差。单独张力 AGC 系统的数学模型已有许多研究，这里只分析压力 AGC 同时设置时的情况。

当测厚仪测出厚差 Δh 时，由张力厚控模型可以计算出张力的改变值。当只有单独的张力厚控系统时，张力的改变使轧制压力改变，而轧机弹性变形量的改变使 $\Delta h=0$。

由于压力 AGC 的作用，将发生相互影响。以 $\Delta h>0$ 为例。此时要求张力增加，张力增加使压力降低；轧机弹性变形减少，使出口厚度减少。另一方面，由于压力的改变，压力 AGC 系统动作，当 $C>0$ 时，压力环使辊缝增加，减弱张力 AGC 系统的情况；当 $C=0$ 时，相当于只有张力 AGC 系统的情况；当 $C<0$ 时，压力环方向改变（由正反馈转变为负反馈）压力的降低，使辊缝减小，增强了张力 AGC 系统的调节效果。

以上分析表明，软刚度压力 AGC 能增强张力 AGC 系统的调节效果，因此连轧机成品机架（或可逆冷轧机成品和成品前道）采用软刚度压力 AGC 和张力 AGC 复合控制系统是合理的。动态设定型与 BISRA 系统在与张力 AGC 并用的定量关系是相同的，但动态响应速度和可变刚度范围及动态设定型仍保持其优越性。

5 厚控系统之相关性的实际应用

1996 年用动态设定型变刚度厚控方法（DAGC）代替 2050 热连轧机压力 AGC 数学模型，获得了成功，使±50μm 的百分数增加了近十个百分点。当时只改造了压力 AGC 数学模型，但监控 AGC 数学模型参数未进行相应的修改，2002 年发现测厚计型 AGC 与监控 AGC 有相互影响，所以对监控模型参数作了修改。具体修改方法及效果说明如下。

5.1 监控模型参数的修改

2050 监控数学模型

$$M\ \$\ SOU = S\ \$\ SOU\ \$\ MON1K\ \$\ MAT\ \$\ MON1 \tag{9}$$

$$K\ \$\ MAT\ \$\ MON1 = 1 + \frac{QK\ \$\ CM\ \$\ MON1}{M}$$

式中 $K\ \$\ CM\ \$\ MON1$——修正系数；

$K\ \$\ MAT\ \$\ MON1$——辊缝调节量增益系数；

$M\ \$\ SOU$——监控调节量；

$K\ \$\ SOU\ \$\ MON1$——测厚仪测出的厚差。

设定系数 $K\ \$\ CM\ \$\ MON1$ 原先 $F_4 \sim F_7$ 机架设定值分别为：0.95；0.90；0.80；0.70。根据在中厚板轧机修正辊缝 A 值的经验：实测厚度于计算厚度之差作为 A 的修正值。例如实测厚度比计算厚度大 0.1mm，则将 A 值减少 0.1mm，即各道次辊缝都将减少 0.1mm。在连轧机上监控只调节后边几个机架的辊缝，所以将 $K\ \$\ CM\ \$\ MON1$ 减小，取 0.00～0.03。监控 $K\ \$\ CM\ \$\ MON1$ 修改后，提高了厚控精度和张力的稳定性。±30μm 的百分数增加了 5 个百分点以上。下面列表和图示两种参数得厚控效果。

5.2　两种监控参数实测结果（见表 1）

表 1　相同规格实验时各轧三卷钢的极差

实验条件	规格 /mm×mm	各卷钢的极差 /mm	平均极差 /mm
原厚控参数	41×1577	0.127，0.087，0.185	0.1337
修改参数	约 3.5×1577	0.052，0.084，0.10	0.0787

6　结论

（1）动态设定型变刚度厚控系统与监控、前馈以及张力等厚控系统能够同时应用，并且保持厚控系统的独立性，无相互干扰，有利于综合厚控效果。

（2）BISRA 变刚度厚控系统与监控、前馈以及张力等厚控系统可一起应用，但它们之间有相互影响。控制系统设计应注意这一点，以便改善和提高综合厚控效果。

（3）测厚计型与监控是相容的，但又相互影响。

（4）BISRA 恒压力系统与监控、前馈厚控系统不相容；而动态设定型的恒压力方案是相容的，从而推出新的同时消除坯料差和轧辊偏心影响的厚控方案。

（5）张力 AGC 与可变刚度厚控系统（软特性）同时应用，可以提高张力 AGC 系统的调节效果和范围。

参考文献

[1] 张进之．压力 AGC 数学模型的改进［J］．冶金自动化，1982（6）．

[2] 张进之．压力 AGC 系统参数方程及变刚度轧机分析［J］．冶金自动化，1984（1）．

[3] 松香茂道．轧钢机的板厚控制装置．《特许公报》，特公昭 54-35872.

[4] 张进之．AGC 系统数学模型的探讨［J］．冶金自动化，1979（2）．

（原文发表在《冶金设备》，2005（2）：23-27）

三种动态设定型 AGC 控制模型的分析❶

李玉贵[1,2]，庞思勤[1]，黄庆学[2]，张进之[3]

（1. 北京理工大学，北京 100081；2. 太原科技大学，山西太原 030024；
3. 钢铁研究总院，北京 100081）

摘　要　综述了国内外板带材厚度自动控制技术的现状，主要讨论了国内引进日本神户 DAGC（Dynamic Setting Automatic Gauge Control）和德国 AEG DAGC 的工作机理，阐述了我国 DAGC 的数学模型，得出我国的 DAGC 应进一步推广应用的结论。

关键词　动态设定型 AGC；AGC；弹跳方程

Three dynamic setting AGC control model analysis

Li Yugui[1,2], Pang Siqin[1], Huang Qingxue[2], Zhang Jinzhi[3]

(1. School of Mechanical Vehicle Engineering Beijing Institute of Technology, Beijing 100081, China;
2. School of Material and Science Engineering Taiyuan University of Science & Technology,
Taiyuan 030024, China; 3. Central Iron & Steel Research Institute, Beijing 100081, China)

Abstract: This paper summarizes the present situation of automatic gauge control system, discusses the working principle of the DAGC introduced from Japan and the AEG DAGC from Germany describes China's DAGC. Obviously, our country's DAGC should be further promoted and applied.

Key words: dynamic setting AGC; AGC; spring equation

1　概述

随着我国经济的不断发展，尤其是国防、船舶工业、汽车制造业以及高精度仪器工业的发展，对板带材的需求量大幅度增加，对其轧制质量要求也日益提高。厚度精度是板带材的一项重要质量指标，也是国内外专家学者关注的重要技术。

我国钢铁研究总院、日本神户制钢、德国 AEG 分别发明的动态设定型 AGC 是厚度自动控制的最新技术，它们的共同点是将厚度控制问题转化为辊缝自动控制问题，由辊缝自动控制实现克服轧件扰动（入口厚差、轧件硬度差等）、保持厚度恒定的目标。上述三种动态设定型 AGC 之间有重大区别，我国钢铁研究总院的方法是经过发现轧件扰动可测，得出了动态辊缝差分方程，属动态数学模型；日、德方法是由“P-h”图推得的静态数学模型，德、日之间的差别是，德国 AGC 方法反映轧件塑性系数变化，由出口厚度变化（弹跳方程测得的厚度与设定厚度之差）来表述[1]，日本是直接从“P-h”图推得保持厚度恒定的辊缝调节量[2]。本文将对三种动态设定型 AGC 控制模型进行分析比较。

2　日本神户 DAGC

日本神户 DAGC 称改进的 BISRA AGC，BISRA AGC 和改进的 BISRA AGC 由开关来投运其中一种，其控制系统图如图 1 所示。

图 1 中，α 为 BISRA 增益；P_w 为工作侧轧制

❶ 作者简介：李玉贵（1967—），男，太原科技大学副教授，北京理工大学机械与车辆工程学院博士研究生。

压力；P_D 为驱动侧轧制压力；S_{FW}为工作侧反馈辊缝值；S_{FD}为驱动侧反馈辊缝值；Q 为轧件塑性系数；M 为轧机刚度；C 为 BISRA 调整率（6 档可选）。

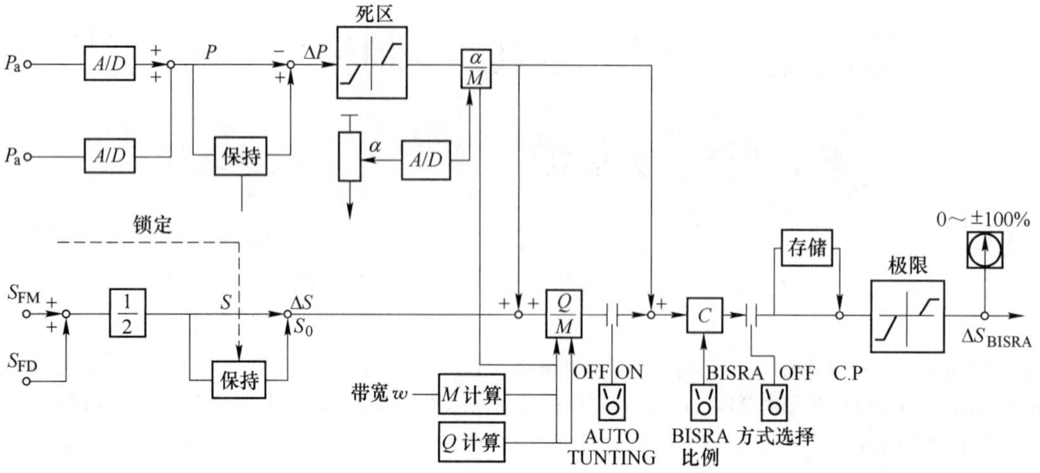

图 1　BISRA AGC 原理图

从图 1 可知 BISRA 控制分为两种：一种简单，另一种复杂。

第一种控制方程为

$$\Delta S_{BISRA} = \frac{P_0 - P}{M} \cdot \alpha \cdot C = \frac{\Delta P}{M} \cdot \alpha \cdot C \quad (1)$$

第二种的控制方程为：

$$\Delta S^*_{BISRA} = \frac{M + Q}{M^2}(\Delta P \cdot \alpha + \frac{M \cdot Q}{M + Q}\Delta S) \cdot C \quad (2)$$

式中，ΔS 为辊缝变化量；M 为轧机刚度；Q 为轧件塑性系数。

式（1）仅考虑了简单的弹跳方程，纯粹根据轧制过程中轧制压力变化，并考虑轧机刚度 M 近似计算的。而式（2）除了上述考虑之外，考虑了金属在轧制过程中的塑性变形，即考虑了塑性系数 Q 值，故引进了辊缝的实际变化值。这种控制方式的选择取决于自动调谐（AUTO TUNTING）方式开关的通（ON）、断（OFF），当处于“ON”时，控制按式（2）进行，“OFF”时按式（1）进行控制。

所谓自动调谐，实质上是对不同金属品种的各轧制道次时的塑性系数 Q 进行在线识别。

3　德国 AEG DAGC

国内某钢厂在 20 世纪 80 年代引进了德国 AEG 厚控系统。该 AEG 厚控系统设计考虑到引起带钢厚差的主要扰动为水印和轧辊偏心，采用了七个机架都设置电动压下的压力 AGC 和后三个机架液压 AGC 的方案。用于液压压下的 AGC 系统框图如图 2 所示。

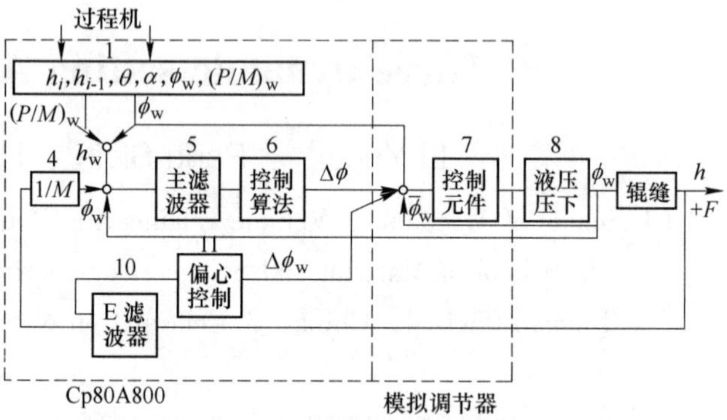

图 2　AEG 厚控方案框图

图 2 中 7、8 是一个由模拟电路控制的位置系统（HGC）。由于液压压下的快速响应特性，该系统中设置有补偿轧辊偏心控制环节，采用源滤波器。

偏心补偿转换

$$\Delta\phi_w = -\left[\frac{\Delta P}{M} + \alpha\sqrt{\frac{1}{Q}}(\alpha\sqrt{P_{2(L)}} - \alpha\sqrt{P_{(L)}})\right] \quad (3)$$

式中，ϕ_w 表示辊缝。当 $\alpha = 1$ 时，

$$\Delta\phi_w = \frac{M + Q}{MQ}\Delta P \quad (4)$$

3.1　AEG 模型的应用情况及分析

某钢厂 1700mm 热连轧机上只实现了单独压力 AGC 环节，其中轧辊偏心很大的情况下压力 AGC 可以正常使用。

控制算法上有重大改进，原设计与西门子算法相似，厚差信号与 APC 连接上应用了“$P-I$”算法，调试时改进了模型算法，即只作比例运算。

这样大大提高了系统的动态响应速度，消除厚差效果明显提高。

AEG 模型算法

$$\Delta\phi = \left(\frac{P}{M}\right)_{\omega} - \left(\frac{P}{M}\right)_{x} \cdot \frac{dh_{\omega} + \Delta H}{dh_{\omega} + \Delta H - \Delta h} \quad (5)$$

式中，$(P/M)_{\omega}$ 为设定的轧机弹跳量；$(P/M)_{x}$ 为实时轧机弹跳量；$\Delta H(\Delta h)$ 为实时入口（出口）厚差。

AEG 模型是由“$P-h$”图推导出来的，反映了轧机和轧件互相作用，ΔH、Δh 反映了通常的塑性系数的变化。式（5）的推导详见文献［1］。

3.2 AEG 厚控系统的改进

式（5）是由两个平衡状态下推导出来的。在轧制过程中，扰动不可能只有一次阶跃，而是时刻都在变化的时间序列。因此，要证明它对任意扰动也是成立的，找到它与我国 DAGC 的关系。为证明此问题，在图 3 中增加一个中间状态，如图 4 所示。由中间辊缝位置（$\phi_{\omega}-\Delta\phi$）和初始辊缝（ϕ_{ω}），对同一扰动求得的辊缝 $\Delta\phi$ 相一致，即求出的辊缝附加设定值只与扰动有关，与辊缝调节过程无关。

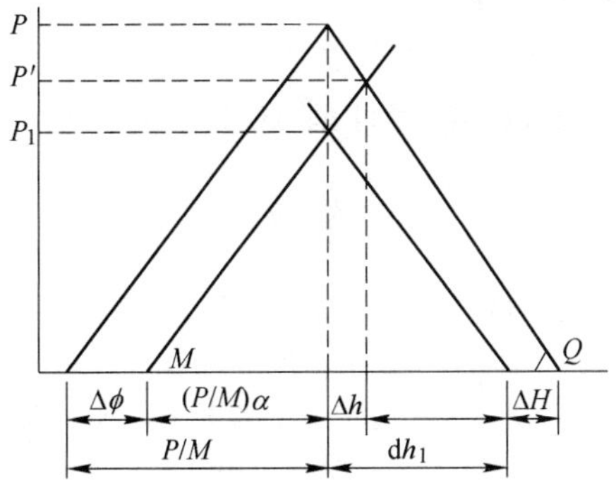

图 3　阶跃扰动控制图示（AEG 算法推导）

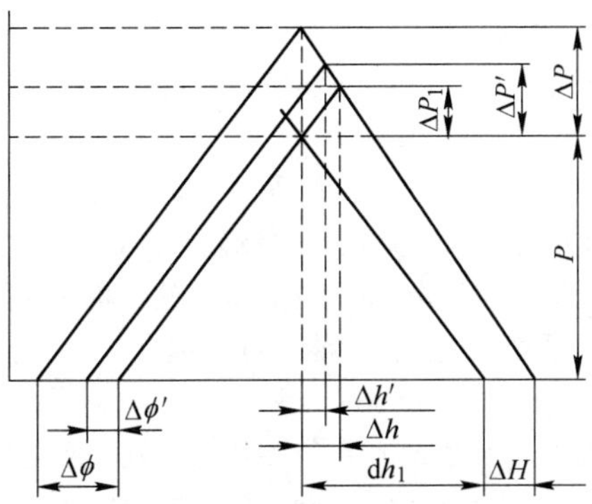

图 4　模型算法性质证明

在阶跃扰动下，辊缝调节了 $\Delta\phi'$，轧制压力由 ΔP_x 变到 $\Delta P'$，厚差由 Δh 减少到 $\Delta h'$。由图 4 得到

$$\Delta h - \Delta h' = \frac{\Delta P' - \Delta P_x}{Q} \quad (6)$$

假定模型计算具有设定型性质，则初始扰动和中间状态求出的辊缝调节量应相等。

令　　$dh_{\omega} = \Delta H = A$

由式（5）得式（7），即

$$\frac{P_{\omega} + \Delta P'}{M} \cdot \frac{A}{A - \Delta h'} = \frac{P_{\omega} + \Delta P_x}{M} \cdot \frac{A}{A - \Delta h} \quad (7)$$

整理式（7）得

$$(P_{\omega} + \Delta P')(A - \Delta h) = (P_{\omega} + \Delta P_x)(A - \Delta h')$$

$$\Delta P'A - P_{\omega}\Delta h - \Delta P'\Delta h = \Delta P_x A - P_{\omega}\Delta h' - \Delta P_x \Delta h' \quad (8)$$

$$(\Delta P' - \Delta P_x)A = P(\Delta h - \Delta h') + \Delta P'\Delta h - \Delta h_x \Delta h' \quad (9)$$

将式（7）代入式（8）并整理，可解出 A 值。

$$A = dh_{\omega} + \Delta H = A$$

$A=A$，恒等式。证明了从两个状态计算出来的辊缝调节量相同。所以，式（7）是正确的，确实是 DAGC 模型。证明方法参见文献［1，3］。

4　我国发明的 DAGC 之特征

分析 AGC 调节过程，实质上是解决外扰量（坯料厚度和硬度差）、调节量（辊缝）和目标量（厚度）之间相互关系。这种分析以往是用“$P-h$”图进行的，它具有简明、直观等优点，但不能把复杂的轧制过程（多变量、非线性）描述出来。钢铁总院张进之采用了数学分析方法，发现了轧件扰动可测，推导出保持厚度恒定的辊缝差分方程，从而得出动态设定型 AGC 基本数学模型[4]。

$$\Delta\phi_{K+1} = -\frac{Q}{M}\Delta\phi_K - \frac{M+Q}{M^2}\Delta P_{K+1} \quad (10)$$

式中，$\Delta\phi_{K+1}$ 为 $K+1$ 时刻辊缝改变量；$\Delta\phi_K$ 为 K 时刻辊缝实测值；Q 为轧件塑性系数。

轧机刚度设定值与实际值总是存在差别的，而且 AGC 系统通常在压力环都要增加 K_B 系数。在压力环增加 K_B 系数后加扰动压力信号 ΔP_d 后的辊缝变化过程推导出压力 AGC 参数方程。

增加 K_B 系数后的控制模型公式为

$$\Delta\phi_{K+1} = \frac{Q}{M}\Delta\phi_K - \frac{M+Q}{M^2} \cdot K_B \Delta P_{K+1} \quad (11)$$

动态设定型 AGC 系统框图见图 5。

图中，ΔP_d 为扰动量；ΔP 为实测压力；APC 为压下系统；ϕ_r 为保持出口厚度恒定要求辊缝改

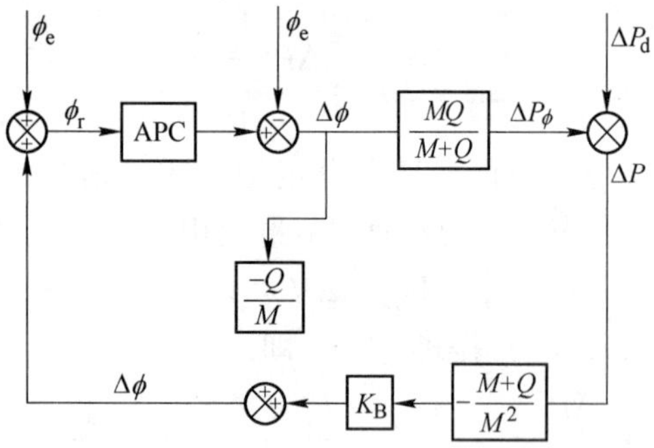

图 5　动态设定型 AGC 系统方框图

变量；ϕ_e 为辊缝锁定值；ΔP_ϕ 为辊缝变化引起的压力变化。

我国的 AGC 参数方程在天津冶金局材料研究所的三机架薄带冷连轧机上进行了压力 AGC 的可行性、参数关系、控制效果等试验，实验结果证明 AGC 参数方程等论断的正确性。其详细情况可参阅文献［5，6］。

5　三种 DAGC 比较分析

我国钢铁研究总院、日本神户制钢、德国 AEG 分别发明了动态设定型 AGC。它们的共同点是将厚度控制问题转化为辊缝自动控制问题，该系统由辊缝自动控制实现克服轧件扰动（入口厚差、轧件硬度差等）保持厚度恒定的目标。三种动态设定型 AGC 之间有重大区别，前者是轧件扰动可测，得出了动态辊缝差分方程，属动态数学模型；日、德方法是由“P-h”图推得静态数学模型，德、日之间的差别是，德国 AGC 方法反映轧件塑性系数变化，由出口厚度变化（弹跳方程测得的厚度与设定厚度之差）来表述，日本是直接从“P-h”图推得保持厚度恒定的辊缝调节量。

日本神户 DAGC 控制模型式（2）中引用了两个系数 α、C，根据我国 DAGC 参数分析得出的参数只有一个，所以，神户用两个参数就会使系统不平衡，从而造成改进 BISRA AGC 不能正常投运，只能用 BISRA 方式。

德国 AEG DAGC 模型是由“P-h”图推导出来的，反映了轧机和轧件互相作用，由 ΔH、Δh 反映了通常的塑性系数的变化。式（5）是由两个平衡状态下推导出来的，在轧制过程中，扰动不可能只有一次阶跃，而是时刻都在变化的时间序列。所以，AEG 模型计算复杂，需要计算厚度差。

我国发明的 DAGC 是由严格数学解析方法推出的，分析过程中发现轧件扰动可测，得出了动态辊缝差分方程，属动态数学模型[7]。特别是推出可变刚度系数简明的数学表达式得以在国内外推广应用。我国 DAGC 数学模型经过仿真分析和实验验证，证明了其正确性和优越性，并成功地应用到宝钢、攀钢等企业。

6　结论

（1）动态设定型的发明是控制技术的重大进步，其中有代表性的是日本神户制钢和德国 AEG 由“P-h”推出的计算公式和我国由分析方法推出的差分方程表达式。

（2）国内引进日本神户改进 DAGC 未能正常应用的原因是修正系数有错误，AGE 模型计算复杂，需要计算厚度差。

（3）我国发明的 DAGC 是由严格的数学解析方法推导出的，并对该模型进行了深入细致的分析研究，特别是推导出的可变刚度系数简明的数学表达式，在我国宝钢 2050mm 热连轧机、美国 Siti Steel 4064mm 四辊宽厚板轧机上得到推广应用。

（4）应当进一步推广应用 DAGC，目前已在宝钢 2050mm 热连轧机上代替了西门子 AGC，在攀钢 1450mm 热连轧机上代替了 GE AGC，进一步应代替从日本引进的测厚计型 AGC。

参考文献

［1］张进之．热连轧厚度自动控制系统进化的综合分析［J］．重型机械，2004，（3）：1-10.
［2］杨敏南，荆晓峰，徐开兴．涿县铝厂板轧机微型计算机系统［J］．冶金自动化，1983（增刊）：27-34.
［3］王立平，王贞祥，武立新，等．1700 热连轧机改造和厚度控制［C］//全国轧钢自动化学术会议论文集，1991：442-450.
［4］张进之．压力 AGC 数学模型的改进［J］．冶金自动化，1982（3）：15-20.
［5］张进之．压力 AGC 系统参数分析与实验研究［J］．东北重型机械学院学报，1983：80-87.
［6］吴铨英，王书敏，张进之，等．轧钢机间接测厚厚度控制系统“跑飞”条件的研究［J］．电气传动，1982（6）：59-68.
［7］张进之．压力 AGC 系统参数方程及变刚度轧机分析［J］．冶金自动化，1984（1）：24-31.

（原文发表在《重型机械》，2006（5）：1-4）

动态设定型变刚度厚控方法（DAGC）推广应用

张进之

（钢铁研究总院，北京 100081）

摘　要　DAGC已成功地代替了西门子、GE厚控数学模型。介绍了日本厚控数学模型在武钢1700mm和宝钢1580mm热连轧机应用和改进情况。日本测厚计型AGC数学模型在我国引进较多，分析了DAGC代替测厚计型AGC的可行性和优点；简化了系统参数设定；由于DAGC与预控、监控系统无相互影响，所以不存在钢种变化而需要优化系统参数的问题。

关键词　DAGC；测厚计；AGC；互相干扰；监控；预控

Application of thick control method of change modulus for DAGC

Zhang Jinzhi

（Central Iron and Steel Research Institute，Beijing 100081）

Abstract：DAGC has substituted successfully the mathematical model of thick control of Siemens Corporation、GE Corporation. The application and the improvement of mathematical model of thick control of Japan in Wuhan Steel Corporation 1700mm hot rolling mill and the Baoshan Steel Corporation 1580mm hot rolling mill are introduced. Japan，the mathematical model of thick control AGC are applied greatly in our country，and the feasibility and the merit of DAGC replacing with AGC are analysed，set-up system parameter are simplified. Because DAGC doesn't affect with precontrol and monitor system in advance. The system parameters need not to be optimized when steel grade need to change.

Key words：DAGC；thickness gauge；AGC；mutually disturbs；monitoring；control in advance

1　引言

动态设定型变刚度厚控方法（DAGC）是我国20世纪70年代末发明的，公开发表于1982年[1]。相应方法日本神户制钢也独立发明该方法，公开发表于1983年[2]；德国AGC公司也于1987年推出该方法[3]。三国的DAGC方法建立的方式是不同的，日本人是直接从“P-h”图推出的；德国人也是通过“P-h”图推出的，但推导方法不同于日本，引用变轧件塑性系数的方法。我国的DAGC是用解析方法推出的，通过分析发现轧件扰动可测，得出厚度恒定的辊缝差分方程。从模型结构上看，德、日方法属于稳态数学模型，而我国的方法属动态数学模型。

1986年第一重型机器厂ϕ200四机架实验冷连轧机上实验，证明了DAGC分析得出的几大特点：通过可变刚度系数的设置，可实现恒厚度（压力AGC）和恒压力（平整机）控制，统一了轧机和平整机控制系统；响应速度快，不同增益条件下AGC响应速度恒等于APC响应速度，比BISRA响应速度快2~3倍；与其他厚控系统共用（如监控、预控等）无相互影响，具有自动解耦特性。

DAGC最先在可逆式冷，热板带机上推广应用[4-7]，取得了很好的效果。从1996年在宝钢2050mm七机架热连轧机上实验成功，同年7月1日起，七个机架全部代替了西门子厚控数学模型，使厚控精度大大提高，±50μm的百分比增加了近10个百分点[8]。之后继续作工作，特别是应用了DAGC自动解耦特性，修改了监控AGC增益等项内容[9]，目前±50μm的比率已达到99.3%。

DAGC于2003年推广应用到攀钢1450mm热连轧机上，代替了原先引进的GE厚控数学模型，

2004 年又经过参数精调，增加了流量补偿头尾补偿可变刚度系数设定等内容，使厚控精度达到了国内先进水平[10]。

在大型热连轧上推广应用的基础上，2004 年在川威[11]、泰山两套 950mm 热连轧机和唐山不锈钢 550mm 热连轧机上成功地应用了 DAGC[12]。

目前 DAGC 在各类板带轧机上推广应用，特别是改进从日本引进的多套热连轧机和 CSP 连铸连轧机的厚控数学模型。

2　日本 AGC 厚控系统在我国应用

2.1　武钢 1700 参数改进取得效果

1978 年建成的武钢 1700mm 七机架热连轧机的厚控系统是从日本东芝公司引进的，其厚控数学模型[13]文中作了介绍，并对其参数取值作了改进。其厚控数学模型结构及参数改进的具体内容如下：

$$\Delta S = \frac{(M+Q)K}{M+Q(1-\alpha)} \cdot \Delta h \qquad (1)$$

式中　ΔS——辊缝调节量，μm；

M——轧机刚度值，kN/mm；

Q——轧件塑性系数，kN/mm；

K——压力 AGC 增益值；

α——比例因子；

Δh——厚度偏差值，μm。

文献［13］对比例因子修改如表 1 所示，其效果如表 2 所示。

表 1　调整前后各机架比例因子

机架	F_1	F_2	F_3	F_4	F_5	F_6	F_7
调整前	1	0.95	0.9	0.85	0.8	0.8	0.65
调整后	1.05	1	0.95	0.9	0.9	0.85	0.85

表 2　1997 年 1~9 月厚度精度命中率

月份	1	2	3	4	5	6	7	8	9
厚度命中率/%	97.01	96.47	96.29	96.56	94.9	96.3	96.99	99.97	97.46

通过调节参数，对厚控精度有所提高，但是，一套热连轧机要生产许多钢种和规格，其最优参数是不同的，所以日本测厚计型存在调节参数的困难问题。

2.2　宝钢 1580mm 热连轧厚控系统

宝钢 1580mm 热连轧厚控系统是从三菱电器公司引进，厚控系统主框图如图 1 所示[14]。

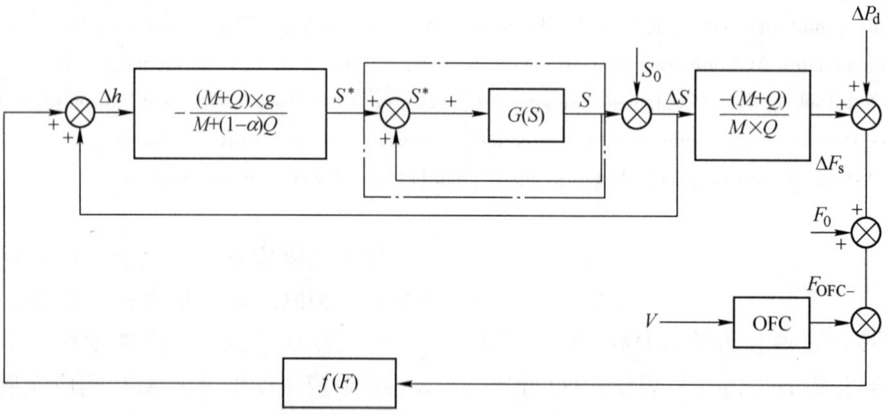

图 1　三菱电器液压 AGC 控制模型图示

该模型包括内外两个闭环控制，内环（APC）进行油缸定位控制，循环周期 5ms，外环（AGC）根据轧制情况设定辊缝目标值，循环周期为 30ms。

图 1 所示模型控制图与以前控制系统不同，在于 AGC 控制时保留 APC 环节，由独立的液压控制器（HGC）实施 APC 功能，AGC 的动态设定值加在 APC 的附加给定值。以上做法目前日本的 AGC 已属动态设定方法，与我国发明的 DAGC 动态数学模型不同的是我国已用分析方法找到了简单的外扰 ΔP_d 的计算公式。下面简要介绍原日本 AGC 模型。

2.3　日本 AGC 系统框图

目标板厚偏差

$$G_V(S) = \frac{\omega_x^2}{S^2 + 2\xi\omega_x S + \omega_x^2} \qquad (2)$$

$$\Delta h = \Delta S + K_A \frac{\Delta P}{M} \qquad (3)$$

$$K_P = \frac{M+Q}{M} \qquad (4)$$

式中　K_A——比例系数，取值 0.0~1.0；
ω_x——角频率；
S——辊缝；
ΔP_d——水印等外扰压力；
Δh——出口厚度变化。

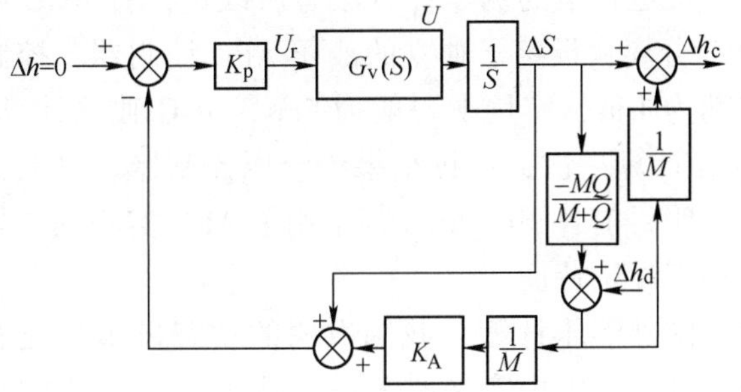

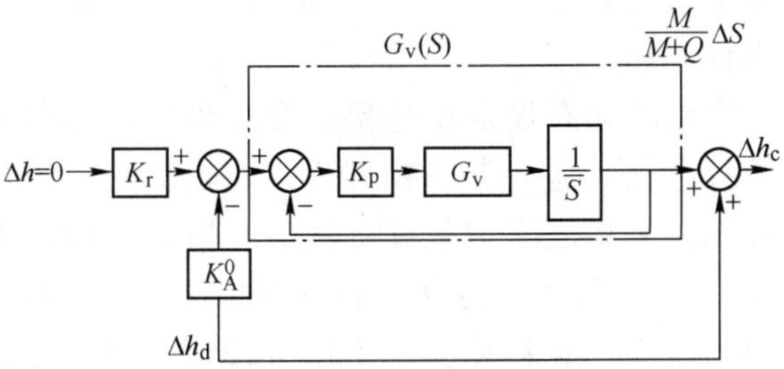

图 2　反馈 AGC 框图[15]

图 2 经变换得出图 3。

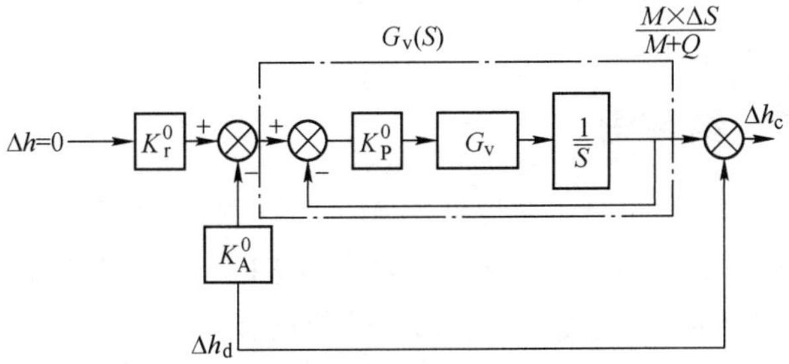

图 3　由图 2 变换得到的反馈 AGC 框图

其中：

$$\Delta h_d = \frac{\Delta P_d}{M} \tag{5}$$

$$K_r^0 = \frac{M}{M + Q(1 - K_A)} \tag{6}$$

$$K_A^0 = \frac{K_A M}{M + Q(1 - K_A)} \tag{7}$$

$$K_P^0 = K_P = \frac{M + Q(1 - K_A)}{M + Q} \tag{8}$$

与图 1 比较，图 2、图 3 中未列入轴承的油膜厚度随速度变化引起的辊缝变化。另一个明显差异，日本原 AGC 系统投入运行时，无位置闭环，只有厚度闭环。现厚控系统已设置了独立的液压位置控制系统 HGC，为消除厚差的辊缝修正量加在 HGC 上。图 1 中增加了 g，它取值为 1 左右。图 1 中的 α 与图 2 中的 K_A 相同。

日本测厚计型厚控方法，关键是 K_A，K_P 等的取值，其具体取法是由系统仿真方法确定的。

2.3.1　K_P 确定方法

压下位置响应速度是由 G_v 和 K_P 决定的，固有角频率是一定的 ω_n。

$$K = \frac{K_P^0}{\omega_x} = \frac{K_P}{\omega_x} \frac{M + (1 - K_A)Q}{M + Q}$$

K 代入不同值（0.2，0.3，0.4，0.5），$\zeta = 0.7$ 作仿真实验取 $K = 0.3$ 比较好，因此

$$K_P = 0.3\omega_x M + \frac{M + Q}{M + (1 - K_A)Q} \tag{9}$$

2.3.2　K_A 确定方法

K_A 由定常偏差 e 仿真实验确定

$$e = \frac{\Delta h_c}{\Delta h_d} = \lim_{s \to 0}(1 - G_v(S)K_A^0)$$
$$= (1 - K_A)\frac{M + Q}{M + (1 - K_A)Q} \tag{10}$$

2.3.3　AGC 的频率响应

按 $K_A = 1$，$K = 0.3$ 做仿真实验，取 $\Delta h_c / \Delta h_d = 0.2$。外扰的周波数 f 满足：

$$f \leqslant \frac{0.06\omega_x}{2\pi}$$

可控硅 $\omega_n = 20\text{r/s}$，$f \leqslant 0.2\text{Hz}$。

由反馈 AGC 框图（仿真模型图示），可以确定系数的增益 K_A，K_P 以及对外扰跟踪情况。

现在的问题是如何确定外扰 ΔP_d（或 Δh_d）。

我国发明的 DAGC，正是用分析方法找到了简明的外扰 ΔP_d 计算公式，从而推得动态设定型变刚度厚控方法（DAGC）。

3　DAGC 方法

DAGC 数学表达式：

$$\Delta S_{K+1} = -C\left(\frac{Q}{M}\Delta S_K + \frac{M + Q}{M^2}\Delta P_{K+1}\right) \tag{11}$$

$$C = \frac{M_C - M}{M + Q} \tag{12}$$

式中　M_C——当量刚度；
M——轧机刚度；
Q——轧件塑性系数；

C——可变刚度系数。

式（11）、式（12）中的辊缝压力是实测值，M 是轧机刚度，在 AGC 系统中取线性段常数值，轧件塑性系数 Q 由下式计算：

$$Q = -\frac{P}{H-h} \tag{13}$$

所以只有 M_c 是要人为确定的，一般 M_c 可取 5 ~10 倍左右 M 值。DAGC 所有参变量都很容易确定，而日本的方法需要人为确定两个参数，所以 DAGC 使用非常简单。DAGC 比日本测厚计型 AGC 更大优点是，与监控、预控系统无相互影响，所以厚控效果不随轧件性能变化。关于 DAGC 自动解耦性见文献［16］。

由于 DAGC 与其他厚控系统的解耦性，所以目前在宝钢 1580mm 存在的轧硅钢等厚控精度比碳钢低的现象，当改用 DAGC 后会自动消除。下面进一步讨论 AGC 控制精度与弹跳方程的关系问题。

4 厚度精度与弹跳方程的相关性分析

弹跳方程的发明是轧制控制技术的重大进步。它是英国钢铁协会（BISRA）于 20 世纪 40 年代末首先提出，同时也提出了 BISRA 厚度自动控制方法。其数学表达式：

$$\Delta S = -C\frac{\Delta P}{M} \tag{14}$$

C 为可变刚度系数，硬刚度取值小于 1。

当量刚度的数学表达式：

$$M_C = \frac{M}{1-\alpha}$$

软刚度 $\alpha<1$，一般可取到-5 左右。

BISRA 方法的缺点是未引进轧件参数，之后日本、德国、美国等引进了轧件参数——塑性系数 Q，Q 的简化数学表达式为式（13）。该方法特征是由弹跳方程计算轧件厚度，所以称测厚计法。由计算厚度与设定厚度之差乘以压下效率系数 $\left(\frac{M+Q}{M}\right)$ 求出消除厚差所需的辊缝调节量，从而实现厚度闭环控制。

测厚计法明显优于 BISRA 方法的优点是，除引进轧件参数外，实现了厚度闭环控制，而 BISRA 方法，属于开环压力正反馈控制。

测厚计方法各国是有较大区别的，以早期日本的测厚计方法与美国、德国方法相比较，日本在投用 AGC 时无辊缝闭环只有厚度闭环；德国、美国的方法一直保留辊缝闭环，而 AGC 的辊缝调节量附加于 APC 的设定值。可以说实现 AGC 的功能是由附加设定值 APC 执行，即动态设定方式实现 AGC 功能。德国、美国的测厚计法的数学表达式有很大区别，但经数学变换，证明了两国方法的完全一致性[16]。

最近日本的测厚计方法有所改进，将 AGC 和 APC 分离，设定了独立的液压 APC 控制器，控制周期为 1ms，实用上一般为 5ms，AGC 独立计算，30ms 计算一次，计算结果给液压控制器。以上分析表明目前各国的 AGC 都采用了 APC 实施的、具有动态设定特征。

国外测压计型与我国发明的动态设定型还有没有区别？国内有一种看法，认为我国发明的动态设定型与日本方法没有区别，这里要论证存在原则性差别。

我国的动态设定型是保证厚度恒定推出的辊缝差分方程，是动态厚控方程，而辊缝是可测和可控的，无其他附加条件，属于严格的数学解析方法。国外测厚计方法，首先要计算实际厚度，为提高厚度计算精度，日本用五段刚度值，而德国用五次方程描述弹跳方程。五次方程或五段刚度值总还会有误差。所以日本、德国的方法只是近似。因此我国的 DAGC 厚控方法轧机，都取得了较高精度。

5 结束语

介绍了日本测厚计型 AGC 三个数学模型实例，武钢 1700mm 热连轧机是最先引进的，其后是宝钢 1580mm 热连轧机。这两套轧机的技术人员作了深入分析研究，对其设定参数作了改进。日本住友金属对该模型有比较深入研究，但取定参数也需要大量仿真实验工作。与日本测厚计模型对比，我国发明的 DAGC 方法使用就非常简便，已成功地取代宝钢 2050mm 热连轧西门子厚控数学模型；取代了攀钢 1450mm 热连轧 GE 厚控数学模型。目前是取代日本厚控数学模型的分析实践阶段。

参 考 文 献

［1］张进之．压力 AGC 数学模型的改进［J］．冶金自动化，1982（2）：15-19.

［2］杨敏南，荆晓峰，徐开兴．涿县铝厂板轧机微型计算机系统［J］．冶金自动化，1983（增刊）：27-34.

［3］王立平，刘建昌，侯克封，等．热连轧机厚度设定与控制系统的分析［J］．控制与决策，1994（2）：113-120.

［4］陈德福，姚建华，孙海波，等．动态设定厚控方法和锁定—保持法在中厚板轧机上应用［J］．一重技术，1992（1）：42-45.
［5］李炳燮，陈德福，孙海波，等．冷连轧机液压 AGC 微型计算机控制系统［J］．冶金自动化，1988（1）：19-23.
［6］史庆周，孟庆有，赵恒传，等．高度铝板轧机液压厚调计算机控制系统［J］．自动化学报，1990，16（3）：276-280.
［7］吴铨英，王书敏，张进之，等．轧钢机间接测厚厚度控制“跑飞”条件的研究［J］．电气传动，1982（6）：59-67.
［8］居兴华，杨晓臻，王琦，等．宝钢 2050 热连轧板带厚控制系统的研究［J］．钢铁，2000，35（1）：60-62.
［9］赵厚信，王喆，张进之，等．压力 AGC 系统与其它厚控系统共用的相关性分析［J］．冶金设备，2005（2）：23-26.
［10］张芮，何畅贵，龚文，等．动态设定型 DAGC 在攀钢热连轧厂的推广应用［J］．冶金设备，2005（3）：16-20.
［11］张湧，姚福君，郭艳兵．热连轧机全液压 AGC 系统［J］．钢铁产业，2005（10）：28-31.
［12］吴增强、张进之．板带轧制技术和设备国产化问题的分析与实现［J］．重型机械，2005（5）.
［13］忻为民，邹志伟．提高热带轧机精轧 AGC 控制精度初探［J］．轧钢，1998（1）：17-19.
［14］钟云峰．宝钢 1580mm 热连轧带钢厂电气自动化论文集［C］//宝钢集团公司，科协电机工程学会，1997，12：142-165.
［15］高桥高一．美坂佳助．Gaugemeter AGC 的进步［J］．塑性と加工．（1975-1）106：168.
［16］张进之．热连轧厚度自动控制系统进化的综合分析［J］．冶金设备，2004（3）：1-10.

（原文发表在《冶金设备》，2007（4）：1-5）

采用 DAGC 方法改进引进的厚度控制数学模型的研究及实践

张进之[1]，马鹏翔[1]，胡松涛[2]

（1. 中国钢研科技集团公司，新冶高科技集团有限公司，北京　100081；
2. 攀枝花钢铁（集团）公司）

摘　要　通过分析说明采用 DAGC 改进西门子厚控数学模型可以提高厚控精度，这在宝山钢铁股份有限公司 2050mm 热连轧机实践中得到了证实。分析表明 GE 厚控数学模型与西门子厚控数学模型相似，同样可以采用 DAGC 对其进行改进，攀枝花钢铁（集团）公司 1450mm 热连轧机改造中采用 DAGC 改进 GE 厚控数学模型后，取得了预期效果。指出 DAGC 改进日本厚控数学模型后的两大优点：简化调节参数，消除压力 AGC 与监控 AGC 之间的相互影响，从而达到简化系统、提高厚控精度的效果，宝山钢铁股份有限公司 1580mm 热连轧机改造中采用 DAGC 获得成功。

关键词　动态设定型 AGC；测厚计型 AGC；厚控精度

Research and application of DAGC method improved mathematic model of thickness control

Zhang Jinzhi[1], Ma Pengxiang[1], Hu Songtao[2]

(1. New Metallurgy Hi-Tech Group Co., Ltd. of China Iron & Steel Research Institute Group, Beijing 100081, China; 2. Panzhihua Iron and Steel (Group) Co.)

Abstract: Analysis indicates that using DAGC to improve of mathematic model of thickness control from Siemens can enhance precision of thickness control. It is confirmed in practice of Baosteel 2050mm hot continuous rolling mill. Results of analysis show that the mathematic model of thickness control from GE is the same as that from Siemens. Anticipated result has been got by introducing DAGC to improve mathematic model of thickness control from GE in 1450mm hot continuous rolling mill reformation of Panzhihua Iron and Steel (Group) Co. Two advantages of DAGC improved the mathematic model of thickness control from Japan are predigesting adjustment parameter and eliminating mutual influence between tesion AGC and supervision AGC. Hence, effect of predigesting system and enhancing precision of thickness control can be achieved. Application of DAGC in 1580mm hot continuous rolling mill refermation of Baosteel has got success.

Key words: DAGC; thickness gauge AGC; precision of thickness control

DAGC（动态设定型变刚度厚度控制）是 20 世纪 70 年代末作者开发的新型厚度控制（以下简称厚控）方法，它与英国发明的 BISRA（变刚度厚度控制）和日本发明的 GM-AGC（测厚计型厚度控制）方法相比，具有响应速度快、与其他厚控方法共用无相互影响、可同时应用于轧机和平整机厚控系统等多项优点。该方法在第一重型机器厂 ϕ200mm 四机架冷连轧机上实验成功后，在国产的几套可逆式冷、热板带轧机上进行了推广应用，取得了预期效果[1-4]。之后又开始了改进引进的板带轧机厚度控制系统的研究和应用，主要包括西门子、GE、三菱或东芝的厚控数学模型。

我国鞍山钢铁（集团）公司 1700mm 宝山钢铁股份有限公司 2050mm 两套大型热连轧机和宝钢

集团上钢三厂 3300mm 宽厚板轧机引进的都是西门子厚控数学模型。作者对西门子厚控数学模型进行了深入研究，并于 1996 年 7 月对宝山钢铁股份有限公司 2050mm 热连轧机厚控数学模型进行改进并取得成功[5,6]。之后又对攀枝花钢铁（集团）公司 1450mm 热连轧机的 GE 厚控数学模型进行了分析，发现其与西门子模型类似，因此于 2003 年 7 月采用 DAGC 对其进行了改进并获成功。

日本三菱或东芝的厚控数学模型在我国应用比较多，例如武汉钢铁集团 1700mm 热连轧机引进的是东芝厚控数学模型，宝山钢铁股份有限公司 1580mm 热连轧机、宝山钢铁股份有限公司不锈钢分公司 1780mm 热连轧机、宝山钢铁股份有限公司新建 1880mm 热连轧机均引进的是日本三菱厚控数学模型，鞍山钢铁（集团）公司 1780mm 热连轧机和唐钢 GSP 等均为从日本引进三菱或 TMEIC 的模型。宝钢 1580mm 热连轧机改造中采用了修改模型参数方法实现了 DAGC 功能，提高了厚控精度，取得成功。

1 西门子和 GE 模型的分析和改进

1.1 西门子厚控模型

西门子厚度控制模型是 GM-AGC 厚控模型，它与 DAGC 相比，主要缺点是响应速度较慢、精度较低。作者经分析和研究发现，西门子方法可以很方便地用 DAGC 进行改进。具体做法是将位置与厚度环之间的积分环节改成比例连接，西门子厚控模型：

$$\Delta S = -\frac{M+Q}{M}\Delta h \tag{1}$$

其中 $\Delta h = h_{计} - h_{设}$

$$h_{计} = S + P/M + \alpha$$

式中，ΔS 为辊缝调节量；M 为轧机刚度；Q 为轧件塑性系数；$h_{计}$ 为计算厚度；$h_{设}$ 为设定厚度；S 为机械辊缝；P 为实测压力；α 为修正系数。

改进后的模型为[7]：

$$\Delta S_k = -C\left(\frac{Q}{M}\Delta S_{k-1} + \frac{M+Q}{M^2}\Delta P_k\right) \tag{2}$$

其中 $C = \dfrac{M_c - M}{M_c + Q}$

式中，ΔS_k 为 k 时刻辊缝调节量；C 为可变刚度系数；ΔS_{k-1} 为实测辊缝与设定值之差；ΔP_k 为实测压力与设定值之差；M_c 为当量刚度。由原系统的实测压力和辊缝，很容易求得 ΔP_k 和 ΔS_{k-1}，从而求得 ΔS_k。

宝钢 2050mm 热连轧机为七机架热连轧机，于 1984 年引进了西门子厚控模型。分析发现用 DAGC 对西门子厚控模型进行改进可以提高厚控精度，因此由钢铁研究总院与宝钢热轧厂合作于 1996 年完成了改造工作。表 1 为当年实验对比结果。

表 1 两种模型厚度板差精度抽样对比

Tab. 1 Sampling contrast of interplate thickness deviation accuracy for two models

采用时间	厚度/mm	同卷级差/mm	实验条件
1996-06-03	4.0	0.145	SiemensAGC
1996-06-04	8.2	0.151	SiemensAGC
		0.026	F_5，F_6，F_7 动态设定 AGC 增益 K=0.85
		0.035	同上
		0.050	同上
		0.056	同上
		0.065	同上
1996-06-07	7.2	0.088	SiemensAGC
		0.053	动态设定 AGC 增益 K_{F6}/K_{F7}=0.5
		0.042	同上
		0.048	同上
		0.060	同上

1.2 GE 厚控模型

攀钢 1450mm 热连轧机为六机架，$F_1 \sim F_3$ 为电动压下，$F_4 \sim F_6$ 是液压压下系统。$F_4 \sim F_6$ 厚控数学模型是从美国 GE 公司引进的。

攀钢采用的 GE 厚控模型如下：

$$\Delta S = -\left(1 + \frac{K}{2M\sqrt{\Delta h}}\right)\Delta h \tag{3}$$

其中 $K = K_M B Q_P \sqrt{R'}$

式中，Δh 为轧机压下量；K_M 为轧件硬度；B 为轧件宽度；Q_P 为几何因子；R'为轧辊压扁半径。

由于式（3）是测厚计厚控数学模型的通用表达式，因此，$\left(1+\dfrac{K}{2M\sqrt{\Delta h}}\right)$项与通常描述的压下效率系数$\left(1+\dfrac{Q}{M}\right)$相同，它表述厚差转化为辊缝调节量的转换系数，所以有等式$\dfrac{K}{2M\sqrt{\Delta h}} = \dfrac{Q}{M}$再引用西门子厚控数学模型[8]中的硬度计算公式：

$$K_{\mathrm{M}} = \frac{QH}{\sqrt{R'\Delta h} \cdot B} \tag{4}$$

则可推得　$Q = 2\dfrac{\Delta h}{H}$

以上推导表明，可以认为 GE 厚控数学模型与西门子数学模型相似，且 GE 厚控模型的几何因子 Q_{p} 为压下率的 2 倍。因此可以采用 DAGC 对其进行改进。

DAGC 于 2003 年 7 月在攀钢 1450mm 热连轧机投入使用，比原来用 GE 公司 AGC 厚控模型的厚控精度有明显提高。2004 年新的过程自动化系统投入正常使用后，又对 DAGC 的控制参数进行了精调，使其厚控精度得到进一步提高，特别是轧制较厚带钢时的厚控精度有很大改善，质量指标达到 1/4ASIM95%以上（国际上比较常用的美国带钢厚控精度标准，1/4 表示允许厚差减小到原厚差的 1/4)。2008 年对厚控数学模型进行了进一步改进，在热连轧机上首次投运流量 AGC，投入流量 AGC 后与原 AGC 厚控系统精度对比如图 1 所示。

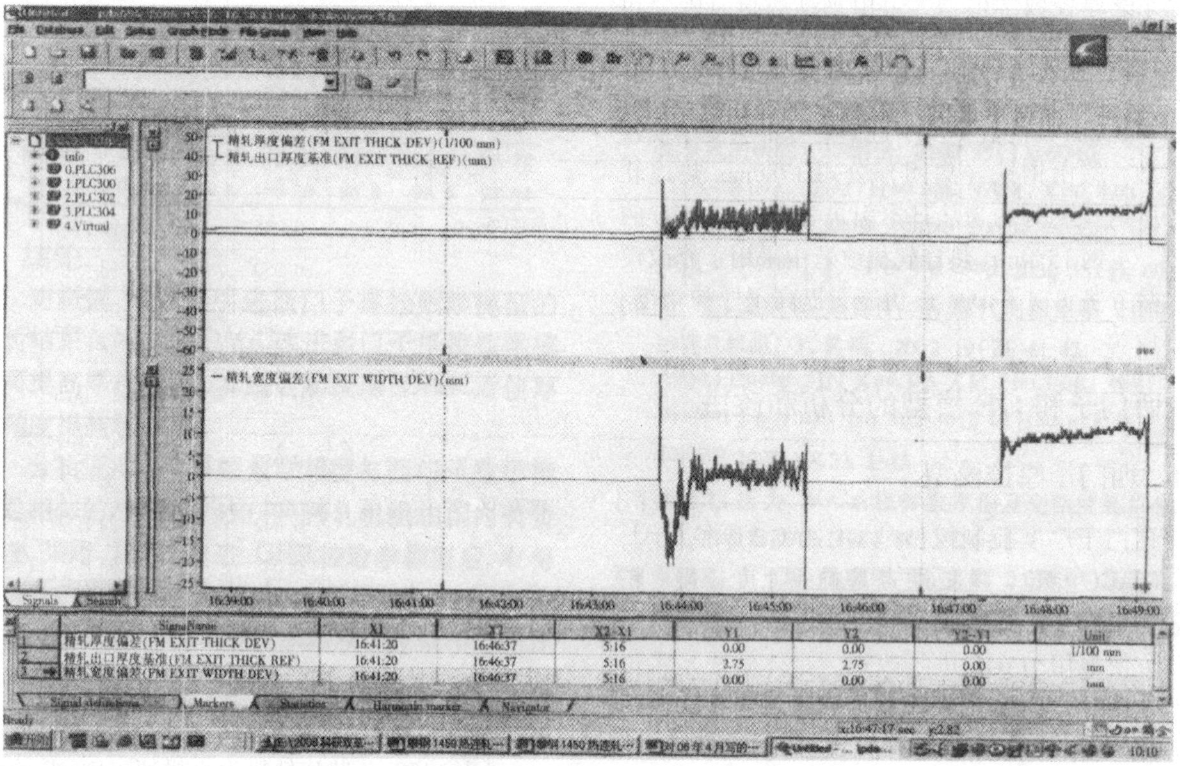

图 1　改进厚控数学模型前后厚度和宽度精度对比

Fig. 1　Comparisons of gage and width accuracy before and after the revamp of gage control mathematical model

攀钢 1450mm 热连轧机控制系统由攀钢和冶金自动化研究设计院负责改造，该项目获得 2005 年四川省科技进步一等奖和 2006 年国家科技进步二等奖。

2　三菱或东芝模型的分析和改进

三菱和东芝的厚控数学模型都是 GM-AGC 型，其模型如下：

$$\Delta S = \frac{(M + Q)K}{M + Q(1 - \alpha)}\Delta h \tag{5}$$

模型中的厚差由弹跳方程根据压力、辊缝实测值计算得到。公式中的 K 和 α 两个参数可按实际经验或计算机仿真实验的方法确定，这两个参数与轧件特性有关，所以很难保证最佳值。而 DAGC 只有一个当量刚度参数 M_{c} 需要确定，它很容易给定，一般取 5~10 倍的轧机刚度 M 值，因此系统调整十分方便，具体取值可根据换轧辊后的实际轧辊偏心量取值，偏心量小时 M 可取大些，偏心量大时 M_{c} 可取得偏小一些。

另外，压力 AGC 由于受轧辊磨损、热膨胀、油膜轴承的油膜厚度等的影响，其厚控精度不能高于 0.02mm，所以必须有监控 AGC 共用。压力 AGC 与监控 AGC 的相关性对系统设计和参数优化来说就十分重要了。理论分析和实践证明：DAGC 与监控 AGC 是自动解耦的[9]，而 GM-AGC 与监控 AGC 则相互影响。由此可以看出，DAGC 与三菱或东芝模型 GM-AGC 模型相比所具有的优势。

由宝山钢铁股份有限公司宝钢分公司热轧厂、

上海宝钢研究院和东北大学合作，采用改变式（5）中 K 和 α 参数的方法，在 1580mm 热连轧机上实现了 DAGC 功能，取得了明显效果，见表 2。

表 2 两种模型厚差在±30μm 内的百分比

Tab. 2 Percentage of thickness deviation ranged from 30μm to 30μm for two models （%）

模型	带钢厚度/mm					
	1.82	1.98	2.54	3.20	3.50	4.02
原模型	98.04	99.0	98.32	94.7	96.0	92.28
DAGC	98.89	99.8	99.20	98.0	98.6	97.92

3 结论

对鞍钢、宝钢等引进西门子厚控数学模型的分析结果表明，用 DAGC 改进西门子厚控数学模型可提高厚控精度，实践证实改用 DAGC 后使厚控精度提高了一倍。

分析证明 GE 厚控数学模型与西门子数学模型是相似的，攀钢 1450mm 精轧机组由国内负责改造，采用 DAGC 改进 GE 厚控数学模型后，取得了成功。

分析得到 DAGC 与日本测厚计数学模型相比具有两个优点：DAGC 只有一个参数需要调节，且可调范围较宽，而测厚计型有两个参数需要调节；DAGC 与监控 AGC 相互无影响，是自动解耦的，而测厚计型与监控 AGC 却有相互影响。

参 考 文 献

[1] 陈德福，姚建华，孙海波，等．动态设定厚控方法和锁定保持法在中厚板轧机上应用［J］．一重技术，1992（1）：42-51.

[2] 李炳燮，陈德福，孙海波，等．冷连轧机液压 AGC 微型计算机控制系统［J］．冶金自动化，1988，22（1）：19-23.

LI Bing-xie，CHEN De-fu，SUN Hai-bo，et al. Microcomputer controlled system of hydraulic AGC for continuous cold rolling mill［J］. Metallurgical Industry Automation，1988，22（1）：19-23.

[3] 史庆周，孟庆有，赵恒传，等．高速铝板轧机液压厚调计算机控制系统［J］．自动化学报，1990，16（3）：276-280.

SHI Qing-zhou，MENG Qing-you，ZHAO Heng-chuan，et al. The computer control system of gauge regulation based on liquid press for high speed aluminium plate rolls［J］. Acta Automatica Sinica，1990，16（3）：276-280.

[4] 张进之，戴学满．中厚板轧制优化规程在线设定方法［J］．宽厚板，2001（6）：1-9.

ZHANG Jin-zhi，DAI Xue-man. On-line set-up method of medium and heavy plate rolling optimizing schedule［J］. Wide and Heavy Plate，2001（6）：1-9.

[5] 居兴华，赵厚信，杨晓臻，等．宝钢 2050 热连轧板带厚控系统的研究［J］．钢铁，2000，35（1）：60-62.

JU Xing-hua，ZHAO Hou-xin，YANG Xiao-zhen，et al. Research of the gauge control system for 2050 hot strip mill at Baosteel［J］. Iron and Steel，2000，35（1）：60-62.

[6] 杨广，金学俊，解建平，等．现代化的宝钢 2050mm 热连轧机组［J］．轧钢，2002，19（2）：41-43.

YANG Guang，JIN Xue-jun，XIE Jian-ping，et al. The modern 2050mm hot strip mill of Baosteel［J］. Steel Rolling，2002，19（2）：1-43.

[7] 张进之．压力 AGC 系统参数方程及变刚度轧机分析［J］．冶金自动化，1984，8（1）：24-31.

[8] 张进之，王琦，杨晓臻，等．宝钢 2050mm 热连轧设定模型及自适应分析研究［J］．钢铁，2001，36（7）：38-41.

ZHANG Jin-zhi，WANG Qi，YANG Xiao-zhen，et al. Analytical study on setting model and self adaption on 2050mm hot strip mill at Baosteel［J］. Iron and Steel，2001，36（7）：38-41.

[9] 赵厚信，王哲，张进之，等．压力 AGC 系统与其它厚控系统共用的相关性分析［J］．冶金设备，2005（2）：23-26.

ZHAO Hou-xin，WANG Zhe，ZHANG Jin-zhi，et al. General correlation analysis of pressure AGC system and other gauge system［J］. Metallurgical Equipment，2005（2）：23-26.

（原文发表在《冶金自动化》，2008，32（5）：42-45）

流量 AGC 在 1450 热连轧机的实验及应用

何昌贵[1❶]，张进之[2]，佘广夫[1]，张　宏[1]，龚　文[2]，吴子利[2]

（1. 攀枝花钢铁（集团）公司，四川攀枝花　617024；
2. 中国钢研科技集团公司，北京　100081）

摘　要　连轧张力公式证明：影响张力变化的主要因素是厚度变化，厚度对张力的影响比速度影响大千百倍，从而提出在热连轧机上同冷轧机一样用流量 AGC 使张力和厚度恒定。该方法在攀钢热连轧机上实验成功，已在生产中应用。实用效果表明厚度精度提高一倍以上，同时宽度波动可大为减小。

关键词　流量 AGC；压力 AGC；厚度精度；控制模型；热连轧；应用

Experiment and application for flow AGC in 1450 hot strip mill

He Changgui[1], Zhang Jinzhi[2], She Guangfu[1],
Zhang Hong[1], Gong Wen[2], Wu Zili[2]

(1. Panzhihua Iron and Steel (Group) Co., Panzhihua 617024;
2. China Iron and Steel Research Institute Group Co., Beijing 100081)

Abstract: The formula of Rolling tension proves that the uppermost factor which impacts change of tension is variety of the thickness, influence of the thickness is more than that of the speed on tension, thus the flow AGC which makes tension and thickness of constant is used in the hot rolling mill as in the cold rolling mill. The method has successfully applied to the hot strip mill at Panzhihua Iron and Steel, and that has been used in production. The practical effect is that the thickness accuracy is raised more than double, as the same time the fluctuation of width is greatly reduced.

Key words: flow AGC; pressure AGC; thickness accuracy; control model; hot strip mill; application

1 引言

（1）热冷连轧机初始控制方式是相同的，压下系统控制厚度，轧辊速度控制机架间张力。20 世纪 70 年代国外冷连轧控制系统发生了本质变化，将张力信号与辊缝闭环，实现了恒厚度和张力的自动控制方式。国外这种新型冷连轧控制方式的发明，由计算机仿真实验获得，因为调整辊缝对张力的影响是调整速度影响的许多倍，所以改变辊缝控制张力恒定比调节轧辊速灵敏得多，实施条件是投用液压压下。

（2）20 世纪 70 年代初期，张进之独立提出了连轧张力理论，建立了动态与稳态的张力解析表达式，推导出反映连轧过程厚度、轧辊速度、张力、前滑和时间的多机架动态和稳态张力公式，用稳态张力公式可得出张力预测厚度的数学模型。在约定条件下，张力预报厚度灵敏度比弹跳方程预报厚度灵敏度大 10 多倍，从而从理论上推出张力与辊缝闭环的恒张力和厚度的连轧 AGC 数学模型，现称做流量 AGC。

（3）20 世纪 70 年代以来，美国、西德、日本冷连轧机自动厚控系统的研制事实上均先后采用了相类似的理论；张进之用自己的理论对武钢、

❶ 作者简介：何昌贵，男，1967 年出生，重庆钢铁专科学校工业电气自动化专业，工程师，从事热连轧厚度及张力控制应用研究。

宝钢两套具有国际先进水平的冷连轧机厚控系统进行了深入的分析，验证了他所提出的连轧理论的正确性，并提出了用张力 AGC 消除成品厚差的具体可行的改进意见；而宝钢在复杂设备上实现的穿带、正常轧制和脱尾过程的三种控制方法，可以用张进之提出的动态设定型变刚度厚控方法实现，从而可以在较简单的设备条件下达到宝钢的控制水平，并在东北轻合金厂等多台轧机的实践所证明（1989 年冶金部科技司组织过专家鉴定）。

（4）21 世纪在宝钢 2050 热连轧机上进行不用活套的恒张力控制系统实验，并对稳态张力公式进行分析研究，为实现恒张力控制，通过调速与调厚度的比相差千百倍。从而提出在热连轧机的后两三机架间用同冷连轧相同的控制方法———张力（或活套角）与辊缝闭环的恒张力和厚度控制方法。下面给出具体分析计算结果[1]。

1）对于末机架，即 F_7：由过程机给定的轧辊速度和厚度设定值如下：

$u_6=8.87$，$u_7=10.32$，$h_7=2.022$，$h_6=2.324$

由张力公式计算出保持张力恒定的各系数值：

$$\Delta u_6=0.867\Delta u_7+4440.6\Delta h_7-3863.6\Delta H_7$$

从上式系数中得出的厚度与速度对张力影响的比率为 5121。

2）对于入口机架，即用同（1）相同的方法计算得：

$u_2=1.88$，$u_1=1.02$，$h_1=19.121$，

$h_2=10.299$，$\Delta u_1=0.539\Delta u_2+98.32\Delta h_2-52.96\Delta H_2$

从上式系数中得出的厚度与速度对张力影响的比率为 182。

通过对以上数值的分析证明，在常规热连轧控制条件下，难以通过张力稳定而使厚度稳定。但控制厚度稳定必然会使张力稳定，因为轧辊速度控制的精度很高，可达万分之几精度。

特别强调，张力与厚度的因果关系：厚度是因，张力是果，只有控制厚度恒定张力才能稳定。从理论和技术两个方面否定了目前热连轧控制系统的发展方向（即活套控制的改进）。

2 流量 AGC 在热连轧机实验的基本方案

首先进行 $F_5\sim F_6$ 机架间活套角与辊缝闭环的恒张力的厚度实验。为此要确定活套角恒张力和厚度的角度调节范围，如果活套角度偏差超过此设定值则应进行活套角调上游机架速度，若活套角偏差在设定范围内，则开启活套角调辊缝的控制功能，即流量 AGC 控制功能。

以 $F_5\sim F_6$ 之间张压力设定值为 18.9MPa 为例进行计算。

由于成品轧件温度比较低，轧件物理机械性能更接近于冷轧条件，其轧件弹性模量取 $\frac{1}{2}E$（实际上要比 0.5 大），$E=2.1\times10^5$MPa，所以此时的热轧件 $E\approx1.0\times10^5$MPa。

根据库克定律：$\Delta\varepsilon=\frac{\Delta\sigma}{E}$，$\Delta\varepsilon=1.89\times10^{-4}$，机架间距为 $l=5500$mm。

活套变化量为：$\Delta l=\varepsilon\cdot l=1.89\times10^{-4}\times5500=1.04$mm。

当相邻间距速度差积分大于 1.04mm 时，则会发生拉钢或起套现象。根据套量与活套角之间的数学关系，1.04mm 套量变化相当于活套角 1°，因为活套角死区大于 1°，就可以保证流量 AGC 正常投运。

当在机架 $F_5\sim F_6$ 上实验成功流量 AGC 后，再推进实验机架：$F_4\sim F_5$。

当采用流量 AGC 的机架，轧辊偏心、轴承油膜厚度变化，轧辊磨损和热凸度等的变化都不会影响厚度精度，达到既提高了厚控精度也降低了对设备精度的要求。

3 流量 AGC 控制模型及具体实施方案

3.1 调节量计算

活套张力与辊缝闭环采用比例调节器，其计算公式为：辊缝调节量与活套之间的函数关系：

$$\Delta S_i=\eta\frac{M+Q}{M}\frac{h_iu_i(b_if_i+b_{i+1}f_{i+1})}{u_{i+1}[1+f_{i+1}+b_{i+1}f_{i+1}(\delta_{i+1}-\delta_i)]}\Delta\delta_i \quad (1)$$

式中 ΔS_i——辊缝调节量；

Q——轧件塑性系数$\left(\approx\frac{P}{M-h}\right)$

M——轧机刚度；

η——实验确定的修正值，$\eta=1.199$；

f——无张力前滑值；

h_i——机架出口厚度；

u_i——机架速度；

b_i——张力对前滑的影响系数；

$b_1(b_{i+1})\approx0.1$——张力对前滑的影响系数；

δ_i——活套张力；

$\Delta\delta_i$——活套张力偏差。

公式（1）是有张力测量的辊缝调节量控制模型，对无实测张力的活套系统，可用活套角变化量 $\Delta\alpha_i$ 与 $\Delta\delta_i$ 成比例关系，用 $\Delta\alpha_i$ 代替 $\Delta\delta_i$。

辊缝调节量与活套角之间的函数关系：

$$\Delta S_i = \eta \frac{M+Q}{M} \frac{h_i u_i(b_i f_i + b_{i+1} f_{i+1})}{u_{i+1}(1+f_{i+1})} \Delta\alpha_i \qquad (2)$$

式中　$\Delta\alpha_i$——活套角度偏差。

M、Q 由过程计算机给出，前滑 f_i 计算公式：

$$f_i = \tan^2\beta \qquad (3)$$

$$\beta = \frac{1}{2}\arctan\sqrt{\frac{\Delta h}{h}} - \frac{1}{4\mu}\sqrt{\frac{h}{R'}}\ln\frac{H}{h} \qquad (4)$$

式中　Δh——出口厚差；

H——入口厚度；

h——出口厚度；

μ=0.25~0.3；

R'——工作辊压扁半径。

R'可近似取 R(1+15%)，或用文献［2］的显式计算。

3.2　流量 AGC 具体实施步骤

首先在 HMI 画面上增加轧机流量 AGC 投用方式选择，并将选择投入信号通过以太网送入 PLC 控制器。

（1）将活套实际角度和设定值等控制参数也通过以太网送入相应 PLC 控制器。

（2）根据控制模型，在 PLC 控制器中编辑相应的控制软件。

（3）对控制软件进行离线测试，并对控制参数进行优化，主要确定活套角调辊缝闭环系统的增益系数。

（4）在线投用，根据控制效果和在不同轧制工况下对控制参数和控制逻辑进行进一步优化和处理。

（5）在末机架投用成功后，再投入前 2 个机架。

3.3　监控方式的改变

采用逆流监控方式后，还需要进行监控调节量分配，当监控厚差调节量较小时，只改变 F_6 机架压下量，此时只修正 F_5 机架速度就可以了。具体修正量计算公式：

$$\Delta U_5 \approx \frac{U_5}{h_5}\Delta h_6 \qquad (5)$$

式中　U_5——F_5 机架轧辊速度；

Δh_6——测厚仪实测厚度；

ΔU_5——F_5 机架速度调节量；

h_5——F_5 机架设定厚度值。

当 Δh_6 比较大时，可分配在 F_6、F_5、F_4 三个机架上，当分配在不用流量 AGC 的机架上时，由改变压力和辊缝设定值的方法实现。

$$\Delta P_i = Q_i\Delta h_i - Q_i\frac{h_i}{h_{i-1}}\Delta h_{i-1} \qquad (6)$$

$$\Delta S_i = \Delta h_i - \frac{\Delta P_i}{M_i} \qquad (7)$$

式中　Q——轧件塑性系数$\left(\approx\frac{P}{M-h}\right)$；

M——轧机刚度；

P——设定轧制压力；

Δh——分配到相应机架的厚度改变量；

h_i——出口厚度；

$\Delta P(\Delta S)$——锁定修正量。

4　流量 AGC 与 DAGC（压力 AGC）厚控精度效果对比

DAGC 于 2003 年 7 月在攀钢 1450mm 热连轧机投入使用，比原来用 GE 公司 AGC 厚控模型的厚控精度有明显的提高。2004 年新的过程自动化系统投入正常使用后，又对 DAGC 的控制参数进行了精调，使其厚控精度得到进一步提高，特别是轧制较厚带钢时的厚控精度有很大改善，质量指标达到 1/4ASTM95%以上（国际上比较常用的美国带钢厚控净度标准，1/4 表示允许厚差减小到原厚差的 1/4）。2008 年对厚控数学模型进行了进一步改进，在热连轧机上首次投运流量 AGC，投入流量 AGC 后与原 AGC 厚控系统精度对比分几种情况介绍。

4.1　完全相同工艺设备条件下的对比

图 1~图 4 投运流量 AGC 技术在生产中使用情况。

压力 AGC 厚控精度为±80μm，宽度厚控精度为±10mm；当用流量 AGC 时厚控精度为±30μm，宽度控制精度为±5mm。热连轧采用流量控制 AGC 可使用产品尺寸精度提高 1 倍以上。

4.2　流量 AGC 明显减少了轧辊偏心的影响

图 1 为压力 AGC 厚度波动曲线，图 2 为流量 AGC 厚度波动曲线，流量 AGC 明显减小了轧辊偏心的影响。

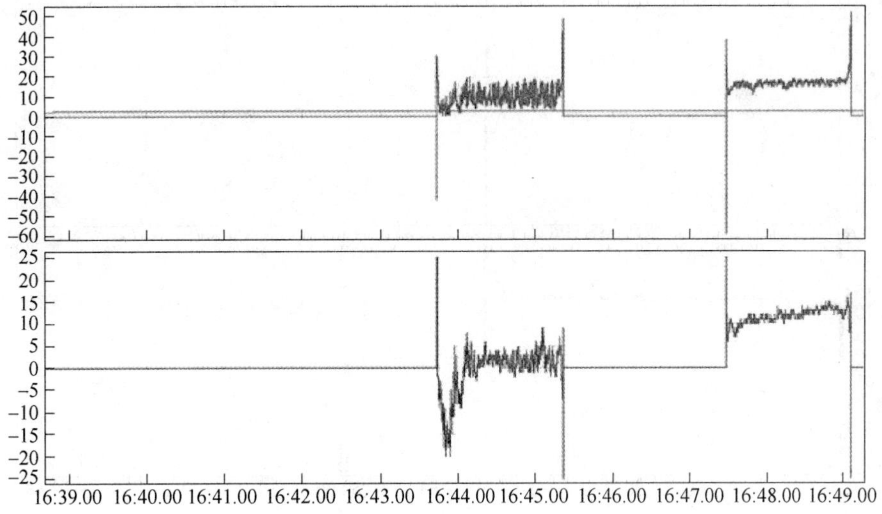

图 1 轧制相同规格压力 AGC（左）和流量 AGC（右）厚控精度和宽度精度曲线图

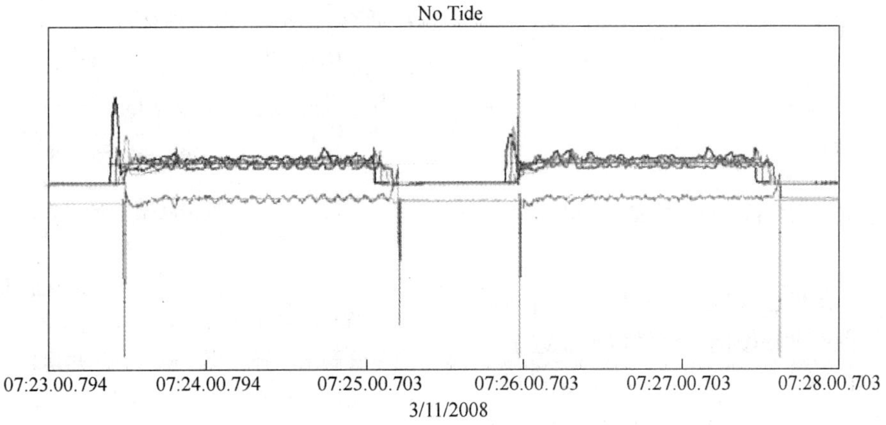

图 2 轧制规格厚度波动曲线图

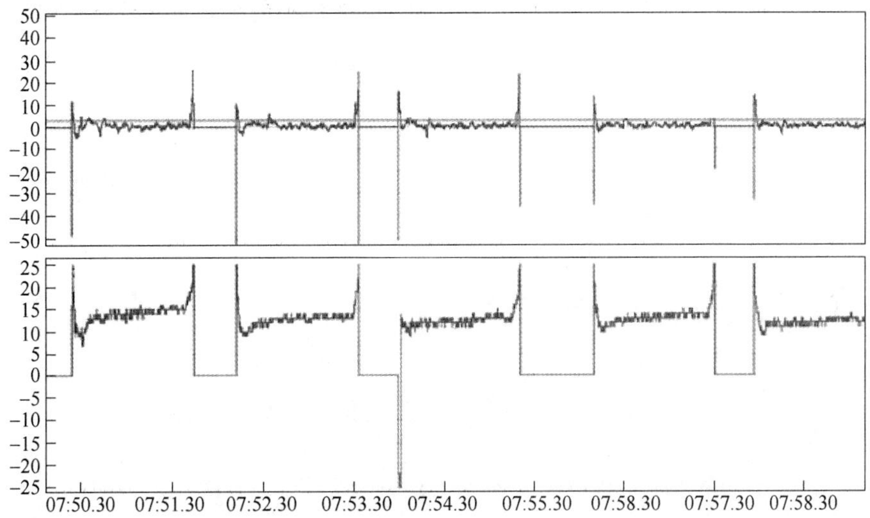

图 3 连续生产厚控精度曲线图（压力 AGC）

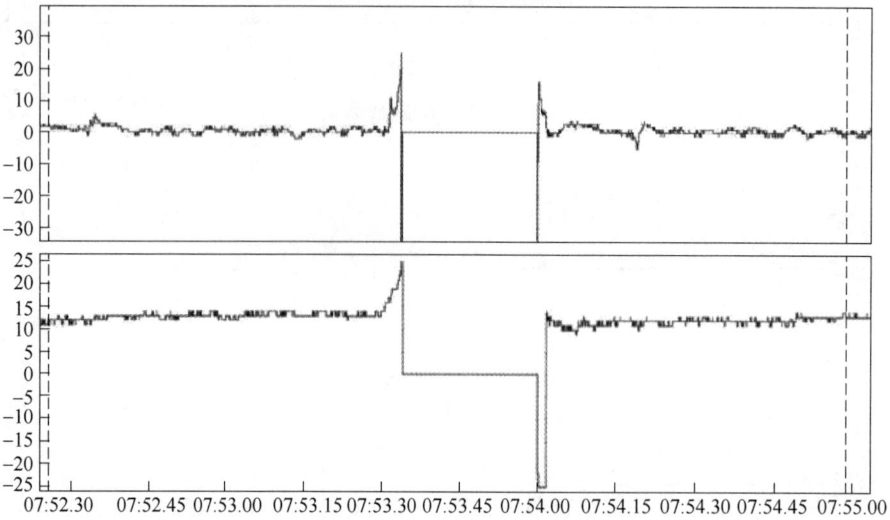

图 4　放大后连续生产厚控精度曲线图（流量 AGC）

4.3　正常生产应用流量 AGC 的厚控效果图

厚控精度在±30μm 之内，完全达到了图 1 所示实验时的厚控精度水平。

5　结论

（1）流量 AGC 方法首次成功应用在热连轧机上；

（2）流量 AGC 在热连轧机上应用提高了厚度控制精度，使热轧带钢厚度精度向冷连轧水平靠近了；

（3）流量 AGC 厚度控制效果与压力 AGC 厚度控制效果相比较，减少了与支撑辊偏心周期相对应的厚度周期性波动；

（4）流量 AGC 的应用可以大大简化活套控制系统，而当前热连轧控制系统的进步主要集中在活套控制方法（液压活套，现代控制论的最优控制和解耦控制），所以流量 AGC 在热连轧上成功应用，是连轧控制技术的一次进步。

参 考 文 献

［1］张进之．热轧带钢高精度张力与控制技术的开发［J］．世界钢铁，2003（3）：61-64.

［2］张进之，戴斌，孙旻，等．热连轧 DAGC 和 Φ 函数负荷分配实用效果［J］．轧制设备，2008（9）．

［3］童朝南，孙一康，陈百红．热连轧 AGC 控制中活套补偿的两种观点［J］．轧钢，2002（8）：47-48.

［4］姜正连，许健勇．冷连轧机高精度板厚的控制［C］//首届宝钢学术年会论文集．2004：222-226.

（原文发表在《冶金设备》，2010（6）：31-34）

厚度自动控制系统及平整机控制系统数学模型分析

张进之[1]，江连运[2]，赵春江[2]，石建辉[2]

(1. 中国钢研科技集团公司，北京 100081；2. 太原科技大学，山西太原 030024)

摘 要 板带生产过程的两种自动化控制系统：厚度自动控制和恒压力平整机自动控制，这两种控制方式以往是完全独立的，而DAGC将两种系统由一种数学模型描述。DAGC的平整机控制系统与常规的平整机控制系统相比较，不仅系统简单而且控制精度高。该方法已被试验证明，需进一步进行工业化试验和应用。

关键词 自然刚度；设定刚度；当量刚度；压力AGC；平整机

Analysis of mathematic model used in automatic gauge control and temper mill control

Zhang Jinzhi[1], Jiang Lianyun[2], Zhao Chunjiang[2], Shi Jianhui[2]

(1. China Iron & Steel Research Institute Group, Beijing 100081, China;
2. Taiyuan University of Science and Technology, Taiyuan 030024, China)

Abstract: The article represents two systems of automatic controlling in strip production process, that is, automatic gauge control and automatic constant pressure control of temper mill. In former time, two control modes are independent absolutely. It is DAGC that makes two systems describe with one mathematic model. Compared to the normal control system of temper mill, DAGC is characterized not only with simple system configuration but also higher control accuracy. This method has been proven by experiment, and further industrial test and practice are needed.

Key words: natural rigidity; set rigidity; equivalent stiffness; pressure AGC; temper mill

1 前言

厚度自动控制系统（AGC）的功能是在轧件坯厚和硬度差等扰动条件下，保持出口厚度恒定或较小波动；平整机控制则是对退火后的钢带或钢板实现恒延伸率轧制。从轧制过程发展历程来看，这两种轧制方式有着完全不同的控制系统。厚度控制系统的基本控制环路是位置闭环系统，而平整机是压力闭环系统。平整机控制系统目前只有一种方式，而为实现厚度恒定的压力，AGC则有三种不同的控制方式：BISRA控制方式、测厚计型控制方式（GMAGC）、动态设定型控制方式（DAGC）。

DAGC系统最大特点是由位置闭环控制系统可实现恒压力控制，即实现平整机功能。从实际控制系统的物理本质来看，平整机主要功能是要实现恒压力控制，但压力只能通过辊缝改变实现其控制。所以DAGC直接通过系统参数设定就能实现平整机控制具有实质性、优越性。DAGC具有厚控恒定和压力恒定的两种功能，最初是从数学分析方法推出，具体推导证明见文献［1］，之后经过几十年努力，在太原科技大学350mm实验轧机上实际轧制钢带证明：DAGC平整机能实现恒压力比直接压力闭环的恒压力具有较高的控制精度，由此表明有必要在工业化平整机上试验和应用这项新技术。

2 DAGC厚度恒定和压力恒定统一的数学模型

DAGC的建立与BISRAAGC和GMAGC的建立

最大区别是，BISRAAGC 和 GMAGC 都是两种状态：当前状态和阶跃扰动状态推出的厚控数学模型，而 DAGC 针对实际轧制过程中随机变化的扰动，是由数学分析方法推导出来的动态数学模型。由于三种数学模型建立条件不同，就可能具有不同性质，深入研究这些性质，从而发现 DAGC 的优点并推广应用。

2.1　数学模型

DAGC 的数学模型如式（1）和式（2）所示。

$$\Delta S_k = -C\left(\frac{Q}{M}\Delta S_{k-1} + \frac{M+Q}{M^2}\Delta P_k\right) \tag{1}$$

$$C = \frac{M_c - M}{M_c + Q} \tag{2}$$

式中，ΔS_k 是 k 时刻辊缝调节量，mm；ΔS_{k-1} 是 $k-1$ 时刻辊缝实测量，即与压力值同步实测量，mm；ΔP_k 是 k 时刻压力实测量，kN；M 是轧机刚度，kN/mm；Q 是轧件的塑性系数，kN/mm；C 是可变刚度系数；M_c 是当量刚度值，其存在域[0，∞]。

精确 Q 值计算公式：

$$Q = \frac{-M\Delta S - \Delta P_d K_B}{\frac{\Delta P_d}{M}K_B + \Delta S(1-K_B)} \tag{3}$$

式中，ΔP_d 是扰动值，kN；K_B 是控制系统参数。

实际生产中应用可用 Q 的近似计算公式：

$$Q_i = \frac{P_i}{H_i - h_i} \tag{4}$$

由式（1）、式（2）可以看出，当设 $M_c = 0$ 时，即为平整机功能，下面写出平整机数学模型公式：

$$\Delta S_k = \Delta S_{k-1} + \frac{M+Q}{M \cdot Q} \cdot \Delta P_k \tag{5}$$

式（5）表明，当 DAGC 作平整机使用时，具有高的鲁棒性。当 $\Delta P_k = 0$ 时，M、Q 的精确度已不影响系统性能和稳定性。

2.2　GMAGC 数学模型及变刚度计算公式

GMAGC 控制系统是目前最常应用的形式，它是由弹跳方程计算厚度实际值与设定厚度值得出厚度差 Δh；再由“P-H”图或解析公式计算出辊缝调节量 ΔS，即：

$$\Delta h = \left(S + \frac{P}{M} + \alpha\right) - \left(S_e + \frac{P_e}{M} + \alpha\right) \tag{6}$$

$$\Delta S = \gamma \cdot \frac{M+Q}{M} \cdot \Delta h \tag{7}$$

式中，S 是实测辊缝值，mm；P 是实测压力值，kN；S_e 是锁定辊缝值，mm；P_e 是锁定压力值，kN；α、γ 是系统设定参数。

可变刚度计算公式：

$$M_c = \frac{K_B \cdot M}{K_B - M} \tag{8}$$

DAGC 当量刚度在前边式（2）中已给出了，它是一个可以为设定的数，可在［0，∞］范围内任意取值，系统都是稳定的。BISRAAGC 当量刚度计算公式已公知共用，即

$$M_c = \frac{M}{1 - C} \tag{9}$$

C 是人为选定的数，取 $C=1$ 为硬刚度，$M_c=\infty$；$C=0$，$M_c=M$ 为自然刚度；C：[−1，−∞]，即为软刚度，但 C 值不能太小，$C=-1$，$M_c=\frac{M}{2}$，$C=-2$，$M_c=\frac{M}{3}$，…。

测厚计型以前没有当量刚度计算公式，最早是在文献［3］推出来的。其推导原理是与 BISRA 当量刚度对比方式得到的。

引入 K_B 参数，令

$$C = \frac{M}{K_B} \tag{10}$$

按 BISRA 可变刚度计算公式（9）代入式（10）得到测厚计型可变刚度计算公式，即式（8）。

BISRA 厚控数学模型及变刚度计算公式已十分清楚，此处不做介绍。

3　DAGC 与 BISRAAGC、GMAGC 的当量刚度计算公式和图示

三种压力 AGC 当量刚度公式推导见文献［1、3］，计算公式和图示分别见图 1～图 3 以及公式（9）～式（11）。

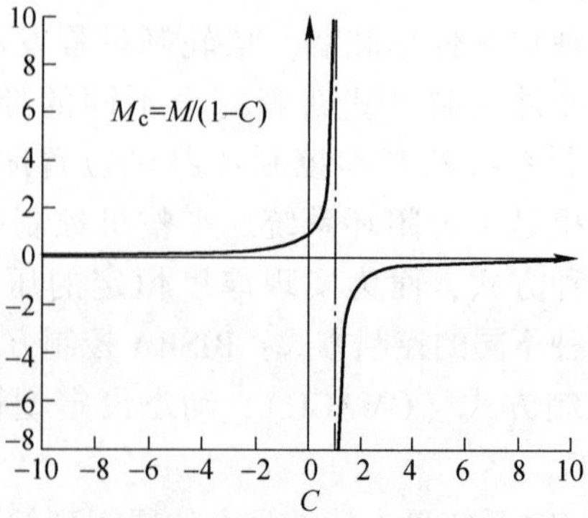

图 1　BISRAAGC 当量刚度图示

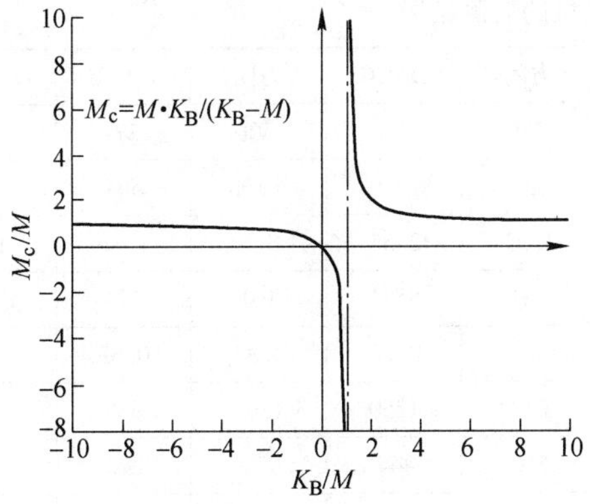

图 2 全量法测厚计型当量刚度图示

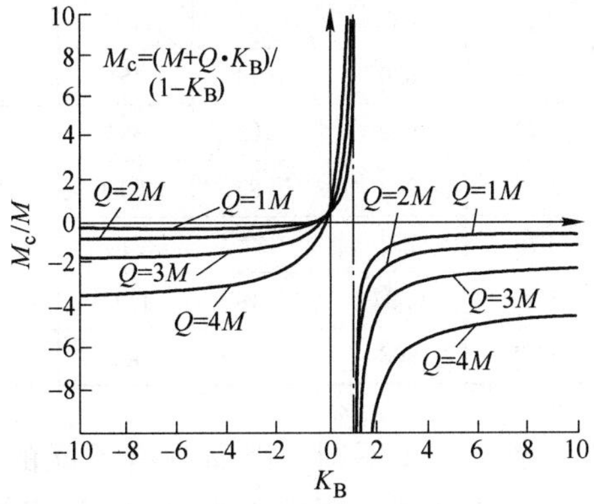

图 3 三种压力 AGC 当量刚度统一图示

$$M_c = \frac{M \times K_B}{K_B - M}$$

$$M_c = \frac{M}{1 - C}$$

为统一图示三种压力 AGC 当量刚度，经数学变换得到 DAGC 当量刚度计算公式（11）。

$$M_c = \frac{M + Q \times K_B}{1 - K_B} \tag{11}$$

三种压力 AGC 当量刚度图的区别是明显的，特别是 DAGC 占有四个象限，而 BISRAGC 和 GMAGC 只占三个象限。由于 DAGC 占有四个象限，正是由此它具有轧制厚控功能（厚度恒定）和平整机功能（压力恒定）。下面介绍一下轧机三个刚度概念。

DAGC 与 GMAGC 和 BISRAAGC 这一重大区别在于它们建立方法不同，GMAGC 和 BISRAAGC 只描述两个稳定状态属于静态数学模型。而 DAGC 是分析方法得到轧件扰动可测而建立的动态数学模型，所以能将压下控制系统的两种控制系统在一个数学模型中描述。

再说明一下三个轧机刚度概念。第一是轧机自然刚度，它是轧件宽度、轧辊直径以及轧制压力的函数，测得它的精确值十分困难，但它确实是客观存在的一个物理量，用 M 表示。第二个是轧机控制系统设定刚度，在模拟系统中，由电气元件的参数值设定，是在一定精度意义下给定值，计算机系统更容易给定，用 K_B 表示。第三个是当量刚度，它实质上反映厚控系统的厚控效果，代表厚差能消除的程度，用 M_c 表示。

DAGC 将轧机厚控特性和平整机特性用统一方程描述有什么实际意义呢？前面已分析得到具有强的鲁棒性。下面引用在太原科技大学 350mm 实验轧机上的实验结果说明，DAGC 恒压力控制精度比直接压力闭环控制精度高。

4 DAGC 在生产中应用实际效果

DAGC 发明之后，在第一重型机器厂四机架冷连轧机上应用。获国家发明奖和科技进步奖，省部级奖多次。目前要验证的是平整机特性。已在太原科技大学 350mm 轧机上验证了它的实际效果。

在太原科技大学共进行了四次实验，部分实验结果已在国际会议上发表[2]。

下面例写出在太原科技大学 350mm 实验轧机上的具体数据表和过程压力波动曲线图。图示出轧辊一个转动周期的数据。

实验用料是经过板型实验后的冷轧料，沿长度方向和宽度方向厚差都比较大，纵向厚差为平整机实验建立了扰动量，但横向厚差对平整机实验有较大影响。为了克服横向厚差对实验不利影响，采用了操作侧与传动侧分别独立的控制方式。图 4~图 6 和表 1 的数据均为操作侧与传动侧分别控制下的效果。

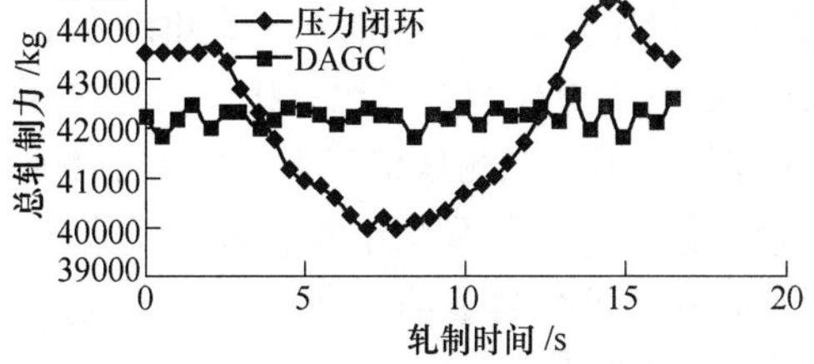

图 4 总轧制力变化曲线

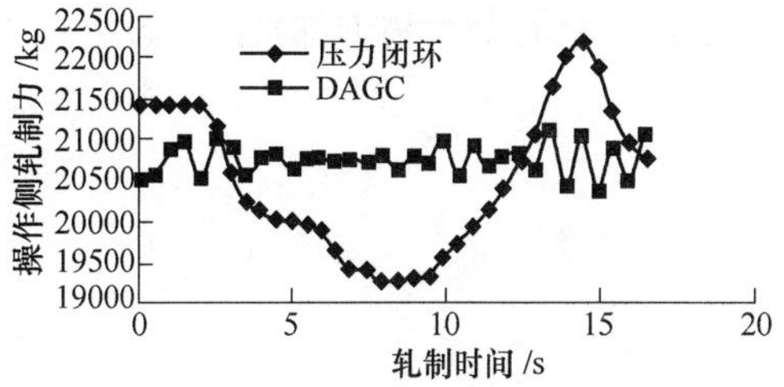

图 5 操作侧轧制力变化曲线

表 1　太原科技大学 350mm 实验轧机的实测结果

项　目	DAGC	压力闭环	DAGC	压力闭环	DAGC	压力闭环	DAGC	压力闭环
	42t	42t	35t	35t	30t	30t	27t	27t
总轧制力与设定值最大偏差/kg	772	1297	586	534	753	1051	504	525
总轧制力与设定值最大相对偏差/%	1.84	3.1	1.67	1.53	2.51	3.5	1.86	1.94
总轧制力与设定值平均偏差/kg	236	733	103	264	85.1	101	171	136
总轧制力与其设定值平均相对偏差/%	0.56	1.75	0.29	0.75	0.28	0.34	0.63	0.54
总轧制力最大最小值差/kg	1048	1261	928	540	1250	1865	688	678
操作侧轧制力与其设定值最大偏差/kg	670	838	493	556	448	775	222	385
操作侧轧制力与其设定值最大相对偏差/%	3.19	4.0	2.82	3.18	1.5	2.6	1.64	2.85
操作侧轧制力与其设定值平均偏差/kg	271	453	262	412	206	256	42	235
操作侧轧制力与其设定值平均相对偏差/%	1.29	2.16	1.5	2.35	0.69	0.85	0.31	1.34
操作侧轧制力最大最小值之差/kg	775	741	389	361	620	1024	351	269
传动侧轧制力与其设定值最大偏差/kg	774	1514	719	897	692	1163	384	322
传动侧轧制力与其设定值最大相对偏差/%	3.69	7.21	4.11	5.13	2.3	3.87	2.84	2.38
传动侧轧制力与其设定值平均偏差/kg	506	1186	365	676	292	357	214	91
传动侧轧制力与其设定值平均相对偏差/%	2.41	5.65	2.09	3.86	0.97	1.19	1.22	0.67
传动侧轧制力最大最小值之差/kg	615	654	890	1275	808	318	408	462

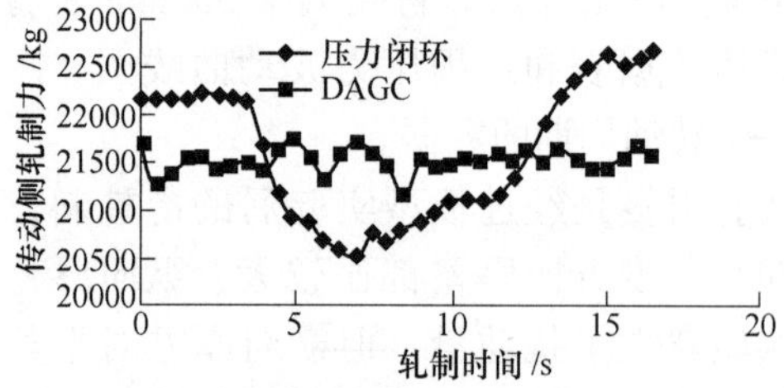

图 6　传动侧轧制力变化曲线

试验还针对 42t、35t、27t 和 30t 的轧制力设定值进行了上述试验，试验结果表明：4 种设定压力，14×4⇒56 项实验结果中，只有 2 项恒压力控制方式比 DAGC 平整机恒压力控制方式好，即表中 35t 总轧制力与其设定值最大偏差的绝对值和百分比。

DAGC 恒压力控制方式比直接压力闭环的恒压力效果好的原因：在测量信号上，DAGC 主要靠辊缝位置信号，它基本不受干扰，而压力信号所受的干扰很多。基本测量信号的较大误差就会造成其恒压控制效果差。

5　结语

三种压力 AGC 数学模型都是以弹跳方程为基础，但推导的路线不同，因而具有不同的性质。DAGC 是发现轧件扰动可测而得出的，所以将厚度恒定控制和压力恒定控制两种以往认为矛盾的系统由一个方程描述。

由于目前计算机硬、软件的快速发展，DAGC 厚度控制系统的快速响应优点已不突出了，但其平整机控制系统具有强的鲁棒性优点，对工业生产系统具有非常明显的优越性。

参 考 文 献

[1] 张进之．压力 AGC 系统参数方程及变刚度轧机分析［J］．冶金自动化，1984（1）：24-31.

[2] Chunjiang Zhao，Lianyun Jiang，Jinzhi Zhang，et al. Analysis on influence of dynamic setting AGC model parameters on the stability of control system［J］. Advanced Material Research，2011，145：128 - 133（EI：20110113556007）.

[3] 张进之．测厚计厚控方法实用中的几个问题探讨［C］//塑性加工理论及新技术尅发论文集．中国金属学会轧钢学会，1991：144-150.

（原文发表在《世界钢铁》，2012（1）：42-45）

热连轧精轧带钢厚度预报模型优化研究❶

高　蕾[1❷]，庞玉华[1]，孙　列[1]，何艳兵[1]，张进之[2]

(1. 西安建筑科技大学冶金学院，陕西西安　710055；
2. 中国钢研科技集团公司，北京　100081)

摘　要　为了提高某9机架热连轧机组厚度精度，依据轧制基本理论，优化修正了厚控模型。采用指数平滑自学习方法，通过自学习综合冷却系数优化了温度模型；采用变形抗力估计法，利用工艺参数建立了更为准确的变形抗力计算模型；通过对传统Hitchcock轧辊压扁半径与轧制力关系的研究，提出了轧辊压扁半径的显示算法，此方法计算过程不需迭代，计算精度高且响应速度快；在线控制生产结果表明，新模型能提高厚度预测精度3.3%。

关键词　轧制温度；变形抗力；轧制力；轧辊压扁半径；连轧机

Optimization of prediction model of thickness in hot continuous precise rolling strip steel

Gao Lei[1], Pang Yuhua[1], Sun Lie[1], He Yanbing[1], Zhang Jinzhi[2]

(1. School of Metallurgy Engineering, Xi′an University of Architecture and Technology, Xi′an 710055, China; 2. China Iron & Steel Research Institute Group, Beijing 100081, China)

Abstract: In order to enhance thickness precision of some 9 hot continuous rolling strip mill, according to the basic theory of rolling, the model of thickness control was improved. Adopting the exponential smoothing estimation method, the temperature model was optimized by the self-learning of the comprehensive cooling coefficient; Adopting theory of the deformation resistance estimating method, the more accurate computational model of the deformation resistance was established by using the technological parameters; through study of the relationship between the flattened radius of roller for traditional Hitchcock and rolling force, the explicit algorithm of the flattened radius of roller was put forward, which is not iteration in the calculation process. The computational accuracy was high and response speed was fast. Production results in online control show that the new model can improve prediction accuracy 3.3% for thickness estimation.

Key words: rolling temperature; deformation resistance; rolling force; flattened radius of roller; tandem mill

热连轧精轧计算模型是过程自动化的核心技术，其预报精度直接影响控制精度。随着精轧机组计算机控制技术的不断发展，以及近年来钢铁产品结构及规格的不断拓展，很多轧机原有的数学模型已经不能满足目前设定控制精度要求，须进行改进和优化，使模型的设定更精确化，以保证带钢的尺寸精度指标和性能指标[1-8]。

本文以某9机架热连轧生产线为研究对象，其原有精轧设定计算主要是根据带钢成品的目标厚度和坯料厚度，分配各机架出口板厚，计算穿带速度、出口温度、轧件变形抗力、轧制力，用弹跳模型计算弹跳量，用辊缝模型确定辊缝设定值。

❶ 基金项目：陕西省教育厅专项科研计划资助项目（11JK0807）；陕西省自然科学研究基金青年人才项目（2011JQ6016）。

❷ 作者简介：高蕾（1988—），女，陕西人，研究生，主要从事材料成型工艺研究；E-mail：853238251@qq.com。

在模型运行过程中出现了厚度命中率欠佳的问题，为此对其精轧设定计算过程中的温度、变形抗力、压扁半径、轧制力等主要模型进行了优化，通过新模型的运用，提高了厚度控制精度。

1　温度模型

本生产线在连轧机入口和出口侧各有一台测温仪，可测轧件进入连轧机前及离开连轧机后的轧件温度。假设轧制时塑性变形温升和接触温降互相抵消，并将机架间辐射冷却和喷水冷却合并成一个当量冷却系统，考虑到实际生产时各机架间喷水状况基本一致，利用轧件进入轧机前的温度，采用式（1）确定各机架轧件轧制温度[9]。此算法的优点是没有误差累计的问题。

$$t_i = (t_0 - t_w)\exp\left(K_\alpha \frac{\sum_{j=1}^{i} L_j}{h_n V_n}\right) + t_w \tag{1}$$

式中：i 为机架号；L 为机架间距；K_α 为综合冷却系数；t_w 为冷却水温度；h_n、V_n 为末机架成品厚度和轧制速度；t_0 为连轧机入口测温仪测量温度。

但是，计算结果与出口测温仪实测温度对比发现，误差很大。分析认为，由于系统状态有一定的变化，K_α 值引起的误差很大。于是，对 K_α 值进行了指数平滑法自学习。具体做法是利用第一条带钢的测量值，可求出新的 K_α 值记为 $K_{\alpha1}^*$，依据自学习理论，用于第二条带钢温度预报的综合冷却系数为 $\hat{K}_{\alpha1}+\alpha\ (K_{\alpha1}^*-\hat{K}_{\alpha1})$ 并记为 $\hat{K}_{\alpha2}$，α 取为 0.3，以此类推，利用前面带钢的温度信息对后面的带钢温度进行预报。某带钢学习结果如图 1 所示。用学习后的综合冷却系数对温度进行预报时，通过 4 次学习误差从 27℃降到 15℃，相对误差减少，温度预报准确度有很大改善，一般 5 条带钢数据即可获得满意效果。改进前的预报误差一般接近 30℃，改进后一般低于 20℃，相对误差降低约 1%。

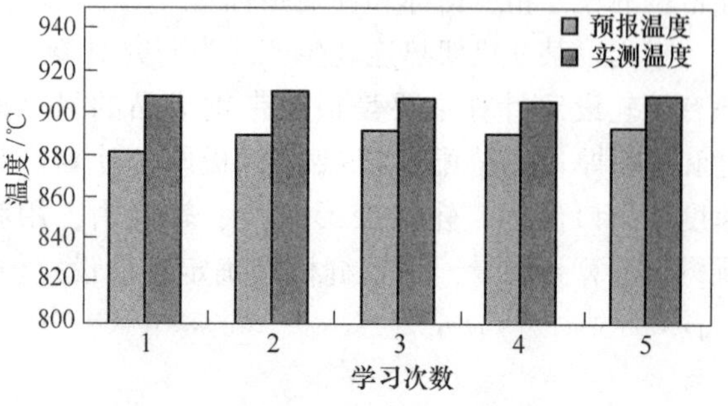

图 1　温度自学习效果对比图

Fig. 1　Comparison chart of temperature self-learning effect

2　变形抗力模型

变形抗力的预测是热连轧精轧机组计算设定模型的核心，其预测精度直接影响辊缝的设定和穿带的稳定性[11]。变形抗力与温度、变形程度、变形速度、化学成分等因素均有密切关系，用式（2）计算：

$$K = \exp(a + bT)\,U_m^{(c+dT)}\,e^n \tag{2}$$

$$U_m = \frac{V_R \ln \frac{H}{h}}{\sqrt{R\Delta h}};\quad e = \ln\frac{H}{h};\quad V_R = \frac{V}{1+S_h};\quad S_h = \frac{R\gamma^2}{h};$$

$$\gamma = \sqrt{\frac{h}{R}}\tan\left[\frac{1}{2}\mathrm{arc}\sqrt{\frac{\varepsilon}{1-\varepsilon}} + \frac{\pi}{8}\ln(1-\varepsilon)\frac{h}{R}\right]$$

式中，K 为变形抗力；U_m 为变形速度；e 为变形程度；H、h 为轧件轧前及轧后厚度；R 为轧辊半径；Δh 为压下量；ε 为压下率；V_R 为轧制速度；V 为轧辊线速度；S_h 为前滑值；γ 为中性角；T 为变形温度；a、b、c、d、n 为待定未知数。

选取多条带钢，由以上公式可以得到多组数据，可求得 a、b、c、d、n，这是典型的非线性回归问题。根据最小二乘法，即满足 $J=\sum_{j=1}^{n}(K^*-K)^2$ 最小，即 $\frac{\partial J}{\partial a}=0$，$\frac{\partial J}{\partial b}=0$，$\frac{\partial J}{\partial c}=0$，$\frac{\partial J}{\partial d}=0$，$\frac{\partial J}{\partial n}=0$，可得到该钢种的变形抗力。该方法称为变形抗力 K 估计法[12]。

利用计算机语言程序和 OPC 通信技术开发了现场数据采集系统，采集数据时选在换辊不久进行，此时轧辊磨损及零位漂移不明显。共对 18 条带钢进行了数据处理，优化后变形抗力模型为：

$$K = \exp(7.3899 + 2.4576T)\,U_m^{(0.1306+0.202T)}\,e^{0.1773}$$

回归结果精度分析：该钢种的剩余标准差为 $S_y=\sqrt{\frac{Q}{n-m-1}}=\sqrt{\frac{66258.56}{703-5-1}}=9.75\text{MPa}$，平均波动为 $\frac{S_y}{\overline{K^*}}=\frac{9.75}{131.93}=7.39\%$，式中，$Q$ 为残差平方和；n 为经删除后的数据组数；m 为待定回归系数个数；$\overline{K^*}-K^*$ 的算术平均数，以水平 $\alpha=0.05$，查 t 分布置信限表得，$t_{0.05}^{698}=1.96$，则 $t_{0.05}^{698}\times S_y=19.11\text{MPa}$，回归的预报精度为 $K\pm19.11\text{MPa}$，即变形抗力有 95% 的可能落在 $K-19.11<K^*<K+19.11$ 范围内，回归精度高。

3 轧制力模型

轧制力按式（3）计算：

$$P = 1.15KBL_C Q_P \tag{3}$$

式中，P 为轧制压力；B 为变形区宽度；L_C 为变形区长度，$L_C=(R'\Delta h)^{1/2}$；R'为轧辊压扁半径；Q_P 为应力状态系数，与轧辊压扁半径有关。国内外有关学者对 Q_P 进行了大量的深入研究，得到公认的精度比较高的计算公式为志田茂公式：

$$Q_P = 0.8 + \eta\left(\sqrt{\frac{R'}{H}} - 0.5\right) \tag{4}$$

$$\eta = 0.2\varepsilon + 0.12 \qquad (\varepsilon > 0.15)$$

$$\eta = \frac{0.052}{\sqrt{\varepsilon}} + 0.016 \qquad (\varepsilon \leqslant 0.15)$$

4 压扁半径显示模型

传统压扁半径计算采用 Hitchcock 公式：

$$R' = R\left(1 + \frac{CP}{B\Delta h}\right) \tag{5}$$

式中，C 为轧辊压扁系数（也称为 Hitchcock 常数），$C=\frac{16(1-\nu^2)}{\pi E}$，$\nu$ 为轧辊泊松比，E 为轧辊弹性模量。钢辊的弹性模量 206GPa，泊松比0.25~0.3，所以 $C=0.0225\sim0.0231\text{GPa}^{-1}$。

由式（5）可知，对某种轧材而言，轧辊原始半径 R、轧材宽度 B 以及压下量 Δh 都是已知参数，但由于 $P=f(R')$，所以轧制压力 P 要在算出压扁半径 R'后才能计算，而压扁半径 R'却要在已知轧制压力 P 的前提下才能算出。这样一来，造成了 P 和 R'之间相互依赖的关系，目前一般采用迭代方法求解。具体做法是先设 $R'=R$，求出 P，再求 R'，如此反复迭代以求得 P 和 R'。然而，迭代算法本身求解的是近似解，随着迭代次数的增加，误差会累积，结果会导致随着计算次数的增加，不仅计算费时，而且计算精度降低。式（5）可写为：

$$P = \frac{\frac{R'}{R} - 1}{C}B\Delta h \tag{6}$$

将式（6）代入式（3）并与（5）联立，可得：

$$\frac{\frac{R'}{R} - 1}{C}B\Delta h = 1.15KB\sqrt{R'\Delta h}\left[0.8 + \eta\left(\sqrt{\frac{R'}{R}} - 0.5\right)\right]$$

（1）当 $\varepsilon \leqslant 0.15$ 时，

$$\left[\left(0.052 + \frac{0.016\sqrt{\Delta h}}{\sqrt{H}}\right)K - \frac{\Delta h}{1.15CR}\right](\sqrt{R'})^2 + K(0.792\sqrt{\Delta h} - 0.026\sqrt{H})\sqrt{R'} + \frac{\Delta h}{1.15C} = 0 \tag{7}$$

式（7）是关于 $\sqrt{R'}$的一元二次方程，标记

$$A_1 = \left(0.052 + \frac{0.016\sqrt{\Delta h}}{\sqrt{H}}\right)K - \frac{\Delta h}{1.15CR};$$

$$A_2 = K(0.792\sqrt{\Delta h} - 0.026\sqrt{H})\text{；}A_3 = \frac{\Delta h}{1.15C}$$

式（7）可写为 $A_1(\sqrt{R'})^2+A_2\sqrt{R'}+A_3=0$，于是 $\sqrt{R'}=\frac{-A_2\pm\sqrt{A_2^2-4A_1A_3}}{2A_1}$。

因为 C 是一个非常小的正数，A_3 是一个非常大的正数，A_1 是一个绝对值非常大的负数，所以 $\sqrt{A_2^2-4A_1A_3}$为绝对值很大的正数；由于 $\sqrt{R'}>0$ 为正数，故 $\sqrt{R'}=\frac{-A_2+\sqrt{A_2^2-4A_1A_3}}{2A_1}<0$ 没有意义应舍去，最后得：

$$R' = \left(\frac{-A_2 - \sqrt{A_2^2 - 4A_1A_3}}{2A_1}\right)^2 \tag{8}$$

（2）当 $\varepsilon>0.15$ 时，同理可得

$$A_1 = \left[0.2\left(\frac{\Delta h}{H}\right)^{3/2} + 0.12\sqrt{\frac{\Delta h}{H}}\right]K - \frac{\Delta h}{1.15CR}$$

$$A_2 = K\left[0.74\sqrt{\Delta h} - \frac{0.1\Delta h^{3/2}}{H}\right]$$

$$A_3 = \frac{\Delta h}{1.15C}$$

因此，原本需要迭代的隐式问题，经过推理，将压扁半径的计算公式写成显式，转化为函数关系，即 $R'=f(\Delta h, H, K, C, R)$，已知 Δh、H、K、C、R，就可计算。

以某 500mm 带钢 9 机架热连轧精轧机组为计算对象，以钢种 Q215 为例，坯料厚度为 $H=30$mm，成品厚度为 $h=2.75$mm，板宽 $B=420$mm 带钢为例，显示算法与迭代算法计算结果比较如图 2 所示。

由图 2 可知，显示算法与迭代算法的计算结果不同，机架 1、3、4、5、6、8、9 的迭代算法计算结果大于显示算法计算结果，机架 2、7 的结果相反。说明通过迭代算法的近似解可能大于精确解，也可能小于精确解。最大误差发生在第 5 机架，相对误差达 2.14%。而且，随着迭代次

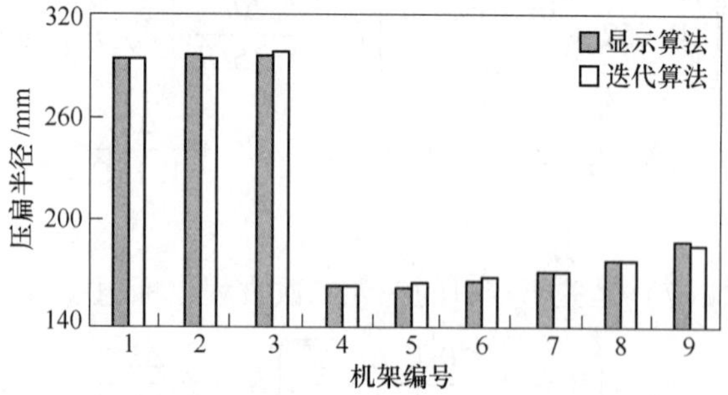

图 2　压扁计算结果对比示意图

Fig. 2　Comparison diagram of flattening calculation results

数的增加，计算时间延迟，会影响在线自动控制系统的响应时间。因此，用显示算法可以提高自动控制模型的计算精度，同时提高控制系统的响应速度。

5　轧制力预报

以料厚 30mm，成品厚度 2.75mm，料宽 240mm，成品板宽 230mm 的带钢为例，用式（1）预报各架轧制温度，利用上述回归结果计算变形抗力，用预报轧制力结合弹跳方程设置辊缝，从而得到预报和实测轧制力如图 3 所示。

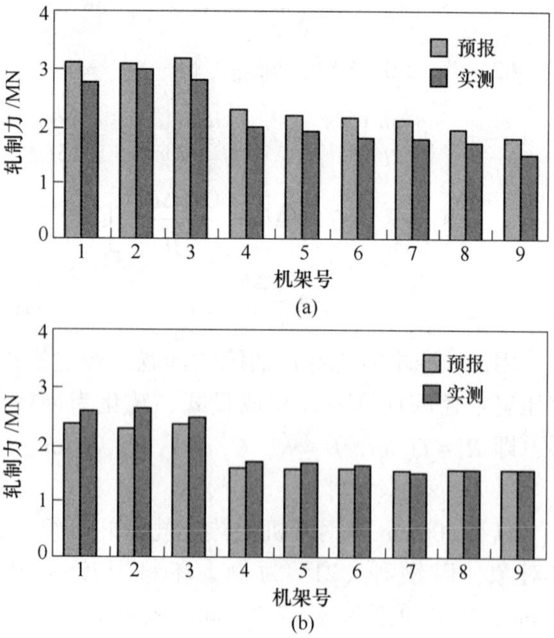

图 3　预报与实测轧制力对比图

Fig. 3　Comparison chart between prediction and the measured rolling force

（a）优化前；（b）优化后

从图 3 中可以看出除第 2 机架外，预报精度都有明显提高，尤其是最后 6 个机架，优化前平均预报误差超过 16%，优化后预报误差降到 7%以内。这是由于辊缝设定和“K”估计使用了相同的温降公式和弹跳方程，使各机架的温度和出口厚度均为中间变量，是“K”的估算方法预报轧制压力精度较高的本质所在，在相近的预报精度下[6]，该法省去变形抗力实验，回归模型直接由现场的工况数据得到，做法较简单，成本低，工作量较小。预报轧制力和实测轧制力之间尚有差距的原因是压力和变形抗力公式与实际的差别以及压力测量带来的误差等。从图 3 可以看出，优化后轧制力实际值与模型计算值的偏差明显小于优化前的偏差，该模型回归的优化算法具有更高的计算精度。

正是由于轧制力预报精度的提高，厚度命中率也相应提高。以目标厚度为 2.75mm 带材为例，优化前测厚仪测得末机架出口厚度为 2.59mm，相对误差达 5.8%，优化后测厚仪检测末机架出口厚度为 2.68mm，相对误差降到 2.5%，厚度预测精度大幅提高（3.3%）。

6　结论

本文针对某 9 机架热连轧机组厚控模型存在厚度命中率不高的生产现状，以轧制基本理论为依据，通过对热连轧精轧设定过程的温度、变形抗力和轧辊压扁半径等模型优化方法的研究及在线应用，改善了设定模型的精度，提高了带钢厚度精度。主要结论如下：

（1）在原有温降模型基础上，采用指数平滑自学习方法，通过自学习优化确定了更为合理的综合冷却系数，明显提高了温度预报准确度，从改进前的预报误差（一般接近 30℃）到改进后预报误差（一般低于 20℃），相对误差降低约 1%。

（2）采用变形抗力估计法，建立了变形抗力计算模型。该方法不仅计算误差小，还因省去了变形抗力实验，回归模型直接由现场的工况数据得到，做法简单，成本低，工作量小。

（3）建立了轧辊压扁半径显示模型，该方法不需进行迭代运算，不仅可提高计算精度，还可节约计算时间，提高控制模型响应速度。

（4）建立的轧制力预报模型，经检验，优化前后平均预报误差从大于 15%降低到小于 7%，预报精度大幅提高。

参 考 文 献

[1] Li H J，Xu J Z，Wang G D. Improvement on conventional load distribution algorithm in hot tandem mills [J]. Journal of Iron and Steel Research，International，2007，14（2）：36-41.

[2] Hiroshi Kagechika. Production and technology of iron and steel in Japan during 2006 [J]. ISIJ International, 2007, 47 (6): 773-794.

[3] Yang Jingming, Che Haijun, Dong Fuping. Application of neural network on rolling force self-learning for tandem cold rolling mills [C] //Advances in Neural Networks-ISSN2007 Proceedings Part I. 2007: 62-67.

[4] Yang Jingming, Che Haijun, Dong Fuping. Algorithm based optimization used in rolling schedule [J]. Journal of Iron and Steel Research, International. 2008, 15 (2): 18-22.

[5] Yang J M, Xu Y J, Che H J. Application of adaptable neural networks for rolling force set-up in optimization of rolling schedules [C] //Proceeding of the 3rd International Symposium on Neural Networks. 2006: 156-160.

[6] 李维刚，刘相华．热连轧机轧制力成比例负荷分配的CLAD算法 [J]．东北大学学报，2012，133 (3): 352-356.

[7] 邵健，何安瑞，杨荃．热轧宽带钢自由规程轧制中负荷分配优化研究 [J]．冶金自动化，2010，34 (3): 19-24.

[8] 张进之．轧制过程动态理论及应用简介 [J]．冶金设备，2012，194 (2): 45-51.

[9] 李英，刘建雄，柯晓涛．轧制变形抗力数学模型的发展与研究动态 [J]．冶金设备，2009，37 (6): 59-62.

[10] 张进之，张岩，戴杉，等．热连轧 DAGC 和 Φ 函数负荷分配实用效果 [J]．钢铁产业，2008 (9): 26-30.

（原文发表在《热加工工艺》，2013，42 (11): 92-95）

1580 热轧应用 DAGC 和流量 AGC 的研究与实践

刘 洋[1❶]，张 宇[2]，张进之[2]，王海深[3]，张转转[3]，李 彬[3]

（1. 北京科技大学国家板带生产先进装备工程技术研究中心，北京 100083；
2. 中国钢研科技集团北京金自天正智能控制股份有限公司，北京 100070；
3. 首钢迁安钢铁公司热轧部，河北唐山 064404）

摘　要　为了适应以热代冷、以薄为主的现代热轧生产对厚度控制精度的要求，结合迁钢 1580 热轧线现有 AGC 模型的应用情况，分析、测试了 DAGC 和流量 AGC 模型的特点及相关控制特性，成功地将 DAGC 和流量 AGC 应用于该热轧机组。实验结果表明，DAGC 和流量 AGC 配合使用效果明显，在不增加成本的基础上，厚度控制精度明显提高。

关键词　DAGC；流量 AGC；控制模型；厚度控制精度；热轧

Application and research of DAGC and flow AGC in 1580mm hot strip mill

Liu Yang[1], Zhang Yu[2], Zhang Jinzhi[2], Wang Haishen[3],
Zhang Zhuanzhuan[3], Li Bin[3]

(1. National Engineering Research Center of Flat Rolling Equipment, University of Science and Technology Beijing, Beijing 100083, China; 2. Beijing Aritime Intelligent Control Co., Ltd., China Iron & Steel Research Institute Group, Beijing 100070, China; 3. Hot Rolling Department, Shougang Qian'an Steel Company, Tangshan 064404, China)

Abstract: To meet the requirement of thickness control precision in modern hot rolling production, in which cold rolled products is replaced by hot rolled ones and the thin products are in the dominated position, the DAGC and flow AGC were successfully applied to 1580mm hot strip mill by combining the situation of existing AGC control module of TMEIC in production, and analyzing and testing the specialties of DAGC and flow AGC modules as well as its control characteristics. In field test, the precision of thickness control is increased without raising costs, which indicated that the combination of DAGC and flow AGC had gain an obvious effect.

Key words: DAGC; flow AGC; control model; gauge control accuracy; hot strip mill

1 引言

随着产业结构调整与市场竞争的加剧，用户对热轧板带产品的数量和质量结构体系均提出了新的要求，以热代冷、以薄为主逐步成为热轧生产的发展趋势，为此，对该类产品的外形尺寸控制精度也提出了更高的要求。板带产品外形尺寸主要包括厚度、宽度、凸度和平直度等指标，其中，厚度自动控制（AGC）是控制厚度精度最主要的方法，一般而言，热轧厂板带产品的厚度精度可以控制在±50μm 以内，而具有相对完善的厚控系统的轧机可以控制在±30μm 之内[1-4]。

❶ 作者简介：刘洋（1988—），男，博士研究生；收稿日期：2016-04-15。

早期应用的厚度控制系统采用的是压力AGC中的BRISA模型，但该模型没考虑轧件参数，理论上尚有不足[5,6]；目前热轧生产中大多采用SIEMENS或TMEIC提供的测厚计型厚度控制模型，即GM-AGC，该类AGC虽然能满足厚度控制的基本要求，但是在系统响应速度和可变刚度范围上仍有优化空间。随着计算机硬件及液压活套技术的进步以及轧件扰动测量技术的发展，近期，BRISA-AGC模型又被国外启用，SIEMENS新系统采用BRISA-AGC代替了GM-AGC，TMEIC新系统则采用BRISA-AGC与GM-AGC相结合的双环AGC，因此厚度控制精度也较高[7,8]。

首钢迁安钢铁公司1580热轧线采用了TMEIC的新系统，通过分析其厚控模型发现该模型采用了两个调节参数，系统相对复杂，且压力AGC与监控AGC之间有相互影响，实际使用中监控作用太强（即轧钢过程中基本靠监控AGC来调节厚度，压力AGC只在穿带过程中用，共同投入有相互干扰现象），卷取建张时厚度波动较大。笔者对迁钢1580热轧线的原有厚度控制模型进行研究，并成功地将动态设定型AGC（DAGC）和流量AGC应用于该生产线，取得了较好的实验控制效果。

2 迁钢1580热轧厚度控制模型

迁钢1580热轧线于2009年投产，采用TMEIC控制系统，精轧机组为7机架连轧，辊形配置为上游（F1~F4机架）CVC辊，下游（F5~F7机架）平辊。采用了BRISA-AGC和GM-AGC双环厚度控制系统，前者是通过在模型中对轧制力的计算来调节辊缝，分为绝对和相对两种方式（控制原理见图1）；后者通过模型计算估算出带钢出口厚度，并利用此计算厚度来调整辊缝（控制原理见图2）。

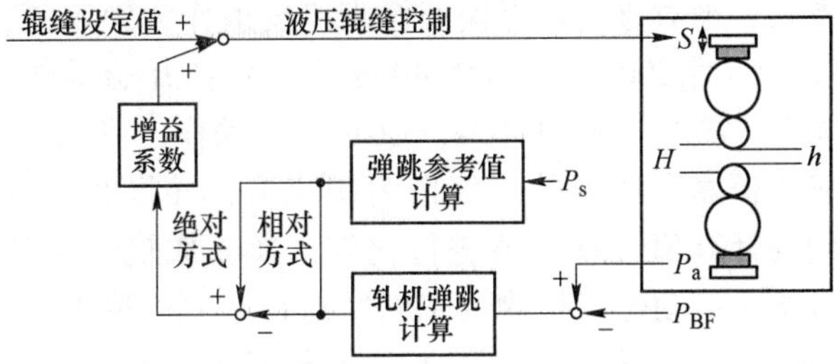

图1 1580热轧精轧机组BRISA-AGC控制原理图

Fig. 1 BRISA-AGC control schematic diagram of 1580mm finishing trains of hot rolling

S—实测辊缝；P_a—实测轧制力；P_s—设定轧制力；P_{BF}—弯辊力；H—轧件入口厚度；h—轧件出口厚度

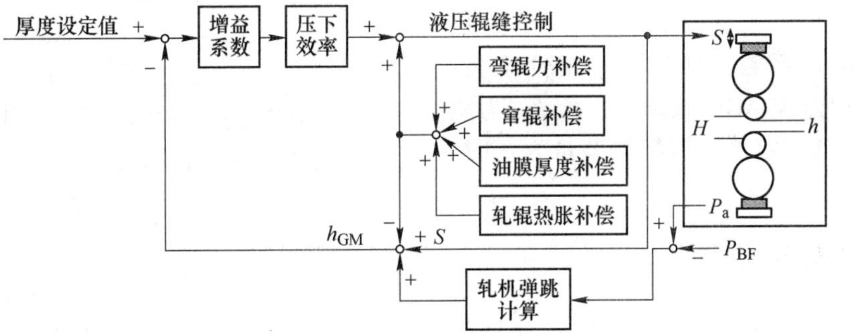

图2 1580热轧精轧机组GM-AGC控制原理图

Fig. 2 GM-AGC control schematic diagram of 1580mm finishing trains of hot rolling

h_{GM}—出口厚度计算值

实际生产中，BRISA-AGC和GM-AGC两种厚度主控方式采用相同的触发时序，前者以轧制力偏差和轧机刚度作为输入量，利用弹跳方程计算得到辊缝调整量；后者以各种补偿量、带钢头部厚度锁定值和前者计算的轧机弹跳值作为输入量，计算各机架出口带钢厚度，并与设定值比较进行辊缝调整，最终的辊缝调整量由BRISAAGC和GM-AGC各自计算的辊缝调整量按比例给定，在两者的综合作用下，该厚控系统±50μm的控制精度达98.5%以上。

2.1 AGC主要模型

该1580热轧采用的厚度控制方式主要包括BRISA-AGC、GM-AGC和监控AGC。BRISAAGC和GM-AGC均属于压力AGC，F1~F3机架采用该控制方式，F4~F7为压力AGC和监控AGC两种控制方式并用。厚控系统运行过程中，AGC主控模块和监控模块都是循环模块，周期分别为30ms和90ms。AGC模型主要包括厚度计算模型、辊缝计算模型及各种补偿模型（主要包括油膜补偿、头尾补偿、弯辊和窜辊补偿及轧辊热胀补偿等）。

2.1.1　厚度计算模型

计算厚度

$$h_A = S + (\Delta S_T - \Delta S_{TC})K_{WM}\alpha_A + \varepsilon_G \quad (1)$$

式中，ΔS_T、ΔS_{TC}分别为由实际轧制力和零调轧制力的插值得到的轧机弹性变形量；K_{WM}为轧机刚度宽度修正系数；α_A为变刚度系数；ε_G为补偿校正系数（包括油膜厚度补偿、轧辊热胀补偿、弯窜辊补偿等）。

该热轧厚度控制系统分绝对和相对两种控制方式，绝对方式是以模型设定厚度值作为锁定值，在咬钢后 200ms（F7 为 400ms），AGC 开始动作；相对方式是指咬钢后 3s，AGC 开始动作，将 3s 内多次板厚实测值的均值作为锁定值，并将此后得到的计算值与锁定值进行比较，换算成辊缝调节量交由自动位置控制（APC）执行。生产过程中，根据轧制力偏差或操作工的干预情况，可以对两种控制方式进行切换。

2.1.2　辊缝计算模型

实际给定到位置控制系统的辊缝调节量

$$\Delta S = \frac{M + Q}{M + (1 - \alpha_A)Q}\Delta h_T K_{GMAGC} - (S - S_{LKON}) \quad (2)$$

式中，M 为轧机刚度系数；Q 为轧件塑性系数；Δh_T 为 GM-AGC 和监控 AGC 总厚差；K_{GMAGC} 为调节增益；S_{LKON}为辊缝锁定值。辊缝调节量为正时，对应辊缝压下动作。

2.2　TMEIC AGC 模型特点

TMEIC AGC 模型具有以下特点：（1）厚控系统采用双环控制，内环采用 BRISA-AGC，外环采用 GM-AGC；（2）监控 AGC 作用较强，如果设定模型误差较大，监控 AGC 对厚度精度的控制效果起决定性作用；（3）压力 AGC 由于受轧辊磨损、热胀、油膜厚度变化等因素影响，其厚控精度有限，必须与监控 AGC 共用，因此压力 AGC 和监控 AGC 相互影响；（4）监控 AGC 采用积分型和 Smith 预估器两种控制方式，后者消除了在末机架计算厚度与 X 射线测量带钢厚度之间误差的滞后控制，并对弹跳方程进行了矫正，属于现代控制理论的范畴。

3　DAGC 系统

DAGC 与 BRISA-AGC、GM-AGC 同属于压力 AGC，其控制思想为利用实测的压力和辊缝值计算辊缝调节量，并通过 APC 实现辊缝调节。DAGC 能自动识别调节辊缝和来料厚度波动造成的轧制力偏差，清晰地反映 AGC 的动态调节过程。

3.1　DAGC 控制原理

分析 AGC 的调节过程，实质上是解决外界扰动（来料厚差、硬度差等）、调节量（辊缝）与目标量（厚度）之间的相互影响问题[9,10]。来料扰动和辊缝调节都会引起轧制力的变化，当厚度锁定之后，第一次测量的轧制力偏差反映的是来料的扰动，从第二次起测量的轧制力偏差不仅反映了坯料的变化，还包含了上一次辊缝调节造成的轧制力波动。DAGC 考虑了不同扰动对轧制力偏差造成的影响，其推导过程如下。

轧机弹跳方程为：

$$h = S + \frac{P}{M} + \varepsilon \quad (3)$$

式中，P 为轧制力；ε 为补偿系数。

其增量形式为：

$$\Delta h = \Delta S + \frac{\Delta P}{M} \quad (4)$$

式中，Δh 为压下量；ΔP 为轧制力变化量。

只考虑轧制力变化时，上式变为：

$$\Delta h = \frac{\Delta P_d}{M} \quad (5)$$

式中，ΔP_d 为来料扰动引起的轧制力变化量。

轧机压下效率关系式为：

$$\Delta S = -\frac{M + Q}{M}\Delta h \quad (6)$$

将式（5）代入式（6）得：

$$\Delta S = -\frac{M + Q}{M^2}\Delta P_d \quad (7)$$

调节辊缝引起的轧制力变化 ΔP_s 由下式表示：

$$\Delta P_s = -\frac{MQ}{M + Q}\Delta S \quad (8)$$

实际生产中，来料扰动在时刻变化，而压力和辊缝可测，假定某一机架轧件头部厚度已经锁定，P_e、S_e 分别表示锁定时的轧制力和辊缝，其他时刻测量值用增量形式表示，即 $\Delta P_k = P_k - P_e$，$\Delta S_k = S_k - S_e$，其中 k 为采样序号，P_k、S_k 分别为第 k 次采样时的轧制力和辊缝值。

当 $k=1$ 时，可以测得 ΔP_1，且 $\Delta P_{d1} = \Delta P_1$，由式（7）可得此时辊缝调节量：

$$\Delta S_1 = -\frac{M + Q}{M^2}\Delta P_1 \quad (9)$$

当 $k=2$ 时，可以测得 ΔP_2，其包含两部分：一部分是来料扰动 ΔP_{d2}，一部分是第 1 次辊缝调节引起的轧制压力变化 ΔP_{s1}，即：

$$\Delta P_2 = \Delta P_{d2} + \Delta P_{s1} \tag{10}$$

由式（8）可知：

$$\Delta P_{s1} = -\frac{MQ}{M+Q}\Delta S_1 \tag{11}$$

将式（11）代入式（10）并结合式（7）整理可得：

$$\Delta S_2 = -\frac{Q}{M}\Delta S_1 - \frac{M+Q}{M^2}\Delta P_2 \tag{12}$$

以此类推，可得通式：

$$\Delta S_k = -\frac{Q}{M}\Delta S_{k-1} - \frac{M+Q}{M^2}\Delta P_k \tag{13}$$

变刚度厚控模型为：

$$\Delta S_k = -C\left(\frac{Q}{M}\Delta S_{k-1} + \frac{M+Q}{M^2}\Delta P_k\right) \tag{14}$$

其中

$$C = \frac{M_C - M}{M_C + Q} \tag{15}$$

式中，C 为可变刚度系数；M_C 为当量刚度。

式（14）和式（15）即为 DAGC 系统的控制模型，由此可以计算出口厚度恒定时的辊缝调节量。

3.2 DAGC 控制特点

（1）DAGC 是发现轧件扰动可测的一种厚控模型，直接由可测的压力、辊缝信号计算出实现厚度恒定的辊缝调节量，其方程动态地反映了 AGC 调节过程各变量之间的定量关系，且各时刻扰动 ΔP_d 各不相同，能真实反映系统外界扰动。

（2）DAGC 可变刚度范围宽泛，且只有一个当量刚度参数 M_C，其取值范围为（0，∞），对于系统调整十分方便，一般取 3~10 倍的轧机刚度 M 值。

（3）DAGC 与监控 AGC 是相容的，且各自保持其独立性，无相互影响。

4 流量 AGC 系统

一般而言，热轧的控制系统中，压下系统控制厚度，辊速调节系统调节机架间张力；冷轧控制系统将张力信号与辊缝闭环，即通过改变辊缝来控制张力恒定，此种方式比通过调节轧辊速度来控制张力灵敏得多。虽然常规热轧难以通过张力稳定使厚度稳定，但引起张力变化的原因是厚度变化，因此控制厚度恒定必然会使张力稳定，这也是热轧能用流量 AGC 的原因[11]。通过稳态张力公式，可以得到利用张力预测厚度的数学模型，从而推导出张力与辊缝闭环的连轧 AGC 数学模型，即流量 AGC。

4.1 流量 AGC 控制原理

流量 AGC 一般用于下游机架，热轧生产中，其控制方法是将张力（活套角）与辊缝闭环；冷轧生产中，随着激光测速仪的出现，流量 AGC 也可由实测入口和出口速度来实现。在热轧中使用流量 AGC，需要先确定活套角在恒张力和厚度条件下的角度调节范围，若活套角度波动偏差超过此设定值，则活套角仍然执行上游机架的调速功能；若活套角偏差在设定范围内，则投入活套角调辊缝的控制功能，即流量 AGC 功能。

投入流量 AGC 时，活套张力与辊缝采用比例调节，辊缝调节量与活套张力之间的函数关系为：

$$S_i = \eta\frac{M+Q}{M}\cdot\frac{h_i v_i(b_i f_i + b_{i+1} f_{i+1})}{v_{i+1}[1+f_{i+1}+b_i f_{i+1}(\delta_{i+1}-\delta_i)]}\cdot\Delta\delta_i \tag{16}$$

式中，ΔS_i 为第 i 机架的辊缝调节量；η 为修正值，$\eta=1.199$；v 为机架速度；b 为张力对前滑的影响系数，$b=0.1$；f 为无张力前滑值；δ 为活套张力；$\Delta\delta_i$ 为活套张力偏差。

式（16）是有张力测量的辊缝调节量控制模型，对于无实测张力的活套系统，可用活套角变化量代替张力变化量，其表达式为：

$$\Delta S_i = \eta\frac{M+Q}{M}\cdot\frac{h_i v_i(b_i f_i + b_{i+1} f_{i+1})}{v_{i+1}(1+f_{i+1})}\Delta\alpha_i \tag{17}$$

式中，$\Delta\alpha_i$ 为第 i 机架的活套角度偏差。

前滑的计算公式为：

$$f = \tan^2\left(\frac{1}{2}\arctan\sqrt{\frac{\Delta h}{h}} - \frac{1}{4\mu}\sqrt{\frac{h}{R'}}\ln\frac{H}{h}\right) \tag{18}$$

式中，μ 为摩擦因数，$\mu=0.25\sim0.3$；R' 为工作辊压扁半径，$R'\approx1.15R$（R 为轧辊半径）。

4.2 流量 AGC 控制特点

（1）采用流量 AGC 的机架，轧辊偏心、轴承油膜厚度变化对厚度精度的影响相对较小，有较高的稳定性，降低了对设备精度的要求。

（2）根据张力与厚度的关系，流量 AGC 宜在厚度稳定阶段即稳定轧制阶段投入，而穿带过程宜采用 DAGC 控制方式。

（3）采用流量 AGC 时，监控 AGC 投入后，其监控方式会有相应改变，当监控厚差调节量较大时，分配至 F4～F7 机架加以消除，对于采用流量 AGC 的机架，活套角是调节参数；对于未采用流量 AGC 的机架，则需改变轧制力和辊缝设定。

5　DAGC 和流量 AGC 实验效果

该热轧线于 2015 年 6 月进行了 DAGC 和流量 AGC 的上机实验。在准备阶段，已将 DAGC 和流量 AGC 的控制模型写入一级 PLC 的控制器，并进行了离线测试，对控制参数进行了优化。实验过程中，DAGC 应用于 F1～F7 全部机架，且在轧机带载 0.5s 后投入使用；流量 AGC 在穿带完成后升速轧制阶段投入使用，应用于 F7 机架。模型用到的轧机刚度参数 M 和轧件塑性系数 Q 均采用二级下发数据，当量刚度 M_C 由人工给定，并采用离线模拟功能进行优化，以防止系统震荡，具体数值见表 1。

表 1　实验各机架当量刚度优化值

Tab. 1　Optimization values of *Mc* in experimental stands

机架	F1	F2	F3	F4	F5	F6	F7
M_C	$8M$	$8M$	$7M$	$6M$	$4.5M$	$3M$	$2.5M$

进行上述实验时，GM-AGC 不投入，但监控 AGC 继续使用，而 F7 机架使用流量 AGC，因此，需要进行监控调节量的分配：只调 F7 机架时，由于活套角和辊缝闭环，因此只需修正 F6、F7 机架间活套角度；需要调整 F4～F7 机架时，F4～F6 机架采用改变压力和辊缝设定值的方法实现，与之前调节方式相同。

取现场 IMS 仪表数据并计算厚差，与实验前同规格产品厚差比较，绘制曲线于同一图中，如图 3 所示。由图 3 可知，采用 DAGC 和流量 AGC 进行厚度控制，其厚度曲线的波动较小，且随轧件厚度的变薄，实验 AGC 系统的优势也相对更明显，同时，受轧辊偏心和油膜轴承厚度变化影响较小；卷取带载的瞬间，受张力变化的影响，厚度实验数据也存在明显波动，但厚度调整速度明显快于之前的 GM-AGC。

在不去头尾的情况下，统计同规格的 TMEI-CAGC 和 DAGC+流量 AGC 的厚度命中率，采用 4 种不同的统计标准，命中率均值统计结果如表 2 所示。可见，DAGC 和流量 AGC 投入以后，采用不同的统计标准，其效果均好于原 AGC 厚控系统，且标准越严格，效果越明显。

对于不同规格的产品，在稳定轧制阶段，统计两种厚控系统的同卷极差（指带钢厚度最大值与最小值之差），统计结果见表 3。可见，实验过程中，投入流量 AGC 和 DAGC，同卷极差控制精度也有较大程度的提高。

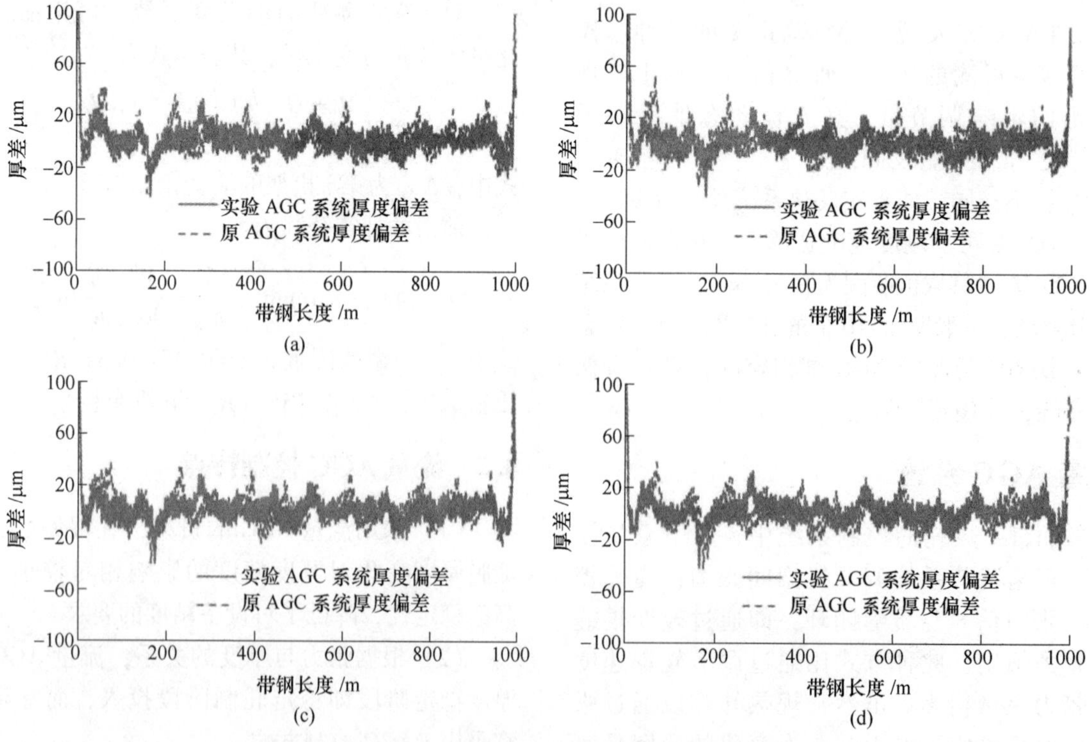

图 3　DAGC 和流量 AGC 投入前、后带钢厚度偏差曲线

Fig. 3　Curves of strip thickness deviation before and after DAGC and flow AGC put into use

（a）4.0mm×1130mm 带钢；（b）3.0mm×1200mm 带钢；（c）2.6mm×1160mm 带钢；（d）2.6mm×1250mm 带钢

表2 DAGC和流量AGC投入前后厚度命中率均值

Tab. 2 Average hit rate of thickness before and after DAGC and flow AGC put into use

厚度控制方式	厚度偏差/μm			
	±50	±30	±20	±10
DAGC+流量AGC/%	99.062	98.056	95.107	71.616
TMEIC AGC/%	98.875	97.044	90.931	64.058

表3 不同规格产品同卷极差对比统计

Tab. 3 Comparative statistics of thickness difference in length of different specification products

厚度规格/mm	同卷极差/mm	实验条件
2.6	0.060	TMEIC AGC
	0.049	DAGC+流量AGC
3	0.052	TMEIC AGC
	0.038	DAGC+流量AGC
4	0.043	TMEIC AGC
	0.037	DAGC+流量AGC

6 结束语

（1）从多组实验结果来看，在不改变迁钢1580热轧原有设备和自动化水平的基础上，应用DAGC和流量AGC代替GM-AGC在技术上是可行的。（2）从热轧产品实际生产数据来看，DAGC和流量AGC控制效果较为突出，优于原厚控模型，在厚度命中率数据和同卷厚差控制效果上均有体现。（3）流量AGC和DAGC的投入，减小了与支承辊偏心周期相对应的厚度周期性波动，且厚度瞬态大幅波动的调节速度优于原AGC系统。（4）流量AGC的应用可以大大简化活套控制系统，其在生产中的成功应用，是连轧控制技术的进步。

参考文献

[1] 张进之. 动态设定型变刚度厚控方法（DAGC）推广应用［J］. 冶金设备，2007（4）：1.

[2] 孙一康. 带钢热连轧的模型与控制［M］. 北京：冶金工业出版社，2002.

[3] 张殿华，王君，李建平，等. 首钢中厚板轧机AGC计算机控制系统［J］. 轧钢，2001，18（1）：51.

[4] 张文雪，张殿华，闫丹，等. 板带热连轧机液压AGC系统［J］. 轧钢，2009，26（3）：42.

[5] 王君，王国栋. 各种压力AGC模型的分析与评价［J］. 轧钢，2001，18（5）：51.

[6] 燕铎，李玉贵，张进之，等. DAGC在600mm九机架热连轧机上的应用［J］. 重型机械，2012（6）：11.

[7] 王云波，岳淳，刘东. BISRA-AGC变刚度控制的综合分析［J］. 冶金自动化，2016，40（1）：12.

[8] 王云波，刘东. 压力AGC通用表达形式的推导及分析［J］. 冶金自动化，2014，38（1）：12.

[9] 管健龙，何安瑞，孙文权，等. 动态设定型AGC收敛特性及稳态特性的分析与仿真［J］. 轧钢，2014，31（6）：53.

[10] 居兴华，赵厚信，杨晓臻，等. 宝钢2050热轧板带厚度控制系统的研究［J］. 钢铁，2000，35（1）：60.

[11] 张进之，孙威，刘军，等. 板带连轧过程控制理论与模型发展简述［C］//第九届中国钢铁年会论文集. 北京：中国金属学会，2013：1.

（原文发表在《冶金自动化》，2016，40（5）：31-36，58）

平整机恒压力控制方法及其控制精度研究❶

江连运[1❷]，赵春江[1]，姬亚锋[1]，张进之[2]

（1. 太原科技大学机械工程学院，山西太原 030024；
2. 中国钢研科技集团有限公司，北京 100081）

摘 要 根据动态设定型AGC（DAGC）基本原理、平整机结构和带钢材料特性，开发出一种改进的DAGC模型。对压力闭环控制方式、DAGC及改进的DAGC下轧制力控制精度进行实验研究，结果表明，DAGC和改进的DAGC模型可实现平整机恒压力控制，并且在改进的DAGC控制方法下，平整机传动侧压力、操作侧压力和总压力的控制精度及稳定性高于DAGC和压力闭环两种方式。该控制方法解决了带钢横向厚度均匀性不良时平整机压力稳定性不高的问题。

关键词 平整机；动态设定型AGC；改进的DAGC；压力闭环；轧制力控制

A study on the method and precision of rolling force control for skin pass mills

Jiang Lianyun[1], Zhao Chunjiang[1], Ji Yafeng[1], Zhang Jinzhi[2]

(1. School of Mechanical Engineering, Taiyuan University of Science and Technology, Taiyuan 030024, China; 2. China Iron and Steel Research Institute Group Co., Ltd., Beijing 100081, China)

Abstract: An advanced DAGC (dynamic setting AGC) model is developed according to the principle of DAGC, skin pass mill structure and steel characteristics. Advanced DAGC, DAGC and closed-loop can be utilized to achieve rolling force control. An experimental study on the control precision is conducted in the laboratory and some conclusions are obtained: the DAGC and advanced DAGC model can achieve constant rolling force control for skin pass mills; the control precision and stability of rolling force on the driving side and the operating side as well as the total rolling force with the advanced DAGC model is better than DAGC and closed-loop of rolling force. The advanced DAGC control method can solve the problem of lower rolling force control precision when the strip thickness is not well-distributed along the width.

Key words: skin pass mill; advanced DAGC; DAGC; closed-loop; rolling force control

1 引言

轧制后的带钢可能会出现横向厚度不均匀现象，由于当前平整机两侧的液压压下装置一般采用同步动作的方式，即当带钢横向厚度均匀性不良时，平整机两侧的液压压下装置仍然以相同的行程动作，所以可能会出现两侧压力偏差过大、带钢跑偏以及平整机总压力偏差过大等现象，控制系统有时甚至会发生振荡，不利于生产稳定性的保持。目前关于平整机板形控制方法[1,2]以及平整机轧制力预测[3,4]方面有大量研究，但是关于进一步提高平整机轧制力控制精度方面的研究，尤其是针对横向厚度不均匀时轧制力控制精度及稳定性问题的研究较少。

❶ 基金项目：国家青年自然科学基金资助项目（E041604）；太原科技大学校博士科研启动项目（20152026）。

❷ 作者简介：江连运（1985—），男，讲师，博士。

动态设定型 AGC（DAGC）通过变刚度系数可实现恒厚度控制和恒压力控制功能，其中恒厚度控制功能已在多个工业现场得到推广应用，并取得良好的应用效果[5-7]。平整机恒压力控制系统一般采用古典的单输入单输出压力闭环控制方式[8,9]，DAGC 通过变刚度亦可实现平整机恒压力控制[10]。为了解决横向厚度不均匀时平整机两侧压力和总压力控制精度不高的问题，笔者开发了平整机传动侧和操作侧压下系统单独控制（即传动侧和操作侧液压缸不再同步动作）的方式，并根据 DAGC 模型开发出通过压下系统单独动作方式实现恒压力控制的数学模型，称之为改进的 DAGC(ADAGC)，最后对其控制精度和稳定性进行实验验证。

2 平整机恒压力控制方法

现有的平整机恒压力控制方法有压力闭环自动控制方式和 DAGC 方式，笔者对 DAGC 方式进行了改进。

2.1 压力闭环自动控制

压力闭环自动控制（automatic force control，AFC）方式是根据压力传感器与液压压下系统伺服阀的关系来实现的，其基本原理是，当设定压力高于实际压力时提高伺服阀的开口度，反之则降低伺服阀开口度，伺服阀开口度采用 PID 算法[11,12]。压力闭环控制原理如图 1 所示。

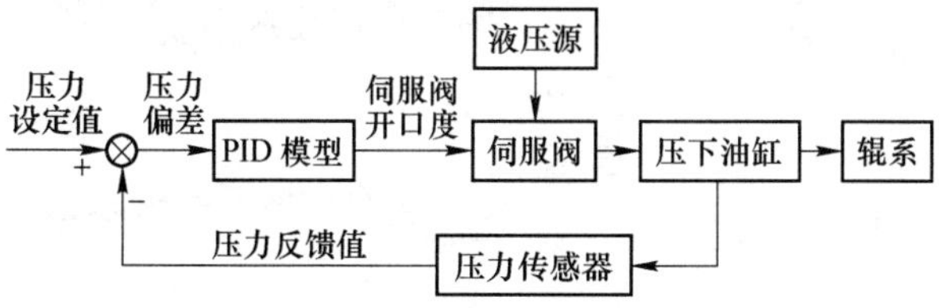

图 1 压力闭环控制原理框图

Fig. 1 Control block of AFC

2.2 DAGC

DAGC 可实现恒厚度和恒压力控制两种功能，该控制方法根据实测压力和辊缝值，一步计算出辊缝调节量，并由自动位置控制（automatic position control，APC）功能实现。DAGC 模型如式（1）所示：

$$\Delta S_k = -C\left(\frac{Q}{M}\Delta S_{k-1} + \frac{M+Q}{M^2}\Delta P_k\right) \tag{1}$$

其中

$$C = \frac{M_c - M}{M_c + Q} \tag{2}$$

$$\Delta P_k = \Delta P_s + \Delta P_d \tag{3}$$

式中，ΔS_k、ΔS_{k-1}分别为第 k 次和第 $k-1$ 次采样时的传动侧和操作侧辊缝调节量；C 为可变刚度系数；Q 为轧件塑性系数；M 为轧机刚度；ΔP_k 为总轧制力（操作侧与传动侧轧制力之和）变化量；M_c 为当量刚度，当 M_c 趋于 0 时，可实现平整机恒压力控制；ΔP_s 为辊缝调节引起的总轧制力变化量；ΔP_d 为扰动量引起的总轧制力变化量。

当 M_c 趋于 0 时，式（1）变为：

$$\Delta S_k = \Delta S_{k-1} + \frac{M+Q}{MQ}\Delta P_k \tag{4}$$

式（4）即为平整机恒压力控制模型，其控制原理如图 2 所示。

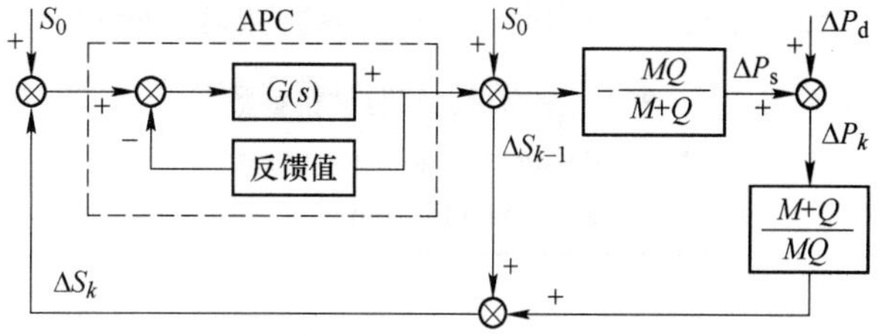

图 2 DAGC 控制原理图

Fig. 2 Control block of DAGC

S_0—初始辊缝；$G(s)$—液压系统传统函数

2.3 改进的 DAGC

当带钢两侧厚度均匀性不良时，平整机两侧液压缸同步动作会导致传动侧压力和操作侧压力偏差较大，严重时可出现带钢跑偏现象。在这种情况下，笔者提出对 DAGC 模型进行改进，实现操作侧和传动侧液压缸的单独控制。

进行平整机液压缸单独控制时，轧机刚度和轧件塑性系数均变为原来的 1/2，实测压力变为平整机所对应一侧的实测压力。改进后的 DAGC 模型如式（5）所示，其控制原理如图 3 所示。

$$\Delta S_k = \Delta S_{k-1} + 2 \times \frac{M+Q}{MQ}\Delta F_k \tag{5}$$

其中

$$\Delta F_k = \Delta F_s + \Delta F_d \tag{6}$$

式中，ΔF_k 为第 k 次采样时传动侧（或操作侧）的轧制力变化量；ΔF_s 为辊缝调节引起的传动侧（或操作侧）轧制力变化量；ΔF_d 为扰动量引起的传动侧（或操作侧）轧制力变化量。

由图 1~图 3 可以看出，3 种控制方法均为单输入单输出的古典控制方法，但是压力闭环控制方法是将压力信号作为基本输入信号，而 DAGC

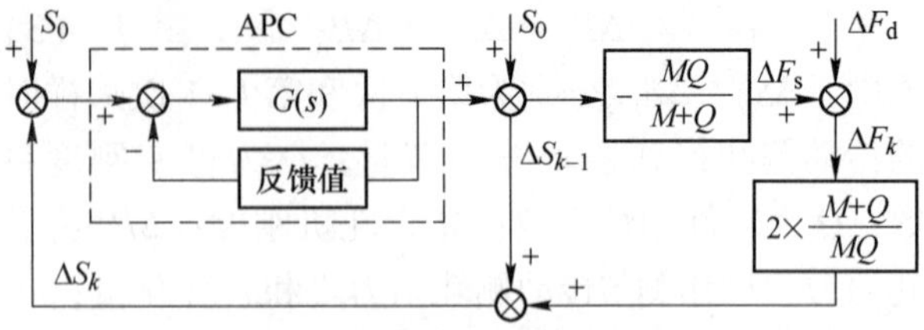

图 3　改进的 DAGC 控制原理图

Fig. 3　Control block of advanced DAGC

和改进的 DAGC 是将辊缝位置信号作为基本输入信号。下面对比以上 3 种控制方法的控制精度。

3　实验结果及分析

恒压力控制实验是在山西省冶金设备设计理论与技术重点实验室中进行的，实验平整机相关技术参数及实验材料（带钢）参数如表 1 所示。

表 1　平整机及实验材料参数

Tab. 1　Parameters of temper mill and experimental material

项　目	参　数
设备名称	LZ-ϕ320×350Z 平整机
工作辊直径/mm	320
工作辊宽度/mm	350
主电动机功率/kW	90
平整机刚度/kN · mm^{-1}	1000
实验材料名称	普碳钢
实验材料厚度/mm	1.2
实验材料宽度/mm	260

在带钢质量较好时，以上 3 种压力控制方式均可以取得良好的控制效果。为了研究以上 3 种压力控制方式在带钢质量较差时的控制效果，选择横向厚度和纵向厚度分布不均的带钢进行实验研究。由于厚度已经变得不均匀，因此相当于给系统引入了扰动量。

在 DAGC 控制方式下，平整机两侧的液压缸同步动作，以此来保证总轧制力的控制精度；改进 DAGC 和压力闭环是通过保证平整机单侧轧制力的控制精度来保证总轧制力的控制精度。根据三者的控制模型开发出平整机恒压力控制系统，并在平整机上进行实验，由此得到了设定总轧制力为 350、420、500kN 时轧机操作侧轧制力、传动侧轧制力和总轧制力趋势，分别如图 4~图 6 所示。

由图 4~图 6 中可以看出，与 DAGC（液压缸同步动作）控制方式相比，改进的 DAGC 方式下，操作侧、传动侧和总轧制力偏差均较小，并且轧制力波动也较小；与压力闭环控制方式相比，改进 DAGC 的控制方式下轧机两侧轧制力及总轧制力稳定且控制精度较高。因此，改进 DAGC 的控制精度及稳定性优于 DAGC（液压缸同步动作）和压力闭环控制方式。

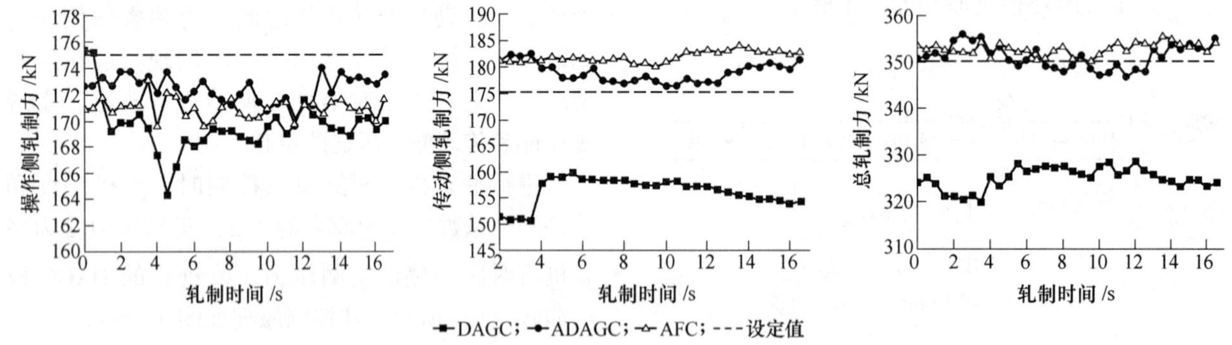

图 4　轧制力为 350kN 时 3 种控制模式下轧制力趋势

Fig. 4　Rolling force with the three control methods when setting rolling force was 350kN

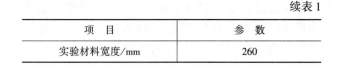

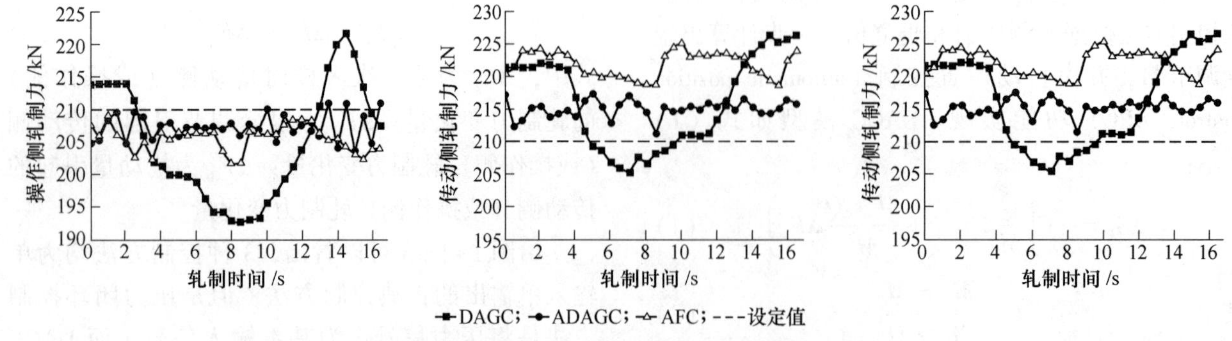

图 5　轧制力为 420kN 时 3 种控制模式下轧制力趋势

Fig. 5　Rolling force with the three control methods when setting rolling force was 420kN

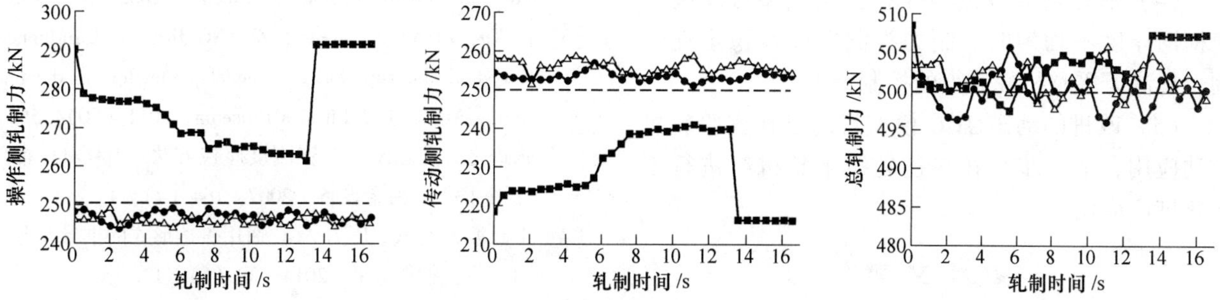

图 6 轧制力为 500kN 时 3 种控制模式下轧制力趋势

Fig. 6 Rolling force with the three control methods when setting rolling force was 500kN

对所测试数据进行计算，得到 3 种控制方式下的轧制力偏差大小，如表 2 所示。表中，ΔF_{ope} 为操作侧轧制力与设定值的最大偏差，$\Delta \overline{F}_{ope}$ 为操作侧轧制力与设定值的平均偏差，ΔF_{drv} 为传动侧轧制力与设定值的最大偏差，$\Delta \overline{F}_{drv}$ 为传动侧轧制力与设定值的平均偏差，ΔF_{tal} 为总轧制力与设定值的最大偏差，$\Delta \overline{F}_{tal}$ 为总轧制力与设定值的平均偏差。

表 2 3 种控制方式下轧制力与设定值偏差

Tab. 2 Rolling force deviation between the setting and actual value of the three control methods (kN)

项目	350kN			420kN			500kN		
	DAGC	ADAGC	AFC	DAGC	ADAGC	AFC	DAGC	ADAGC	AFC
ΔF_{ope}	10. 75	4. 93	5. 56	17. 33	6. 70	8. 38	41. 22	6. 250	6. 30
$\Delta \overline{F}_{ope}$	5. 52	2. 62	4. 12	5. 15	2. 71	4. 53	24. 45	3. 520	4. 34
ΔF_{drv}	27. 13	7. 19	8. 97	16. 39	7. 74	15. 14	34. 00	6. 980	8. 85
$\Delta \overline{F}_{drv}$	19. 67	3. 65	6. 76	5. 94	5. 06	11. 86	21. 22	3. 520	6. 08
ΔF_{tal}	30. 40	5. 86	5. 34	26. 33	7. 72	12. 97	8. 67	5. 880	5. 91
$\Delta \overline{F}_{tal}$	25. 19	1. 03	2. 64	0. 79	2. 36	7. 33	3. 23	0. 003	1. 73

由表 2 中可以看出，当设定压力为 420kN 时，DAGC 控制方式下总轧制力与设定值平均偏差小于改进 DAGC 控制方式下的偏差，除此之外，对于不同的设定轧制力，在改进 DAGC 控制方式下轧制力偏差均小于 DAGC 控制方式下的轧制力偏差。与压力闭环控制方式相比，改进的 DAGC 控制方式下操作侧轧制力、传动侧轧制力和总轧制力最大偏差以及平均偏差均小于压力闭环控制方式。

由表 2 与图 5 可以看出，虽然在 DAGC 控制方式下轧制力与设定值之间的偏差小于改进 DAGC 下的偏差，但是 DAGC 方式下轧制力波动明显高于改进 DAGC，因此，在设定轧制力为 420kN 时，改进 DAGC 控制精度及稳定性优于 DAGC。

由以上分析结果可知，DAGC 和改进的 DAGC 控制模型均可实现平整机恒压力控制，并且改进的 DAGC 控制精度及稳定性优于 DAGC 和压力闭环控制方式。其原因为压力闭环采用压力信号作为输入信号，而改进 DAGC 采用位置信号作为输入信号，即通过位置控制实现恒压力控制。另外，压力闭环所需的压力信号干扰因素较多，如液压泵站油压、来料厚度波动等；而改进 DGAC 主要依靠辊缝位置信号，辊缝信号基本不受干扰。因此，基本测量信号所存在的误差造成了不同控制方式控制精度方面的差异。

4 结论

（1）将 DAGC 控制模型在平整机上进行了实验，实验结果表明，DAGC 控制模型可实现平整机恒压力控制特性；

（2）根据平整机压下系统特性及 DAGC 模型推导得出适用于平整机单侧压力控制的改进 DAGC 模型，并进行实验研究，实验结果表明，改进的 DAGC 模型可实现平整机恒压力控制；

（3）将 DAGC、改进的 DAGC 和压力闭环控制方式下的控制效果进行对比，结果表明，改进 DAGC 模型控制精度高于 DAGC 和压力闭环控制方式；

（4）所开发的改进 DAGC 控制模型可解决来料横向厚度不均匀时轧制力控制精度及稳定性问题，提高了平整机轧制力的控制精度；

（5）改进的动态 AGC 模型目前已在实验轧机成功应用，下一步将在热连轧线平整机组进行工业化推广应用。

参 考 文 献

［1］HUR Yone-Gi，CHOI Young-Kiu. A shape decision and control scheme for the stainless steel at the skin pass mill［J］. ISIJ International，2009，49（6）：858.

［2］SUN Jing-na，HUANG Hua-gui，DU Feng-shan，et al. Nonlinear finite element analysis of thin strip temper rolling process［J］. Journal of Iron and Steel Research，International，2009，16（4）：27.

［3］Mahdi Bagheripoor，Hosein Bisadi. Application of artificial neural networks for the prediction of roll force and roll torque in hot strip rolling process［J］. Applied Mathematical Modeling，2003（37）：4593.

［4］LEE Dukman，LEE Yongsug. Application of neural network for improving accuracy of roll-force model in hotrolling mill［J］. Control Engineering Practice，2002（10）：473.

［5］LI Xu，ZHANG Hao-yu，ZHANG Jin，et al. Influences to system and superiority of model parameters in dynamic setting AGC［J］. Physics Procedia，2011（20）：565.

［6］张进之. 动态设定型变刚度厚控方法（DAGC）推广应用［J］. 冶金设备，2007，164（4）：1.

［7］王云波，刘东. 压力 AGC 通用表达形式的推导及分析［J］. 冶金自动化，2014，38（1）：12.

［8］李东江，陈启军，王国民. 宝钢某连续退火机组平整机控制技术［J］. 冶金自动化，2011，35（1）：51.

［9］WANG L P，LIAN J C，WU X D. A new rolling force-model for dry thick temper rolling strip mill［J］. Journal of Materials Processing Technology，2005（170）：381.

［10］张进之，段春华. 动态设定型板形板厚自动控制系统［J］. 中国工程科学，2000，2（6）：67.

［11］TANG K Z，HUANG S N，TAN K K，et al. Combined PID and adaptive nonlinear control for servo mechanical systems［J］. Mechatronics，2004，14（6）：701.

［12］XIE Dong，ZHU Jian-qu，WANG Feng. Fuzzy PID control to feed servo system of CNC machine tool［J］. Procedia Engineering，2012（29）：2853.

（原文发表在《冶金自动化》，2016，40（2）：30-34）

板带轧制过程厚度自动控制技术的发展历程

张进之，许庭洲，李 敏

（中国钢研科技集团有限公司，北京 100081）

摘 要 通过厚度、板形和张力这三个自动控制目标量的分析，表明可以用厚度实现最简单最有效的控制。实现厚度的控制主要由负荷分配和 AGC 系统来实现的。厚度自动控制最好方法是 DAGC，而无迭代计算的 ϕ 函数负荷分配方法，不仅解决了静态负荷分配问题，而且动态调节 ϕ 值可以补偿轧辊实时凸度变化。自动控制的另一个主要问题是测量，通过可测的压力、机械辊缝、张力（冷连轧）和活套角就可以完全满足对板带轧制中的全部目标量的有效控制。

关键词 厚度；板形；DAGC 方法；张力公式；解析板形理论

Development course of thickness automatic control technology for the strip rolling process

Zhang Jinzhi, Xu Tingzhou, Li Min

(China Iron & Steel Research Institute Group Co., Ltd., Beijing 100081)

Abstract: Through the analysis of the thickness, plate shape and tension these three automatic control target values, it shows that can use thickness control to realize the most simple and effective control. The thickness control is mainly realized by the load distribution and AGC system. The best method of the thickness automatic control is DAGC and no iterative calculation ϕ function load distribution, not only solve the static load distribution problems, but also the dynamic adjusting ϕ function value can compensate for real-time camber change of the roll. Another major problem of automatic control is measurement, through the measurement of pressure, mechanical roll gap, tension (cold rolling mill) and the angle of loop, can completely realize effective control for all the targets of the strip rolling control.

Key words: thickness; plate shape; DAGC; tension formula; analytical strip shape theory

1 引言

板带材在工业和日常生活中的应用是十分重要的，人们对它的主要要求有两个方面：其一是物理性能；其二是几何尺寸精确性。目前人们对物理性能要求方面的研究比较多，而对几何精度要求已因满足了要求而相对研究较少了。本文重点是讨论板带几何尺寸精确度问题，而研究重点在于如何在简化机电装备和控制系统方面的实现问题。从 20 世纪 50 年代起，英国钢铁协会发明了 BISRAAGC 之后，日、美和德国分别应用弹跳方程间接测厚原理发明了测厚计型 AGC（简称 GMAGC）。在国外厚控技术实际应用中取得了巨大成功之后，我国开始对厚控技术也十分重视，其中钢铁研究院从提高带钢厚度精度目标也开始研究厚控技术，得到与国外不同的动态设定型变刚度厚控方法，简称 DAGC。

DAGC 与国外两种厚控方法有本质区别，即矛盾的特殊性——发现轧件扰动可测，由于轧件扰动是时变序列，所以 DAGC 厚控模型属于动态厚控方法。当然 DAGC 与国外发明的两种静态 AGC 也有相同点，即都是以弹跳方程为基础。

厚度自动控制技术还有另外一条原理，即连轧张力理论或秒流量相等条件。连轧动态理论国际上是十分重视的，国外 20 世纪五六十年代有很多研究，但未得到最终结果。我国从 20 世纪 60 年代开始研究连轧张力问题，实验研究是在钢铁研究院十二辊轧机上进行的，十二辊轧机是国内第一台，有很好的电气传动系统（清华大学设计），而天津电气传动系统所在该轧机上实验该所研制的直接测量张力的张力计，由此具备了研究各种工艺参数与张力函数关系的优良的实验条件，系统地研究了张力与前滑、厚度、压力等的关系，特别是研究了在不同入口厚度和不同硬度条件下的出口厚度变化的定量关系[1]。这些实验研究对建立精确的连轧张力理论是十分重要的，由此我国在连轧理论方面走在世界前列。

厚控技术的实际应用，带来了新问题，即与板形质量的矛盾。AGC是压力正反馈，为了减小厚差，当厚差是正值时，要减少辊缝使压力进一步增加，它就影响板形质量。日本为了解决这一问题，采用了在成品机架（或道次）用软刚度方法，即降低一点厚度精度来保证板形质量。目前国内外还是用日本发明的方法，之所以这样，是国外未得到解析的板形理论。我国建立了板形解析理论，所以可实现恒厚度和恒板形（板凸度和平直度）的板带质量优化控制问题。解析板带理论是20世纪90年代建立的，首先应用在中厚板轧机上，2010年已在攀钢1450六机架热连轧机上实验成功板形向量（板凸度和平直度）闭环控制[2]。

2 DAGC与另外两种压力AGC的本质区别

BISRAAGC和GMAGC的建立只描述阶跃扰动条件下的压力、辊缝和扰动（轧件厚度或硬度的阶跃变化）之几何关系；DAGC的建立对轧件扰动无要求，其扰动量可允许是随机变化量，它是由可测、可控的压力和辊缝信号推导出轧件扰动信息而得到的厚控数学模型。DAGC与其他两种压力AGC有相同性质的一面，即有相交集，而DAGC有它与另两种压力AGC有不相交部分，从而有优于另外两种压力AGC的性质。这些性质得到DAGC的几点特殊优点，主要有与监控、预控AGC系统之间解耦性[3]，统一了厚度恒定和压力恒定（平整机系统）两种以往完全独立的系统。这两种特性有什么意义呢，它大大简化了控制系统，而且提高了厚控精度和恒压力精度。下面分别介绍这两种方式实际应用的效果。

2.1 与监控和预控解耦性的工业应用效果分析

以冷连轧为例进行分析，冷连轧过程轧件的厚度和硬度差是它的扰动源，而轧辊偏心在F_1机架影响最大。不同轧机或生产厂的情况也不同，有的轧机条件好，即轧辊偏心小；而原料情况，目前热连轧厚度精度都比较高，一般可达到±30μm的水平，但热轧卷头、尾厚差比较大，一般在±50μm～±100μm之间。由于热轧卷质量的提高，对于整卷钢大部分段冷连轧不用厚度自动控制系统已可以达到精度要求，为了提高整卷厚度精度，要进行厚度自动控制只是头尾部分。冷连轧厚度自动控制系统已定型，F_1机架有入口和出口测厚仪，所以有预控和监控系统，F_2机架有利用F_1机架出口测厚仪的预控AGC。F_5是成品机架，还有变张力值的张力AGC和平整机特性（恒压力）的自动控制系统。

冷连轧F_1机架厚控系统原先都有压力AGC，但目前新的冷连轧F_1的厚控系统不采用压力AGC系统了。笔者经分析研究后认为，此是由于BISRAAGC或GMAGC与监控和预控系统有互相影响，系统参数不好设定而取消的。

DAGC用在F_1机架，情况就完全不同了，DAGC具有预控功能，它的响应速度快，可以提高F_1机架出口厚度精度，而且对监控、预控没有影响[3,4]。由于DAGC有预控功能，所以有可能代替原先的预控AGC系统。DAGC统一了平整机恒压力和轧钢机恒厚度控系统，根据F_1实际轧辊偏心量的实际概况，可设定最佳当量刚度值，取得最佳厚控效果。

2.2 DAGC位置闭环的恒压力控制系统分析

板带生产过程有两项重要自动控制功能，其一是在轧件扰动条件下如何保证出口厚度恒定或较小变化；其二是退火后成品板带平整功能，平整目的主要是用小变形量消除屈服平台。这两项功能的自动控制系统以前是完全独立的，厚度自动控制系统基本控制环节为位置闭环，平整机基本控制环节是压力闭环。位置测量元件精度高，可达到1μm，而压力信号误差较大，受随机干扰因素很多。这里就提出一个问题，能否用位置闭环实现恒压力功能。为何提出这个问题呢？因为压力信号只是一个可测的不能直接实现控制的信号，实现恒压力必须通过位置闭环才能实现。为了说明此问题，引用宝钢冷轧厂和宝钢冷轧薄板带两套两机架平整机为例说明之。下面以宝钢冷轧厂双机架平整机为例，其主要控制环节如图1所示[5]。

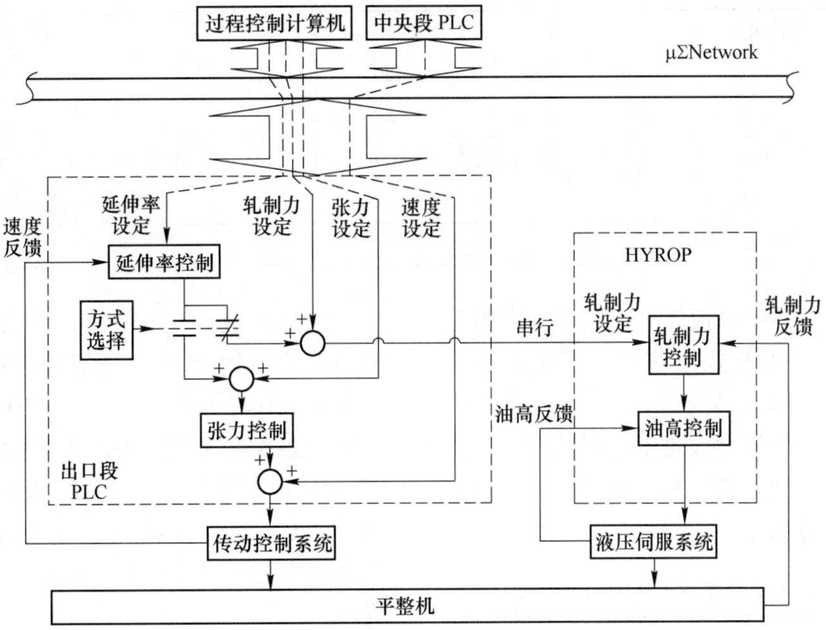

图 1 平整机控制系统框图

图 1 所示恒压力部分，由串行口设定轧制压力值，由平整机得到压力反馈值，而实现轧制压力控制。由轧制力通过 *PI* 调节设定油柱高控制（位置设定），通过液位伺服系统实现辊缝位置控制。这里有两个反馈控制系统，其一是油高反馈位置控制系统，其二是轧制压力反馈控制系统。

实现恒压力控制用 DAGC 方式就非常简单了。由 DAGC 控制模型：

$$\Delta S_k = -C\left(\frac{Q}{M}\Delta S_{k-1} + \frac{M+Q}{M^2}\Delta P_k\right) \qquad (1)$$

$$C = \frac{M_c - M}{M_c + Q} \qquad (2)$$

式中 ΔS_k——k 时刻辊缝调节量，mm；

ΔP_k——k 时刻轧制力实测量，kN；

ΔS_{k-1}——$k-1$ 时刻辊缝实测量，即与压力值同步实测量，mm；

C——可变刚度系数；

M——轧机刚度，kN/mm；

Q——轧件的塑性系数，kN/mm；

M_c——当量刚度值，其存在域［0，∞］。

由式（1）、式（2）可以看出，当设 $M_c=0$ 时，即为平整机功能，下面写出平整机数学模型公式：

$$\Delta S_k = \Delta S_{k-1} + \frac{M+Q}{M \cdot Q} \cdot \Delta P_k \qquad (3)$$

式（3）表明，当 DAGC 作平整机使用时，具有高的鲁棒性。当 $\Delta P_k=0$ 时，M、Q 的精确度大小已对系统性能和稳定性不影响了。

为什么 DAGC 具有上述优点呢？因为它用了两条基本原理：其一是弹跳方程，其二是 DAGC 是在发现轧件扰动可测后得到的简明数学模型。在实际轧机上的轧制实验证明了它的性质，也证明 DAGC 恒压力控制精度比压力闭环的恒压力精度高[10]。

2.3 DAGC 厚控系统应用的实际效果

DAGC 厚控方法发明后，开始在实际生产中应用，第一次在生产中应用是在上钢三厂 2350mm 中板轧机上[6]。下面简单介绍一下实际效果。

上钢三厂的 2350mm 四辊轧机设备陈旧，无测厚仪等检测装置，轧制品种规格多，坯料为钢锭，三台加热炉，由三辊劳特轧机开坯，四辊精轧出成品，加热水印十分明显。

因无测厚仪，无法用命中目标差分析绝对 AGC 方式的效果，采用一批同规格板异板差来反映它的效果。动态设定 AGC 实现绝对值方式比较容易，由于该轧机采用了 DAGC 和过程机自动设定方式，轧机的产品质量达到国际先进水平（表 1）。

表 1 异板差技术指标对比（2350mm 中板轧机）

检测日期	钢种规格/mm	生产方式	均方差/μm	块数	国际先进水平
1994 年 5 月 14 日	16Mn14×1800	人工轧制	107.3	18	上钢三厂 3500mm 厚板轧机（西门子系统）

续表 1

检测日期	钢种规格/mm	生产方式	均方差/μm	块数	国际先进水平
同上	同上	人工轧制	120	27	h=8mm，均方差=89μm
同上	同上	投运计算机控制系统	33.7	17	h<15mm，均方差=104μm
同上	同上	投运计算机控制系统	31.0	23	日本新日铁 1998 年资料，均方差=70μm
1994 年 5 月 16 日	Q235 12×1800		31.2	27	世界金属导报 1994 年，均方差=45μm
1994 年 5 月 17 日	Q235 10×1800		27.7	33	

之后在多套国内外中厚板轧机上应用，取得了明显技术经济效果。由此效果获得了国家发明奖和多次省、部级科技进步奖。下面重点介绍对引进国外热连轧厚控数学模型改进的情况。

第一次改进厚控数学模型是宝钢 2050mm 热连轧机，表 2 是实际效果[7]。

表 2　动态设定 AGC 与原厚控模型精度对比

检测日期	厚度规格/mm	AGC 模型	同卷板差/μm	卷数
1996 年 6 月	4~8	原模型	0.128	3
1995 年 4~8 月	3~6	原模型	0.140	15
1996 年 6 月	4~8	动态设定 AGC	0.051	8

表 2 除 6 月的对比实验数据外，还包括 1995 年分析 2050mm 热连轧厚控精度存在问题时的 15 据数据。西门子模型的同卷板差均值为 130μm，而动态设定 AGC 为 51μm。厚控精度提高一倍以上，与理论分析和在一重厂实验轧机上的效果一致。

正式投运动态设定 AGC 确实是厚控理论和技术的一次飞跃进步，完全可以在板带轧机上广泛推广应用。表 3 为原西门子模型取自 1995 年 1 月~1996 年 5 月共 17 个月约 700 万吨生产统计数据，1996 年 6 月为过渡期，动态设定型则取自于 1996 年 7 月~1997 年 8 月 14 个月的生产统计数据。

表 3　厚控精度在±0.05mm 内的百分统计表（MS）

厚度范围/mm	原模型/% (1995.1~1996.5)	动态设定型/% (1996.7~1997.8)	提高/%
1.00~2.50	86.36	94.18	7.82
2.51~4.00	91.00	93.44	2.44
4.01~8.00	83.94	89.38	5.44
8.01~25.40	60.22	78.70	18.48

总平均值，原模型为 80.38%，动态设定型为 88.93%，提高 8.55%。

1996 年改西门子厚控数学模型成功之后，于 2005 年在宝钢 1580 七机架热连轧上用改参数方法实现了 DAGC 厚控方法[8]。2003 年在攀钢 1450mm 六机架热连轧上用 DAGC 代替了从意大利引进的厚控数学模型[9]。攀钢从意大利引进的厚控系统是美国 GE 数学模型。以上情况表明，DAGC 代替国外的主要厚控压力 AGC 数学模型取得了完全成功。

以上情况促进了国际上厚控精度进一步提高，宝钢 2050mm 热连轧机在 2005 年左右改基础自动化硬件时，西门子公司将原 DAGC 方法用错，后改用最原始的 BISRA 厚控数学模型。总之 DAGC 在宝钢 2050mm 应用了近 10 年时间。2011 年 11 月在新余 1580mm 七机架热连轧机上用 DAGC 代替了德国西门子公司新压力 AGC 数学模型，取得了完全成功。文献［11］介绍厚控实际效果，使同卷厚差减小了一半。图 2 是对比效果图。

3　连轧张力公式在厚控方面的应用

连轧张力公式实质是连轧过程的解析函数，是连轧过程多参数的向量方程。以七机架连轧机为例，它的可测可控量有 14 个，7 个机械辊缝，7 个轧辊速度，再加上一个时间就是一个 15 维的广义空间。连轧机是生产工具，它是将轧件从大截面积轧制成小截面积。轧件有扰动量，即坯料厚度、宽度、硬度等；轧机也有扰动量，主要是轧辊偏心、轧辊磨损和热膨胀及轴承油膜厚度等，自动控制的根本目的就是在这些扰动条件下得到恒定的或最小变化的成品厚度、宽度和板形（板凸度和平直度）质量。

提高板带质量的首要问题是负荷分配，就是将总压下量（$H-h$）分配到各机架上，它本质上是一个静态问题。自动控制的主要任务是针对轧件的扰动（入口厚差和硬度差），DAGC 是发现扰动可测而发明的，所以成品厚度的精度问题得到了完全解决。还有轧机扰动问题，所以单纯压力 AGC 不能完全解决厚度精确化问题。由连轧

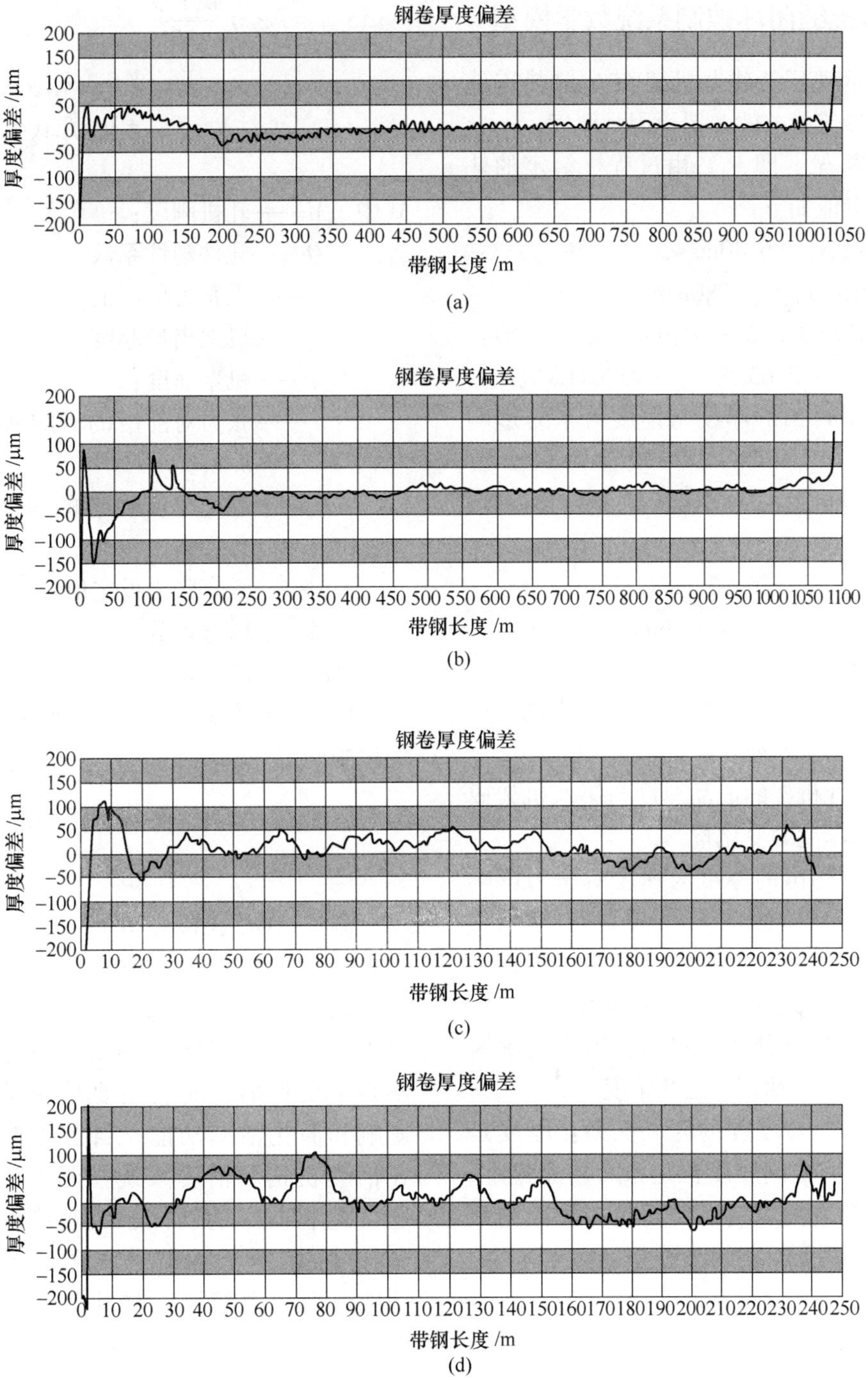

图 2　新余 1580mm 七机架热连轧 DAGC 与原西门子厚控数学模型厚控精度对比图

（A-DAGC 厚控数学模型；B-西门子压力 AGC 数学模型）

（a）SPHC 2.0mm J11-09317A020 12.26 04：14 头部厚度良好，整卷厚度均匀，波动极小；

（b）SPHC 2.0mm 头部约 150m 厚度波动较大；

（c）Q345B 9.5mm 厚度偏差除头部 10m 外，基本在±50μm 以内；J11-09396A030 12.28；

（d）Q345B 9.5mm 厚度偏差在±100μm 内波动

张力公式或秒流量相等条件推出的流量 AGC 已解决了冷连轧厚控精度问题。对于热连轧，没有冷连轧条件好，其张力是很难测量的。21 世纪初分析发现了张力变化或活套角变化的因果关系，其变化原因是轧件厚度而不是速度。其实冷连轧应用秒流量 AGC 正是利用了这一物理规律。分析研究发现了热连轧活套角变化是由厚度变化引起的，而且活套角变化是可测量的，所以推出热连轧活套角与辊缝闭环的恒厚度和恒流量控制方法。

3.1　活套角与辊缝闭环控制系统数学模型

以天津兆博钢铁厂新建九机架 650mm 热连轧为例，证明引起秒流量差的主要原因是厚度。

（1）对于末机架，即 F_9：由过程机给定的轧辊速度和厚度设定值如下：

$v_8 = 5.40\text{m/s}$，$v_9 = 6.40\text{m/s}$，

$h_8 = 2.354\text{mm}$，$h_9 = 1.980\text{mm}$

由张力公式计算出保持张力恒定的各系数值：

$\Delta v_8 = 0.841\Delta v_9 + 2765.5\Delta h_9 - 2326.1\Delta H_9$

从上式系数中得出的厚度与速度对张力影响的比率为 3288。

（2）对于入口机架，即用同（1）相同的方法计算的得：

$v_1 = 0.665\text{m/s}$，$v_2 = 0.939\text{m/s}$，

$h_1 = 21.045\text{mm}$，$h_2 = 14.888\text{mm}$

$\Delta v_1 = 0.707\Delta v_2 + 44.62\Delta h_2 - 31.56\Delta H_2$

式中　ΔH_9——第九机架的来料厚度与第八机架来料厚度的变化量；

Δh_9——第九机架的成品厚度与第八机架成品厚度的变化量。

从上式系数中得出的厚度与速度对张力影响的比率为 63。

通过对以上数值的分析证明，在常规热连轧控制条件下，难以通过张力稳定而使厚度稳定。但控制厚度稳定必然会使张力稳定，因为轧辊速度控制的精度很高，可达万分之几精度。

特别强调，张力与厚度的因果关系：厚度是因，张力是果，只有控制厚度恒定张力才能稳定。从理论和技术两个方面否定了目前热连轧控制系统的发展方向，即活套控制的改进。

3.2　流量 AGC 的数学模型

调节量计算

$$\Delta S_{i+1} = k \cdot \eta \frac{M+Q}{M} \frac{h_i v_i (b_i f_i + b_{i+1} f_{i+1})}{v_{i+1}[1 + f_{i+1} + b_{i+1} f_{i+1}(\sigma_{i+1} - \sigma_i)]} \Delta\alpha_i \tag{4}$$

式中　M——轧机刚度；

Q——轧件塑性系数；

f——无张力前滑值；

h_i——机架出口厚度；

v——机架速度；

b_i——张力对前滑的影响系数，$b_1(b_{i+1}) \approx 0.1$；

η——理论分析确定的修正值[12]，$\eta = 1.199$；

σ_i——活套张力设定值；

k——增益系数；

$\Delta\alpha_i$——活套角偏差。

k 增益系数在调试时，开始取小一些，最终值调试中确定。

3.3　流量 AGC 在热连轧机上的实际应用效果

流量 AGC 在冷连轧上已普遍应用了，在热连轧机上应用是我国首创的新技术。第一家开始应用流量 AGC 是攀钢 1450mm 热连轧机，它可以进一步提高厚控精度，但能提高厚控精度不是主要目的，而它主要功能是抑制轧辊偏心影响和简化活套功能。目前热连轧新技术主要在活套机构和活套系统控制上活套原先作用是起“电容器”的功能，吸收或释放由机架间活套长度的变化，而流量 AGC 则将改变活套主要功能，由“电容器”转化为机架间秒流量差观察器。图 3 是攀钢 1450mm 热连轧的实测对比数据。

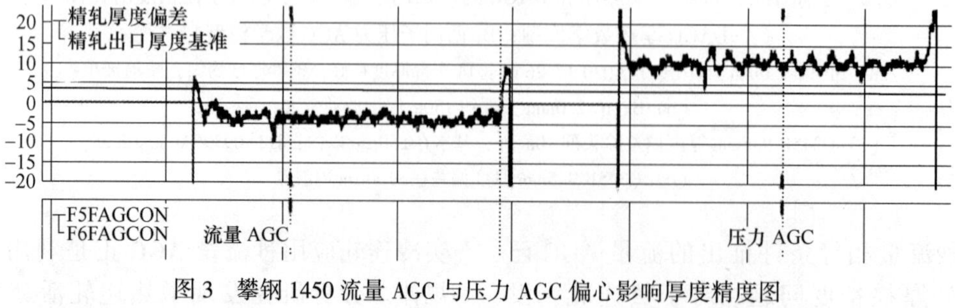

图 3　攀钢 1450 流量 AGC 与压力 AGC 偏心影响厚度精度图

图 3 十分明显地表现出流量 AGC 比压力 AGC 大大减小了轧辊偏心对带钢厚度精度的影响。

2011 年 8 月在兆博热连轧机上实验流量 AGC，测试了厚度精度和活套角波动的影响，它比攀钢

工作前进了一步，增加了活套角实时波动值的记录。图4为$F_8 \sim F_9$机架间活套角波动图，图5为$F_7 \sim F_8$、$F_8 \sim F_9$机架间活套波动图。

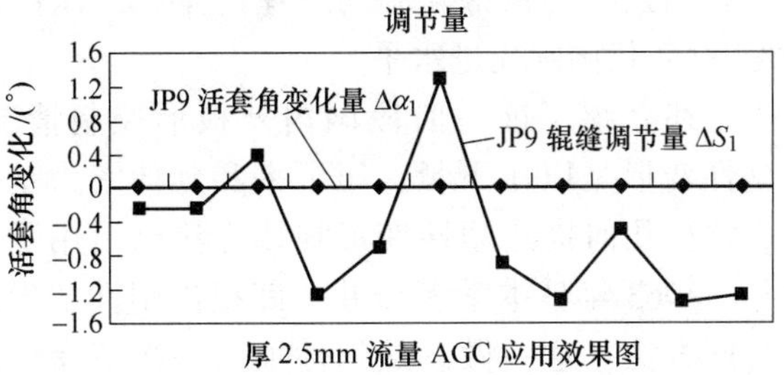

图4 $F_8 \sim F_9$机架投运流量AGC时活套角变化图

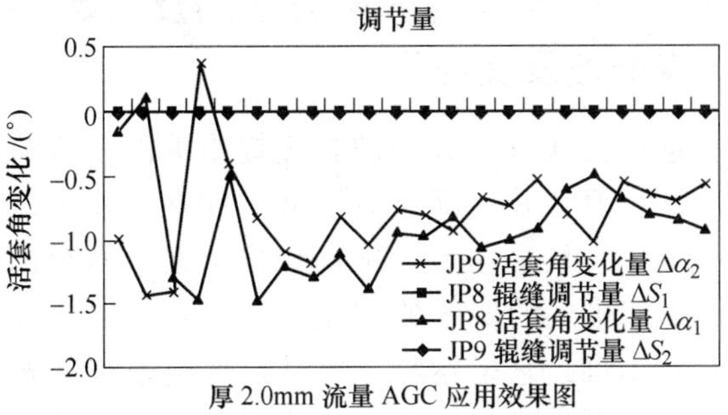

图5 $F_7 \sim F_8$，$F_8 \sim F_9$机架投运流量AGC时活套角变化图

最大活套角变化为1.5°；辊缝变化很小，一般不大于±0.03mm。

两机架间投运秒流量AGC时，活套角波动也很小，而开始投运时活套角波动大一些，到中段和尾部波动就更小了。

九机架热连轧机的厚控精度很高，调试其间分析了同卷厚差精度，轧制1.75mm×355mm的钢卷，95%的厚差精度为±15μm。

目前厚度精度都已很高了，投运流量AGC主要目的是简化热连轧控制系统。

4 负荷分配控制板形技术的实际应用

板形控制的发展史：人工控制压下量分配；计算机实现人工经验的变规程轧制；CVC、PC等板形控制装备的发明及使用；解析板形理论的建立并已在中厚板轧机上应用。板形控制的难度在于现代国外板形理论缺轧件参数，由分析方法推导轧件板形刚度参数计算公式，建立了解析板形刚度理论，用在线动态压下量分配方法实现板形的向量控制。

合理的压下制度轧出平直钢带（板）是轧钢中最主要的操作经验，计算机控制为总结操作经验并给出合理的压下规程提供了方便的条件。所以1962年第一台热连轧机实现计算机控制以后，很快得到普及应用。板凸度控制是比较困难的，而不同用途的板卷所希望的凸度值也不同，轧辊的凸度值是随热凸度和磨损变化的，所以计算机控制应在控制板凸度问题上发挥作用。最先研究板凸度控制并实用化的是比利时冶金研究中心（CRM），之后是日本的川崎钢铁公司。据文献介绍，开始研究此技术是1967年CRM和荷兰霍戈文斯厂，有效的工业化应用是：1975年比利时西德马尔公司的80″热连轧；1976年荷兰霍戈文斯88″热连轧机。20世纪70年代末日本川崎千叶、水岛两套热连轧机上采用变负荷分配方法控制板卷凸度值。川崎在线应用分两个阶段，第一阶段所制定的三、四种轧制规程，程序的改变是操作工通过观察板形的输出人工进行的；第二阶段为在线自动进行。第一阶段已取得明显效果。川崎经过大量实验，获得了最佳带钢凸度和平直度的压下制度，如表4所示。

表4 川崎最佳带钢凸度和平直度的压下制度（压下率/%）

方式 \ 机架	F_1	F_2	F_3	F_4	F_5	F_6	F_7	备注
A	31.7	39.1	35.7	31.0	17.8	11.9	7.6	1~5卷
B	32.1	33.0	29.5	26.5	19.8	14.5	10.2	6~25卷
C	31.1	33.7	35.1	35.5	25.6	22.6	19.4	26~47卷
D	32.8	30.3	28.7	29.7	31.5	23.7	20.9	48~71卷

采用表4的轧制程序，在一个轧制周期的实验中，带钢凸度从60μm变化到30μm，变化量为30μm，达到了带钢凸度波动的要求值。相反，采用普通轧制程序时，带钢凸度从100μm变化到20μm，变化量为80μm。

CRM系统的效果是十分明显的，尤其是在轧机运行条件偏离正常状态时更是如此。它适用于一个轧程的开始（冷辊），或轧机长时间停轧的情况。在这种情况下，操作工很难以经验找到合适的负荷分配，而计算机应用动态负荷分配方法则能处理任何情况，图6、图7的实例就说明了这种情况[12]。

图6表明，在自动轧制的情况下测得的成品机架的轧制力是卷数的函数，加大轧制力补偿了轧辊的热凸度，保证了带钢凸度和平直度的要求。

图7反映了不同停机时间对轧辊热凸度变化的影响，每次重新开轧时开始卷的轧制压力都不同，并随着轧辊热凸度增加（卷数增加）而增大轧制压力。

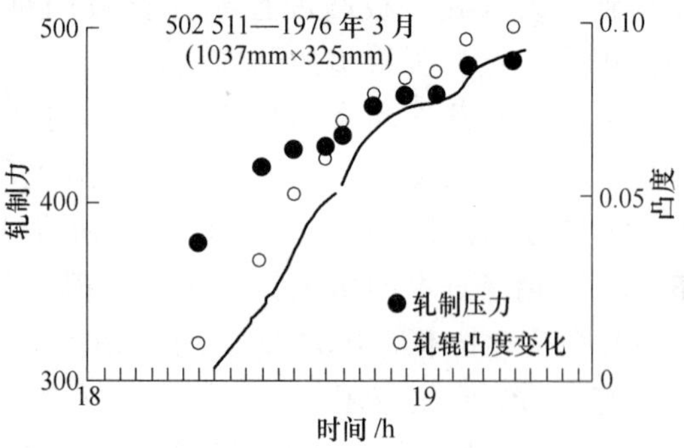

图 6　在线板形控制，在一个轧役开始时，最后一架轧制力的变化

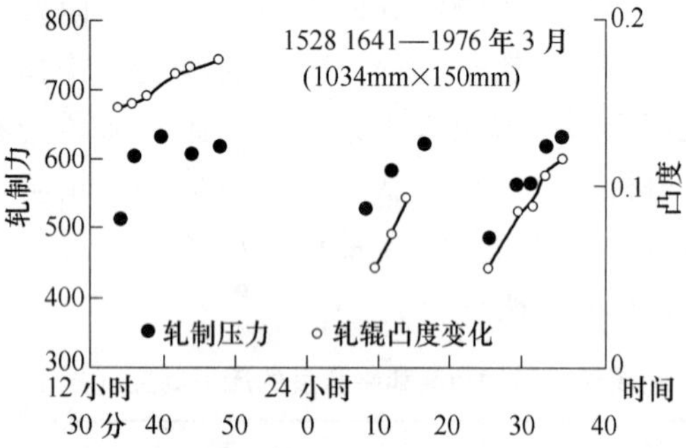

图 7　在线断面形状控制，中间停轧最后一架轧机轧制力的变化

欧洲和日本 20 世纪 70 年代末取得的经验未能进一步推广，其主要原因有两点：其一是板形控制装备大大发展，如 HC、PC、CVC、UPC、VC、DSR 等等，其控制效果比负荷分配大、直观，再加上控制技术和板形检测仪器的大发展，可以实现闭环控制；其二是板形工艺控制理论落后，未能将负荷分配控制板形的方法数学模型化。但是装备及其控制技术也有它的不足，即成本高。所以，20 世纪 90 年代负荷分配方法控制板形的技术又受到青睐，1994 年国际轧钢会议上荷兰霍戈文斯 88″热连轧机和日本神户 4700mm 中厚板轧机等实例就是最好说明。其原因是应用了新日铁的轧件遗传板形理论[13]。

国外情况表明，用负荷分配控制板形是可行的。使用我国发明的综合等储备负荷分配方法得出板形（平直度）最佳优化轧制规程，已在太钢 MKW-1400 八辊可逆冷轧机，重庆、天津、邯郸、上钢三厂、新余、韶关、美国 Citisteel 等中板轧机上都成功地投入应用，特别是应用智能协调推理网络，可以在线调整压下量分配，以适应轧辊状态（热凸度和磨损）的实际变化。笔者在板形控制理论方面取得了突破性的进展，得出动态板形矢量模型，简称新型板形测控方法。这种新型板形测控方法已经通过实验验证并应用在美国 4064 宽厚板轧机上，且已获得美国专利，并于 1999 年 4 月 20 日通过国家机械局专家鉴定。评价是：形成了我国独特的板带轧制动态理论体系，具有 20 世纪 90 年代国际先进水平。

上述介绍了前一阶段国内外板形控制情况。对塑性变形是以压下量，压下率和延伸率为基础的，这种几何描述塑性变形规律方法已沿用了几百年。1963 年日本学者今井一郎提出塑性变形能量分配方法，这一做法是塑性加工一次革命性进步。下面介绍今井方法的推广应用。

5　今井一郎能耗分配方法的反函数——ϕ 函数及其应用

前面已谈到今井一郎首先提出的能量负荷分配方法，但今井一郎的方法并未能在工业生产中直接应用，只是作为一项理论成果在学术范围内介绍。未推广的实际原因是能耗可测，但实际测量比较困难，它是钢种、成品及坯料厚度和宽度的函数，而描述塑性变形量也是无穷数。所以今井一郎的方法是可用却又很难用的。笔者在 2001 年研究今井一郎方法时，发现能耗法中的厚度计算公式（该公式与今井一郎原式做了一些简单变换，由原符号 ε 变为 ϕ）：

$$h_i = \frac{H \times h}{[h^m + \phi_i(H^m - h^m)]^{\frac{1}{m}}} \tag{5}$$

$$m = 0.31 + \frac{0.21}{h} \tag{6}$$

式中　h——成品厚度；

H——坯料厚度；

ϕ——1 机架至 i 机架累计能耗与总能耗比。

m 为今井一郎最为重要参数，由它将一般三参数能耗负荷分配模型置换为单参数模型。由今井厚度计算公式可以求得反函数，称之为 ϕ 函数[15]：

$$\phi_i = \frac{\dfrac{H \times h}{h_i} - h^m}{H^m - h^m} \tag{7}$$

2001 年发现的 ϕ 函数，使其由能耗计算转变为厚度计算，而板带轧制中厚度值非常容易取得，所以今井一郎的方法得到工业化应用。最先启用的函数方法是 2007 年天津岐丰新建的热连轧生产线——8 机架热连轧机[18]和湖南冷水江 7 机架热连轧机。天津岐丰 8 机架和冷水江 7 机架热连轧机都是新建的热连轧生产线，其采用新型 ϕ 函数方法比较容易，而将该方法推广到国外引进的连轧生产线是十分困难的事，因为引进的热连轧生产线均正常生产。为了实现在引进的冷热连轧生产线上应用 ϕ 函数负荷分配方法，对引进的冷、热连轧生产线的负荷分配问题进行了深入的分析研究。《ϕ 函数的发现及推广应用的可行性和必要性》一文专门讨论了该问题[15]。文中具体分析研究了宝钢 2050mm、1580mm 两套热连轧机的典型规格的厚度和压力分布；宝钢 1220mm 冷连轧机的各机架压力分布；攀钢 1450mm 热连轧机的各机架压力和压下量分布。发现这些引进的连轧机负荷分配不太理想的根据是：对于相同钢种，总压下量大的应当比总压下量小的各机架压力值大，而且近似于平行为优。实际压力分布制图发现有交叉现象，从而判断出可在引进连轧机上推广应用 ϕ 函数方法的可能性。仅这一点是不够的，实际生产过程各机架压下量分配并不要求严格，各机架压下量大一点、少一点都不影响正常生产。

怎样才能在引进热、冷连轧机上推广应用 ϕ 函数方法呢？提出了动态调节 ϕ 函数值的方法。该方法得到攀钢热轧板厂支持，已在攀钢 1450mm 热连轧机上实验应用 ϕ 函数负荷分配方法。

目前我国宽带钢热连轧都有板凸度和平直度测量设备，所以实际板形与目标板形差是已知量，由可测的板凸度 C_{h_n} 和目标板凸度差是可求得的 ΔC_{h_n}。由解析板形理论数学模型[18]，就可以求得在保证厚度不变的条件下成品机架入口厚度和辊缝的调节量。具体计算公式如下：

$$\Delta C_n = \frac{m+q}{m}\Delta C_{h_n} \tag{8}$$

$$\Delta C_{h_n} = C_{h_n} - C_{h_0} \tag{9}$$

式中 ΔC_{h_n}——成品板凸度实测值与目标凸度值之差，mm；

C_{h_n}——成品板凸度实测值，mm；

m——轧机板形刚度值，kN/mm^2；

C_{h_0}——板目标凸度值，mm；

q——轧件板形刚度值，kN/mm^2。

由式（8）求得的成品机架轧辊挠度所需要的改变量 ΔC_n，可由材料力学公式求得所需要的轧制压力变量 ΔP_n。

当 ΔP_n 求得后，由弹跳方程和压力公式的线性化计算公式，就可以求得在保证成品厚度恒定条件下成品机架入口厚度和辊缝的改变量，即由下述三个计算公式[17]：

$$\Delta h_n = 0 \tag{10}$$

$$\Delta P_n = \frac{M \cdot \frac{\partial P}{\partial H}}{M+Q}\Delta H_n - \frac{M \cdot Q}{M+Q}\Delta S_n \tag{11}$$

$$\Delta h_n = \Delta S_n + \frac{\Delta P_n}{M} \tag{12}$$

式中 h_n——成品厚度，mm；

S——轧机机械辊缝，mm；

P_n——成品机架轧制力，kN。

将式（10）代入式（11）得：

$$\Delta S_n = -\frac{\Delta P_n}{M} \tag{13}$$

由于 ΔP_n 已由材料力学公式计算出来了，将式（13）代入式（11）就可以计算出 ΔH_n：

$$\Delta H_n = \frac{1}{\frac{\partial P_n}{\partial H}}\Delta P_n \tag{14}$$

当成品机架入口厚度增量 ΔH_n 求出后，即可到 $n-1$ 机架出口厚度变化量，由等比例凸度条件求出 $n-1$ 机架入口厚度变化值，其计算公式如下：

$$\Delta H_{n-1} = \frac{\Delta P_{n-1} + Q_{n-1} \cdot \Delta H_n}{\frac{\partial P}{\partial H_{n-1}}} \tag{15}$$

ΔP_{n-1} 由等比例条件和轧辊挠度方程计算得出，具体计算公式就不列出了，可参阅文献［19］。

6 攀钢 1450mm 热连轧机板形向量闭环实验效果

到目前为止，只有攀钢 1450mm 热连轧上具有 DAGC、流量 AGC 和板凸度和平直度综合控制系统，图 3 已反映了 DAGC 和流量 AGC 的效果，特别强调了流量 AGC 抑制轧辊偏心对厚控精度的影响。下面介绍流量 AGC 和板凸度闭环控制的效果。因为攀钢 1450mm 热连轧机只有测厚仪和板厚度仪，所以没有平直度实测结果。

实测了两种情况，其一是流量 AGC 和板厚度综合控制效果图，见图 8；其二是不投运流量 AGC 板厚和只投运 DAGC 控制效果图，见图 9。图中两条线是板凸度控制目标值不同。

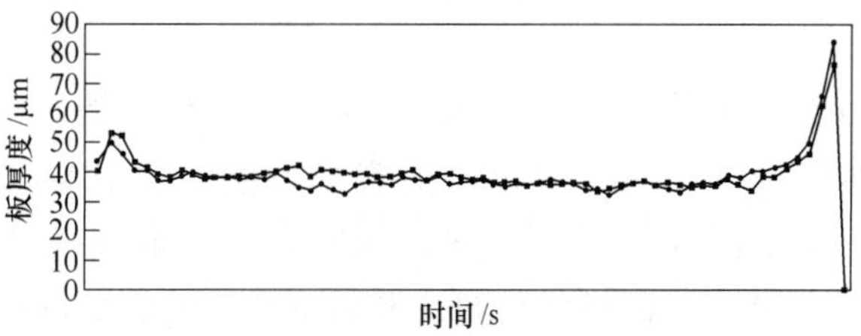

图 8 流量 AGC 对板厚的控制效果图

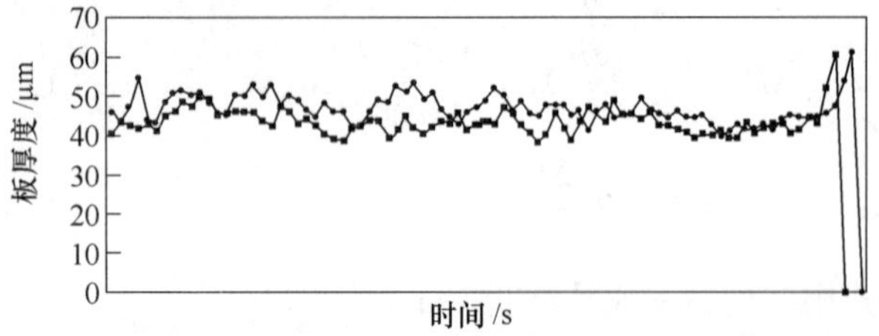

图 9　不用流量 AGC 对板厚的控制效果图

以上介绍了流量 AGC 与板厚度综合控制效果。投流量 AGC 的板厚度波动很小，而不投流量 AGC 的板厚度波动就非常明显了。证明了流量 AGC 对轧辊偏心有明显的抑制作用。

下面介绍改变目标厚度的实验结果：

图 10、图 11 是两个钢种不同规格的板厚度设定控制效果，通过 ϕ 函数的改变，就可以改变压下量分布从而改变轧制压力而改变轧辊挠度而控制板厚度。对于平直度控制是与板厚度综合进行的，即前面介绍的式（8）~式（15）来实现。由于攀钢 1450mm 热连轧机无平直度仪，就无法定量讨论此问题了。

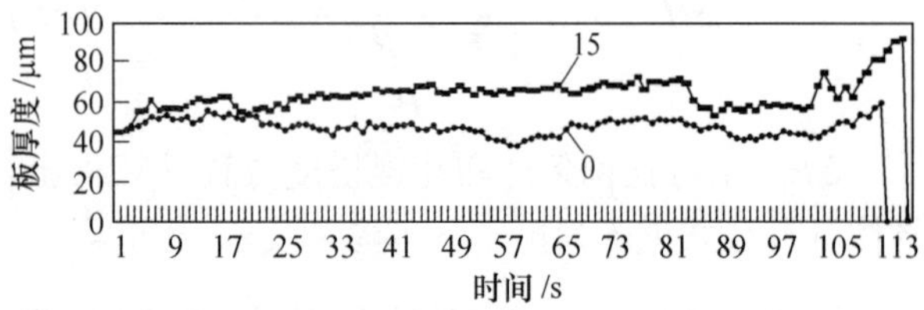

图 10　不同目标厚度调整值的板形分布图

（钢种 ST14(F)，规格 4.00）

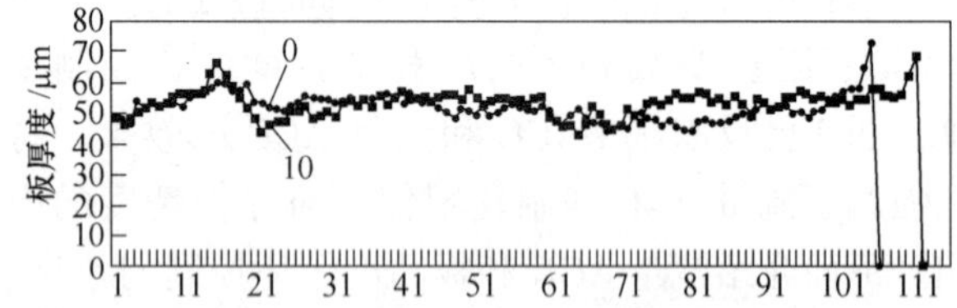

图 11　不同目标厚度调整值的板形分布图

（钢种 ST12，规格 2.75）

流量 AGC 在攀钢生产中应用，属世界首例。热、冷连轧机初始控制方式是相同的，压下系统控制厚度，轧辊速度控制机架间张力。20 世纪 70 年代国外冷连轧控制系统发生了本质变化，将张力信号与辊缝闭环，实现了恒厚度和张力的自动控制方式。由于调整辊缝对张力的影响是调整速度的许多倍，所以改变辊缝控制张力比调节轧辊速度灵敏得多。这一规律在冷连轧上已普遍应用了。在热连轧机上应用流量 AGC 是发现引起张力（或活套）变化的原因是厚度，即前面的数值计算和分析。再重复一句。张力与厚度的因果关系：厚度是因，张力是果，只有控制厚度恒定张力才能稳定。张力稳定要由厚度来控制，而板形控制也是通过厚度分配可以更有效的控制。这一切证明了板带轧制中厚度是最重要的参变量。

7　结论

（1）厚度自动控制是最重要板带控制环节，分析和实践证明了 DAGC 优于另外两种厚度自动控制方法；

（2）DAGC 是建立在轧件扰动可测的基础上，实现了厚度自动控制和平整机恒压力自动控制两个独立的控制系统的统一；

（3）连轧张力公式推出的间接测厚方法在热连轧机上成功应用是世界首例，它的实用意义不仅在于能提高厚控精度，而在于简化活套系统功能，使其由“电容器”功能转化为观测器和减小轧辊偏心的影响；

（4）解析板形理论和函数负荷分配方法相结合，实现了板凸度和平直度向量闭环控制。

参 考 文 献

[1] 王书敏，张进之．冷轧带钢 AGC 系统若干问题的研究［J］．钢铁，1984（2）：60-62.

[2] 余广夫，胡松涛，肖力，等．一种新的负荷分配算法在热连轧数学模型中的应用［C］．宝钢第四届学术年会，2010. 11.

[3] 张进之．压力 AGC 系统与其他原控系统共同的相关性分析［J］．冶金自动化，1987（2）：47-50.

[4] 赵厚信，王喆，张进之，等．压力 AGC 系统与其他厚控系统共同的相关性分析［J］．冶金设备，2005（2）：23-27.

[5] 李东江，陈启军，王国民．宝钢某连续退火机组平整机控制技术［J］．冶金自动化，2011（1）：51-55.

[6] 郝付国，白埃民，叶勇，等．动态设定 AGC 在中厚板轧机上的应用［J］．钢铁，1995（7）：32-36.

[7] 居兴华，赵厚信，杨晓臻，等．宝钢 2050 热轧板带厚控系统的研究［J］．钢铁，2000（1）：60-63.

[8] 钟云峰，谭树彬，徐心和．板带轧机 AGC 变刚度控制的研究［J］．冶金设备，2006，2（1）：15-18.

[9] 张芮．动态设定型 DAGC 在攀钢热连轧厂的应用［J］．四川冶金，2004（3）：46-49.

[10] 何昌贵，张进之，余广夫，等．流量 AGC 在 1450 热连轧机的实验及应用［J］．冶金设备，2010（6）：31-34.

[11] 陈兴福，张进之，彭军明，等．精益管理，提高产品

质量［J］. 轧制设备，2012. 2：10-14.
［12］M. 爱克诺模波罗斯. 西德马尔公司热带钢轧机的计算机控制［M］. 北京：冶金工业出版社，1981.
［13］中岛诺卫. 热连轧机凸度控制技术的研究［J］. 制铁研究，1979，209：92-107.
［14］张进之. 热连轧机负荷分配方法的分析和综述［C］. 第四届全球智能控制与自动化大会论文集 4 卷，2002：10-15.
［15］张进之，张中平，孙旻，等. ϕ 函数的发现及推广应用的可行性和必要性［J］. 冶金设备，2011（4）：26-29.
［16］张进之. 解析板形刚度理论［J］. 中国科学（E辑），（2）：187-192.
［17］张小平，张少琴，郭会光，等. 解析板形刚度理论的实验验证［J］. 塑性工程学报，2009，16（3）：102-106.
［18］张进之，张岩，王莉，等. 板带轧制过程中的板形控制方法［P］. CN102632087A，2012. 08. 15.

（原文发表在《冶金设备》，2016（1）：15-25）

第四部分 钢板轧制定性条件

中厚板轧制稳定性条件的理论计算与实践验证

张进之[1]，李生智[2]❶，王廷溥[2]

（1. 冶金工业部钢铁研究总院；2. 东北工学院）

摘　要　国内外轧制中厚板操作经验是采用“中凸法”（或“中厚法”）轧制，以保证轧制过程的稳定。但按现有理论公式计算所得为保证轧制稳定的“中厚值”太大，影响钢板质量和成材率的提高。本文给出了新的板凸度（中厚值）和轧制时轧辊凹度计算公式，经生产实践数据验证表明具有更好的实用性。

关键词　中厚板；轧制；稳定性；凸度

An empirical formula of stability for plate rolling

Zhang Jinzhi[1], Li Shengzhi[2], Wang Tingpu[2]

(1. Central Iron and Steel Research Institute, Ministry of Metallurgical Industry;
2. Northeast University of Technology)

Abstract: A new empirical formula to calculate the optimum plate crown and roll camber was derived as

$$y = \frac{4P}{a^2 c}\left(x^2 + \frac{B}{2}x\right)$$

It was fairly verified by production practice.

Key words: plate; rolling; stability; crown

在中厚板轧制过程中，有时发生“跑偏”甚至出现“刮框”事故，特别是在轧制薄而长的钢板时更为严重。生产中为防止“跑偏”往往采用钢板“中凸法”轧制，即钢板轧制中其断面为凸形而辊缝为凹形。文献［1］对为保证轧制稳定性所需的钢板中间凸度给出了理论计算公式，并进行了实例计算。最近，在轧制 3.5mm×1000mm×25000mm 薄而长的钢板实践中曾运用该理论公式，发现为保证轧制稳定所需的凸度值是 0.2016mm，此凸度实际上超过了钢板要求的厚度精度。为找出合理、实用的计算方法，对中厚板轧制稳定性条件进行了理论研究，并得出了新的计算公式。

1　钢板在轧制过程中形成“跑偏”原因分析

引起“跑偏”的根本原因是钢板两边压下量不均，即钢板两边有较大的横向厚差。这种横向厚差主要是由于轧件不对中引起的。如图 1 所示，假定钢板由轧制中心线偶然偏移了 x 距离，轧辊两边轴承上承受的力不再相等，分别为：

$$R_1 = \left(\frac{a}{2} - x\right)\frac{p}{a},\quad R_2 = \left(\frac{a}{2} + x\right)\frac{p}{a}$$

式中，a 为压下螺丝中心线之间的距离；p 为轧制压力，由于 R_1 和 R_2 不相等，左、右两个机架的弹性变形也不相等，并使轧辊在其垂直面内倾斜，因而钢板两边压下量不相同。

---

❶ 作者简介：李生智，副教授，沈阳（110006），东北工学院加工系。

由轧制原理可知，压下量较大的一边将使金属的出辊速度增加，而入辊速度减小。金属出口速度快的一边将向速度低的一边弯曲形成镰刀弯，而金属入口速度慢的一侧则使钢板在进入轧辊之前发生转动，钢板向压下量小的一边偏移。由于向压下量小的一边偏移，则 R_1 和 R_2 的差值加大，又进一步增大轧辊的倾斜，促使钢板进一步向压下量小的一边偏移，从而形成“跑偏”甚至“刮框”。

中厚板轧制生产实践证明，在工作辊辊缝呈现凹形的情况下，钢板在轧制过程中一般是不会离开轧制中心线的。本着这一原则，我们来确定有助于钢板对轧机中心线自动定中的轧辊合理辊型。

为了便于分析问题，假定两个轧辊的凹度全部归并在一个轧辊上（另一个轧辊考虑为圆柱形）。轧辊的凹度指轧制时的实际凹度，即原始辊型、轧辊弯曲挠度和轧辊热凸度的代数和。如图 2 所示，钢板在凹形辊内横向偏移时，使钢板偏移那一边的压下量增加，而钢板的另一边压下量减少。显然只有在下述情况下钢板才能自动定中，即钢板向一边偏离时，由于辊型凹度使钢板边缘上的压下量的减少（增加）值（图 2 中之 Δ_2 值），能够因力 R_1 与 R_2 的平衡受到破坏而引起的轧辊倾斜使压下量的增加（减少）值（图 2 中之 Δ_1 值）相抵消。

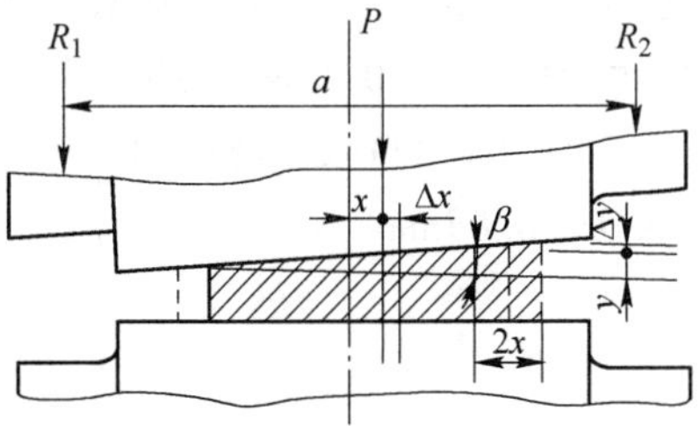

图 1 在圆柱形轧辊轧制时钢板由中心线偏移的情况

Fig. 1 Deviation from centre line during plate rolling by cylindrical roller

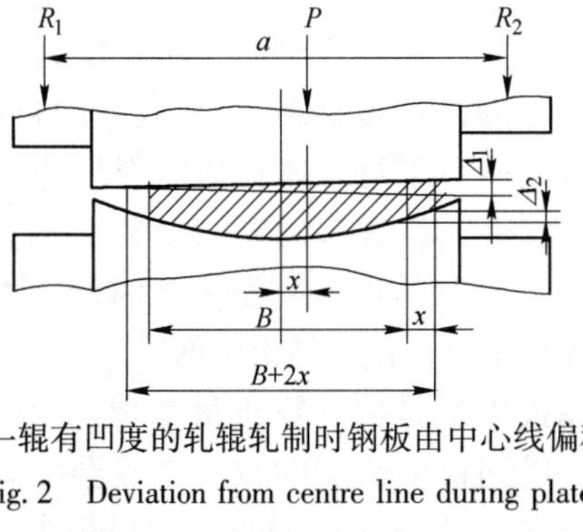

图 2 在一辊有凹度的轧辊轧制时钢板由中心线偏移的情况

Fig. 2 Deviation from centre line during plate rolling by a roller with concavity

当钢板偏移轧机中心线距离 x 时，钢板边部，即离轧机中心线 $x+(B/2)$ 点处的压下量降低为：

$$y = \beta\left(x + \frac{B}{2}\right) \tag{1}$$

式中，β 为轧辊的倾斜角。引用文献［1］β 的计算公式：

$$\beta = \frac{4P}{a^2c}x \tag{2}$$

式中，c 为不包括轧辊的轧机刚度系数。又当钢板偏移量增加 Δx，钢板边部的压下量变化为：

$$y + \Delta y = \beta'\left(x + \Delta x + \frac{B}{2}\right) \tag{3}$$

$$\beta' = \frac{4P}{a^2c}(x + \Delta x) \tag{4}$$

式（3）减式（1）并整理得：

$$\Delta y = \frac{4P}{a^2c}\left(2x \cdot \Delta x + \Delta x^2 + \frac{B}{2}\Delta x\right) \tag{5}$$

忽略高阶小数 Δx^2，对式（5）积分得：

$$y = \frac{4P}{a^2c}\left(x^2 + \frac{B}{2}x\right) + A \tag{6}$$

由边界条件：$x = 0$，$y = 0$，代入式（6）得 $A = 0$，则：

$$y = \frac{4P}{a^2c}\left(x^2 + \frac{B}{2}x\right) \tag{7}$$

此 y 值是钢板偏离 x 值时引起钢板一侧较中部变厚值，即压下量减少值。为了使钢板自动定中应该使辊身具有 y 值的凹度，亦即使钢板中部变厚以抵消其一侧的变厚。因而 y 值即是辊身在轧制时所需的实际凹度值或板凸度值。如果辊身凹度一辊边对中心而言，式（7）可写成：

$$y = \frac{4P}{a^2c}\left(x^2 + \frac{B}{2}x\right)\left(\frac{L}{B + 2x}\right)^2 \tag{8}$$

式（7）即为保证钢板自动对中所需要的钢板凸度计数公式，它是初始偏离轧制中心 x 的二次函数，而与钢板宽度 B 是线性关系。式（8）为轧制时辊缝凹度公式。

文献［1］的计算公式：

$$y = \frac{2P}{a^2c}x^2 \tag{9}$$

计算辊边对中心的轧辊凹度，令 $x=L/2$，代入式（9）就可以得到。

2 实现钢板稳定性操作的数值计算

按文献［1］的轧机条件，轧机牌坊的刚度（轧辊除外）$c = 12000$kN/mm；压下螺丝轴线之间

的距离 $a=3475$mm；辊身长度 $L=3000$mm；轧制压力 $P=15000$kN。

以上数值代入式（9）计算得 $y=0.46$mm。如果两个轧辊都有凹度，则各为 0. 23mm。假定轧制钢板宽度 $B=2000$mm，则钢板凸度近似为 0. 307mm。选相同的设备和工艺条件。按式（7）、式（8）计算结果如表 1 所示。

表 1　不同初始偏离值时的稳定操作条件

Tab. 1　Stable operating conditions with different initial deviations

Plate deviation from centre line/mm	Total concavity required for roller/mm	Plate crown/mm
10	0. 009224	0. 004182
20	0. 01827	0. 008447
50	0. 04429	0. 0217
150	0. 1215	0. 0714
500（max）	0. 3105	0. 3105

按式（7）计算结果，在实际生产过程中，轧件初始偏移小于 150mm 的条件下，钢板凸度大约为 0. 07mm 就可以稳定生产；而按式（9）计算，则需要钢板凸度为 0. 3mm 才能稳定生产。用相对厚度差表示，以往的稳定性操作条件要求钢板中凸度为 5%左右；而本文计算中凸度只要求 1%左右。

3　实验验证

实验在 600/1350×1200 和 750/1550×2450 二台热轧机上进行，将实测稳定轧出的钢板凸度值与本文公式计算出所要求的钢板凸度值相比较，以此来判定本文给出的板凸度计算公式的正确性。

3. 1　600/1350×1200 轧机设备和工艺条件

$a=2390$mm；$c=8000$kN/mm；$B=960$mm；$L=1200$mm；$P=10000$kN；$x=50$mm。按式（7）、式（8）计算出稳定性轧制条件，轧辊凹度为 0. 0263mm，板凸度为 0. 0241mm；而按式（9）计算出的板凸度为 0. 2016mm。表 2 是实测的板凸度数据，产品为 3. 0×960×3600mm 规格的钛板。

表 2　实测 Ti 板两边和中间的厚度值

Tab. 2　Measured Ti plate thickness　（mm）

No.	Border	Centre	Border	Plate crown
1	2. 99	3. 02	2. 99	0. 03

续表 2

No.	Border	Centre	Border	Plate crown
2	2. 99	3. 03	3. 00	0. 355
3	3. 02	3. 06	3. 04	0. 03
4	3. 05	3. 05	3. 00	0. 025
5	3. 05	3. 05	3. 00	0. 025
6	2. 97	3. 10	3. 10	0. 07
7	2. 96	3. 04	2. 99	0. 065

表 2 的数据表明，板凸度均小于 0. 2016mm，而大都略大于本文给出的轧制稳定性条件。

3. 2　750/1550×2450 轧机设备和工艺条件

$a=3630$mm；$c=12000$kN；$B=2000$mm；$L=2450$mm；$P=15000$kN；$x=100$mm。

按式（7）、式（8）计算出稳定性轧制条件，轧辊凹度为 0. 0465mm，板凸度为 0. 04714mm；而按式（9）计算出的板凸度为 0. 3795mm。

实际生产中测量板凸度为 0. 1mm 左右，远小于 0. 3795mm。由此可证明本文给出的轧制稳定性条件的正确性。

3. 3　其他轧机

由于稳定性条件的最小板凸度值与板厚和轧制状况无关，在无张力冷轧板条件下，文献［1］的计算值更显得不合理，而本文计算值很接近冷轧板实际凸度值。如 450/1480×1200 四辊可逆式轧机，轧制 0. 5×930×4000mm 薄板时，实际测量的板凸度为 0. 02～0. 03mm。

4　讨论

4. 1　提高板材质量和成材率

按文献［1］给出的板材轧制稳定性最小凸度（$\Delta H>PB^2/a^2c$），将使板中厚量 $\Delta H/h$ 达 5%左右，这也是钢板横向厚差极限条件，再想提高厚差精确度就困难了，而本文计算 $\Delta H/h$ 仅为 1%左右，有利于钢板的高精度轧制。当然，坯料两边温度差，轧辊调整不平行、坯料横向斜形等因素也影响轧制稳定性，但这些因素只要精心调整、细心操作、严格监测是可以克服的。因此，本文公式为提高板材精度提供了理论依据。

中厚板生产是按计算重量交货，厚度在边部测量，所以钢板中凸度的减少必然会提高中厚板轧制成材率，以 8mm×2000mm 中厚板为例，板凸度由 4%降低到 1.5%，即 ΔH 由 0.32mm 减少到 0.12mm 可提高成材率 1%。

4.2 对钢板轧机设计原则的影响

机架刚度直接影响稳定性轧制所要求的钢板凸度，为了提高钢板精度就必须提高机架刚度 c 值。由于以往的凸度计算公式不合理，因而对机架刚度要求也不合理。新的板凸度计算公式不要求过高的机架刚度，使机架重量大大降低。

从纵向厚差来看，为了克服温度差和板料差的影响而要求提高机架刚度。当有轧辊偏心存在时，刚度值高将会增大轧辊偏心的不利影响。新理论对机架刚度要求合理，将使轧机的设计也更合理。

在压下螺丝间距选择上，从稳定性来看是要加大 a 值，但 a 值加大必然降低轧辊刚度，对钢板纵向和横向厚差都不利。在这里，稳定性问题不是主要矛盾了，故可减小 a 值。

4.3 轧辊辊型设计合理化

轧辊辊型设计原则性公式：

$$W = 2(y_f - y_t) - \Delta \tag{10}$$

式中 W——轧辊原始凸度（或可变凸度设定值）；
y_f——辊系弯曲、压扁引起的挠度；
y_t——辊身温度差引起的凸度；
Δ——按稳定性轧制要求的钢板凸度。由于提出了正确的 Δ 计算公式，使轧辊辊型设计与控制水平提高。

4.4 最大偏离轧制中心时的板凸度

上面推导出的稳定轧制要求的板凸度，是按一般的轧制操作、偏离中心为 100mm 左右的条件下得出的。操作时最大偏离是钢板靠轧辊的一边。

即 $x = \dfrac{L-B}{2}$。按此条件，代入式（7）得：

$$y = P\frac{L^2 - BL}{a^2 c} \tag{11}$$

由式（11）看出，随板宽增加而稳定性所要求的板最小凸度减少，即轧制钢板越宽，越容易稳定。这与武钢中板厂轧制稳定性实测数据统计结果是一致的[2]。而按文献［1,3］的公式计算的板凸度与钢板宽度平方成正比，钢板越宽，要求板凸度越大，即板越宽轧制稳定性越差。

5 结论

（1）提出了保证钢板轧制稳定性的最小板凸度新公式：

$$y = \frac{4P}{a^2 c}\left(x^2 + \frac{B}{2}x\right)$$

计算值合理，并经现场实测数据所验证。

（2）新的公式与以往的计算公式相比较，使板的凸度由 4%减少到 1%，为提高钢板轧制精度和成材率提供了理论依据。

（3）新的板凸度计算公式，将改变轧机的设计原则，发展板形控制技术。

参考文献

［1］Суяров Д И，Беняковский М А. Настро йка ЛИСТОПРОКАТНЫХ станов，Свердловск，Металлургиздат，1960.
［2］宋耀华，陈龙海．武钢技术，1990；（1）：43.
［3］王廷溥，等．轧钢工艺学［M］．北京：冶金工业出版社，1981.

（原文发表在《金属学报》，1992，28（4）：B164-B168）

冷连轧机计算机过程控制系统的研究

李炳燮[1]，杨庆光[1]，张进之[2]

(1. 第一重型机器厂；2. 冶金部钢铁研究总院)

摘　要　本文研究了 $\phi 90/\phi 200\times 200$ 四机架冷连轧机计算机过程控制系统，着重论述了工程上实用的设定数学模型、轧件实时跟踪、设定模型的自适应校正和生产报表的编制。

关键词　冷连轧机；计算过程；研究

1　前言

目前，国内自行设计的冷连轧机计算机过程控制系统尚不多见。为了提高我国轧机控制的水平，摸索方法，积累经验，我们研制了冷连轧机计算机过程控制系统，并应用于 $\phi 90/\phi 200\times 200$ 四机架冷连轧机上。该系统有如下特点：

(1) 利用 CRT 人机对话方式对原始数据、设备数据、轧件数据和模型参数进行管理；

(2) 采用设定数学模型，计算冷连轧机组所有设定值并进行预设定；

(3) 自适应跟踪修改设定数学模型；

(4) 在图形显示终端上，显示轧机工况与运行数据；

(5) 自动编制预轧制计划表与生产报表。

本文所用符号说明如下：

h，H——轧制出口及入口板厚，mm；

B——轧件宽度，mm；

t——轧件单位张力，Pa；

T——轧件全张力，N；

R——工作辊半径，mm；

r——压下率；

r_T——平均全压下率；

K_s——静约束平均变形抗力，Pa；

K_p——平均变形抗力，Pa；

$\dot{\varepsilon}$——变形速度，s^{-1}；

m，n，l——变形抗力模型常数；

D_p——外摩擦影响系数；

l_p——张力影响系数；

R^1——轧辊压扁半径，mm；

η——损失转矩计算系数；

W_{max}——电机功率最大值，kW；

P_o——预压靠压力，N；

S_o——辊缝标准位置，mm；

Z_p、f_a、ΔS_o——轧制力、轧辊线速度和压下位置修正系数。

下标 i 表示第 i 机架；下标 F 表示最后机架；下标 A 表示上一次的实测值；下标 CA 表示计算值；下标 f 表示出口侧；下标 b 表示入口侧。

2　系统原理及组成

冷连轧机过程控制原理如图 1 所示。

冷连轧机计算机过程控制系统硬件组成如图 2 所示。

过程控制计算机系统软件配置包括：RSX-11 实时操作系统，PDP-MACRO-11 汇编语言；PDP-FORTRAN-77 语言；RGL-11 绘图软件包；实用程序库。

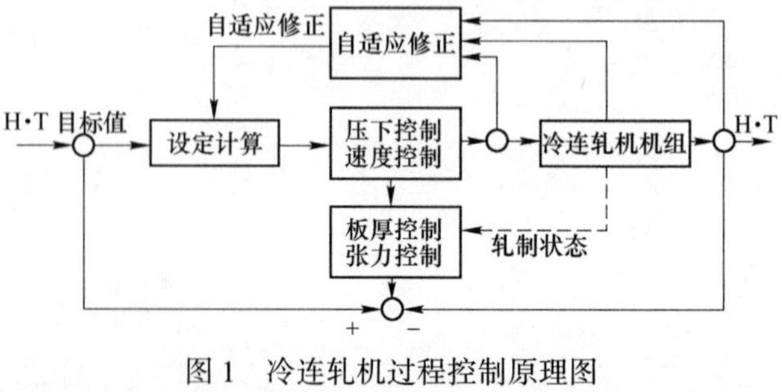

图 1　冷连轧机过程控制原理图

3　冷连轧机机组设定数学模型

3.1　厚度分配模型

根据能耗曲线模型参数 β 与能耗分配系数 a_i

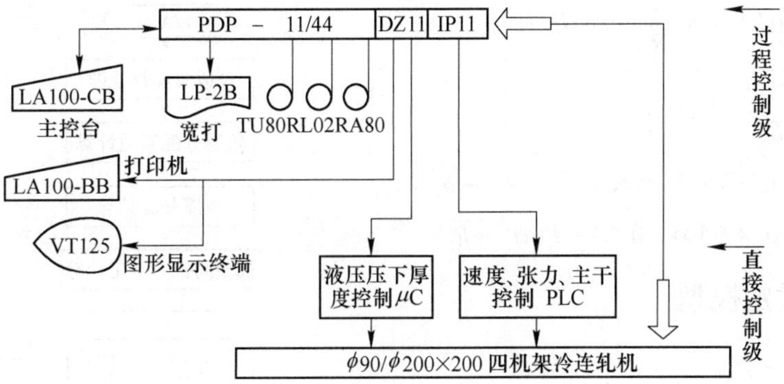

图 2　过程控制计算机系统结构

建立的厚度分配模型如下：

$$h_i = \frac{H_1 \cdot h_1}{a_i^{\frac{1}{\beta}} \cdot (H_1 - h_1) + h_1}$$

a_i 可根据现场数据统计处理得出。

3.2　张力设定模型

$$T_{bi} = t_{bi} \cdot H_i \cdot B$$
$$T_{fi} = t_{fi} \cdot h_i \cdot B$$

3.3　板速 V_{oi} 设定模型

$$V_{oi} = V_{oF} \cdot \frac{h_f}{h_i}$$

3.4　前滑率 f_i 计算模型

$$r_{bi} = 1 - \frac{H_i}{H_1}$$
$$r_{fi} = 1 - \frac{h_i}{H_1}$$
$$\varepsilon_{bi} = -\ln(1 - r_{bi})$$
$$\varepsilon_{fi} = -\ln(1 - r_{fi})$$
$$K_{bj} = L \cdot (\varepsilon_{bi} + m)^n$$
$$K_{fi} = L \cdot (\varepsilon_{fi} + m)^n$$
$$f_i = \tan^2\left[\frac{1}{2}\sin^{-1}\sqrt{r_i} + \frac{1}{4\mu_i} \cdot \sqrt{\frac{h_i}{R_i}} \left(\ln(I - r_i) - ln\frac{1 - t_{fi}/K_{fi}}{1 - t_{bi}/K_{bi}}\right)\right]$$

3.5　轧辊线速度 V_{Ri} 计算模型

$$V_{Ri} = f_{ai} \cdot \frac{V_{oi}}{1 + f_i}$$

3.6　轧辊线速度极限检查

$$\Delta V_{max} = \max\left(\frac{V_{Ri} - V_{imax}}{V_{imax}}\right)$$

当 $\Delta V_{max} \leqslant 0$ 时，上限检查合格；否则，检查不合格，这时利用 $V_{Ri} - V_{imax}\Delta V_{max}$ 修改 V_{Ri} 后，再进行计算。

$$\Delta V_{min} = \min\left(\frac{V_{Ri} - V_{imin}}{V_{imin}}\right)$$

当 $\Delta V_{min} \geqslant 0$ 时，下限检查合格；否则，检查不合格，这时利用 $V_{Ri} - V_{imin} \cdot \Delta V_{min}$ 修改 V_{Ri} 后，再进行计算。

3.7　变形抗力 K_{pi} 计算模型

$$r_{Ti} = (1 - \beta_{Ti}) \cdot r_{bi} + \beta_{Ti} \cdot r_{fi}$$
$$\varepsilon_i = -\ln(1 - r_{\tau i})$$
$$K_{si} = L \cdot (\varepsilon_i + m)^n$$
$$\dot{\varepsilon}_i = 10^3 \times \frac{2}{2 - r_i} \times \sqrt{\frac{r_i}{R_i \cdot H_i}} \cdot V_{Ri}$$
$$K_{pi} = K_{si} \cdot (1000\dot{\varepsilon}_i)_i^{nk}$$

其中：当 $15 < K_{si} \leqslant 85$ 时，$nK_i = \frac{5}{K_{si} + 23} - 0.046$；当 $K_{si} > 85$ 时，$nK_i = 0$。

3.8　轧制力 P_i 预报模型

从在线实时计算角度出发，采用轧辊压扁半径显形的 Hill 压力公式：

$$P_i = B \cdot K_{pi} \cdot t_{pi} \cdot D_{pi} \cdot \sqrt{R_i^1 \cdot (H_i - h_i)} \cdot Z_{pi}$$

式中

$$t_{pi} = \left(1 - \frac{t_{bi}}{K_{pi}}\right) \cdot \left(1.05 + 0.1 \times \frac{1 - t_{fi}/K_{pi}}{1 - t_{bi}/K_{pi}} - 0.15 \times \frac{1 - t_{bi}/K_{pi}}{1 - t_{fi}/K_{pi}}\right)$$

$$D_{pi} = 1.08 - 1.02r_i + 1.79\mu_i r_i\sqrt{\frac{R'_i}{h_i}}$$

$$R'_1=\left[\frac{EAC_i+\sqrt{EAC_1{}^2+4\left(\dfrac{1}{R_i}-EAD_i\right)}}{2\left(\dfrac{1}{R_i}-EAD_i\right)}\right]^2$$

$$EAC_i=K_{pi}\cdot t_{pi}(1.08-1.02r_i)\times 2.14\times 10^{-4}/\sqrt{H_i-h_i}$$

$$EAD_i=K_{pi}\cdot t_{pi}\cdot 1.79r_i\cdot \mu_i\times 2.14\times 10^{-4}/\sqrt{H_i(H_i-h_i)}$$

3.9　压下位置 S_i 设定模型

$$S_i=h_i-\frac{P_i-P_{oi}}{M_i}+S_{oi}+\Delta S_{oi}$$

3.10　电机转矩 G_{Mi} 计算模型

转矩臂系数 X_i：

$$X_i=0.5\sqrt{\frac{R_1}{R'_1}}$$

轧制力力矩 G_{Ri}：

$$G_{Ri}=2X_i\sqrt{R_i\cdot(H_i-h_i)}\cdot P_i$$

张力力矩 G_{Ti}：

$$G_{Ti}=R_i\cdot B\cdot(t_{bi}\cdot r_{fi}-t_{fi}\cdot h_i)$$

有效转矩 G_i：

$$G_i=G_{Ri}+G_{Ti}$$

损失转矩 G_{Li}：

$$G_{Li}=\eta\cdot G_i$$

电机转矩 G_{Mi}：

$$G_{Mi}=G_i+G_{Li}$$

由于 η 较小，当忽略 G_{Li}时，$G_{Mi}=G_i$。

3.11　功率 W_i 计算公式

根据电机转矩有：

$$W_i=\frac{0.1315\times 10^{-1}\times V_{Ri}\times G_{Mi}}{R_i}$$

3.12　功率检验

$$V_{maxi}=10R_i\cdot\frac{W_{maxi}}{0.1315G_i}$$

$$V'_{maxi}=V_{Ri}\cdot\frac{V_{maxf}}{V_{Rf}}$$

$$\Delta V_{maxp}=V'_{maxi}-\frac{V_{maxi}}{V'_{maxi}}$$

3.13　板速修正

当 $\Delta V_{maxp}>0$ 时，$V_{maxf}=V_{maxf}\cdot(1-\Delta V_{maxp})$

图 3 给出了设定计算流程示意图。

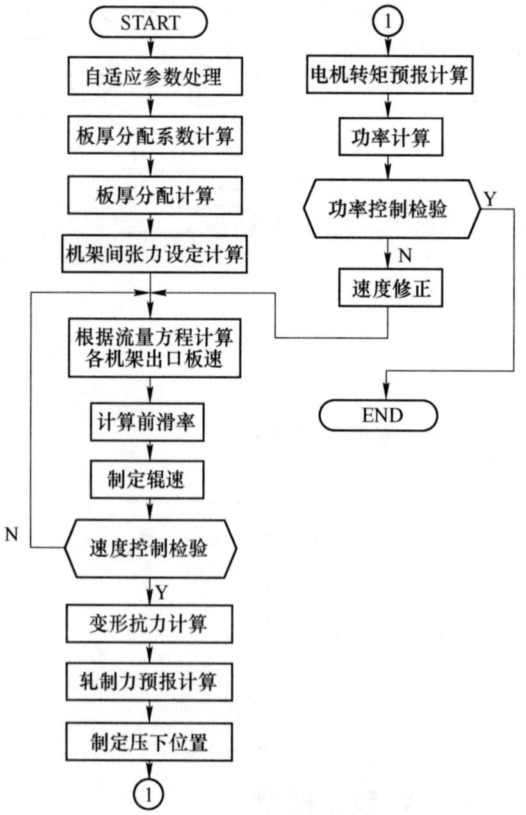

图 3　设定计算流程示意图

4　设定数学模型自适应校正

冷连轧机计算机控制系统很复杂，设定计算使用的计算参数很多，不论是用理论方法还是用统计方法建立的数学模型，当用于预报时，存在模型自身的误差、测量误差和轧制过程状态的变化。在本系统中，我们采用自适应校正技术，通过对过程信息的不断检测和统计算法，实时地修改数学模型中的参数，使之能自动地跟踪过程状态的变化，正确地反映过程各参数间的关系，从而减小过程状态变化所带来的误差。

下面以轧制力的自适应校正为例，说明自适应校正原理，如图 4 所示。统计处理流程图见图 5。本系统中还引入了轧制速度与压下位置的自适应校正。

$$\bar{Z}_{PAN-1},\ \sigma_{N-1},\ N$$

$$\bar{Z}_{PAN}=Z_{PAN}+\left(\frac{N-1}{N}\right)Z_{PAN-1}$$

$$\sigma_N=[(N-2)\cdot\sigma_{N-1}^2+(N-1)\cdot Z_{PAN-1}^2+Z_{PAN}^2-N\cdot Z_{PAN}^2]^{\frac{1}{2}}/N-1$$

$$N=N+1$$

$$|Z_{PAN}-Z_{PAN}|<\sigma_{N-1}$$

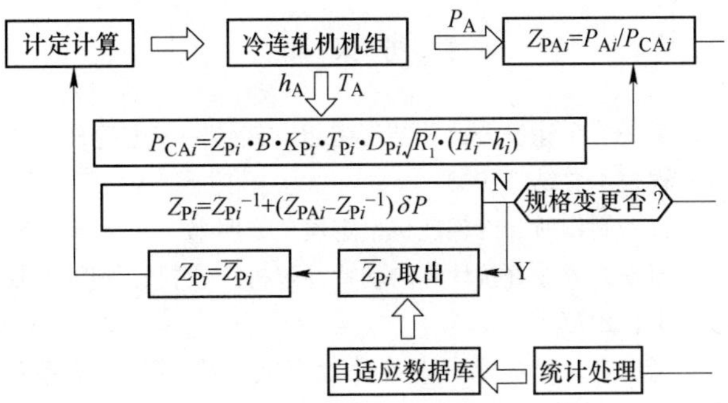

图 4　轧制力自适应校正原理图

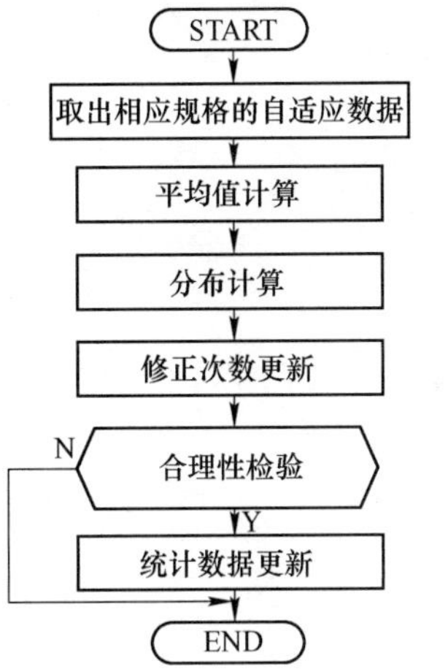

图 5　轧制力统计处理流程图

存入 Z_{PAN}，σ_N，N。

5　信息流与程序设计

根据冷连轧机过程控制原理，冷连轧机过程控制系统信息流程图如图 6 所示。为了保证系统中信息的正常流通，我们设计了简单实用的实时数据库，并开发了由下列 13 个任务模块组成的应用任务族；原始数据收集与整理功能任务模块；轧制计划表编制功能任务模块；设定计算功能任务模块；设定数据发送功能任务模块；轧制计划表显示功能任务模块；轧制计划表打印功能任务模块；设定数据显示功能任务模块；设定数据打印功能任务模块；原始数据典型值修正功能任务模块；生产报表生成功能任务模块；轧机运行状态跟踪功能任务模块；D/A 通道置零功能任务模块和设定模型自适应校正功能任务模块。

在应用任务族中，除自适应校正功能任务模块外，都处于同等地位。自适应校正功能任务模块在轧机运行状态跟踪功能任务模块运行时，自动地异步执行。

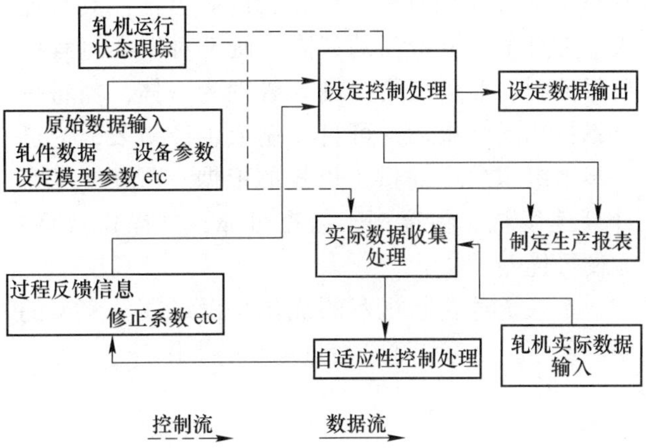

图 6　冷连轧机过程控制系统信息流程图

6　设定模型的现场调整

实验研究表明，我们的冷连轧机设定模型结构和过程控制逻辑功能是合理的，但这些模型在不同的冷连轧机上运行或轧机的钢种变化时，设定模型的动态参数需要现场在专业技术人员指导下实地调整。为了便于调整，我们编制了现场调整支持程序，用该制序可以进行一系列参数的现场实际调整。如：轧机刚度、空载转矩损耗、油膜补偿参数，按钢种、压下率、变形速度测试被轧材料的变形抗力等。图 7 表明了现场调整的过程。

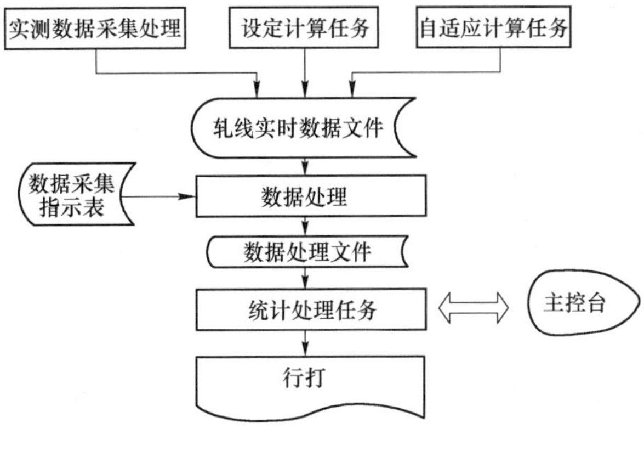

图 7　现场调整软件结构

7　结语

实际运行表明，根据本系统提供的设定数学模型，计算出的轧制规程是可行的，且可以计算多品种的冷轧带钢的轧制规程，具有普遍性。系统能对轧制过程影响较大的轧制力、辊缝和前滑等参数进行自适应校正。系统中采用的轧机运行状态实时跟踪是监视轧机运行的好方法，具有比表盘更直观、更生动的特点，便于对生产过程的监督控制。本系统集控制与管理为一体，当每一卷钢材轧制结束后，可自动制成生产报表，为进一步地组织生产提供了可靠的依据。系统还具有计算速度快、精度高、数据可靠，且操作灵活、方便等优点。

本系统对轧制规范的优化与设定数学模型的研究还不足，有待于今后进一步的工作。

参考文献

[1] 第一冶金建设公司总结汇编组．武钢一米七冷轧厂工程技术总结，1980.

[2] 日立制作所．冷连轧机设定模型说明书．

[3] 田沼大成．直接计算的动特性解析法［J］．塑性と加工，1972.

[4] 张进之，郑学锋．冷连轧稳态数学模型及影响系数［J］．钢铁，1979.

（原文发表在《重型机械》，1991（3）：25-29）

板带轧制过程板形测量和控制的数学模型

张进之

（冶金部钢铁研究总院工艺所，北京 100081）

摘　要　新日铁以实验为基础的板形控制数学模型使板形理论和技术发展到了一个新阶段，但是模型中的重要参数——遗传系数 Z 是板宽和板厚的二元函数，而且包括轧机和轧件的双重信息，给该模型的应用带来许多不便。本文将其分解为反映轧件特性的轧件刚度系数 q 和轧机板形刚度系数 m，并给出了板形刚度系数的计算和测量方法。实现了 Z 的分离，得出板形测量和控制模型。

关键词　轧件刚度系数；轧机板形刚度系数；机械板凸度；遗传系数；工艺控制模型

Profile models for on-line control and measuring in the rolling process

Zhang Jinzhi

(Central Iron and Steel Research Institute of MMI)

Abstract: Developed by nippun steel corp, the profile control models, based on experiment, upgrade the profile on theory and technologies to a new level. The inheritance factor Z, the important parameter in the above model, including the double information of rolling mills and the strip, is the function of strip with and thickness, therefore, it is convenient to put it into two parts: strip module factor (q) and rolling mill profile module factor (m). A new profile models for on-line control and measuring is given and discussed in detail.

Key words: strip module factor; mill profile module factor; mechanical crown; inheritance factor; technological control model

1　引言

板形包括钢板的截面形状（凸度）和平直度两部分内容，板形的理论和控制问题是近 40 年来轧钢生产技术上的核心问题。钢板截面形状研究方面，主要方法有弹性基础梁方法，以 Shohet 为代表的影响系数法的解析弹簧梁方法，有限元方法等。这些研究对板形规律认识和技术进步起了促进作用。这些方法解出工作辊与支持辊间压力分布、工作辊与轧件间压力分布，从而得出它们之间压扁和轧辊挠度，得到轧件截面形状。但是，最终轧件截面形状不仅受辊系弹性变形影响，而更重要的是由轧辊初始辊形、轧辊热凸度和轧辊的磨损等因素来决定，所以在板形理论研究方面，如何建立精确的热凸度和磨损凸度模型成为实用化的重要工作，有限元方法对热凸度模型建立作出了贡献。

由于对板形要求越来越严格，它促进了板形控制装备和技术的发展，20 世纪 50 年代末出现了弯辊装置，60 年代以后出现了阶梯形支持辊，减小工作辊与支持辊边部有害接触，提高了弯辊的控制效果，随之日立公司开发了 HC 六辊轧机、变凸度 VC 轧辊等。德国发明了动态变轧辊凸度的 CVC 轧辊，日本三菱公司发明了双辊交叉的 PC 轧机。新装备的研制与钢铁生产厂密切结合，新日铁作了重要贡献，研究了这些新装备使用时的工艺条件和控制问题。特别是 HC、PC 轧机开发推广使用中，新日铁提出了板形控制模型[1,2]，将板形控制技术和应用推进到一个新阶段。但是，新日铁模型中的遗传系数 Z 比较难确定，因为 Z 是板宽和板厚的二维函数，而且包含了轧机和轧件双重信息。本文提出了反映轧机特性的板形刚度概念，引用轧件板形刚度，从而将轧机与轧件分离，并推导出轧机板形刚度的测算方法。建立了与板厚控制模型相似的板形测控差分方程，并对其实用前景作了讨论。

2　新日铁板形控制模型的分析

以 1000mm 实验轧机大量实验及热连轧和中厚板实测数据为基础，建立了力学本质清楚，简明实用的板形向量模型：

$$C_{hi} = (1 - Z)C_i + Z\frac{h_i}{H_i}C'_{Hi} \tag{1}$$

$$C'_{Hi} = C_{h_{i-1}} - h_{i-1}\Delta X_{i-1} \tag{2}$$

$$\Delta X_{i-1} = a\left(\frac{C_{h_{i-1}}}{h_{i-1}} - \frac{C'_{H_{i-1}}}{H_{i-1}}\right) \tag{3}$$

式中　C_h——钢板凸度；

C'_H——入口矢量板凸度；

C——机械钢板凸度（相当于轧机机械辊缝）；

h——轧出板厚度；

H——入口板厚度；

Z——遗传系数（或传递系数）；

$(1-Z)$——压形比，表示机械板凸度的效率系数；

a——板形干扰系数，反映板凸度率变化量与板平直度之间关系；

ΔX——钢板沿宽度延伸率差，代表钢板的平直度；

i——机架号或轧制道次序号。

Z、a 是经大量实验和实测得到的，数值如图 1、图 2 所示。

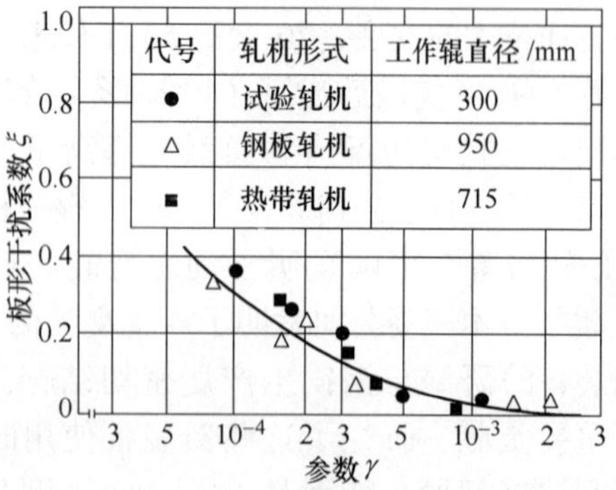

图 1　板形干扰系数

式（1）~式（3）反映了板凸度、板形、机

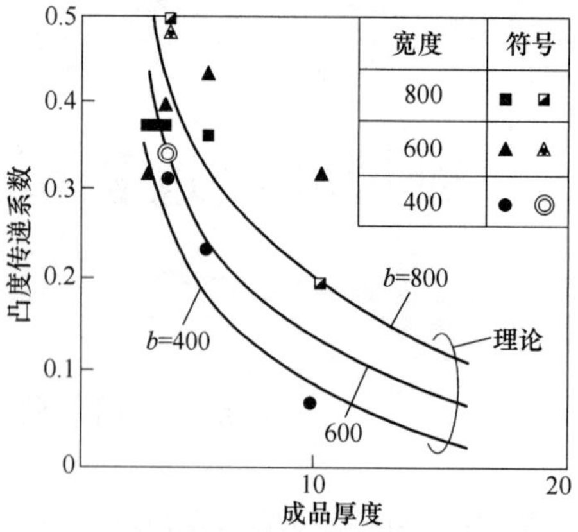

图 2　凸度传递系数

械板凸度，以及板厚度之间规律。关键是 Z 的正确取值比较困难，一则它是板宽和板厚的二元函数，二则是它包括了轧件和轧机的双重信息。如图 2 所示，对于不同轧机、不同钢种及轧制规格，凸度遗传系数图是不同的，所以遗传系数图要用图册描述，给使用带来很大的不方便。为了进一步简化板形控制模型，采用了工艺控制模型方法，将反映轧机和轧件特性分离开来，得到新型板形控制模型。

工艺控制模型是控制理论与工艺理论（或经验）相结合的动态数学模型。工艺控制模型的特征是，以差分方程或状态方程描述的动态模型，方程中有控制量（如辊缝），包含轧机和轧件的特征参数，如轧机刚度和轧件塑性系数，它的建立采用了现代控制论的分析和综合方法。

3　新型板形测量和控制模型

由相似性原理，笔者认为板形控制模型应当存在与板厚控制模型相同的数学表达式，从而提出将 Z 分离成反映轧件特性的轧件刚度系数 q 和轧机特性的轧机板形刚度系数 m 的设想。q 和 m 与原控制系系统的轧件塑性系数 Q 和轧机刚度系数 M 相似，但也有本质区别，Q 和 M 的量纲为 N/mm，而 q 和 m 的量纲为 N/mm^2。下面给出 q 的定义和 m 的计算方法。

q 的定义已由文献［3］给出，它为单位轧制压力与带钢压下率关系曲线的斜率。针对七机架热连轧机，文献［3］给出三种轧制条件下的具体数值如表 1 所示。带钢 q 变化范围为 1.38×10^6 ~ 20.62×10^6kPa。带钢宽度变化范围为 945 ~ 1793mm。成品厚度范围为 2.31 ~ 3.71mm，代表了热连轧要求板形控制的难点规格。

表 1　三种带钢状态的轧制程序表

带钢状态		机架号							
		入口	1	2	3	4	5	6	7
NH-窄带（宽945mm）硬材质	厚度/mm	31.75	19.35	12.42	8.08	5.49	3.76	2.69	2.31
	轧制力/MN		37.70	39.76	32.56	34.48	33.76	28.68	16.68
	相对压下率/%		39.00	35.80	35.00	32.10	31.10	28.40	14.20
	带钢模数/×10⁶kPa		1.45	2.72	3.52	6.27	9.17	12.69	20.62
MM-中等宽度（宽1300mm）中等强度材质	厚度/mm	31.75	20.35	13.64	9.20	6.55	4.65	3.43	2.95
	轧制力/MN		49.10	51.22	41.04	40.40	41.70	40.56	19.90
	相对压下率/%		35.90	33.00	32.60	28.70	29.10	26.20	14.10
	带钢模数/×10⁶kPa		1.45	2.62	3.17	5.24	7.52	11.38	14.13
WS-宽带钢（宽1793mm）软材质	厚度/mm	31.75	21.13	14.63	10.39	7.81	5.80	4.42	3.71
	轧制力/MN		60.14	69.48	50.84	41.98	50.42	47.58	30.72
	相对压下率/%		33.40	30.80	29.00	24.20	26.50	23.70	16.10
	带钢模数/×10⁶kPa		1.38	2.62	2.96	4.14	6.00	8.62	10.69

本定义公式：

$$1 - Z = \frac{m}{q + m} \tag{4}$$

$$Z = \frac{q}{q + m} \tag{5}$$

式（4）、式（5）关系满足了式（1）的关系，得到 1 = 1 的恒等式而得证。将式（4）、式（5）代入式（1），得出：

$$C_{hi} = \frac{m}{q_i + m}C_i + \frac{q}{q_i + m}\frac{h_i}{H_i}C'_{Hi} \tag{6}$$

式（6）与式（2）、式（3）组成新的板形测量和控制模型。

q_i 是很容易计算的，所以只要知道 Z 就可以求得 m。Z 已有大量实测数据，新日铁、神户制钢都发表了 $Z=f(B, h)$ 的函数图。

m 计算公式由式（4）或式（5）均可推出，即：

$$m = \frac{q(1 - Z)}{Z} \tag{7}$$

现在的问题是，要验证在同一宽度条件下 m 是否是常数。已由文献［3］的数据，证实了这一点。

引用文献［3］给出宽 1793mm 钢板轧制的各道次遗传系数 Z_i 和 q_i，由式（7）计算出 m_i 的结果，如表 2 所示。

表 2　宽 1793mm 数据计算 m 的结果

道次	$q/\times10^6$kPa	Z	$1-Z$	$\frac{1-Z}{Z}$	$m/\times10^6$kPa
1	1.38				
2	2.62	0.182	0.818	4.495	11.776
3	2.96	0.2028	0.797	3.929	11.63
4	4.14	0.2568	0.743	2.893	11.98
5	6.00	0.342	0.658	1.924	11.54
6	8.62	0.4317	0.568	1.316	11.34
7	10.69	0.4646	0.535	1.15	12.3

续表 2

表 2 数据表明，对于工业生产，各道次 m 的差异比较小，当作常数处理是完全可靠的。对于不同宽度 m 是不同的，此与轧机纵向刚度 M 也相似，M 也是板宽的函数。

下面给出完整的板形测控模型表达式，将式（2）分别代入式（6）和式（3）整理得：

$$C_{hi} = \frac{q_i}{q_i + m}\frac{h_i}{H_i}C_{hi-1} - \frac{q_i}{q_i + m}h_i - \Delta X_{i-1} + \frac{m}{q_i + m}C_i \tag{8}$$

$$\Delta X_i = a\left(\frac{C_{hi}}{h_i} - \frac{C_{hi-1}}{h_{i-1}} + \Delta X_{i-1}\right) \tag{9}$$

式（8）、式（9）给出的板形向量差分方程，是板形控制的工艺控制模型，是板形测量与控制的一大进步，已申请国家发明专利。

4　板形测控向量模型的应用

该模型与原控模型的作用是相同的，已实现了将轧机可作为板形仪的目的，所以它可以应用于轧制规程制订和在线板形控制两个方面。由于它可应用于设定和控制，所以在有先进的板形控制装置（PC、CVC 等）的轧机上可以发挥作用，也可以在无板形测控装置的轧机上应用。

4.1　在先进的板形测控装置上的应用

以 PC 轧机为例，它可以实现板形自由控制，即可实现 $\Delta X_i=0$。

将 $\Delta X_i=0$ 代入式（8），应用式（8）逐道推算，直接得到成品板凸度 C_{h_n} 的综合计算模型，其数学表达式为：

$$C_{h_n}=\frac{\prod_{i=n}^{1}q_i}{\prod_{i=n}^{1}(q_i+m)}\frac{h_n}{H_1}C_{h_0}+\sum_{j=2}^{n}\frac{\prod_{j=n}^{j-1}q_i}{\prod_{j=n}^{j-1}(q_i+m)}\frac{mh_n}{H_j}C_{j-1}+\frac{m}{q_n+m}C_n \tag{10}$$

式中　n——连轧机架数；

j，i——机架或道次序号；

C_{h_0}——入口板坯凸度值；

C_{h_n}——成品板凸度值；

C——机械板凸度值。

式（10）表明，入口板坯凸度值 C_{h_0} 和各机架机械板凸度 C_i 均影响成品板凸度值 C_{h_n}，其影响规律是递减的，离成品机架越远影响越小。该式可用于连轧板带凸度系统的分析，解析表达式代替了复杂的计算机模拟计算，给出了十分清晰的物理意义。更重要的用途是可实现轧辊磨损和热凸度的在线估计，实现板形自适应控制和监控。

4.2　在无轧辊凸度控制的轧机上的应用

首先应用该模型可计算板形最佳的优化轧制规程。式（8）、式（9）描述的板形向量模型作为综合等储备负荷分配方法中的基本公式，在计算规程时可计算出各道次的板凸度和平直度，所以可以实现成品凸度 C_{h_n} 和平直度 ΔX_i 的要求值，保证 ΔX_i 或 $\left(\frac{C_{h_i}}{h_i}-\frac{C_{h_{i-1}}}{h_{i-1}}\right)$ 在允许范围内。以计算实例说明可保证成品凸度要求。在无弯辊和控制轧辊凸度的轧机上，唯一可控制成品凸度的是终轧道次压力和轧辊原始凸度。但是，由于轧辊热凸度和磨损是变化的，所以只有通过设定不同终轧压力来补偿轧辊凸度动态变化。一般情况下，在一个换工作辊周期内，对每一块钢板设定不同的终轧压力是可保证钢板凸度足够小的波动的，表 3 计算实例可说明这一点。

表 3　16Mn60×2000→12×2000 两种优化规程

道次	规程一		规程二	
	h/mm	P/10kN	h/mm	P/10kN
1	53.26	888.8	52.57	975.4
2	37.89	2375.9	44.64	1189.2
3	26.20	2404.8	37.87	1189.5
4	21.03	1309.7	29.85	1651.6
5	16.78	1309.7	23.22	1651.6
6	14.30	916.6	17.93	1635.1
7	12.80	652.00	14.27	1382.9
8	12.00	449.00	12.00	1133

表 3 数据表明，一般 2400mm 四辊中厚板轧机，横向刚度大约 40000kN/mm 左右，所以可改变板凸度 0.15mm。如果需要还可以增大压力差。总之，有了矢量板形动态数学模型，使用压下规程控制板形的方法更为有效和自由了。

4.3　板厚和板形综合控制模型

板形模型和板厚模型线性化可得出板形和板厚的三维向量模型，其表达式如下：

$$\begin{bmatrix}1 & 0 & T_1\\ -\frac{a}{h_1} & 1 & T_2\\ 0 & 0 & 1\end{bmatrix}\begin{bmatrix}\Delta C_{hi}\\ \Delta\Delta X_i\\ \Delta h_i\end{bmatrix}=\left(\begin{bmatrix}\frac{q_i}{q_i+m}\frac{h_i}{h_{i-1}} & -\frac{q_i}{q_i+m}h_i & \frac{q_i}{q_i+m}\frac{h_i}{h_{i-1}^2}C_{hi-1}+\frac{mA}{m+g_i}\frac{h_i}{H_{i-1}}Q_i\\ -\frac{a_i}{h_{i-1}} & a_i & \frac{a_iC_{hi-1}}{h_{i-1}^2}\\ 0 & 0 & \frac{h_i}{h_{i-1}}Q/(M+Q_i)\end{bmatrix}\right.$$

$$\left.\begin{pmatrix}\Delta C_{hi-1}\\ \Delta\Delta X_{i-1}\\ \Delta h_{i-1}\end{pmatrix}+\begin{pmatrix}0 & \frac{mA}{m+q_i}\frac{\partial p}{\partial K}\\ 0 & 0\\ \frac{M}{M+Q_i} & \frac{\partial p}{\partial K}/(M+Q_i)\end{pmatrix}\cdot\begin{pmatrix}\Delta S_i\\ \Delta K_i\end{pmatrix}\right) \tag{11}$$

矩阵中系数：

$$T_1 = \frac{q_i}{(q_i + m)h_{i-1}}(h_i \Delta X_{i-1} - C_{hi-1}) + \frac{mA}{m + q_i}Q_i$$

$$T_2 = \frac{a_i}{h_i^2}C_{hi}$$

式中 A——轧制力引起轧辊变形的机械板凸度值；

p——轧制力；

K——轧件变形抗力；

M——轧机的纵向刚度；

Q——轧件塑性系数，$Q=-\frac{\partial p}{\partial h}$；

S——辊缝。

式（11）的推导及用于板厚和板形动态最优控制将结合实例专文论述。

5 结论

（1）由板形模型应当与板厚模型相似的设想，提出板形刚度概念得到了新型板形向量模型，它可直接应用于板形测量和控制，即板形计方法。

（2）板凸度的解析表达式：

$$C_{hn} = \frac{\prod_{i=n}^{1} q_i}{\prod_{i=n}^{1}(q_i + m)} \frac{h_n}{H_1} C_{h_0} + \sum_{j=2}^{n} \frac{\prod_{j=n}^{j-1} q_i}{\prod_{j=n}^{j-1}(q_i + m)} \frac{mh_n}{H_j} C_{j-1} + \frac{m}{q_n + m} C_n$$

给出了各因素对成品板凸度的影响，它对板形分析和控制是十分有用的。

（3）板形向量模型改进了优化规程的计算。可得出板形最佳优化轧制规程。

（4）板厚板形综合动态控制模型即工艺控制模型，可实现板厚和板形最优控制。

参 考 文 献

[1] 中岛浩卫，等．热连轧机凸度控制技术的研究［J］．制铁研究，1979（209）：92-107.

[2] Matsumoto H. 热轧过程中各种凸度控制轧机的比较［C］//第六届国际轧钢会议译文集，1994：153-162.

[3] Remm-Minguo，等．热带钢轧机最佳工作凸度的确定［M］．现代热轧板带生产技术．东北大学出版社，1993：121-135.

（原文发表在《冶金设备》，1997（6）：1-5，45）

新型板形测控方法及应用❶

张进之，张　宇

（冶金部钢铁研究总院）

摘　要　分析了现代板带轧制过程的板形测量和控制技术，发现轧机板形刚度系数和引用轧件板形刚度系数，可得到新型板形测控模型。新型板形差分方程可应用于板形最佳设定控制，热凸度和磨损凸度模型参数自适应、自适应控制和最优控制。

关键词　板形刚度系数；工艺控制；模型；测控

Abstract: The technologies for profile measuring and control are discussed in this article. Using the mill profile module factor and quoting the strip profile module factor can obtain a new profile model for on-line measuring and control. The new differential equation of profile discussed in this article can be applied in such fields as: profile optimum presetting, self-adaptation, calculation including the calculation of parameters of thermal crown and wear, the optimum control, etc.

Key words: profile module factor; technological control model; measuring; control

1　引言

厚度自动控制系统的正常有效应用必须与板形（板凸度和平直度）一起考虑。40 年来，板形理论的发展主要有两种方式：其一是传统的弹塑性理论为基础的精确数学解法，其二是以实验为基础的非精确化方法。

精确方法大都基于 Shohet 法，即所谓的影响系数法，将解积分转化为矩阵×矢量的线性计算。求出轧件沿横向的压力分布、厚度分布和张力分布，张力分布代表板材的平直度。该方法虽然可以得出精确解，但计算量大，难于在线应用。实用化方法是将其计算结果转化为特征方程形式，如英国、比利时的两个板凸度 C_h 计算公式：

$$C_h = a_0 + (a_1 + a_2 \bar{B})P + (a_3 + a_4 B^{1.25})C_I + \left[a_5 + a_6\left(\frac{B}{\ln\frac{B}{10}}\right)^2\right]F \tag{1}$$

式中　C_h——板凸度；

B——轧件宽度；

C_I——工作辊凸度；

P——轧制压力；

F——弯辊力；

a_0，…，a_6——由精确解的结果回归方法求出系数。

$$C'_h = \frac{1}{f(h)}\left[n_1 \frac{L}{D_{支}}\left(\frac{B}{D_I}\right)^2\left(n_2 + \frac{B}{L}\right)P - \left(\frac{B}{L}\right)^2 C + n_3\right] \tag{2}$$

当 $h>3$mm 时，$f(h) = h$

当 $h\leqslant 3$mm 时，$f(h) = \dfrac{n_4}{1+n_5\ln h}$

式中　C'_h——比例凸度，$C'_h = C_h/h$；

L——辊面长度；

D_I——工作辊直径；

C——机械板凸度（轧辊等效凸度），它包括轧辊原始凸度，热凸度，磨损凸度以及弯辊力和轧制力的作用等；

n_1，…，n_5——回归系数。

新日铁配合阶梯辊，HC 轧机、PC 轧机的开发，根据 1000mm 实验板轧机、热连轧机和中厚板轧机的大量实测数据建立了板形模型。得出了板形干扰系数 a 和板凸度遗传系数 Z，从而使板形模型力学本质明确和结构简单、下面是板凸度模型：

$$C_h = (1 - Z)C + Z\frac{h}{H}C_H \tag{3}$$

---

❶ 国家“九五”科技攻关项目。

式中　C_H——入口板凸度；

H——入口厚度；

h——出口厚度。

与式（1）、式（2）比较，式（3）反映了入口板凸度对板凸度的影响规律，新日铁模型可以用于在线控制，而英国、比利时模型只能用于分析使用。因为轧件是多道次轧出成品的，只有动态模型才能用于控制。

新日铁模型的 Z 是板宽和板厚的二元函数，包含了轧机和轧件双重特性，取值比较困难。新型板形模型则将轧机和轧件特性分离，发现轧机板形刚度系数 m 常数，引用轧件板形刚度系数 q，得出新型、简明、实用的板形向量模型[4]

$$C_{hi} = \frac{q_i}{q_i + m}\frac{h_i}{H_i}C_{hi-1} - \frac{q_i}{q_i + m}h_i\Delta X_{i-1} + \frac{m}{q_i + m}C_i \tag{4}$$

$$\Delta X_i = a_i\left(\frac{C_{hi}}{h_i} - \frac{C_{hi-1}}{h_{i-1}} + \Delta X_{i-1}\right) \tag{5}$$

式中　ΔX——表示平直度，沿板宽方向延伸率差；

i——道次序号；

q——有公式计算。

2　对现行板形控制方法的分析

板形控制最先在美国采用弯辊装置，相应的板形控制理论研究得到大力发展。20 世纪 70 年代国外开发了变负荷分配法控制板形技术，取得了明显效果。

合理的压下制度轧出平直钢带（板）是轧钢工最主要的操作经验，计算机控制为操作工总结经验和实现平直钢带（板）的轧制提供了方便。板凸度控制是比较困难的，而不同用途的板卷期望的凸度值也不同，所以计算机控制应在控制板凸度问题上发挥作用。1967 年 CRM 和荷兰霍戈文斯厂开始研究此技术，70 年代末日本川崎千叶，水岛两套热连轧机上采用变负荷分配方法控制板卷凸度值。

川崎采用表 1 的轧制程序，一个轧制周期内，带钢凸度从 60μm 变到 30μm，变化量为 30μm，达到了带钢凸度波动的要求值。相反，采用普通轧制程序，带钢凸度从 100μm 变到 20μm，变化量为 80μm。

表 1　一个换辊周期的压下率分配

续表 1

机架号	F_1	F_2	F_3	F_4	F_5	F_6	F_7	备注
A	31.7	39.1	35.7	31.0	17.8	11.9	7.6	1~5 钢卷
B	32.1	33.0	29.5	26.5	19.8	14.5	10.2	6~25 钢卷
C	31.1	33.7	35.1	35.5	25.6	22.6	19.4	26~47 钢卷
D	32.8	30.3	28.7	29.7	31.5	23.7	20.9	48~71 钢卷

CRM 系统的效果是十分明显的，尤其是轧机运行条件偏离正常状态时更是如此。在一个轧制的开始（冷辊）或是轧机长时间停轧的情况下。操作工的经验难于找到正确的负荷分配，而计算机应用动态负荷分配方法能处理。

图 1 表明，在自动轧制下测得的成品机架的轧制力是卷数的函数，轧制力增加补偿了轧辊的热凸度，保证了带钢的凸度和平直度要求。

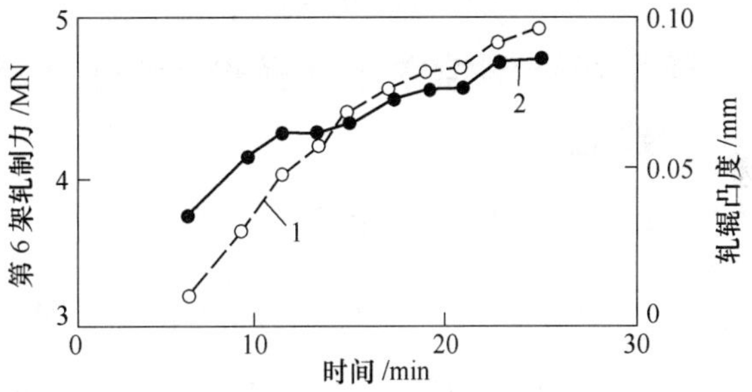

图 1　在线板形控制，成品机架轧制力和轧辊凸度估计
1—轧辊凸度；2—轧制力

图 2 反映了不同停机时间轧辊热凸度变化，开轧时，开始卷的轧制压力不同，随轧辊热凸度增加（卷数增加）而增加轧制压力值。

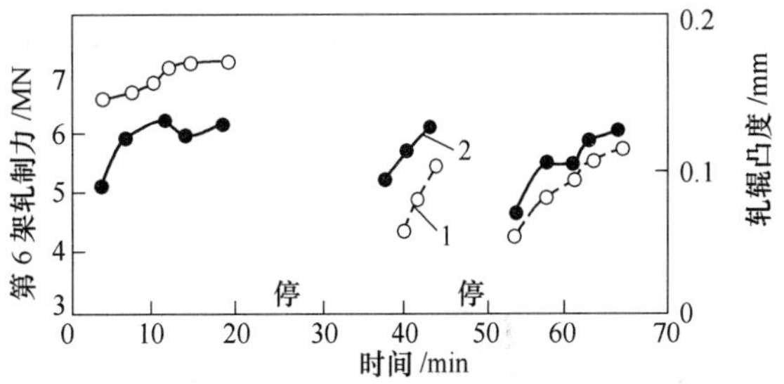

图 2　中间停轧后，成品机架轧制压力和轧辊凸度估计
1—轧辊凸度；2—轧制力

由于板形控制装备大发展，如 HC、PC、CVC、UPC、VC、DSR 等，控制效果经负荷分配大、直观，再加上控制技术和板形检测仪器大发展，可以实现闭环控制；加上板形工艺控制理论落后，未能将负荷分配控制板形的方法数学模型化。所以欧洲和日本 20 世纪 70 年代末取得的经验未能进一步推广。但装备和控制技术也有它的不足，成本高，同样也受板形工艺理论的限制，所

以 90 年代负荷分配方法控制板形技术又受到青睐。1994 年国际轧钢会议上荷兰霍戈文斯 88″热连轧机和日本神户 5000mm 中厚板轧机等采用负荷分配控制板形的。

国外情况表明，用负荷分配方法控制板形是可行的。我国发明的综合等储备负荷分配方法可以自由地得出板形平直度最佳优化轧制规程，并已在太钢 MKW-1400 八辊可逆冷轧机，重庆、天津、邯郸、上钢三厂、新余等中板轧机上成功的应用，特别是应用协调推理网络，可以在线调整压下量分配，适应轧辊状态（热凸度和磨损）的实际变化。1996 年以前动态调整压下规程是人工智能的办法，即模拟轧钢工操作。最近在板形控制理论上取得了突破性进展，得出动态板形矢量模型，简称新型板形测控方法。

3　新型板形测控方法（板形计法）模型的建立

新日铁板形矢量模型由三个公式描述：

$$C_{hi} = (1 - Z_i)C_i + Z_i \frac{h_i}{H_i}C'_{Hi} \tag{3-1}$$

$$C_{Hi} = C_{hi-1} - h_{i-1}\Delta X_{i-1} \tag{3-2}$$

$$\Delta X_{i-1} = a_i\left(\frac{C_{hi-1}}{H_{i-1}} - \frac{C'_{Hi-1}}{H_{i-1}}\right) \tag{3-3}$$

式中　C'_{Hi}——入口矢量板凸度。

式中参数 Z_i、a_i 由实验方法确定，特别是 a_i 得到许多学者引用。

式（3-1）中的遗传系数 Z_i 和机械凸度效率系数（$1-Z_i$）之和等于 1。本文重新定义这两个系数，即：

$$1 - Z_i = \frac{m}{q_i + m} \tag{6}$$

$$Z_i = \frac{q_i}{q_i + m} \tag{7}$$

将式（6）、式（7）代入式（3-1）得：

$$C_{hi} = \frac{m}{q_i + m}C_i + \frac{q_i}{q_i + m}\frac{h_i}{H_i}C'_{Hi} \tag{8}$$

将式（3-2）代入式（8）和式（3-3）整理得：

$$C_{hi} = \frac{q_i}{q_i + m}\frac{h_i}{H_i}C_{hi-1} - \frac{q_i}{q_i + m}h_i\Delta X_{i-1} + \frac{m}{q_i + m}C_i$$

$$\Delta X_i = a_i\left(\frac{C_{hi}}{h_i} - \frac{C_{hi-1}}{h_{i-1}} + \Delta X_{i-1}\right)$$

式（4）、式（5）为板形矢量动态数学模型，实现了轧钢机具有板形测量功能，即板形计法。q_i 由公式（9）计算[4]，为已知量。

$$q_i = \frac{P_i}{R'\Delta hBr_i} \tag{9}$$

式中　R'——轧辊压扁半径；

r——压下率，$r=\dfrac{H-h}{H}$。

m 可由式（6）或式（7）推出，即

$$m = \frac{q_i(1 - Z_i)}{Z_i} \tag{10}$$

为验证在同一宽度条件下，m 是否是常数，可根据参考文献［4］中的数据证明 m 是常数，详见参考文献［5］。

4　板形测控矢量模型的应用

该模型与厚控模型的作用是相同的，实现了将轧机作为板形仪的目的，所以它可以应用于设定控制和在线板形闭环控制两个方面。

4.1　在有先进的板形控制装置的轧机上的应用

以 PC 轧机为例，它可以实现板形自由控制，可实现 $\Delta X_i=0$ 或近似等于零。

将 $\Delta X_i=0$ 代入式（4），逐架推算，直接得到成品板凸度 C_{hn} 的综合数学表达式：

$$C_{hn} = \frac{\prod_{i=n}^{1} q_i}{\prod_{i=n}^{1}(q_i + m)} \cdot \frac{h_n}{H_1}C_{h0} + \sum_{j=2}^{n}\frac{\prod_{i=n}^{j-1} q_i}{\prod_{i=n}^{j-1}(q_i + m)} \cdot \frac{mh_n}{H_j}C_{j-1} + \frac{m}{q_n + m}C_n \tag{11}$$

式中　n——机架数；

C_{h0}——入口板坯凸度值；

$j_{(i)}$——机架号；

C_{hn}——成品凸度值。

该式可用于连轧板带凸度系统的分析，解析表达式代替了复杂的计算机模拟计算，给出了十分清晰的物理意义。入口板凸度值 C_{h0} 和各机架机械板凸度 C_i 均影响成品板凸度 C_{hn}，其影响规律是递减的，离成品机架越远影响越小。更重要的用途是可实现轧辊热凸度和磨损的在线估计，热凸度和磨损模型参数自适应；实现板形自适应控制和监控。

以 PC 凸度控制系统为例，应用板形矢量模型，可改进实时板形控制系统。图 3 为现行控制系统[3]。

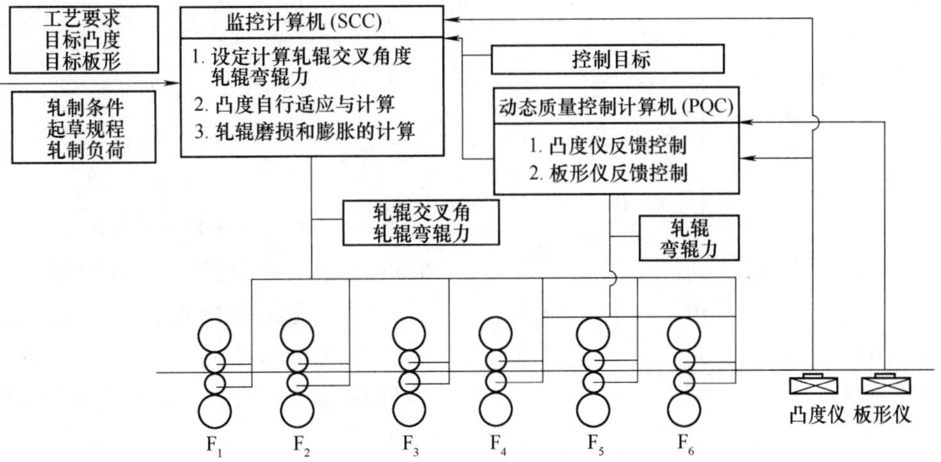

图3 板形(板凸度、平直度)控制系统的结构框图

利用式(4)、式(5)可以测算出1~6机架的板凸度和平直度，第6机架有凸度仪和平直度仪，利用测算值和实测值之差则可用最小二乘法修改各机架的机械板凸度值，反复迭代直至成品（$C_{hn}\cdot\Delta X_n$）预报值与实测值相等或小于给定误差。修正后的各机架机械板凸度值用于下一卷钢设定之用，即自适应控制。初始计算值与迭代后的值之差可用于轧辊温度凸度模型和磨损模型参数自适应，换辊后的数值用于修正热凸度模型，而轧辊使用后期数值用于修正磨损凸度模型。

由于能实时测算出各机架的板凸度，所以可实现板形闭环控制。而目前的系统大部分机架只能实现板形开环控制，闭环控制只能用于成品机架。连轧机各机架的板形，厚度联系十分密切，所以新型板形测控模型对于有先进板形控制装置的连轧机是十分重要的。

4.2 在无轧辊凸度控制装置的轧机上的应用

表1和图1、图2所示的控制板凸度的轧制规程，是经验方法得出的，而应用式(4)、式(5)可实现板形最佳轧制规程在线设定计算。以综合等储备负荷分配方法为例，当应用板形向量模型之后，就可以计算出各道次的C_{hi}和ΔX_i。成品道次的C_{hn}和ΔX_n要命中目标值，中间各道次的ΔX_i或$\left(\frac{C_{hi}}{h_i}-\frac{C_{hi-1}}{h_{(i-1)}}\right)$应小于屈曲条件给定的值。综合等储备负荷分配方法中有人控的平直度控制系数T_1，T_2和板凸度控制系数U，T_2为修改后二道次压下率，U为修改前两道压下率。在给定T_1，U初值条件下，得出初始优化轧制堆积规程，根据命中目标和屈曲判据，人工或自动修正T_1，和U反复迭代直至达到精度要求，即得到板形最佳轧制规程。

在实施板形最佳轧制规程时，按其设定辊缝由APC和AGC自动轧钢，轧至成品。在有板凸度测量的条件下，与前边一样可实现自适应控制，在无板凸度测量条件下，可人工卡量，按经验由操作工调节在操作台上的平直度系数W和板凸度系数U。具体操作见发明专利[5]。

为了说明该方法调节板凸度的有效性，表2给出同一规格的两种规程。

表2 材料16Mn的60×2000→12×2000两种优化规程

道次	h/mm	p/10kN	h/mm	p/kN
1	53.26	888.8	52.57	975.4
2	37.89	2375.9	44.64	1189.2
3	26.20	2404.8	37.87	1189.5
4	21.03	1309.7	29.85	1651.6
5	16.78	1309.7	23.22	1651.6
6	14.30	916.6	17.93	1635.1
7	12.80	652.0	14.27	1382.9
8	12.00	449.0	12.00	1133

表2数据表明，一般2400mm四辊中厚板轧机，横向刚度大约40MN/mm左右，所以两种规程可以改变板凸度0.15mm。如果需要还可以增大压力差。总之，有了矢量板形动态数学模型，使用压下规程控制板形的方法更为有效和自由了。

4.3 板厚和板形综合控制模型

将式(4)、式(5)与厚度计方程联立并且线性化，可得到厚度和板形增量差分方程：

$$\begin{pmatrix}1 & 0 & V_i\\ -\frac{a_i}{h_i} & 1 & V_2\\ 0 & 0 & 1\end{pmatrix}\begin{pmatrix}\Delta C_{hi}\\ \Delta X_i\\ \Delta h_i\end{pmatrix}=\begin{pmatrix}\frac{q_i}{q_i+m}\cdot\frac{h_i}{h_{i-1}} & -\frac{q_i}{q_i+m}\cdot h_i & \frac{-q_i}{q_i+m}\cdot\frac{h_i}{h_{i-1}^2}C_{hi-1}+\frac{mA}{m+g_i}\cdot\frac{h_i}{h_{i-1}}Q_i\\ \frac{a_i}{h_{i-1}} & a_i & \frac{a_iC_{hi-1}}{h_{i-1}^2}\\ 0 & 0 & \frac{-Q_i}{(M+Q_i)}\frac{h_i}{h_{i-1}}\end{pmatrix}$$

$$\begin{pmatrix}\Delta C_{hi-1}\\ \Delta X_{i-1}\\ \Delta h_{i-1}\end{pmatrix}+\begin{pmatrix}0 & \frac{mA}{m+q_i}\frac{\partial p}{\partial K}\\ \frac{M}{M+Q_i} & \frac{\partial p}{\partial K}/(M+Q_i)\end{pmatrix}\cdot\begin{pmatrix}\Delta S_i\\ \Delta K_i\end{pmatrix} \tag{12}$$

矩阵中系数：

$$V_1=\frac{q_i}{q_i+m}\cdot\left(\Delta X_{i-1}-\frac{C_{hi-1}}{h_{i-1}}\right)+\frac{mA}{m+q_i}\cdot Q_i$$

$$V_2=\frac{C_{hi}}{h_i^2}\cdot a_i$$

式中　A——轧制压力引起轧辊变形的机械板凸度值的系数；

K——轧件变形抗力；

M——轧机纵向刚度；

S——辊缝值；

$\frac{\partial P}{\partial K}$——变形抗力偏导数，其值在规程计算时得到；

Q——轧件塑性系数，$Q=\frac{\partial P}{\partial h}$。

利用式（12）板形和板厚差分方程，由别尔曼动态规划法对板形和板厚进行最优控制。

5　结论

（1）由板形模型应当与板厚模型相似的设想，发现轧机板形刚度系数并得到新型板形矢量模型，它可直接应用于板形测量和控制。

（2）现代化板形控制轧机条件下，得到成品板凸度解析表达式，给出了各因素对成品板凸度的影响，它对板形分析和控制是十分有用的。

（3）板形矢量模型改进了综合等储备负荷分配方法，可以得出板形最佳轧制规程。

（4）板厚和板形综合动态控制模型，即工艺控制模型，可实现板厚和板形的最优控制。

参考文献

[1] 塞里载斯基 F. 中厚板轧制过程的性能分析和最优化. 板带连轧数学模型（一）[M]. 北京：冶金工业出版社，1981.

[2] 爱克诺模波罗斯 M，等. 希德马尔公司热带钢轧机的计算机控制. 板带连轧数学模型（一）[M]. 北京：冶金工业出版社，1981.

[3] 迁勇一，等. 热轧高精度板厚、板凸度控制技术的开发. 现代热轧板带生产技术（上）[M]. 沈阳：东北大学出版社，1993.

[4] Guo Remm-Min. 热带钢轧机最佳工作辊凸度的确定. 现代热轧板带生产技术（上）[M]. 沈阳：东北大学出版社，1993.

[5] 张进之. 板带轧制过程板形测量和控制的数学模型[J]. 冶金设备，1997（6）

[6] 张进之，等. 中厚板轧制辊缝设定方法[P]. 中国，B21B37/12，91111637.7. 1992-07-08.

（原文发表在《重型机械》，1998（4）：5-9）

板带凸度遗传系数的计算与分析

庞玉华[1]❶，毛晓春[1]，钟春生[1]，张进之[2]

（1. 西安建筑科技大学；2. 冶金部钢铁研究总院）

摘　要　本文对板带凸度遗传系数进行了模拟计算与分析研究，验证并揭示了凸度遗传系数与轧机条件及板厚、板宽等工艺参数之间的关系，为无板形控制手段的板带材生产的工艺设计及板形控制提供了新依据。

关键词　凸度遗传系数；板形；控制

Abstract: The imitative calculation and study of strip-sheet crown inherent constant is presented in the article. The relationship the crown inherent constant, rolling mill, strip-sheet thickness, width etc, is revolved and verified. A new basis for technological design and flatness control plate-sheet manufacturing is provided, even if there are not flatness control measures.

Key words: crown inherent constant; flatness; control

1　前言

板形理论的研究是近40年来轧钢工艺理论的中心内容，出现了弹性基础梁法、影响系数法、有限元法等多种形式的板形计算模型，但大部分数学模型由于过于复杂和难于控制，实用性和推广性差。新日铁以实验为基础的板形控制数学模型使板形理论及其应用技术发展到了一个新阶段。其模型为[1]：

$$C_h = (1 - Z)C + Z\frac{h}{H}C_H \tag{1}$$

式中　h，H——出口和入口的平均厚度；

C_h，C_H——出口和入口处带钢凸度；

C——带钢机械凸度（压力分布均匀条件下的带钢凸度）；

Z——凸度遗传系数，它表明入口侧带钢的凸度/厚度的比值有多少转移到出口侧带钢中去。

北京钢铁研究总院张进之将凸度遗传系数 Z 分解为轧件刚度系数 q 和轧机板形刚度系数 m，得出板形测控模型[2]，给出板形矢量差分方程：

$$C_{hi} = \frac{q_i}{q_i + m}\frac{h_i}{h_{i-1}}C_{hi-1} - \frac{q_i}{q_i + m}h_i\Delta X_{i-1} + \frac{m}{q_i + m}C_i \tag{2}$$

式中　$\Delta X_i = a\left(\frac{C_{hi}}{h_i} - \frac{C_{hi-1}}{h_{i-1}} + \Delta X_{i-1}\right)$

$q = \frac{p}{X}$

$m = \frac{K}{b}$

K——轧机横向刚度；

b——轧件宽度；

i——机架号或轧制道次号；

q——单位变形下的平均单位压力；

ΔX——钢板沿宽度延伸率差，代表钢板的平直度；

a——板形干扰系数，反映板凸度变化量与板平直度之间的关系。

式（1）及式（2）都与板带凸度遗传系数有关，因此，对板带凸度遗传系数进行计算、分析研究是很有意义的。

2　凸度遗传系数的计算

2.1　已公开的研究成果

文献［1］假设 Z 是带钢的刚度和抵抗凸度变化的轧机刚度的函数，这就意味着 Z 与轧件咬入前后的基本几何形状及轧辊尺寸有关，与轧辊凸

❶ 作者简介：庞玉华，女，34岁，博士生，西安建筑科技大学（710055）。

度、轧辊弯曲力等控制手段无关。并定义了凸度本身的遗传系数 Z_c，它表明入口侧带钢的凸度有多少转移到出口侧带钢中去。

$$Z_c = \frac{\partial C_h}{\partial C_H} = Z\frac{h}{H} \tag{3}$$

用精确理论计算的凸度本身的遗传系数 Z_c 与实验得出的凸度本身的遗传系数 Z_c 的比较如图 1 所示。

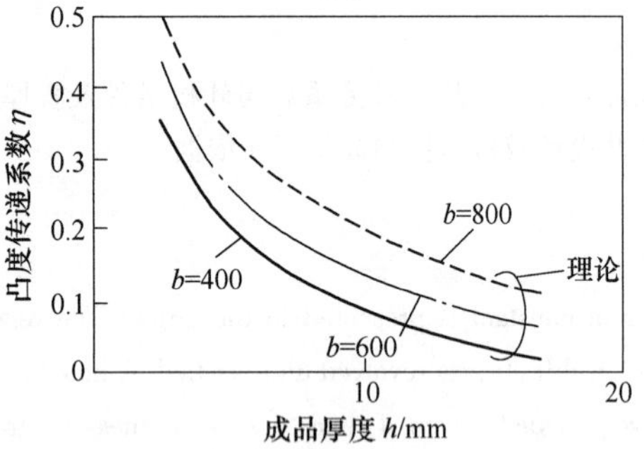

图 1　凸度遗传系数

升田等通过模拟实验求出了热轧机的凸度本身遗传系数 Z_c，并发现板越薄、越宽，Z_c 越大[3]。中岛等以理论计算和实验结果指出了同样的倾向[4]。

2.2　计算模型的选取

(1) 重复日本人的算法，根据公式 (2) 计算凸度本身的遗传系数。

(2) 根据公式 (1) 计算凸度遗传系数。

(3) 凸度计算模型的选取。

选取文献 [5] 的计算方法，带材中部厚度与边部厚度之差为：

$$\Delta h_b = \frac{P}{K_P} - \frac{2S_1}{K_{S1}} - \frac{2S_2}{K_{S2}} - \frac{\Delta D_1}{K_1} - \frac{\Delta D_2}{K_2} + \frac{\Delta H_b}{K_0} - \frac{\Delta e_{0b}}{K_{e0}} - \frac{\Delta e_{1b}}{K_{e1}}$$

式中　K_P——对轧制力 P 而言的轧机横向刚度系数；

K_{S1}——对工作辊弯辊力 S_1 而言的横向刚度系数；

K_{S2}——对支承辊弯辊力 S_2 而言的横向刚度系数；

K_1——工作辊凸度 ΔD_1 的影响系数；

K_2——支承辊凸度 ΔD_2 的影响系数；

K_0——来料凸度 ΔH_b 的影响系数；

K_{e0}——横向后张力差 Δe_{0b} 的影响系数；

K_{e1}——横向前张力差 Δe_{1b} 的影响系数。

当计算机械板凸度时，轧制压力均匀分布，当计算板凸度时，假设轧制压力按二次曲线分布；轧制压力用刚塑性有限元法计算[6]，程序流程图如图 2 所示。

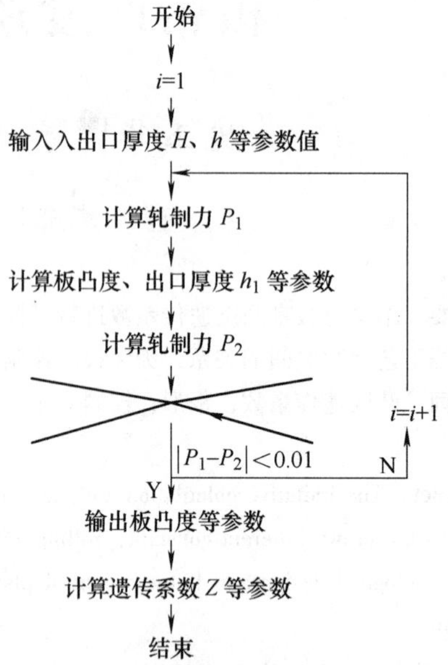

图 2　程序流程图

2.3　计算结果及分析

2.3.1　本文计算采取的参数和条件

选用某厂四辊热轧机，支承辊直径为 1600mm，工作辊直径为 740mm，辊身长 2050mm，压下螺丝中心距 3150mm，其他参数略。

本文参考文献 [7] 的轧制程序表，以来料厚度为 31.75mm，成品厚度为 2.95mm 的一般轧制规程为计算条件，轧制温度为摄氏 1000～1190℃；板宽选取三种规格：1793mm、1300mm 及 945mm；来料凸度为 0.00mm、0.01mm 及 0.03mm。

轧制产品为中等强度材质 (1Cr18Ni9Ti)。轧制方式为平辊轧制或选用工作辊凸度控制。忽略热凸度、头尾温差等影响。

2.3.2　计算结果分析

2.3.2.1　控制手段对遗传系数的影响

表 1、表 2 为入口厚度 6.55mm，出口厚度为 4.65mm，板宽为 1793mm 板材的计算结果。平均 Z_c 为来料之间凸度本身遗传系数的平均值。

表 1　平辊轧制

来料凸度 C_H	机械板凸度 C_0	出口板凸度 C_h	公式 (2) 平均 Z_c	公式 (2) 平均 Z	公式 (1) Z
0.00	0.5544923	0.3750721	0.251	0.354	0.324

续表 1

来料凸度 C_H	机械板凸度 C_0	出口板凸度 C_h	公式 (2) 平均 Z_c	公式 (2) 平均 Z	公式 (1) Z
0.01	0.5549829	0.3775934	0.250	0.352	0.324
0.03	0.555777	0.3825577	0.249	0.351	0.324

表 2 工作辊有凸度控制（0.05mm）

来料凸度 C_H	机械板凸度 C_0	出口板凸度 C_h	公式 (2) 平均 Z_c	公式 (2) 平均 Z	公式 (1) Z
0.00	0.5020874	0.3517344	0.260	0.366	0.299
0.01	0.5027354	0.3543541	0.259	0.365	0.299
0.03	0.5037388	0.3594650	0.257	0.362	0.299

由表中数据可知：当轧制压力允许误差小于1%时，按公式（1）计算的遗传系数很稳定，可认为没有变化，为一定值；而按公式（2）计算的凸度本身的遗传系数有微小变化。平辊轧制时，按公式（1）计算的遗传系数为 0.324，按公式（2）计算的平均遗传系数为 0.352。当工作辊有凸度（0.05mm）控制轧制时，按公式（1）计算的遗传系数为 0.299，按公式（2）计算的平均遗传系数为 0.364。由此可见，文献［1］假设 Z 是带钢的刚度和抵抗凸度变化的轧机刚度的函数（即意味着 Z 与轧件的基本几何形状及轧辊尺寸有关，而与轧辊凸度及轧辊弯曲力等控制手段无关），虽能反映遗传系数的变化规律，这种假设还是有不足的地方的。首先，按此假设计算的遗传系数有一定波动，且比原公式（1）计算的遗传系数大，由于遗传系数越大，入口侧带钢的凸度与厚度的比值越易更多地转移到出口侧带钢中，板形的遗传效应越大，计算值偏大，就会夸大遗传效应；其次，按此假设计算的遗传系数随控制方式变化范围小，而按原公式（1）计算的遗传系数随控制方式的变化范围大。本文计算的遗传系数，由于工作辊的凸度控制，遗传系数降低了 8%，这说明板形控制方式对遗传效应是有一定影响的。

2.3.2.2 板厚及板宽对遗传系数的影响

相应计算结果如表 3 所示。

表 3

板宽/mm		1793			1300			945		
来料厚/mm	成品厚/mm	公式 (2) 平均 Z_c	公式 (2) 平均 Z	公式 (1) Z	公式 (2) 平均 Z_c	公式 (2) 平均 Z	公式 (1) Z	公式 (2) 平均 Z_c	公式 (2) 平均 Z	公式 (1) Z
31.75	20.35	0.064	0.100	0.063	0.042	0.066	0.055	0.034	0.053	0.046
20.35	13.64	0.100	0.149	0.098	0.071	0.107	0.094	0.040	0.059	0.051
13.64	9.2	0.152	0.225	0.153	0.103	0.153	0.135	0.062	0.091	0.082
9.2	6.55	0.188	0.264	0.248	0.177	0.126	0.230	0.121	0.170	0.159
6.55	4.65	0.250	0.355	0.324	0.230	0.324	0.309	0.181	0.255	0.247
4.65	3.43	0.342	0.464	0.439	0.319	0.432	0.422	0.258	0.349	0.342
3.43	2.95	0.407	0.470	0.460	0.386	0.449	0.440	0.350	0.407	0.400

由表中数据可知：随着成品厚度的降低，式（1）、式（2）计算的凸度本身遗传系数和凸度遗传系数都随之增加；并且随着板宽的减少而减少。凸度本身遗传系数的计算结果与日本人的计算曲线规律相同。这一计算结果表明：板越薄、越宽，入口侧带钢的凸度与厚度的比值更多地转移到了出口侧带钢中，板形的遗传效应越大，若改变其板形难，这于实际生产中薄板板形难于控制是吻合的；同时还可看到，板越薄，式（1）、式（2）的计算结果越接近。这一结果表明：控制手段对厚板的作用大于薄板，与实际情况也相符。

2.3.2.3 压下率对遗传系数的影响

其他工艺条件相同，成品厚度相同，压下率不同时的计算结果见表 4。

表 4

压下率/%	26.00	30.00	35.00	40.00
公式（1）计算 Z	0.422	0.400	0.376	0.350

由表中计算数据可知，随着压下率的提高，凸度遗传系数逐渐降低，说明凸度本身的遗传效应随着压下率的增加而减弱，也就是说，若来料板形好，用小的压下率有利于保持良好板形；若来料板形差，用大的压下率有利于改变板形，这

与生产实际是吻合的。

2.3.2.4　工作辊直径和支承辊直径对遗传系数的影响

其他条件一致，在一定范围内改变工作辊直径的计算结果见表5。

其他条件一致，在一定范围内改变支承辊直径的计算结果见表6。

由表5和表6的计算结果可知：工作辊直径和支承辊直径在小范围内变动，对遗传效应的影响并不大，但仍可看出辊径的增加会增加遗传效应，同时可以看出，工作辊直径比支承辊直径对遗传系数的影响大一些。这说明当其他条件一定时，轧辊直径越大，入口侧带钢的凸度与厚度的比值更多地转移到了出口侧带钢中，板形的遗传效应越大，但不明显。

表5

工作辊直径/mm									
690		715		740		765		790	
公式（2）平均 Z_c	公式（1）Z	公式（2）平均 Z_c	公式（1）Z	公式（2）平均 Z_c	公式（1）Z	公式（2）平均 Z_c	公式（1）Z	公式（2）平均 Z_c	公式（1）Z
0.312	0.412	0.315	0.417	0.319	0.422	0.322	0.427	0.326	0.432

表6

支承辊直径/mm									
1550		1575		1600		1625		1650	
公式（2）平均 Z_c	公式（1）Z	公式（2）平均 Z_c	公式（1）Z	公式（2）平均 Z_c	公式（1）Z	公式（2）平均 Z_c	公式（1）Z	公式（2）平均 Z_c	公式（1）Z
0.318	0.420	0.319	0.421	0.319	0.422	0.319	0.423	0.319	0.424

2.4　结论

本文采用弹塑性理论与刚塑性有限元结合的方法，计算了板形凸度本身的遗传系数 Z_c 和凸度遗传系数 Z，得到了热轧机在不同条件下的计算机模拟结果，并从理论上更精确地计算了凸度遗传系数 Z，指出了凸度遗传系数 Z 不仅与轧件的基本条件及轧辊尺寸等有关，与工作辊凸度控制手段也有一定关系。若来料板形好，用小的压下率有利于保持良好板形，若来料板形差，用大的压下率有利于改善板形；薄板的遗传系数大，板形不易控制；改变辊径对板形的改善效果并不明显。

参 考 文 献

[1] Matsumoto H，等．热轧过程中的各种凸度控制轧机的比较［C］//第六届国际轧钢会议译文集，1994：153-162.

[2] 张进之．板带轧制过程的板形测量和控制方法［P］．发明专利申请号 96120029.4.

[3] 升田，等．塑性与加工，1982，23，263，1152.

[4] 中岛，等．制铁研究，1979：299-13148.

[5] 连家创．板厚与板形控制，1996：72-75.

[6] 刘相华，等．刚塑性有限元及其在轧制中的应用［M］．北京：冶金工业出版社，1986.

[7] Remo-Minguo，等．热带钢轧机最佳工作辊凸度的确定［M］//现代热轧板带生产技术．沈阳：东北大学出版社，1993：121-135.

（原文发表在《重型机械》，1999（3）：43-46）

Citisteel 4060mm 宽厚板轧机板形问题的分析和改进措施

张进之，王 琦

（北京钢铁研究总院）

摘 要 通过对 Citisteel 三年板凸度数据的分析，认为采用合理的配辊制度和精心操作可提高板形质量，通过增加轧辊原始凸度可降低平均板凸度，但不能改进板凸度的标准差，因此生产出来的钢板凸度波动较大。分析后认为采用动态设定板形测控方法的板形最佳规程，不但可以进一步降低平均板凸度，而且可以大大降低其标准差。通过与中国首钢和舞钢两套宽厚板轧机对比及参考它们的经验，Citisteel 工作辊换辊周期应当减小，轧 4000t 左右换一次工作辊比较合适。文中提出用动态设定型板凸度模型建立轧辊热凸度模型的新方法。

关键词 宽厚板；板凸度；热凸度模型

Analysis and improvement methods of plate profile control for 4064mm plate mill at citisteel in U. S. A

Zhang Jinzhi, Wang Qi

(Beijing Central Iron and Steel Research Institute)

Abstract: By analysis of crown data of 4-high plate mill of Citisteel in U. S. A, it is believed that applicable roll crown schedule and careful operation can improve the plate profile quality, furthermore, increasing the roll crown can reduce the average plate crown, but it can not reduce the plate crown standard deviation, thus the standard deviation of plate crown ranges widely. By employing the profile optimized rolling schedule based on dynamic setting profile measuring and control method, the average plate crown can be reduced as well as the standard deviation of the plate crown. By comparison with wide plate mills of Capital Steel and Wuyang Steel the work roll change period should be reduce, the reasonable range is every 4 000 tons. Also in this article, the new method of the hot roll crown model was put forward.

Key words: heavy plate; plate crown; hot roll crown model

1 引言

板形（平直度和板凸度）一直是轧钢工作者极为关心的问题，对它的分析研究远早于对板厚差的研究。但板的纵向厚差问题早在 20 世纪 70 年代已基本解决，满足了各种用户的需求。因此板形问题显得更为突出，成为近 40 年来轧钢理论和技术的中心问题。轧钢工作者的传统解决办法是工艺方法，如合理配置轧辊凸度、生产中合理安排生产计划、在一个轧制周期内先轧较厚中等宽度再轧宽而薄后轧窄而厚的板、调节压下规程和轧辊冷却制度等。这些工艺方法在生产中起到十分明显的效果。50 年代末，出现了弯辊控制板形的方法，70 年代以来又出现了多种板形控制轧机和轧辊（HC、PC 等轧机，VC、CVC 等轧辊），这些板形控制设备的控制效果更为明显和直观，得到了非常迅速的发展和推广应用。

采用板形控制装备来解决板形问题的方法需要大量的投资，并要花大量的时间进行设备更新。对于一大批早年建立的板带轧机是不可能用板形控制装置进行改造的。这些轧机如果能由工艺方法加以改进来解决板形质量问题将是板形质量控制的一大突破。新发明的动态设定型板形测控方法等[1-3]已在 Citisteel 4060mm 四辊宽厚板轧机 AGC 改造工程中得到应用，现将已进行的工作和实施方案介绍如下。

2　Citisteel 轧制板形质量调研和分析

Citisteel 4060mm 四辊宽厚板轧机是 1907 年建成，大概是目前还在应用的最古老的轧机。该轧机支撑辊直径仅有 1270mm，与现代 2450mm 中厚板轧机支撑辊直径 1550mm 相比较，或与相近宽度 4000mm 左右轧机支撑辊直径 2000mm 相比较，该轧机的刚度相当低。Citisteel 轧机刚度大约 350t/mm，比现代 4000 宽轧机（约 700t/mm）低一倍以上，横向刚度要低四倍以上。该轧机由于采用合理的配辊制度，科学的生产调度以及精心的操作，其产品质量还是相当不错的，在美国十几家厚板厂中质量与服务名列前几名。

2.1　Citisteel 板凸度调查结果

1992 年与 Citisteel 开始探讨该轧机的改造问题，Citisteel 提供了 1991. 7. 23 ~ 1991. 9. 10 轧辊原始凸度与板凸度的实测报告。1996 年赴美，实测了一批板凸度数据。1998 年实施 AGC 工程时，于 1998 年 11 月与 Citisteel 共同测量了一大批板凸度数据。这三批数据按一定的厚度范围总结于表1~表 4 中。

表 1、表 2 中的数据是在轧辊凸度为 0. 1978，0. 2286，0. 2794，0. 3302，0. 3810，0. 4318 制度下，轧制厚度（9. 53，12. 7，19. 05，25. 4）和板宽（1828. 8，2133. 6，2438. 4，3048）条件下测得的，基本上能反映当时生产的实际水平。

表 1　1991 年按板厚分类的平均板凸度和标准差

（mm）

板厚	9. 53	12. 70	19. 05	25. 40
平均凸度	0. 2585	0. 1784	0. 1168	0. 0737
标准差	0. 1524	0. 1270	0. 0760	0. 0584

表 2　1991 年同等板宽条件下不同板厚钢板的平均凸度

（mm）

板宽	1828. 8	2133. 6	2438. 4	3048. 0
板厚	9. 53 12. 70	9. 53 12. 70	9. 53 12. 70	9. 53 12. 70
凸度	0. 137 0. 0711	0. 2032 0. 1422	0. 287 0. 2134	0. 4064 0. 287

表 3　1996 年同等板宽条件下不同板厚钢板的平均凸度

（mm）

板宽	1525 ~ 2413			2438. 4 ~ 3022. 6			3084 ~ 3708. 4		
板厚	9. 53 ~ 12. 7	19. 05 ~ 38. 1	50. 8 ~ 101. 6	9. 53 ~ 12. 7	19. 05 ~ 38. 1	50. 8 ~ 101. 6	9. 53 ~ 12. 7	19. 05 ~ 38. 1	50. 8 ~ 101. 6
凸度	0. 2794	0. 2286	0. 2286	0. 3302	0. 2794	0. 2794	0. 381	0. 3302	0. 3302

1998 年 11 月共实测了 228 块钢板，总平均板凸度为 0. 1158mm，标准差为 0. 1843mm，按厚度分类，平均板凸度和标准差如表 4 所示。

表 4　1998 年 11 月实测 228 块钢板凸度水平

板厚/mm	9. 53	12. 7	15. 24 ~ 19. 05	25. 4
平均板凸度/mm	0. 1978	0. 1524	0. 1346	0. 0711
凸度标准差/mm	0. 1549	0. 1473	0. 1753	0. 1956

2.2　与 Citisteel 轧机板宽相近的两套中国轧机情况

两套轧机分别为舞钢 4200mm 四辊宽厚板轧机[4]和首钢 3340mm 四辊轧机[5]。这两个厂的特点也是无弯辊等现代板形控制装备，依靠配辊制度，合理安排生产调度计划和精心操作提高板形质量的，所以它的数据（经验总结）对提高 Citisteel 板形质量很有参考价值。

舞钢的经验是，详细调研了在平辊条件下新辊使用中期和后期的板凸度变化，如表 5 所示。改进采用配辊制度，所取得的效果和经验如表 6、表 7 所示。

首钢是为了能生产 6mm 和 8mm 厚的薄板，研究了板凸度和平直度的变化及相应的轧辊热凸度和磨损问题的。轧辊热凸度和磨损是解决板形质量和控制的基础工作，参考它的经验的意义是十分明显的。由于首钢生产的板窄，所以它的 6mm 和 8mm 钢板板形问题不突出。同 Citisteel 生产 9. 53mm 和 12. 70mm 钢板情况是相似的。有关首钢的经验和实测数据在表 8、表 9 中。

首钢统计分析得出，轧辊热凸度为 0. 27mm，轧制量为 500t 时工作辊磨损量为 0. 20mm。支撑辊磨损量较小，轧制量为 4 万吨时，上辊为 0. 06mm，下辊为 0. 11mm。工作辊磨损量较大，轧制量为 2000t 就需更换新辊，上下辊磨损量合计

0.80mm。Citisteel 轧机支撑辊磨损量比较大，这与工作辊轧制量近 8000t 才更换新辊有关。工作辊使用时间长，必然增大支撑辊磨损量及不均匀性，这对产品质量很不利。

表 5 舞钢 4200mm 轧机平辊条件下的板凸度分析 (mm)

厚度范围	新轧辊			中期			后期		
	标准差	平均	最大	标准差	平均	最大	标准差	平均	最大
8.0~14.0	0.055	0.490	0.600	0.067	0.553	0.710	0.105	0.750	0.960
14.1~40.0	0.042	0.385	0.470	0.045	0.430	0.520	0.033	0.545	0.610
40.1~100	0.040	0.270	0.350	0.047	0.355	0.355	0.040	0.430	0.510

表 6 改用配置辊凸度后的板凸度水平 (mm)

厚度范围	标准差	平均值	最大值
8.0~14.0	0.055	0.450	0.560
14.1~40.0	0.042	0.295	0.380
40.1~100	0.037	0.265	0.340

表 7 舞钢轧机的轧辊凸度配置制度

轧制量/t	~8000	8000~16000	16000~24000	24000~40000	40000~
工作辊凸度/mm	0.00	0.00	0.01	0.15~0.20	换支撑辊或加大工作辊凸度
	0.00	0.05~0.10	0.15~0.20	0.15~0.20	到 0.30~0.40

注：支撑辊凸度为 0.10mm。

表 8 首钢 3327mm 轧机工作辊磨损统计

轧制量/t	辊面硬度/HS		工作辊磨损量 (0.01mm)												
			Max	平均	1	2	3	4	5	6	7	8	9	10	11
1000~1500①	67	上	21	9.4	0	3	6	17	21	18	16	16	4	2	0
		下	32	15.0	0	4	8	28	32	30	27	27	7	3	0
1500~2000②	67	上	24	11.6	0	4	8	18	20	24	21	19	9	5	0
		下	36	17.5	0	5	10	26	29	36	31	27	20	8	0

①20 根轧辊的平均值；②16 根轧辊的平均值。

表 9 轧制 40000t 支撑辊磨损量和硬度值

轧辊	磨损量 (0.01mm)											max	硬度 (HS)
	1	2	3	4	5	6	7	8	9	10	11		
上	0	7	8	5	6	4	5	5	7	8	0	8	66
下	0	10	15	12	14	7	7	11	13	10	0	15	68

2.3 目前 Citisteel 轧制板凸度的情况

自 1998 年 10 月投运液压 AGC 系统以来，厚控数学模型及软件经过调整和参数优化，厚度纵向厚差已明显减少，基本达到合同指标要求。板形最佳轧制规程还在准备阶段，主要开展了板凸度调研，板凸度模型在线和离线验证等工作。

1999 年 5 月 11 日美方对执行合同进行了全面的检测，厚度，板凸度和剪边量全面超过合同技术指标。合同规定按提高成材率来考核，其结果如表 10 所示，其中板凸度列出具体技术指标。

表 10 的数值表明，钢研总院在美国宽厚板液压压下及计算机控制系统改造是非常成功的，成材率提高 2.735，经济效益十分可观。表 11 给出板凸度精度提高的水平。

表 10 Citisteel 实际成材率提高考核结果

项目	实际达到	合同指标	超合同指标
厚度/mm	1.533	1.459	0.074
板凸度/mm	0.449	0.272	0.177

续表 10

项目	实际达到	合同指标	超合同指标
剪边量	0. 754	0. 754	0. 000
总和	2. 736	2. 485	0. 25

表 11　板凸度精度提高的技术水平

规格/mm	测量块数	合同前板凸度/mm	合同指标/mm	实际达到/mm
9. 53×3048	25	0. 6096	0. 4572	0. 4064
9. 53×2438	30	0. 254	0. 254	0. 254
12. 70×2438	24	0. 2794	0. 2032	0. 1016
19. 05×2438	25	0. 1778	0. 1524	0. 1524
25. 4×2438	25	0. 1016	0. 1016	0. 1016
50. 8×2348	24	0. 254	0. 1016	0. 0254

2. 4　Citisteel 板形问题的分析讨论

现行工作辊进级为 0. 0762，比 1991 年工作辊凸度进级 0. 0508 增加 0. 0254，上下辊合计增加 0. 0508，所以目前板凸度平均值比 1991 年有所减少，提高了板材质量。但是 1998 年的板凸度标准差与 1991 年相比没有变化，其原因是在一个工作辊周期内，工作辊和支撑辊合计辊凸度变化在 1. 0mm 左右，所以在不同时间板凸度变化是比较大的。

目前工作辊在一个工作周期内要轧制 7000～8000t 钢板，所以工作辊磨损比较严重，而旧辊表面有龟裂，这样大大增加了支撑辊的磨损量和不均匀性。首钢轧机工作辊每轧 2000t 左右需换一次新工作辊，所以它的支撑辊磨损较小。按目前轧辊磨损实际情况及与首钢对比，Citisteel 采用轧制 4000t 左右更换一次新工作辊为好。工作辊更换次数增加，必然影响生产率，在经济上有所损失。但是，工作辊更换增多，支撑辊磨损大为减小，支撑辊更换周期可以加长，工作辊的磨削量减小，工作辊的使用次数增加，此是有利因素。更换工作辊可大大提高钢板质量，降低板凸度损失而提高成材率，这方面的经济效益和争取市场份额等都是十分有利的。

关于平直度（波浪）问题，由于 Citisteel 主要生产较厚规格的产品，所以不太突出，只在生产 9. 53×3048 或更宽板时和控制轧制温度低才出现波浪问题。当投运优化轧制规程后波浪问题可得到改善。

3　提高板形质量的几项措施

轧钢工的经验，压下制度的合理分配，合理生产调度和配辊制度对于提高板形质量是非常有效的，当这些经验应用钢研动态设定型板形测控模型将会取得更好的效果。这些“工艺控制论”的方法可能达到设备（CVC，PC 等）的同等效果，但它不用设备投资，对大量无板形控制装备的轧机（连轧机，可逆轧机）的改造有推广价值。下面分三部分（板形最佳轧制规程，配辊制度和调度计划）介绍相应的措施。

3. 1　板形最佳轧制规程

已推广应用的优化轧制规程，是由综合等储备函数方法设定计算的，它保证在设备安全条件下，最大发挥设备能力，通过后三道压力分配，有效地控制了平直度。在实现上，通过设定后两道压下量变化系数 α_n，α_{n-1} 和在线可由轧钢工调节的 ω 系数，达到平直度实时控制。板形最佳规程是在原优化轧制规程的基础上，引入一个板凸度调节系数 γ，γ 用于规程设定和在线调节板凸度时，同 ω 作用相似。平直度调节是主动改变后三道压力分配，前面 $n-3$ 道随之变化，而板凸度调节则同时主动改变 n 道次的压力分配，所以板凸度可调节范围大，γ 的调节效果灵敏。下面举例说明改变 γ 的计算机模拟实验。表 12 列出采用三种压下制度的结果。

表 12　76. 2×2540→12. 7×2540 的三种压下制度

道次	1	2	3	4	5	10	11	12	13	γ
H/mm	66. 09	57. 07	49. 15	41. 96	35. 61	17. 12	15. 37	13. 89	12. 67	+0. 08
P/t	1812	1814	1814	1814	1814	1369	1232	1170	1047	
H/mm	67. 26	59. 21	52. 02	45. 39	39. 40	18. 19	16. 00	14. 15	12. 67	0. 00
P/t	1643	1644	1644	1644	1644	1644	1480	1405	1257	
H/mm	68. 40	61. 37	54. 99	49. 02	43. 51	19. 25	16. 61	14. 43	12. 67	-0. 08
P/t	1479	1479	1479	1479	1479	1908	1717	1631	1459	

注：γ=0. 08 和-0. 08 之差使终轧压力差 400t，可改变板凸度 0. 15mm。

3.2 配辊制度的改进

1991 年用的 0.0508 和现在用的 0.0762 工作辊凸度进级方法都是从实际经验中总结出来的，科学的配辊制度应建立在轧辊（工作辊，支撑辊）磨损模型的基础上，所以应当建立 Citisteel 的轧辊磨损数学模型，在建立轧辊磨损模型的同时也应该建立轧辊热凸度模型。磨损模型的建立主要是通过实测轧辊的新辊和旧辊的辊型曲线（或辊凸度），这不影响生产。主要是离线测量。轧辊热凸度模型建立的现行方法是要通过实测轧辊温度分布得出经验公式或有限元得出的公式实现的，难度较大而且影响生产。利用动态设定型板形测控和实测板凸度的方法建立轧辊热凸度模型是在不影响正常生产情况下进行的。

3.2.1 轧辊热凸度数学模型[6]

轧辊热凸度的变化一般与下列因素有关：轧制时间、轧件与轧辊接触时间、轧制间隙时间、接触弧长和轧制速度等。考虑这些因素的影响，提出轧辊的热凸度模型如下：

$$y(t) = \alpha e^{-tb/\delta} + C$$

式中，$y(t)$ 为轧辊热凸度动态值；δ 为轧制节奏参数，已知；t 为工作时间；a，b，c 为待估计参数。

轧辊的实时凸度估计出来以后，以此为基础，可以研究轧辊的热凸度模型。研究方法是利用新换辊后从第 1～第 50 块钢板的实测板凸度数据，及相应的轧制数据，如板宽，各道次轧制力，厚度等，可以估计出轧辊的实时凸度值，忽略轧辊磨损的影响，则轧辊的实时凸度值减去原始辊型值可近似为轧辊热凸度值。当求得各块钢板轧制时的热凸度值，将其作为上面模型的原始数据，当 $y(t)$ 和各块轧制时刻已知时，应用非线性参数估计方法可得出 a，b，c 参数值，从而建立起轧辊热凸度模型。

实验数据是 1998 年 11 月在美国 Citisteel 4060mm 宽厚板轧机上取得的。当换辊后由冷辊开始轧制，以相同的规程和轧制节奏连续轧制 50 块钢板，并人工卡量出每一块钢板的凸度值。按这种方法分别于 11 月 9 日和 11 月 16 日测得两组实验数据。测得的板凸度数据如表 13 所示。

表 13　板凸度数据测量结果

1998 年 11 月 16 日		1998 年 11 月 9 日	
时间	板凸度/mm	时间	板凸度/mm
16：05	0.14	16：10	0.094
16：12	0.02	16：20	0.010
16：22	0.01	16：42	-0.012
17：08	-0.06	17：30	-0.102
17：30	-0.06	18：00	-0.105
18：00	-0.07	18：20	-0.078
18：18	-0.063	18：35	-0.080
18：38	-0.082	19：00	-0.080
19：00	-0.060	19：20	-0.100

依据轧制规程及板凸度测量值，应用板凸度计算公式可估计出每一块钢板轧制时轧辊实时凸度。因为从冷辊开始轧制和测量，忽略轧辊磨损的影响，所估计出的轧辊实时凸度值可近似为轧辊的热凸度。估计出的轧辊实时凸度值如表 14 所示（轧辊的原始辊型凸度为 0.5mm）。

表 14　轧辊实时凸度及热凸度估计值结果

时间/min	0	5	7	11	20	44	68	93	119	138
实时凸度值/mm	0.5	0.571	0.896	0.923	1.138	1.112	1.138	1.140	1.171	1.112
热凸度值/mm	0	0.071	0.396	0.423	0.538	0.612	0.638	0.640	0.671	0.612

根据以上数据，以换辊后的轧制时间为自变量，轧辊的热凸度值为因变量进行回归分析，得出回归结果如下：

$$y = 0.671 - 0.69594e^{-0.018x/\delta} \tag{1}$$

3.2.2 轧辊磨损数学模型

应用板形测控数学模型可获得热凸度模型，可以在线估计轧辊实时凸度而实现板形自适应控制，当然也可以做磨损模型。对于磨损模型用实测轧辊曲线的方法不影响生产，所以采用轧辊使用前后辊型曲线和记录轧制吨数的办法是可行的。在 Citisteel 实测了大量工作辊磨损曲线和少量支撑辊磨损曲线，得到了工作辊和支撑辊磨损系数（表 15）。

表 15　工作辊磨损量记录及工作辊、支撑辊磨损系数 α

工作辊磨损量的部分记录	磨损量/mm	轧制量/t	磨损系数 $/10^{-5}mm \cdot t^{-1}$
	0.3048	6824	4.46

续表 15

工作辊磨损量的部分记录	磨损量/mm	轧制量/t	磨损系数 $/10^{-5}mm \cdot t^{-1}$
	0.3302	7974	4.10
	0.381	7774	4.9
	0.508	8150	6.23
	0.4572	8084	5.68
	0.254	6100	4.16
工作辊平均值	0.3725	7478.8	4.98
支撑辊平均值	0.3556	52351	0.679

生产过程中工作辊、支撑辊均编号，在使用时，轧制吨数是已知量，所以由磨损系数 α_1、α_2 可以计算出轧辊磨损量的变化，工作辊、支撑辊分别用式（2），式（3）表示：

$$\Delta D_1 = \alpha_1 \times W_1 \tag{2}$$

$$\Delta D_2 = \alpha_2 \times W_2 \tag{3}$$

式中，ΔD 是实际磨损量；W 是轧制量；α 是磨损系数。

下标 1 表示工作辊，2 表示支撑辊。

首钢轧辊磨损系数按表 8、表 9 数据得近似估计量：

首钢的支撑辊磨损系数小，$\alpha_1 = 1.92\times10^{-4}$，$\alpha_2 = 2.93\times10^{-6}$可能是由工作辊轧制量少（2000t），而 Citisteel 要轧 8000t 才换工作辊。

3.3　生产调度计划

Citisteel 的轧制生产调度计划是比较合理的，一个工作辊周期内宽度、厚度规格顺序安排合理。为了方便生产计划的安排，可计算出按钢质硬度，板宽和板厚三维的自然板凸度的顺序表。自然板凸度是指轧辊原始凸度和实时变化凸度均为 0 时计算出来的板凸度值，它的作用是不用按常规须在相同宽度的条件下才好比较厚度对板形的影响，达到多变量的综合考虑。

4　结论

（1）应用动态设定性板形测控数学模型，将工艺方法控制板形的方法从定性到定量，更有效地发挥其作用。

（2）利用换辊后开轧起实测板凸度值，由板凸度模型可估算出各时刻的轧辊热凸度值，从而可以简便地获得轧辊热凸度动态数学模型。

（3）从 Citisteel 轧辊磨损的实测数据分析和中国舞钢、首钢的配辊经验，换工作辊周期应缩短，即轧 4000t 左右换工作辊一次。换支撑辊周期可适当延长。

参 考 文 献

［1］张进之．板带轧制过程板形测量和控制的数学模型［J］．冶金设备，1997（6）：1-5.

［2］张进之．解析板形刚度理论［J］．中国科学（E），2000，30（2）：187-192.

［3］张进之．板形理论的进步及应用［C］//1999 中国智能自动化学术会议论文集．北京：清华大学出版社．

［4］张军，王振宇，等．4200mm 轧机辊型的开发与应用［J］．宽厚板，1996，2（2）：12-18.

［5］赵胜国，刘仁辅．辊型对薄规格中厚板生产影响的分析［C］//第二次全国中厚板学术年会，1998.

［6］段春华．板形控制的理论与实践方案的研究［D］．钢铁研究总院硕士学位论文，2000.

（原文发表在《宽厚板》，2001，6（4）：1-6）

动态设定型板形板厚自动控制系统

张进之，段春华

（钢铁研究总院，北京 100081）

摘 要 文章介绍了应用解析板形方程推出板形最佳轧制规程和板形板厚协调控制新方法。该方法的主要特点：系统中采用了静、动态负荷分配，动态设定厚度自动控制系统（DAGC）完成了板形板厚的闭环控制，在算法中采用了贝尔曼动态规划。新方法将会改变目前轧机设计和控制思想：设计合理刚度，强调调度计划、配置轧辊凸度和优化轧制规程等方面的作用，实现信息控制。

关键词 动态负荷分配；板形最佳规程；动态规划；动态设定

1 引言

板带材轧制已有几百年历史，从美国 1891 年建成 2800mm 四辊中厚板轧机开始到现代化四辊轧机也有 100 多年了。对板带材的要求主要有两个方面：一是几何尺寸精确度，二是物理性能。就几何尺寸而言，为了能保证更换钢种、规格后第一卷钢材命中目标值，20 世纪 60 年代初美国采用了计算机设定控制，达到了比人工经验更精确地设定各机架辊缝和速度。由于采用了静态设定参数方法，当系统受到随机扰动时，引起轧件沿长度方向的厚度波动。当时以压力作为输入信号的厚度控制方法已研究成功，很快地应用在热连轧机上，提高了产品尺寸精度。厚度自动控制系统（AGC）采用压力正反馈，为保持厚度定值来调节辊缝时更加大了压力波动，它直接损害了板横向精度和平直度（出现波浪），所以板形控制问题引起了极大的重视。从 60 年代起，轧制理论和技术主攻方向就放在如何提高板形质量上。

几十年来为提高板形质量的创新技术主要在装备方面，如 HC 轧机，PC 轧机，VC、CVC、UPC、DSR 轧辊等。但是，这些装备要大量投资，而且使控制系统越来越复杂，造成一次建设投资和生产费用增加。在这些装置发明前，主要用配轧辊凸度和负荷分配方法控制板形质量。70 年代欧洲和日本在计算机设定控制的条件下，用此法大幅度提高了板形控制质量。日本川崎水岛等厂数据[1]表明，在一个换辊周期内，用变压下率的方法，使板凸度变化从 80μm 减小到 30μm。30μm 值与目前 CVC、PC 的板凸度控制水平相当。

笔者提出的板形测控方法[2]和解析板形刚度理论[3]，解决了板形最佳轧制规程的设定和闭环最优控制，闭环控制的执行系统是动态设定 AGC。本文将板形闭环最优控制的动态设定 AGC 实现的方法称为动态设定型板形板厚自动控制方法（DACGC）。

2 板形最佳轧制规程的设定计算方法

板形最佳轧制规程的设定计算方法，是在已推广应用的综合等储备方法中增加控制板凸度参数 C_h，在规程计算的同时计算出各机架 i（道次）的板凸度 C_{hi}和平直度 $\Delta\varepsilon_i$ 值。并判断 C_{hN}，$\Delta\varepsilon_N$ 是否命中目标，其他机架的 $\Delta\varepsilon_i$ 是否在允许范围内，如果合适，就是板形最佳轧制规程，否则，自动或人工修改 C_h，n，$n-1$ 参数，直至达到板形技术指标要求，从而确定为板形最佳轧制规程。n、$n-1$ 为调节平直度的参数。综合等储备方法和热连轧分层递阶智能控制结构见文献［4，5］，增加 C_h 参数对计算的基本结构不变，计算过程见图 1，计算出的板形最佳规程及主要设备参数见表 1。

表 1 最佳板形轧制规程及设备主要参数

Tab. 1 The optimal rolling schedule and main parameters

i	h/mm	p/MN	Q/MN · mm^{-1}	q/kN · mm^{-2}	C_h/mm	$\Delta\varepsilon$/I
1	21. 51	25. 068	2. 182	2. 59	0. 1515	70. 0
2	12. 22	23. 598	2. 540	3. 10	0. 1423	25. 3

基金项目：“九五”国家攻关计划资助项目（95-528-01）。

续表 1

i	h/mm	p/MN	Q/MN · mm^{-1}	q/kN · mm^{-2}	C_h/mm	$\Delta\varepsilon$/I
3	8. 53	22. 119	5. 994	8. 13	0. 1260	26. 0
4	6. 12	22. 119	9. 178	13. 05	0. 1194	61. 9
5	4. 45	22. 119	13. 245	19. 60	0. 0929	38. 5
6	3. 38	20. 649	19. 298	29. 91	0. 0735	34. 1
7	2. 92	11. 789	25. 628	43. 12	0. 0262	30. 2

注：来料厚度 33mm，轧机板形刚度 69. 5kN/mm^2，宽度 1830mm，辊面长度 2050mm，压下螺丝间距 3150mm，工作辊直径 800mm，支撑辊直径 1630mm，p 为轧制压力，h 为板厚，Q 为塑性系数，q 为轧件板形刚度。

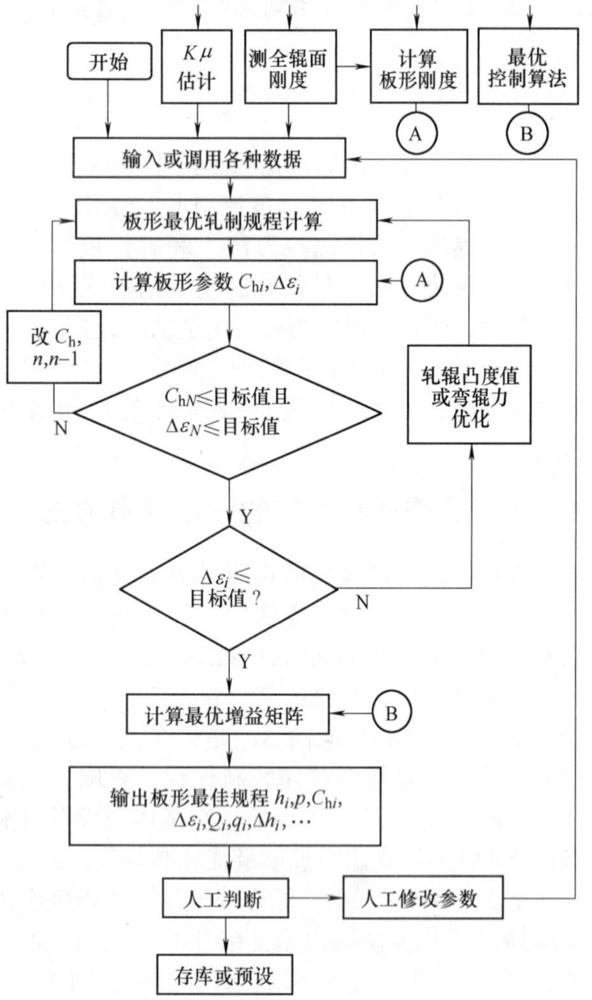

图 1　板形最佳规程设定值计算方框图

Fig. 1　The setting value calculation block diagram for shape optimal schedule

3　咬钢前辊缝和速度的精确设定

精轧机在钢坯出炉后就计算板形最佳轧制规程，规程计算时所用的板宽、板厚和温度等都是按经验参数设定的，它与粗轧后的数值有偏差，所以，在粗轧后和精轧机咬钢前要对精轧机的辊缝和速度进行精确设定。该设定计算用影响系数矩阵（雅可比阵）和协调推理网络[4,5]将影响系数矩阵与轧制规程一起计算出来。如果是用优化规程库方法，它与优化规程一起调出。图 2 所示的是热连轧智能控制结构图，图 3 所示的是协调推理网络图。图 3 中 Δt_0、Δb、Δh_0 为轧件温度、宽度、厚度的实际参数与计算规程采用值之差，板凸度调整系数 ΔC_h 和板平直度调整系数 ΔW 可在线人工（或自动）调整，ΔC_h 控制成品凸度，ΔW 控制成品平直度，以适应轧辊的实时凸度变化。

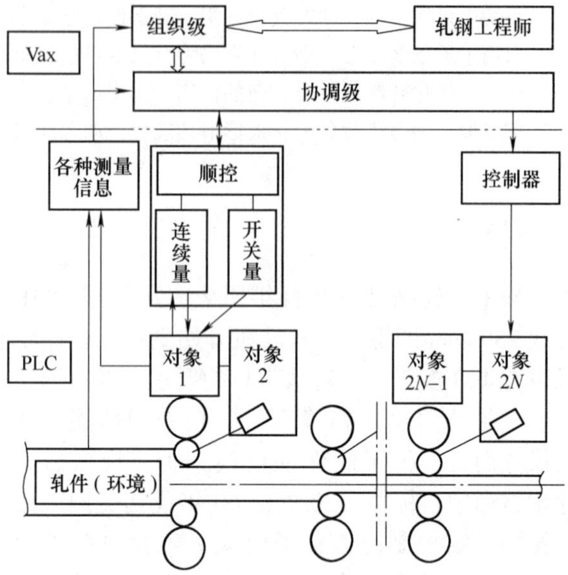

图 2　热连轧过程实时智能控制系统

Fig. 2　Actual intelligence control system of hot continuous rolling process

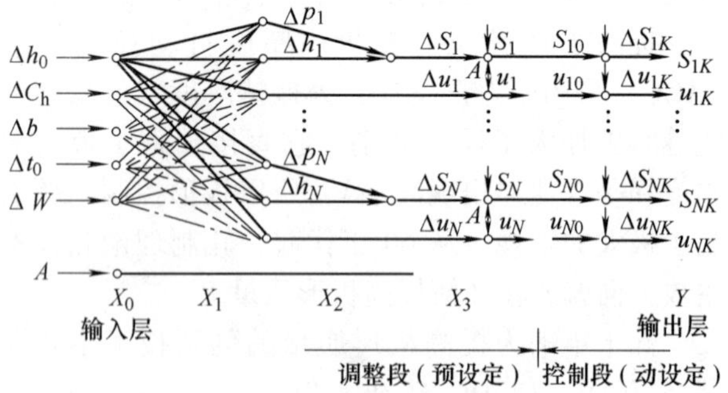

图 3　热连轧轧制过程协调推理网络

Fig. 3　Coordination reasoning network of hot continuous rolling process

4　板形板厚在线闭环最优控制

中厚板分层递阶智能控制系统[5]，在抑制模型误差、轧件扰动等对目标影响中，只考虑到命中该块钢的厚度目标值，而不考虑对板形目标值的命中。现行的热连轧穿带过程的辊缝校正也只考虑命中厚度目标值。本文改进这种方法，要同时命中目标厚度值和板形值。

热连轧中轧制一卷钢需要1min多，轧件温度有明显的变化，轧制过程是轧制加速的过程，轧辊热凸度也在变化，这种情况现行系统只采用了开环控制，即设定合理的加速度来保证出口温度接近定值。厚度是由AGC来保证，但轧件温度变化时，由AGC来保证厚度定值时必然要影响板形质量，这也就是在CVC、PC条件下板凸度控制水平不太高的原因，仅与文献［1］中采用经验板形优化轧制规程的水平相当。下面分别叙述热连轧穿带和一卷钢轧制过程中的在线板形板厚闭环最优控制方法。

4.1 热连轧穿带过程的板形板厚闭环最优控制

从中厚板分层递阶智能控制的经验来看，在轧机装备水平比较低的条件下，通过协调推理精确设定辊缝值和绝对值方式动态设定AGC，同板差和异板差的精度指标已高于国外先进水平。实施板形板厚双目标闭环最优控制时，微小的厚度改变量不会对板厚控制精度有很大影响，但这对热连轧就十分重要，因为板带越薄板形问题越突出，所以实施板形板厚双闭环控制是很有必要的。

穿带过程从第一机架咬钢开始，咬入后可测得轧制压力及辊缝实际值，由弹跳方程计算出板厚h_1，由板形方程计算出板凸度C_{h1}和平直度$\Delta\varepsilon_1$，代入式（1）求得Δh_1，ΔC_{h1}，$\Delta^2\varepsilon_1$。

$$\Delta h_1 = h_1 - h_{e1}$$
$$\Delta C_{h1} = C_{h1} - C_{he1}$$
$$\Delta^2\varepsilon_1 = \Delta\varepsilon_1 - \Delta\varepsilon_{e1} \tag{1}$$

式中，h_{e1}，C_{he1}，$\Delta\varepsilon_{e1}$分别为板形最佳轧制规程设定厚度值、板凸度值和板平直度值。

将ΔC_{h1}、$\Delta^2\varepsilon_1$代入贝尔曼动规划得出的最优闭环板形控制方程式：

$$\Delta h_2 = -[K_{11}K_{12}]\begin{bmatrix}\Delta C_{h1}\\ \Delta^2\varepsilon_1\end{bmatrix} \tag{2}$$

求得第二机架的压下量修正值。增益矩阵K_{ij}是根据厚度为控制量的板形二维状态方程和二次型目标函数，按贝尔曼动态规划方法得出[6]。

由式（2）求得动态负荷修正是Δh_2。对于用绝对AGC方式，第二机架的辊缝校正量按下式计算：

$$\begin{cases}\Delta p_2 = Q_2\Delta h_2 - Q_2\dfrac{h_{e1}}{h_{e2}}\Delta h_1\\ \Delta S_2 = \Delta h_2 - \dfrac{\Delta p_2}{M_2}\end{cases} \tag{3}$$

式中，Q_2为轧件塑性系数；M_2为轧机刚度；Δp_2为轧制压力修正量；ΔS_2为辊缝修正量。

同理，可以求得其他各机架的动态压下量修正值。这种穿带校正方法与以往的头部补救方法不同点是它能保证板厚和板形最优地命中目标值。

4.2 热连轧过程中板形板厚闭环控制

目前具有板形控制装置的连轧机，一卷钢轧制过程中CVC串动量和PC交角是不变的，主要用弯辊装置实现板形控制，并采用分割各机架独立的板形板厚解耦控制。以每一个机架为独立对象，当压力变化时由压力AGC保持该机架厚度不变。AGC的压力采用了正反馈，过大的压力变化会影响板形，通过改变弯辊力来保证板形质量。由于热连轧过程的复杂性，这种分割各机架的板形板厚解耦控制方法很难达到预期效果，而且不断地改变弯辊力要消耗电能。本文提出的板形板厚协调闭环最优控制，则将连轧机组作为一个控制对象，实施互联控制，当穿带完毕即正常连轧后，成品机架后的测厚仪、板凸度仪、平直度仪等都测得了板卷头部板形、板厚值。通过自适应计算，校正了辊缝零点和各机架厚度。由弯辊力和轧辊实时凸度为控制量的板形状态方程，求得轧辊实时凸度。板形方程用校正后的参数，计算出各机架板凸板C_{hi}和平直度$\Delta\varepsilon_i$。将这些值都记录下来，作为本卷钢的锁定值（基准值）。每5s左右计算一次压下量的修正值，称第二类动态负荷分配。每次算完压下量修正值后，通过式（3）计算出动态设定AGC的压力、辊缝锁定值的修正量并实施，完成了一次第二类动态负荷分配。当达到稳态时，重复上述操作，再进行下一次第二类动态负荷分配，直到本卷钢轧制结束。使成品厚度和板形达到目标值。

热连轧过程中自适应计算是很重要的一环。通过成品机架板凸度C_{hN}和平直度$\Delta\varepsilon_N$的预报值与实测值之差可以估计出轧辊的实时凸度值。计算出本块钢的轧辊实时凸度值后就可以对下一块钢进行参数自适应计算。轧辊的实时凸度值的计算方法是采用解析板形方程线性化后推导出的状态方程，由贝尔曼动态规划或最小二乘法计算出。该方法与目前热轧厂所采用的方法是不同的，其特点是在建立状态方程后，采用现代控制论中的最优化方法求出轧辊的实时凸度值；而目前热轧厂采用的是通过实测轧辊凸度值或者用有限元计算方法建立轧辊的热凸度和磨损的静态模型，这是一种静态建模方法，模型很复杂，且精度不高，无法利用实测数据进行自适应计算。

综述以上过程：用综合等储备负荷函数的方法计算优化轧制规程和影响系数矩阵，是属于静态规划的问题，同时，在采用协调推理网络（专家系统）精确设定辊缝和速度之后，并在穿带过程中通过动态负荷分配就可以达到板厚和板形的最佳目标值；为抑制扰动的影响采用了第二类动态负荷分配方法，由修改动态设定 AGC 辊缝和压力锁定值来实现。总的目标是控制板形、板厚恒定，主要特点是建立了厚度、板形状态方程，并采用了自适应算法。

4.3　板形最优闭环控制的数学模型和算法

机械板凸度结构公式[6]与板形测控模型[2]一起线性化，得到以板厚、板凸度、板平直度和温度为状态量并以辊缝、变辊力和轧辊实时凸度为控制量的四维轧制状态方程，证明轧钢系统是可测的、可控的、渐近稳定的线性系统。在板形板厚协调最优控制中，建立了 2 个二维状态方程：一个是以厚度为控制量的板形状态方程；另一个是以弯辊力和轧辊实时凸度为控制量的板形状态方程。下面列出其数学模型。

$$\boldsymbol{X}_i = \boldsymbol{A}_i\boldsymbol{X}_{i-1} + \boldsymbol{B}_i\boldsymbol{u}_i \tag{4}$$

$$\boldsymbol{X}_i^{\mathrm{T}} = [\Delta C_{\mathrm{h}i} \quad \Delta^2\varepsilon_i]$$

$$\boldsymbol{u}_i^{\mathrm{T}} = [\Delta h_{i-1} \quad \Delta h_i]$$

$$\boldsymbol{A}_i = \begin{bmatrix} 1 & 0 \\ -\dfrac{\xi_i}{h_i} & 1 \end{bmatrix}^{-1} \begin{bmatrix} \dfrac{q_i h_i}{(m_i+q_i)h_{i-1}} & -\dfrac{q_i h_i}{m_i+q_i} \\ -\dfrac{\xi_i}{h_i} & 1 \end{bmatrix}$$

$$\boldsymbol{B}_i = \begin{bmatrix} 1 & 0 \\ -\dfrac{\xi_i}{h_i} & 1 \end{bmatrix}^{-1} \begin{bmatrix} \dfrac{q_i}{m_i+q_i}\left(\dfrac{C_{\mathrm{h}(i-1)}}{h_{i-1}} - \Delta\varepsilon_{i-1}\right) - \dfrac{Q_i}{b(m_i+q_i)} & \dfrac{-q_i C_{\mathrm{h}(i-1)} h_i}{(m_i+q_i)h_{i-1}} + \dfrac{h_i Q_i}{b(m_i+q_i)h_{i-1}} \\ -\xi_i\dfrac{C_{hi}}{h_i^2} & \xi\dfrac{C_{\mathrm{h}(i-1)}}{h_{i-1}^2} \end{bmatrix}$$

$$\boldsymbol{X}'_i = \boldsymbol{A}'_i\boldsymbol{X}'_{i-1} + \boldsymbol{B}'_i\boldsymbol{u}'_i \tag{5}$$

$$\boldsymbol{X}'^{\mathrm{T}}_i = [\Delta C_{\mathrm{h}i} \quad \Delta^2\varepsilon_i]$$

$$\boldsymbol{u}'^{\mathrm{T}}_i = [\Delta C_{\mathrm{t}i} \quad \Delta F_i]$$

$$\boldsymbol{A}'_i = \begin{bmatrix} 1 & 0 \\ -\dfrac{\xi_i}{h_i} & 1 \end{bmatrix}^{-1} \begin{bmatrix} \dfrac{q_i h_i}{(m_i+q_i)h_{i-1}} & -\dfrac{q_i h_i}{m_i+q_i} \\ -\dfrac{\xi_i}{h_{i-1}} & \xi_i \end{bmatrix}$$

$$\boldsymbol{B}'_i = \begin{bmatrix} 1 & 0 \\ -\dfrac{\xi_i}{h_i} & 1 \end{bmatrix}^{-1} \begin{bmatrix} \dfrac{m_i}{m_i+q_i}\left(\dfrac{b}{L}\right)^2 & \dfrac{1}{q_i+m_i}\left(\dfrac{1}{b}\dfrac{\partial P_i}{\partial F_i} + m_i\dfrac{\partial C_i}{\partial F_i}\right) \\ 0 & 0 \end{bmatrix}$$

式中　h_i——板厚；

$C_{\mathrm{h}i}$——板凸度；

$\Delta\varepsilon_i$——平直度；

q_i——轧件板形刚度；

m_i——轧机板形刚度；

C_i——机械板凸度；

F_i——弯辊力；

p_i——轧制压力；

b——钢板宽度；

L——辊面宽度；

ξ_i——板形干扰系数；

Q_i——轧件塑性系数；

$\Delta C_{\mathrm{t}i}$——轧辊实时凸度；

i——机架序号。

二次型目标函数：

$$\boldsymbol{J} = \frac{1}{2}\boldsymbol{X}_N^{\mathrm{T}}\boldsymbol{F}_N\boldsymbol{X}_N + \frac{1}{2}\sum_{i=2}^{N-1}(\boldsymbol{X}_i^{\mathrm{T}}Q_i\boldsymbol{X}_i + \boldsymbol{u}_i^{\mathrm{T}}\boldsymbol{E}_i\boldsymbol{u}_i) \tag{6}$$

式（4）和式（6）构成了最优控制的数学模型：式（5）和式（6）构成了估计轧辊实时凸度 ΔC_t 和最佳弯辊力设定的数学模型。式（6）中半正定矩阵 $\boldsymbol{F}_i$ 和 Q_i 取值不同，可调节板厚与板形的精度比例，$\boldsymbol{E}_i$ 为单位矩阵。根据系统的数学模型，可以用动态规划或最小值原理或变分法求解，如用最简便的贝尔曼动态规划求解动态负荷分配。这是一个典型的多阶段决策问题。

这里需要说明一点，动态规划早已用于求解最优轧制规程，但由于计算量大无法在生产中实时应用。这里动态规划用法与以前不同：用综合等准备负荷分配方法求出最佳板形轧制规程后，对在线控制中各种扰动导致板形板厚偏离静态设定的最优轨道，采用了动态规划求解动态负荷分配并设定之，使其偏离达到最小值，实例操作过程见发明专利[7]。

5　讨论

5.1　轧机结构发展趋向变化

随着提高板带材尺寸精度要求不断增加轧机刚度，特别是 20 世纪 60 年代以后，提出高刚度高精度的论断，并以刚度大小代表轧机的水平。在压力 AGC 为主体的厚度自动控制系统推广应用后，原以为可以改变这种局面，因为理论上液压 AGC 可使轧机刚度达到无限大。但是，在板形理论发展一直跟不上厚控理论发展水平的情况下，提高板形质量主要依靠装备创新，而装备的作用也主要体现在增加轧机的横向刚度上，如 HC 轧机和 VCL 轧辊。所以，高刚度高精度的概念一直是支配轧机结构发展的主导思想。

本文提出的板形板厚设定控制方法，改变从机械上提高轧机刚度思路，而是降低轧机的刚度。新板形理论出现，改变了轧机的设计思想，并体现了新理论的意义和价值。例如，轧机横向刚度由 60MN/mm 减小到 30MN/mm：通过压下量改变 1MN 的轧制力，对于横向刚度为 60MN/mm 的轧机，板凸度调节量为 16.7μm，而对横向刚度为 30MN/mm 的轧机，可改变板凸度 33.3μm。当然不是刚度越低越好，应有一个合理值，这个合理值采用 50 年代的轧机刚度较为合适，如鞍钢 1700 热连轧机的刚度。由于刚度降低减小了牌坊立柱截面积和轧辊直径，其他设备也随之轻型化，这样使一次建设投资降低，轧辊直径减小还使生产能耗降低，所以，轧机轻型化含有巨大的经济效益。

5.2 对多种板形控制装备的分析

板形理论未突破前，主要靠发明新型板形控制装备来提高板形质量，其中采用弯辊法比较简单，它是把平衡轧辊自重的液压改进为一个弯辊系统，这是各国普遍采用的方法。HC 轧机、PC 轧机，CVC 轧辊，VC、DSR 等多种方法的出现是由知识产权原因引起的。这些方法各有千秋，能否用好，还在于板形理论水平和操作经验，以 PC、CVC 为例，它们实际控制板形的水平各公司间差别很大，从国内目前引进这些设备的应用情况看，比 70 年代日本川崎采用经验负荷分配方法控制板形的水平提高并不明显。

5.3 动态设定型板形板厚自动控制方法的使用范围

本文主要论述动态设定型板形板厚自动控制方法在无板形控制装置的板带轧机上的应用，但它也完全适用于有各种先进板形控制装备的轧机。在这些轧机上应用会进一步提高板形板厚控制精度，并大大简化设定计算。对于普通四辊热连轧机，应用该方法和最佳配辊凸度及合理调度，可使板凸度达到±20μm 水平，在 PC、CVC 轧机上应用，可达到±15μm，争取达到±10μm 水平。

5.4 解决我国板带轧机板形问题的可操作方案

由于板带轧机类型不同，在策略上采取优化措施是十分重要的，根据国内轧机的实际装备条件，用板形板厚动态设定方法来提高板带板形精度和机械物理性能，拟采取以下步骤。

第一步，选取板形控制装置和测量仪表齐全的热连轧机，利用其正常工况下的采样数据，验证板形测控模型的正确性和论证应用新方法提高设定精度的可行性。

第二步，在该连轧机上完成新方法的在线应用，证明其确实效果。在上轧机实验前，要进行计算机仿真实验，并将新方法转化为现行控制系统的操作方法。在不改变在线程序的情况下进行新方法实验。

第三步，推广应用分两种情况：一种情况为具有 CVC、PC 等板形控制技术的热连轧机，实现超级钢工业化生产，按性能要求制定的压下规程，要求后面道次压下量为一定值，造成非常规轧制压力分布，并用 CVC 或 PC 装置和模型设定方法仍然可达到板形目标要求，充分发挥 CVC、PC 等板形控制装置的功能；另一种情况为无板形控制装备的热连轧机，以及冷连轧机、可逆式轧机和有色金属轧机。

第一步的任务已经于 2000 年 4 月 5 日完成了初步实验，效果十分明显，所选的热连轧机是国内最先进的，7 个机架都具有 CVC、弯辊、液压压下等执行机构，成品机架有平直度和板凸度测量仪表，有成熟的轧辊热凸度和磨损数学模型。所以在该轧机上最容易验证新方法的正确性和实用性。表 2 为实测数据，表 3 为用式（5）模型的计算值与实测值和 CVC 设定值对比。实验数据表明新方法是正确的。

表 2 板带轧制数据（钢号 1032007）

Tab. 2 The record data of rolled strip

机架号 i	1	2	3	4	5	6	7
出口厚度/mm	23.62	13.46	8.67	5.86	4.35	3.59	3.04
轧制力/MN	20.187	18.003	18.013	15.703	11.020	8.877	7.180
CVC 位置/mm	−94	−64	−15	44	22	6	33
弯辊力/kN	275	575	632	614	526	541	456

续表 2

机架号 i	1	2	3	4	5	6	7
热凸度设定值/μm	160	176	150	164	151	132	113
轧辊磨损值/μm	92	93	138	529	357	368	345
凸度设定值/μm	319	191	123	83	61	51	40
平直度设定值/I	35	12	7	13	14	11	3

注：来料厚度 43.99mm，来料凸度 352μm，成品凸度测量值 40μm（8s 测一次，5 次平均值），成品平直度测量值为 -7I（1s 测一次，7 次平均值）。

表 3　原规程设定与计算结果比较

Tab. 3　The comparison of setting，calculation value of old schedule

机架号 i	板凸度值/μm		板平直度/I	
	CVC 设定	模型计算	CVC 设定	模型计算
1	319	163	35	-1
2	191	110	12	-1
3	123	85	7	2
4	83	63	13	-37
5	61	52	14	74
6	51	55	11	48
7	40	40	3	-25

注：成品凸度的目标值为 40μm；实际测量值为 40μm；成品平直度的目标值为 0I，实际测量值为 -7I。

表 3 表明，成品板凸度与实测值一致，平直度有些误差，如果适当改变一下弯辊力就和实测值一致了。其他机架无实测值。机架 F1 ~ F3 板凸度的模型计算值与 CVC 设定值相差较大，这对实际板凸度控制影响不大。初步分析认为模型计算是正确的，因为全部机架用同一种模型，而 CVC 设定分 F1 ~ F3 和 F4 ~ F7 两种。此外，模型计算未加任何修正。因此，在实际控制应用时，应考虑采用自学习、自适应优化算法，以提高模型预报精度。

表 4 数据表明，CVC 设定时是以等比例凸度和平直度等于零为条件的，但实际设定出的规程有差异，而用模型方法可实现此目标值，从而证明该模型可代替原 CVC 设定方法。

表 4　调整轧辊设定凸度后的板凸度和平直度计算值

Tab. 4　The calculation value of crown and flatness after regulating roll setting crown

i	CVC 设定		改变轧辊凸度值/mm	改变轧辊凸度后模型计算值	
	板凸度/μm	平直度/I		板凸度/μm	平直度/I
1	292	32	-0.580	187	0
2	191	15	-0.260	106	0
3	123	6	-0.075	68	0
4	83	11	0.1023	46	0
5	62	15	0.0690	34	0
6	51	11	0.0368	28	0
7	39	3	0.0148	24	0

6　结束语

以综合等储备负荷分配方法、动态设定 AGC 和解析板形方程为基础，应用贝尔曼动态规划求得最佳命中目标的板形板厚的动态厚度分配，并通过修改动态设定 AGC 压力、辊缝锁定值实现。该方法能代替复杂的板形控制装备，从而由高投入，高消耗的板形控制方法转向少投入，不增加消耗的利用信息流的板形控制方法。

参 考 文 献

[1] 琐田，征雄．改变热精轧机的轧制规程对热轧带钢凸度进行控制［C］//International Conference on Steel Rolling. Toky，Japan，1980：474-484.

[2] 张进之．板带轧制过程板形测控数学模型［J］．冶金设备，1997（6）：1-5.

[3] 张进之．解析板形刚度理论［J］．中国科学 E，2000，30（2）：187-192.

[4] 张进之．基于协调推理网络的热连轧控制系统结构［J］．控制与决策，1996，11（增刊）：204-208.

[5] 张进之．中厚板轧制过程分层递阶智能控制［J］．钢铁，1998，33（11）：34-38.

[6] 张进之．板形理论的进步及其应用［A］．1999 全国智能自动化年会论文集［C］．北京：清华大学出版社，1999：1262-1268.

[7] 张进之．基于板形板厚协调规律的板带轧制过程互联控制方法［P］．中国专利：99119242.7.1999-08-27.

（原文发表在《中国工程科学》，2000，2（6）：67-72）

解析板形刚度理论❶

张进之

（钢铁研究总院，北京 100081）

摘 要 定义轧机板形刚度系数 m 为单位板宽的横向刚度，即 $m=K/b$，将板形向量模型中的板凸度公式微分，得到十分简明的板形刚度方程 $K_c=m+q$。与材料力学得出的板凸度计算公式联立，得到轧件板形刚度解析计算公式．通过数值计算与实际轧机数值相比较，证明板形刚度理论的正确性和实用性，并已在4064mm 四辊宽厚板轧机上应用。

关键词 轧机横向刚度；轧机板形刚度；轧件板形刚度；辊缝刚度

厚度自动控制系统的正常有效应用必须与板形和板凸度一起考虑。40 年来，板形理论的发展主要有两种方式：其一是传统的弹塑性理论为基础的精确数学解法；其二是以实验为基础的非精确方法。精确方法大都基于 Shohet 法，即所谓的影响函数法，将解积分转化为矩阵 X 矢量的线性计算。求出轧件沿横向的压力分布、厚度分布和张力分布，张力分布代表板材的平直度。该方法虽然可以得出精确解，但计算量大，难于在线应用。新日铁在配合阶梯辊、HC 轧机、PC 轧机的开发时，根据 1000mm 实验板轧机、热连轧机和中厚板轧机的大量实测数据建立了板形数学模型，得出板形干扰系数 ξ 和板凸度遗传系数 η；从而使板形模型力学本质明确和结构简单。板凸度数学模型为[1]：

$$c_h = (1-\eta)c + \eta \frac{h}{H} c_H \tag{1}$$

式中，c_h 为出口板凸度，mm；c_H 为入口板凸度，mm；H 为入口平均厚度，mm；h 为出口平均厚度，mm；η 为板凸度率（c_h/h）遗传系数；c 为机械板凸度，mm。

新日铁模型的 η 是板宽和板厚的二元函数，包含了轧机和轧件双重特性，取值比较难。文献［2，3］将轧机和轧件分离，引入轧机板形刚度和轧件板形刚度概念，得出新型、简明、实用的板形向量模型：

$$C_{hi} = \frac{q_i}{q_i+m}\frac{h_i}{H_i}C_{hi-1} - \frac{q_i}{q_i+m}h_i\Delta\varepsilon_{i-1} + \frac{m}{q_i+m}C_i \tag{2}$$

$$\Delta\varepsilon_i = \xi_i\left(\frac{C_{hi}}{h_i} - \frac{C_{hi-1}}{h_{i-1}} + \Delta\varepsilon_{i-1}\right) \tag{3}$$

式中，$\Delta\varepsilon$ 表示平直度沿板宽延伸率差；m 为轧机板形刚度系数，N/mm^2；q 为轧件板形刚度系数，N/mm^2；ξ 为板形干扰系数；i 为道次（或机架）号。本文定义轧机板形刚度系数 m 为单位板宽的轧机横向刚度系数，即

$$m = \frac{K}{b} \tag{4}$$

式中，K 为轧机横向刚度系数，N/mm；b 为轧件宽度，mm。

由板形测控数学模型中的板凸度计算公式（2），与材料力学推出的板凸度计算公式联立，得出 q 的计算公式，并建立了板形刚度方程：

$$k_c = m + q$$

1 板形刚度方程的推导

板形刚度方程反映轧机板形刚度、轧件板形刚度与辊缝刚度之间的函数关系，公式推导时机械板凸度计算公式可只考虑可变量，故式（2）简化为：

$$c_h = \frac{m}{m+q}\frac{P}{K} + \frac{q}{m+q}\frac{h}{H}c_H \tag{5}$$

式（5）微分得

$$\partial c_h = \frac{m}{m+q}\frac{\partial p}{K}$$

式（4）代入上式整理得

❶ 国家“九五”科技攻关资助项目（95-528-01-01）。

$$\frac{\partial P}{\partial c_h \cdot b} = m + q$$

式中，$\frac{\partial P}{\partial c_h \cdot b}$称为辊缝刚度，用 K_c 表示，则得

$$K_c = m + q \tag{6}$$

式（6）即为板形刚度方程，结构极简单，辊缝刚度等于轧机板形刚度与轧件板形刚度之和。

2　*q* 的计算公式

板形方程式（2）是由式（1）定义

$$\eta = \frac{q}{m + q};\ 1 - \eta = \frac{m}{m + q}$$

得出的。η 分解为 m，q，所以可先定义 m 或 q。定义 m 后得到简明的板形刚度方程式（6），轧机横向刚度是已知通用量，故 m 可认为是已知量，所以只需要求出 q 的表达式。当引用文献［4，5］中的 K_0 计算公式与式（5）联立，可求出 q 的解析表达式。

$$K_0 = \frac{\eta'\omega_0}{1 + \eta'\omega} \tag{7}$$

式中，K_0 为入口凸度影响系数，或称板凸度遗传系数；ω 为单位板宽塑性系数的绝对值，即

$$\omega = \frac{\partial P}{\partial h}\frac{1}{b}$$

ω_0 为入口厚度影响系数，按塑性变形规律推出

$$\omega_0 = \frac{h}{H}\frac{\partial P}{\partial h} \cdot \frac{1}{b}$$

用平均塑性系数表示$\frac{\partial P}{\partial h}$，即$\frac{\partial P}{\partial h}=\frac{P}{\Delta h}$，所以

$$\omega = \frac{P}{\Delta h \cdot b} \tag{8}$$

$$\omega_0 = \frac{h}{H}\frac{P}{\Delta h \cdot b} \tag{9}$$

式（8）和式（9）代入式（7）得

$$K_0 = \frac{\eta' P}{\Delta hb + \eta' P}\frac{h}{H} \tag{10}$$

式（10）为板凸度的遗传系数，变换成凸度率遗传系数为

$$\eta = \frac{H}{h}K_0 = \frac{\eta' P}{\Delta hb + \eta' P} \tag{11}$$

式（11）的遗传系数等于式（2）的$\frac{q}{m+q}$，则得

$$\frac{q}{m + q} = \frac{\eta' P}{\Delta hb + \eta' P}$$

上式整理得

$$q = \eta'\omega m \tag{12}$$

式（12）为轧件板形刚度计算公式。

η'反映了轧辊之间和轧辊与轧件之间的分布特征，称柔性系数，量纲为 mm^2/N。它反映出板形控制与测量比板厚控制与测量的复杂性，板形控制属分布参数问题，而板厚控制属集中参数问题。η'计算公式见文献［4，5］。

3　板形参数数值计算及实验验证

3.1　三种典型板宽及其 K_c、K、m、q 参数计算

文献［2］给出的 3 种典型轧制规程如表 1 所示，轧机设备参数如表 2 所示，用统一编制的计算 m，q，K，K_c 程序得到 3 种规格结果，列出 1 种如表 3 所示。

表 1　3 种轧制规格表

带钢状态		入口	机架号						
			1	2	3	4	5	6	7
窄带（宽 945mm）硬材质	厚度/mm	31.75	19.35	12.42	8.08	5.49	3.76	2.69	2.31
	压力/MN		37.70	39.76	32.56	34.48	33.76	28.68	16.68
	压下率/%		39.00	35.80	35.00	32.1	31.10	28.40	14.20
中等宽（宽 1300mm）中等强度	厚度/mm	31.75	20.35	13.64	9.20	6.55	4.65	3.43	2.95
	压力 MN		49.10	51.22	41.04	40.40	41.70	40.56	19.90
	压下率/%		35.90	33.00	32.60	28.70	29.10	26.20	14.10
宽带钢（宽 1793mm）软材质	厚度/mm	31.75	21.13	14.63	10.39	7.81	5.80	4.42	3.71
	压力/MN		60.14	69.48	50.84	41.98	50.42	47.58	30.72
	压下率/%		33.40	30.80	29.00	24.20	26.50	23.70	16.10

表 2　设备参数

名称	辊面宽/mm	压下间距/mm	D_1/mm	D_2/mm	工作辊材质	支持辊材质
数值	2300	3150	1450	700	钢	钢

表 3　$b=945$mm 的各刚度系数值

编号	$K_c\times10/\mathrm{kN\cdot mm^{-2}}$	$K\times10^4/\mathrm{kN\cdot mm^{-1}}$	$m\times10/\mathrm{kN\cdot mm^{-2}}$	$q\times10/\mathrm{N\cdot mm^{-2}}$
1	7.8715	7.0014	7.4089	462.62
2	8.4012	7.0117	7.4198	981.44
3	8.7654	6.9735	7.3794	1386.0
4	10.081	6.9844	7.3909	2690.77
5	11.582	6.9804	7.3866	4195.40
6	13.484	6.9498	7.3543	6129.75
7	18.447	6.8527	7.2515	11195.8

分析表 3 数值表明：(1) 轧机横向刚度 K，同一宽度条件下为常数，它反映了轧机特征属性。(2) 轧机板形刚度 m 在板宽一定时为常数，证明了其常数特征。(3) m，K 具有 $m=K/b$ 之关系。(4) K_c 反映轧机和轧件综合特性，其值各道次是不同的。(5) 证明了 $K_c=m+q$ 的关系。

据以上分析，对于特定轧机，事先可确定其 K、m 值，q 值与轧件有关，要实时计算，这样就可以实现板形测控数学模型的设定和在线控制中的应用。K_c、η 都是轧机和轧件综合特征值，不易在线应用，但它们都可以实测或计算来验证板形刚度理论的正确性。

3.2　板形向量方程的验证及轧辊凸度值估计

轧机实际数据：第六届国际轧钢会议日本神户制钢发表的加古川 4724mm 宽板轧机[6]；1989 年北京国际轧钢会议（89ICMSR）芬兰劳塔鲁基钢铁公司 Reahe 钢厂 3600mm 宽板轧机[7]：文献［6］给出多种曲线图。从中可得到各道次压力 P_i，厚度 h_i，板凸度 C_{hi}，平直度 $\Delta\varepsilon_i$ 以及板形干扰系数 ξ_i：将 P_i、h_i 以及设备参数输入板形向量测控模型计算程序，就可以计算出 C_{hi}、$\Delta\varepsilon_i$ 和 ξ_i，其中轧辊实际凸度人为给定。通过计算在一定轧辊凸度数值条件下，得到与文献［6］相近的 C_{hi}、$\Delta\varepsilon_i$ 和 ξ_i 值。文献［7］给出了具体的数值表，表 4 为原文中的数据，用上述方法得出计算结果如表 5 和表 6 所示。

表 5 和表 6 计算结果与表 4 相比较，轧辊凸度为 0.45mm 时 C_h、$\Delta\varepsilon$、ξ 是很相近的。以上计算表明，板形向量模型是符合实际的，特别是能估计轧辊实时凸度，将能实现板形自适应控制。

表 4　Reahe 3600mm 轧机轧制规程

道次	h/mm	P/MN	温度/℃	C_h/mm	ξ	$\Delta\varepsilon$/%	主要设备参数/mm
1	150						$L=3600$
2	116	7.09	1213				$D_1=1000$
⋮							$D_2=1825$
5	61.2	5.59	1157				$b=3200$
6	45.8	33.65	1114	0.161	0.00	0.00	
7	31.5	36.05	1104	0.201	0.00	0.008	
8	20.7	37.97	1089	0.232	0.03	0.012	
9	13.8	37.93	1063	0.231	0.07	0.036	
10	9.6	35.11	1021	0.234	0.13	0.099	
11	7.4	33.96	961	0.166	0.19	0.013	

续表 4

道次	h/mm	P/MN	温度/℃	C_h/mm	ξ	$\Delta\varepsilon$/%	主要设备参数/mm
12	6.0	31.97	889	0.134	0.25	0.006	
13	5.0	30.66	821	0.113	0.31	0.000	

表 5　轧辊凸度为 0.5mm 时的计算结果

道次	$K\times10^4$/kN·mm^{-1}	$m\times10$/kN·mm^{-2}	$q\times10$/N·mm^{-2}	C_h/mm	$\Delta\varepsilon$/%	ξ
6	6.0958	1.9050	56.78	0.134	0.003	0.00
7	6.0926	1.9040	65.63	0.168	0.0023	0.00
8	6.0930	1.9032	93.64	0.191	0.0021	0.053
9	6.0903	1.9042	152.67	0.189	0.0036	0.077
10	6.0938	1.9043	241.39	0.155	0.0031	0.129
11	6.0953	1.9048	469.96	0.138	0.0048	0.185
12	6.0979	1.9056	721.34	0.115	0.0015	0.242
13	6.0999	1.9062	994.56	0.098	0.0015	0.299

表 6　轧辊凸度为 0.45mm 时的计算结果

道次	6	7	8	9	10	11	12	13
C_h/mm	0.163	0.197	0.220	0.218	0.183	0.166	0.143	0.125
$\Delta\varepsilon$/%	0.0036	0.0027	0.0024	0.0040	0.0043	0.0095	0.0008	0.0039
ξ	0.00	0.00	0.053	0.077	0.129	0.185	0.242	0.299

4　分析讨论

4.1　板形理论的发展及存在的问题

板形理论的研究远早于厚控理论的研究，它是以轧辊挠度的计算为基础的。随着轧钢技术的发展和用户对产品质量要求的提高，以及冷轧的发展，在冷连轧过程中板形变化非常明显，轧制中出现折叠、轧裂等现象，破坏了正常生产。生产中为了减少波浪、翘曲等缺陷，出现了弯辊装置控制板形、弯辊力的正确设定及有效应用推进了板形理论的发展，这就是 20 世纪 60 年代出现的 Stone 弹性基础梁理论和以 Shohet 为代表的影响函数法以及有限元方法。无论是北美洲、欧洲还是日本，在这方面都做了大量的研究；其特征是以轧辊变形为基础的。我国轧钢界从 70 年代起一直集中于轧辊变形的板形理论的研究，这种理论对轧制过程主要起到分析指导作用，而不能够直接用于在线控制。

70 年代末，日本新日铁提出了以实验为基础的板形理论新思路，自称为非精确板形理论方法，其实质是以轧件连续变形为基础的板形理论，得到了板形干扰系数 ξ 和遗传系数 η 为基本参数的板形向量数学模型，可直接应用于生产过程。

精确理论与非精确理论研究同一个对象，精确理论是直接得到压力，板厚和张力的横向分布，而非精确理论的平直度 $\Delta\varepsilon$ 代表了张力横向分布，由广义 Hooke 定律可实现其转变。压力分布是出口和入口厚差由压力公式得出，而板凸度是厚度分布的特征量。非精确理论是板形研究的进步。

两种理论的共同问题是：厚控理论有对偶的轧机刚度 M 和轧件塑性系数 Q，而板形理论只有轧机的横向刚度 K 而无对偶的轧件参数。我国在板形理论研究方面还存在横向刚度与辊缝刚度相混淆的问题，未认识到机械板凸度的重要性。机械板凸度的概念在欧洲 60 年代已引入了，它与板凸度是两个不同的概念，其关系相似于质量和重量的关系。机械板凸度反映轧机特性，与其对应的是轧机的横向刚度。板凸度反映轧机和轧件的综合特性。板凸度可直接测量，与其对应的是辊缝刚度。横向刚度 k 和辊缝刚度 K_c 可分别定义为：

$$k=\frac{\partial p}{\partial c},\ K_c=\frac{1}{b}\frac{\partial p}{\partial c_h}$$

4.2　板形测控方法及解析板形刚度理论（简称新板形理论）的建立

认识现代板形理论中存在的问题，必然会在板形理论上取得进步。近 40 年来板形理论、技术、实践和大量资料为新理论的建立奠定了深厚的物质基础，所以新板形理论的出现有它的客观必然性。板凸度和纵向厚差是同一个“自然力”即轧制力的函数。它们在数学描述上应该有相似的关系式。文献［2］提出由轧机板形刚度 m 和轧件板形刚度 q 来表述遗传系数 η 的思想，通过简单的数学变换就得到新型板形测控数学模型。

用两个参数描述一个参数，就允许先定义一个量。本文将轧机板形刚度定义为单位板宽的横向刚度，即 $m=k/b$，与材料力学的经典板形理论联立得到了轧件板形刚度 q 的表达式，建立了轧件、轧机统一的新板形理论，新板形理论得到大量实测数据的验证，并已在美国 4060mm 四辊宽厚板轧机上应用。该方法已获美国发明专利。

5　结论

（1）引入了轧机板形刚度和轧件板形刚度的概念，通过定义轧机板形刚度 $m=K/b$，并将其和材料力学得出的板凸度计算公式联立，得到了轧件板形刚度计算公式 $q=\eta'\omega m$，同时得到了板形刚度方程：$K_c=m+q$，并且从理论上和数值上证明了轧机板形刚度 m 只是板宽的函数，与轧件厚度、压下率、材质等无关。

（2）通过对实例轧机轧制的板形参数计算，对比分析了板凸度、平直度和板形干扰系数的计算值和实际值，证明板形测控数学模型的正确性、实用性、简便性和可操作性。

参 考 文 献

［1］中岛浩卫，松本纮美，菊间敏夫，等．热连轧机凸度控制技术的研究［J］．制铁研究，1979（209）：92-107.

［2］张进之．板带轧制过程板形测量和控制的数学模型［J］．冶金设备，1997（6）：1-5.

［3］张进之，张宇．新型板形测控方法及应用［J］．重型机械，1998（4）：5-9.

［4］连家创，刘宏民．板厚板形控制［M］．北京：兵器工业出版社，1996：72-75.

［5］洛阳有色加工设计研究院．板带车间机械设备设计［M］．上册．北京：冶金工业出版社，1983：394-401.

［6］Ohe K，Morimoto Y. 中厚板轧机板形控制的开发［C］//第六届国际轧钢会议译文集．北京：中国金属学会轧钢学会，1994：81-91.

［7］Jonsson N G，Mantyla P. 一种优化钢板断面和板形的轧制程序［J］．国外钢铁，1989（3）：9-16.

（原文发表在《中国科学（E 辑）》，2000，30（2）：187-192）

动态设定型板形板厚自动控制和轧钢技术装备国产化

张进之

（钢铁研究总院，北京　100081）

1　前言

现代轧钢技术与装备以板带生产为代表，目前我国的大型板带轧机主要是从国外引进的。20世纪50年代，我国从原苏联引进了鞍钢1700热连轧机和1700可逆式冷轧机及相应的生产技术，该装备技术水平属当时世界先进水平。60年代我国曾自主设计制造了2800、4200大型板轧机和1700热连轧机，其机械、电气传动等装备均为国产，但这些自主制造设备比当时国际水平是落后一些，主要表现在无厚度自动控制系统（AGC）。70年代武钢引进1700热、冷连轧机，使我国轧钢技术达到了当时世界上的先进水平，国内也开展了AGC的工业实验和推广应用。80年代从德国引进了2050、2030热、冷连轧机，该轧机具有世界先进水平的板形控制装备和技术，还有武钢引进了1200HC冷轧机，当时我国的轧钢装备已是世界一流水平。如果当时能抓紧积极消化、改进达到国产化，那么轧钢技术装备在创新的道路上必能加速前进。

2　板形厚度自动控制技术的发展

20世纪60年代鞍钢在1200可逆冷轧机上曾开展计算机控制的AGC实验，钢铁研究总院在12辊可逆式冷轧机上也曾立项开展AGC研究，后在国家科委和原冶金部、机械部组织领导下立项，并自主开发热连轧计算机控制数学模型的研究工作；冶金部建筑研究院、钢铁研究总院、钢铁设计院、北京科技大学、原机械部天津传动设计研究所、中科院数学所、酒钢等协作开展此项目的研究工作，使一批人了解了国际上连轧机计算机控制技术，初步掌握了国外主要模型的内容和水平。70年代武钢1700热、冷连轧机引进后，曾组织了全国技术力量进行消化，成绩很大，但在关键技术AGC消化上遇到了困难，较长时间AGC技术不能国产化，为此普遍认为国内AGC技术还不成熟，得从国外引进。

从国外AGC技术及理论发展情况来看，英国钢铁协会于1949年提出轧机弹跳方程是厚控的最基础理论，同时发明了头部锁定（相对值）AGC技术，称为BISRA AGC。BISRA AGC只引入了设备参数——轧机刚度M，所以AGC技术还不完备。德国、日本以不同的方式引入了轧件参数——塑性系数Q，使AGC技术得到发展。德国方法是串联控制方式，内环为辊缝自动控制（APC），外环为厚控环，由弹跳方程测厚与设定厚度之差通过压下效率系数得到APC修正设定值，内环与外环之间有积分环节连接，这种方式稳定性好，调试简便，但响应速度慢。日本方法则采用厚差直接控制电液伺服阀，投入AGC系统时，APC系统被切除，即APC、AGC独立使用。这种方式响应速度快，但稳定性较差、调试困难。武钢1700热连轧机是这种方式。所以钢铁研究总院和天津电气传动设计研究所等单位则积极消化并实验推广日本的方法。当时国内设备水平实验日本的方法是十分困难的，由于是在无计算机设定控制条件下，用模拟电路的方法实现AGC功能的，所以造成AGC控制效果不好。为此，促使笔者在理论上研究AGC技术，并开发成功动态设定型AGC称作DAGC。DAGC是AGC的继续发展，但比日本、德国的方法有很大的进步，1986年在第一重型机械厂200四机架冷连轧机上实验成功，证明其理论及预测效果是正确的。同年通过了机械部、冶金部联合鉴定，并与一重，冶金自动化院合作推广。90年代初钢铁研究总院在原上钢三厂2350中厚板轧机上应用，其特点是与计算机设定控制联合应用，当时厚控效果达到了世界先进水平[1]。1996年与宝钢合作，在2050热连轧机上用DAGC代替原西门子厚控模型实验成功，1996年7月开始7个机架全部投运DAGC，一直正常应用，使厚控精度提高一倍[2]。此项技术于1996年获得国家三等发明奖。

3 动态设定型板形板厚自动控制技术DACGC

厚度自动控制系统（AGC）已得到了广泛推广应用，应用在热连轧机上，能提高产品尺寸精度。但它是以压力作为输入信号的厚度控制方法，是压力正反馈。为保持厚度定值来调节辊缝时则将加大了压力波动，以致直接损害了板横向精度和平直度（出现波浪），造成厚控精度提高使板形质量变坏。几十年来为提高板形质量主要是依靠板形控制装备的创新和极复杂的控制技术来解决的。如日本开发了HC、PC板形控制轧机，德国开发了CVC可动态变轧辊凸度的设备，欧洲开发了DSR轧辊等多种板形控制装置。上述多种板形控制装备各有千秋，但没有哪一种比另外一种更先进，这几种装置对控制板形是有效果的，但多种控制系统（板形、厚度、张力、温度等）相互作用，使控制系统复杂化，造成一次建设投资和生产费用增加。另外，例如国内某热连轧引进了CVC及配套软件技术，冷连轧又引进了DSR轧辊，其二次引进的原因是板形控制质量达不到国际先进水平。从装备上看，两套大型轧机的机电装备是世界上一流的，但生产不出一流的产品。其原因是生产经验比不上国外生产厂家。引进调试期，国外工艺专家用其经验达到考核品种规格的精度指标，投产后扩大规格的参数确定就要由自己解决，经验跟不上，产品质量就达不到世界一流。所以引进国外的板形装备和技术也不会在板形控制问题上取得更大突破。

如何解决我国板带轧机板形精度，解决板带全面质量问题，应当在工艺方面有所突破。钢铁研究总院经多年研究后提出了轧辊变形与轧件变形统一的解析板形刚度理论（轧制动态理论），在理论和实用性方面很好地解决了这个问题。在分析了国外多种板形控制装备存在的问题和国内引进的轧机用国外解决板形控制的办法的基础上，开发研究中国自己的新型板形测控方法。上述的理论与方法解决了板形最佳轧制规程的设定和闭环最优控制，闭环控制的执行系统是动态设定AGC。实现板形板厚综合控制的方法称为动态设定型板形板厚自动控制技术（DACGC）。

3.1 解析板形刚度理论[3]

该理论主要运用解析的方法对板形矢量动态数学模型中的主要参数进行了推导，并得出了板形刚度方程。它是建立在轧机板形刚度 m 和轧件板形刚度 q 新概念的基础上的，m、q 与板形遗传理论的遗传系数 η 直接相关。对由 m、q 参数描述的板形测控数学模型进行微分，得出板形刚度理论的基本公式：$K_C=m+q$；K_C 为辊缝刚度，是可测的。板形刚度理论中的 q 可通过与经典板形理论联立得出计算式，m 为单位板宽的横向刚度。因此解析板形刚度理论是可以实验验证的，目前已通过多套大型轧机实测数据的验证，取得很好效果。解析板形刚度理论的特征是：统一性、简明性、实证性、实用性，1998年已在美国凤凰钢铁厂（Citisteel U.S.A）4060mm宽厚板轧机上应用，并已获美国发明专利。

3.2 板形最佳轧制规程的设定

板形最佳轧制规程的设定计算方法，是在已推广应用的综合等储备方法中增加控制板凸度参数 C_h，在规程计算的同时计算出各机架 i（道次）的板凸度 C_{hi} 和平直度 $\Delta\varepsilon_i$ 值。并判断 C_{hN}，$\Delta\varepsilon_N$ 是否命中目标，其他机架的 $\Delta\varepsilon_i$ 是否在允许范围内，如果合适，就是板形最佳轧制规程，否则，自动或人工修改 C_h、n、$n-1$ 参数，直至达到板形技术指标要求，从而确定为板形最佳轧制规程。n、$n-1$ 为调节平直度的参数。综合等储备方法和热连轧分层递阶智能控制结构，增加 C_h 参数对计算的基本结构不变，计算过程见图1，计算出的板形最佳规程及主要设备参数见表1。

表1 最佳板形轧制规程及设备主要参数

i	h/mm	p/MN	Q/MN · mm^{-1}	q/kN · mm^{-2}	C_h/mm	$\Delta\varepsilon$/I
1	21.51	25.068	2.182	2.59	0.1515	70.0
2	12.22	23.598	2.540	3.10	0.1423	25.3
3	8.53	22.119	5.994	8.13	0.1260	26.0
4	6.12	22.119	9.178	13.05	0.1194	61.9
5	4.45	22.119	13.245	19.60	0.0929	38.5
6	3.38	20.649	19.298	29.91	0.0735	34.1
7	2.92	11.789	25.628	43.12	0.0262	30.2

注：来料厚度33mm，轧机板形刚度69.5kN/mm^2，宽度1830mm，辊面长度2050mm，压下螺丝间距3150mm，工作辊直径800mm，支撑辊直径1630mm，p 为轧制压力，h 为板厚，Q 为塑性系数，q 为轧件板形刚度。

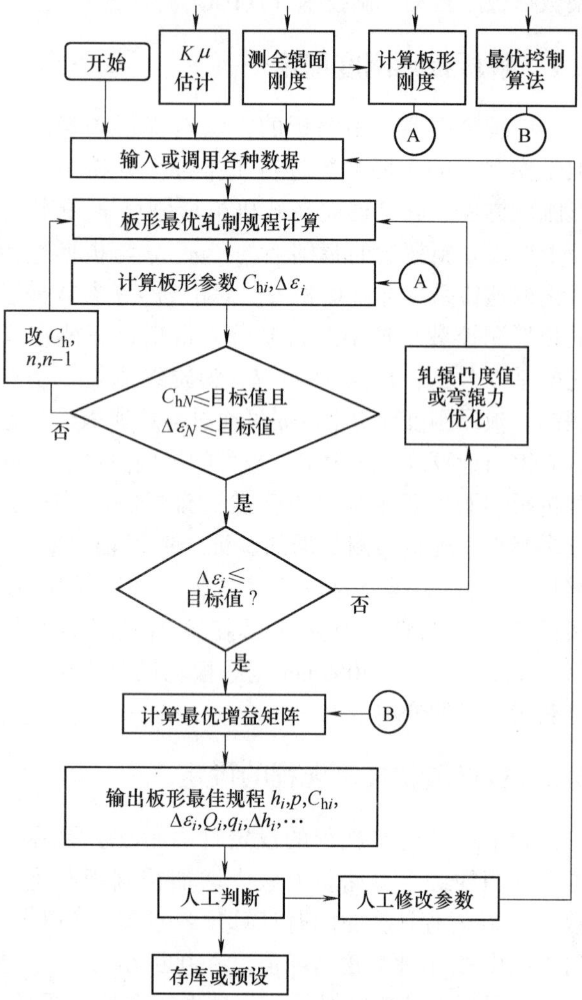

图1　板形最佳规程设定值计算方框图

3.3　板形板厚在线闭环最优控制

一般中厚板分层递阶智能控制系统[4]，在抑制模型误差、轧件扰动等对目标影响中，只考虑到命中该块钢的厚度目标值，而不考虑对板形目标值的命中。现行的热连轧过程的辊缝校正也只考虑命中厚度目标值。本文开发的技术要同时命中目标厚度值和板形值。例如，热连轧中轧制一卷钢需要 1min 多，轧件温度有明显的变化，轧制过程是轧制加速的过程，轧辊热凸度也在变化，这种情况现行系统只采用了开环控制，即设定合理的加速度来保证出口温度接近定值。厚度是由 AGC 来保证，但轧件温度变化时，由 AGC 来保证厚度定值时必然要影响板形质量。再如目前具有板形控制装置的连轧机，一卷钢轧制过程中 CVC 串动量和 PC 交角是不变的，主要用弯辊装置实现板形控制，并采用分割各机架独立的板形板厚解耦控制。由于热连轧过程的复杂性，这种分割各机架的板形板厚解耦控制方法很难达到预期效果，而且不断地改变弯辊力要消耗电能。

板形板厚闭环最优控制，则将连轧机组作为一个控制对象，实施互联控制，当穿带完毕即正常连轧后，成品机架后的测厚仪、板凸度仪、平直度仪等都测得了板卷头部板形、板厚值。通过自适应计算，校正辊缝零点和各机架厚度。由弯辊力和轧辊实时凸度为控制量的板形状态方程，求得轧辊实时凸度。板形方程用校正后的参数，计算出各机架板凸板 C_{hi} 和平直度 $\Delta\varepsilon_t$。将这些值都记录下来，作为本卷钢的锁定值（基准值）。每 5s 左右计算一次压下量的修正值，称第二类动态负荷分配。每次算完压下量修正值后，通过计算得出动态设定 AGC 的压力、辊缝锁定值的修正量并实施，完成了一次第二类动态负荷分配。当达到稳态时，重复上述操作，再进行下一次第二类动态负荷分配，直到本卷钢轧制结束。使成品厚度和板形均达到目标值。

综述以上过程：用综合等储备负荷函数的方法计算优化轧制规程和影响系数矩阵，同时，在采用协调推理网络（专家系统）精确设定辊缝和速度之后，并在穿带过程中通过动态负荷分配就可以达到板厚和板形的最佳目标值；为抑制扰动的影响采用了第二类动态负荷分配方法，由修改动态设定 AGC 辊缝和压力锁定值来实现。总的目标是控制板形、板厚恒定，主要特点是建立了厚度、板形状态方程，并采用了自适应算法。

4　动态设定型板形板厚自动控制技术的实践应用

4.1　在美国 Citisteel 轧机改造工程中的首次应用获得了很好的效果

Citisteel 4060mm 四辊宽厚板轧机是 1907 年建成，大概是目前还在应用的最古老的轧机。该轧机支撑辊直径仅有 1270mm，与现代 2450mm 中厚板轧机支撑辊直径 1550mm 相比较，或与相近宽度 4000mm 左右轧机支撑辊直径 2000mm 相比较，该轧机的刚度相当低。Citisteel 轧机刚度大约 3.5MN/mm，相当于现代 4000 宽轧机（约 7MN/mm）的 40%，横向刚度相当于 20%。

在与 Citisteel 开始探讨该轧机的改造问题时，提供了 1991.7.23~1991.9.10 轧辊原始凸度与板凸度的实测报告。1996 年赴美，实测了一批板凸度数据。1998 年实施 AGC 工程时，于 1998 年 11 月与 Citisteel 共同测量了一大批板凸度数据。

表 2 1991 年数据按板厚分类的平均板凸度和标准差 (mm)

板厚	9.53	12.70	19.05	25.40
平均凸度	0.2585	0.1784	0.1168	0.0737
标准差	0.1524	0.1270	0.0760	0.0584

表 3 1991 年数据按板宽分类的板凸度标准差 (mm)

板宽	板厚			
	1828.8	2133.6	2438.4	3048.0
9.53	0.1370	0.2032	0.2870	0.4064
12.70	0.0711	0.1422	0.2134	0.2870

表 2 中的数据是轧辊凸度为 0.1978、0.2286、0.2794、0.3302、0.3810、0.4318mm 制度下，轧制厚度（9.53，12.7，19.05，25.4mm）和板宽（1828.8，2133.6，2438.4，3048mm）条件下测得的，基本上能反映当时生产的实际水平。

1998 年 11 月共实测了 228 块钢板，总的平均板凸度为 0.1158mm，标准差为 0.1843mm。按厚度分类，平均板凸度和标准差见表 4。

表 4 1998 年 11 月实测 228 块钢板的板凸度水平 (mm)

板厚	9.53	12.7	15.24~19.05	25.4
平均板凸度	0.1978	0.1524	0.1346	0.0711
凸度标准差	0.1549	0.1473	0.1753	0.1956

通过分析研究和计算并与中国首钢和舞钢两套宽厚板轧机对比及参考他们的经验后对 Citisteel 轧机进行了改造。自 1998 年 10 月投运液压 AGC 系统以来，厚控数学模型及软件经过调整和参数优化，厚度纵向厚差已明显减小，达到合同指标要求。Citisteel 实际成材率提高考核结果见表 5。

表 5 实际考核结果

项目	实际达到	合同指标	超合同指标
厚度	1.533	1.459	0.074
板凸度	0.449	0.272	0.177
剪边量	0.754	0.754	0.000
总和	2.736	2.485	0.250

表 5 的数值表明，钢研总院在美国宽厚板液压压下及计算机控制系统改造是非常成功的，成材率提高 2.735%，比合同指标 2.485%还高 0.25%，经济效益十分可观，为此美厂方十分满意，系统一直正常运行。

4.2 在宝钢 2050 热连轧机上推广应用

2000 年 4 月起转向 CVC、PC 板形控制轧机上推广应用，并与宝钢合作在 2050 热连轧机上验证了板形计方法的正确性和实用性，并发现了 CVC 设定数学模型存在的问题。

2050 轧机 7 个机架都有 CVC、弯辊和液压压下等执行机构，成品机架后有平直度、板凸度和厚度测量装置，有成熟的轧辊热凸度和磨损数学模型。所以在该轧机上最容易验证板形计方法的正确性和实用性。表 6 为板形计法计算值与实测值和 CVC 设定值对比，表 7 为调整轧辊设定凸度后的板凸度和平直度计算值。表 7 数据表明，用板形计法可以设定出平直度为零的板形最佳规程，而 CVC 设定方法是难以做到的。

表 6 原规程设定与计算结果比较

机架号	板凸度值/μm		板平直度/I	
	CVC 设定	模型计算	CVC 设定	模型计算
1	319	163	35	-1
2	191	110	12	-1
3	123	85	7	2
4	83	63	13	-37
5	61	52	14	74
6	51	55	11	48
7	40	40	3	-25

注：成品凸度的目标值为 40μm，实际测量值为 40μm，成品平直度的目标值为 0I，实际测量值为-7I。

表 7 调整轧辊设定凸度后的板凸度和平直度计算值

机架	CVC 设定		改变的轧辊凸度值/mm	改变轧辊凸度后模型计算值	
	板凸度/μm	平直度/I		板凸度/μm	平直度/I
1	292	32	-0.5800	187	0
2	191	15	-0.2600	106	0
3	123	6	-0.0750	68	0
4	83	11	0.1023	46	0
5	62	15	0.0690	34	0
6	51	11	0.0368	28	0
7	39	3	0.0148	24	0

通过分析 1580PC 轧机数学模型及目前生产中板形质量存在的问题，证明了当时对新日铁遗传板形理论的分析是正确的。日本三菱提供的 PC 设

定模型是实现板形遗传理论的技术，需要优化参数上百个，而这些参数大部分与轧件特征有关，但三菱未提供离线模型及仿真实验平台优化其参数的技术，所以被认为能最有效控制板形的1580PC轧机还达不到较旧的2050CVC轧机的板形技术水平。在PC模型分析过程中，发现了三菱模型对新日铁模型做了省略和简化，所以直接影响了平直度控制水平。国内已引进的两套PC轧机轧件控制水平低于1982年投产的新日铁广畑1840六机架热连轧的控制水平。

以上工作说明了开发的板形计方法优于日本、德国的设定方法，所以推广该方法可以推进我国板带轧制技术的进步和实现装备国产化。

5　板带轧制技术与装备实现国产化的可行性分析

据了解到目前为止我国已经引进了8套PC，CVC型热连轧机，宝钢2050CVC，1580PC，鞍钢1780PC等，另外冷连轧，可逆轧机还有许多。我国到1995年底已花近百亿美元引进技术和装备，只建成产能为1亿吨，现代化装置只占20%的钢铁大国。而日本只花16亿美元引进技术和装备建成了产能为1.6亿吨钢的全现代化装备的钢铁工业。为此，中国要建成钢铁强国，入关后中国钢铁工业能有竞争力，这个问题非常值得思考。同样，今后轧钢技术如何发展，也是亟待解决的问题。

5.1　继续加强我国轧制理论和技术的开发研究

前面关于板形板厚的理论与技术分析已证明我国比国外不落后，而且比德、日技术更先进。连轧张力理论是连轧过程动态理论，而目前国外还停留在秒流量相等的水平上，动态理论只有两机架动态张力公式。而负荷分配已从理论上解决，即综合等储备负荷函数方法，该方法经试验研究已进入工业化，并在多套大型中厚板轧机、可逆式冷轧机上推广应用，还推广到美国。这说明我国轧钢工作者有能力开发研究轧制理论和技术并出了成果转变为生产力，因此希望有关主管部门继续加强这项工作。

5.2　要进一步注重工艺控制模型的开发应用

轧机控制的基础是辊缝和轧辊速度的控制，即APC系统。此技术我国早已成熟了。但轧机控制目标是轧件厚度和板形等工艺目标。以厚控为例，要控制厚度就要有测厚仪，由测厚仪与辊缝控制系统连接可形成厚度闭环自动控制系统。要搞控制就必须解决测量问题，英国人发明了弹跳方程实现了轧钢机本身具有测厚的功能，使厚度控制很快得到普及应用，大大提高了纵向厚控精度。板形控制也要先解决板形测量问题，板形仪要求很高，价格非常贵，而且在连轧机上板形仪只能装在成品机架后面，但前边机架对板形控制作用很大，无法测量也就无法实现自动控制。板形计法实现了轧机是板形计的功能，就可实现各机架板形闭环控制。弹跳方程、板形计法均属于工艺控制模型，连轧张力理论则反映了张力负反馈作用，归纳得出工艺控制理论新概念。温度测量控制对性能控制是关键，从弹跳方程和压力公式也可联立推出轧机具有测温计的功能，则可从根本上改变目前热连轧控制系统的结构，达到轧机、轧件分离控制的目标，大大简化了控制装备及系统设计的难度，以致成本会降低而产品控制精度会有明显的提高。DAGC比西门子厚控方法简单，其控制系统是设备辊缝和速度单独控制，只要APC功能，而APC的设定值由工艺控制模型不断地动态修正。简单的控制系统可得到高精度、高性能的板带，这样就可以实现板带轧制技术与装备的国产化。

5.3　建议板带轧机实现工艺控制的做法

板带生产技术中热连轧难度最大，也是最重要的，如果热轧板卷质量提高了，冷轧板卷质量自然会提高，并可以简化冷连轧机控制系统。在已完成宝钢2050热连轧厚控数学模型的改造和“九五”科技攻关子专题——热连轧动态负荷分配专家系统之后，建议继续开展以下工作。

5.3.1　无活套热连轧技术的开发

当前影响热连轧厚控精度进一步提高的主要原因是活套系统的恒张力精度太低。张力波动达40%，从而引起压力波动和厚度波动，使热轧板卷精度很难达到0.01mm的范围内，而冷连轧波动可小于0.003mm。国外70年代开始实践无活套轧制，20多年来无活套技术未推广的原因是控制器设计中应用了秒流量相等条件，这可以用张力状态方程设计张力最优控制器来解决。无活套轧制技术经过两年多的论证后正式立项，2001年初正式开展了工业化实验工作，目前工作进展顺利，争取早日实现无活套热带轧制技术。这将能大范围提高厚度、宽度控制精度，降低能耗和备品备件消耗，特别是为超级钢的生产创造了有利条件。

5.3.2 板形板厚协调最优控制

古老的板带轧制以及60年代前的热连轧机，人工操作也能轧出合格的板带材，其原因是工人不自觉地利用了板形板厚协调规律。70年代在欧洲和日本，热连轧上采用动态负荷分配的方法生产出板凸度变化很小的板卷，但未能从理论上解决板形最佳规程的设定问题。80年代板形控制装置大发展，国外动态负荷分配方法未能得到进一步推广应用。

板形理论的突破，推导出板形板厚协调规律，即连轧第三定律（第一定律为秒流量相等条件，第二定律为张力与视秒流量差（无张力前滑值）成正比）。该定律的应用可实现板形板厚综合最优控制，针对不同装备水平具体应用方法简介如下。现代化热连轧机，像宝钢2050、1580，鞍钢1780用板形计法改进其设定模型是可行的。因为该方法可以增加后边机架的压下量而提高轧材的强韧性技术指标，使在这类轧机上可生产高附加值的超级钢。对老连轧机的改造，像攀钢1450、太钢1549等应用板形计法效果最明显，可以使板凸度、平直度控制精度达到目前国内PC、CVC轧机水平。可逆式板带轧机一般包括连轧厂粗轧机、中厚板轧机等。粗轧机产品对精轧机有影响。应用板形计法的板形最佳轧制规程可以保证精轧对坯料的板凸度值的要求。中厚板轧机应用了综合等储备负荷分配方法和DAGC，效果十分明显。

5.4 增强我国机电装备设计制造能力

20世纪60年代我国已设计制造成功4200厚板轧机和1700热连轧机，说明了板带轧制主体设备国产化是没有问题的。由于在厚控技术上走了弯路，板形理论不过关，引进板形控制装备和技术消化不了而形成重复引进，因此近20年中国重型机械制造业失去了大型轧机设计、制造的机会，技术得不到发展与提高。若加强宏观控制政策，仔细分析研究“重机行业没有制造的事例和中国制造不了”的说法，以及有关设计制造大型轧机的有利条件与不利因素后，支持帮助重机行业增强大型轧机设计制造能力是非常必要的，也是极为重要的。

参考文献

[1] 郝付国，叶勇．DAGC在中厚板轧机上的应用［J］．钢铁，1995，30（7）：32-36.

[2] 居兴华，王琦．宝钢2050热连轧板带厚度控制系统的研究［J］．钢铁，2000，35（1）：60-63.

[3] 张进之，解析板形刚度理论［J］．中国科学，2000，30（2）：187-192.

[4] 张进之，段春华．动态设定型板形板厚自动控制系统［J］．中国工程科学，2000，2（6）：67-72.

（原文发表在《中国冶金》，2001（4）：23-28）

板形理论的进步与应用❶

张进之

（北京钢铁研究总院工艺所　100081）

摘　要　金属塑性加工中板形理论的进步分三个阶段：轧辊变形理论、轧件变形理论、轧件轧辊统一变形理论。本文推导出了四维轧制差分方程，以厚度为控制量的二维板形差分方程，以轧辊实时凸度和弯辊力为控制量的二维板形差分方程。构造了二次型目标函数，可用贝尔曼动态规划方法求出板形板厚最优控制综合，轧辊实时凸度估计和最佳弯辊力设定。

关键词　新板形理论；差分方程；目标函数；最优控制；协调性；统一性

Development and application of shape theory

Zhang Jinzhi

（Central Iron and Steel Research Institute，Beijing 100081）

Abstract：The development of shape theory in metal plastic processing can be divided into three phases：roll deformation theory，rolling piece deformation theory，rolled piece and roll unified deformation theory. 4-dimensional rolling difference equation，2-dimensional shape difference equation which use gauge or both roll actual crown and bending force as control variable are inferred. Quadratic object function is built，which can be served as to figure out the optimal synthesis control scheme for shape and gauge，and actual roll crown estimation and optimal bending force setting by using of Bellman dynamic programming method.

Key words：new shape theory；difference equation；object function；optimal control；coordination；unity

1　引言

板形的狭义概念是板的平直度（指波浪、翘曲程度），广义概念为板的横向厚差、平直度和边部减薄。本文中板形概念定义为板凸度和平直度。板形技术指标是钢板质量的重要标志，因此受到重视，致使板形理论及其控制技术得到不断的进步和提高。将板形理论的发展分成三个阶段，第一阶段是以轧辊弹性变形为基础的理论；第二阶段是日本新日铁和美国为代表的以轧件为基础的动态遗传理论；第三阶段为钢铁研究总院建立的轧件轧辊统一的板形理论。板形理论研究的目的是消除和减少板带轧制中波浪和翘曲等缺陷，自由的控制板凸度值，属于应用科学。轧件轧辊统一的板形理论可以把现代控制理论直接应用于板带轧制过程最优控制综合，在简化装备、降低消耗、简便操作的条件下提高产品质量。

2　板形理论的进步

2.1　轧辊弹性变形的板形理论

板形理论的研究远早于厚控理论的研究，它是以轧辊挠度的计算为基础的。生产上采用配置轧辊凸度的方法，即在一个换辊周期内考虑轧辊热凸度和磨损，合理安排轧制计划，使板凸度变化量小，最大板凸度也能满足用户要求。随着轧钢技术的发展，用户对产品质量要求提高；另外，冷轧的发展，在冷连轧过程中板形变化非常明显，

❶　国家“九五”科技攻关资助项目，95-528-0101。

轧制中出现折叠、轧裂等现象，破坏了正常生产。这些对板形理论提出了新要求。生产中为了减少波浪、翘曲等缺陷，出现了弯辊装置控制板形，弯辊力正确设定及有效应用推进了板形理论的发展，这就是20世纪60年代出现的斯通弹性基础梁理论和Shohet为代表的影响函数法以及有限元方法。无论是北美洲、欧洲还是日本，在这方面都做了大量的研究；我国轧钢界从70年代起对轧制理论与技术的研究大都集中在轧辊弹性变形的理论方面。这种理论对轧制过程主要起到分析指导作用，而不能够直接用于在线控制。

2.2 轧件连轧过程的板形理论

20世纪70年代末，日本新日铁与日立、三菱合作在HC，PC等板形控制轧机的开发过程中，提出了以实验为基础的板形理论研究新思路，得到了板形干扰系数和遗传系数为基本参数的板形向量模型[1]，直接应用于生产。80年代，美国阿姆柯钢铁公司提出影响矩阵方法[2]，提出前边机架改变弯辊力或轧辊凸度不仅影响本机架板形，而且还影响后面机架的板形。他们用有限元法做了大量计算，在连轧过程工艺参数分析上取得了明显的效果。

2.3 轧件轧辊统一的板形理论（简称新板形理论）

新板形理论在立足于日美方法的基础上认识到文献［1］方法的不足之处：遗传系数只隐含轧机、轧件特性。这个理论根据轧件横向厚差与纵向厚差的相似性，将遗传系数分解为代表轧机特性的轧机板形刚度 m 和轧件板形刚度 q，并得出新型板形测控模型[3]：

$$C_{hi} = \frac{q_i}{q_i + m}\frac{h_i}{H_i}C_{hi-1} - \frac{q_i}{q_i + m}h_i\Delta X_{i-1} + \frac{m}{q_i + m}C_i \tag{1}$$

$$\Delta X_i = a_i\left(\frac{C_{hi}}{h_i} - \frac{C_{hi-1}}{h_{i-1}} + \Delta X_{i-1}\right) \tag{2}$$

式中 C_h——板凸度；

C——机械板凸度；

h——板平均厚度；

m——轧机板形刚度；

ΔX——平直度；

q——轧件板形刚度；

a——板形干扰系数；

i——机架（或道次）序号。

模型结构确定以后，m、q 的计算方法是关键，定义 $m=k/b$[4]，对式（1）进行微分，得出板形刚度方程和 q 的计算公式：

$$q = Z\frac{Q}{b}m \tag{3}$$

$$k_c = m + q \tag{4}$$

式中 k_c——辊缝刚度；

Q——轧件塑性系数；

b——板宽；

Z——轧辊与轧件相互作用系数；

k——轧机横向刚度。

3 新板形理论的应用

热连轧过程控制很复杂，先进的控制测量装备和计算机软硬件都采用了。新板形理论能将现代控制理论应用于热连轧智能控制的协调性级，实现动态负荷分配协调板形板厚控制、轧辊实时凸度估计、弯辊力最佳设定等优化策略。

3.1 轧制差分方程和测量方程

热连轧过程控制有两种性质不同的状态量。一种是机架间张力，它是时间和空间（机架）的函数，而且有顺流和逆流相互影响，必须由整体热连轧机组的张力状态（或差分方程）来描述；另一种是每个机架有相对独立的厚度、板凸度、平直度和温度状态量，它们只有顺流影响，前一机架影响后一机架，而后边机架不影响前边机架，可以由两机架间差分方程描述。

3.1.1 四维轧制差分方程

基本方程有四个，除式（1）式（2）外，还有厚度增量计算式（5）和机械板凸度计算式（6）。

$$\Delta h_i = \frac{M}{M + Q_i}\Delta S_i + \frac{Q_i}{M + Q_i}\frac{h_i}{h_{i-1}}\Delta h_{i-1} + \frac{\frac{\partial P}{\partial T}}{M + Q_i}\Delta T_i + \frac{\frac{\partial P}{\partial F}}{M + Q_i}\Delta F \tag{5}$$

$$C_i = \frac{P_i}{bm} + \frac{\partial C}{\partial F}F + \left(\frac{b}{L}\right)^2(C_R + C_t) \tag{6}$$

式中 P——轧制压力；

F——弯辊力；

T——温度；

L——辊面宽度；

M——轧机刚度；

S——辊缝；

C_t——温度、磨损引起的时变轧辊凸度；

C_R——轧辊原始凸度（或 PC、CVC 的可设定凸度）。

式（6）与压力公式线性化整理得：

$$\Delta C_i = \frac{1}{bm}\left[-Q_i\Delta h_i + \frac{h_i}{h_{i-1}}Q_i\Delta h_{i-1} + \frac{\partial P}{\partial T}\Delta T + \frac{\partial P}{\partial F}\Delta F\right] + \left(\frac{b}{L}\right)^2\Delta C_r + \frac{\partial C}{\partial F}\Delta F \qquad (7)$$

将式（1）、式（2）线性化并将式（7）代入，和式（5）联立整理并写成矩阵形式得式（8）：

$$DX_i = AX_{i-1} + BU_i \qquad (8)$$
$$X^T = [\Delta C_h, \ \Delta^2 X, \ \Delta h, \ \Delta T]$$
$$U^T = [\Delta S, \ \Delta C_t, \ \Delta F]$$

$$D = \begin{bmatrix} 1 & 0 & \frac{Q_i}{b(m+q_i)}+\frac{q_i}{m+q_i}\left(\Delta X_{i-1}-\frac{C_{hi-1}}{h_{i-1}}\right) & -\frac{\partial P/\partial T}{b(m+q_i)} \\ -\frac{a_i}{h_i} & 1 & a_i\frac{C_{hi}}{h_i^2} & 0 \\ 0 & 0 & 1 & -\frac{\partial p/\partial T}{M+Q} \\ 0 & 0 & 0 & 1 \end{bmatrix}$$

$$A =_{i-1} \begin{bmatrix} \frac{q_i}{q_i+m}\frac{h_i}{h_{i-1}} & -\frac{q_i}{q_i+m}h_i & \frac{q_i}{q_i+m}\frac{h_i}{h_{i-1}^2}C_{hi-1}+\frac{h_iQ_i}{b(m+q_i)h_{i-1}} & 0 \\ -a_i\frac{1}{h_{i-1}} & a_i & a_i\frac{C_{hi-1}}{h_{i-1}^2} & 0 \\ 0 & 0 & \frac{Q_i}{M+Q_i}\frac{h_i}{h_{i-1}} & 0 \\ 0 & 0 & 0 & 0.8 \end{bmatrix}$$

$$B = \begin{bmatrix} 0 & \frac{m}{m+q_i}\left(\frac{b}{L}\right)^2 & \frac{1}{m+q_i}\left(\frac{\partial P/\partial F}{b}+m\frac{\partial C}{\partial F}\right) \\ 0 & 0 & 0 \\ \frac{M}{M+Q_i} & 0 & \frac{\partial P/\partial F}{M+Q_i} \\ 0 & 0 & 0 \end{bmatrix}$$

3.1.2　状态量的测量方程

自动控制实现的首要问题之一是状态量或输出量的测量；热连轧控制技术的发展受到各种仪表的限制。20 世纪 50 年代初英国人发明了轧机测厚方法，使轧制理论和技术取得飞跃性进步。50 年来的研究使弹跳方程测厚技术取得了巨大的进步，笔者发明了精确弹跳方程，动态非线性弹跳方程，测算法确定轧机刚度及自校正方法，这些技术已取得发明专利，并已在实践中应用。

板形测量是大难题，发明新型板形测控方法及全解析板形刚度理论[4]，实现了轧钢机是板形仪的功能。该方法已经实践证明并已在实践中应用。测量模型由式（1）、式（2）所示。

温度测量也是一个难点。用温度计只能测量入口和出口的温度，机架间的温度是无法测量的。另外用温度计只能测表面温度，由于温度场中存在冷却水和蒸汽等干扰因素，很难提高实测精度。

笔者认识到用式（5）可以实现温度估计，该方法已在鞍钢 2350mm 四辊中板轧机计算机厚控系统中实际应用，效果明显。

在线控制的状态量已实现模型测量。测厚仪、板形仪和温度计主要做监测，自适应用。成品机架的板凸度和平直度实测值和计算值信息可实现轧辊实时凸度值的最佳估计。

系统的差分方程和测量模型的建立，就可以实现热连轧过程最优控制综合。今后的任务是实现工业化应用。

3.2　第二类动态负荷分配方法的探讨

动态负荷分配是指在一个换辊周期内，由于轧辊热凸度和磨损，采用几个轧制规程来减少它对成品板凸度的影响。日本川崎[5]采用优化的轧制程序，在一个换辊周期内带钢凸度从 60μm 变化到 30μm，变化量为 30μm，达到了带钢凸度波动的要求值。相反，采用普通轧制程序，即常规负荷分配方法，带钢凸度从100μm变到20μm，变化量为80μm。

本文提出的动态负荷分配方法，是指在一卷钢轧制过程中，由于入口轧件温度变化、加速轧制和轧辊凸度变化，通过改变压下率而使成品板形保持恒定或变化最小。为区分常规动态负荷分配，新的动态负荷分配称之为第二类动态负荷分配方法。

一卷钢在轧制过程中，AGC调节辊缝保持厚度恒定，由于压力AGC是正反馈，必然会增大压力波动，这对板形十分不利。所以要通过弯辊力调整消除AGC对板形的不利影响，即分割各机架单独的厚度与板形解耦控制方法。现在可以考虑这样一个问题，在入口温度变化100℃，加速轧制和轧辊实时凸度变化的条件下，压力分布变化也是较大的，采用分割解耦控制是否有效和必要。可以探讨在一卷钢轧制过程中不用调节弯辊力，而通过第二类动态负荷分配方法来实现板形板厚最优控制。

3.2.1 数学模型的建立

由Δh_i作控制量，同建立式（8）的方法可得式（9）：

$$\boldsymbol{D}X_i = \boldsymbol{A}X_{i-1} + \boldsymbol{B}U_i \tag{9}$$

$$\boldsymbol{D} = \begin{bmatrix} 1 & 0 \\ -\dfrac{a_i}{h_i} & 1 \end{bmatrix}$$

$$\boldsymbol{A} = \begin{bmatrix} \dfrac{q_i}{q_i+m}\dfrac{h_i}{h_{i-1}} & -\dfrac{q_i}{q_i+m}h_i \\ -\dfrac{a_i}{h_{i-1}} & 1 \end{bmatrix}$$

$$\boldsymbol{X}^{\mathrm{T}} = [\Delta C_h, \Delta^2 X]$$

$$\boldsymbol{U}^{\mathrm{T}} = [\Delta h_i, \Delta h_{i-1}](i=2, 3, \cdots, n-1)$$

$$\boldsymbol{B} = \begin{bmatrix} \dfrac{q_i}{q_i+m}\left(\dfrac{C_{hi-1}}{h_{i-1}} - \Delta X_{i-1}\right) - \dfrac{Q_i}{b(m+q_i)} & -\dfrac{q_i}{q_i+m}\dfrac{h_i}{h_{i-1}^2}C_{hi-1} + \dfrac{h_iQ_i}{b(m+q_i)h_{i-1}} \\ -a_i\dfrac{C_{hi-1}}{h_i^2} & a_i\dfrac{C_{hi-1}}{h_{i-1}^2} \end{bmatrix} \tag{10}$$

构造二次型目标函数：

$$\boldsymbol{J} = \boldsymbol{X}_N^{\mathrm{T}}S\boldsymbol{X}_N + \sum_{i=2}^{N-1}(\boldsymbol{X}_i^{\mathrm{T}}Q\boldsymbol{X}_i + \boldsymbol{U}_i^{\mathrm{T}}R\boldsymbol{U}_i)$$

当式（9）、式（10）模型建立以后，可由贝尔曼动态规划方法求出Δh_2，Δh_3，…，Δh_{N-1}的解。具体算法从略。

3.2.2 实现问题

在一卷钢约轧制1min的情况下，动态设定可5s左右设定一次，即5s左右修改一次动态设定AGC设定值。设定值的修改可按如下方法进行：

实现2~6机架厚度设定值的修改，要通过AGC的压力和辊缝设定值来实现，即式（11）：

$$\begin{cases} \Delta P_i = Q_i\Delta h_i - Q_i\dfrac{h_i}{h_{i-1}}\Delta h_{i-1} \\ \Delta S_i = \Delta h_i - \dfrac{\Delta P_i}{M} \end{cases} \tag{11}$$

3.2.3 最佳弯辊力和轧辊实时凸度估计

对于有弯辊装置的轧机，设定最佳弯辊力可以进一步提高板形控制精度。同式（8）建立的方法得出求解最佳弯辊力和实时轧辊凸度估计的数学模型。

$$\boldsymbol{X}_i^{\mathrm{T}} = [\Delta C_n, \Delta^2 X]$$

$$\boldsymbol{U}^{\mathrm{T}} = [\Delta C_t, \Delta F]$$

$$\boldsymbol{A} = \begin{bmatrix} \dfrac{q_i}{q_i+m}\dfrac{h_i}{h_{i-1}} & -\dfrac{q_i}{q_i+m}h_i \\ -\dfrac{a_i}{h_{i-1}} & a_i \end{bmatrix}$$

$$\boldsymbol{B} = \begin{bmatrix} \dfrac{m}{m+q_i}\left(\dfrac{b}{L}\right)^2 & \dfrac{1}{m+q_i}\left(\dfrac{\partial P/\partial F}{b} + m\dfrac{\partial C}{\partial F}\right) \\ 0 & 0 \end{bmatrix}$$

$$DX_i = AX_{i-1} + BU_i \tag{12}$$

对于式（12），各机架（$i=1, 2, \cdots, N$）的板凸度、平直度和弯辊力都是已知量，$\boldsymbol{A}$、$\boldsymbol{B}$矩阵为常阵，所以可以递推计算出成品机架的ΔC_{hN}、$\Delta^2 X_N$。由成品机架的板形仪测得C_{hNm}和ΔX_{Nm}，该值与本卷钢设定值C_{hNe}和ΔX_{Ne}之差得ΔC_{hN}、$\Delta^2 X_N$。利用估计值与实测值之差就可以估计出轧辊实时凸度变化值。

在求最佳弯辊力时，令$\Delta C_t = 0$，所以$\boldsymbol{B}$矩阵变为：

$$\boldsymbol{B} = \begin{bmatrix} \dfrac{1}{m+q_i}\left(\dfrac{\partial P/\partial F}{b} + m\dfrac{\partial C}{\partial F}\right) \\ 0 \end{bmatrix}$$

用式（10）类型的二次目标函数，可由动态规划求出ΔF_i。具体算法从略。

4　分析讨论

4.1　轧件轧辊统一的板形理论

新日铁板形模型隐含轧件轧辊特征，提出轧机板形刚度和轧件板形刚度新概念。通过简单的数学推导得到了板形测控数学模型，并证明轧机板形刚度是与轧机刚度相似的常数。弄清了板凸度和机械板凸度两个概念，机械板凸度反映了轧机特性，与其对应的是轧机横向刚度。板凸度反映了轧机轧件的综合特性，板凸度可直接测量，对应的是辊缝刚度，横向刚度 k 和辊缝刚度 k_c 分别定义为：

$$k = \frac{\partial p}{\partial c}$$

$$k_c = \frac{1}{b}\frac{\partial p}{\partial C_h}$$

并提出轧机板形刚度定义：$m=k/b$，经微分运算得出板形刚度方程：$k_c=m+q$，与材料力学得出的板凸度影响系数联立，得出 q 的计算公式。q 反映了轧辊、轧件及轧辊与轧件相互作用的规律。

统一性在认识客观世界中十分重要。牛顿力学是天上开普勒定律与地上伽利略物体运动规律的统一；麦克斯维电磁理论是反映电磁现象的统一规律；爱因斯坦相对论是时间和空间的统一。现代轧制理论就是建立在反映轧机特性的弹跳方程和反映轧件特性的压力公式的统一，由此而解决了设定和厚度控制问题。

4.2　板形板厚的可协调控制

轧板工经验地运用了这一规律，通过摆各道次辊缝的办法能轧出各钢种、规格的合格钢板。20 世纪 70 年代欧洲、日本利用变压下率分配而减少了板凸度变化，即动态负荷分配方法。这些是建立在经验基础上的。轧制四维差分方程的建立，为板形板厚可协调控制提供了测量和控制数学模型。在实施上，以板厚为控制量的二维板形差分方程和二次型目标函数为基础，采用贝尔曼动态规划可得到最优决策，递推计算公式实现板形闭环控制。最优板厚设定值，通过修改 AGC 的压力和辊缝基准值而实现。

从物理学分析，板形板厚的变化都是由轧制压力变化引起的，由于 h_1，h_2，…，h_{N-1} 的值允许变化，且不同的值可得出不同的压力分布，贝尔曼动态规划能找到使二次型目标函数最小值的压力分布。这一过程是自治的调节过程，是将古老的操作经验上升到严格的数学描述和解的过程。

4.3　智能控制与最优控制

最优控制理论是 20 世纪最大的技术进步之一，实现了宇航上的人类登月计划。60 年代初向工业控制推广时，第一个对象就是连轧机控制。但半个世纪来却未能得到推广应用。分析其主要原因，是机电系统状态方程维数大，对工艺主体数学模型认识不够。70 年代发展起来的智能控制是适合工艺过程追求目标的，特别是引用对象、环境分离的观点[6]，将轧机轧件分离成功地实现了中厚板轧制过程的分层递阶智能控制[7]。热连轧比中厚板复杂得多，智能控制显得更为重要，笔者已提出了以协调推理网络为基础的热连轧控制方案[8]。板形动态数学模型的建立，可以应用最优控制理论方法。

4.4　热连轧模型预测自适应闭环控制

轧制差分方程反映轧制过程是可控的、可测的。模型预测控制总有误差，当分离成两个二维板形差分方程之后，利用成品机架的测厚仪、板形仪、温度计等实测信号，可实现模型参数自适应，提高模型的预报精度。动态规划得出最优控制综合，实现闭环控制。

5　结论

（1）板形理论的进步分为三个阶段：轧辊变形的板形理论，轧件变形的板形理论，轧件轧辊统一变形的板形理论（简称新板形理论）。

（2）四维轧制差分方程反映板带轧制过程，是可控可测的定常线性系统。

（3）以厚度为控制量的二维板形差分方程，可实现板形板厚的可协调控制。

（4）以轧辊实时凸度和弯辊力为控制量的二维板形差分方程，可实现轧辊实时凸度估计和最佳弯辊力的设定。

参 考 文 献

［1］中岛浩卫，等．带钢热轧机凸度控制技术的研究［J］．制铁研究，1979（209）：92-107.

［2］Remm-Minguo，等．热带钢轧机最佳工作辊凸度的确定［M］．沈阳：东北大学出版社，1993：121-135.

［3］张进之．板带轧制过程板形测量和控制的数学模型

[J]．冶金设备，1997（6）：1-5.
[4] 张进之．解析板形刚度理论［J］．中国科学，2000，30（2）：187-192.
[5] 谴田，征雄．改变热精轧机的轧制程序对热轧带钢进行凸度控制［C］//International Conference on Steel Rolling. Tokyo，Japan，1980：473-484.
[6] 罗公亮，卢强．智能控制与常规控制［J］．自动化学报，1994，3（20）：324-332.
[7] 张进之．中厚板轧制过程分层递阶智能控制［J］．钢铁，1998，33（11）：34-38.
[8] 张进之．基于协调推理网络的热连轧过程设定控制结构［J］．控制与决策，1996（增刊）.

（原文发表在《冶金设备》，2001（1）：1-11）

板形计法的定义及实验应用[❶]

张进之[1]，段春华[1]，朱健勤[2]

（1. 钢铁研究总院，北京 100081；2. 宝山钢铁股份有限公司，上海 201900）

摘 要 板形测控数学模型、解析板形刚度理论和板形板厚协调规律的综合称为板形计法。采用两种实验方式验证了板形计法的正确性和实用性，其一是通过轧铝板实验，计算轧机板形刚度和轧件板形刚度，由实测铝板凸度验证板形刚度方程；其二是由 CVC 板形控制热连轧机实测数据，用离线计算自适应系数的方法验证板形测控数学模型。

关键词 板形计法；板形刚度方程；测控数学模型；后计算；自适应

1 引言

板形理论的研究远早于厚控理论的研究，但厚控技术已经推广应用，并取得了明显的效果，因而使板形问题更加突出，提高厚度的控制精度也会使板形控制更加困难。板形理论的进步可分为三个阶段：经典的简支梁板形理论、20 世纪 60 年代开始的弹性基础梁理论和有限元计算方法以及 70 年代末日本和美国的轧件板形遗传理论。这些理论对轧制技术的进步和产品质量的提高起着十分重要的作用，但还没有达到完备的程度。厚控理论中有轧机刚度和轧件塑性系数两个对偶参数，而板形理论只有轧机横向刚度而无对偶的轧件参数，缺少反映轧件特性的板形隐性参数。

笔者分析了板形理论，提出轧机板形刚度和轧件板形刚度的新概念。并经过简单的数学变换，在新日铁板形遗传数学模型的基础上构造出反映板凸度和平直度向量的板形测控数学模型[1]。将板凸度模型微分可得出板形刚度方程，并与经典的板形理论联立，推出轧件板形刚度的计算公式[2]。对板形测控数学模型全微分，可得出轧制四维状态方程及板形板厚协调规律，解决了板形板厚目标上的矛盾[3]。以板形板厚协调规律为基础，推出动态设定型板形板厚自动控制系统[4,5]的控制方案。

板形向量测控数学模型和解析板形刚度理论采用国外的轧制数据进行了验证，获美国发明专利。1998 年已在美国 Citisteel 4064mm 宽厚板轧机上成功应用[6]。为加快该模型在国内的推广应用，介绍在韶关 2500mm 中厚板轧机和宝钢 2050mm 热连轧机上的实验验证结果。对具有测压装置的所有板轧机，这些实验是可重复的。

2 板形计法定义

板形计法包括三个内容：板形向量测控数学模型、解析板形刚度理论和板形板厚协调规律。

2.1 板形向量测控数学模型[1]

$$C_{hi} = \frac{q_i}{q_i + m}\frac{h_i}{H_i}C_{h(i-1)} - \frac{q_i}{q_i + m}h_i\Delta\varepsilon_{i-1} + \frac{m}{q_i + m}C_i \tag{1}$$

$$\Delta\varepsilon_i = \xi_i\left(\frac{C_{hi}}{h_i} - \frac{C_{hi-1}}{h_{i-1}} + \Delta\varepsilon_{i-1}\right) + \Delta\varepsilon_0 \tag{2}$$

式中，C_h 为板凸度；C 为机械板凸度；h 为板平均厚度；m 为轧机板形刚度；$\Delta\varepsilon$ 为平直度；q 为轧件板形刚度；ξ 为板形干扰系数；$\Delta\varepsilon_0$ 为平直度修正项；i 为机架（或道次）序号。

2.2 解析板形刚度理论[2]

包括板形刚度方程和轧件板形刚度计算公式。

$$k_c = m + q \tag{3}$$

$$q = \eta\omega m \tag{4}$$

式中，k_c 为辊缝刚度；ω 为单位板宽轧件塑性系数；η 为柔性系数，反映轧辊间及轧辊与轧件间压力分布系数，其计算公式见参考文献［1］。

❶ 基金项目："九五" 国家攻关计划资助项目（95-528-01）。

2.3 板形板厚协调规律[3]

$$X_i = A_i X_{i-1} + B_i u_i \tag{5}$$

式中

$$X_i^T = [\Delta C_h \quad \Delta^2 \varepsilon]$$

$$U_i^T = [\Delta h_{i-1} \quad \Delta h_i]$$

$$A_i = \begin{bmatrix} 1 & 0 \\ -\dfrac{\xi_i}{h_i} & 1 \end{bmatrix}^{-1} \begin{bmatrix} \dfrac{q_i h_i}{(m+q_i)h_{i-1}} & -\dfrac{q_i h_i}{m+q_i} \\ -\dfrac{\xi_i}{h_i} & 1 \end{bmatrix}$$

$$B_i = \begin{bmatrix} 1 & 0 \\ -\dfrac{\xi_i}{h_i} & 1 \end{bmatrix}^{-1} \begin{bmatrix} \dfrac{q_i}{m+q_i}\left(\dfrac{C_{h(i-1)}}{h_{i-1}} - \Delta\varepsilon_{i-1}\right) - \dfrac{Q_i}{b(m+q_i)} & -\dfrac{q_i C_{h(i-1)} h_i}{(m+q_i)h_{i-1}} + \dfrac{h_i Q_i}{b(m+q_i)h_{i-1}} \\ -\xi_i \dfrac{C_{hi}}{h_i^2} & \xi_i \dfrac{C_{h(i-1)}}{h_{i-1}^2} \end{bmatrix}$$

式中，Q_i 为轧件塑性系数。

板形向量数学模型和板形刚度方程是可以实验验证的，因为式（3）中的 k_c 可以实测，m、q 可以由解析板形刚度理论的公式进行计算。板形板厚协调规律是板形向量数学模型通过微分运算得到，不用单独验证。板形刚度方程的实验验证了轧件板形刚度 q 计算公式的正确性，同时证明解析板形刚度理论的可验证性。

3 板形刚度方程的实验验证

3.1 实验过程及数据记录

实验是在韶关 2500mm 中厚板轧机上进行的。轧制两种宽度规格的铝板，每种宽度规格轧制 4 个试样，得到不同试样的轧制压力、轧制厚度和板凸度；试样在轧制之前画格，测出试样头尾的厚度分布，得到轧件的平均板厚和原料板凸度；轧制之后在相应位置测出试样的厚度分布。表 1 为轧机参数，表 2、表 3 为不同宽度轧件的轧制记录。

表 1 韶钢 2500mm 四辊中厚板轧机主要参数

Tab. 1 Main parameters for 4-high plate mill (2500mm) of Shaogang

长度/mm	工作辊		支撑辊			压下螺丝间距/mm	辊径直径/mm
	直径/mm	材质	直径/mm	长度/mm	材质		
2500	800	高 NiCr 铸铁	1550	2400	60CrMnMo	3650	1000

3.2 实验数据的处理

（1）计算每个试样轧制时的轧辊实时凸度，将

表 2 800mm 宽铝板轧制记录

Tab. 2 Rolling records of aluminum plate (800mm)

	轧制压力/t	入口板凸度/mm	出口板凸度/mm
1	600	0.030	0.045
2	670	-0.015	0.030
3	720	0.010	0.045
4	850	-0.005	0.035

表 3 1200mm 宽铝板轧制记录

Tab. 3 Rolling records of aluminum plate (1200mm)

	轧制压力/t	入口板凸度/mm	出口板凸度/mm
1	720	0.030	0.050
2	920	-0.010	0.045
3	860	0.035	0.045
4	780	-0.010	0.030

这些轧辊实时凸度取平均，得到轧辊实时凸度的实际估计值，代入板形向量测控数学模型，得出板凸度的理论计算值。其理论结果与实测结果见表 4。

表 4 理论计算值与实测值比较

Tab. 4 The comparison of calculation and survey value

	1	2	3	4	5	6	7	8
计算值/mm	0.036	0.033	0.035	0.035	0.037	0.039	0.040	0.036
实测值/mm	0.045	0.030	0.045	0.035	0.050	0.045	0.045	0.030

（2）理论计算结果与实测结果比较，相差的

标准差为 0.003mm，最大差<0.02mm，而中厚板轧机板凸度要求约 0.3mm，证明了板形刚度理论的正确性和实用性。

4　宝钢 2050 热连轧机的板形向量数学模型验证

宝钢 2050 热连轧机是 20 世纪 80 年代全套从德国引进的 CVC 板形控制轧机，1993 年又引进了 CVC 设定控制软技术，在国内外都属于第一流的板形控制热连轧机。成品机架有板凸度、平直度和厚度测量仪，各机架有液压压下和测压仪。轧前有板形参数设定，轧制时可取得各种实测数据，并有后计算自适应系统，这些可以对板形计法进行验证。

取轧后的 PFC 实际记录数据，用板形计法离线计算自适应系数，它与在线计算的方法相同，只是模型有所区别。离线计算时轧辊热凸度、轧辊磨损、CVC 变换采用 2050 轧机的原板形模型，即 PFC 中的计算值，其他部分采用板形计法中的板形向量模型。

取 2000 年 4 月一卷钢的板形数据及相应的轧制规程。测得的板凸度、平直度及相应的轧制规程数据见表 5 和表 6。

表 5　轧辊参数

Tab. 5　Roller parameters

辊号	1	2	3	4	5	6	7
工作辊直径/mm	770	816	828	702	695	732	750
支撑辊直径/mm	1585	1577	1570	1603	1590	1623	1605

表 6　轧制数据记录（钢号 1032007）

Tab. 6　Rolling records of No. 1032007

道次	1	2	3	4	5	6	7
出口厚度/mm	23.62	13.46	8.67	5.86	4.35	3.59	3.04
轧制力/kN	20187	18003	18.013	15703	11020	8877	7180
CVC 位置/mm	−94	−64	−15	44	22	6	33
弯辊力/kN	275	575	632	614	526	541	465
热凸度设定值/μm	160	176	150	164	151	132	113
轧辊磨损值/μm	92	93	138	529	357	368	345
凸度设定值/μm	319	191	123	83	61	51	40
平直度设定值/I	35	12	7	13	14	11	3

注：来料厚 43.99mm，来料凸度 352μm；凸度测量值每 8s 测一次，测 5 次的平均值为 40μm；平直度测量值 1s 测 1 次，测 7 次的平均值为−7I；表中轧制力和弯辊力都是头部测量 3 次求得平均值。

宝钢 2050 热连轧机上板形控制的执行机构包括 CVC 工作辊轴向移动机构和工作辊弯辊装置。目前，CVC 的轴向窜动量 S 与等效凸度 C_R 之间的关系为：F1～F3 机架 $C_R=-215+3.65S(\mu m)$，调节范围 $-580\mu m<C_R<150\mu m$；F4～F7 机架 $C_R=-35+3.05S(\mu m)$，调节范围 $-340\mu m<C_R<270\mu m$；弯辊力与凸度近似成线性关系；工作辊和支撑辊的热凸度值及磨损值采用宝钢模型计算的设定值。该卷钢的设定、目标、实测和理论计算结果比较见表 7。

表 7　原规程设定与计算结果比较

Tab. 7　Comparison of setting, calculation value of old schedule

机架号	板凸度值/μm		板平直度/I	
	CVC 设定	模型计算	CVC 设定	模型计算
1	319	163	35	−1
2	191	110	12	−1
3	123	85	7	2
4	83	72	13	−37
5	61	52	14	74
6	51	55	11	48
7	40	40	3	−25

注：成品凸度的目标值为 40μm；实际测量值为 40μm；成品平直度的目标值为 0I；实际测量值为−7I。

理论模型的计算结果分析：

（1）从两种规程的设定、计算结果可以看出，理论模型计算的结果在前面机架有一定差异，后面道次的成品板凸度与设定值差别不大，并且与实测值比较吻合。平直度的计算结果与实测值差别较大，这与最后机架弯辊力的设定有关。适当改变弯辊力的设定值可得到与实测值较为一致的结果。

（2）理论模型采用的数据未经过任何的修正，在实际应用中可采取适当的参数调整，使理论计算的结果与实际值较为接近。宝钢 2050 热连轧机对平直度进行了闭环控制，控制效果较好，主要问题是控制板凸度。该模型为板凸度和平直度的闭环控制提供了理论依据。

5　板形计法在 2050 热连轧机上的后计算自适应计算的应用

2000 年 9 月在宝钢 2050 热轧厂取得的 19 卷钢的板形记录对板形向量模型进行了验证，其结果如表 8 所示。

表 8　宝钢 19 卷数据分析结果

Tab. 8　The data analysis results of 19 coils of Baogang

卷数	规格/m	设定值		实测值		原模型差值		板形计法后计算		差值	
		凸度值/μm	平直度/I	凸度值/μm	平直度/I	凸度值/μm	平直度/I	凸度值/μm	平直度/I	凸度值/μm	平直度/I
01	4.60×1268	35	0	26	-3.0	9	-3.0	24.8	13.8	-1.2	16.8
02	4.60×1268	37	0	35	2.0	2	2.0	33.8	15.2	-1.2	13.2
03	4.60×1268	43	0	47	-5.0	4	-5.0	45.9	9.5	-1.1	14.5
04	4.60×1278	37	0	47	0.0	10	0.0	45.7	20.6	-1.3	20.6
05	4.08×1278	33	0	36	-1.0	3	-1.0	34.4	17.7	-1.6	18.7
06	4.08×1321	40	0	41	-15.0	1	-15.0	39.7	0.5	-1.3	15.5
07	4.08×1278	39	0	33	-4.0	6	-4.0	31.6	8.8	-1.4	12.8
08	4.08×1321	37	0	39	-7.0	2	-7.0	37.3	5.4	-1.7	12.4
09	4.08×1321	37	0	47	-11.0	10	-11.0	45.2	5.9	-1.8	16.9
10	4.08×1321	37	0	43	-10.0	6	-10.0	41.2	2.7	-1.8	12.7
11	4.08×1321	39	0	44	-2.0	5	-2.0	41.9	14.6	-2.1	16.6
12	4.08×1321	40	0	38	-1.0	2	-1.0	36.2	14.1	-1.8	15.1
13	4.08×1321	38	0	42	-24.0	4	-24.0	40.4	-7.6	-1.6	16.4
14	4.08×1321	37	0	34	0.0	3	0.0	32.3	16.2	-1.7	16.2
15	4.08×1321	38	0	34	-12.0	4	-12.0	32.0	6.5	-2.0	18.5
16	4.08×1321	39	0	36	-13.0	3	-13.0	34.3	0.1	-1.7	13.1
17	4.12×1321	35	0	41	-7.0	6	-7.0	39.2	12.6	-1.8	19.6
18	4.11×1321	33	0	39	0.0	6	0.0	37.2	12.7	-1.8	12.7
19	4.08×1321	35	0	38	0.0	3	0.0	36.1	16.7	-1.9	16.7

从上面计算结果可以看出，有板形控制装置的热轧板卷板凸度差要求小于 0.02mm，而计算值与实测值之差小于 0.01mm。说明经过自适应系数离线计算的结果是可行的。

6　结论

（1）用实验的方法对板形计法的理论模型进行了验证，证明了板形计法理论模型的正确性，提供了对轧辊实时凸度进行估计的新方法。

（2）以宝钢 2050 热轧厂的实际数据为基础，将板形动态矢量模型计算值与实测值及设定值进行了比较，对板形计法模型进行了进一步验证，证明其达到实用的程度，为热轧厂板形模型改造提供了理论依据。

参 考 文 献

[1] 张进之．板带轧制过程板形测量和控制的数学模型［J］．冶金设备，1997，12（6）：1-5.

[2] 张进之．解析板形刚度理论［J］．中国科学 E，2000，30（2）：187-192.

[3] 张进之．板形理论的进步与应用［J］．冶金设备，2001（1）：1-5.

[4] 张进之，段春华．动态设定型板形板厚自动控制系统［J］．中国工程科学，2000，2（6）：67-72.

[5] 张进之．基于板形板厚协调规律的板带轧制过程互联控制方法［P］．中国专利：991192427.

[6] 张进之，王琦．Citisteel 4064mm 宽厚板轧机板形问题的分析和改进措施［J］．宽厚板，2000，6（4）：1-6.

（原文发表在《中国工程科学》，2001，3（12）：47-50）

板形板厚的数学理论

张进之[1]，张　宇[2]

（1. 钢铁研究总院，北京　100081；2. 冶金自动化研究院，北京　100071）

摘　要　对板形计法（板形测控数学模型，解析板形刚度理论和板形板厚协调规律）的计算公式进行了推导，得出了更为简明的计算公式，并得到基本模型的三参数（柔性系数，干扰系数和轧辊实时凸度）的自适应方法。板形板厚目标的统一，DAGC 实现板形板厚最优控制等，推进了最优控制理论在轧制过程的工业应用进程。

关键词　遗传系数；变异系数；自适应；板形；板厚

Mathematic theory of flatness and thickness

Zhang Jinzhi[1], Zhang Yu[2]

(1. Central Iron & Steel Research Institute, Beijing 100081;
2. Automation Research Institute of Metallurgy, Beijing 100071)

Abstract: After calculation of algorithmic formula for flatness-meter method used in flatness measure-control model, flatness stiffness solving theory and association with strip thickness, a simplified formula is present. And also gives adaptive feedback way of three model parameters, e. g. flexibility coefficient, disturbing coefficient and real-time roll crown. In order to unify flatness and thickness control, DAGC will performs optimizing flatness control associated with thickness, and result in progressive forward of rolling process in optimizing control theory.

Key words: hereditary coefficient; variant coefficient; adaptive; flatness; thickness

1　引言

板带材是国民经济中最主要的材料，钢、有色金属、橡胶、塑料等带材都是由轧制方法生产的，轧制技术和理论的重要性是不言而喻的。以钢板带材为例，主要技术指标有二：一是几何尺寸精确度；二是钢材的物理性能。几何尺寸精确度有纵向厚差、横向厚差和平直度量度。横向厚差和平直度的数理研究很早，是经典力学应用的主要实例，即简支梁挠度计算方法。纵向厚差数理分析是 20 世纪 50 年代初英国钢铁协会（BISRA）建立弹跳方程开始的，实现了厚度计算，弹跳方程微分得出厚度自动控制系统的数学模型。厚度自动控制系统（AGC）的推广应用，使板带材几何精度大大提高，满足了各类用户的要求。但是，纵向厚度精度的提高使板形质量变坏，因为 AGC 是正反馈，使压力波动加大。目前板形、板厚的数学理论不能协调板形、板厚目标的矛盾，生产上采用的最佳刚度设定是一种折衷方法，成品机架（末道次）采用软刚度，是降低厚度精度保板形精度；另一种是调整弯辊力实现板形板厚解耦控制。

统一板形板厚目标的矛盾，必须揭示板形板厚的内在规律，这只能通过数学方法才能解决。本文将综述笔者在此问题上的数学分析、试验和工业化应用成果，进一步上升到板形板厚的数学理论来解决板形板厚目标矛盾问题。板形板厚的数学理论，是以状态方程表述的，所以可将现代控制理论应用到轧制过程控制上。自适应是必要的，减少数学模型参数量可以提高自适应效果，所以本文对已发表的数学模型进一步简化。

2　板形遗传理论的发展

板形理论的发展分为三个阶段：经典的简支

梁板形理论，即轧辊的挠度计算法；20 世纪 60 年代发展的斯通弹性基础梁理论，绍特等的影响函数法及有限元计算法；70 年代末新日铁和美国发展的轧件板形遗传理论。板形遗传理论可以直接应用于生产，而且符合现代科学进步的方向，但日本的板形遗传理论不完善，计算很复杂，应用困难。笔者在深入分析研究了日美遗传理论的基础上，提出了板形刚度新概念，得出简明实用的板形测控数学模型[1] 和解析板形刚度理论[2] 等结果。

2.1 板形测控数学模型和解析板形刚度理论

$$C_{hi} = \frac{q_i}{m + q_i}\left(\frac{h_i}{H_i}C_{h(i-1)} - h_i\Delta X_{i-1}\right) + \frac{m}{m + q_i}C_i \tag{1}$$

$$\Delta X_i = a_i\left(\frac{C_{hi}}{h_i} - \frac{C_{h(i-1)}}{h_{i-1}} + \Delta X_{i-1}\right) \tag{2}$$

式中 C_h——板凸度，mm；

ΔX——平直度；

m——轧机板形刚度，N/mm^2（指宽度上）；

q——轧件板形刚度，N/mm^2（指宽度上）；

C——机械板凸度，mm；

a——板形干扰系数；

$h(H)$——出口（入口）厚度，mm；

i——机架（道次）序号。

向量板形数学模型将板凸度和平直度统一描述了，与厚度数学模型相似，其结构简明实用。该模型是将新日铁遗传系数用 m、q 两个系数表述的，定义 m 为单位板宽的横向刚度（k），即 $m=k/b$。假定只有轧制压力变化，将式（1）微分并与经典板形理论联立得出了板形刚度方程和 q 计算公式[2,3]：

$$K_C = m + q \tag{3}$$

$$q = Zkm \tag{4}$$

式中 K_C——辊缝刚度，N/mm^2；

Z——柔性系数，mm^2/N。

以上式（1）~式（4）构成了完善的板形刚度理论系统，本文将进一步推导出简明、实用的板形测控数学模型公式。

柔性系数 Z 反映了板形是一个分布参数问题，其计算公式：

$$Z = 2k + 2u^2\frac{B_1 h}{U(1 + h)} \tag{5}$$

$$k = \frac{P}{\Delta hb} \tag{6}$$

式中 k——系数；

u——钢板宽度与辊面宽度比；

B_1——钢板宽度，mm；

h，U——系数；

Δh——压下量，mm；

k——单位宽度的塑性系数。

2.2 板形遗传方程

式（4）代入式（1）整理得：

$$C_{hi} = \frac{Z_ik_i}{1 + Z_ik_i}\left(\frac{h_i}{H_i}C_{h(i-1)} - h_i\Delta X_{i-1}\right) + \frac{1}{1 + Z_ik_i}C_i \tag{7}$$

机械板凸度是假定轧制力均匀分布的板凸度值，包括弯辊力，轧辊凸度（原始凸度、热凸度、磨损等），CVC、PC、VC 等动态轧辊当量凸度等构成，其数学表达式：

$$C = \frac{P}{K} + \frac{F}{K_F} + u^2C_\theta + (u^2C_R + C_W + C_T + C_{LRN}) \tag{8}$$

式中 F——弯辊力，N；

K_F——弯辊力的影响系数，N/mm；

C_θ——PC 轧机的当量轧辊凸度，mm；

C_R——轧辊原始凸度，mm；

C_W——磨损凸度，mm；

C_T——热凸度，mm；

C_{LRN}——自适应值，mm。

文献［3］中轧制力对板凸度影响系数计算公式：

$$K_P = \frac{UL(1 + hZk)}{2u^2(A + Bh)} \tag{9}$$

$$K_C \text{ 与 } K_P \text{ 关系式 } K_C = \frac{K_P}{b} \tag{10}$$

以上各式推导得轧机横向刚度计算公式：

$$K = \frac{UL(1 + hZk)}{2u^2(A + Bh)} \tag{11}$$

上述推导得出了简明实用的板形遗传方程，式（7）和式（2）构成板形向量测量公式，式（7）中的机械板凸度由式（9）计算，横向刚度由式（11）计算，其他 K_F、C_T、C_W 等均有计算公式。新推出的板凸度遗传公式中直接包涵了轧件特征量 Z、k，k 是单位板宽的塑性系数，此与厚控系统轧件参数相同了，而 Z 反映了板形分布参数特征。轧机板形刚度由横向刚度表示了。新的板形模型参数为 Z、a、C_{LRN}，所以为该模型应用自适应计算提供了方便。

式（7）中的$\dfrac{Zk}{1+Zk}$称遗传系数，$\dfrac{1}{1+Zk}$称变异系数，该方程将遗传理论中的遗传、变异对立统一起来。

3　厚度控制过程的数学理论

厚度数学理论是英国人创立的，弹跳方程式（12）实现了厚度计算。

$$h = S + \frac{P}{M} + T \tag{12}$$

式中　M——轧机刚度，N/mm（指长度上）；

S——机械辊缝，mm；

T——辊缝零点校正值。

式（12）微分得到厚度自动控制系统（AGC）数学模型，简称 BISRA 厚控方法：

$$\Delta S = - C' \frac{\Delta P}{M} \tag{13}$$

$$C' = \frac{M_C - M}{M_C}$$

式中　C'——可变刚度系数；

M_C——当量刚度，反映消除厚差的程度。

式（12）、式（13）只包涵了轧机特征，没有反应轧件特征的参数。日本和德国由“P-h”图方法引进了轧件参数，并得到了两种厚控方式。日本人是用弹跳方程测厚，与设定厚度之差改变电液伺服阀电流改变辊缝值而消除厚差，投运 AGC 时辊缝闭环控制系统（APC）切除。德国人为串级控制方法，厚控环与位置环由积分环节连接，APC 一直投运。

3.1　厚度恒定的充分必要条件

英、日、德的厚控数学是几何方法，几何方法很难对深层次厚控过程的规律进行描述和分析。笔者首先引进了数学分析方法，研究厚控过程。此方法对弹跳方程和压力公式全微分的综合分析，发现了压力和辊缝两种关系

$$\Delta S = - \frac{M + Q}{M^2} \Delta P_d \tag{14}$$

$$\Delta P_S = - \frac{MQ}{M + Q} \Delta S \tag{15}$$

式（15）反映了调辊缝引起的压力变化量；式（14）反映了轧件扰动（温度、厚度、硬度等）时，保持厚度恒定应当改变的辊缝量。由这两个公式可推导出轧件扰动量 ΔP_d 可测，从而使厚控过程由随机问题转化为确定性的问题。轧件扰动是随机的，是时间函数，下面推导 $\Delta P_{d(t)}$ 计算公式。用离散化形式表达。令 P_e、S_e、h_e 为基准值，各时刻的变化值：

时刻 1：$\Delta P_{d1} = \Delta P_1$，锁定后第一时刻采样压力差为轧件扰动：

时刻 2：$\Delta P_2 = \Delta P_{d2} + \Delta P_{s1}$，第二时刻辊缝已改变了，将式（15）代入上式得第 2 时刻的轧件扰动量：

$$\Delta P_{d2} = \Delta P_2 + \frac{MQ}{M + Q} \Delta S_1 \tag{16}$$

式（16）代入式（14）得：

$$\Delta S_2 = - \frac{M + Q}{M^2} \Delta P_2 - \frac{Q}{M} \Delta S_1$$

时刻 3，4，…，k，…推导得出通式：

$$\Delta S_k = - \frac{Q}{M} \Delta S_{k-1} - \frac{M + Q}{M^2} \Delta P_k \tag{17}$$

式（17）即为厚度恒定的充分必要条件，详细推导和证明见文献［4］。

3.2　压力 AGC 参数方程和动态设定型变刚度厚控方法（DAGC）

日、德引入轧件塑件系数 Q，使厚控理论得到发展，但厚控系统还有一个控制系统参数 K_B 待引进的理论问题。压力 AGC 参数方程则反映了轧机、轧件和控制系统三参数关系。其推导过程是假定 ΔP_d 为常数，令 $K_B \neq 1$，推导得出辊缝变化的无穷级数计算式：

$$\Delta S_n = - \sum_{i=1}^{n} (-1)^i \frac{M + Q}{M^2} K_B \Delta P_d \left(\frac{Q}{M} \right)^{i-1} (1 - K_B)^{i-1} \tag{18}$$

式（18）的推导见文献［5］。式（18）得到 5 个推论：压力 AGC 跑飞（失稳）条件；$n \to \infty$ 的辊缝值；辊缝与厚差比；轧件塑性系数测算公式；可变刚度系数计算公式。由压力 AGC 跑飞条件和轧件塑性系数测算公式，在天津计算机控制的三机架实验连轧机上验证了 AGC 参数方程的正确性[6]。由可变刚度系数计算公式得到 DAGC：

$$\Delta S_k = - C' \left(\frac{Q}{M} \Delta S_{k-1} + \frac{M + Q}{M^2} \Delta P_k \right) \tag{19}$$

$$C' = \frac{M_C - M}{M_C + Q}$$

DAGC全面验证实验在第一重型机器厂的四机架实验连轧机上进行，证明DAGC的响应速度比BISRA AGC快2~3倍；可变刚度［0，∞］，统一了平整机与轧机特性；结构简单，稳定性好。该方法于1986年由机械委和冶金部联合鉴定，获机械委科技进步二等奖。该方法已在国内大型轧机上推广应用，1996年获国家发明三等奖。同年在宝钢2050热连轧机上实验成功，七个机架全部用DAGC代替原西门子厚控数学模型，运行一直正常。实验时实测同卷厚差平均值，原西门子模型为0.128mm，DAGC为0.051mm[7]，全面情况见文献［7］。

3.3 厚度遗传数学模型

由弹跳方程和压力公式线性化推导出厚度遗传数学模型[7]：

$$\Delta h = \frac{M}{M+Q}\Delta S + \frac{Q}{M+Q}\frac{h}{H}\Delta H \tag{20}$$

式中，ΔS为包括机械辊缝变化量和油膜轴承厚度、CVC、弯辊等的影响；

$\frac{M}{M+Q}$称为变异系数，$\frac{Q}{M+Q}$为遗传系数。遗传系数与变异系数之和为1，它与板形遗传数学模型结构相同。

4 基于板形板厚协调规律的综合控制系统

由式（7）和式（2）线性化推导出两个状态方程

$$\boldsymbol{X}_i = \boldsymbol{A}_i\boldsymbol{X}_{i-1} + \boldsymbol{B}_i u_i \tag{21}$$

式中，$\boldsymbol{X}$为二维状态量，$\boldsymbol{X}_i = [\Delta C_{hi}\ \Delta^2 X_i]$；$\boldsymbol{u}$为二维控制量，$\boldsymbol{u}_i^{\mathrm{T}} = [\Delta h_{i-1}\ \Delta h_i]$。该方程即为板形板厚协调规律。

$$\boldsymbol{X}'_i = \boldsymbol{A}'_i\boldsymbol{X}'_{i-1} + \boldsymbol{B}'_i\boldsymbol{u}' \tag{22}$$

式中，$\boldsymbol{X}'$为二维状态量，$\boldsymbol{X}'^{\mathrm{T}}_i = [\Delta C_{hi}\ \Delta^2 X_i]$；$u'$为二维控制量，$\boldsymbol{u}_i^{\mathrm{T}} = [\Delta C_{ti}\ \Delta F_i]$。该方程即为板形板厚协调规律。

式（21）与二次型目标函数，由贝尔曼动态规划方法可实现板形板厚的最优控制。有状态方程，求其最优控制有完备的算法，故不论述了。式（22）是以轧辊凸度和弯辊力为控制量，板形为状态量的状态方程，可用于最佳轧辊凸度设定（CVC窜辊量，PC夹角量），用它可以建立轧辊热凸度数学模型[9]，轧辊实时凸度估计及综合最佳弯辊力设定。目前连轧机弯辊力设定是分割各机架进行的，最佳弯辊力则构造二次型目标函数，求其极小值的各种机架弯辊力设定。

4.1 DAGC实现板形板厚的最优控制

由式（21）求得的控制量是厚度，而厚度不能自由改变，必须通过改变辊缝来实现厚度控制。通过DAGC改变其压力、辊缝锁定值可以实现厚度控制。由弹跳方程可计算出压力、辊缝锁定值的改变量，其计算公式：

$$\Delta P_i = Q_i\Delta h_i - Q_i\frac{h_{ei-1}}{h_{ei}}\Delta h_{i-1} \tag{23}$$

$$\Delta S_i = \Delta h_i - \frac{\Delta P_i}{M_i} \tag{24}$$

由于一般轧机无入口板形仪，所以第一机架的入口板凸度、平直度、厚度变化量是不知道的，故最优控制从第二机架做起。第一机架在用式（7），式（2）计算板形量时，可令ΔC_{h_0}，$\Delta^2 X_0$为零。这样从第二机架起就可以用式（21）、式（23）、式（24）实现板形板厚最优控制了。

改变DAGC的压力，辊缝锁定值的周期可选5s或10s，在改变前要进行轧辊实时凸度C_{NRL}的估计，以提高板形计算精度。轧辊实时凸度估计是应用成品机架有凸度和平直度的实测值与模型预报值差最小而得到的，模型计算公式得到热辊热凸度C_T和磨损C_w。

板形计有三个模型参数需自适计算：C_{LNR}，Y，Z。同时对三个参数估计是长期自适应（自学习），由一定数量稳定的数据样本来实现，在线自适应只修正C_{LNR}一个参数。自适应计算采用指数平滑公式：

$$T_{k+1} = UT_k + (1-U)\hat{T}_k \tag{25}$$

式中　T_{k+1}——新模型参数；

T_k——已使用的（历史）模型参数；

$\hat{T}_k$——估计出的最优参数；

U——遗传系数；

$(1-U)$——变异系数。

式（25）与前面的板形遗传模型式（7）和板厚遗传模型式（20）有共同规律：遗传系数与变异系数之和为1。

上述最优控制是对轧件扰动和设备时变参数进行的，其前提是已实现板形最优轧制规程的条件下，即已有厚度、板凸度和平直度的目标轨道。所以增量都是指测算值与目标值之差，从而可以应用贝尔曼动态规划算法。

4.2　超级钢工业化生产问题的探讨

超级钢是日本1997年提出的概念，它的含义是在普通低碳微合金钢成分不变，通过加工方法提高一倍以上强度而韧性、焊接性等保持原水平。这一新技术与机械热处理（控制轧制，控制冷却）是密切联系的，而现在更进一步研究其机理，提出形变诱导强化概念。形变诱导强化是利用接近A_{r3}温度成品道次大压下量塑性变形或后二道次变形叠积效应，大的变形能使生核率增大而获得细小的晶粒。晶粒尺寸，实验室可达到1左右。当生产中控制达到0.1~10的晶粒尺寸即为亚纳米结构材料。就轧制工艺而言，机械热处理或形变诱导强化均为低温大压下量轧制，所以实现纳米结构钢的工业化生产，主要是轧制规程制定和实现的问题。

我国从20世纪80年代开始研究机械热处理技术，当时实现的困难是轧机能力低和无计算机自动控制系统。目前这两个问题已经解决，所以主要在于轧制工艺问题了，困难在于后边道次大压下量板形质量无法保证。PC、CVC轧机均有很强的板形控制能力，采用后边道次大压下量是允许的，所以应用板形计法可以解决工艺方面的难题。实施后边大压下量不仅能提高板带材强度，而且对PC，CVC轧机能力发挥十分重要。以宝钢2050CVC热连轧为例，允许轧制压力为45MN，而前边机架多为25MN左右，成品和成品前机架一般为10MN左右，有时成品机架只有5MN。它的压下量分配同一般轧机相同，压下量主要分配在前边3~4个机架上，而后边几个压下量很小，主要起平整保证板形质量。由于前边压下量大所以力矩很大，长期这样运行造成传动系统负荷过重而降低其使用寿命。所以机械热处理和形变诱导强化推出的厚度分配方法不仅能提高钢材的强韧性，而对生产装备也是有利的。实现这种双利的技术困难在哪里呢？是由于板形理论长期未突破，虽然有良好的CVC、PC板形控制装备而发挥不出其最佳效能，应用板形计法可解决这一矛盾，实现性能尺寸的双优化生产。板形计法可以实现性能要求的轧制规程设定的轧辊凸度，对于CVC、PC轧机可以自由改变轧辊当量凸度，所以可用于生产高附加值的超级钢。

5　结束语

本文从公认的条件：轧机弹跳方程，板形遗传数学模型以及教科书上的经典力学规律，通过数学演绎方法（微分）推导出多种有用的公式。从板形、板厚、指数平滑等中的遗传系数与变异系数之和为1的规律，是否有普遍性？它对机电、工艺、生物、社会等数学模型建立有参考的意义，是一个值得探讨的问题。板形板厚目标的统一，由DAGC实现了板形板厚最优控制等新理论与技术促进了轧制技术的进步，应用于超级钢工业化生产会带来巨大的经济效益。

参 考 文 献

[1] 张进之．板带轧制过程板形测量和控制数学模型［J］．冶金设备，1997（6）：1-5.

[2] 张进之．解析板形刚度理论［J］．中国科学E，2000，30（2）：187-193.

[3] 洛阳有色加工设计院，等．板带车间设备（上册）［M］．北京：冶金工业出版社，1983.

[4] 张进之．压力AGC数学模型的改进［J］．冶金自动化，1982（3）：15-19.

[5] 张进之．压力AGC参考方程及变刚度轧机分析［J］．冶金自动化，1984（1）：24-30.

[6] 吴铨英，王书敏，张进之，等．轧钢机间接测量厚度与厚度控制系统“跑飞”条件的研究［J］．电气传动，1982（6）：59-67.

[7] 张进之．动态设定形变刚度厚控方法的效果分析［J］．重型机械，1998（1）：30-34.

[8] 居兴华，赵厚信，王琦，等．宝钢2050热带厚度自动控制系统的研究［J］．钢铁，2000，35（1）：60-62.

[9] 张进之，王琦．Citisteel 4064mm宽厚板轧机板形问题的分析和改进［J］．宽厚板，2000，6（4）：1-6.

[10] 张进之，段春华．动态设定型板形板厚自动控制系统［J］．中国工程科学，2000，2（6）：67-72.

（原文发表在《冶金设备》，2002（3）：4-8）

板带轧制技术和装备国产化问题的分析与实现

吴增强[1]，张进之

（钢铁研究总院，北京 100081）

摘 要 板带轧制技术方面的实例表明我国技术的先进性，这些技术的应用不仅可以提高现有板带轧机产品质量，而且有助于板带轧制装备的国产化。

关键词 板带；轧制；国产化

Analysis and realization for the nationalization of plate and strip rolling technique and equipment

Wu Zengqiang，Zhang Jinzhi

（Iron & Steel Research Institute，Beijing 100081，China）

Abstract：This article indicates that the technical advancement of our country by showing examples of plate and strip rolling techniques. The application of those techniques can not only enhance the product quality of current plate and strip rolling，but also promote nationalization of plate and strip rolling equipment.

Key words：plate and strip；rolling；nationalization

本文以板带轧制技术方面的实例表明我国技术的先进性。目前民营钢铁企业的发展，推进了轧钢装备国产化的进程，有几套950mm热连轧装备实现了国产化，采用了我国发明的技术，达到了产品质量的高水平。

1 中厚板轧机应用我国发明技术取得的效果

综合等储备负荷分配法是设计压下规程的图表法和用数学方法解决复杂非线性规划的负荷函数法相结合形成的我国独创的中厚板轧制控制方法。动态设定型变刚度厚控方法（简称DAGC）是我国发明的，于1996年获国家三等发明奖。DAGC技术创新在于用于分析法得出轧件扰动可测，APC实现了AGC功能，具有响应速度快、稳定性好、操作简便，特别是与其他厚控方法共用具有自动解耦的效能。

从“六五”科技攻关开始，在可逆式轧机上推广应用综合等储备优化轧制规程和动态设定型变刚度厚控方法（简称DAGC），首先是在太钢MKW-1400mm冷轧机上应用综合等储备负荷分配方法，取得明显效果，获冶金部科技进步二等奖、四等奖各一次。在重钢五厂2500中厚板轧机上推广应用综合等储备负荷分配方法，实现了生产的规范化，接着是以重钢为基地实施控轧控冷“七五”科技攻关项目，该项目获国家“七五”科技攻关奖。之后的优化轧制规程在天津中板、上钢三厂中板、新余、韶关、鞍钢、安阳等中厚板轧机上推广应用，其中天津、新余项目获省部级科技进步二等奖，上钢三厂项目获科技进步三等奖。于1998年在美国CitiSteel 4064mm宽厚板轧机上推广应用这项技术获得成功。这些中厚板轧机中，上钢三厂、新余、鞍钢、安阳、韶关等都应用DAGC技术。

[1] 作者简介：吴增强（1967—），男，钢铁研究总院高级工程师。

2　用 DAGC 改进引进厚控数学模型（西门子和 GE）的效果

2.1　宝钢 2050 的应用

DAGC 在可逆式轧机推广应用后，1992 年开始宝钢 2050 轧机的调研工作，设计具体代替西门子厚控数学模型工作，在宝钢领导和工程技术人员支持和协助下，于 1996 年 6 月成功实现，7 月七个机架全部采用 DAGC，效果如图 1 和表 1、表 2 所示。

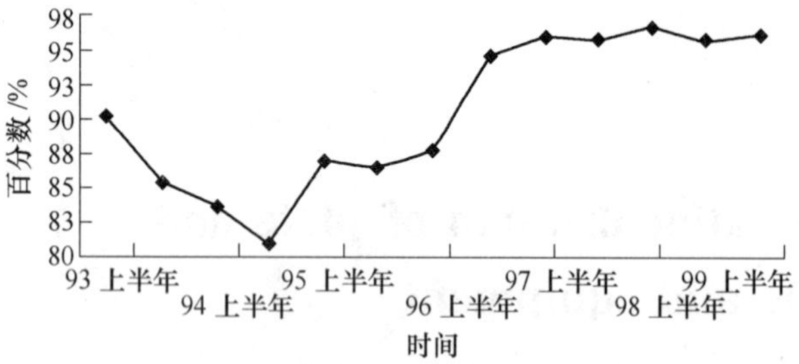

图 1　厚控精度在±0.05mm 内的成品带钢百分数

表 1　DAGC 与原厚控模型精度对比

检测日期	厚度规格/mm	AGC 模型	同卷板差/mm	卷数
1996.6	4~8	原模型	0.128	3
1995.4~8	3~6	同上	0.140	15
1996.6	4~8	DAGC	0.051	8

表 2　厚控精度在±0.05mm 内的百分统计表（MS）

厚度范围/mm	原模型（1995.1~1996.5）	动态设定型（1996.7~1997.8）	提高/%
1.00~2.50	86.36	94.18	7.82
2.51~4.00	91.00	93.44	2.44
4.01~8.00	83.94	89.38	5.44
8.01~25.40	60.22	78.70	18.48

注：总平均值，原模型为 80.38，动态设定型为 88.93，提高了 8.55%。

2002 年底，根据 DAGC 与监控无相互干扰的特征，修改了监控 AGC 参数，使厚控精度进一步提高，使±30μm 的百分数提高了 5 个百分点以上，±30μm 的占全长比例达到 90%，具体数值如表 3 所示。

表 3　修改监控 AGC 参数前后厚度精度在±30μm 的百分数

修改参数前（2001.10.1~2002.9.30）	80.93
修改参数后（2003.02.1~2003.02.28）	90.05

2.2　DAGC 厚控模型在攀钢 1450 中的应用

2003 年 7 月开始在攀钢 1450 热连轧机上应用 DAGC 厚控模型，得到如图 2、图 3 的对比效果。攀钢原先用的厚控模型为美国 GE 厚控数学模型，文献［5］已论证出 GE 厚控模型与西门子厚控模型等价，所以攀钢取得的效果是自然的。

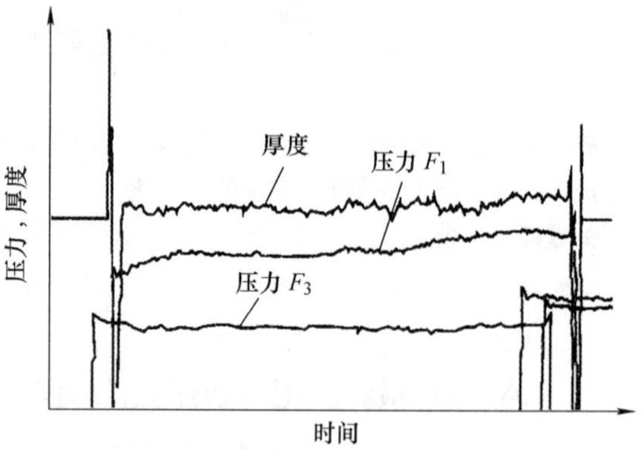

图 2　投运 DAGC 的成品厚差，压力曲线

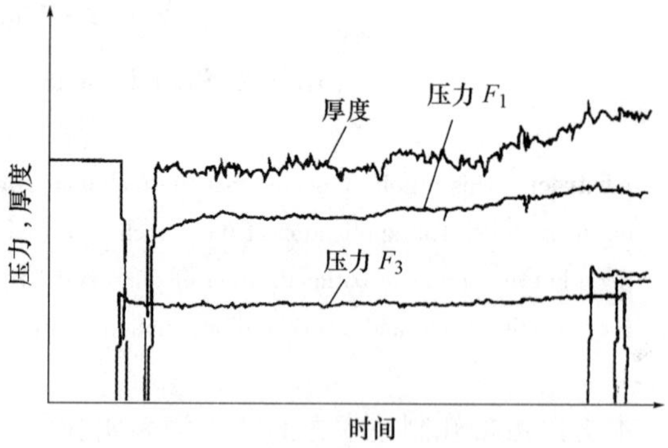

图 3　未投运 AGC 的成品厚差、压力曲线

攀钢投运 DAGC 的成功及取得的明显效果表明国产热连轧机电装备是完全可行的。

2.3　DAGC 在川威 950 中的应用

川威 950 热连轧机电装备及控制系统是完全国产化的，粗轧机一个机架，精轧机为七机架连轧，精轧机全部采用 DAGC，图 4、图 5 分别为投运 AGC 和不投运 AGC 的成品厚差曲线。

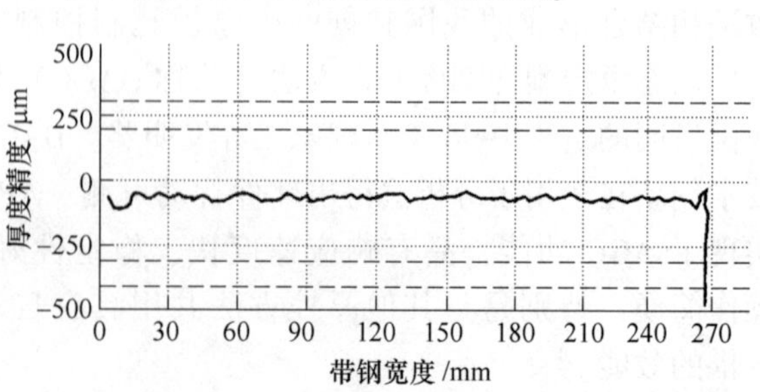

图 4　投运 DAGC 的成品厚差曲线

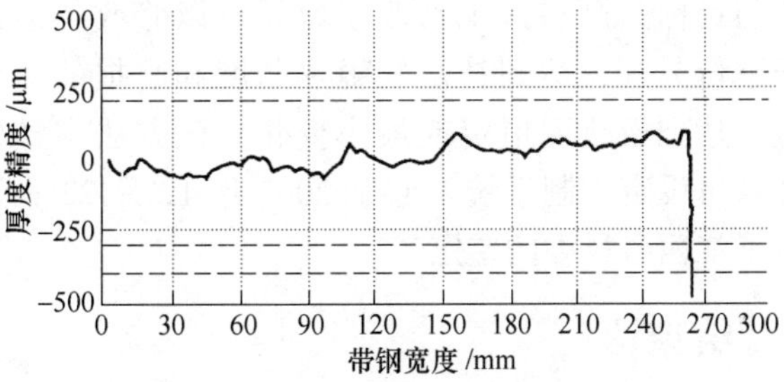

图 5　未投运 AGC 的成品厚差曲线

3　宽厚板轧机引进的厚控装置及软件的分析

舞阳 4200mm 是 20 世纪 70 年代自行设计制造的宽厚板轧机，于 1990 年由英国戴维公司改造增加了液压 AGC 及过程计算机系统。上钢三厂 3500mm 宽厚板轧机的液压 AGC 系统和过程计算机是由德国西门子、SMS 公司设计制造。最近几年济钢 3500mm 宽厚板轧机，鞍钢 4200mm 宽厚板轧机等均由国外引进液压 AGC 和过程计算机系统。引进的厚控装置的厚控精度如何？针对上钢三厂 3500mm 宽厚板轧机曾与上钢三厂 2350 中厚板轧机进行对比分析，异板差技术指标对比见表 4。

该轧机的厚控系统也是引进西门子公司的，其控制精度与 20 世纪上钢三厂引进的相同。此实例证明近 20 年来国外轧钢技术没有实质性发展。

表 4　异板差技术指标对比（2350mm 中板轧机）

检测日期	钢种规格/mm	生产条件	均方差/μm	块数	国际先进水平均方差 a/μm
1994. 5. 14	16Mn 14×1800	人工轧制	107. 3	18	钢三厂 3500mm 厚板轧机 （西门子系统） $h=8$mm　$a=89$ $h<15$mm　$a=104$ 日本新日铁 1998 年资料 70~80 世界金属导报 1994 年报道 $a=45$
同上	同上		120	27	
同上	同上	投运计算机控制系统	33. 7	17	
同上	同上		31. 0	23	
1994. 5. 16	Q235 12×1800		31. 2	27	
1994. 5. 17	Q235 10×1800		27. 7	33	

4　板形控制问题

目前板带轧机成套引进，板带轧机改造也由外国公司承包，其原因是要引进国外板形控制的装备和技术。以重庆钢铁设计研究院为太钢 1549 热连轧三电改造设计为例，可以充分说明这一点。（1）板形控制模型引进，应用软件由外商负责：（2）精轧、粗轧、卷取过程控制计算机应用软件的修改、优化以及模型参数的调整全部由国内完成；（3）生产控制级计算机系统应用软件的基本设计、详细设计、编程和调试全部由国内完成。

20 世纪 60 年代，厚控技术得到推广应用，使纵向厚度精度大幅度提高，厚控是压力正反馈，厚控精度提高使板形质量变坏。所以从 60 年代开始板形理论与技术研究一直是轧制的中心课题。板形理论研究远早于厚控理论，它以轧辊挠度计算为基础。60 年代起斯通的弹性基础梁理论，以 Sholet 为代表的影响函数法以及有限元计算的现代板形理论使板形理论研究出现了新高潮，但一直未有突破，达不到厚控理论的水平。由于板形理论的落后，提高板形质量的主要方法转移到发明多种板形控制装备和复杂的控制系统上来，如 HC、PC 轧机，CVC，VC，DSR 轧辊等。国外多种板形控制装备的出现，是由于知识产权的原因，日立发明了 HC 轧机，别的公司只能发明别的板形控制装备。多种板形控制装备各有千秋，没有哪一种比另外种类更先进，我国引进了或在实验国外的所有板形控制装置，力量很分散，没有哪一种技术过关，到头来还得靠引进。国外的几种装置对控制板形是有效果的，但多种控制系统（板形、厚度、张力、温度等）相互作用，使控制系统极为复杂，造成国际上只有少数几个公司可承担热连轧控制系统设计、连轧装备十分昂贵的局面。

笔者 1992 年接触美国 Citisteel 4064 宽厚板轧机改造项目时，开始研究板形问题。该轧机是 1907 年的设备，辊面长度 4064mm 而支撑辊直径仅为 1270mm，刚度低。所以板凸度太大，波动很大，改造的目的为控制板凸度，提高成材率。该轧机不可能采用弯辊或现代板形控制手段控制板凸度，只能根据板形理论使用传统的配轧辊凸度、调度和优化轧制规程的方法解决问题。研究发现新日铁轧件遗传板形理论是当前先进实用的板形理论，但是存在遗传系数 η 取值的困难。η 是轧件宽度、厚度的函数，包含了轧机和轧件的综合属性，考虑到厚控理论与板形理论应当相似，从而提出了轧件板形刚度 q 和轧机板形刚度 m 的新概念。将 η 由 m、q 表示，得出了向量板形测控数学模型。进一步将模型与经典板形理论联立，得到板形刚度方程和 q 的计算公式，建立了解板形刚度理论，进一步研究发现了板形板厚协调规律，由综合等储备负荷分配方法和贝尔曼动态规律得出了实用的板形板厚协调规律和实用的板形板厚最优闭环控制方法。板形测控数学模型、解析板形刚度理论和板形板厚协调规律，综合称之为板形计法或动态设定型板形厚自动控制系统（DACGC）。

板形计法首先应用在 Citisteel 轧机改造工程中，获得了很好的效果，使成材率提高 2.376%，比合同指标 2.485%还高 0.25%，厂方十分满意，系统一直正常运行。2000 年 4 月起转向 CVC、PC 板形控制轧机上推广应用，在宝钢的合作下，短时间里已取得了实验成果。

在国内应用板形计法已取得了实质性进展，于 2003 年 11 月在新余 2500 中板轧机上实验成功。实施方法是在线应用影响系数法，通过实测板凸度与目标凸度差人工修改系数就可以修改各道次压下量分配，达到补偿轧辊热凸度和磨损的变化量，达到板凸度恒定或最小变化。该方法与整体计算机设定控制系统一起于 2003 年 12 月 22 日通过了江西省科委的鉴定。

5　结束语

在提高产品质量方面取得的效果表明了我国板带轧制理论和技术的先进性，这些技术的普遍应用不仅可提高现有板带轧机的成材质量，而且有助于板带轧机装备的国产化。

参 考 文 献

[1] 张进之，杨新法，吴增强．对我国热连轧装备和技术发展的几点看法［J］．中国冶金，1997（1）：24-27.

[2] 张进之，吴增强，杨新法，等．板带轧制动态理论在轧钢中的应用［J］．钢铁研究学报，1999（5）．

[3] 张进之，吴增强，杨新法，等．板带轧制技术创新工程概论［J］．冶金信息导刊，1999（6）．

[4] 张进之，轧钢技术和装备国产化问题的分析与实现［J］．冶金信息导刊，2000（6）．

[5] 张进之．热连轧厚度自动控制系统的综合分析［J］．重型机械，2004（3）．

[6] 张进之，段春华，朱健勤．板形计法的定义及实验应用［J］．中国工程科学，2001（12）．

（原文发表在《重型机械》，2004（5）：1-4）

板形理论与板形控制技术的发展

张小平[1,2]❶，张少琴[2]，张进之[3]，郭会光[2]

（1. 北京航空航天大学，北京 100083；2. 太原科技大学，太原 030024；
3. 北京钢铁研究总院，北京 100081）

摘　要　详细介绍了板形理论的发展与进步、板形控制的概念与控制方法，并对包括生产中广泛使用的液压弯辊、HC 轧机、CVC 轧机以及 PC 轧机等板形控制技术作了较为全面的论述，对从事轧钢生产以及板形控制研究的专业人士具有一定的参考价值。

关键词　板形；板带材；控制技术

Development of the theory and control technology of plates Shape

Zhang xiaoping[1,2], Zhang Shaoqin[2], Zhang Jinzhi[3], Guo Huiguang[2]

(1. Beihang University, Beijing 100083, China;
2. Taiyuan Unieersity of Science and Technology, Taiyuan 030024, China;
3. Beijing Central Iron and Steel Research Institute, Beijing 100081, China)

Abstract: The development and improvement of plate shape theory and the conception of plate shape control and the control methods are introduced in the paper. The plate shape control techniques including widely applied techniques in production such as hydraulic bending roll, HC mill, CVC Mill and PC rolling mill etc . are roundly detailed. The content of the paper should has some reference value for those people engaged in the line of steel rolling and the study of plate shape control.

Key words: plate shape; plate and strip; control technology; rolling mill

1 引言

板带材是工农业生产中重要的金属材料。板带材的质量内容包括很多方面，其中板形是一项重要质量指标，是决定产品市场竞争力的重要因素。所谓板形是指板带材在自然状态下的表面平坦性和其横截面几何形状两个特征。直观地说，是指板带材在轧制过程以及其后产生的波浪与翘曲程度（平直度）和横向的厚度偏差（凸度）。但就其实质而言，是指板带材内部残余应力的分布。以往人们对板带材尺寸精度关注的重点是沿长度方向的厚度偏差，随着液压 AGC（厚度自动控制）系统的日趋完善，稳态轧制时带钢长度方向上的厚度精度有了很大提高，于是研究的重点开始转向板带材的表面形状以及宽度方向上厚度分布的精度即板形的控制上来。随着汽车、轻工、家电和电气制造等行业对板形质量要求的不断提高，板形控制技术已成为板带材生产的核心技术之一，是继板厚控制之后世界各国轧钢行业开发研究的又一热点问题，板形理论的研究也受到了更多的重视。

2 板形理论的发展[1,5]

其实板形理论的研究要早于厚度控制理论

❶ 作者简介：张小平，男，1958 年生，博士生，主要研究方向为轧钢工艺与设备。

的研究。板形理论的发展分成三个阶段：第一阶段是以轧辊弹性变形为基础的理论；第二阶段是日本新日铁和美国为代表的以轧件为基础的动态遗传理论；第三阶段为钢铁研究总院建立的轧件轧辊统一的板形理论。板形理论研究的目的是消除和减少板带轧制中波浪和翘曲等缺陷，自由的控制板凸度值，属于应用科学。轧件轧辊统一的板形理论可以把现代控制理论直接应用于板带轧制过程最优控制综合，在简化装备、降低消耗、简便操作的条件下提高产品质量。

2.1　轧辊弹性变形的板形理论[1,3]

它是以轧辊挠度的计算为基础的。生产上采用配置轧辊凸度的方法，即在一个换辊周期内考虑轧辊热凸度和磨损，合理安排轧制计划，使板凸度变化量小，最大板凸度也能满足用户要求。随着轧钢技术的发展，用户对产品质量要求提高；另外，冷轧的发展，在冷连轧过程中板形变化非常明显，轧制中出现折叠，轧裂等现象，破坏了正常生产。这些对板形理论提出了新要求。生产中为了减少波浪、翘曲等缺陷，出现了弯辊装置控制板形，弯辊力正确设定及有效应用推进了板形理论的发展。自 20 世纪 60 年代，轧辊弹性变形的研究发展很快，其方法主要是以 M. D. Stone 为代表的弹性基础梁理论和以 K. N. Shohet 为代表的影响函数法以及有限元方法。此外，北美、欧洲还有日本在这方面都做了大量的研究。我国轧钢界从 20 世纪 70 年代起对轧制理论与技术的研究大都集中在轧辊弹性变形的理论方面。在板形理论中，轧辊热变形理论和弹性变形理论应该居于同等重要的地位。因为板形的最终计算精度，既依赖于轧辊弹性变形的计算精度，也依赖于轧辊热变形的计算精度。但从研究的深度和广度来看，轧辊热变形的研究还处于相对落后的状态。究其原因，首先，轧辊热变形变化的时间常数很大，轧辊热变形是一个缓慢变化的因素，在许多情况下，用人工手动补偿，也可以获得较好的效果，因此轧辊热变形的研究不很迫切；其次，热凸度变化受到许多因素的影响，很难找到一个能适用于不同工厂不同情况的统一规律；最后，热变形研究往往受到各种条件的限制，许多物理常数难以精确测定。因此，关于热变形的研究还有许多工作要做。

2.2　轧件板形遗传理论[3]

20 世纪 70 年代末，日本新日铁与日立、三菱合作在 HC、PC 等板形控制轧机的开发过程中，提出了以实验为基础的板形理论研究新思路，得到了板形干扰系数和遗传系数为基本参数的板形向量模型，直接应用于生产。80 年代，美国阿姆柯钢铁公司提出影响矩阵方法，提出前边机架改变弯辊力或轧辊凸度不仅影响本机架板形，而且还影响后面机架的板形。他们用有限元法做了大量计算，在连轧过程工艺参数分析上取得了明显的效果。板形遗传理论可以直接应用于生产，而且符合现代科学进步的方向。

2.3　轧件轧辊统一的板形理论[1]

轧件轧辊统一的板形理论立足于日美方法的基础上认识到日本人方法的不足之处：遗传系数只隐含轧机、轧件特性。这个理论根据轧件横向厚差与纵向厚差的相似性，将遗传系数分解为代表轧机特性的轧机板形刚度 m 和轧件板形刚度 q，并得出新型板形测控模型。该理论将现代控制理论应用于热连轧智能控制的协调性级，实现动态负荷分配协调板形板厚控制、轧辊实时凸度估计、弯辊力最佳设定等优化策略，使板形理论进入了人工智能的自适应板形控制时代。

3　板形控制技术的发展

3.1　板形控制概念[3,4]

板形控制主要是根据需要对轧制过程中的轧辊挠度、热凸度和磨损导致的轧辊断面变化进行补偿的技术。20 世纪 50 年代以前带钢板形控制主要用磨削轧辊原始凸度的方法来加以控制。由于原始凸度磨削完成后是一固定不变的值，很难适应千变万化的轧制情况，因此，人们又采用人工控制压下制度和控制轧辊热凸度及合理编制生产计划来弥补其不足。但是这必然会影响轧机生产能力的发挥和增加编制生产计划的复杂性。此后，欧洲、日本以及美国等国家积极开展板形控制技术与装备的研究，先后开发了多项板形控制技术并应用于生产实际，取得了很好的效果。

研究板形控制的目标是实现板形自动控制，即通过板形控制系统使得轧后板形与目标板形相符合。板形控制系统是一个有惯性、有滞后、多扰动、多变量、强耦合的复杂工业控制系统。因此，随着生产的发展和技术的进步，传统的控制已不能满足其要求。于是在寻求更精确的系统模型的同时，将先进的控制思想引入板形控制系统的研究中。另外，由于板形控制与板厚控制的相互干扰，近年来还出现了板形、板厚的协调控制。

目前常用的板形调节手段有两种：机械手段和冷却分段控制。其中机械手段又分为弯辊和轧辊倾斜，对多辊轧机，有更加复杂的板形调节手段。实际的控制系统都是将上述各种手段综合起来，实行联合控制。

3.2 板形控制方法

3.2.1 传统控制方法[4]

传统控制方法主要是采用常规的 PID 控制，是基于数学模型的控制。由于板形控制系统的高度非线性，因而很难建立其精确的控制模型。当模型不能很好的完成控制工作时，操作者必须手工干预。因此，操作者的经验对于板形控制的稳定进行及精度提高具有重要意义。

3.2.2 新型控制方法

近几年来，随着控制理论的发展，人们不断把一些新型控制方法引入板形自动控制系统中，以弥补 PID 控制中很难满足高精度控制要求的不足[4]。

文献［6，7］提出了一种基于动态负荷分配的板形控制方法。所谓动态负荷分配是指在一个换辊周期内，由于轧辊热凸度和磨损，采用几个轧制规程来减少它对成品板凸度的影响。20 世纪 70 年代欧洲、日本利用变压下率分配而减少了板凸度变化，即动态负荷分配方法。这些是建立在经验基础上的。轧制四维差分方程的建立，为板形板厚可协调控制提供了测量和控制数学模型。在实施上，以板厚为控制量的二维板形差分方程和二次型目标函数为基础，采用贝尔曼动态规划可得到最优决策，递推计算公式实现板形闭环控制。日本川崎采用优化的轧制程序，在一个换辊周期内带钢凸度从 60μm 变化到 30μm，变化量为 30μm，达到了带钢凸度波动的要求值。相反，采用普通轧制程序，即常规负荷分配方法，带钢凸度从 100μm 变到 20μm，变化量为 80μm。该文提出的动态负荷分配方法，是指在一卷钢轧制过程中，由于入口轧件温度变化、加速轧制和轧辊凸度变化，通过改变压下率而使成品板形保持恒定或变化最小。为区分常规动态负荷分配，新的动态负荷分配称之为第二类动态负荷分配方法。

在日本，成品机架（或成品道次）采用软刚度的方法（$M_c = M/2$）得到了应用，改善了板形质量。最近我国在中厚板轧制上采用了这种方法改善板形质量[8,9]。但这样做会降低板厚控制精度。文献［8］指出了降低厚控精度的具体数值。

随着模糊控制技术的发展，板形模糊控制的研究日益受到重视。早期研究工作主要集中于一些常规控制方法不能获得较好控制效果的情况，如轧辊喷射冷却模糊控制；特殊形式轧机（如森吉米尔轧机）的板形控制。自 1995 年以来，韩国学者就普通六辊轧机的板形控制进行了系统研究，探讨了利用模糊控制逻辑进行六辊轧机板形控制的可行性，研究了对称板形的动态及静态控制特性。近来已将模糊逻辑应用于控制包括非对称板形在内的任意板形，取得了较大进展[10]。

3.3 板形控制技术[2,3]

3.3.1 液压弯辊技术

20 世纪 60 年代，液压弯辊装置被应用到钢板轧机上，这标志着带钢板形控制进入了新的时期。液压弯辊控制技术是由弯辊液压缸产生弯辊力，在轧制过程中向工作辊或中间辊辊颈施加液压弯辊力，瞬时地改变轧辊的有效挠度，从而改变承载辊缝形状，使轧制后带钢的延伸沿横向均匀分布，进而达到板形控制的目的。液压弯辊控制技术具有精度高、响应速度快、功率大、结构紧凑和使用方便等优点，因此得到广泛的应用。液压弯辊按对象可分为工作辊液压弯辊和中间辊液压弯辊，液压弯辊按方式可分为液压正弯和液压负弯。在轧辊凸度不足或磨损情况下可以采用正弯，增大轧辊凸度，防止带钢边浪；而负弯可以减少轧辊有效凸度，防止带钢中间浪。工作辊弯辊（WRB）凸度控制能力可达 500μm，是应用最广泛的控制方式。有了弯辊装置，使带钢板形的在线控制成为可能。

3.3.2 HC 轧机

板形控制技术在 20 世纪 70 年代取得了重大进展。1972 年日立公司开发的 HC 轧机（High Crown Control Mill）使板形理论和板形控制技术进入了一个新的时期。HC 轧机是一种高精度板形控制轧机，它有六个轧辊垂直排列、中间辊可轴向移动。

中间辊移动距离与弯辊力的最佳配合，一定程度上减少了普通四辊轧机在结构上板宽范围外支承辊与工作辊间的接触压力形成的有害弯矩，具有很强的板形控制能力，可实现轧机横向刚度无限大，使轧辊辊型不受轧制力变化的影响，减少带钢边部减薄量和裂边，保证带材有良好的板形，可以轧制高精度的薄带钢，并具有大压下量、提高生产率、节约能源、减少辊耗、提高成材率等优点。因此 HC 轧机是公认的板形控制较为理想的轧机。近几年，HC 轧机得到了很大的发展，已出现了 HCM 轧机（中间辊移动六辊轧机）、HCW 轧机（工作辊移动四辊轧机）、HCMW（中间辊和工作辊均可移动六辊轧机）等。鞍钢 1700mm 热连轧机、川威和泰钢 950mm 轧机应用的就是 HCW 轧机。

3.3.3　CVC 轧机

20 世纪 80 年代出现了连续可变凸度的 CVC 新型轧机（continuously variable crown mill）和轧辊成对交叉轧制的 PC 轧机（pair crossed mill），它们都可用于控制带钢的板形和凸度。CVC 轧机是连续可变凸度轧辊轧机，1982 年由联邦德国施罗曼-西马克公司研制。这种轧机由两个轴向可移动、形状与严格的圆柱体稍有差异的瓶形工作辊组成。瓶形辊的辊径差和普通辊的凸度值大小相似。两个工作辊的形状完全一致，但安装方向相反，因而上下工作辊互补形成一个对称的轧辊辊缝形状。轧辊向相反做轴向移动，以形成辊缝形状的变化。根据移动方向，其结果是产生一个负的或正的轧辊凸度。由于移动量是无极可变的，这样产生一个连续可变正负凸度，以满足控制钢带宽度和平坦度的要求。CVC 轧机有四辊轧机和六辊轧机两种形式。从 CVC 系统原理可知，随 CVC 上辊和下辊移动方向和距离的不同，轧辊的有效凸度会随时改变，另外 CVC 辊型曲线的选择不同，轧辊的有效凸度也会发生变化。宝钢 2050mm 热连轧机、2030mm 冷连轧机、武钢 2250mm 热连轧机以及本钢 1700mm 热连轧机等都应用了 CVC 轧机。

3.3.4　PC 轧机

PC 轧机是轧辊成对交叉轧机，1984 年首先应用于日本钢铁公司 1840mm 热连轧中。成对交叉辊是指上下工作辊交叉，而上下工作辊与相应的支承辊保持平行。轧辊交叉法具有很强的凸度控制能力，它的原理在于辊缝的几何变化，而它又受相邻轧辊间轴线角度调节的影响，其作用类似于一个可调节的抛物线形的辊型曲线。试验证明该交叉角对轧制力、力矩和前滑无多大影响，即这些基本特性和普通四辊轧机相同。支撑辊交叉是指上下支承辊交叉，而上下工作辊保持平行；工作辊交叉是指上下工作辊交叉，而上下支承辊保持平行。

在上述的轧机中 HC 轧机、CVC 轧机和 PC 轧机在各种形式的冷热带钢轧机上获得比较广泛的应用，引起人们的极大关注。其中 PC 轧机具有较大的凸度控制范围和较高的控制精度（见表 1），而且 PC 轧机加 ORG 工艺可以实现自由程序轧制，从而使 PC 轧机成为世界先进技术的代表。日本、韩国、美国等国的轧钢厂先后采用了 PC 轧制技术，我国宝钢 1580mm、鞍钢 1780mm 热轧带钢精轧机组也采用了 PC 轧机。

表 1　各种轧机的凸度控制能力

Tab 1　Crown control ability of different mills

轧机结构	单位弯辊力/kN	工作辊径/mm	特征值/mm	带宽/mm	凸度控制范围/μm
4H	950	700	—	915～1524	50～150
HCMW	600	700	$\delta \geqslant 0$	914～1524	230～350
HCW	600	700	$\delta \geqslant 45$	914～1524	180～240
CVC	600	600	$\delta \pm 140$	914～1524	180～550
PC	950	700	$\theta = 0° \sim 1.5°$	914～1524	350～1070

3.3.5　其他板形控制技术

20 世纪 90 年代，法国克莱西姆（Clecim）公司研制成功动态板形辊（dynamic shape roller）及其板形控制系统，不仅能够对轧制辊缝进行全辊缝调节，而且能够对轧制辊缝中任意位置进行调节，满足对轧制辊缝中任意一个局部缺陷的调控要求。正常工作时，在工作辊的带动下，动态板形辊的金属套筒（辊套）可以绕着固定辊轴自由旋转。套筒内共有 7 个压块，每个压块装备了一个液压缸，此液压缸固定在辊轴上。板形控制系统通过对液压缸流量的控制调整每个压块的压下，通过控制多个压块的压力分布就可以调整辊缝的分布，从而达到控制板形的目的。

1997 年，北京科技大学和武汉钢铁公司联合开发了“VCR 变接触支撑辊”和“ASR 非对称自补偿工作辊”综合控制板形系统，并成功地应用于武钢 1700mm 热连轧机，取得了显著经济效益。

此外还有一些其他板形控制技术，如UCM（universal crown middle）轧机，中间辊可以沿轴向来回移动，工作辊正负弯辊，中间辊正弯辊轧机被称作UCM轧机。近几年，UCM轧机得到了发展，已出现了UCMW轧机。UCM轧机与HC轧机的主要区别在于是否有中间辊正弯辊的应用。

分段冷却也是板形控制一项有效措施。分段冷却控制技术就是通过调整冷却液的分段流量，改变轧辊的局部热膨胀变形，是轧制薄带材最有效的板形控制手段。在高速冷轧带钢生产中，轧辊的温度较高，故在生产中必然出现热凸度，但是在轧辊辊身上的温度分布十分不均匀，所以辊身上的热凸度也必然出现不均现象，从而造成带钢的局部缺陷，如复合波、二次谐波等利用弯辊较难解决的缺陷。在轧件进入辊缝之前，在轧件表面喷涂冷却物质，可起到减轻热凸度的作用。

板形理论涉及到多个领域的知识，板形控制是一项比较复杂的技术。虽然到目前为止出现了多种板形控制技术并在实际生产中也取得了一定的使用效果，但随着用户对板形质量要求的不断提高，板形控制的成本也越来越高。开发研究基于工艺参数而不是控制装置的板形控制技术，为生产企业提供更加经济有效的板形控制手段，是从事轧钢生产研究人员的职责。

参考文献

[1] 张进之．板形理论的进步与应用［J］．冶金设备，2001（1）：1-5，11.

[2] 王筱强，初国君，赵海民．板形控制技术在板带轧制过程中的应用［J］．河北冶金，2004（4）：7-10.

[3] 黄贞益，李胜祗，孙建中，等．板形控制技术探讨［J］．安徽工业大学学报，2002，19（4）：273-277.

[4] 郑岗，谢云鹏，刘丁，等．板形检测与板形控制方法（续）［J］．重型机械，2002（5）：1-3.

[5] 张进之，张宇．板形板厚的数学理论［J］．冶金设备，2002（3）：4-8.

[6] 张进之．动态设定型板形板厚自动控制系统［J］．冶金设备，2000（5）：6-11.

[7] 张进之．热连轧动态设定型板形板厚控制方法的应用探讨［J］．冶金设备，2000（3）：18-20.

[8] 胡贤磊，赵忠，王昭东，等．板形锁定法在轧制宽薄中厚板中的应用［J］．钢铁，2005，40（1）：47-50.

[9] 张清东，孙林，陈先霖，等．2800四辊轧机板形控制功能完善及雪橇板控制参数优化［J］．2005（1）：10-13.

[10] 朱洪涛，吕程，刘相华，等．板形模糊控制技术的发展［J］．轧钢，1999（6）：25-28.

（原文发表在《塑性工程学报》，2005，12（增刊）：11-14）

轧制过程工艺参数的测量与分析

张小平[1,3]❶，张进之[2]，张雪娜[3]，何宗霖[3]

（1. 北京航空航天大学，北京 100083；2. 北京钢铁研究总院，北京 100081；
3. 太原科技大学，太原 030024）

摘 要 变形抗力和摩擦系数是用于设定轧制过程控制模型的重要工艺参数。文章利用在不同润滑条件下得到的实测数据，估计出变形抗力 K 和摩擦系数 μ 的值。将估计出的 K、μ 从参数值应用于轧制过程控制，可以提高连轧过程控制模型的精度。在实验轧机上，应用铝试样实测了板宽、张力和压下率对前滑的影响规律。

关键词 实验；轧制压力；前滑；变形抗力；摩擦系数

Measurement and analysis of technological parameters of rolling process

Zhang Xiaoping[1,3], Zhang Jinzhi[2], Zhang Xuena[3], He Zonglin[3]

(1. Beihang University, Beijing 100083, China;
2. Beijing Central Iron and Steel Research Institute, Beijing 100081, China;
3. Taiyuan University of Science and Technology, Taiyuan 030024, China)

Abstract: Resistance to deformation and friction coefficient are important parameters for the setting up of control model of continuous rolling process. Resistance to deformation K and friction coefficient μ were estimated by measured data of rolling process at different lubrication conditions. The estimated parameters can be used in the control of rolling process, which improves the prediction precision of mathematical model. The influences of plate width, tension and screw down ration forward slip were measured using a luminum samples on a 350mm experimental rolling mill of Taiyuan University of Science and Technology.

Key words: measurement; rolling force; forward slip; resistance to deformation; friction coefficient

轧制压力和前滑值是连轧过程控制模型设定的主要内容。模型设定的精度取决于轧件的变形抗力和摩擦系数确定的精度。材料的变形抗力一般是用拉伸实验的方法获得，摩擦系数是通过轧制方法或在专门摩擦实验机上测得。理论上的变形抗力值和摩擦系数值与实际轧制中的值有差异。所以在20世纪70年代，日本、西德和我国都提出了用实际轧制工况下的采样数据估计变形抗力和摩擦系数的方法，简称“K、μ 估计”。北京钢铁研究总院和武钢冷轧厂合作，用实际工况采样数据估计 K、μ 的方法，并将估计的结果用于生产实践中[1]。20世纪90年代北京钢铁研究总院、冶金自动化院又和宝钢冷、热连轧厂合作进行了变形抗力和摩擦系数的估计工作[2,3]。

轧制方法测量前滑系数和摩擦系数是轧制工作者普遍应用的方法。文献［4］用轧制方法实测轧制压力和前滑值，估计出不同润滑质条件下的 K、μ 值，得出了客观的润滑效果评价。文献［5］用轧制方法测出轧制压力和前滑值，获得实用的前滑计算公式。太原科技大学在实验轧机上通过

❶ 作者简介：张小平（1958—），男，教授，研究方向为轧钢工艺与设备。

轧制铝试样，实测出不同板宽、不同前（后）张力和压下率条件下的轧制压力和前滑值，得到了提高数学模型精度的变形抗力和摩擦系数值。本文对上述实验得到的数据进行了“K、μ”估计和综合分析。

1 不同润滑条件下的实验数据及 K、μ 估计

1.1 实验及评价

实验在 ϕ130mm×150mm 二辊轧机上进行，实验材料为 08 沸，规格为 0.34mm×35×280mm，实测了轧制压力、压下量、前滑值等数据。用希尔公式、艾克隆德公式、布兰德-福特公式和斯通公式估计出不同润滑条件下的摩擦系数。结果见表 1 和表 2。

表 1 中，h 为轧后的厚度；Δh 为压下量；ε 为相对压下率；l 为轧后长度；λ 为延伸系数；P 为总轧制压力；p 为单位轧制压力。

表 2 中，S 为前滑值；μ_{ph} 为按希尔公式计算的摩擦系数；μ_{PE} 为按艾克隆德公式计算的摩擦系数；μ_{SB} 为按布兰德-福特公式计算的摩擦系数；μ_{SS} 为按斯通公式计算的摩擦系数；$p_{总}$ 为轧制一道次或几道次的单位轧制压力的总和；$\lambda_{相}$ 为轧制一道次或几道次后的总延伸系数，$\lambda_{相}=\Delta l/L=\lambda-1$。

表 1 实验数据

Tab. 1 Experimental data

润滑介质	h/mm	Δh/mm	ε/%	l/mm	λ	P/kN	p/MPa
E-27-3	0.188	0.152	44.7	506	1.807	59.9	473.05
Z-P-77	0.203	0.137	40.29	468	1.671	65.2	531.45
延诺 103-7	0.193	0.147	43.23	491.5	1.755	62.7	499.41
TL-57-1	0.194	0.146	42.04	490	1.750	65.1	517.83
ZT-21	0.192	0.148	43.53	495	1.768	64.3	509.40

表 2 由不同轧制压力和前滑公式计算的摩擦系数

Tab. 2 Calculated friction coefficients from different formulas of rolling force and forward slip

润滑介质	S/%	μ_{ph}	μ_{pE}	μ_{SB}	μ_{SS}	$p_{总}/\lambda_{相}$
E-27-3	4.08	0.033	0.035	0.042	0.039	59.81
Z-P-77	6.36	0.045	0.049	0.065	0.052	80.94
延诺 103-7	5.04	0.037	0.041	0.049	0.044	67.50
TL-57-1	5.16	0.041	0.045	0.050	0.045	70.45
ZT-21	4.92	0.039	0.043	0.048	0.043	67.68

1.2 变形抗力 K 和摩擦系数 μ 的估计

变形抗力用屈服强度 $\sigma_{0.2}$ 表示，摩擦系数用表 2 中希尔公式的估计值，所以 $\sigma_{0.2}$ 的估计也用希尔公式：

$$\sigma_{0.2}=\frac{\dfrac{P}{1.15}}{1.08+1.79\cdot\mu\cdot\varepsilon\cdot\sqrt{\dfrac{R}{H}}-1.02\cdot\varepsilon} \tag{1}$$

应用公式（1）估计出来的 $\sigma_{0.2}$ 和均方差值见表 3。

表 3 用公式（1）估计的 $\sigma_{0.2}$

Tab. 3 Estimated values of $\sigma_{0.2}$ using formula（1）

润滑介质	$\sigma_{0.2}$/MPa	标准差/%
E-27-3	406.19	1.36
Z-P-77	402.98	0.56
延诺 103-7	398.27	0.68
TL-57-1	392.88	1.96
ZT-21	403.27	0.63

表 3 的数据表明，估计出的 $\sigma_{0.2}$ 精度比较高，最大标准差为 1.96%。

2 天津材料研究所实测数据的 K、μ 估计

2.1 实验数据

实验在四辊轧机上进行。工作辊直径为 ϕ88.91mm，支撑辊直径为 ϕ200mm，辊身长为 200mm；工作辊材质为 GCr15。在上工作辊表面沿轴向用激光打 5 个小坑，其间距各为 25mm；试料钢种为 B_2F（C=0.12%~0.14%，退火状态，经汽油擦洗干净），并在其上表面划好标距 L_H；工艺润滑采用 20 号机油；轧制速度为 0.1%-0.5 m/s；试样尺寸为 $H\times B\times L$=0.81mm×120mm×400mm。实验的原始数据列于表 4，根据实验数据整理的中间参量列于表 5。

表 4 中，L_H 为轧件上轧前的标距；L_h 为轧件上轧后的标距；S_o 为工作辊周长；$\bar{S}$ 为轧辊上的小坑在轧件上产生的压痕间距。

表 5 中，$\bar{h}$ 为轧件平均厚度；R' 为轧辊压扁后的半径；l' 为轧辊压扁后的接触弧长度；γ 为中性角；α 为咬入角；μ_{Ph} 为用希尔公式算出的摩擦系数值；μ_s 为修正后的摩擦系数。

表 4　实验数据

Tab. 4　Experimental data

试件号	L_H/mm	L_h/mm	ε/%	S_o/mm	$\bar{S}$/mm	S/%	h/mm	P/kN
1	225.9	232.7	2.92	279.33	281.13	0.644	0.7864	47.70
2	225.9	233.4	3.21	279.33	281.60	0.813	0.7840	57.70
3	225.9	240.0	5.88	279.33	282.93	1.289	0.7624	102.90
4	225.9	244.8	7.72	279.33	283.50	1.493	0.7475	132.60
5	225.9	246.6	8.39	279.33	283.60	1.529	0.7420	153.00
6	225.9	252.7	10.61	279.33	283.73	1.575	0.7240	183.85
7	225.9	258.6	12.65	279.33	284.53	1.862	0.7075	204.53
8	225.9	259.1	12.81	279.33	284.67	1.912	0.7062	211.97
9	225.9	265.2	14.82	279.33	285.73	2.291	0.6900	226.09
10	225.9	266.8	15.33	279.33	285.80	2.316	0.6858	233.83
11	225.9	272.2	17.01	279.33	286.00	2.388	0.6722	259.99
12	225.9	273.0	17.25	279.33	286.73	2.649	0.6702	260.88
13	225.9	280.0	19.32	279.33	287.37	2.878	0.6535	294.98
14	225.9	284.0	20.46	279.33	287.77	3.022	0.6442	315.17
15	225.9	302.7	25.37	279.33	289.63	3.687	0.6045	379.36
16	225.9	310.2	27.18	279.33	290.23	3.902	0.5898	389.84
17	225.9	321.8	29.80	279.33	291.53	4.368	0.5686	422.28

表 5　根据实验数据整理的中间参量

Tab. 5　Intermediate parameters from experimental data

试件号	Δh/mm	$\bar{h}$/mm	R'/mm	$l'/\sqrt{h}$	γ/弧度	γ/α	η_{Ph}	μ_s
6	0.0860	0.767	61.429	3.00	0.0136	0.30909	0.0690	0.0688
7	0.1025	0.759	60.840	3.29	0.0147	0.30625	0.0687	0.0726
8	0.1038	0.758	61.270	3.33	0.0150	0.31250	0.0686	0.0737
9	0.1200	0.750	59.828	3.57	0.0163	0.31346	0.0688	0.0817
10	0.1242	0.748	59.838	3.64	0.0163	0.30755	0.0688	0.0799
11	0.1378	0.741	59.924	3.87	0.0164	0.29286	0.0687	0.0755
12	0.1398	0.740	59.751	3.91	0.0172	0.30714	0.0687	0.0841
13	0.1565	0.732	59.854	4.18	0.0177	0.30000	0.0686	0.0834
14	0.1658	0.727	60.005	4.34	0.0180	0.29508	0.0686	0.0835
15	0.2055	0.707	59.576	4.95	0.0193	0.28382	0.0685	0.0861
16	0.2202	0.700	58.992	5.15	0.0193	0.28286	0.0686	0.0864
17	0.2414	0.689	58.812	5.47	0.0205	0.27703	0.0686	0.0895

2.2　变形抗力 K 和摩擦系数 μ 的估计

K、μ 估计采用分别计算的方法，先由实测前滑值用斯通公式计算摩擦系数 μ，

$$\mu = \frac{\frac{1}{2}\alpha}{1 - 2\sqrt{(1-\gamma)\frac{s}{\gamma}}} \tag{2}$$

再由单位轧制压力 p 用希尔公式（1）计算出变形抗力 $\sigma_{0.2}$. 其计算中间值和 μ、$\sigma_{0.2}$ 估计值见表 6。

表 6 中 H 为轧件轧前厚度；F 为轧辊与轧件的接触面积。

表 6 的摩擦系数值与文献［5］前滑公式反算的值相同。文献［4］中还有用希尔公式反算出的摩擦系数值 μ_{Ph}。μ_{Ph} 接近于常数，文献［5］分析认为，通过前滑公式和实测轧制压力修正轧辊压

扁半径而得到的平均摩擦系数 μ_s 比直接由轧制压力公式反算出的平均摩擦系数 μ_{Ph} 更合理。本文接受文献［5］观点，由前滑公式反算的摩擦系数确定为实用摩擦系数，代入轧制压力公式和实测轧制压力值反算得出变形抗力值，作为轧制压力模型计算用的实用变形抗力值。这样的做法，充分利用了实测轧制压力和前滑值，所以在设计计算轧辊速度时能获得高精度。

表 6 变形抗力和摩擦系数估计值

Tab. 6 Estimated values of resistance to deformation $\sigma_{0.2}$ and friction coefficient μ

编号	$\sqrt{R'/H}$	$\bar{h}$/mm	F/mm^2	P/MPa	$\sqrt{\Delta h/R'}$	μ	$\sigma_{0.2}$/MPa
6	8.76	0.767	286.8	641.02	0.0374	0.069	512.98
7	8.72	0.759	300	681.79	0.0411	0.0727	541.66
8	8.75	0.758	302.4	700.99	0.04116	0.0739	555.35
9	8.65	0.750	321.6	703.05	0.04478	0.0816	547.66
10	8.65	0.748	336.4	695.11	0.04556	0.0800	542.83
11	8.66	0.741	344.4	754.89	0.04811	0.0758	562.78
12	8.66	0.740	346.8	752.44	0.04837	0.0843	579.28
13	8.66	0.732	367.2	803.31	0.05114	0.0834	616.70
14	8.67	0.727	379.2	831.14	0.05256	0.0839	635.26
15	8.63	0.707	420	903.27	0.05873	0.0860	678.17
16	8.59	0.700	433.2	899.93	0.061097	0.0865	672.12
17	8.57	0.689	452.4	933.45	0.06407	0.0894	682.84

3 实验与分析

3.1 实验说明

实验在 ϕ320mm×350mm 二辊冷轧机上进行。在下轴承座下安装测压计，经标定可精确测出实验时的轧制压力。在轧辊表面打上两点间距为 145mm 的刻痕。实验材料为不同宽度铝板，厚度为 1mm，宽度为 160~40mm，宽度间隔为 20mm，即 160mm、140mm，…，40mm，试样长度 350mm。轧制时采用不同的压下率：ε =40%、35%、30%、25%、20%、15%、10%。轧制时记录实际轧制压力。试样在轧前测量原始厚度，轧后在相应位置测量厚度值，以确定实际压下率。由轧后两点间压痕距离计算出前滑值。

3.2 实验数据

3.2.1 前滑与板宽和压下率的关系

实验数据列于表 7。

为清楚描述，将表 7 数据用图 1 表示。

表 7 不同板宽和压下率的前滑实验值

Tab. 7 Experimental values of forward slip at different plate width and screw down ratio

B/mm	ε/%						
	40	35	30	25	20	15	10
160	0.1034	0.1034	0.0897	0.0828	0.0690	0.069	0.0552
140	0.1241	0.1035	0.0897	0.0828	0.0759	0.069	0.0552
120	0.1172	0.1034	0.0828	0.0897	0.0759	0.069	0.0552
100	0.1241	0.1035	0.0966	0.0828	0.0690	0.0621	0.0483
80	0.1103	0.1035	0.0897	0.0828	0.0759	0.069	0.069
60	0.1172	0.1034	0.0897	0.0828	0.0759	0.069	0.0621
40	0.1172	0.0966	0.0897	0.0828	0.0552	0.0621	0.0622

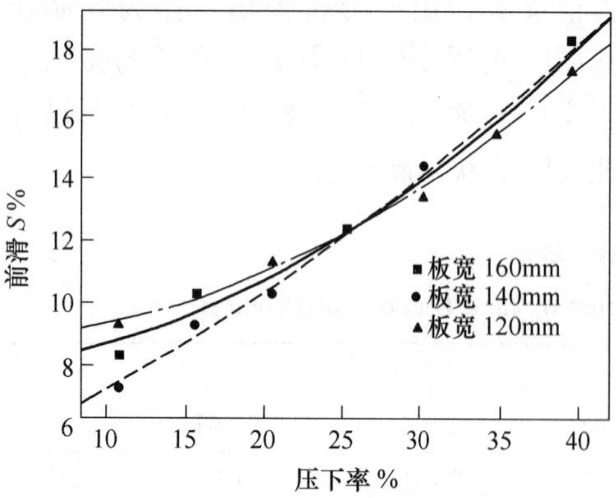

图 1　不同板宽时压下率和前滑的关系

Fig. 1　Relationship between screw down ratio and forward slip at different plate width

表 7 和图 1 表明，板宽对前滑影响不大，而压下率对前滑的影响比较大，随压下率的增加前滑显著增加，这与国内外的实验规律相同。由此也进一步论证了 B-F 前滑公式的实用性。

3.2.2　前滑与前、后张力的关系

固定压下率和后张力得到前张力变化与前滑的关系如图 2 所示，固定压下率和前张力得到后张力变化与前滑的关系如图 3 所示。由图 2 和图 3 可以看出，随着前张力的增加前滑增加，随着后张力的增加前滑减小。将图 2 与图 3 对比分析，前张力对前滑的影响大于后张力的影响。原因是由于前张力增加使金属的纵向流动增加，前滑也增加；而后张力虽然能够显著地改变变形区内金属的应力状态，但它的增加会使金属的纵向流动减少，前滑自然也减小。

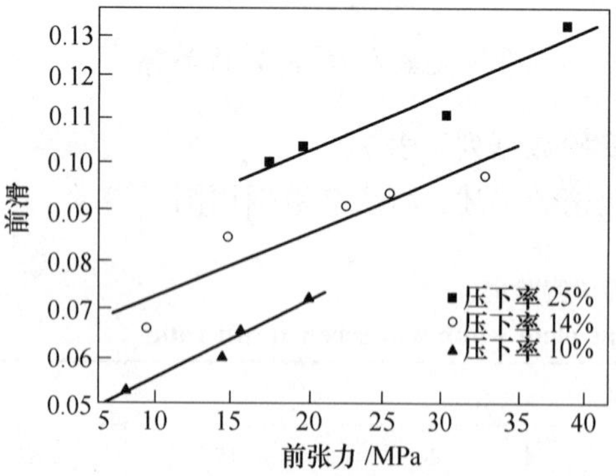

图 2　不同压下率时前张力和前滑的关系

Fig. 2　Relationship between front tension and forward slip at different screw down ratio

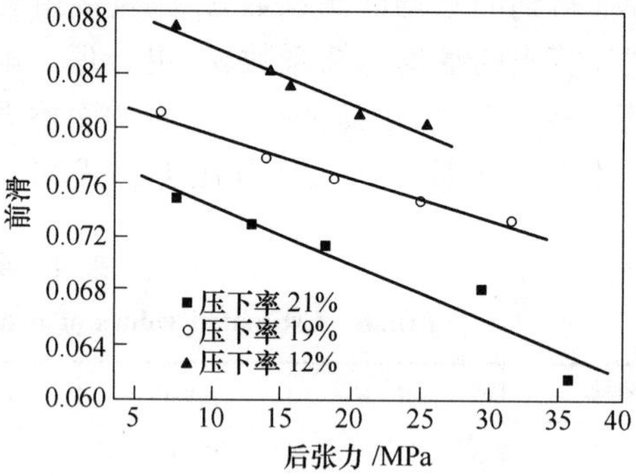

图 3　不同压下率时后张力和前滑的关系

Fig. 3　Relationship between back tension and forward slip at different screw down ratio

4　结束语

引用在北京钢铁研究总院和天津材料研究所的轧制实验数据，进行了变形抗力和摩擦系数的估计，表明单机架轧制实验可解决连轧机设定计算和控制中最重要的参数问题。太原科技大学的轧制实验，初步得出了板宽、压下率和张力对前滑的影响规律。这项工作在轧机装备完善后，还将继续进行。

参考文献

[1] 张进之，张自诚，杨美顺．冷连轧过程变形抗力和摩擦系数的非线性估计［J］．钢铁，1981，116（3）：35-40.

[2] 张宇，徐耀衰，张进之．宝钢 2030mm 冷连轧压力公式的定量评估［J］．冶金自动化，1999（4）：34-36.

[3] 张进之，杨晓臻，张宇．宝钢 2050mm 热连轧设定模型及自适应分析研究［J］．钢铁，2001，136（7）：38-41.

[4] 李小玉，宋华鹏，吴春华．轧制理论公式在冷轧润滑实验中的应用［A］．轧钢理论文集［C］．北京：冶金工业出版社，1982：317-324.

[5] 赵以相，贺铳辛，郭尚奋，等．前滑模型的实验研究［A］．轧钢理论文集［C］．北京：冶金工业出版社，1982，375-390.

（原文发表在《太原科技大学学报》，2007，28（6）：461-465）

解析板形刚度理论的实验验证

张小平[1]，张进之[2]，张少琴[1]，柳玉伟[1]

（1. 太原科技大学，山西太原 030024；2. 北京钢铁研究总院，北京 100081）

摘 要 解析板形刚度理论是具有中国独立知识产权的研究成果。利用解析板形刚度理论所建立的板形向量测控模型计算了多种宽度规格的铝板在不同压下量条件下的板凸度值，并通过在四辊实验轧机上冷轧相同规格铝板的方法对解析板形刚度理论进行了验证，研究结果证明了该理论的正确性。该理论可用于板带轧制过程板形的预测、设定和控制，消除和减少板带轧制中波浪和翘曲等缺陷，并实现板凸度的自由控制。

关键词 板形理论；板带材；板凸度；实验

1 前言[1-5]

20世纪70年代末，日本新日铁与日立、三菱公司合作在HC、PC等板形控制轧机的开发过程中，提出了以实验为基础的板形理论研究的新思路，得到了以板形遗传系数和板形干扰系数为基本参数的板形向量模型，并将其应用于实际生产中的轧制控制模型。

新日铁的板形向量模型可用下面3个公式描述：

$$\Delta\varepsilon_i = \zeta_i\left(\frac{C_{h_i}}{h_i} - \frac{C_H}{H_i}\right) \tag{1}$$

$$C_{H_i} = C_{h_{i-1}} - h_{i-1}\Delta\varepsilon_{i-1} \tag{2}$$

$$C_{h_i} = (1-\eta)C_i + \eta_i\frac{h_i}{H_i}C_{H_i} \tag{3}$$

式中 $\Delta\varepsilon$——板带的平直度，%；

ζ——板形干扰系数；

C_h——轧件轧后板凸度，mm；

h——轧件轧后厚度，mm；

C_H——轧件轧前板凸度，mm；

H——轧件轧前厚度，mm；

η——板形遗传系数；

C——机械板凸度，相当于轧辊中心挠度，mm；

i——机架（或道次）序号。

新日铁的动态遗传理论模型可用于在线控制，但η取值困难。η是板宽和板厚的二元函数，包括了轧机和轧件的双重特性。对于不同轧机、钢种和轧制规格，板形遗传系数都是不同的，要用图册近似描述，无法保证在线应用时的精度，这给模型的推广使用带来了很大的不便。

我国学者张进之根据板形、板厚理论的相似性，认识到以往的板形理论中缺少轧件参数，将遗传系数η分解为轧机板形刚度m和轧件板形刚度q，通过数学推导得到了简明、实用的新型板形向量测控数学模型：

$$C_{h_i} = \frac{q_i}{q_i+m}\frac{h_i}{H_i}C_{h_{i-1}} - \frac{q_i}{q_i+m}h_i\Delta\varepsilon_{i-1} + \frac{m}{q_i+m}C_i \tag{4}$$

$$\Delta\varepsilon_i = \zeta_i\left(\frac{C_{h_i}}{h_i} - \frac{C_{h_{i-1}}}{h_{i-1}} + \Delta\varepsilon_{i-1}\right) + \Delta\varepsilon_0 \tag{5}$$

其中

$$m = \frac{K}{b} \tag{6}$$

$$K = \frac{P}{C} \tag{7}$$

$$q = \eta'\omega m \tag{8}$$

$$\omega = \frac{P}{\Delta h \cdot b} \tag{9}$$

式中 m——轧机板形刚度，N/mm²；

K——轧机横向刚度系数，N/mm；

b——轧件宽度，mm；

P——轧制力，N；

q——轧件板形刚度，N/mm²；

η'——反映轧辊之间和轧辊与轧件之间分布特征，称柔性系数[6]，mm²/N；

ω——单位板宽塑性系数的绝对值，N/mm²；

Δh——绝对压下量，mm；

$\Delta\varepsilon_0$——平直度修正项。

解析板形刚度理论是轧机、轧件统一的新的板形理论，是板形理论的重大进展，是我国研究人员对轧制理论的重要贡献，是具有独立知识产权的研究成果。该理论的应用对简化板形控制设备、实现板形的在线控制、提高板形质量将产生重要的作用。

板形向量测控模型的解析表达式非常简单，实际应用也很方便。该理论在美国 Citysteel 的 4060mm 宽厚板轧机的改造中已经得到了应用[7]，也曾利用荷兰 Reahe 钢厂 3600mm 宽板轧机的数据对板形向量测控模型进行了初步验证，但是目前在国内的推广应用工作还做得很不够。本研究的目的就是通过实验的方法对解析板形刚度理论建立的板形向量测控模型做进一步的验证，使这项重要的理论成果能够尽快在生产实践中得到应用。

2　轧制实验

实验是在太原科技大学材料加工实验中心轧钢实验室完成的。实验材料为工业纯铝板，厚度为 1mm，宽度分别为 60mm、80mm、100mm、120mm、140mm、160mm，长度均为 350mm。

轧制过程中实测并记录了轧制力及轧前、轧后板凸度等原始数据。

3　板形向量测控数学模型计算实例

根据解析板形刚度理论，轧制后的板凸度可以按照式（4）的模型计算。为了对其进行验证，前节中使用不同宽度的铝板在不同压下量条件下进行了轧制实验。由于实验中只轧一个道次，轧后平直度取 0，这样式（4）可以简化为

$$C_h = \frac{q}{q+m}\frac{h}{H}C_H + \frac{m}{q+m}C \tag{10}$$

按照式（10）对实验中轧制的各种规格的铝板轧后的板凸度进行了计算。

详细的计算步骤如下文。

3.1　轧辊中心挠度 C 的计算[8]

$$C = f_1 + f_2 \tag{11}$$

式中　f_1——由弯矩引起的轧辊挠度值，mm；

f_2——由切力引起的轧辊挠度值，mm。

$$f_1 = \frac{P}{384EI_1}\left[8a^3 - 4ab^2 + b^3 + 64c^3\left(\frac{I_1}{I_2}\right) - 1\right]$$

式中　I_1，I_2——轧辊辊身、辊颈断面的惯性矩，$(\mathrm{mm})^4$，

$$I_1 = \frac{\pi D^4}{64}$$

$$I_2 = \frac{\pi d^4}{64}$$

所以，

$$f_1 = \frac{P}{18.8ED^4}\left\{8a^3 - 4ab^2 + b^3 + 64c^3\left[\left(\frac{D}{d}\right)^4 - 1\right]\right\} \tag{12}$$

$$f_2 = \frac{P}{\pi GD^2}\left\{a - \frac{b}{2} + 2\left[c\left(\frac{D}{d}\right)^2 - 1\right]\right\} \tag{13}$$

式中　E——轧辊的弹性模量，MPa；

G——轧辊的剪切弹性模量，MPa；

a——轧辊轴承中心线之间的距离，mm；

b——板宽，mm；

c——支反力作用点到辊边的距离，mm；

P——总轧制力，N；

D——轧辊辊身直径，mm；

d——轧辊辊颈处直径，mm。

将以上参数按照实验轧机的数据代入式（12）、式（13），得到：

$$f_1 = \frac{P}{18.8\times 2.06\times 10^5\times 320^4}\left\{8\times 617^3 - 4\times 617b^2 + b^3 + 64\times 133.5^3\times\left[\left(\frac{320}{180}\right)^4 - 1\right]\right\}$$

$$= \frac{P}{4.06\times 10^{16}}(1.6036272\times 10^9 - 2468b^2 + b^3)$$

$$f_2 = \frac{P}{7.94\times 10^4\times 3.14\times 320^2}\left\{617 - \frac{b}{2} + 2\times 133.5\times\left[\left(\frac{320}{180}\right)^2 - 1\right]\right\}$$

$$= \frac{P}{2.55\times 10^{10}}\left(1193.851852 - \frac{b}{2}\right)$$

将 f_1 和 f_2 代入式（11），得到轧辊中心挠度 C 的计算式

$$C = f_1 + f_2 = \frac{P}{4.06\times 10^{16}}(1.6036272\times 10^9 - 2468b^2 + b^3) + \frac{P}{2.55\times 10^{10}}\left(1193.85182 - \frac{b}{2}\right) \tag{14}$$

3.2 轧机板形刚度 *m* 的计算

轧机板形刚度 m 根据式（6）计算。

3.3 轧件板形刚度 *q* 的计算

由式（8） $q = \eta'\omega m$

其中，ω 根据式（9）计算，柔性系数

$$\eta' = 2K' + 2u^2 \frac{\beta_1\phi}{\beta(1+\phi)} \tag{15}$$

$$\text{其中，} K' = \theta_1\left[\ln\frac{2D_1}{\Delta h + 16\theta_1}q' + \frac{32\theta_1 q'}{\Delta h + 16\theta_1 q'}\right] \tag{16}$$

$$u = \frac{b}{L} \tag{17}$$

$$B_1 = \frac{11u^2}{180} + \frac{\xi}{6} \tag{18}$$

$$\phi = \frac{\lambda_1(15 - 5u^2 + u^4) + 30\lambda_2\xi(2 - u^2) + 180\beta K}{15 - 5u^2 + u^4 + 30\xi(2 - u^2)} \tag{19}$$

$$K = \theta\ln\left(0.97\frac{D_1 + D_2}{\dfrac{P + 2P_{w1}}{L}\theta}\right) \tag{20}$$

$$q' = \frac{P}{b} \tag{21}$$

式中 L——轧辊辊面宽度，mm；

q'——带材单位宽度上的轧制压力，N/mm；

P_{w1}——工作辊弯辊力。由于实验轧机没有弯辊装置，所以这里取0；

D_1，D_2——工作辊、支撑辊直径，mm；

λ_1，λ_2，β，ξ，θ，θ_1——计算参数，由参考文献［6］中表4-7查得：

$$\lambda_1 = \left(\frac{D_1}{D_2}\right)^4$$

$$\lambda_2 = \left(\frac{D_1}{D_2}\right)^2$$

$$\beta = 32970\left(\frac{D_1}{L}\right)^4$$

$$\xi = 0.719\left(\frac{D_1}{L}\right)^2$$

$$\theta = 0.276 \times 10^{-5}\text{mm}^2/\text{N}$$

$$\theta_1 = 0.138 \times 10^{-5}\text{mm}^2/\text{N}$$

将以上参数的值代入式（16）～式（21）可得：

$$K' = \theta_1\left[\ln\frac{2D_1}{\Delta h + 16\theta_1 q'} + \frac{21\theta_1 q'}{\Delta h + 16\theta_1 q'}\right]$$

$$= 0.318 \times 10^{-5} \times \left[\ln\frac{2\times 320}{\Delta h + 16 \times 0.138 \times 10^{-5} \times \dfrac{P}{b}} + \frac{32 \times 0.138 \times 10^{-5} \times \dfrac{P}{b}}{\Delta h + 16 \times 0.138 \times 10^{-5} \times \dfrac{P}{b}}\right]$$

$$= 0.318 \times 10^{-5} \times \left[\ln\frac{640}{\Delta h + 2.208 \times 10^{-5} \times \dfrac{P}{b}} + \frac{4.416 \times 10^{-5} \times \dfrac{P}{b}}{\Delta h + 2.208 \times 10^{-5} \times \dfrac{P}{b}}\right] \tag{22}$$

$$u = \frac{b}{L} = \frac{b}{350} \tag{23}$$

$$B_1 = \frac{11u^2}{180} + \frac{\xi}{6} = 11 \times \frac{\left(\dfrac{b}{350}\right)^2}{180} + \frac{0.6010}{6} = 4.99 \times 10^{-7}b^2 + 0.1 \tag{24}$$

$$K = \theta\ln\left(0.97 \times \frac{b_1 + b_2}{\dfrac{P + 2P_{w1}}{L} \times \theta}\right)$$

$$= 0.276 \times 10^{-5}\ln\left(0.97 \times \frac{320 + 0}{\dfrac{P + 2\times 0}{350} \times 0.276 \times 10^{-5}}\right) = 0.276 \times 10^{-5}\ln\left(\frac{0.396 \times 10^{10}}{P}\right) \tag{25}$$

$$\phi = \frac{\lambda_1(15 - 5u^2 + u^4) + 30\lambda_2\xi(2 - u^2) + 180\beta K}{15 - 5u^2 + u^4 + 30\xi(2 - u^2)} = \frac{180\beta K}{15 - 5u^2 + u^4 + 30\xi(2 - u^2)}$$

$$= \frac{180 \times 32970 \times \left(\frac{D_1}{L}\right)^4 \times 0.276 \times 10^{-5} \times \ln\left(\frac{3.936 \times 10^{10}}{P}\right)}{15 - 5u^2 + u^4 + 30 \times 0.6010(2 - u^2)}$$

$$= \frac{11.45 \times \ln\left(\frac{3.936 \times 10^{10}}{P}\right)}{u^4 - 20.06u^2 + 51.06} \tag{26}$$

$$\eta' = 2K' + 2\left(\frac{b}{350}\right)^2 \frac{\beta_1\phi}{\beta(1 + \phi)} = 2K' + \frac{b^2\beta_1\phi}{1.411\beta \times 10^9(1 + \phi)} \tag{27}$$

将 η'、ω、m 代入式（8）即可得到用轧制力 P、板宽 b 及压下量 Δh 表示的轧件板形刚度 q 的计算式。

3.4　板凸度 C_h 的计算

将板宽 b、压下量 Δh 及由实验中测得的轧制力 P 的数值代入以上计算式，可以得到轧机板形刚度 m、轧件板形刚度 q 及轧辊中心挠度 C，连同测得的轧前板凸度 C_H 的值一起代入式（10）即可得到计算板凸度 C_h。计算得到的结果及其误差分析列于表 1。

表 1　计算值误差分析

序号	板宽/mm	Δh/mm	C_h/mm（实测值）	C_h/mm（计算值）	相对误差/%	平均误差/%	总误差/%
1	60	10.2376	0.0080	0.0091	14.01	19.27	5.54
2		0.2827	0.0100	0.0074	25.54		
3		0.3634	0.0107	0.0085	20.26		
4		0.3860	0.0120	0.0079	34.02		
5		0.4230	0.0143	0.0115	19.36		
6	80	0.0597	0.0043	0.0062	43.12	3.21	
7		0.2003	0.0063	0.0069	8.89		
8		0.2027	0.0093	0.0090	3.16		
9		0.3050	0.0113	0.0085	24.88		
10		0.2877	0.0130	0.0127	1.94		
11		0.3967	0.0150	0.0178	18.36		
12	100	0.1690	0.0090	0.0102	13.37	4.16	
13		0.2457	0.0100	0.0106	6.49		
14		0.3090	0.0123	0.0107	13.40		
15		0.3293	0.0133	0.0135	1.35		
16		0.4223	0.0157	0.0128	18.67		
17		0.4653	0.0167	0.0160	3.94		
18	120	0.2253	0.0110	0.0113	3.03	2.05	
19		0.2486	0.0110	0.0137	24.40		
20		0.2946	0.0170	0.0159	6.26		
21		0.3277	0.0150	0.0141	6.25		
22		0.3913	0.0163	0.0165	1.24		
23		0.4366	0.0173	0.0143	17.07		

续表 1

序号	板宽/mm	Δh/mm	C_h/mm（实测值）	C_h/mm（计算值）	相对误差/%	平均误差/%	总误差/%
24	140	0.1830	0.0097	0.0094	3.18	1.01	5.54
25		0.2153	0.0113	0.0131	16.33		
26		0.2570	0.0130	0.0136	4.81		
27		0.3200	0.0157	0.0137	12.85		
28		0.3550	0.0123	0.0142	15.80		
29		0.4057	0.0173	0.0161	6.69		
30	160	0.1836	0.0120	0.0134	11.49	3.55	
31		0.2300	0.0143	0.0166	15.75		
32		0.2967	0.0157	0.0148	5.84		
33		0.2963	0.0160	0.0144	10.16		
34		0.3820	0.0180	0.0141	21.52		

4 理论计算与实验结果的比较

利用实测数据可做出图 1～图 6。表 1 是计算误差分析。

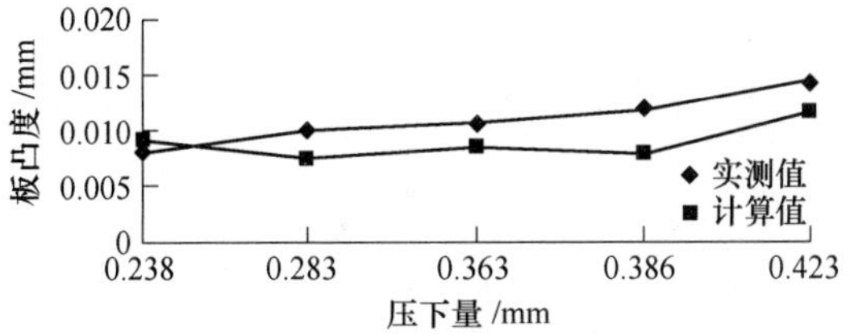

图 1 60mm 板宽实测板凸度与计算板凸度的比较

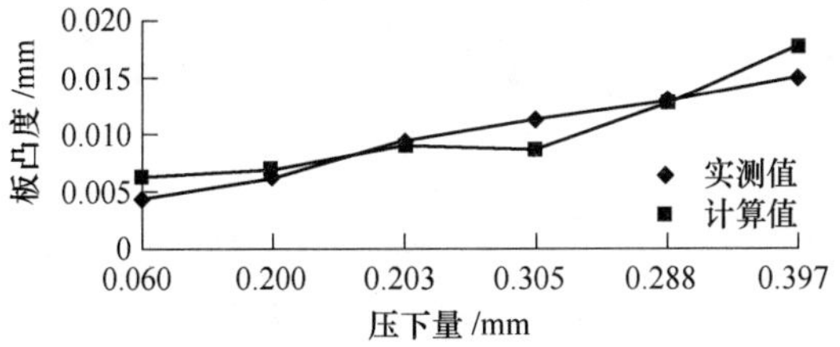

图 2 80mm 板宽实测板凸度与计算板凸度的比较

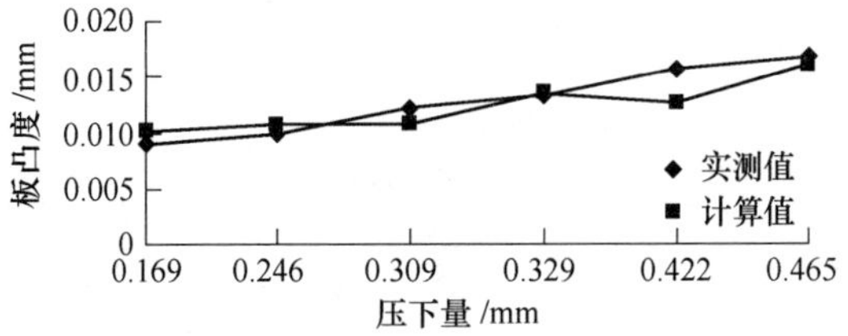

图 3 100mm 板宽实测板凸度与计算板凸度的比较

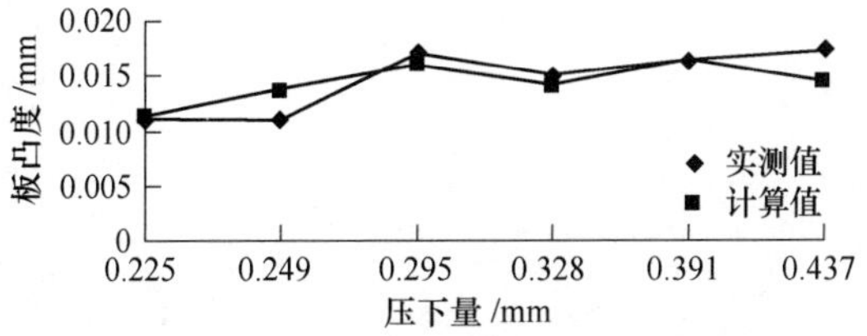

图 4 120mm 板宽实测板凸度与计算板凸度的比较

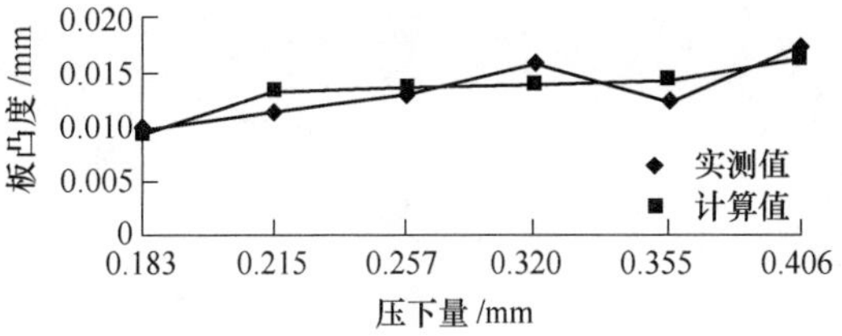

图 5 140mm 板宽实测板凸度与计算板凸度的比较

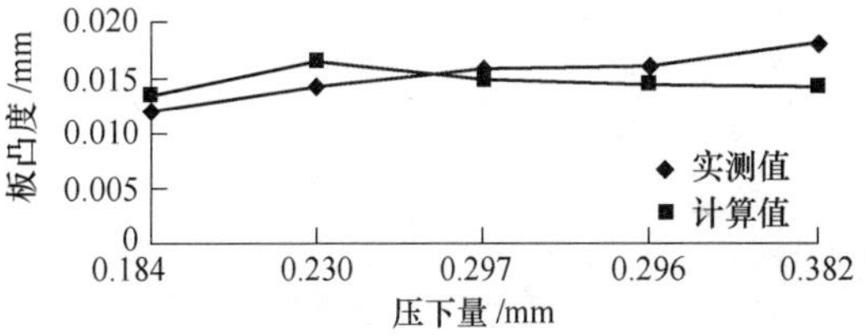

图 6 160mm 板宽实测板凸度与计算板凸度的比较

由图 1～图 6 可以看出，利用板形向量测控数学模型计算得到的板凸度值与实验得到的板凸度值具有一致的变化趋势，而且数据也很接近。根据误差分析，相同板宽试件的平均误差最大为 19.27%，最小为 1.01%；全部 34 个试件的平均误差为 5.54%。

5 结论

本文通过实验的方法对解析板形刚度理论（板形向量测控模型）作了系统的验证，34 块试件的实测板凸度与利用板形向量测控模型计算得到的板凸度之间的平均误差仅为 5.83%，计算精度完全能够满足工业生产的要求。实验结果进一步证明了解析板形刚度理论所建立的板形向量测控数学模型是正确的，为该理论在实际生产中的推广应用提供了更加科学有力的依据。

参 考 文 献

[1] 张进之．板带轧制过程板形测量和控制的数学模型［J］．冶金设备，1997（6）：1-6.

[2] 张进之，张宇．新型板形测控方法及应用［J］．重型机械，1998（4）：5-9.

[3] 张进之，吴增强，等．板带轧制技术创新工程概论［J］．冶金设备，1999（6）：14-18.

[4] 张进之．板带轧制工艺控制理论概要［J］．中国工程科学，2001，3（4）：46-55.

[5] 张进之，张宇．板形板厚的数学理论［J］．冶金设备，2002（3）：4-8.

[6] 冶金工业部有色金属加工设计研究院．板带车间机械设备设计（上册）［M］．北京：冶金工业出版社，1983.

[7] 张进之，王琦．Citisteel 4060mm 宽厚板轧机板形问题的分析和改进措施［J］．宽厚板，2000，6（3）：1-6.

[8] 邹家祥．轧钢机械［M］．北京：冶金机械出版社，2000：68-70.

（原文发表在《世界钢铁》，2009（3）：37-40，59）

解析刚度理论在板形控制中的应用❶

智常建[1]❷，张小平[1]，肖　利[2]，张进之[3]

（1. 太原科技大学，太原　030024；2. 攀枝花钢铁（集团）公司，四川攀枝花　617067；
3. 北京钢铁研究总院，北京　100081）

摘　要　热连轧的板带材是冷轧的主要原料，来料板形波动太大不利于对冷轧进行板形控制。针对这一问题，结合国内某热连轧厂的实际情况，建立了板形调控模型。该模型以解析刚度理论为理论基础，通过调整机械板凸度来控制板形。现场试验数据表明，该模型达到了板形的调控目标，可以使产品的出口板形稳定在一个较小的范围内。

关键词　板带热连轧；板形控制；解析板形刚度理论；机械板凸度

The application of analytic shape theory in shape control

Zhi Changjian[1], Zhang Xiaoping[1], Xiao Li[2], Zhang Jinzhi[3]

(1. Taiyuan University of Science and Technology, Taiyuan 030024, China;
2. Panzhihua Iron and Steel Group Co., Panzhihua 617067, China;
3. Central Iron and Steel Research Institute, Beijing 100081, China)

Abstract: The hot rolled plate and strip are the main raw materials of cold strip. The large scale fluctuation of the shape of raw material is unfavorable to control shape during the process of cold rolling. To solve this problem a shape control model has been built with combination of the actual conditions of a domestic hot rolling plant. This model controls shape through adjusting mechanical plate crown, which is based on the analytic shape stiffness theory. The test data shows that this model has realized the shape control target, and made the product export shape to be stabilized on a small scale .

Key words: hot continuous rolling of plate and strip; shape control model; analytic shape stiffness theory; mechanical plate crown

随着社会的不断发展，板带材在我国的现代化建设中发挥着越来越重要的作用，是现代工业的最重要的原料之一。对热轧板带材来说，厚度和板形是两个最重要的指标。从 20 世纪 50 年代开始研究厚度精度的控制方法，随着轧制技术和理论的进步，厚度自动控制（AGC）系统得以迅速发展，到目前已达到比较完善的地步，能将纵向厚度差稳定控制在 5μm，甚至 2μm 的范围内，厚度控制精度基本上得到解决[1]。在厚度控制精度问题基本解决的前提下，板形的控制成为越来越重要的一个质量指标和决定产品市场竞争力的主要因素。

影响板形的因素很多，比如板宽、张力、来料凸度、轧辊热凸度和轧辊磨损等。学者们用数值模拟、离线仿真和实验等多种方法对影响板形的因素进行了分析，取得了一些成果。例如太原科技大学用实验的方法研究了张力和板宽对板形的影响，研究的结论对制定与完善板带轧制规程、提高板形质量具有一定的意义[2-3]。

❶　基金项目：山西省科技攻关项目（20080321057）。

❷　作者简介：智常建（1984—），男，硕士研究生，主要研究方向为先进板形理论。

由于受到众多因素的影响，热轧板带的板形会产生波动。如果超出了板带所容许的凸度和平直度，不但影响热轧产品的质量，而且常常给后面的冷轧带来困难和问题。如果来料的板凸度变化过大，冷轧机就必须连续调整，就会导致产品的平直度很差。因为冷轧机轧制钢卷是建立在来料的断面形状与前一卷断面形状完全一致的基础上的。如果来料板凸度有变化，即使其变化量小到足以由冷轧机操作工进行修正的程度，则可能在调整轧机之前已经轧过近百米长的带钢了[4]。因此冷轧原料的板形要保持在一定的范围内。

传统的板形控制策略一般采用“液压弯辊”、“液压弯辊+可变凸度轧辊”等方法[5]。这些方法在板形控制设备先进的钢铁企业是可行的，但是在板形控制设备不完备的钢铁企业实现这一目标是有难度的。国内外板带生产的情况表明，采用工艺的方法特别是用负荷分配的方法来控制板形是可行的，日本川崎采用不同的轧制规程曾在一个轧制周期内使带钢凸度从 60μm 变化到 30μm[6]。在深入研究现有板形控制理论的基础上，确立了通过调整机械板凸度来控制板形的思路，建立了新的、符合我国实际情况的板形控制模型。

1　板形控制模型的建立

依靠先进的轧制工艺提高板形指标，要对现有的板形控制模型进行分析，选择合适的模型。解析板形刚度理论所倡导的工艺控制的方法已在美国 Citisteel 的 4060mm 宽厚板轧机的改造中得到了应用[7]，也曾利用芬兰 Reahe 钢厂 3600mm 宽板轧机的数据对板形向量测控模型进行了初步验证[8]。太原科技大学也在实验轧机上对其进行了实验验证[9]。因此本文选用解析刚度理论作为新的板形控制模型的理论基础。

解析板形刚度理论是根据板形、板厚理论的相似性，通过数学推导得到了简明、实用的新型板形向量测控数学模型[8]：

$$C_{h_i} = \frac{q_i}{q_i + m}\frac{h_i}{H_i}C_{h_{i-1}} - \frac{q_i}{q_i + m}h_i\Delta\varepsilon_{i-1} + \frac{m}{m + q_i}C_i \tag{1}$$

$$\Delta\varepsilon_i = \zeta_i\left(\frac{C_{h_i}}{h_i} - \frac{C_{h_{i-1}}}{h_{i-1}} + \Delta\varepsilon_{i-1}\right) \tag{2}$$

式中，C_h 为出口板凸度，mm；H 为入口平均厚度，mm；h 为出口平均厚度，mm；q 为轧件板形刚度系数，N/mm^2；m 为轧机刚度系数，N/mm^2；ξ 为板形干扰系数，C 为机械板凸度，mm；$\Delta\varepsilon$ 为平直度，I；i 为道次（机架）号。

由式（1）可以看出，第 i 机架出口板凸度 C_{h_i} 主要由三部分决定：第一部分是第 i-1 机架板带出口凸度 $C_{h_{i-1}}$ 的影响，即凸度的遗传；第二部分是第 i-1 机架的板带平直度 $\Delta\varepsilon_{i-1}$ 的影响；第三部分是机械板凸度 C_i 的影响。

由实验数据对模型验证的计算发现：各部分对第 i 机架出口板凸度的影响程度不一样，第 i-1 机架板带出口凸度 $C_{h_{i-1}}$ 和第 i-1 机架的板带平直度 $\Delta\varepsilon_{i-1}$ 对它的影响比较小，第三部分即机械板凸度 C_i 部分对它的影响最大，可以得到近似公式：

$$C_{h_{i-1}} \approx \frac{m}{m + q_i}C_i \tag{3}$$

由式（3）可以得到：

$$\Delta C_{h_i} \approx \frac{m}{m + q_i}\Delta C_i \tag{4}$$

在解析刚度理论中[8]：

$$m = \frac{P}{Cb} \tag{5}$$

式（5）中，C 是机械板凸度，mm；P 是轧制力，N；b 是来料板宽，mm。

由式（5）可得

$$\Delta P = \Delta Cbm \tag{6}$$

由文献［10］可以得到增量轧制力方程：

$$\Delta P = B_H\Delta H + B_S\Delta S + B_F\Delta F + B_K\Delta K + B_{\tau_f}\Delta\tau_f + B_{\tau_b}\Delta\tau_b \tag{7}$$

式（7）中，$B_H = \dfrac{M\dfrac{\partial P}{\partial H}}{M+Q}$，$B_S = \dfrac{-MQ}{M+Q}$，$B_F = \dfrac{-\dfrac{MQ}{C_F}}{M+Q}$，$B_a = \dfrac{M}{M+Q}\dfrac{\partial P}{\partial a}$，变量 a 可以是平面变形阻力 K，后张应力 τ_b，前张应力 τ_f。

在本方案中，由于只调整了入口厚度和辊缝，弯辊力、平面变形阻力、前张应力和后张应力都没有发生变化。因此只考虑入口厚度变化和辊缝变化对轧制力的变化量的影响，其他因素变化对轧制力的变化量可以忽略。所以式（7）可写成：

$$\Delta P = B_H\Delta H + B_S\Delta S \tag{8}$$

弹跳方程

$$\Delta h = \Delta S + \frac{\Delta P}{M} \tag{9}$$

由式（8）和式（9）联立得：

$$\Delta H = \Delta S + \frac{\Delta P}{M} \tag{10}$$

式（4）、式（6）和式（10）组成了板形调控模型。

该板形调控模型的基本过程是：保持末机架的出口厚度不变，先由板形仪检测到出口板凸度和目标板凸度的偏差值 ΔC_{h_0}，再由式（4）可以得到机械板凸度的变化量 ΔC，然后由式（6）计算出轧制力的变化量 ΔP，最后由式（10）计算出各机架出口厚度的变化量 ΔH 和入口厚度的变化量 Δh。由 ΔH 和 Δh 可以制定新的轧制规程，由于压下量发生了变化，新轧制规程的轧制力就会发生相应的变化。轧制力变化，由式（5）知机械板凸度也会发生变化。机械板凸度发生变化，由式（3）知板凸度就会发生变化。当检测到的板凸度变化量和目标板凸度调整量相等或接近时就完成了板形控制目标。

轧制过程中，保证等比例凸度可以获得最佳板形。等比例凸度是保证板形最佳的充分条件[11]。在前人的研究中，板凸度设定的策略是在上游机架控制凸度到目标比例凸度，在下游机架保持比例凸度恒定进行平直度控制[12]。因此可以认为现场应用的轧制规程生产的板带是满足平直度的要求，即后面的几个机架是满足等比例凸度的。为了保证满足平直度的要求，轧制规程调整时也要满足等比例凸度的条件，即满足式（11）。

$$\frac{\Delta C_{h_i}}{h_i} = \frac{\Delta C_{h_{i-1}}}{h_{i-1}} \tag{11}$$

2 实验验证

为了验证该模型的可行性，在国内某热轧厂进行了试验，该实验使用轧机设备的主要参数见表1。结合该厂的实际情况，编制了板形在线控制的程序，程序框图见图1。

表1 轧机参数

Tab.1 Rolling mill parameters

参 数	数 值
支撑辊轴承中心线之间的距离/mm	2500
支撑辊颈身边缘至轴承中心线间的距离/mm	525
支撑辊的剪切弹性模量/N · mm^{-2}	7.944×104
支撑辊的弹性模量/N · mm^{-2}	2.06×105
轧辊的辊身长度/mm	1450
支撑辊的辊颈处直径/mm	620.5
各机架支承辊直径/mm	1241-1295（F_1-F_3），1242-1288（F_4-F_6）
各机架工作辊直径/mm	606-638（F_1-F_3），616-653（F_4-F_6）

续表1

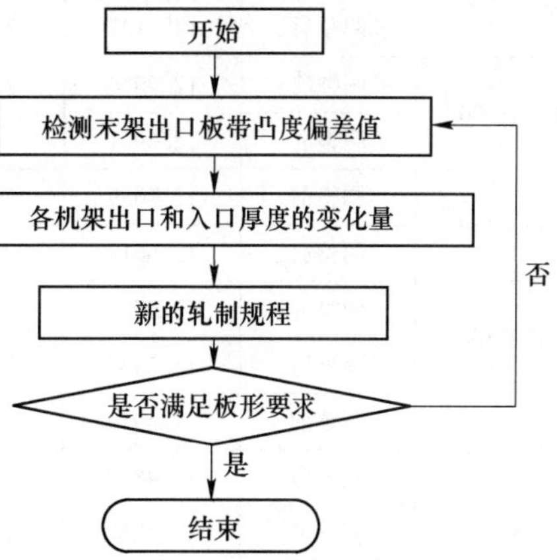

图1 板形控制模型的程序框图

Fig. 1 Program chart of shape control model

2.1 实验方案

实验一共轧了22卷钢，钢卷号从00514300800至00514302900。实验用的材料是Q235B，目标成品宽度是1016.00mm，目标成品厚度都是3.5mm，即整个实验都是在同钢种、同规格的条件下完成的。轧制完成后测量板凸度值，由式（12）计算出实际板凸度调整值。

$$\Delta C_h = C_M - C_T \tag{12}$$

式（12）中，ΔC_h 是实测板凸度调整值；C_M 是实测板带成品凸度值；C_T 是目标板带成品凸度值。

2.2 实验结果

根据不同的目标凸度调整值，要对现有轧制规程做出不同的调整。表2是被测量7卷钢对应的轧制规程调整前后的压下量。由表2可以看出：板凸度减小时，F_6~F_4 的压下量是减小的，并且随着目标凸度减小量的增加，压下量的减小量也增加；板凸度增加时，F_6~F_4 的压下量是增加的，并且随着目标凸度增加量的增加，压下量的增加量也增加。

表3是本次实验的检测结果，图2是目标板凸度调整值和实测板凸度调整值对比图。由表3和图2可以看出，虽然实测凸度调整值和目标凸度调整值有一定的差别，但是它们的变化趋势基本吻合，基本可以达到板形控制目标。目标凸度减小时，实际板凸度是减小的；目标凸度增大时，实际板凸度是增大的。

表 2　轧制规程调整前后的压下量

Tab. 2　The rolling reduction of original and modulated rolling schedule

钢卷号		F_1/mm	F_2/mm	F_3/mm	F_4/mm	F_5/mm	F_6/mm	目标板凸度调整值/mm
00514300800	调整前	14. 3127	7. 3416	3. 5486	1. 7099	0. 8977	0. 5326	0
	调整后	14. 3127	7. 3416	3. 5486	1. 7099	0. 8977	0. 5326	
00514301200	调整前	12. 7014	7. 6305	3. 5583	1. 9046	0. 9516	0. 5729	−0. 005
	调整后	12. 6971	7. 6328	3. 6795	1. 8338	0. 9205	0. 5554	
00514302100	调整前	12. 4089	7. 5163	3. 830	2. 1197	1. 0565	0. 6377	−0. 02
	调整后	12. 6617	7. 6739	3. 9109	1. 8254	0. 9289	0. 5687	
00514302300	调整前	12. 2514	7. 4884	4. 1080	1. 9743	1. 1043	0. 6674	0. 005
	调整后	12. 2457	7. 4894	3. 9831	2. 0511	1. 1385	0. 6854	
00514302500	调整前	12. 4939	7. 4570	4. 0900	1. 9620	1. 0961	0. 6613	0. 01
	调整后	12. 4887	7. 4578	3. 8391	2. 1137	1. 1639	0. 6969	
00514302700	调整前	12. 4862	7. 4531	4. 0885	1. 9617	1. 0961	0. 6614	0. 015
	调整后	12. 4810	7. 4540	3. 7101	2. 1897	1. 1976	0. 7143	
00514302900	调整前	12. 4597	7. 4397	4. 0832	1. 9607	1. 0960		0
	调整后	12. 1829	7. 2782	3. 9956	2. 2753	1. 2351	0. 7335	

表 3　试验结果

Tab. 3　Results of test

钢卷号	钢种	目标凸度调整值	实测凸度调整值
514300800		0. 000	0. 000
514301200		−0. 005	−0. 005
514302100		−0. 020	−0. 019
514302300	Q235B	0. 005	0. 007
514302500		0. 010	0. 010
514302700		0. 015	0. 012
514302900		0. 020	0. 017

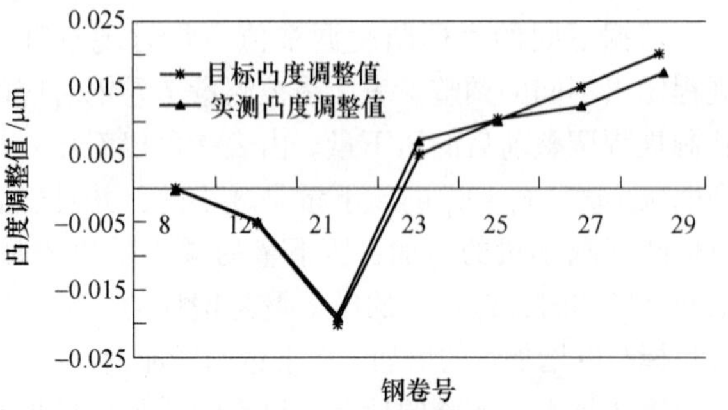

图 2　目标板凸度调整值和实测板凸度调整值比较图

Fig. 2　The contrast picture of target and measurement adjusted value of crown

实验的结果表明：虽然实测凸度调整值和目标凸度调整值有一定的差别，但是通过对模型的不断完善，控制精度可以持续的提高。因此用调整机械板凸度来控制板形的方法是可行的。

3　结论

（1）提出了通过改变机械板凸度的方法控制板形的思路，并结合国内某热轧厂的实际情况，建立了符合现场生产的板形控制模型。

（2）试验数据表明，采用该板形控制模型可以将板形控制在一定的目标范围内，而且该方法对现场轧制规程的调整量不大，不会对设备造成损坏，便于现场应用。

（3）该试验的成功使得一种古典传统的控制板形方法获得了新生，突破了轧钢界长期以来依靠改进设备控制板形的思想，为板形控制开辟了一条新的路子。同时，将解析板形刚度理论应用于实际板形控制，进一步验证了该理论的准确性。

参考文献

[1] 乔俊飞，柴天佑．板形控制技术现状及未来发展［J］．冶金自动化，1997（1）：11-14.

[2] 张小平，郭会光，张雪娜，等．板宽对板形影响的实验研究［J］．太原科技大学学报，2009，30（3）：225-227.

[3] 张小平，张少琴，何宗霖，等．张力对板形影响的实验研究［J］．太原科技大学学报，2009，30（4）：312-315.

[4] 唐崇明，任启．现代热轧板带生产技术：下册［M］．

沈阳：东北大学出版社，1993.
[5] 陈华昶，吴首民，王云祥，等．辊型优化技术的发展及应用［J］．冶金设备，2009，17（2）：66-69.
[6] 谴田，征雄．改变热精轧机的轧制程序对热轧带钢进行凸度控制［C］//International Conference on Steel Rolling，Tokyo，Japan，1980：473-484.
[7] 张进之，王琦．Citisteel4060mm 宽厚板轧机板形问题的分析和改进措施［J］．宽厚板，2000，6（4）：1-6.
[8] 张进之．解析板形刚度理论［J］．中国科学：E 辑，2000，30（2）：187-19.
[9] 张小平，张少琴，郭会光，等．解析板形刚度理论的实验验证［J］．塑性工程学报，2009，16（3）：102-106.
[10] 孙一康．带钢热连轧的模型与控制［M］．北京：冶金工业出版社，2007.
[11] 张进之，戴学满．中厚板轧制优化规程在线设定方法［J］．宽厚板，2002，7（6）：1-9.
[12] 刘天武，何安瑞，杨荃，等．热连轧凸度反馈控制策略［J］．北京科技大学学报，2010，32（5）：667-672.

（原文发表在《太原科技大学学报》，2011，32（2）：106-110）

板带连轧过程控制理论与模型的发展简述

张进之，孙 威，刘 军，宋雪飞

（中国钢研科技集团有限公司，北京 100081）

摘 要 现代连轧技术发展以美国应用现代控制理论和计算机技术实现最优控制，由于美国主要解决的是压下和传动系统的最优化，而未得到推广应用。欧洲人应用有限元方法深入研究了轧制变形力能参数，得出参数方程，在生产中得到应用。日本、德国主要应用数据库、自学习、自适应技术，建立了实用的现代化轧制控制系统，并得到推广应用。德、日方法是在无工艺动态数学模型基础上建立的系统，使连轧过程控制技术极端复杂化。

关键词 连轧控制理论最优控制；DAGC 流量；AGC 解析板形理论；ϕ 函数

Tandem rolling process dynamic theories and develop introduction of profile

Zhang Jinzhi, Sun Wei, Liu Jun, Song Xuefei

(China Iron & Steel Research Institute Group Co., Ltd., Beijing 100081)

Abstract: The modern tandem rolling technology development is, the United States appling modern control theory and computer technology is realized of optimal control, as the main solution is under pressure and drive system optimization, it did not get promotion and application. Europeans study the rolling deformation force parameters deeply by application of finite element method, they drew parameter equation and applied in production. Japan and Gernmany established a practical modern rolling control system by using database, self learning and adaptive technology, and it get widely uses. Germany and Japan method established the system on no process dynamic mathematical model, it made rolling process control technology extremely complicated.

Key words: optimal control of tandem rolling control theory; DAGC flow; ϕ function of AGC analytic plate shape theory

1 引言

轧钢工业目前在制造业当中已成为一个基础的产业，随着下游产业的质量要求越来越高，对轧钢板带的质量要求也越来越高。具体表现在对板带的板形和板厚的要求越来越严格，为了得到满意的冷轧板带，自然对热轧板带也提出了同样的要求。可以说，近30年来的轧钢技术就是围绕着冷热连轧板带的板形与板厚控制技术而发展的。板厚的控制已经有多年了，基于弹跳方程的AGC系统在质量要求较低的时代已能满足要求，但高质量板带要求新型的厚度控制系统。与板形板厚控制直接相关的是轧制规程的设计与控制。大量的实验表明，一个合理的规程可以获得比较好的板型，而且达到节约能量的目的。因此讨论板形问题会涉及轧制规程设计，特别是规程设定的动态调整。基于上述的分析，在下面分别介绍国际上近二三十年发展的一些轧钢技术与工艺，同时也将对国内在技术引进基础上的一些重大技术改造进行较详细的介绍，主要包括：

动态板厚控制（DAGC）；

基于流量的板厚控制（流量AGC）；

这两项技术在本文中将提到，但限于全文的篇幅而不做详细展开只摘要介绍，作者在另外的文章中已作过详细的介绍，或者读者查询本文列出的文献。本文将集中介绍有关板形控制的技术，这主要包括下属的：

基于 ϕ 函数的负荷分配方法；

基于解析板型刚度理论和 ϕ 函数的动态调整规程设定板形控制技术。

2 国内外板形控制技术的发展

2.1 20世纪70年代已经提出通过动态改变轧制规程来改善板形的思想

板带轧制早期主要关心的是几何尺寸精度，即厚度和板形精确度，厚度自动控制理论已由英国引用弹跳方程线性化解决了（基于弹跳方程的AGC），后来主要是板形控制精度问题。

合理的压下制度轧出平直的钢带（板）是轧钢工最主要的操作经验，计算机控制为总结操作经验并给出合理的压下规程提供了方便的条件。所以1962年第一台热连轧机实现计算机控制以后，很快得到普及应用。板凸度控制是比较困难的，而不同用途的板卷所希望的凸度值也不同，轧辊的凸度值是随热凸度和磨损的变化而变化的，所以希望计算机控制能在控制板凸度问题上发挥作用。

最先研究板凸度控制并实用化的是比利时冶金研究中心（CRM），之后是日本的川崎钢铁公司。据文献介绍，开始研究此技术是1967年CRM和荷兰霍戈文斯厂，有效的工业化应用是：1975年比利时西德马尔公司的80″热连轧机；1976年荷兰霍戈文斯88″热连轧机。20世纪70年代末日本川崎千叶、水岛两套热连轧机上采用变负荷分配方法控制板卷凸度值。川崎在线应用分两个阶段，第一阶段所制定的三、四种轧制规程，程序的改变是操作工通过观察板形状态的输出人工进行的（见下面表1）；第二阶段为在线自动进行。第一阶段已取得明显效果。川崎经过大量实验，获得了最佳钢带凸度和平直度的压下制度，如表1所示。

表1 川崎最佳带钢凸度和平直度的压下制度[2]

(%)

轧制规程 \ 机架	F_1	F_2	F_3	F_4	F_5	F_6	F_7	备注
A	31.7	39.1	35.7	31.0	17.8	11.9	7.6	1~5卷
B	32.1	33.0	29.5	26.5	19.8	14.5	10.2	6~25卷
C	31.1	33.7	35.1	35.5	25.6	22.6	19.4	26~47卷
D	32.8	30.3	28.7	29.7	31.5	23.7	20.9	48~71卷

采用表1的轧制程序，在一个轧制周期的实验中，带钢凸度从60μm变化到30μm，变化量为30μm，达到了带钢凸度波动的要求值。相反，采用普通轧制程序时，带钢凸度从100μm变化到20μm，变化量为80μm。

CRM系统的效果是十分明显的，尤其是在轧机运行条件偏离正常状态时更是如此。它适用于一个轧程的开始（冷辊），或轧机长时间停轧的情况。在这种情况下，操作工很难以经验找到合适的负荷分配，而计算机应用动态负荷分配方法则能处理任何情况，图1、图2的实例就说明了这种情况[3]。

图1表明，在自动轧制的情况下测得的成品机架的轧制力是卷数的函数，加大轧制力补偿了轧辊的热凸度，保证了带钢凸度和平直度的要求。

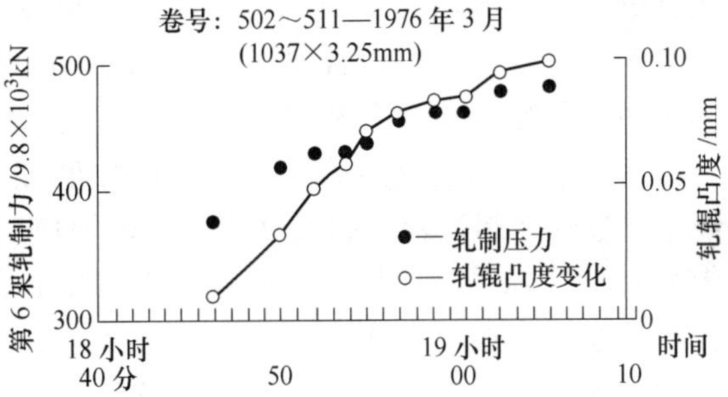

图1 在线板形控制，在一个轧役开始时，最后一架轧制力的变化

图2反映了不同停机时间对轧辊热凸度变化的影响，每次重新开轧时开始卷的轧制压力都不同，并随着轧辊热凸度增加（卷数增加）而增大轧制压力。

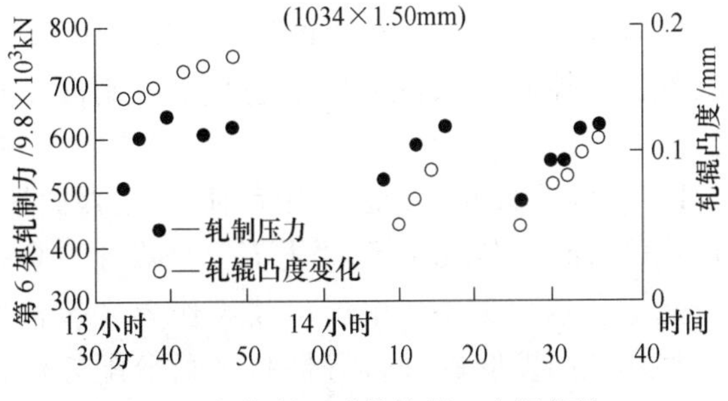

图2 在线断面形状控制，中间停轧最后一架轧机轧制力的变化

然而，上述的欧洲和日本20世纪70年代末取得的板形控制经验未能进一步推广，其主要原因有两点：其一是板形控制的硬件装备有了较大的发展，如HC、PC、CVC、UPC、VC、DSR等技术设备，其控制效果比动态调整负荷分配明显直观，再加上控制技术和板形检测仪器的大发展，可以实现硬件的闭环控制；其二是板形工艺控制理论落后，上述实验结果全基于经验，计算机介入也是在此基础上的微调，未能将负荷分配控制板形的方法数学模型化。但是硬件板形控制也有它的不足，即成本高，所以，在20世纪90年代用调整负荷分配方法控制板形的技术又受到青睐，1994年国际轧钢会议上荷兰霍戈文斯88″热连轧机和日本神户4700mm中厚板轧机等实例就是最好说明[4]。其原因是应用了新日铁提出的轧件遗传板形理论（参见本文第4节）。

根据新板形理论得出的板形板厚可协调规律，建立了计算板形（板凸度、平直度）最佳轧制规程的方法，已在中厚板轧机上成功应用，可将该方法应用在热连轧机上。

在英国和法国还有工程师应用有限元方法研究通过负荷分配方法控制板形的技术，由成百上千的变量用有限元法可以计算出轧辊和轧件的变形和应力，得出轧制过程极复杂的输入—输出数据，再由这些计算生成的数据作为原始数值拟合出5个参数的轧制过程控制量（辊缝、轧辊速度、弯辊力）与目标量（厚度、板凸度、平直度）的近似数学模型。这种方法需要有一个庞大复杂的数据库。这种方法目前在欧洲等许多连轧机上实际应用。

日本川崎钢铁公司在热连轧机上使用了这种方法，神户制钢也在4700mm宽厚板轧机上应用[4]。

但欧洲、日本的这种方法是应用计算机拟合实际数据取得的成果，仍未能获得轧制过程物理机理上建立的简明数学模型。所以，至今日本、德国的电气机械公司仍以发明CVC、PC、HC等硬件装备板形控制方法占据板带连轧机控制的主流地位。

【注：欧、日的实验表明用负荷分配方法控制板形是可行的。在20世纪“七五”“八五”含钢低合金钢科技攻关中，中国科技工作者（包括作者）使用我国发明的综合等储备负荷分配方法得出板形（平直度）最佳优化轧制规程，已在太钢MKW-1400八辊可逆冷轧机，重庆、天津、邯郸、上钢三厂、新余、韶关、美国Citisteel等中板轧机上都成功地投入应用，特别是应用智能协调推理网络，可以在线调整压下量分配，以适应轧辊状态（热凸度和磨损）的实际变化。】

2.2　中国板带连轧机控制系统发展概况

中国从改革开放以来，大力发展轧钢工业，大量引进日本、德国等国外的全套装备，目前已形成了相当规模的轧钢工业，成为世界上的连轧板带的生产大国。在引进的前期，主要是消化，掌握国外引进技术。在比较长的一段时间内企业引进的设备以稳定生产为主，谈不上技术改造问题。在板形控制上也是使用引进设备中的CVC、PC或HC硬件系统。实际上，在板形控制问题上一直存在着一个纠结的问题，如果以硬件方法控制板形，就要花大价钱买设备，而且技术还在人家手里，只能卖给中国有限的几个钢种的数据；如果以软件为主控制板形，必须要有自己的板形控制模型和技术，否则和硬件设备一样被别人控制着。北京钢铁研究总院一直进行着自主的轧制过程动态理论及连轧控制技术的研究，其中一项技术是以动态厚度控制（DAGC）和基于连轧张力的流量厚度控制（流量AGC），这项技术已取得成功，并已在三套国内自建的热连轧机上成功应用。近年来一些原来引进的连轧机提出了技术改造的要求，对这些轧机在改造过程中也已成功地使用了DAGC或者流量AGC，如宝钢2050、1580，攀钢1450，新钢1580[5]等。

北京钢铁研究总院研究的另一项技术是Ø函数和解析板形理论相结合的过程控制级的数学模型，新建热连轧机上有天津岐丰八机架热连轧和兆博九机架热连轧，在引进热连轧上已在攀钢1450热连轧机上实验成功，首次实现了在热连轧中板形向量闭环控制。ϕ函数和解析板形理论相结合的过程控制方案，它的最大特点取消了迭代计算，大大压缩了数据库容量。

由这四项新技术组成的基础自动化和过程控制方式的主要特点，是可大幅度提高产品质量而且也能大大简化机电装备和测量设备。下面重点介绍一下板形闭环控制。详细内容参见“板带轧制过程厚度自动控制技术的发展历程”。

【注：宝钢2050于1996年用我国发明的DAGC代替原西门子原控数学模型，大大提高了厚控精度，得到宝钢和西马克公司肯定。见“现代化热连轧机组的典范2050热轧—宝钢．SMS. DE-

AC 2001 年 8 月”和《轧钢》2002 年 2 期，杨广、金学俊、解延平论文。】

3 DAGC 和流量 AGC

厚度自动控制系统（AGC）的功能是在轧件坯厚和硬度差等扰动条件下，保持出口厚度恒定或较小波动；平整机则是对退火后的钢带或钢板实现恒延伸率轧制。从轧制过程发展历程来看，这两种轧制方式有着完全不同的控制系统。厚度自动控制系统的基本控制环路是位置闭环系统；平整机是压力闭环系统。平整机控制系统目前只有一种方式，而为实现厚度恒定的压力 AGC 则有三种不同的控制方式：BISRA 控制方式；测厚计型控制方式（GMAGC）；动态设定型控制方式（DAGC）。

DAGC 系统最大特点是由位置闭环控制系统可实现恒压力控制，即实现平整机功能。从实际控制系统的物理本质来看，平整机主要功能是要实现恒压力控制，但压力只能通过辊缝改变实现其控制。所以 DAGC 直接通过系统参数设定就能实现平整机控制。这种特性已被理论分析证明，并已在太原科技大学 350mm 实验轧机上证明[7]。表 3 是在太原科技大学 350mm 实验轧机的实验结果。

3.1 DAGC 的数学模型

DAGC 数学模型如式（1）和式（2）所示。

$$\Delta S_k = -C\left(\frac{Q}{M}\Delta S_{k-1} + \frac{M+Q}{M^2}\Delta P_k\right) \tag{1}$$

$$C = \frac{M_C - M}{M_C + Q} \tag{2}$$

式中 ΔS_k——K 时刻辊缝调节量，mm；

ΔS_{k-1}——$k-1$ 时刻辊缝实测量，即与压力值同步实测量，mm；

ΔP_k——K 时刻轧制力实测量，kN；

M——轧机刚度，kN/mm；

Q——轧件的塑性系数，kN/mm；

C——可变刚度系数；

M_C——当量刚度值，其存在域［0，∞］。

精确 Q 值计算公式：

$$Q = \frac{-M\Delta S - \Delta P_d K_B}{\frac{\Delta P_d}{M}K_B + \Delta S(1-K_B)} \tag{3}$$

式中 ΔP_d——扰动值，kN；

K_B——控制系统参数。

实际生产中应用可用 Q 的近似计算公式：

$$Q_i = \frac{P_i}{H_i - h_i} \tag{4}$$

由式（1）、式（2）可以看出，当设 $M_C = 0$ 时，即为平整机功能，下面写出平整机数学模型公式：

$$\Delta S_k = \Delta S_{k-1} + \frac{M+Q}{M\cdot Q}\cdot\Delta P_k \tag{5}$$

式（5）表明，当 DAGC 作平整机使用时，具有高的鲁棒性。当 $\Delta P_k = 0$ 时，M、Q 的精确度已不影响系统性能和稳定性。

3.2 太原科技大学 350mm 实验轧机的实测结果

试验还针对 420kN、350kN、270kN 和 300kN 的轧制力设定值进行了上述试验，试验结果表明：4 种设定轧制力，56 项实验结果中，只有 2 项恒轧制力控制方式比 DAGC 平整机恒轧制力控制方式好，即表 2 中 35kN 总轧制力与其设定值最大偏差的绝对值和百分比。

DAGC 恒轧制力控制方式比直接轧制力闭环的恒轧制力效果好的原因：在测量信号上，DAGC 主要靠辊缝位置信号，它基本不受干扰，而压力信号所受的干扰很多。基本测量信号的较大误差就会造成其恒轧制力控制效果差。

表 2 太原科技大学 350mm 实验轧机的实测结果

项 目	DAGC 420kN	压力闭环 420kN	DAGC 350kN	压力闭环 350kN	DAGC 300kN	压力闭环 300kN	DAGC 270kN	压力闭环 270kN
总轧制力与设定值最大偏差/kN	772	1297	586	534	753	1051	504	525
总轧制力与设定值最大相对偏差	1.84%	3.1%	1.67%	1.53%	2.51%	3.5%	1.86%	1.94%
总轧制力与设定值平均偏差/kN	236	733	103	264	85.1	101	171	136
总轧制力与其设定值平均相对偏差	0.56%	1.75%	0.29%	0.75%	0.28%	0.34%	0.63%	0.54%
总轧制力最大最小值之差/kN	1048	1261	928	540	1250	1865	688	678

续表 2

项　目	DAGC 420kN	压力闭环 420kN	DAGC 350kN	压力闭环 350kN	DAGC 300kN	压力闭环 300kN	DAGC 270kN	压力闭环 270kN
操作侧轧制力与其设定值最大偏差/kN	670	838	493	556	448	775	222	385
操作侧轧制力与其设定值最大相对偏差	3.19%	4.0%	2.82%	3.18%	1.5%	2.6%	1.64%	2.85%
操作侧轧制力与其设定值平均偏差/kN	271	453	262	412	206	256	42	235
操作侧轧制力与其设定值平均相对偏差	1.29%	2.16%	1.5%	2.35%	0.69%	0.85%	0.31%	1.34%
操作侧轧制力最大最小值之差/kN	775	741	389	361	620	1024	351	269
传动侧轧制力与其设定值最大偏差/kN	774	1514	719	897	692	1163	384	322
传动侧轧制力与其设定值最大相对偏差	3.69%	7.21%	4.11%	5.13%	2.3%	3.87%	2.84%	2.38%
传动侧轧制力与其设定值平均偏差/kN	506	1186	365	676	292	357	214	91
传动侧轧制力与其设定值平均相对偏差	2.41%	5.65%	2.09%	3.86%	0.97%	1.19%	1.22%	0.67%
传动侧轧制力最大最小值之差/kN	615	654	890	1275	808	318	408	462

4　ϕ 函数和解析板形理论相结合的板形板厚的闭环控制

前面提到的板形遗传理论，是在 20 世纪 70 年代由日本、美国学者提出的，其表达式为：

$$\Delta C_{h_i} = (1 - \eta) C_i + \eta \frac{h_i}{H_i} C_{H_i} \tag{6}$$

式中　C_{h_i}——i 机架出口板凸度；

h_i——i 机架出口厚度；

C_{H_i}——i 机架入口板凸度；

H_i——i 机架入口厚度；

η——板形遗传系数。

在式（6）中，$(1-\eta)+\eta=1$，对此，构造计算公式，令：

$$(1 - \eta) = \frac{q}{m + q} \tag{7}$$

则得：

$$\eta = \frac{q}{m + q} \tag{8}$$

式中　m——参数。

4.1　解析板形理论

中国学者提出的解析板形理论的主要贡献在于将轧机和轧件的刚度分开处理，引入了轧机板形刚度和轧件板形刚度概念，得出新型、简明、实用的板形向量模型：

$$C_{h_i} = \frac{q_i}{q_i + m} \cdot \frac{h_i}{H_i} C_{h_{i-1}} - \frac{q_i}{q_i + m} h_i \Delta\varepsilon_{i-1} + \frac{m}{q_i + m} C_i \tag{9}$$

$$\Delta\varepsilon_i = \xi_i \left(\frac{C_{h_i}}{h_i} - \frac{C_{h_{i-1}}}{h_{i-1}} + \Delta\varepsilon_{i-1} \right) \tag{10}$$

式中　$\Delta\varepsilon$——平直度沿板宽延伸率差；

q——轧件板形刚度系数，N/mm^2；

ξ——板形干扰系数；

i——道次（或机架）号。

定义轧机板形刚度系数 m 为单位板宽的轧机横向刚度系数。

由式（9）、式（10）两式可实施板凸度和平直度精确闭环控制，但实际生产中是允许有误差的，只要保证 F_4~F_7 按等比例凸度条件就可以了，而 F_1~F_3 机架轧件较厚，不要求严格按等比例凸度控制。对于没有使用 CVC、PC 等硬件板形控制的轧机，可用离线分析计算方法可得出实现 F_4 机架出口板凸度满足后边机架，特别是成品机架等比例条件。对于有 CVC、PC 的轧机，可以严格控制 F_4 机架出口板凸度满足所要求的条件。

由以上论述，平直度条件简化了，可以令 $\Delta\varepsilon=0$，所以得到板形简明方程：

$$C_{h_i} = \frac{q_i}{q_i + m} \frac{h_i}{H_i} C_{h_{i-1}} + \frac{m}{q_i + m} C_i \tag{11}$$

$$\frac{C_{h_i}}{h_i} = \frac{C_{h_{i-1}}}{h_{i-1}} \tag{12}$$

以上给出两组板形控制数学模型，式（9）、式（10）构成板形向量控制和分析数学模型，它可同时保证板凸度和平直度目标控制；式（11）、式（12）构成板凸度闭环控制数学模型，它是目前实用的板形控制数学模型。从国内外目前实际情况来看，主要应用式（11）、式（12）的控制数学模型。国内引进的热连轧机绝大多数是应用式（11）、式（12）数学模型，日本的情况也如此。由于中国有解析板形理论，对板形控制是把连轧机作为一体进行板形控制，而国外及国内引进的热连轧机，大都是单个机架实现以弯辊力的板厚和板形解耦闭环控制。笔者创建了解析板形理论和 ϕ 函数负荷分配方法，所以实现了以负荷分配（改变整个连轧机组的压下量）实现了板厚和板形闭环控制。这种方法已在攀钢 1450 热连轧机上实验成功。目前是进一步推广到工业化应用。

下面介绍一下由式（11）、式（12）构成的热连轧机组的板形和板厚闭环控制方法。

4.2 ϕ 函数制定轧制规程

首先简要介绍一下 ϕ 函数，它是今井一郎能耗负荷分配方法的转换方式，由于能量实测的困难，分析得出今井反函数，即 ϕ 函数，它由实测的厚度转换为实测能耗。实现了今井能耗方法的工业化应用。ϕ 函数将数量庞大的（理论上是无穷多）负荷分配计算转化为有限个数负荷分配计算。

今井一郎的负荷分配方法改进了传统的能耗负荷分配方法，其改进内容是对大量各种钢种、规格规程的实用轧制规程分析，得出参数 m 和单位能耗的数学表达式：

$$E = E_0\left[\left(\frac{H}{h}\right)^m - 1\right] \tag{13}$$

其中 $$m = 0.31 + \frac{0.21}{h}$$

式中 H——坯料厚度；

h——成品厚度；

E——单位能耗；

E_0——无轧制时能耗；

m——通过大量现场实测数据回归出的公式。

定义函数第 ϕ_i 机架的累计能耗分配系数。对于各机架来说钢坯重量和轧制时间是相同的，因此可写出 ϕ_i 的表达式：

$$\phi_i = \frac{\sum_{j=1}^{i} E'_j}{\sum_{j=1}^{n} E'_j} = \frac{E_j}{E_\Sigma} \tag{14}$$

式中 E_j——第 i 机架的累计能耗；

E'_j——单位能耗；

E_Σ——总能耗。

根据式（13）有：

$$E_i = E_0\left[\left(\frac{H}{h_i}\right)^m - 1\right]$$

$$E_\Sigma = E_0\left[\left(\frac{H}{h}\right)^m - 1\right]$$

经推导得：

$$h_i = \frac{Hh}{[h^m + \phi_i(H^m - h^m)]^{\frac{1}{m}}} \tag{15}$$

按式（15）可求得计算公式：

$$\phi_i = \frac{\left(\frac{Hh}{h_i}\right)^m - h^m}{H^m - h^m} \tag{16}$$

式（15）、式（16）就是 ϕ 函数给出的能耗负荷分配计算公式，由实际轧制的各机架厚度实际值可由式（16）计算出 ϕ 函数值。

4.3 ϕ 函数库的建立及在攀钢 1450 轧机的实验

ϕ 函数库用树状结构，以钢族为树干，下分钢板宽度，每一个钢带宽度之下形成不同成品厚度。按攀钢实际钢族为六类，每个钢族包括多个钢种。每一个钢族的变形规律和变形抗力模型参数值是相近的。可以将每一个钢族的变形抗力模型假定为相同的，微小差别由自适应反映之。

对于一套具体热连轧机，钢带宽度分三个足够了。在一个钢带宽度下，钢带成品厚度为 5 个也够了。坯料厚度差别在钢带宽度、钢族中反映，具体对应成品厚度中的记录。

按钢族、板宽和厚度的以上数值，其库的大小为 6×3×5＝90。这个库相对于目前的数据库相比较，是非常小的。对实际热连轧生产来讲，它是最小实现，实际建库时可以大大扩充之。对于引进热连轧机而言，可以按原先的结构建库，如攀钢 1450 热连轧机厚度为 10，宝钢 2050 为 20。其他钢种、宽度维数也比较大，按此规模建 ϕ 函数库就能使厚度分配的精度更高。

表 3 是攀钢一个钢族的具体 ϕ 函数库及所对应不同成品厚度条件下的主要工艺设定参数表。

表 3 攀钢 1450 六机架热连轧 ϕ 函数表

钢族号	轧制厚度/mm	分类参数	F_1	F_2	F_3	F_4	F_5	F_6
1	≤1.99	压下率	0.56	0.52	0.43	0.33	0.22	0.12
		ϕ 函数	0.1876	0.3990	0.6119	0.7943	0.9235	1
		轧制力/MN	17.76	15.86	14.81	13.03	10.39	7.09

续表 3

钢族号	轧制厚度/mm	分类参数	F_1	F_2	F_3	F_4	F_5	F_6
1	≤2.5	压下率	0.52	0.48	0.41	0.28	0.2	0.1
		ϕ 函数	0.1873	0.391	0.6079	0.7845	0.9242	1
		轧制力/MN	17.58	13.94	13.37	9.92	8.24	5.65
	≤3.6	压下率	0.49	0.45	0.39	0.26	0.19	0.1
		ϕ 函数	0.1935	0.4053	0.6272	0.8025	0.9302	1
		轧制力/MN	16.14	14.16	12.31	8.83	8.68	5.8

4.4　$\Delta\phi$ 函数与在线校正板形的控制方法[9]

通过现场实测轧制数据获得了 ϕ 函数规程后，需要在实际生产中解决板形的动态控制问题。由 ϕ 函数规程就可以简便地利用解析板形刚度理论在线动态修正 ϕ 函数值，实现板形的闭环控制。在轧制过程轧机的轧辊参数在明显变化，主要有轧辊磨损、热膨胀等因素改变了轧辊实时凸度，但是这种变化比较慢，可以对每卷钢作一次修正。通过前一卷钢实测板凸度，利用解析板形刚度理论计算公式，通过调节 ϕ 函数值达到控制轧件的板形（凸度和平直度）保持恒定或较小变化。下面对这一过程数学模型进行描述。

由解析板形刚度理论[8]可得到改变板凸度所需要的机械凸度的改变量：

$$\Delta c = \frac{m + q}{m}\Delta c_n \tag{17}$$

式中，m、q 由规程的工艺参数可计算得具体数值。Δc 即为轧辊挠度，由它可计算出所需要的轧制力变化值 ΔP_n。由已知条件 ΔP_n，用下列三个方程在保持成品厚度恒定条件下计算出入口厚度和辊缝调节量：

$$\Delta h_n = 0 \tag{18}$$

$$\Delta P_n = \frac{M\dfrac{\partial P}{\partial H}}{M + Q}\Delta H_n - \frac{MQ}{M + Q}\Delta S_n \tag{19}$$

$$\Delta S_n = \Delta h_n - \frac{\Delta P_n}{M} \tag{20}$$

式中　M——轧机刚度，kN/mm；

Q——轧件刚度，kN/mm；

ΔH_n——成品机架入口厚度变量，即（n-1）机架出口厚度变化量；

ΔP_n——成品机架轧制力变化量；

ΔS_n——成品机架辊缝变化量。

由上面三式计算出成品入口厚度和辊缝变化量，由式（16）计算出新的 ϕ 函数修正值 $\Delta\phi$，并将 $\Delta\phi$ 存储于模型数据区，供换工作辊后使用。$\Delta\phi$ 也要考虑支持辊磨损的变化。

对于其他机架，由成品机架的比例凸度值按等比例凸度相等原则保证了平直度恒定。等比例凸度只计算 F_4、F_5 的入口厚度变化量。对于 F_1 ~ F_3 将 F_4 入口厚度变化量平均分配求得 F_2、F_3 的入口厚度变化值。

采用 ϕ 函数负荷分配方法主要用在供冷轧原料的热连轧生产上，目的是简化冷轧控制设备，并提高冷轧板的质量。当今国际主流方向是热连轧弯辊力控制板形，这种作法造成冷轧过程容易出现高次浪，从而使冷轧装备复杂化。当热连轧用 ϕ 函数负荷分配方法控制板形质量时，基本保证了板形二次曲线，这与冷轧板形相一致。总之，采用 ϕ 函数负荷分配方法控制热轧卷板形是为冷轧创造良好条件。对于热轧成品卷，目前凸度 ±20μm是可以的，而对于冷轧原料卷应当小于 ±10μm或提高到更高水平。

5　攀钢 1450 热连轧机板形向量闭环控制实验效果[8]

到目前为止，只有攀钢 1450 热连轧上具有 DAGC、流量 AGC 和板凸度和平直度综合控制系统。

下面介绍流量 AGC 和板凸度闭环控制的效果。因为攀钢 1450 热连轧机只有测厚仪和板凸度仪，所以没有平直度实测结果。

实测了两种情况，其一是流量 AGC 和板凸度中和控制效果图，如图 3 所示；其二是不投流量 AGC 板形控制效果图，如图 4 所示。图中两条线是板凸度控制目标值不同。

以上介绍了流量 AGC 与板凸度综合控制效果，下面介绍改变目标凸度的实验结果。投流量 AGC 的板凸度波动很小，而不投流量 AGC 的板凸度波动就非常明显了。证明了流量 AGC 对轧辊偏心有明显的抑制作用。

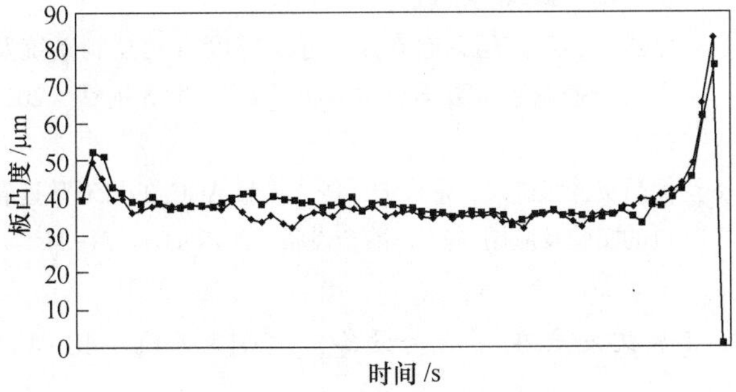

图 3　流量 AGC 对板形的控制效果图

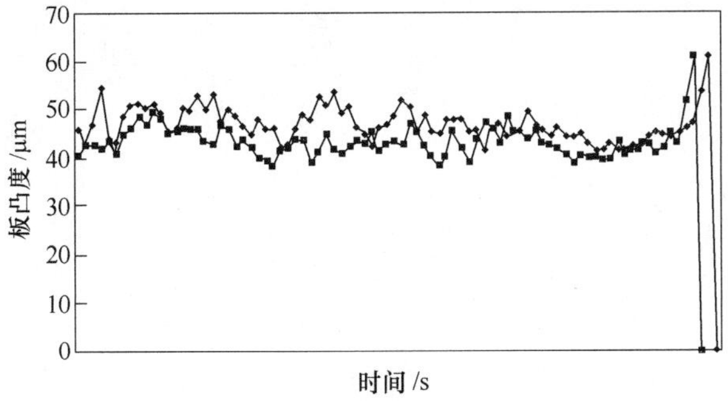

图 4　不投流量 AGC 对板形的控制效果图

图 5、图 6 是两个钢种不同规格的板凸度设定控制效果，通过 ϕ 函数的改变，就可以改变压下量分布从而改变轧制压力而改变轧辊挠度而控制板凸度。对于平直度控制是与板凸度综合进行的，即前面介绍的式（17）~式（20）来实现。由于攀钢 1450 热连轧机无平直度仪，就无法定量讨论此问题了。

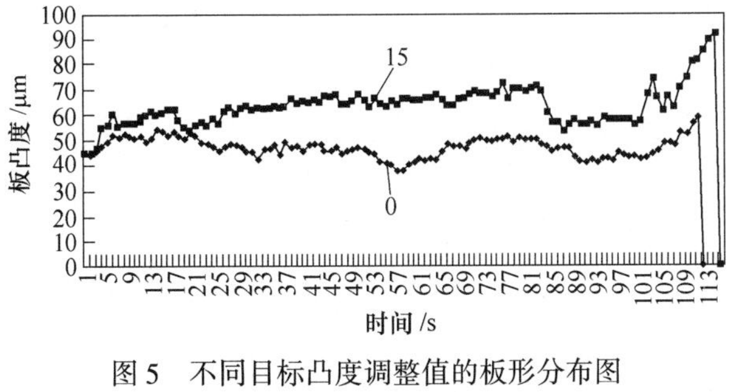

图 5　不同目标凸度调整值的板形分布图
（钢种 ST14（F），规格 4.00）

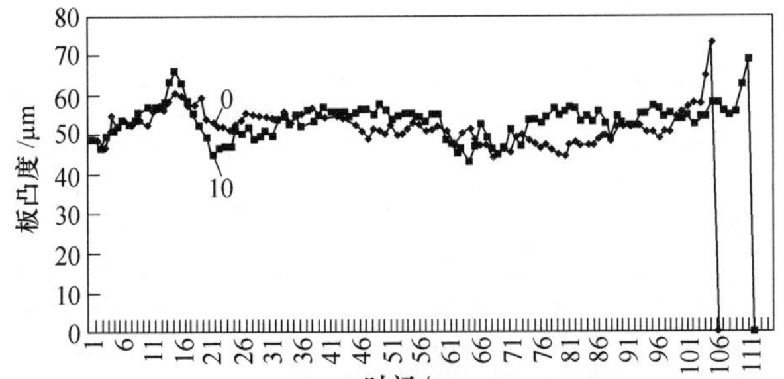

图 6　不同目标凸度调整值的板形分布图
（钢种 ST12，规格 2.75）

流量 AGC 在攀钢生产中应用，属先进技术。热、冷连轧机初始控制方式是相同的，压下系统控制厚度，轧辊速度控制机架间张力。20 世纪 70 年代国外冷连轧控制系统发生了本质变化，将张力信号与辊缝闭环，实现了恒厚度和张力的自动控制方式。由于调整辊缝对张力的影响是调整速度的许多倍，所以改变辊缝控制张力比调节轧辊速度灵敏得多。这一规律在冷连轧上已普遍应用了。在热连轧机上应用流量 AGC 是发现引起张力（或活套）变化的原因是厚度，文献［12］的数值计算和分析证明了这一问题。再重复一句，张力与厚度的因果关系：厚度是因，张力是果，只有控制厚度恒定张力才能稳定。张力稳定要由厚度来控制，而板形控制也是通过厚度分配可以更有效地控制。这一切证明了板带轧制中厚度是最重要的参变量。

6　结束语

美国以机电系统的状态方程的连轧控制方法，未能取得实用效果。英、法等应用有限元方法得出的多输入—多输出的控制方法，拟合成五参数方程在世界上获得一定范围内的应用。

日本、德国应用计算机数据库功能的连轧控制方法，在我国获得大面积推广应用。由于它们没有轧制过程工艺动态数学模型，使控制系统极端复杂化。

笔者建立了轧制过程动态理论，经几十年坚持努力，目前已在一些热连轧机上获得了实际应用。应用效果与预期估计相同。用在新建热连轧机上（已完成三套），由很简单的硬件系统就实现了二级计算机控制功能（主要指 ϕ 函数的应用），用在引进的热连轧控制系统上，已在攀钢 1450 六机架热连轧机上实验成功，目前正努力争取在江西新余钢铁公司七机架热连轧机上应用。

参 考 文 献

［1］张永光，梁国平，张进之，等．计算机模拟冷连轧过程的新方法［J］．自动化学报，1979（2）：178-185.

［2］M. 爱克诺模波罗斯，等．希德马尔公司热带钢轧机的计算机控制．板带连轧数学模型（一）［M］．北京：冶金工业出版社，1981.

［3］遗田征雄．International Conference on Steel Rolling. Tokyo. Japan，1980：473-484.（中译见板厚与板形控制，1980（热轧部分）上册［M］P10~29，钢铁研究总院一室）.

[4] 中厚板轧机板形控制的开发［C］//第六届国际轧钢会议论文集 2. 中国金属学会轧钢学会，1994（11）.
[5] 陈兴福，张进之，彭军明，等. 精益管理，提高产品质量［J］. 轧制设备，2012（2）：10-14.
[6] 佘广夫，胡松涛，肖利，等. 一种新的负荷分配算法在热连轧数学模型中的应用［C］//宝钢 2010 年年会论文集，K286-K290.
[7] 张进之，江连运，赵春江，等. 厚度自动控制系统及平整机控制系统数学模型分析［J］. 世界钢铁，2012（1）.
[8] 何昌贵，张进之，佘广夫，等. 流量 AGC 在 1450 热连轧机的实验及应用［J］. 冶金设备，2010（6）：31-34.

（原文发表在《冶金设备》，2013（4）：40-48）

解析板形刚度理论的控制过程分析图——“P-C”图

张进之，张　宇，王　莉

（中国钢研科技集团公司，北京　100081）

摘　要　轧机刚度由轧辊刚度和牌坊刚度合成，板形调控过程的刚度有四种，即横向刚度、辊缝板形刚度，轧机和轧件板形刚度，建立了四个刚度之间的关系方程。与厚度“P-H”图相似的“P-C”图，将板形调控给以几何描述。分析得出三个层次的板形控制方案，首选的是板形最佳轧制规程和VCL轧辊。

关键词　横向刚度；辊缝刚度；轧机板形刚度；轧件板形刚度；工艺控制模型

Analytic method for the controlled process analysis diagram of rolling rigidity theory— “P-C” figure

Zhang Jinzhi, Zhang Yu, Wang Li

(China Iron and Steel Research Institute Group, Beijing 100081)

Abstract: The mill rigidity consists of the roll rigidity and the housing rigidity. The horizontal rigidity, the roll gap rigidity and the shape rigidity are four different showing forms of the roll rigidity, and a relation is found among them. The shape control process can also be described by the P-C figure similat to the P-H figure. Point out three level shape control plots, and recommend the shape optimum rolling schedule and CVL roller first.

Key words: horizontal rigidity; roll gap rigidity; mill shap rigidity; rolling piece rigidity; technology control model

1　引言

板形的理论和控制问题是近40年来轧钢生产技术上的核心问题。近年来我国在板形理论研究方面取得了进展，其一是文献［1］发现轧件板形刚度，建立解析板形刚度理论，可实现板形向量闭环控制；其二是文献［2］提出辊缝刚度概念，它反映单位板宽轧制压力与板凸度之比；其三是文献［3］提出轧机板形刚度概念，发现轧机板形刚度与轧件板形刚度相对偶，得出与板厚控制相似的板形调控模型。这样反映板形调控问题的已有四种刚度参数，其中包括常规通用的横向刚度值。本文将给出四种刚度值之间的函数关系。

板形测控模型反映了板形变化过程的客观规律，它是由动态遗传模型[4]用数学演绎方法推导出来的。为了对此问题给以直观理解，本文给出了与厚控关系“P-H”图相似的“P-C”图。由“P-C”图和最佳板形允许压下量范围图，定性说明负荷分配对设定控制板形的有效性、实用性，提出板形板厚综合设定控制的优选方案。

2　板形参数方程

反映板带轧制过程的工艺控制模型，包括轧机和轧件参数，轧机参数是最基本的，一般由刚度参数描述。轧机刚度包括轧辊刚度和牌坊刚度两部分，轧辊刚度与轧件宽度有关，而牌坊刚度与板宽无关，因此轧机刚度与板宽有关。此问题已被轧钢工作者高度重视，有多种数学模型在计算机设定控制中应用。轧辊刚度是板形测量和控制的关键参数，同样也引起了轧钢工作者的高度重视，但还未达到完全认识的程度。目前轧辊刚度有三种表达方式，即轧机横向刚度，它是通常使用的，反映轧制压力与轧辊变形度比值；轧辊辊缝刚度是陈先霖院士提出的概念，反映单位板宽轧制力与板凸度之比值[2]，综合反映轧辊和轧件变形关系；还有张进之提出的轧机板形刚度和轧件板形刚度[1]，即将轧辊变形与轧件变形分离。这几种轧辊刚度值均反映轧制力与轧件凸度（或轧辊挠度）之间物理关系。其中轧机横向刚度、轧机板形刚度和轧件板形刚度，它们之间应当存在定量关系，即板形参数方程。

动态设定型板形测控方法（简称动态设定AFC）包括两个联立计算公式，一个是板凸度计算公式，另一个是平直度计算公式。为了推导板形参数方程，可以假设平直度（$\Delta\varepsilon$）等于零，这样就可得到独立的板凸度计算公式：

$$C_h = \frac{m}{m+q}\left(C_0 + \frac{p}{K}\right) + \frac{q}{m+q}\frac{h}{H}C_H \tag{1}$$

式中　C_h——出口板凸度值，mm；
C_H——入口板凸度值，mm；
m——轧机板形刚度，N/mm²；
q——轧件板形刚度，N/mm²；
h——出口板厚度值，mm；
H——入口板厚度值，mm；
p——轧制力，kN；
K——横向刚度，kN/mm；
C_0——轧辊凸度（原始凸度、温度凸度、磨损凸度、CVC（PC）当量凸度等的代数和），mm。

按辊缝刚度定义，当单位轧制力变化时，其轧件出口凸度变化值：

$$\Delta C_h = \frac{\Delta P}{BK_c} \tag{2}$$

式中　K_c——辊缝刚度，N/mm²。

将式（1）表示成对轧制力的微分形式得：

$$\Delta C_h = m\frac{\Delta P}{K(m+q)} \tag{3}$$

用式（2）、式（3）计算同一板凸度，故由式（2）=式（3）得：

$$m = q\frac{K}{K_cB - K} \tag{4}$$

式（4）即为板形参数方程，反映了4个刚度的定量关系。

分析一下式（4）参数关系，m、K_c 均以板宽 B 为参数，此是由轧辊刚度性质所确定的。K 为横向刚度，只反映轧辊弹性变形，而（K_cB）则包括轧件塑性变形，所以（K_cB）大于 K，分母为正值。（K_cB-K）值的大小与轧件塑性变形有关，而 q 为反映轧件塑性变形的刚度，所以 q 大，（K_cB-K）也大，其比值可以为常数，此与文献［2］从动态遗传模型得出的结论是一致的。

应用式（4）计算 m，比文献［1］计算 m 方法要简便。不论是轧制实测遗传系数，还是由弹塑性理论计算遗传系数，均比实测或计算辊缝刚度 K_c 复杂。这样为确定动态设定型板形测控模型参数提供了一个新方法。

K_c 和遗传系数 η 均包含了轧机和轧件综合特性。横向刚度只反映单一轧机特性，而与其对偶的轧件刚度特性参数没有，所以是不完备的，可能此就是四十年板形理论研究未取得突破性进步的主要原因。由轧件板形刚度和轧机板形刚度，可以作出与"P-H"图完全相似的"P-C"图。

3　描述板形调控的"P-C"图

代数与几何是密切相关的，"P-H"图转变为数学分析研究，使厚度控制理论和技术取得很大发展，而从数学分析得到的板凸度模型式（1）的几何图示，将有助于对它的理解和在生产中推广应用。

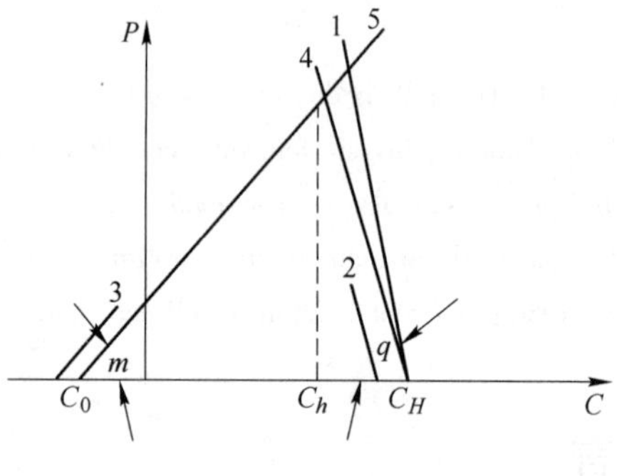

图1　板形调控"P-C"图
1—反映轧件硬度变化；2—入口板凸度减少；3—反映弯辊力；4—轧件板形刚度；5—轧机板形刚度

"P-C"图与"P-H"图差异是，纵坐标分别为单位板宽压力和总压力，横坐标左边分别为板机械凸度 C 和机械辊缝 S，右边分别为板凸度 C_h 和板厚度 h。

"P-C"图的左边反映轧机特性，斜线的斜率 m 表示轧机板形刚度，与横坐标交点截距 C_0 表示设定条件下的机械板凸度，可表示轧辊原始凸度 C_R、热凸度 C_T、轧制力凸度 C_P、弯辊力凸度 C_F、轧辊磨损 C_μ 等的代数和。"P-C"图的右边反映轧件特性，斜线的斜率 q 表示轧件板形刚度，与横坐标交点截距 C_H 表示入口板凸度，两条斜线交点的横坐标为轧件出口凸度值。以上是“P-C”图的基本关系，有关板型调控作用也可以在该图上给以描述，简述如下。

3.1 轧件硬度扰动

如图1所示，在“P-C”图上表示为轧件刚度（塑性系数）线斜率改变，由此而与轧件板形刚度线交点发生变化，结果是板凸度和轧制压力均发生变化。此变化由“1”线描述。由于压力变化也引起 C_0 变化，但在一阶近似下，此变化可以忽略。以下分析相同。

3.2 轧件入口凸度 C_H 变化

C_H 增大，C_h 也增大；C_H 减小，C_h 也随之减小。此变化如图1中“2”线描述。

3.3 弯辊力变化

弯辊力减小，C_0 点左移，板凸度增加；弯辊力加大，C_0 点右移，板凸度减小。弯辊力变化是由于轧机刚度的斜线平移，此变化如图1中“3”线描述。

3.4 轧辊热凸度或磨损凸度变化

与弯辊力变化相似，轧机刚度斜线平移。

3.5 硬刚度辊缝和柔性辊缝

按辊缝刚度概念，现行板形控制轧机可分为刚性辊缝轧机和柔性辊缝轧机两大类。属于刚性的有HC轧机、VC轧辊、VCL变接触长度轧辊和DSR轧辊等。属于柔性的有CVC可连续变轧辊凸度的轧辊和PC双辊交叉轧机等。刚性辊缝为轧机斜线斜率 m 的改变，而柔性则为横坐标交点 C_0 的平移，此与轧辊原始凸度 C_R 是相同的。

4 板带轧制的最佳板形调控方案的探讨

日本提出的板形遗传模型已在生产中应用并取得了明显效果，例如神户制钢加古川四辊宽板轧机应用负荷分配方法，轧制10块6mm×3000mm钢板，板凸度控制在小于75μm的范围内[4]。估算标准差为±20μm。遗传模型应用要占大量计算机内存和计算时间，而动态设定AFC比遗传模型有质的变化，应用于生产非常简便，效果大于等于遗传模型。动态设定AFC可以计算出各道次（或各机架）轧件的凸度和平直度。所以可以设计出命中目标平直度和凸度要求的板形最佳轧制规程。中间道次的凸度或平直度只要求在屈曲判断的允许范围内。如果超出屈曲判断的范围，可以调节前边道次压下量来满足屈曲条件。前边道次增加或减少1mm压下量对板形影响很少，而在后边道次改变1mm压下量则能引起很大轧制压力的变化，从而改变成品板凸度值。对于平直度，相邻道次间很少的压下量调整，就可以满足平直度要求。

负荷分配法设计板形最佳轧制规程，可用图2所示的最佳板形允许压下量范围图说明之。最佳板形条件在“P-H”图上是一条直线“1”，完全按此条件设计压下规程会使轧制道次增加，而实际生产中也没有必要完全按照它设计压下规程。对于热连轧，板厚大于12mm，不用考虑板形问题。只有在小于6mm板形问题才突出。宽厚板一般厚度大于25mm也不用考虑板形问题，在6~15mm厚的板形问题就十分重要了。在要考虑板形问题的厚度范围内，也存在一个板形死区，只有压力超出死区范围，才产生边浪或中浪。轧件塑性曲线“2”与斜线“1”交点为最佳厚度，与曲线“3”交点是最大出口厚度（允许的最小压下量），与曲线“4”交点是最小出口厚度（允许的最大压下量）。一个道次允许的压下量的范围是可以允许利用的，相邻两道次（或两机架）压下量调节，对平直度控制来说是杠杆效果，比机械的办法（弯辊、CVC、VC、PC等）要灵敏。从另一个角度分析，产生板形缺陷的本质原因是压下量分配未满足板形最佳条件并超出死区范围引起的，调节压下量分配是治本措施，而机械方法是治表措施。

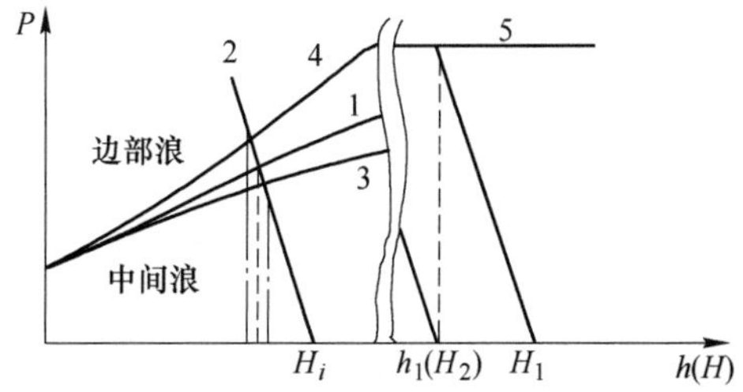

图2 最佳板形允许压下量范围图

1—最佳板形；2—塑性曲线；3—出中浪边界；4—出边浪边界；5—允许最大压力（或力矩等）

以上分析，提出调控板形的方案选择顺序。

首选方案是，最佳板形轧制规程设定和VCL轧辊的应用。VCL轧辊在文献［2］中已作了理论分析和实用效果介绍，它具有较强的抗干扰能力，而使用简便，没有设备投资。

第二个方案是，增加弯辊和串辊设备。这两种措施是比较简单的，我国有独立设计制造能力，应用效果也比较明显。串辊可减少换辊次数，减少轧辊消耗，提高生产率，增加经济效率，为自由规程轧制创造必要条件。

第三个方案是，HC、PC 轧机，CVC、VC、DSR 轧辊。这些方法目前对调控板形占主导地位，但在动态设定 AFC 推广应用后，将起变化。

5 结束语

“*P*-*C*”图是将解析板形理论图示化，便于解析板形刚度理论的理解和推广应用。分析了现行板形调控技术与解析板形理论调控技术的区别，解析方法将轧机、轧件分离。

参 考 文 献

[1] 张进之. 解析板形刚度理论［J］. 中国科学［E］, 2000（2）：187-192.

[2] 陈先霖. 新一代高技术宽带钢轧机的板形控制［J］. 北京科技大学学报，1997（S1）.

[3] 张进之. 板带轧制过程板形测量和控制数学模型［J］. 冶金设备，1997（6）.

[4] H. Matsumoto. 热轧过程中各种凸度控制轧机的比较［M］. 第六届国际轧钢会议译文集，1994：153-162.

[5] K Ohe. Y Morimoto. 中板轧机板形控制的开发［M］. 第六届国际轧钢会议译文集，1994.

（原文发表在《冶金设备》，2016（3）：6-9）

板带轧制实现板厚和板形向量闭环控制的效果

张进之，张　宇，许庭洲

（中国钢研科技集团有限公司，北京　100081）

摘　要　板带轧制动态理论适用于冷、热连轧和中厚板轧机。动态轧制理论的基本内容有四项：连轧张力公式；动态设定模型控制方法（DAGC）；解析板形刚度理论；ϕ 函数及 $d\phi/dh$。

该理论已成功应用在新建和改造的冷轧、热轧可逆式板带轧机，应用于新建四套热连轧和改进引进的热连轧机和宽厚板轧机。下面简述具体技术内容和主要的控制数学模型。

关键词　DAGC；流量 AGC；张力（或活套角）间接测厚；厚控精度 ϕ 函数 $d\phi/dh$；解析板形刚度理论

Control mathematical mode of high-precision thickness

Zhang Jinzhi, Zhang Yu, Xu Tingzhou

(China Iron & Steel Research Institute Group, Beijing 100081)

Abstract: The dynamic theory of plate and strip rolling is suitable for cold and hot rolling and plate mill. The basic content of the theory of dynamic rolling has four items, the first one is continuous rolling tension formula, the second is model of dynamic setting control method (DAGC), the third is plate analytical theory for shape stiffness; the fourth is function ϕ and $d\phi/dh$.

The theory has been successfully applied in the newly built and modified cold rolling and hot rolling reversible strip rolling mill, which is applied to the newly built four sets of hot continuous rolling mill and the introduction of the hot rolling mill and wide plate mill. The following brief description of the specific technical content and the main control mathematical model.

Key words: DAGC; flow AGC; tension indirect thickness measurement thickness control precision; function ϕ $d\phi/dh$; analytical strip shape theory

1　动态理论用于控制的主要公式

1.1　厚控公式[1]

$$\Delta S_k = -C\left(\frac{Q}{M}\Delta S_{k-1} + \frac{M+Q}{M^2}\Delta P_k\right) \tag{1}$$

$$C = \frac{M_c - M}{M_c + Q} \tag{2}$$

式中　ΔS_k——k 时刻辊缝调节量，mm；

ΔP_k——k 时刻压力实测量，kN；

ΔS_{k-1}——$k-1$ 时刻辊缝实测量，即与压力值同步实测量，mm；

C——可变刚度系数；

M——轧机刚度，kN/mm；

Q——轧件的塑性系数，kN/mm；

M_c——当量刚度值，其存在域［0，∞］。

它的主要特点是将厚度控制与平整机控制统一。具有前馈功能，使厚控精度提高。

1.2　张力间接测厚及控制[2]

它的主要特点：它的测厚灵敏度大于压力测厚 10 倍以上。张力间接测厚已在冷连轧机上普遍应用，在热连轧上应用是我国首创。热连轧张力闭环控制（主要形式为活套角与辊缝闭环），它可提高厚控精度到冷轧水平、减弱轧辊偏心影响、消除轴承油膜厚度的影响，简化活套控制系统。

活套张力与辊缝闭环采用比例调节器，其计

算公式为辊缝调节量与活套张力之间的函数关系：

$$\Delta S_i = \frac{M+Q}{M}\frac{h_i u_i(b_i f_i + b_{i+1} f_{i+1})}{u_{i+1}[1+f_{i+1}+b_{i+1}f_{i+1}(\sigma_{i+1}-\sigma_i)]}\Delta\sigma_i \tag{3}$$

式中 ΔS_i——辊缝调节量；

f——无张力前滑值；

h_i——机架出口厚度；

u_i——机架速度；

b_i——张力对前滑的影响系数，$b_1(b_{i+1})\approx 0.1$；

σ_i——活套张力设定值；

$\Delta\sigma_i$——活套张力偏差。

公式（3）是有张力测量的辊缝调节量控制模型，对无实测张力的活套系统，可用活套角变化量 $\Delta\alpha_i$ 与 $\Delta\sigma_i$ 成比例关系，用 $\Delta\alpha_i$ 代替 $\Delta\sigma_i$。

辊缝调节量与活套角之间的函数关系：

$$\Delta S_i = \eta\frac{M+Q}{M}\frac{h_i u_i(b_i f_i + b_{i+1} f_{i+1})}{u_{i+1}(1+f_{i+1})}\Delta a_i \tag{4}$$

式中 η——理论分析确定的修正值，$\eta=1.199$；

$\Delta\alpha_i$——活套角偏差；

M、Q 由过程计算机给出。

1.3 解析板形刚度理论[3]

轧制过程板形控制难度在于无解析理论，全靠计算机和控制论，所以使问题复杂化。我国建立了板形解析理论，则使用负荷分配方法得到更为有效的应用。解析板形刚度理论的计算公式：

$$C_{h_i} = \frac{q_i}{m+q_i}\frac{h_i}{H_i}C_{h_{i-1}} - \frac{q_i}{q_i+m}h_i\Delta\varepsilon_{i-1} + \frac{m}{q_i+m}C_i \tag{5}$$

$$\Delta\varepsilon_i = \xi\left(\frac{C_{h_i}}{h_i} - \frac{C_{h_{i-1}}}{h_{i-1}} + \Delta\varepsilon_{i-1}\right) + \Delta\varepsilon_0 \tag{6}$$

式中 m——轧机板形刚度；

q——轧件板形刚度；

C_h——轧件凸度；

ε——平直度；

C——轧辊机械凸度；

ξ——板形干扰系数（以上系数均有计算公式）。

图1、图2是两个钢种不同规格的板凸度设定控制效果，通过函数的改变，就可以改变压下量分布从而改变轧制压力而改变轧辊挠度而控制板凸度。

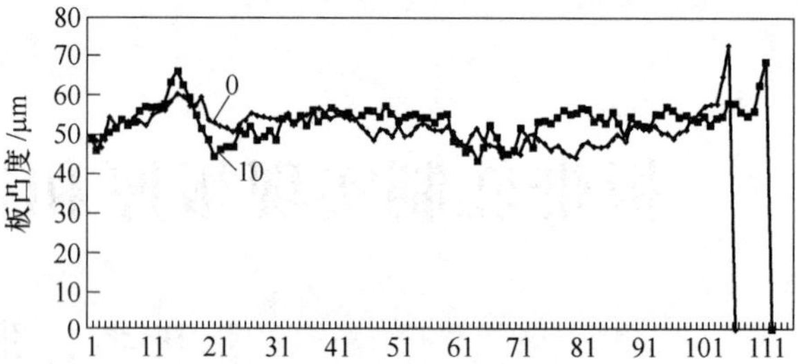

图1 不同目标凸度调整值的板形分布图

（钢种 DX51D+Z，规格 2.75）

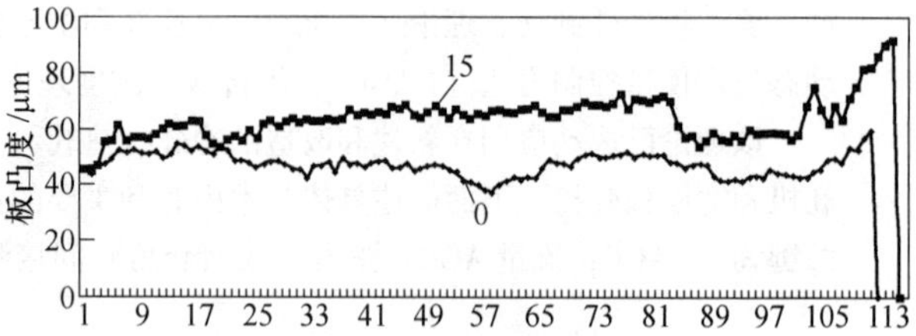

图2 不同目标凸度调整值的板形分布图

（钢种 ST12，规格 2.75）

1.4 ϕ 函数及 $d\phi/dh$[4]

ϕ 函数是由今井一郎的厚度计算的反函数，由它将一直迭代计算的负荷分配方法可以由120个向量的数据库实现了全部钢种，规格的首换工作辊后的板形优化轧制规格，其计算公式：

$$h_i = \frac{H\cdot h}{[h^m + \phi_i(H^m - h^m)]^{1/m}} \tag{7}$$

$$m = 0.31 + \frac{0.21}{h} \tag{8}$$

式中 H——坯料厚度；

h——成品厚度；

ϕ_i——各机架的 ϕ 值；

h_i——各机架的出口厚度。

$d\phi/dh$ 用换工作辊之后各卷钢的负荷分配计算，解决了动态负荷分配问题，其计算公式：

$$\frac{d\phi_i}{dh_i} = \frac{(H\cdot h)^m\cdot(-m)}{(H^m - h^m)h_i^{m+1}} \tag{9}$$

板带轧制过程动态理论实现了板形向量闭环控制及实验效果。

2 动态理论实际应用的控制效果

2.1 DAGC 效果

2.2 DAGC 和流量 AGC 合用效果[7]

2003 年用 DAGC 代替美国 GE 攀钢 1450 六机架热连轧厚控系统模型，使厚控精度达到±30μm。

实测了两种情况，其一是流量 AGC 和 DAGC 板厚度综合控制效果图，如图 3 所示；其二是不投运流量 AGC 和只投 DAGC 板厚控制效果图，如图 4 所示。图中两条线是板凸度控制目标值不同。

表 1　异板差技术指标对比（2350mm 中板轧机）上钢三厂[5]

检测日期	钢种规格/mm	生产方式	均方差/μm	块数	国际先进水平
1994 年 5 月 14 日	16Mn14×1800	人工轧制	107.3	18	上钢三厂 3500mm 厚板轧机（西门子系统）
同上	同上	人工轧制	120	27	h=8mm，均方差=89μm
同上	同上	投运计算机控制系统	33.7	17	h<15mm，均方差=104μm
同上	同上	投运计算机控制系统	31	23	日本新日铁 1998 年资料，均方差=70μm
1994 年 5 月 16 日	Q235 12×1800		31.2	27	世界金属导报 1994 年，均方差=45μm
1994 年 5 月 17 日	Q235 10×1800		27.7	33	

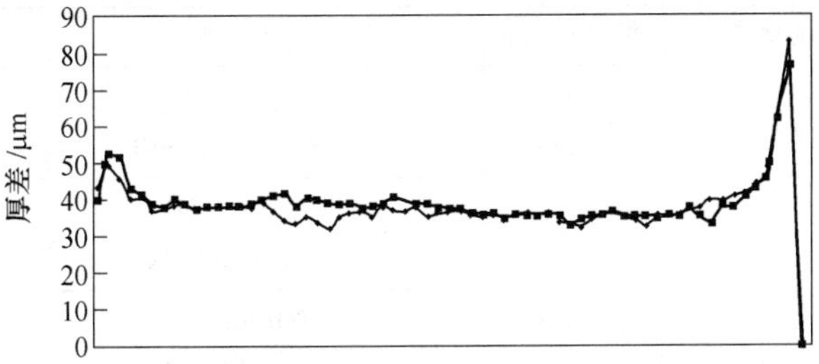

图 3　流量 AGC 和 DAGC 对板厚的控制效果图

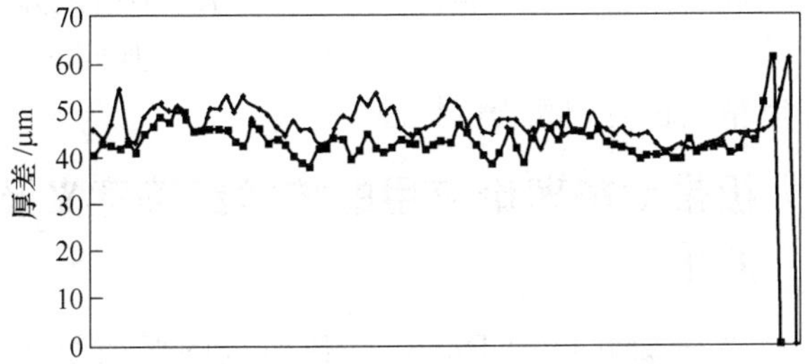

图 4　只投 DAGC 对板厚的控制效果图

表 2　宝钢 2050 动态设定 AGC 与原厚控模型精度对比[6]

检测日期	厚度规格/mm	AGC 模型	同卷板差/μm	卷数
1996 年 6 月	4~8	原模型	0.128	3
1995 年 4~8 月	3~6	同上	0.14	15
1996 年 6 月	4~8	动态设定 AGC	0.051	8

表 3　宝钢厚控精度在±0.05mm 内百分统计表（MS）

厚度范围/mm	原模型/%（1995.1~1996.5）	动态设定/%（1996.7~1997.8）	提高/%
1~2.5	86.36	94.18	7.82
2.51~4	91	93.44	2.44
4.01~8	83.94	89.38	5.44
8.01~25.4	60.22	78.7	18.48

投流量 AGC 的板厚度波动很小，而不投流量 AGC 的板厚度波动就非常明显了。证明了流量 AGC 对轧辊偏心有明显的抑制作用。以上介绍了流量 AGC 与板厚度综合控制效果。

上面介绍用解析板形刚度理论和 ϕ 函数改变目标凸度的实验结果。下面介绍 DAGC 和流量 AGC 代替新的西门子、TMEIC 的厚控数学模型的实际效果。

2.3　在新钢代替西门子厚控数学模型的效果

2012 年在新钢 1580 七机架热连机用 DAGC 代替西门子新钢厚控系统，使厚控精度达到 ±10μm[8]。自 2012 年实验成功后，一直正常应用。

2.4　在迁钢代替 TMEIC 厚控数学模型的试验效果

2015 年 6 月 26 日，在迁钢实验硅钢轧制精度，由于硅钢是在双相钢轧制，只投运 F1~F4 效果不明显，投运 F1~F7 之后使厚度精度提高一倍，如图 6~图 9 所示。

2.5　生产统计效果[9]

由表 4、表 5 可知，DAGC 和流量 AGC 投入以后，采用不同的统计标准，其效果均好于原 AGC 厚控系统，且标准越严格，效果越明显。对于不同规格的产品，在稳定轧制阶段，统计两种厚控系统的同板差，并取极值，统计见表 5。

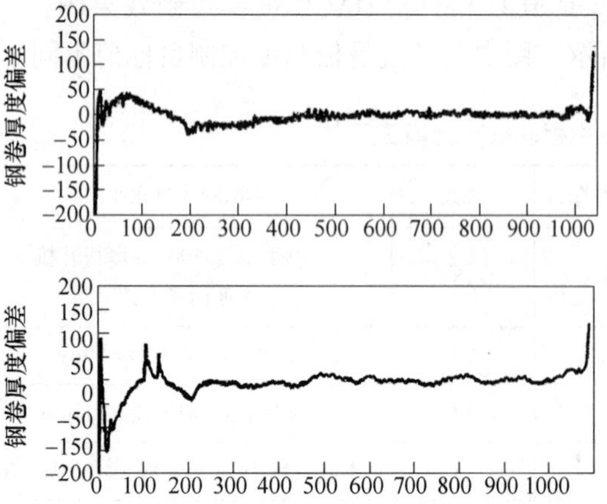

图 5　投入 DAGC 和原西门子厚控系统的厚差曲线对比

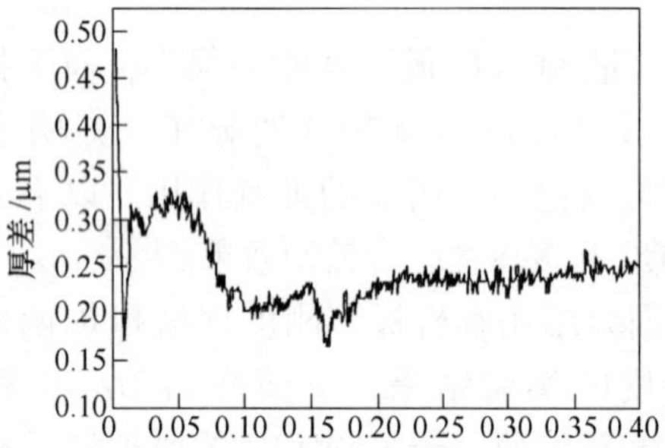

图 6　在 F1～F2 投运 DAGC，在 F3～F7 投原 TMEIC，AGC 轧制碳钢厚差曲线特征

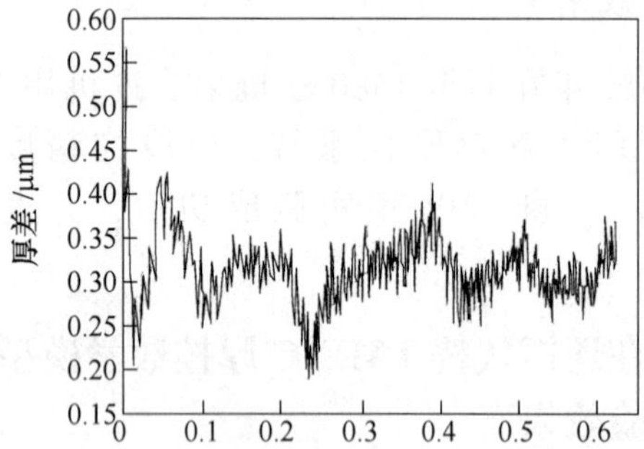

图 7　在 F1～F4 投运 DAGC，F5～F7 投原系统，轧制硅钢厚差曲线特征

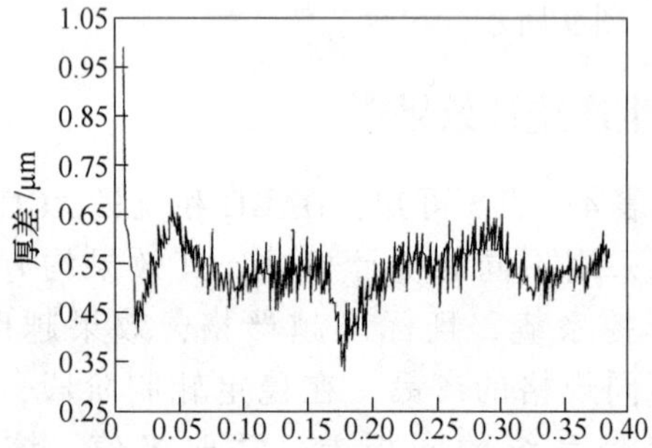

图 8　投运 DAGCF1～F7 轧制硅钢厚差曲线特征

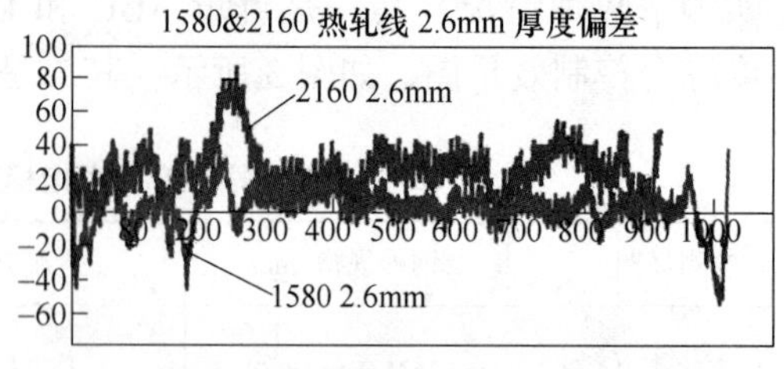

图 9　1580&2160 热轧线 2.6mm 厚度偏差

表 4　DAGC 和流量 AGC 投入前后厚度命中率均值统计

厚度控制方式	厚度偏差/μm			
	50	30	20	10
DAGC+流量 AGC/%	99.062	98.056	95.107	71.616
TMEIC AGC/%	98.875	97.044	90.931	64.058

表 5　不同规格产品同板差对比统计

度规格/mm	板极差/mm	条　件
2.6	0.06	TMEIC AGC
	0.049	DAGC&FLOW AGC
3	0.052	TMEIC AGC
	0.038	DAGC&FLOW AGC
4	0.043	TMEIC AGC
	0.034	DAGC&FLOW AGC

同卷极差是指带钢厚度最大值与最小值之差，实验过程中，投入流量 AGC 和 DAGC，其同板差控制精度也有较大程度提高。

3　板带动态理论应用的技术经济意义及效果

宽厚板轧机用 DAGC 代替引进的厚控系统，由于同板差和异板差减少，可提高成材率 1%左右。热连轧可以轧薄，厚控精度达到冷轧水平，可部分代替冷轧板，供冷轧坯的减薄，在冷轧每吨钢可有 200 元的经济效果。20 世纪 60 年代轧制控制技术发生的一次技术革命，其技术理论是由英国人的静态理论（1955 年）、美国人的动态理论（1957 年）提出，计算机工业应用和控制理论进步是条件。当前由动态轧制理论的创建，必将引发一次轧制控制技术的革命。这次技术革命的主要效果是使轧制装备（机、电测量仪器）大大简化，而且将板带尺寸精度大大提高。

参 考 文 献

[1] 张进之. 压力 AGC 系统参数方程及变刚度轧机分析 [J]. 冶金自动化，1984 (1)：24-30.

[2] 何昌贵，张进之，余广夫，等．流量 AGC 在 1450 热连轧机的实验及应用［J］．冶金设备，2010（6）：31-34.

[3] 张进之．解析板形刚度理论［J］．中国科学（E），130（2）：187-192.

[4] 张进之，张中平，孙旻，等．函数的发现及推广应用的可行性和必要性［J］．冶金设备，2011（4）：26-29.

[5] 张进之，戴学满．中厚板轧制优化规程在线设定方法［J］．宽厚板，2001（6）：1-9.

[6] 居兴华，赵厚信，杨晓臻，等．宝钢 2050 热轧板带厚控系统的研究［J］．钢铁，2000（1）：60-63.

[7] 余广夫，胡松涛，肖力，等．一种新的负荷分配算法在热连轧数学模型中的应用［A］．（K-286）2010 年 11 月上海（宝钢第四届学术年会）；2010 年 CSP 连铸连轧生产技术交流会（2010.10 广州）．

[8] 陈兴福，张进之，彭军明，等．管理和新技术提高产品质量．轧制设备，2012（2）：10-14.

[9] 刘洋，张宇，王海深，等．1580 热连轧机应用 DAGC 和流量 AGC 研究与实践［J］．冶金自动化，2016（5）：31-36.

（原文发表在《冶金设备》，2017（6）：1-5）

第六部分 ϕ 函数及负荷分配

冷轧轧制规程 ϕ 函数方法的研究

张进之[1]，田 华[2]，张 宇[2]

（1. 钢铁研究总院，北京 100081；
2. 北京金自天正智能控制股份有限公司，北京 100070）

摘 要 论证了冷连轧负荷分配可以用热连轧 ϕ 函数负荷分配方法，区别仅 m 计算公式不同。得出的冷连轧 ϕ 函数无迭代的负荷分配方法，用武钢引进时德国提供的负荷分配数据和武钢 1700 冷连轧的实际数据验证了模型的完全实用性；还用了大量宜昌五机架八辊冷连轧机实测数据验证，并证明了冷连轧国外负荷分配模型迭代计算出来的实际设定厚度分配与热连轧一样存在着不合理现象。

关键词 ϕ 函数；冷连轧；DAGC

Research on regulation ϕ-function in cold rolling

Zhang Jinzhi[1], Tian Hua[2], Zhang Yu[2]

（1. China Iron & Steel Research Institute Group，Beijing 100081；
2. Beijing Aritime Intelligent Control Co.，Ltd.，Beijing 100070）

Abstract: It is proved that the load distribution method of hot rolling can be used in the load distribution of cold rolling, and the difference is only the calculation method of m. The load distribution method of cold rolling ϕ-function is non-iterative and practical by contrasting the actual data of load distribution data and the introduction of Germany provided by WISCO 1700 cold rolling mill, also it is used a large number of Yichang five stands with eight rollers cold rolling mill test data verification, and it is proved the actual thickness distribution of the cold rolling is also unreasonable, the same as on the hot rolling.

Key words: ϕ-function; continuous cold rolling; DAGC

1 引言

热连轧的 ϕ 函数轧制规程已在多套新建的热连轧机上成功应用，而且由 $d\phi/dh$ 的板形向量（板凸度和平直度）闭环在攀钢 1450 六机架热连轧机上完成了工业实验。关于冷轧机应用 ϕ 函数的问题，是与热连轧机同步进行的，而且想在引进的连轧机上应用 ϕ 函数是由宝钢冷轧薄板厂 1220 五机架冷连轧鉴定会的用户报告资料分析中发现轧制规程不合理的问题提出的。

由于笔者的实践经验认为冷轧的尺寸精度控制问题是在坯料上，所以多年来的主要精力多在热轧方面。目前热轧的产品精度控制问题的研究已基本上完成，主要是推广应用的问题，所以将冷轧规程和控制方面的问题写出来供讨论研究并争取在实际生产中应用。

2 冷连轧过程 ϕ 函数方法的研究过程

热连轧的 ϕ 函数研究很简便就得到了结果，因为它有日本今井一郎的详细研究报告，从今井的厚度计算公式就求得了 ϕ 函数，而用了宝钢 2050 七机架热连轧数据、邯钢六机架 CSP 热连轧数据、上钢三厂中板厂数据和重钢五厂中厚板轧机的数据就完成了 ϕ 函数可行性实验，后来就是推广应用的问题。当时新热连轧机还在大量建设，所以能在四套新建的热连轧机上完成了实际工业化应用的工作。

热连轧 ϕ 函数方法有今井的 m 计算公式，而在冷轧中该公式不能用，因为冷轧成品厚度很薄。$1/m$ 的数值大于 1，而 m 必须小于 1，所以必须建立冷轧的 m 计算公式。

冷轧 m 计算公式来源于天津一重电气自动化有限公司孙旻数学家，原始能耗数学模型数据由武钢从西德引进。德国的五机架冷连轧能耗负荷数学模型的数据非常全面，有各钢族、厚度等总能耗及分配到各机架的能耗等都有完整的数据，说明了技术先进。

具体的能耗 ϕ 函数负荷分配模型冷热轧是相同的，具体公式：

$$h_i = \frac{Hh}{[h^m + \phi_i(H^m - h^m)]^{\frac{1}{m}}} \tag{1}$$

$$\phi_i = \frac{\left(\frac{Hh}{h_i}\right)^m - h^m}{H^m - h^m} \tag{2}$$

m 的计算公式

热轧：$m=0.31+\dfrac{0.21}{h}$ (3)

冷轧：$m=0.3290+0.2496h \quad h<1.00\text{mm}$

$m=0.52 \quad h>=1.00\text{mm}$

式中 H——坯料厚度（中间坯厚度）；

h——成品厚度（模型计算的带钢成品的出口厚度）；

ϕ_i——第 i 机架累计能耗与总能耗之比，或称压下量分配系数；

h_i——第 i 机架带钢出口厚度。

2.1 用于冷轧 ϕ 函数负荷分配模型的验证

为验证冷轧 ϕ 函数负荷分配模型的可行性，引用了两批数据，其一是德国 AEG 公司提供给武钢冷轧使用的各钢种、规格的轧制规程表；其二是在宜昌冷轧涂镀层板厂九个轧机组的实际生产规程的记录。宜昌厂的八辊五机架 1450 冷连轧机组的电气控制系统，其中一套为燕山大学提供，其他的为意大利安萨尔多和丹尼利提供。全部工艺参数均来源于以上冷轧装备。

2.1.1 武钢 1700 冷连轧机组的轧件规格及 ϕ 函数

ϕ 函数计算是由已知坯厚和各机架出口厚度，用前面的式（2）、式（3）得到的。

不同钢种、坯厚和成品厚度的各机架压下量的具体数值是 20 世纪 70 年代武钢 1700 五机架冷连轧机从德国 AEG 公司引进的，其规程是 AEG 公司提供，也是武钢冷轧厂的实际生产规程。所有的轧制规程的负荷分配有 88 个轧制状态（分钢种、宽度、坯料厚度和成品厚度。成品厚度有 17 个：0.18，0.28，…，3.00）。

ϕ 函数是由式（2）、式（3）计算。从表 1 的实际 ϕ_i 函数的数据，分成四组就可以包含了全部轧制规程。

2.1.2 宜昌五机架 1450 八辊冷连轧机组的轧制规程及 ϕ 函数值

取了二批数据，第一批是 2010 年 6 月在 3 号机组上取了一大批数据，取其中 4 卷数据作典型分析，发现相同坯厚轧制相同成品厚度的成品机架（5 机架）和第一机架的压下量有较大差别，由此引申出进一步分析宜昌厂过程机设定的负荷分配是否合理的问题。

第二批 2011 年 6 月开始取各机组设定规格的数据，进一步分析研究其负荷分配问题。

第二批数据，九个机组，合计 25 种轧制状态。不分机组，轧制规格有 19 种轧制状态：

来料坯厚：3.13、3.0、2.94、2.85、2.75、2.65、2.5、2.4，8 种。

成品厚度：0.76、0.67、0.66、0.57、0.66、0.47、0.43、0.42、0.37、0.32，10 种。

由两个年度取各机组数据计算其中 ϕ 函数值，发现压下规格合理的 ϕ 函数值，ϕ_i 数值相近；压下规程不太合理的 ϕ_i，差别相差较大。这样，用 ϕ 函数表述的轧制规程表，可以直接用于实际应用，用 ϕ 函数规程表就不用迭代计算了，可以很方便地通过轧制效果（指板形）好的规程，计算出来的 ϕ_i 值，该 ϕ_i 值可以供实际应用。

下面举例几组数据，用 ϕ 函数计算就可以分析轧制规程是否合理。从这些数据中选三组由 ϕ 函数就可判定其不合理。

下面举例合理的负荷分配，即压下量分配接近，而 ϕ 函数值也相近。

举例四组数据，可以明确表明，例 1～例 3 比较差，ϕ_i 差别大；例 4 较合理，其中 ϕ_i 相近。可以由 ϕ 函数值判定轧制规程的好坏。具体哪一组 ϕ 函数属于优化轧制规程呢？分两种情况分析。

表 1　武钢 1700 五机架冷连轧 AEG 提供的轧制规程及 ϕ 函数值

H	h	Δh_1	Δh_2	Δh_3	Δh_4	Δh_5	ϕ_1	ϕ_2	ϕ_3	ϕ_4	ϕ_5
1. 8	0. 18	0. 70	0. 44	0. 245	0. 14	0. 075	0. 146	0. 362	0. 584	0. 803	1
1. 8	0. 20	0. 69	0. 44	0. 245	0. 145	0. 08	0. 152	0. 365	0. 586	0. 805	1
2. 0	0. 25	0. 72	0. 50	0. 27	0. 165	0. 095	0. 149	0. 368	0. 585	0. 803	1
2. 0	0. 29	0. 68	0. 48	0. 27	0. 17	0. 11	0. 151	0. 367	0. 580	0. 792	1
2. 0	0. 35	0. 64	0. 46	0. 27	0. 175	0. 105	0. 158	0. 377	0. 596	0. 814	1
2. 0	0. 45	0. 58	0. 42	0. 26	0. 18	0. 11	0. 168	0. 387	0. 603	0. 820	1
2. 25	0. 55	0. 59	0. 49	0. 30	0. 205	0. 115	0. 162	0. 384	0. 604	0. 826	1
2. 25	0. 70	0. 52	0. 33	0. 28	0. 205	0. 115	0. 117	0. 400	0. 616	0. 837	1
2. 50	0. 80	0. 57	0. 465	0. 315	0. 225	0. 125	0. 176	0. 399	0. 620	0. 841	1
2. 75	1. 0	0. 58	0. 47	0. 325	0. 245	0. 13	0. 180	0. 412	0. 628	0. 851	1
2. 75	1. 15	0. 49	0. 45	0. 31	0. 23	0. 12	0. 188	0. 424	0. 647	0. 8763	1
3. 2	1. 35	0. 57	0. 52	0. 35	0. 27	0. 14	0. 190	0. 427	0. 644	0. 862	1
3. 8	1. 6	0. 67	0. 62	0. 43	0. 32	0. 16	0. 188	0. 424	0. 647	0. 866	1
3. 8	1. 8	0. 57	0. 59	0. 39	0. 31	0. 14	0. 187	0. 440	0. 660	0. 811	1
4. 5	2. 2	0. 64	0. 70	0. 44	0. 36	0. 16	0. 186	0. 449	0. 664	0. 884	1
5. 5	2. 75	0. 75	0. 84	0. 54	0. 43	0. 19	0. 185	0. 448	0. 668	0. 887	1
6. 0	3. 0	0. 92	0. 93	0. 593	0. 472	0. 185	0. 186	0. 454	0. 677	0. 898	1

表 2　宜昌第二批数据：八个机组合计 13 种轧制状态

规格＼机组号	7 号	P-T1	P-T2	5 号	3 号	2 号	4 号	6 号
H	2. 94	3. 0	3. 1	3. 1	2. 452	2. 5	3	3
h	0. 57	0. 66	0. 57	0. 57	0. 32	0. 42	0. 47	0. 57
h	0. 47				0. 47	0. 37	0. 47	

表 3　用三组对比数据说明设定规程的不合理

组号	H	h	Δh_1	Δh_2	Δh_3	Δh_4	Δh_5	ϕ_1	ϕ_2	ϕ_3	ϕ_4	ϕ_5
Ⅰ	3	0. 47	1. 005	0. 848	0. 422	0. 23	0. 025	0. 1552	0. 416	0. 6875	0. 9594	1
	3	0. 47	1. 026	0. 7383	0. 4597	0. 235	0. 0703	0. 1596	0. 3774	0. 6437	0. 892	1
Ⅱ	2. 85	0. 42	1. 064	0. 676	0. 382	0. 206	0. 102	0. 1736	0. 3903	0. 6283	0. 8405	1
	2. 9	0. 42	0. 971	0. 762	0. 396	0. 248	0. 103	0. 147	0. 369	0. 5918	0. 84	1
Ⅲ	3	0. 57	1. 005	0. 9476	0. 208	0. 241	0. 03	0. 1786	0. 5397	0. 6915	0. 956	1
	3	0. 57	0. 905	0. 795	0. 41	0. 25	0. 07	0. 1533	0. 4069	0. 6511	0. 902	1

表 4　合理的负荷分配及 ϕ 函数值

组号	H	h	Δh_1	Δh_2	Δh_3	Δh_4	Δh_5	ϕ_1	ϕ_2	ϕ_3	ϕ_4	ϕ_5
Ⅳ	2. 9	0. 66	0. 81	0. 719	0. 359	0. 26	0. 092	0. 163	0. 4156	0. 6331	0. 8797	1
	2. 9	0. 66	0. 81	0. 72	0. 36	0. 26	0. 09	0. 163	0. 416	0. 6316	0. 88	1

目前引进的过程机给出的轧制规程是完全可用的，实际生产中对规程定量要求不高，由压下量分布可以计算其中值 ϕ_i 判定更为科学的合理性，由此可以由它确定 ϕ 函数。将 ϕ 函数数值表存入过程计算机数据库，按钢种、坯厚和成品厚度分成几个表，其数量可大为减少。以热轧为例，宝

钢2050分20个成品厚度表；攀钢1450分10个成品厚度表。经在攀钢实践，一个钢族按 ϕ 函数厚度分为3~5个就足够了。

另一种方式是独立制定优化轧制规程，具体方法是，以轧辊初始状态为基准，不考虑轧辊热膨胀和磨损，可用动态规划方法确定不同钢种、规格的最佳板形优化轧制规程。特别强调板形刚度理论，解析板形刚度理论已在生产实践中获得成功应用，而国际上，不论是日本还是德国均未建立解析板形理论，由此引起轧制过程控制的复杂化。

2.2 冷轧所用 ϕ 函数分析

笔者对宝钢几套冷连轧机的实际生产数据做过 ϕ 函数分析，认为宝钢的轧制规程是比较好的，所以可由宝钢冷轧厂的实际数据建立冷轧普遍应用的 ϕ 函数数据库。热连轧的 ϕ 函数数据库是由宝钢2050热连轧数据建立的，已成功地在多套新建热连轧机上应用。

3 冷连轧基础自动化和过程控制数学模型的分析研讨

前面主要讨论了过程控制 ϕ 函数数学模型的实用性的可行性。过程控制设定可实现初始辊型条件下的最佳板形规程。对于轧辊实时变化的适应性问题可以引用热连轧相同的方法[1]，但是，冷连轧与热连轧不同，冷连轧产品都是成品，而热连轧一部分是成品，另一部分是供冷轧的坯料。热连轧供冷轧坯料部分要少用弯辊控制板形，以防止在冷轧时出现高次浪，而直接热轧产品对板凸度要求可以放宽，用弯辊控制板形是很好的方法。由于冷轧都是最终成品，所以用弯辊控制板形是很好的方法。当前冷轧板形控制装置的极端复杂性是由热连轧板形控制问题造成的。笔者大胆设想如果在热连轧中将解析板形理论和 ϕ 函数组成的方法推广应用，可实现冷轧硬件设施的大大简化。

冷连轧控制问题笔者认为已很完善了，仅存在两个技术问题，其一是第一机架要投用DAGC，减少热连轧头尾厚差大造成的冷轧头尾低精度问题；其二是动态变规格设定数学模型的改进。下面讨论研究这两个技术问题。

3.1 第一机架压下AGC的问题

开始冷连轧和热连轧的厚控方案是相同的，厚度控制由压力AGC或测厚仪来控制厚度精度，由于流量AGC发明，冷连轧发生了巨大变化，除 F_1 用压力AGC外，其他机架都用流量AGC控制厚度。冷连轧 F_1 机架压力AGC一直应用了很长时间，后来由于前馈AGC应用，特别是激光测厚仪的应用，压力AGC的作用减弱。F_1 的压力AGC用的是国外发明的，比如BISRA AGC或GM AGC，它们与监控、预控AGC是有相互影响的，对一种规格的合适参数，对其他规格的产品就不合适了，由这两方面原因，F_1 的压力AGC就在冷连轧上不用了。但是DAGC与监控，预控AGC是互不影响的[2,3]。文献［2，3］是专门研究各种厚控方法相关性问题，文献［2］发表得早，大约是1987年，该文只研究DAGC和BISRA的问题；文献［3］包括了GM AGC。由于DAGC与监控，预控的互相独立性关系，所以在目前冷连轧机的 F_1 机架可以把DAGC加上。加DAGC十分简便，只在基础自动化级加一小段程序就可以实现。加进DAGC可以解决热连轧坯料头尾厚差大的问题，估计会减小热轧卷头、尾厚差大对冷连轧成品厚差影响的一半左右。一半对冷连轧来讲就是百米以上。

3.2 动态变规格过渡段的设定控制模型

目前国内外通用的过渡段设定控制数学模型还是用日本钢管提出并实用的方法。[4]它只解决了辊缝设定问题，没有解决速度设定控制问题。当时只给出新规格平衡后的设定速度，由秒流量相等条件就可以计算了，其原因是国外没有多机架动态张力公式。

多机架动态张力公式只有中国有，主要就是可把多机架连轧张力问题，可按定常系统处理，所以才可能得到连轧的中心问题———连轧张力公式的解析解[5,6]。文献［5］与文献［6］的区别在于，文献［5］是1979年在《钢铁》上发表的，引起国外重视，美国还专门派人到中国商讨引进的问题。文献［5］比较长，系统全面，而且有考虑压下和传动系统动态影响的全面仿真实验。文献［6］的特点是 ϕ 函数发明之后，所以文章内容就大大简化了。由于文献［5］引起国内外同行的重视，在文献［4］中详细介绍了日本钢管的方法。

4 结论

（1）冷轧与热轧 ϕ 函数及 $d\phi/dh$ 是相同的计算公式，其区别 m 计算公式不同；

（2）热连轧生产冷连轧用坯料时，要由 $d\phi/dh$ 计算公式实时变负荷分配方法保持板形稳定（指板凸度和平直度），对成品热轧卷生产可以在各机架独立用弯辊与压力解耦方法控制板形；

（3）冷连轧产品厚度是最终成品，所以可用弯辊方法控制板形；

（4）冷连轧过程控制方法与热连轧没有区别，只是压力计算公式不同，负荷分配与热连轧基本上是相同的；

（5）冷连轧控制系统已很完善就是太复杂，由热连轧推广应用四项动态理论将会大大改善冷连轧坯料条件；

（6）冷连轧目前待改进的问题是 F_1 投运 DAGC 和用连轧张力公式推出的动态变规格过渡过程速度设定计算模型公式。

参 考 文 献

[1] 张进之，孙旻，许庭洲，等．再论热连轧生产过程负荷分配问题［J］．冶金设备，2016（5）：7-12.

[2] 张进之．压力 AGC 系统与其他厚控系统共用的相关性分析［J］．冶金自动化，1987（5）．

[3] 赵厚信，王喆，张进之，等．压力 AGC 系统与其他厚控系统共用相关性分析［J］．冶金设备，2005（2）．

[4] 有村透，鎌田正诚．压延研究の进步と［J］．塑性と加工，10（1969-1）No. G6~29.

[5] 张进之，郑学锋，梁国平．冷连轧动态变规格设定控制模型的探讨［J］．钢铁，1979，14（6）：56-64.

[6] 张进之．连轧理论与实践［J］．钢铁，1980，15（6）：41-46.

[7] 张进之，李敏，王莉．冷连轧动态变规格数学模型［J］．冶金设备，2011，35（3）：35-38.

（原文发表在《冶金设备》，2017（5）：20-24）

冷轧优化规程计算机设定计算方法

张进之，林　坚，任建新

摘　要　本文根据综合等储备设计压下规程的原理和负荷函数计算方法，设计出冷轧优化规程设定系统，该系统配有专用数据库系统，利用正常工况数据，修正数学模型参数，实现自适应功能；程序中有多个变抗力、压力分矩形等力、式，供用户选用；系统计算速度快，该程序可移植到所有微机上使用。应用于生产，使压下量分配合理，生产稳定，道次间压力均衡，提高了产品质量和生产效率。

The computation method for designing optimal rolling procedure of cold rolling with computer

Zhang Jinzhi, Lin Jian, Ren Jianxin

Abstract: An optimized cold rolling designated system with special data base has been developed based on the principles of complex equivalent storage and the distribution load calculation method to design pressing procedure. The real time calculation can be given in this system. Using the normal working data the mathematical model parameters will be identified and corrected, therefore the self-adapting function can be realized. There are various formulas of deformation force, pressure, moment etc. In the system available for user's selection. This system can be transplanted to all kinds of microcomputers and would make the reduction distribution rational, production stable and pressure balanced between passes. As a result the quality of products will be improved, and the productivity will be raised.

1　前言

合理的轧制规程（压下量分配及相应的力能参数计算）是轧钢生产规范化和科学化的首要问题。它的确定与设备条件、轧制的品种规格、加工过程中力学性能变化等因素直接相关，而各因素之间也相互影响，问题十分复杂，故目前实用的轧制规程主要按经验制订。

计算机应用于轧钢过程分析、控制以来，压下规程的制订方法有很大的进步和发展。首先是把经验的压下量分配方法规范化，提出按能耗、压力、力矩、板型条件等不同目标要求的压下量分配系数计算方法。其次是采用最小平方和目标函数和非线性规划的计算方法，把最佳压下量分配归结为求在设备约束条件下的单项或综合目标函数的最小值问题，达到各道次余量均衡。最后是按轧制速度、变形率和功率等极限条件确定可轧区，在可轧区内由动态规划方法求出最佳轧制规程，其目标函数可分别取能耗最小、产量最高、功率等储备等等。

本研究是以 8 辊可逆式轧机生产作为实验研究的对象，应用综合等储备设计压下规程的原理及等负荷函数计算方法，在 Z-80、DATAMAX-8000 微型计算机和 PC-1500 袖珍计算机上编制了优化规程设定计算程序；引用变形抗力和摩擦系数非线性参数估计方法编制了压力、变形抗力等基本公式化选及参数优化程序。

2　冷轧优化规程设计的原理和方法

2.1　原理与方法

由轧钢理论[1]分析得出压力、功率、力矩、板型、咬入或最小压下量等限制压下量各因素，均可推导出允许最大压下量是平均单位压力的函数关系，即 $\Delta h_{max}=f(P_{cp})$。从而可得到一个综合可轧区。如图 1 所示。轧制规程平行可轧区边界（等储备）即为最佳规程。从数学上证明[2]，二元单调函数 f_i

(h_{i-1}, h_i)（其中 $i=1, 2, 3, \cdots$）存在

$$\min\max\{f_i(h_{i-1}, h_i)\} = \max\ \min\{f_i(h_{i-1}, h_i)\} \tag{1}$$

并且式（1）的解必然满足等负荷条件

$$f_1(h_0, h_1) = f_2(h_1, h_2) = \cdots = f_n(h_{n-1}, h_n) \tag{2}$$

而且式（2）的解存在唯一。

按轧机负荷函数

$$f_i(h_{i-1} - h_i) = \min\left\{\alpha_{Pi}\frac{P_{i允} - P_i}{P_{i允}},\ \alpha_{Mj}\frac{M_{i允} - M_i}{M_{i允}},\ \alpha_{Ni}\frac{N_{i允} - N_i}{N_{i允}},\ \alpha_{\delta i}\frac{\Delta h_{i允} - \Delta h}{\Delta h_{i允}}\right\} \tag{3}$$

由非线性计算方法就可以求出等负荷分配的解，该解与图 1 所示的可轧区边界相平行。

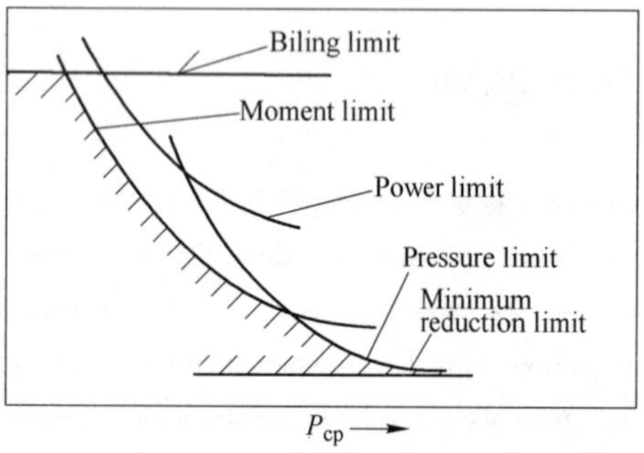

图 1　图表法设计压下规程可轧区图示

实现按轧机负荷函数设定轧制规程，必须解决下述几个问题：第一，α_{Pi}、α_{Mi}、α_{Ni}、$\alpha_{\Delta hi}$ 的确定；第二，能反映具体轧机的压力、力矩、功率等计算公式；第三，具体轧机的允许压力、力矩、功率、咬入（打滑）等条件；第四，设计和编制计算程序。本研究已圆满解决了这 4 个问题。

2.2　模型公式优选和参数优化

应用电子计算机设计优化轧制规程是由数学模型实现的。为此，要求构成模型的基本公式必须适用于所应用的条件，通过参数优化达到压力。力矩等模型预报值和实测值比较一致。但是，目前用于计算压力值的压力公式有几十个，较常用的也有八九个。因此，需要选其中一个（或几个），最适合所应用的条件。

在应用压力公式计算压力值时，必须较准确地给定轧件变形抗力 K 和摩擦系数 μ。变形抗力计算公式中包含 3~4 个参数，如

$$K = a + b\,\bar{\varepsilon}^c \tag{4}$$

本文提出摩擦系数公式：

$$\mu_i = \mu_{i-1} - \frac{x}{y^{i-2}} \tag{5}$$

只要给定 μ_i、x，y 等三个参数，就可以计算出任意道次的摩擦系数。

压力公式优选和参数优化可以一起进行，由一组实测压力、厚度、张力、宽度等工艺数据，通过不同压力公式，其中 K 和 μ 由式（4）、式（5）计算。用单纯形法（工程上常用的一种最优化方法）估计 a、b、c、μ_1、x 和 y。对比各压力公式的方差值，方差值最小者为最优的压力公式。具体结果如表 1 所示。

相应的变形抗力、摩擦系数公式中的参数如表 2 所示。

表 1　各轧制压力公式均方根误差值

数据组号	胡锡增	Bryant	Hill	贺一辛	Ston	赵志业	艾克隆德	钢种
1	18	57	20	193	26	23.1	15.8	1Cr18Ni9Ti
2	33.5	41.0	14.9	26.5	21.5	19.6	14.1	
3	69.3	53.4	38.4	53.1	33.4	33.1	26.3	
4	71.3	74.6	47.7	63.1	59.6	38.6	51.5	

表 2　摩擦系数和变形抗力优化参数

钢种	变形抗力				摩擦系数公式		
	a	b	c	d	μ_1	x	y
1Cr18Ni9Ti	56	3.66	0.827		0.104	0.027	1.55
1Cr18Ni9Ti（第二、三次轧）	59.7	4.91	0.738		0.0803	0.022	1.85

从 21 个优化方案结果来看，7 个压力公式和 3 个变形抗力公式都可以使用。从均方根差大小来判断压力公式、变形抗力公式的好坏，艾克隆德压力公式最好，其次是 Hill 公式，此与在武钢

1700 冷连轧机的选优结论是相同的；变形抗力公式较好的是式（4）。

在优化规程计算程序中的压力公式，第一公式选用 Hill 公式，它虽然比艾克隆德公式差，但它在冷轧中应用非常普遍，无论是英、美，还是日本、联邦德国都应用它，国内也大都应用它。艾克隆德公式则作为第二个被选用公式。

为了提高计算速度，配合 Hill 公式的轧辊压扁半径直接计算公式已于 1973 年给出[3]，本文推导出配合艾克隆德压力公式的轧辊压扁半径直接计算公式：

$$R' = \left[\frac{KE1 + \sqrt{KE1^2 + KE3}}{KE4}\right]^2 \qquad (6)$$

式中 $KE1 = KE[(H+h)\cdot\sqrt{\Delta h} - 1.2\Delta h^{3/2}]$

$KE4 = 2[(H+h)\cdot\Delta h - 1.6KE\cdot\Delta h\cdot\mu]$

$KE3 = 2(H+h)\cdot\Delta h\cdot KE4$

$KE = 0.000214K\cdot\bar{K}\cdot R$

Hill、艾克隆德以及力矩、功率，前滑、能耗等公式，本文就不列写了，可参阅文献［3］或有关轧钢书籍。

3 优化规程设计计算程序的结构与实现

3.1 总体结构

主要是根据太钢七轧厂现有的轧制设备和轧件的不同规格及其他的工艺和模型参数制定出满足各种工艺要求的最佳轧制规程。同时，要求对各种不同的参数实行有效的数据管理。而对规程中所需的主要参数及模型参数进行有效的估计计算，使其轧制规程完全符合实际要求。其结构如图 2 所示。

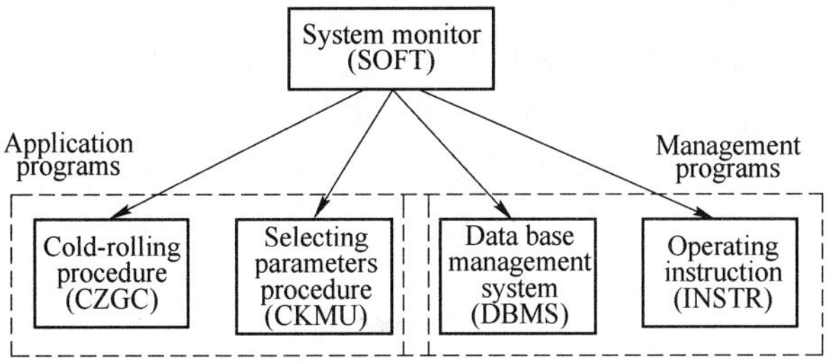

图 2 系统的总体结构图

各模块的功能：

- 系统监控模块　协调各模块之间的工作，起着监控的作用。
- 冷轧过程　根据实际轧制设备参数、轧件和模型参数自动制定出符合实际生产要求的最佳轧制规程。
- 参数估计　根据现场的实测数据，采用数学方法估计计算出符合实际情况的模型参数 。
- 数据库管理　对现有轧机参数、轧件参数及其模型参数和现场实测数据等进行有效的管理并为规程设计和参数估计提供有效的数据。
- 操作说明书　根据尽量方便用户的原则，本系统的操作说明模块可以随时为用户提供简要而完整的中文系统操作说明书。

3.2 机型与语言

根据本室与太钢七轧厂的实际情况和现有的设备，本软件包首先在 DATAMAX-8000 微型机以及 PC-1500 袖珍计算机上得到实现，目前已将它移植到了 IBM-PC/XT 微型机上。

在 PC-1500 上采用的是 BASIC 语言，而在 DATAMAX-8000 上所采用的是 DBASE I 系统以及 FORTRAN 语言，其中 DBASE I 系统主要用于实现专用的数据库管理以及监控系统，利用 FORTRAN 语言进行优化规程设定应用程序和参数估计计算程序的设计。

3.3 简要流程图

简要流程图见图 3。

3.4 计算实例

表 3 为冷轧规程实例。

表 3 冷轧优化轧制规程表

钢种名称；1Cr18Ni9Ti　　板　宽：1050.00　　原料厚度：4.50

成品厚度：2.00　　轧辊半径：105.00　　储备系数：0.2960

道次 I	各道厚度/mm	压下率/%	压力/$\times10^4$N	力矩/N · m	功率/kW	总前张力/N	总后张力 /$\times10^2$N	速度 /m · $\min^{-1}$	累计压下/%
1	3.79	15.64	1067.89	45570	869.22	2352.00	490.00	120.00	15.64
2	3.08	18.66	1408.04	71050	2708.68	2352.00	1470.00	240.00	31.39
3	2.68	12.95	1407.71	48314	1844.58	2352.00	1764.00	240.00	40.27

续表 3

道次 I	各道厚度/mm	压下率/%	压力/$\times 10^4$N	力矩/N·m	功率/kW	总前张力/N	总后张力/$\times 10^2$N	速度/m·min^{-1}	累计压下/%
4	2.34	12.75	1408.04	42630	1626.97	2352.00	1764.00	240.00	47.89
5	2.15	7.98	1285.19	25480	885.05	2352.00	1764.00	240.00	52.00
6	2.00	7.39	1271.14	19012	724.67	2352.00	1764.00	240.00	55.55

道次 I	变形速度/I/s	变形抗力/N	压扁半径/mm	接触弧长/mm	单位压力/N·mm^{-2}	咬入角度/(°)	能耗/kW·h·t^{-1}	前滑/%
1	39.48	994.90	138.78	9.88	1028.80	4.69	6.95	2.43
2	95.47	1271.75	147.52	10.22	1311.53	4.70	10.80	1.89
3	85.48	1525.57	180.36	8.49	1517.14	3.53	8.52	1.57
4	90.83	1604.75	192.89	8.13	1649.05	2.27	8.78	1.54
5	74.56	1758.90	259.67	6.93	1765.57	2.40	5.75	1.31
6	74.98	1752.04	275.43	6.63	1825.84	2.23	5.35	1.28

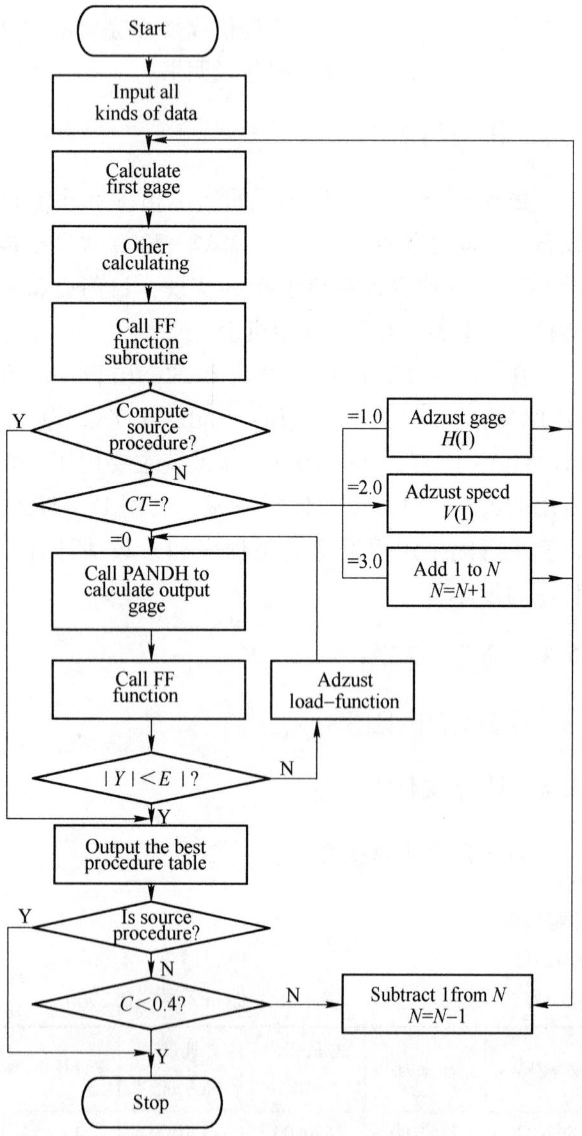

图 3　冷轧优化规程设计流程图

4　效果和特点

现场应用该方法后取得如下效果：(1) 压下量分配合理、生产稳定，使道次间压力均衡，提高了产品质量和生产效率。(2) 提高轧机操作技术，加快新工人的培训速度。(3) 为实现计算机设定控制创造了必要条件。

本方法的特点是：使用灵活方便；计算速度快（在 DATAMAX—8000 上计算 1 个 6 道的优化规程只需约 45s）；可供计算机在线控制使用；配套全，在设定计算方面可自由选用各种压力、力矩、变形抗力等公式，并配有专用数据库系统；适用性广，可以在各类板带冷轧厂推广应用。

参 考 文 献

[1] 图表法设计压下规程．东工科学研究，1960：425.
[2] 梁国平．钢铁，1980，14 (6)：42.
[3] 张进之，郑学锋．钢铁，1979，13 (3)：59.

（原文发表在《钢铁研究总院学报》，1987，7 (3)：99-104）

热轧优化规程软件包

杨国力，张进之，李成花

摘　要　轧制规程是轧钢工艺的基础环节，它直接影响轧钢过程和产品质量。本文为热轧优化规程提供了一套较为完善的应用系统软件。它包括计算规程的数据源，功能较强的优化规程计算以及规程的收集、检索等。本规程可用于生产并对轧制理论研究有指导意义。这套软件采用了数据库技术，因此随着它的广泛使用，将为热轧优化规程数据库积累丰富的有用信息，促进轧钢生产的科学化，规范化和现代化。

Optimizing hot rolling specification software package

Yang Guoli, Zhang Jinzhi, Li Chenghua

Abstract: A key link in rolling technology is rolling specification, which has great influence on process and quality of products. We have developed a perfect application software package to optimize hot rolling specification. The package consists of data source, multifunction optimizing specification calculation, specification collecting and indexing. The optimized specification can be used in production and rolling theory research. In developing we have adopted data base structure. With its extended application abundant valuable information for hot rolling process will be accumulated, therefore, making steel rolling scientific, standardized and modernized

1　前言

合理的轧制规程（压下量的分配及相应力能参数计算）是轧钢生产规范化、科学化的首要问题。也是轧钢界长期研究探索的主要问题之一。它与设备条件、轧件原始条件及目标要求等有关。也受加工过程中物理力学性能变化等因素的制约。而这些因素间又存在相互作用和影响，故目前多采用经验的办法很难确保轧材的优质率。另外在轧钢自动控制系统中，规程也是最基础的组成部分。本文介绍的软件包，采用了数据库技术，对种类繁多的基础数据及规程数据进行较为合理而全面的管理。不但可保存大量的优化规程供用户选用，而且也为计算新的规程提供了基础数据源。作为软件包的结构具有相当的普遍意义。可以据此建立冷轧、连轧、控轧等相应的优化规程软件包。对轧制规程的基础研究及指导生产都有较大的意义。

2　系统结构

该软件包是在目前国内通用机型 IBM-PC/XT 微机上，用 dBASEII 数据库语言及 FORTRAN 语言实现的。整个系统是以数据库管理为主线，为加快速度其规程计算用 FORTRAN 编写。dBASEII 与 FORTRAN 之间的数据传递是用文本输出文件（·TXT）来联系的。

系统分两级菜单，结构如下：

系统维护块：包括察看，打印该软件包的文件目录及数据库文件的结构。另外还有系统拷贝及打印程序清单等功能。这些都是系统维护所不可缺少的。特别是对每一个数据库文件（·DBF）都建立了它的结构说明文件。以便系统维护人员能及时而准确地了解各字段的含义。

基础数据块：如前所述优化规程的确定要依赖很多参数。将它们分为五类分别存放在钢种、模型、设备、工艺、锭型等五个文件中。数据量很大，而且随着新产品的开发或设备技术条件的变化，数据也要进行增减或更新。它包括了对上述五个文件的增、删、改及根据各文件的特点按不同的层次进行察看和打印等功能。数据项目很齐全，在计算优化规程时只需从这五个文件中选出相应的记录即可完成计算。它是向规程计算提

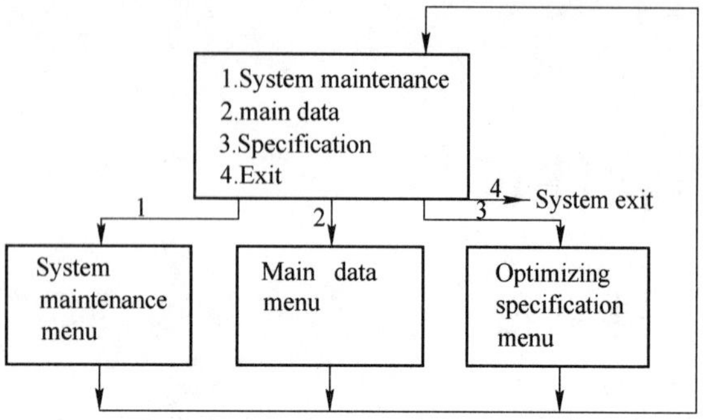

图 1　主控菜单结构图

供数据的数据源。

优化规程块：它包括（1）“给定条件”，即用户根据需要从上述五个文件中选择计算优化规程的参数。而后由数据库文件的形式转变成 FORTRAN 语言可以接受的文本输出文件的形式。（2）“计算优化规程”，先将事先形式的文本输出文件的数据传送给 FORTRAN 程序，而后转去计算。该计算程序是以《图表法设计压下规程》[1] 和《关于轧机最佳负荷分配问题》[2] 为理论基础，采用迭代加权的算法进行的。功能很全，包括了轧制规程的各种参数如：各轧程道次数、每道次的压下量、辊缝值、变形率、压力、力矩、功率……近 30 个规程参数。还可用选择加权因子的办法突出轧制中的某些条件的作用等。适应性也强，用户可根据不同的需要选择相应的压力公式、力矩公式等进行比较选优……。（3）“规程存档”，可将计算出的优化规程存入相应的文件中。这些不同背景下的优化规程无论对科研或生产都是十分宝贵的资料。因此随着该软件包广泛运用的同时，也就逐渐形成了一个很丰富的热连轧优化规程数据库。利用这个库的数据又可开展其他有意义的研究工作。（4）“检索及报表”，可按不同的渠道察看或打印用户指定的优化规程数据。

3　数据流程

该软件包共有五个基础数据文件，它们为计算优化规程提供数据。两个优化规程库文件及一个规程条件文件，它与规程构成一套完整的信息。这些文件数据如何借助文本输出文件互相流通以及如何自动控制程序的走向，是系统设计中需要解决的一个主要问题。即数据流程问题。优化规程菜单中各程序的走向关系如下：

由图 2 可知控制程序走向的条件由 L_1、L_2 给出。为此我们建立了一个控制走向的文件（CKZ），它只有一个记录，两个字段即 L_1 和 L_2。L_1、L_2 的取值及约定关系为：$L_1=0$ 代表还未给规程提供计算条件。在这种情况下，系统只能转去执行“给条件”，或“打印报表”或“察看规程”等程序。$L_1=1$ 代表已为规程提供了计算条件。系统将再根据 L_2 的取值，转去执行“计算优化规程”或作“填写”或作“删去”的程序。$L_2=0$ 代表还未作计算。因此当 $L_1=1$ 时，系统将转去执行“计算优化规程”。$L_2=1$ 代表计算成功，此时系统将把计算结果填入规程库。$L_2=2$ 代表计算失败。即用户所给的条件不合理，无法计算规程。此时系统将在条件文件中（CTJK）删去这个条件。另外 L_1、L_2 的取值又是根据程序的走向及计算的成败而自动取得相应的值。所有这些只要在初始状态时将 CKZ 文件中的 L_1、L_2 字段置成零，在以后的系统长期运行中都由系统自动的调整 L_1、L_2 的取值。各数据库文件之间数据的传送关系如下。

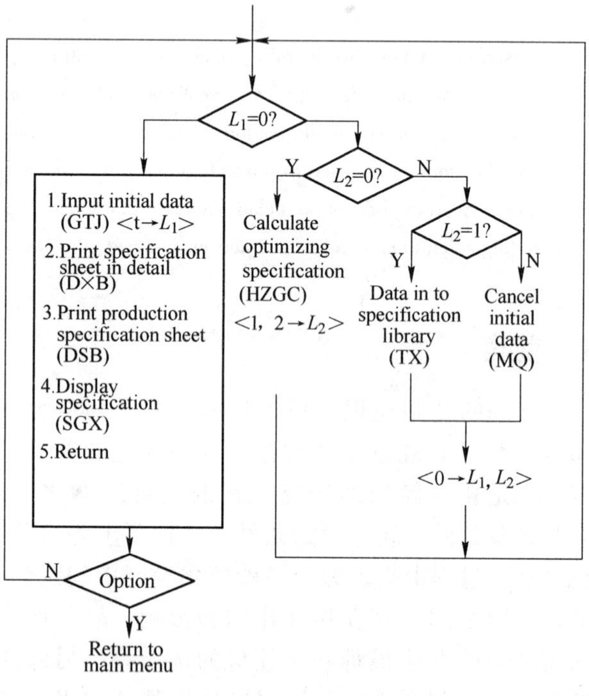

图 2　程序走向图

除“计算优化规程”是用 FORTRAN 语言编写的，其他均用 dBASE Ⅱ 数据库语言编写。它们之间的数据传送是通过文本输出文件（·TXT）来实现的。需要说明的是有些参数既是原始条件又是计算结果。因此当计算成功后还需对这些参数作修改。如道次数，经过计算按优化处理后可能减少或增加。条件库和规程库都设有一个统一的规程编号字段，目的在于把这三个库中的相应记录联系起来。以作为一个优化规程的完整数据表处理（如察看或报表）。

4 实用效果

该软件包于1986年6月研制成功。首先用于修定2450四辊可逆轧机的压下规程。优化规程为制定系统的合理的压下规程提供了条件。优化规程提供了辊缝值。确定了辊缝零点数值。为APC自动摆辊缝系统提供了设定值。从生产实际情况分析，用它设计的压下规程是合理的，符合实际的。达到了安全并均衡发挥设备能力生产各种优质中厚板的目的，可以提高产品质量和产量（平均轧制道次可减少一道，即可提高生产效率5%～10%）。该软件包的设计从便于使用出发，它不仅工厂技术人员可以使用，轧钢压下手也能用。从而使优化规程的设计从学院走向生产第一线，把轧钢理论研究和轧钢生产实践密切结合起来，促进了轧钢生产的科学化、规范化。

下面给出16Mn的轧制规程表：

1986年6月18日实测了A3钢种，85mm×1650mm～15.5mm×1650mm，15块钢板的工艺数据。由此数据求出平均压下量分配、总温降、节奏时间等。按此数据计算了力能参数（表2），同时也计算了相应的优化规程表（表3）。

表1 热轧规程表

钢种：16Mn　　来料厚：60.00mm　　宽：1950.00mm　　长：1358.76mm　　温度：980.0℃

锭型：240　　轧后厚：9.00mm　　长：9058.37mm　　温度：861.2℃

道次	轧后厚度/mm	压下率	辊缝/mm	压力/N×10⁴	力矩/N·m×10⁴	电流/A	出口温度/℃	轧制速度/m·s⁻¹
1	50.40	16.00	48.32	1955.6	123.1	9212.0	979.8	2000.0
2	42.01	16.65	39.92	1958.8	110.3	8269.7	975.7	2000.0
3	34.68	17.45	32.59	1958.8	99.2	7455.5	970.6	2000.0
4	28.37	18.19	26.28	1958.8	89.3	6729.7	964.1	2000.0
5	23.02	18.84	20.94	1958.8	80.6	6087.4	955.7	2000.0
6	18.57	19.35	16.48	1958.9	72.7	5511.5	944.9	2000.0
7	14.93	19.63	12.84	1958.7	65.5	4978.6	930.8	2000.0
8	12.00	19.58	9.92	1953.8	58.4	4458.1	912.3	2000.0
9	10.16	15.31	8.85	1563.0	37.0	2854.4	888.8	2000.0
10	9.00	11.46	8.33	1235.6	23.3	1818.2	861.2	2000.0

注：吨钢电耗=16.64kW·h。均方根电流=3269。

表2 实测压下规程及力能参数计算

道次	1	2	3	4	5	6	7	8	9	10
H	71.0	59.0	47.0	36.0	27.0	21.0	18.5	17.0	16.0	15.5
ε	16.5	16.9	20.3	23.4	25.0	22.2	11.9	81	5.9	3.1
P	1505.1	1547.7	1838.3	2030.7	2077.7	1747.7	877.5	593.9	445.0	260.6
M	126.8	114.4	128.9	128.9	113.7	75.7	24.3	12.7	7.8	3.2

注：H—轧件厚度；ε—压下率；P—轧制压力；M—轧制力矩。

表3 相同条件的优化规程

道次	1	2	3	4	5	6	7	8	9	10
H	74.5	64.5	55.1	46.1	37.9	30.9	25.0	20.1	17.2	15.5
ε	12.3	13.5	14.6	16.3	17.8	18.5	19.2	19.6	14.3	9.9
P	1071.0	1139.5	1228.9	1313.3	1381.3	1381.3	1383.5	1383.3	968.2	666.0
M	78.2	78.2	78.2	78.2	75.5	67.5	60.4	54.2	28.7	15.2

表2中的最大压力为2077.7×10^4N，而优化规程只有1381.3×10^4N。按实测压下规程最大压力水平，优化规程可减少二道次。下面以1950mm宽为例，按实测压下量分配计算出最大压力为2369.5×10^4N，最大力矩为146.0×10^4N·m（超过了允许值），而减少二道次的优化规程表4，最大压力为2222.3×10^4N，最大力矩为125.6×10^4N·m，均比实测规程低。由此证明允许二道次。

表 4 85 · 1950-15，5 · 1950 八道次优化规程

道次	1	2	3	4	5	6	7	8
H	71.97	59.98	48.96	38.71	29.62	22.43	18.14	15.50
ε	15.33	16.66	18.40	20.91	23.49	24.27	19.13	14.56
P	1547.7	1697.2	1864.4	2038.8	2218.9	2222.3	1666.3	1235.7
M	125.6	125.6	125.5	125.5	122.9	105.8	60.3	34.9

5 结论

（1）通过文本输出文件（·TXT），将分别在 dBASEⅡ数据库语言和 FORTRAN 语言上建立的程序模块连接成一个整体：热轧优化规程软件包。这样既保持了 dBASEⅡ的文件管理功能及全屏幕编辑的优点，又发挥了 FORTRAN 的高效运算能力。

（2）对条件选择、计算优化规程和规程存档这三个环节作了统一的考虑，并为条件和规程数据的积累设立了相应的数据库文件，用户只需输入极少的数据便可得到相应优化规程的各种参数。

（3）周密地考虑了轧钢过程的复杂情况，通过选择压力，力矩等公式及加权因子计算出适合于各种不同背景的可直接用于生产的优化规程。而对轧制理论的基础研究有指导意义。

（4）本系统采用了汉字操作系统，在程序的每一个进程中都有详尽的中文提示。所用的 IBM-PC/XT 微机及 dBASEⅡ都是国内很通用的机型和系统软件，有利于推广。本工作得到重钢五厂侯歧武，皮开鉴等同志的大力支持和帮助，特此表示感谢。

参考文献

[1] 东工科学研究．沈阳，1960：425-437（图表法设计压下规程）．

[2] 梁国平．钢铁，1980，15（1）：42-48.

[3] 数据库技术．中国科学院计算所．

[4] dBASE（Ⅱ，Ⅲ）程序设计实用指南．中国科学院计算所．

（原文发表在《钢铁研究总院学报》，1988，8（2）：81-85）

中厚板轧制优化规程在线设定方法

张进之[1]，戴学满[2]

（1. 北京钢铁研究总院；2. 上钢浦东钢铁集团有限公司）

摘　要　本文介绍了中厚板轧机计算机设定控制方法的发展状况。介绍并评述了早期程序设定方法的缺陷及因此发展的优化规程在线设定方法，包括最大限度利用轧机能力方法、等比例凸度法、综合控制板凸度和平直度法、断面形状矢量法和综合等储备负荷函数法等。

关键词　优化规程；在线设定；板凸度；平直度

On-line set-up method of medium and heavy plate rolling optimizing schedule

Zhang Jinzhi[1]，Dai Xueman[2]

(1. Beijing Iron and Steel Research Institute；2. Shanghai Pudong Iron and Steel Group Co.，Ltd.)

Abstract：This article describes the development status of computer setup control method for medium and heavy plate mill, expounds the defects with program setup method in early stage and developed optimizing schedule on-line setup method-including method making full use of mill capacity，equi-proportional crown method，method of overall controlling plate crown and flatness，cross-sectional vector method as well as overall load-storing function method，etc.

Key words：optimizing schedule；on-line setup；plate crown；flatnees

1　引言

合理的轧制规程是轧钢生产规范化、科学化的首要问题，也是轧钢工作者长期研究探索的问题之一。由于该问题的复杂性，它与设备条件、轧件原始条件和目标要求，加工过程中物理力学性能变化等因素直接相关，各因素之间也有相互作用和影响，故古典的轧制规程制订主要是经验或能耗曲线分配方法。计算机应用于轧钢过程分析、控制以来，压下规程的制订方法有很大发展。

中厚板轧机的计算机控制发展较晚，一方面是它的产量比热连轧机小；另一方面是它的复杂性，轧制节奏快，品种规格多，多道次反复在一个轧机上轧制，温度等测量难且不准确，就压下规程制订来讲比热连轧机困难得多。从20世纪70年代起中厚板计算机控制才开始发展，当时主要是程序压下，给定几种辊缝值表，由操作工选择，这样操作起来复杂，而对于快速多变的中厚板轧制，程序压下的效果往往达不到人工压下水平，所以发展了中厚板轧制规程模型设定方法。主要方法有最大限度利用轧机能力方法、等比例凸度方法和联合控制板凸度-平直度方法。上述三种方法中联合控制板凸度-平直度方法最好。国外主要有德国西门子的α、β角设定法、日本水岛厚板厂的比例凸度修正法、瑞典、芬兰的断面-形状矢量法等。

我国创建的综合等储备函数法能实现最佳板凸度—平直度控制，在计算速度、使用的方便性等方面均优于国外的几种方法。它先在太钢八辊可逆式冷轧机计算机控制系统上应用[1]；其后在重钢五厂2450四辊中厚板轧机上应用[2]。同时开发了中厚板轧制影响系数法，实现了在一般工业PC机上在线设定优化轧制规程，并已在天津中板厂、上海浦钢2350中板轧机上成功地应用。

本文将对国内外几种方法的原理、特点、优

缺点等说明，并介绍综合等储备函数法使用效果和提高模型予报精度的方法。

2　负荷分配（压下制度制订）方法

一般轧制规程分3个段落：定尺寸轧制段、宽展轧制、转向纵向轧制。对双机架，前二阶段在粗轧机上进行，后阶段在精轧机上轧制。由于精轧机对产品质量和尺寸精度影响最大，本文仅研究精轧机上轧制规程优化问题。

2.1　综合等储备函数法

20世纪50年代张进之等提出图表法设计压下规程方法[3]；70年代梁国平利用轧制负荷函数的单调性，从数学上证明等负荷分配存在并唯一，等负荷分配是最佳的[4]，形成了我国自己的综合等储备函数设定轧制规程的方法。

由轧钢理论分析得出，咬入、压力、力矩、功率、电流等限制压下量各因素均可推出[3]：

$$\Delta h_{\max} = f(P_{cp}) \tag{1}$$

如轧制力限制条件可得到

$$\Delta h_{\max} = \frac{1}{P_{cp}^2 BR} \cdot \left(\frac{0.4 \cdot P^3 R_b^2}{L + l - 0.5B}\right)^2 \tag{2}$$

式中　R_b——轧辊允许弯曲应力；

$L(l)$——辊身（辊颈）长度；

B——钢板宽度；

$D(R)$——轧辊直径（半径）；

P_{cp}——平均单位压力。

图1把压力、力矩、功率、咬入等限制条件的可轧区都表示出来了，其允许的$\Delta h_{\max}$最小值即为综合可轧区。轧制过程各道次压下量平行可轧区边界（等储备）即为最佳轧制规程。

从数学上证明[4]，二元单调函数：

$$f_i(h_{i-1},\ h_i)\ (i = 1,\ 2,\ \cdots,\ n) \tag{3}$$

存在：

$$\min\max\{f_i(h_{i-1},\ h_i)\} = \max\min\{f_i(h_{i-1},\ h_i)\} \tag{4}$$

并且式（4）的解必然满足等负荷条件：

$$f_1(h_0,\ h_1) = f_2(h_1,\ h_2) = \cdots\cdots = f_n(h_{n-1},\ h_n) \tag{5}$$

而且式（5）的解存在并唯一。换言之，负荷函数且有两条重要性质：第一，等负荷分配存在并唯一；第二，等负荷分配是最佳的。

将轧制过程基本模型公式：压力、力矩、功率、电流等；轧制的约束条件：允许压力、力矩等以及权系数α_{pi}，α_{ri}等以储备系数形式建立了轧制负荷函数：

$$f_i(h_{i-1},\ h_i) = \min\left\{\alpha_{pi} \cdot \frac{P_{i允} - P_i}{P_{i允}},\ \alpha_{Mi} \cdot \frac{M_{i允} - M_i}{M_{i允}},\ \alpha_{Ni} \cdot \frac{N_{i允} - N_i}{N_{i允}},\ \alpha_{Ii} \cdot \frac{I_{i允} - I_i}{I_{i允}},\ \alpha\Delta h_i \cdot \frac{\Delta h_{i允} - \Delta h_i}{\Delta h_{i允}}\right\} \tag{6}$$

由非线性计算方法就可以求得等储备分配的解，该解与图1所示的可轧区边界相平行。实现按轧机等储备设定轧制规程，必须解决下述几个问题：第一，优选具体轧机的压力、力矩、电流等计算公式；第二，$\alpha_{Pi}\alpha_{Mi}$等权系数的确定；第三，轧机的最大允许压力、力矩、电流等值的设定；第四，快速算法的选择及计算机软件实现。上述4个问题我们都已成功地解决了。

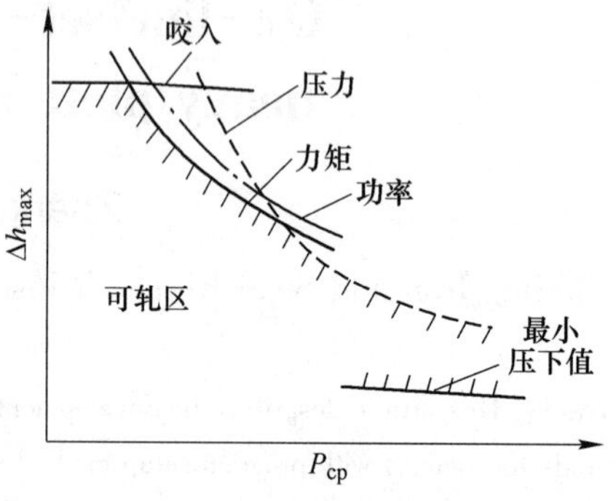

图1　综合等储备可轧区

2.2　最大限度利用轧机能力方法

从第一道开始，按设备允许的压力、力矩和压下量（或压下率）分配各道次压下量，当进行到第n道满足：

$$h_{n-1} > h_f \geq h_n$$

式中　h_f——目标厚度。

第二步是检查最小压下率条件是否满足，即保证轧制的稳定性或性能要求。取$h_n = h_f$，则可以计算出第n道的压下率，它是否满足：

$$\varepsilon_n = \frac{h_{n-1} - h_f}{h_{n-1}} \geq (\varepsilon_{\min})_n$$

如果满足，则规程算完；否则修改h_{n-1}，按给定算式求出h'_{n-1}，代替h_{n-1}。

第三步求h'_{n-1}，由下式可求得h'_{n-1}

$$\varepsilon'_n = \frac{h'_{n-1} - h_f}{h_{n-1}} = (\varepsilon_{\min})_n$$

求得的h'_{n-1}必然大于h_{n-1}，故要检查$n-1$道的压下率是否满足最小压下率要求。

第四步检查 ε_{n-1}

$$\varepsilon_{n-1}=\frac{h_{n-2}-h'_{n-1}}{h_{n-2}}\geqslant(\varepsilon_{\min})_{n-1}$$

满足上述条件则规程算出，否则继续修改 h_{n-2} 直至完全满足。一般情况修改 h_{n-1} 就能满足最小允许压下率条件了。从上述计算看出，它满足了设备安全和稳定性两个基本条件，所得出的规程最大限度地利用了设备能力。

2.3 等比例凸度系数方法

该方法特点，除考虑最大允许力矩、轧制力和咬入等三个条件之外，还要满足成品钢板凸度和平直度的要求。

2.3.1 等比例凸度轧制

板凸度和比例凸度定义

板凸度是与板形密切相关的一个重要概念，其值为钢板横断面中心处厚度 h_c 与边部代表点处厚度 h_e 之差，用 C_R 表示：

$$C_R=h_c-h_e$$

为了描述钢板厚度、板凸度和板形之间的内在关系，引入了比例凸度的概念，比例凸度 C_p 为板凸度 C_R 与钢板平均厚度 $\bar{h}$ 之比，即

$$C_p=\frac{C_R}{\bar{h}}$$

轧制过程中，保证等比例凸度将获得最佳板形，等比例凸度是保证板形最佳的充分条件。等比例凸度轧制就是控制各道次压下量，使各道次轧后钢板比例凸度 C_p 相等，即：

$$\frac{C_{Ri-1}}{h_{i-1}}=\frac{C_{Ri}}{h_i}=\cdots=C_p \qquad (7)$$

从四辊轧机轧辊弹性变形分析已知，各道轧后钢板实际凸度 C'_R 可简化写成：

$$C'_{Ri}=\alpha_{Pi}\cdot P_i-X_i \qquad (8)$$

$$X_i=\alpha C_i\cdot R_{CB}+\alpha_{CW}\cdot R_{CW}+\alpha_{Bi}\cdot P_{Bi}$$

式中 R_{CB}，R_{CW}——分别为支承辊和工作辊凸度；

P_{Bi}——第 i 道平衡及弯辊力；

α_P，α_C，α_{CW}，α_B——分别为工作辊直径、支持辊直径及板宽决定的系数。

从板形要求来看，C_R 应与 C'_R 相等，从而进一步导出：

$$P_i=\frac{P_n-X_i/\alpha P_i}{h_n}\cdot h_i+\frac{X_i}{\alpha P_i} \qquad (9)$$

式中 n——总轧制道次数。

式（7）是确保轧后钢板平直的充分条件。轧制中厚板时，在工艺条件一定时，各道次的 X_i 和 αP_i 相同，所以式（9）可以绘成图 2 中的直线，各道次的 P 和 h 值都应在这条直线上（弯辊力不变时）。

2.3.2 等比例凸度轧制规程的计算方法

轧制规程计算应满足以下三点：第一，在满足给定成品钢板凸度要求的条件下，使轧制能够顺利进行；第二，为了保证成品道次附近的轧制力与出口板厚之间严格满足式（9）的要求，所以从成品道次开始向前逆算各道次压下量；第三，轧辊凸度的变化能够比较容易地反映到轧制规程设计中来。

如图 2 所示，首先在成品厚和板凸度给定的条件下，估计轧辊实时凸度，确定出成品道次所需的轧制力 P_n。其次为了实现成品道次的轧制力，计算道次压下量，并求出成品道次入口厚 h_{n-1}。求出 $n-1$ 道次出口厚度之后，按照比例凸度一定的条件来求出 $n-1$ 道次的轧制力 P_{n-1}。这样依次可以求出前面各道次的板厚数值。

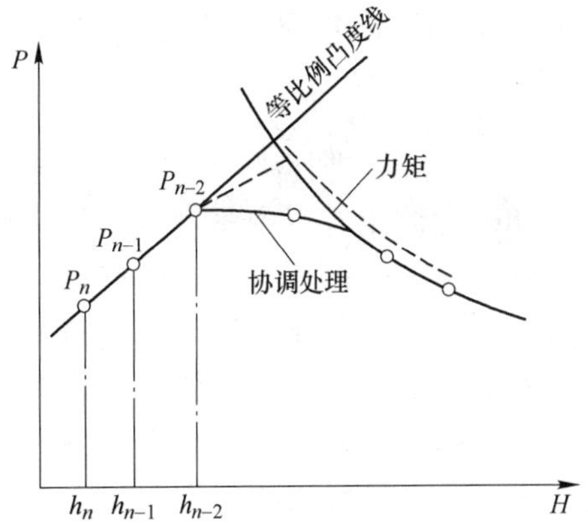

图 2 控制等比例凸度轧制规程设计

为了确保成品钢板的凸度和板形，轧制后部的道次应当严格遵守等比例凸度控制。其前部道次由于轧件较厚，按等比例凸度计算的结果可能会如图 2 中实心圆点所示那样，由于受轧制扭矩的限制，各道次之间会发生急剧的轧制力变化，造成板形恶化。为此必须对轧制力进行协调处理，如图中空心圆点所示那样，使轧制力平缓变化，以便保证良好的板形。

由于本方法的轧制规程计算是从成品道次开始计算的，所以必须预先假定各道次的轧制温度，这样才能确定各道次的变形抗力和压下量。当轧

制规程初步设计完毕之后，还要验证一下各道次的温度是否与假定的轧制温度相一致，如不一致，要重新设定各道次温度，再进行计算，直到温度收敛为止。

2.3.3　轧制规程在线修正

按照上述方法确定的轧制规程用于轧制生产时，必须满足以下两点：（1）计算的轧制力应与实际轧制力相一致；（2）假定的轧辊凸度变化在与实际凸度相符的条件下才能得到比例凸度相等。对于第一点，要及时地对轧制前半部分道次的实测轧制力与计算轧制力进行比较，如果差值较大时，必须根据实测轧制力逆算变形抗力参数，由此对必须确保比例凸度相等的后半部分道次重新计算变形抗力和修正轧制规程。对于第二点，轧辊的实际凸度是随着磨损和热凸度的变化而随时变化的，在配有板形检测装置的条件下，可以将检测得到的信号及时进行反馈，来修正轧制规程，指导轧制过程。在没有板形检测装置的条件下，由于轧辊凸度的变化是个缓慢的过程，可以通过操作人员目测板形，进行手动干预来修正下一块钢板的轧制规程。

2.4　联合控制板凸度和平直度方法

采用控制等比例凸度方法虽然可以获得良好的板形，但由于需要进行压下量协调处理和温度迭代，所以正常使用有一定难度。另外，按等比例凸度轧制会增加轧制道次，降低产量。实际生产中发现，当轧制中出现一定量边波浪时，可以通过成品道小压下量轧出平直的钢板。此表明不用严格按等比例凸度轧制，会减少轧制道次，提高产量。从而提出后边几道压力与厚度不在一条线上的轧制规程设计方法，称为联合控制板凸度和平直度方法。

当轧制中不保持等比例凸度时，并不能肯定会引起钢板平直度变化，这与轧制时存在金属横向变形和横向分布的内应力差有关。一个道次的相对厚度断面的出口断面变化确定纵向残余应力的横向分布。这个模型是利用形状-扰动（或称板形变化）系数 ξ 研究辊缝内的横向金属流动。ξ 代表厚度方向的应变差数的函数，这个函数可转换为纵向应变差数。$\xi=-\dfrac{\Delta\varepsilon_i}{\Delta\varepsilon_n}$，$\Delta\varepsilon_i$——延伸应变差；$\Delta\varepsilon_n$——板厚应变差。对于没有横向流动的简单的应变来讲，如冷轧薄板，$\xi=1$。$\xi=0$ 表示相对凸度的变化形状在各方面均未受到影响，这相应于又厚又窄的钢板轧制。这个形状-扰动系数对实际轧机来说，应按实验数据来确定，例如厚 6mm，宽 2600mm 的钢板，ξ 值约为 0.2。一般认为 ξ 是 $(h/B)^2$ 的函数，图 3 的数值关系可供参考。

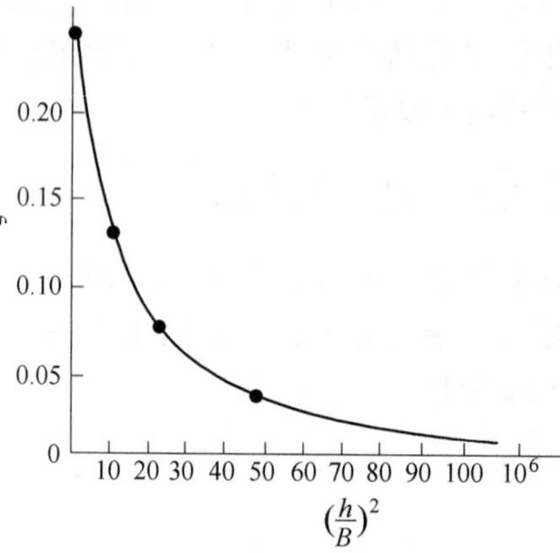

图 3　ξ 与 $(h/B)^2$ 关系图示

从板弹性稳定性理论出发，可得出如图 4 所示的钢板平直和凸度的最优关系。

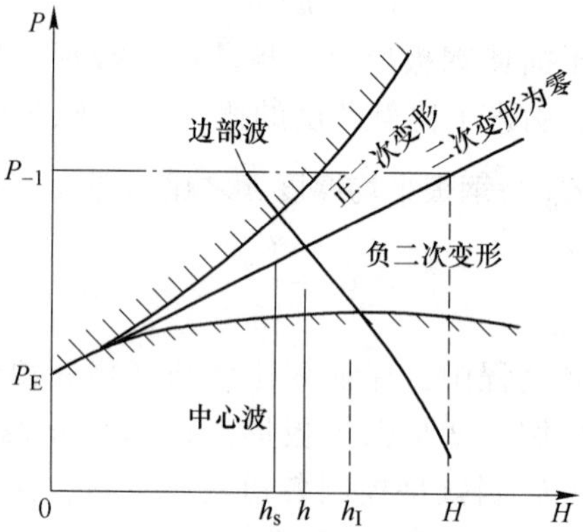

图 4　钢板平直和凸度的最优轧制

图 4 表明，从入口厚度为 H 的轧件塑性变形曲线与等比例凸度直线相交于 h 点，与边部波开始相交于 h_s，与中心波开始相交于 h_I；也就是说，出口厚度在 h_s-h_I 范围内变化都属最优厚度控制范围。图中明显表示，厚度控制范围与厚度有关，越厚，可控范围越大。图中所谓二次变形，是指轧件出变形区后发生沿宽度方向的不均匀延伸，由它产生边部或中心处波浪。下面介绍几种具体的规程设计方法。

2.4.1　相对凸度变化限定方法

如图 5 所示的轧制程序系统的限制，在 $\xi=0$ 的厚度范围内，由压力、力矩和咬入等限制条件分配压下量，当进入 $\xi>0$ 区域，即板形控制区内，由于金属存在的横向流动可以吸收一部分应力，所以道次间的比例凸度可以在一定范围内变化，即：

$$\frac{C_{rn}}{h_n}=\frac{C_{rs}}{h_{cs}}+\alpha \tag{10}$$

式中 C_{rn}——成品板凸度；

α——板形控制区内修正系数。

对于板形控制区内中间道次可采用下式：

$$\frac{C_{ri}}{h_i}=\frac{C_{ri-1}}{h_{i-1}}+\beta \tag{11}$$

式中 β——板形控制区内一个道次允许的凸度变化。

随β值的增大，轧机能力提高，为获得良好的成品钢板板形，β的累积效果必须满足式（10）。图5是该方法计算结果和过程显示。

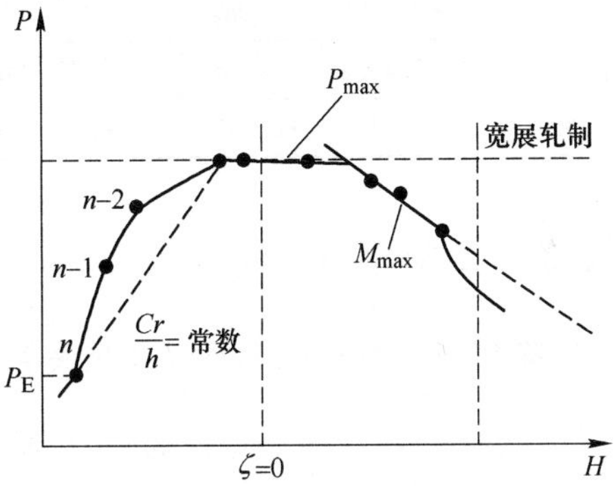

图5 轧制程序系统的限制

α参数很难从理论上给出确切的数值，日本川崎制铁公司水岛厚板厂通过装置在轧机上的光学式板形检测装置，来研究板凸度与板形之间的关系，确定修正系数α的大小。采用这种方法，使钢板翘曲度在0.6%以下的比例从74%提高到90%以上。如表1所示，轧制道次明显减少，平均轧制能力提高10%，钢板成材率达到92.3%以上。

表1 等比例凸度法与联合板凸度-板形法比较

序号	钢板厚度/mm	钢板宽度/mm	所需轧制道次	
			联合法	等比例凸度
1	9.0	3230	14	15
2	10.0	2318	14	16
3	10.0	3297	14	15
4	10.0	4347	17	19
5	12.0	4337	17	20
6	14.0	2229	7	8
7	16.0	5158	20	24
8	19.0	2146	10	14
9	22.0	2739	13	19

续表1

序号	钢板厚度/mm	钢板宽度/mm	所需轧制道次	
			联合法	等比例凸度
10	22.0	4782	17	20
11	22.0	5371	12	17

2.4.2 β、α角度人工调整法

图6所示为德国西门子设计压下规程方法，图中h_F为对应$\xi=0$的厚度，当$h>h_F$时不用考虑板形问题，按设备允许的最大压力、力矩、咬入等的最小的最大压下量分配厚度。当$h<h_F$区域时要按板形条件控制，从成品厚h_E轧制力W_{KE}点作β角斜线，β线应保证相对凸度变化在允许范围内；对于较薄板，防止轧制道次过多和交接点轧制压力突变，从h_F-$W_{K\max}$点作α角斜线。在成品厚h与h_F之间轧制力与厚度按α、β线的曲线变化，实现了板凸度-板形联合控制。

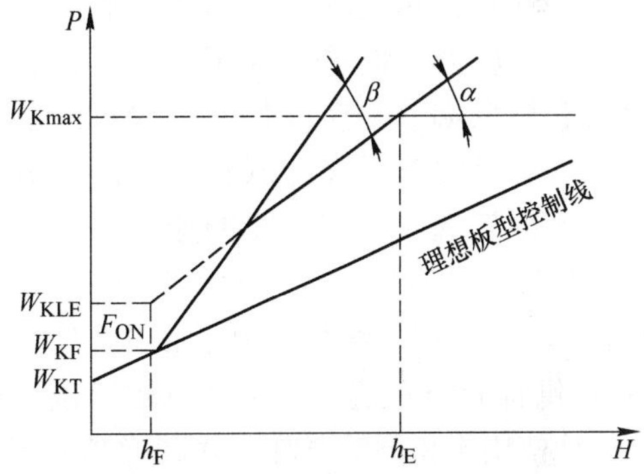

图6 板形控制P-h图

使用该方法，首先要在P-h图上作出理想板形控制线（等比例凸度），为此要求出W_{Ku}和W_{KE}两个轧制压力值。W_{Ku}是考虑轧辊原始凸度，热凸度和磨损使凸度变化的总凸度，在W_{Ku}作用下将工作辊之间成直线接触条件下求出W_{Ku}，为此要用轧辊受力弯曲变形公式。W_{KE}是保证轧制稳定要求的最小凸度和产品允许凸度之间取一个钢板要求的凸度值，由此值按轧辊受力弯曲变形公式求得W_{KF}。由$h=0-W_{Ku}$、$h=h_E-W_{KE}$两点就可以作出等比例凸度线。h_F可由图3为参考和实际生产经验确定之。α、β角由人工给定，由计算机模拟轧钢方法可以改进α、β值。

3 主要模型公式及提高预报精度的途径

模型公式的核心是轧制压力公式和温降计算公式，只有提高这两个公式的精度才能提高数学

模型的精度。为获得实用的优化轧制规程，其压力计算还取决于钢种变形抗力和温度值。国内外在提高压力公式精度方面作了大量工作，主要是在实验室作各钢种的变形抗力模型，再由实测压力值修正压力公式中的 Q_p 因子，即由实验室和生产轧机两步提高压力计算精度。我们应用了“$K\mu$”估计方法由正常工况下生产过程的操作数据优选压力公式和变形抗力公式及钢种参数来提高压力预报精度，即用一步法来提高压力预报精度。

3.1 公式优选及钢种参数的确定

压力和变形抗力公式很多，它们都是通过理论分析和实践提出的，在一定程度上均能成功地应用于中厚板轧机生产。但对一台具体轧机选用哪一个压力公式好，这是轧钢工作者长期探讨的问题，“$K\mu$”估计方法较好地解决了此问题[5]，并已在太钢、重钢、天津中板厂、上海浦钢中板厂等轧机上得到了成功的应用。

中厚板轧机应用“$K\mu$”估计的条件是：实测各道次的轧制压力、辊缝、间隙时间、轧制时间、开轧温度和终轧温度等。轧件厚度通过弹跳方程计算，各道次温度按温降公式计算，用计算终轧温度和实测终轧温度方差最小的原则来修正温降公式中的参数，使其更符合实际温降规律。

所作出的压力模型主要用于预报道次压力，为 APC 提供辊缝设定值。由于计算辊缝设定值和“$K\mu$”估计使用了相同的温降公式和弹跳方程，从而道次温度和道次厚度均为中间变量，因此消除了相应测量误差。而用实验室所得变形抗力模型时，温度和厚度的测量误差均会影响到压力预报精度，这就是用“$K\mu$”估计的一步法比二步法具有较高精度的原因。

通过公式优选，推荐采用志田茂压力公式。下面同时给出相应的轧辊半径显式计算公式及部分钢种变形抗力的数值（表2）。

$$P = 1.15K \cdot \sqrt{R'\Delta h \cdot B \cdot Q_p} \qquad (12)$$

$$Q_p = 0.8 + \eta\left(\frac{\bar{R}}{H} - 0.5\right) \qquad (13)$$

$$\eta = \frac{0.052}{\bar{\varepsilon}} + 0.016(\varepsilon \leqslant 0.15) \qquad (14)$$

$$\eta = 0.2\varepsilon + 0.12(\varepsilon > 0.15) \qquad (15)$$

对应式（12）、式（13）、式（14）的 R' 为：

$$R' = \left\{\frac{-KE + \sqrt{KE^2 - 4KE_1 \cdot KE_2}}{2 \cdot KE_1}\right\}^2$$

式中 $KE = K(0.8\,\overline{\Delta h} - 0.026\,\overline{H})$；

$$KE_1 = 0.052K - \frac{\Delta h}{CR};$$

$$KE_2 = \frac{\Delta h}{C};$$

C——柯西可夫常数（近似取 2.14×10^{-4}）。

变形抗力公式：

$$K = \exp(a + b \cdot T) \cdot U_c(c + d \cdot T)^{\circ}\varepsilon^n \qquad (16)$$

式中，$\varepsilon = \ln\dfrac{H}{h}$；$T = \dfrac{t+273}{1000}$。

表2　几个钢种的变形抗力参数

钢种	a	b	c	d	n
16Mn	5.4225	−2.4662	−0.1237	0.2243	0.2352
20G	4.1729	−1.3758	0.8364	−0.5646	0.2323
Q235	5.6392	−2.7185	0.1089	0.0627	0.1834
09SiVL	5.0262	−2.4001	−0.3465	0.4478	0.0348
3C	5.4521	−2.4295	−0.0077	0.1030	0.2649

3.2 温降模型参数的确定

3.2.1 温降模型参数变化率与温降值关系

为了能快速选定这些参数，通过计算机模拟的方法研究了成品厚度在 10~30mm 不同轧制规格时各参数变化率对温降值的影响规律（见表3）。

表3　温降模型参数变化率与温降值

参数	黑度	导热系数	对流系数	比热	塑变温升
变化量	0.1	0.001	0.001	0.01	0.1
薄规格	13	14	1.5	−10	14.8
厚规格	3	8	0.35	−3.5	

通过模拟试验得出如下调节温降规律：

（1）薄规格时，可变黑度和导热系数；

（2）厚规格时，主要改变导热系数；

（3）黑度对后边道次温降影响大，导热对各道次影响基本相同；

（4）对流系数和比热值可近似定为常数，只用黑度和导热系数来调节温降模型。

3.2.2 *KT* 估计法

已试验成功钢种变形抗力和温降模型参数同时进行非线性估计，一种是 KT 一起估计；另一种是 $K\to T\to K$ 估计。前者目标函数：

$$\sum_{i=1}^{n}((\hat{P}_i - P_{测})^2 + \alpha(\hat{T}_i - T_{测})^2) \Rightarrow \min \qquad (17)$$

α参数取值比较重要，按多目标函数非线性方程解法原则取。

"K—T—K"方法是，利用实测轧制压力估计出K值，再利用实测温度和估计出来的K估计出T参数，最后再用估计出来的T参数和实测压力再估计出K参数。这种估计方法简单，不用考虑(15)式中的α权系数问题。

4 综合等储备函数法的实用效果

4.1 天津中板厂2400四辊轧机应用效果

1991年11月由同一人操作连续轧制的72块钢板，前35块按常规方法通过模拟柜上的拨码盘进行辊缝设定和修正，计算机只采样；从第36块开始切换到计算机按优化规程自动设定辊缝，轧钢工进行监视和喂钢操作。由于没有测厚仪，由质检人员在成品工段进行厚度卡量和板形观察，共取得34个常规方式下的成品厚度值和33个按优化规程设定的成品厚度值。

测试钢种为Q235；规格（35.0～10.0）×1800(mm)，按标准来料温度1050℃，标准板宽1.8m和标准板形系数0.9计算出的优化规程见表4。计算机根据实际温度、板宽和轧辊状态，应用中厚板影响系数计算出实时优化规程，转换成相应的辊缝值进行设定轧钢。

表4 Q235(35.0～10.0)×1800(mm) 标准优化规程

道次	1	2	3	4	5	6	7	8
h_i /mm	29.48	24.69	20.59	17.11	14.20	12.15	10.77	9.8
P_i /MN	11.46	11.46	11.46	11.46	11.46	10.31	8.78	7.47

(1) 计算机优化规程使异板差减少见表5。

表5 常规与优化规程轧制成品厚度分析

方式	平均值	标准差	最大值	最小值	极差
常规	9.75	0.21	10.51	9.50	1.01
优化	9.87	0.14	10.15	9.53	0.62

表5数据表明，采用优化规程后，钢板异板差比人工方式减少约1/3，效果是显著的。

开轧温度的变化，人工与计算机相近，最大温度差为120℃左右。轧制节奏两种方式也基本相同，计算机控制比人工间隙时间减少。

(2) 轧制压力分析。图7表示2～4道轧制压力对比曲线，第一道平均压力降低3.12MN，第二道降低1.13MN，平均降低10%～30%；而最大轧制力分别降低了3.43MN和2.66MN，说明采用优化规程使轧机负荷均衡，生产过程稳定，不仅有利于改善产品质量，为进一步减少轧制道次或降低坯料出炉温度提供了可能，而且避免了由于来料厚度波动和开轧温度太低引起的过载事故，有利于高产节能，并为进一步实施负公差轧制创造了良好条件。

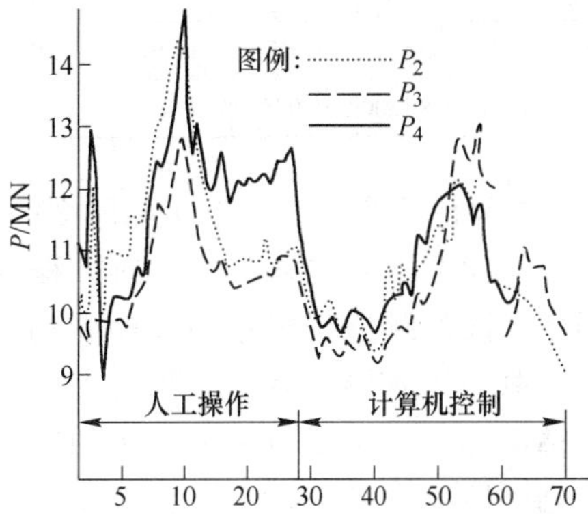

图7 第2～4道轧制压力对比曲线

4.2 上海浦钢中板轧机应用效果

上海浦钢2350四辊中板轧机在产品、质量、操作水平是国内先进的，而且技术上不断改进提高。1986年完成液压压下改造，液压压下的APC轧钢从电动压下的极差1.23mm减少到0.6mm；同板差±0.2mm之内的占90%以上[6]。新的计算机自动设定轧钢APC/AGC于1993年9月开始调试。11月投入正式运行，中板厂组织了专门测试，其结果如表6所示。AGC是动态设定型变刚度厚控方法[7]，原液压APC不变，APC轧钢只进行一次辊缝设定；AGC轧钢则时刻修正辊缝，即动态设定。

由于轧机后边无测厚仪，成品厚度由人工用千分尺在精整平台上进行，每块板沿纵向等距离测12点，以这12点的平均值代表该块钢板厚度；再以每块板的12点统计分析其板差。在轧制过程中计算机根据实测辊缝值和压力值由新型的弹跳方程[8]计算出相应的厚度，计算厚度的变化和实测厚度的变化是一致的。

从表6异板差均方差和同板差均方差所达到的精度来看，均已接近国际20世纪80年代先进水平，而上海浦钢2350四辊轧机的设备、控制水平是较低的，但所产生的品种、规格、产量等不仅在国内而与国际上相比也是少见的，况且所用原料为钢锭。这些都进一步说明该系统所采用的动态设定型变刚度厚控方法和综合等储备负荷分配方法的先进性。

表 6　异板差和同板差测量及分析结果

测量日期	钢种规格	异板差				同板差			国际水平
		均方差			极差	均方差			
		实测/mm	合同/mm	提高/%		实测/mm	合同/mm	提高/%	
1993. 11. 3	Q235B12×1800	0. 12	0. 12		0. 32	0. 099	0. 10		上海浦钢 3500，厚板（西门子）[9] 异板差 $h=8$mm $\sigma=0.89$，$h\leqslant15\sigma=0.104$ 日本新日铁[10] 同板差 $\sigma=0.040$ 异板差 $\sigma=0.08$
1993. 11. 3	16Mn12×1800	0. 07	0. 12	42	0. 25	0. 083	0. 10	17	
1993. 11. 5	09SiVL6×1800	0. 05	0. 10	50	0. 15	0. 064	0. 08	20	
1993. 11. 11	Q235B8×1800	0. 07		30	0. 24	0. 060	0. 08	25	
1993. 11. 13	S48C6×1800	0. 05	0. 10	50	0. 14	0. 08	0. 08		
1993. 11. 23	16MnGKU16×1800	0. 032	0. 12		0. 11	0. 078	0. 10		

用弹跳方程计算厚度与钢板实际厚度的关系，表明了我们新研究成功的非线性弹跳方程的精确性和实用性。该弹跳方程已申请发明专利[8]。轧钢工作者十分重视弹跳方程，因为它直接决定控制系统的精度和最佳负荷分配的实现问题。但是在如何提高弹跳方程的问题上，大都没有改变传统作法：以压力-辊缝的自然零点为坐标原点；用线性方程及修正系数来反映不同板宽和压力下的轧机弹性变形量。而新弹跳方程则采用压靠点（10MN）为原点，大于 10MN 用线性方程；小于 10MN 用非线性方程。经坐标原点变换最大优点是不用考虑轧辊开始接触时的位置，即误差最大处——零点附近最大非线性段不影响计算值，所用段都是能直接测量到的压力与轧机弹性变性的关系。

5　结论

（1）中厚板轧机计算机控制需要所发展的数学模型设定计算方法是十分重要的，经过最大限度利用设备能力，等比例凸度法和综合控制板凸度-平直度的方法发展过程。板凸度-平直度方法保证了钢板生产的高产优质。

（2）实现综合控制板凸度-平直度的优化轧制规程计算方法主要有四种，即我国的综合等储备函数法、日本的比例凸度修正法、德国的 α、β 角设定法、瑞典-芬兰的形状矢量法等。对四种方法的分析对比和实际轧机上的控制应用，证明综合等储备函数法效果好，使用方便，而且特别容易加进新的轧制理论成果和工人有效的操作经验。

（3）综合等储备法与动态设定型变刚度厚控方法的联合应用，取得了最佳的生产效果，使钢板的同板差、异板差都明显减少，在装备落后的轧机上，钢板质量接近世界上最先进的轧机所生产钢板质量水平。

（4）我国创建的新型负荷分配和厚度控制方法，使控制装备大大减化，对生产状况稳定度放宽，所取得的技术经济效果又十分明显。达到了设备简单、操作方便、效果明显、性能比高等四大优点，很适用我国国情，应大力推广应用。

6　后记

板带轧制过程中，压下量分配是核心技术，几百年来这项工作是操作工凭经验完成的。从 20 世纪 60 年代初，人们开始重视连轧机上用计算机分配压下量，并获得成功，但在中厚板轧制过程中应用进展较晚。70 年代国外开发了程序压下方式，由于品种规格多，轧辊实时凸度在变化，所以计算机程序压下的钢板质量低于人工操作的水平。只有在线实时进行压下量分配和设定才有可能代替人工操作，日本住友、英国、德国等最初开发的是最大限度利用轧机能力的分配方法。

我国发明的综合等储备负荷函数分配方法，从理论建立和推广应用可分为几个阶段：50 年代末的图表法分析设定压下规程，分析是十分成功的，但在规程设定上只能用简单的恰古诺夫压力公式；70 年代中科院梁国平提出负荷函数方法，解决了综合等储备优化轧制规程实时计算问题，使之得以在生产轧机上应用。在 80 年代推广应用中，提出了 n、$n-1$ 和 W 的板形控制参数方法，十分有效地解决了板形控制问题，适应了轧辊凸度的变化，但其系数是由经验确定的。至此本文综述了国内外在线设定控制的内容。

1996 年板形理论在中国取得了突破性进展后，综合等储备负荷函数方法得到改进，可直接得出板形最佳轧制规程，即板形设定由经验上升到理论。板形最佳轧制规程已应用在美国CitiSteel4064mm宽厚板轧机上，其具体技术内容已在《宽厚板》2000年4期上发表，结合本文所述内容可更进一步了解中厚板轧机负荷分配技术的进步。

参考文献

[1] 薛兴昌，周方，张进之，等．太钢八辊轧机计算机控制系统［J］．冶金自动化，198期．

[2] 张进之，郝付国，白埃民．控轧控冷生产线的控轧数学模型及其实现［C］//应用电子技术改造钢铁工业学术会议论文集．北京：冶金工业出版社，1993.

[3] 张进之，程芝芬，王廷溥，等．图表法设计压下规程［J］．东工科学研究，1960.

[4] 梁国平．轧机负荷函数及分配方法［J］．钢铁，1980（1）．

[5] 张进之，白埃民．提高中厚板轧机压力预报精度的途径［J］．钢铁，1990（5）．

[6] 薛君荣，等．中板厂四辊液压厚调装置工艺部分［J］．三钢技术，1988（3）．

[7] 张进之．压力AGC参数方程及变刚度轧机［J］．冶金自动化，1984（1）．

[8] 张进之，白埃民，郝付国．专利申请号9111673.7，中厚板轧制辊缝值的设定方法［P］．

[9] 欧阳艺，吴时清．液压AGC在3500mm厚板轧机上的应用［J］．轧钢，1993（4）．

[10] Yutaka Kurashige. 板材轧机厚度自动控制的发展［J］．冶金设备，1989（2）．

（原文发表在《宽厚板》，2001，7（6）：1-9）

热连轧机负荷分配方法的分析和综述

张进之

（钢铁研究总院）

摘　要　热连轧的负荷分配是生产过程优化的基础，本文简介了我国发明的综合等储备负荷分配方法和今井一郎的能耗法，通过与引进方法对比说明我国发明方法的先进性，推广到热连轧机上应用的可行性。

关键词　负荷分配；能耗法；分配系数法；综合等储备法；板型最佳规程

Analysis and summarization of load distribution method for hot continuous rolling mill

Zhang Jinzhi

(Central Iron and Steel Research Institute)

Abstract: The load distribution of hot continuous rolling is the foundation of optimizing for process control. In this paper, equal load distribution and energy consume method were introduced. The advantages of equal load distribution method invented by our country was illustrated by comparing other methods, at the same time the feasibility to put into use in hot continuous rolling was put forward.

Key words: load distribution; energy consume method; distribution factor method; equal load distribution; shape optimal schedule

1　前言

热连轧机板带轧制过程控制的目的是实现轧制工艺过程优化，用数学模型在线计算控制参数及自适应。参数计算的核心是各机架（或道次）压下量分配，即负荷分配。国内外实用的负荷分配方法，主要是分配系数法。例如，武钢 1700 热连轧机是用能耗模型分配系数法；鞍钢 1700 热连轧和宝钢 2050 热连轧则有压下率、压力、功率三种分配系数法，常用的是压下率分配系数法；本钢 1700 热连轧机则用快速分析算法；攀钢 1450 热连轧机为自适应功率或压力分配系数法。下面主要介绍 AEG、西门子、攀钢和武钢的负荷分配方法，以及我国发明的综合等储备负荷分配方法。

负荷分配和力能参数校核所用压力，变形抗力及温降等模型公式，各国差别也比较大，可分成三种类型，第一类是以自适应理论为主，压力等模型公式很简单，如西门子，GE（攀钢）所用方法；第二类以轧钢理论为主，也应用自适应，如武钢、本钢所采用方法；第三类则为轧钢理论与控制相结合建立的轧钢综合集成模型。

2　引进的负荷分配方法的简介

2.1　AEG 为本钢提供的方法

在满足目标成品厚度、终轧温度和板型平直条件下，各机架厚度分配是用单调递减函数来计算[1]：

$$h_i = h_0^\circ \exp_e^\circ\left(\sum_{j=1}^{4} a_j^\circ \Big|_0^j\right)\quad i = 1,2,\cdots,n \tag{1}$$

由板型最佳条件，可确定成品机架和成品前架轧制压力 P_n 和 P_{n-1}，由数学模型可以求得成品架入口厚度，递推求得成品前架入口厚度；同理，求得第一机架出口厚度。由 h_1，h_n，h_{n-1}，h_{n-2} 代回到式（1），就可求得 a_j 系数，再由式（1）求得 h_2，h_3，…，h_{n-3}。

厚度分配之后，检查轧制目标（终轧温度）和设备的限制，如果一个条件未满足，则修改第一机架压下量，重复上述计算。每一步都要重新计算出口速度 V_n，以达到终轧目标温度 T_n。

2.2 西门子为鞍钢和宝钢提供的方法[2,3]

规程设定由轧制规范（或称轧制策略）和道次计划预计算两个功能程序块完成的。还有道次重计算、新计算和后计算等，它们主要是提高设定精度，实现模型自适应等，其核心是道次计划预计算。

轧制策略的主要功能：提供规程计算所需的各种数据；确定单位张力和速度选择方式；遗传系数（自适应计算出的各种修正系数）的管理；确定负荷形式和负荷值。主要有压下量、轧制压力、轧制功率的相对化或绝对化六种负荷分配方式。各机架可以全是相对的，相对化和绝对化混合用的，但不能全是绝对化的；也不能压下率、功率和压力混合用的。常用的是压下量分配系数法，而压力和功率分配系数法也先要由压下量分配法给出初始厚度分配值。

道次计划预计算核心内容是根据负荷值计算各机架相对压下量。以鞍钢为例，六机架连轧，设坯料厚度为 h_0，成品厚度为 h_6。

$$\frac{h_6}{h_0} = \prod_{i=1}^{6}[l - \varepsilon_{(i)}] \tag{2}$$

由轧制策略给出的负荷值 $\varepsilon_{(i)}$，按式（2）计算出来的 h_6 不可能等于要求的成品厚度，因此要迭代解出各机架的实际相对压下率。

设 m 个机架为绝对压下率，即不允许改变的，n 个为相对压下率，即可调整的，$m+n=6$，则式（2）可写成：

$$h_6 = h_0\prod_{i=1}^{m}[l - \varepsilon_{(i)}]\prod_{i=1}^{n}[l - RKE^\circ\varepsilon_{(i)}]$$

令
$$X = \frac{h_0}{h_6}\prod_{i=1}^{m}[l - \varepsilon_{(i)}]$$

则
$$\frac{1}{X} = \prod_{i=1}^{n}[l - RKE^\circ\varepsilon_{(i)}] - \ln X$$
$$= \sum_{i=1}^{n}\ln[l - RKE^\circ\varepsilon_{(i)}]$$

令 $RKE^\circ\varepsilon_{(i)} = Y$，数学上证明，$Y$ 变化在［−1，1］区间时，$\ln(1-Y) = A^\circ\overline{Y} - B^\circ Y^2$。实际上 Y 只在［0，0.5］区间内变化，得出 $A = 0.905601$；$B=0.959597$。由以上变换可以得出 REK 的二次方程，解得 REK 值。从而得出接近成品要求厚度的近似压下率 $\varepsilon_{(i)}$：

$$\varepsilon'_{(i)} = \varepsilon^\circ_{(i)}\mathrm{RKE} \tag{3}$$

再进一步迭代计算，设 $\varepsilon''_{(i)} = \varepsilon'_{(i)}(l-C)$。由给定的 m 个压下率和新求得的 n 个 $\varepsilon'_{(i)}$ 压下率，可求出第六机架轧出的厚度 h'_6，从而推得：

$$\frac{h_6}{h'_6} = \prod_{i=1}^{n}\left[1 + C\frac{\varepsilon'_{(i)}}{1-\varepsilon'_{(i)}}\right]$$

$$\ln\frac{h_6}{h'_6} = \sum_{i=1}^{n}\ln\left[1 + C\frac{\varepsilon'_{(i)}}{1-\varepsilon'_{(i)}}\right]$$

由于 $C\dfrac{\varepsilon'_{(i)}}{1-\varepsilon'(i)} \ll 1$，根据级数近似得：

$$\ln\frac{h_6}{h'_6} = \sum_{i=1}^{n}\left[C\frac{\varepsilon'_{(i)}}{1-\varepsilon'_{(i)}}\right]$$

$$C = \frac{\ln(h_6/h'_6)}{\sum_{i=1}^{n}\varepsilon'_{(i)}/(1-\varepsilon'_{(i)})} \tag{4}$$

C 求得后，可得到更近似的相对压下率 $\varepsilon''_{(i)}$。如果由 $\varepsilon''_{(i)}$ 计算出来的成品厚度还达不到要求，还可以重复上述计算过程，求得更精确的压下率。

2.3 攀钢 1450 热连轧的负荷分配方法[4]

规程设定是在满足成品厚度和终轧温度的条件下，以自适应值为基础，通过循环计算求出各机架的厚度分配值。负荷分配分两种方式，即轧制力分配和功率分配。

负荷分配的计算是分二步完成的，首先是确定各机架的分配因数，然后是循环计算出各机架的厚度。

分配因数的确定与来料宽度有关，对应轧制力和功率有不同的标准分配因数。在实际应用中，人工可以对各机架的标准分配因数做一些修正，得到修正后的分配因数：

$$APTF_{(I)} = a_{(I)} \cdot AFP_{(I)}$$
$$I = 1,\ \cdots,\ n \tag{5}$$

式中 $APTF$——分配因数；

a——修正系数；

AFP——标准分配因数；

n——机架数。

实时在线计算则用相对化分配系数：

$$APTF_{(I)} = APTF_{(I)}/\max\{APTF_{(I)}\Lambda APTF_{(n)}\}$$

机架厚度的计算是在厚度倒数与力或功率积累参数的对应曲线基础上，用插值计算方法求出。厚度分配与温度的计算是在一个循环过程中完成。

厚度的初始值是使用上一卷钢的自适应值，分配出厚度、温度后，再用此次的结果作为下一次循环的初始值，多次循环计算以提高模型的设定精确度。循环次数由人工给定。

下面按轧制力的负荷分配方法进行厚度计算，按功率分配方法与轧制力方法相似。

首先应得到厚度倒数与轧制力积累曲线，根据初始的各机架厚度倒数与温度分布，计算出各机架的轧制力，并做出 $\frac{1}{h}=f\left(\sum F\right)$ 。

$$\frac{1}{H} \quad \frac{1}{h_1} \quad \frac{1}{h_2} \quad \cdots \quad \frac{1}{h_n}$$

$$0 \quad F_1 \quad F_1+F_2 \quad F_1+F_2+\cdots+F_n$$

根据待轧制钢的已知入口厚度和出口厚度，线性插值出对应的积累轧制力：$F_{入口}$和$F_{出口}$。再根据负荷分配因子计算出各机架轧制力：

$$F_{(I)}=F_{\max(I)}{}^{\circ}APTF_{(I)} \tag{6}$$

式中 $F_{\max(I)}$——各机架允许最大轧制力。

然后根据插值求出的总轧制力与按分配因子得到的总轧制力求出比率系数 $RAPP$：

$$RAPP=\frac{F_{(出口)}-F_{(入口)}}{\sum_{I=1}^{n}F_{(I)}} \tag{7}$$

计算各机架出口厚度：由于成品厚度为已知的目标值，则成品前机架的积累轧制力：

$$F_{n-1}=F_{(出口)}-F_{(n)} \tag{8}$$

由 F_{n-1}，在厚度倒数与轧制力积累曲线中线性插值出此机架的出口厚度。其他机架的厚度按此办法递推求出。

2.4 武钢1700引进的能耗分配方法

武钢1700热连轧机是20世纪70年代从日本引进的第一套现代化的热连轧机，具有二级计算机自动控制功能，过程控制级的负荷分配采用今井一郎提出的能耗分配方法[5]：

$$E=E_0\left[\left(\frac{H}{h}\right)^m-1\right] \tag{9}$$

$$m=0.31+\frac{0.21}{h}$$

式中 H——坯料厚度；

h——成品厚度；

m——通过大量现场实测数据得出公式；

E——单位能耗。

定义函数 Φ_i 为第 i 机架的累计能耗负荷分配系数。对于各机架来说钢坯重量和轧制时间是相同的，因此可写出 Φ_i 的表达式：

$$\Phi_i=\sum_{j=1}^{i}E_j'/\sum_{j=1}^{n}E_j'=E_j/E_{\Sigma} \tag{10}$$

式中 E_j——第 i 机架的累计能耗；

E_{Σ}——总能耗；

E_j'——第 j 机架的能耗。

根据（9）式有：

$$E_i=E_0\left[\left(\frac{H}{h_i}\right)^m-1\right]$$

$$E_{\Sigma}=E_0\left[\left(\frac{H}{h}\right)^m-1\right]$$

经推导得：

$$h_i=\frac{Hh}{[h^m+\Phi_i(H^m-h^m)]^{1/m}} \tag{11}$$

$$\Phi_i=\frac{\left(\frac{Hh}{h_i}\right)^m-h^m}{H^m-h^m} \tag{12}$$

式（11）、式（12）为实用的能耗负荷分配计算公式，对实际轧制制度可由式（12）计算出 Φ_i 函数；当 Φ_i 已知后可由式（11）得出各机架（或道次）的厚度分配。

总之，引进热连轧机轧制规程设定方法，是按分配系数法（或能耗法）求得压下量分配，用数学模型计算力能参数，校核机械设备、电气、工艺等限制条件，通过后计算出辊缝、速度等控制系统设定值，无在线优化规程的功能。国内外在优化规程方面有大量研究，主要有平方和目标函数的非线性规划方法和动态规划方法，但这些方法计算量太大，难于达到在线实时应用的程度，只能对分配系数做一些改进。我国发明的综合等储备负荷分配方法，实现了在线实时轧制规程的优化。

3 综合等储备负荷分配方法

早在20世纪50年代末，张进之等提出了综合等储备原理的图表法设计压下规程方法[6]；70年代梁国平根据轧制负荷函数的单调性，从数学上证明等负荷分配存在且唯一，等负荷分配是最佳的[7]，形成了我国的综合等储备负荷函数设定轧制规程的方法。

由轧制理论分析得出，咬入、压力、力矩、功率、电流等限制压下量因素可推出[6]：

$$\Delta h_{\max z}=f(F_{CP}) \tag{13}$$

图1为式（13）的图示。

文献［7］从数学上证明，二元单调函数：

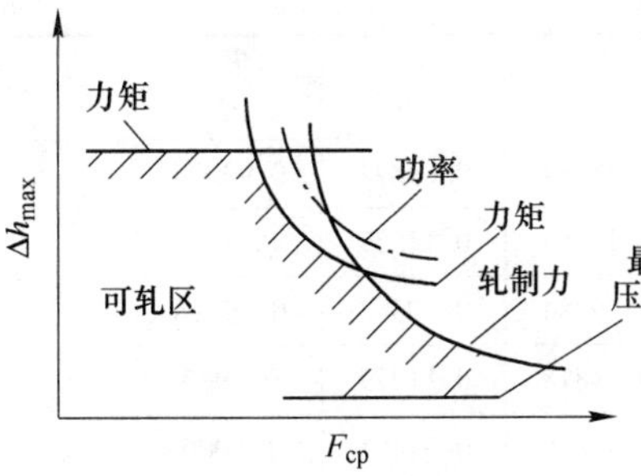

图 1 综合等储备可轧区

$f_i(h_{i-1}, h_i)$ $i=1,2,\cdots,n-1$存在：

$$\min\max\{f_i(h_{i-1}, h_i)\} = \max\min\{f_i(h_{i-1}, h_i)\} \quad (14)$$

并且式（14）的解必须满足等负荷条件：

$$f_i(h_0, h_1) = f_2(h_1, h_2) = \Lambda\Lambda = f_n(h_{n-1}, h_n) \quad (15)$$

而且式（14）的解存在并且唯一。换言之，负荷函数有两条重要性质：第一，等负荷分配存在并唯一；第二，等负荷分配是最佳的。

将轧制过程基本模型公式：压力、力矩、功率、电流，以及变形抗力和温降公式等；轧制的约束条件：允许压力、力矩等以及权系数 α_{Pi}、α_{Ni} 等以储备系数形式建立了轧制负荷函数：

$$f_i(h_{i-1}, h_i) = \min\left\{\alpha_{Pi}\frac{F_{允i}-F_i}{F_{允i}},\ \alpha_{Mi}\frac{M_{允i}-M_i}{M_{允i}},\ \alpha_{Ni}\frac{N_{允i}-N_i}{N_{允i}},\ \alpha_{Ii}\frac{I_{允i}-I_i}{I_{允i}},\ \alpha_{hi}\frac{\Delta h_{允i}-\Delta h_i}{\Delta h_{允i}}\right\} \quad (16)$$

由非线性计算方法，就可以求得等储备分配的解，该解与图 1 所示可轧区边界相平行。下面说明解算过程。

$h_0=H$(入口厚度)；$h_n=h$(成品厚度)；n 为轧制道次。当初始值 h_1，h_2，…，h_{n-1} 给定后，根据所选择的变形抗力和压力公式计算 f_i 值，嵌套迭代法求出 h_1，$h_2\Lambda h_{n-1}$，的最佳分配值。

（1）给定初始分配 h_1，$h_2\Lambda h_{n-1}$，计算相应的负荷函数值 f_1，$f_2\Lambda f_n$，求出初始储备常数 C 值：

$$C=\frac{f_1+f_2+\Lambda+f_n}{n}$$

（2）求解 $f_1(h_0, h_1)=C$ 得 h_1，求解 $f_2(h_1, h_2)=C$ 得 $h_2\Lambda\Lambda$ 求解 $f_{n-1}(h_{n-2}, h_{n-1})=C$ 得 h_{n-1}。

（3）计算 $f_n=f_n(h_{n-1}, h_n)$，一般 $f_n\neq C$。

（4）利用 $y=f_n(h_{n-1}, h_n)-C$ 是 C 的单调函数，求出新的 f_n 作 C，再由（2）开始计算，直到 $|f_n-C|\leqslant\varepsilon$ 为止，ε 是给定误差精度。

此时得到的 h_1，$h_2\Lambda h_{n-1}$ 即为综合等储备下的最佳厚度分配。C 值一般在 0.2~0.5 为宜，$C=0$ 意味着轧机处于临界状态，而较大的 C，表示还有潜力可利用，可以减少轧制道次。

等储备分配，将 n 维非线性最优化问题，转化为 n 个一维非线性求根问题，实现了在线实时优化规程的计算。该方法已成功地应用在太钢 MKW-1400 可逆冷轧机[8]，重钢 2450 中厚板轧机[9]，天津中板厂 2400 轧机[10] 和上钢三厂 2350 中板轧机上[11]，它肯定可以应用在冷、热连轧机上。中厚板轧机比连轧机优化规程难度大，而对冷、热连轧机的负荷分配方法已做出具体实施方案。

4 热轧板带实际轧制规程的分析讨论

从轧制理论和实际应用效果来分析，今井的能耗法和我国的综合等储备方法是最有代表性的方法。通过宝钢 2050、邯钢 1900 热连轧机和重钢 2500、上钢三厂 2350 中厚板轧机实际轧制规程用今井能耗法反求 Φ_i 和 $\Delta\Phi_i$ 来进行分析讨论。

4.1 宝钢 2050 热连轧机实际轧制规程的分析

宝钢 2050 轧制规程在 20 世纪 80 年代引进时是西门子公司提供的，1993 年重新引进了西马克公司的 CVC 串辊量计算方法。西门子轧制规程设定计算方法前面已介绍了，西马克与西门子 CVC 串辊量计算方法主要区别是，原方法是板凸度目标设定，西马克方法则是平直度目标设定。目前宝钢应用的是西马克方法[12]。

分析采用了 1995 年 5 月~2000 年 11 月共 8 批数据，按成品及轧制规程，用式（12）计算出 Φ_i，$\Delta\Phi_i$ 的数值表如表 1 所示。

表 1 宝钢 2050 实测规程的 $\Phi_i(\Delta\Phi_i)$ 数值

编号	H_0	h_1	Φ_1	Φ_2 / $\Delta\Phi_2$	Φ_3 / $\Delta\Phi_3$	Φ_4 / $\Delta\Phi_4$	Φ_5 / $\Delta\Phi_5$	Φ_6 / $\Delta\Phi_6$	Φ_7 / $\Delta\Phi_7$	备注
6	38.58	1.479	0.12728	0.28729	0.44292	0.62208	0.7792	0.90596	1.0000	
				0.1600	0.15563	0.17916	0.15712	0.12676	0.09404	

续表 1

编号	H_0	h_1	Φ_1	$\frac{\Phi_2}{\Delta\Phi_2}$	$\frac{\Phi_3}{\Delta\Phi_3}$	$\frac{\Phi_4}{\Delta\Phi_4}$	$\frac{\Phi_5}{\Delta\Phi_5}$	$\frac{\Phi_6}{\Delta\Phi_6}$	$\frac{\Phi_7}{\Delta\Phi_7}$	备注
3	40.78	1.971	0.14128	0.30515	0.46523	0.63731	0.78314	0.89871	0.99998	2000 年数据
				0.16387	0.16008	0.17208	0.14583	0.11557	0.1013	
10	43.81	2.552	0.14908	0.31655	0.47638	0.64466	0.79284	0.90363	0.99998	
				0.16747	0.15983	0.16828	0.14818	0.11079	0.0963	
7	43.26	3.261	0.16282	0.33523	0.4964	0.66287	0.8072	0.91401	1.0000	
				0.17241	0.16117	0.16647	0.14433	0.10681	0.08599	
14	47.07	3.509	0.15407	0.32675	0.48811	0.65445	0.79912	0.90647	1.0000	
				0.17268	0.16136	0.16634	0.14467	0.10735	0.09353	
16	47.24	4.597	0.162104	0.33915	0.50121	0.66578	0.80697	0.910698	1.0000	
				0.17697	0.16205	0.16457	0.144119	0.10373	0.089302	
23	47.42	5.135	0.16514	0.34351	0.505	0.6697	0.80954	0.91218	1.0000	
				0.17837	0.16149	0.1647	0.13984	0.10264	0.08782	
21	47.24	5.929	0.16914	0.35044	0.51418	0.67774	0.81688	0.91930	1.0000	
				0.1808	0.16374	0.16357	0.13914	0.10242	0.08701	
4	51.50	8.889	0.1828	0.36253	0.53364	0.6908	0.82218	0.92309	1.00001	1996 年数据
				0.17975	0.17111	0.15716	0.13198	0.10031	0.0769	
5	49.60	8.614	0.1918	0.37116	0.54128	0.69776	0.82918	0.94316	1.00002	
				0.1794	0.17012	0.15648	0.13142	0.11398	0.0568	

2000 年实测数据计算出的 $\Delta\Phi_i$ 数值，发现 $\Delta\Phi_3$ 比 $\Delta\Phi_2$ 和 $\Delta\Phi_4$ 小，此可能是在规程设定时 $F_1 \sim F_3$ 为一组板型参数，而 $F_4 \sim F_7$ 为另一组参数有关，与文献［13］分析是一致的。所以，宝钢 2050 设定模型参数有待改进。

4.2　邯钢 1900CSP 轧制规程的分析

邯钢 1900CSP 薄板坯连铸连轧是与珠钢 1500、包钢 1580 一起从德国引进的，邯钢轧机最宽，所以投产后板型问题突出。邯钢为解决板型质量问题，特请钢铁研究总院协助解决和分析板型控制问题。钢研总院与邯钢技术中心合作从 4 月开始对 1900CSP 轧制问题进行了调研，采集了 2001 年 4 月 3 日~5 月 17 日大量实测数据。表 2 为实测数据分析。

为便于分析，将宝钢、邯钢的 Φ_i 函数按成品厚度对应关系整理出表 3、表 4。

表 2　邯钢 1900CSP 实测数据分析

编号	铸坯厚度	H	$\frac{h_1}{\Delta\varepsilon_1}$	$\frac{h_2}{\Delta\varepsilon_2}$	$\frac{h_3}{\Delta\varepsilon_3}$	$\frac{h_4}{\Delta\varepsilon_4}$	$\frac{h_5}{\Delta\varepsilon_5}$	Φ_1	$\frac{\Phi_2}{\Delta\Phi_2}$	$\frac{\Phi_3}{\Delta\Phi_3}$	$\frac{\Phi_4}{\Delta\Phi_4}$	$\frac{\Phi_5}{\Delta\Phi_5}$
1	60.59	30	12.58	6.12	3.56	2.38	1.80	0.19336	0.41801	0.63887	0.83872	1.0000071
			0.581	0.514	0.418	0.331	0.244		0.22465	0.22076	0.19995	0.16129
2	60.59	30	13.64	6.86	4.02	2.66	2.00	0.18633	0.40677	0.62734	0.8437	0.999997
			0.545	0.497	0.414	0.338	0.248		0.22044	0.22057	0.21636	0.1563
3	60.59	30	14.31	7.48	4.55	2.99	2.30	0.19185	0.4138	0.62767	0.84465	1.0000013
			0.523	0.478	0.392	0.343	0.231		0.22195	0.23187	0.21698	0.1554
4	60.59	32	13.25	7.00	4.36	2.98	2.30	0.2262	0.4478	0.65299	0.84865	0.999986
			0.586	0.472	0.377	0.317	0.228		0.2216	0.20519	0.19566	0.15134
5	60.59	30	14.62	7.78	4.79	3.22	2.5	0.19699	0.42235	0.638	0.848	1.000007
			0.513	0.468	0.384	0.328	0.224		0.22536	0.2157	0.21	0.152

续表 2

编号	铸坯厚度	H	h_1 / $\Delta\varepsilon_1$	h_2 / $\Delta\varepsilon_2$	h_3 / $\Delta\varepsilon_3$	h_4 / $\Delta\varepsilon_4$	h_5 / $\Delta\varepsilon_5$	Φ_1	Φ_2 / $\Delta\Phi_2$	Φ_3 / $\Delta\Phi_3$	Φ_4 / $\Delta\Phi_4$	Φ_5 / $\Delta\Phi_5$
6	60.59	35	15.26	7.74	4.7	3.22	2.5	0.21157	0.4455	0.65937	0.85318	0.99999
			0.564	0.493	0.393	0.315	0.224		0.23393	0.21381	0.19351	0.1468
7	70.4	35	14.97	7.8	4.72	3.23	2.5	0.21733	0.44113	0.65735	0.85147	0.99999
			0.572	0.479	0.359	0.316	0.226		0.2238	0.21622	0.19412	0.1485
8	70.4	35	16.48	8.96	5.74	3.88	3.01	0.21518	0.44041	0.64129	0.84833	0.999998
			0.529	0.456	0.369	0.324	0.224		0.22523	0.2009	0.20704	0.15165
9	70.4	40	19.39	9.91	6.05	3.86	3.01	0.18943	0.41504	0.62773	0.85592	1.00000
			0.515	0.489	0.390	0.362	0.220		0.22567	0.21269	0.22819	0.1441
10	70.4	38	18.71	9.71	5.98	3.84	3.01	0.19065	0.41924	0.62879	0.85711	0.99999
			0.5076	0.457	0.384	0.358	0.216		0.20955	0.22832	0.22832	0.1420
11	70.4	36	17.44	9.17	5.7	3.82	3.01	0.2023	0.4348	0.64713	0.85821	0.9999988
			0.516	0.474	0.378	0.33	0.212		0.2325	0.21233	0.21108	0.14178
12	70.4	38	18.94	10.38	6.45	4.46	3.54	0.2091	0.4384	0.6801	0.85992	0.999997
			0.502	0.452	0.379	0.309	0.206		0.2293	0.2414	0.17982	0.14008
13	70.4	38	18.90	10.68	6.58	4.79	3.79	0.21992	0.4464	0.67923	0.85584	0.99997
			0.503	0.435	0.384	0.274	0.209		0.2264	0.2325	0.17661	0.1442
14	70.4	37	18.46	10.64	6.91	4.87	3.84	0.2247	0.44795	0.6570	0.85239	1.000019
			0.501	0.424	0.351	0.295	0.211		0.22325	0.2091	0.19539	0.14763
15	70.4	36	19.085	12.21	7.95	5.92	4.85	0.2272	0.45154	0.68432	0.8660	1.000023
			0.425	0.385	0.349	0.255	0.181		0.23278	0.18168	0.18168	0.134
16	70.4	38	20.4	12.2	8.10	6.14	5.05	0.2366	0.47525	0.69878	0.8693	0.999976
			0.463	0.400	0.336	0.742	0.178		0.23815	0.22353	0.17052	0.1307

表 3 宝钢 2050 负荷分配系数

h	Φ_1	Φ_2	Φ_3	Φ_4	Φ_5	Φ_6	Φ_7
<2.5	0.127~0.15	0.28~0.32	0.44~0.48	0.62~0.64	0.77~0.79	0.90	1
2.5~4.0	0.16	0.33	0.49~0.50	0.65~0.66	0.80	0.91	1
4.0~8.0	0.16	0.34~0.35	0.50~0.51	0.66~0.67	0.81	0.91	1
>8.0	0.18	0.36	0.54	0.69	0.82	0.93	1

表 4 邯钢 1900CSP 负荷分配系数

h	Φ_1	Φ_2	Φ_3	Φ_4	Φ_5
1.8~2.3	0.19~0.22	0.40~0.44	0.62~0.65	0.83~0.85	1
2.3~3.0	0.21	0.41~0.44	0.62~0.65	0.84~0.85	1
3.0~3.8	0.20~0.22	0.41~0.44	0.62~0.68	0.85	1
4.8~5.01	0.22~0.23	0.45~0.47	0.68~0.69	0.88	1

表 3 表 4 数据对比表明，宝钢的轧制规程明显优于邯钢的轧制规程，应用我国发明的板型计算法可以提高邯钢 1900CSP 的板型质量。

4.3 重钢五厂和上钢三厂轧制规程的分析

前面已介绍了我国发明的综合等储备优化轧制规程已在国内外大量中厚板轧机上应用，其中重钢五厂是最先推广应用这一种技术的，并获国家“七五”科技攻关奖；上钢三厂 2350 中板轧机在国内属先进的，推广应用项目获上海市科技进步奖。下面对这两套中板轧机的实际轧制数据计算 Φ_i 和 $\Delta\Phi_i$ 如图 2、图 3 所示。

图 2、图 3 的 $\Delta\Phi_i$ 变化表明，综合等储备优化轧制规程与能耗法设定的规程具有一致性，所以可用能耗法 Φ_i 函数做优化规程的初值。在重钢、天津中板厂、上钢三厂等计算优化轧制规程的初值是用平均延伸率乘以一个 A 系数得到的，A 系数取值是根据经验取 0.99~0.95，当发现能耗法与综合等储备负荷分配方法一致性关系后，确定用能

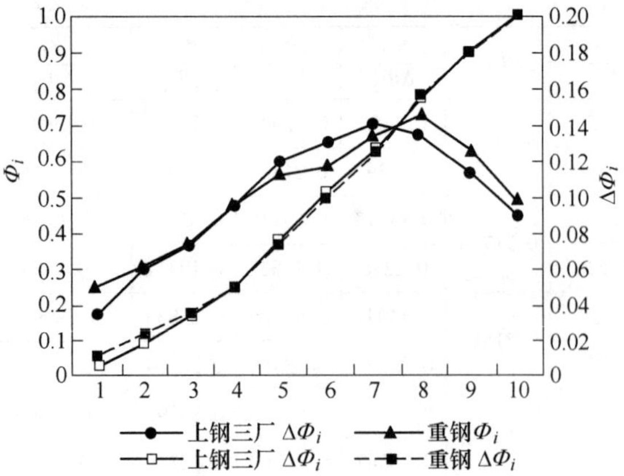

图 2　重钢、上钢三厂 10 道次 $\Phi_i(\Delta\Phi_i)$ 图

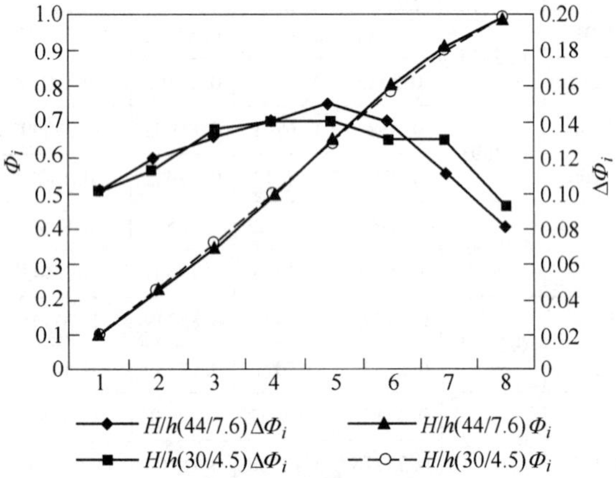

图 3　上钢三厂轧制规程分析图

耗法的负荷分配结果做初值。由经验轧制制度可以计算出 Φ_i 函数值，所以 Φ_i 是已知函数，计算新规格优化规程时，用 Φ_i 函数代入式（11）就可以得出压下规程的初值。

5　板型最佳轧制规程制定方法

已推广应用的综合等储备优化规程，主要是根据轧制力能允许条件计算的，对于板型问题由经验系数 n、$n-1$、w 来考虑。在 1997 年开始进行 Citisteel 4046 宽厚板轧机计算机控制工程中，板型是最突出的问题，因为 4064mm 轧辊长度，而支持辊直径只有 1270mm，它比国内所有板轧机刚度都低，所以进一步研究板型测控问题，使该问题取得了突破性进步，其研究论文已在《中国科学》[14]和《中国工程科学》[13]上发表，具体计算方法见中国发明专利文献［15］。文献［13~15］是最近发表的，所以该问题就不重述了，需要用者参阅文献［13-15］。新板型理论主要特征和功能如下：

（1）引入轧机板型刚度和轧件板型刚度的新概念，建立了解析板型刚度理论和轧件板型刚度计算公式；

（2）可实现板凸度和平直度向量的闭环控制；

（3）由解析板型刚度理论代替了目前通用的等比例凸度条件，从而可以在 CVC、PC 等有轧辊凸度可调节的轧机上实现成品和成品前道次的大压下率轧制，实现超级钢工业化生产；

（4）解析板型刚度理论解决了板厚和板型控制目标的矛盾，通过微调压下量分配实现板厚和板型最佳化控制。

6　结论

（1）从国外引进的四种热连轧负荷分配方法均可满足计算机设定控制的需要。

（2）1959 年我国发明的综合等储备负荷分配方法已于 1985 年开始在国内外中厚板轧机上推广应用，具有在线实时优化轧制规程的功能。

（3）本文用 1963 年日本今井一郎提出的能耗法，反求 $\Delta\Phi_i$ 函数来分析宝钢 2050、邯钢 1900CSP、重钢和上钢三厂等轧制规程，发现宝钢、邯钢引进的轧制规程存在问题，可用板型最佳轧制规程对其设定模型进行改进。

（4）分析认识到我国发明的优化规程与能耗法的一致性，提出了用今井能耗法得出的压下量分配作优化轧制规程的初值，代替原先的平均延伸率乘 A 修正系数的方法。

（5）板型最佳轧制规程是综合等储备负荷分配方法的改进，使满足板型控制方法从经验方式上升到理论解。

参 考 文 献

［1］Gunter Vetz. 热宽带钢轧机轧制程序表计算的快速分析方法［J］. 国外钢铁，1989（3）：46-49.

［2］周建华，徐昂 . 宝钢热轧厂过程控制计算机（PCC）［M］. 宝钢热轧新技术之一，1989：184-213.

［3］赵铁航 . 热连轧数学模型应用程序分析［C］//全国轧钢自动化论文集，1991：271-277.

［4］薛兴昌，等 . 攀钢 1450 热连轧机专辑［J］. 冶金自动化，1993 年（增刊）.

［5］今井一郎 . 机械学会志 66、54（1963）. 日本钢铁协会：板带轧制理论与实践 . 1984；中译本：中国铁道出版社，1990. 12.

［6］张进之，程芝芬，王延傅，等 . 图表法设计压下规程［M］. 东工科研，1960：425-436.

［7］梁国平 . 关于轧机最佳负荷分配问题［J］. 钢铁，1980，125（1）：42-48.

［8］张进之，林坚，任建新 . 冷轧优化规程计算机设定计

算方法 [J]. 钢铁研究总院学报，1987,7 (3)：99-104.

[9] 张进之，郝付国，白埃民. 控轧控冷生产线的控轧数学模型及其实现 [C] //钢铁工业自动化会议论文集. 北京：冶金工业出版社,1993：484-489.

[10] 白埃民，郝付国，张进之，综合等负荷函数法在中板生产中的应用 [J]. 钢铁，1993(4)：35-39.

[11] 张进之，戴学满. 中厚板轧制优化规程在线设定方法 [J]. 三钢科技，1994(3)：1-17；宽厚板，2001 (6).

[12] 赵昆，袁建光. 宝钢热轧厂新 CVC 板型控制模型的应用 [J]. 宝钢技术,1995 (3)：5-9.

[13] 张进之，段春华. 动态设定型板型板厚自动控制系统 [J]. 中国工程科学,2000 (2)：67-72.

[14] 张进之. 解析板型刚度理论 [J]. 中国科学 [E],2000,30 (2)：187-192.

[15] 张进之，基于板型板厚协调规律的板带轧制过程互联控制方法 [P]. 中国专利：99119242，7，1999.

[16] 张进之，张宇. 引进热连轧机实时负荷分配方法的分析 [M]. 钢铁工业自动化技术应用实践，北京：电子工业出版社，1995 (11)：614-619.

(原文发表在《宽厚板》，2004,10 (3)：14-21)

板带轧制板形最佳规程的设定计算及应用

张进之，段春华，任　璐，王　莉

（中国钢研科技集团公司新冶高科技集团公司，北京　100081）

摘　要　板形控制的发展史：人工控制压下量分配，计算机实现人工经验的变规程轧制，CVC、PC 等板形控制装备的发明及应用，解析板形理论的建立并已在中厚板轧机上应用。板形控制的难度在于现代板形理论缺轧件参数，由分析方法推导出轧件板形刚度参数计算公式，使板形理论完备化。解析板形理论消除了板形和板厚控制上的矛盾，可实现板形板厚协调控制，由在线动态压下量分配方法实现板形的向量控制。

关键词　压下量分配；解析板形理论；轧件板形刚度；轧机板形刚度；协调控制

Shape optimal schedule setting calculation and application for sheet strip rolling

Zhang Jinzhi, Duan Chunhua, Ren Lu, Wang Li

(China Iron and Steel Research Institute Group, New Metallurgy Hi-Tech Group Co., Ltd., Beijing 100081)

Abstract: In this paper, the history of shape control is discussed. First, draft distribution relied on operator's experience; second, schedule changing rolling of operator experience was realized by means of computer; third, development and application of shape control equipment was discussed, such as CVC and PC and so on; last, analytic shape theory was built and applied to medium and heavy plate mill. The difficulty for shape control lie in modern shape theory lacking of rolling piece parameter. In fact, the calculation formula of rolling piece shape rigidity parameter can be deduced by analytic method and then perfect the shape theory. The contradiction on shape and gauge control can be eliminated by using analytic shape theory, and shape and gauge coordinate control will be realized, at the same time shape vector control can be realized by using on-line dynamic draft distribution method.

Key words: draft distribution; analytic shape theory; rolling piece shape rigidity; mill shape rigidity; coordinate control

国外引进的热连轧现用的负荷分配方法与我国开发的综合等储备方法有联系，现用方法可看作综合等储备方法的特例，所以改换比较容易实现。现行方法虽然有压力、功率和压下率三种分配方法，但由于压力、功率方法计算复杂，目前主要用压下率分配方法，当采用综合等储备负荷分配方法后不仅可实现压力、功率分配，而且可直接计算出板形最佳轧制规程。

综合等储备负荷分配方法已在国内外多套大型板带轧机上成功应用，已多次获省、部级科技进步奖。所获奖都是在可逆式冷、热轧机上应用，但中厚板轧机负荷分配比连轧机负荷分配难度大，所以首次在天津市岐丰钢铁有限公司八机架热连轧机上应用取得成功。

最近开发成功板形最佳轧制规程设定计算方法和在线闭环最优控制方法。下面介绍板形控制技术发展过程及在热连轧机上实现的具体方案。

1　板形最佳轧制规程概述

1.1　国内在板形方面情况分析

当前对带钢质量水平的评价，主要是根据板凸度和平直度。目前世界先进水平的板凸度为±20μm，占99%。表 1 给出国内几套热连轧的板形技术水平。

表 1　国内几套热连轧的板形技术水平

单位名	武钢 1700	宝钢 2050	宝钢 1580	鞍钢 1780
凸度达到的百分比	±24μm 79.67%	±20μm 89.52%	±20μm 91.82%	厚度 1.2~3.0mm 目标 20μm
平直度		标准差≤12 I		(1.2~2.5)×(800~163040) I 占 90% (2.6~4.0)×(800~125040) I 占 92% (1.2~4.0)×(1260~163040) I 占 90%

1.2　国外在板形控制方面情况分析

合理的压下制度轧出平直钢带（板）是轧钢工最主要的操作经验，计算机控制为总结操作经验并给出合理的压下规程提供了方便的条件。所以 1962 年第一台热连轧机实现计算机控制以后，很快得到普及应用。板凸度控制是比较困难的，而不同用途的板卷所希望的凸度值也不同，轧辊的凸度值是随热凸度和磨损的变化而变化的，所以计算机控制应在控制板凸度问题上发挥作用。最先研究板凸度控制并实用化的是比利时冶金研究中心（CRM），之后是日本的川崎钢铁公司。据文献介绍，开始研究此技术是 1967 年 CRM 和荷兰霍戈文斯厂，有效的工业化应用是 1975 年比利时西德马尔公司的 80″热连轧机、1976 年荷兰霍戈文斯 88″热连轧机。20 世纪 70 年代末日本川崎千叶、水岛两套热连轧机上采用变负荷分配方法控制板卷凸度值。川崎在线应用分两个阶段，第一阶段所制订的三、四种轧制规程，程序的改变是操作工通过观察板形仪的输出人工进行的；第二阶段为在线自动进行。第一阶段已取得明显效果。川崎经过大量实验，获得了最佳带钢凸度和平直度的压下制度，如表 2 所示。

表 2　川崎最佳带钢凸度和平直度的压下制度[1]

（%）

轧制规程	机架 F1	F2	F3	F4	F5	F6	F7	备注
A	31.7	39.1	35.7	31.0	17.8	11.9	7.6	1~5 卷
B	32.1	33.0	29.5	26.5	19.8	14.5	10.2	6~25 卷
C	31.1	33.7	35.1	35.5	25.6	22.6	19.4	26~47 卷
D	32.8	30.3	28.7	29.7	31.5	23.7	20.9	48~71 卷

采用表 2 的轧制程序，在一个轧制周期的实验中，带钢凸度从 60μm 变化到 30μm，变化量为 30μm，达到了带钢凸度波动的要求值。相反，采用普通轧制程序时，带钢凸度从 100μm 变化到 20μm，变化量为 80μm。

CRM 系统的效果是十分明显的，尤其是在轧机运行条件偏离正常状态时更是如此。它适用于一个轧程的开始（冷辊），或轧机长时间停轧的情况。在这种情况下，操作工很难以经验找到合适的负荷分配，而计算机应用动态负荷分配方法则能处理任何情况，图 1、图 2 的实例就说明了这种情况[2]。

图 1 表明，在自动轧制的情况下测得的成品机架的轧制力是卷数的函数，加大轧制力补偿了轧辊的热凸度，保证了带钢凸度和平直度的要求。

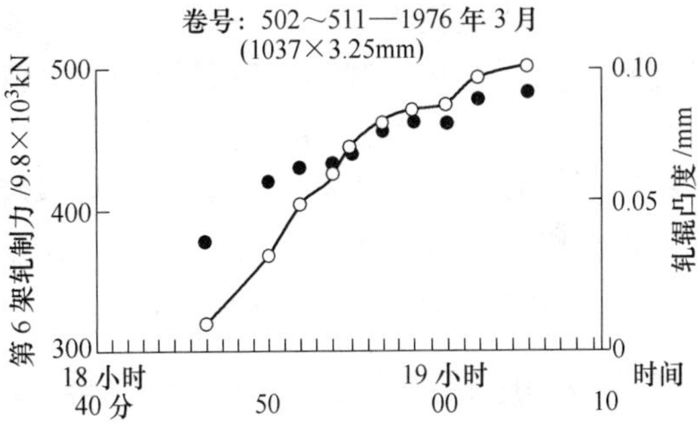

图 1　在线板形控制。在一个轧役开始时，最后一架轧制力的变化

●—轧制压力；○—轧辊凸度变化

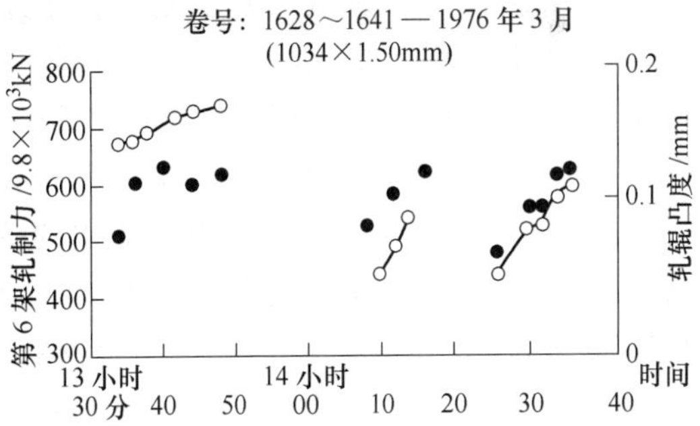

图 2　在线断面形状控制，中间停轧最后一架轧机轧制力的变化

●—轧制压力；○—轧辊凸度变化

图 2 反映了不同停机时间对轧辊热凸度变化的影响，每次重新开轧时开始卷的轧制压力都不同，并随着轧辊热凸度增加（卷数增加）而增大轧制压力。

欧洲和日本 20 世纪 70 年代末取得的经验未能进一步推广，其主要原因有两点：其一是板形控制装备大大发展，如 HC、PC、CVC、UPC、VC、DSR 等等，其控制效果比负荷分配大、直观，再加上控制技术和板形检测仪器的大发展，可以实现闭环控制；其二是板形工艺控制理论落后，未能将负荷分配控制板形的方法数学模型化。但是装备及其控制技术也有它的不足，即成本高。所以，20 世纪 90 年代负荷分配方法控制板形的技术又受到青睐，1994 年国际轧钢会议上荷兰霍戈文斯 88″热连轧机和日本神户 4700mm 中厚板轧机等实例就是最好说明。其原因是应用了新日铁的轧件遗传板形理论[3]。

国外情况表明，用负荷分配方法控制板形是可行的。使用我国发明的综合等储备负荷分配方法得出板形（平直度）最佳优化轧制规程，已在太钢 MKW-1400 八辊可逆冷轧机，重庆、天津、邯郸、上钢三厂、新余、韶关、美国 Citisteel 等中板轧机上都成功地投入应用，特别是应用智能协调推理网络，可以在线调整压下量分配，以适应轧辊状态（热凸度和摩损）的实际变化。

根据新板形理论得出的板形板厚可协调规律，建立了计算板形（板凸度、平直度）最佳轧制规程的方法，可将该方法应用在热连轧机上。

2　热连轧板形最佳轧制规程软件包的开发

国外用轧制规程方法取得好板形的方法，是从生产经验中总结出来的，例如荷兰霍戈文斯的轧制规程计算方法，就是从大量实测数据中总结出来的，生产中应用效果比较好。我国领先从理论上推出了板形最佳轧制规程。由张进之等在 20 世纪 50 年代末提出的图表法设计压下规程和综合等储备原理与梁国平 20 世纪 70 年代末提出的负荷函数法相结合，得出我国独创的综合等储备负荷分配方法。该方法于 1983 年开始在工业轧机上推广应用效果很好。在推广使用过程中，最先提出 n、$n-1$ 板形静态控制系数，改变 n、$n-1$ 的数值可得到后边道次压力降分布，进一步提出动态控制系数 ω，它可以在线人工调节，可得出任意分布的压力曲线来适应轧辊实时凸度的变化。这种方法属于专家系统方法，合理的 n、$n-1$、ω 是在操作过程中给出。新型板形测控模型的建立，解决了 n、$n-1$、ω 的计算机模拟实验的确定方法。最近又引入了 C_h 控制板凸度的参数，可以控制成品板凸度值，使板凸度和厚度一样由最佳轧制规程来保证。

通过计算机仿真实验方法设计具体热连轧的板形最佳规程，主要应做以下工作。

2.1　建立板形最佳轧制规程计算机仿真实验平台

2.1.1　目的

设计支撑辊（对 $F_5 \sim F_7$ 平工作辊时）和工作辊最佳凸度（CVC 横移量）；按钢种、规格分类，确定每一类的 n、$n-1$、ω、C_h 值：n、$n-1$ 实验后固定，ω、C_h 的调节范围和初始值在线确定；设计板形最佳规程及影响系数矩阵并建立规程库。

2.1.2　平台的简要功能方框图

2.2　构成平台的几个主要功能模块的说明

2.2.1　正常工况数据的变形抗力和降温模型参数的非线性估计（即“$K\mu$”估计）

正常热连轧过程可采集到压力、辊缝、速度、成品厚、出入口温度等大量数据，数据含有信息，如何将其挖掘出来并将其利用对实现连轧过程最优化有十分重要的意义。20 世纪 70 年代日本、德国分别提出了变形抗力 K 和摩擦系数 μ 的估计想法，但没有实用化。在连轧张力公式推出来之后，提出的由正常工况数据压力公式和张力公式联立的 $K\mu$ 估计方法取得了成功，在武钢 1700 冷连轧上得到验证和应用[4]，得到轧钢界高度评价，之后在可逆式冷轧机，中厚板轧机上得到推广应用。“九五”科技攻关课题———热连轧负荷分配专家系统开发，用宝钢 2050 热连轧正常工况数据 $K\mu$ 估计得到验证，可使压力预报精度提高 27%，更重要的是可以提高前滑模型的预报精度[5]。

2.2.2　全辊面接触压靠法实测轧机刚度曲线与计算法联合确定 $M(p, b)$（p 为压力，b 为带钢宽度）

众所周知，压力较低时轧机刚度是非线性的，轧件宽度对轧机刚度有影响，所以要提高设定精度必须有较高精度的 $M(p, b)$ 模型，最近发明了测算法确定 $M(p, b)$ 的方法。该方法特征是：全辊面实测法能得到 $M(p)$ 模型，用材料力学的计算方法可以得到轧辊中心对辊边的挠度以及压下螺丝中心到辊边的挠度，从而可求得牌坊部分的弹性变形值，再计算不同板宽时压下螺丝中心到板边的挠度，此挠度与牌坊弹性变形量相加，得到不同板宽时的轧机总变形量，假设计算轧制压力都是 10MN，这样就得到了不同板宽的刚度值，

从而得出 $M(p, b)$ 模型的计算公式。

2.2.3 解析板形刚度理论计算不同板宽时的轧机板形刚度值

发明专利“新型板形测控方法”[6]，是发现板形测控方法应当与厚度测控方法相似而得到的，发现了轧机板形刚度系数 m 为常数，并引入对偶的轧件板形刚度系数 q。当板形结构模型确定以后，正确确定 m，q 参数是关键，1997 年开始从有限元计算和轧板实验法来确定 m，q。实施中作了重大改进，轧机板形刚度定义为单位板宽的横向刚度，即 $m=K/b$。板形方程微分得到板形刚度方程：$K_c=m+q$，K_c 为辊缝刚度，可实测得[7]。刚度方程、板形方程以及初等解析板形的入口板凸度对板凸度影响系数联立，得到 q 的计算公式，这样新板形理论完备了，全部参数可以计算出来，并能被实验验证[8][9]。已应用在美国 4060mm 宽厚板轧机上，并获得美国发明专利[10]。

2.2.4 最优控制计算方法

以上三部分中，正常工况数据可通过反演法确定轧件参数，属自学习功能；测算法确定轧机刚度；解析计算法确定轧机和轧件板形刚度。这样将轧制过程分解为两部分，轧件、轧机的参数都已经确定了，也就是具备了板形最佳轧制规程设定计算和 CVC 轧辊横移量的静态计算问题。在轧制过程中有各种随机扰动，AGC 保证了纵向厚差最小。板形也能同厚度一样进行闭环控制。这个功能模块提供了最优动态负荷分配的增益计算，具体算法采用贝尔曼动态规划方法。

贝尔曼动态规划是于 20 世纪 50 年代发明的解多阶段最优决策问题的方法。主要由最优化原理和逆向递推得出一组计算公式。它不仅能解决最优决策，也应用于连续或离散系统的最优控制。负荷分配是典型多阶段最优决策问题，所以在 20 世纪六七十年代国外许多学者用动态规划解决优化规程设定计算问题，国内 20 世纪七八十年代许多人做此工作。由于计算量大而未取得实际应用。现在用法与以往不同，一般规程是一个非线性规划问题，用动态规划会出现维数灾，用综合等储备负荷函数方法已解决了静态板形最佳规程设定计算，从而获得 h_i，C_{hi}，$\Delta\varepsilon_i$，P_I，…设定值（h_i 为带钢厚度；C_{hi} 为凸度；$\Delta\varepsilon_i$ 为平直度；P_I 为压力），即最佳轨线。用动态规划是抑制扰动的影响，求出偏离最佳轨线最小的解（h_i，C_{hi}，$\Delta\varepsilon_i$），属于线性二次型问题。

3 闭环最优控制的状态方程和算法简介

板形最佳规程属静态问题，实际生产过程有扰动和模型误差。所以实时闭环控制是十分必要的。它抑制扰动和模型误差。保证最佳命中目标板形值。在线板形差分方程有两个，一个是以压下量为决策量的二维板形状态方程式（1），另一个是以弯辊力和轧辊实时凸度为控制量的二维板形状态方程式（2）。

$$\boldsymbol{X}_{(i)} = \boldsymbol{A}_{(i)}\boldsymbol{X}_{(i-1)} + \boldsymbol{B}_{(i)}\boldsymbol{u}_{(i)} \tag{1}$$

式中

$$\boldsymbol{X}^{\mathrm{T}}_{(i)} = [\Delta C_h,\ \Delta^2\varepsilon]$$

$$\boldsymbol{u}^{\mathrm{T}}_{(i)} = [\Delta h_{i-1},\ \Delta h_i]$$

$$\boldsymbol{A}_{(i)} = \begin{bmatrix} 1 & 0 \\ -\dfrac{\varepsilon_i}{h_i} & 1 \end{bmatrix}^{-1} \begin{bmatrix} \dfrac{q_i}{m+q_i}\dfrac{h_i}{h_{i-1}} & \dfrac{q_i}{m+q_i}h_i \\ -\dfrac{\varepsilon_i}{h_i} & 1 \end{bmatrix}$$

$$\boldsymbol{B}_{(i)} = \begin{bmatrix} 1 & 0 \\ -\dfrac{\varepsilon_i}{h_i} & 1 \end{bmatrix}^{-1} \begin{bmatrix} \dfrac{q_i}{m+q_i}\left(\dfrac{C_{hi-1}}{h_{i-1}} - \Delta\varepsilon_{i-1}\right) - \dfrac{Q_i}{b(m+q_i)} & -\dfrac{q_i h_i}{(m+q_i)h_{i-1}}C_{h(i-1)} + \dfrac{h_i Q_i}{b(m+q_i)h_{i-1}} \\ -\xi_i\dfrac{C_{hi}}{h_i^2} & \xi_i\dfrac{C_{h(i-1)}}{h_{i-1}^2} \end{bmatrix}$$

$$X_{(i)} = A_{(i)}X_{(i-1)} + B_{(i)}u_{(i)} \tag{2}$$

式中

$$\boldsymbol{X}^{\mathrm{T}}_{(i)} = [\Delta C_h,\ \Delta^2\varepsilon]$$

$$u^{T}_{(i)} = [\Delta C_t,\ \Delta F]$$

$$A_{(i)} = \begin{bmatrix} 1 & 0 \\ -\dfrac{\varepsilon_i}{h_i} & 1 \end{bmatrix}^{-1} \begin{bmatrix} \dfrac{q_i}{m+q_i}\dfrac{h_i}{h_{i-1}} & \dfrac{q_i}{m+q_i}h_i \\ -\dfrac{\varepsilon_i}{h_{i-1}} & \xi_i \end{bmatrix}$$

$$B_{(i)} = \begin{bmatrix} 1 & 0 \\ -\dfrac{\varepsilon_i}{h_i} & 1 \end{bmatrix}^{-1} \begin{bmatrix} \dfrac{m}{m+q_i}\left(\dfrac{b}{L}\right)^2 & \dfrac{1}{q_i+m}\left(\dfrac{\partial P/\partial F}{b} + m\dfrac{\partial C}{\partial F}\right) \\ 0 & 0 \end{bmatrix}$$

式中 h——板厚；

C_h——板凸度；

$\Delta\varepsilon$——平直度；
q——轧件板形刚度；
m——轧机板形刚度；
C——机械板凸度；
F——弯辊力；
P——轧制压力；
b——钢板宽度；
L——辊面宽度；
ξ——板形干扰系数；
Q——轧件塑性系数；
i——机架序号；
E——杨氏模量。

3.1 板形板厚协调最优控制

式（1）为板形板厚协调控制的状态方程，构造二次型目标函数：

$$\boldsymbol{J} = \frac{1}{2}\boldsymbol{X}^{\mathrm{T}}_{(N)}\boldsymbol{S}\boldsymbol{X}_{(N)} + \frac{1}{2}\sum_{i=4}^{N-1}(\boldsymbol{X}^{\mathrm{T}}_{(i)}\boldsymbol{E}_{(i)}\boldsymbol{X}_{(i)} + \boldsymbol{u}^{\mathrm{T}}_{(i)}\boldsymbol{R}_{(i)}\boldsymbol{u}_{(i)}) \tag{3}$$

式（1）、式（3）两式给出了求解最优控制的数学模型。已证明轧制系统是可测得、可控的、渐进稳定的线性系统，所以最优闭环控制的解存在且唯一。线性最优控制理论是最成熟的，对此具体问题，可以用动态规划、极小值原理或变分法中任一个方法求出，最简便的是动态规划。对 7 机架连轧机式（3）中的 N 为 7。具体由式（1）、式（3）动态规划求出在线反馈增益矩阵的操作过程从略。动态负荷分配求出后，其实现方法是修改 DAGC 的压力、辊缝的锁定值。具体见文献[11]。

3.2 最佳弯辊力设定和轧辊实时凸度估计

式（2）为状态方程构造二次型目标函数式（4）：

$$\boldsymbol{J} = \frac{1}{2}\sum_{i=1}^{N-1}(\boldsymbol{X}^{\mathrm{T}}_{(i)}\boldsymbol{E}_{(i)}\boldsymbol{X}_{(i)} + \boldsymbol{u}^{\mathrm{T}}_{(i)}\boldsymbol{R}_{(i)}\boldsymbol{u}_{(i)}) \tag{4}$$

式（4）与式（3）区别是控制量 u 不同。式（4）是弯辊力和轧辊实时凸度二维向量；用动态负荷分配控制板形要求成品机架命中目标值，所以式（3）有终端要求。

弯辊力设定不采用分割各机架独立的厚度与板形解偶控制，而采用式（2）、式（4）构成数学模型的整个连轧系统的最优弯辊力控制。5~10s 设定一次，执行后到达稳定，采样计算出板凸度和平直度再由式（2）、式（4）最优估计轧辊实时凸度值。轧辊实时凸度值估计属模型参数自适应问题。这样构成了热连轧板形板厚自适应最优闭环控制系统。

3.3 板形最佳规程实例

板形最佳轧制规程与优化轧制规程是有差别的，板形最佳轧制规程要求命中厚度、板凸度、平直度的向量目标值，而优化轧制规程只要求命中厚度目标值。优化规程中有平直度调节参数，是可以达到控制平直度目标的，但它属经验方法，人工智能方式。板形最佳控制是在板形理论建立后开发出来的，它是完全理论化的方法。当然板形方程的参数（m，q）也有误差，可由自适应来补偿，其方法是将轧辊实时凸度 C_t 为模型自适应参数。该方法有三个板平直度控制参数，n、$n-1$ 用于修正成品和成品前机架允许压力值，离线调好；ω 用于修正后三道次的允许压力值，可在线调节，范围［1.0~0.7］。新增加 C_h 是杠杆修正 α_{Pi} 系数，以中间机架为基准，对前道次用（$1+C_h$）αP_i，后边道次的为（$1-C_h$）αP_n；反之亦然。C_h 可离线和在线调节，它调节成品机架的轧制压力，达到板凸度要求的设定值。离线设定板凸度和平直度参数，计算出来的优化轧制规程包含各机架的板凸度 C_{hi} 和平直度 $\Delta\varepsilon_i$，可以人工判定是否满足要求，不满足人工修改控制参数重新计算，直至满足为止。当然也可以设置自动反馈调节 C_h、n、$n-1$ 的方法，自动设定出最佳板形轧制规程。计算过程如图 3 所示。计算得出了板形最佳轧制规程，如表 3 所示。

表 3　最佳板形轧制规程及设备主要参数

道次 No.	厚度 H/mm	轧制力 P/MN	塑性系数 Q/MN · mm^{-1}	轧件板型刚度 q/kN · mm^{-2}	轧件凸度 C_h/mm	轧件平直度 $\Delta\varepsilon$/%	设备参数
0	33.00						
1	21.51	25.068	2.182	2.59	0.1515	0.0070	
2	12.22	23.598	2.540	3.10	0.1423	0.0253	
3	8.53	22.119	5.994	8.13	0.1260	0.0260	

续表 3

道次 No.	厚度 H/mm	轧制力 P/MN	塑性系数 Q/MN · mm^{-1}	轧件板型刚度 q/kN · mm^{-2}	轧件凸度 C_h/mm	轧件平直度 $\Delta\varepsilon$/%	设备参数
4	6. 12	22. 119	9. 178	13. 05	0. 1194	0. 0619	m=69. 5kN/mm^2 b=1830mm l=2050mm L=3150mm D_1=800mm D_2=1630mm
5	4. 45	22. 119	13. 245	19. 60	0. 0929	0. 0385	
6	3. 38	20. 649	19. 298	29. 91	0. 0735	0. 0341	
7	2. 92	11. 789	25. 628	43. 12	0. 0262	0. 0302	

注：具体实施方法见文献［11，12］。

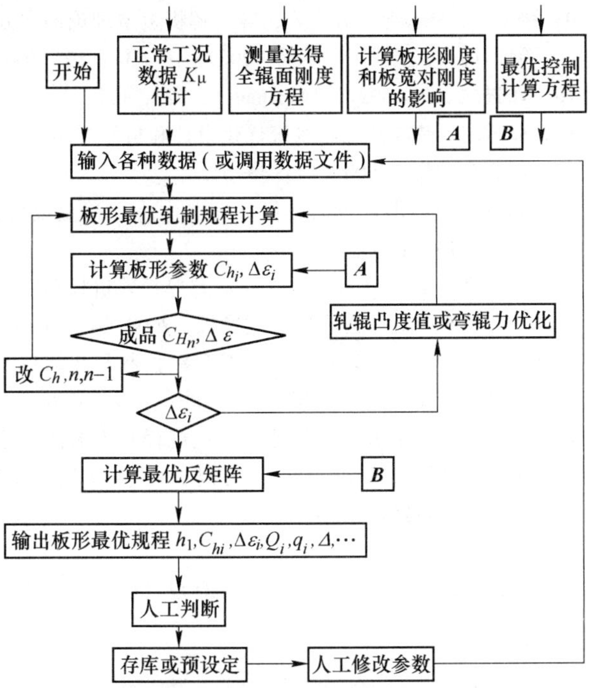

图 3　板形最佳规程实验平台功能方框图

（A、B 矩阵后边说明，即式（1）、式（2）中的 $A_{(i)}$、$B_{(i)}$）

4　估计实施后的效果

技术考核从两方面进行：其一是压力预报精度的提高；其二是对板形命中板凸度值的考核，同卷钢板凸度变化量和一个换辊周期内板凸度最大变化量。板凸度最大值也是一个重要指标，它主要与配轧辊凸度有关。

4.1　压力预报精度技术指标

相对压力精度：以现在压力预报精度为基础，采用该系统之后，压力预报精度提高 25%。计算公式：

$$\eta = (\Delta P_{现} - \Delta P_{新})/\Delta P_{现} \times 100\%$$

绝对压力精度：压力预报精度标准差小于 7%，争取小于 5%。

4.2　板形考核技术指标

表 4　板形技术指标预估计

测量条件	板凸度	平直度（标准差）
有板凸度仪	±15μm 达 95%	小于 10I

4.3　可实现自由规程轧制

5　新板形理论的应用实例

新板形理论是由美国 Citisteel4064mm 宽厚板轧机特殊性开发出来的。该轧机辊面宽 4064mm，但支持辊径只有 1270mm，所以轧机刚度特别低，只有 3000kN/mm，而目前国内 2500mm 中厚板轧机支持辊直径达 1500mm，刚度达 5000kN/mm。要在如此低刚度轧机上实现液压压下，计算机设定轧钢和 AGC 功能其难度是可以想象得到的。为这台轧机实现液压压下计算机设定轧钢，必须在轧制工艺理论方面有所创新，经 4 年的研究，发现现代板形理论缺轧件参数。厚控理论有反映轧机特性的轧机刚度 M 和反映轧件特性的塑性系数 Q，而现代板形理论只有反映轧机特性的横向刚度，而缺轧件参数。发现此问题，进而用解析法推导出轧件刚度计算公式并提出解析板形刚度理论[7]。

解析板形刚度理论在 Citisteel4064mm 轧机上的具体应用见文献［13，14］。在国内的实验性应用是在新余钢铁公司 2500mm 轧机上进行的[15]，该项目已于 2004 年获钢铁协会科技进步奖和 2005 年江西省科技进步奖。该理论在热连轧机上的应用方法将写专文介绍。

6　结论

（1）板带轧制的板形控制在 1950 年以前，是由操作工控制压下量实现的；

（2）由于计算机在连轧机设定控制上的成功应用，比利时冶金研究中心和日本川崎等是根据轧辊凸度变化采用动态变轧制规程的方法控制板形的，在一个换辊周期内的板凸度变化由 80μm 减小到 30μm，达到目前 CVC、PC 轧机的水平；

（3）由于 CVC、PC 等板形控制装备的发明，及改变规程方法是靠经验，并无完备的板形理论，所以板形控制装备成为目前板形控制的主流方法。

（4）我国独立建立的解析板形理论，可以实现计算机动态设定轧制规程，可以使无 CVC、PC 的轧制板形控制技术指标达到目前的世界先进水平；

（5）解析板形刚度理论与智能控制方法相结合，已在中厚板轧制上成功应用，当前应该在热连轧机上实验应用。

参考文献

[1] 遗田征雄 . International Conference on Steel Rolling. Tokyo, Japan, 1980. 473~484（中译见《板厚与板形控制》1980（热轧部分）上册 P10-29，钢铁研究总院一室）.

[2] 爱克诺模波罗斯 M，等 . 希德马尔公司热带钢轧机的计算机控制，[M] 板带连轧数学模型（一）. 北京：冶金工业出版社，1981.

[3] 中岛诺卫，等 . 热连轧机凸度控制技术的研究 [J]. 制铁研究，1979（209）：92-107.

[4] 张进之，张自诚，杨美顺 . 冷连轧过程变形抗力和摩擦系数的非线性估算 [J]. 钢铁，1981，16（3）：35-40.

[5] 张进之，杨晓臻，张宇 . 宝钢 2050mm 热连轧设定模型及自适应分析研究 [J]. 钢铁，2001，36（7）：38-41.

[6] 张进之 . 板带轧制过程的板形测量和控制方法 [P]. 中国专利 ZL96120029. 4.

[7] 张进之 . 解析板形刚度理论 [J]. 中国科学 [E]，2000，30（2）：187-192.

[8] 张进之，段春华，朱建勤 . 板形计法的定义及实验应用 [J]. 中国工程科学，2001（12）：47-51.

[9] 张小平，张少琴，郭会光，等 . 解析板型理论的实验验证 [J]. 塑性工程学报，2009，16（3）：102-106.

[10] 张进之 . US005927117A patent. 5，927，117.

[11] 张进之 . 热连轧控制系统优化设计和最优控制 [J]. 冶金自动化，2000（6）：48-51.

[12] 张进之 . 板形理论的进步与应用 [J]. 冶金设备，2001（1）：1-5.

[13] 张进之，王琦 . Citisteel4064mm 宽厚板轧机板形问题的分析和改进措施 [J]. 宽厚板，2000（4）：1-6.

[14] 张进之 . 动态设定型板形板厚自动控制和轧钢技术装备国产化 [J]. 中国冶金，2001（4）：23-28.

[15] 黄亮生，张维云 . 中板轧机优化规程和板形性能控制的应用 [C] //2004 年轧钢学术会议论文集. 2004：266-267.

（原文发表在《冶金设备》，2009（6）：15-21）

Φ 函数的发现及推广应用的可行性和必要性

张进之[1]，张允平[2]，孙　旻[3]，吴首民[4]

（1. 中国钢研科技集团有限公司，北京　100081；
2. 攀枝花钢铁（集团）公司，攀枝花　617024；
3. 天津一重电气自动化有限公司，天津　300457；
4. 宝钢分公司冷轧薄板厂，上海　200431）

摘　要　从日本今井的 Φ 函数计算厚度分配公式中直接推导出 Φ 计算公式，从而将能耗负荷分配方法在八机架、七机架两套热连轧机上得到成功应用。该方法使负荷分配十分简便，去掉了目前所有负荷分配方法的迭代计算。并较详细分析了推广应用它的必要性，从而详细介绍了目前从日本、德国、美国等引进的负荷分配方法存在的问题，从而证明推广 Φ 函数负荷分配方法的必要性。

关键词　负荷分配；Φ 函数；可行性；必要性；优化轧制规程；优化规程判据

Feasibility and necessity of Φ function discovery and promote

Zhang Jinzhi[1], Zhang Yunping[2], Sun Min[3], Wu Shoumin[4]

(1. China Iron & Steel Research Institute Group Co., Ltd., Beijing 100081;
2. Panzhihua Iron & Steel Group Co., Panzhihua 617024;
3. Tianjin No. 1 Heavy Industry-Electrical Automation Co., Ltd., Tianjin 300457;
4. Baoshan Iron & Steel Co., Ltd., Shanghai 200431)

Abstract: In this paper, from of the Φ function formula for calculating the thickness of the allocation formula of Japanese Jinjing derived directly Φ, which has been in power load distribution method in 8 rack, seven rack on the successful application of hot strip mill. This approach allows load distribution is very simple and removed all of load distribution method of the present iterative calculation. This more detailed analysis of the need to promote the use of it, allowing a detailed description of the current from Japan, Germany, the United States and other method of load distribution problems, and thus prove that Φ function to promote the need for load distribution method.

Key words: load distribution; Φ function; feasibility; necessity; optimize the rolling schedule; optimizing the criterion of order

1　前言

塑性加工最重要的问题，是变形量的合理分配。对板带轧制而言，可逆式轧机的各道次压下量或延伸率的合理分配，连轧机为各机架压下量或延伸率的合理分配。板带轧制生产已有几百年历史，近百年来轧制理论对压下量分配已成为理论研究和生产实践的中心问题。对此问题已进行了全面综合分析[1,2]。2001 年发现日本人今井一郎的能耗负荷分配方法[3]可转化为直接厚度压下量分配方法，即 Φ 函数的发现，此问题已在文献［1，2］中论述。今井反函数的 Φ 函数方法的重要性在于把无限数问题可转化为有限数问题，使轧制负荷分配问题变得非常简便。

2　Φ 函数方法的可行性

Φ 函数方法已在热连轧生产中实际应用，即

2007 年在天津市岐丰钢铁公司八机架热连轧[4]和冷水江钢铁公司七机架热连轧机上成功启用。天津市岐丰八机架热连轧工程已于 2008 年通过天津市科委的鉴定[5]。目前已与攀钢热连板厂签订合同，采用 Φ 函数代替引进的过程机负荷分配数学模型，并在 Φ 函数方法的基础上实施最佳板形轧制规程的开发性研究并在线实际生产中启用。

以上说明 Φ 函数方法的实际启用目标已完成，下一步的工作是代替目前已引进的冷、热连轧机和可逆式轧机的过程机数学模型的工作，即 Φ 函数推广启用的必要性问题。再重复一下，Φ 函数已在多套热连轧机上成功地启用，在更多板带轧机上有启用的必要性。必要性在于可大大简化过程控制数学模型，并大幅度提高板带质量和降低能耗及提高成材率。

3　Φ 函数推广启用的必要性

我国大型冷、热连轧机过程控制和基础自动化的软、硬件绝大多数都是从国外引进，总计在 100 套以上。国外引进的模型软件等都在实际生产中正常启用，但由于板形控制问题要进行极其复杂的板形控制计算。由于板形理论国内外都在大量研究，所以虽然进行了复杂计算，其结果并不理想，要靠操作工的经验进行校正。由此原因造成我国的冷、热连轧机装备是世界上最先进的，而产品质量比日本、德国的产品质量还有一定差距。要我国板带质量赶上并超过国际先进水平，笔者认为通过启用 Φ 函数来达到此目标。为此对几套典型冷、热连轧机的实测数据进一步论证其可行性和必要性。

3.1　宝钢 2050 和 1580 七机架热连轧机的分析

2050 和 1580 两套轧机的实际生产数据见表 1。表中的四组数据为任意取的，2050 取两种规格，分别为 38.49mm 轧至 1.44mm 和 48.00mm 轧至 4.60mm；1580 取 42.00mm 轧至 2.81mm 和 44.00mm 轧至 3.07mm。

表 1　2050 和 1580 机架轧机压下量和压下力数据

生产条件			F1	F2	F3	F4	F5	F6	F7
2050 机架	38.49→1.44mm	Δh/mm	21.06	8.88	3.51	1.92	0.94	0.48	0.36
		P/kN	28750	25510	26570	20550	20330	18340	15780
	48.00→4.60mm	Δh/mm	19.7	10.86	5.48	3.4	1.9	1.06	0.71
		P/kN	22530	20450	18570	15420	12600	9450	8370
1580 机架	42.00→2.81mm	Δh/mm	17.73	10.06	5.16	3.13	1.33	0.92	0.466
		P/kN	12370	15130	14020	14350	11260	7860	4590
	44.00→3.07mm	Δh/mm	18.11	10.54	5.5	3.37	1.78	1.08	0.41
		P/kN	13690	13890	15340	12460	10760	7800	5280

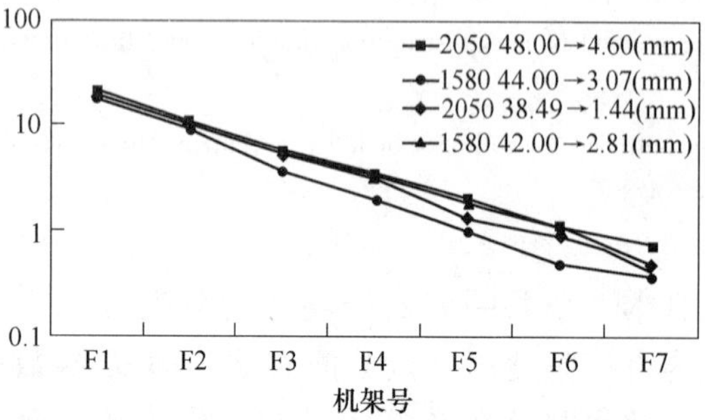

图 1　宝钢 2050、1580 各机架压下量分布图

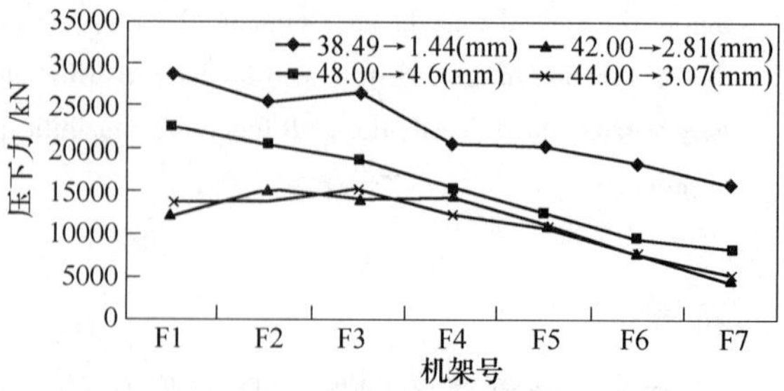

图 2　宝钢 2050、1580 各机架压下力分布

图 2 的压力分布曲线看出，2050 轧至 4.60mm 成品厚度的压力分布比较平滑，而轧至 1.44mm 成品厚度的压力分布就不光滑了，即表明压下量分配不太合理，有必要改进。1580 的两种规格的压力分布都不光滑，同样需要改进。

图 1 的压下量分布图纵坐标是用变尺度法，其原因是 F1～F3 压下量比较大，而后两机架 F4～F7 压下量就很小。从压下量分配来看，不如压下力分布图对分析问题清楚，所以后边轧机的分析只作压下力分布图。

以上说明宝钢从德国、日本引进的两套热加轧机负荷分配虽然进行了复杂计算，但最终结果并不理想，需要改进。用 Φ 函数法就可以达到压下量分配合理化并保证板型质量优良。

用 Φ 函数方法设定轧制规程十分简便，只用下述 3 个公式：

$$\phi_i = \frac{\left(\frac{Hh}{h_i}\right)^m - h^m}{H^m - h^m} \tag{1}$$

$$h_i = \frac{Hh}{[h^m + \phi_i(H^m - h^m)]^{\frac{1}{m}}} \tag{2}$$

$$m = 0.31 + \frac{0.21}{h} \tag{3}$$

式中 H——坯料厚度，mm；

h——成品厚度，mm；

h_i——各机架出口厚度，mm；

ϕ_i——1 机架至 i 机架累计能耗与总能耗比；

m——今井一郎从生产轧机大量钢种、规格中获得的计算公式。

对式（1）、式（2）、式（3）的物理意义作一些说明。式（2）、式（3）是今井一郎给出的计算公式，表述能耗分配方法，他将一般三参数能耗负荷分配方法转化为单参数能耗分配方法。该方法最先是 1963 年在日本机械学会杂志上发表，但一直未获得直接启用。其原因是，由于能耗是钢种、规格等参数的函数，虽然可测，但实测很困难。2001 年发现，从今井式（2）可推导出式（1）的公式，将能耗分配系数计算大为简化。式（1）表述为各机架出口厚度的函数，此数据可以很容易得到，所以能耗分配压下量分配方法得到推广启用。最先启用的是，2007 年天津岐丰八机架热连轧机和湖南冷水江钢铁公司七机架热连轧机，目前正在攀钢 1450 热连轧机上启用，并在 Φ 函数方法基础上实施板形最优控制。

3.2 宝钢 1220 五机架冷连轧机的分析

宝钢 1220 五机架冷连轧机原为从法国引进的二手设备，购回后经两次重大技术改造，特别是第二次经日本东芝电气承包，东北大学参与使该轧机具有国际水平。改造后的详细情况见文献[6]。宝钢冷轧薄板厂提供了 1220 冷连轧大量生产过程实际设定数据和实时采样数据，对其数据进行了十分详细分析。得到同一钢种不同厚度规格的压下量、压下力以及 Φ 函数与各机架分布图，发现有的钢种、规格图像较好，但大部分压下力曲线发生了交叉，即表明轧制负荷分配不合理。也就是从 1220 轧制参数分布的分析过程中意识到，只分析轧制压下力分布就可以断定负荷分配是否合理。合理的负荷分配应当是同一钢种总压下率大的压下力分布曲线在总压下率小的压下力分布曲线的上方。而且这两条曲线在 F_1 至 F_{n-1} 机架接近平行对板形有利。

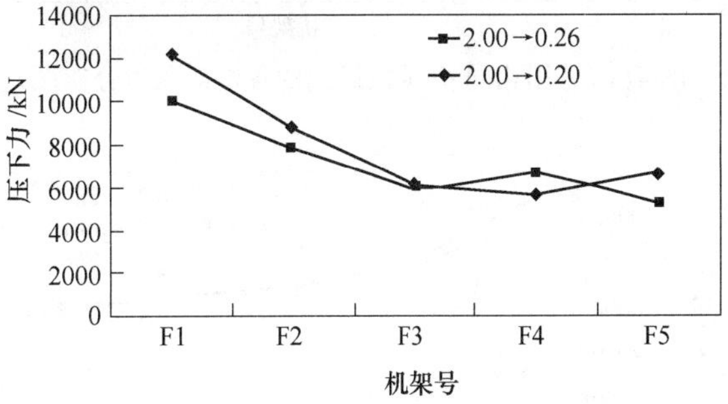

图 3(a) 宝钢 1220 五机架 STW22 各机架压力

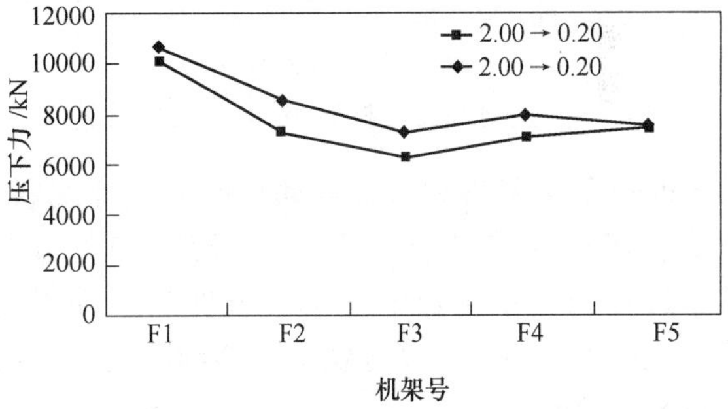

图 3(b) 宝钢 1220 五机架 SPHC 各机架压力

图中钢种 SPH 坯厚 2.00mm 分别轧至 0.20mm 和 0.25mm 的负荷分配较好，未发生压下力分布相交叉；而钢种 STW22 和 MR2T3 的则发生了压下力曲线交叉。用相同的 Φ 函数可得到图 4 的三个钢种的压下力、压下率分布图。图 4 列出其中一个钢种的压下力分布图。

图 4 做法是，用轧制 0.2mm 的 ϕ 值作出轧至 0.20mm 和 0.26mm 的压下力分布图；用轧制 0.26mm 的 ϕ 值作出轧至 0.2mm 和 0.26mm 的压下力分布图。这种分析法是在实用轧制压下量分配基础上作的。进一步将由板形最佳规程设定出更为合理的压下量分配。

3.3 攀钢 1450 六机架热连轧机的分析

攀钢 1450 热连轧机是中国自行设计制造的第二套大型热连轧机，由于历史原因安装调试较晚并经过两次重大技术改造。第一次改造是由意大利安沙尔多全面负责，并与冶金部自动化研究院合作完成，其核心技术是美国 GE 公司的。第二次

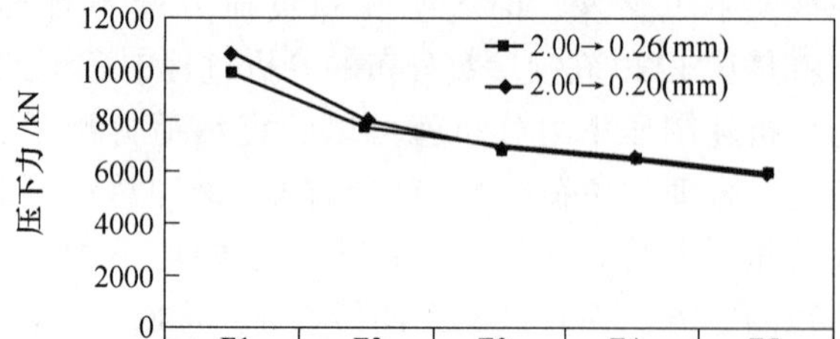

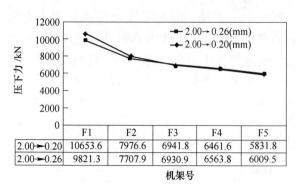

	F1	F2	F3	F4	F5
2.00→0.20	10653.6	7976.6	6941.8	6461.6	5831.8
2.00→0.26	9821.3	7707.9	6930.9	6563.8	6009.5

机架号

图 4(a) 用相同 Φ 函数得到的各机架压力分布图

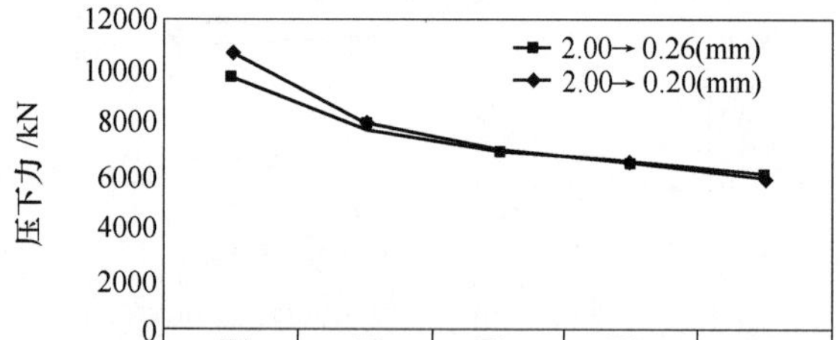

	F1	F2	F3	F4	F5
2.00→0.20	10525.3	7945.9	7031.3	6511.1	5810.3
2.00→0.26	9691.8	7662.8	7020.6	6618.5	5985.6

机架号

图 4(b) 宝钢 1220 五机架 SPHC 各机架压下力

技术改造是由攀钢和冶金自动化研究设计院联合负责，多家国内科研、工厂、学院参加进行的，其中过程控制系统数学模型及软件从国外引进，第二次技术改造属成功范例，于 2006 年获国家科技进步二等奖。

最近一年多，对引进的过程控制数学模型及实际生产效果深入分析研究中发现，与宝钢引进技术情况相同；轧制负荷分配虽然经过了复杂的迭代计算，但得到的压下量分配并不合理，即发生了压下力交叉。图 5 是其中两个钢种的压力和压下量的分布图。

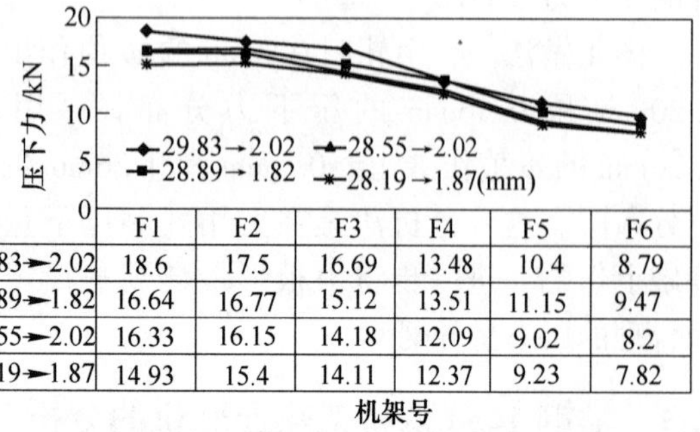

	F1	F2	F3	F4	F5	F6
29.83→2.02	18.6	17.5	16.69	13.48	10.4	8.79
28.89→1.82	16.64	16.77	15.12	13.51	11.15	9.47
28.55→2.02	16.33	16.15	14.18	12.09	9.02	8.2
28.19→1.87	14.93	15.4	14.11	12.37	9.23	7.82

机架号

图 5 攀钢 1450 六机架热连轧各机架压下力分布图

与宝钢 1220 五机架冷连轧分析方法相同，两种规格分别用各自的 Φ 函数值，作出的压下力分布图就比较合理了。当然要使轧制规程更合理，将用动态规划制订出板形最佳规程，适应轧辊凸度变化，调整 Φ 函数值，即建立 $\Delta\Phi$ 数据库。这项工作正在进行，攀钢热轧厂已正式列科研开发项目，正在进行中。

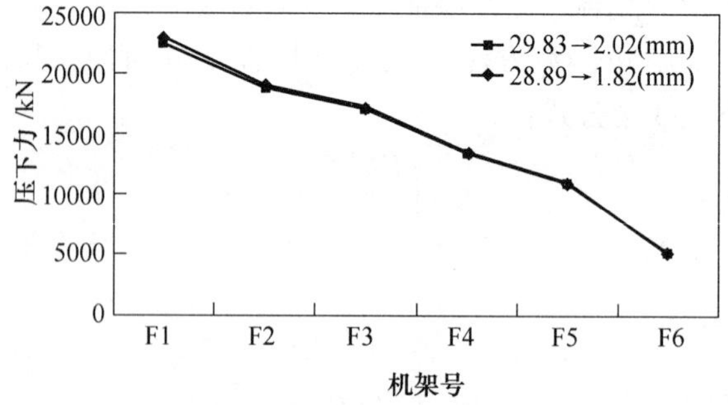

图 6(a) 相同 Φ 函数值，两种厚度（2.02，1.82）压下力对比图

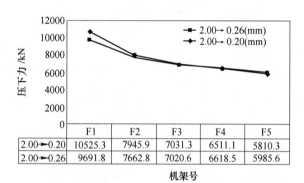

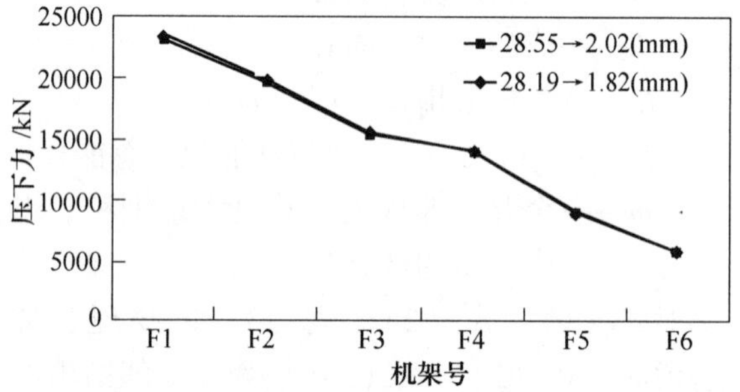

图 6(b) 相同 Φ 函数值，两种厚度（2.02，1.82）压下力对比图

4 结束语

分析了日本、德国、美国等主要轧钢过程控制数学模型，发现这些模型虽然都要进行复杂计算，但得到的实际轧制规程并没有达到良好效果。具体表现是不同钢种、规格产品轧制压下力曲线发生了交叉或不平滑。对于同一钢种不同规格的压下力曲线接近平行则为合理的负荷分配，压下率小的产品压下力曲线应当低于压下率大的产品，一旦发生曲线交叉，就表明压下量分配不合理。

用 Φ 函数可以十分简便地得出合理的压下量分配，该方法已在两套热连轧机上成功启用。目前，在 Φ 函数轧制堆积基础上，引入 $\Delta\Phi$ 函数方式得到板形最佳轧制规程。板形最佳轧制规程的开发工作已在攀钢正式立项开展工作，估计今年内就可以在生产中启用，验证该方法的实用性和最佳效果。

参考文献

[1] 张进之. 热连轧机负荷分配方法的分析和综述[C] //第四届国际智能自动化控制年会，中国上海，

2002（4）.
[2] 张进之．热连轧机负荷分配方法的分析和综述［J］．宽厚板，2004（4）.
[3] 今井一郎．ホットストリップミルにおけるパススケヅュールの計画法［J］．塑性と加工，1964-95（44）：573-580.
[4] 张进之，张岩，戴杉，等．热连轧 DAGC 和 Φ 函数负荷分配实用效果［J］．钢铁产业，2008.
[5] 科学技术成果鉴定证书：八机架 1450 热连轧高精度板厚解析控制系统，天津市科委，2008.3.3.
[6] 刘相华，张殿华．带钢冷连轧原理与过程控制［M］．北京：科学出版社，2003.

（原文发表在《冶金设备》，2001（4）：25-29）

热连轧生产过程负荷分配分析

张进之，吴增强

（中国钢研科技集团有限公司，北京　100081）

摘　要　介绍了 10 套热连轧机的负荷分配，其中 CVC4 套，PC3 套，常规 3 套，除两套是 6 机架热连轧外，7 套为 7 机架热连轧机。定量且比较分析了从德国、日本引进的 CVC、PC 轧机与美国常规热连轧机，$F_1 \sim F_3$ 与 $F_4 \sim F_7$ 的压下量分配是相同的，CVC、PC 热连轧有很大的生产潜力。发挥热连轧机潜力建议两种方案：一是增大 $F_4 \sim F_7$ 机架的压下量实现控制轧制，提高钢带机械性能，二是用 6 个机架生产，增加一个换辊周期内的轧制卷数。

关键词　负荷分配；CVC；PC；控制轧制；板形理论

Analysis on the load distribution of hot rolling mill

Zhang Jinzhi，Wu Zengqiang

（China Iron & Steel Research Institute Group，Beijing 100081，China）

Abstract：Ten sets of hot rolling mill load distribution are introduced，including four sets of CVC，three sets of PC，three sets of the conventional. Two sets are six frame hot rolling mill，seven sets are seven frame hot rolling mill. It quantitatively analyses load distribution of CVC，PC mill introduced from Germany or Japan and compares with conventional hot rolling mill introduced from the United States. The rolling reduction distribution of $F_1 \sim F_3$ and $F_4 \sim F_7$ are the same. The CVC and PC hot rolling mill have a great latent productive capacity. It suggests two schemes to play the hot rolling mill potential：one is increasing the $F_4 \sim F_7$ frame rolling reduction to control the rolling and improve strip mechanical properties，the second is to use six frame mill and increase rolling volume in one roller change cycle.

Key words：load distribution；CVC；PC；controlled rolling；analytic plate type theory

1　概述

负荷分配对板带、型钢、线材以及钢管等生产过程是一个十分重要的问题，它直接影响生产的能耗，产品几何尺寸精度，机械物理性能等，是与技术和经济直接相关的问题。负荷分配一直是轧钢工作者最关心的问题。最先研究负荷分配问题是从能耗分配入手，因为能耗是可测量的物理量，它在各机架（或道次）的分配已有多种数学模型。这些模型大多是 3 个参数表达的，对此取得突破性进步的是日本学者今井一郎，他以当时日本最先进的大分厂热连轧机为对象，于 1963 年发表了单参数能耗负荷分配数学模型[1,2]。由于能耗虽然可测，但不易测量，因为能耗是钢种、轧件几何尺寸的函数，是一个无穷大的数，采取改进的方式应用。2000 年笔者发现了今井一郎负荷分配方法的反函数，即 Φ 函数，将要求实测能耗转变为厚度，厚度是很容易得到的量，从而使得今井的能耗方法较易得到工业化应用。

在热连轧机上 Φ 函数方法得到推广应用之后，开始用 Φ 函数分析我国从国外引进的过程控制级的负荷分配方法，这些研究已在《冶金设备》等刊物上发表[3]。国外负荷分配方法虽然有复杂的迭代计算，但精度不高，原因是基本计算公式（压力公式、温度公式、变形抗力公式等等）精度有限。证明在具体的负荷分配规程中，从相同钢种，不同厚度的两个规程的压力分布图中表现出来，未达到优化效果。相同钢种，轧薄规格的压力分布应当大于厚规格的压力分布，而实际上从德国、日本等国引进的连轧机发生了交叉，负荷分配并没有达到优化的目标。而用 Φ 函数负荷分配方法很容易得到比较理想的轧制规程。

2 热连轧机的负荷分配现状

宝钢 2050mm、1580mm、1880mm 及 1780mm 4 套，新余 1580mm 1 套，武钢 CSP，唐钢 CSP，攀钢 1450mm，莱钢 1500mm 以及美国 2134mm 等热连轧机的负荷分配数据在下文给出。除攀钢和莱钢是 6 机架外，其他均为 7 机架。对宝钢 2050mm 7 机架热连轧机截取了 10 组数据，成品厚度从 1.44mm 到 5.91mm，主要研究总压下量（$H-h$）在 $F_1 \sim F_3$ 与 $F_4 \sim F_7$ 的分配情况，H 为板带入口厚度，h 为板带出口厚度，S 为占总压下量百分比。

2.1 国内几家钢企 7 机架热连轧机负荷分配

宝钢热连轧机负荷分配数据如表 1，表 2 所示。

表 1 宝钢 2050mm 热连轧机前 3 个机架与后 4 个机架的负荷分配 (mm)

H	F_1	F_2	F_3	F_4	F_5	F_6	F_7	$\Sigma\Delta h$	$\Sigma\Delta h_{1-3}$	$S_{1-3}/\%$	$\Sigma\Delta h_{4-7}$
38.49	17.43	8.55	5.04	3.12	2.18	1.7	1.44	37.05	33.45	91.58	3.60
38.60	17.51	8.63	5.11	3.16	2.22	1.73	1.47	37.13	33.33	91.43	3.64
40.80	19.55	10.30	6.28	4.06	2.95	2.36	1.97	38.83	34.52	89.25	4.31
41.99	20.77	11.25	6.98	4.57	3.37	2.7	2.27	39.72	35.04	88.9	4.71
39.29	20.46	11.33	7.17	4.76	3.59	2.95	2.55	36.74	32.12	86.43	4.62
39.20	21.04	12.20	8.05	5.59	4.23	3.52	3.06	36.14	31.16	86.14	4.99
46.99	23.90	13.35	8.59	5.87	4.38	3.62	3.13	43.86	38.40	86.32	5.46
47.10	27.54	16.90	11.52	8.19	6.28	5.26	4.60	42.50	35.58	83.70	6.92
47.10	28.51	17.95	12.44	8.96	6.93	5.83	5.12	41.98	34.66	82.59	7.32
47.20	29.85	19.43	13.78	10.09	7.90	6.70	5.91	41.29	33.42	81.50	7.89

注：$\Sigma\Delta h$—总压下量；$\Sigma\Delta h_{1-3}$—$F_1 \sim F_3$ 的压下量；S_{1-3}—$F_1 \sim F_3$ 的压下量占总压下量百分比；$\Sigma\Delta h_{4-7}$—$F_4 \sim F_7$ 压下量。

表 2 宝钢 1580mm、1880mm、1780mm 前 3 个机架与后 4 个机架的负荷分配 (mm)

H			F_1	F_2	F_3	F_4	F_5	F_6	F_7	$\Sigma\Delta h$	$\Sigma\Delta h_{1-3}$	$S_{1-3}/\%$	$\Sigma\Delta h_{4-7}$
1580mm 负荷分配	43.00	h	25.89	15.35	9.85	6.48	4.59	3.58	3.07	39.93	34.15	83.44	5.89
		Δh	17.11	10.54	5.50	3.37	1.89	1.01	0.51		—	—	6.76
	42.00	h	24.27	14.21	9.05	5.92	4.19	3.27	2.81	39.19	32.95	84.08	5.24
		Δh	17.73	10.06	5.16	3.13	1.73	0.92	0.46	—	—	—	6.24
1880mm 负荷分配	38.50	h	16.51	8.13	4.43	3.16	2.31	1.87	1.64	36.86	34.07	92.51	2.83
		Δh	21.92	8.35	3.74	1.29	0.86	0.44	0.24	—	—	—	—
		P/kN	20.83	20.42	18.07	16.02	12.64	9.22	7.43	—	—	—	—
		功率/kW	4317	4879	4499	4820	2575	2689	1919	—	—	—	—
1780mm 负荷分配	37.00	h	16.80	8.08	4.84	3.04	2.22	1.74	1.52	35.48	32.16	90.65	3.32
		Δh	20.20	8.71	3.25	1.80	0.82	0.48	0.22	—	—	—	—
	37.00	h	21.32	12.95	8.40	5.88	4.39	3.50	3.04	34.00	28.60	84.12	5.36
		Δh	15.68	8.37	4.55	2.52	1.49	0.89	0.47	—	—	—	—
	46.00	h	28.51	18.09	12.82	9.83	7.64	6.58	6.15	39.85	33.18	83.26	6.67
		Δh	17.49	10.42	5.27	2.99	2.19	1.06	0.43	—	—	—	3.32

从表中可看出，宝钢热连轧机的总压下量大都分配在前面（$F_1 \sim F_3$）3 个机架上，而后面的（$F_4 \sim F_7$）所占比例比较小，最大的只有 20.5%，对于成品比较薄的只有 10%左右。这种分配方法对控制板形比较有利，因为后边几个机架起到了平整作用，但存在着很大的资源浪费。

其他几家热连轧机负荷分配如表3～表5所示。分别是新余钢铁公司1580mm 7机架CVC热连轧（表3），唐山钢铁公司CSP 7机架热连轧机[5]（表4），武汉钢铁公司CSP 7机架热连轧机[6]（表5）。

表3　新余1580mm热连轧机前3个机架与后4个机架的出口厚度分配（H=33.0mm）　（mm）

F_1	F_2	F_3	F_4	F_5	F_6	F_7	$\Sigma\Delta h$	$\Sigma\Delta h_{1-3}$	S_{1-3}/%	$\Sigma\Delta h_{4-7}$
20.74	11.90	7.64	5.25	3.79	3.01	2.50	30.50	25.37	83.16	5.14
20.69	11.67	7.33	5.31	4.02	3.22	2.75	30.25	25.67	84.87	4.58

表4　唐钢CSP7机架前3个机架与后4个机架的出口厚度、压下量及负荷分配（H=70mm）　（mm）

	R_1	R_2	F_1	F_2	F_3	F_4	F_5	$\Sigma\Delta h$	Δh_{1-3}	$\Sigma\Delta h_{1-3}$/%	$\Sigma\Delta h_{4-7}$
h_i	37.12	19.04	11.23	7.45	5.47	4.41	3.83	66.17	58.77	88.81	7.40
Δh_i	32.88	18.08	7.81	3.78	1.98	1.06	0.58				
h_i	37.12	19.04	11.1	7.26	5.22	4.13	3.52	66.48	58.9	88.6	7.58
Δh_i	32.88	18.08	7.94	3.74	2.04	1.09	0.61				
h_i	37.12	19.04	10.91	7	4.95	3.83	3.22	66.78	59.09	88.48	7.69
Δh_i	32.88	18.08	8.13	3.91	2.05	1.12	0.61				
h_i	30.52	12.52	6.55	4.01	2.81	2.14	1.82	68.18	63.45	93.06	7.58
Δh_i	39.48	18	5.97	2.54	1.2	0.67	0.32				
h_i	30.52	12.52	6.17	3.68	2.55	1.91	1.62	68.38	63.83	93.34	7.69
Δh_i	39.48	18	6.35	2.49	1.13	0.64					

表5　武钢CSP7机架热连轧机前3个机架与后4个机架的力能参数、出口厚度、压下量及负荷分配（H=55mm）

（mm）

	F_1	F_2	F_3	F_4	F_5	F_6	F_7	
h/mm	23.91	11.02	5.37	2.85	2.01	1.68	1.45	$\Sigma\Delta h=53.55$ $\Sigma\Delta h_{1-3}=49.63$ $S_{1-3}=92.68\%$ $\Sigma\Delta h_{4-7}=3.97$
Δh/mm	31.09	12.89	5.65	2.52	0.84	0.33	0.23	
P/kN	31625.98	14605.04	11606.92	10663.92	5868.7	3411.19	2580.88	
功率/kW	4417.74	3031.47	3494.53	3642.19	1580.19	881.60	669.64	
M/kN·m	3228.35	959.97	448.78	275.37	79.55	28.98	18.31	

2.2　美钢联7机架2134mm热连轧机[7]

美钢联的研究十分重要，他们建立了轧制过程仿真平台，仿真实验结果通过2134mm 7机架热连轧机实际测量结果来验证仿真平台的正确性。文献［7］介绍了在一工作辊换辊后的一个轧制周期内考虑了各种因素（主要实验轧辊热凸度和轧辊磨损凹度）后的计算值与实测值的差在6μm左右（图1）。

该仿真模型最主要的能力就是能准确预报在轧程内由于轧制条件变化而引起板带凸度值的变化趋势。在开始轧制时，板带凸度总是随工作辊的热膨胀而减小。这种情况可用ROLLSIM程序来预报，就轧制的38卷来说，板带凸度值是下降的（图1）。相反，从第48卷开始到第66卷，实测的

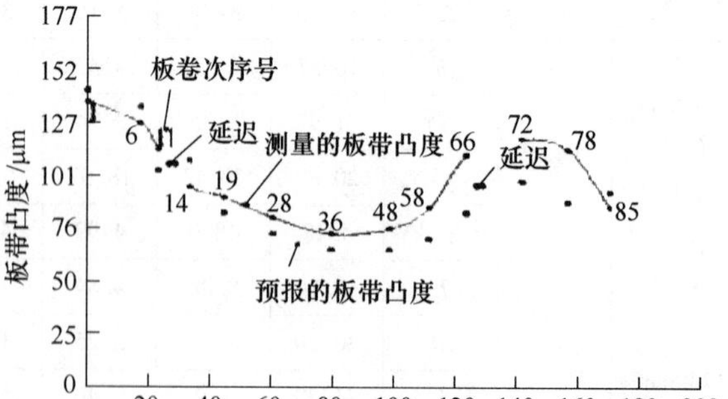

图1　2134mm热带钢连轧机生产马口铁带钢时开始的85卷钢板凸度的预报值和实测值的对比

凸度值是增加的，而用ROLLSIM程序预报的结果也如此。

美钢联研究了轧辊热凸度、磨损凹度、弯辊力、轧辊预热、轧辊原始凸（凹）度和轧制压下量的变

化对轧件板形的影响。本文主要介绍文献［7］的轧制负荷分配的板形（主要是平直度）的一些具体内容，在所述的内容中增加了 Φ 函数计算值。

经计算机仿真实验调整了 1~4 卷，5~19 卷和 20 卷的压下量分配之后，平直度达到了较理想的要求，板凸度也由原先轧制规程的板凸度变化值 71.6μm 减少到 41.8μm（图 2，表 6）。按当时的要求（20 世纪 80 年代以前），无 CVC、PC 的热连轧机来讲还是很好的结果。对于目前要求来讲，显得差值大了一些。

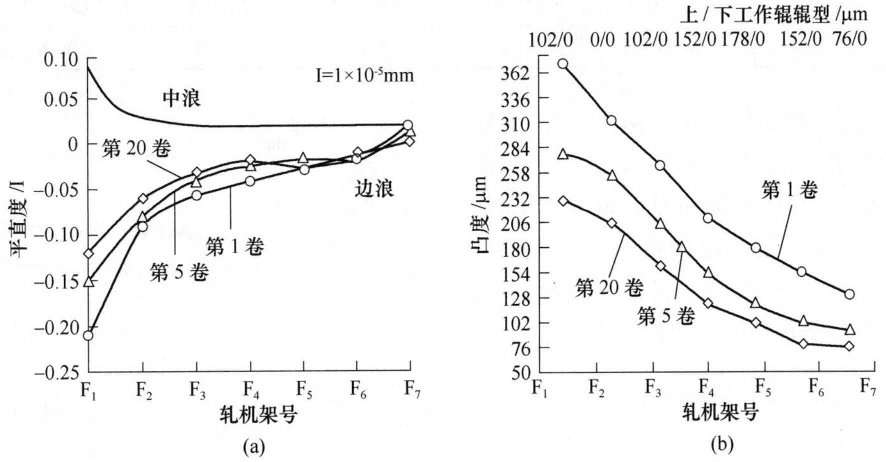

图 2　精轧机轧制力分布的变化很大时对平直度和凸度的影响（3.0×1830(mm) 板带）

（a）带钢平直度；（b）带钢凸度

表 6　美国钢铁公司热连轧机的三种负荷分配　（mm）

		F_1	F_2	F_3	F_4	F_5	F_6	F_7	$\Sigma\Delta h$	Δh_{1-3}	$S_{1-3}/\%$	$\Sigma\Delta h_{4-7}$
第 1 卷 H=33mm B=1830mm	h/mm	17.86	10.39	7.21	5.28	4.03	3.25	2.92	30.08	25.79	85.74	4.29
	Δh/mm	15.14	7.47	3.18	1.93	1.25	0.78	0.33				
	S/%	45.90	41.80	30.60	26.80	23.70	19.40	10.20				
	P/kN	29488.20	28008.40	23961.00	21384.00	19169.00	16591.00	8849.40				
	Φ	0.17	0.36	0.52	0.66	0.81	0.93	1				
第 5 卷	h/mm	18.54	10.72	7.49	5.35	4.06	3.23	2.92	30.08	25.51	84.81	4.57
	Δh/mm	14.46	7.82	3.23	2.14	1.29	0.83	0.31				
	S/%	43.80	42.20	30.10	28.60	24.10	20.40	9.60				
	P/kN	28008.40	27645.80	23598.40	22119.00	20276.00	17326.40	8477.00				
	Φ	0.16	0.35	0.50	0.66	0.81	0.94	1				
第 20 卷	h/mm	18.97	11.33	7.95	5.64	3.91	3.26	2.92	30.08	25.05	83.28	5.05
	Δh/mm	14.03	7.64	3.38	2.31	1.47	0.89	0.36				
	S/%	42.50	40.30	29.80	29.10	30.70	16.60	10.40				
	P/kN	26548	25803.00	22854.00	22501	22119.00	18433.00	9212.00				
	Φ	0.15	0.33	0.47	0.63	0.83	0.93	1				

2.3　六机架热连轧机负荷分配

莱钢 1500mm6 机架热连轧[8]负荷分配见表 7。

攀钢 6 机架热连轧机由第二重型机器厂制造，由于“文化大革命”历史原因，较晚才投入生产，开始生产时设备、控制、工艺方面的问题较多，产品质量和产量都很低。后来经过 3 次技术改造。第二次改造由意大利公司全面负责，北京自动化院参与，合作完成，产品质量和产量都有较大提高。第三次改造分国内、国外二部分，传动部分和基础自动化等由国内完成；过程控制部分由澳大利亚自动化公司负责。这二次改造的国外二家公司都是美国 GE 公司的合作伙伴，所有引进技术属于美国技术。

表 7　莱钢 1500mm6 机架负荷分配（$H=25$mm）

	F_1	F_2	F_3	F_4	F_5	F_6	
h/mm	13.72	7.84	5.14	3.93	3.14	2.89	$\sum\Delta h=22.11$ $\sum\Delta h_{1-3}=19.86$ $S_{1-3}=89.8\%$ $\sum\Delta h_{4-7}=2.25$
P/kN	23730.6	22923.8	20137.5	13257.0	11800.4	8777.2	
M/kN · m	1570.87	1096.02	676.71	261.12	193.23	93.85	
功率/kW	5794.15	7113.31	6392.30	4358.82	3816.21	1596.30	
Δh/mm	11.28	5.88	2.70	1.21	0.79	0.26	

最后一次改造在 2005 年完成。由于在第三次改造中应用了 DAGC 厚控数学模型，使厚控精度达到了世界先进水平。在 1450mm 热连轧机上首次实现了流量 AGC 控制，使厚控精度进一步提高。下面介绍一下流量 AGC 的效果，它不仅能提高厚控精度，而且对轧辊偏心有明显的抑制作用。

2.3.1　攀钢 1450mm 热连轧机板形向量闭环控制实验效果

到目前为止，只有攀钢 1450mm 热连轧上具有 DAGC、流量 AGC 和板凸度、平直度综合控制系统，流量 AGC 有利于抑制轧辊偏心对厚控精度的影响。下面介绍流量 AGC 和板凸度闭环控制的效果。因为攀钢 1450mm 热连轧机只有测厚仪和板凸度仪，所以没有平直度实测结果。

实测了两种情况，其一是流量 AGC 和板凸度的综合控制效果；其二是不投运流量 AGC 的板形控制效果。结果表明投运流量 AGC 板形控制效果好。

以上介绍了流量 AGC 与板凸度综合控制效果，下面介绍改变目标凸度的实验结果。设置了流量 AGC 的板凸度波动很小，而没设置流量 AGC 的板凸度波动就非常明显了。证明了流量 AGC 对轧辊偏心有明显的抑制作用。

图 3、图 4 是两个钢种不同规格的板凸度设定控制效果，通过 Φ 函数的改变，可改变压下量分布，从而控制轧制压力和轧辊挠度，进而控制板凸度。平直度控制是与板凸度控制综合进行的。

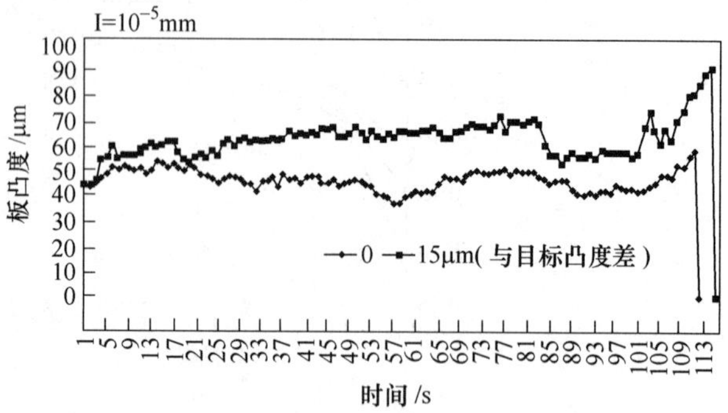

图 3　不同目标凸度调整值的板形分布图（ST14（F），规格 4.00mm）

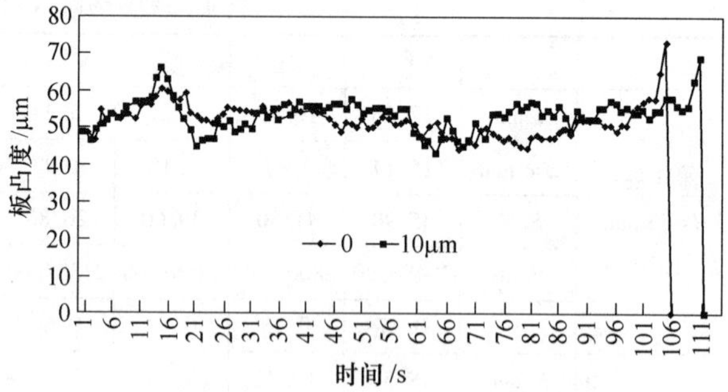

图 4　不同目标凸度调整值的板形分布图（ST12，规格 2.75mm）

2.3.2　评论

流量 AGC 在攀钢生产中应用，属世界首次。热、冷连轧机初始控制方式是相同的，压下系统控制厚度，轧辊速度控制机架间张力。20 世纪 70 年代国外冷连轧控制系统发生了本质变化，将张力信号与辊缝闭环，实现了恒厚度和张力的自动控制方式。由于调整辊缝对张力的影响是调整速度的许多倍，所以改变辊缝控制张力比调节轧辊速度灵敏得多。

这一规律在冷连轧上已普遍应用了。在热连轧机上应用流量 AGC，发现引起张力（或活套）变化的原因是厚度。张力与厚度的因果关系：厚度是因，张力是果，只有控制厚度恒定张力才能稳定。张力稳定要由厚度来控制，而板形控制也是通过厚度分配可以得到更有效的控制。

攀钢 6 机架热连轧机前 3 个机架的负荷分配与 7 机架热连轧机的分配基本上是相同的，所以后面 3 个机架完成了从国外引进的 7 机架的后 4 个机架相同的压下量（表 8）。而从国外引进的 CVC、PC 的热连轧机与一般热连轧机相比较有很大潜力，应当发挥它的作用。具体方法之一是实施控制轧制，增加后面机架压下量可以减少 $F_1 \sim F_3$ 的压下量，对设备利用有利。

表 8 攀钢 1450mm6 机架热连轧机前 3 个机架与后 3 个机架的负荷分配（H=31.30mm）

	F_1	F_2	F_3	F_4	F_5	F_6	
h/mm	16.67	9.35	5.97	4.35	3.47	2.94	$\sum\Delta h=28.55$ $\sum\Delta h_{1-3}=25.53$
Δh/mm	14.63	7.31	3.38	1.62	0.89	0.52	$S_{1-3}=89.4\%$ $\sum\Delta h_{4-6}=3.02$

另一种作法是 7 个机架用 6 个机架生产，F_6、F_7 交替使用，这样就会有 2 个机架作为成品机架，对钢带表面质量有利，可以增长一个工作辊换辊周期内增加总轧制卷数。

3 结束语

（1）研讨了 10 套热连轧机负荷分配情况，即前 3 个机架（$F_1 \sim F_3$）和后面 4（或 3）个机架的压下量分配比例，认识到目前引进的 7 机架的 CVC、PC 的热连轧机有很大的产能潜力。由于目前我国的热连轧生产能力过剩，再增大生产量已没有实际价值，应当向控制轧制技术发展。控制轧制工艺特征之一是低温大压下量，即在后面成品机架和靠近成品机架的轧机增加压下量。后面温度低、厚度薄，轧制工艺上存在一定的困难，即板形质量不好控制。笔者已有连轧张力理论解决了板厚与张力强耦合问题，用流量 AGC 同时提高了板厚和活套高精度稳定的控制。这项技术已成功地在 3 套热连轧机上应用（攀钢 1450mm 6 机架、兆博 650mm 9 机架和新钢 1580mm 7 机架热连轧机）。板形与板厚的强耦合问题已由解析板形刚度理论[9]解决，已在攀钢 1450mm 热连轧机上实验成功，准备在新钢 7 机架热连轧机上实现工业化应用。

（2）中国具备世界上先进的轧制装备，但一些产品质量还落后于日本、德国，在轧制工艺等软技术上的突破提升是今后的一项重要工作。

（3）轧制过程动态理论已在新建热连轧机和改进引进的热连轧的厚控数学模型和负荷分配模型等方面取得了明显的效果，通过完善和推广将会取得更大的技术和经济效果。

参 考 文 献

[1] 今井一郎．ホットストリップミルにおけるパススケヅュールの計画法［J］．塑性と加工，1964,5（44）：573-580.

[2] 鐮田正诚．能耗曲线的定量数学式板带连续轧制［M］．北京：冶金工业出版社,2002:10-13.

[3] 张进之,张中平,孙旻,等．函数的发现及推广应用的可行性和必要性［J］．冶金设备，2011（4）:26-28.

[4] 李维刚，刘相华．热连轧机轧制力成比例负荷分配的 CLAD 算法［J］．东北大学学报，33（3）:352-356.

[5] 王天义．薄板坯连铸连轧工艺技术实践［M］．北京：冶金工业出版社,2005:245-246.

[6] 田军利,陈剑飞,高智,等．基于薄板坯连铸连轧压下规格优化设计及其分析［C］//薄板坯连铸连轧技术交流与开发协会第 6 次技术交流论文集:262-266.

[7] Rooert R Somers,Gray T Pollone,Wayne H Harris.Verification and applications of a model for predicting hot strip profile,crown and flatness[J].Iron and Steel Engineer,1984,19(9):35.

[8] 张明金．3.0mm 以下热连轧薄规格宽带钢的开发［J］．轧钢，2012（3）：56-59.

[9] 张进之．解析板形刚度理论［J］．中国科学（E）．2000，30（2）:187-192（待发表）．

（原文发表在《世界钢铁》，2013（1）：48-53）

再论热连轧生产过程负荷分配问题

张进之[1]，孙　旻[2]，许庭洲[1]，张　宇[1]，史　乐[1]

（1. 中国钢研科技集团公司，北京　100081；
2. 天津一重电气自动化有限公司，天津　300457）

摘　要　通过对厚度、板形和张力这三个自动控制目标量的分析，表明可以用厚度实现最简单、最有效的控制。厚度的控制主要由负荷分配和 AGC 系统来实现的。厚度自动控制最好的方法是 DAGC。无迭代计算的 ϕ 函数负荷分配方法，不仅解决了静态负荷分配问题，同时动态调节值还可以补偿轧辊实时凸度变化。自动控制的另一个主要问题是测量，通过可测的压力、机械辊缝、张力（冷连轧）和活套角就可以完全满足对板带轧制中的全部目标量的有效控制。

关键词　厚度；板形；DAGC；张力公式；ϕ 函数；解析板形理论

Again discuss the problem of load distribution method for hot continuous rolling mill

Zhang Jinzhi[1], Sun Min[2], Xu Tingzhou[1], Zhang Yu[1], Shi Le[1]

(1. China Iron & Steel Research Institute Group, Beijing 100081;
2. Tianjin C-electrical Automation Co., Ltd., Tianjin 300457)

Abstract: Through the analysis of the thickness, plate shape and tension these three automatic control target values, it shows that can use thickness control to realize the most simple and effective control. The thickness control is mainly realized by the load distribution and AGC system. The best method of the thickness automatic control is DAGC and no interactive calculation ϕ function load distribution, not only solve the static load distribution problems, but also the dynamic adjusting value can compensate for real-time camber change of the roll. Another major problem of automatic control is measurement, through the measurement of pressure, mechanical roll gap, tension (cold rolling mill) and a loop of angle, can completely realize effective control for all the targets of the strip rolling control.

Key words: thickness; plate shape; DAGC; tension formula; ϕ function; analytical strip shape theory

1　引言

金属塑性加工的首要问题，是如何有序地将大断面积材料加工成所需要尺寸的变形量分配，对板带轧制即各机架或各道次的压下量分配。20 世纪 60 年代计算机应用于轧制生产过程控制，轧制工作者首先是最优地解决压下量分配的问题。国外从 70 年代用动态规划方法研究该问题，中国在 80 年代也开展了动态规划应用的研究。国内外这方面论文很多，就不介绍了。最近几十年来是采用先进计算方法研究该问题。

变形量的描述一直采用几何方法，而日本学者今井一郎于 1963 年应用能量方法研究这一问题[1,2]。虽然能耗可测，而它是变形量钢种、几何尺寸的函数，且它是一个无限数，因此未能在轧制生产中直接应用。笔者于 2000 年发现今井厚度计算公式的反函数，即 ϕ 函数[3,4]，从而将能耗负荷分配方法得到工业化应用[5,6]。

对于新建的热连轧机，如：琦丰八机架热连轧机、冷水江七机架热连轧机以及兆博九机架热连轧机，应用 ϕ 函数实现了优化负荷分配，随后的压力、温降、变形抗力等全用自己开发的数学模型；而对改进引进热连轧机只用 ϕ 函数进行压下量分配，其他的计算公式全都不变。尽管这样做十分成功，但是只用一个 ϕ 函数实际意义不大，因此要想在引进热连轧机上推广应用 ϕ 函数是存在困难的。研究表明，在引进热连轧机上推广 ϕ 函数的应用主要能实现板形向量（板凸度、平直度）闭环控制。板形向量闭环控制已在攀钢 1450 热连轧机上实验成功[7]，目前的问题是如何推广应用到引进热连轧机上。

2 世界各国的负荷分配的一致性

笔者总结了 20 世纪 60 年代计算机应用于热连轧负荷分配方法世界各国的轧制规程，发现基本上都是大同小异的，特别是中国从世界各国引进了大量热连轧机的压下量分配的实际数据，如典型的十套热连轧数据[8]。笔者之所以能够综合研究各国数据，是得益于 ϕ 函数的发现和实际应用。

文献［8］全面分析了典型十套热连轧的实际负荷分配情况，就不重述了。分析中最主要论证的是中国大量引进的 CVC、PC 等轧辊凸度可调的轧机，其负荷分配与美钢联[9]20 世纪 80 年代的负荷分配无太明显的区别，进一步提出 CVC、PC 热连轧机应当实施控制轧制技术，提高轧件强度和延伸率。下面以成品厚度 3.00mm 左右的规格压下量分配为例，如表 1 所示的压下量数据。

表 1 七机架 CVC、PC 和一般热连轧机的厚度分配和压下量

机型	H	h		F_1	F_2	F_3	F_4	F_5	F_6	F_7	备注
宝钢 2050	39.20	3.06	h_i/mm	21.039	12.200	8.045	5.592	4.229	3.516	3.060	
CVC			Δh_i/mm	18.161	8.839	4.155	2.453	1.363	0.713	0.456	
宝钢 1780	37.0	3.04	h_i/mm	21.319	12.954	8.399	5.879	4.389	3.503	3.038	
PC			Δh_i/mm	15.681	8.366	4.555	2.520	1.490	0.886	0.465	
新余 1580	33.0	2.75	h_i/mm	20.687	11.670	7.326	5.307	4.017	3.216	2.750	
CVC			Δh_i/mm	12.313	9.017	4.344	2.019	1.290	0.801	0.466	
美联钢 2134	33.0	2.92	h_i/mm	18.970	11.330	7.950	5.640	3.910	3.260	2.920	
一般轧机			Δh_i/mm	14.030	7.640	3.380	2.310	1.473	0.889	0.350	

3 负荷分配制订的一般原则及进化

20 世纪 60 年代，计算机被应用于轧制技术，由于连轧机的机电装备能力有限，负荷分配考虑的主要因素是在保证设备安全的条件下，充分利用热连轧机组的总功率；后来，随着机电装备强度和总功率的增大，主要是考虑轧制过程能耗最小化；目前所考虑的问题是如何进一步提高板形精度。

这三个发展阶段说明能耗数学模型都在负荷分配中起主要作用，因此能耗数学模型一直被轧制工作者研究着。大部分能耗数学模型都是三个参数，而今井一郎的能耗数学模型是其中最简明的，其模型只有一个参数。由于笔者找到了今井模型的反函数，即 ϕ 函数，就可以从实际轧制压下量分配中找到能耗分配厚度的参数。无论钢种、板宽、厚度、温度等如何变化，总能量分配到各机架（或道次）中的比例基本上是一定的，因此用 ϕ 函数轧制规程数据库可以较精准地描述出来。

ϕ 函数是各机架厚度的双曲线函数，可以方便地求出其导函数，它可与解析板形理论[10]配合实现板形向量（板凸度、平直度）闭环控制。

总之，由于 ϕ 函数和 $d\phi_i/dh_i$ 与解析板形理论相结合，可以走出一条与目前轧制技术路线不同的新技术路线。这条路线大大简化了分配，取消了迭代计算过程，而且能充分利用轧钢工作者们的经验和方便记录一些新算法得到的轧制制度。

4 负荷分配控制板形技术的实际应用

就负荷分配而言，它去掉了复杂的迭代计算，降低了对压力、温度、变形抗力等计算公式的精度要求。可实现连轧机组的全系统板形向量闭环控制。

4.1 今井能耗负荷分配模型的设定计算公式及 ϕ 函数的计算公式

今井一郎厚度计算公式（某机架的轧制厚度）：

$$h_i = \frac{H_f \cdot h_f}{[\varepsilon_i \cdot H_f^m + (1 - \varepsilon_i) h_f^m]^{1/m}} \tag{1}$$

$$m = 0.31 + \frac{0.21}{h_f} \quad (2)$$

式中　H_f——1机架的入口轧件厚度；

h_f——终轧厚度。

用 ϕ_i 代换 ε_i，并经代数变换，得到今井一郎厚度计算公式：

$$h_i = \frac{H \cdot h}{[h^m + \phi_i(H^m - h^m)]^{1/m}} \quad (1A)$$

由式（1A）可以求得 ϕ_i 计算公式：

$$\phi_i = \frac{\left(\frac{Hh}{h_i}\right)^m - h^m}{H^m - h^m} \quad (3)$$

式中　H——1机架轧件入口厚度；

h——成品机架轧件出口厚度。

式（1A）、式（2）、式（3）为实用的能耗负荷分配计算公式，由实际轧制的各机架厚度实际值可由式（3）计算出 φ 函数值。

4.2　记录负荷分配的最好方式

用模拟实验的方法证明用同一机组 ϕ_i 值，可适用于多个轧制规程的负荷分配计算结果。下面举两组实验结果，其一是用 H = 35mm 分别轧制 2.2mm、2.3mm、2.5mm 和 2.75mm 的负荷分配规程表，如表2~表5所示。

表2　（35mm→2.2mm）负荷分配规程表

	h_i/mm	Δh/mm	m	ϕ_i	$d\phi_i/dh_i$
0	35.000				
1	20.28891	14.7111	0.40545	0.11950	−0.02890
2	11.51726	8.7717	0.40545	0.27498	−0.03620
3	7.20776	4.3095	0.40545	0.43361	−0.06948
4	4.92785	2.2799	0.40545	0.58640	−0.14852
5	3.37845	1.5494	0.40545	0.76326	−0.24424
6	2.58149	0.7970	0.40545	0.90690	−0.78612
7	2.20000	0.3815	0.40545	1.0000	−3.41535

表3　（35mm→2.3mm）负荷分配规程表

	h_i/mm	Δh/mm	m	ϕ_i	$d\phi_i/dh_i$
0	35.000				
1	20.60856	14.3914	0.40130	0.11950	−0.02875
2	11.83896	8.7696	0.40130	0.27498	−0.03522
3	7.46220	4.3768	0.40130	0.43361	−0.06621
4	5.12373	2.3385	0.40130	0.58640	−0.13922
5	3.52370	1.6000	0.40130	0.76326	−0.22547

续表3

	h_i/mm	Δh/mm	m	ϕ_i	$d\phi_i/dh_i$
6	2.69683	0.8269	0.40130	0.90690	−0.71642
7	2.30000	0.3968	0.40130	1.0000	−3.08704

表4　（35mm→2.5mm）负荷分配规程表

	h_i/mm	Δh/mm	m	ϕ_i	$d\phi_i/dh_i$
0	35.000				
1	21.19428	13.8057	0.39400	0.11950	−0.02856
2	12.44674	8.7475	0.39400	0.27498	−0.03364
3	7.95280	4.4939	0.39400	0.43361	−0.06092
4	5.50665	2.4461	0.39400	0.58640	−0.12420
5	3.81098	1.6957	0.39400	0.76326	−0.19546
6	2.92659	0.8844	0.39400	0.90690	−0.60600
7	2.50000	0.4266	0.39400	1.0000	−2.57013

表5　（35mm→2.75mm）负荷分配规程表

	h_i/mm	Δh/mm	m	ϕ_i	$d\phi_i/dh_i$
0	35.000				
1	21.84322	13.1568	0.38636	0.11950	−0.02850
2	13.14840	8.6948	0.38636	0.27498	−0.03221
3	8.53526	4.6131	0.38636	0.43361	−0.05597
4	5.97010	2.5652	0.38636	0.58640	−0.11020
5	4.16441	1.8057	0.38636	0.76326	−0.16781
6	3.21219	0.9522	0.38636	0.90690	−0.50556
7	2.75000	0.4622	0.38636	1.0000	−2.10429

其二是用38mm、32mm、26mm三种坯料轧制2.00mm的负荷分配规程表。这项计算分两种情况，以武钢1700七机架轧制规程实例[11]计算出各自的 φ 函数值及力能参数，表中只记录主要参数，如表6所示。

表6的压力值是文献［11］中的结果，下面用相同的 ϕ_i 值计算出新的厚度分配，各道次压下量和轧制压力，如表7所示。

图1为文献［11］的厚度分布图，图2为相同 ϕ_i 值的三种坯厚的厚度分布图。从表中的对比可以明显看到相同 ϕ_i 值的三种坯厚轧制相同成品厚度的压下量分配比较合理。分两种情况：不同坯厚轧制相同成品厚度；相同坯厚轧制不同的成品厚度的模拟计算表明了函数记录轧制规程库是一个很好的方法。

表6 38mm→2.0mm，32mm→2.0mm，26mm→2.0mm 孙一康书的数值表[11]

		F_1	F_2	F_3	F_4	F_5	F_6	F_7
38	h/mm	18.0	10.0	5.73	3.85	2.93	2.33	2.00
	Δh/mm	20.0	8.0	4.27	1.88	0.92	0.60	0.33
	p/kN	22420	19100	19700	14890	10250	9130	6200
32	h/mm	15.30	8.8	5.42	3.72	2.87	2.31	2.00
	Δh/mm	16.7	6.5	3.38	1.70	0.85	0.56	0.31
	p/kN	22400	19110	17980	14700	10390	8970	6030
26	h/mm	12.6	7.8	5	3.56	2.80	2.29	2.09
	Δh/mm	13.4	4.8	2.8	1.44	0.76	0.51	0.21
	p/kN	25330	17540	17430	13830	10030	8660	5900

表7 38mm→2.0mm，32mm→2.0mm，26mm→2.0mm 按相同计算结果表

		F_1	F_2	F_3	F_4	F_5	F_6	F_7
38	h/mm	18.694	10.313	6.550	4.145	3.003	2.385	2.00
	Δh/mm	19.306	8.381	3.963	2.205	1.142	0.617	0.386
	p/kN	25724	21384	19707	18461	14569	10609	8358
32	h/mm	16.929	9.601	6.069	4.038	2.962	2.372	2.00
	Δh/mm	15.071	7.328	3.533	2.031	1.076	0.59	0.372
	p/kN	25283	21189	19648	18584	14559	10696	8474
26	h/mm	14.731	8.772	5.726	3.904	2.90	2.355	2.00
	Δh/mm	11.269	5.960	3.045	1.823	0.994	0.555	0.354
	p/kN	24430	20249	19214	18233	14505	10635	8453

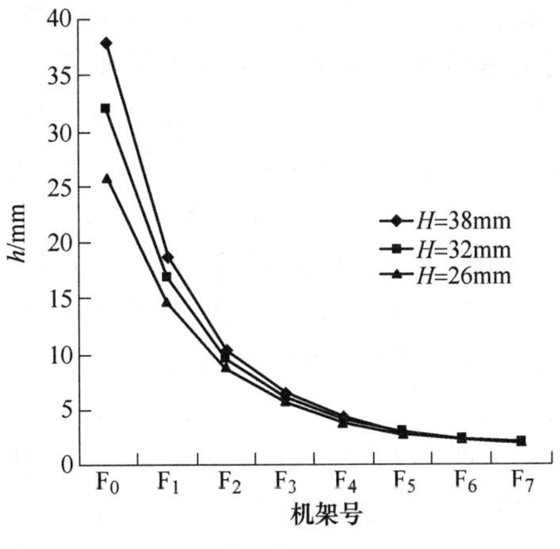

图1 文献［11］三种坯厚轧制2.00mm的厚度分布

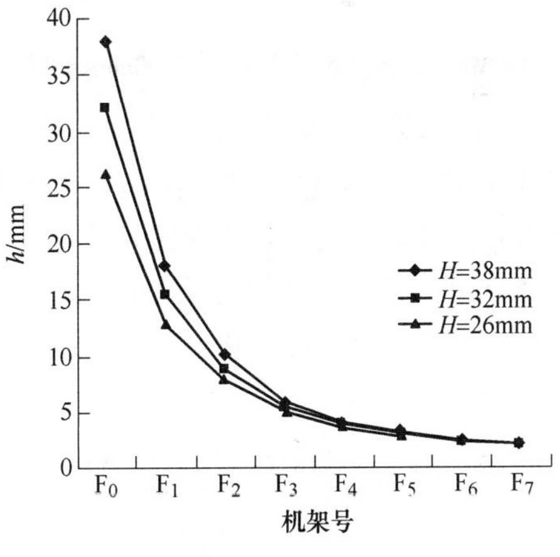

图2 由相同 ϕ_i 值三种坯厚轧制2.00厚度分配

为了更加直观，将表6、表7的数据制订出图1、图2、图3和图4来描述更为直观明显。图1，图2分别表示厚度分布；图3，图4分别表示轧制力分布。

4.3 $d\phi_i/dh_i$ 实现了板形向量闭环控制，适应轧辊凸度的变化

目前中国绝大多数热连轧机都有板形检测仪，所以实际板形量（板凸度和平直度）是可测的。由实测量与设定量之差就可以得 ΔC_n（成品机架），对热连轧主要考虑的板形技术指标为板凸度，由解析板形刚度理论[10]可得到改变所需要的机械凸度的改变量。

$$\Delta c = \frac{m + q}{m}\Delta c_n \tag{4}$$

式中　m——轧机的板形刚度，kN/mm^2；

q——轧件的板形刚度，kN/mm^2；

Δc_n——成品 n 机架的板凸度。

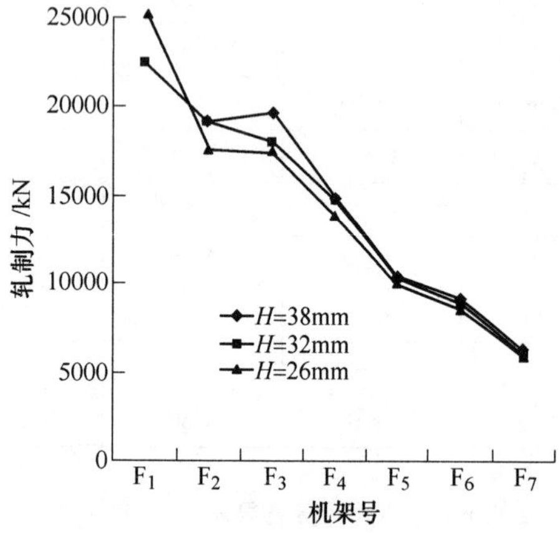

图 3　文献［11］三种坯厚轧制 2.00mm 的轧制力分布

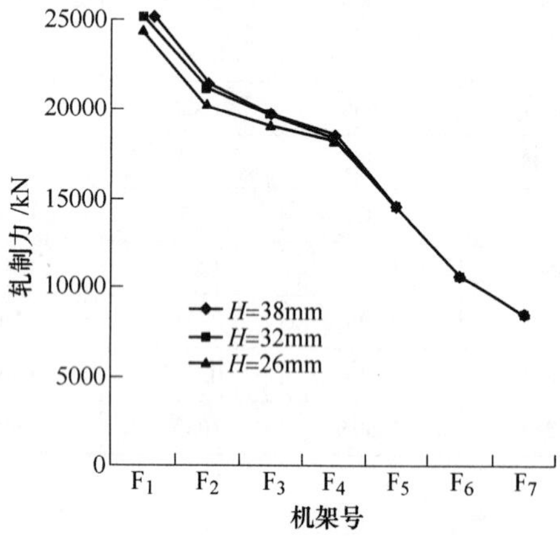

图 4　由相同 ϕ_i 值三种坯厚轧制 2.00mm 轧制力分配

m、q 由规程的工艺参数可计算得具体数值。Δc 即为轧辊挠度，由它可计算出所需要的轧制力变化值 Δp_n，用下列三个方程在保持成品厚度恒定条件下计算出入口厚度和辊缝调节量。

$$\Delta h_n = 0 \tag{5}$$

$$\Delta p_n = \frac{M\dfrac{\partial p}{\partial H}}{M+Q}\Delta H_n - \frac{MQ}{M+Q}\Delta S_n \tag{6}$$

$$\Delta S_n = \Delta h_n - \frac{\Delta P_n}{M} \tag{7}$$

式中　M——轧机刚度，kN/mm；

Q——轧件刚度，kN/mm；

ΔH_n——成品机架入口厚度改变量，即（$n-1$）机架出口厚度变化量；

ΔP_n——成品机架轧制力变化量；

ΔS_n——成品机架辊缝变化量。

由式（5）、式（6）、式（7）计算出成品机架的入口厚度和辊缝变化量。成品机架入口厚度变化量等于成品后边机架出口厚度变化量，由等比例凸度原则和解析板形理论及筒直樑公式计算出 F_{n-1} 机架入口厚度变化量。进一步可计算出 F_{n-2}，F_{n-3}，…机架相应量。这种递推计算直到变化量相反方向修改 F_1 或（F_1、F_2）按 F_{n-1} 至 F_2（F_3）叠加计厚度变化量相反方向修改 F_1 或（F_1、F_2）的出口厚度。总之靠成品机架的入口厚度增加时，F_1 或（F_1、F_2）减少；反之相反。

以上计算得到的都是厚度变化，由 $d\phi_i/dh_i$ 可计算出 $\Delta\phi_i$，即式（8）。按式（8）可以计算出新的 $\Delta\phi_i$，供下一卷钢使用。同时存储于模型数据区，供换工作辊后使用。

$$\Delta\phi_i = \frac{d\phi_i}{dh_i}\Delta h_i \tag{8}$$

式（8）中的 $d\phi_i/dh_i$ 计算公式：

$$\frac{d\phi_i}{dh_i} = \frac{(H \cdot h)^m \cdot (-m)}{(H^m - h^m) \cdot h_i^{m+1}} \tag{9}$$

式中　H——入精轧机入口厚度；

h——成品机架出口厚度。

$\Delta\phi$ 也要考虑支撑辊磨损的变化。

5　攀钢 1450 热连轧机板形向量闭环控制实验效果[7]

在攀钢进行板形向量控制实验是经过计算机大量模拟实验之后在轧制生产线上进行的。在轧线上实验共进行过六次。第一次和第二次实验无板形仪，是剪实验钢卷的尾部人工卡量的方法进行的。后四次实验已安装调试好了板凸度仪（德国进口），在进行中逐步改进实验方法，第五次，第六次实验就正常了，下面主要介绍实验结果。

到 2010 年只有攀钢 1450 热连轧上具有 DAGC、流量 AGC、板凸度和平直度综合控制系统，而其只有测厚仪和板凸度仪，所以没有平直度实测结果。

实测了两种情况，其一是流量 AGC 和 DAGC 综合控制效果图，如图 5 所示；其二是不投运流量 AGC 和只投 DAGC 控制效果图，如图 6 所示。图中两条线是板厚度控制目标值不同。

投流量 AGC 的板厚度波动很小，而不投流量 AGC 的板厚度波动就非常明显了。证明了流量 AGC 对轧辊偏心有明显的抑制作用。以上介绍了流量 AGC 与板厚度综合控制效果，下面介绍改变目标凸度的实验结果。

图 7、图 8 是两个钢种不同规格的板凸度设定控制效果，通过参数的改变，就可以改变压下量分布从而改变轧制压力而改变轧辊挠度而控制板凸度。

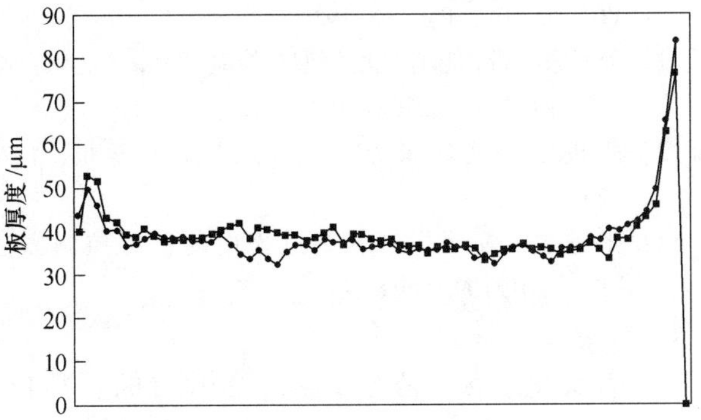

图 5　流量 AGC 对板厚的控制效果图

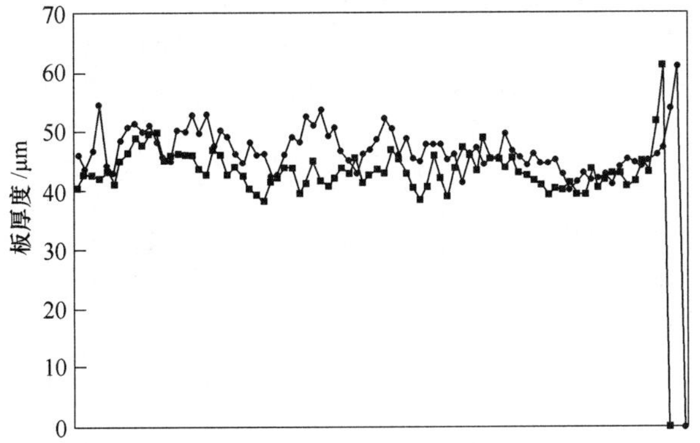

图 6　不投流量 AGC 对板厚的控制效果图

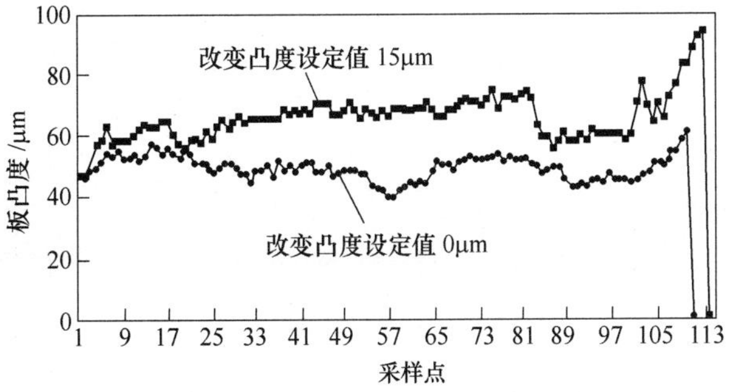

图 7　不同目标凸度调整值的板形分布图
（钢种 ST14（F），规格 4.00）

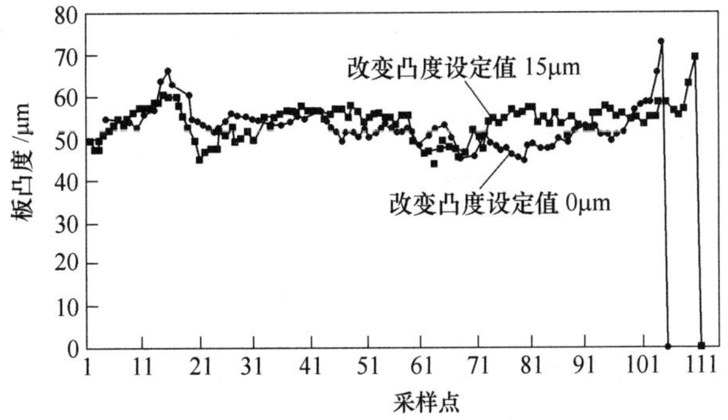

图 8　不同目标凸度调整值的板形分布图
（钢种 ST12，规格 2.75）

流量 AGC 在攀钢生产中应用，属世界首创。热、冷连轧机初始控制方式是相同的，压下系统控制厚度，轧辊速度控制机架间张力。20 世纪 70 年代国外冷连轧控制系统发生了本质变化，将张力信号与辊缝闭环，实现了恒厚度和张力的自动控制方式。由于调整辊缝对张力的影响是调整速度的许多倍，所以改变辊缝控制张力比调节轧辊速度灵敏得多。这一规律在冷连轧上已普遍应用了。在热连轧机上应用流量 AGC，发现引起张力（或活套）变化的原因是厚度，即我国 70 年代由连轧张力理论分析得到的结论[12]。再重复一句，张力与厚度的因果关系：厚度是因，张力是果，只有控制厚度恒定张力才能稳定。张力稳定要由厚度来控制，而板形控制也是通过厚度分配可以更有效的控制。这一切证明了板带轧制中厚度是最重要的参变量。

6　结论

（1）应用 ϕ 函数可以综合分析板带轧制压下规程，它是记录轧制规程最简明的方法；

（2）用 $d\phi_i/dh_i$ 可以实现连轧机组整体板形向量（板凸度、平直度）闭环控制；

（3）由计算机模拟实验证明，不同坯料厚度轧制相同成品厚度，或相同坯料轧制不同的成品厚度可以用相同一组 ϕ_i 值设定，这样就大大压缩了优化规程库的空间；

（4）由 ϕ 和 $d\phi_i/dh_i$ 的轧制规程和板形向量闭环控制已在攀钢 1450 热连轧机上进行了工业化试验，可推广到引进的热连轧机组上应用。

参 考 文 献

[1] 今井一郎．ホットストリップミルにおけるパススケヅュールの計画法［J］．塑性と加工，(1964-9)，5(44)：573-580.

[2] 鐮田正诚．板带连续轧制［M］10～13（能耗曲线的定量数学式）．北京：冶金工业出版社，2002.

[3] 张进之，张中平，孙旻，等．ϕ 函数的发现及推广应用的可行性和必要性［J］．冶金设备，2011（4）：26-28.

[4] 张进之．热连轧机负荷分配方法的分析和综述［J］．宽厚板，2004（3）：14-21.

[5] 余广夫，胡松涛，肖力，等．一种新的负荷分配算法在热连轧数学模型中的应用［C］．宝钢第四届学术年会，2010.

[6] 陈兴福，张进之，彭军明，等．管理和新技术提高产品质量［J］．轧制设备，2012（2）：10-14.

[7] 攀钢钒热轧板厂，中国钢研科技集团公司，太原科技

大学．板形优化模型在热轧的开发与应用［A］，2010.
［8］张进之，吴增强．对热连轧生产过程负荷分配分析［J］．世界钢族，2013（1）：48-53.
［9］Rooert R Somers，Cray T Pollone，Wayne H Harris. 对于预测热板带外形凸度和平直度模型的检验与应用［J］. Iron and Steel Engineer，1984（9）.
［10］张进之．解析板形刚度理论［J］．中国科学（E辑）V01. 30 V02，P：187-192.
［11］孙一康．带钢热连轧的模型与控制［M］．北京：冶金工业出版社，2002：194-197.
［12］张进之．连轧张力公式［J］，金属学报，1978（2）.
［13］张进之，等．板带轧制过程中的板形控制方法［P］. 20121092985. 6.

（原文发表在《冶金设备》，2016（5）：7-13）

三论热连轧负荷分配问题

张进之，张　宇，王　莉，许庭洲

（中国钢研科技集团公司，北京　100081）

摘　要　板带轧制规程制订一直是生产工艺技术的核心问题，是以提高压力计算模型的精度来使负荷分配优化。为了提高压力模型计算精度，需建立精确的钢种化学成分、轧制温度、变形程度和速度的钢种变形抗力预报模型。由这些基础性工作达到迭代计算出各机架的压下量。总之，全部数学模型工作都在于达到最佳压下量分配。由于 ϕ 函数的发现，倒置了以上顺序，先确定了压下量分配，在实际生产过程中由各机架压力乘法自适应系数来提高压力预报精度。最终提高辊缝设定精度。本文分析了从国外引进的通过迭代计算后的实际压下量分配结果，存在不合理问题，所以用 ϕ 函数先确定负荷分配，之后再计算轧制压力，达到准确设定各机架辊缝值。这样做不但得到了无迭代计算的负荷分配，而且为板形向量闭环控制创造了条件。实现板形向量闭环控制是要应用 $d\phi/dh$ 和解析板形理论。

关键词　热连轧；负荷分配；迭代计算；ϕ 函数；$d\phi/dh$；压下量

Third discussion on hot rolling load distribution problem

Zhang Jinzhi，Zhang Yu，Wang Li，Xu Tingzhou

（China Iron & Steel Research Institute Group，Beijing 100081）

Abstract：Strip rolling schedule is the core problem of production technology，it has been the optimization of load distribution in order to improve the accuracy of the model. In order to improve the calculation precision pressure model，in precise steel chemical composition，rolling temperature，deformation degree and speed of steel forecasting model of deformation resistance have been established. From these basic work to achieve the iterative calculation of the amount of the rack. In short，all the work of the mathematical model is to achieve the optimal pressure distribution. Due to the discovery of the ϕ function and inversion of the above order，it first determines the distribution of pressure，in the actual production process each frame pressure multiplicative adaptive coefficient to improve the prediction accuracy of pressure. Finally it improves the accuracy of roll gap setting. There are unreasonable in a comprehensive analysis of the imported from abroad by iterative calculation of actual pressure distribution results，at first ϕ function determines load distribution，then calculates the rolling pressure to set the frame of roll gap value accurately. In this way，the load distribution of the non iterative calculation is obtained，and the condition for the closed-loop control of the shape vector is created. Shape the closed-loop vector control is to be applied with $d\phi/dh$ and the analytical theory of plate shape.

Key words：hot rolling；load distribution；iterative calculation；ϕ function；$d\phi/dh$；reduction

1　引言

日本、德国和我国都提出了负荷分配系数法，我国的方法取消了负荷分配的迭代计算，大大简化了负荷分配问题。德国和日本的方法是功率和压力分配还需要迭代计算求各机架厚度值。我国提出的 ϕ 函数方法最为简便，它不仅解决了负荷分配问题，而且与解析板形刚度理论相结合可以实现板形向量（板凸度、平直度）闭环控制问题。我国的 ϕ 函数方法只有一个参数，而德、日方法是多参数。

日本、德国实际在线应用的负荷分配方法也在改进，例如新钢 1580 七机架热连轧采用可改变的功率分配系数，达到改进轧件几何精度（主要是板形）；马钢2250七机架热连轧机采用压力分配系数方法调节负荷分配。这种压力、功率分配系数方法，充分发挥了操作工的实际经验。

总之，热连轧过程的负荷分配方法都在进步中，达到操作简便，并提高带材质量。

2 日本和德国负荷分配系数法的应用实例

2.1 日本负荷分配系数法

日本负荷分配系数法，是应用绝对压下率计算各机架出口厚度。当各机架绝对压下率得到后，同时轧制压力、功率、前滑、相对压下率等参数都得到了。表1是不同精轧入口厚度、成品厚度的绝对率表。各机架分配系数是百分数表示的，各机架分配系数的和为100。

2.2 德国负荷分配系数法

以功率分配系数法为例，操作工可以很方便地修改某一个或多个机架的分配系数，就可计算出比较合理的负荷分配。例如表2中入口厚度为33mm，成品厚度为2.5mm的轧件的功率分配系数，可将F_2的36改变为32，就可以调整各个机架的压下量，再计算出压力、功率等参数，可以判定轧件规程是否合理。

表1 日本负荷分配系数法

No.	入口厚度 H/mm	成品厚度 h/mm	F_1	F_2	F_3	F_4	F_5	F_6	F_7	和
1	33	1.63	55.10	23.70	11.00	5.36	2.73	1.47	0.68	100
2	33	1.83	52.50	22.40	12.20	6.68	3.44	1.95	0.86	100
3	33	2.00	50.50	24.90	12.30	6.14	3.46	1.90	0.85	100
4	33	2.34	51.00	24.90	11.40	6.93	3.76	2.08	1.06	100
5	40	2.64	49.90	25.00	12.40	6.46	3.45	1.89	0.84	100
6	38	3.00	46.70	25.30	13.10	7.22	4.09	2.31	1.27	100
7	40	3.50	45.80	25.50	13.60	7.50	4.09	2.30	1.20	100
8	40	4.00	43.80	25.60	13.70	7.86	4.70	2.85	1.52	100
9	40	4.53	41.40	24.90	14.10	9.10	5.47	3.25	1.83	100
10	40	6.04	40.30	24.40	14.70	9.14	6.09	3.45	1.90	100

表2与表1的区别，表1中各机架分配系数各种轧件规程系数之和为100，而表2各机架功率分配系数之和是不同的，顺序为153，136，186，…，160。当用和的数除以各机架的功率分配系数之和等于1。

表1和表2经变换都是应用1。1是一个十分重要的数，统计分析的概率是应用了1，其他应用1的实例也很多。1太重要了，笔者在解析板形理论建立也是应用了1，才能发展了日本、美国的遗传板形理论，使之得到工业化应用。

3 国外引进的负荷分配方法存在的问题

轧制规程制订和优化一直是板带轧制技术的最基本问题。近代国内外轧制技术工作者主要解决此技术问题的技术线路，都是以提高轧制力计算公式为主要目标在努力研究和实验中。其实提高轧制力精度是有一定限度的，而且主要目的是得到优化的负荷分配。学者们提出的压力公式有几十个，当轧件的变形抗力和温度确定的条件下，这些计算公式差别很小，所以重点在研究轧件的变形抗力模型计算公式。

轧件变形抗力主要受5个参数影响：钢种化学成分、变形温度、轧件厚度、轧件变形量和变形速度。其中热连轧过程的变形量和变形速度变化很小，所以影响变形抗力的主要是前3个参数。对于轧制较厚的情况，钢种和变形温度是主要因素，而轧制薄的情况，轧件厚度转变为主要因素，这就是我国引进德国、日本、美国的连轧负荷分配的实际效果，当轧件厚度大于3.5mm时负荷分配比较合理，而对于小于3.5mm的情况下负荷分配就不合理了。

如何判断国外引进的负荷分配合理与否呢？对于同钢种同坯料厚度的轧制两种不同成品厚度的产品，薄轧件的轧制压力应当比厚轧件轧制压力大，如果两组轧制力曲线发生交叉，就可以直观判断它不合理；当它们相平行则是优化的负荷分配。这一问题已发表了多篇论文介绍了[1-3]，就不进一步讨论了。

表 2 西门子负荷分配系数

No.	入口厚度 H/mm	成品厚度 h/mm	F_1	F_2	F_3	F_4	F_5	F_6	F_7	和
1	33	2.5	28	36	30	20	17	13	9	153
			0.18	0.24	0.2	0.13	0.11	0.08	0.06	1
2	36	3.5	22	29	25	18	18	15	9	136
			0.16	0.21	0.18	0.13	0.13	0.11	0.07	1
3	36	4.17	30	36	32	26	24	22	16	186
			0.16	0.19	0.17	0.14	0.13	0.12	0.09	1
4	36	4.27	34	38	33	26	18	14	8	171
			0.2	0.22	0.19	0.15	0.11	0.08	0.05	1
5	36	4.5	28	32	28	23	22	18	13	164
			0.17	0.2	0.17	0.14	0.13	0.11	0.08	1
6	38	5.47	30	36	32	26	24	22	16	186
			0.16	0.19	0.17	0.14	0.13	0.12	0.09	1
7	38	5.5	28	36	32	28	26	22	17	189
			0.15	0.19	0.17	0.15	0.14	0.12	0.09	1
8	38	5.75	28	36	32	28	26	22	7	179
			0.16	0.2	0.18	0.16	0.15	0.12	0.04	1
9	42	7.5	24	32	30	22	20	16	11	155
			0.15	0.21	0.19	0.14	0.13	0.1	0.07	1
10	42	7.5	25	32	28	24	22	19	10	160
			0.16	0.2	0.18	0.15	0.14	0.12	0.06	1
11	42	7.8	27	31	27	24	22	18	15	164
			0.16	0.19	0.16	0.15	0.13	0.11	0.09	1
12	42	9.5	24	32	30	22	20	16	11	155
			0.15	0.21	0.19	0.14	0.13	0.1	0.07	1
13	42	9.57	25	32	28	24	22	19	10	160
			0.16	0.2	0.18	0.15	0.14	0.12	0.06	1
14	46	11.5	25	32	28	24	22	19	10	160
			0.16	0.2	0.18	0.15	0.14	0.12	0.06	1

到目前为止，看来用进一步提高压力计算精度来优化轧制规程的道路走不通，因此提出与之相反的技术线路：先确定轧制出板形最优的负荷分配，即已成功应用的 ϕ_i 函数轧制负荷分配，轧制压力计算公式选定就可以了。已得到有轧辊压扁无迭代计算的三个公式：Hill 公式、艾克隆德公式和志田茂公式，它们分别用于三种条件，Hill 用于冷连轧和可逆冷轧机；艾克隆德用于热连轧机；志田茂用于中厚板和热连轧的粗轧机。

下面用图表方法表明从国外引进的负荷分配不合理。

3.1 从日本引进的负荷分配实例

以同一钢种不同入口厚度和出口厚度的实例，可以明显看出负荷分配的不合理性，以 F_7 机架出口厚度可以看到，10 个轧制规程中有 3 例，成品厚度薄的比成品厚度厚的压下量还大。

迭代计算出来的 10 个轧制规程，有 6 个不合理，分别为成品厚度 1.85、2.02、3.04、3.54、4.58、6.07。成品厚度薄的 F_7 的压下量比成品厚的压下量大。由于压下量用相对压下率表示，迭代过程受精度指标影响，判断不出压下量的不合理处。而用 ϕ 函数的压下量是用压下量直接表述的，如果迭代计算用压下量表述，就可能不出现此不合理问题。

表 3　从日本引进的 10 个轧制规程的参数表

成品厚度 /mm	中间坯厚度 /mm		各机架出口厚度 F_1	F_2	F_3	F_4	F_5	F_6	F_7	备注
1.63	33	h/mm	15.73	8.31	4.86	3.18	2.32	1.86	1.65	$h_7=1.87$ 的 F_7 的压下量比 $h_7=2.02$ 的大
		Δh/mm	17.27	7.42	3.45	1.68	0.86	0.46	0.21	
1.83	33	h/mm	16.66	9.69	5.88	3.8	2.73	2.12	1.85	
		Δh/mm	16.34	6.97	3.81	2.08	1.07	0.61	0.27	
2	33	h/mm	17.37	9.66	5.85	3.95	2.88	2.29	2.02	
		Δh/mm	15.63	7.71	3.81	1.9	1.07	0.59	0.26	
2.34	33	h/mm	17.55	9.98	6.6	4.48	3.33	2.69	2.37	$h_7=3.04$ 的 F_7 的压下量比 $h_7=3.54$ 的大
		Δh/mm	15.45	7.57	3.37	2.12	1.15	0.64	0.32	
2.64	40	h/mm	21.37	12.02	7.39	4.98	3.69	2.99	2.67	
		Δh/mm	18.63	9.35	4.63	2.41	1.29	0.71	0.31	
3	38	h/mm	22.75	13.39	8.54	5.87	4.36	3.51	3.04	
		Δh/mm	15.25	9.36	4.85	2.67	1.51	0.85	0.47	
3.5	40	h/mm	23.29	13.99	9.04	6.31	4.82	3.98	3.54	
		Δh/mm	16.71	9.3	4.95	2.73	1.49	0.84	0.44	
4	40	h/mm	24.24	15.05	10.13	7.31	5.62	4.59	4.05	$h_7=4.58$ 的 F_7 的压下量比 $h_7=6.07$ 的大
		Δh/mm	15.76	9.19	4.92	2.83	1.69	1.02	0.55	
4.53	40	h/mm	25.36	16.53	11.54	8.32	6.38	5.23	4.58	
		Δh/mm	14.64	8.83	4.98	3.22	1.94	1.15	0.65	
6.04	40	h/mm	26.33	18.05	13.05	9.95	7.89	6.72	6.07	
		Δh/mm	13.67	8.28	4.99	3.1	2.07	1.17	0.64	

3.2　从德国引进的负荷分配实例

采集了两套从德国引进的七机架热连轧压下量数据，一套为 2050；另一套为 1580。用 ϕ 函数的 $\Delta\phi=(\phi_i-\phi_{i-1})$ 表述不同规程的轧制规程数据。图 1 为 2050 七机架热连轧机，图 2 为 1580 七机架热连轧机。

图 1 与图 2 对比可以看出，2050 七机架热连轧机的负荷分配比 1580 的好。2050 轧制较厚规格：3.13、4.60、5.91 的三种厚度 $\Delta\phi$ 曲线基本上是重合的，而 1580 轧制规格的 $\Delta\phi$ 曲线就不重合了。

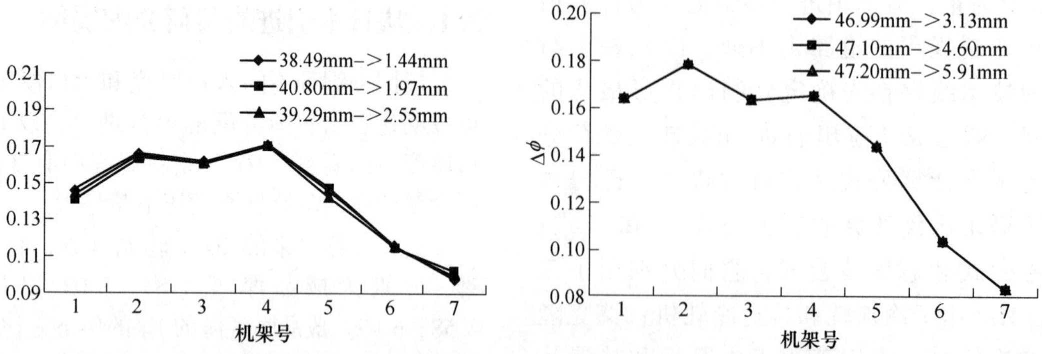

(a)　(b)

图 1　宝钢 2050 热连轧机的 ϕ 函数图

（a）宝钢 2050 轧机 ϕ 值；（b）宝钢 2050 轧机 ϕ 值

表 4　用相同的 ϕ 函数计算出的 10 个轧制规程的参数表

成品厚度/mm	中间坯厚度/mm		各机架出口厚度 F_1	F_2	F_3	F_4	F_5	F_6	F_7
1.63	33	h/mm	14.87	7.7	4.68	3.18	2.36	1.89	1.65
		Δh/mm	18.13	7.17	3.02	1.5	0.82	0.47	0.24
1.83	33	h/mm	15.76	8.41	5.19	3.55	2.65	2.12	1.85
		Δh/mm	17.24	7.35	3.22	1.64	0.9	0.52	0.27
2	33	h/mm	16.42	8.96	5.6	3.86	2.88	2.32	2.03
		Δh/mm	16.58	7.45	3.37	1.74	0.97	0.56	0.29
2.34	33	h/mm	17.55	9.98	6.37	4.45	3.35	2.71	2.37
		Δh/mm	15.45	7.57	3.61	1.92	1.1	0.64	0.34
2.64	40	h/mm	20.91	11.71	7.38	5.1	3.82	3.07	2.67
		Δh/mm	19.09	9.2	4.32	2.28	1.29	0.75	0.39
3	38	h/mm	21.21	14.42	8.05	5.67	4.29	3.47	3.04
		Δh/mm	16.79	8.79	4.37	2.39	1.38	0.82	0.43
3.5	40	h/mm	23.2	13.94	9.19	6.53	4.97	4.04	3.54
		Δh/mm	16.8	9.25	4.76	2.66	1.56	0.93	0.49
4	40	h/mm	24.24	15.05	10.13	7.31	5.62	4.59	4.05
		Δh/mm	15.76	9.19	4.92	2.83	1.69	1.02	0.55
4.53	40	h/mm	25.19	16.12	11.08	8.1	6.29	5.18	4.58
		Δh/mm	14.81	9.07	5.04	2.97	1.81	1.11	0.6
6.04	40	h/mm	27.33	18.71	13.49	10.23	8.15	6.83	6.1
		Δh/mm	12.67	8.63	5.21	3.27	2.08	1.32	0.72

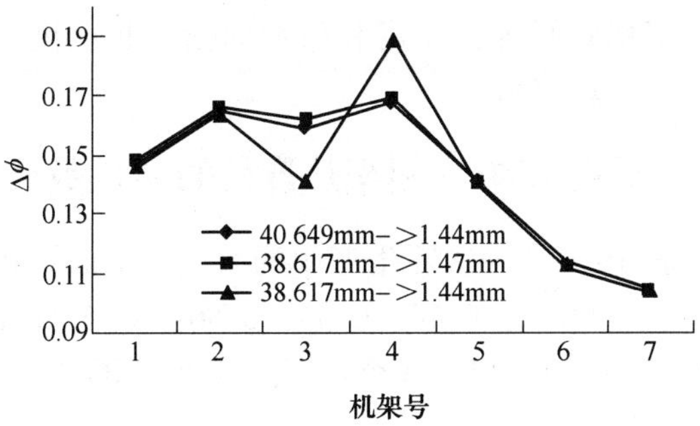

(a)

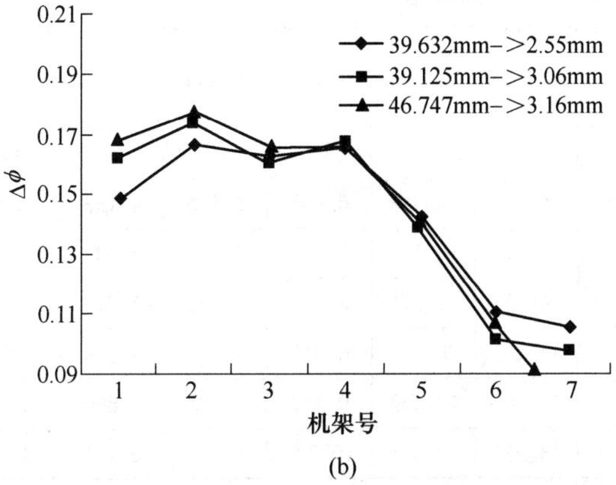

(b)

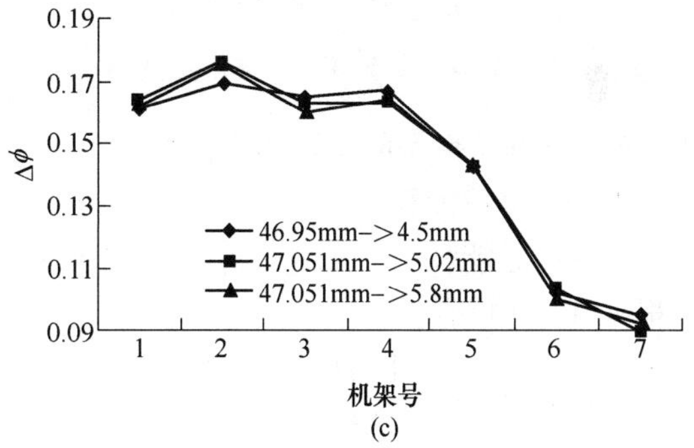

(c)

图 2　新余 7 机架热连轧机的 ϕ 函数图

（a）新余 7 机架热连轧机的 ϕ 函数；

（b）新余 7 机架热连轧机的 ϕ 函数；

（c）新余 7 机架热连轧机的 ϕ 函数

但是 2050 轧制薄规格产品，三条曲线就不重合了。其原因为厚规格钢种温度是主要因素，而薄规格厚度则是影响压力计算的主要因素，此表明提高压力预报精度不可能完全解决高精度负荷分配设定问题。应当采用 ϕ 函数确定负荷分配可以简便，精确实现压下量分配。

4　φ 函数制定轧制规程

首先简要介绍一下 φ 函数，它是今井一郎能耗负荷分配方法的转换方式，由于能量实测的困难，分析得出今井反函数，即 φ 函数，它由实测的厚度代替了实测能耗。实现了今井能耗方法的工业化应用。φ 函数将数量庞大的（理论上是无穷多）负荷分配计算转化为有限个数负荷分配计算。

今井一郎的负荷分配方法改进了传统的能耗负荷分配方法，其改进内容是对大量各种钢种、规格规程的实用轧制规程分析，得出参数 m 和单位能耗的数学表达式：

$$E = E_0\left[\left(\frac{H}{h}\right)^m - 1\right] \tag{1}$$

式中　H——坯料厚度；

h——成品厚度；

E——单位能耗；

m——通过大量现场实测数据回归出的公式，$m=0.31+\dfrac{0.21}{h}$。

定义函数 ϕ_i 为第 i 机架的累计能耗分配系数。对于各机架来说钢坯重量和轧制时间是相同的，因此可写出 ϕ_i 的表达式：

$$\phi_i = \frac{\sum_{j=1}^{i} E'_j}{\sum_{j=1}^{n} E'_j} = \frac{E_j}{E_\Sigma} \tag{2}$$

式中　E_j——第 i 机架的累计能耗；

E'_j——单位能耗；

E_Σ——总能耗。

根据式（1）有：

$$E_i = E_0\left[\left(\frac{H}{h_i}\right)^m - 1\right]$$

$$E_\Sigma = E_0\left[\left(\frac{H}{h}\right)^m - 1\right]$$

经推导得：

$$h_i = \frac{Hh}{[h^m + \phi_i(H^m - h^m)]^{\frac{1}{m}}} \tag{3}$$

按式（3）可求得 ϕ_i 计算公式：

$$\phi_i = \frac{\left(\dfrac{Hh}{h_i}\right)^m - h^m}{H^m - h^m} \tag{4}$$

式（3）、式（4）就是 φ 函数给出的能耗负荷分配计算公式，由实际轧制的各机架厚度实际值可由式（4）计算出 φ 函数值。

5　φ 函数负荷分配方法的应用

φ 函数的应用，其一是分析实际负荷分配的好坏，前面 2050、1580 的七机架 Δφ 图已描述清楚了；其二是用于设定轧制规程。用于设定轧制规程必须先建立 φ 函数数据库。φ 函数数据库设定方法有两种，其一是从实际热连轧的厚度分配数据建立，如用宝钢 2050 热连轧各种规格实际厚度建立的 φ 函数库已在多套连轧机上成功地应用；其二是用多种负荷分配设定出板形最佳轧制规程计算出 φ 函数值建立 φ 函数库。φ 函数库建立后，用解析的 $d\phi/dh$ 计算公式求得相应的各钢种、宽度和厚度的 φ 和 $d\phi/dh$ 数据库。φ 和 $d\phi/dh$ 数据库可实现轧制规程设定和板形向量（板凸度、平直度）闭环控制。

5.1　新钢 1580 七机架热连轧的 φ 函数分析

表 5~表 7 为实际生产中的数据，下面用相同的一组 φ 函数：0.16、0.33、0.50、0.65、0.80、0.91、1.0，计算出 13 个规程的各机架出口厚度和压下量值。

表 5　成品厚度 3.5mm~11.5mm 的 13 个轧制数据表

No.	开轧温度 t_0/℃	终轧温度 t_7/℃	入口厚度 H/mm	成品厚度 h_7/mm	板宽 B/mm	出口速度 V/mm·s^{-1}	各机架设定出口厚度/mm F_1	F_2	F_3	F_4	F_5	F_6	F_7
1	972	910	36.549	3.5	915	7.92	24.653	15.323	10.01	6.965	5.145	4.133	3.5
2	1017	913	36.509	4	913	6.58	25.735	16.114	10.705	7.661	5.757	4.682	4
3	986	931	36.554	4.17	1280	8.89	25.709	16.553	11.315	8.407	6.413	5.019	4.17
4	970	904	36.543	4.27	1219	7.37	23.593	14.263	9.357	6.815	5.53	4.718	4.27
5	1011	931	36.578	4.97	1280	6.78	26.472	17.663	12.452	9.477	7.39	5.899	4.97
6	1019	933	38.608	5.47	1280	5.97	28.131	18.931	13.445	10.292	8.067	6.471	5.47

续表 5

No.	开轧温度 t_0/℃	终轧温度 t_7/℃	入口厚度 H/mm	成品厚度 h_7/mm	板宽 B/mm	出口速度 V/mm·s^{-1}	各机架设定出口厚度/mm						
							F_1	F_2	F_3	F_4	F_5	F_6	F_7
7	1017	910	38.615	5.5	1500	4.44	27.573	18.573	13.265	10.149	7.868	6.42	5.5
8	1008	908	38.606	5.75	1500	4.35	29.189	19.964	14.378	10.872	8.424	6.819	5.75
9	1032	919	42.688	7.5	1500	3.1	32.584	22.693	16.675	12.891	10.211	8.379	7.5
10	1020	905	42.681	7.8	1250	3.26	32.197	23.094	17.422	13.626	10.907	9.131	7.8
11	1037	916	42.685	9.5	1500	2.57	33.812	24.744	18.965	15.187	12.419	10.471	9.5
12	1035	912	42.692	9.7	1500	2.23	33.925	24.934	19.182	15.408	12.636	10.679	9.7
13	1035	913	46.754	11.5	1500	2.1	37.616	28.111	21.934	17.828	14.778	12.603	11.5

表 6 13 个轧制规程的压下量及 m 参数表 (mm)

F_1 压下量	F_2 压下量	F_3 压下量	F_4 压下量	F_5 压下量	F_6 压下量	F_7 压下量	m
11.896	9.33	5.313	3.045	1.82	1.012	0.633	0.37
10.774	9.621	5.409	3.044	1.904	1.075	0.682	0.363
10.845	9.156	5.238	2.908	1.994	1.394	0.849	0.36
12.95	9.33	4.906	2.542	1.285	0.812	0.448	0.359
10.106	9.809	5.211	2.975	2.087	1.491	0.929	0.352
10.477	9.2	5.486	3.153	2.225	1.596	1.001	0.348
11.042	9	5.308	3.116	2.281	1.448	0.92	0.348
9.417	9.225	5.586	3.506	2.448	1.605	1.069	0.347
10.104	9.891	6.018	3.784	2.68	1.832	0.879	0.338
10.484	9.103	5.672	3.796	2.719	1.776	1.331	0.337
8.873	9.068	5.779	3.778	2.768	1.948	0.971	0.332
8.767	8.991	5.752	3.774	2.772	1.957	0.979	0.332
9.138	9.505	6.177	4.106	3.05	2.175	1.103	0.328

表 7 13 个轧制规程的 ϕ 函数值表

ϕ_1	ϕ_2	ϕ_3	ϕ_4	ϕ_5	ϕ_6	ϕ_7
0.113	0.275	0.445	0.613	0.771	0.897	1
0.11	0.281	0.456	0.619	0.776	0.899	1
0.114	0.278	0.443	0.589	0.735	0.881	1
0.146	0.346	0.543	0.712	0.835	0.935	1
0.118	0.287	0.453	0.597	0.742	0.884	1
0.12	0.289	0.455	0.6	0.744	0.885	1
0.128	0.299	0.464	0.61	0.762	0.894	1
0.109	0.275	0.437	0.59	0.743	0.881	1
0.119	0.298	0.467	0.624	0.777	0.917	1
0.129	0.297	0.456	0.607	0.755	0.881	1
0.124	0.307	0.478	0.633	0.783	0.919	1
0.125	0.308	0.479	0.634	0.784	0.919	1
0.127	0.311	0.482	0.637	0.786	0.92	1

5.2 薄规格用相同 ϕ 函数计算出的压下量

所用 ϕ 函数值：0.15、0.32、0.48、0.63、0.79、0.90、1 计算出 5 个规格的各机架出口厚度和压下量值。入口厚度为 38mm，成品厚度分别为 1.5mm、2.0mm、2.5mm、3.0mm、3.5mm。计算结果表 11 所示。

有关 ϕ 函数和 $d\phi/dh$ 的应用，已有多篇论文发表[4,5]，本文就不再论述了。

6 结束语

应用 ϕ 函数方法，系统地分析了从国外引进的热连轧负荷分配问题，国外引进的负荷分配方法不仅需要迭代计算，而得出的压下量分配存在不合理，特别是对薄规格产品。应用 ϕ 函数负荷分配方法，不仅简单，而得出的压下量分配合理，

表 8　用 φ 函数推断的各机架出口厚度

(mm)

F_1	F_2	F_3	F_4	F_5	F_6	F_7
21.3	13.238	8.836	6.464	4.885	4.046	3.5
22.249	14.273	9.738	7.227	5.521	4.603	4
22.566	14.613	10.037	7.481	5.736	4.792	4.17
22.73	14.801	10.207	7.628	5.861	4.902	4.27
23.814	16.051	11.353	8.632	6.724	5.672	4.97
25.461	17.329	12.344	9.43	7.372	6.232	5.47
25.505	17.379	12.391	9.472	7.409	6.265	5.5
25.823	17.774	12.769	9.813	7.709	6.537	5.75
29.891	21.344	15.775	12.368	9.878	8.463	7.5
30.195	21.746	16.182	12.75	10.226	8.784	7.8
31.728	23.833	18.353	14.831	12.154	10.588	9.5
31.893	24.061	18.596	15.067	12.377	10.798	9.7
35.604	27.315	21.405	17.524	14.525	12.746	11.5

表 9　用 φ 函数推断的压下量　(mm)

压下量 F_1	压下量 F_2	压下量 F_3	压下量 F_4	压下量 F_5	压下量 F_6	压下量 F_7
15.249	8.062	4.402	2.372	1.579	0.839	0.546
14.26	7.976	4.535	2.512	1.705	0.918	0.603
13.988	7.953	4.576	2.556	1.746	0.944	0.622
13.813	7.929	4.594	2.579	1.768	0.958	0.632
12.764	7.763	4.698	2.721	1.909	1.052	0.702
13.147	8.132	4.985	2.914	2.058	1.14	0.762
13.11	8.125	4.989	2.919	2.063	1.144	0.765
12.783	8.05	5.005	2.956	2.104	1.172	0.787
12.797	8.547	5.569	3.407	2.49	1.415	0.963
12.486	8.449	5.564	3.432	2.524	1.442	0.984
10.957	7.895	5.48	3.522	2.676	1.567	1.088
10.799	7.831	5.466	3.528	2.69	1.579	1.098
11.15	8.289	5.91	3.881	2.999	1.779	1.246

表 10　用 φ 函数推断的压下量与实际的偏差值

(mm)

偏差 F_1	偏差 F_2	偏差 F_3	偏差 F_4	偏差 F_5	偏差 F_6	偏差 F_7
−3.353	1.268	0.911	0.673	0.241	0.173	0.087
−3.486	1.645	0.874	0.532	0.199	0.157	0.079
−3.143	1.203	0.662	0.352	0.248	0.45	0.227
−0.863	1.401	0.312	−0.037	−0.483	−0.146	−0.184
−2.658	1.046	0.513	0.254	0.178	0.439	0.227
−2.67	1.068	0.501	0.239	0.167	0.456	0.239
−2.068	0.875	0.319	0.197	0.218	0.304	0.155
−3.366	1.175	0.581	0.55	0.344	0.433	0.282
−2.693	1.344	0.449	0.377	0.19	0.417	−0.084
−2.002	0.654	0.108	0.364	0.195	0.334	0.347
−2.084	1.173	0.299	0.256	0.092	0.381	−0.117
−2.032	1.16	0.286	0.246	0.082	0.378	−0.119
−2.012	1.216	0.267	0.225	0.051	0.396	−0.143

表 11　用 H=38mm 轧制五个成品厚度的厚度和压下量

(mm)

成品厚度	中间坯厚度		F_1	F_2	F_3	F_4	F_5	F_6	F_7
1.5	38	h	15.6	8.28	4.92	3.15	2.26	1.79	1.5
		Δh	22.4	7.32	3.36	1.77	0.89	0.47	0.29
2	38	h	18.13	10.31	6.35	4.15	3	2.39	2
		Δh	19.87	7.82	3.96	2.2	1.15	0.61	0.39
2.5	38	h	19.97	11.97	7.61	5.07	3.72	2.97	2.5
		Δh	18.03	8	4.36	2.54	1.35	0.75	0.47
3	38	h	21.4	13.37	8.75	5.94	4.41	3.55	3
		Δh	16.6	8.03	4.62	2.81	1.53	0.86	0.55
3.5	38	h	22.57	14.59	9.79	6.78	5.08	4.12	3.5
		Δh	15.43	7.98	4.8	3.01	1.7	0.96	0.62

特别是应用 φ 函数的导函数：$d\phi/dh$[6]，可实现板形向量（板凸度、平直度）闭环控制。

本文数据由新钢 1580 和宝钢 1780 提供，特此对新钢彭军明、陈建华；宝钢吴毅平、朱海华等同志提供数据并讨论表示感谢！

参 考 文 献

[1] 今井一郎. ホットストリップミルにおけるペススケヅ

ュールの計画法［J］．塑性と加工，1964，5（44）：573-580.
［2］鎌田正诚．能耗曲线的定量数学式，板带连续轧制［M］．北京：冶金工业出版社，2002：10-13.
［3］张进之，张中平，孙旻，等．函数的发现及推广应用的可行性和必要性［J］．冶金设备，2011（4）：26-28.
［4］余广夫，胡松涛，肖利，等．一种新的负荷分配算法在热连轧数学模型中的应用［C］//宝钢2010年年会论文集，K286-290.
［5］张进之，孙威，刘军，等．板带轧制过程控制理论与模型的发展简述［J］．冶金设备，2013（4）：40-48.
［6］张进之，孙旻，史乐，等．再论热连轧过程负荷分配问题［M］．北京：中国广播电视出版社，2013：206-209.

（原文发表在《冶金设备》，2016（6）：9-17）

一种新型冷连轧自动控制系统计算机仿真研究

郑学锋，张进之，许庭洲

（中国钢研科技集团有限公司，北京 100081）

摘 要 用数字机作了冷连轧控制系统的模拟仿真。其中调节量的执行机构特性和测量仪表的惯性是用脉冲响应函数处理的，调节器用差分形式的解析式描述，对象的数学模型采用差分形式的状态方程解。这种方法可用于选择控制方案和系统的参数。给出了考虑执行机构特性的调节量阶跃变化动态响应曲线。根据武钢冷轧厂的五机架冷连轧机的实际控制系统的基本环节，作了坯料厚度的调节过程图，并根据仿真结果讨论了这种新型控制系统的优缺点和选择参数的某种考虑。着重分析了用辊缝闭环反馈调节张力值以消除厚度偏差的“连轧AGC”的原理和优点。

关键词 冷连轧；厚控系统；DAGC；连轧 AGC；前馈控制；脉冲响应

Control mathematical mode of high-precision thickness

Zheng Xuefeng, Zhang Jinzhi, Xu Tingzhou

(China Iron & Steel Research Institute Group, Beijing 100081, China)

Abstract: The simulation of the control system of tandem cold mill is used to be digital machine, Which regulate the amount of actuator characteristics and measuring instrument of inertia is the impulse response function the regulator described by difference analytic form of the differential equation of state, the form of the solution of the mathematical model of the object. This method can be used to select the control scheme and the parameters of the system. The dynamic response curve of the step change is given to consider the characteristics of actuator. According to the basic link of actual control system of rolling mill of WISCO five stand cold, which is uesed to be the process of adjusting the thickness of the blank map, and discusses some new advantages and disadvantages of this control system and selection of parameters into consideration according to the simulation results. This paper analyzes the principle and advantages of the “continuous rolling mill AGC” which is used to adjust the tension value of the roll gap to eliminate the thickness deviation.

Key words: cold rolling process; thickness control system; DAGC; continuous rolling AGC; feed forward control; impulse response

1 前言

连轧系统是一个多输入多输出系统，又有板厚延迟等问题，因而控制系统的方案设计和参数选择还有许多问题要探讨，例如选择哪些量为控制目标，哪些参数为调节量，系统的参数取多少为好等。随着现代控制理论的出现和电子计算机的广泛应用，已经出现了一些用状态空间方法描述工艺过程的连轧数学模型[1,2]，并用现代控制理论来求解最佳控制[2]，提出一些用综合的方法来设计系统和选择参数的方法，这些方法是代有方向性的，但也还在尝试性阶段，还离不开对系统进行仿真。

连轧机的仿真工作，开始是用模拟机进行的。数字机出现以后，多用数字机进行。因为模拟机虽有瞬时性实现的优点，但因为连轧工艺过程数学模型较复杂，系统的非线性环节较多，用模拟机不一定方便。而控制系统的仿真因为是离线计算，并不要求瞬时性，因而可以用一台数字机对对象和控制系统进行仿真。在控制系统设计方面，传统的方法是用拉氏变换，在频率域内计算。小西[1]等采用的是用拉氏变换，近年来多认为用时域法来进行控制系统的设计和仿真的方法更为方便。如山下、美坂等[2]采用了田沼等[3]提出的直接计算法。本文用时域法对轧机及控制系统进行仿真研究，用文［6］提出的连轧张力状态方程转移矩阵解的差分递推形式的数学模型，考虑了调节量执行机构和测量仪表的惯性及其非线性环节，作出了实际调节系统的调节过程并进行了讨论。

自从 Sims[10]等把自动调厚系统用于板带轧机以来，单机架的厚度控制多采用了这种方案。后来在连轧机上也在某些机架装设按出口厚度偏差反馈调节本架辊缝的 AGC 系统。这样的系统虽有一定的效果，但因为是按整个系统中的某些局部量来调节的，对其他参数的影响比较大。最近武汉钢铁公司由西德引进的一套五机架冷连轧机是按比较新的控制思想设计的，是把连轧机作为整体考虑的，调节几个参数，使体积流量保持恒定的一种控制系统。这种系统的调节效果较好。本文对这种系统进行了仿真，这一工作可以用于控制系统的设计和参数选择。

2 武钢冷连轧厂的新型五机架冷连轧机自动控制系统

图 1 给出了这套轧机自动控制系统的简要框图，由图可以看出，这套系统包括如下几部分[4,8]。

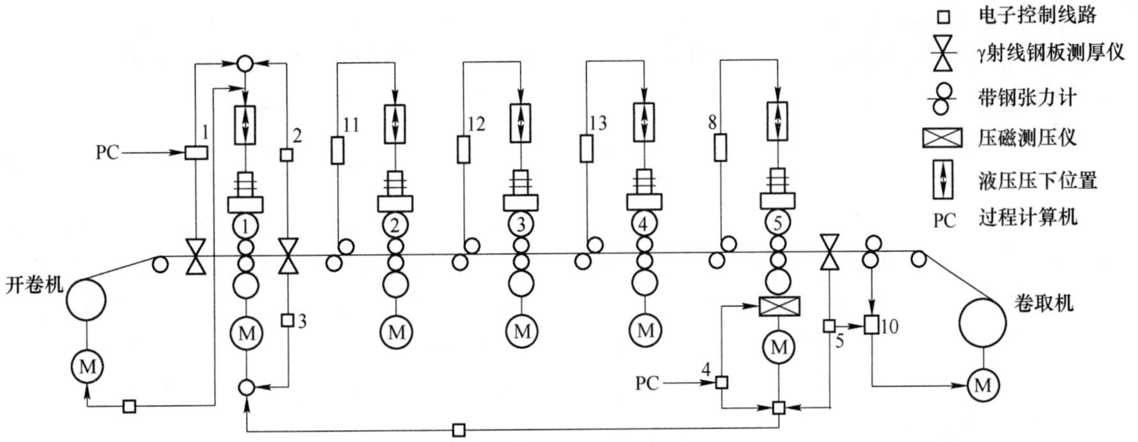

图 1　五机架连轧机自动控制系统简图

2.1 第一架前馈厚度控制

这一系统是根据第一架前的 γ 射线测厚仪测出的原料钢带的厚度偏差信号来调节第一架辊缝，调节量的表达式为：

$$\Delta\phi = -\Delta H \frac{Q}{C} \tag{1}$$

式中，$\Delta\phi$ 为辊缝调节量；ΔH 为来料偏差；Q 为带钢的塑性变形系数；C 为机架的刚性系数。

2.2 第 1 架反馈厚度控制

经第 1 架前馈调节后的剩余钢带厚度偏差由第 1 架后的测厚仪测出，经电子控制线路 2 将此反馈信号送至液压压下位置控制线路，与前馈控制信号共同调节液压压下。这一回路为积分调节器。

2.3 第 2 架前馈厚度控制

第 2 架前馈厚度控制是按保持进入第 2 架的体积流量恒定的原则设计的，根据第一架后测厚仪测出的板厚偏差经电子控制线路 2，按式（2）来调节第 1 架主传动电机的转速。

$$\Delta V_1 = -\frac{\Delta h_{01}}{h_{01}} \cdot V_1 \tag{2}$$

式中，h_{01}为第 1 架原始出口厚度；Δh_{01}为第 1 架出口厚度偏差。

2.4 第 2~5 架辊缝闭环调节后张力的调厚控制回路

按张力测量仪表测出的张力偏差直接电子控制线路 11、12、13 调节 2~4 架的辊缝，可使张力偏差消除。当各张力恢复到原始值时，2~4 架的出口厚度也会恢复到原始值。这是因为，$i+1$ 架的后张力主要是由钢带的速度差 ΔV_i 引起的，按文［6］，

$$\Delta V_i = \frac{h_{i+1}}{H_{i+1}} V_{i+1} - V_i$$

机架间的张力主要取决于 ΔV_i，按张力偏差值调辊缝，就可以使 h_{i+1} 改变，从而改变 i+1 架的入口速度，这样就能使 i+1 架的后张力逐渐恢复到原始值。这时 ΔV_i 可等于零，因第 i+1 架的入口厚度 H_{i+1} 经一段时间后可以等于第 i 架的出口厚度 h_i，因而 i+1 架的流量 $V_{i+1}h_{i+1}$ 就会与 i 架的流量 V_ih_i 为原始规程流量，i+1 架厚度也就等于原始规程值。

第 5 机架的后张力与第 5 机架辊缝之间也有这样的闭环控制环节，但为了保证成品的板型和第 5 架张力 AGC 的有效调节作用，这一环节设置了 20%或更大的范围，这样就可以保证成品架的辊缝和压力变化较小。而成品架的厚度控制通过下面的张力 AGC 来完成。

2.5　第 5 机架反馈厚度控制（张力 AGC）

第 5 机架反馈厚度控制有两个回路。第一个回路由压磁式测压头测出的轧制力偏差信号产生控制作用构成。轧制力偏差 ΔF 与第 5 架出口厚度 Δh_{05} 之间的关系式为：

$$\Delta h_{05} = \frac{\Delta F}{C} \tag{3}$$

轧制力偏差信号送入电子控制线路 4 中与过程计算机得出的第 5 机架刚度系数 C 相除后，即得出板厚调节信号送电子线路 6 中的积分调节器，然后区调节第 5 架传动电机的转速，使第 4、5 机架间的带钢张力变化，从而消除第 5 机架出口厚度偏差。由于压磁式测压头的时间常数很小，而且又直接安装在轧机轧辊下面，这一闭环调节回路的响应时间较快。第二个回路由第 5 机架出口测厚仪测出的板厚偏差信号产生控制作用构成。板厚偏差信号经过电子控制线路 5 送入电子线路 6 与轧制力偏差得出的板厚调节信号相综合，送入同一个积分调节器去调节第 5 架电机转速。这一闭环调节回路由于具有钢板行走延迟时间和测厚仪的时间常数远远大于轧制力偏差调节回路，调节作用也就慢得多。但由于测厚仪的测量精度要高出很多，而且第 5 架轧出的钢板已是成品，对精度要求很高，因此仍必须用此调节回路去克服轧制力调节回路所存在的剩余偏差。当第 5 架当电机转速由于厚度调节的信号使其变化超过±2%的额定值时，同时送调节信号至电子控制线路 7 去调节第 1 架传动电机的转速，以消除第 5 架与第 1 架之间钢带体积流量的不平衡。

2.6　其他项目

本文只对 1~5 项的几个主要调节回路做了仿真计算，对 6 中所述几项未进行仿真计算。

上述的系统是比较先进的，消除厚度偏差的能力较强，由于调节是按流量原则，调节过程中对其他参数影响较小。

3　仿真的方法

3.1　控制对象的仿真

作为控制对象的轧制过程和轧机的特性，采用文［6］中提出的数学模型。这里只写出最主要的目标量张力和厚度的公式。

$$\begin{aligned} \boldsymbol{\sigma}_{(k+1)} &= e^{\boldsymbol{A}\Delta t}\boldsymbol{\sigma}_{(k)} + \frac{E}{L}\boldsymbol{A}^{-1}[e^{\boldsymbol{A}\Delta t} - I]\Delta v_{(k)} \\ h_i &= \phi_i + \frac{P_i}{C_i} \end{aligned} \tag{4}$$

式中，$\boldsymbol{\sigma}=[\sigma_1, \sigma_2, \cdots, \sigma_{N-1}]^{\mathrm{T}}$，$\sigma_i(i=1, \cdots, N-1)$ 表示第 i 架和第 i+1 架间的张力；$\boldsymbol{A}$ 为状态矩阵；$\Delta \boldsymbol{V} = (\Delta v_1, \Delta v_2, \cdots, \Delta v_{N-1})^{\mathrm{T}}$ $\left(\Delta v_i = \frac{h_{i+1}}{H_{i+1}}U_{i+1}(1+S_{i+1}) - U_i(1+S_i)\right)$ 为张力模型的扰动项；h_i 为第 i 架的出口厚度；H_i 为第 i 架的入口厚度；P_i 为第 i 架的压力；C_i 为第 i 架的机架刚度系数；U_i 为第 i 架的轧辊速度；S_i 为第 i 架的无张力前滑；L 为机架间距离；E 为弹性模量；N 为机架数。这个模型中把张力作为状态量，厚度由代数方程求出。

3.2　轧辊速度和压下系统执行机构，测量仪表特性和其他环节的仿真

连轧机的轧辊速度和压下系统执行机构包括许多环节，特性是比较复杂的，通常可以用二阶震荡环节描述。对于实际的轧机也可以用相关仪等仪表实际测量得出辊缝和速度执行机构的脉冲响应函数 $g(t)$。$g(t)$ 函数具有这样的特点：

$$g(t) = 0, \int_0^{\tau} g(t)\,\mathrm{d}t = 1$$

这里 τ 为系统的调整时间。关于用相关仪作系统动态响应的原理和方法可参阅文［5］。本文参考现场的实验结果构造了两个脉冲响应函数（见图 2）。这种脉冲响应函数与轧辊速度或辊缝的设定值进行卷积处理即可得到考虑控制系统和执行机构特性后的动态响应曲线。图 2 为辊缝和速度阶跃变化，考虑控制系统和执行机构特性后的动态响应曲线。图 3 中的虚线为不考虑执行机构特性的动态响应曲线。由图可见，考虑执行机构特性后，系统的响应时间加长了。计算所用的参数如表 1。进

行卷积的公式如下：

$$
\begin{aligned}
\phi(t) &= \int_0^{\tau\phi} g\phi(\tau)\phi^0(t-\tau)\,\mathrm{d}\tau \\
U(t) &= \int_0^{\tau u} gu(\tau)U^0(t-\tau)\,\mathrm{d}\tau
\end{aligned}
\tag{5}
$$

式中，ϕ^0、U^0 分别为辊缝、速度的设定值；$g\phi(\tau)$、$gu(\tau)$ 分别为辊缝、速度执行机构的脉冲响应函数；τ_ϕ、τ_u 分别为辊缝和速度系统的调整时间；ϕ、u 分别为实际的辊缝和速度值。

测厚仪和张力计可以考虑为一阶惯性环节，测厚仪的时间常数为 5ms，张力计的时间常数为 25ms。在本文中测厚仪和张力计的特性也是用脉冲响应函数处理的。

在由检测偏差信号到控制量动作的控制回路中，除控制量的执行机构和目标量的测量仪表外，还有一些环节，如相当于带钢走行的时间延迟、偏差信号的死区等，本文大体上如实地进行了仿真。

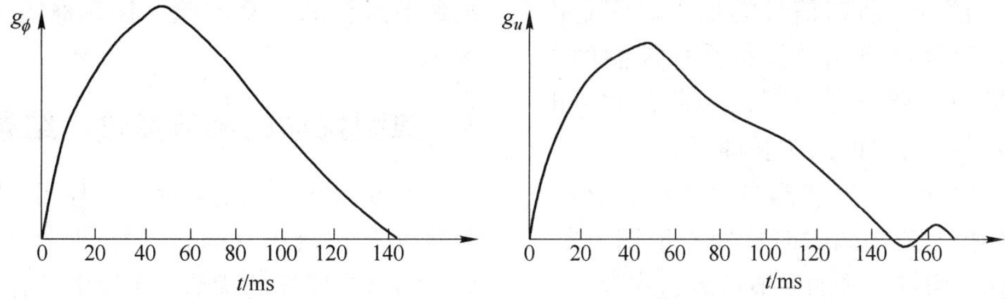

(a) (b)

图 2 $g_\phi(t)$ 图和 $g_u(t)$ 图

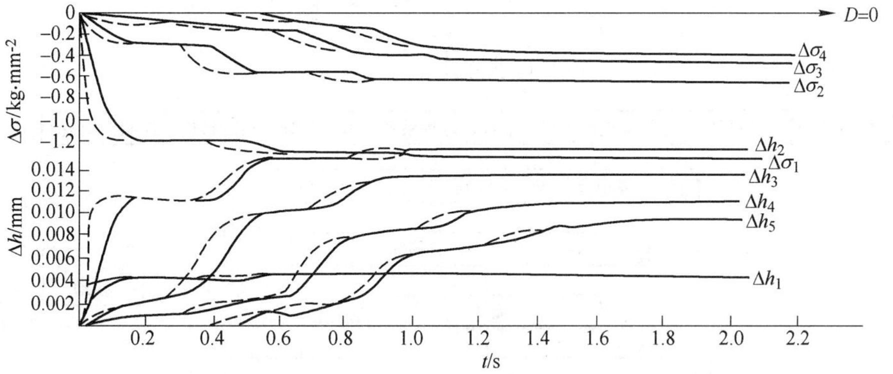

图 3 第一架速度阶跃扰动考虑执行机构特性的动态响应

———考虑执行机构的特性；-----不考虑执行机构特性

表 1(a) 设备参数表

参数 \ 机架号	1	2	3	4	5
轧辊半径/mm	273	273	273	273	273
机架刚度/t · mm^{-1}	470	470	470	470	470
电机刚性	0	0	0	0	0
机架间距离/mm	4600	4600	4600	4600	

表 1(b) 连轧规程表

参数 \ 机架号	0	1	2	3	4	5
入口厚度/mm	3. 20	3. 20	2. 64	2. 10	1. 67	1. 34
出口厚度		2. 64	2. 10	1. 67	1. 34	1. 20

续表 1(b)

参数 \ 机架号	0	1	2	3	4	5
张力/kg · mm^{-2}	0	10. 2	12. 8	16. 1	16. 1	4. 5
轧辊速度/mm · s^{-1}						22000

表 1(c) 材质参数表

参数	m	l	n
参数值	0. 00817	84. 6	0. 3

表 1(d) 其他参数表

参数	板宽 B/mm	摩擦系数 u	平均变形抗力计算公式中的权系数 γ
参数值	930	0. 07	10/3

3.3　调节器的仿真

目前现代连轧机多已实现计算机直接控制，即 DDC 系统，计算机不但完成设计任务，而且也作为调节器使用或与模拟量调节器同时使用。用计算机作为调节器比模拟量调节器有更大的灵活性。计算机可采用 PID 调节器程序，也可以用更复杂的控制方案。武钢冷轧厂这套轧机主要控制环节是由模拟量调节器实现的，局部地方接受过程控制计算机的信号，前馈信号的加入时间是由计算机决定的。下面给出用计算机采样控制的调节器表达式，模拟量调节器也可以用此公式，不过取采样控制周期为计算时间步长即可。

在自动调节原理中，控制器多写成积分形式，对于数字机采样控制或用离散时标模拟量调节器，应写成差分形式。增量形式的调节量表达式为：

$$U_{(k+1)} = U_k + C \cdot \left[K \cdot \Delta y(k-\tau) + \frac{K \cdot \Delta t}{T} y(K-\tau) \right] \tag{6}$$

式中，U 为调节量；C 为分配系数；K 为增益；k 为时标；y 为目标量与给出 = 定值的偏差；$\Delta y'$ 为相邻两时刻的偏益增量；Δt 为采样控制时间；T 为积分时间；τ 为观测滞后时间，如钢带由机架出口至测厚仪的延迟时间和观测仪表的反映时间。

4　计算框图和原始数据

按上述的计算方法，进行了冷连轧控制系统的调节过程的仿真实验。计算框图 4 原始数据见表 1。

5　典型扰动的调节量过程结果和讨论

图 5 为典型扰动的调节过程图。图 5(a) 为来料厚度有 5%(0.16mm) 的阶跃扰动的调节过程，图 5(b) 为同样的扰动，系统中没有来料厚度前馈的调节过程图。计算中第一架厚度反馈的积分时间常数为 625ms，第 2～5 架张力/辊缝调节器的时间常数为 250ms。

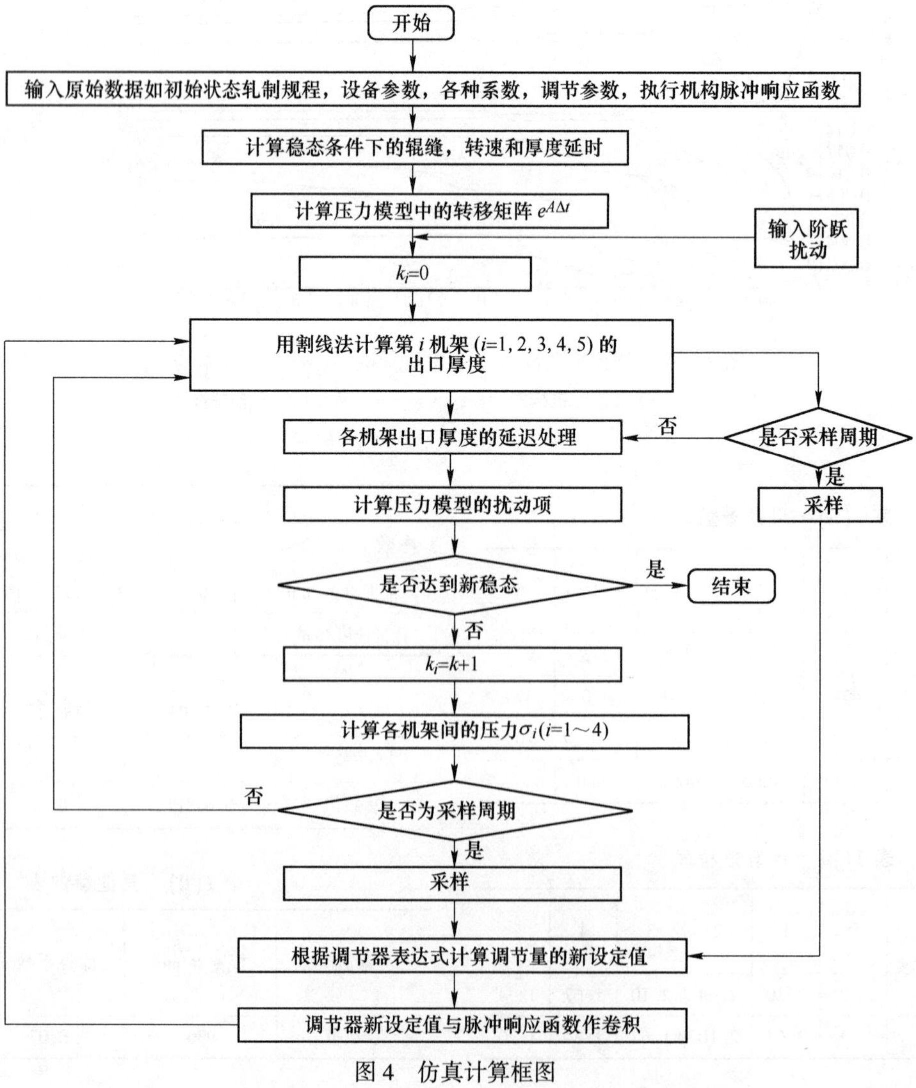

图 4　仿真计算框图

对照图 5(a) 对调节过程作简要分析。坯料的厚差在 0 时刻达到第 1 机架前的测厚仪，经 200ms 以后，达到第一机架，因为前馈调节，第 1 架的出口厚度偏差为 0.012mm。这时，由于提前打开了第 2 架厚控的前馈环节，第 1 架速度升高，第 1 架前张力降低。当厚度台阶信号到达第 2 架时，张力出现较大的波动（后面详细分析这一现象）。当这个台阶到达第 3、4 架时，由于该架入口和出口厚度的变化，使该架入口板速也变化，引起张力和厚度的波动。由于各调节器的综合作用，消除了成品厚差，其余参数和偏差都逐渐减少，过程趋向于一个新的稳态。

对照图 5(b) 分析没有坯料前馈的情况。在这种情况下，第 1 架出口厚度存在一个较大的偏差。因此，第 1 架速度低于基准值，第 2、3、4 架的后张力均为正。当厚度台阶到达第 2、3、4、5 架时，出现了厚度的负偏差，这是由于提前打开第二架厚度前馈造成的。由于第一架速度对第二架入口厚度前馈提前打开，在较大的张力作用下，先出现负偏差，后出现正偏差。当这个台阶到达第 3、4、5 架时，先出现负偏差，后出现正偏差。在本计算例中，第 1 架速度前馈是按执行机构的调整时间提前打开了 160 毫秒。

下面再分析一下这套控制系统的特点和通过仿真研究认识到的几个问题：

(1) 第 1 机架的来料厚度预控和出口厚度反馈控制可以使带钢的厚差很快地降到较低的水平。这样就给后面几架准备了较好的条件，对后面几架的板型也比较有利。由于这一架的反馈调节有比较大的积分时间，又没有比例环节，系统比较稳定，不容易出现震荡。但积分控制的调节能力是比较小的，消除厚差主要靠前馈。

(2) “2 架厚度预控”环节的原理试描述如下：当第 1 架出口厚度有一偏差时考虑到这个厚度偏差进入第 2 架时流量 H_2V_2 要增加，为使这个流量减小下来，按第 2 架流量不变算出的速度修正第一架速度，这个修正值正好当厚度偏差点进入第 2 架时加上，这样就会有一个正比于速度差的张力偏差信号，根据这个张力偏差信号闭环调节的作用是经过上述的调节过程后，达到第 2 架流量不变的目的，在这个环节中，第 1 架速度的修正量应尽可能准确，偏大或偏小，这样厚度也就会有偏差。第 1 架速度的修正量还应考虑到入口厚度和出口厚度变化对前滑的影响。

这一环节的缺点是需要等第 2 架流量的偏差出

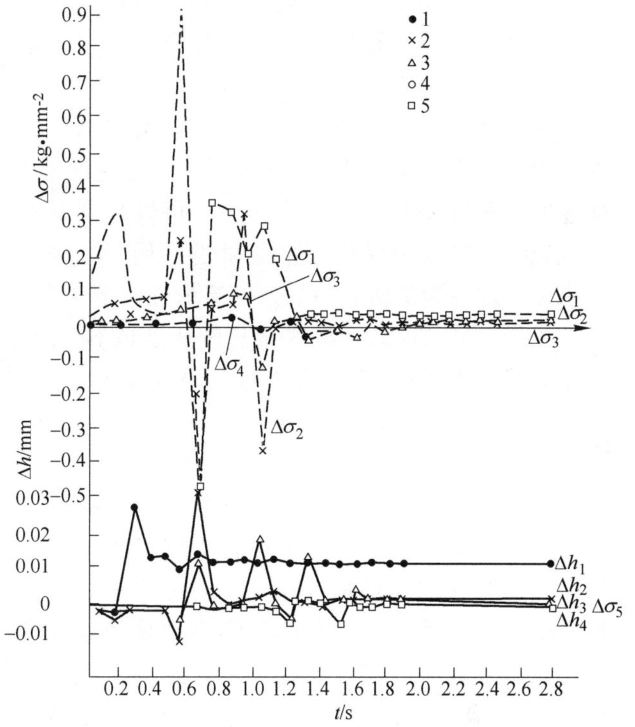

图 5(a)　5%坯料阶跃扰动的调节过程图

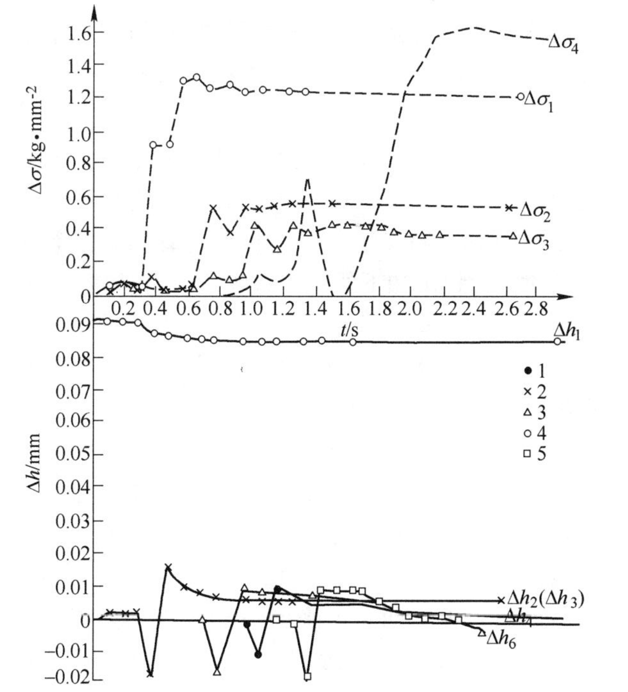

图 5(b)　5%坯料阶跃扰动，第一架无前馈

现后再去纠正，这样调节过程比较慢，并且由于调节第 2 架辊缝会使第 2 架的轧制力波动，可能会影响板型。目前已有人提出了这种系统进一步改进的方案[9]，即当第 1 架测厚仪测出厚度偏差后，按体积流量原则同时修正第 1、2 架速度，这样就可以使第 2 架的流量保持不变，不必等流量差出现后再去纠正。

（3）第 2~4 架的用辊缝闭环调节后张力的回路，是这套轧机控制系统中最有特色的。在文献［7］中，称这种系统为“连轧 AGC”。

由于这几架的调节器是根据张力偏差调节辊缝，当第 2 架的入口厚度有偏差时，在上述的第 1 架速度的前馈控制的共同作用下，可以起到重新设定辊缝，使流量保持原来流量的作用。这种作用也可以理解为，使第 $i+1$ 架的流量逐渐等于第 i 架的流量。又因为第 2~4 架的轧辊速度是不变的，当张力偏差为 0 时可以保证厚度偏差也为 0。

6　结语

（1）本文用数字机作了冷连轧机自动控制系统的仿真研究，其中调节量执行机构和测量仪表特性是用脉冲响应函数描述的，调节器是用差分形式的解析表达式，对象的数学模型采用差分形式的状态方程解。实现了用一台计算机对控制对象、调节器和执行机构等环节进行仿真，这是比较方便的。

（2）参考武钢冷轧厂的实验数据，构造了轧辊速度和压下系统执行机构的两个脉冲响应函数，并给出了典型阶跃扰动下考虑执行机构特性的动态响应曲线。

（3）根据武钢冷轧厂引进的五机架冷连轧机的自动控制系统，进行了仿真计算。给出了典型扰动作用下的调节过程图。根据仿真结果进行了分析讨论。提出如下的初步看法：

1）根据仿真结果，第 1 架来料厚度前馈和出口厚度反馈控制的调节能力比较强，反馈控制采用积分控制也是比较稳定的。

2）根据第 1 架出口厚度偏差信号，用调第 1 架速度对第 2 架流量前馈控制的方案是有效地，第 1 架速度的修正量尽可能准确，并应考虑厚度变化对前滑的影响。这种方案的缺点是要等第 2 架流量出现偏差后再去纠正，张力波动较大。为克服这一缺点，也可以考虑改用 1、2 两架速度前馈的方案。

3）仿真结果表明，中间机架采用的用辊缝闭环调节后张力以消除厚差的“连轧 AGC”是比较好的系统，可以同时消除张力和厚度偏差。并且各架负荷分配比较均衡。

4）由于测厚仪的惯性，使用前馈调节器会在阶跃扰动点到达新的机架时张力和厚度出现尖峰波动，提前打开前调节器可以改变峰值关于零位的分布位置。

对冶金部自动化研究所陈振宇、陈安德和中国科学院数学研究所梁国平、张永光等同志的指导和帮助表示感谢。

后记

本文在 1980 年中国自动化学会应用委员会和冶金自动化学会联合年会上发表，本文至今年代已久，当时结合轧制问题应用现代控制论方法的冶金界人还很少，而现在是国内冶金自动化科研的主要内容之一，所以重新整理写出来发表供有关同志参考。

张进之

2017 年 3 月 10 日

参 考 文 献

［1］小西正躬，铃木弘．塑性と加工，1972：13－140，689.

［2］山下了也，美坂佳助．塑性と加工，14－155（1973），976.

［3］田沼正也，大成干彦．塑性と加工，13－133（1972），122.

［4］陈振宇．冷连轧自动控制系统的数字模拟与分析［J］．冶金自动化，1979. 1. 9.

［5］Cuming I. G. Automation Vol. 81972，531.

［6］张永光，等．计算机模拟冷连轧过程的新方法［J］．自动化学报，1979. 3，177.

［7］张进之．AGC 系统数学模型的探讨［J］．冶金自动化，1979. 2.

［8］陈振宇，等．冷、热连轧机 AGC 系统的仿真研究（1700 工程技术总结），1979 年自动化技术应用委员会年会论文．

［9］Dendle D. W. Steel Times Vol 207，1979. 3 78.

［10］Sims R. B. Iron and Steel，1960. 5 69.

［11］Jamshidi M.，Kokotovic P. Digital C Computer Application to process control rd X-6 June 2_ 5（1971），Helsinki.

［12］华东师范大学编写的现代控制论应用论文集．1967.

连轧张力最优和互不相关控制系统的仿真实验研究

张进之，郑学锋，蔡正一

（中国钢研科技集团有限公司，北京 100081）

摘 要 由自主研发的连轧张力公式和动态设定型厚控方法（DAGC）构成了新型的连轧控制系统，对于新控制系统的实用效果通过计算机仿真实验方法验证其实用性和优越性。当时国外，特别是日本，已将仿真实验方法作为连轧控制系统的实验方法，并取得了成功。我们通过计算机仿真实验对武钢1700冷连轧技术的学习、分析、改进等方面也取得了成功，并与武钢冷轧厂合作，在穿带、加速度、动态改变规格等动态控制方面取得了创新成果。

关键词 连轧张力公式；DAGC；冷连轧最优控制；互不相关控制；仿真实验

Simulation experimental study on the continuous rolling tension of optimal and uncorrelated control system

Abstract: The continuous rolling tension formula and dynamic setting of thickness control method （DAGC） by self-developed constituted anew continuous rolling control system. This new control system's result which is practicability and superiority is validated by computer simulation experiment method. At that time, foreign countries, especially in Japan, the experimental method has been used as the experimental method of continuous rolling control system and achieved success. We study, analyze and improve the WISCO （Wuhan Iron and Steel Corp.） 1700 cold continuous rolling technology through the computer simulation experiment, and also achieved success. In cooperation with the cold rolling mill, we have made the innovation achievement on dynamic control aspects in threading, acceleration, dynamic change specifications.

Key words: tension formula in continuous rolling; DAGC; optimal control of cold continuous rolling; uncorrelated control; simulation experiment

1 引言

热轧带钢连轧机于1892年首建于德国，由于轧机传动及控制技术不成熟，张力波动太大，轧出的板厚差太大，甚至造成拉断或推钢事故而失败。直到1924年美国ARMO-Bulter工厂建成了半连续式42吋热带连轧机和四机座冷连轧机。板连轧机的建成，是以初步解决连轧张力控制问题为条件的。后来连轧技术的发展都直接与连轧张力控制水平相适应。

连轧张力的控制大都是固定其中一个架速度（如五架连轧机以中间第三架作为基准架），由机架间张力计（热连轧通过测活套量）分别与一、二、四、五机架速度调节器构成张力闭环控制系统。

近年来，由于控制装置和技术的进步，用户对轧材尺寸精度的要求提高，国外出现了两类新型的张力控制系统。一种是冷连轧机上采用了高响应速度的液压压下装置，因此用调压下控制张力的闭环系统可以代替调传动速度的张力闭环系统，实现了恒流量轧制，达到同时严格控制张力和厚度的目的。这种方案最先在西德实现，目前在美国、苏联、日本，以及我国武钢五机架冷连轧机都采用了这种控制方案。

国外对这种方案介绍的文章较多[1]，但并未从理论上指出这种系统的优点。作者[2]从理论上证明这种系统比压力AGC厚控精度高一个数量级，并在文献［3］中给出了张力测厚计数学模型，在文献［4］中作了这种控制系统的仿真实验。这种系统适用于带张力轧制的情况，特别是板带冷连轧机。

另一种是无（微）张力控制系统。对型材和棒材，当带张力轧制时，必然造成头尾和中间的应力状态不同，变形条件也不同，从而造成头尾和中间很大的尺寸差异，即同条差加大或废品段增长。如果采用无张力轧制，就会使整根钢材尺寸均匀，对连轧件较短的型钢、棒材连轧是十分重要的，否则会大大降低收得率。最近日本实验研究表明[5]，无张力轧制不仅不造成同条尺寸差异，而且还能消除坯料的尺寸和温度差对成品尺寸的影响。小型及线材实验证明，轧制经专门加工的坯料尺寸差异很大的阶梯型试样，经过无张力四道轧制后，轧件的尺寸差异基本上消除了；人为地制造同块坯料几百度温差，当采用无张力连轧时，并不由坯料长度上的温度差造成尺寸差异。总之，无张力轧制不仅不会造成沿长度方向的差异，而且能消除坯料的原始差异的影响。要实现无张力控制，必须消除连轧过程中各机架间张力的相互干扰。当坯料带有尺寸或机械性能差异时，连轧过程中必然会出现张力变化，为了实现无张力轧制，就要调节轧辊速度，使张力恢复到零值。这种调节如果采用以往的张力调节系统（单输入单输出系统），在调节过程中必然造成机架间张力相互干扰，甚至引起张力震荡。据此发展了克服机架间张力干扰的“互不相关”无张力控制系统，现已成功地应用在棒钢连轧机上[5]。应用现代控制理论，按时城法直接求解多输入多输出的张力控制器也会得到良好效果。

本文介绍由连轧张力公式给出的张力动态控制模型，经简化求解出两种多输入多输出的张力控制器，即最优控制器和互不相关控制器。由电子计算机仿真实验得到了两种控制器抗干扰的效果，证明这两种控制器大大优于目前常用的连轧张力控制系统，是两种实用的连轧张力控制方案，可以进行工业实验。

文中主要符号说明：

σ——机架间单位张力；

h——出口厚度；

H——入口厚度；

S——无张力的前滑系数；

b——张力对前滑的影响系数；

E——轧件弹性模量；

l——机架间距离；

u——轧辊线速度；

t——时间；

N——连轧机架数。

2 张力最优控制系统

2.1 连轧张力控制模型

连轧张力公式的研究证明，引起张力变化的原因是轧辊速度和轧件出入口厚度（或截面积）的变化。“多机架连轧张力公式”[6]推导出张力公式的增量形式，获得了下面张力控制模型：

$$\Delta\dot{\sigma}_{(t)} = A\Delta\sigma_{(t)} + B\Delta u_{(t)} + C\Delta h_{(t)} + D\Delta H_{(t)} + O \tag{1}$$

式中 $\Delta\dot{\sigma}_{(t)} = \dfrac{\mathrm{d}}{\mathrm{d}t}\Delta\sigma$

$\Delta\sigma$——$(N-1)$ 维的张力增量向量；

Δu——N 维控制向量（轧辊线速度增量）；

Δh——N 维出口厚度差向量（可换成截面差）；

ΔH——N 维入口厚度差向量（可换成截面差）；

A——$(N-1)$ 维方阵，

$$A = \frac{E}{l}\begin{bmatrix} -w_1 & \varphi_1 & & 0 \\ \theta_2 & -w_2 & \varphi_2 & \\ & \ddots & \ddots & \ddots \\ 0 & \theta_{N-1} & -w_{N-1} & \end{bmatrix} \quad \theta_i = u_i b_i S_i$$

$$\varphi_i = \frac{h_{i+1}}{H_{i+1}} u_{i+1} b_{i+1} S_{i+1}$$

$$w_i = \theta_i + \varphi_i$$

B——$(N-1)XN$ 维矩阵，

$$B = \begin{bmatrix} -(1+S_1) & \dfrac{h_2}{H_2}(1+S_2) & & 0 \\ & \ddots & \ddots & \\ 0 & & -(1+S_{n-1}) & \dfrac{h_N}{H_N}(1+S_N) \end{bmatrix}$$

C——出口厚差影响 $(N-1)XN$ 维矩阵，

$$C=\begin{bmatrix} -u_1\frac{\partial S}{\partial h_1} & \frac{u_2}{H_2}\left[(1+S_2)+h_2\frac{\partial S_2}{\partial h_2}\right] & & 0 \\ & \ddots & \ddots & \\ 0 & & -u_{N-1}\frac{\partial S_{N-1}}{\partial h_{N-1}} & \frac{u_N}{H_N}\left[(1+S_N)+h_2\frac{\partial S_2}{\partial h_2}\right] \end{bmatrix}$$

D——入口厚差影响 $(N-1)XN$ 维矩阵，

$$D=\begin{bmatrix} -u_1\frac{\partial S}{\partial H_1} & \frac{h_2}{H_2}u_2\left[\frac{\partial S_2}{\partial H_2}-\frac{1+S_2}{H_2}\right] & & 0 \\ & \ddots & \ddots & \\ 0 & & -u_{N-1}\frac{\partial S_{N-1}}{\partial H_{N-1}} & \frac{h_N}{H_N}u_N\left[\frac{\partial S_2}{\partial H_2}-\frac{1+S_N}{H_N}\right] \end{bmatrix}$$

O——噪声项，它由系统物理特征所确定，如轧辊偏心，坯料波动；同时也包含泰勒展开时的二次项等。

2.2 最优控制问题的求解

由式（1）给出的状态方程，有两种精确求解张力最优控制的方法。一种方法是增加压下系统的状态方程，五机架连轧由九维状态方程描述，其状态量是张力和辊缝，输出量是张力和出口厚度，控制量是传动和压下系统的输入量，而入口厚度作为可量测的已知干扰项。由此可求出最优反馈控制：

$$\Delta u^* = -R^{-1}B^T(P-\xi)\Delta X \qquad (2)$$

式中，P 由求解利卡迪代数方程求得，ξ 可求得其积分表达式。其公式推导和仿真实验可见文献［7］；我们也给出了这种控制求解的公式推导[8]，并开始做系统的仿真实验。

另一种方法是按含有未知干扰项的模型处理[9]，提出了这类问题的一种方法，即采用重定原则增加了积分控制项，其最优控制规律是：

$$\Delta u^* = -K_1\Delta\sigma - K_2\int_0^t \Delta\sigma_{(\tau)}\mathrm{d}\tau \qquad (3)$$

K_1、K_2 的求法见文献［9］。我们也试图将它用在求解张力最优控制上，并开始了计算仿真实验。

本文为了得到实用、简化的张力最优控制系统，将状态方程（1）中的“$C\Delta h+D\Delta H+O$”项当作随机干扰项，记为 $W_{(t)}$，并假定该干扰项具有高斯白噪声性质，此时状态方程为：

$$\Delta\dot{\sigma}_{(t)} = A\Delta\sigma_{(t)} + B\Delta u_{(t)} + W_{(t)} \qquad (4)$$

由张力公式可以推导出各类型连轧机的观测方程。下面写成带有高斯白噪项 $V_{(t)}$ 的一般形式的观测方程：

$$\Delta Y_{(t)} = H\Delta\sigma_{(t)} + V_{(t)} \qquad (5)$$

对于冷连轧机，机架间张力直接装有张力测量仪，故 H 是单位矩阵。对于热带连轧机或型钢连轧机，不能直接测量张力值，当研究这些连轧张力控制问题时，必须给出 H 矩阵的构造。

对概率性的线性数学模型，最佳控制准则是选择控制向量 $\Delta u_{(t)}$，使得：

$$\bar{J} = E\{J \mid \Delta Y_{(\eta)};\ t_0 \leqslant \eta \leqslant t\}$$
$$= E\left\{\int_t^T [\Delta\sigma_{(\tau)}^T Q\Delta\sigma_{(\tau)} + \Delta u_{(\tau)}^T R\Delta u_{(\tau)}]\mathrm{d}\tau \mid \Delta Y_{(\eta)};\ t_0 \leqslant \eta \leqslant t\right\}$$

达到最小。

采用式（4）描述连轧系统在通常情况下是允许的。引起张力偏离规程值（$\Delta\sigma\neq 0$）的原因是坯料厚度和硬度的波动，坯料的干扰首先是使轧件出口厚度变化。AGC 系统在使出口厚度恒定的调节过程和板厚在机架间的延迟又引起连轧系统内部复杂的干扰信号。另外，轧制力矩变化引起轧辊速度变化以及电流波动等原因也造成对张力的干扰。这些干扰有相当多一部分具有正态分布和数学期望等于零的性质，故可以假定 $W_{(t)}$，$V_{(t)}$ 为高斯白噪声。再假定噪声和状态量是相互独立的，就可以引用正态线性问题的全部结果。对于某些情况下不符合均值为零的情况，可以采用上述的两种稍复杂的前馈或反馈控制方案。

按正态线性—二次型问题的分解定理，一个正态线性—二次型问题可以分解为一个线性—二次型控制问题和一个线性—正态最佳估值问题。线性—正态最佳估值问题可以由状态方程（4）和测量方程（5）及噪声项的强度矩阵 $Q_{0(t)}$、$R_{0(t)}$ 设计出卡尔曼滤波器。这里 $Q_{0(t)}$ 和 $R_{0(t)}$ 由下式定义：

$$C_0V\{W_{(t)},\ W_{(\tau)}\} = Q_{0(t)}\delta(t-\tau)\,C_0V\{V_{(t)},\ V_{(\tau)}\}$$
$$= R_{0(t)}\delta(t-\tau)$$

实现在线控制时，可采用平稳状态滤波器。

正态线性—二次型问题的控制规律是：

$$\Delta u^*_{(t)} = -R^{-1}B^TP_{(t)}\Delta\hat{\sigma}_{(t)} \tag{6}$$

与确定型模型的线性控制规律

$$\Delta u^*_{(t)} = -R^{-1}B^TP_{(t)}\Delta\sigma_{(t)} \tag{7}$$

具有相同的形式。由于仿真实验可得到过程中的全部信息，暂不引入滤波器，而按式（7）求解最优控制。式（7）中的 $P_{(t)}$ 满足如下的矩阵利卡迪微分方程式：

$$\begin{cases}\widetilde{\dot{P}_{(t)}} = A^TP_{(t)} + P_{(t)}A - P_{(t)}BR^{-1}B^TP_{(t)} + Q \\ \text{当 } t = t_0 \text{ 时，} P_{(t)} = P_{(t_0)}\end{cases} \tag{8}$$

由于系统的定常性，可以用其渐近解，即求解代数矩阵利卡迪方程：

$$A^TP + PA - PBR^{-1}B^TP + Q = 0 \tag{9}$$

将满足式（9）的解 P 代入式（7）后，可得到定常的状态反馈阵。因而可在仿真实验前方便地求出反馈增益阵 K。即由下式表示：

$$\begin{aligned}\Delta u^*_{(t)} &= -K\Delta\sigma_{(t)} \\ K &= R^{-1}B^TP\end{aligned} \tag{10}$$

下面给出式（9）的解法和目标函数式（6）中权矩阵 Q、R 的选择方法。

2.3　利卡迪方程解法

本文按木村和 Porter[10,11,12] 方法解矩阵代数利卡迪方程。这种方法是：求哈密顿阵 $H = \begin{bmatrix} A & -BR^{-1}B^T \\ -Q & -A^T \end{bmatrix}$ 的属于 C（具有负实部）的特征根 λ_1，λ_2，…，λ_N 对应的特征向量 $\varphi_i = \begin{bmatrix}\xi_i \\ \eta_i\end{bmatrix} i = 1, 2, \cdots, N$，则 $P = [\eta_1\eta_2\cdots\eta_N][\xi_1\xi_2\cdots\xi_N]^{-1}$ 为利卡迪方程的解。

作者根据上述方法用 Algol-60 语言编写了求解利卡迪方程的程序。按这种方法，需求解矩阵的特征值和特征向量，作者采用 TQ-16 机给出的求解特征根和对应的特征向量的库过程 FEVT。所编的程序在库过程外增加对特征根进行判断和对特征向量进行排列，然后更方便地求得了方程的解。这种方法求得的方程的解，计算精度很高，误差大小与 Q、R、A、B 阵的具体数值有关，本文的计算例方程的余差在 $10^{-5} \sim 10^{-10}$ 范围内。

2.4　选择二次型目标函数中的权矩阵 Q、R 的方法

在二次型目标函数的最优控制问题中，一个比较困难的问题是选择二次型目标函数中的权矩阵 Q、R。因为当 Q、R 决定以后，可以求得对应于这一对 Q、R 的最优反馈控制增益阵 K，但不同的 Q、R 又对应着不同的最优反馈控制增益阵 K，选择合适的 Q、R 值，才能找得最好（或比较好）的反馈控制增益阵。

选择 Q、R 阵的问题，虽然有一些理论方面的研究[13]，但多是通过极点配置来讨论的，比较麻烦。本文采用根据工艺和经验初选 Q、R 阵，再用"单纯形"最优化方法由计算机自动选优的方法。

"单纯形法"是多变量最优化问题的一个常用的方法，这种方法属于不需计算导数而只需计算函数值的直接方法，适用于根据仿真结果选择 Q、R 的情况。本文在附录 2 中介绍这种方法。这种方法只能保证"局部最优"，即在已给定的初值点附近寻找更好的点。本文按[14]给出的框图（见附录 2）编写了 TQ-16 机的 Algol-60 语言程序。仿真计算表明，这个程序的自动选优效果最好。

2.5　仿真实验方法

上述的控制系统计算是按增量方程进行的，仿真实验采用[15,16]给出的方法，增加采样和控制环节，仿真过程如图 1 所示。仿真计算模型为如下的离散型状态方程

$$\sigma_{k+1} = e^{A\Delta t}\sigma_k + \frac{E}{l}A^{-1}[e^{A\Delta t} - I]\Delta V_k \tag{11}$$

按全量进行仿真，更能够检验控制系统是否可用。在仿真计算中，强迫项 ΔV_k 是按非线性代数模型计算的，包括控制和扰动项。厚度调节系统采用了一种按压力和辊缝信号反馈调节辊缝而使出口厚度不变的新型调节器[17]，辊缝调节可按下式描述：

$$\Delta\phi_k = -\frac{Q}{M}\Delta\phi_{k-1} - \frac{M+Q}{M^2}\Delta P_k \tag{12}$$

由于厚度调节和板厚延迟造成 ΔV_k 是随时间变化的。

采用 2.1 节给出的控制模型，即最后机架（第 N 架）速度为固定，第一到第 $N-1$ 架速度为控制量，则 B 矩阵为 $(N-1)X(N-1)$ 矩阵，控制量为 $[\Delta u_1 \quad \Delta u_2 \quad \cdots \quad \Delta u_{N-1}]^T$。

本文采用混合法，最优控制按连续系统解利卡迪方程，而仿真实验按离散系统进行，所以仿真实验程序中的控制和采样周期取等于仿真实验的计算步长（$\Delta t = 0.001\text{s}$）。因为没有引入执行机构的非线性元件，没有将仿真步长取得更小（以

后将做加上执行机构的仿真实验)。由于厚度调节器也可采用采样控制，控制周期应取长一些。故也计算了厚度系统采样控制周期为 0.01s，张力系统采样控制周期为 0.001s 的方案。

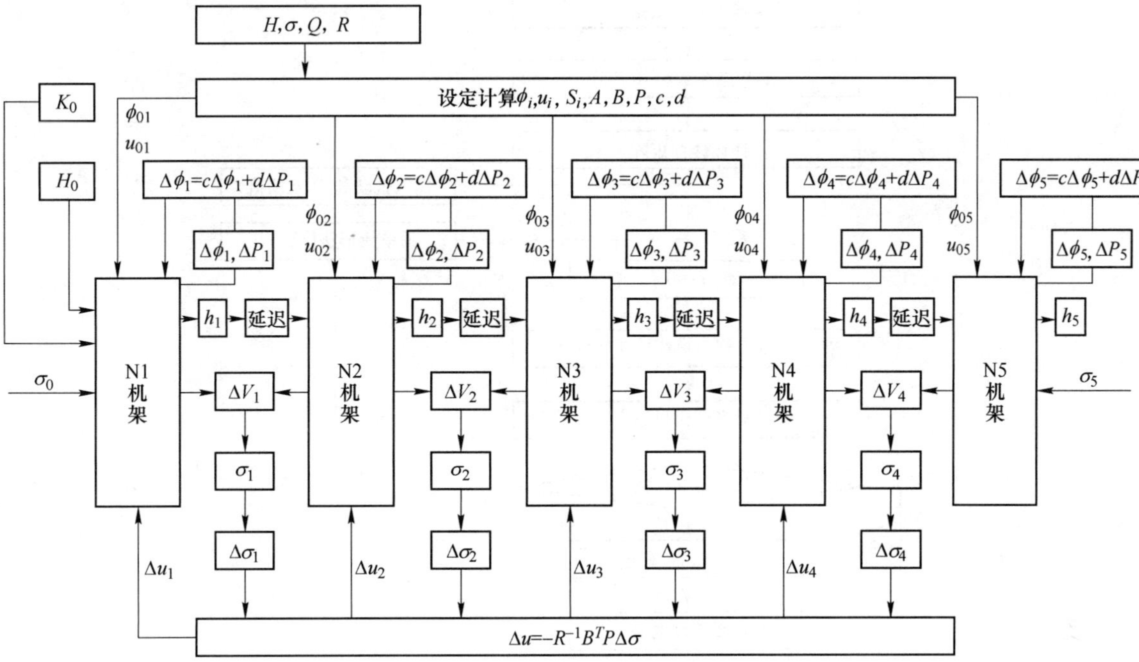

图 1 仿真实验流程图

2.6 仿真程序和实验结果

作者将上述各部分内容编成一个程序，包括求状态方程的 A、B 矩阵，解利卡迪方程求最优控制，在典型扰动下控制过程的仿真计算，根据仿真计算结果，按单纯形法自动选择 Q、R 权矩阵。计算框图如图 2 所示。

这里给出一个五机架冷连轧系统最优控制的计算例，设备参数见表 1，连轧规程见表 2。

表 1 设备参数表

Tab. 1 Device parameter table

名称 \ 机架号	1	2	3	4	5
轧辊半径 R/mm	273	273	273	273	273
机架刚度 C/t · mm^{-1}	470	470	470	470	470
传动刚性 D	0	0	0	0	0
机架间距 L/mm	4600	4600	4600	4600	4600

表 2 连轧规程表

Tab. 2 Rolling schedule

名称 \ 机架号	0	1	2	3	4	5
入口厚度 H/mm	3.20	3.20	2.64	2.10	1.67	1.34
出口厚度 h/t · mm^{-1}		2.64	2.10	1.67	1.34	1.20

续表 2

名称 \ 机架号	0	1	2	3	4	5
张力 σ/kg · mm^{-2}	0	10.2	12.8	16.1	16.1	4.5
轧辊速度 u/mm · s^{-1}						22000

钢种模型参数：$m=0.00817$，$e=84.6$，$n=0.3$。

其他参数：板宽 $B=930$mm，摩擦系数 $\mu=0.07$，前后张力影响压力的权系数比值 $\alpha=10/3$。

由静态设定计算出 A、B 矩阵为

$$A=\begin{bmatrix}-202.96 & 91.45 & 0 & 0\\ 114.96 & -208.82 & 93.86 & 0\\ 0 & 118.03 & -216.52 & 98.50\\ 0 & 0 & 122.75 & -193.25\end{bmatrix}$$

$$B=\begin{bmatrix}-4.680 & 3.741 & 0 & 0\\ 0 & -4.703 & 3.752 & 0\\ 0 & 0 & -4.718 & 3.792\\ 0 & 0 & 0 & -4.726\end{bmatrix}$$

这里给出一个自动选择 Q 阵元素值的计算例。按工艺要求第一机架和成品机架的张力波动应较小，初选 Q 矩阵如下：

$$Q=\begin{bmatrix}390 & & & 0\\ & 80 & & \\ & & 70 & \\ 0 & & & 160\end{bmatrix}$$

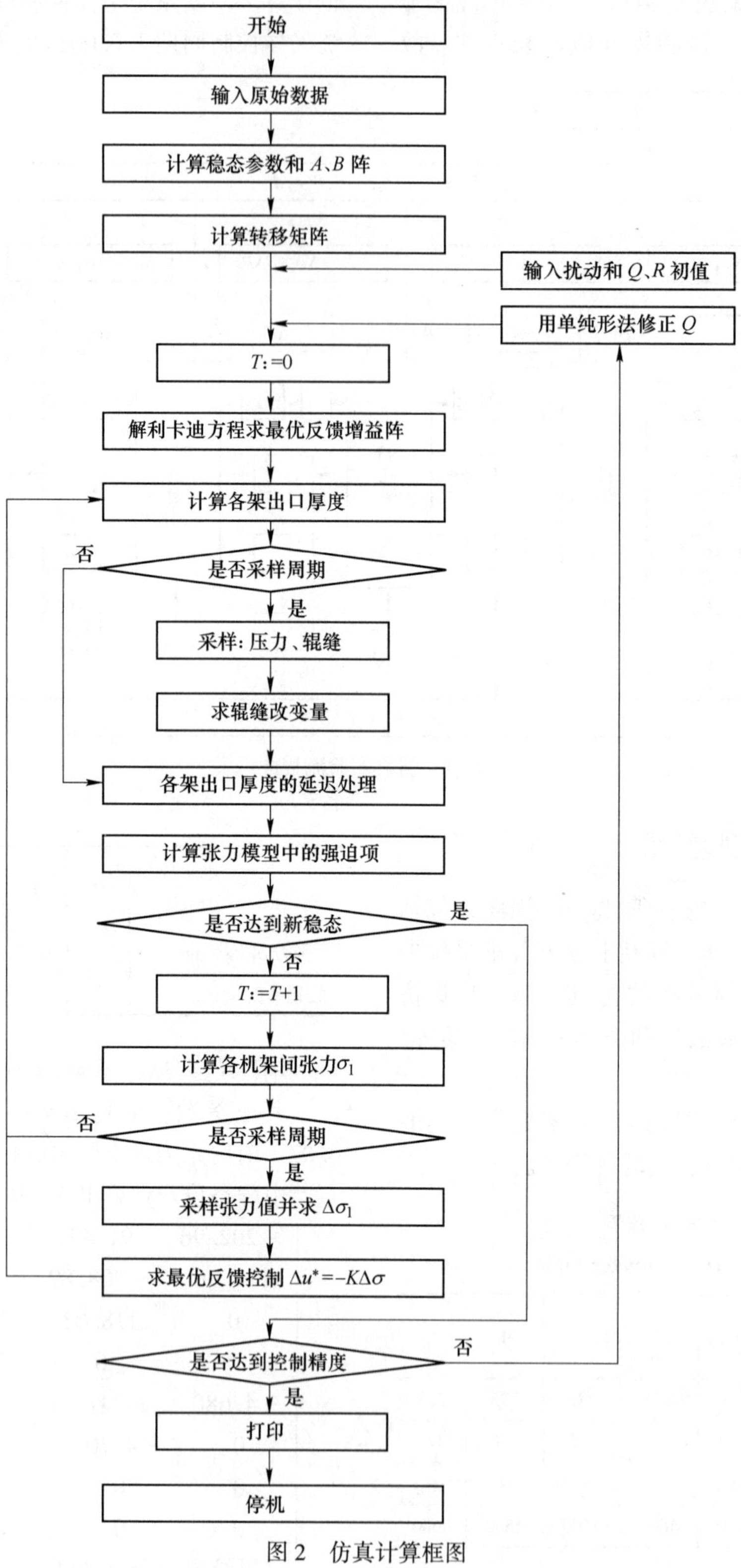

图 2　仿真计算框图

而 R 取值为单位阵，根据各张力差的平方和为最小的目标要求，求得比较好的 Q 阵为：

$$Q=\begin{bmatrix}414 & & & 0\\ & 88 & & \\ & & 54 & \\ 0 & & & 168\end{bmatrix}$$

$$P=\begin{bmatrix}1.200 & 0.4799 & 0.2353 & 0.1190\\ 0.4799 & 0.6152 & 0.3722 & 0.2154\\ 0.2353 & 0.3722 & 0.4715 & 0.3381\\ 0.1190 & 0.2154 & 0.3381 & 0.5976\end{bmatrix}$$

$$K = \begin{bmatrix} -56.141 & -22.444 & -11.006 & -5.565 \\ 22.336 & -10.979 & -8.7011 & -5.680 \\ 6.9024 & 5.5202 & -8.2814 & -7.8699 \\ 3.3007 & 3.9334 & 1.9007 & -15.423 \end{bmatrix}$$

这一参数下的张力控制过程如图 3 所示。

3 张力互不相关控制系统

古典控制理论应用复城法处理单输入单输出系统是比较理想的，对于多输入多输出系统，能否消除交连，转化为一个参考输入只对一个输出有

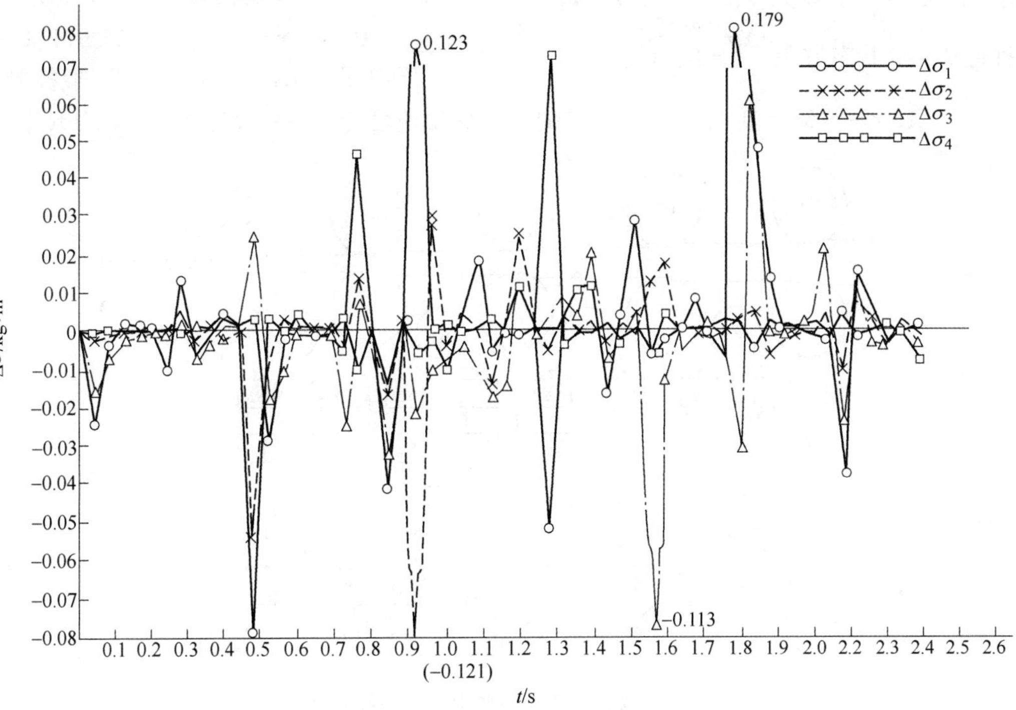

图 3 最优张力控制过程图

影响，即将多输入多输出系统变换成单输入单输出系统，目前已有一些研究。实现这种控制思想的条件是输入量与输出量相等，称之为互不相关控制。英国 Bryant 等[18] 对互不相关控制理论有很深入研究，日本住友金属小仓制铁所已成功地应用在棒线材连轧机上了[5]。

实现互不相关控制的关键是求出控制对象的传递矩阵 $G_P(S)$（$n \quad X \quad n$ 阶矩阵），再设计一组补偿器 $G_C(S)$（也是 n 阶方阵），使得 n 个输出和 n 个输出是互相独立的。由相互独立条件，则闭环传递矩阵必须是对角线矩阵，即

$$G_{(s)} = \begin{bmatrix} G_{11(s)} & & 0 \\ & \ddots & \\ 0 & & G_{NN(s)} \end{bmatrix}。$$

按闭环传递矩阵计算公式，并假定反馈矩阵为单位矩阵，则有：

$$G_{(s)} = [I + G_{0(s)}]^{-1} G_{0(s)} \tag{13}$$

式中
$$G_{0(s)} = G_{p(s)} \cdot G_{c(s)} \tag{14}$$

由式（13）得：
$$G_{0(s)} = G_{(s)} [I - G_{(s)}]^{-1} \tag{15}$$

由于 $G_{(s)}$ 是对角线矩阵，$I - G_{(s)}$ 也是对角线矩阵，因此 $G_{0(s)}$ 也是一个对角线矩阵。这就是说，如果反馈矩阵 $H_{(s)}$ 是单位矩阵，为了达到消除交连，必须使 $G_{0(s)}$ 成为一个对角线矩阵。

由以上公式，就可以设计补偿器矩阵 $G_{c(s)}$ 了。其做法是，首先给出闭环矩阵 $G_{(s)}$，例如设计成一阶惯性环节，则 $G_{(s)} = \begin{bmatrix} \dfrac{a_1}{s+b_1} & & 0 \\ & \ddots & \\ 0 & & \dfrac{a_n}{s+b_n} \end{bmatrix}$，由式（15）可以求得 $G_{0(s)}$ 矩阵，由张力状态方程（1）和输出方程（4）（去掉噪声项）就可以求得系统的传递矩阵 $G_{P(s)}$，故由式（14）可以构造出补偿器矩阵 $G_{c(s)}$。总之，由于我们已获得连轧张力系统的状态方程，按一般互不相关控制器设计原理，是可以设计出连轧张力互不相关控制器的。但是，具体设计和计算是相当繁杂的，故我们按稳态张力公式设计了稳态互不相关控制器，由仿真实验证明了这种控制器的精度对工业应用是足够的（日本[5]实际应用的互不相关控制器也是由稳态张力公式设计的）。

3.1　张力稳态互不相关控制器的求解

稳态互不相关补偿器矩阵是容易设计的，只要取 $G_{0(s)}$ 矩阵为单位矩阵，由式（14）立即看出补偿阵 $G_{c(s)}$ 为系统传递矩阵 $G_{p(s)}$ 的逆矩阵。张力系统的稳态传递矩阵为 $-A^{-1}B$，则其补偿矩阵为 $-B^{-1}A$。

换一种说法，令状态方程 $\frac{d\Delta\sigma}{dt}=0$，得：

$$A\Delta\sigma + B\Delta u = 0 \tag{16}$$

则可得到式（10）状态反馈增益阵 K：$K=B^{-1}A$。

按五机架连轧数据，计算出 K 的具体数值：

$$K=\begin{bmatrix} -30.550 & 3.958 & 1.366 & -1.544 \\ 24.446 & -29.666 & 2.599 & -2.934 \\ 0 & 25.018 & -29.467 & -4.985 \\ 0 & 0 & 25.971 & -40.886 \end{bmatrix}$$

下面图4示出互不相关和一般控制系统图示，轧辊速度传动系数以比例——积分环节代替。

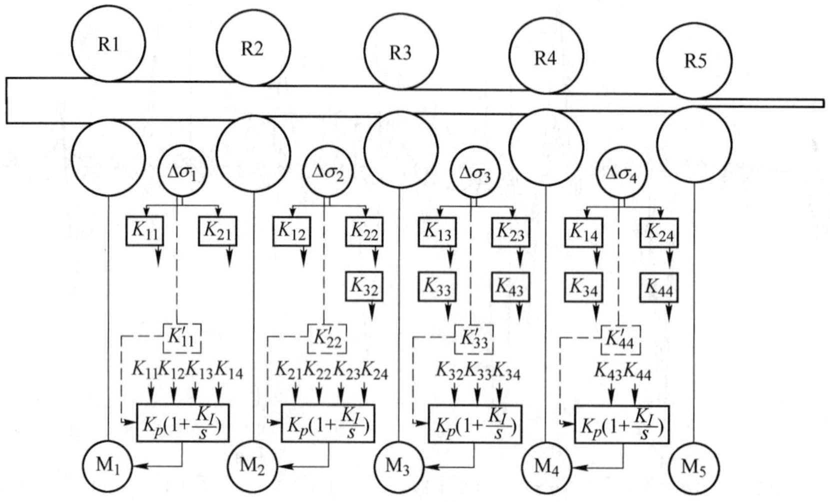

图4　机架间张力互不相关和一般控制系统

图4的简要说明：R 代表轧机；$\Delta\sigma$ 代表实际张力减去规程张力；M 代表传动系统，$K_p\left(1+\frac{K_I}{S}\right)$ 为张力间隔的传递函数；K'_{ij} 代表一般控制系统增益；K_{ij} 代表互不相关控制系统增益，即矩阵 K 中的元素；K_p 代表比例常数；K_I 代表积分常数；S 为拉氏算子。

该图点线表述一般系统信号流程，实线为互不相关系统。第五机架速度恒定，也可以改为第三机架速度恒定。

3.2　“$B^{-1}A$”反馈控制器的仿真实验

上面求出的“$B^{-1}A$”互不相关控制系统，是从理论上做了一些假定后得到的，因此该方案能否实用和控制精度需要通过仿真实验验证。仿真实验分两步进行，第一步同前面的最优控制器仿真实验相同，不考虑传动系统动特性并实验不同步长的控制效果；第二步仿真实验包括传动系统的动特性，其传递函数引用文献［5］的简化模型，即 PI 调节器。

3.2.1　不考虑执行机构的仿真实验

仿真实验与最优控制系统仿真实验的区别仅在于由“$B^{-1}A$”代替“$R^{-1}B^TP$”，其数据已在前面给出。仿真实验的步长为 0.001s，改变采样控制周期，分别取 0.001s、0.004s、0.005s、0.01s 和 0.05s。控制采样周期对 $H_0=5\%$ 的阶跃扰动都收敛，但采样周期加长张力波动变大，图5给出不同控制周期的第一机架前张力波动图。

由图5所示看出，采样控制周期小于 4mm 张力波动就很小了，最大波动为 0.6kN/mm²，响应时间大于 1.6s 之后，张力波动小于 0.4kN/mm²。据此，在带有执行机构并与一般张力控制系统对比仿真实验时，选取 0.004s 的控制周期。

3.2.2　互不相关与一般张力控制系统对比仿真实验

一般张力控制系统的增益 K'_{ii} 由两机架张力公式求出，其数值为：-44.457，-45.742，-47.429，-42.330。对比实验是选取不同的 K_p、

K_I 数值进行的，为了程序上的方便，令 $K_1=K_p$，$K_2=K_p\cdot K_I$，各机架 K_1、K_2 取相同值。取不同的 K_1、K_2 值，按图 4 所示的两种张力控制系统进行仿真实验，其对比实验结果以表 3 和图 6~图 8 表示。

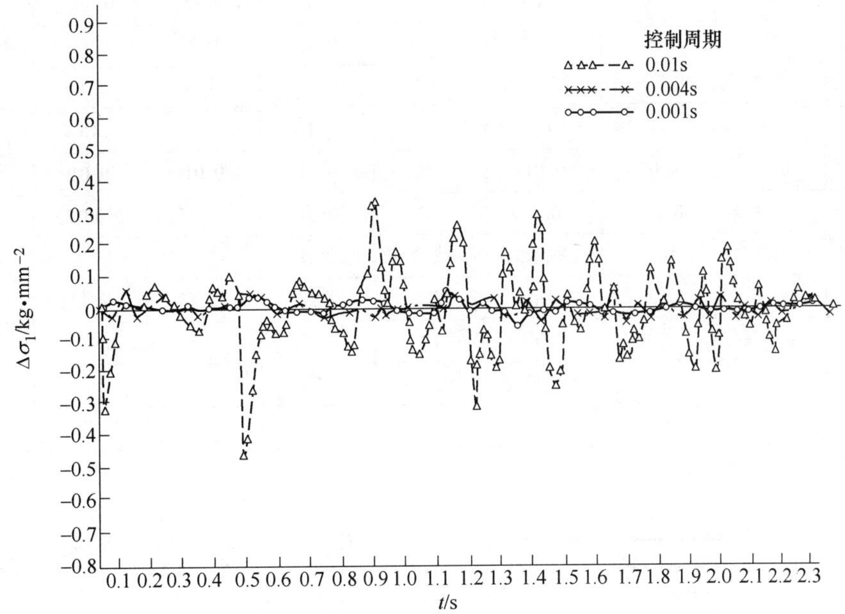

图 5 控制周期不同时第一机架前张力波动图

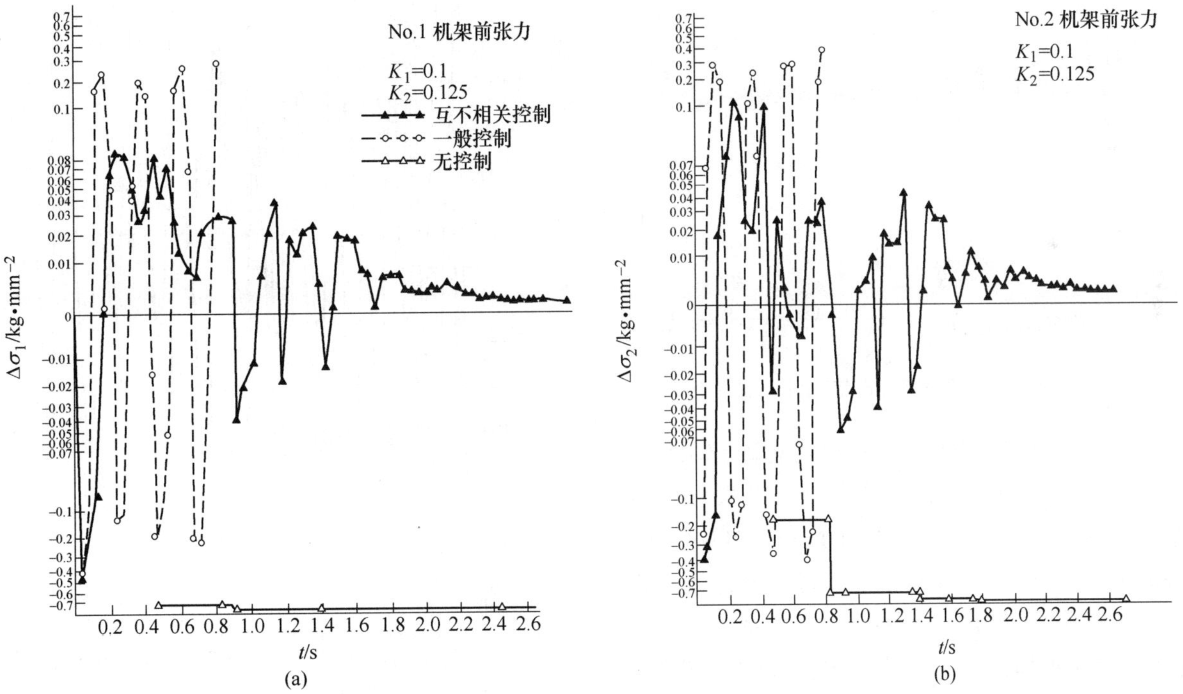

图 6 互不相关和一般两种控制系统对比

表 3 实验方案及两种张力控制系统对比情况

Tab. 3 Experimental scheme and comparison of two kinds of tension control system

实验编号		1	2	3	4	5	6	7	8	9
传动系统参数	K_1	1	1	0.5	0.1	0.1	0.1	0.1	0.08	0.06
	K_2	0	0.125	0.125	1.0	5	0.125	0.125	0.005	0.005
互不相关控制方案情况		收敛	发散	收敛	收敛	发散	收敛	收敛	收敛	收敛
一般控制方案情况		发散	发散	发散	发散	发散	发散	发散	振荡	振荡

续表 3

实验编号	1	2	3	4	5	6	7	8	9
K_I	0	0.125	0.25	10	50	1.25	0.125	0.625	0.714
积分常数（$1/K_I$）	8	8	4	0.1	0.02	0.8	8	1.6	1.4
备注	图 7		图 7	图 7		图 6		图 8	
实验编号	10	11	12	13	14	15	16	17	18
传动系统参数 K_1	0.07	0.05	0.01	0.01	0.01	0.01	0.01	0.001	0.001
传动系统参数 K_2	0.005	0.005	0.5	0.1	0.01	0.005	0.00125	0.1	0.01
互不相关控制方案情况	收敛	收敛	收敛	收敛	收敛	收敛	收敛	收敛	收敛
一般控制方案情况	振荡	收敛	发散	发散	收敛	收敛	收敛	发散	发散
K_I	0.833	0.1	50	10	1	0.5	0.125	100	10
积分常数（$1/K_I$）	1.2	10	0.02	0.1	1	2	8	0.01	0.1
备注	图 8	图 8							

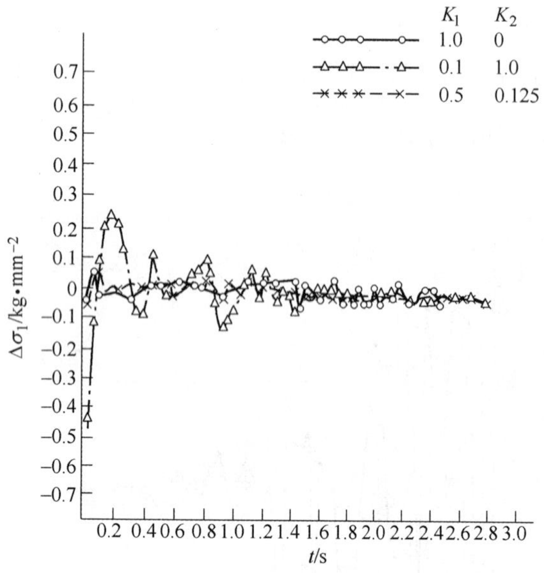

图 7　几种互不相关控制方案第一机架前张力

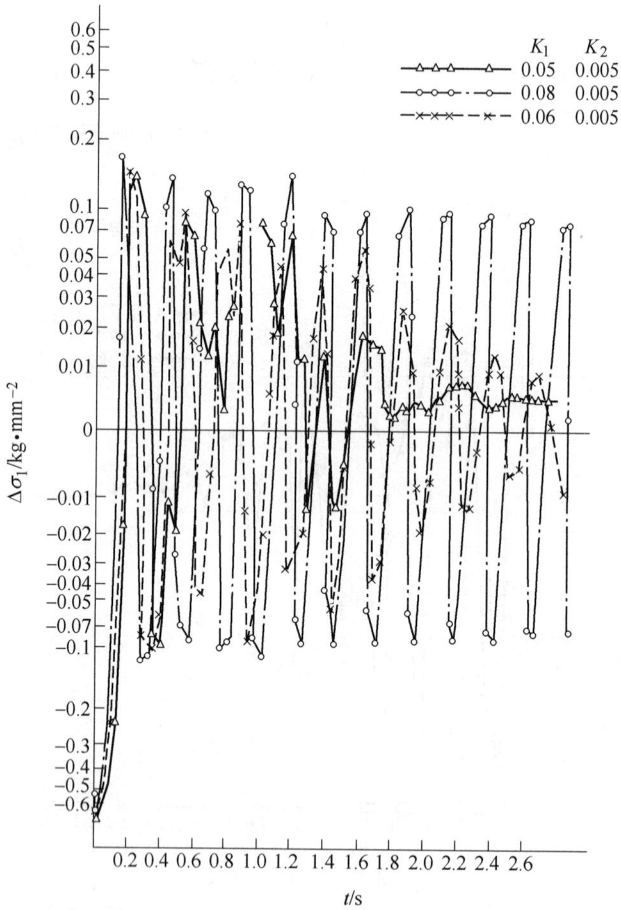

图 8　几种一般控制方案第一机架前张力

图 6 将机架间 4 个张力的过渡历程图都画出来了，各张力过渡曲线相差不大。互不相关张力控制系统，在 1.6s 之后张力波动小于 $0.2\mathrm{kN/mm^2}$，而张力最大波动小于 $5\mathrm{kN/mm^2}$，其张力控制精度远高于工程上的要求。一般张力控制系统，对于坯料厚差 5%的阶跃扰动，张力振荡发散。图 7 绘制了增益选取的比较大的互不相关控制系统张力过渡图示，本图只画了第一机架的张力，其他机架间张力图形类似。这组参数，一般张力控制系统发散速度更快。

图 8 绘制了 $K_2=0.005$，K_1 分别为 0.08、0.06、0.05 几种参数下的一般张力控制系统第一机架张力过渡过程图，其他机架间张力过渡图也类似。0.08 的震荡收敛速度很慢，这样的动特性是无法使用的；0.05 的情况，动特性接近于互不相关控制系统。

表 3 列出 18 种实验方案的定性结果，对于互不相关的张力控制系统，适用于参数有很大变化的情况，除增益或积分常数倒数很大情况下系统发散之外，一般参数情况下系统都是稳定的，其动静特性都能满足工程上的要求。而一般的张力控制系统，允许工程上适用参数范围很窄，在我

们所实验条件下，只有 K_1（K_2）= 0.005 系统的动特性比较好，接近于互不相关控制系统的水平。

以上仿真实验的结果，充分证明了连轧张力互不相关控制系统的优越性。我们的实验结果与文献［5］的结果十分接近，而日本已应用在工业生产的连轧机上，由此证明我们已掌握了连轧张力互不相关控制系统的设计方法，可以进一步开展连轧机上的实验。

4 张力最优和互不相关控制系统的实用性

互不相关控制系统国外已实际应用了，我们的仿真实验已证明了它的优越性，而应用起来也很简单，图 4 已表示出它与一般张力控制系统的差别，由原先的多个单输入单输出系统，变成每个张力差信号同时输入几个传动系统，以达到要改变某一机架间张力而不影响其他机架张力，即实现了张力互不相关控制。这种系统可以由模拟线路或微型计算机实现。互不相关控制方案比一般系统的最大优点是适应能力强，如仿真实验表 3 所示的那样，一般系统只有在参数匹配十分恰当的条件下，系统才能很好的工作。钢铁研究总院三机架冷连轧张力控制系统的实验也证明了这一点，轧制速度由 0.8m/s 变化到 2m/s，不变化系统参数与改变系统参数的动态特性就有明显的差别[15]。可以想到，如果是采用互不相关的张力控制方案时，速度或轧制规程有更大变化时，系统也都会有很好的动特性。因为仿真实验中改变 K_1、K_2 等效于 K_{ij} 的变化，而 K_{ij} 的数值是由轧制速度和轧件材质、规程等因素确定的，即文献［15］的张力自适应内容。

由于互不相关控制系统允许系统参数有较大变化时都有很好的动、静特性，这样大大方便了它的工程应用，降低了对控制系统原件等的技术要求，简化了控制系统的结构。

本文给出的简化张力最优控制方案，也具有较大的实用性。它的简化，文中已提到在张力状态方程方面的简化，而更大的简化是在求最优控制规律时，忽略了传动系统等执行机构的动特性。日、美等国家研究连轧最优控制[7,12,19]，将传动等执行机构都列出状态方程，得出维数很高的连轧工艺——机电系统的状态方程组，求解最优控制。这样做在理论上有它的完整合理性，但维数很高求解最优控制就十分困难，难于实际应用，直到现在还停留在理论分析和仿真实验阶段。

由简化的连轧状态方程求解的最优控制，经过仿真实验证明它具有很高的抗干扰能力。前面的图 3 与互不相关控制图 5 相比较，表明最优控制优于互不相关控制，当然最优控制更优于一般张力控制系统。最优控制实现上与互不相关相差很少，在系统上，将图 4 中增加 K_{31}、K_{41}、K_{42} 就可以了；求解最优反馈阵复杂一些，需要求解利卡迪方程和选择权矩阵 Q、R，但这些计算可以离线进行。

据以上分析，连轧张力最优和互不相关控制系统都可能用于连轧机的在线控制。互不相关张力控制方案可以用模拟线路实现，并且在执行机构参数很宽的范围内适用，故它十分适用于小型连轧机方面的应用。最优控制张力控制方案更适用于配有计算机的连轧机。

5 结论

（1）由连轧张力公式设计的张力最优和互不相关控制系统经仿真实验证明，优于目前的张力控制系统，是可以实用的。

（2）通过改变执行机构系统参数的张力互不相关和一般张力控制系统的对比实验证明，互不相关系统有很强的适应能力，允许系统选用较大的增益和较小的积分常数。

（3）简化的连轧张力最优控制方案，提供了直接应用现代控制论的可能性。

本研究工作得到中国科学院系统所秦化淑同志的指导帮助，得到钢铁研究总院 TQ-16 机组同志们的支持帮助，特表示感谢！

后记：

本文是 1978 年原冶金部现代控制论应用项目的子课题，于 1982 年完成了该子课题研究的总结报告。本报告得到了专家评审组的好评。在武汉冷轧带钢厂 350X3 的三机架冷连轧机上做了工业实验（实验是与北京整流器厂合作，于 1983 年进行的），实验证明最优控制优于互不相关控制，而这两种现代控制论方法都优于一般控制方法。在武汉冷轧带钢厂的实验研究报告在 2000 年“系统仿真技术及其应用”论文集上发表（中国科技大学出版社，384~388）。

2000 年，研究发现日本学者今井一郎的能耗负荷分配方法的厚度计算公式的反函数，即 Φ 函数，是解决过程控制最高效、效果最佳的、无迭代的负荷分配方法，而$\frac{d\phi}{dh}$公式可实现板型向量（板凸度、平直度）闭环控制，适应轧辊凸度实时变化。由此而形成了张力公式、DAGC、解析板型理论和 Φ 函数及$\frac{d\phi}{dh}$的实用厚度张力和板型向量控制的方法，而致力于实际工程应用。

目前国内外十分重视现代控制理论在连轧控制系统的应用。现将 1982 年的专题研究报告——“连轧最优和互不相关控制系统的仿真实验研究”发表，仅供参考。

参 考 文 献

[1] Dendle D. W. Steel Times，1979，207（3）：78.

[2] 张进之 . 金属学报，1978，14（2）：127.

[3] 张进之 . 冶金自动化，1979（2）：8.

[4] 郑学锋，张进之 . 一种新型冷连轧控制系统的计算机仿真研究，1980 年 12 月，自动化学会自动化技术应用委员会年会 .

[5] 浅川基男，等 . 塑性と加工，Vol. 20（1979-9. 10）.

[6] 张进之 . 钢铁，1977（3）.

[7] 山田武，木村英纪 . 计测自动制卸学会论文集，Vol. 155（昭和 54 年 9 月），647.

[8] 张进之 . 热连轧前馈最优板厚控制系统分析，1982. 1. 4.

[9] 陈兆宽 . 现代控制理论讲义，1978 年 8 月，山东大学 .

[10] 木村英纪 . システムヒ制御，1978，22（7）.

[11] B. Porter. Elector Lell，19717：170-172.

[12] 星野郁弥，木村英纪，杉江明士 . pんミ冷间压延のシミコレミョソモデんの作成，塑性加工春季讲演会（1981. 5. 21~23）.

[13] 安德逊 . 线性最优控制，科学出版社，1982.

[14] 南京大学 . 最优化方法，科学出版社，1978.

[15] 曹前，等 . 冶金自动化，1982（4）：37.

[16] 张永光，等 . 自动化学报，1978，5（3）：177.

[17] 张进之 . 冶金自动化，1982（3）.

[18] Bryant G. F.，et al. Automation of tandem mill（1973），London.

[19] Jamshidi M，Kokotovic P. Digital Computer Applications to Process Control，3rd X-6 June，2-5，（1971），Helsinki.

中厚板轧制过程基于知识的混合控制系统

张进之

（冶金部钢铁研究总院，北京 100081）

摘　要　对于环境（轧件）变化比热连轧大 10 多倍的中厚板的轧制过程，采用综合利用人类经验知识和理论（机理）数学模型开发的基于知识的混合控制系统，取得了明显的技术经济效果。虽然上钢三厂中板轧机设备陈旧，测量设备不全，而钢板质量提高很大，异板差小于 0.04mm，达到了世界先进水平。

关键词　混合控制；动态设定；黑板模型；知识；感知

A knowledge based hybrid control system for plate rolling process

Zhang Jinzhi

(Central Iron & Steel Research Institute of MMI, Beijing 100081)

Abstract: A knowledge based hybrid control system is developed by comprehensively utilizing the mankind's experiential knowledge and the theoretical (mechanismic) mathematical model. It is applied to the plate rolling process, of which the variation of environment (rolled pieces) is above ten times larger than that of the continuous hot-rolling process. A remarkable technical and economical effect is produced. Although the plate rolling equipment of The 3rd Shanghai Iron and Steel Plant is old and its measuring instruments are not complete, the quality of plate products is greatly improved. The thickness error of individual plate is less than 0.04mm, it reaches the world advanced standard.

Key words: hybrid control; dynamic setting; blackboard model; knowledge; sense

1　引言

中厚板轧制的特点是，轧制节奏快、品种规格多，多道次反复在一个机架上轧制，温度和厚度测量困难，也测不准，控制难度比热连轧大。按轧制理论分析，难度大主要体现在环境（轧件）变化大上。控制对象与连轧机相同，而连轧机每个机架只轧一道，品种规格也比较少，所以它的环境变化是小的。以反映轧件特性的塑性系数 Q 而言，热连轧机每个机架的 Q 值变化仅有 2 倍左右，而中厚板轧机的 Q 值变化要达 10 多倍。因此在热连轧机上有效的过程控制方法，应用在中厚板轧机上也可能难于获得良好效果。

以轧件（环境）为控制目标，追求目标的智能控制，对中厚板轧制过程控制是十分有效的。受罗公亮、卢强[1]的“对象-环境”的知识表达及分离观点的启发，认识到综合等储备负荷分配法、动态设定型变刚度厚控方法（简称动态设定 AGC）、中厚板影响系数和动态非线性弹跳方程等均属于环境模型。保持基础自动化级的常规控制，建立智能协调级和学习系统，构成三级混合控制系统，已成功地应用在天津中板厂 2400mm 和上钢三厂 2350mm 四辊中板轧机上，取得了十分明显的技术经济效果。

2　基于知识的混合控制系统结构

中厚板轧制过程控制是由事先已知或估计的钢种、规格、温度等离散事件，通过设定各道次辊缝而力求得到尺寸精确和平直的钢板；由于每块钢坯都有不确定性随机干扰，由动态设定 AGC 消除部分干扰的影响。轧件可以看作环境，作为控制对象的轧机压下系统是一个典型的力学系统，可以获得较精确的数学模型，通过控制系统理论加以完满处理，所以智能控制是指对轧件变化的控制。有些变化，如钢种、锭重、规格是事先已知的，有些是即将进轧机前实测的，如温度，有些靠人工感知，如板形、板宽、入口厚度、成品厚度等（这里所指感知量，在先进轧机上可以实测）；随机干扰和不确定性主要是沿轧件长度方向的温度不均（水印）、轧辊热膨胀和不均匀磨损。智能控制则在轧件变化的情况下，给出基础控制系统的最佳辊缝设定值。对混合控制系统的智能协调级和学习系统的结构介绍如下。

2.1　智能协调系统

它由轧件技术性能指标的识别和实时专家系统组成，具有轧制过程优化及压力自适应、辊缝自校正等功能。

2.1.1　轧件技术性能指标的识别

钢坯和成品尺寸是已知的，但每块坯料实际尺寸和温度是有差别的，每块钢板在轧制过程中所受干扰是变化的，所以要对每块钢坯和成品钢板的技术性能指标进行识别。

钢坯要识别的是厚度、宽度和温度。就精轧机而言，先进轧机有测厚、测宽设备，而我们所要控制的轧机均无此设备，只有测温仪，宽度和厚度要靠人工观察确定。

成品钢板的主要技术性能指标是钢板平直度、板横向凸度、同板差（纵向厚差）和异板差，还有终轧温度。先进轧机有测量仪表，而天津中板厂和上钢三厂的中板轧机均靠工人卡量、感知来估计。对成品钢板的人工感知量化作反馈，构成监控的闭环控制。

在一块钢板轧制过程中，各道次轧出的厚度由液压缸中的压力、位移传感器信号计算得到，计算厚度与目标厚度之差，通过动态设定 AGC 模型得出瞬时辊缝设定修正值。

2.1.2　实时专家系统

采用规则矩阵与过程的知识表示方法和问题求解的黑板模型构成了实时专家系统。问题求解的黑板模型由三个主要部分组成。

2.1.2.1　知识源（*KS*）

知识源的目的是提供导出问题解的信息。知识源按解决问题的范围划分，它们分别存放且相互独立。知识源是自驱动的，每个都存贮有先决条件。

构成每个知识源的条件是：钢种、锭重、坯厚 H、成品厚 h、轧制道次。每个知识源包含有各道次厚度和轧制压力，以及由入口厚度、温度、宽度、轧辊凸度变化所引起厚度、压力变化的规则矩阵（也称影响系数阵）。按各厂生产情况不同，知识源数量差别较大，一般在 1000 个之内，开始有 200 个左右就可以了，随着应用不断增加和修改，提高其精度和使用范围。

2.1.2.2　黑板数据结构

问题求解的当前状态（轧件信息）存放在一个全局数据库——黑板中，知识源则修改黑板，从而逐步地导出问题的解，即给出一块钢板的各道次的辊缝设定值 S_i，以及压力 P_i、厚度 h_i、轧机刚度 M_i、轧件塑性系数 Q_i 等和每一道次轧制过程中保持厚度恒定的辊缝修正值 ΔS_{ij}。

2.1.2.3　黑板控制结构

在每块钢坯进入轧机之前，由作业计划或人工设定选定知识源 KS_i 进入黑板；按实测的或人工估计的温度、宽度、入口厚度、轧辊状态，由知识源确定各道次的 S_i、P_i、h_i、M_i、Q_i。S_i 是基础控制系统辊缝设定值，P_i、M_i 等均为各道次动态设定 AGC 的设定参数。动态设定 AGC 计算 ΔS_{ij} 的过程从略，详见参考文献［2，3］。

知识源、轧机实时刚度计算公式等均由上一级学习系统建立。

2.2　学习系统

由常规基础控制系统和智能协调组成的二级系统，是能完成中厚板轧制过程控制任务的，但其中知识源的建立、改进、增加等要通过综合利用人类的实践经验和轧钢理论数学模型来完成，为此采用增加一级学习系统的方案。学习系统的功能，按照从钢板轧制过程采样的数据、人机对话中所给的指导，针对不同钢种规格，逐步增加、删除、修改充实智能协调级知识库的知识，使库中的知识源保持在一定数量上，以满足实时性和高精度的要求。

第 3 级学习系统由以下几部分组成：环境识别单元，大型知识库，学习单元，执行单元等。

2.2.1　环境（轧件）识别单元

主要解决轧制压力和温度预报精确化问题，它们是轧制过程知识的核心。应用正常工况下的采样数据，优选轧制压力和变形抗力公式结构，并确定各钢种变形抗力参数的"$K\mu$"估计方法[4]，变形抗力与温降模型参数同时估计的"KT"估计方法，大大提高了轧件模型的精度。

2.2.2 大型知识库

它以知识源的组织方式存放广泛的各类知识，包括各钢种变形抗力参数数据文件、不同钢种和规格温降模型参数文件、轧机及弹跳方程参数文件、工艺参数文件等；各钢种、规格的优化规程及影响系数矩阵；正常和异常工况下的计算机采样数据；主要的压力、力矩、变形抗力公式；最优化计算方法及多种数理统计分析方法；制图软件等等。

2.2.3 学习单元

接受来自识别单元、知识库和人们所提供的信息，决定对二级知识库中的知识的更改方式。这些更改方式为：一是知识库的更换；二是知识源的更改、删除或更换；三是对新钢种、规格产品的知识源增加，扩大自动化轧钢的范围。

中厚板轧制可由抽象空间来描述，自变量有钢种、锭型、入口厚度、成品厚度、板宽、温度、轧辊凸度、道次及轧机参数等 L 维空间，因变量有 n 个厚度（h）、压力（P）、力矩（M）、电流（I）、功率（N）及辊缝等 $m\times n$ 的矩阵。设自变量为 X，因变量为 Y，数学表达式为

$$\boldsymbol{Y}=f(\boldsymbol{X}) \tag{1}$$

由综合等储备函数方法已得到式（1）的理论解，求解过程是递阶嵌套的。从轧钢理论和数学分析得到：

$$f_1(h_0,\ h_1)=f_2(h_1,\ h_2)=\cdots=f_i(h_{1-1},\ h_i)=\cdots=f_n(h_{n-1},\ h_n) \tag{2}$$

式（2）的解存在且唯一，其解为最优负荷分配。

综合等储备函数 $f_i(h_{i-1},\ h_i)$ 的表达式：

$$f_i(h_{i-1},\ h_i)=\min\left\{a_{P_i}\frac{P_{i允}-P_i}{P_{i允}};\ a_{M_i}\frac{M_{i允}-M_i}{M_{i允}};\ a_{N_i}\frac{N_{i允}-N_i}{N_{i允}};\ a_{I_i}\frac{I_{i允}-I_i}{I_{i允}};\ a_{h_i}\frac{\Delta h_{i允}-\Delta h_i}{\Delta h_{i允}}\right\} \tag{3}$$

式（3）将轧钢过程的量几乎全包括了，它是定量化综合集成轧钢模型。解式（2）不仅得到最佳厚度（负荷）分配，而且 P_i、M_i、N_i、I_i 等都得到了，即求出了 $\boldsymbol{Y}$。

2.2.4 执行单元

用人机对话方式，通过设定 a_{xi} 和板形系数等工艺参数，得出满意的轧制规程及影响系数，送到大型知识库，也可以直接送到智能协调级。将非常复杂的板型模型（包括轧辊变形、热膨胀、磨损等），由经验板形系数代替了，充分体现了人的智能、人机交互意义。

3 混合控制系统的应用及效果

该系统已于 1991 年在天津中板厂 2400mm 四辊精轧机上实验成功，并投入工业化正常应用；1993 年在上钢三厂 2350mm 四辊精轧机上投入工业化正常应用。下面以上钢三厂为例，说明效果。

基础自动化级为 1986 年投运的模拟调节器系统。智能协调级和学习系统均为 HY-8531 工业 PC 机，CPU386-33，内存 2MB，硬盘 40MB。

计算机控制系统投运之后，钢板平直度有了改善，通过改变在线板形系数设定值，能明显地消除边部或中间的波浪。改变辊缝零点系数 A 值，对改变成品厚度十分有效，如果钢板比要求厚 0.1mm，将 A 值减小 0.1，板厚就合适了。调板形和厚度互不干扰，简便地解决了轧辊变形、磨损和热膨胀等不确定性问题。

成品厚度用千分尺的测量值与由压力和辊缝信号得出的计算值比较一致，减去计算厚度的系统误差，其均方差为 0.04mm。

中板厂为考核该系统的实际效果，1993 年 11 月用千分尺实测同板差和异板差。每次测量，人工、计算机各轧 12 块，每块钢板沿纵向边部测 12 点，头、尾各测 3 点，由 12 点求得同板差，16 点求得每块钢板的平均厚度。结果见表 1。

1994 年 5 月放宽了投运绝对 AGC 条件，实现了全部绝对值 AGC 轧制，使异板差进一步减小，成材率提高。表 2 给出 1994 年 5 月测量的相对值 AGC 人工轧制和绝对值 AGC 轧制厚度异板差的结果。

表 2 结果表明，该系统正常投运后异板差均方差小于 0.05mm，达到国际先进水平。

表 1　钢板质量人工千分尺实测结果

测量日期	钢种规格	轧制方式	异板差/mm		同板差/mm		国际先进水平
			实测	合同	实测	合同	
11.3	Q235	计算机	0.12	0.12	0.099	0.10	(1)上钢三厂 3500mm 厚板轧机（西门子系统）异板差：$h=8\text{mm}$，$\sigma=0.089$；$h<15$，$\sigma=0.104$ (2)日本新日铁 1989 年报道：同板差 $\sigma=0.04$ 异板差 $\sigma=0.07\sim0.08$
	12×1800	人工	0.16		0.150		
11.5	09siv	计算机	0.05	0.10	0.064	0.10	
	6×1800	人工	0.04		0.91		
11.11	Q235	计算机	0.07	0.10	0.060	0.08	
	8×1800	人工	0.08		0.097		
11.13	S48C	计算机	0.05	0.10	0.08	0.08	
	6×1800	人工	0.11		0.130		

表 2　相对值和绝对值 AGC 及人工轧制的异板差比较

测量日期	钢种规格	生产条件	均方差/min	块数
5.14	16Mn 10×1800	计算机控制相对值 AGC	0.1784	21
5.15	16Mn 14×1800	人工轧制	0.1073	18
5.15	16Mn 14×1800	人工轧制	0.1200	27
5.15	16Mn 14×1800	计算机控制绝对值 AGC	0.0337	17
5.15	16Mn 14×1800	计算机控制绝对值 AGC	0.0310	23
5.16	Q235 12×1800	计算机控制绝对值 AGC	0.0312	27
5.17	Q235 10×1800	计算机控制绝对值 AGC	0.0277	33

4　分析讨论

4.1　AGC 在协调级的意义和效果

纵观国内外厚度自动控制系统，压力 AGC 都是基础自动化部分的一个环节，我们将压力 AGC 置于协调级，通过改变基础自动化环节的 APC 的设定值实现厚度自动控制。这里首先要说明的是，只有动态设定 AGC 才能实现这种转变，因为它能分析出轧件扰动量（智能性），计算出消除此扰动影响的辊缝改变量；在消除此扰动上辊缝改变对设定辊缝值无影响，即辊缝设定值只与扰动有关，与辊缝变化过程无关。而现用的 BISRA 方法或测厚计方法，设定辊缝与辊缝变化有关，所以它要求控制周期尽量小，无法在监控级实现。

国内的压力 AGC 已搞了 10 多年，但中厚板轧机上未实现正常工业化应用[5]。其原因之一是压力传感器信号干扰太大，它严重地影响系统的稳定性。将 AGC 环节移到智能级高的协调级，相同的压力信号就能满足要求了，它完全符合“随智能增加而精度相应降低”[1,6]。

4.2　对象与环境的分离控制

由于已得到轧件（环境）的精确数学模型，对于压下自动控制系统而言，能实现对象和环境的分离控制。自动控制系统，只对压下系统及有关测量装备等构成的系统进行控制就可以了，这些装备和装置可以用微分方程描述，所以控制系统理论可以对其分析、综合，实现最优控制。以往压下系统控制的难点在于轧件的不确定性和随机干扰。轧件精确数学模型意味着对目标可实现稳定或任意轨迹变化的设定，实现对基础控制系统的实时最佳设定。

这样基础控制与监控相互独立进行，基础自动化系统只对辊缝实现准确、快速控制；监控系统按黑板模型的实时专家系统给出辊缝设定值。辊缝可实现最优控制，辊缝设定值由智能协调级给出，各自独立完成，大大简化了控制系统的设计，减小了硬件规模和存储容量，降低了成本，提高了系统智能度。

4.3　工程智能控制的实现

在建立轧钢过程数学模型时，充分引用了现代轧钢理论研究成果及操作工经验，并由优化理论方法实现对其优选，即达到对轧钢知识的全面、有效地应用。现有轧钢理论成果是满足不了智能控制要求的，为此，我们进行了开创性研究工作，如动态设定型变刚度厚控方法[3]、综合等储备负荷函数分配方法[7,8]、中厚板影响系数及动态非线性弹跳方程[9]等。这条路线正是实现了“综合利用人类经验知识和理论（机理）数学模型开发的基于知识的控制系统”的知识工程。

5 结论

（1）动态设定 AGC 数学模型是实现中厚板轧制过程的实时智能控制的主要条件，它的成功应用，在轧机装备落后的条件下，钢板质量达到国际先进水平。

（2）综合等储备函数法获得中厚板轧制的理论解，给出了智能协调级规则矩阵，实现了对象和环境分离控制，解决了环境变化大及与对象相互作用强的控制理论困难问题。

（3）在我国目前实际装备条件下，“综合利用人类经验知识和理论（机理）数学模型开发的基于知识的控制系统”是一条可行的实现智能控制的路线。

致谢：在本文的完成过程中，冶金部自动化研究院罗公亮博士、清华大学袁曾任教授提出了十分有益的意见，并给予指导，在此表示衷心的感谢。

参考文献

[1] 罗公亮，卢强．智能控制与常规控制［J］．自动化学报，1994，20（3）：324-332.

[2] 张进之．压力 AGC 分类及控制效果分析［J］．钢铁研究总院学报，1988，8（2）：87-94.

[3] 张进之．压力 AGC 系统参数方程及变刚度轧机分析［J］．冶金自动化，1984，8（1）：24-31.

[4] 张进之，白埃民．提高中厚板轧机压力预报精度的途径［J］．钢铁，1990，25（5）：28-33.

[5] 常兴亚．浅议提高中厚板质量的措施［J］．轧钢，1994（1）：48-51.

[6] 陈燕庆，等．工程智能控制［M］．西安：西北工业大学出版社，1991：111-133.

[7] 梁国平．关于轧机的最佳负荷分配问题［J］．钢铁，1980，15（1）：42-48.

[8] 张进之，郝付国，白埃民．应用电子技术改造钢铁工业学术会议论文集［C］．北京：冶金工业出版社，1993：484-489.

[9] 张进之，白埃民，郝付国．中厚板轧制辊缝设定方法［P］．中国，B21B37/12，91111673.7.1992-07-08.

（原文发表在《冶金自动化》，1995（4）：14-18）

基于协调推理网络的板带轧制过程智能优化控制

张进之

（钢铁研究总院）

摘　要　由组织、协调和执行三阶构成的板带轧制过程智能控制系统，实现了对象（轧机）与环境（轧件）的分离控制。协调级由协调推理网络描述，具有优化、自适应和自校正功能。连轧张力差分方程和辊缝差分方程是实现分离控制的必要条件，综合集成轧钢模型将人工智能和数学模型融于一体。

关键词　协调推理网络；动态设定 AGC；张力差分方程；动态负荷分配

Intelligent and optimal control of plate rolling process based on coordinative reasoning network

Zhang Jinzhi

(Central Iron & Steel Research Institute)

Abstract: An intelligent control system of plate rolling process composed of organizing, coordinating and implementing makes the object (mill) and the environment (rolled matter) to realize separating control. The coordinating step is discribed by coordinative reasoning network and has optimization, self-fitting and self-correcting functions. The differential equations of continuous rolling tension and roll gap arc the essential conditions. This comprehensive and integrated-rolling model combines the artificial intelligence and mathematical model into perfect harmony.

Key words: coordinative reasoning network; dynamic-setting AGC; tension differential equation; dynamic-load distribution

本文从模型和人工智能统一的观点，是以连轧张力公式、动态设定 AGC 和综合等储备为基础的动态、非线性、多变量综合集成的模型，提出协调推理网络，从根本上解决板带轧制的综合最优控制。本方法的特点是协调推理网络，保证了多目标（板厚、板形、张力等）控制的协调性，无干扰；数学模型和操作经验统一在网络中，将模型与人工智能融于一体；组织级智能度最高，完成决策和学习功能，为网络提供知识库；执行级为常规控制器，按最优控制理论设计；实现了环境与对象分离控制；解决了环境与对象强耦合的控制系统理论难题。

1　板带轧制过程控制系统结构

以中厚板和冷连轧为例，分别给出结构图 1。把控制对象与环境分离，区别于把环境变化作为控制对象的扰动[1]。所谓控制对象就是轧机的压下和主传动系统，环境则为轧件。

对中厚板轧制智能控制系统协调级研讨后[2]，本文提出协调推理网络，分解协调级。冷连轧与中厚板轧制主要区别在学习上，$k\mu$ 精度及辊缝和速度设定精度；中厚板测量值少，人工感知十分重要，它由智能控制、常规控制和人工调整三部分组成；冷连轧测量仪表全，主要由智能控制和常规控制构成；中厚板速度按增量法计算，冷连轧的速度按全量法计算，可对穿带、加减速等统一描述。

2　中厚板轧制过程的协调推理网络

协调级用神经元网络的模式描述，结点间定量

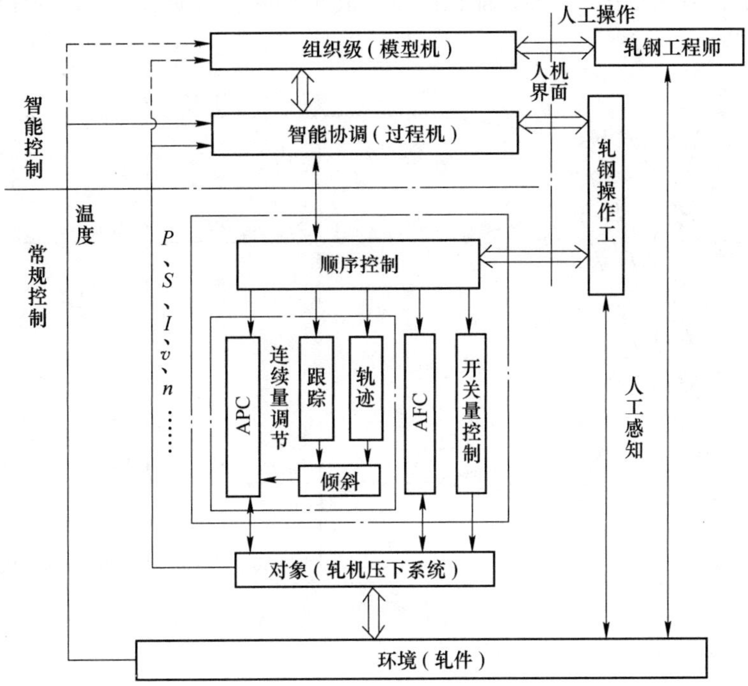

(a)

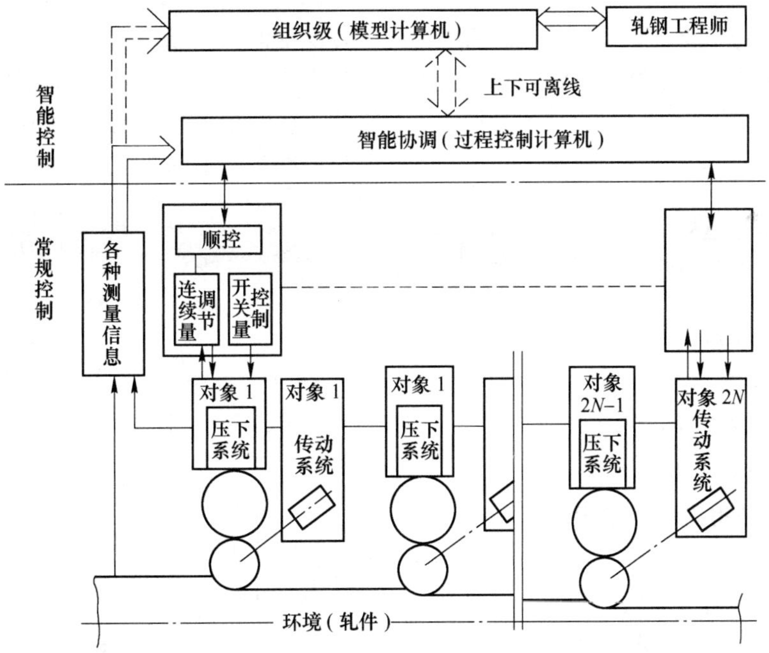

(b)

图 1　中厚板（a）冷连轧（b）过程实时智能控制系统

Fig. 1　The real-time intellectuality control system for plate（a） cold continuous rolling process（b）

关系由组织级给出，即只用其结构不用其训练方法。组织级给出规则矩阵（影响系数），建立输入层与第一推理层间映射关系；标准规程、动态设定 AGC、非线性弹跳方程等建立各层间的定量关系。

图 2 输入层 X_0 中 $\Delta H=H_c-H_e$（或 H_M-H_e）；$\Delta T=T_M-T_e$；$\Delta B=B_c-B_e$（或 B_M-B_e）；$\Delta W=W_c-W_e$；$A=A_c$。下标 e 为标准值，M 为实测值，c 为人工设定值。人工观察钢板形状由经验给出 W_c 为 1.00~0.60，能有效地控制板形。A_c 为实测与目标

厚差，板厚时 A 值减小，取值范围±1.00，能消除轧辊热胀、磨损引起的辊缝变化。

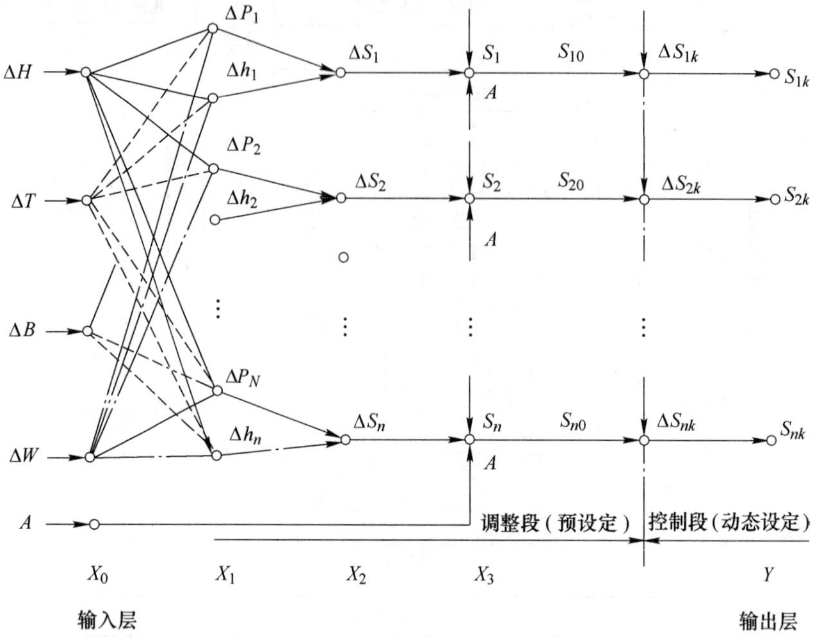

图 2　中厚板轧制过程协调推理网络

Fig. 2　The coordination ratiocination networks for plate rolling process

第一推理层 $\boldsymbol{X}_1$。

$\boldsymbol{X}_0=[\Delta H, \Delta T, \Delta B, \Delta W, A]^{\mathrm{T}}$；$\boldsymbol{X}_1=[\Delta P_1, \Delta h_1, \cdots, \Delta P_N, \Delta h_n]^{\mathrm{T}}$；$\boldsymbol{X}_1=\boldsymbol{R}\boldsymbol{X}_0$。$\boldsymbol{R}$ 是由组织级给出的规则矩阵。

第二推理层 $\boldsymbol{X}_2$。

$$\boldsymbol{X}_2=[\Delta S_1, \Delta S_2, \cdots, \Delta S_N]^{\mathrm{T}};\ \Delta S_i=\Delta h_i+\frac{\Delta P_i}{M_i} \tag{1}$$

式中，M_i 是轧机实际刚度。

第三推理层 $\boldsymbol{X}_3$。

$$\begin{aligned}&\boldsymbol{X}_3=[S_{10}, S_{20}, \cdots, S_{N0}]^{\mathrm{T}};\\&S_{i0}=S_i+\Delta S_{\mathrm{c}}+A_{\mathrm{c}}\end{aligned} \tag{2}$$

S_i 为标准规程给出的各道次辊缝设定值。

输出层 Y_0

$$S_{i,k}=S_{i0}+\Delta S_{ik} \tag{3}$$

$$\Delta S_{ik}=-K_i\left[\frac{Q_i}{M_i}\Delta S_{i,k-1}+\frac{M_i+Q_i}{M_i^2}\Delta P_{ik}\right] \tag{4}$$

式（4）为辊缝差分方程[4,5]，式中 Q 为轧件塑性系数；K 为变刚度系数；k 为时间序列。

3　冷连轧过程协调推理网络

其网络基本与中厚板的相同，区别在于可逆轧机各道次速度独立设定。连轧机只能设定一个机架的速度，其他架的由秒流量相等计算。先计算出标准规程，取标准板宽（$B=1100$mm），板形系数（$W=0.9$），对不同钢种、坯厚、成品厚、张力设定值及设备参数用综合等储备法得出优化轧制规程。规程库只存各架厚度、压力、速度及条件。实际生产时，板宽和轧辊状态（板形系数）与标准条件不同，由式（5）计算实际值。

$$\begin{aligned}P_i&=P_{\mathrm{ei}}+\left(\frac{\partial P}{\partial H_0}\right)_i\Delta H_0\\&\vdots\\h_i&=h_{\mathrm{ei}}+\left(\frac{\partial P}{\partial H_0}\right)_i\Delta H_0\\&\vdots\\u_i&=u_{\mathrm{ei}}+\left(\frac{\partial u}{\partial W}\right)_i\Delta W\end{aligned} \tag{5}$$

如几个量不同于标准条件，可用叠加法计算，以压力计算为例：

$$P_i=P_{ei}+\left(\frac{\partial P}{\partial H_0}\right)_i\Delta H_0+\left(\frac{\partial P}{\partial B}\right)_i\Delta B+\left(\frac{\partial P}{\partial W}\right)_i\Delta W \tag{6}$$

关键是影响系数 $\left(\frac{\partial P}{\partial H_0}\right)$，…，$\left(\frac{\partial u}{\partial W}\right)$ 的计算。现有方法由模型的偏导数求出，新方法[6]由综合集成模型求出。由轧制理论和数学分析得

$$f_1(h_0, h_1)=f_2(h_1, h_2)=\cdots=f_N(h_{N-1}, h_N) \tag{7}$$

从数学上证明[7]，式（7）的解存在且唯一，综合

储备函数的表达式为

$$f_i(h_{i-1},\ h_i)=\min\left\{\alpha_{P_i}\frac{P_{i允}-P_i}{P_{i允}};\ \alpha_{M_i}\frac{M_{i允}-M_i}{M_{i允}};\ \alpha_{N_i}\frac{N_{i允}-N_i}{N_{i允}};\ \alpha_{I_i}\frac{I_{i允}-I_i}{I_{i允}};\ \alpha_{h_i}\frac{\Delta h_{i允}-\Delta h_i}{\Delta h_{i允}}\right\} \tag{8}$$

解式（7）得最佳厚度分配和 P、M 等，将钢种、坯厚、成品厚、板宽、板形系数、张力设定值及轧机参数代入式（7）、式（8）及压力、温降、变形抗力和力矩等模型，求得标准规程设定值；分别改变入口厚、板宽、板形系数求得厚度、压力、速度等值，由因变量差与自变量差之比求得影响系数（规则矩阵）。条件、标准规程、影响系数阵以框架结构存放，为组织级决策结果——优化规程，是协调推理网络（实时专家系统）的知识库。组织级的自学习功能是由样本库、模型库、方法库优选模型及参数送往组织级的知识库。组织级决策功能由模型库、知识库、方法库在人的参与下完成，体现了数学模型与人工智能的相互关系，不同于目前人工智能方法在轧钢中应用的模式。

冷连轧的主要扰动量是坯料厚差且可精确测量，硬度差由动态设定 AGC 认别并抑制其影响，成品厚、宽等均为实测值。冷连轧与中厚板相比清楚得多，人工干预少。连轧主要难点在于机架间相互关连，同一时刻各架轧件不同，轧件同一点在不同时刻通过各机架，机架间张力强耦合，是个分布参数动力学系统，其解析解为张力差分方程（9）

$$\sigma_{kt1}=e^{A\Delta t}\sigma_k-A^{-1}[e^{A\Delta t}-I]\Delta v_k \tag{9}$$

式（9）推导及各量物理意义、仿真实验等见文献［8-11］。

图 3 的求解过程为：

（1）由推理网络求得 Δh_1，Δh_2，…，Δh_N；由延时方程（10）求 H_2，…，H_{N-1}；总张力不变和 h_{1k}，h_{2k}，…，$h_{N-1,k}$求得 $\sigma_{i,k}$。

$$H_{i+1}=h_i[t-\tau_i(t)]$$
$$\tau_i(t)=\frac{L}{v_i(t)} \tag{10}$$

（2）按动态负荷分配周期求得无张力前滑 ϕ_1、A、$e^{A\Delta t}$、$[e^{A\Delta t}-I]$ 等量。在协调推理网络中调整（动态负荷分配）周期与控制周期不同，前者可取 5s，后者为 50ms。

（3）h_{ik}的设定值由方程（4）保证，由 $h_{i+1,k}$，$H_{i+1,k}$求得 Δv_{ik}。

（4）u_N = 常数（或设定常数），由方程（9）递推求得 u_{N-1}，u_{N-2}，…，u_i，即求得各架速度设定值。

（5）各架辊缝设定同中厚板轧机。

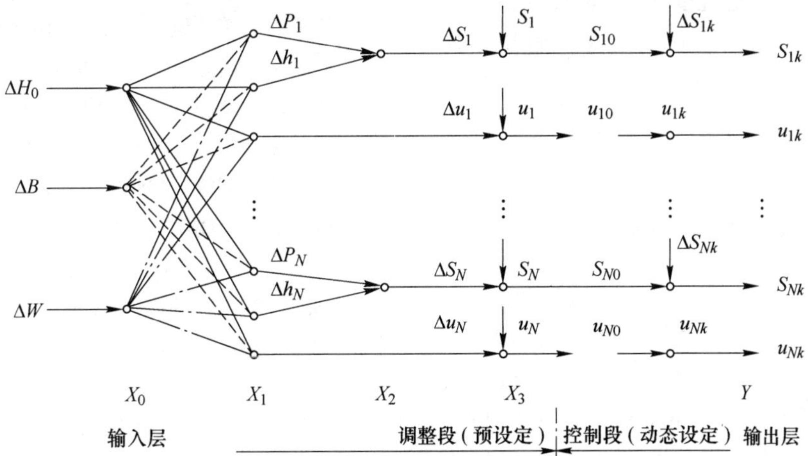

图 3　冷连轧过程协调推理网络

Fig. 3　The coordination ratiocination networks for cold continuous rolling process

4　智能优化控制效果

该系统于 1991 年在天津中板厂、1993 年在上钢三厂投入工业化应用，取得了明显的技术经济效果（表 1）[12]。

5　分析讨论

5.1　实现对象与环境分离控制的条件

两者分离控制能简化控制系统的设计，减少

设备，降低成本，提高产品质量。现行连轧控制系统十分复杂，是自动控制不断增加和完善的量度过程；新系统是质变，是定性到定量综合集成[13]。其原因是定量张力差分方程代替了秒流量相等作控制模型，定性的 BISRA 厚控模型发展到智能动态设定 AGC，实现了厚度闭环控制。

表 1　异板差技术指标的对比

Tab. 1　The comparison of the technical indexes for thickness variation of plates

钢种规格/mm	生产条件	均方差/μm	块数	国际先进水平/μm
16Mn 14×1800		137.3	18	
16Mn 14×1800	人工轧制	120.0	27	
16Mn 14×1800		33.7	17	上钢三厂 3500mm 轧机（西门子系统）h=8mm 为 89，h<15mm 为 104 新日铁 1989 年为 70~80 世界金属导报 1994 年报道 45
16Mn 14×1800		31.0	23	
Q235 12×1800	投运计算机控制系统	31.2	27	
Q235 10×1800		27.7	33	

连轧理论的突破基于证明了 ***A*** 矩阵可作为常阵得到张力差分方程和轧辊变形区体积不变条件引进了入、出口厚度。式（9）式（10）解决了连轧动态分布参数的数学描述。总之，张力差分方程和辊缝差分方程是实现连轧过程对象与环境分离控制的必要条件。

5.2　数学模型和人工智能的统一

国外人工智能主要用在难于建立数学模型靠经验的方面。如难变形钢的负荷分配和板形控制。综合等储备负荷分配法建立轧钢综合集成数学模型，特别引入了板形系数，便于板形控制。板形系数设定靠经验，从感知板形的判断到定量操作靠人脑智慧，网络提供了操作上的方便。若有板形仪可用模糊控制代替人控，故在解决板形控制上属常规人工智能法。在负荷分配问题上，由数学模型转为人工智能的形式。总之，协调推理网络实现了数学模型与人工智能的统一；网络结构将智能控制、常规控制、人工操作融于一体，数字模型给定网络映射关系。人工智能用其形和简，数字模型用其精和深。

6　结论

（1）协调推理网络将智能控制、常规控制和人工操作融为一体，实现了板带轧制过程的综合最优控制。

（2）张力、辊缝差分方程实现了板带轧制对象和环境分离控制，解决了环境变化大及与对象强耦合的控制系统理论难题。

（3）综合集成轧钢数学模型，实现了数学模型与人工智能的应用统一，人工智能用其形和简，数学模型用其精和深。

对白埃民、孟繁成、郝付国、罗公亮、秦世引及天津中板厂、上钢三厂等有关同志的帮助表示感谢。

参 考 文 献

[1] 罗公亮，等．自动化学报，1994，20（3）：324-332.

[2] 张进之．冶金自动化，1995（4）：14-18.

[3] 张进之，等．钢铁，1981，16（3）：35-40.

[4] 张进之．冶金自动化，1984（1）：24-31.

[5] 张进之．发明专利 ZL88100750.1.

[6] 张进之，等．发明专利 ZL91111673.7.

[7] 梁国平．钢铁，1980，15（1）：42-48.

[8] 张进之．金属学报，1978，14（2）：127-138.

[9] 张永光，等．自动化学报，1979，5（3）：177-186.

[10] 张进之，等．钢铁，1979，14（6）：60-66.

[11] 张进之．钢铁研究总院学报，1984，4（3）：265-270.

[12] 张进之，等．三钢科技，1994（3）：31-37.

[13] 戴汝为，等．自动化学报，1993，19（6）：645-655.

（原文发表在《钢铁》，1995，30（增刊）：66-71）

中厚板轧制过程分层递阶智能控制

张进之

（钢铁研究总院）

摘　要　按分层递阶智能控制设计了组织、协调、执行三阶控制系统。应用动态设定 AGC 的智能性，将基础级的 AGC 功能移置到协调级；协调级采用协调推理网络，其知识库由组织级提供；组织级是一个开放系统，人机交互，实现学习和决策功能。该系统已在天津、新余、上海等多套中厚板轧机上应用，效果十分明显，钢板异板差小于 0.04mm，达到了世界先进水平。

关键词　智能控制；协调推理网络；动态设定；工艺控制模型

Multi-level intelligent control in plate rolling process

Zhang Jinzhi

(Central Iron and Steel Research Institute)

Abstract: Based on the concept of multi-level intelligent control, the three-level control system which comprises organization level, coordination level and esecutive level has been designed. The function of AGC in esecutive level was moved to the coordination level by using dynamic setting AGC. The coordinate reasoning network is used in coordination level of which knowledge is supplied from the organization level. The organization level is an open system with an interface of machine and man. In this level, self-learning function and decision function are executed. The Multi-level intelligent control system has been applied in Tianjin Plate Mill, Xinyu Plate Mill, Shanghai Plate Mill, etc. and conspicuous achievement has been made. The thickness deviation of different plates is less than 0.04 millimeters, which reaches the world level.

Key words: intelligent control; coordinate reasoning network; dynamic setting; technological control model

1　双机架中厚板轧制过程概述

连铸坯或钢锭经加热炉加热到 1200℃左右，经高压水除鳞进入粗轧机开坯。粗轧要保证精轧机厚度和宽度要求。入精轧机温度一般为 1050℃左右，经 6~13 道轧制成成品。多台加热炉加热，出钢温差在 50℃左右；钢坯上有明显的水印，比其他部位约低 80℃。粗、精轧制节奏 60s 左右，入精轧机温度波动±60℃。粗轧机组发生故障温差可能更大，一般在 950℃以下可改变道次轧至成品。对于控温轧制，在精轧机上分二阶段轧制，由最佳停留时间保证终轧温度。

精轧过程忽略基本不变量及缓慢时变因素，可将其看作多输入多输出系统。按工艺控制模型分类如下。

原始环境变量：H_0（坯厚）；B_0（板宽）；L_0（坯料长）；θ_0（出粗轧机温度）。

控制变量：S（辊缝）；ΔS_{ik}（各时刻动态设定辊缝）；u（轧辊线速度）；t_0（控温轧制待温时间）。

人工设置（或模糊控制）量：W（板形系数）；CH（板凸度系数）；A（辊缝零点校正值）。

状态变量：h（出口厚度）；Ch（板凸度），即钢板中间厚度与距边部 25mm 处厚度差；θ（温度）；P（轧制压力）；M、N、I（力矩、功率、电流）；i（道次号）。状态变量中的 h_n，Ch_n、θ_n、$|(Ch/h)_i-(Ch/h)_{i-1}|$为目标量。

关于轧制过程最优化问题，已知 H_0、B_0、L_0、θ_0，在允许的 P_1、M_1、N_1、I_1、Δh_1、$|(Ch/h)_i-(Ch/h)_{i-1}|$及计算公式约束下，达到目标 h_n、Ch_n、θ_n，且板形平直，求解 h_1，…，h_{n-1}，

是非线性多目标规划问题。

2　系统结构

组织级与智能协调级之间离线或在线交换信息。组织级是一个智能决策支持系统，为协调级提供知识库；知识库以框架形式表达，由机器学习方式形成。执行级是常规控制系统，由于动态设定AGC的智能性，实现了对象（压下系统）和环境（轧件）分离控制，基础控制只实现辊缝闭环就可以。执行级还有压靠、跟踪等功能，见图1。

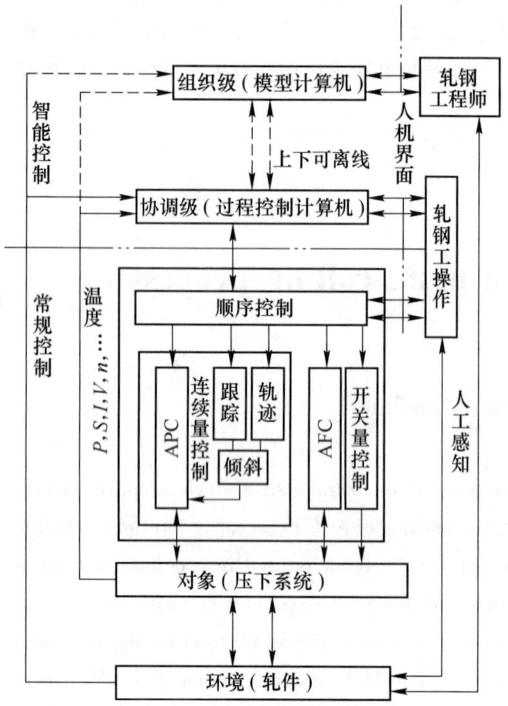

图1　中厚板轧制过程实时智能控制

Fig. 1　The real-time intellectuality control system for plate during rolling

2.1　组织级的结构与功能

人机接口用菜单驱动，以会话的方式与轧钢工程师实现人机交流。

问题求解及处理系统作为智能决策系统IDSS的主控单元，控制各种数据、知识、模型和方法的综合运用，将系统各部分有机地联系在一起。

IDSS中包含多种数据库和模型库，如各钢种变形抗力参数数据库、温降模型参数库、轧机刚度参数库、工艺参数库等。工艺参数库可充分发挥人的智能性，通过参数修改决定轧制策略，获得不同类型的优化轧制规程。知识库的知识来源有两部分，一种为人工搜集，另一种为本系统自学习的知识。自学习知识由样本库、模型及方法得到钢种变形抗力和温降模型参数。

样本库系统存放轧机实测数据，如轧机弹性变形数据，正常工况下的采样数据，主要有钢种、锭重、板宽、各道次压力、辊缝、温度、轧制时间、间隙时间等。

模型库系统是一种为用于决策的优选模型公式，有压力、力矩、变形抗力等。

方法库系统存放有回归分析、模型辨识算法、图表绘制软件和解非线性方程等专用算法。

规程库系统是系统的最重要功能模块，实现求解 h_1，h_2，…，h_{n-1} 决策功能，为协调级建立起框架表示的知识库。以上各系统结构见图2。现就标准规程、规则矩阵（雅可比矩阵）说明如下。

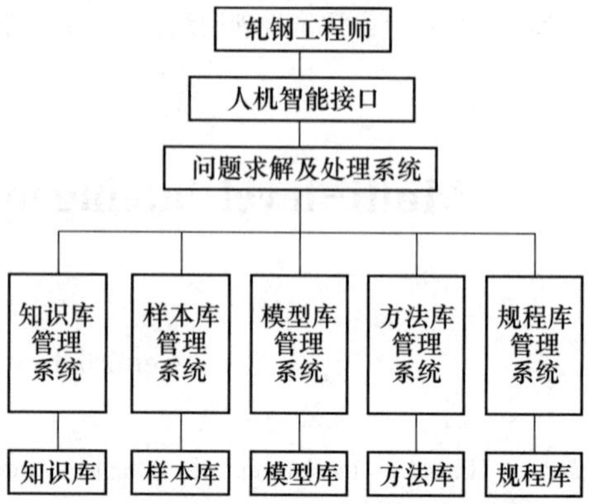

图2　中厚板智能决策支持系统

Fig. 2　Intelligent decision support system for plate during rolling

2.1.1　标准规程

中厚板轧制可由抽象空间描述，自变量有钢种、锭重、入口厚度、板宽、温度、轧辊凸度、道次及轧机参数等组成多维空间，因变量有 n 个厚度、压力、力矩、电流、变形率以及辊缝等的矩阵。设自变量为 x，因变量为 y，数学表达式

$$y = f(x) \tag{1}$$

问题的核心是求出 h_1，h_2，…，h_{n-1}，是一个多目标非线性规划问题。国内外轧钢、控制学者们作了大量工作，特别是动态规划提出之后，取得了一定进展，但由于计算量大，难于在线应用。作者发明的综合等储备负荷分配方法得到规程问题的理论解。由轧钢工艺理论和数学分析得到

$$f_1(h_0,\ h_1) = f_2(h_1,\ h_2) = \cdots = f_n(h_{n-1},\ h_n) \tag{2}$$

文献［1］证明式（2）的解存在且唯一，其解（h_1，h_2，…，h_{n-1}）为最佳负荷分配。综合储备

函数

$$f_i(h_{i-1},\ h_i)=\min\begin{pmatrix}\alpha_{Pi}\dfrac{P_{1i}-P_i}{P_{1i}};\ \alpha_{Mi}\dfrac{M_{1i}-M_i}{M_{1i}};\\ \alpha_{Ni}\dfrac{N_{1i}-N_i}{N_{1i}};\ \alpha_{Ii}\dfrac{I_{1i}-I_i}{I_{1i}};\\ \alpha_{\Delta hi}\dfrac{\Delta h_{1i}-\Delta h_i}{\Delta h_{1i}}\end{pmatrix} \tag{3}$$

式（3）包括轧制过程的压力、力矩等计算公式；设备允许的压力、力矩等值，特别是 α_{xi} 系数，可以充分反映轧钢专家经验，选定不同值而确定轧制策略。式（3）为轧钢综合集成数学模型，由嵌套迭代法求出 h_1、h_2，…，h_{n-1} 及 P_i、M_i 等，即求得 y。该算法将 n 维非线性最优化问题转化为 n 个一维非线性方程求根问题，从而减少计算量，实现轧制规程在线优化。

在天津中板厂计算机控制系统中，采用本文提出的方案，在两台 PC 机上实现了轧制规程实时优化。其技术核心是发明了中厚板影响系数计算方法[2]，在模型机上得到标准规程和影响系数(雅可比矩阵)，将标准规程及雅可比矩阵送到控制机上，输入轧制前的实测温度值、板宽、入口厚度和轧辊状况等值，在线计算实时优化规程。所谓标准就是给定 $\theta_0=1050$℃，$B=1800$mm，$W=0.9$；而钢种、锭重、入口厚度、成品厚度按生产的各种实际值算出来的轧制规程。

2.1.2 规则矩阵

实际生产时，温度、板宽和轧辊状态与标准条件不同，式（4）就可以由标准值得到实际值。下标 e 表示标准值。

$$\Delta P_{i0}^{\theta}=\left(\frac{\partial P}{\partial\theta_0}\right)_i\Delta\theta_0;\ \Delta P_i^W=\left(\frac{\partial P}{\partial W}\right)_i\Delta W_i$$

$$\Delta h_{i0}^{\theta}=\left(\frac{\partial h}{\partial\theta_0}\right)_i\Delta\theta_0;\ \Delta h_i^W=\left(\frac{\partial h}{\partial W}\right)_i\Delta W_i \tag{4}$$

如果几个量不同于标准条件，可以用叠加法计算之，以压力计算为例

$$P_i=P_{ei}+\left(\frac{\partial P}{\partial\theta_0}\right)_i\Delta\theta_0+\left(\frac{\partial P}{\partial B}\right)_i\Delta B+\left(\frac{\partial P}{\partial W}\right)_i\Delta W+\left(\frac{\partial P}{\partial Ch}\right)_i\Delta Ch_i \tag{5}$$

其关键是影响系数 $\left(\frac{\partial P}{\partial\theta_0},\ \cdots,\ \frac{\partial h}{\partial W},\ \cdots\right)$ 的计算。中厚板不能像连轧机用模型公式求偏导数，因为温度、宽度等任一个自变量单独改变时，厚度分配都在改变，忽略厚度对压力影响将引起过大的误差。应用综合等储备方法，可以得到厚度最佳分配下的中厚板影响系数。

标准条件下的优化规程计算出来之后，各道次的厚度、压力等均可求得；分别改变温度、宽度和板形系数，又可求得厚度、压力值，由因变量差与自变量差之比就可以求得中厚板影响系数，见表 1。

表 1 Q235 坯重 2000kg、35→10mm 影响系数

Tab. 1 Q235 slab weight 2000kg、35→10mm influence factors

道次	$\frac{\partial P}{\partial\theta_0}/P_e$	$\frac{\partial P}{\partial B}/P_e$	$\frac{\partial P}{\partial W}/P_e$	$\frac{\partial h}{\partial\theta_0}/h_e$
1	−0.001214	0.54576	−0.2458	−0.00006
2	−0.001214	0.54574	−0.2458	−0.00011
⋮	⋮	⋮	⋮	⋮
6	−0.001214	0.54575	0.88592	0.00007
7	−0.001214	0.54572	0.88598	−0.00003
8	−0.001213	0.54578	0.88649	0

以上说明了双目标 h_n 和板形平直的优化规程的决策过程。对于 θ_n、Ch_n 目标，需要增加终轧温度和目标板凸度的迭代，θ_n 要通过自动修改轧程间待温时间实现，Ch_n 要求自动修改 α_{Pi} 而达到目标要求。总之，综合等储备方法通用性很强，实现了复杂系统多目标的决策。

2.2 协调级的结构和功能

提出协调推理网络结构，实现实时专家系统功能，协调 DEDS 和 CVDS 混合系统的控制。图 3 所示为中厚板轧制过程的协调推理网络。

（1）输入层 X_0

$\Delta\theta_0=\theta_m-\theta_e$；$\Delta B=B_c-B_e$(或 B_m-B_e)；$\Delta CH=Ch_c-Ch_e$；$\Delta W=W_c-W_e$；$A=A_c$。式中下标 c 为人工设定值，m 为测量值。人工观测板形状态，由经验给出 W 的定量值，其给值范围为 1.00~0.60，能十分有效地控制板形的平直度；如果有板形仪，可由模糊控制设定 W 值。A_c 由实测出钢板厚度与目标厚度之差确定。ΔCH 用于控制板凸度。

（2）第一推理层 X_1

$$X_1=\boldsymbol{R}X_0 \tag{6}$$

式中，$\boldsymbol{R}$ 是由组织级给出的规则阵（雅可比阵）。

（3）第二推理层 X_2

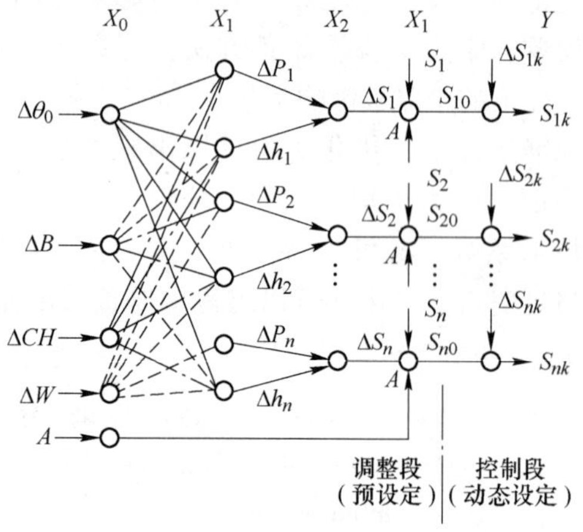

图 3　中厚板轧制过程协调推理网络

Fig. 3　The coordinate ratiocination network for plate during rolling process

$$\Delta S_i = \Delta h_i + \frac{\Delta P_i}{M_i} \tag{7}$$

式中，M_i 由组织级给出，在标准规程部分。

（4）第三推理层 X_3

$$S_{i0} = S_i + \Delta S_i + A \tag{8}$$

式中，S_i 为标准规程给出的各道次辊缝值。S_{i0} 为咬钢前辊缝预设定值，由执行级实现。由机架前、后辊道控制轧件咬入，咬入事件发生后，轧件将按优化规程要求变化。

（5）输出层 Y

$$S_{i,k} = S_{i,0} + \Delta S_{i,k} \tag{9}$$

$$\Delta S_{i,k} = -C_i\left[\frac{Q_i}{M_i}\Delta S_{i,k-1} + \frac{M_i + Q_i}{M_i^2}\Delta P_{i,k}\right] \tag{10}$$

式中，C_i、Q_i 等由标准规程按道次给出；$\Delta S_{i,k-1}$，$\Delta P_{i,k}$ 由辊缝、压力反馈信号计算得出。k 表示时刻，i 表示道次。式（10）为动态设定型变刚度厚控模型[3,4]。

3　控制效果

表 2 为该系统与人工操作及国际先进水平异板差对比；图 4 为 1995 年 4 月的实测直方图。

表 2　异板差技术指标对比

Tab. 2　Comparison of the technical data for thickness deviation of different plates

检测日期	钢种规格/mm×mm	生产条件	标准差/μm	块数	国际先进水平/μm
1994-05-14	16Mn，14×1800	人工轧制	107.3	18	上钢三厂 3500mm 厚板轧机（西门子系统） h=8mm，σ=89 h<15mm，σ=104 日本新日铁 1989 年资料 70～80 世界金属导报 1994 年报道 45
1994-05-14	14×1800		120.0	27	
1994-05-14	14×1800	投运计算机控制系统	33.7	17	
1994-05-14	14×1800		31.0	23	
1994-05-16	Q235，12×1800		31.2	27	
1994-05-17	Q235，10×1800		27.7	33	

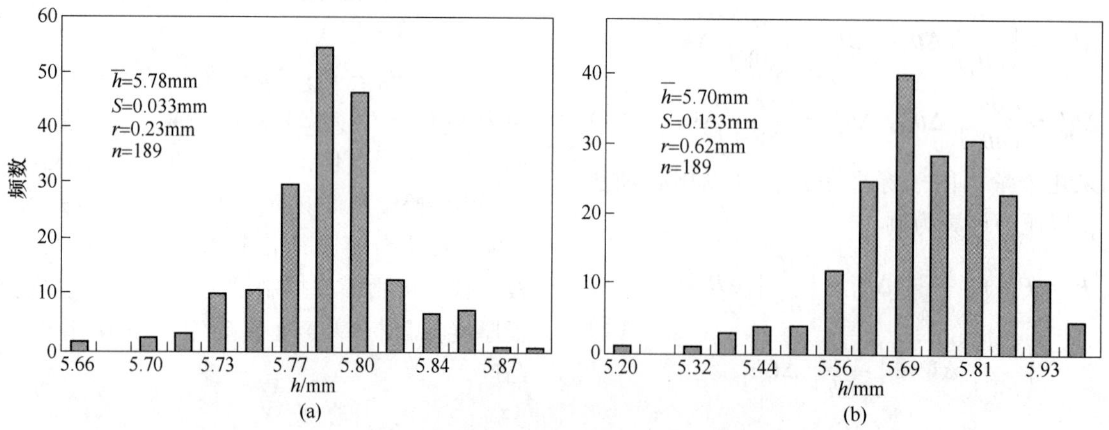

图 4　异板差直方图

Fig. 4　Schematic diagram of thickness deviation of different plates

（a）智能控制；（b）人工操作

4 分析

4.1 DEDS 与 CVDS 协调互补控制

各块钢板各道次轧制是离散事件动态系统（DEDS），标准规程及规则阵属统计层次上的数学模型；而每一道次轧制过程则为连续变量动态系统（CVDS），辊缝差分方程消除扰动的影响，控制厚度恒定。DEDS 数学模型保证了预摆辊缝准确，所以 AGC 采用绝对值方式；而绝对值 AGC 则校正了辊缝预摆的误差，使各道次厚度达到设定要求。它们之间是协调与互补的，而协调推理网络则为具体实现。

4.2 实现对象与环境分离控制的条件

按文献［5］观点，把控制对象（压下系统）和环境（轧件）分离，区别于把环境变化作为控制对象的扰动。动态设定 AGC 是通过识别轧件扰动和轧出厚度恒定为目标得出的辊缝差分方程，其特征是控制量只与轧件扰动有关，与消除扰动的辊缝改变无关，而 BISRA 方法则将扰动和辊缝改变所引起的压力变化等同看待。由于是动态设定 AGC，所以能将 AGC 功能移置到协调级，实现对象与环境分离控制。

5 结论

（1）协调推理网络将专家系统、常规控制、人工操作融于一体，实现中厚板轧制过程的分层递阶智能控制。

（2）动态设定 AGC（辊缝差分方程），实现对象（压下系统）和环境（轧件）分离控制，解决环境变化大及与对象强耦合的控制难题。

（3）控制理论指导建立的轧钢过程工艺控制数学模型，实现了中厚板轧制过程 DEDS 和 CVDS 的混合系统的控制，它对其他工业过程控制有参考价值。

向共同完成中厚板轧机计算机控制工程的白埃民、孟繁城、郝付国等，天津中板厂、上钢三厂中板厂的有关同志表示谢意；对撰写论文给予指导帮助的罗公亮、袁增任、秦世引等表示感谢。

本文在第二届全世界华人智能控制会议上获最佳应用论文奖。

参考文献

［1］梁国平 . 关于轧机的最佳负荷分配问题［J］. 钢铁. 1980，15（1）：42-48.

［2］张进之，白埃民，郝付国 . 发明专利 . 中国，B21B37/12，91111673.7，1992-07-08.

［3］张进之 . 压力 AGC 系统参数方程及变刚度轧机分析［J］. 冶金自动化，1984（1）：24-30.

［4］张进之 . 压力 AGC 分类及控制效果分析［J］. 钢铁研究总院学报，1998，8（2）：87-94.

［5］罗公亮，卢强 . 智能控制与常规控制［J］. 自动化学报，1994，20（3）：324-332.

（原文发表在《钢铁》，1998，33（11）：34-38）

热连轧动态设定型板形板厚控制方法的应用探讨

张进之

（北京钢铁研究总院，北京 100081）

摘 要 板形理论在未突破的情况下，由板形控制装备提高了板形质量，但外因不能从根本上解决问题。新发现的板形板厚协调规律，可用动态负荷分配方法解决板形技术问题，减少板形技术和装备的引进，实现热连轧板形技术的国产化。

关键词 板形理论；新发现；动态负荷分配

Application of dynamic setting automatic control system for flatness and gauge in hot strip mill

Zhang Jinzhi

（Central Iron and Steel Research Institute）

Abstract: Shape quality has been improved by using shape control equipment on the condition of shape theory make no great breakthrough. But the external cause can't solve the essential question. The new finding on shape and gauge coordination control law, which can solve shape technology problem by using dynamic load distribution method, reduce importing foreign shape technology and equipment, also can realize domestically produce of hot continuous mill shape control.

Key words: shape theory; new finding; dynamic load distribution

1 引言

太钢 1549mm、攀钢 1450mm、梅山 1422mm 三套热连轧机是国家亟待改造的项目。从重庆钢铁设计院可行性报告初步设计中可以看出，在三电的技术改造工程中，除板形控制模型及软件需从国外引进外，其他技术全部由国内完成。太钢 1549mm 热连轧改造可行性报告中应用软件设计部分内容可说明这一点：

（1）板形控制模型引进，应用软件由外商负责；

（2）精轧、粗轧、卷取过程控制计算机应用软件的修改、优化以及模型参数的调整全部由国内完成；

（3）生产控制级计算机系统应用软件的基本设计、详细设计、编程和调试全部由国内完成。

上述情况表明，除板形控制技术外，热连轧机三电技术可以实现国产化。文中分析了国外多种板形控制装备发明的背景和存在的问题。武钢、宝钢引进 HC，CVC，PC 实际应用情况表明在沿用国外解决板形控制的办法的基础上，开发研究中国自己的新型板形控制技术。笔者的专利——动态设定型板形板厚自动控制方法（简称 DACGC）就是一个例子。

2 国外板形理论及控制技术的现状

板形理论的研究远早于厚控理论的研究，但板形理论的研究一直未突破即未能达到厚控理论的水平。国外提高板带材精度主要是依靠板形控制装备的创新和极复杂的控制技术来解决的。日本开发了 HC、PC 板形控制轧机，德国开发了 CVC 可动态变轧辊凸度的设备，欧洲开发了 DSR 轧辊等多种板形控制装置。多种装置的产生是受知识产权的限制而造成的，各种方式互有千秋，但没有哪一种能彻底解决板形问题。板形控制设备是从外部条件来提高板形技术指标的，其内部规律并未深刻认识，所以要充分发挥各种装备的控制能力，既需要经验的指导又需要计算机仿真技术的配合，对繁多的系统参数进行优化。因此再多的引进国外板形控制装备也不能解决国内的板形问题

3 我国板形控制装置引进及应用情况

武钢最早从德国引进了 1200mm HC 可逆式冷轧机，随后宝钢 2050 热连轧机上 7 机架全部引进了 CVC 轧辊，宝钢 2030 冷连轧成品机架也引进了 CVC 轧辊，还有宝钢 1580 PC 热连轧机。现在以宝钢为例分析引进后的使用情况及存在的问题。

宝钢二期工程引进的热、冷连轧机大大提高了我国钢铁工业的水平，同时国内也组织了最强的技术力量来消化这两套轧机的板形控制技术，虽然取得了很大的成绩，但还是进行了二次引进。1993 年宝钢热连轧花 150 万美元从德国又引进了 CVC 及配套软件技术；冷连轧花更多的钱引进了 DSR 轧辊，其二次引进的原因是板形控制质量达不到国际先进水平。从装备上看，两套大型轧机的机电装备是世界上一流的，但生产不出第一流的产品。其原因是生产经验比不上国外生产厂家。在引进调试时有国外生产厂的工艺专家的配合，可以用其经验生产出考核品种规格的精度指标，投产后扩大规格的参数确定就要由自己解决，经验跟不上，产品质量就达不到世界一流。而目前要引进板形控制装备和软件的厂家，其管理水平、设备条件和控制技术等都赶不上宝钢、武钢，所以引进国外的板形装备和技术也不会在板形控制问题上取得更大突破。

4 如何解决我国板带轧机板形精度问题

从板形控制装备来全面提高我国热连轧板形质量是行不通的，就我国目前的工业基础水平，制造 PC 轧机、DSR 轧辊有很大困难，而靠引进也不是办法。解决板带全面质量问题，应当在工艺方面有所突破。北京钢铁研究总院经 40 年的研究，已建立了一套完整的轧制动态理论[1]。

该理论已部分应用于国内各大钢厂，取得了很好的效果，该理论的全面情况已在中国重型机械协会的会议通报文件中说过。现就热连轧板形理论实验和推广应用提出如下具体设想

4.1 选一套热连轧机为实验点成功后全面推广

现代板形理论有两类：一类是轧辊变形的板形理论，以 1965 年斯通弹性基础梁理论和 K. N 绍特影响函数法为代表；另一类是以新日铁实验为基础的和美国有限元计算的轧件变形的板形遗传理论。20 世纪 80 年代兴起的遗传理论在生产中得到了广泛应用。但是其板形遗传理论结构复杂，计算量很大，通用性不强。对此笔者进行了多年的研究后提出了轧辊变形与轧件变形统一的解析板形刚度理论，在理论和实用性方面很好的解决了这个问题。

解析板形刚度理论是建立在轧机板形刚度 m 和轧件板形刚度 q 新概念的基础上的，m、q 与板形遗传理论的遗传系数 η 直接相关。对由 m、q 参数描述的板形测控数学模型进行微分，得出板形刚度理论的基本公式：$KC=m+q$；KC 称为辊缝刚度，是可测的。板形刚度理论中的 q 可通过与经典板形理论联立得出计算公式，m 为单位板宽的横向刚度。因此解析板形刚度理论是可以实验验证的，目前已通过多套大型轧机实测数据的验证，取得很好效果。解析板形刚度理论的特征是统一性、简明性、实证性、实用性，1998 年已在 Citisteel U. S. A 4060mm 宽厚板轧机上应用，并已获美国发明专利，目前可以推向连轧机上应用，希望落实一个实验点。

推广应用分两种类型，一种是太钢 1549、梅山 1422、攀钢 1450、武钢 1700 热连轧机等；另一类是宝钢 2050、1580，鞍钢 1780，本钢 1700 热连轧机以及珠江、邯郸、包钢三套薄板坯连铸连轧机等。

推广以第一类轧机为主。因为它们的板形问题突出，当采用板形板厚协调规律的控制模型[3]后，板形技术水平可达到目前宝钢的水平；对第二类轧机，采用该技术后可进一步提高板形技术水平，争取达到世界先进水平。

具体实施方案分两步走：第一步是现有的模型不变，以负荷分配出的 h_i，p_i 为初值，无 CVC、PC 的轧机，由厚度为控制量的板形差分方程计算出最佳板形规程；有 CVC、PC 的轧机，由以轧辊凸度和弯辊力为控制量的板形差分方程设定出 CVC 串辊量（PC 夹角）和初始弯辊力。第二步是完全修改设定模型，采用综合等储备负荷分配方法直接计算出板形最佳规程。对在线控制问题，

穿带过程实现板厚，板凸度和平直度目标值的辊缝、速度自校正，改变目前只命中厚度目标的辊缝自校正（称头部拯救）。正常轧制后，由二次型目标函数和贝尔曼动态规划实施第二类动态负荷分配或综合最佳弯辊力设定，控制板形恒定，由板形实测值实现轧辊实时凸度估计。

工业实验选一套无 CVC、PC 板形控制装备的热连轧机，可选武钢 1700 或攀钢 1450 等热连轧机。条件最好的是武钢 1700 热连轧机，因为武钢 1700 热连轧机已经板形技术改造，有弯辊、串辊功能，有成品测厚仪、板凸度仪、平直度仪等，全部硬件齐全，实验投资少。

4.2　具体实施的技术内容

（1）AGC 数学模型改成动态设定型 AGC（武钢曾提出过）；

（2）AGC 流量补偿可采用连轧张力理论推出的数学模型；

（3）采用板形最佳轧制规程（命中板厚、板凸度、平直度为目标）；

（4）穿带用命中厚度和板形的头部拯救方法，用贝尔曼动态规划算法；

（5）轧制过程中实施第二类动态负荷分配或综合最佳弯辊力设定；

（6）对轧辊实施凸度进行估计。

以上六项都有专门报告论述。

4.3　达到的技术指标

本课题板形控制总的目标是达到或接近宝钢 2050 或 1580 热连轧实际水平，即：

板凸度：±20μ 达到 89.5%；

平直度：20I。

5　热连轧过程仿真实验室建立及应用

在武钢 1700 或攀钢 1450 等热连轧开展板形板厚最优控制实验之前，必须通过电子计算机的仿真实验。各连轧机都有其特点，推广应用时也要针对具体对象进行仿真实验。对于已引进的有 PC、CVC 板形控制装置的热连轧机，其参数优化与板形板厚最优控制方法结合，也必须进行仿真实验。同样的装机水平，日本、韩国比我国的产品质量好，也是由于国外热连轧过程仿真实验比国内先进。国内有些单位开展过热连轧过程仿真实验，但对工艺操作，特别是新的板形板厚优化控制方法均未进行实验，因此开发这一技术是很有意义的。

北京钢铁研究总院在 20 世纪 70 年代与中国科学院数学所、系统所合作成功地开发了冷连轧过程仿真实验方法，并有所创新。同时还有动态变规格、穿带过程仿真实验、冷连轧最优和互不相干控制方法等多篇文章发表，在国内外引起强烈反响，美国、日本等专门来求教，联系应用和共同申报专利等。热连轧过程比冷连轧过程复杂，特别是有活套和温度控制问题。就连轧张力系统而言，冷连轧相当于“R-L”电路，而热连轧则是“R-L-C”电路问题。北京钢铁研究总院有冷连轧仿真技术的经验并在实际工作中已做了不少基础工作，是可以完成热连轧仿真装置开发和仿真实验任务的。

6　结束语

板形问题长期得不到解决的原因是：板形板厚控制目标相互矛盾，系统复杂，是典型的时变和分布参数系统，热凸度和轧辊磨损的数学描写难以达到要求的精度；板形理论在未突破的情况下，由板形控制装备提高了板形质量，但外因不能从根本上解决问题。新发现的板形板厚协调规律，能很好的解决问题。解决的办法是动态负荷分配方法，由改变动态设定 AGC 的压力和辊缝锁定值实现。我国在板形理论和技术问题上取得了重大突破和成绩，板形技术和装备可以立足国内，而且板形专利技术可以出口国外。

参 考 文 献

[1] 张进之，吴增强，杨新法，等．板带轧制创新技术概论［J］．冶金设备，1999（6）．

（原文发表在《冶金设备》，2000（3）：18-20）

热连轧控制系统优化设计和最优控制❶

张进之

（钢铁研究总院，北京 100081）

摘 要 提出用于热连轧分层递阶智能控制中的张力复合最优控制系统、板形板厚协调最优控制和速度设定的温度控制等3个子控制系统的优化设计方案。应用轧制状态方程和二次型目标函数推出板形板厚协调闭环最优控制、穿带过程辊缝最佳校正、轧辊凸度实时估计、最佳轧辊凸度设定和最佳弯辊力设定等热连轧过程优化策略。

关键词 状态方程；二次型目标函数；最优控制；优化设计；动态规划

Optimizing design of control system for hot strip continuous rolling and optimum control

Zhang Jinzhi

（Central Iron and Steel Research Institute，Beijing 100081）

Abstract：The optimum design schemes on tension composite optimum control system，profile and thickness coordinate optimum control and temperature control based on established velocity in hierarchical progressive intelligent control structure for hot strip continuous rolling are put forward. With rolling state equation and quadratic model object function，the closed loop optimum control on profile and thickness coordination，the best correction of roll gap in crossing process，the real time estimation of roll crown，the optimum setting of roll crown and the optimum bending force setting etc in process optimizing tactics for hot strip rolling are derived.

Key words：state equation；quadratic model object funtion；optimum control；optimizing design；dynamic programming

0 引言

热连轧过程很复杂，参变量非常多，以七机架连轧为例，状态变量有板厚、板凸度、平直度、张力和温度等共34个；控制量有辊缝、速度、弯辊力和CVC（或PC）当量轧辊凸度等共28个；轧机参数有轧机刚度、轧机板形刚度等共14个，它们是常数；轧辊热凸度和磨损是变数，可由板形测量模型实时估计；轧件的塑性系数和轧件板形刚度在设定计算时得出，对一卷钢是常数；还有工艺控制参数（或称设计参数），通过改变控制参数，可以控制平直度和板凸度。改变这些控制参数可改变压下量分配，从而得到最佳板形轧制规程。在状态量中，成品机架的厚度、板凸度、平直度和温度要命中目标值的公差范围内，其他机架的状态量允许在一定范围内改变。

热连轧综合控制系统由3个子系统构成：张力复合控制子系统[1]，设定成品机架的速度控制终轧温度子系统和板形板厚协调控制子系统。其中第3个子系统是通过静态负荷分配和动态负荷分配实现的。静态负荷分配可求得最优板形轧制规程。而动态负荷分配分两类，第1类是补偿在一个换辊周期内由轧辊热凸度和磨损的变化而减少各卷钢带的板凸度差，该方法已在生产中应用[2]；第2

❶ 原机械部“九五”科技攻关课题。

类是在一卷钢轧制过程中，由于入口温度、轧制速度和轧辊热凸度变化的条件下保持成品板形板厚恒定或在允许公差内，中间机架的平直度、压力、力矩、功率在允许范围内，通过动态规划方法求得各机架的负荷 Δh_2，Δh_3，…，Δh_{N-1}。这样一个大系统，只有用分层递阶智能控制方案才可能实现最优化。热连轧分层递阶结构已在文献［3］中阐述。本文将依据板形测控模型和全解析板形刚度理论得出的板形二维差分方程和二次型目标函数，实现板形板厚的闭环最优控制。另外，穿带过程辊缝校正、轧辊实时凸度估计、CVC 轧辊横移量（或 PC 轧辊交角、原始轧辊凸度）的设定、弯辊力设定等，均可由贝尔曼动态规划方法求得其最优解。

1　动态负荷分配最优化的数学模型和最优控制

第 1 类动态负荷分配方法在文献［2］中已详细说明，它是开环的，用于轧件进入连轧机前的精确厚度分配及辊缝和速度的设定。数学模型和算法，对于热连轧与中厚板基本相同，热连轧相对于中厚板要容易一些，因为连轧的品种规格比较少，而机架数固定。第 2 类动态负荷分配的特点是，轧件进入轧机后直接获得轧件实时信息，实现闭环控制。为此，需要建立动态数学模型和构造二次型目标函数。

文献［4］根据新型板形测控数学模型和机械板凸度计算公式的线性化，与弹跳方程和压力公式线性化联立，得出两个二维板形差分方程。本文直接用其结果并写成状态方程的标准形式。

1.1　状态方程和测量方程及二次型目标函数

以板厚为控制量 U，板凸度和平直度为状态量 X，列出二维差分方程：

$$\boldsymbol{X}_{i+1}=\boldsymbol{A}_i\boldsymbol{X}_i+\boldsymbol{B}_i\boldsymbol{U}_i\quad(i=1,\ 2,\ \cdots,\ N-1)\tag{1}$$

$$\boldsymbol{X}^{\mathrm{T}}=[\Delta Ch,\ \Delta^2\varepsilon]$$

$$\boldsymbol{U}^{\mathrm{T}}=[\Delta h_{i-1},\ \Delta h_i]$$

$$\boldsymbol{A}_i=\begin{bmatrix}1 & 0\\ \dfrac{-\xi_i}{h_i} & 1\end{bmatrix}^{-1}\cdot\begin{bmatrix}\dfrac{q_i}{q_i+m}\cdot\dfrac{h_i}{h_{i-1}} & \dfrac{-q_i}{q_i+m}\cdot h_i\\ \dfrac{-\xi_i}{h_i} & 1\end{bmatrix}$$

$$\boldsymbol{B}_i=\begin{bmatrix}1 & 0\\ \dfrac{-\xi_i}{h_i} & 1\end{bmatrix}^{-1}\cdot\begin{bmatrix}\dfrac{-q_i}{q_i+m}\cdot\dfrac{h_i}{h_{i-1}^2}Ch_i+\dfrac{h_iQ_i}{b(m+q_i)} & \dfrac{q_i}{q_i+m}\left(\dfrac{Ch_{i-1}}{h_{i-1}}-\Delta\varepsilon_{i-1}\right)-\dfrac{Q_i}{b(m+q_i)}\\ \dfrac{-\xi_iCh_{i-1}}{h_{i-1}^2} & \dfrac{-\xi_iCh_i}{h_i^2}\end{bmatrix}$$

式中，m 为轧机板形刚度，N/mm²；ξ 为板形干扰系数；q 为轧件板形刚度，N/mm²；Q 为轧件塑性系数，N/mm；Ch 为板凸度，mm；i 为机架序号；$\Delta\varepsilon$ 为平直度（板中间与边部延伸率差）；b 为板宽度，mm；h 为板厚度，mm；N 为机架数。

测量方程标准形：

$$\boldsymbol{Y}=\boldsymbol{CX}\tag{2}$$

文献［4］已证明轧机具有板形仪功能，各机架的板凸度和平直度是完全可测的，所以 $\boldsymbol{C}$ 为单位矩阵，即 $\boldsymbol{Y}=\boldsymbol{X}$。具体计算公式如下：

$$\begin{cases}Ch_i=\dfrac{q_i}{m+q_i}\cdot\dfrac{h_i}{h_{i-1}}Ch_{i-1}-\dfrac{q_i}{m+q_i}h_i\Delta\varepsilon_i+\dfrac{m}{m+q_i}C_i\\ \Delta\varepsilon_i=\xi_i\left(\dfrac{Ch_i}{h}-\dfrac{Ch_{i-1}}{h_{i-1}}+\Delta\varepsilon_{i-1}\right)\\ C_i=\dfrac{P_i}{bm}+\dfrac{\partial C}{\partial F}F+\left(\dfrac{b}{l}\right)^2(C_{\mathrm{R}}+C_{\mathrm{t}})\end{cases}\tag{3}$$

式中，F 为弯辊力，N；l 为轧辊宽度，mm；P 为轧制压力，N；C_{R} 为轧辊凸度，mm；C 为机械板凸度，mm；C_{t} 为轧辊实时凸度，mm。

板厚 h 是由弹跳方程计算的，轧钢机是测厚仪已普遍推广应用了。

综上所述，已实现了轧钢机是测厚仪，轧钢机是板形仪，各机架板厚、板凸度、板平直度都是完全可测量的。成品机架的测厚仪、板形仪做监测用，由实测值与模型预报值差实现模型参数自适应，例如轧辊实时凸度估计。

构造二次型目标函数：

$$\boldsymbol{J}=\frac{1}{2}\boldsymbol{X}_N^{\mathrm{T}}\boldsymbol{S}\boldsymbol{X}_N+\frac{1}{2}\sum_{i=2}^{N-1}(\boldsymbol{X}_i^{\mathrm{T}}\boldsymbol{E}_i\boldsymbol{X}_i+\boldsymbol{U}_i^{\mathrm{T}}\boldsymbol{R}_i\boldsymbol{U}_i^{\mathrm{T}})\tag{4}$$

式中，$\boldsymbol{S}$ 为终端权矩阵，可取半正定阵；$\boldsymbol{E}$ 为状态权矩阵，半正定阵；$\boldsymbol{R}$ 为控制量权矩阵，由于要求逆矩阵，故取正定阵。通过选取 $\boldsymbol{S}$、$\boldsymbol{E}$、$\boldsymbol{R}$ 值，可以满足生产技术上的不同要求，例如，要求成品精度高，可将 $\boldsymbol{S}$ 和靠近成品机架的 $\boldsymbol{E}(\boldsymbol{R})$ 值取大一些；要求板形精度高时，$\boldsymbol{E}$ 相对于 $\boldsymbol{R}$ 取大一些。

式（1）反映了板形与板厚可协调控制的规律和两机架间的递推规律。式（1）表明，只有上游机架的板形和板厚对下游机架的板形有影响，即遗传性，具备无后效性，可以用贝尔曼动态规划方法得出板形最优闭环控制。这种利用板形板厚可协调规律的板形板厚最优控制的综合是热连轧控制技术的一次飞跃。具体的线性二次型最优控制规律的求解已有成熟的方法，不详述了。

1.2 穿带过程的第1类动态负荷分配的实现方法

热连轧穿带前按进轧机前实测厚度、宽度、温度，由协调推理网络对各机架辊缝和速度进行精确设定，即实现了第1类动态负荷分配。第1机架咬钢后，可以实测到压力值，由弹跳方程和板形测控模型计算出出口厚度 h_i、板凸度 Ch_i 和平直度 $\Delta\varepsilon_i$，其与设定值之差由式（5）计算：

$$\begin{cases}\Delta h_1 = h_1 - h_{e1} \\ \Delta^2\varepsilon_1 = \Delta\varepsilon_1 - \Delta\varepsilon_{e1} \\ \Delta Ch_1 = Ch_1 - Ch_{e1}\end{cases} \tag{5}$$

由式（1）、式（4）及式（5）得出的值，按高斯线性二次性最优控制解得出第2机架动态负荷分配值 Δh_2。式（5）中下标 e 表示基准值。由下式：

$$\begin{cases}\Delta P_2 = Q_2\Delta h_2 - Q_2\dfrac{h_2}{h_1}\Delta h_1 \\ \Delta S_2 = \Delta h_2 - \dfrac{\Delta P_2}{M}\end{cases} \tag{6}$$

可以求得第2机架辊缝校正值 ΔS_2，调节第2机架辊缝实现最佳校正。在用式（6）计算第2机架辊缝时，假设 Δh_1 等于零。在对以后机架进行辊缝校正值计算时，把式（6）变为递推公式即可，方法相同，直至 $N-1$ 机架。式（6）中的 M 为轧机刚度，ΔS 为辊缝校正值。这种穿带过程就可以最佳地命中目标板形和板厚目标值。穿带完毕后，可以实测成品板的厚度、板凸度和平直度。下面论述轧辊实时凸度估计和连轧过程中的动态负荷分配。

1.3 轧辊实时凸度估计

根据成品实测的板厚度值 h_N、平直度值 $\Delta\varepsilon_N$ 和板凸度 Ch_N 与模型预报值之差，可以求得该时刻的 Δh_N、ΔCh_N、$\Delta^2\varepsilon_N$。参照文献［4］，取控制量 $\boldsymbol{U}$ 为弯辊力和轧辊实时凸度，状态量 $\boldsymbol{X}$ 为板凸度和平直度，则二维状态方程为

$$\begin{aligned}\boldsymbol{X}_{i+1} &= \boldsymbol{A}_i\boldsymbol{X}_i + \boldsymbol{B}_i\boldsymbol{U}_i \\ \boldsymbol{X}^{\mathrm{T}} &= [\Delta Ch,\ \Delta^2\varepsilon] \\ \boldsymbol{U}^{\mathrm{T}} &= [\Delta C_t,\ \Delta F]\end{aligned} \tag{7}$$

$$\boldsymbol{A}_i = \begin{bmatrix}1 & 0 \\ \dfrac{-\xi_i}{h_i} & 1\end{bmatrix}^{-1} \cdot \begin{bmatrix}\dfrac{q_i}{q_i+m}\cdot\dfrac{h_i}{h_{i-1}} & -\dfrac{q_i}{q_i+m}\cdot h_i \\ \dfrac{-\xi_i}{h_i} & \xi_i\end{bmatrix}$$

$$\boldsymbol{B}_i = \begin{bmatrix}1 & 0 \\ \dfrac{\xi_i}{h_i} & 1\end{bmatrix}^{-1} \cdot \begin{bmatrix}\dfrac{m}{m+q_i}\left(\dfrac{b}{l}\right)^2 & \dfrac{1}{m+q_i}\left(\dfrac{\partial P/\partial F}{b} + m\dfrac{\partial C}{\partial F}\right) \\ 0 & 0\end{bmatrix}$$

式中，$\partial P/\partial F$ 为弯辊力的影响系数值；$\partial C/\partial F$ 为弯辊力对机械板凸度影响系数值；ΔC_t 为轧辊凸度的实时变化值。

构造二次型目标函数：

$$\boldsymbol{J} = \frac{1}{2}\sum_{i=1}^{N-1}(\boldsymbol{X}_i^{\mathrm{T}}\boldsymbol{E}_i\boldsymbol{X}_i + \boldsymbol{U}_i^{\mathrm{T}}\boldsymbol{R}_i\boldsymbol{U}_i) \tag{8}$$

式中，$\boldsymbol{E}$ 为状态权矩阵；$\boldsymbol{R}$ 为控制量权矩阵。由于式（8）用于估计轧辊实时凸度变化 ΔC_t，而 $\Delta F=0$，所以 $\boldsymbol{R}=1$。$\boldsymbol{E}$ 矩阵由经验设定或通过仿真实验选取优化值。由式（7）、式（8）及成品机架板凸度和平直度预报值与实测值之差，可以用贝尔曼动态规划方法估计轧辊实时凸度变化值 ΔC_t，也可以用最小二乘法估计 ΔC_t 值。

1.4 连轧过程的第2类动态负荷分配的实现

穿带和初始轧辊实时凸度值计算完成后，以此时刻 $h(i,\ k)$，$Ch(i,\ k)$，$\Delta\varepsilon(i,\ k)$ 等值为基准，开始进行第2类动态负荷分配计算。各状态量的 i 表示机架号，k 表示时刻。热连轧穿带过程和咬入前的校正计算的第1类动态负荷分配，是与现行的穿带校正方法相同，又称再设定和头部拯救。

在一卷钢连轧过程中，由于轧件温度、轧制速度和轧辊热凸度等都在变化，在抑制其影响，保证目标板形板厚值变化最小，可在每3~5s内修正一次压下量分配，即第2类动态负荷分配。求解第2类负荷分配值 $\Delta h(i,\ k)$，用式（1）~式(6)的数学模型公式，计算方法与穿带相似，其区别在于实现方法上，穿带只用 $\Delta S(i)$ 值修正辊缝，而第2类动态负荷分配的实现方法是根据式（6）计算出来的 $\Delta P(i,\ k)$ 和 $\Delta S(i,\ k)$，同时修正动态设定 AGC 的压力和辊缝锁定值。

1.5　最佳弯辊力设定

在有弯辊装置的连轧机上，可应用式（7）实现整个机组的最佳弯辊力设定，而不用目前分割各机架的厚度与板形解偶方法。现行方法是以单机架轧制的优化设定方法，在热连轧机上可明显看出它的不足。进入第1机架的钢坯温度连续降低，所以轧制压力在不断地增加，当分割各机架板形板厚控制时，AGC调节保证厚度不变则使压力更增加，这样就要采用较大的弯辊力。由于是加速轧制而保持出口成品温度不变，所以后边机架压力变化比较小，如果采用第2类动态负荷分配方法，则将前边机架压下量减少一些，后边机架压下量增加一些，就可以基本上保证板形要求了。当连轧机有弯辊装置时，通过最佳弯辊力设定会进一步提高板形板厚控制精度。

求解最佳弯辊力时，式（7）可以简化，令$\Delta C_t=0$，则$\boldsymbol{B}$矩阵为

$$\boldsymbol{B}=\begin{bmatrix}\dfrac{1}{m+q}\left(\dfrac{\partial P/\partial F}{b}+m\dfrac{\partial C}{\partial F}\right)\\ \dfrac{\xi_i}{h_i(m+q)}\left(\dfrac{\partial P/\partial F}{b}+m\dfrac{\partial C}{\partial F}\right)\end{bmatrix}$$

$$\boldsymbol{U}=[\Delta F]$$

构造二次型目标函数，由贝尔曼动态规划方法求出各机架的最佳弯辊力设定值。

1.6　轧辊凸度或CVC横移和PC夹角设定

目前CVC轧辊的横移量设定或PC轧机夹角设定是十分复杂的，要做大量计算和确定近百个参数，其原因是现行板形理论不完备。当新型板形测控数学模型建立并推出轧制状态方程后，CVC或PC设定将变得比较简单，具体实施方法如下：用综合等储备负荷分配方法[2]求出初始板形最佳轧制规程之后，可以给定最佳板形轨线，在CVC或PC轧辊动态凸度可调节的条件下，即Ch_{ei}和$\Delta\varepsilon_{ei}$可自由设定的条件下，由初始最佳规程计算出来的Ch_i和$\Delta\varepsilon_i$值可求得ΔCh_i、$\Delta^2\varepsilon_i$。

$$\begin{cases}\Delta Ch_i=Ch_i-Ch_{ei}\\ \Delta^2\varepsilon_i=\Delta\varepsilon_i-\Delta\varepsilon_{ei}\end{cases}\tag{9}$$

应用式（7）和构造的二次型目标函数，令$\Delta F=0$，采用式（9）求得的Ch_i、$\Delta^2\varepsilon_i$，由贝尔曼动态规划法可求得ΔC_t，此ΔC_t即为CVC或PC当量设定轧辊凸度值，再由相应的计算公式就可以求得各机架CVC横移量或PC轧辊的交叉角。

对于无板形控制装置的轧机，要求出设定轧辊的最佳原始配辊凸度值。此时要对一个换辊周期内的各种轧制品种和规格进行计算，求出轧辊凸度的平均值，作为轧辊最佳设定凸度值。

以上1.1~1.6只给出所要求的状态方程，二次型目标函数，优化设定，最优估计和最优控制的原则算法，具体的二次型目标函数的$\boldsymbol{S}$、$\boldsymbol{E}$、$\boldsymbol{R}$权矩阵值，由贝尔曼规划方法求解反馈增益矩阵等均未给出具体计算公式，因为这些算式和$\boldsymbol{E}$、$\boldsymbol{R}$参数优化方法都有较成熟的方法，所以忽略了。结合具体工程实例，将给出具体算式和计算机仿真实验结果，这些内容将用专文叙述。

2　结论

（1）热连轧控制系统优化设计：分层递阶智能控制结构，由复合张力最优控制，板形板厚协调控制和设定轧制速度的温度控制等3个子系统组成。

（2）由新型板形测控数学模型线性化推出的以板厚为控制量的板形状态方程，构造二次型目标函数，由贝尔曼动态规划方法，可实现板形板厚协调闭环最优控制和穿带最佳辊缝校正。

（3）由弯辊力和轧辊实时凸度为控制量的板形状态方程，可实现轧辊实时凸度估计，最佳弯辊力设定，CVC或PC当量轧辊凸度设定和配辊凸度值的优化设计。

（4）热连轧过程的状态量是完全可测和可控的，轧机既是加工设备也是测量装备；轧机是测厚仪，轧机是板形仪，轧机是温度计；成品机架后的测厚仪、板形仪、温度计作监测和模型参数自适应。

参考文献

[1] 张进之，王文瑞．热连轧张力复合控制系统的探讨［J］．冶金自动化，1997，21（3）：10-13.

[2] 张进之．中厚板轧制过程分层递阶智能控制［J］．钢铁，1998，33（11）：34-38.

[3] 张进之．基于协调推理网络的热连轧设定控制结构［J］．控制与决策，1996，11（增1）：204-208.

[4] 张进之．板形理论的进步及应用［C］//99中国智能自动化论文集．北京：清华大学出版社，1999：1262-1268.

（原文发表在《冶金自动化》，2000（6）：48-51）

冷连轧机控制系统及智能控制系统的开发

张进之，石　勇

（钢铁研究总院）

摘　要　叙述了国内外冷连轧技术的发展过程，对冷连轧机产品的厚度和板形控制理论及方法作了详尽的论述，由于轧制工艺理论停留在静态水平，提高产品质量主要靠装备创新和复杂的控制系统来实现。我国建立的轧制动态理论等，可以在简化装备和控制系统的条件下提高产品质量，实现基于“工艺控制论”的冷连轧过程分层递阶智能控制。

关键词　冷连轧；工艺控制论；板形计法；智能控制

Abstract: The article has a narration of the development of cold continuous casting technology within and outside China, including detailed theory and method for the thickness and shape control. As the rolling theory is still on the static stage, the increasement of product quality mainly relies on the equipment innovation and on the more complex control system. The rolling dynamic theory established in China can enhance product quality with a prerequisite for simplifying devices and control system first, realizing intelligent control of cold continuous rolling procedures based on “Process Control Theory”.

Key words: cold continuous rolling; process control theory; shape calculation; intelligent control

1　引言

世界上第一套冷连轧是1924年在美国建设的，是由热连轧供给坯料，控制简单，有单机架冷轧操作经验就可以了。由秒流量相等条件设定各机架速度和辊缝，其设定误差依靠张力自动负反馈调节和人工调节就可以实现平稳的冷连轧过程。随着产品质量的提高和轧制速度的加快，出现了厚度自动控制系统（AGC）和张力自动控制系统（ATC）。以五机架冷连轧ATC为例，以中间机架速度为基准，通过张力计测量张力值与设定值之差调节前（后）机架速度来控制张力恒定。AGC则是由前边机架调辊缝、成品机架调张力设定值来实现。

由于计算机仿真技术在轧钢过程中的应用，推出了新型张力控制系统，由张力测量差值的信号与辊缝闭环来实现张力恒定，同时也消除了轧件硬度和入口厚度差对厚度的影响。该方法最先由美国西屋公司发明，之后德国、日本都应用了它，武钢1700冷连轧机就是这种系统。该系统进一步改进，张力差信号不直接与辊缝闭环，而通过改变压力设定值，由机架液压压下的恒压力控制系统实现，能自动消除轧辊偏心对厚度的影响，宝钢2030冷连轧机就是这种控制系统。

对于这种控制系统的原理，国外普遍认为是流量测厚及控厚系统。在这种系统出现之前，笔者从连轧张力理论推出，而且证明了张力间接测厚比压力测厚精度高一个数量级[1,2]，进一步得出恒张力厚度控制数学模型，称为连轧AGC[3]。

随着冷连轧控制系统的进一步发展，国内外出现了许多种新型控制方案。例如宝钢1550冷连轧机采用了直接测带钢速度技术，鞍钢二冷轧设计的控制系统[6]，先进的奥钢联冷轧自动化方案[7]等，都是增加各种测量装置，使系统复杂化。笔者提出的基于协调推理网络的分层递阶智能控制系统[4]，新型的冷连轧控制系统及仿真实验[5]，是比较简化的。目前我国已形成一个新建冷连轧机和改造冷连轧的高潮，推广应用该系统对我国占领国际国内市场很重要。

2　冷连轧技术发展的理论基础及新方案

国际上冷连轧系统发展的基础是静态分析理论和动态分析技术。静态分析理论是以秒流量相等条件和弹跳方程为基础的计算机数值计算，分析目标量、控制量和扰动量之间的定量关系。动态分析技术是用两机架张力微分方程代替秒流量相等条件，并引入厚度延时方程而进行的计算机仿真实验，它可以设计出冷连轧控制系统，优化控制方案和优化参数[8]。智能控制在实际应用中，进一步提出了“工艺控制论”的概念[9]。工艺控制论是将生产系统分为设备系统和工艺系统，以工艺系统为主体，因为控制目标为轧件的尺寸精度和物理性能。设备系统是为工艺目标服务的，它是信号控制系统，要求配备轧辊速度控制和辊缝的位置控制（APC），其 APC 的设定值由工艺控制系统的最优控制解给出。工艺控制系统是信息控制系统。张力、厚度和板形的状态方程是连轧过程信息的数学表达式。五机架冷连轧机的控制量为辊缝和轧辊速度共 10 维（$2N$），张力和板厚状态方程共 9 维（$2N-1$），所以该系统只有一个自由度，即成品机架的轧辊速度。对于板形控制，主要靠压下量分配和配轧辊原始凸度来实现，以及冷连轧机上都有弯辊装置。

由第一机架出口侧的一台测厚仪可获得全部机架厚度值，成品机架再安装一台测厚仪供精确测量成品厚度和系统自适应应用。总之，由于冷连轧机过程的张力、板厚、板形等机理数学模型的建立，由压力、辊缝、轧辊速度、张力等实时信号就可以获得冷连轧过程的全程信息，由信息控制系统实现板厚、板形和张力等目标的综合最优控制。该系统的配置如图 1 所示。

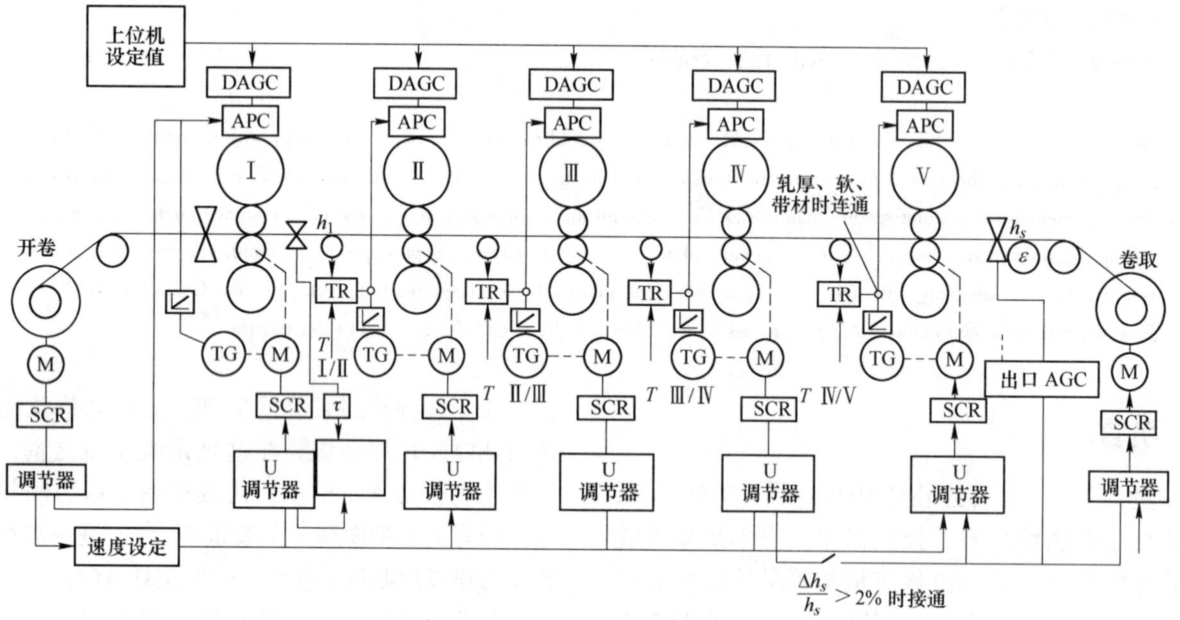

图 1　冷连轧机系统与测量装置示意图

TR—连轧 AGC；SCR—传动系统；TG—测速；E—油膜补偿；M—马达；τ—延时；T—张力设定值；ε—板形仪

2.1　厚度、张力控制系统

全部 5 个液压压下机架均配有位置自动控制系统（APC）和动态设定型变刚度厚控系统（DAGC）。主传动（SCR）控制精度达到 0.04%（目前水平）。因为第 1 机架厚度预控系统和监控系统去掉了，所以第 1 机架入口测厚仪不参与控制，第 1 机架 DAGC 的当量刚度值设定与轧辊实际偏心量有关，偏心小时尽量取硬一些。第 1 机架出口测厚仪是关键性测厚装置，它是张力测厚系统的基准值，由它调节第 1 机架速度实现第 2 机架厚度预控，保持第 2 机架的金属流量恒定。由于各机架速度是按秒流量相等条件设定的，各机架速度保持恒定，所以出现张力差时肯定是由厚度差引起，因此张力差与辊缝闭环控制系统不仅保持了张力恒定，而且也实现了厚度恒定。连轧 AGC 是一个恒张力厚度的信号自动控制系统。信号控制系统具有高精度和高响应速度，特别适用于分层递阶智能控制系统的执行元件。这样在第 2 机架预控保持入口秒流量恒定的条件下，由连轧 AGC 则保证了成品厚度恒定。成品机架的测厚仪作监控用，实现自适应和自学习功能。DAGC 实现恒压力控制与宝钢 2030 冷连轧的恒压力系统的区别是：前者为位置信号闭环，后者为压力信号闭环，位置信号受干扰比压力信号受干扰小得多，所以 DAGC 实现恒压力的稳定性要比直接压力闭环的稳定性好。$F_2 \sim F_5$ 的 DAGC 当量刚度按轧辊偏心值选择。另外，在穿带时只能用位置闭环，张力与位置闭环切断，张力与速度闭环实施调速度的恒张力控制。动态变规格时的操作同穿带时的情况一样。正常连轧时投入 DAGC 和连轧 AGC。

2.2 板形控制

冷连轧板形控制特点是板凸度的目标值由坯料凸度值确定，所以平直度控制目标值很明确，追求 0IU 目标的实现，即平直度（或波浪度）越小越好。板形计法是板形测控数学模型、解析板形刚度理论和板形板厚协调规律的综合。板形计法首先是在热连轧机上推广应用。所以供给冷连轧的坯料可按要求的凸度值供料，其凸度波动要在规定的范围内如±10μm。这对冷连轧板形控制十分有利，从而可以简化冷连轧的板形控制装备。冷连轧板形控制的重点在动态变规格时的板形质量保证上，由板形计方法可以估计出轧辊实际凸度值，所以设定不同规格的最佳板形规程就能保证质量。由于一卷钢轧制的时间比较长，在此期间内轧辊热凸度可能有较大变化，为使成品的平直度恒定，可以采用第二类动态负荷分配方法来实现，一般在 100s 左右改变一次负荷分配。

目前冷连轧采用多种板形控制装置，是由于热连轧供应的板卷质量不稳定所采取的，所以用板形计法实现对热连轧恒定目标（板厚、平直度、板凸度等）控制后，冷连轧机的装备必然会得到较大简化。动态变规格的板形最佳规程设定属于第一类动态负荷分配问题。

2.2.1 第一类动态负荷分配方法

第一类动态负荷分配是指在一个换工作辊周期内补偿轧辊凸度变化或不正常生产的变压下率分配，使板凸度变化小。80 年代以前，欧洲、日本的动态负荷分配主要靠经验，板形计方法从理论上解决了这一问题。由板形计法计算出各机架的板凸度和平直度，判断成品板形是否达到目标值和各机架平直度是否在允许的范围内，如果条件满足就得到板形最佳规程；如果超出允许范围，则用板形板厚协调规律计算出板形最佳规程。在计算时，轧辊实际凸度、坯料凸度和成品的平直度要求等都是已知的，轧辊实际凸度是由板形计法得到的。

板形板厚协调规律

$$X_{(i)} = A_{(i)}X_{(i-1)} + B_{(i)}u_{(i)} \tag{1}$$

式中 X——二维状态向量，$\boldsymbol{X}^{\mathrm{T}} = [\Delta Cn,\ \Delta^2\boldsymbol{X}]$

u——二维控制向量，$\boldsymbol{u}^{\mathrm{T}} = [\Delta h'_{(i-1)},\ \Delta h'_{(i)}]$

$\boldsymbol{A}$，$\boldsymbol{B}$——系数矩阵，由下式计算。

$$A_{(i)} = \begin{bmatrix} 1 & 0 \\ \dfrac{-\xi_i}{h_i} & 1 \end{bmatrix}^{-1} \begin{bmatrix} \dfrac{q_i}{q_i+m}\dfrac{h_i}{h_{i-1}} & -\dfrac{q_i}{q_i+m}h_i \\ \dfrac{-\xi_i}{h_{i-1}} & 1 \end{bmatrix}$$

$$B_{(i)} = \begin{bmatrix} 1 & 0 \\ \dfrac{-\xi_i}{h_i} & 1 \end{bmatrix}^{-1} \begin{bmatrix} \dfrac{q_i}{q_i+m}\left(\dfrac{C_{hi-1}}{h_{i-1}} - \Delta\varepsilon_{i-1}\right) - \dfrac{Q_i}{b(m+q_i)} & -\dfrac{q_i}{q_i+m}\dfrac{h_i}{h_{i-1}^2} + \dfrac{h_iQ_i}{b(m+q_i)h_{i-1}} \\ -\xi_i\dfrac{C_{hi-1}}{h_i^2} & \xi_i\dfrac{C_{hi-1}}{h_{i-1}^2} \end{bmatrix}$$

式中 C_h——板凸度；

$\Delta\varepsilon$——平直度；

ξ——板形干扰系数；

q——轧件板形刚度；

m——轧机板形刚度；

Q——轧件塑性系数；

h——板厚；

b——板宽；

i——机架序号；

$\Delta h'$——第二次压下修正量。

构造二次型目标函数

$$J = \frac{1}{2}\boldsymbol{X}_N^{\mathrm{T}}F_N\boldsymbol{X}_N + \frac{1}{2}\sum_{i=2}^{N-1}(\boldsymbol{X}_i^{\mathrm{T}}Q_i\boldsymbol{X}_i + \boldsymbol{u}_i^{\mathrm{T}}E_i\boldsymbol{u}_i) \tag{2}$$

由式（1）、式（2）用动态规划方法可以求得板形最佳规程。

2.2.2 第二类动态负荷分配方法

第一类动态负荷分配是由过程计算机的变规格设定方法来实现，而第二类动态负荷分配是由基础自动化级的 PLC 来实现。

由式（1）、式（2）求得 $\Delta h_i'$($i=2, 3, \cdots, N-1$)，由式（3）、式（4）求得 ΔP_i、ΔS_i，再由 ΔP_i，ΔS_i 修改 DAGC 的压力和辊缝锁定值。在修改 DAGC 锁定值的同时，要修改各机架速度的设定值，保证 DAGC 和连轧 AGC 协调。

$$\Delta P_i = Q_i\Delta h_i' - Q_i\frac{h_{\mathrm{e}i-1}}{h_{\mathrm{e}i}}\Delta h_{i-1}' \tag{3}$$

$$\Delta S_i = \Delta h_i' - \frac{\Delta P_i}{M_i} \tag{4}$$

式中 P——轧制压力；

h_e——规程厚度；

M——轧机刚度；

S——辊缝。

3　新冷连轧控制系统的仿真实验

3.1　冷连轧仿真平台的实现原理

冷连轧仿真过程中，以张力、入口厚度、出口厚度三个参数为基本参数，通过不断计算此三参数的变化情况，可以得到其他参数变化情况，形成基本仿真框架。在此之上，加入张力、厚度控制系统，执行机构，形成如图2所示的完整的冷连轧仿真平台。

3.2　新冷连轧控制系统的仿真实验研究

冷连轧仿真平台建立之后，进行了多种控制方案的仿真实验[5]。

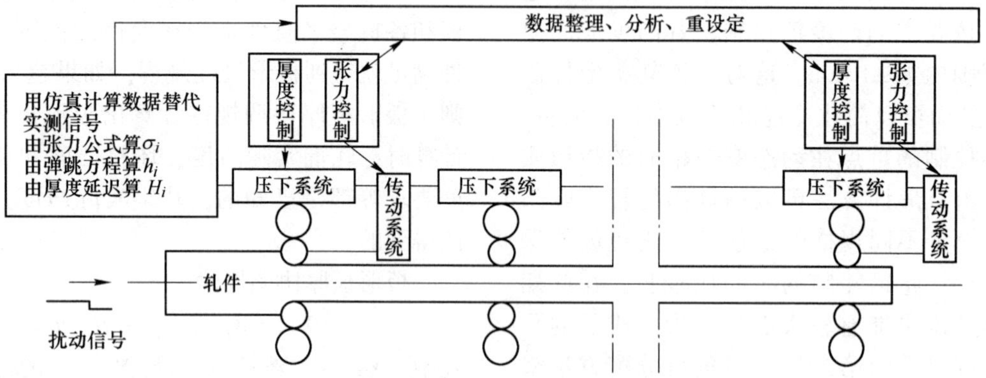

图2　冷连轧仿真平台实现的原理图

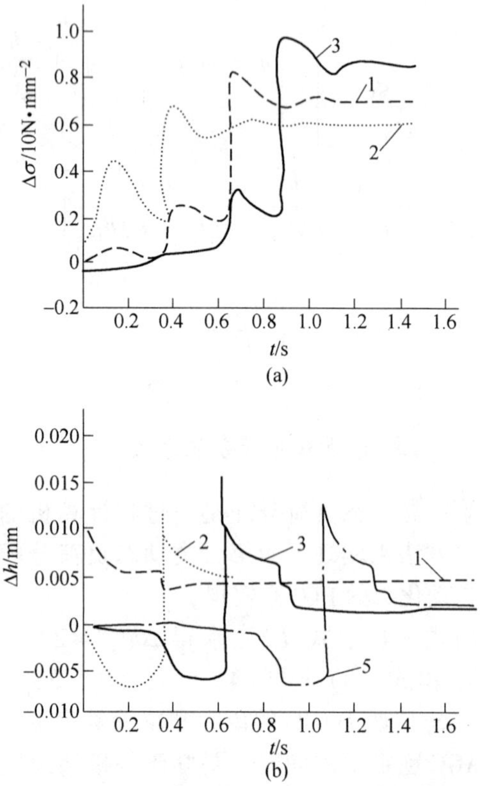

图3　厚度扰动2%时机架前张力及厚度变化量曲线

（a）机架前张力变化曲线；（b）厚度变化曲线

1—1机架；2—2机架；3—3机架；5—5机架

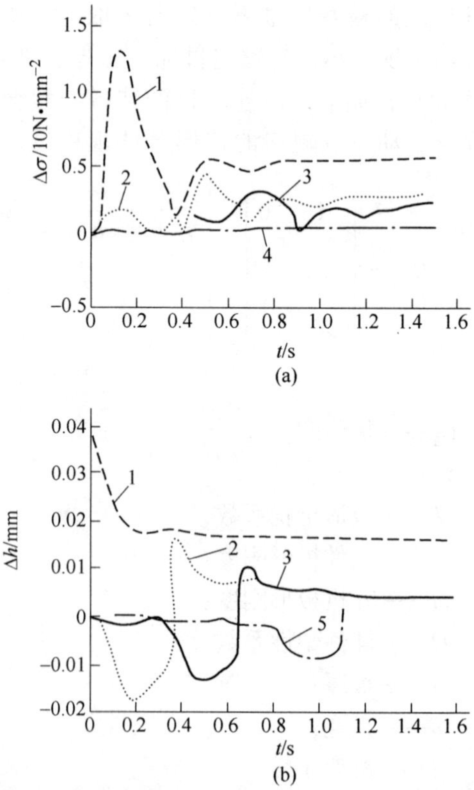

图4　硬度扰动2%时机架前张力及厚度变化量曲线

（a）机架前张力变化曲线；（b）厚度变化曲线

1—1机架；2—2机架；3—3机架；4—4机架；5—5机架

按图1所示系统，第一机架只有DAGC，当量刚度M_C=20000kN/mm，其他机架DAGC的当量刚度取自然刚度，即$M_C=M$。与目前冷连轧相比较，去掉了前馈和监控AGC，所以入口测厚仪可以不要。从第一机架出口测厚仪获得的厚差用作第一机架速度控制和第二机架预控 AGC 的偏差量，保证第二机架秒流量恒定，此与当前的系统相同。二至五机架全部用连轧 AGC，由于各机架速度恒定，当各机架有厚度偏差时，将由张力变化值测量出来，所以张力计与辊缝闭环将能保证张力和厚度恒定。由于国外是用仿真实验方法推出的这种系统的数学模型。武汉钢铁设计院唐风谋教授已引用张力公式推出了连轧 AGC 数学模型的实施方案[3]。

按一般冷连轧设备和工艺参数进行了仿真实验，扰动量取 2%的坯料厚度或硬度阶跃，对各机架的出口厚度及张力的变化的影响。厚度扰动的仿真结果如图 3 所示，张力和厚度都得了控制：第一机架张力最大波动由 15%调节到 5%左右的静差，其他机架张力静差约为 2%~3%；厚度的控制精度高，差约 3μm，扰动影响减少 50%~90%。张力和厚度调节灵敏，系统很快恢复稳定。

硬度扰动的仿真结果如图 4 所示，系统对硬度扰动的反应更为灵敏，控制效果非常好，各机架张力最大静差约 6%，稳态时张力为正偏差，与硬度方向一致；厚度控制迅速，成品机架的出口厚控精度约 1μm，比厚度扰动的控制精度还高。

由于张力与辊缝闭环采用的是比例环节，所以有一定的静差，对于冷连轧系统最大张力静态为 6%是完全允许的，实际允许张力波动可达 50%。生产中的实际扰动是随机的，所以就不会存在静差了，只有较小的张力波动。

4 控制系统的简化

4.1 减少测量仪器

在秒流量相等的条件下，用钢带速度计算厚度已有很长时间，但是随着连轧张力理论的建立，连轧函数中只有轧辊速度，不用钢带速度。原来的钢带测速仪就没有意义了。厚度计算只有第一机架出口测厚仪就可以了，成品机架测厚仪用于厚度、辊缝自校正及自适应使用。

板形计法实现了由辊缝、压力信号求得板凸度和平直度信息，可与压力 AGC 一样由各机架实现板形闭环控制。由压力、辊缝、张力、轧辊速度等信号，可获得钢带厚度、板凸度、平直度、速度以及轧辊的实际凸度的全信息，新型冷连轧过程的控制系统已大大简化了。

4.2 冷连轧机的粗精轧厚控系统的简化

第Ⅰ、Ⅱ机架的厚控系统称为粗轧厚控系统，为减少第Ⅰ机架对消除坯料扰动的分配比例。将其分配在Ⅰ、Ⅱ两个机架上，去掉了Ⅰ机架的预控和监控。这样不仅简化了控制系统，而且对板形有利。

第Ⅴ机架和厚控系统称为精轧厚控系统，以宝钢 2030 为例，对于不同的材质，热轧卷状态、轧机情况和成品厚度，有三种张力控制方式。

恒张力控制，即连轧 AGC 方式。该方式主要用于轧材较软，成品较厚的生产条件。

变张力控制方式，即一般称之为张力 AGC，允许张力调节范围：-10%~50%。这种方式主要用于薄而硬的钢带。

恒张力并恒压力方式。当热轧板卷状态不好，或轧机处于冷状态时，可采取这种张力控制方式。

由于板形计法已在热连轧机上推广应用，所以大大改善了冷连轧坯料的质量，因此连轧 AGC 将成为最常用的方式。

4.3 板形控制的工艺与设备的关系

在板形控制装置发明之前，由压下规程、配轧辊凸度和生产调度等工艺方法来控制板形而提高产品质量，计算机设定控制技术应用之后，欧洲、日本等变轧制规程法获得更好的效果。板形计方法的板形最佳轧制规程，使工艺方法上升到理论阶段。20 世纪 80 年代以来，发明了多种板形控制设备，如 HC、PC 轧机，CVC、VC、DSR 轧辊等，这些装置是十分有效的调控板形手段，用板形计法可以更有效地发挥它们的作用[10]。

工艺方法与设备方法是互补的，特别对薄而宽的产品，单靠最佳板形规程不一定能全解决板形质量问题，因为模型、测量会有误差，此误差影响可以用最佳弯辊力设定来消除。

4.4 冷轧板高次浪形的产生原因和消除方法

钢板的波浪一般分一次线型、二次型和高次型等多种。对于一次型可以由轧辊水平来消除；二次型用负荷分配方法很有效；但高次型靠负荷分配，甚至弯辊、CVC 等也难以消除，目前比较有效的方法是轧辊分段冷却或 DSR 轧辊。分段冷却响应速度慢，DSR 轧辊成本太高。对于高次型波浪的产生原因，是热轧坯料横向厚度分布为高次型，这样在冷轧过程就会出现高次型波浪。

5　结束语

本文分析了国内外近年来冷连轧测量仪器不断增加和控制系统复杂化的主要原因，是轧制工艺理论只停留在静态水平上。我国已建立的动态轧制理论、连轧张力理论、动态设定型变刚度厚控方法、板形计法以及综合等储备负荷函数等方法，在减少测量仪器的条件下获得轧件和轧辊的全部信息，可实现冷连轧过程智能控制。标志着我国冷连轧控制系统已进入一个新时代。

参考文献

[1] 张进之．多机架连轧张力公式［J］．钢铁，1977 (3)：72-78.

[2] 张进之．连轧张力公式［J］．金属学报，1978，14 (2)：127-138.

[3] 张进之．AGC 数学模型探讨［J］．冶金自动化，1979 (3)：8-13.

[4] 张进之．基于协调推理网络的板带轧制过程智能优化控制［J］．钢铁，1995，30 (增)：66-71.

[5] 石勇，张进之．冷连轧控制系统的优化设计及计算机仿真实验［M］．系统仿真技术及其应用．合肥市：中国科技大学出版社，2000：389-394.

[6] 乔军．鞍钢 2 号冷连轧机组的设计［J］．钢铁，2000，35 (12)：38-41.

[7] Abikavamy M，Leclercq R. Pichler. 先进的奥钢联冷轧自动化方案［J］．钢铁，2000，35 (10)：43-47.

[8] 张进之．连轧理论与实践［J］．钢铁，1980，15 (6)：41-46.

[9] 张进之．板带轧制工艺控制理论概要［J］．中国工程科学，2001，3 (4)：46-55.

[10] 张进之，段春华．动态设定型板形板厚自动控制系统［J］．中国工程科学，2000，2 (6)：67-72.

（原文发表在《重型机械》，2001 (5)：14-22）

板带轧制工艺控制理论概要❶

张进之

（钢铁研究总院，北京 100081）

摘 要 以最小阻力定律、体积不变条件和秒流量相等条件为内容的经典轧制理论，经试验、演绎形成了较完整的轧制应用技术科学体系，这种体系所反映的是静态规律。在轧制理论发展中引入控制论、信息论、计算机科学等高新技术，对轧制过程进行控制。在轧制理论发展史上，弹跳方程建立之前是以力学为基础建立的经典轧制理论，之后为以力学和控制论为基础建立的基本轧制工艺控制理论。文章提出工艺控制理论概念，是在基本轧制工艺控制理论的基础上建立的新的理论体系，主要内容包括：在连轧张力理论中反映了张力的负反馈，建立了连轧张力理论体系；在厚控过程中，解决扰动的检测问题；在板形理论中，定义了对偶参数，确立了与厚控理论相似的板形理论体系。

关键词 连轧过程控制；连轧张力；厚度控制；板形刚度；轧机弹跳方程；综合等储备负荷分配

Outline of strip rolling technological control theory

Zhang Jinzhi

(Central Iron and Steel Research Institute, Beijing 100081, China)

Abstract: Classical rolling theory, which is based on the law of the lowest resistance, the condition of constant volume and the condition of equal flow per second, has formed a fairly integrated rolling applied technology science system by means of experiment and deduction. This system reflects only the static law of rolling process, so it is necessary to control dynamic rolling process by drawing high and new technology such as cybernetics, information theory and computer science into the system. During the history of rolling theory, classical rolling theory based on mechanics took the lead before the establishment of spring equation, after that the rolling process control theory based on mechanics and cybernetics took precedence. In this paper, the concept of technological control theory is put forward. A new theory system, which is based on fundamental rolling technology control theory, is set up. Its main content included: the tension theory system in continuous rolling, which reflects the negative feedback effect of tension, is set up; disturbance survey problem is setd in gauge control process; shape theory system, which resembles gauge control theory, by defining dual parameter, is established.

Key words: continuous rolling process control; tension in continuous rolling; gauge control; shape stiffness; spring equation for rolling mill; comprehensive equal reserves for load distribution

1 引言

生产实践促进了轧制理论的发展：变形流动的最小阻力定律、体积不变条件和秒流量相等条件等基本规律被人们认识；由小轧机实验方法得出了前滑、宽展等塑性变形的基本规律；1925 年卡尔门提出了轧制力微分方程[1]；1950 年英国人发明了轧机弹跳方程，引入轧机刚度概念，使轧制理论和技术发生了一次飞跃。轧制理论从以力学为基础研究轧件变形规律，进入以力学和控制论为基础的轧件与轧机互相作用变形规律统一研究。

❶ 基金项目："九五"国家攻关计划资助项目（95-528-01）。

1955 年 Hessenberg 将弹跳方程、压力计算公式和秒流量相等条件等线性化，建立了连轧静态分析理论。1957 年 Phillips 用两机架张力微分方程代替秒流量相等条件，引进厚度延时方程、力矩计算公式及传动系统运动方程等，实现了连轧过程的计算机模拟。

连轧静、动态分析是以解析轧制理论为基础的计算机数值计算法，它解决了连轧过程分析和控制系统设计等许多重大技术问题。后来轧制理论研究主要在板形方面，大都采用数值计算方法。本文将介绍从轧制过程动态、多变量、非线性的实际情况进一步求其解析解和在连轧张力、厚度调节过程、板形测控数学模型、弹跳方程和压力计算公式等方面的主要研究结果。

2　连轧张力理论

20 世纪 40 年代苏联 А. П. Чекмарев 院士和 Ю. М. Файиберг 院士给出不同的张力微分方程，他们在解微分方程时，把两机架间速度差当作常值，没考虑张力的反馈作用。1967 年，在研究热连轧数学模型中发现热连轧数学模型不考虑张力变化，这与实际情况不符合，开始研究张力问题。首先引入张力反馈作用，得到了 Чекмарев 张力微分方程精确解。之后进一步分析，按守恒原理推出精确的张力微分方程[2]：

$$\frac{d\sigma_i}{dt} = \frac{E}{l}(V'_{i+1} - V_i)\left(1 + \frac{\sigma_i}{E}\right) \tag{1}$$

式中，σ_i 为 i 机架单位张力；E 为弹性模数；t 为时间；l 为机架间距离；V'_{i+1} 为 $i+1$ 机架钢带入口速度；V_i 为 i 机架钢带出口速度。

引用体积不变定律和前滑与张力成线性关系，忽略$\left(1+\frac{\sigma_i}{E}\right)$项，得多机架连轧状态方程[3]：

$$\frac{d\boldsymbol{\sigma}}{dt} = \boldsymbol{A\sigma} + \frac{E}{l}\Delta\boldsymbol{V} \tag{2}$$

式中　$\boldsymbol{\sigma} = [\sigma_1, \sigma_2, \cdots, \sigma_{N-1}]^T$

$$\boldsymbol{A} = \frac{E}{l}\begin{bmatrix} -w_1 & \varphi_1 & & & 0 \\ \theta_2 & -w_2 & \varphi_2 & & \\ & \vdots & \vdots & \vdots & \\ & & \vdots & \vdots & \vdots \\ 0 & & & \theta_{N-1} & -w_{N-1} \end{bmatrix}$$

$(N-1)\times(N-1)$ 方阵

$$\varphi_i = \frac{h_{i+1}}{H_{i+1}}u_{i+1}S_{i+1}b_{i+1}$$

$$\theta_i = u_iS_ib_i$$

$$w_i = \theta_i + \varphi_i$$

$$\Delta\boldsymbol{V} = [\Delta V_1, \Delta V_2, \cdots, \Delta V_{N-1}]^T$$

$$\Delta V_i = \frac{h_{i+1}}{H_{i+1}}u_{i+1}(1 + S_{i+1}) - u_i(1 + S_{i+1})$$

式中，h_i 为轧件出口厚度；H_i 为轧件入口厚度；u_i 为轧辊线速度；S_i 为无张力的前滑；b_i 为张力对前滑影响系数；i 为机架序号；N 为连轧机架数。

证明 $\boldsymbol{A}$ 矩阵可当作定常矩阵，所以得到多机架张力的解析解[3]：

$$\boldsymbol{\sigma}(t) = \boldsymbol{\sigma}_0\exp\left(-\frac{\boldsymbol{A}t}{\tau}\right) + \boldsymbol{A}^{-1}\left(\boldsymbol{I} - \exp\left(-\frac{\boldsymbol{A}t}{\tau}\right)\right)\boldsymbol{W}^{-1}\Delta\boldsymbol{V} \tag{3}$$

式中，$\tau = \frac{1}{N-1}\sum_{i=1}^{N-1}\frac{l}{EW_i}$，平均时间常数；$W_i = \frac{h_{i+1}}{H_{i+1}}u_{i+1}b_{i+1}S_{i+1} + u_ib_iS_i$，连轧刚度系数；$\boldsymbol{I}$ 为单位矩阵。

稳态张力公式：

$$\boldsymbol{\sigma} = \boldsymbol{A}^{-1}\boldsymbol{m}^{-1}\boldsymbol{q} \tag{4}$$

式中，$m_i = h_{i+1}u_{i+1}b_{i+1}S_{i+1} + h_iu_ib_iS_i$，连轧模数；$q_i = h_{i+1}u_{i+1}(1 + S_{i+1}) - h_iu_i(1 + S_i)$。

$q_i = 0$ 得秒流量相等条件：

$$h_{i+1}u_{i+1}(1 + S_{i+1}) = h_iu_i(1 + S_i) \tag{5}$$

连轧定律：张力与视秒流量差（用无张力前滑）成正比。连轧张力理论不以秒流量相等为原理，而是以秒流量差（或速度差）为基本概念，即机械观的自然力。其常数 $W(m)$ 是推导出来的，所以得到全解析的连轧张力理论。它反映了连轧张力的自动调节能力，当有秒流量差时，将产生张力，张力通过前滑、厚度和轧辊速度起到负反馈作用而自力达到平衡。

2.1　热连轧无活套轧制

由于张力的负反馈作用，所以连轧张力系统是一个渐近稳定的动力学系统。冷连轧过程是最明显的例子，人工操作的冷连轧机不加任何自动控制系统也能正常生产。设定的秒流量差在张力变化到一定值后自动达到稳态轧制，由于轧件允许的弹性极限比较大，允许有较大的设定误差。

张力自调节作用在热连轧过程也同样存在，19 世纪欧洲热连轧没有试验成功的原因主要是当时设备精度低，速度、辊缝等控制精度造成较大的设定误差，张力自动调节使张力变化超过了轧件的 σ_s。当时设置活套系统是热连轧成功的必要条件。现代装备，辊缝、轧辊速度设定和控制精度都提高了，可以实现热连轧无活套轧制。张力公式推出后，第一个推论是张力公式对热连轧比冷连轧重要，为无活套连轧提供了理论根据。这一项技术当时在我国没有条件实现。20 世纪 70 年代日本、德国分别推出热连轧无活套轧制技术，进行了大量实验，并取得了一些成果，但未能推广应用，其原因是控制系统设计应用了秒流量相等条件[4]。

2.2 张力测厚方法及新型冷连轧控制方法

稳态张力公式反映了厚度、张力、轧辊速度三者关系。冷连轧张力、轧辊速度可以精确测量，只用一台测厚仪数据，通过张力间接测厚方法均可计算出所有机架的厚度。文献［3］说明张力测厚比压力测厚的灵敏度高一个数量级。张力测厚公式[5]：

$$h_{i+1} = \frac{h_i u_i[1 + S_i + b_i S_i(\sigma_i - \sigma_{i-1})]}{u_{i+1}[1 + S_{i+1} + b_{i+1} S_{i+1}(\sigma_{i+1} - \sigma_i)]} \qquad (6)$$

由张力测厚方法推出的张力信号与辊缝闭环的恒张力和厚度的互联控制系统国内未能自主实现。国外用计算机仿真的方法推出了相同的控制方法，称秒流量测厚方法。引进的武钢 1700、宝钢 2030 以及鞍钢、本钢等冷连轧轧机都是这种方法，其数学模型是由张力公式给出的[6]。

2.3 板带轧制过程的变形抗力和摩擦系数的非线性估计

压力计算公式一直是轧钢理论的中心问题，以 Karman（1925）和 Orowan（1943）微分方程为基础的工程算法有几十种压力计算公式，还有滑移线法、变分法、上界法和有限元法等[7]。这些方法都是以轧件变形抗力 K 和摩擦系数 μ 为基本参数。变形抗力可由小试样较精确测量，但摩擦系数一直是轧钢理论中的大难题，即使十分精确计算压力的方法，也难得到符合实际的压力计算值。在计算机控制的压力数学模型中，对热连轧 μ 当作常数，由实测压力自适应修正变形抗力值；而冷轧则由实验室作出变形抗力模型，由实测压力来计算摩擦系数。国内外都在寻求同时估计 K、μ 的方法，日本冈本丰彦[8]设想用 K、μ 对总压缩率和轧制压力的不同影响，并用反复计算的办法，获得大体上符合实际的 K、μ 值。

连轧张力公式可以在 K、μ 以及轧件厚度估计中发挥作用。因为张力公式和压力公式是独立的，而两类公式中都含 K、μ 参数。对 5 机架冷连轧，9 个待估计参数是一个定解的问题。用正常工况采样数据可比较准确的估计出 K、μ 值。对武钢 1700 冷连轧机的 K、μ 实际估计结果完全证实了这一点[9]。文献［9］中对有中间测厚仪的数据也进行了实验，人为造成中间机架厚度初值偏差，经非线性估计后的厚度值，亦接近于实测值。K、μ 估计方法得到了轧钢学界的好评[10,11]。

K、μ 估计方法推广到可逆冷轧机[12]、中厚板轧机[13]、热连轧机等方面应用，取得了明显效果，并表明我国负荷分配设定模型优于世界先进水平。

2.4 张力公式的应用

张力公式应用很广，已有多篇专文论述：（1）建立了冷连轧过程模拟新方法[14]；（2）冷连轧动态变规格设定模型的探讨[15]；（3）冷连轧穿带过程速度设定及仿真实验[16]；（4）关于冷连轧加减速过程的张力补偿及其速度设定曲线的探讨[17]；（5）冷连轧动态数学模型及模拟新方法的应用[18]。

3 厚度控制过程的分析

厚度控制推出了测量模型和控制模型[5]，并给出了常用的几种厚控方法的两种数学模型。厚控方法中专门研究了压力 AGC 数学模型改进问题[19]，由数学分析代替了几何方法，认识了轧件扰动是可测的，简化了数学模型结构，提高了 AGC 响应速度，从而提高厚控精度。压力 AGC 参数方程[20]：

$$\Delta\Phi_n = \sum_{i=1}^{n}\left[(-1)^i \frac{M+Q}{M^2} K_B \Delta p_d \left(\frac{Q}{M}\right)^{i-1} \cdot (1-K_b)^{i-1}\right] \qquad (7)$$

式中 $\Delta\Phi_n$——第 n 步的辊缝改变量；
M——轧机刚度参数；
Q——轧件塑性系数；
K_B——控制系统参数；
Δp_d——轧件阶跃扰动。

它反映了轧机、轧件和控制系统三参数关系的方程。该参数方程有五项推论，其中最主要的如下。

（1）推出压力 AGC 跑飞条件：

$$K_B > 1 + \frac{M}{Q} \qquad (8)$$

改变了 $K_B>1$ 的跑飞条件，已由实验证明[21]。

（2）推得变刚度系数计算公式，从而推得动态设定型变刚度厚控方法（简称 DAGC）：

$$\Delta\Phi_K = -C\left[\frac{Q}{M}\Delta\Phi_{K-1} + \frac{M+Q}{M^2}\Delta p_K\right] \quad (9)$$

$$C = \frac{M_c - M}{M_c + Q} \quad (10)$$

式中，$\Delta\Phi_K$ 为辊缝控制量，下标 K 表示时刻；$\Delta\Phi_{K-1}$为辊缝采样值；p_K 为压力采样值；C 为可变刚度系数；M_c 为当量刚度值，可设定该值。

3.1　压力 AGC 数学模型的进步

英国钢铁协会（BISRA）发明弹跳方程，由弹跳方程线性化得出 BISRA 厚控数学模型及可变刚度计算公式：

$$\Delta\Phi = -C\frac{\Delta p}{M} \quad (11)$$

$$C = \frac{M_c - M}{M_c} \quad (12)$$

该模型简明实用，提高了产品质量，获得大范围推广应用。但是，BISRA 厚控模型没有反映轧件特性参数。

美、德改进 BISRA 模型的方式是采用串联双环系统，内环是压下系统的位置自动控制（APC），增加外环厚度闭环。由弹跳方程计算的厚度与设定值差 $\Delta h'$，求出辊缝修改值 $\Delta\Phi = \frac{M+Q}{M}\Delta h'$，作为 APC 的设定值。这种系统稳定性好，系统调整方便，但响应速度慢。

日本采用独立的 AGC 环节，在咬钢前由 APC 摆辊缝，咬钢后、投运 AGC 时将 APC 环去掉，直接由弹跳方程计算出的厚度差去改变电液伺服阀的电流设定值（或电动压下马达的电压设定值）。这种方法响应速度快，但稳定性差，系统参数难调。

1982 年笔者公开发表的压力 AGC 改进数学模型和压力 AGC 参数方程，于 1996 年获国家三等发明奖。它是建立在轧件扰动可识别的基础上，具有上述两种方法的优点。日本神户制钢于 1983 年和德国 AEG 公司于 1987 年也相继提出。但在理论上，德、日变刚度系数只能由经验给定。

3.2　DAGC 推广应用效果

1986 年，DAGC 在第一重型机器厂 200mm 四机架冷连轧机液压压下试验成功，证明了动态设定型厚控理论的正确，主要成果有：（1）DAGC 响应速度比 BISRA AGC 快二三倍；（2）可变刚度范围［0，∞］，将平整机与轧钢机统一；（3）与其他厚控系统无相互干扰；（4）由 AGC 系统测轧件塑性系数、轧机刚度和跑飞（非稳定性）条件等。

主要推广应用有：济钢 2450 中厚板轧机[22]，东北轻合金 1700 可逆式铝带轧机[23]，西南铝 1400 和 2800 铝板带轧机[24]，浦钢 2350 中厚板轧机[25]，鞍钢 2350 中厚板轧机，安阳 2800 中厚板轧机，南京 1200 可逆式冷轧机[26]，韶关 2500 中厚板轧机，新余 2500 中厚板轧机，宝钢 2050 热连轧机[27]，美国 CitiSteel 宽厚板轧机[28]等。下面列举浦钢中厚板轧机和宝钢热连轧实测数据说明 DAGC 技术效果。

3.2.1　上海浦钢中厚板轧机应用效果[25]

上海宝钢集团公司的浦钢 2350mm 四辊轧机设备陈旧，无测厚仪等检测装置，轧制品种规格多，坯料为钢锭，3 台加热炉，由三辊劳特轧机开坯，四辊精轧出成品，加热水印横向压力扰动十分明显。因无测厚仪，无法用命中目标分析绝对 AGC 方式的效果。DAGC 比较容易地实现绝对值方式，由于该轧机采用了 AGC 和过程机自动设定方式，轧机的产品质量达到国际先进水平，见表 1。

表 1　异板差技术指标对比（2350mm 中板轧机）

Tab. 1　The technical target contrast of plate to plate gauge difference（2350mm plate mill）

检测日期	钢种规格/mm	标准差/μm	块数	生产条件
1994-05-14	16Mn 14×1800	107.3	18	人工轧制
1994-05-14	16Mn 14×1800	120.0	27	
1994-05-14	16Mn 14×1800	33.7	17	计算机控制系统投运
1994-05-14	16Mn 14×1800	31.0	23	
1994-05-16	Q235 12×1800	31.2	27	
1994-05-17	Q235 10×1800	27.7	33	

注：国际水平均方差：上钢三厂 3500mm 厚板轧机（西门子系统），h = 8mm 为 89μm；h<15mm 为 104μm；日本新日铁 1989 年资料为 70～80μm；《世界金属导报》1994 年报道世界新水平为 45μm。

3.2.2　宝钢 2050mm 热连轧机应用效果[27]

宝钢 2050mm 热连轧机是 80 年代全套从德国引进的，AGC 及计算机控制系统是西门子公司的，运营多年后，厚控精度有所降低。1996 年 6 月 4 日，在 2050mm 热连轧机上使用 DAGC 模型一次试验成功。从 7 月 1 日起，全部 7 个机架用 DAGC 模型代替了西门子的厚控模型。运行一直正常，效果十分明显，实测同板卷差平均值见表 2。西门子模型的同板卷差均值为 130μm，而 DAGC 为 51μm。厚控精度提高一倍以上，与理论分析和在一重厂实验轧机上的效果一致。

表 2　DAGC 与原厚控模型精度对比

Tab. 2　The precision contrast between DAGC with the old gauge control model

检测日期	厚度规格/mm	AGC 模型	同板卷差/mm	卷数
1996-06	4~8	原模型	0. 128	3
1995-04	3~6	原模型	0. 140	15
1996-06	4~8	DAGC	0. 051	8

4　解析板形刚度理论

厚控理论及技术的普遍推广应用，使板带质量大幅度提高，同时使板形问题突出出来。20 世纪 60 年代开始，轧制理论的中心问题是研究板形理论及板形控制技术问题。近 40 年来，国内外在板形理论研究上取得了一些成绩，提高板形质量主要靠发明新型板形控制装备和复杂的控制系统。但是，板形理论研究中只有反映轧机特性的横向刚度，而没有对偶的轧件特性参数。所以，提出轧机板形刚度和轧件板形刚度新概念，建立板带轧制过程板形测控数学模型，推导出板形刚度方程及建立解析板形刚度理论和板形板厚可协调规律等重要成果。

新板形理论发展分三个阶段：（1）1996 年构造了板形向量差分方程；（2）1998 年推得板形刚度方程及轧件板形刚度计算公式；（3）1999 年发现板形板厚可协调规律。

4.1　板形（板凸度和平直度）向量差分方程

日本新日铁以 1000mm 试验轧机的实验数据为基础，建立了以板形干扰系数 ξ 和板凸度遗传系数 η 为基本参数的板形理论，即轧件连续变形过程的板形理论，区别于轧辊弹性变形的板形理论。对该理论进行了分析，发现遗传系数是板厚、板宽的函数，包括轧机轧件综合特征，取值和计算都很难。据此，提出轧机板形刚度 m 和轧件板形刚度 q 来表示 η 的新概念，得出板带轧制过程板形测量与控制数学模型[29]：

$$C_{hi} = \frac{q_i}{q_i + m}\frac{h_i}{H_i}C_{hi-1} - \frac{q_i}{q_i + m}h_i\Delta\varepsilon_{i-1} + \frac{m}{m + q_i}C_i \tag{13}$$

$$\Delta\varepsilon_i = \xi\left(\frac{C_{hi}}{h_i} - \frac{C_{hi-1}}{h_{i-1}} + \Delta\varepsilon_{i-1}\right) \tag{14}$$

式中，C_h 为板凸度；$\Delta\varepsilon$ 为平直度，中心与板边部的延伸率差；C 为机械板凸度，反映轧制力均匀分布时的板凸度；i 为道次序号。

4.2　解析板形刚度理论

新型板形模型确定后，要解决参数 m、q 的确定方法：采用轧机实测确定轧机板形刚度方法[29]，q 用阿姆柯的轧件刚度定义式；另一种是有限元计算方法[30]；1998 年采用另一种方式，先规定 m，m 定义为单位板宽的轧机横向刚度，即 $m = k/b$。这样，直接引用公认的横向刚度 k，保证了 m 为常数。对式（13）微分，得出板形刚度方程：

$$K_c = m + q \tag{15}$$

由刚度方程和 m 定义式与经典轧辊挠度计算的板形理论联立，得出 q 的解析计算公式[31]：

$$q = \eta'\frac{Q}{b}m \tag{16}$$

式中，K_c 为辊缝刚度，是可实测的；η' 为轧辊与轧件互相作用系数，反映分布参数的集总参数。

4.3　板形板厚可协调规律

板形控制难解决的最主要原因是板形与板厚的目标矛盾。近 40 年发明了 PC、HC、CVC 等板形控制装备，还是达不到自由控制板形的目标。冷连轧板形问题更为突出，日本人发明了前硬、后软的最佳当量刚度 M_c 设定方法，成品机架取 $M_c = 0.5M$（轧机刚度），这是牺牲板厚精度来改善板形的[1]。这些说明发现板形板厚可协调规律的重要性。板带生产已有几百年历史了，70 年代以前并没有这么多的板形控制装备和复杂的控制系统，是靠经验不自觉地应用了板形板厚可协调规律。

由轧辊变形规律构成机械板凸度计算公式：

$$C = \frac{p}{mb} + \frac{\partial C}{\partial F}F + \left(\frac{b}{l}\right)^2(C_R + C_t) \tag{17}$$

式中，F 为弯辊力；C_R 为轧辊凸度（可由磨辊或 CVC、PC 设定）；C_t 为实时轧辊凸度，由轧辊热凸度和磨辊构成。

将式（13）、式（14）、式（17）以及压力公式线性化整理得板形板厚可协调规律[32]：

$$\boldsymbol{D}X_i = \boldsymbol{A}X_{i-1} + \boldsymbol{B}U_i \tag{18}$$

式中

$$\boldsymbol{X} = [\Delta C_h,\ \Delta^2\varepsilon]^{\mathrm{T}}$$

$$U = [\Delta h_{i-1},\ \Delta h_i]^{\mathrm{T}},\ i = 1,\ 2,\ \cdots,\ N-1$$

$$D = \begin{bmatrix} 1 & 0 \\ -\dfrac{\xi_i}{h_i} & 1 \end{bmatrix} \qquad A = \begin{bmatrix} \dfrac{q_i}{q_i + m}\dfrac{h_i}{h_{i-1}} & -\dfrac{q_i}{q_i + m}h_i \\ -\dfrac{\xi_i}{h_i} & 1 \end{bmatrix}$$

$$B = \begin{bmatrix} \dfrac{q_i}{q_i + m}\dfrac{h_i}{h_{i-1}}C_{hi} + \dfrac{h_i Q_i}{b(m + q_i)} & \dfrac{q_i}{q_i + m_i}\left(\dfrac{C_{h\,i-1}}{h_i} - \Delta\varepsilon_{i-1}\right) - \dfrac{Q_i}{b(m + q_i)} \\ -\xi_i\dfrac{C_{h\,i-1}}{h_{i-1}^2} & -\xi_i\dfrac{C_{hi}}{h_i^2} \end{bmatrix}$$

式（18）是以板形为状态量，厚度为控制量的状态方程，其构造二次型目标函数：

$$J = \frac{1}{2}X_N^{\mathrm{T}}SX_N + \frac{1}{2}\sum_{i=1}^{N-1}(X_i^T Q_i X_i + U_i^T R_i U_i) \tag{19}$$

并由贝尔曼动态规划可实现板形板厚最优控制。由式（18）、式（19）修改中间机架厚度设定值，以保证成品机架的厚度和板形值恒定。见文献［33，34］。

5　轧机弹跳方程的改进

BISRA 是以常数轧机刚度被引入的，随着板带轧机过程控制和 AGC 的发展，对板带材的精度要求的提高，刚度为常数已不能满足生产需要。轧机刚度是压力和轧件宽度的函数，即 $M=f(p,\ b)$。笔者提出测算法确定轧机刚度，并将轧机刚度 M 和轧机板形刚度 m 一起求解。

5.1　实用轧机刚度计算方法

在厚控系统中引入了当量刚度 M_c 和可设定的刚度 M_k，从而给出测厚计型 AGC 的厚度精确设定和精确计算方法[35]。测厚计型 AGC 在国内应用时系统调整很难，目前已不推广测厚计型 AGC，因为 DAGC 比它简单、稳定。

5.2　变坐标原点的弹跳方程

按压力分段，取不同刚度值，可以提高 AGC 厚控精度，例如：压力值为 1000kN、2000kN、3000kN…随压力值增加，刚度值取大一些，大于 10MN 可取用一个常数。在压力低时，弹跳变形是非线性的，特别是轧辊开始接触点很难精确确定，这样给实测轧机刚度带来一定难度，所以生产上用一个预压力来作辊缝零点。变坐标原点法是在实测轧机弹跳曲线处理数据时人为地规定零点。例如取 10MN 为零点，大于 10MN 用线性函数表示，即 M 为常数，小于 10MN 用二次函数拟合，小于 2MN 的测量点数据就不用了。这样做的结果，实验、处理数据都很简便，而弹跳方程的精度大大提高了，由该弹跳方程计算厚度差小于 0.05mm。下面列写一个中厚板轧机的弹跳方程数学模型。

轧机弹性变形量表达式：

$$SS = -0.0583 - 0.002468p_x,\ p_x \geqslant p_0 - p_e \tag{20}$$

$$SS = -0.140247 - 0.005559p_x + 2.569 \times 10^{-6}p_x^2,\ p_x < p_0 - p_e \tag{21}$$

$$p_x = p - p_e \tag{22}$$

其中，SS 为轧机弹性变量；p_x 为纯轧制压力或规程设定压力；p_0 为压靠（零点）压力；p_e 为辊系平衡力，液压缸背靠压力及辊系重量等；p 为实测压力。

5.3　测算法确定轧机刚度和轧机板形刚度

式（20）、式（21）均为全辊面压靠方法实测得出的弹跳量计算公式，式中未反映轧件宽度的影响。对于板宽影响，笔者提出了压板法实测方法，曾在宝鸡 1200 钛板轧机、济钢、天津等中厚板轧机上应用。当轧机板宽变化小时，宽度影响可以不计，而通过厚度自适应参数 A 值反映其影响，可直接用全辊面压靠得出的弹跳方程。

轧件宽度变化大（800~2300mm）或轧制宽度规格变化特别大（1500~3500mm）的轧机，要实现计算机自动轧钢，就必须要有精确的同时反映轧制压力和板宽的弹跳方程计算公式。轧机弹跳分牌坊和轧辊两部分，这两部分的弹性变形在线性段是可计算的，非线性段很难计算，计算有误差。对线性段和非线性段均容易实测全辊面轧机刚度。计算和实测集成可以得出 $M(p,\ b)$ 和 $m(b)$ 的较精确数学模型[36]。

（1）假定 10MN 以上为线性段与非线性段的分界线，以 10MN 计算出不同板宽（包括全辊面）

时的中心与板边的挠度和板边与压下螺丝点处的挠度；实测可以获得不同压力全辊面轧机（牌坊、轧辊）弹跳量，其中10MN的弹跳量与计算轧辊弹跳量之差为牌坊10MN时的弹跳量。

（2）$M(p, b)$ 非线性段是以实测弹跳方程为基础，由计算出的轧制不同宽度的弹跳值修正，得出 $M(p, b)$ 数学表达式。

（3）轧机板形刚度 $m(b)$，直接由计算结果得出。

（4）计算值的误差可通过自学习和自适应消除，使刚度模型精确化，自学习是用一批采样数据作样本，离线优化计算；自适应是在线实时优化计算[36]。

6 轧制压力计算公式分析

以实测数据为基础的统计模型及自适应技术与以轧钢理论为基础建立连轧数学模型。使轧钢理论得到较大发展。

经典的轧制理论是以英国钢铁协会为代表的，公认Sims压力公式为好，但是，计算量大不宜于在线控制应用。所以在日本出现了Sims公式的近似表达式。"$K\mu$"估计方法是将两种模型体系集成起来，达到了好的实用效果。

近年来，认识到美国热连轧数学模型观点是可取的[37]，从而导致轧钢理论体系认识上的变化。美国人提出了轧件刚度的概念[38]，它反映了钢种的轧制特征，是单位轧制压力与压下率之比，是以实测轧制压力为出发点的。轧件刚度表达式：

$$d = \frac{p}{\sqrt{R'\Delta h}\,br} \tag{23}$$

式中，d 为比硬度；p 为轧制压力；R' 为轧辊压扁半径；Δh 为压下量；b 为轧件宽度；r 为压下率（$r=\Delta h/H$）。比硬度 d 与宝钢2050热连轧压力数学模型关系十分密切。

西门子压力公式：

$$p = Dr \tag{24}$$

式中，D 为轧件硬度。

由式（23）、式（24）可得到 D 与 d 的关系式：

$$d = \frac{D}{\sqrt{R'\Delta h}\,b} \tag{25}$$

宝钢2050热轧数学模型的 D 结构模式，需要计算和保存两种硬度值（考虑轧辊压扁和不考虑轧辊压扁，否则会降低模型精度），增加了存储量。改变2050模型结构，可以克服上述缺点，即由式（23）得到压力计算公式：

$$p = db\sqrt{R'\Delta h}\,r \tag{26}$$

$$d = f(\theta,\ u_c,\ H,\ \cdots) \tag{27}$$

式（27）可设计多种结构，从正常工况下的采样数据中用参数优化估计优选出其中的一种。

在热轧过程中，要精确预报压力，还必须有准确的温降模型公式。在热连轧机上，只能测入口和出口温度，中间各机架温度无法测量，可测点的温度值也不准确，受氧化铁皮、水汽等干扰很大。为解决这个问题，提出由弹跳方程和压力计算公式线性化，可以得出温度测量模型公式[32]：

$$\Delta\theta_i = \left[(M+\theta)\Delta h - M\Delta\Phi - \frac{h}{H}Q\Delta H - \frac{\partial P}{\partial F}\Delta F\right] \Big/ \frac{\partial P}{\partial \theta} \tag{28}$$

由式（27）、式（28）可得出"$d\theta$"估算方法，综合前述的"$K\mu$"估计可以实现 $K\mu$-$d\theta$ 转化。具体应用：在冷连轧中只用"$K\mu$"估计；中厚板轧制只用"$d\theta$"估计；热连轧"$K\mu$"估计和"$d\theta$"都要用。

美、德模型结构的意义是简单、实用，完全可由正常工况数据自学习来提高压力预报精度。在理论上由这种结构式（26）可推导出 $\frac{\partial p}{\partial h}$ 和 $\frac{\partial p}{\partial H}$ 的数学表达式：

$$p = db\sqrt{R'}\,\frac{(H-h)^{3/2}}{H}$$

$$\frac{\partial P}{\partial h} = -d\sqrt{R'}\,b\,\frac{3}{2}(H-h)^{1/2}\frac{1}{H} \tag{29}$$

$$\frac{\partial P}{\partial H} \approx db\sqrt{R'}(H-h)^{1/2}\,\frac{3}{2}\,\frac{h}{H} \tag{30}$$

由式（29）、式（30）得：

$$\frac{\partial p}{\partial H} = -\frac{\partial p}{\partial h}\,\frac{h}{H} \tag{31}$$

由硬度为基本参数的压力计算公式可推导出式（31）。它是在建立板形刚度理论中引用的一个公式，并由此得出轧件板形刚度简明的表达式。

7 综合等储备负荷分配方法

合理的轧制规程（负荷分配及设定值）是轧钢生产规范化的首要问题。古典的轧制规程制订主要是经验或能耗曲线分配方法，它对经常生产的品种规格是可行的，对新产品试制和不常生产的品种规格则难以给出较好的规程。

计算机应用于轧钢过程分析、控制以来，压下规程的制定方法有了很大的进步和发展。首先是把经验的压下量分配方法规范化，提出按能耗、压力、力矩、板型条件等不同目标要求的压下量分配系数计算方法，求厚度分配：h_1，h_2，…，h_{n-1}满足下面的四个关系式之一，就为相应的“分配率”法。

功率分配法：$N_i=\alpha_{Ni}\sum N(i=1,2,\cdots,n)$

压力分配法：$p_i=\alpha_{Pi}\sum p$

力矩分配法：$M_i=\alpha_{Mi}\sum M$

板型条件分配法：$\frac{\delta_i}{h_i}=\alpha_{\delta i}\alpha$

其中分配系数 α_{Ni}、α_{Pi}、α_{Mi}、$\alpha_{\delta i}$ 由实际经验决定，因此需要储备大量分配系数供实际生产中使用。这种方法对经常生产的品种规格较为实用，但对新轧机、新品种规格却难于实用，详见文献［37］。

综合等储备方法，是以 20 世纪 50 年代末提出的图表法设计压下规程及综合等储备原理[39]为工艺理论基础，并结合 70 年代末梁国平提出负荷函数方法[40]，形成我国独创的综合等储备负荷分配方法。该方法从 1983 年起在工业轧机上推广应用，完成离线优化规程计算和实现两级计算机控制，使该方法得到很大的发展和完善，特别是引入板形系数 n、$n-1$ 和人工设定这两个参数值，解决了板型（主要指平直度）控制问题。

1985 年在我国第一台由三辊劳特改造成四辊的中板轧机中成功应用综合等储备负荷分配方法，并发明了在线控制板形方法，通过人工设定 W 参数可适应轧辊凸度实时变化，解决了板形控制问题，并在许多中板厂中得到广泛应用。

DAGC 和新型板形测控方法等技术创新内容的计算机控制系统已在美国 4064mm 宽厚板轧机上成功应用，并得到美方好评。证明了我国自主开发的创新技术的先进性，已没有必要从国外引进同类技术。

8　智能控制

板带轧机控制非常复杂，以七机架热连轧为例，状态变量有板厚、板凸度、平直度、张力和温度共 34 个；控制量有辊缝、速度、弯辊力和 CVC（或 PC）当量轧辊凸度共 28 个；轧机参数有轧机刚度、轧机板形刚度共 14 个。这样一个复杂系统，应用智能控制方法，有可能实现最优控制。

智能控制是针对复杂系统追求目标的控制，由人工智能，常规控制和运筹学构成，其中由组织、协调、基础三层构成的分层递阶系统最具代表性，目前正将该方法推广到冷、热连轧机上工业化应用。

8.1　中厚板分层递阶智能控制

由组织、协调和执行三级构成的中厚板轧制过程的智能控制系统，实现了钢板质量（同板差、异板差、板凸度和厚度等）的控制，见文献［41］。

8.2　连轧过程分层递阶智能控制[33,42,43]

应用最新建立的板形方程推出最佳轧制规程和板形板厚协调控制新方法。该方法特征是静、动态负荷分配，DAGC 完成了板形板厚的闭环控制，其计算方法采用了贝尔曼动态规划。

热连轧分层递阶智能控制全过程。由 Vax 机实现组织和协调两级，组织级可人工干预，实现人机合作。各种实测信息由网络传输给组织级和协调级，组织级用于自学习和自适应，协调级用于修改设定值，由协调推理网络构成，是一个实时专家系统，执行级一般用 PLC。

板形最佳设计规程计算过程，可适用于无板形控制装置的最佳板形规程计算，也适用于 PC、CVC 等有板形装置的轧机。

板形最佳轧制规程与已推广的优化轧制规程的主要区别是板形最佳轧制规程增加了各道次（机架）的板凸度和平直度的设定计算，达到了同时命中厚度、板凸度和平直度的目标值。

9　结论

（1）1950 年之前是以力学为基础的反映轧制规律的技术科学，之后是以力学和控制论为基础的应用技术科学，引入了可测性、可控性、稳定性等概念，建立和发展了轧制工艺控制论。

（2）连轧张力理论反映了连轧张力负反馈作用，含有明显的工艺控制论内涵。它是由守恒原理建立了精确的连轧张力微分方程，考虑具有张力负反馈作用的前滑、厚度、速度与张力线性关系，得到连轧张力公式，并由稳态张力公式推得秒流量相等条件。

（3）弹跳方程和厚度自动控制方法，由美、德、日以不同方式引进轧件塑性系数而发展。厚控过程轧件扰动可测性和反映轧机、轧件和控制系统三元关系的压力 AGC 参数方程，使厚控理论得到进一步发展。DAGC 使厚控系统简化，响应速度快，将轧机和平整机的特性统一在一个系统中。

（4）板形理论长期研究得不到突破原因是，

系统中有隐参数未被认识。引入轧机板形刚度 m 和轧件板形刚度 q 新概念后，建立了板形测控数学模型、解析板形刚度理论和板形板厚可协调规律。板形解析理论的应用将使板形控制技术和板带质量发生飞跃进步。

(5) 弹跳方程和压力计算公式是计算机仿真和设定控制的基础。新型轧机刚度测算方法，大大提高了弹跳方程精度并简化了确定方法，统一了轧机刚度和板形刚度的计算。压力计算两种系统（$K\mu$，$d\theta$）都有实用价值。美、德统计方法除在应用上有优点外，可推出 $\frac{\partial P}{\partial h}$ 和 $\frac{\partial P}{\partial H}$ 关系，但在连轧过程中控制要求提高前滑模型精度，所以变形抗力的经典轧制压力公式还是要继续使用的。

(6) 综合等储备方法是以上规律的综合应用，优化了轧制规程和设定。

(7) 智能控制的应用促进了板带轧机控制水平的提高。

参 考 文 献

[1] 董德元，贺毓辛．试论轧钢理论的发展［C］//轧钢理论文集．北京：冶金工业出版社，1982：32-38.

[2] 张进之．连轧张力公式［J］．钢铁．1975（2）：77-85.

[3] 张进之．连轧张力公式［J］．金属学报，1978，14（2）：127-137.

[4] 张进之，王文瑞．热连轧张力复合控制系统的探讨［J］．冶金自动化，1997（3）：10-13.

[5] 张进之．AGC 系统数学模型的探讨［J］．冶金自动化，1979（3）：8-13.

[6] 唐风谋．现代带钢冷连轧的自动化［M］．北京：冶金工业出版社，1995：182-194.

[7] 朱泉，白光润，赵志业，等．轧钢理论研究发展情况和研究方向的探讨［C］//轧钢理论文集．北京：冶金工业出版社，1982：1-31.

[8] 冈本丰彦．压延研究の进步と最近の压延技术［M］．日本：诚文堂新光社，1974.

[9] 张进之，张自诚，相美顺．冷连轧过程变形抗力和摩擦系数的非线性估计［J］．钢铁，1981，6（3）：36-40.

[10] 赵志业．关于平辊轧制压力的实用计算式［C］//轧钢理论文集．北京：冶金工业出版社，1982：71-86.

[11] 初怀清，徐永恒．轧制理论发展方向的探讨［J］．鞍钢技术，1980（1）：28-34.

[12] 张进之，林坚，任建新．冷轧优化规程计算机设定方法［J］．钢铁研究学报，1987，7（3）：99-104.

[13] 张进之，白埃民．提高中厚板轧机压力预报精度的途径［J］．钢铁，1990，25（5）：28-32.

[14] 张永光，梁国平，张进之，等．计算机模拟冷连轧过程的新方法［J］．自动化学报，1979，5（3）：77-186.

[15] 张进之，郑学锋，梁国平．冷连轧动态变规格设定模型的探讨［J］．钢铁，1979，14（6）：56-64.

[16] 张进之．冷连轧穿带过程速度设定及仿真实验［J］．钢铁研究院学报，1984，4（3）：265-270.

[17] 钟春生，张进之．关于冷连轧加减速过程的张力补偿及其速度设定曲线的探讨［C］//轧钢理论文集，北京：冶金工业出版社，1982：190-196.

[18] 张进之，郑学锋．冷连轧动态数学模型及模拟新方法的应用［C］//轧钢理论文集，北京：冶金工业出版社，1982：421-431.

[19] 张进之．压力 AGC 数学模型的改进［J］．冶金自动化，1982（3）：15-19.

[20] 张进之．压力 AGC 系统参数方程及变刚度轧机分析［J］．冶金自动化，1984（1）：24-31.

[21] 吴铨英，王书敏，张进之，等．轧钢机间接测厚厚度控制“跑飞”条件的研究［J］．电气传动，1982（6）：59-67.

[22] 陈德福，姚建华，孙海波，等．动态设定厚控方法和锁定-保持法在中厚板轧机上应用［J］．一重技术，1992（1）（总 52）：42-51.

[23] 史庆周，孟庆有，赵恒传，等．高速铝板轧机液压厚调计算机控制系统研究［J］．自动化学报，1990，16（3）：276-280.

[24] 李炳燮，陈德福，孙波，等．冷连轧机液压 AGC 微型计算机控制系统［J］．冶金自动化，1988（1）：19-23.

[25] 郝付国，白埃民，叶勇，等．DAGC 在中厚板轧机上应用［J］．钢铁，1995，30（7）：32-36.

[26] 孙海波，陈德福，吕斌，等．新的液压 AGC 技术在 1200WS 四辊可逆冷轧机上的应用［J］．冶金自动化，1996（3）：11-14.

[27] 居兴华，杨晓臻，王琦，等．宝钢 2050 热连轧板带厚度控制系统的研究［J］．钢铁，2000，35（1）：60-63.

[28] 王保军，杜大川．美国 CitiSteel 公司轧钢厂四辊轧机自动轧钢系统［J］．冶金自动化，2000，25（1）：31-34.

[29] 张进之．板带轧制过程板形测量和控制的数学模型［J］．冶金设备，1997（6）：1-5.

[30] 庞玉华，钟春生，张进之，等．板带凸度遗传系数的计算与分析［J］．重型机械，1999（3）：43-46.

[31] 张进之．解析板形刚度理论［J］．中国科学（E），2000，30（2）：1-6.

[32] 张进之. 板形理论的进步与应用［C］//1999 年中国智能自动化会议论文集，北京：清华大学出版社，1999：1262-1268.
[33] 张进之，段春华. 动态设定型板形板厚自动控制系统［J］. 中国工程科学，2000，2（6）：67-72，79.
[34] 段春华. 板形控制的理论和实践方案的研究［D］. 北京：钢铁研究总院，2000.
[35] 张进之. AGC 系统的厚度设定方法和轧出厚度测量方法［P］. 中国专利，B21B37/12，ZL88100750.
[36] 张进之，王琦. 板带轧制过程温度观测器方法［P］. 中国专利，B21B37/12，98120460. 0.
[37] 张进之，张宇. 引进热连轧机实时负荷分配方法的分析［M］//钢铁工业自动化技术应用实践. 北京：电子工业出版社，1995.
[38] Minguo R. 热带钢轧制最佳工作辊凸度的确定［M］. 见：韩尧坤，王春铭，任启，等. 现代热轧板带生产技术. 沈阳：东北大学出版社，1993.
[39] 张进之，程玉芝，王廷溥，等. 用图表法设计压下规程［C］//东工科学研究. 沈阳：东北工学院出版社，1960：125-137.
[40] 梁国平. 轧制负荷函数及分配方法［J］. 钢铁，1980，25（1）：42-48.
[41] 张进之. 中厚板轧制过程分层递阶智能控制［J］. 钢铁，1998，33（11）：34-38.
[42] 张进之. 基于协调推理网络的板带轧制过程智能优化控制［J］. 钢铁，1995，30（增刊）：66-71.
[43] 张进之. 基于协调推理网络的热连轧设定控制结构［J］. 控制与决策，1996，11（增 1）：204-208.

（原文发表在《中国工程科学》，2001，3（4）：46-55）

宝钢 2050 mm 热连轧设定模型及自适应分析研究❶

张进之[1]，王 琦[1]，杨晓臻[2]，张 宇[3]

（1. 钢铁研究总院；2. 上海宝钢股份有限公司；3. 冶金自动化研究院）

摘 要 通过不同工况下的实测压力波动值分析，得出了压力模型可能达到的精度。宝钢 2050 热连轧压力模型精度比较高，"k-μ" 估计方法主要的功能是实现前滑模型的自适应，同时也可以提高压力预报精度。动态设定 AGC 投运不仅提高了厚控精度，而且提高了厚度、辊缝、压力自适应的效果。提出了轧件刚度 d(单位面积的硬度) 作为宝钢模型的基本量。经改进的宝钢 2050 热连轧压力计算模型便于推广应用。

关键词 预报精度；自适应；"k-μ" 估计；反演

Analytical study on setting model and self-adaption on 2050mm hot strip mill at Baosteel

Zhang Jinzhi[1], Wang Qi[1], Yang Xiaozhen[2], Zhang Yu[3]

(1. Central Iron and Steel Research Institute; 2. Shanghai Baosteel Co., Ltd.; 3. Beijing Automation Research Institute)

Abstract: According to the fluctuation of measured rolling force in different work conditions, the accuracy of rolling force model has reached expected value. In fact, the rolling force estimation model on 2050mm hot strip mill at Baosteel has high accuracy. The "k-μ" estimation method can improve rolling force estimation accuracy, and its most important effect is to realize self-adaptation for forward-slip model. Dynamic setting AGC method not only improve gauge control accuracy, but also improve the self-adaptation effect of gauge, gap, rolling force. Rolling piece stiffness d is assumed as one basical value of Baosteel model and d-the rigidity of unit area. The improved rolling force model is easy to be applied.

Key words: prediction accuracy; self-adaptation; "k-μ" estimation; counter deduction

1 前言

设定模型及自适应是计算机过程控制技术的核心，模型的好坏直接影响产品的质量和技术经济效益。对一个具体的控制系统，如何进行模型的定量评估，是一个比较困难的问题，而对于改进模型的工作又十分需要作出定量评估，这些问题是近几年探讨的热点。宝钢 2050 热连轧模型的改进和参数优化工作进行后，新的厚控数学模型已取得非常明显的效果，设定模型及自适应方面分析和评估尤为突出。

2 压力计算模型能够达到的精度

压力计算模型是设定模型的核心，国内外轧钢界均在努力提高压力预报的精度。宝钢 2050 热连轧机属世界一流设备，它的测量装备齐全，采样系统十分完备，在此轧机上研究压力预报精度是比较方便的。压力等数据用自适应计算设置的 3 段采样数据，3 批共 28 卷钢得出轧制压力波动值（表 1）。由表 1 得出的平均波动值 2. 5939%，即压

❶ 基金项目：国家"九五"科技攻关资助项目（955280101）。

力设定精度最高为2.5939%。

表1　宝钢2050热连轧实测压力值波动的平均值

Tab. 1　Average value for the fluetuation of measured rolling force on 2050mm hot strip mill at Baosteel

生产条件	采样时间	平均波动/%	点数
投运动态设定	1997-06-05	2.264	315
AGC	1996-06-04	3.025	147
原厚控方式	1995-08-15	2.917	126

注：2050热连轧压力采样共分为3段，每3s一段，每隔200ms测量一个点，每段共测量8个点。

3　宝钢2050热连轧压力预报的精度及$k-\mu$估计精度

以1997年6月5日的15卷采样数据为样本，分析得出宝钢2050热连轧压力预报的精度，同一批数据用$k-\mu$估计方法，即自学习后得出压力预报精度，两种情况下的精度如表2所示。

表2　压力预报精度对比

Tab. 2　Prediction accuracy comparison of rolling force

条件	平均波动/%	最大差
2050压力模型	2.938	5.8
$k-\mu$估计后	2.627	5.3

"$k-\mu$"估计方法是1972年由连轧张力理论提出的方法，目的是把连轧张力公式直接应用于连轧生产。20世纪70年代武钢1700冷、热连轧机引进，成功地将"$k-\mu$"估计方法应用于1700冷连轧数据处理[1]，得到轧钢界高度评价[2,3]。之后，又应用在可逆冷轧机和中厚板轧机的数学模型结构优选和参数估计上[4]，"$k-\mu$"估计通过对压力公式中的变形抗力和摩擦系数的反算，使压力预报值与实测压力值差最小而提高压力模型的预报精度，属于自学习方法。

由表1、表2数值看到，宝钢2050热连轧现用压力模型的精度是可以适用于计算机设定控制要求的，其预报精度与可能达到的精度和"$k-\mu$"估计后的精度相差不大，其已达到的预报精度水平优于其他热连轧机压力模型预报水平。"$k-\mu$"估计在热连轧机上应用的意义主要是能实现前滑模型自学习，提高轧辊速度设定精度。因为现压力模型的水平基本能够满足生产要求。

4　压力模型结构的讨论

4.1　压力模型的几种形式及发展过程

热连轧机和热连轧计算机控制均为美国首创，关于计算机系统的压力计算模型的结构20世纪60年代在日本发生过争论。一种观点认为，热连轧计算机控制技术是从美国引进的，当然数学模型应该采用美国的形式，即以实测数据为基础的统计模型及自适应技术；大部分日本轧钢界学者们认为，应当以轧钢理论为基础建立连轧数学模型。争论的结果，轧钢界学者们的观点占了上风，轧钢理论也得到较大发展。在我国，轧钢理论占绝对优势。

经典的轧制理论是以英国钢铁协会为代表的，公认Sims压力公式为好。但是，Sims压力公式结构比较复杂，轧辊压扁半径需迭代，计算量大，不宜于在线控制应用，所以在日本出现了Sims公式的近似表达式，如日立公式、斋滕好弘公式、美坂佳助公式、志田茂公式等。"$k-\mu$"估计方法是将两种模型体系集成起来，达到了好的实用效果。但是，其基础是轧钢理论公式，只是变形抗力的参数是由正常工况下的数据估计出来的，取消了变形抗力的实验室测定。

近年来，对宝钢2050热连轧数学模型和攀钢1450热连轧数学模型（美国GE）的分析研究[5]，认识到美国热连轧数学模型观点是可取的，从而导致轧钢理论体系认识上的变化。经典轧制理论体系是由小到大，从实验室小试样研究出变形抗力到能计算出大生产轧制压力。由于边界摩擦理论未解决，该理论不具备完备性。美国人提出了轧件刚度的概念[6]，它反映了钢种的轧制特征，而轧件刚度是由正常生产中的采样数据计算得到，应用简便。轧件刚度为单位轧制压力与压下率之比，其数学表达式：

$$d = \frac{p}{\sqrt{R'\Delta h}Br} \tag{1}$$

式中　d——轧件刚度；

p——轧制压力；

R'——轧辊压扁半径；

Δh——压下量；

B——轧件宽度；

r——压下率（$r=\Delta h/H$）。

轧件刚度d与宝钢2050热连轧压力数学模型关系十分密切，西门子压力公式：

$$p = Dr \tag{2}$$

式中　D——轧件硬度。

由式（1）、式（2）可得到D与d的关系式：

$$d = \frac{D}{\sqrt{R'\Delta h}B} \tag{3}$$

式中，d 是单位面积的硬度值，称比硬度，比硬度更能反映轧件的物理本质，所以引用 d 具有泛化和计算量小等优点。

4.2 宝钢 2050 热连轧数学模型硬度 D 的结构式

$$D(i) = DOA(i) \cdot PSI(i) \cdot RKFK(i) \cdot RKALF$$

$$DOA(i) = XZW(i) \cdot XTW(i) \cdot XHW(i) \cdot R(i) \cdot \frac{B}{RB(i)}$$

$$XZW(i) = KRW - (KZW1 \cdot e_b + KZW2 \cdot e_f)$$

$$XTW(i) = \exp\left(KTW \cdot \left(1 - \frac{RTE(i)^2}{880}\right)\right)$$

$$XHW(i) = a_0 + a_1 H(i) + a_2 H^2(i) + a_3 H^3(i) + a_4 H^4(i) + a_5 H^5(i)$$

$$PSI(i) = \sqrt{\frac{R'}{R}}$$

式中 DOA——不考虑轧辊压扁的轧件硬度；
PSI——轧辊压扁对轧件硬度的影响；
$RKFK$——机架遗传系数；
$RKALF$——钢种遗传系数；
e_b——单位面积后张力；
e_f——单位面积前张力；
R——轧辊半径；
RB——标准轧辊半径；
RTE——入口温度；
H——入口厚度；
XZW——张力影响因子；
XTW——温度影响因子；
XHW——厚度影响因子；
i——机架序号；
KTW——温度因子的常数；
KRW，$KZW1$，$KZW2$——张力因子的常数；
a_0，a_1，…，a_5——厚度因子的常数。

宝钢 2050 热连轧压力计算模型结构简单，但轧件硬度的计算比较复杂，首先它有两种硬度：一种是不考虑轧辊压扁的硬度，一种是含轧辊压扁的硬度，轧辊压扁半径要经过迭代计算求出，自适应计算也比较复杂，要存大量数据及多种变换。由西门子硬度与美国的轧件刚度之间的关系，可以进一步推得改进的西门子压力计算模型。

4.3 改进的西门子压力计算模型

由柯西可夫轧辊压扁公式得

$$p = \left(\frac{R'}{R} - 1\right)\frac{B\Delta h}{C} \tag{4}$$

式中 C——常数。

由式（2）、式（3）整理得

$$p = d\sqrt{R'\Delta h} \cdot B\frac{\Delta h}{H} \tag{5}$$

由式（4）、式（5）可得

$$\left(\frac{R'}{R} - 1\right)\frac{B\Delta h}{C} = d\sqrt{R'\Delta h} \cdot B\frac{\Delta h}{H}$$

$$\sqrt{R'} = \frac{1}{2}\left[\frac{dRC\sqrt{\Delta h}}{H} + \sqrt{\frac{d^2R^2C^2}{H^2}\Delta h + 4R}\right] \tag{6}$$

$$d = \frac{p}{\sqrt{R'\Delta h}}\frac{H}{B\Delta h} \tag{7}$$

式（7）表明，由正常工况下的数据可计算出 d。按照西门子 D 的结构得到 d 的计算公式（8）和压力计算公式（9）：

$$d(i) = XZW(i) \cdot XTW(i) \cdot XHW(i) \cdot RKFK(i) \cdot RKALF \tag{8}$$

$$p(i) = d(i) \cdot \sqrt{R'\Delta h(i)} \cdot B \cdot \frac{\Delta h(i)}{H(i)} \tag{9}$$

式（6）~式（9）构成改进的西门子压力计算模型系统，由正常工况采样数据，式（7）、式（8）经自学习可得出张力因子、厚度因子和温度因子中的最优系数 KRW，$KZW1$，$KZW2$，a_0，a_1，…，a_5，KTW 等，由式（6）、式（9）实现设定压力计算；轧制过程采样数据进行自适应计算，优化 $RKFK(i)$，$RKALF$ 等自适应参数。

该改进方案可以在 2050 热连轧设定计算过程不进行重大改变的前提下，大大简化计算过程，而且可推广到其他轧机上应用。

5 动态设定 AGC 对自适应效果的影响

自适应的原理是通过实测值与预报值之差来修改模型参数，通过遗传系数的修改而不断提高模型预报精度，主要的遗传因子有压力、辊缝零点、温度等。宝钢 2050 热连轧自适应系统计算十分全面，特别是通过后计算环节提高了自适应的效果。后计算主要是轧件厚度和温度，厚度是由秒流量相等条件和成品测厚仪实测值，递推计算出 h_6，h_5，…，h_1。秒流量相等只是静态方程，而轧制过程中只能是近似，在投运动态设定 AGC 后，厚差减小了，更接近秒流量相等的条件，从而提高了自适应效果。通过 3 批采样数据中的辊缝零点校正值的对比，可证实其效果确实提高了。

分析取 1997-06-05 的 15 卷数据，1996-06-04

的 7 卷数据，这两批是应用动态设定 AGC；原西门子厚控数学模型取 1995-08-15 的采样数据。3 批数据分析对比结果如表 3 所示，给出了两种厚控数学模型条件下，各机架辊缝零点校正值的最大差值。

表 3　两种厚控方式辊缝零点校正最大差值

Tab. 3　Maximum differential value for roll gap correction at zero point under two thickness control methods

AGC 方式	F1	F2	F3	F4	F5	F6	F7	时间
西门子模型	0.162	0.060	0.071	0.330	0.230	0.131	0.103	1995-08-15
动态设定型	0.073	0.093	0.087	0.056	0.040	0.010	0.039	1996-06-04
	0.134	0.027	0.058	0.058	0.028	0.028	0.078	1997-06-05

由表 3 看出，投运动态设定 AGC 后，辊缝零点校正值的最大差值减小，即秒流量相等条件计算厚度值与弹跳方程计算的厚度十分接近。

以上实例数据可知，目前 2050 热连轧机的数学模型及自适应系统基本上满足生产要求，设定模型精度的进一步提高可以采用改进的压力计算公式和新的轧机刚度测算方法。

6　结论

（1）通过对实测压力值的波动量分析，宝钢 2050 热连轧压力计算模型的精度高，可以满足生产需要。

（2）应用“k-μ”估计方法可以提高热连轧设定模型精度，平均差为 2.627%，比现用模型精度（2.938%）提高了 10.0%。由于现行压力模型精度已满足了生产需要，“k-μ”估计的意义主要在于实现前滑自适应。

（3）通过对辊缝零点校正值的分析，投运动态设定 AGC 不仅提高了厚控精度，而且提高了自适应的效果。

（4）宝钢 2050 热连轧压力数学模型结构简单，有较高的预报精度。如采用单位面积硬度即轧件刚度概念，可进一步简化计算和推广应用。

参 考 文 献

[1] 张进之，张自诚，杨美顺．冷连轧过程变形抗力和摩擦系数的非线形估计［J］．钢铁，1981，6（3）：36-40.

[2] 初怀清，徐永恒．轧钢理论发展方向的探讨［J］．鞍钢技术，1980（1）：28-40.

[3] 赵志业．轧钢理论文集［M］．北京：冶金工业出版社，1982：71-86.

[4] 张进之，白埃民．提高中厚板轧机压力预报精度的途径［J］．钢铁，1990，25（5）：28-32.

[5] 张进之，张宇．钢铁工业自动化技术应用实践［M］．北京：电子工业出版社，1995.

[6] Rem Minguo. 现代热轧板带生产技术［M］．沈阳：东北大学出版社，1993.

（原文发表在《钢铁》，2001，36（7）：38-41）

连轧工艺控制论的概念模式及应用

张进之

（新冶高科技集团公司计算机与自动化事业部，北京 100081）

摘 要 连轧工艺控制的特征是机电系统与物流系统分离，以反映物流的工艺状态方程求解机电控制系统的设定值，在物流原料及过程有变化的情况下保持产品质量不变或变化最小。连轧工艺控制论的模式包括解析数学模型、分层递阶智能控制结构、计算机仿真实验和模型参数自适应。传统工业采用工艺控制模式是实现传统工业现代化的可行的技术路线。

关键词 连轧；工艺控制论；解析数学模型；智能控制；信息控制；信号控制；自适应

Conception and application of technological control theory for continuous rolling

Zhang Jinzhi

（Xinye Hi-Tech Group Co.，Ltd.，Beijing 100081，China）

Abstract：The separation of mechanical and electrical system from logistic system is the characteristic of technological control for continuous rolling. The modes of technological control theory include：analytical mathematical model，multi-level intelligent control，and simulation experiment on computer and self-adaptation for model parameter. The traditional industries can be modernized by employing the technological control model.

Key words：continuous rolling；technological control theory；analytical mathematical model；intelligent control；information control；signal control；self-adaptation

20 世纪科学技术方面最主要的成果是计算机的发明，控制论、信息论的建立和发展。这 3 项技术是互不可分的，特别是现代控制论已将 3 者集成在一起。早在 1859 年，达尔文在《物种起源》一书中已提出控制论。生物进化过程的根源是遗传和变异，可利用自然条件或人为地创造条件使生物进化过程按照人们的愿望有目的地变异。追求既定目标的变异就是控制论的基本特征。当然，达尔文只是对控制论进行了定性的描述，定量的数学描述是 1948 年维纳提出的。维纳控制论的定义为：生物和机器通信与控制的科学，其原理是信息的定量计算，信息是负熵，熵是系统的不确定度，负熵则相反，表示确定化程度。同年，仙农提出了信息论，其基础概念与维纳相同，信息量为负熵值。20 世纪的控制论主要应用在工程系统上，生物系统太复杂，直到 21 世纪才得到发展。现代控制论的实质是信息控制论系统，它已成功地应用在宇航等尖端机电系统方面，并取得了最优化的效果。在工业系统，特别是生产过程工艺控制方面，虽然国外作了大量的研究工作，但成绩甚微，其原因是未能建立工艺过程的状态方程。

20 世纪 60 年代初，现代控制论开始向工业过程推广应用，首选对象是连轧过程的最优控制。当时北美、欧洲、日本都做了大量的工作，但未取得预期的效果。到目前为止，连轧过程仍未实现最优控制。分析这一现象发现，当时国外所建立的连轧过程机电系统状态方程的维数很高，所求出的最优控制只是对设备参数（辊缝、轧辊速度）的控制，而非轧件的厚度、板形及性能，所以达不到控制连轧过程的目标。20 世纪 70 年代，在以辨识方法建立工业过程状态方程上进行了大量的研究，但效果十分有限，因为各个工业系统千差万别，用统一的数学处理信号方法难以获得现代控制论所需要的高精度数学模型。

连轧过程是否真的无法应用现代控制论？笔者经过多年对轧钢过程动态理论的研究、分析，建立了连轧张力状态方程、厚度控制状态方程、板形控制状态方程以及张力、厚度、板形、温度观测器等工艺控制数学模型[1-3]，试图逐步实现轧制过程的最优控制。这种以工艺状态方程和工艺目标为对象的控制系统有别于现行的以设备为对象的控制系统，所以称它为工艺控制系统，其理论称为工艺控制论[4]。

1　轧制工艺控制论的概念

轧制工艺控制论最早的实际应用是在武汉带钢厂3机架冷连轧机上，证明最优控制的精度比常规控制的精度高20%以上[5]。20世纪90年代又建立了板形状态方程，设计了板形、板厚综合最优控制系统[6]。

1996年，笔者与宝山钢铁股份有限公司合作，在2050热连轧机上用DAGC代替原西门子厚度控制数学模型获得成功，实测厚度控制的精度提高1倍以上（原方法实测平均厚度差为0.126mm，而DAGC为0.051mm）。从当年7月1日全部采用DAGC起，8年多一直运行正常，使2050热连轧机的厚度控制精度上了一个台阶[7]。

是什么原因取得这样的效果呢？是采取了与现行控制方式不同的控制模式。现行控制系统是以设备为控制对象，这种方式对辊缝、轧辊速度（APC）的控制是有效的，但轧钢过程真正要控制的目标是轧件，由控制辊缝达到控制轧件厚度就必须先解决轧件厚度的测量问题，所以可测性是此控制模式的基础和先决条件。笔者发现轧件扰动可测，得到厚度控制差分方程，达到世界领先水平。DAGC的控制模式是把设备与工艺控制分开，所以比国外的系统简单，而厚度控制精度优于国外。

建立的张力状态方程可以与机电系统状态方程集成用于设计最优控制系统。这方面在技术上无困难，但因维数增加，计算机的软硬件必然复杂化。按工艺控制论的观点，设备控制为独立的位置控制系统（APC），可由张力状态方程的最优控制求出轧辊速度控制系统的设定值。改变轧辊速度要通过传动系统的传递函数才能实现。如果将张力最优控制解的速度作为速度控制系统的给定值，肯定有误差。误差有多大？对张力波动有多大影响？连轧过程的仿真实验可回答这些问题。在冷连轧过程仿真实验平台上证明这种处理是可行的，而且已得到实际连轧机的实验证明。目前已将该仿真平台改造成热连轧仿真实验平台，证实7机架热连轧机可采用轧机、轧件分离控制方法。现正进行热连轧机半实物系统的仿真实验，以便实现热连轧张力的最优控制[8]。

通过厚度控制和连轧张力控制问题的介绍，工艺控制论的概念已经清楚了，它是以分析法建立工艺系统的状态方程，使工艺与设备分离，设备控制只要APC功能，其APC设定值由工艺系统最优控制求解。仿真实验证明：忽略压下、传动系统动态响应滞后是可行的。

2　连轧工艺控制系统的模式

在正常生产装备条件下，连续或间断地制造产品时，原材料情况的波动会造成产品质量的波动。工艺控制系统以设备设定值为控制量，利用产品过程状态方程和目标函数求出最佳命中成品目标的设备动态设定值。工艺控制系统是追求目标的控制系统，系统本身的复杂性和不确定性（原材料情况的波动、设备参数的变化等）决定了它属于智能控制的范畴。以热连轧为例的分层递阶控制系统如图1所示。与一般智能控制系统的差别在于数学模型的构成：工艺控制系统强调解析数学模型，解析模型中的参数由正常工况下采集的数据经模型参数自适应而优化。此外，工艺控制系统强调静态设定，由此而得到高精度的预设定和目标轨道。成品钢带的几何尺寸和物理性能是产品目标，为达到此目标必须求出各机架轧制时的目标值（实现总目标的过程目标称为目标轨道）。由于已全部建立了板带轧制的解析数学模型，由综合等储备负荷分配方法可求出各个机架的轧件厚度、板凸度、平直度以及温度、张力等全部工艺初始状态量。在此基础上求出雅可比矩阵作为协调级的知识库。协调级由图2所示的协调推理网络表示，由它可以进一步提高预设定值的精度。图2中，Δh_0为入口坯的厚度差；ΔC_h为板凸度的变化；Δb为板宽的变化；ΔT_0为入口温度的变化；ΔW为板平直度的变化；A为辊缝的零点值；Δp_N为第N道次设定的压力变化；Δh_N为第N道次设定的厚度变化；ΔS_N为第N架辊缝的调节量；Δu_N为第N架轧辊速度的变化；S_N为第N架调整后的辊缝；u_N为第N架的轧辊速度；S_{N0}为第

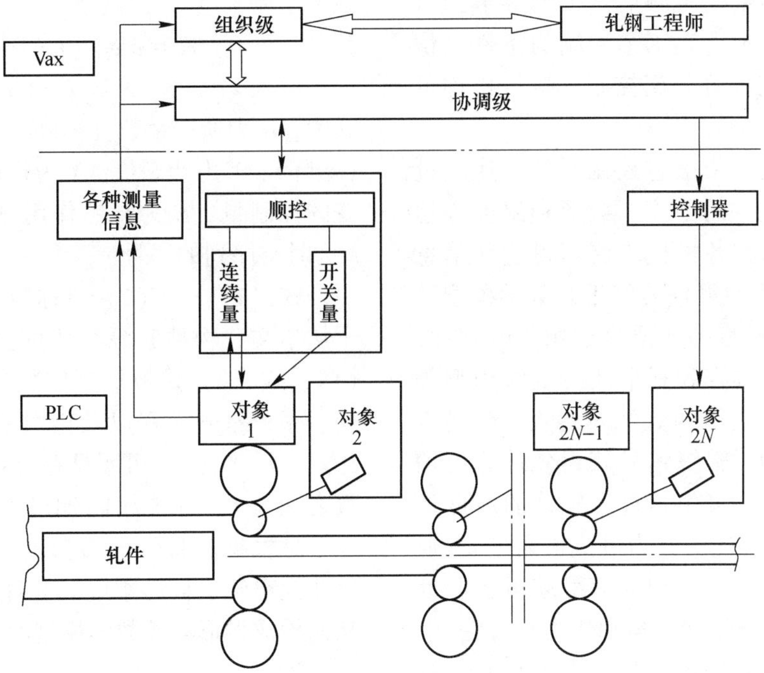

图 1 热连轧过程实时智能控制系统

Fig. 1 Actual intelligence control system of hot continuous rolling process

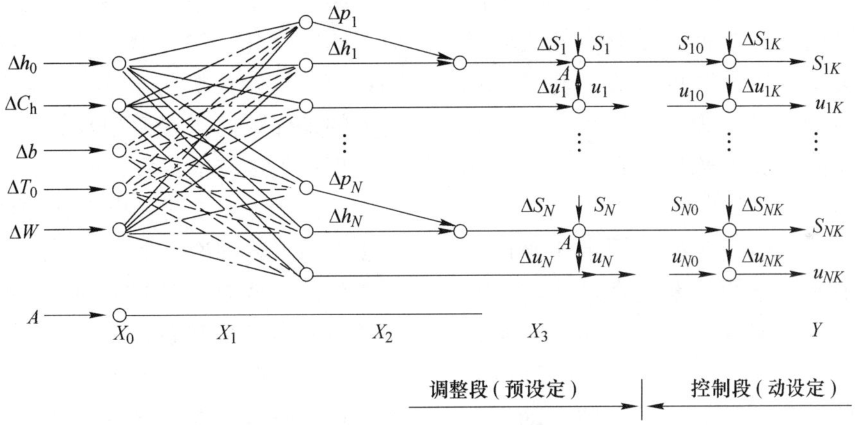

图 2 热连轧轧制过程协调推理网络

Fig. 2 Coordination reasoning network of hot continuous rolling process

N 架零时刻的辊缝；u_{N0} 为第 N 架零时刻的轧辊速度；ΔS_{NK} 为第 N 架 K 时刻的辊缝调节量；Δu_{NK} 为第 N 架 K 时刻轧辊速度的变化；S_{NK} 为第 N 架 K 时刻的实际辊缝；u_{NK} 为第 N 架 K 时刻的轧辊速度；X_0 为输入层；X_1、X_2、X_3 为中间层；Y 为输出层。

当轧件进入轧机后，可以获得轧件的实际信息，在基础级用最优控制器求出设备的动态设定值。

强调工艺过程状态方程就是要在基础级实现最优控制。系统在设定的目标轨道上经线性化得到的线性系统，由于已建立了张力、厚度、板形等状态方程，所以应用现代控制论方法是完全可行的，这样就完全改变了现行的热连轧控制方式。由基础级的最优控制解得出设备系统的动态设定值。

综上所述，连轧工艺控制系统由组织、协调、基础 3 级构成分层递阶结构。组织级的功能主要是学习、静态设定和计算雅可比矩阵，智能度最高，而精度要求低，节奏慢；协调级由协调推理网络构成，其功能根据进入精轧机前轧件的实测信号（温度、坯厚、坯宽和轧辊状态等）精确设定辊缝和轧辊速度。咬钢后已有实测信号，因而可利用最优控制抑制扰动，保证轧件的厚度、板形、温度和机架间张力的目标值，这样可使设备和控制系统大大简化。该方法强调建立工艺系统的状态方程，这一点在连轧机上已完成。对于解析模型中的误差，可以借助系统实测信号模型参数的自适应来提高精度。实现连轧工艺控制的条件是仿真实验证明轧机与轧件可分离控制，执行机构可按瞬时处理。

工艺控制系统是一个信息控制系统，连轧过程的控制目标是使轧件的厚度、板形和温度等达到目标值，所以要求在各机架均要获得这些信息（根据各机架的压力和辊缝信号经工艺数学模型计算得到）。工艺数学模型的实质是运用牛顿定律。弹跳方程、连轧张力方程和板形测控数学模型等均属于广义牛顿第二定律的数学表达式。弹跳方程解决了由已知压力、辊缝信号获得轧件厚度信息的问题；用张力公式可由速度、轧件的厚度信号获得张力信息（冷连轧的张力可直接测量）；通过板形测控模型可由压力、辊缝信号获得板凸度和平直度的信息；根据弹跳方程和压力计算公式，可由压力、辊缝信号获得各机架的温度信息。综上所述，由轧机信号及知识获得了轧件所需的全部信息。轧机的大部分参数是已知量，但其中有慢时变参数，对厚度控制系统主要有轧辊热膨胀、轧辊偏心和油膜厚度等，对板形系统有轧辊热凸度和磨损凹度，这些时变参数可由成品轧件的测厚仪和板形仪的实测信号获得。由轧机信号获得轧件信息，由轧件信号获得轧机信息属于牛顿第三定律反映的规律。

在传统工业的范围内，应用牛顿定律来解决问题已足够了。牛顿定律的重要性在于能将信号转化为多种信息，如上所述，同一组压力、辊缝信号可转换出厚度、板凸度、平直度、温度以及轧件扰动量等多种信息。目前工业上的自动控制系统大多是由信号构成的，而现代控制论的控制系统则由信息构成：根据少数状态量的信号由测量方程和状态方程获得全部状态信息并构成闭环最优控制系统。生物控制系统已被公认是信息控制系统。所以工艺控制系统与现代控制论系统、生物控制系统属于同类系统。工艺控制系统与装备控制系统的关系是，装备控制系统是基础，如果轧机无机电自动控制系统，工艺自动控制问题就无从谈起。这两个系统的区别在于装备控制系统是信号控制系统，而工艺控制系统是信息控制系统。这里所强调的是将工艺与设备分离，即直接由控制设备而实现成品质量控制。为此，首先要解决工艺状态量的测量问题，因而控制系统非常复杂。

工艺控制系统模式的核心是解析数学模型，该模型属于遗传方程：

$$Y_k = \boldsymbol{\alpha} Y_{k-1} + (1-\boldsymbol{\alpha}) X_k \qquad (1)$$

$$X_k = U_k + E_k \qquad (2)$$

式中，$\boldsymbol{\alpha}$ 为遗传系数（矩阵）；$(1-\boldsymbol{\alpha})$ 为变异系数（矩阵）；Y 为状态量；X 为作用量；U 为可自由改变的控制量；E 为自然作用量（或随机扰动量）；k 为时空序列的序号。

式（1）、式（2）可称为达尔文方程，它反映了达尔文“物种起源”中的遗传与变异规律。式（1）、式（2）是板形测控数学模型、厚度控制数模、张力差分方程以及指数平滑等共有形式的表达式。从式（1）可明显看出：遗传系数与变异系数之和为1，简称为1的规律。此规律很重要，笔者就是根据新日铁的板形遗传数学模型，依据此规律提出轧机板形刚度和轧件板形刚度的新概念，从而构成板形测控数学模型的。

3　工艺控制论的应用及意义

工艺控制论包括从轧钢控制实践中总结出的4条：第一是建立系统的解析数学模型，实现工艺分析的定量化；第二是确立分层递阶智能控制结构；第三是计算机仿真实验；第四是应用正常工况下的采样数据实现模型参数自适应。4条中有3条是现代先进技术，只有第一条是用分析（演绎）法使工艺理论达到牛顿第二定律的水平。下面进一步说明工艺理论。

传统工业是人造的物质运动。以往自然科学主要研究自然物质的运动规律，这些规律指导人类设计、制造了生产系统，使一些原材料成为有用材料，所以工业生产是人造的物质运动。人造物质运动是比较复杂的，受物理、化学等规律支配，是多变量、非线性的动态系统。在发明计算机之前要想建立工艺过程的数学模型是十分困难的，所以科学也较少涉及这些问题，生产工艺控制主要依靠操作工人的经验。没有状态方程就实现不了最优控制。通过对没有数学模型或模型不完备条件下进行的计算机过程控制的研究和实践，控制界发明了系统辨识、大系统理论和人工智能等方法，但远未达到预想的效果；另一条路线就是轧钢过程已实施的方法。其他传统工业可以实施轧钢的方法，因为传统工业属于宏观领域，变量是有限的，非线性程度不太高，所以笔者认为轧制工艺控制论的实践经验对其他传统工业有较普遍的指导意义。当对具体工艺过程的数学描述短时间内达不到牛顿定律的水平时，可以采用人工智能方法或计算机仿真建模方法。专家们可以构造出多种模型结构，并通过计算机仿真实验确立最佳的数学模型。该模型的精度可在实用过程中通过自适应技术不断提高或进一步改进模型的结构。

工艺控制系统是信息控制系统。信息控制论由达尔文首创、维纳定量化。现代控制论已达到了实用化水平，它在高新技术上取得的成就是人所共知的。工业装备控制的首创者是麦克斯韦。速度调节器属于信号控制系统。信号控制系统对机电系统的控制是十分有效的，其特点是精度高、速度快。对简单生产过程的控制也有效。复杂的生产过程控制应当采用信息控制系统。而现行的工业生产过程控制还是采用信号控制方式，计算机也只是模仿信号系统，未发挥计算机信息处理的优势。举例说，复杂的控制系统是强耦合系统，对信号控制系统强耦合是难点，而对信息控制系统则为有利条件，借助信息的相互关系可以获得更多的信息。

信息控制过程包括由目标信息、对象信息和环境信息综合变换得到再生信息，然后由再生信息实现最佳决策和最优控制。决策属于慢过程，放在组织级实施，最优控制则在基础级实现。由轧机的压力、辊缝信号可获得板厚、板凸度、平直度和温度状态量（对象信息），与目标轨道相比较后得到目标信息。由成品板带测量的板厚、板形、平直度和温度信号可获得轧机辊缝和轧辊实时凸度的信息（环境信息）。

工艺过程的定量描述是可以实现的，但现在大部分没有做到这一点，这是因为有些系统未被深入研究。正如达尔文所说的："没有被考查的事实，即使再明显也会被忽视。"在现代科学技术的基础上，专业工程师与控制专家合作就可以建立工艺过程状态方程。

4 结论

（1）总结轧制过程的控制理论、技术和实践经验得出了工艺控制论的概念。用分析法建立数学解析模型、计算机仿真实验、分层递阶控制结构和模型参数自适应为工艺控制论的 4 种模式。

（2）工艺控制论以工艺过程为控制对象，以设备控制为条件，两者分离。设备控制只要求 APC 功能，由工艺控制模型求出最佳设备 APC 的设定值，抑制扰动而命中目标。工艺控制系统属于信息流控制。

（3）在现代科学技术的基础上，传统工业的工艺过程是可以实现定量数学描述的。采用轧制工艺的控制模式是实现传统工业现代化的可行途径。

参考文献

[1] 张进之．论常用连轧张力微分方程的适用范围［J］．钢铁研究学报，2002，14（5）：73-76.

[2] 张进之，吴增强，杨新法，等．板带轧制动态理论的发展和应用［J］．钢铁研究学报，1999，11（5）：63-66.

[3] 张进之，吴毅平，张宇，等．热连轧厚控精度分析及提高精度的途径［J］．钢铁研究学报，1996，8（6）：15-18.

[4] 张进之．板带轧制过程工艺控制论概要［J］．中国工程科学，2001，3（4）：46-55.

[5] 张进之，郑学锋，薛栋．冷连轧张力最优和互不相关控制系统的试验［C］//系统仿真技术及应用论文集［C］．合肥：中国科技大学出版社，2000：384-388.

[6] 张进之，段春华．动态设定型板形板厚自动控制系统［J］．中国工程科学，2000，2（6）：67-72.

[7] 居兴华，杨晓臻，王琦，等．宝钢 2050 热连轧板带厚度控制系统的研究［J］．钢铁，2000，35（1）：60-62.

[8] 张进之．现代控制论改造轧钢控制系统提升轧钢技术［C］//中华新论．北京：中国世界语出版社，2000：19-20.

[9] 张进之．传统工业现代化技术路线的探讨［J］．冶金设备，2001（1）：21-25.

（原文发表在《钢铁研究学报》，2005，17（1）：1-5）

热连轧前馈最优化厚控制系统的分析

张进之，许庭洲

（中国钢研科技集团公司，北京　100081）

摘　要　以电动压下为主的热连轧厚控系统的前馈控制十分重要，20世纪70年代日本在轧制控制技术方面是先进的。本文通过学习日本的方法并对厚差预报方程有所改进。原日本预控方法是由两个机架组成一组：F_i 预报 F_{i+1} 进行厚度控制，改为 F_i、F_{i+1} 都可以实现厚度控制。对于控制方程的推导，是学习现代控制理论的习作，把中间过程推导写出来，以便在我国应用。

关键词　电动压下；前馈控制；测厚仪；AGC；厚差预报；最优控制

Abstract: It is very important to control the thickness of forward control system based on the electric pressure. In the last century, Japan was advanced in the rolling control technology in 70s. In this paper, we study the method of Japan and improve the prediction equation of thick difference. The original Japanese control method is composed of two frame composed of a group of F_i and F_{i+1}, forecast the thickness control is changed to F_i and F_{i+1}, they can achieve the thickness control. On the derivation of the governing equations is the study of modern control theory exercises and writing process is to use in China.

Key words: electric pressure; forward control; thickness gauge; AGC; prediction equation; optimum control

1　引言

为了在热连轧机上获得厚度均匀的产品，通常采用厚度计方式的厚度控制系统$\left(\frac{P}{\phi}-\text{AGC}\right)$。随着轧制速度的提高，从动态影响上要满足消除高频干扰（加热炉水印），要求压下系统有较高的固有频率。而目前大部分热连轧还是电动压下。如果改造成液压压下，在投资、现有设备条件和技术水平等方面都受到一定限制。日本佳友金属发展了一种前馈最优板厚控制系统[1,2]。已取得很好的实用效果并申请了专利[3]。

佳友方案是以前一机架压力差预报第二机架出口厚度，按二次型目标函数最小构成最优前馈控制系统。它比由前一架出口厚差构成第二架前馈控制系统有很大的优越性。该方案对我国现有热连轧机改造和新建中、小型热带连轧有参考价值。因此需要对该方案进行深入的分析研究。

构成这种控制系统有两个基本方程：第一是厚差预报方程，第二是带已知输入项的最优控制方程。本文将推导出这两个基本方程。对于厚差预报方程，比佳友给出的方程有发展。给出了更一般的结果，取消了要求第一架辊缝不变的限定条件。

2　前馈板厚控制的厚差预报方程

2.1　前馈板厚控制装置

基于厚度计原理的轧机出口板厚差 Δh 可以用无负载时的辊缝 ϕ 和轧制力 P 以及轧机刚性系数 M 表示为下式：

$$\Delta h = \Delta\phi + \frac{\Delta P}{M} \tag{1}$$

这种厚度计方式的板厚控制系统方框图示于图1。

$$\Delta p = -\frac{MQ}{M+Q}\Delta\phi$$

$$\Delta h = \frac{\Delta P}{M} = -\frac{Q}{M+M}\Delta\phi$$

图1中的 Δh_d 是外部干扰，主要是由于钢板的温度变动而产生的。对于这种外部干扰，当进行图2所示的反馈方式的板厚控制时，其精度取决于压下系统的响应。当采用最先进的压下螺丝控制系统，也难于消除如加热炉水印所造成的温差干扰，为此发展了如图2所示的前馈板厚控制装置。

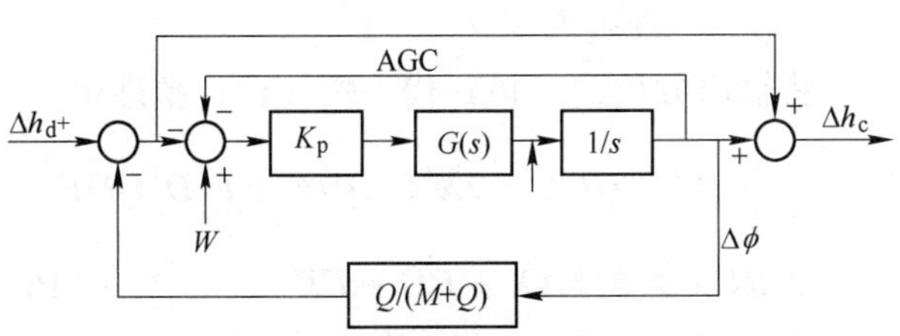

图 1　AGC 前馈的方框图

Fig. 1　Block diagram gaugemeter AGC

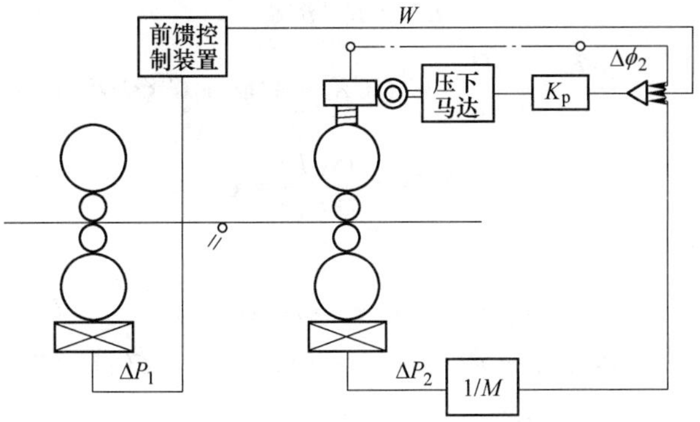

图 2　前馈控制系统的构造图

Fig. 2　Optimal gauge control system

图 2 所示系统是由两个机架组合而成的，由前一机架预测在后一机架发生的外部干扰，预先控制后一机架的压下螺丝位置的方式消除干扰的影响。这里的首要问题是如何由 ΔP_1 信息预报第二机架出口厚差问题。美坂佳助等给出了第一机架辊缝不变条件下，第二机架出口厚差预报方程：

$$\Delta h_{d2}(t+t_d)=\frac{1}{M_2+Q_2}\left[\left(\frac{\partial P}{\partial H}\right)_2\frac{1}{M_1}+\frac{P_{e2}}{P_{e1}}\left(1+\frac{Q_1}{M_1}\right)\right]\Delta P_1(t) \tag{2}$$

式中　t_d——钢带从第一架移到第二架的时间；

Q——轧件塑性系数；

M——轧机刚度；

P_{ei}——压力销定值。

2.2　第二机架出口厚差预报方程

前馈控制在时间响应上是优越的，但它要求扰动估计十分精确，而且对外界随机干扰和系统元件性能变化的影响是无法消除的。实际上在应用前馈环节时，一般都需要反馈环节相配合。因此需要推导出前馈和反馈并存条件下的厚差预报公式。下面用泰勒级数方法，推导出前一机架带反馈 AGC 情况下的厚差预报方程。

先写出第二架未调辊缝时的出口厚度变化，然后推导出第一架出口厚度变化，综合两个机架关系就可以得到第二架出口厚差预报方程。

$$\Delta h_2=\frac{\Delta P_2}{M_2}=\frac{1}{M_2}\left[\left(\frac{\partial P}{\partial H}\right)_2\Delta H_2+\left(\frac{\partial P}{\partial h}\right)_2\Delta h_2+\left(\frac{\partial P}{\partial K_0}\right)_2\Delta K_{02}\right]$$

式中　K_0——轧件硬度。

令 $\left(\frac{\partial P}{\partial h}\right)_2=-Q_2$ 故得：

$$\Delta h_2=\frac{1}{M_2+Q_2}\left[\left(\frac{\partial P}{\partial H}\right)\Delta H_2+\left(\frac{\partial P}{\partial K_0}\right)\Delta K_{02}\right] \tag{3}$$

式中，ΔH_2 可由延时关系求得：

$$\Delta H_2(t+t_a)=\Delta h_1(t) \tag{4}$$

下面继续求 Δh_1 和 K_{02}。由第一架弹跳方程得

$$\Delta K_{01}=\frac{(M_1+Q_1)\Delta h_1-M_1\Delta\phi_1}{\left(\frac{\partial P}{\partial K_0}\right)_1} \tag{5}$$

假定：$\Delta K_{02}=\frac{K_{02}}{K_{01}}\cdot\Delta K_{01}$　(6)

式（6）代入式（5）得

$$\Delta K_{02}=\frac{\frac{K_{02}}{K_{01}}[(M_1+Q_1)\Delta h_1-M_1\Delta\phi_1]}{\left(\frac{\partial P}{\partial K_0}\right)_1} \tag{7}$$

$$\Delta h_1=\Delta\phi_1+\frac{\Delta P_1}{M_1} \tag{8}$$

式（8）代入式（7）得：

$$\Delta K_{02}=\frac{\frac{K_{02}}{K_{01}}\left[(M_1+Q_1)\frac{\Delta P_1}{M_1}+Q_1\Delta\phi_1\right]}{\left(\frac{\partial P}{\partial K_0}\right)_1} \tag{9}$$

式（8）代入式（4）得

$$\Delta H_2(t+t_d)=\Delta\phi_1(t)+\frac{\Delta P_1(t)}{M_1} \tag{10}$$

式（9）、式（10）代入式（3）得：

$$\Delta h(t+t_d)=\frac{1}{M_2+Q_2}\left[\left(\frac{\partial P}{\partial H}\right)_2\left(\frac{\Delta P_1(t)}{M_1}+\Delta\phi_1(t)\right)+\frac{\left(\frac{\partial P}{\partial K}\right)_2K_{02}}{\left(\frac{\partial P}{\partial K_0}\right)_1K_{01}}\left[(M_1+Q_1)\frac{\Delta P_1(t)}{M_1}+Q_1\Delta\phi_1(t)\right]\right]$$

因为

$$\left(\frac{\partial P}{\partial K_0}\right)_1 K_{01} \approx P_{e1}$$

$$\left(\frac{\partial P}{\partial K_0}\right)_2 K_{02} \approx P_{e2}$$

故得：$\Delta h_{d2}(t + t_d) = \alpha \Delta P_1(t) + \beta \Delta \phi_1(t)$　　(11)

式中

$$\alpha = \frac{1}{M_2 + Q_2}\left[\left(\frac{\partial P}{\partial H}\right)_2 \frac{1}{M} + \frac{P_{e2}}{P_{e1}}\left(1 + \frac{Q_1}{M_1}\right)\right]$$

$$\beta = \frac{1}{M_2 + Q_2}\left[\left(\frac{\partial P}{\partial H_2}\right)_2 + \frac{P_{e2}}{P_{e1}} Q_1\right]$$

式（11）即为我们要求的厚差预报方程。当第一级机架无 AGC 调节系统时（即 $\Delta\phi_1(t)=0$），与美坂等给出的公式相同。美坂模型已成功地应用于热连轧厚度控制上，由此可推断我们的模型公式的正确性，它可以应用于我国现有的热连轧机改造上。

3　最优前馈控制

按本文的需要，只给出单变量最优控制的解就可以了。但带有预知干扰项的最优控制，在多输入多输出系统中也要应用，如连轧张力最优控制系统。故这里给出一般结果。

3.1　问题的提出

已知系统的状态方程和输出方程分别为：

$$\boldsymbol{x} = \boldsymbol{Ax} + \boldsymbol{Bu} + \boldsymbol{EF} \qquad (12)$$

$$\boldsymbol{y} = \boldsymbol{Cx} + \boldsymbol{DF} \qquad (13)$$

式中　$\boldsymbol{x}$——状态向量；

$\boldsymbol{u}$——控制向量

$\boldsymbol{y}$——输出向量；

$\boldsymbol{F}$——可预测的干扰向量；

$\boldsymbol{A}$，$\boldsymbol{B}$，$\boldsymbol{C}$，$\boldsymbol{D}$，$\boldsymbol{E}$——相应的矩阵。

求使二次型目标函数

$$\boldsymbol{J} = \frac{1}{2}\int_0^T (\boldsymbol{y}^{\mathrm{T}}\boldsymbol{Qy} + \boldsymbol{u}^T\boldsymbol{Ru})\,\mathrm{d}t \qquad (14)$$

最小的最优控制方程。

式中　$\boldsymbol{Q}$——对角形权矩阵，对角线部分元素可为零；

$\boldsymbol{R}$——可逆的对角线形权矩阵。

3.2　公式推导

按极值控制原理，由式（14）、式（12）构造哈密顿函数 $\boldsymbol{H}$

$$\boldsymbol{H} = -\frac{1}{2}[\boldsymbol{y}^{\mathrm{T}}\boldsymbol{Qy} + \boldsymbol{u}^{\mathrm{T}}\boldsymbol{Ru}] + \boldsymbol{\psi}^{\mathrm{T}}[\boldsymbol{Ax} + \boldsymbol{Bu} + \boldsymbol{EF}] \qquad (15)$$

式中　$\boldsymbol{\psi}$——伴随方程。

将输出方程式（13）代入式（15）整理得：

$$\boldsymbol{H} = -\frac{1}{2}[\boldsymbol{X}^{\mathrm{T}}\boldsymbol{C}^{\mathrm{T}}\boldsymbol{QCX} + 2\boldsymbol{X}^{\mathrm{T}}\boldsymbol{C}^{\mathrm{T}}\boldsymbol{QDF} + \boldsymbol{F}^{\mathrm{T}}\boldsymbol{D}^{\mathrm{T}}\boldsymbol{QDF} + \boldsymbol{U}^{\mathrm{T}}\boldsymbol{RU}] + \boldsymbol{\psi}^{\mathrm{T}}[\boldsymbol{AX} + \boldsymbol{BU} + \boldsymbol{EF}] \qquad (16)$$

按庞得里亚根极大值原理有：

$$\frac{\partial H}{\partial u} = 0$$

$$\boldsymbol{u}^* = \boldsymbol{R}^{-1}\boldsymbol{B}^T\boldsymbol{\psi} \qquad (17)$$

$$\frac{\partial \boldsymbol{\psi}}{\partial t} = -\frac{\partial \boldsymbol{H}}{\partial x} = \boldsymbol{C}^{\mathrm{T}}\boldsymbol{QCX} - \boldsymbol{A}^{\mathrm{T}}\boldsymbol{\psi} + \boldsymbol{C}^{\mathrm{T}}\boldsymbol{QDF} \qquad (18)$$

$$\boldsymbol{\psi}(T) = \frac{\partial S(T)}{\partial X(T)} = 0$$

设伴随方程 $\boldsymbol{\psi}$：

$$\boldsymbol{\psi}(t) = -P(t)x(t) + \xi(t) \qquad (19)$$

$$\dot{\boldsymbol{\psi}}(t) = -\dot{P}(t)x(t) - P(t)\dot{x}(t) + \dot{\xi}(t) \qquad (20)$$

注：$x = \dfrac{\mathrm{d}X}{\mathrm{d}t}$

式（20）等于式（18），并把式（19）代入式（18），式（12）代入式（20），整理得：

$$[\boldsymbol{A}^{\mathrm{T}}\boldsymbol{P}(t) + \boldsymbol{P}(t)\boldsymbol{A} + \boldsymbol{C}^{\mathrm{T}}\boldsymbol{QC} - \boldsymbol{P}(t)\boldsymbol{BR}^{-1}\boldsymbol{B}^{\mathrm{T}}\boldsymbol{P}(t) + \dot{\boldsymbol{P}}(t)]x(t) = \boldsymbol{A}^{\mathrm{T}}\xi(t) - \boldsymbol{P}(t)\boldsymbol{BR}^{-1}\boldsymbol{B}^{\mathrm{T}}\xi(t) - \boldsymbol{P}(t)\boldsymbol{EF} - \boldsymbol{C}^{\mathrm{T}}\boldsymbol{QDF} + \dot{\xi}(t) \qquad (21)$$

式（21）对任意 $X(t)$ 都成立，其必要条件是：

$$-\dot{P}(t) = \boldsymbol{P}(t)\boldsymbol{A} + \boldsymbol{A}^{\mathrm{T}}\boldsymbol{P}(t) + \boldsymbol{C}^{\mathrm{T}}\boldsymbol{QC} - \boldsymbol{P}(t)\boldsymbol{BR}^{-1}\boldsymbol{B}^{\mathrm{T}}\boldsymbol{P}(t) \qquad (22)$$

$$\dot{\xi}(t) = -[\boldsymbol{A}^{\mathrm{T}} - \boldsymbol{P}(t)\boldsymbol{BR}^{-1}\boldsymbol{B}^{\mathrm{T}}]\xi(t) + \boldsymbol{P}(t)\boldsymbol{EF}(t) + \boldsymbol{C}^{\mathrm{T}}\boldsymbol{QDF}(t) \qquad (23)$$

式（22）、式（23）的终端条件可求得：

因为 $\psi(T) = -\boldsymbol{P}(t)X(T) + \xi(T) = 0$

取：$\boldsymbol{P}(T) = 0$；这时 $\xi(t) = 0$

利卡提方程式（22）是可解的。对于定常线性系统式（22）存在渐近稳定解，其解为代数利卡提方程式（24）的根

$$\boldsymbol{P}^*\boldsymbol{A} + \boldsymbol{A}^{\mathrm{T}}\boldsymbol{P}^* + \boldsymbol{C}^{\mathrm{T}}\boldsymbol{QC} - \boldsymbol{P}^*\boldsymbol{BR}^{-1}\boldsymbol{B}^{\mathrm{T}}\boldsymbol{P}^* = 0 \qquad (24)$$

将 $\boldsymbol{A}$、$\boldsymbol{C}$、$\boldsymbol{Q}$、$\boldsymbol{B}$、$\boldsymbol{R}$ 等矩阵具体数值代入后，可求出对称正定矩阵 $\boldsymbol{P}^*$。将 $\boldsymbol{P}^*$ 代入式（23）可以求解 $\xi(t)$。

$\boldsymbol{P}$ 代入式（23）后成为定常量微分方程。由于终端条件已知，故可得到唯一解：

$$\xi(t) = \lim_{T\to\infty}\left[-\int_0^{T-\tau} \mathrm{e}^{[\boldsymbol{A}^{\mathrm{T}} - \boldsymbol{PBR}^{-1}\boldsymbol{B}^{\mathrm{T}}]^{\tau}}(\boldsymbol{C}^{\mathrm{T}}\boldsymbol{QD} + \boldsymbol{PE})\boldsymbol{F}(t+\tau)\,\mathrm{d}\tau\right] \qquad (25)$$

输入向量 $F(t)$ 并不用求出 [0—T] 区间里的全部值，只要求得机架间，即 [0—t_d] 区间里的值。这样 $\xi(t)$ 是可积分的。式（25）写成：

$$\xi(t)=-\int_0^{td}\mathrm{e}^{[\boldsymbol{A}^{\mathrm{T}}-\boldsymbol{PBR}^{-1}\boldsymbol{B}^{\mathrm{T}}]^{\tau}}(\boldsymbol{C}^{\mathrm{T}}\boldsymbol{QD}+\boldsymbol{PE})F(t+\tau)\mathrm{d}\tau \tag{26}$$

由于 $\xi(t)$、$\boldsymbol{P}$ 都求出来了，故得到最优控制方程：

$$u^*(t)=\boldsymbol{R}^{-1}\boldsymbol{B}[-\boldsymbol{P}X(t)+\xi(t)] \tag{27}$$

是可实现的。

式（26）可由数值积分方法计算，即将机架间距离分成几段（如取 $n=10$），相应的 $F(t+\tau)$ 由寄存器中取出，则可以计算出 $\xi(t)$ 的值。做数字积分，特别是向式（27）量积分，用于在线控制是有困难的，这里提出一种 $\xi(t)$ 的近似计算方法。$\xi(t)$ 的解法可以同利卡提方程渐近解一样，令 $\frac{\mathrm{d}\xi(t)}{\mathrm{d}t}=0$，则式（23）可写成

$$o=-[\boldsymbol{A}^{\mathrm{T}}-\boldsymbol{PBR}^{-1}\boldsymbol{B}^{\mathrm{T}}]\xi(t)+[\boldsymbol{PE}+\boldsymbol{C}^{\mathrm{T}}\boldsymbol{QD}]F(t)$$

$$\xi(t)=-[\boldsymbol{A}^{\mathrm{T}}-\boldsymbol{PBR}^{-1}\boldsymbol{B}^{\mathrm{T}}]^{-1}[\boldsymbol{PE}+\boldsymbol{C}^{\mathrm{T}}\boldsymbol{QD}]F(t)$$

式中除 $F(t)$ 外全是定常的，故可以离线计算出来。$F(t)$ 可以用简单的移位记存器实现，故 $\xi(t)$ 只做乘法运算就可以了，为在线使用提供了方便。

下面通过求解最优前馈板厚控制系统例子，说明上述几个公式的应用，同时也推导出文献[1-3]中的实用控制方程。

4 两机架最优前馈板厚控制方程

4.1 控制系统的状态和输出方程

系统框图示于图 1。图 1 中所加的 W 是使系统最佳化而用的输入，即 W 相当于 u。图 1 中的 $G(S)$ 表示压下速度控制系统的动态特征，但为了简化起见。将它忽略不计的话，图 1 的控制系统可由式（28）、式（29）表示。

$$\frac{\mathrm{d}}{\mathrm{d}t}\Delta\phi(t)=-\frac{M}{M+Q}K_p\Delta\phi(t)+K_pW(t)-K_p\Delta h_d(t) \tag{28}$$

$$\Delta h_c(t)=\frac{M}{M+Q}\Delta\phi(t)+\Delta h_d(t) \tag{29}$$

式（28）为系统的状态方程，式（29）为输出方程。下面写出目标函数：

$$J=\frac{1}{2}\int_0^{\infty}[\Delta h_c^2(\tau)+\gamma W^2(\tau)]\mathrm{d}\tau \tag{30}$$

求取使 J 为了最小的控制输入 W^* 的最佳控制问题，可套用前边推导的公式。式（30）中的 γ 为权重系数。权重系数 γ 取得大的话，则最优控制当然成为 $W^*\equiv 0$，即成为一般的 AGC 方式。而当权重系数 γ 取得足够小的话，则可得到使板厚差 Δh_c 的二次方的积分最小的最优控制的 W^*。

4.2 最优控制方程的推导

方程式（28）~式（30）、方程式（12）~式（14）对比，写出系数与矩阵的对应关系：

$$\boldsymbol{A}——-\frac{M}{M+Q}K_p;\ \boldsymbol{B}——K_p;\ \boldsymbol{E}——-K_p;$$

$$\boldsymbol{C}——\frac{M}{M+Q};\ \boldsymbol{D}——l;\ \boldsymbol{Q}——l;\ \boldsymbol{R}——\gamma$$

将 $\boldsymbol{A}$~$\boldsymbol{R}$ 等值代入式（24）整理得：

$$P^2+2\frac{M}{M+Q}\frac{\gamma}{K_p}P-\left(\frac{M}{M+Q}\right)^2\frac{\gamma}{K_p^2}=0 \tag{31}$$

二次方程式（31）的一个根为：

$$P=\frac{M}{M+Q}\frac{\gamma}{K_p}\left(\sqrt{1+\frac{1}{\gamma}}-1\right) \tag{32}$$

令 $1+\frac{1}{\gamma}=\delta^2$，则得：

$$P=\frac{M}{M+Q}\frac{\gamma}{K_p}(\delta-1) \tag{33}$$

方程（26）中的

$$\boldsymbol{C}^{\mathrm{T}}\boldsymbol{QD}=\frac{M}{M+Q}$$

$$\boldsymbol{PE}=-\frac{M}{M+Q}\gamma\left(\sqrt{1+\frac{1}{\gamma}}-1\right)$$

$$\boldsymbol{C}^{\mathrm{T}}\boldsymbol{QD}+\boldsymbol{PE}=\frac{M}{M+Q}\left[1-\gamma\left(\sqrt{1+\frac{1}{\gamma}}-1\right)\right]$$

$$\boldsymbol{PBR}^{-1}\boldsymbol{B}^{\mathrm{T}}=\frac{M}{M+Q}K_p(\delta-1)$$

将以上各量代入式（26）整理得：

$$\boldsymbol{R}^{-1}\boldsymbol{B}\xi(t)=-\left[\frac{M}{M+Q}K_p\delta\int_0^{td}\mathrm{e}^{-\frac{M}{M+Q}K_p\delta\tau}\Delta h_d(t+\tau)\mathrm{d}\tau\right]\cdot(\delta-1) \tag{34}$$

$$\boldsymbol{R}^{-1}\boldsymbol{BP}=\frac{M}{M+Q}(\delta-1) \tag{35}$$

由式（34）、式（35）获得最优前馈板厚控制方程式（36）：

$$W^*(t)=-\left[\frac{M}{M+Q}\Delta\phi+\frac{M}{M+Q}K_p\delta\int_0^{td}\mathrm{e}^{-\frac{M}{M+Q}K_p\delta\tau}\Delta h_d(t+\tau)\mathrm{d}\tau\right]\cdot(\delta-1) \tag{36}$$

式（36）应用还是比较方便的，K_p 是压下系统的增益，是已知常数；δ 是二次型目标函数的权系数确定，最佳值可由电子计算机仿真实验确定，轧机刚度性系数 M、塑性系数 Q 等也是已知数。这样式（36）可写成：

$$W^*(t) = -a\Delta\psi(t) - b\int_0^{t_0} e^{-c\tau}\Delta h_d(t+\tau)d\tau \tag{37}$$

由式（11）可计算出区间［$0 \sim t_0$］内的 Δh_d，这样最优前馈板厚控制方案就可以实现了。

4.3　与一般前馈板厚控制相比较

当求出图 1 中 W 表达式（36）时，图 1 可改画成图 3。将图 3 的控制信号 $U(t)$ 和增益 K 与过去的方法进行比较，则得如表 1 所示的结果。

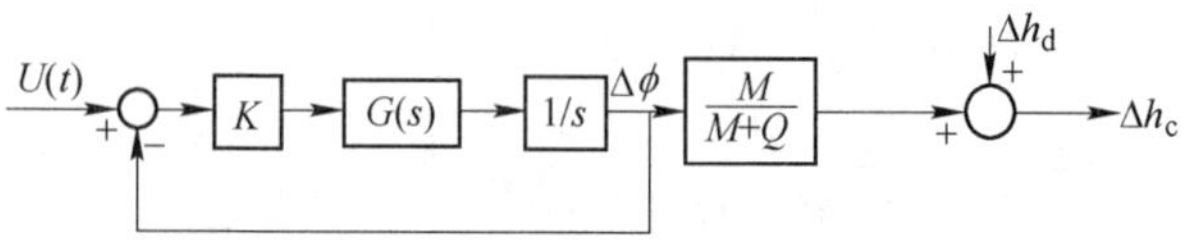

图 3　最佳控制系统的方框图

Fig. 3　Block diagram of gaugemeter AGC

表 1　最佳控制系统的特征

Tab. 1　Characteristics of optimal AGC

	最佳控制系统	一般的方式
控制信号 $U(t)$	$-\dfrac{M+Q}{M}\int_0^{t_d} Ke^{-KZ}\Delta h_d(t+\tau)d\tau$	$-\dfrac{M+Q}{M}\Delta h_d(t)$
增益 K	$K_p\delta\dfrac{M}{M+Q}$	$K_p\dfrac{M}{M+Q}$

假定有一温度阶跃扰动。两种控制方法的模拟结果示于图 4，由图 4 明显看出，由于采用了最优预控方式，阶跃扰动进入第一机架以使第二机架压下螺丝的改变，而一般前馈需要达到第二机架才动作。这样最优前馈方式比一般前馈的最大厚差可减少 1/2 左右。

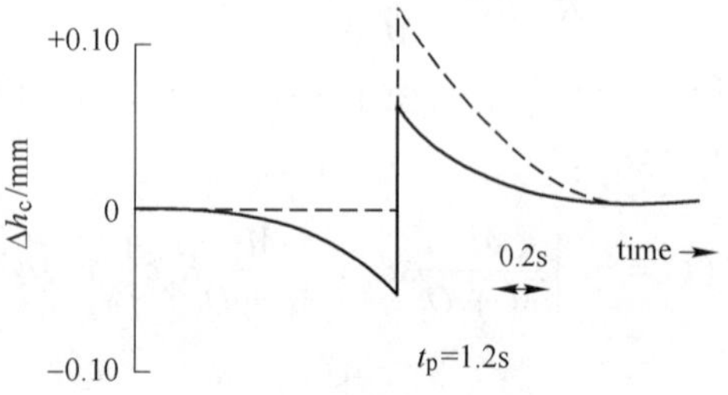

图 4　阶跃响应对比示意图

Fig. 4　Step response of gaugemeter AGC

5　最佳前馈板厚控制系统的实用效果

日本住友金属已将最优前馈板厚系统在生产轧机上进行实验，由检测精轧机组第四机架的轧制力，前馈控制第五机架的压下量，其控制效果如图 5 所示，完全消除了加热炉滑道黑印的影响。

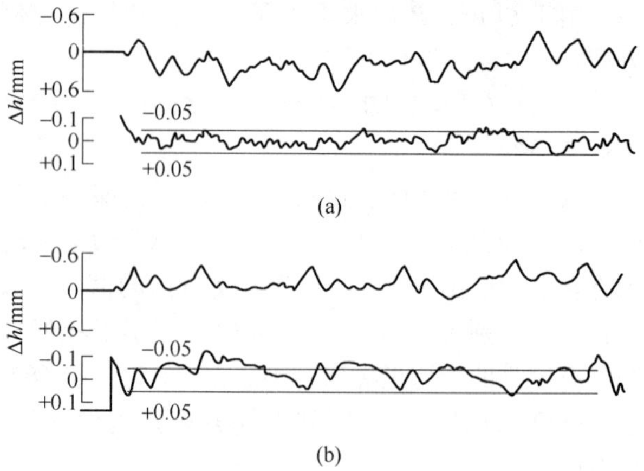

图 5　在实际轧机上的应用效果

（a）最优前馈方式；

（b）过去方式 F5 出口板厚 8.95mm

Fig. 5　An example of gauge accuracy in paratical mill

（a）feed forward AGC；

（b）feed back AGC（delivery guage 8.95mm）

6　结论

本文主要介绍日本住友金属的研究实验结果，应用它对我国热轧机改造很有参考价值。由于该方法属于住友金属的专利，故该方法的主要两个方程只给出结果，如果我们要试用它，不将该方法弄清楚和较彻底地消化是不行的，所以我们较详细地推导出这两个公式。

对于出口厚差预报方程，陈振宇[4]已指出它的不足，我们推导出更一般的结果。对于有已知输入项的最优控制方程的推导，也是很必要的。在科学院系统所秦化淑同志的指导帮助下，把文献［1-3］中的结果推导出来了。由于受专业水平的限制，推导过程比较粗浅，还可能有错误，希望多批评指正。

后记

20 世纪 70 年代热连轧机还是以电动压下为主，所以热连轧前馈最优厚度控制技术十分重要。日本在这方面走在世界前列。

我对日本轧钢控制技术比较了解，而要他们

的技术成果，特别是在生产中应用，需对其深入消化。

对于最优控制是向科学院数学所和华东师大专家教授们学习请教交流，用现代控制论方法研究轧钢过程控制问题，所以在 20 世纪 70 年代到 2000 年写了多篇论文，大都发表在《自动化学报》《冶金自动化》及各种有关轧钢自动化控制的学术年会上。2000 年发现日本学者今井一郎厚度计算公式的反函数，即 ϕ 函数，它和我的解析板形刚度理论、DAGC、连轧张力理论等可以简便地应用于轧制生产过程控制的全部问题。所以从 2000 年起重点在实际生产方面推广应用我的轧制动态理论。

目前是 DAGC、测厚计型 AGC、BSRIA 三种方法都在实际中应用，对后两种厚控方式的热连轧机最优前馈厚控方法是有实际意义的，故将该文发表供参考。

本文的另一点。是在消化武钢 1700 冷连轧负荷分配数学模型工作中，学会了如何真正消化引进技术；应当把数学模型公式的推导过程掌握了才算真正达到了消化引进技术的目标。

参 考 文 献

[1] 高桥亮一，美坂佳助，Gaugemeter AGC 进步［J］. 塑性と加工，1975（1）：23-31.

[2] 山下了也，美坂佳助，等. 佳友金属，1976（1）：16-21.

[3] 日本特许 950083 号，美坂佳助，高桥亮一. 佳友金属. 1980：75-76.

[4] 陈振宇，张显东. 热连轧机自适应前馈厚度调节系统的仿真研究［J］. 自动化学报，1981（7）.

连轧过程电子计算机仿真实验研究

张进之

（中国钢研科技集团有限公司，北京　100081）

1　引言

板带轧制动态理论适用于冷、热连轧和中厚板轧机。动态轧制理论的基本内容有四项：连轧张力公式、动态设定型厚控方法（DAGC）、解析板形刚度理论、Φ 函数及 $d\Phi/dh$。我们应用电子计算机仿真方法研究连轧过程，是从 1973 年开始的，当时笔者推导出来的连轧张力公式有些争论，希望实验证明，但直接到连轧机上做实验是不可能的。国外已普遍应用仿真实验方法研究连轧各种问题了，我们可否也用这种方法实验呢？1972 年我院买了一台 DTS-127 小型机，1973 年开始同杨国力、张安宁和郑学锋等同志开展冷连轧机影响系数和动态过渡历程的计算机仿真实验工作，目的是验证连轧张力公式的正确性。通过用张力公式代替秒流量相等条件，其他公式和设备、工艺等参数与美坂佳助的相同，计算影响系数与美坂计算结果相比较，如果相同或接近则可以证明稳态张力公式的正确性。用动态张力公式代替张力积分式计算阶跃扰动下的过渡历程，如果与日本人计算的一致或相近，就可以证明动态张力公式的正确性，影响系数计算成功了，多机架稳态张力公式得到了验证。由于当时还未能给出多机架动态张力公式，只得到相当于阿高-玲木过渡历程计算结果，即厚度延时是动态模型而张力是稳态模型。

1975 年学习了现代控制理论，在科学院数学所梁国平、张永光等同志帮助下，得到了正确的多机架动态张力公式，随之同他们合作开展起冷连轧过程的仿真实验研究工作，提出了冷连轧过程模拟新方法（发表在《自动化学报》1979 年第 3 期上）。之后开展了多方面连轧过程仿真实验研究工作，主要结果收集在本论文集中。

下面简单介绍部分的主要内容。

2　连轧仿真实验的动态数学模型及程序

冷连轧动态数学模型特点是由动态张力公式代替张力积分表达式，去掉了轧件入口和出口速度的计算，故能提高仿真计算精度和减少计算量。模型中增加了坯料延时计算公式，使之更接近实际轧钢过程。

由于张力解析解代替了张力积分环节的仿真计算，使连轧工艺仿真系统只包括厚度、延时、张力计算等子系统，故能在 4K 内存的计算机上实现仿真实验。

程序特点是采用了轮换法将各环节联系在一起。这种办法虽然使各个子系统有一步时差，但仿真计算步长取的都比较小（如 0.002s），不会影响仿真计算精度。这种办法容易对由许多子系统组成的大系统进行仿真实验，允许各子系统性质和描述上的重大差别，当初始状态给定后，从加入扰动开始顺序地进行各环节的计算，方便地得到全部时间内所解决问题需要的各种量。由此，为连轧工艺过程仿真实验编的程序，很容易地推广到研究连轧控制系统的仿真实验，连轧操作问题（穿带、加速度、动态变规格等）的仿真实验，计算机控制数学模型中基本公式（压力、力矩、前滑和变形抗力等）和自适应最佳增益因子选择等等的仿真实验。

程序的另一个特点是延时问题的处理。采用循环存储和叠计长度判断，达到在轧制速度在任意变化条件下，能精确地计算入口厚度，从而实现轧制生产过程中实际操作问题的仿真实验。

压下和传动系统的执行机构由脉冲响应函数描述，编制了卷积计算程序，从而能使用轧机的实际数据。无疑，它有利于连轧操作问题和总体控制方案的仿真实验研究。程序简单而也接近于实际。但它对分析和设计控制系统本身不一定适用。此时，控制系统和执行机构可用一般仿真程序编写构成一个子系统，与张力、厚度、延时等子系统按轮换法进行综合仿真实验。这样可以由生产效果来判断控制系统的好坏，相当于在实际轧机上进行实验。

由转移矩阵法求解状态方程，采用了先计算 $\boldsymbol{A}^{-1}[e^{A\Delta t}-1]$，后计算 $e^{A\Delta t}$ 的方法，省去了 $\boldsymbol{A}$ 的逆矩阵计算。在计算机上与四阶龙格库塔法作过对比实验，计算速度快 4 倍；而计算 $e^{A\Delta t}$ 的级数采用的是前 10 项，故精度也比较高。

3 连轧张力系统定常性的仿真使用实验

得到多机架动态张力公式是以 **A** 矩阵定常性为前提的，**A** 矩阵定常性质是在 1973 年求连轧影响系数时发现的。从 **A** 矩阵表达式是看不出这一点，因为它的各元素是厚度和速度等变量的函数。因此有几位专家和教授对连轧张力公式的存在提出疑问。1973 年的推导太繁杂，从而寻求简明数学证明和仿真实验表明 **A** 矩阵的定常性。这篇文章给出了两种方式证明的结果。

仿真实验证明方法是简单易行的，采用按定常和时变两种仿真实验方案，通过 5%坯料厚度扰动下的响应计算，两种方案的计算结果比较接近，则证明了连轧张力系统可按定常系统处理。

定常性不仅对连轧张力公式本身有重要意义，对仿真实验也很重要，可以减少计算量。它也是能实现张力最优控制的理论基础。

4 连轧新工艺操作方案的仿真实验

连轧控制系统仿真实验这部分有三篇文章，一篇是以张力差信号调辊缝为主体的新型冷连轧控制系统；另一篇是连轧张力最优和互不相关控制系统的仿真实验；本篇是热连轧前馈最优控制改进方法的实验。下面对冷连轧操作方法的实验叙述如下：

（1）冷连轧穿带过程速度设定模型及仿真实验穿带过程未能实现计算机控制，因为穿带过程各种因素都在变，很难用数学模型描述，故只能采用辊缝和速度的静态设定和人工干预的穿带方法。国外目前也是用仿真实验方法研究穿带问题，力求寻得穿带过程自动控制方案。由于张力公式可实现连轧速度动态设定，厚度延时程序可准确计算入口厚度，故提出了一个计算机连轧穿带动态设定模型。该模型能否在实际中应用呢？通过仿真实验证明了它是可行的。

另一项仿真实验的目的是辊缝和速度设定的时间间隔问题。实现每改变一次速度设定时间间隔受设备条件的限制，不一定允许 0.1s 时间。那么增加时间步长对穿带过程有什么影响呢？允许最大时间间隔是多少？仿真实验方法很容易回答这些问题。通过改变速度设定时间间隔 0.1s、0.2s、0.5s、1.0s、2.0s…，仿真实验可得出各条件下的张力波动程度，根据工艺上允许最大张力波动值，就可以得到允许速度调节步长，本文实验条件下为 3s。

（2）对 1700 冷连轧机加减速过程张力补偿制度的分析研究这是一项实际生产中提出来的问题，目的是弄清楚西德提供的加减速张力补偿制度制定的依据，达到消化从西德引进的数学模型。本文中应用了仿真实验方法，根据理论分析假设出几种张力补偿方案，通过对各方案仿真实验的结果，由此可推断出西德模型制订的几项原则。

（3）冷连轧动态变规格设定控制模型的探讨，目前国内外研究及使用的动态变规格设定模型都是阶跃变换法。选定一点（如焊缝处）为变规格点，按延时公式计算出变规格点到达各机架的时刻，顺序阶跃改变辊缝和速度设定值。这种方法要求延时计算精确，变规格过程中张力、压力和负荷波动大，容易发生事故。我们提出一种分割各架逐架线性地改变张力和厚度的动态设定模型，它降低了对延时计算精度的要求，过渡过程张力等参数波动小。新模型能否达到预期效果呢？仿真实验证明该模型是成功的，张力波动小于 $0.5kg/mm^2$，而国外仿真实验张力达 $4.5kg/mm^2$。

另一项实验是线性过渡段，分成几步的问题。通过分成 5、10、20、50、100 等的仿真实验，证明一般分成 10 步就可以了。宝钢 1420 五机架冷连轧动态变规格步长有改进，采用了 10 次改变速度和辊缝的方式。

还有一项是对入口厚度计算的简化问题。按延时模型是可以精确求解各机架入口厚度的，但此要增加设定时间，对模型在线使用不利。故在设定计算时采用了入口厚度线性变化的假定。这种假定会引起多大误差呢？仿真实验证明该假定是允许的。实验是设定计算用线性入口厚度变化的假定。而仿真实验仍然用通用的仿真实验程序，由此差异而引起张力、压力等参数波动，$0.5kg/mm^2$ 的张力波动就是由此引起的。

5 结论连轧总体控制系统的仿真实验

这部分有两篇文章，一篇是以张力差信号调

辊缝为主体的新型冷连轧控制系统；另一篇是连轧张力最优和互不相关控制系统的仿真实验。

（1）一种新型冷连轧自动控制系统仿真研究。这里提供了应用“冷连轧过程模拟新方法”，如何把工艺、机电和控制系统综合在一起实现仿真实验的例子。压下和传动系统执行机构，使用了由相关仪实测的脉冲响应函数。

（2）连轧张力最优和互不相关控制系统仿真实验研究。应用连轧张力公式是很容易设计出以张力为状态（目标）量，轧辊速度为控制量的最优或互不相关控制系统的。但这样设计出来的控制器，忽略了传动系统机、电装备和速度控制系统的动态特性。如要考虑这些因素（国外就是这样做的），状态方程维数相当高，很难在线使用。为了验证简化的张力最优（或互不相关）控制器能否使用，首先应通过仿真实验。

仿真实验可以包括传动系统各环节，即求出的轧辊线速度不作为轧辊速度，只作为传动系统的输入，而轧辊的实际速度改变量是传动系统的输出。仿真实验可以得到简化的控制器抗干扰的效果，从而证明这种简化是否允许。

详细地进行了互不相关与一般张力控制系统的对比实验。通过改变传动系统增益和积分时间常数，观察两种张力控制系统抗干扰能力和稳定性。5%坯料厚度阶跃扰动，互不相关系统增益允许达到1，而一般系统只有在小于0.006的范围的系统才稳定。张力波动在2s以后就小于$0.01kg/mm^2$。

最优和互不相关对此实验表明，最优控制器优于互不相关控制器，当然更优于一般张力控制器。上册在武汉冷连轧带钢厂三机架350生产轧机上的实验得到了实践验证。

还进行了不同控制工艺条件的仿真实验，即求控制器的轧制规程与仿真实验时的轧制规程不同，证明了这两种控制器都有较强的适应能力。

6　压力AGC系统的仿真实验

这部分有三篇文章，前两篇已做完仿真实验，第三篇已具备仿真实验条件。

（1）动态设定型压力AGC模型及仿真实验从轧制理论推导出保持出口厚度恒定的充分必要条件得到了动态设定型厚控模型。该模型可否在实际中应用，消除干扰效果比一般压力AGC厚控模型如何，需要进行仿真实验。

仿真实验证明了该模型的可行性。但是，它比一般AGC控制模型引入了轧件塑性系数Q，而Q很难测量准确。因此需要研究Q误差对动态设定型厚度效果的研究。通过给定30%，20%，…，-30%，…，Q误差控制效果的仿真实验，证明了Q误差对系统动、静特性影响很小。

另一个仿真实验收获是，发现控制系统参数$KB>1$不“跑飞”现象。以前一般认为$KB\leqslant 1$，$KB=1.05$的仿真实验是想看到系统不稳定现象。实验否定了原设想，此就促使进一步研究压力AGC系统各参数之间关系。

（2）压力AGC参数方程及仿真实验。这篇文章推导出压力AGC系统参数方程。“跑飞”条件是$KB>1+M/Q$。仿真实验和轧钢机上的实验都证明了上述理论导出的结果。仿真实验和轧机实验结论相一致，对仿真方法的认识和推广应用都有重要意义。

仿真实验得出$KB<1-M/Q$也是不稳定的，KB取在<（$1-M/Q$，1）之间系统振荡收敛（假定每次辊缝都调到设定计算值）。这一点对DDC-AGC系统十分重要。为消除振荡，压下效率系数应当取$\frac{M+Q}{M+(1-KB)Q}$。达到消化从日本引进的武钢1700热连轧机DDC-AGC系统的数学模型。由此进一步推导出动态设定型变刚度轧机的控制模型。

（3）热连轧前馈最优板厚控制系统分析最优前馈控制方案在日本、美国都取得了良好的效果，它也适用我国热连轧机改造。这种方案技术上的核心问题是厚差预报方程和已知干扰项的最优控制模型。文中已将这两个公式推导出来了，可以进行仿真实验。这里提供了在仿真实验前应作的准备工作。理论分析对仿真实验的重要性。

7　冷连轧静态分析与自适应仿真实验

这一部分有两篇文章，主要属于静态数值计算方面的问题。它对实际生产应用和仿真实验都有重要意义。

（1）冷连轧实用影响系数。它主要反映目标量（张力、厚度、功率等）与控制和扰动量（速度、辊缝、坯料厚差、坯料硬度差等）之间稳态影响关系，与动态仿真实验达到稳态是结果相一致。选定做仿真实验的方案和参数数目可能很多。通过影响系数实验可以选出少数几个方案和参数做仿真实验，这样就可以大大减少仿真实验的工作量。因为计算一次影响系数比一次仿真实验少用几十倍的时间。

该文中引用差商代替偏导数计算，因此可以方便地改换压力、力矩、前滑和变形抗力等轧制理论公式，这样可以达到在实际生产中验证轧制理论公式的目的。因为实用影响系数考虑了控制系统的影响，容易得到实际连轧中的影响系数，此与不同轧制理论公式得出的影响系数相比较，可以选择出比较符合实际的轧制理论公式。还可以进一步修改公式中的参数。

(2) 冷连轧过程 k、μ 估计及压力自适应实验。引用连轧张力公式和压力公式，解决了应用正常工况下实测数据估计摩擦系数、变形抗力系数和中间几个机架出口厚度的问题。这对计算机控制连轧生产有十分重要的意义。国外也在开展这方面研究工作。

武钢 1700 冷连轧机调试过程中采用了该法处理数据，取得了良好的效果。为了使该法能在线使用，选择了指数平滑法，但其中增益因子 β 不容易确定，而用仿真实验的方法是比较容易选出最佳增益因子的。文中给出了仿真实验的方法和结果。

后记

1983 年 10 月东北地区仿真专业委员会第一次学习班，约我讲连轧过程仿真实验课，为此写了“连轧数学模型及仿真实验”讲义。讲义由已发表和待发表的 14 篇论文构成。本文为该论文集的概述。

第八部分 其 他

AGC 控制模型的误差分析

王贞祥[1]，刘建昌[1]，王立平[1]，张进之[2]

（1. 东北工学院自控系，沈阳 110005；2. 北京钢铁研究院）

摘 要 本文对两种锁定方式的 AGC 控制模型作了误差分析。结果表明：锁定轧机弹跳量的 AGC 系统优于锁定轧制力和辊缝的 AGC 系统。前者的稳态误差不受轧制刚度系数误差的影响，后者的轧机刚度系数不仅影响稳态误差还要影响过渡过程。

关键词 厚度自动控制（AGC）系统；BISRA 法

1 前言

为了提高板、带材的质量，保证纵向厚度均匀，当前几乎所有板、带轧机都采用锁定工作方式厚度自动控制系统（简称 AGC 系统）。根据锁定值的不同，锁定方式 AGC 系统可分为两类，如图 1(a)、(b) 所示。图中 CAL，CAL_1，CAL_2 为控制算法；Σ为累加器（积分器），ST 为轧机特性曲线，OPM 为执行机构，P_W、P_X 分别为轧制力锁定值和实际值，S_W、S_X 分别为辊缝锁定值和实际值，S_{eW}为轧机弹性变形量锁定值。

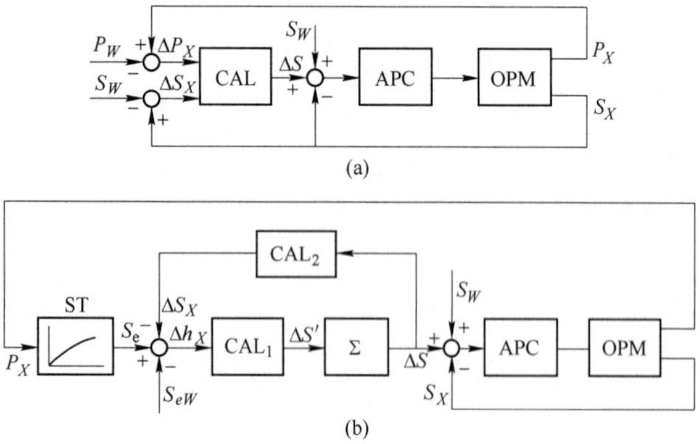

图 1 两种锁定方式 AGC 系统

方案 a 的工作原理是利用锁定值与实际值之差 ΔP_X 和 ΔS_X 计算 AGC 输出量 ΔS，再把它加到位置自动控制（APC）系统调节辊缝。

方案 b 的工作原理是利用锁定轧机弹性变形量 S_{eW}，实际轧机弹性变形量 S_e 和辊缝移动量 ΔS_X 计算出实际厚差估计值 Δh_X

$$\Delta h_X = S_e - S_{eW} - \Delta S_X \tag{1}$$

经过 CAL_1 计算，获得消除 Δh_X 所需要的辊缝调节增量 $\Delta S'$，再经过累加器 Σ 得到 AGC 的总输出量 ΔS。

本文将对最常用的压力 AGC 控制算法作一简介，然后进行误差分析。

2 压力 AGC 控制模型

压力 AGC 控制模型的基本公式有许多种，但归纳起来最常用的有两类：BISRA 法与一步到位法。

2.1 BISRA 法

BISRA 法的计算公式为 AGC 每步附加输出增量 $\Delta S'$等于对应的出口厚度偏差值 Δh_i，即

$$\Delta S'_i = -\Delta h_i \tag{2}$$

这种计算方式特别适用于方案 b。式中 Δh_i 为第 i 步的厚度偏差值。该值按式（1）计算。

对于方案 a 要计算出总的调节设定值 ΔS_i

$$\Delta S_i = \frac{-\Delta P_i}{M} \tag{3}$$

式中，M 是轧机刚度系数。式（2）和式（3）就是方案 b 和 a 的 BISRA 计算公式。

假设 APC 系统响应速度足够快，采样周期远远小于执行机构的最小时间常数。由几何关系可

以得出，Δh_i 的变化规律为一等比序列，比例系数为 $\frac{Q}{M+Q}$。Q 为轧件塑性系数。由于 $0<\frac{Q}{M+Q}<1$，因此

$$\lim_{i\to\infty}\Delta h_i = 0 \tag{4}$$

$$\lim_{i\to\infty}\Delta S_i = -\frac{Q(H_1 - H_0)}{M} = -Q\cdot\frac{\Delta H}{M} \tag{5}$$

这种控制算法的优点是简便，但一步不到位。

2.2 一步到位法

按计算出来的调节量去调节能使出口厚差变为零的方法称为一步到位法。目前一步到位法计算公式很多，本文只介绍两种。

2.2.1 方案 b

根据几何关系可以得出，当第 i 步出口厚差为 Δh_i 时，要使下一步出口厚差为零，则辊缝调节增量 $\Delta S'_i$ 应该为

$$\Delta S'_i = -\Delta h_i\left(1 + \frac{Q}{M}\right) \tag{6}$$

2.2.2 方案 a

如图 2 所示，在 $i-1$ 时刻压下系统已调节了 ΔS_{i-1}，这时轧制力为 P_i，为了实现一步到位，根据几何关系可以得出下一步的调节总值为

$$\Delta S = -\left[\frac{Q}{M}\Delta S_{i-1} + \frac{M+Q}{M^2}\Delta P_i\right] \tag{7}$$

式（7）与文［1］所推导的公式完全一致，文［1］称其为“动态设定型模型”。其实 ΔS_{i-1} 与 ΔS_i 在概念上是不同的，ΔS_{i-1} 是压下系统已调节量，而 ΔS_i 是下一时刻要调节的设定值。另一方面 ΔS_{i-1}，ΔP_i，ΔH 满足下式

$$\Delta H = \Delta S_{i-1} + \frac{M+Q}{MQ}\Delta P_i \tag{8}$$

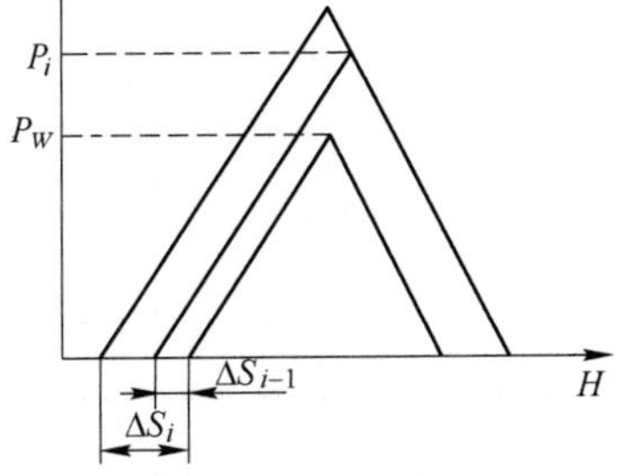

图 2 一步到位法示意图（方案 a）

因此式（8）变为

$$\Delta S_i = -Q\cdot\frac{\Delta H}{M} \tag{9}$$

由此可见式（7）与式（8）等价，不同点在于式（7）可用实测值 ΔS_{i-1} 和 ΔP_i 去计算调节设定值。

3 误差分析

由式（3）、式（6）、式（7）知，$\Delta S'$ 和 ΔS 的计算值与 M、Q 值有关。而 M 值是轧机特性曲线工作点上的斜率，一般来说 M 值随工作点变化而变化；Q 值不仅与轧件温度有关，还与轧件物理性质、道次数有关。因此式中的 M、Q 值不可能与实际值 M_0、Q_0 相等，为此要研究与分析 M、Q 误差对出口厚差的影响。

下面分析入口厚差为一阶跃变化时出口厚差的响应情况及其稳态误差。

3.1 方案 a

3.1.1 BISRA 法

当入口厚差突增 ΔH 时，在调节过程中，轧制力增量为

$$\Delta P_1 = \frac{M_0 Q_0}{M_0 + Q_0}\Delta H$$

对应的第一步调节量设定值为

$$\Delta S_1 = -\frac{\Delta P_1}{M} = -\frac{Q_0}{M_0 + Q_0}\frac{M_0}{M}\Delta H$$

令 $u = \frac{Q_0}{M_0 + Q_0}\frac{M_0}{M}$，则上式可改写成

$$\Delta S_1 = -u\Delta H \tag{10}$$

假设 APC 系统响应速度足够快，则第一步调节量等于 ΔS_1，这时轧制力测量值为

$$\Delta P_2 = \frac{M_0 Q_0}{M_0 + Q_0}(\Delta H - \Delta S_1) = \frac{M_0 Q_0}{M_0 + Q_0}(1 + u)\Delta H$$

第二步调节量为

$$\Delta S_2 = -\frac{\Delta P_2}{M} = -\frac{Q_0}{M_0 + Q_0}\frac{M_0}{M}[1 + u]\Delta H = -\Delta H[u + u^2] \tag{11}$$

利用数学归纳法可以证明第 i 步的调节量为

$$\Delta S_i = -\Delta H\sum_{K=1}^{i} u^K$$

当 $|u|<1$ 时，ΔS_i 收敛，其值为

$$\lim_{i\to\infty}\Delta S_i = -\Delta H\frac{u}{1-u} = -\Delta H\frac{Q_0 M_0}{M_0 M + Q_0 M - Q_0 M_0}$$

理论值为 $\Delta S_0=-\dfrac{\Delta HQ_0}{M_0}$，所以稳定误差为

$$d\Delta S_\infty=\Delta S_\infty-\Delta S_0=\frac{\Delta M(Q_0+M_0)}{M_0^2+(M_0+Q_0)\Delta M}\frac{Q_0}{M_0}\Delta H$$

式中，$\Delta M=M-M_0$。对应的出口厚差为

$$\Delta h_\infty=d\Delta S_\infty\frac{M_0}{Q_0+M_0}=\frac{Q_0\Delta M}{M_0^2+(M_0+Q_0)\Delta M}\Delta H \tag{12}$$

令 $W_0=Q_0/M_0$，$dm=\Delta M/M_0$，则式（12）可改写成

$$\Delta h_\infty=\frac{W_0 dm}{1+W_0 dm+dm}\Delta H \tag{13}$$

从上面分析可知，不跑飞的条件（即收敛条件）为 $|u|<1$，由此推得

$$M>\frac{M_0Q_0}{M_0+Q_0}=\frac{W_0}{1+W_0} \tag{14}$$

3.1.2　一步到位法

（1）$Q\neq Q_0$，$M=M_0$。

分析方法同前，利用数学归纳法可以证明：经过 i 步调节后，调节量 ΔS_i 为

$$\Delta S_i=\Delta S_0\left[1-\left(\frac{-\Delta Q}{M_0+Q_0}\right)^i\right] \tag{15}$$

式中，$\Delta Q=Q-Q_0$，$\Delta S_0=-Q_0\cdot\Delta H/M_0$，收敛条件为 $|\Delta Q/(M_0+Q_0)|<1$。由此推得 $\lim\limits_{i\to\infty}\Delta S_i=\Delta S_\infty=\Delta S_0$，因此 $d\Delta S_\infty=0$，$\Delta h_\infty=0$。

为了使调节过程不出现超调现象，由式（15）知，ΔQ 应小于或等于零，由此得出 Q 值估计值应满足

$$Q\leqslant Q_0 \tag{16}$$

一般来说 Q 值估计总满足收敛条件，因此 Q 的估计误差不会影响稳态误差。

（2）$M\neq M_0$，$Q=Q_0$。

当入口厚度阶跃变化 ΔH 时，因 $\Delta S_0=0$，而 $\Delta P_1=\dfrac{M_0Q_0}{M_0+Q_0}\Delta H$，因此

$$\begin{aligned}\Delta S_1&=-\left[\frac{Q_0}{M}\Delta S_0+\frac{M+Q_0}{M^2}\Delta P_1\right]\\&=-\frac{1+dm+W_0}{(1+dm)^2}-\frac{W_0}{1+W_0}\Delta H\end{aligned} \tag{17}$$

第 i 步调节量为

$$\Delta S_i=\Delta S_1\sum_{K=0}^{i-1}(-u)^K \tag{18}$$

式中，$u=\dfrac{W_0^2dm}{(1+W_0)(1+dm)^2}$，其他符号意义同前。

用数学归纳法可以证明式（18）成立，只要 $|u|<1$，则式（18）收敛，其值为

$$\begin{aligned}\lim_{i\to\infty}\Delta S_i&=\Delta S_\infty=\Delta S_1\frac{1}{1+u}\\&=\frac{1+W_0+dm}{(1+dm)^2(1+W_0)+W_0^2dm}\Delta S_0\end{aligned}$$

式中 $\Delta S_0=-W_0\Delta H$。稳态误差为

$$d\Delta S_\infty=\Delta S_\infty-\Delta S_0=-\frac{(1+W_0)dm}{1+dm+W_0dm}\Delta S_0$$

$$\Delta h_\infty=\frac{W_0dm}{1+dm+W_0dm}\Delta H \tag{19}$$

式（10）与式（13）完全相同，由此可见 M 误差引起的稳态误差对于两种控制算法完全一样。

根据式（19）可计算出一组数据，如表 1 所示。由数据看出，随着 W_0 的增大，输出相对误差 $\Delta h_\infty/\Delta H$ 的绝对值也增大。

表 1　$\Delta h_\infty/\Delta H$ 与 dm、W_0 的关系

dm \ $\Delta h_\infty/\Delta H$ \ W_0	0.4	0.8	1.2	1.6	2.0
−0.2	−0.111	−0.250	−0.428	−0.667	−1.00
−0.1	−0.047	−0.097	−0.154	−0.216	−0.286
0	0	0	0	0	0
0.1	0.035	0.068	0.098	0.127	1.154
0.2	0.063	0.118	0.167	0.210	0.250

通常 W_0 随着轧制道次的增加而增大（因 Q_0 值增大），在连轧机组中越是后面的轧机 W_0 值越大。因此为了保证成品的质量，后面几个轧机的 M 值应尽可能提高其估计精度，同时减小入口厚差 ΔH 值。另一方面为了减小 W_0 值，要求 M_0 尽可能大。

为减少液压系统对机架刚度的影响，要求液压系统的行程尽可能短。为此建议采用电、液结合的压下系统。大范围行程由电动压下来完成，液压压下只进行微调。同时采用干油 AGC，因为干油对轧机刚度的影响小于稀油对刚度的影响。

为了保证不跑飞，系统稳定，要求 $M \geqslant M_0$。

3.2 方案 b

方案 b 采用的计算公式为式（2）或式（6）。因此可用一个通式表达，即

$$\Delta S_i' = -Z\Delta h_i \tag{20}$$

当 $Z=1$ 时为 BISRA 法；当 $Z=1+Q_0/M_0$ 时为一步到位法。为保证不出现超调现象，Z 的取值范围为

$$1 \leqslant Z \leqslant 1 + \frac{Q_0}{M_0} \tag{21}$$

由式（20）知，只要 $\lim \Delta h_i = 0$，则不存在稳态误差，又据式（1），Δh_i 的精度只取决于轧机特性曲线和位移测量精度，与 M、Q 值的精度无关。

4 结论

通过上述分析，可以得出如下结论：

（1）Q 值误差不会影响出口厚差稳态误差；

（2）对于方案 b，提高精度的关键是提高轧机特性曲线的精度及行程测量精度；

（3）方案 a 的精度不仅决定于轧机特性曲线的精度，还决定于轧机特性曲线的导数（M）；

（4）为使系统稳定，要求 $M \geqslant M_0$。

参 考 文 献

[1] 张进之. 压力 AGC 系统参数方程及变刚度轧机分析[J]. 冶金自动化，1984（1）.

[2] 丁修坤. 轧制过程自动化 [M]. 北京：冶金工业出版社，1986.

（原文发表在《控制与决策》，1992，7(3)：211-215）

提高中厚板成材率的重要途径

郝付国[1]，白埃民[1]，张进之[1]，王　洪[2]，李文华[2]，黄亮生[2]

（1. 钢铁研究总院；2. 新余钢铁公司）

摘　要　绝对值 AGC 在控制同板差的同时，对目标厚度及其公差带的控制也至关重要；模型参考自适应规程设定方法配合绝对值 AGC 是实现负公差轧制的重要手段；轧制力的合理分配可以有效控制板凸度。这三项技术是提高中厚板成材率的重要手段。

关键词　中厚板轧制；绝对值 AGC；模型参考自适应；板凸度

Important approach for increasing yield of medium-thick plate

Hao Fuguo[1], Bai Aimin[1], Zhang Jinzhi[1], Wang Hong[2], Li Wenhua[2], Huang Liangsheng[2]

(1. Central Iron & Steel Research Institute; 2. Xinyu Iron & Steel Co.)

Abstract: Absolute AGC is important for both control of gauge in same plate and control of tolerance hand of aim thickness Model reference self-adaption rolling practice setting combined with absolute AGC is an important method to realize negative tolerance rolling. The crown can be controlled by optimum distribution of rolling force. All these three techniques are important methods for increasing yield of medium thick plate

Key words: rolling of medium-thick plate; absolute AGC; model reference self-adaption; crown

1　前言

对生产厂家来讲，在确保成品厚度合格的同时要尽可能缩小成品公差，减少板凸度，以实现有效的负公差轧制，获得尽可能多的利润。从轧制理论知道，成品厚度的控制取决于合理的辊缝设定和轧制力分配。在缺乏凸度控制的硬件设备条件下，通过合理的轧制力分配，在一定范围内可以减少板凸度。本文论述了“模型参考自适应”、绝对值 AGC 及优化规程等项技术，这些技术的实施，可以有效地提高产品成材率，获得更大的效益。

2　“模型参考自适应”设定、绝对值 AGC 及其实现

选定样板（可以是人工设定规程，也可以是优化规程）的 n 道实测辊缝（S_i）、压力（P_i）作为参考模型，进行后面同规格钢板的规程设定，记作（S_{i0}、P_{i0}），由于工况条件的变化，这种以不变应万变的设定方法是有局限性的。为此在轧完几道后，进行在线自校正

$$S_{ic} = f(\alpha_i,\ S_{i0},\ P_{2m},\ P_{3m},\ P_{20},\ P_{30}) \qquad (1)$$

$$P_{ic} = g(\beta_i,\ P_{im},\ P_{i0}) \qquad (2)$$

式中，P_{im}、S_{im} 为第 i 道实测值；S_{ic}、P_{ic} 为校正后的设定值；α_i，β_i 是权系数。

由于各种随机因素对轧制过程的影响均反映在 P_{im} 上，通过 S_{ic}，P_{ic} 对参考模型（S_{i0}，P_{i0}）进行的实时自适应，基本上消除了工况扰动对设定规程的影响。

利用动态设定型 AGC 公式

$$\Delta S_j = -K\left[\frac{Q}{M}\Delta S_{j-1} + \frac{M+Q}{M^2}\Delta P_j\right] \qquad (3)$$

$$K = \frac{M_C - M}{M_C + Q}$$

计算出绝对值 AGC 的辊缝修正值，其中 M 为轧机刚度；Q 为轧件塑性系数；M_C 为等效刚度；K 为变刚度系数；j 为时刻。

上述绝对值 AGC 的应用达到了：(1) 减小同板差；(2) 以参考模型为样板，日标命中率高；(3) 成品厚度波动小，减小了异板差，是厚度控制过程的关键一环。

具体实施如下：

(1) 选择分配合理、成品合格的一块板的实测辊缝和压力作为后面轧制过程的基准进行“锁定”，它就是后面自适应中的参考模型。

(2) 在轧制过程中，根据前面道次的实测辊缝和压力对该参考模型进行自适应，以适应工况的变化、形成完整的“模型参考自适应”系统。

(3) 投入绝对值 AGC，以上述参考模型的实测厚度作为后续钢板（同规格时）的目标厚度进行调节，使其成品尽可能接近参考模型的成品厚度。

(4) 在生产过程中，根据钢板厚度的反馈信息适当调整弹跳方程的修正项。确保成品厚度在理想的目标厚度附近。

由于参考模型选自成功的实轧模型，以它为基准肯定是合理可行的；由于工况和辊系特性的变化是缓慢的，通过模型自适应，绝对值 AGC 和修正项的综合调整，能确保成品厚度接近期望值并有较小的公差范围。

在轧制过程中参考模型不是一成不变的，操作工随时可以选择更合理的实轧规程作为新的参考模型。仅凭在线自适应和绝对值 AGC 就可以连续轧制上百块理想的钢板，说明系统性能非常稳定，对工况变化的自适应能力很强。

3 “模型参考自适应”和绝对值 AGC 的实施效果

以新余钢铁公司中板厂 2500mm 轧机的两组实测数据为例，生产钢种 Q235，规格为 6mm × 1800mm，数据分析结果见表 1。

表 1 液压 APC、绝对值 AGC 对成品的控制效果

Tab. 1 Controlled efficiency of hydraulic APC and absolute AGC for finished products

成品厚度 /mm	操作方式	异板差 /mm	极差 /mm	凸度 /mm	块数
5.628	APC	0.069	0.26	0.40	13
5.669		0.083	0.33	0.30	20

续表 1

成品厚度 /mm	操作方式	异板差 /mm	极差 /mm	凸度 /mm	块数
5.816	AGC	0.045	0.15	0.39	12
5.736		0.046	0.15	0.26	20

从表 1 看出，对第一组数据，APC 方式异板差是 AGC 方式的 1.53 倍；第二组为 1.8 倍。从异板差的大小看，采用“模型参考自适应”方法的 APC 方式也达到了良好的效果，其值在 0.085mm 以内，但投入绝对值 AGC 后异板差显著地减小，达到 0.05mm 的先进水平；极差也较小。说明绝对值 AGC 的应用对减小异板差实现有效负公差轧制、大幅度提高成材率是至关重要的。

4 凸度问题

板凸度的控制比较困难，对于缺乏硬件手段的轧机而言，通过轧制力的合理分配可以在一定程度上减小凸度。从表 1 可见，板凸度均较大，原因在于操作工选择的参考模型的轧制力分配不合理，后面几道的轧制力比前面道次的还大。这虽然有利于轧制过程的稳定，但不利于质量和效益的提高。

当操作工对优化规程的使用有经验后，可以选择用优化规程轧制的实测规程作参考模型，以减小轧制力的不合理分配产生的凸度；还可以根据辊型变化动态地进行各道轧制力再分配，把凸度控制在尽可能小的范围内，这时凭操作经验已难于适应，可利用优化规程的实时轧制力再分配功能。

5 效益最佳化的实现

中厚板生产的特点决定了提高成材率才是取得最大经济效益的关键。

提高中厚板成材率有两种有效措施。

5.1 采用有效的负公差轧制

实现有效的负公差轧制的基础是缩小成品厚度的公差范围。以 6mm 产品为例，公差范围每缩小 0.1mm，成品厚度的控制目标可以下移 0.05mm，相应的成材率提高 0.825%。用绝对值 AGC 轧制将会缩小成品厚度的公差范围，使允许目标厚度下调，从而提高钢板成材率，增加经济效益。

有效负公差轧制是带风险的。在厚度公差范围可以较准确地估计时，不难找到一个理想的目标厚度，使得扣除不合格产品带来的损失后负公差轧制有最大的效益。

设成品厚度为 h，估计的异板差为 σ，成品合格范围为 $[h_{min}, h_{max}]$，在正态分布的假设下，按照 3σ 原则组织生产十分可靠，不会有不合格产品，但也得不到应有的负公差效益；若按 $k\sigma$ 原则组织生产（$k \leqslant 3$），则冒产品不合格率为 $\alpha/2$ 的风险。风险率 α 是 k 的整数，此时按照目标厚度为 $h_{min}+k\sigma$ 组织生产，新增成材率为

$$\eta = \frac{(3-k)\sigma}{h} \tag{4}$$

设年产 m 吨钢，成品价为 C 元/t；不合格产品价为 C_0 元/t，则由不合格产品和负公差轧制带来的总利润值为

$$f = \left(1 - \frac{1}{2}\alpha\right) m\eta C - \frac{1}{2}\alpha m(C - C_0) \tag{5}$$

要使利润最大，只要求解 $\frac{\partial f}{\partial k}=0$ 即可。

显然差价 $C-C_0$ 越小越利于负公差轧制。当差价很小时，不仿按照 2σ 原则组织生产。当差价较大时，可利用正态分布表寻找一个合适的 k 值（例如 2.58），把不合格率控制在 1%以内。

5.2　减小板凸度

国内中厚板轧机缺乏控制凸度的硬件环境，但通过合理的轧制力分配使板凸度减小 0.05～0.1mm 是可能的。通过选择优化规程作为参考模型进行在线压力再分配可以达到该目的。

对于板宽为 B、成品为 h、凸度为 δ 的钢板，由于 $B \gg \delta$，钢板截面凸度部分对应的面积近似为

$$A = \frac{2}{3}B\delta \tag{6}$$

当板凸度由 δ_1 减小到 δ_2 时，带来的新增成材率为

$$\eta = \frac{2(\delta_1 - \delta_2)}{3h} \tag{7}$$

当 $h=6$mm、$\delta_1=0.3$、$\delta_2=0.2$ 时，$\eta=1.1\%$。在一定凸度前提下，其值的减小不会带来废品，所以这部分成材率产生纯利润。

6　负公差轧制效益分析

设成品厚度 $h=10$mm，内控范围 $h_{min}=9.6$mm，$h_{max}=10.2$mm，$m=20$ 万 t，$C=3000$ 元/t，$C_0=2400$ 元/t；若异板差 $\sigma_1=0.1$mm，按 $3\sigma_1$ 组织生产，则 $h_{obj}=h_{min}+3\sigma_1=9.9$mm，既无出格产品风险，也无额外负公差效益；按 $\alpha=1\%$ 出格率组织生产，则 $h_{obj}=9.6+2.58\sigma_1=9.858$mm，按式（5）计算得效益 190 万元/年。

取式（5）的最佳值 $k=2.07$，则 $\alpha=3.85\%$，相应的最大效益为 316 万元/年，即只需优化一下式（5）即可多获 126 万元的效益。

假设按绝对值 AGC 轧制后，异板差下降为 $\sigma_2=0.05$mm，则负公差轧制分两部分，第一部分为无风险效益，按 $h_{obj}=h_{min}+3\sigma_2=9.75$mm 组织生产，可创 900 万元/年的效益；在此基础上进一步取优化的 $k=2.364$，相应的 $\alpha=1.81\%$，可多创风险效益 80 万元/年；总效益为 980 万元/年。

可见合理的安排负公差轧制，能创造可观的风险效益；实施过程中应考虑规格、产量、差价优化风险率等参数。

7　结论

通过“模型参考自适应”规程设定方法和绝对值 AGC 可以显著减小异板差，为实现有效的负公差轧制创造了条件。通过优化规程实现轧制力对辊型的动态适配可以减小板凸度。这三种技术对成材率的提高和所创直接经济效益是显著的。通过对成品目标厚度的调整可以提高负公差轧制带来的利润。

参 考 文 献

[1] 张进之．压力 AGC 系统参数方程及变刚度轧机分析［J］．冶金自动化，1984，8（1）：24-31.

[2] 郝付国，白埃民，叶勇，等．动态设定型 AGC 在中厚板轧机上的应用［J］．钢铁，1995，30（7）：32-36.

[3] 白埃民，郝付国，张进之，综合等负荷函数法在中板生产中的应用［J］．钢铁，1993，28（4）：35-39.

（原文发表在《钢铁》1997，32（12）：38-40）

板带轧制技术创新工程概论

张进之，吴增强，杨新法，王　琦，周石光，高　怀

（北京钢铁研究总院，北京　100081）

摘　要　分析了板带材生产科技发展史。认为20世纪60年代以四辊轧机为主体的连轧技术是靠板形控制装备和计算机控制系统而进步的。其原因在于板形理论未取得突破性的进步，只能靠装备来提高板形质量，因此形成高刚度高精度的论断。沿着高精度装备和越来越庞大的计算机系统的技术路线难于使连轧机国产化，这是轧机重复引进的技术原因。本文介绍了我国独创的板带轧制动态理论及已取得的实际效果，建议大力推广应用这种创新的知识和技术，实现连轧装备国产化。

关键词　板带轧制技术；知识创新；技术创新；国产化

Introduction of strip rolling technology engineering

Zhang Jinzhi, Wu Zengqiang, Yang Xinfa, Wang Qi, Zhou Shiguang, Gao Huai

(Central Iron and Steel Research Institute, Beijing 100081)

Abstract: The developing history of plate and strip production technology has been analyzed. It is showed that the development of continuous rolling technology which based on 4-high rolling mill in the 1960s is depended on the shape control equipment and computer control system. lacking of breakthrough on shape theory and improving crown and flatness only by equipment improvement led to the conclusion that the more stiffness, the more precision. It is difficult to make continuous rolling mill domestically if the technology route which concentrate on high precision equipment and complicated computer system is followed. This is one of the most important technology reason for importing rolling mill repeatedly. The strip rolling dynamic theory created originally by our country and its acquired actual effect has also been introduced, application and dissemination of these innovated know ledge and technology are suggested, which will make continuous equipment domestically.

Key words: strip rolling technology; knowledge innovation; technology innovation; domestically produce

1　引言

轧钢是冶金工艺最薄弱的环节，虽然已花近百亿美元引进了国外先进的轧钢装备和技术，但轧钢现代化水平远低于炼铁、炼钢。这是因为炼铁、炼钢现代大型装备已实现了国产化，而轧钢还在重复引进。此外，还存在自身技术发展中的原因，即轧制工艺理论落后，依靠装备来提高产品质量满足市场要求，使具有高精度控制装置的连轧机依靠国外；工艺理论落后，还造成轧机控制系统的极端复杂。以PC、CVC热连轧设定计算为例，要优化近百个参数，所以计算机系统越来越庞大，国外公司也只有靠经验和计算机仿真来优化这些参数，我国在这方面比较落后，对引进轧机的应用效率不高，并且造成设计人员不敢涉足连轧机系统设计的不良状况。

根据我国目前的技术经济水平，沿国外轧钢技术发展的道路——依靠装备水平的提高，是行不通的，必须找出一条符合中国国情的发展道路，使我国轧钢技术和生产出现一个崭新的局面。

2　板带生产、技术和理论发展过程简述

平辊轧制扁平材可追溯到14世纪。1480年，达·芬奇设计了四辊轧机图，1916年建成5250mm

宽厚板轧机。现代型四辊板轧机主要是用于热轧，这类轧机的局限性在于轧件温降快，难于轧成更薄的板带材。直到 1926 年在美国才试验成功热连轧机，热连轧机的发明使冷连轧成为可能，关键是需要热连轧供应原料。

板带轧机的生产应用，使变形流动的最小阻力定律，体积不变条件和轧制过程中秒流量相等条件等规律逐渐被人们所认识。1925 年卡尔门提出轧制力微分方程，标志着数学化的轧制理论开始建立，之后，以轧制压力计算为中心的轧制理论得到飞速发展。但由于轧件和轧辊摩擦条件未能解决，所以通过各种假设和简化产生了许多不同的轧制压力计算公式。1950 年英国人发明了轧机弹跳方程，引入轧机刚度概念，使轧制理论和技术在轧钢史上产生了一次大的飞跃。

由于弹跳方程的建立，1955 年 Hessenberg 将弹跳方程、压力计算公式和秒流量相等条件线性化建立了连轧静态分析理论。1957 年 Phillips 用两机架张力微分方程代替秒流量相等条件，引入厚度延时方程、力矩计算公式及传动系统运动方程等，实现了连轧过程的计算机模拟。计算机模拟仿真技术对连轧技术进步起到了巨大的推动作用。但是计算机仿真技术的普及应用，也导致了从 20 世纪 50 年代起，轧制工艺理论除板形理论外发展缓慢。

板形理论研究远早于厚控理论，它以轧辊挠度计算为基础。20 世纪 60 年代起斯通的弹性基础梁理论、Sholet 为代表的影响函数法及有限元计算等现代板形理论，使板形理论研究出现了新高潮，但是直到目前，在板形理论研究方面未能取得像弹跳方程一样的突破性进展。

轧制理论的发展缓慢甚至停滞，使板带材技术创新的重心从理论研究转移到装备技术方面，提高装备技术水平成为轧制技术创新的主流，出现各种新型技术装备，如解决板形问题的弯辊装置，HC、PC 轧机，CVC、VC、DSR 轧辊等。

20 世纪后期，以四辊连轧机为基础，装备向大型化、高速化、连续化、自动化迅速发展。由于依靠装备水平提高亦可提高板带材质量，不仅形成高刚度代表轧机水平的论断，同时也导致装备的复杂化。近年来，我国在板带理论研究方面，形成两种有代表性的方向：其一是，顺应国际上轧制理论研究的大趋势，其二是创建中国特有的新型轧制理论体系。

3　动态轧制理论的建立和已取得的效果

德国分析美国与德国的国情，得出德国要与美国竞争，只能优先发展理论。我国轧钢技术要赶超国外先进水平，必须在轧制理论上有所突破。钢铁研究总院张进之教授经过 40 多年的研究，创建了具有自主知识产权的轧制动态理论体系，并在实践中得到应用、验证和发展。

3.1　综合等储备负荷分配方法

1959 年提出的图表法设计压下规程，是根据工艺理论建立的综合优化设计方法。70 年代中国科学院梁国平用严格的数学方法解决了复杂的非线性规划问题，提出了负荷函数方法。图表法与负荷函数方法的结合形成我国独创的综合等储备负荷分配方法。该方法从 1983 年起在工业轧机上推广应用。第一个对象是太钢 MKW-1400mm 偏八辊不锈钢冷轧机，首先完成离线优化规程计算（获冶金部科技进步四等奖），接着是与冶金部自动化院合作实现了三级计算机控制（获冶金部科技进步二等奖）。五年多的实践，使这一方法得到很大的发展和完善，特别是引入板形系数 n、$n-1$，人工设定这两个参数值，解决了板形（主要指平直度）控制问题。

1985 年在重钢五厂 2450mm 四辊轧机（我国第一台用三辊劳特改造成四辊的中板轧机）成功推广应用综合等储备负荷分配方法，通过冶金工业部鉴定，从而列入国家“七五”科技攻关项目。经过 6 年时间建成了控制轧制、控制冷却生产示范线，获国家“七五”科技攻关奖（轧钢仅此一项）。在该项工程实践中，发明了在线控制板形方法，通过工人设定 W 参数可适应轧辊凸度实时变化，解决了板形控制问题。

1989 年在天津中板厂 2400mm 四辊轧机液压压下和计算机控制工程中，把在重钢取得的成果推广应用，并发明了中厚板辊缝设定方法获国家发明专利。该工程 1992 年通过天津市科委和冶金部鉴定，获天津市科技进步二等奖。

天津工程之后，推广到邯钢 2800mm、上钢三厂 2350mm（获上海市科技进步三等奖）、新余 2500mm（获江西省科技进步二等奖）、韶关 2500mm、鞍钢 2350mm、安钢 2800mm 等中厚板轧机上应用。

包括动态设定 AGC 和新型板形测控方法等技术创新内容的宽厚板轧机计算机控制系统已在美

国4064mm宽厚板轧机上成功应用，并得到美方好评。这项高新技术装备出口有十分重要的意义，证明了我国自主开发的创新技术的先进性，已没有必要从国外引进同类技术。

3.2 连轧张力理论建立和新控制方法的推出

连轧基本理论一直停留在秒流量相等的静态水平上，动态连轧张力规律只有两机架张力微分方程及公式。机架间张力影响，由秒流量相等条件推出的逐移补偿办法。从1967年起动态轧制理论中的完整的连轧张力理论的建立，得出连轧基本定律：张力与秒流量差成比。秒流量差（或机架间速度差）是连轧的最基本概念，是连轧的“自然力”。该理论同时推出连轧常数（或称连轧似弹性模量），张力间接测厚方法，证明张力测厚法比压力测厚法灵敏度高一个数量级；提出张力与辊缝闭环的恒张力厚度控制系统及其连轧AGC数学模型；证明了秒流量相等条件，使它从公理变成一条可证明的定理。

由张力公式推出的“$K\mu$”估计方法已于1978年在武钢1700mm冷连轧机上实验成功，得到国内轧钢界高度评价，并已推广到中厚板轧机，可逆式轧机和热连轧机上应用。根据张力理论提出的张力—辊缝（或压力）闭环的冷连轧控制系统方案，于1989年11月通过冶金部专家鉴定，鉴定意见：“70年代初，张进之独立提出了连轧张力理论，建立了动态与稳态的张力解析表达式。在此基础上推导出了张力测厚公式，并提出了独特的冷连轧机自动厚控系统数学模型。70年代以来，美国、西德、日本冷连轧机自动厚度控制系统的研制事实上均先后采用了相似的理论。张进之用自己的理论对武钢、宝钢两套具有国际先进水平的冷连轧机厚控系统进行了深入的分析，验证了他所提出的连轧理论的正确性，并提出了用张力AGC消除成品厚差的具体可行的改进意见。而宝钢在复杂设备上实现的穿带，正常轧制和脱尾过程的三种控制方法，可以用张进之提出的动态设定型变刚度厚控方法实现，从而可以在较简单的设备条件下达到宝钢的控制水平，这已被张进之在东北轻合金厂等多台轧机的实践所证实。综上所述，本科研成果已达到国际先进水平，在国内设备条件较好的冷连轧机上具有很大的推广前景。”

3.3 动态设定型变刚度厚控方法

英国人发明的弹跳方程及厚度自动控制方法（简称AGC），实现了轧钢机的测厚仪功能。在生产中得到推广应用。在实践过程中，日本、德国分别由不同思路引入了轧件塑性系数，使这项技术得到发展和进步。但是，国内外描述厚度控制关系普遍用几何方法“$P-h$”图。$P-h$图有它直观、易理解等优点，但它不能深刻反映厚控过程的多变量、非线性的复杂关系，从而也影响了厚控理论的进步和提高。动态轧制理论将分析方法运用于厚度调节过程，得到厚度不变的充分必要条件和压力AGC调节过程参数方程（它反映出轧件、轧机和控制系统三参数关系）。由厚度恒定条件和压力AGC参数方程推出动态设定型变刚度厚控方法，在国内外得到广泛应用。日本、德国也发明了相似方法，但理论上不够完善，而且公开发表时间比我国的晚。动态设定型变刚度厚控方法1996年获国家发明奖。

该方法于1996年6月在宝钢2050mm热连轧机上实验成功，从7月起全部七个机架用动态设定AGC代替原西门子厚控模型，使厚控精度提高一倍以上，一直稳定运行。宝钢在总结“九五”汽车板科技攻关项目中，明确肯定动态设定AGC代替西门子厚控数学模型的效果。

3.4 新型板形测控方法和全解析板形刚度理论

板形理论的研究是一个难题。日本新日铁在板形理论研究方面走出了一条新路：以1000mm试验轧机试验的实测数据为基础，建立了以板形干扰系数ξ和板凸度遗传系数η为基本参数的板形理论，即轧件连续变形过程的板形理论，以区别于轧辊弹性变形的板形理论。而现代轧钢理论研究过多地采用了先进的力学方法和计算机手段，把很多比较简单问题人为地复杂化了，比如许多学者用三维变形方法研究和描述板形问题，但是新日铁引用ξ就在平面变形条件下反映了可宽展的定量描述。通过对新日铁轧件变形的板形理论的分析，发现遗传系数是板厚和板宽的二元函数，包括轧机和轧件综合特征，取值和计算很难。从牛顿力学方法的基本观点出发，将遗传系数η分解为轧机板形刚度m和轧件板形刚度q，使厚控模型和板凸模型表达式完全相同形式。这种分解不仅比原日本模型简明实用了，更重要的是它可以微分，从而建立了全解析板形刚度理论。新型板形测控方法及全解析板形刚度理论已被实践验证，并开始在生产轧机上应用，已获美国发明专利。

板形理论研究是近 40 年轧制理论研究中的中心课题。在美国 Citisteel 钢厂 4064mm 宽厚板轧机改造项目中，这个问题更为突出。该轧机主要问题是刚度太低，4064mm 宽的轧机，支撑辊直径只有 1270mm，轧机刚度比国内轧机低 1 倍以上，横向刚度要低 4 倍左右，所以板凸度变化太大，美方要求降低板凸度，提高成材率。这个问题不能用现行的板形控制装备方法解决，只能从传统的轧制规程、配轧辊凸度和生产合理调度方法来解决。

在 Citisteel 4064mm 宽厚板轧机计算机过程控制系统调试过程和总结“九五”科技攻关子专题——热连轧动态负荷分配专家系统时，发现了板形板厚可协调控制规律，它由以厚度为控制量的板形二维差分方程所反映。板形二维状态方程，构造二次型目标函数，可由贝尔曼动态规划方法得出闭环板形板厚最优控制综合。这些理论和方法，已于 1999 年 4 月 20 日通过国家机械工业局专家鉴定，专家组主要评价：“热连轧动态负荷分配专家系统，可用于改造现有热连轧计算机设定与控制模型软件，达到提高产品质量的目标；在攻关过程中发明的新型板形测控方法和全解析板形刚度理论，形成了我国独特的板带轧制理论体系。动态负荷分配在中厚板单机上获得国内多家企业和美国 Citisteel 4064mm 轧机成功应用，在宝钢 2050mm 热连轧机上考虑到张力的影响因素，进行的动态设定 AGC 和恒张力控制实验，结果表明：动态设定 AGC 优于原进口厚控模型，使产品厚度精度明显提高，除国内使用外还出口美国，属 90 年代国际先进水平。”

4 板带材技术的创新

板带材生产技术中热连轧难度最大，也是最重要的，如果热轧板卷质量提高了，冷轧板卷质量会自然提高，并可以简化冷连轧机控制系统。热轧板卷质量提高，亦为焊管、冷弯型钢等金属制品提供优质、廉价原料，必然会使这些高附加值产品增加效益。目前比较短缺的是涂镀板，以高精度热轧板为基的涂镀板将成为一个新的经济增长点。

4.1 热连轧的技术创新

在已完成宝钢 2050mm 热连轧厚控数学模型改造和“九五”科技攻关子专题——热连轧动态负荷专家系统之后，继续要开展以下工作。

4.1.1 无活套热连轧技术的开发

当前影响热连轧厚控精度进一步提高的主要原因是，活套系统的恒张力精度低。张力波动达 40mm%，引起压力波动和板厚波动，使热轧卷精度很难达到 0.01mm 的范围内，而冷连轧波动可达 0.003mm。

国外 20 世纪 70 年代开始实践无活套轧制，宝钢 2050mm 热连轧原设计前边三个活套由带张力观测器的微张力控制系统代替，但未能实现，只有第一机架的活套去掉了，但发生多次第二机架断辊事故。20 多年来无活套技术未推广原因是，控制系统中应用了秒流量相等条件，可以用张力状态方程设计张力最优控制器来解决。

即将在宝钢（集团）公司将开发的无活套轧制技术，要实现去掉前三个活套，达到原西门子设计水平。去掉前边三个活套为第一阶段任务，第二阶段达到厚规格钢带全无活套轧制，第三阶段为试验薄规格无活套轧制。

4.1.2 板形板厚协调最优控制

20 世纪 70 年代在欧洲和日本，热连轧机上采用动态负荷分配方法生产出板凸度变化很小的板卷，但未从理论上解决板形最佳规程设计问题，80 年代板形控制装置大发展，国外负荷分配方法未能得到进一步推广应用。

板形理论的突破，推导出板形板厚可协调的规律，即连轧第三定律，所以经典的负荷分配方法控制板形可得到推广应用。建立板形板厚模型预测自适应闭环最优控制系统（又称板形板厚协调最优控制）并推广应用。

4.1.3 张力测厚方法的应用

在无活套轧制的条件下，第一机架后安装一台测厚仪，从而实现张力测厚。这样热连轧就和冷连轧一样，各机架可以用恒压力轧制，轧辊偏心影响就会自动消除；张力测厚与辊缝无关，所以油膜影响，轧辊磨损和热膨胀等辊缝漂移就对厚控系统无影响了，这样热连轧厚控精度就可以接近冷连轧。

4.2 热轧板带材的市场

4.2.1 冷轧机装备的简单化

高精度热轧板卷是生产高质量冷轧板卷的前

提条件，特别是冷轧板卷的平直度，如果坯料的纵向厚差和横向厚差波动不小于一定值，再先进的冷轧控制系统也生产不出合格的带材。所以，高精度热轧板卷作为冷轧原料市场很大，国内外均有很大的潜在市场。

如果热轧板卷纵向厚差比较大，虽然靠冷轧AGC可以消除纵向差，但会使板形精度降低。如果热轧板卷的板凸度变化大，冷连轧就更难办了，因为只有成品机架方可以发现板形问题（在不用新型板形测控方法前提下），单靠成品机架的板形控制装置是无法保证整卷质量的。当热连轧供给冷轧原料具有满足冷连轧要求的板凸度和纵向厚差时，即使冷连轧无什么厚度、板形控制系统，也能生产出高质量冷轧板卷。总之，高质量热轧板卷会使冷轧生产的装备大为简化，大大降低生产成本，提高经济效益。

4.2.2 发展热轧板为基板的涂镀材料

涂镀材料是我国短缺商品，要求大力发展，冷轧板卷的价格降低，会增加常规涂镀板盈利。由于热轧板卷精度提高和厚度减薄，所以发展以热轧板为基的涂镀材料可能成为一个新的经济增长点。

4.2.3 发展焊管和冷弯型材等高附加值的金属制品

综上所述，高精度、低成本热轧板卷市场很宽阔，潜在经济效益十分可观，应努力实现板带技术创新工程，获得巨额经济效益。

4.3 不同类型热连轧机的实施方案

4.3.1 现代化热连轧机

像宝钢2050mm、1580mm，鞍钢1780mm及三套从德国引进的薄板坯连铸连轧机等，可用我国独有的连轧张力状态方程和板形状态方程改造它们的数学模型。实现张力复合最优控制和板形板厚模型预测自适应闭环控制，这样会降低能耗，产品质量超世界先进水平，占领国际市场。全套引进先进的连轧装备并不能保证产品达到世界先进水平，因为生产还需要经验，要使各钢种规格产品的100多个参数优化是一件很困难的事。宝钢第二次引进的2050mm热连轧和2030mm冷连轧板形控制技术就是这个原因。

4.3.2 老连轧机改造

像鞍钢1700mm、攀钢1450mm、本钢1700mm，二手设备（如太钢1549mm、梅山1420mm等），进行全面技术改造，产品达到目前国内先进水平。

4.3.3 新建板带轧机

实现国产化。不追求高刚度，设计最优刚度值。

5 结束语

20世纪60年代热连轧技术进步，是在轧制理论滞后的条件下实现的，主要靠装备创新和复杂的控制系统。我国的实际工业基础水平，沿国外的方式发展无法实现大型连轧机国产化。张进之教授从50年代起在我国独立开展的以动态、多变量、非线性为出发点的轧制动态理论研究，已在国内外应用并得到实践验证和发展。应当应用这些创新知识和技术改造已引进的先进冷、热连轧机数学模型，进一步提高产品质量。对50年代老连轧机进行全面技术改造，使产品质量达到国内领先水平；新建板带轧机不要再引进了，完全可以自主设计和制造。在制定“十五”科技攻关计划和2015年远景规划时。应把连轧机的国产化放在重要地位，优先解决。

（原文发表在《冶金设备》，1999（6）：14-18）

轧钢技术和装备国产化问题的分析与实现

张进之

（钢铁研究总院，北京　100081）

摘　要　介绍了我国板带轧制技术与装备的发展过程，说明了20世纪60年代我国已自主设计制造了2800、4200大型板带轧机和1700热连轧机，而现在为什么还从国外成套引进的原因。由于国外板形理论未突破，提高板形质量主要靠设备创新及复杂的控制系统。从我国工业的基础水平来看，跟踪国外的发展并从设备上赶上国外从而实现国产化是行不通的。板带装备与技术国产化必须走一条创新道路。板形计方法、张力复合控制系统的工业实验和推广应用不仅可实现国产化，而且可达到世界领先水平。

关键词　板带轧机；轧制理论；板形计；张力复合控制

Analysis and realization of domestic producing of rolling technology and equipment

Zhang Jinzhi

(Iron and Steel Research Institute)

Abstract: The development of sheet and strip rolling technology and equipment in China is analysed. The writer also gave the reasons why we now import the complete equipment despite we could design and made the 2800 and 4200 heavy sheet and strip rolling mill and 1700 hot continuous rolling mill in 1960s. In other countries, to improve the quality of sheet shape is depending on the equipment innovation and complex control system because of no break in sheet shape theory. To realize the domestic producing of fechnology and equipment from following the tracks of foreign country is impossible according to the low level of industry basis in our country. We must develop a new road to realize the domestic producing of sheet and strip equipement and teehnology. The utilization of sheet shape gauge and tension compound control system is the way and could be world lead level.

Key words: sheet and strip mill; rolling theory; sheet shape gauge; tension compound control

1　前言

现代轧钢技术与装备以板带生产为代表，目前我国大量从国外引进的主要为板带轧机和板带材，所以本文用板带轧制技术与装备来论述此问题。

20世纪50年代，我国从原苏联引进了鞍钢1700热连轧机和1700可逆式冷轧机及相应的生产技术，该装备技术水平属当时世界先进水平。60年代我国自主设计制造了2800、4200大型板轧机和1700热连轧机，其机械、电气传动等装备均国产，这些自主制造设备比当时国际水平是落后一些，主要表现在无厚度自动控制系统（AGC）。70年代武钢1700热、冷连轧机的引进，使我国轧钢技术达到了当时世界上的先进水平，国内也开展了AGC的工业实验和推广应用。80年代从德国引进了2050、2030热、冷连轧机，该轧机具有世界先进水平的板形控制装备和技术，还有武钢引进的1200HC冷轧机，使我国的轧钢装备达到世界一流水平。如果当时做到消化、改进达到国产化，不至于发生目前还在成批引进板带轧机及技术的现状，本文就此问题的产生原因做一些分析，认为轧钢技术必须走创新的道路。

2 轧钢技术未能实现国产化的主要原因分析

20 世纪 50 年代引进的 1700 热连轧机，很快地实现了国产化；武钢 1700 热、冷连轧机引进后，在 AGC 技术国产化方面进展比较慢；而宝钢 2050 热连轧和 2030 冷连轧引进后，在板形控制技术消化、掌握方面遇到了极大的困难，从而造成了大批量引进板形控制轧机的局面。60 年代后我国已具备了设计、制造大型板带轧机主体装备的能力，主要是在厚度、板形自动控制装备和技术上未能达到国产化的水平。下面就板厚、板形问题做进一步的分析。

2.1 厚度自动化技术在我国的发展过程

20 世纪 60 年代，我国轧钢技术已有相当高的水平，例如鞍钢 1200 可逆冷轧机上开展计算机控制的 AGC 实验，钢铁研究总院在 12 辊可逆式冷轧机上立项开展 AGC 研究，综合等储备原理的图表法设计压下规程是我国发明的实用技术……受"文化大革命"的冲击，这些工作未能进一步的发展。但是，国家对轧钢技术是十分重视的，1967 年初二部（冶金部、机械部）一委（科委）下达了自主开发热连轧计算机控制数学模型的研究工作，该项目的首席专家是宋瑞玉，工作得到了关肇直的指导，钱学森写信支持与鼓励。在当时十分动乱的条件下，冶金部建筑研究院、钢铁研究总院、钢铁设计院、机械部天津传动设计研究所、中科院数学所、冶金部三九公司（酒钢）以及北京钢铁学院等许多人集中在建筑研究院开展此项目的研究工作。这一年多的工作使一批人了解了国际上连轧机计算机控制技术，掌握了国外主要模型的内容和水平。

20 世纪 70 年代武钢引进后，国内组织了全国技术力量进行消化，成绩巨大，但在关键技术 AGC 消化推广上遇到了困难，长时间造成 AGC 技术不能国产化。人们较普遍认为国内 AGC 技术不行，得从国外引进。从国外 AGC 技术及理论发展情况来看，英国钢铁协会于 1949 年提出轧机弹跳方程是厚控的最基础理论，同时发明了头部锁定（相对值）AGC 技术，称为 BISRA AGC。BISRA AGC 只引入了设备参数——轧机刚度 M，所以 AGC 技术还不完备。德国、日本以不同的方式引入了轧件参数——塑性系数 Q，使 AGC 技术得到发展。德国人方法是串联控制方式，内环为辊缝自动控制（APC），外环为厚控环，由弹跳方程测厚与设定厚度之差通过压下效率系数得到 APC 修正设定值，内环与外环之间有积分环节连接，这种方式稳定性好、调试简便，但响应速度慢。

日本人方法则采用厚差直接控制电液伺服阀，投入 AGC 系统时，APC 系统被切除，即 APC、AGC 独立使用。这种方式响应速度快，但稳定性较差，调试困难。武钢 1700 热连轧机是这种方式。所以钢铁研究总院和天津电气传动设计研究所则实验推广日本人的方法。国内第一重型机械厂、西安重型机械研究所、洛阳有色加工设计研究院等则实验推广 BISRA 方法。当时国内设备水平实验日本人的方法是十分困难的，当时是在无计算机设定控制条件下，用模拟电路的方法实现 AGC 功能的，所以造成 AGC 控制效果不如 APC 的情况。推广 BISRA 方法实际效果比较好，但他们都是在小型、可逆式轧机上应用的，影响较小。

国内 AGC 推广的情况，促使笔者在理论上研究 AGC 技术，20 世纪 70 年代末发明了动态设定型 AGC（DAGC）。DAGC 是 AGC 的继续发展，从表面上看也是引进了 Q，所以当时轧钢界不以为然，但 DAGC 比日本、德国的方法有很大的进步，关键在于引入了轧件扰动观测器，即轧件扰动（厚差、温差）是可测量的，由 ΔP_d 计算公式与厚度恒定条件联立而得到的。由于认识上的差异，使 DAGC 的实验推广应用大大推迟。直到 1986 年在第一重型机械厂 200 四机架冷连轧机上实验成功，证明其理论及预测效果是完全正确的。同年获得机械部、冶金部联合鉴定，得到专家组高度评价。开始与一重、冶金部自动化院合作推广。90 年代初钢铁研究总院在原上钢三厂 2400 中厚板轧机上应用，其特点是与计算机设定控制联合应用，当时厚控效果达到或超过了世界先进水平。1996 年与宝钢合作，在 2050 热连轧机上用 DAGC 代替原西门子厚控模型实验成功，7 月份开始 7 个机架全部投运 DAGC，一直正常应用，使厚控精度大幅度提高。目前国内已普遍认识到厚控技术已经解决了，在厚控理论与技术上为世界先进水平。

2.2 板形控制问题

目前成套引进板带轧机，板带轧机改造也由外国公司承包，其原因是要引进国外板形控制的装备和技术。以重庆钢铁设计研究院为太钢 1549 热连轧三电改造设计为例可以充分说明这一点。(1) 板形控制模型引进，应用软件由外商负责；

(2) 精轧、粗轧、卷取过程控制计算机应用软件的修改、优化以及模型参数的调整全部由国内完成；(3) 生产控制级计算机系统应用软件的基本设计、详细设计、编程和调试全部由国内完成。

20 世纪 60 年代，厚控技术得到推广应用，使纵向厚度精度大幅度提高。厚控是压力正反馈，厚控精度提高使板形质量变坏，所以从 60 年代开始板形理论与技术研究一直是轧制中心课题。板形理论研究远早于厚控理论，它以轧辊挠度计算为基础。60 年代起斯通的弹性基础梁理论、以 Sholet 为代表的影响函数法，以及有限元计算的现代板形理论，使板形理论研究出现了新高潮，但一直未有突破，达不到厚控理论的水平。由于板形理论的落后，提高板形质量的主要方法转移到发明多种板形控制装备和复杂的控制系统上来，如 HC、PC 轧机，CVC、VC、DSR 轧辊等。国外多种板形控制装备的出现，是由于知识产权的原因，日立发明了 HC 轧机，别的公司只能发明别的板形控制装备。多种板形控制装备各有千秋，没有哪一种比另外种类更先进，我国引进了或在实验国外的所有板形控制装置，力量很分散，没有哪一种技术过关，到头来还得靠引进。国外的几种装置对控制板形是有效果的，但多种控制系统（板形、厚度、张力、温度等）相互作用，使控制系统极端复杂，造成国际上只有少数几个公司可承担热连轧控制系统设计，连轧装备十分昂贵的局面。

笔者研究板形问题较晚，1992 年接触 Citisteel U. S. A 4064 宽厚板轧机改造项目时，才开始研究板形问题。该轧机是 1907 年的设备，辊面长度 4064mm，而支撑辊直径仅为 1270mm，刚度特别低。所以突出问题是板凸度太大，波动很大，改造的目的为控制板凸度，提高成材率。该轧机不可能采用弯辊或现代板形控制手段控制板凸度，只能根据板形理论使用传统的配轧辊凸度、调度和优化轧制规程的方法解决问题。研究发现了新日铁轧件遗传板形理论是当前先进、实用的板形理论，同时也发现新日铁板形理论存在遗传系数 η 取值的困难，η 是轧件宽度、厚度的函数，包含了轧机和轧件的综合属性，考虑到厚控理论与板形理论应当相似，从而提出了轧件板形刚度 q 和轧机板形刚度 m 的新概念，将 η 由 m、q 表示，得出了向量板形测控数学模型。进一步将模型与经典板形理论联立，得到板形刚度方程和 q 的计算公式，建立了解析板形刚度理论，进一步研究发现了板形板厚协调规律，由综合等储备负荷分配方法和贝尔曼动态规律得出了实用的板形板厚协调规律，由综合等储备负荷分配和贝尔曼动态规划得出了实用的板形板厚最优闭环控制方法。板形测控数学模型、解析板形刚度理论和板形板厚协调规律，综合称之为板形计法或动态设定型板形板厚自动控制系统（DAGC）。

板形计法首先应用在 Citisteel U. S. A 轧机改造工程中，获得了很好的效果，使成材率提高 2. 376%，比合同指标 2. 485%还高 0. 25%，厂方十分满意，系统一直正常运行。2000 年 4 月起转向 CVC、PC 板形控制轧机上推广应用，在宝钢的合作下，短时间里已取得了初步成果。

目前，已在 2050 热连轧机上验证了板形计方法的正确性和实用性，并发现了 CVC 设定数学模型存在的问题。该轧机 7 个机架都有 CVC、弯辊和液压压下等执行机构，成品机架后有平直度、板凸度和厚度测量装置，有成熟的轧辊热凸度和磨损数学模型。所以在该轧机上最容易验证板形计方法的正确性和实用性。表 1 为板形计法计算值与实测值和 CVC 设定值对比，表 2 为调整轧辊设定凸度后的板凸度和平直度计算值。表 2 数据表明，用板形计法可以设定出平直度为零的板形最佳规程，而 CVC 设定方法是难以做到的。

表 1　原规程设定与计算结果比较①

机架号	板凸度值/μm		板平直度/Ⅰ	
	CVC 设定	模型计算	CVC 设定	模型计算
1	319	163	35	-1
2	191	110	12	-1
3	123	85	7	2
4	83	63	13	-37
5	61	52	14	74
6	51	55	11	48
7	40	40	3	-25

①成品凸度的目标值为 40μm，实际测量值为 40μm，成品平直度的目标值为 0Ⅰ，实际测量值为-7Ⅰ。

表 2　调整轧辊设定凸度后的板凸度和平直度计算值

机架	CVC 设定		改变的轧辊改变轧辊凸度后模型计算值		
	板凸度/μm	平直度/Ⅰ	凸度值/mm	板凸度/μm	平直度/Ⅰ
1	292	32	-0. 580	187	0
2	191	15	-0. 260	106	0

续表 2

机架	CVC 设定		改变的轧辊改变轧辊凸度后模型计算值		
	板凸度/μm	平直度/I	凸度值/mm	板凸度/μm	平直度/I
3	123	6	-0.075	68	0
4	83	11	0.1023	46	0
5	62	15	0.0690	34	0
6	51	11	0.0368	28	0
7	39	3	0.0148	24	0

通过分析 1580 PC 轧机数字模型及目前生产中板形质量存在的问题，证明了当时对新日铁遗传板形理论的分析是正确的，日本三菱提供的 PC 设定模型是实现板形遗传理论的技术，需要优化参数上百个，而这些参数大部分与轧件特征有关，而三菱未提供离线模型及仿真实验平台优化参数的技术，所以被认为能最有效控制板形的 1580 PC 轧机还达不到较旧的 2050 CVC 轧机的板形技术水平。在 PC 模型分析过程中，发现了三菱模型对新日铁模型做了省略和简化，所以直接影响了平直度控制水平，国内已引进的两套 PC 轧机轧件控制水平低于 1985 年投产的新日铁广畑 1840 六机架热连轧的控制水平。

以上工作说明了板形计法优于日本、德国人的设定方法，所以推广该方法可以推进我国板带轧制技术的进步和实现装备国产化。

3 板带轧制技术与装备实现国产化的可行性分析

政府应当发挥宏观调控的作用，板带轧机装备不应当再引进了。到目前为止 PC、CVC 型热连轧机已经引进了 8 套，宝钢 2050 CV、1580 PC，鞍钢 1780 PC，珠海、邯钢、包钢 3 套 CVC 型薄板坯连铸连轧机，本钢 1700 改造 CVC 装置，武钢计划建设的 2250 CVC 轧机。冷连轧、可逆轧机还有许多。这样就造成日本花 16 亿美元引进技术和装备建成了产能为 1.6 亿吨钢的全现代化装备的钢铁工业，成为世界上最强的钢铁大国。我国到 1995 年底统计已花 96 亿美元引进技术和装备，只建成产能为 1 亿吨，现代化装置只占 20% 的钢铁大国。1995 年以后引进花了多少美元没有统计，现在还能继续花高价引进，这样能建成钢铁强国吗？入关后中国钢铁工业能有竞争力吗？这些问题非常值得思考。今后轧钢技术如何发展，是亟待解决的问题。

3.1 我国轧制理论和技术与国外水平对比

前面关于板形板厚的理论与技术分析已证明我国比国外不落后，而且比德、日技术更先进。连轧张力理论是连轧过程动态理论，而目前国外还留在秒流量相等的水平下，动态理论只有两机架动态张力公式。而国内负荷分配已从理论上解决，即综合等储备负荷函数方法，该方法从 20 世纪 80 年代开始工业化，在多套大型中厚板轧机、可逆式冷轧机上推广应用，并推广到美国，该技术获省部级科技进步奖 6 次，其中二等奖 3 次。

国外 20 世纪 70 年代研究实验热连轧张力观测器的张力控制系统，即无活套轧制，但一直未能推广应用。分析此问题发现国外在控制器设计上应用了秒流量相等条件。现在宝钢已在 2050 热连轧机上开展张力复合控制系统的实验，以实现国外未成功的热连轧无活套轧制技术。

3.2 我国机电装备设计制造能力

20 世纪 60 年代我国已设计制造成功 4200 厚板轧机和 1700 热连轧机，说明了板带轧制主体设备国产化是没有问题的。美国在 19 世纪已有的轧机制造能力，20 世纪中国是应当赶上的，但是我们在厚控技术上走了弯路，板形理论不过关，引进板形控制装备和技术消化不了而形成不断重复引进的局面。近 20 年中国重型机械制造业失去了大型轧机设计、制造的机会，所以技术得不到发展与提高。特别是引进失控，想种种理由来说明中国制造不了。其中最有代表性的观点是重机行业没有制造的事例，所以要引进。不要国内制造，到哪有事例呢？20 多年大量金钱给外国公司，他们技术进步了，而国内得不到发展，大量技术人员流失，造成重机行业在大型轧机设计制造能力方面相对于国外发展而落后了。这些都是由引进失控造成的，非常值得中国人反思和总结经验。

3.3 自动控制方面的问题分析

主要问题出在消化、改进、创新的指导思想方面，特征是跟踪国外的发展走，外国人干什么，大部分人就跟着走，大都是做一些完善、补充工作。在板形控制上工艺控制理论不过关，采用了设备方法，而板形测量仪器和控制装备要求特别高，我国实际工业水平跟不上，又不发展自己独创的技术，只能是目前重复引进的局面。受 1956 年《人民日报》王普文章的影响，这个问题笔者早在20世纪50年代已认识到了。该文介绍了德国人分析德国与美国国情，指出重视理论研究，德国才有可能和美国竞争。所以笔者从80年代搞轧制自动控制项目，取得成功的原因也在于与国外不同的自动控制技术方法。其差异概要说明如下。

轧制控制的基础是辊缝和轧辊速度的控制，即PAC系统。此技术我国早已成熟了。控制对象是轧机辊缝和速度，但轧机控制目标是轧件厚度和板形等工艺目标。以厚控为例，要控制厚度首先要有测厚仪，由测厚仪与辊缝控制系统连接可形成厚度闭环自动控制系统。所以要搞控制就必须解决测量问题，测量是控制的关键和基础。英国人发明弹跳方程的伟大意义就在于实现了轧钢机本身具有测厚的功能，所以厚度控制很快得到普及应用，大大提高了纵向厚控精度。板形控制也要先解决板形测量问题，板形仪要求很高，价格非常贵，而且在连轧机上板形仪只能装在成品机架后面，而前边机架对板形控制作用很大，无法测量也就无法实现自动控制。板形计法则实现了轧机是板形计的功能，所以可实现各机架板形闭环控制。弹跳方程、板形计法均属于工艺控制模型，连轧张力理论则反映了张力负反馈作用，归纳得出工艺控制理论新概念。温度测量控制对性能控制是关键，而连轧机上不可能用测温仪测量各机架的实际温度，从弹跳方程和压力公式联立推出了轧机具有测温计的功能。

轧机是测厚计、板形计和温度计，可以从根本上改变目前热连轧控制系统的结构，达到轧机、轧件分离控制的目标，大大简化了控制装备及系统设计的难度，当然成本也会大大降低，而产品控制精度会有明显的提高。例如，宝钢2050热连轧厚控方法的改造使厚控精度提高1倍，而DAGC比原西门子厚控方法简单得多。这种控制系统，设计辊缝和速度单独控制，只要APC功能，而APC的设定值由工艺控制模型不断动态修正。简单的控制系统可得到高精度、高性能的板带，这样就可以实现板带轧制技术与装备的国产化。

4　各类板带轧机实现工艺控制的做法

板带生产技术中热连轧难度最大，也是最重要的，如果热轧板卷质量提高了，冷轧板卷质量自然会提高，并可以简化冷连轧机控制系统。在已完成的宝钢2050热连轧厚控数学模型的改造和“九五”科技攻关子专题——热连轧动态负荷分配专家系统之后，继续要开展以下工作。

4.1　无活套热连轧技术的开发

当前影响热连轧厚控精度进一步提高的主要原因是活套系统的恒张力精度太低。张力波动达40%，从而引起压力波动和厚度波动，使热轧板卷精度很难达到0.01mm的范围内，而冷连轧波动可小于0.003mm。

国外20世纪70年代开始实践无活套轧制，宝钢2050热连轧原设计前边3个活套由张力观测器的微张力控制系统代替，但未实现，只有第一机架的活套去掉了，但多次发生第二机架断辊事故。20多年来无活套技术未推广的原因是控制器设计中应用了秒流量相等条件，这可以用张力状态方程设计张力最优控制器来解决。无活套轧制技术经过两年多的论证后正式立项，今年初正式开展了工业化实验工作，目前工作进展顺利，争取早日实现无活套热带轧制技术。该技术实验成功，将证明我国连轧技术世界先进，而且对生产意义十分重大，可大范围提高厚度、宽度控制精度，降低能耗和备品备件消耗，特别是为超级钢的生产创造了有利条件。当前开展的形变诱导相变的细化晶粒热轧技术，要求低温轧制，如果前面机架无活套就允许降低入口温度和加热温度，这将会降低能耗和烧损，从而降低生产成本。

4.2　板形板厚协调最优控制

古老的板带轧制以及20世纪60年代前的热连轧机，人工操作也能轧出合格的板带材，其原因是工人不自觉地利用了板形板厚协调规律。70年代在欧洲和日本，热连轧上采用动态负荷分配的方法生产出板凸度变化很小的板卷，但未能从理论上解决板形最佳规程的设定问题。80年代，板形控制装置大发展，国外动态负荷分配方法未能得到进一步推广应用。

板形理论的突破，推导出板形板厚协调规律，即连轧第三定律，第一定律为秒流量相等条件，第二定律为张力与视秒流量差（无张力前滑值）成正比。该定律的应用可实现板形板厚综合最优控制，针对不同装备水平具体应用方法简介如下。

4.2.1　现代化热连轧机

前面已对2050、1580、1780 PC轧机设定模型做了分析，所以用板形计法改进其设定模型是可行的。初步与宝钢热轧部商定，在1580 PC轧机上开展实验工作，因为1580板形问题突出。当在该轧机上证明板形计方法有效后，再向其他有板形控制装备的连轧机上推广应用。PC、CVC 是公认的最佳板形控制热连轧机，当板形计方法实验成功后，在这类轧机上可生产高附加值的超级钢，因为该方法可以增加后边机架的压下量，从而提高轧材的强韧性技术指标。

4.2.2 老连轧机的改造

像攀钢 1450、太钢 1549、梅山 1420，还有大量中宽窄带热连轧机，这类轧机应用板形计法效果最明显，可以使板凸度、平直度控制精度达到目前国内 PC、CVC 轧机水平。

4.2.3 新建板带轧机

这类轧机已实现国产化。中国公司总承包，负责总体设计，一些部件、计算机硬件、测量仪表可从国外公司购买。

4.2.4 可逆式板带轧机

这类轧机包括连轧厂粗轧机、中厚板轧机等。粗轧机产品对精轧机有影响。应用板形计法的板形最佳轧制规程可以保证精轧对坯料的板凸度值的要求。中厚板轧机应用了综合等储备负荷分配方法和 DAGC，效果十分明显，多次获省部科技进步奖。目前优化规程在线应用很少，大都用记忆规程轧制。分析其原因是目前我国 2500 级中厚板轧机刚度很大，大都是顺水印轧制，所以 AGC 投运与否都能满足用户要求。投优化规程要测量入口温度值，而该测温仪维护正常应用比较困难，由于国内品种规格变化不快，所以用记忆规程轧机更为方便。在美国 Citisteel4064mm 宽厚板计算机控制系统中，由于该轧机刚度特别低，钢种规格变化很大，板宽变化 1.5～3.8m，厚度变化 9～120mm。有些钢种，规格只轧几块，规格变化特别频繁。为这项工程研制成功的板形计法，用温度观测计方法可以省略了入口温度的测量，改变了原先优化规程只校正一次而采用每道次都校正的方法。由于这些新技术，所以 Citisteel 一直采用计算机设定轧钢，除控制轧制外，大部分由计算机设定轧钢，投入率达到了 70%。Citisteel 成功的技术可在国内中厚板轧机和粗轧机上推广应用。

5 结论

（1）20 世纪 60 年代，我国已设计制造了 2800、4200 大型板带轧机和 1700 热连轧机，事实表明我国具有自主设计制造大型板带轧机主体装备的能力。

（2）板带轧机生产技术难点主要在板形和板厚控制技术上，厚度控制由于动态设定型变刚度厚控方法的发明已解决，特别是从 1996 年在宝钢 2050 热连轧机上代替原厚控模型后取得的实际效果，证明该方法代表了厚控理论和技术的世界先进水平。

（3）板形控制理论是国际上还未解决的问题，所以造成目前多种板形控制装备的出现，从而也引起连轧机控制系统的极端复杂化。

（4）长期以来我国板带轧制理论与技术的研究一直跟踪国外的发展，虽然投入大量资金和人力，但未能对国外板形控制装备与技术达到完全消化而国产化的目标。

（5）板形计的发明，可从根本上改变目前板带轧机控制状况，可实现轧件、轧机分离控制，使连轧机控制系统大大简化。

（6）以轧件控制为主的轧机轧件分离控制系统称之为工艺控制系统，它的特征是信息流控制，直接目标控制，预测前馈反馈综合控制，简称为动态设定型控制系统。

（原文发表在《冶金信息导刊》2000（6）：22-27）

由工艺控制理论的发展看传统工业的现代化技术路线

张进之

（钢铁研究总院，北京　100081）

Technical routine of traditional industry modernization in view of development of technological control theory

1　引言

信息时代已经到来，以信息传递为目标的信息产业发展迅猛。信息领域在发达国家早已是重点发展的领域，如信息高速公路的概念就是美国率先提出的。在这些国家，由于衣、食、住、行问题已解决，因此像冶金、机械等传统工业已不占据国家的主导地位，而是转向依靠高新技术产业更大、更快地创造财富。尽管我们在信息技术方面要下大气力赶上世界技术潮流，但是作为发展中国家，中国必须要有相应的发展策略。我们现时的发展策略仍然是要立足于传统产业的现代化改造。因为传统工业与信息产业的关系，就如同基础和上层建筑，传统工业落后，信息产业发展再快，也如同没有实物作基础的物质交换，必然会形成无根基的泡沫经济。

传统产业的改造要依靠高新技术：计算机、控制论、信息论等，但是又必须与工艺理论相结合。就以笔者已工作了数十年的轧制领域来说，尽管近20年大量引进了国外众多先进装备和技术，但真正实现现代化的比例仍然很低，究其原因恰是这些技术未能实现国产化。但也有成功的例外，如，结合国外引进自主开发成功的以计算机为手段，将轧制工艺理论与控制论结合，形成有自主知识产权的一种轧制工艺控制理论和相应的[1]动态设定型变刚度厚控方法（简称DAGC）、综合储备负荷分配方法，现已在多套国产大型板带轧制上推广应用，其产品质量达到国际水平，特别是DAGC于1996年在宝钢2050热连轧试验成功，已完全代替原引进的厚控模型，且正常工作了近4年，使厚控精度上了一个台阶。这一自主开发的技术优于国外引进技术的根本原因是：国外是靠装备创新和复杂控制系统提高产品质量的，属外因论方法；我们是找到轧制工艺控制过程内部规律，利用其规律控制生产过程而提高产品质量的，属内因论方法。由此可以看出，从工艺控制对象的工作机理和本质入手，仍然是最根本的发展策略，在此基础上的理论与技术的结合，将会进一步形成一套完整的工艺控制理论。

本文以轧制过程控制进步为实例，论述传统工业现代化的具体技术方法。

2　轧制技术的先进性及发展中的矛盾

轧制生产是极重要的制造业，它为国民经济提供大量的材料。为提高产品质量，必须降低能耗和物质消耗，所以对其生产过程优化控制十分重要。而轧制过程是典型的力学系统过程，在轧制压力作用下，轧制发生塑性变形，轧机发生弹性变形。要控制就应当认识和利用其中的规律。20世纪50年代以前轧制理论研究集中于轧件塑性变形规律及力能参数计算，并由此建立了以体积不变和最小阻力定律的塑性加工理论，得出轧制压力、力矩、前滑、宽展等计算公式。后来英国钢铁协会（BISRA）引入轧机刚度概念得出弹跳方程，这是轧制理论与技术的一次飞跃，反映了控制论的理论和观念。控制论介入应用科学是以1948年维纳提出控制论为起点的，它的基本精髓是“反馈”。BISRA轧制理论的提出与控制论的建立在时间上是一致的。弹跳方程的实质是轧件厚度测量和控制方程。实现了轧机的测厚仪功能后，线性化弹跳方程即可推出厚度自动控制系统（AGC）。

计算机的发明和应用是20世纪最重大的技术创新，它在工业上的应用实例，可首推连轧过程的计算机模拟试验，分别于1955年、1957年实现了静、动态模拟，也弄清了连轧过程参变量之间的定量关系。计算机模拟、仿真、虚拟技术等的广泛应用，也是始于轧制。计算机应用于工业过程控制，首先是从热连轧设定控制开始的。由它代替人工设定并实现了连轧机辊缝和速度的自动设定。1962年在第一台热连轧机上成功后，到70年代美国所有热连轧机几乎全部实现了计算机设定控制。目前世界上大部分大型连轧机基本上都用计算机控制。

但现代控制论在轧制生产上的应用未能达到预期效果，其实质原因是未能建立相应的工艺量的状态方程。如上文所述，笔者通过多年的努力，终于为轧制最优控制建立了张力、厚度、板形的工艺量状态方程，并在生产实践中得到完全的验证。笔者认为，这一研制过程中的观点、方法可供传统工业现代化借鉴。此方法可统称之为工艺控制论。

3 轧制工艺控制论的进步

这里，以轧制过程工艺最复杂的连轧为对象进行讨论。连轧过程的张力是最重要的参数，所以对张力问题的研究早在20世纪40年代就开始了。1942年苏联学者开始对工业应用的张力微分方程提出异议，1947年Фаинберг院士提出张力变形微分方程，Чекмарев院士又提出另一个张力微分方程。工程界就两个微分方程在50年代争论激烈，虽没有最后结论，但大部分学者同意Чекмарев的张力微分方程。然而两位院士在解微分方程时均未将张力自动反馈引入，所以也都未获得连轧张力动态数学模型，从而导致国外连轧理论一直停留在秒流量相等的静态水平上。后来由于有计算机仿真技术，连轧动态过程的数字关系搞清楚了，控制系统设计和相应的参数确定也可进行了。

笔者是在研究了连轧张力后，开始建立连轧过程数学模型的，随之又研究了厚控过程分析和板形测控等问题，下面仅就这3个问题作一简介。

3.1 连轧张力理论

笔者是由守恒原理推得精确张力微分方程，从而解决了两院士的争论的。引用张力与厚度、轧辊速度和前滑之间线性关系，机架内体积不变条件下可得出多机架动态张力公式。张力公式是和弹跳方程相似的测控数学模型，方程中的轧辊速度是控制变量、厚度和张力的。冷连轧的张力则可通过张力计来测量，所以由张力方程也可以计算厚度。此外笔者还证明了连轧张力系统是可测的、可控的、渐近稳定的动力学系统[2]。这说明，只要认识了连轧的自动控制功能，即可实现张力最优控制。

连轧张力公式反映了连轧过程中的结构定律，由它可推导出秒流量相等的条件，并得出张力与秒流量差成正比的宏观定律。张力理论中的流量计算是以无张力影响的前滑为依据的，所以各机架间的流量差就构成产生张力的“力”，张力则属于“流”。与电学相比较，秒流量差相当于电压，张力相当于电流。

连轧张力理论实际应用于：冷连轧张力、辊缝闭环的恒张力与厚度的互连控制系统（简称连轧AGC）；通过张力公式与压力公式的联立，估算变形抗力和摩擦系数；（正与宝钢合作）在2050热连轧机上试验无活套连轧技术。德、日在20世纪70年代开始试验热连轧无活套轧制技术，取得一定成果，但一直未推广应用。笔者通过实践与理论的研究已分析出国外未成功的主要原因是由于在控制器设计上误用了秒流量相等条件。秒流量相等条件是静态规律，不能用于控制器设计上。

3.2 压力AGC过程分析

英国人1950年发明压力AGC方法时，只引进了轧机刚度系数，之后，美、德、日分别以不同方式引进了轧件塑性系数，使AGC厚控方程更加完善，在生产中得到普遍推广应用。AGC中的分析是采用“p-h”图几何方法，但笔者认为几何方法不能准确反映厚度调节过程中的动态、多变量、非线性的实际情况，故改用了数学分析方法。此法使我们对厚度调节过程的认识深入了一步，首先发现轧件扰动可测，从而推导出动态设定型变刚度厚控方法（简称DAGC）。DAGC特点是响应速度快，消除扰动的辊缝调节可以一步到位，将厚度自动控制从随机问题转化为确定性问题。

由于该方法实用效果明显，在理论上优于日、德发明的动态设定厚控方法，故笔者于 1996 年获国家发明奖。笔者这一理论的先进性表现在：可推得轧件、轧机和控制系统三参数的级数方程[3]；进而可得出可变刚度系数的计算公式，而国外无此方程，可变刚度系数只能由经验确定。

3.3　解析板形刚度理论

国际上板形理论的研究远早于厚控理论的研究，却一直未取得重大突破，即未达到厚控理论的水平。长期以来国外提高板形质量主要是依靠板形控制装备的创新和复杂的控制技术来达到的。日本发明了 HC、PC 板形控制轧机，德国发明的 CVC 可动态改变轧辊凸度，欧洲则开发了 DSR 轧辊。多种装置的产生是受知识产权的限制而造成的，各种方式各有千秋，但都未能彻底解决板形控制问题。上述种种设备只是解决板形控制的外部条件，在板材成形内部规律未准确认识的情况下，是难以得到最佳控制效果的，所以解决板形问题还必须建立反映客观规律的板形理论。

板形理论的进步分三个阶段。经典的板形理论是以计算轧辊挠度为主的弹性简支梁理论。现代板形理论包含两部分，其一是计算轧辊变形的弹性基础梁理论和影响系数法；其二是计算轧件变形的遗传理论，其中有日本人的实验方法和美国人的有限元方法。最近笔者提出的轧辊和轧件统一的板形理论，称之为新板形理论。新板形理论的发展分三步：第一步是以日本、美国的遗传理论为依据，提出与厚控理论相似的板形测控数学模型；第二步是笔者提出的解析板形刚度理论[4]，实现了轧机板形刚度和轧件板形刚度的理论计算，并通过板形刚度方程得到试验验证；第三是笔者通过板形测控数学模型线性化发现了板形板厚协调规律。其协调规律是以厚度为控制量，以板凸度和平直度为状态量的二阶差分方程，由它可实现板形板厚的最优控制。

以上张力、厚度、板形三个基础自动化层的状态方程的建立，可以将现代控制论应用于连轧过程控制上，其特征是通过解析法建立数学模型。

4　板带轧制过程的智能控制

连轧过程设备多，需协调的目标量多，而且板形、板厚目标是相矛盾的。对于这种复杂的追求多目标的系统只有采用智能控制方法，笔者已用于中厚板轧过程控制分层递阶的智能控制方法，获得了第二届全球智能控制最佳应用论文奖[5]。现已将智能控制方法进一步推广到冷、热连轧机上[6]。以往的板形控制只是指平直度的控制，采用的是经验方法，属模糊控制。现已建立的解析板形刚度理论和板形板厚协调规律，增加了连轧过程智能控制的知识比重。

现以热连轧为例。热连轧中智能控制系统由组织级、协调级和基础级三层构成。组织级为决策级，给出板形最佳轧制规程和自学习、自适应功能。组织级所用公式为静态数学模型，为已普遍应用的传统公式，由笔者新增加的则是由板形状态方程和二次型目标函数获得的命中厚度、平直度、板凸度目标的目标轨线。组织级智能度要求最高，但模型精度要求低（IPDI）。

协调级的功能，是校正设定时的误差，组织级对计算优化轧制规程用的温度、厚度、宽度在轧制前就预先给定了的，所以当粗轧完成后，进入精轧机前，已得到温度等实际值，此时需在协调级通过协调推理网络（并行计算）使辊缝和速度设定值精确化。

基础级，又称基础自动化级。其功能是，穿带时，当第一机架咬钢后，通过压力辊缝实测信号计算出厚度、平直度、板凸度，以及此三个量与目标轨线值之差，再由贝尔曼动态规划修正后续机架的辊缝速度设定值；第二机架及以后各机架咬入后，继续由贝尔曼动态规划修正辊缝和速度设定值，以达到命中目标厚度、平直度、板凸度值。正常轧制时，基础级的功能是定时预报轧辊实时凸度提高板形的估计精度。由入口厚度、轧辊凸度、速度的变化会引起目标值的变化，为使目标值恒定，故而需由贝尔曼动态规划求出动态压下量的修正值，该值可由修正 DAGC 的辊缝和压力锁定值而实现。

张力是一个独立的子系统，可通过二次型目标函数和张力状态方程来实现张力最优控制。张力子系统与板形板厚子系统是相互独立而互补的，张力子系统保证了张力恒定而使板形板厚协调控制计算的简化精度提高；板形板厚子系统向张力子系统提供厚度信息而实现张力预控进而构成张力复合控制，进一步提高了张力控制精度。厚控系统向张力系统提供的厚差信号，正是张力系统的扰动，可起到扰动观测器作用而实现张力预控。笔者创建的新型热连轧智能控制系统是建立了解析张力、厚度、板形数学模型后的必然结果，当然计算机、控制论和信息论是必要的基础知识条件。

5 连轧控制系统的计算机仿真试验

国外已有的求连轧过程最优控制的状态方程，皆是由机、电系统给出的，没有工艺系统的状态方程。状态方程维数虽很高，却无工艺目标量，故实际生产中很难实现最优化，一直未能在生产中应用。笔者建立的连轧张力状态方程，状态量张力是工艺目标，控制量是速度，都是可测的和可控的，但单纯由张力状态方程求出的轧辊速度还必须通过传动系统的传递函数才能实现，所以要实现完全的张力最优控制还要继续探索。具体做法有两种：一种是由工艺、机、电一起写出状态方程求其最优解；其二是通过计算机仿真实验方法验证，不考虑机电系统动特性对其性能的影响。已做的仿真试验证明，后一种简化的最优张力控制系统是可行的。此外 DAGC 情况下与张力最优控制实现过程是相同的。后者也是通过仿真试验，证明压下系统动特性的影响程度可忽略，进而在工业轧机上推广应用的。总之，实践证明这种工艺控制论方法是成功的。

张力、DAGC 问题的仿真试验所提供的经验是：可将设备控制系统独立化，进而可使传统的控制系统分析与设计大大简化。机、电系统的状态方程是成熟的，这种情况下，压下系统、传动系统的最优控制也就可以实现了。当然，目前计算机能力很强，可将工艺、机、电一起列写出状态方程，直接实现工艺与电信号之间最优控制，但这样做实际上并不一定有利。这可能反映出实现工艺状态量的最优控制工程中，计算机仿真试验的重要性。

6 解析数学模型的参数优化

解析的状态方程是实现最优控制的条件，但从机理演绎出来的状态方程一般皆有一些假设和简化，所以推出的数学模型与实际有误差。例如解析板形刚度方程是由集总参数代替分布参数的，所以如何使解析数学模型参数优化是一个重要问题。已在工业上成功应用的提高压力预报精度的变形抗力和摩擦系数估计方法，是通过正常工况采样数据实现的，它是一个反演问题。反演在自然科学研究中十分重要，它与实验方法是同等重要的。伽利略的物理学是以试验为基础，而天体力学只能依靠观测数据反演得出理论公式的参数，这也就是高斯发明最小二乘法的原因。

工业生产创新一直重视试验，这当然是十分重要的，但当今已发展到信息时代，所以传统工业现代化过程中应充分利用信息、控制论和计算机科学，通过生产过程中可获得的大量信息，利用反演法来提高数学模型的精度是一条可行之路。连轧数学模型取得重大进展，就是充分利用了分析（演绎）和反演统一的方法。

7 传统工业现代化问题的讨论

总结上述轧制理论与技术的进步，可归纳为四点：第一、建立工艺控制数学模型；第二、实施智能控制；第三、计算机仿真试验；第四、反演法优化模型参数。以下就其中最主要的工艺控制数学模型和智能控制问题做一些讨论。

7.1 工艺控制理论

物理学是最基础的科学，从伽利略开创试验物理学以来，一直将试验、抽象、理想试验和数学推理作为最基本的研究方法。牛顿发展了伽利略的思想和方法，发明了微积分等数学工具，总结出力学三定律和万有引力定律，用数学演绎方法建立了经典力学体系和机械观。物理学另一次飞跃为麦克斯韦电磁理论的建立，它比牛顿力学更深刻地反映了物质世界的客观规律。牛顿研究的是变化的过程，对运动如何起始不作分析；麦克斯韦的场论方程，则反映了运动的起因和状态的变化。牛顿定律属于宏观定律，而麦克斯方程则是微观结构的定律。20 世纪物理学三大发明是相对论、量子力学、混沌学。与传统工业现代化相关的物理理论是牛顿定律、麦克斯韦方程，当然爱因斯坦的哲学观点也是十分重要的。特别是爱氏所强调的因果律和寻求隐参数的观点，尤给人以启发。

生产工艺问题目前基本上还停留在经验阶段，其原因是工艺过程太复杂，是多种运动的综合体，属于复杂的动态、多变量和非线性系统。在计算机发明推广前，研究工艺过程的客观规律是难以做到的，现在应当说已有可能，笔者对连轧过程的研究就是实例。

国外在连轧控制上应用现代控制理论因遇到缺乏工艺状态方程而受阻，所以一直只能采用常规控制方法。随着计算机应用的发展，在连轧机控制上应用人工智能方法，在负荷分配、压力预报、板形控制等问题上取得一定效果，但始终未获根本性解决。根本原因，在于国外未建立起相关的工艺理论。笔者正是基于工艺解析理论的建立，所以才在实际生产中实现了最优控制。

从轧制工艺控制理论发展过程来看，最重要的是解析数学模型的建立。为什么在这个领域实现了国外没有的我国有了呢？1967 年开始研究热连轧数学模型时，我国的条件非常落后，一无计算机控制的连轧机，二无试验设备和测量仪器，所以只能用数学分析的方法研究连轧数学模型。当时我们的有利条件是协作精神，参加研究的有数学家、控制论专家、设备工艺专家等，不同专业的专家学者在一起互相学习，提高快。笔者是学工艺的，在数学模型和控制论方面较快地掌握了主要内容并应用到研究工作中。体会到只有掌握多种专业知识，才能在技术和理论上把问题提出来，再将数学问题请教数学家、控制问题请教控制论专家，问题就会很快解决；老问题解决了，也会带出新问题，循此路不断探求，笔者才建立了我国独有的轧制动态数学模型体系。笔者以为，其他工业过程的工艺控制数学模型也可以这样建立。

7.2 智能控制

可以说，工艺过程自动控制是改造一切传统工业的主要技术内容。自动控制可以提高产品质量、降低能耗和原材料消耗，使生产实现多、快、好、省。其控制方法本质上是分层递阶智能控制。

控制发展经过了单输入单输出的经典控制，到多输入多输出的现代控制论。现代控制论要求反映系统内在规律的状态方程。而建立状态方程方面的困难导致了人工智能（专家系统、模糊控制、神经元网络）的发展，人工智能与控制论结合又产生了智能控制。智能控制最初是由常规控制与人工智能组成，后来又增加了运筹学、“三元论”，后又有人提出增加信息论的“四元说”。笔者正是从轧制智能控制的实践中，对智能控制理论提出了以下一些新想法，当然可能还不全面、有错误，仅提出来供讨论。

智能控制的四个基本概念：智能、信息、知识、反馈。

智能控制的组成：控制论+信息论+计算机科学。计算机科学含人工智能和运筹学，所以这里新提出的“三元论”实际上是原先“四元论”的另一种说法。

进一步分析，控制论的维纳定义中包含了信息传输内容。信息网络也包含了控制方面的内容，所以笔者在这里提出将控制论与信息论合并称信息控制论，这样就可以定义智能控制为二元论内容：信息控制论+计算机科学。

控制离不开信息，实时信息是最主要的，它与知识有关。对于一个考古学家，从一件古物中得到的信息虽然很少，却可以从中知道它的年代、产地、特征等。如轧制问题，由于轧制专家具有弹跳方程知识，从辊缝和压力信号中，就可知厚度信息，从而实现厚度自动控制。板形问题长期解决得不好，就是因其知识未达到牛顿力学水平。当新板形理论达到牛顿力学水平后，从压力和辊缝信号中就可以获得各机架的板凸度和平直度，从而可实现板形闭环最优控制。

由轧机可测信号得出轧件板形定量信息，从出口机架有板形仪测得轧件板形信号，再转化为轧辊实时凸度，就可实现板形自适应控制。这种由轧机知轧件和由轧件知轧机的信息的互相转化关系就是牛顿第三定律的应用。由于工艺控制论的板形测控数学模型的建立，利用已有的测量信号进而转变为信息，就可以完全解决板形测控问题了，笔者的这一理论和实践探索的成功实例，表明了解析理论的重要性。

知识与信号构成信息，但在知识较少时，要有许多信号才能得到可供控制用的信息，所以必须增加知识，进而认识和掌握因果规律。人工智能可在无因果规律情况下，直接利用信号实施控制。掌握状态方程，则可实现最优控制，所以人们应千方百计建立系统的状态方程。

以上分析强调的是机理数学模型建立的重要性。由于有了计算机、控制论、信息论，因此生产过程的规律是可以被认识的。工艺学早已有了，现在应当建立的是工艺控制学。应当在工艺控制论研究上有所突破。

参 考 文 献

[1] 张进之．板带轧制工艺控制理论概要［J］．中国工程科学，2001，3（4）：46-55.

[2] 张进之．连轧张力公式［J］．金属学报，1978，14（2）：127-137.

[3] 张进之．压力 AGC 参数方程及变刚度轧机分析［J］．冶金自动化，1984（1）：24-31.

[4] 张进之．解析板形刚度理论［J］．中国科学（E 辑），2000，30（2）．

[5] 张进之．中厚板轧制过程分层递阶智能控制［J］．钢铁，1998，33（11）：34-48.

[6] 张进之．基于协调推理网络的热连轧设定控制结构［J］．控制与决策，1996，11（增 1）：204-208.

（原文发表在《科技导报》，2001（7）：50-53）

传统工业现代化的技术路线探讨

张进之

（北京钢铁研究总院，北京 100081）

摘 要 控制论、计算机仿真和设定控制均首先在轧钢中应用，并推广到其他工业部门。最优控制理论在工业上的应用也首先选连轧机，由于无工艺过程状态方程而未取得成功。解析方法建立了张力、厚度、板形状态方程，将会实现连轧生产过程的最优控制。工艺过程状态方程是工艺控制论的基础，分层递阶智能控制、模型参数优化和计算机仿真试验等构成工艺控制论的内容。形式特征是信息网络，讨论了传统工业现代化的技术方法。

关键词 工艺控制论；解析数学模型；演绎；计算机仿真；智能控制；信息网络

Discussion of the technological routine for traditional industry modernization

Zhang Jinzhi

(Central Iron and Steel Research Institute, Beijing 100081)

Abstract: The optimal control theory was on the same way as cybernetics, computer simulation and setting control method which were first tried in steel rolling process, furthermore were expanded to other industry fields. But the optimal control theory failed because of the lack of the technological state formula. The tension, gauge and profile state formula were be built by the analytic method which will be employed in the continuous rolling process. The basis of the technological control theory is the technological state formula, the contents are the layered intelligent control method, the model parameter optimized method and the computer simulation method. The characteristics are the information network. The method to modernize the traditional industry is discussed.

Key words: technological cybernetics; analytic mathematical model; reasoning; computer simulation; intelligent control; information network

1 引言

传统产业的改造要依靠高新技术——计算机、控制论、信息论等，但是必须与工艺理论相结合。就轧制领域而言，尽管大量引进了国外先进装备和技术，但实现现代化的比例仍然很低，原因是这些技术未能实现国产化。与从国外引进的同时，以计算机为手段，将轧制工艺理论与控制论结合，形成有自主知识产权的轧制工艺控制论[1]，其动态设定型变刚度厚控方法（简称 DAGC）和综合等储备负荷分配方法，已在多套国产大型板带轧制上推广应用，其产品质量达到国际水平，特别是 DAGC 于 1996 年在宝钢 2050 热连轧试验成功，已代替原引进厚控模型正常应用近 4 年，使厚控精度上了一个台阶。自主开发的技术优于国外引进技术的根本原因：国外是靠装备创新和复杂控制系统提高产品质量的，属外因论方法，中国是通过找到轧制工艺控制过程内部规律，并利用其规律控制生产过程而提高产品质量的，属内因论方法。总之，从工艺控制对象的工作机理和本质，仍然是最根本的发展策略，在此基础上的理论结合，将会形成一套完整的工艺控制理论。

2 轧制技术的先进性及发展中的矛盾

轧制过程是典型的力学系统，在轧制压力作用下，轧件发生塑性变形，轧机发生弹性变形。

为提高产品质量、降低能耗和物质消耗，所以对其生产过程优化控制十分重要。20 世纪 50 年代以前轧制理论研究集中于轧件塑性变形规律及力能参数计算，从而建立了以体积不变和最小阻力定律的塑性加工理论，得出轧制压力、力矩、前滑、宽展等计算公式。1950 年英国钢铁协会（BISRA）引入轧机刚度概念得出弹跳方程，它是轧制理论与技术的一次飞跃，反映了控制论观念。控制论作为一门应用科学是以 1948 年维纳提出控制论为起点，它的基本特征是反馈。弹跳方程的实质是轧件厚度测量和控制方程。实现了轧机的测厚仪功能，弹跳方程线性化推出厚度自动控制系统（AGC）

计算机的发明和应用是 20 世纪技术的重大创新，它在工业上的应用首先是连轧过程的计算机模拟试验，1955 年、1957 年分别实现了静、动态模拟，弄清了连轧过程参变量之间的定量关系。计算机模拟、仿真、虚拟技术等的广泛应用，其首先应用在轧制。计算机应用于工业过程控制，首先是从热连轧设定控制开始的。由它实现了连轧机辊缝和速度的自动设定。代替人工设定并取得优异效果，所以在 1962 年第一台热连轧机上实现后，到 1970 年美国所有热连轧机几乎全部实现了计算机设定控制，目前世界上大部分大型连轧机基本上都用计算机控制。现代控制论的工业应用首先也是选中连轧机的控制，60 年代起不论北美洲、欧洲还是日本都为实现连轧过程的最优控制做了大量的研究工作。

以上事实都说明轧制生产的重要性和先进性，但现代控制论的应用则未能达到预期效果，其原因是未建立工艺量的状态方程。笔者就为轧制最优控制而建立了张力、厚度、板形的工艺量状态方程。其研制过程的观点、方法可供传统工业现代化借鉴。该方法称之为工艺控制论。

3　轧制工艺控制论的进步

以轧制过程工艺最复杂的连轧为对象进行讨论，连轧过程的张力是最重要的参数，所以对张力问题的研究早在 20 世纪 40 年代就开始了，1942 年苏联学者开始对工业应用的张力微分方程提出异议，1947 年 Файнберг 院士提出张力变形微分方程，Чекмарев 院士又提出另一个张力微分方程。就两个微分方程在 50 年代引起激烈争论，没有最后结论，但大部分学者同意 Чекмарев 的张力微分方程。两位院士在解微分方程时未将张力自动反馈引入，所以未获得连轧张力动态数学模型，导致国外连轧理论一直停留在秒流量相等的静态水平上。由于有计算机仿真技术，连轧动态过程的数字关系是清楚的，控制系统设计和参数确定是可以进行的。笔者研究连轧过程数学模型是从连轧张力开始的，随之又研究了厚控过程分析和板形测控等问题，下面对这三个问题作一些简介。

3.1　连轧张力理论

由守恒原理推得精确张力微分方程，从而解决了两院士的争论。引用张力与厚度、轧辊速度和前滑之间线性关系，机架内体积不变条件得出多机架动态张力公式。张力公式是和弹跳方程相似的测控数学模型，方程中有轧辊速度，它是控制变量，还有厚度和张力，对于冷连轧张力可由张力计测量，所以由张力方程可以计算厚度。此外还证明连轧张力系统是可测的、可控的、渐近稳定的动力学系统[2]，即认识了连轧的自动控制功能，可实现张力最优控制。

连轧张力公式是连轧过程的结构的定律，由它可推导出秒流量相等条件，并得出张力与秒流量差成正比的宏观定律。张力理论中的流量计算是用无张力影响的前滑，所以各机架间的流量差就构成产生张力的“力”，张力属于“流”。与电学相比较，秒流量差相当于电压，张力相当于电流。

连轧张力理论已取得多项实际应用：冷连轧张力与辊缝闭环的恒张力和厚度的互连控制系统（简称连轧 AGC）；张力公式与压力公式联立的变形抗力和摩擦系数的估计。目前正与宝钢合作在 2050 热连轧机上试验无活套连轧技术。德、日于 20 世纪 70 年代开始试验热连轧无活套轧制技术，并取得一定成果，但未推广应用，已分析出国外未成功的主要原因：在控制器设计上应用了秒流量相等条件。秒流量相等条件是静态规律，不能用于控制器设计上，所以笔者应用张力状态方程可能实现热连轧无活套轧制技术。

3.2　压力 AGC 过程分析

英国人 1950 年发明压力 AGC 方法时，只引进了轧机刚度系数，之后，美、德、日分别以不同方式引进了轧件塑性系数，使 AGC 厚控方程更加完善，在生产中得到普遍推广应用。AGC 分析是用“p-h”图几何方法，笔者认为几何方法不能深刻反映厚度调节过程中的动态、多变量、非线性的实际情况，故采用了数学分析方法。分析法对厚度调节过程认识深入了一步，首先发现轧件扰动可测，从而推导出动态设定型变刚度厚控方法（简称DAGC）。DAGC特点是响应速度快，消除扰动的辊缝调节可以一步到位，将厚度自动控制从随机问题转化为确定性问题。由于该方法实用效果明显，在理论上优于日、德发明的动态设定厚控方法，于1996年获国家发明奖。在理论上的先进性是推得轧件、轧机和控制系统三参数的级数方程[3]。从而得出可变刚度系数的计算公式，而国外无此方程，变刚度系数只能由经验确定。

3.3 解析板形刚度理论

板形理论的研究远早于厚控理论的研究，但板形理论的研究一直未取得重大突破，即未达到厚控理论的水平。国外提高板形质量主要依靠板形控制装备的创新和复杂的控制技术来解决的。日本发明了HC、PC板形控制轧机，德国发明了CVC可动态改变轧辊凸度，欧洲开发了DSR轧辊等等。多种装置的产生是受知识产权的限制而造成的，各种方式各有千秋，但没有哪一种能彻底解决板形控制问题。设备只是解决板形控制的外部条件，其内部规律未认识的情况下是难以得到最佳控制效果的，所以解决板形问题还是应当建立反映客观规律的板形理论。板形理论的进步分三个阶段：（1）经典的板形理论，它是以计算轧辊挠度的弹性简支理论。（2）现代板形理论分两部分：其一是计算轧辊变形的弹性基础理论和影响函数法；其二是计算轧件变形的遗传理论，其中有日本人的实验方法和美国人的有限元方法。（3）最近笔者提出的轧辊和轧件统一的板形理论，称之为新板形理论。新板形理论发展分三步：第一步是由日本、美国的遗传理论为依据，与厚控理论相似而提出的板形测控数学模型；第二步是解析板形刚度理论[4]，实现了轧机板形刚度和轧件板形刚度的理论计算，并由板形刚度方程得到试验验证；第三步是板形测控数学模型线性化发现了板形板厚协调规律。其协调规律是以厚度为控制量，以板凸度和平直度为状态量的二阶差分方程，由它可实现板形板厚的综合最优控制。以上张力、厚度、板形三个基础自动化层的状态方程建立，可以将现代控制论应用于连轧过程控制上，其特征是解析法建立数学模型。

4 板带轧制过程的智能控制

连轧过程设备多，存在如何协调的问题，目标量多，而且板形、板厚目标是相矛盾的。对于复杂的追求目标的系统只有采用智能控制方法，笔者已实现的中厚板轧制过程控制分层递阶智能控制方法获第二届全球智能控制最佳应用论文奖[5]，进一步将智能控制方法推广到冷、热连轧机上[6]。当板形只是指平直度的控制，采用的是经验方法，属模糊控制。现已建立了解析板形刚度理论和发现板形板厚协调规律，所以，目前要实践的连轧过程智能控制增加了知识的比重。

以热连轧为例智能控制系统由组织级、协调级和基础级三层构成。组织级为决策级产生板形最佳轧制规程和自学习、自适应功能。组织级所用公式为静态数学模型，为已普遍应用的公式，新增加的是由板形状态方程和二次型目标函数获得命中厚度、平直度、板凸度目标的基准轨线。组织级智能度最高，所要求模型精度低（IPDI）。

协调级是校正设定时的误差，组织级在计算优化轧制规程用的温度、厚度、宽度是预先给定的，当粗轧完成后，进入精轧机前已得到温度等实际值，所以在协调级由协调推理网络（并行计算）使辊缝和速度设定值精确化。

基础自动化级，在穿带时，第一机架咬钢后，由压力辊缝实测信号而计算出厚度、平直度、板凸度，此三个量与基准轨线值之差，由贝尔曼动态规划修正后边机架的辊缝速度设定值；第二机架及以后各机架咬入，继续由贝尔曼动态规划修正辊缝和速度设定值，达到命中目标厚度、平直度、板凸度值。正常轧制时，定时估计轧辊实时凸度提高板形的预报精度。由入口厚度、轧辊凸度、速度的变化所引起目标值的变化，为使目标值恒定而由贝尔曼动态规划求出动态压下量修正值，该值由修改DAGC的辊缝和压力锁定值而实现。

张力是一个独立的子系统，由二次型目标函数和张力状态方程实现张力最优控制。张力子系统与板形板厚子系统是相互独立而互补的，张力子系统保证了张力恒定而使板形板厚协调控制计算简化精度提高；板形板厚子系统向张力子系统提供厚度信息而实现张力预控构成张力复合控制，进一步提高了张力控制精度。厚控系统向张力系统提供的厚差信号，正是张力系统的扰动，起到扰动观测器作用而实现张力预控。新型热连轧智能控制系统是建立解析张力、厚度、板形数学模型的结果，当然计算机、控制论和信息论是必要的条件。

5　连轧控制系统的计算机仿真试验

国外求连轧过程最优控制的状态方程，是由机、电系统列写的，没有工艺系统的状态方程，状态方程维数很高，但无工艺目标量，对实际生产很难实现最优化，所以未能在生产中应用。笔者建立了连轧张力状态方程，状态量张力是工艺目标，控制量是速度，是可测的和可控的，但单纯由张力状态方程求出的轧辊速度并不能立即实现，通过传动系统的传递函数才能使速度改变，所以要实现完全的张力最优控制还有待于继续研究。具体做法有两种：一是把工艺、机、电一起写出状态方程求其最优解；其二是通过计算机仿真实验方法验证，不考虑机电系统动特性对其性能的影响。仿真试验已证明这种简化的最优张力控制系统是可行的。DAGC 情况与张力最优控制实现过程是相同的，当时也是通过仿真试验证明压下系统动特性的影响程度可忽略而在工业轧机上推广应用的，实践证明这种工艺控制论方法是成功的。张力、DAGC 问题的仿真试验，提供的经验是，可将设备控制系统独立化，这样将传统的控制系统分析与设计大大简化。机、电系统的状态方程是成熟的，所以压下系统、传动系统的最优控制也就可以实现了。当然，目前计算机能力很强，将工艺、机、电一起列写出状态方程，直接求出工艺与电信号之间最优控制也是可实现的，但这样做使简单的问题复杂化。

6　解析数学模型的参数优化

解析的状态方程是实现最优控制的条件，但从机理演绎出来的状态方程可能有一些假设和简化，所以推出的数学模型与实际可能有误差。例如解析板型刚度方程是由集总参数代替分布参数的，所以如何使解析数学模型参数优化是一个重要问题。已在工业上成功应用的提高压力预报精度的变形抗力和摩擦系数估计方法，是由正常工况采样数据实现的，它是一个反演问题。反演在自然科学研究中十分重要，它与实验方法是同等重要的。伽利略的物理学是以试验为基础，而天体力学只能依靠观测数据反演得出理论公式的参数，这也就是高斯发明最小二乘法的原因。

工业生产创新一直重视试验，这当然是十分重要的，但已发展到信息时代，所以传统工业现代化过程中应充分利用信息、控制论和计算机科学，利用生产过程中可获得大量信息反演法提高数学模型的精度。连轧数学模型取得重大进展，是充分利用了分析（演绎）和反演统一的方法。

7　传统工业现代化问题的讨论

总结轧制理论与技术的进步为 4 点：（1）建立工艺控制数学模型；（2）实施智能控制；（3）计算机仿真试验；（4）反演法优化模型参数。其中最主要的工艺控制数学模型和智能控制两点做一些讨论。

7.1　工艺控制理论

生产工艺问题基本上还停留在经验阶段，其原因是工艺过程太复杂，是多种运动的综合体，属于复杂的动态，多变量和非线性系统。在计算机发明推广前研究工艺过程的客观规律是难以做到的，现在应当说是可能的，连轧过程的研究就是实例。

国外在连轧控制上应用现代控制理论遇到无工艺状态方程而不能实现，所以还是采用常规控制方法。计算机应用的发展，在连轧机控制上应用人工智能方法，在负荷分配、压力预报、板形控制等问题上取得一定效果，因为这些问题均属于国外未建立工艺理论的范围。笔者对这些问题已建立解析理论，所以能实现最优控制。

从轧制工艺控制理论发展过程来看，最重要的是解析数学模型的建立。为什么国外没有的中国有呢？20 世纪六七十年代开始研究热连轧数学模型时，中国的条件非常落后，一无计算机控制的连轧机，二无试验设备和测量仪器，所以只能用数学分析的方法研究连轧数学模型。有利条件是协作精神，参加研究的有数学家、控制论专家、设备工艺等专业齐全，不同专业一起互相学习提高快。笔者是学工艺的，在数学模型和控制论方面较快地掌握了主要内容并应用到研究工作中，也只有在多种专业知识在一人身上融合才能在技术和理论上把问题提出来，数学问题请教数学家、控制问题请教控制论专家，问题就会很快解决。老问题解决了，也会出现新问题，在不断发展过程中建立了中国独有的轧制动态数学模型体系。其他工业过程的工艺控制数学模型的建立也可以这样做。

7.2　智能控制

工艺过程自动控制是改造传统工业的主要技术内容，自动控制可以提高产品质量，降低能耗和原材料消耗，使生产实现多、快、好、省。其控制方法是分层递阶智能控制。

控制论发展经过了单输入单输出的经典控制，多输入多输出的现代控制论。由于现代控制论要求反映系统内在规律的状态方程。而建立状态方程的困难发展了人工智能（专家系统、模糊控制、神经元网络），人工智能与控制论结合产生了智能控制。智能控制最初是由常规控制与人工智能组成，后来又增加了运筹学、三元论，还有提出增加信息论的四元说。

控制离不开信息，信息是最主要的，它是与知识有关的。对于一个考古学家，得到一件古物很少的信号，就可以知道它的年代、产地、特征等许多信息。而对于一个普通人所得的信息就很少。如轧制问题，由于有弹跳方程知识，有辊缝和压力信号，就可知厚度、实现厚度自动控制。板形问题长期解决得不好，就是其知识未达到牛顿力学水平，当新板形理论达到牛顿力学水平后，由压力和辊缝信号就可以获得各机架的板凸度和平直度，从而可实现板形闭环最优控制。

由轧机可测信号得出轧件板形定量信息，出口机架有板形仪测得轧件板形信号转化为轧辊实时凸度，实现板形自适应控制。这个由轧机知轧件和由轧件知轧机的互相转化关系就是牛顿第三定律的应用。由于工艺控制论的板形测控数学模型的建立，利用已有的测量信号就可以完全解决板形测控问题了，由此表明解析理论的重要性。

知识与信号构成新信息，在知识少时要许多信号才能达到可供控制用的信息，所以要增加知识，即认识的因果规律。人工智能可在无因果规律情况下，直接利用信号实施控制，而有状态方程则可实现最优控制，所以人们应千方百计建立系统的状态方程。

以上分析强调的是机理数学模型建立的重要性。由于有计算机、控制论、信息论，生产过程规律是可以被认识的，中国有大量人力资源，应当在工艺控制论研究上有所突破。工艺控制论可能是继力学、电磁学、生物进化论之后的一个新学科。工艺学早已有了，现在应当建立的是工艺控制学，该学科是力学与控制论相结合，计算机是工具，充分利用信息流。

8 结束语

轧制工艺控制型理论研究方法对传统工业现代化有指导意义，主要经验有：机理数学模型的建立；分层递阶智能控制；计算机仿真试验；模型参数优化。

轧制技术是传统工业中先进的代表，控制论、计算机仿真和设定控制均最先应用于轧制过程中，最优控制首先在连轧中应用未获得成功，其原因是无工艺状态方程。经几十年努力建立了连轧张力、厚度、板形等的状态方程，所以将在中国首先实现连轧全面的最优控制。

致谢，本文与周石光同志多次讨论，对其提出的宝贵意见表示衷心感谢！

参 考 文 献

[1] 张进之．连轧张力公式［J］．金属学报，1978，14（2）：127-137.
[2] 张进之．压力 AGC 参数方程及变刚度轧机分析［J］．冶金自动化，1984（1）：24-31.
[3] 张进之．解析板形刚度理论［J］．中国科学（E 辑），2000，30（2）.
[4] 张进之．中厚板轧制过程分层递阶智能控制［J］．钢铁，1998，33（11）：34-48.
[5] 张进之．基于协调推理网络的热连轧设定控制结构［J］．控制与决策，1996，11（增 1）：204-208.

（原文发表在《冶金设备》，2001（2）：21-26）

如何培养研究生的创新思想和能力

张进之

（钢铁研究总院，北京　100081）

How to train innovation ideas and abilities of graduates

1　要培养研究生创新思想和能力，老师要先有创新精神

身教重于言教。东方文明与西方文明的差别之一是，前者求稳，信奉中庸之道；后者求变革，乐于标新立异。所以，中国要赶超西方科学技术发展水平，必须培养创新的思维方法。创新本身就包含着对过去的某种否定，创新也必然会遭到反对。从历史上看，哥白尼“日心说”到死时才敢发表，它的传播者布鲁诺被烧死，伽利略被终身监禁；相对论创立者爱因斯坦最初的时日也很不好过……这些事实表明，创新对创新者来讲并不是一件快乐受益的事，往往是要做出牺牲奉献的，所以老师培养教导学生创新时，老师自身也要有实际创新的行动，以示表率。

2　要与学生平等讨论问题

要鼓励学生提不同看法。我自己的思维方法与一般人有些不同，乐于提反问题，喜欢标新立异。这与我在念小学四年级时老师的教育有关。当时老师讲了一道关于酒的度数计算应用题，老师讲错了，我指出了老师的错，并给出正确算法。没想到这种情况下老师还表扬了我，说“张进之长大能当工程师，设计大楼的砖差不了10块”。如果当时老师不是这种态度，而是怪罪我不尊重老师，我想我决不会形成现在的思想方法。

3　经常讲伟大的科学家是如何产生的

我经常对年轻人及同辈人讲，现在大学毕业生的基础知识（数、理、化）肯定比牛顿、尤拉、伽利略等人当时的知识多。大多数人看牛顿、尤拉、伽利略都认为他们是智者，学习、掌握他们的学问都很困难，人们往往不理解他们为什么能创立那么高深的知识和学问！我向学生讲的看法是，他们深入实践，专心研究遇到的问题，从试验和实践中产生了认识上的飞跃，才得到各种自然规律。这些问题现代人似乎已不用考虑了，学来、拿来就用，所以不知道他们当时的辛苦。其实，人只有经过反复思考、试验、失败的过程才得到真知。如果现代人也能以这样的态度和思考来研究物理学中的新问题，也会取得新成果的。我自己在研究分布参数连轧张力变形微分方程过程中得到了一个偏微分方程。当时我不知道它就是“尤拉方程”，我对学生说，如果我生的年代早，该方程可能就被称之为“张进之方程”了。

这些都是教导年轻人要深入实际、观察和分析问题。当前我们面对的是非常复杂的世界，工业是一个多变量、非线性的动态变化过程，是个带有不确定性的复杂大系统，真正深入研究这些问题，并寻求它的客观规律，贡献也许可以超过历史上的伟大智者们，而这样做正是当今中国想要跨越发展所必须的思想方法和工作态度及精神。

4　注重科研基本功的锻炼

现代计算机技术的发达，确实给每个人都提供了十分方便获取知识的条件，利用得好可促进创新工作的发展，但也可能有相反的效果，导致人们失去创造性。中国人急功近利倾向历来比较明显，紧跟什么都比较快。现在网络很发达，有些人把网上的东西编辑一下，就产生出一篇论文，

这样做可谓一点学问也没有，但它可能使人轻易获利。我经常劝导学生切不要这样做，要做科学家，就必须踏踏实实地实践、分析和运用数学演绎的方法。

数学对科研太重要了，只有将问题量化才能产生真实的科学。牛顿研究力学规律，发现万有引力规律，进而创造了流数法（导数）及微积分，他当时并没有计算机，到爱因斯坦时代也没有计算机，但他们的数学基本功特别好，所以才能有超人的创造。我对学生们特别强调数学基本功的锻炼和正确应用。学工的人对数学往往不太重视。科技铁人陈篪讲过一个例子，曾有一个冶金专家对他讲："到把数学忘到只剩下加减乘除后，你就成了专家了"。这种想法确实有一定的代表性，搞工的人往往只重视实验，有了一个想法及方案，就搞设备进行实验，通过不断的实验—失败—再想—再实验……这样做成的成果一般都要花费太多的钱和时间。应该重视数学分析，应用数学分析出一定结果，再通过计算机仿真实验，如未达到目标，就修正一些假设和参数，再做仿真实验……直到成功。这就是现代化科研很有效的方法。现在大学生们用计算机是没有问题的，他们比我强，但他们学的数学，在大学里学到后往往不用，大都还给老师了，所以我在这方面对他们有要求，提出一些问题要他们求导数等，做数学基本功锻炼，只有有了过硬的数学分析基本功，再加上计算机手段才能有不断的创新能力。

5 要学生主动到生产实践中去

工科的研究生，必须亲自到生产实践中去，向那里的工人、工程人员学习，在生产过程中学习善于提出问题善于分析问题的能力。只有能提出问题，才能进入分析和解决问题的过程，才能在科研工作中有所发现和有所创造。

6 反复向学生讲我所理解的科学精神和科学态度

科学精神：批判性、实证性、公开性、普适性。

工作态度：说真话、干实事、不怕得罪人。

我们面对的一项重大历史任务是传统工业如何实现现代化，如何用高新技术改造传统工业。要实现这个目标，就要解决具体实施的方法。我认为，科学层次十分重要，20 世纪三大发现：相对论、量子力学、混沌学，是自然科学的巨大进步，但它们主要还是描述和解决微观世界、生物、社会等问题的科学理论方法。对于宏观的工程技术问题，需要的仍是牛顿力学方法。工业过程中的规律，以往研究的人不多，当时手段也不具备，现在的高新技术，如电子计算机、控制论、信息论等已有可能应用于建立反映基本规律的数学模型，从而在传统工业上实现新的飞跃。这可能是中国人在 21 世纪面临的一次历史性机遇和历史任务。

（原文发表在《科技导报》，2001（9）：17-18）

轧钢技术和装备不停地引进的原因分析

张进之

（钢铁研究总院）

摘　要　分析日本花16亿美元引进轧制先进技术和装备，建成年产1.6亿吨钢的现代化钢铁工业，而至1994年花94亿美元只建成20%现代化钢铁工业的主要原因：其一是人为的原因；其二是轧制工艺理论落后，停留在平衡静态理论，而现代化轧制过程控制是动态问题。简介了钢铁研究总院开发的轧制过程动态理论的主要内容。

关键词　静态理论；动态理论；连轧张力理论；解析板形刚度理论

日本花16亿美元引进先进冶金装备和技术，建成年产1.6亿吨钢的全现代化钢铁工业。我国至1994年花94亿美元只建成20%现代化的钢铁工业，而至目前又花掉不比94亿美元少得外汇引进冶金装备和技术。当然我国钢产量超过3亿吨，在世界上是第一钢铁大国，而钢铁装备和技术的自主创新水平如何呢？典型引进事例是三套薄板坯连铸连轧引进，当时的口号是“以市场换技术”。当时科委主任朱丽兰在电视讲话中指出：此路行不通。结果是市场给了外商，技术没有换来，而参与引进的中国技术人员大部分被外企聘走了……目前我国已建成10多套薄板坯连铸连轧生产线，其技术国产化率有多高，少得实在太可怜了。目前党中央国务院十分强调“自主创新”是多么重要啊！下面谈谈我对轧钢技术装备不停地引进的看法，不正确之处请多多批评指正。

轧钢技术和装备不停地引进的原因很多，我这里强调两个主要原因：其一是人为的原因；其二是技术原因。人为的原因，原冶金部副部长周传典已写过多篇文章论述，引用周部长在《中国冶金》2006年1期上的一段话可以说明“……70年代武钢一次引进4个新厂，国家组成跨部门专家组进行调研，结论为：这样先进的装备生产掌握都有困难，设备仿制根本不能。此前，原冶金部曾有过消化移植的设想，在权威理论的影响下自动取消了。”

权威们否定轧钢装备国产化的可能性，与本人有一定联系。武钢的钢质特殊，含铜量较高，从国外引进的轧制数学模型能否适用含铜钢生产成为一个重要的技术问题，而国外厂商的答复是：不保证。这样含铜钢生产就成为武钢生产的一个技术关键问题。由于国内从1967年初就开始研究连轧数学模型技术，当年发现热连轧数学模型中忽略“张力因子”。由数学分析方法建立了连轧张力数学模型。这项工作得到当时科研组的学者、专家们的肯定。在建立了解析连轧张力理论之后，钢铁研究总院与中科院数学所合作开展了连轧过程仿真实验、动态变规格控制模型建立并进行了仿真实验、变形抗力和摩擦系数非线性估计等自主创新性质的科研工作。这些工作在技术刊物复刊后在《金属学报》《钢铁》《自动化学报》等刊物上发表，并引起日本、美国等关注。

含铜钢轧制问题引起了国家领导人李先念、余秋里等人的重视。1975年邓小平复出，论总纲调研组在我院，我关于含铜钢技术问题写信给李副总理。据说李副总理批给了冶金部陈绍昆，机械部周子建（听说，批文我未见到）。此批文在武钢进行过专家讨论，给予否定的结论。大约这就是30多年个人苦苦奋斗的主要原因吧！轧钢杂志我投过六次稿，都被退稿了。看来中国轧钢问题，很像当年苏联的遗传学问题。

下面重点谈谈技术原因。

20世纪技术上的最大发明是计算机及其应用。计算机在工业方面的最先应用是轧钢过程仿真实验和过程控制上。仿真的开创者为1955年英国人Hessenberg和1957年美国人Phillips。连轧过程设定控制应用，是美国哥伦比亚钢铁公司于1960年提出。当时由计算机设定辊缝和速度大大提高了控制精度和生产率，从而取得了计算机在工业过程控制方面的重大成果。之后，在北美洲、欧洲、日本等大力推广了计算机对连轧过程的控制和仿真实验的应用。日本人后来居上，对连轧过程的穿带、加减速、动态变规格等工艺问题进行了计算机仿真实验，并与连轧机实机实验相结合开展工作。其中最为著名学者有铃本弘、美坂佳助等人。由于日本人的深入对连轧过程的分析研究，所以第一套全连续冷连轧生产线于20世纪70年代在日本钢营建成并投入正常生产，目前冷轧全连续化轧钢已被世界各国普遍采用了。热连轧全连续生产线也是在日本新日铁等公司建成投产。

我国连轧生产开始进程并不比日本晚，鞍钢1700半连轧是1957年从苏联引进的，武钢于70年代从日本引进1700热连轧机，从西德引进1700冷连轧机。但由于历史原因，我国走了一条不断引进的路线，其人为原因前面已说过了，下面分析技术原因。

20世纪70年代开始，以日本、德国为代表的轧制技术与装备快速发展，其特征是机、电装备和控制的进步。系统设计依靠的是计算机仿真技术的应用。而轧制工艺理论停留在静态、压力公式、弹跳方程、秒流量相等条件等。

轧制过程的静态理论不适应现代高度自动化的连轧过程控制，结果造成连轧机电及测量装备的极端复杂化。秒流量相等条件是连轧平衡条件下的理论。而且连轧过程最主要因素——连轧张力是隐含的，所以不适应连轧技术的快速发展。板形是近代板带质量的最重要的技术指标，而世界上的板形理论不完备，缺轧件参数。板形控制虽然发明了HC、VC、CVC、PC等装备，由于板形理论不完备，也未达到较好的实际应用。总之，轧制工艺理论停留在静态水平，是造成板带轧制装备极端复杂化的技术原因。

20世纪70年代初我国已开始建立轧制的动态理论：多机架连轧动态张力公式；保证厚度恒定的辊缝差分方程；发现板形理论缺轧件参数，分析方法推导出轧件形参数计算公式，建立了解析板形刚度理论；板形板厚协调规律等系统的轧制动态理论。但这些轧制动态理论未被我国轧钢界接受，但得到机械部及一重、二重、天传所和冶金自动化院的支持并推广应用，由此多次获省部级科技进步奖、国家发明奖、国际智能控制奖等。特别重要的成果是，1996年在宝钢2050热连轧机代替西门子厚控数学模型的成功，大大提高了2050热连轧厚控精度。由于宝钢应用DAGC的成功事例，攀钢1450热连轧控制系统改造采用了DAGC。于2003年DAGC代替了原引进的GE厚控数学模型。宝钢、攀钢的成功，很快在川威、泰山两套950热连轧机上应用，还有唐山不锈550热连轧机上也应用了DAGC。攀钢1450热连轧机国内负责改造已取得了完全成功，已获2005年四川省科技进步一等奖。

攀钢1450与宝钢2050都应用了DAGC，攀钢、宝钢相接近的厚控精度证明了我多年来的观点：机电设备的精度已超过了实际需要，关键是轧制工艺数学模型的落后；应用工艺动态数学模型就可以大大提高板带的尺寸精度。

目前是进一步推广应用DAGC改造日本人的测厚计型AGC，在热连轧机上实验和应用流量AGC，估计在热连轧机上应用流量AGC后，厚控精度可接近冷连轧水平，达到±0.01mm的精度是可能的。热连轧后边几个机架应用流量AGC的更大技术意义，是可以简化活套控制系统。

钢铁研究总院建立的轧制动态理论，已开始较全面的推广应用了，民营企业建设的板带轧机已大量应用；国营大型钢铁企业，将应用动态数学模型改进厚度和板形控制数学模型。这些工作有助于提高我国板带产品的世界竞争力，为建成钢铁强国作贡献！

以上看法可能很不全面，缺点、错处难免，请批评指正！

中国轧钢工业的前瞻

张进之[1]，张永光[2]，佘广夫[3]，胡绅涛[3]

（1. 中国钢研科技集团公司，北京　100081；
2. 中国科学院系统科学研究所，北京　100080；
3. 攀钢热轧钢厂，四川攀枝花　617000）

摘　要　分析了我国轧钢工业的现状，指出当前我们的轧钢产品与德国和日本的主要差距在于板型质量的差距。为了避免继续大规模引进，出路在于发展国内的创新研究。作者使用了本文提出的 Φ 函数建立了优化的 Φ 轧制规程，根据作者研究的解析板型理论，用连轧机带钢出口板凸度的实测值得到 $\Delta\Phi$，实现了用动态修改轧制规程达到控制板型的目的。该方法在攀钢的实验已获得初步成功，实验进入最后阶段，该成果有希望向国内大量自主改造的冷热连轧线推广。

关键词　连轧机板型控制；轧制压力曲线；数学模型；Φ 函数；动态修改轧制规程

A look forward of rolling mill in China

Zhang Jinzhi[1], Zhang Yongguang[2], She Guangfu[3], Hu Shentao[3]

(1. China Iron & Steel Research Institute Group, Beijing 100081, China;
2. Institute of Systems Science, AMSS, Beijing 100080, China;
3. Panzhihua Iron and Steel Plant, Panzhihua 617000, China)

Abstract: This paper have analysed the situation of rolling mill industry in China, pointed that the difference of rolling strip productions between China and the others, for example, Germany, Japan and US focus on the strip shape. To avoid import more in large scale again, the manner is only depends on the innovations in China. The Author have used the Φ function established a Φ scheduling, and then obtained $\Delta\Phi$ by using the measure of strip shape at the output of rolling stands, so achieve the shape control. Now this new program has been doing experiement in Panzhihua Iron and Steel Plant, and we have obtained prime achievement already. This result could spread to the other steel plants thosa want to make innovation for rolling mill.

Key words: shape control of rolling strip; the curves of pressures for rolling strip; mathematical model; Φ function; dynamic modification of rolling scheduling

1　我国轧钢工业的现状

中国的现代化轧钢工业诞生已经有60多年了，在20世纪50年代我们主要依靠了当年苏联的技术获得了初步的发展，到了“文化大革命”后期，70年代初期，我们开始引进了德国和日本的全连轧技术，落户于武钢的1700冷、热连轧机的建成，标志着中国轧钢工业的一个新的里程碑。在当时，这两套连轧机从设备上看工艺制造技术令人耳目一新，然而更重要的是引进了当时国人不懂的计算机数字控制技术，其中又以“深奥的”数学模型令人摸不着头脑。经过了冶金部和武钢以及许多国内著名的科研单位与院校的共同努力，武钢1700冷、热连轧机于1978年正式投产了。80年代以来，宝钢又成功地引进了多条冷、热连轧线，从此中国的轧钢工业跻身于世界的前列。在改革开放的年代里，我国的轧钢工业又进行了大规模的改造，在鞍钢、攀钢、太钢等钢厂一些新的连轧线出现了。今天我们可以毫无悬念地说中国已经取代了20年前的日本钢铁大国的地位，每年我们除去自己的发展需求外，还要向全世界供应上亿吨各种钢材，其中连轧板材占大部分。其实，我们不可能把人家的技术全部买来。在合同中花了钱的几个有限规格的轧钢产品质量是可以和国外相比的，但是在合同之外的许多规格的产品质量则不如人家。厚度控制尚可，主要是板型的质量有待努力提高。

纵观这30年来我国轧钢工业的发展，我们与日本和德国的轧钢工业的根本差距在于数字控制技术他们是自己的，他们可以不依赖于别人轧出他们所需要的各种规格的优质板材，而我们的数字控制技术中的数据库是引进的，没有花大钱购买的那些规格的板材则板型质量不如人家。为了引进而培养的大批技术人员和工程师，现在主要成了引进技术的维护人员，他们没有环境和条件成长为我们所希望的创新力量。这个问题和我国的汽车制造工业、石油化工工业等所面临的问题是完全一样的。这是我们改革开放发展到这个阶段必然遇到的问题。这次世界金融危机告诉我们应该考虑经济的结构性调整问题了。把问题缩小到轧钢产品上来看，虽然我们这些年来轧钢能力大大提高，但产品主要在中端产品，进一步提高我们的轧钢产品质量（比如板型）怎么办？是进行再一轮的设备进口高潮，还是用自己研发的技术来装备我们的连轧机？过去说我国钢铁工业发展落后是管理跟不上，现阶段则是我们的钢铁工业的技术创新发展跟不上。本文希望讨论的就是我国轧钢工业的创新发展问题，我们希望用比较实际的例子来说明这些创新的力量在哪里，创新的方向在哪里，共同寻找中国轧钢工业下一步的发展道路。

2 板型控制的发展历程

国际轧钢工业对板型控制的研究可以追溯到20世纪70年代中叶，据文献介绍，1975年比利时冶金研究中心（CRM）在比利时希德马尔公司的80英寸热连轧机上开始试验应用变负荷分配方法控制板材凸度的变化值；1976年荷兰的霍格文斯工厂的88英寸热连轧机上也使用了这种板材凸度控制方法。70年代末日本的川崎钢铁公司在千叶和水岛的两套热连轧机上都采用了动态变规程的方法控制板凸度。这个控制思想在当时可以说是相当先进的。他们按照钢种进行了大量的离线计算，建立了数学模型，他们的动态表现在利用前一个批次的轧制数据建立起数学模型，去解决下一批次同钢种的规程，但是，还达不到用前一卷钢的数据动态修改下一卷钢的轧制规程，更不用说在同一卷钢上动态修改规程。尽管这样，他们还是曾经取得了相当令人满意的结果，在一个换辊周期中，热轧板材的凸度变化由80μm减少到30μm[1]。然而，他们的方法并没有完全被沿用下来，那是因为单纯依靠统计建模的方法还不能完全解决板型控制问题。随着轧制速度的不断提高和板材的宽度加宽，板型控制的难度越来越大。另外，工程师们不断地尝试用硬件的方法去改善板型的控制，并且取得了比较满意的进展。近年来国外在硬件上发明了几种方法，例如，板型控制设备CVC、HC以及PC等就是用硬件设备改变工作辊的凸度来补偿板型的变化。这都是专利产品，要花昂贵的代价才能买来。

我们国内的那些完全进口的轧钢生产线可以达到国外生产线的水平，但是，国内有100多条轧钢生产线主要是通过技术改造完成的，轧机设备是我们自己制造的，控制设备和软件是引进的，对一些没有花大钱买规程的那些钢种及不同规格的板材，板型质量还达不到高标准，他们不太可能用昂贵的价格去买那些板型控制设备CVC、HC或PC。那么，这些轧钢生产线在当前的经济结构调整的大潮中出路在哪里呢？

3 攀钢1450热连轧机的改造我们看到了什么

攀钢近些年来曾经两次对1450热连轧生产线进行过改造，分别引进意大利和澳大利亚的控制设备、软件及数学模型，其中控制技术都是来自美国GE。攀钢1450热轧机组虽经两次改造，但是带钢的板型控制始终未有突破，除去原合同中的几个钢种提供了板型满意的轧制规程，而对其他多数的钢种规格没有引进，其板型质量难以达到高质量板材的要求。市场的需求让攀钢必须要考虑第三次的技术改造了。但是，如果全部引进轧制线进行改造，资金又是一个无法躲避的问题。用攀钢技术报告中的话来说就是“目前在轧钢厂应用的板型控制方法很多是采用板型控制设备CVC、PC、HC等来实现，这些新式装备能在较大程度上提高轧件板型控制，但其价格极其高昂，并且如果利用这些设备对老式轧机进行改造所需要的安装和调试时间很长，不利于现场生产”。他们最终选择了和国内的专家合作，用“解析板型理论”作为支撑，进行了对1450热连轧机的板型控制升级改造，已初步取得了令人瞩目的成果。他们的实验结果见后面的实际应用案例。攀钢的1450热连轧机的最近一次技术改造成功恰恰就是在板型控制上取得了进展。这个进展中重要的是我们根本没有买外国的任何硬件和软件，而是依靠了国内专家的理论实现的，这就是解析板型理论。为了在线应用解析板型理论实现板型控制，我们这里先叙述它的实现方法——Φ 函数方法。

4　Φ 函数及 Φ 压下规程设计

带钢轧制过程中的受力就是纵向的轧辊压力和横向的拉伸张力，无论是厚度还是板型都是这两个力的共同作用的结果。由于轧制过程中轧辊的温升及磨损，工作辊的凸度逐渐发生变化，同时轧辊受轧制力而发生挠度变化，这两者的叠加就是轧辊的实际辊型，造成带钢横向受力不均匀。实际上，张力和压力的耦合是本质的，只能在这两个力的耦合条件下实现厚度控制与板型控制，张力公式解决了厚度和张力的耦合关系，而解析板型理论则是解决了厚度和板型耦合的关系。连轧的压下规程设计除去考虑各机架的负荷分配问题，其实是在寻求满足一定的板厚与板型条件下的最优压下量分配。本文所指的“动态变规程”的板型控制，就是在一个优化的静态规程基础上，在轧制中利用在轧机出口实际测量的板凸度值（或板型仪的实际在线测量值）来动态地修正规程。我们分两个问题来阐述，一个是静态规程问题，这虽然是一个老问题，但我们使用了新的方法，这个新的方法和动态修正规程是在一个体系下完成的，我们称之为 Φ 函数法[2]。另一个是如何利用板凸度的测量值动态给出 $\Delta\Phi$，从而给出规程的动态修正量。

通常，在制定一个轧制规程时，有多个不同的方法，大多是分配系数法。例如，武钢1700热轧机使用能耗模型分配系数法，宝钢使用压下率分配系数法，攀钢使用GE的自适应功率和压力分配系数法。这里只介绍与我们的模型有关的今井一郎基于能耗分配的压下规程模型。

在1963年日本的今井一郎教授发表了一个基于能耗分配法的计算压下规程的模型，他将一般三参数能耗负荷分配方法转化为单参数能耗分配方法[3]。该方法最先发表在1963年的日本机械学会志，但一直未获得直接启用。其原因是，由于能耗是钢种、规格等参数的函数，虽然可测，但实测很困难。它主要表述为如下的一组方程：

$$h_i = \frac{H_f h_f}{\left[\varepsilon_i H_f^m + (1-\varepsilon_i) h_f^m\right]^{\frac{1}{m}}} \tag{1}$$

$$\varepsilon_i = \frac{\sum_{j=1}^{i} E_j^*}{\sum_{j=1}^{n} E_j^*} = \frac{E_i}{E_\Sigma} \quad i = 1,\ 2,\ \cdots,\ n \tag{2}$$

$$m = 0.31 + \frac{0.21}{h_f} \tag{3}$$

式（1）是各机架出口厚度 $h_i(i=1,\ \cdots,\ n)$，的基本方程；式（2）是第 i 机架的累计能耗负荷分配系数 ε_i 的定义，E_j^* 是第 j 机架的能耗，E_i 是前 i 个机架的累计能耗，E_Σ 是 n 个机架的总能耗；式（3）是一个经验参数。H_f 是原料板材的厚度，h_f 是轧制的目标出口厚度。这个模型使用的困难在于 ε_i 预先很难确定，要用大量的实测能耗数据才能得到。

为了简单起见，我们把原料板材厚度及出口成品厚度的脚标 f 略掉，把 ε_i 换成 Φ_i，对式（1）做简单的运算我们可以得到反解出来的 Φ 函数：

$$\Phi_i = \frac{\left(\frac{Hh}{h_i}\right)^m - h^m}{H^m - h^m} \quad i = 1,\ 2,\ \cdots,\ n \tag{4}$$

式中，H 是来料板材厚度；h 是成品板材的目标厚度；h_i 是第 i 个机架的中间出口厚度；m 是由式（3）表达的一个经验参数；Φ_i 就是第1至第 i 个机架的累计能耗负荷分配系数 ε_i。

我们称式（4）为 Φ 函数。虽然 Φ 函数与今井模型中的 ε_i 具有相同的含义，但是模型的理念却是不同的。在今井模型中 ε_i 是表达式中的一个参数，模型是为了计算出一个基于能耗分配的压下规程。而 Φ 函数是要利用各机架的实测出口厚度 h_i 计算出能耗系数分配的合理范围，进一步再用动态规划法给出一个优化的静态压下规程。

无论热连轧或冷连轧，在实际的轧制生产中已经积累了许多的比较好的轧制规程，通过对宝钢1220冷连轧机轧制参数分布的分析过程中意识到，只分析轧制压力分布就可以断定负荷分配是否合理。对同一钢种来说合理的负荷分配应当是总压下率大的压力分布曲线在总压下率小的压力分布曲线的上方。而且这两条曲线在F1至Fn-1机架接近平行对板形有利。如果各机架压力曲线在某个机架处出现大的起伏，和比较好的规程的各机架压力曲线发生严重交叉，那么这个规程应该说是有问题的。我们使用宝钢和攀钢的热连轧数据直观地说明。

4.1　宝钢 2050 和 1580 七机架热连轧机的分析

表 1 是宝钢 2050 和 1580 两套热连轧机的实际生产数据。2050 轧机取两种规格，分别为 38.49mm 轧至 1.44mm 和 48.00mm 轧至 4.60mm；1580 轧机取 42.00mm 轧至 2.81mm 和 44.00mm 轧至 3.07mm。

从图 1 的压力分布曲线看出，2050 轧至 4.60mm 成品厚度的压力分布比较平滑，而轧至 1.44mm 成品厚度的压力分布就不光滑了，即表明压下量分配不太合理，有必要改进。1580 的两种规格的压力分布都不光滑，同样需要改进。以上说明宝钢从德国、日本引进的两套热连轧机负荷分配虽然进行了复杂计算，但最终结果并不理想，需要改进。用我们发现的 Φ 函数法就可以达到压下量分配合理化并保证板型质量优良。

表 1　对某钢种 2050 和 1580 机架轧机压下量和压力数据

生产条件			F1	F2	F3	F4	F5	F6	F7
2050	38.49→1.44	Δ*h*/mm	21.06	8.88	3.51	1.92	0.94	0.48	0.36
		P/kN	28750	25510	26570	20550	20330	18340	15780
	48.00→4.60	Δ*h*/mm	19.7	10.86	5.48	3.4	1.9	1.06	0.71
		P/kN	22530	20450	18570	15420	12600	9450	8370
1580	42.00→2.81	Δ*h*/mm	17.73	10.06	5.16	3.13	1.33	0.92	0.466
		P/kN	12370	15130	14020	14350	11260	7860	4590
	44.00→3.07	Δ*h*/mm	18.11	10.54	5.5	3.37	1.78	1.08	0.41
		P/kN	13690	13890	15340	12460	10760	7800	5280

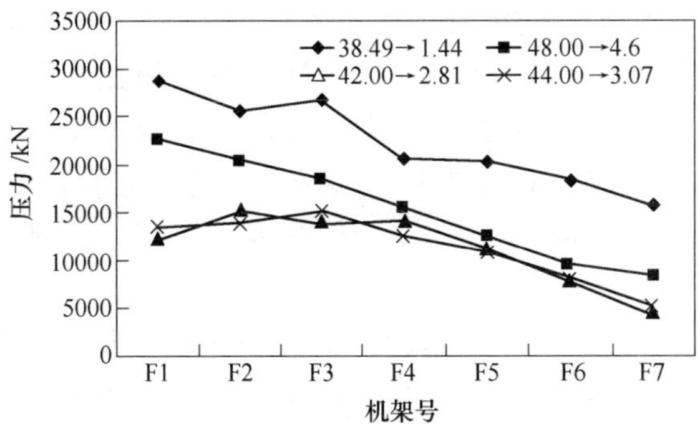

图 1　宝钢 2050、1580 各机架压力分布

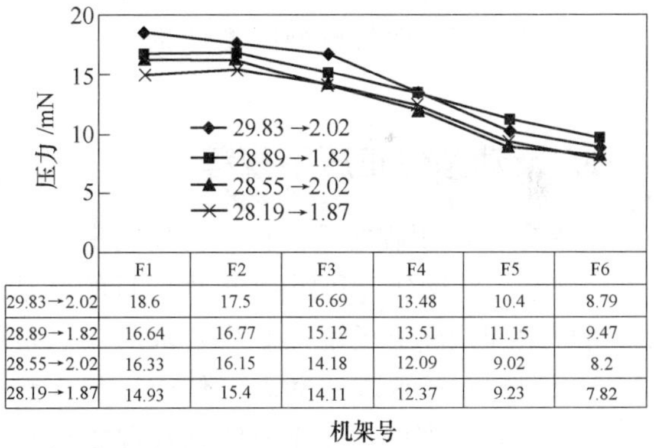

图 2　攀钢 1450 六机架热连轧各机架压力分布

攀钢 1450 热连轧机是中国自行设计制造的第二套大型热连轧机，安装调试较晚并经过两次重大技术改造。最近一年多，攀钢对引进的过程控制数学模型及实际生产效果进行深入分析研究，发现了与宝钢引进技术相同的情况，即轧制负荷分配虽然经过了复杂的迭代计算，但得到的压下量分配并不合理，即发生了压力曲线交叉。我们也取了四个规格的实际轧制数据如图 2 的表中数据所示。我们使用 Φ 函数方法分析他们，先计算出在 28.89→1.82 规格下的 Φ_1 函数，而利用这个 Φ_1 函数再对 28.83→2.02 规格计算出其相应的轧制规程与压力曲线，得到图 3(a)。

4.2　攀钢 1450 六机架热连轧机的分析

再计算出 28.83→2.02 规格的 Φ_2 函数值，应用这个 Φ_2 函数值对 28.89→1.82 规格计算出相应的轧制规程与压力曲线，得到图 3(b)。可以看到他们的压力曲线比较合理且非常靠近，表明这两个计算出的轧制规程是好的。

从这里我们可以想到，只要比较少量的 Φ 函数值表就可以覆盖生产中实际需要的全部轧制规程。当然，要使轧制规程达到理论上的更合理优化，还要用动态规划方法制订出可适用于板形控制的最佳静态轧制规程。这个规程吸取了经验的

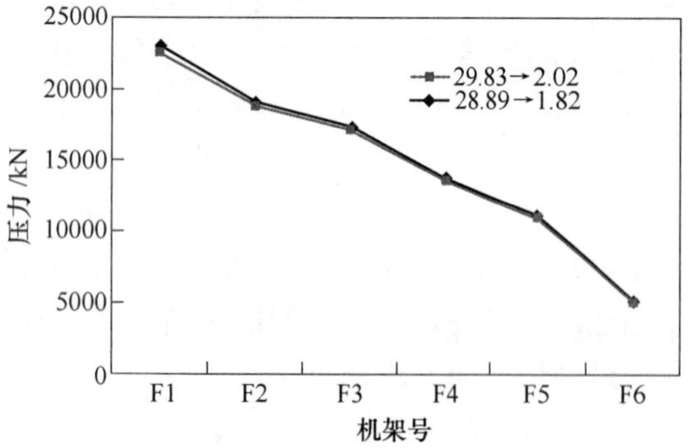

图 3(a)　Φ_1 函数计算的两个规格下的轧制压力

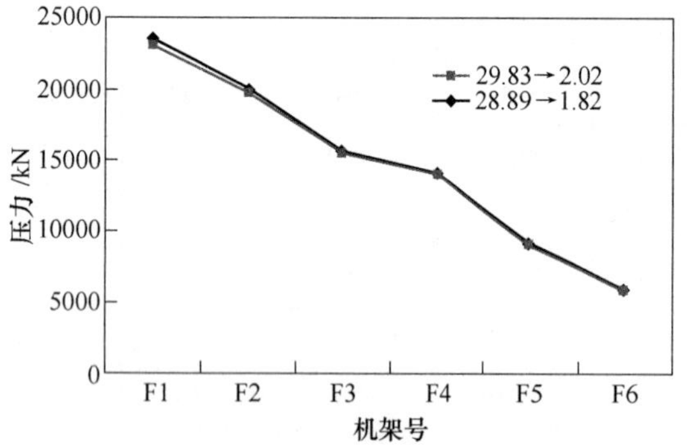

图 3(b)　Φ_2 函数计算的两个规格下的轧制压力

合理成分又在理论的指导下完成优化。我们称其为 Φ 规程，这就是实现解析板型理论的第一部分。因篇幅限制，有关解析板型刚度理论具体内容请参见文献［4］。

5　$\Delta\Phi$ 及动态修正压下规程

在获得了 Φ 规程之后，在实际轧制中要解决板型的动态控制问题，利用 Φ 规程的目的就是要用解析板型理论建立板型控制所要求的动态最佳规程。板型控制所要求的动态最佳规程与一般的优化规程是有差别的。优化的轧制规程主要是命中厚度目标值。而板型控制需要的动态规程则包括了板凸度与平直度的向量目标值。或者说是在同时考虑轧制压力与张力的条件下，给出规程的微调 $\Delta\Phi$，在轧制过程中通过 DAGC 系统动态调整辊缝[5]。目前热连轧多数采用的是通过实测轧辊凸度值或者用有限元方法建立轧辊的热凸度和磨损的数学模型，这是一种静态模型，模型复杂而且精度不高，没有利用板凸度的实测值进行动态修正的功能。而解析板型理论利用在最后机架的出口板凸度 C_{hN}和平直度 $\Delta\varepsilon_N$ 的实测值与预报值之差估计出实时的轧辊凸度值，然后利用这个估计出的实时轧辊凸度值计算出 $\Delta\Phi$ 对下一卷钢进行轧制规程的自适应修正。

6　实验结果

上述的基于解析板型理论的方法实现板型控制的实验已在攀钢 1450 热连轧机上进行，这次实验共轧了 22 卷钢，钢卷号从 00514300800 到 00514302900，实验用的材料是 Q235B，目标成品宽度为 1016. 00mm，目标成品厚度为 3. 5mm，整个实验过程中轧机运行良好表明该实验过程是安全的。因为板型仪尚未到货，采用人工测量板凸度，方法是板中部厚度减去板两边厚度的平均值，共测试了 7 卷钢。实际数据如表 2 所示。

表 2　攀钢 1450 热轧机板型控制实验结果

钢卷号	板带左边厚度	板带中部厚度	板带右边厚度	板凸度	凸度调整值
514300800	3. 42	3. 49	3. 46	0. 05	0
514301204	3. 43	3. 47	3. 42	0. 045	-0. 005
514302100	3. 43	3. 47	3. 44	0. 035	-0. 02
514302300	3. 46	3. 512	3. 45	0. 057	0. 005
514302500	3. 44	3. 51	3. 46	0. 06	0. 01
514302700	3. 425	3. 49	3. 432	0. 0615	0. 015
514302900	3. 457	3. 52	3. 45	0. 0665	0. 02

从实验结果看，该实验结果基本是合理的。在目标凸度减小的方向实际板凸度值比实行控制方案前是减小的，并且随着控制量的增大实际凸度减小的也越多，达到了预期的实验目标。从实验数据可以看出，该 Φ 函数模型是合理可用的。

其实在攀钢的实验之前，2007 年天津岐丰八机架热连轧机[6]和湖南冷水江七机架热连轧机，都曾经使用 Φ 函数方法进行负荷分配，但无板型控制。攀钢的实验首次应用 $\Delta\Phi$ 方式控制板凸度。

以上的实际轧制实验数据表明，基于解析板型理论的板型动态控制方法，可以有效地达到控制板型的目的。在人工操作控制和手工测量的条件下尚能达到板型控制的目的，待 7 月、8 月攀钢的板型仪安装完之后，就可以实现真正的工业化应用。我们将会全面地介绍攀钢这次改造的最终成果，以及在线板型控制的全部细节。我们相信，只要我们中国的轧钢工程师们不断地努力，我们的轧钢工业也将像在中国高速铁路那样取得突破，我们可以完全依赖自己的研究发展我们的轧钢工业。

参 考 文 献

[1] 张进之，段春华，任璐，等. 板带轧制板型最佳规程的设定计算及应用［J］. 冶金设备，2009（6）：15-21.

[2] 张进之，张允平，孙旻，等. Φ 函数的发现及推广应用的可行性和必要性［J］. 2010. 5，（待发表）.

[3] 今井一郎. ホットストリップミルにおけるパススケヅュールの计画法［J］. 塑性と加工，1964-9，5（44）：573-580.

[4] 张进之. 解析板型刚度理论［J］. 中国科学（E），2000，30（2）：187-192.

[5] 张进之. 热连轧控制系统优化设计和最优控制［J］. 冶金自动化，2000（6）：48-51.

[6] 张进之，张岩，戴杉，等. 热连轧 DAGC 和 Φ 函数负荷分配实用效果［J］. 钢铁产业，2008（4）：26-30.

后　　记

本书的编纂前后经历了一年多的时间，其间张进之教授提供了翔实的原始材料，尤其是一些早期的文献手稿，使得书中记载的张进之教授在轧钢工业的各项技术发明与发展过程得以全面而详尽地展示出来，而这也是张进之教授出版此书的目的和初衷。

书中的主体内容主要介绍了张进之教授在轧制过程建立的新理论及新技术，主要包括厚度控制、板形控制和张力控制等核心技术。其中，在厚度控制和板形控制两方面，张进之教授提出的DAGC方法和解析板形刚度理论，两者无论在理论创新方面还是国内外应用方面均得到了业界的认可，真正实现了张进之教授一直倡导的轧钢工艺和技术实现“英、美、德、日、中”的转变。

目前，尚存在争议的是连轧张力理论研究，国外原来的两种张力微分方程公式均存在错误。在20世纪六七十年代，对于连轧张力微分方程，国内曾出现过两次理论界的争论。其中一次争论为常微分方程是否适用于变断面连轧过程，张进之认为是适用的，并由此得到动态变规格过程中的速度设定计算公式，目前冷、热连轧动态过程控制模型是不完备的。1967年，张教授发现国外的热连轧数学模型中没有张力因子，按照质量守恒原理，他推导出了精确的连轧张力微分方程，并根据张力与厚度、力矩、前滑等物理规律推出了多机架动态张力公式和稳态张力公式。目前，张进之的连轧张力理论与实践均处于国际领先地位。

作为老一辈的学者，张教授严谨治学、艰苦朴素，其对科学研究的严谨态度、待人接物的君子风度和淡泊名利的超然气度，是值得晚辈们学习的楷模。

限于编者水平所限，书中不妥之处在所难免，敬请读者批评指正！

编著者　刘洋

2018年2月2日